시험은 전략이다. 합격을 위해 무엇을 할 것인가?
합격을 위해 선택하는 **바이블 환경측정분석사(대기분야)**

2022 개정판

바이블
환경측정분석사
필기/실기

기출문제 해설집
대기환경측정분석 분야

박승우 지음

세진사
Since 1976

머리말

환경측정분석사 검정제도는 「환경분야 시험·검사 등에 관한 법률」 제19조와 「환경시험·검사발전 기본계획」 등에 따라 환경측정분석 분야의 전문인력을 양성하는 것을 목적으로 하는 만큼 환경 측정·분석에 관한 전문 자격시험으로 유일하며, 시행된 지 오래되지 않아 다른 환경분야 자격증에 비해 역사도 이제 10년 정도에 지나지 않습니다. 2020년부터는 대기환경기사 시험에서 작업형 실기시험이 없어짐에 따라 측정·분석이 포함된 시험은 환경측정분석사 시험이 유일하다고 할 수 있습니다.

환경측정분석사에게 요구되는 전문기술은 다른 자격들과는 많은 차이가 있는데, 필기시험도 중요하지만 그보다 더 실제 현장에 필요한 실험·분석에 중점을 둔 시험으로서, 실무에 적용하게 될 실질적이며 구체적인 전문지식을 평가하는 것입니다.

본 교재는 기출문제를 출제 유형별로 분류하여 해설한 것으로 1차 필기시험, 2차 작업형 실기시험, 3차 구술형 실기시험에 대한 기출문제 전반의 내용을 포함하고 있습니다. 특히 2차 작업형 실기시험에 대해서는 최근의 기출문제들만 선정하여 답안 작성방법에 대해 설명해 놓았습니다. 대부분의 수험자분들이 필기시험을 치르면서 느끼시겠지만, 본 저자 또한 이 시험을 준비하면서 시중에 나와 있는 시험 준비교재의 부족함을 절실히 느꼈습니다. 무엇보다도 문제은행식으로 출제되는 필기시험은 기출문제의 분석이 필수적이므로 출제 유형별로 구분하여 쉽게 이해할 수 있도록 구성하였습니다. 한편 2019년 실시된 제11회 시험부터는 필기시험의 문제유형이 10회 이전과는 상당히 다른 유형으로 출제되어 수험생들을 곤란하게 하였는데 앞으로도 더 복잡하고 난이도가 높은 문제들이 출제될 것으로 예상됩니다.

그러나 필기시험을 준비하는 방법으로 무엇보다도 중요한 것은, 기출문제의 유형과 출제빈도 등을 파악하고 이론적인 부분을 찾아가면서 공부를 병행하는 것이 가장 효율적이라고 생각합니다. 본 교재도 이러한 특성을 반영하여 단순히 기출문제의 출제횟수별 나열식 해설이 아닌, 기출문제를 철저히 분석하여 각 공정시험기준과 핸드북, 법령, 규정, 지침 등의 목차에 따라 유사한 기출문제를 분류하여 해설하였습니다. 이렇게 함으로써 출제경향을 더 쉽게 파악할 수 있도록 하여 수험자가 보다 쉽고 효율적으로 공부할 수 있도록 하고자 하였으며 필기시험에 대한 부담감이 최소화될 수 있도록 노력하였습니다.

또한 본 저자는 대기분야 환경측정분석사로서 대기환경 측정·분석분야에 17년 이상 근무한 경험과 노하우를 바탕으로 작업형 실기시험의 답안 작성과 구술형 시험에 도움이 수 있도록 답안을 제시하였습니다. 본 교재에는 필기시험 예상문제 2회분을 수록하여 수험자가 공부한 내용에 대하여 모의고사를 치를 수 있도록 구성하였습니다.

본 시험을 준비하기 위한 주요 참고문헌으로는 대기오염공정시험기준, 실내공기질공정시험기준, 악취공정시험기준 및 환경시험·검사 QA/QC 핸드북(제2판)이며, 그 외에도 관련된 많은 자료들을 참고할 수 있도록 맨 뒷부분에 참고문헌과 관련 자료들을 다운로드 받을 수 있는 웹주소도 수록해 놓았습니다. 위 문헌들은 국립환경과학원에서 심혈을 기울여 제작한 내용으로서 국립환경과학원 관계자 분들에게 본 지면을 빌어 감사의 말을 전합니다. 무엇보다도 본 교재가 시험을 준비하는 수험생들께 실질적으로 많은 도움이 되어 환경측정분석사를 취득하는데 한발 더 다가설 수 있기를 바랍니다.

마지막으로, 본 교재의 출판에 협조를 아끼지 않으신 도서출판 세진사 대표님과 임직원 여러분, 그리고 특히 본 교재가 출간되기까지 많은 노력과 신경을 써 주신 문승현 팀장님께 감사드립니다.

저자 **박승우**

contents »

차 례

2장 실내공기질 공정시험기준 기출문제 및 해설

3장 악취 공정시험기준 기출문제 및 해설

4장 정도관리 기출문제 및 해설

5장 환경측정분석사 필기 예상문제

2편 실기

1장 작업형 실기 기출문제 및 답안작성 예시

2장 기기분석방법

3장 구술시험 기출문제 및 해설

환경측정분석사 검정정보

자격시험 개요

◆ 환경측정분석사 검정제도는 「환경분야 시험·검사 등에 관한 법률」 제19조 및 「환경시험·검사 발전 기본계획」 등에 따라 환경측정분석 분야의 전문인력을 양성하는 것을 목적으로 합니다.

◆ 이는 측정분석 결과가 환경정책수립 및 사업장에 대한 행정처분의 근거자료로 사용되는 등 그 중요성이 날로 증대되고 있어 자격검정제도를 통해 숙련된 분석능력을 갖춘 인력의 배출이 필요하기 때문입니다.

※ 환경측정분석사 검정제도 이외에 환경분야와 관련된 환경기술 자격제도는 매체별 환경관리 중심으로 운영되고 있고 검정 방법도 필답형 및 기본 실험 위주로써, 실기검정에 중점을 두고 있는 환경측정분석사 검정제도는 환경시험·검사 분야의 새로운 전기를 마련하는 데 큰 기여를 하게 될 것입니다.

시험과목 및 시험방법, 시험시간

가. 검정방법

– 1차 필기시험(객관식)과 2차 실기시험(작업형, 구술형)으로 구성

검정방법	검정과목
필기시험	대기분야 환경오염공정시험기준(대기오염, 실내공기질, 악취), 정도관리
실기시험	일반항목분석, 중금속분석, 유기물질분석

※ 「환경분야 시험·검사 등에 관한 법률」 시행령 제15조 제6항에 따라 시험·검사기관에 대한 현장평가에 20회 이상 참여한 응시자는 1차 시험 과목 중 정도관리 과목 면제

※ 필기시험 및 실기시험의 세부사항은 필기/실기시험 안내 참조

나. 필기시험

◆ 시험방법 및 시험시간

시험시간	시험과목	소개	객관식	비고
150분	정도관리	100점	100점(40문항)	모든 문제는 객관식(4지 선다형)으로 출제
	대기오염공정시험기준	100점	100점(20문항)	
	실내공기질공정시험기준	100점	100점(20문항)	
	악취공정시험기준	100점	100점(20문항)	

◆ 시험범위

1교시(정도관리)	2교시(공정시험기준)	비고
• QA/QC와 관련된 모든 사항 - 정도관리 일반 - 시료채취 및 관리 - 실험실 운영관리 및 안전 - 결과보고 - 정도관리 관련 규정 등	• 대기오염공정시험기준 • 악취공정시험기준 • 환경 및 화학분석이론 등	※ 참고문헌 • 환경분야 시험·검사 등에 관한 법률 • 공정시험기준 • 환경시험·검사기관 정도관리 운영에 관한 규정 • KOLAS 규정 • 환경실험실 운영관리 및 안전 • 환경시험·검사 QA/QC 핸드북 • 일반화학 • 분석화학 • 환경학 • 환경공학 • 기기분석 등

※ 시험범위에 해당하는 참고문헌 및 관련 규정은 시행계획 공고일 현재 시행 중인 규정을 적용

다. 실기시험

◆ 시험방법 및 시험시간

시험과목	소개	작업형[1)]		구술형[3)]	비고
		실험보고서	숙련도평가[2)]		
유기물질 분석	100점	60점	10점	30점	숙련도 시험 중 작업태도(기기훼손, 정리정돈, 안전수칙 준수여부 등)를 평가하여 과목별 총점에서 최대 10점까지 감점할 수 있음.
일반항목 분석	100점	60점	10점	30점	
중금속 분석	100점	60점	10점	30점	

1) 작업형은 미지시료의 농도를 분석장비(일반항목 분석은 UV/Vis, 중금속 분석은 AAS, 유기물질 분석은 GC)를 이용하여 분석하고, 실험절차 및 측정결과값 등에 대해 기술
2) 숙련도 평가는 작업형 시험시 측정분석 숙련 정도를 평가
3) 구술형은 시료채취, 시료분석, 정도관리 등 환경측정분석 전반의 능력을 평가하기 위한 질의·응답식으로 진행

시험과목	시험방법		비고
	작업형(2일)	구술형(1일)	
유기물질 분석	1일차(8시간)	20분 이내	• 작업형 평가는 2일간 시행 – 1일차(유기물질) : 09:00∼17:00 – 2일차(일반항목/중금속) : 1교시(09:00∼13:00), 2교시(13:30∼17:30) • 구술형 평가는 작업형 평가와 별도로 시행하며 3과목을 동시에 20분 이내로 진행(단, 부분합격자 : 1과목 응시자 8분, 2과목 응시자 14분)
일반항목 분석	2일차(8시간)		
중금속 분석			

합격자 결정방법

가. **필기시험** : 과목별 40점 이상, 전 과목 평균 60점 이상(100점 기준)
나. **실기시험** : 과목별 60점 이상(100점 기준)
다. 증빙서류 심사 결과 응시자격 요건을 충족하면서 결격사유에 해당하지 않는 자

응시원서 접수

가. 접수방법

1) 환경측정분석사 홈페이지 접수(인터넷 접수만 가능)
2) 원서접수 시 사진은 최근 6개월 내에 촬영한 탈모 상반신 사진파일(JPG)이어야 하며, 규격(3.5cm × 4.5cm)에 맞추어 업로드

나. 응시 수수료 및 환불

1) **수수료** : 33,000원(필기시험) / 150,000원(실기시험) (신용카드, 실시간 계좌이체)
2) **환불** : 원서접수기간 내 취소하면 100% 환불, 원서접수마감일 다음날로부터 시험시행일 5일 전까지 취소하면 50% 환불
※ 환불 신청은 인터넷으로만 가능하며, 실기시험 수수료는 응시 과목수 관계없이 150,000원임(환경분야 시험·검사 등에 관한 법률 시행규칙 제30조제3항)

다. **응시표 교부** : 원서접수 후 환경측정분석사 홈페이지에서 출력
라. **증빙서류 제출** : 실기시험 합격예정자를 대상으로 하며, 합격예정자 발표일 이후 제출

응시자격 및 결격사유

가. **응시자격** : 해당 실기시험 합격예정자 발표일 기준으로 아래 각 호의 1에 해당하는 자

1. 해당 자격종목 분야 기사 또는 화학분석기사의 자격을 취득한 사람
2. 해당 자격종목 분야 산업기사의 자격을 취득한 후 환경측정분석 분야에서 1년 이상 실무에 종사한 사람
3. 환경기능사 및 화학분석기능사의 자격을 취득한 후 환경측정분석 분야에서 3년 이상 실무에 종사한 사람
4. 환경 분야(대기, 수질, 토양, 폐기물, 먹는물, 실내공기질, 악취 또는 유해화학물질 분야를 말한다)의 석사 이상의 학위를 소지한 사람
5. 「고등교육법」 제2조 각 호의 학교(같은 조 제4호의 전문대학은 제외한다)를 졸업한 사람(법령에서 이와 같은 수준 이상의 학력이 있다고 인정한 사람을 포함한다)이 졸업 후 환경측정분석 분야에서 1년 이상 실무에 종사한 경우

6. 다음 각 목에 해당하는 사람이 졸업(나목의 경우에는 전 과정의 2분의 1 이상을 마친 경우를 말한다) 후 환경측정분석 분야에서 3년(「고등교육법」 제48조제1항에 따른 수업연한이 3년인 전문대학을 졸업한 사람의 경우에는 2년을 말한다) 이상 실무에 종사한 경우
   가. 「고등교육법」 제2조제4호의 전문대학을 졸업한 사람(법령에서 이와 같은 수준 이상의 학력이 있다고 인정한 사람을 포함한다)
   나. 「고등교육법」 제2조 각 호의 학교(같은 조 제4호의 전문대학은 제외한다)에 입학하여 졸업을 하지는 않았으나 전 과정의 2분의 1 이상을 마친 사람
7. 「초·중등교육법」 제2조제3호의 고등학교 또는 고등기술학교를 졸업한 사람(법령에서 이와 같은 수준 이상의 학력이 있다고 인정한 사람을 포함한다)이 졸업 후 환경측정분석 분야에서 5년 이상 실무에 종사한 경우
   ※ 해당 자격종목 분야(대기분야 : 대기환경기사·산업기사·기능사, 산업위생기사·산업기사)

나. 결격사유

실기시험 합격예정자 발표일 기준 아래 각 호의 1에 해당하는 자

1. 피성년후견인 또는 피한정후견인
2. 파산선고를 받고 복권되지 아니한 자
3. 「환경분야 시험·검사 등에 관한 법률」, 「대기환경보전법」, 「수질 및 수생태계 보전에 관한 법률」, 「소음·진동관리법」, 「다중이용시설 등의 실내공기질관리법」 또는 「악취방지법」을 위반하여 징역의 형을 선고받고 그 집행이 종료(집행이 종료된 것으로 보는 경우를 포함한다)되거나 집행이 면제된 날부터 2년이 경과되지 아니한 자
4. 제3호의 규정에 따른 법을 위반하여 형의 집행유예를 선고받고 그 유예기간 중에 있는 자
5. 환경측정분석사의 자격이 취소된 후 3년이 경과되지 아니한 자

※ 응시자격 및 결격사유는 사전에 응시자 본인이 확인하여야 합니다.

응시자 유의사항

가. 필기시험 유의사항

1. 응시자는 시험 전날까지 시험장 위치 및 교통편을 확인하여 시험 당일 시험시작 40분 전까지 신분증(주민등록증, 유효기간 내 여권, 운전면허증만 허용), 응시표, 컴퓨터용 흑색 사인펜, 계산기를 소지하고 해당 고사장에 입실하여야 합니다. 신분증 미지참 시 시험에 응시할 수 없으며, 당해 시험은 무효 처리됩니다.
   ※ 시험시작 10분 전부터는 고사장 입실 불가
2. 객관식 답안(OMR 카드)은 반드시 컴퓨터용 흑색 사인펜으로 작성하여야 하며, 수정테이프, 수정액 등은 사용할 수 없습니다. 이를 위반하여 발생하는 불이익은 전적으로 응시자의 책임입니다.
3. 지정된 고사장 이외에서는 응시할 수 없습니다.
4. 부정행위를 하거나 응시표와 답안카드 뒷면에 기재된 응시자 유의사항 및 답안카드 작성요령을 준수하지 않아 무효처리가 되지 않도록 주의하시기 바랍니다.

5. 시험 당일 시험장에는 주차공간이 협소하므로 대중교통을 이용하여 주시고, 교통 혼잡이 예상되므로 미리 입실하시기 바랍니다.

나. 실기시험(작업형) 유의사항

1. 응시자는 시험 당일 8시20분까지 신분증(주민등록증, 유효기간 내 여권, 운전면허증만 허용), 응시표, 흑색필기구, 계산기를 소지하고 응시자 교육장에 입실하여야 합니다. 신분증 미지참 시 시험에 응시할 수 없으며, 당해 시험은 무효 처리됩니다.
2. 실기시험 실험보고서 답안지에는 통상적인 농도와 굵기의 흑색볼펜(사인펜, 연필류 등은 사용불가)을 사용하되, 동일 답안지에는 색상, 굵기 등이 동일한 필기구만을 계속하여 사용하여야 합니다.
   ※ 지나치게 굵기가 가는 펜이나 농도가 흐린 펜 등의 사용으로 채점 시 불이익을 받지 않도록 필기구 종류와 색상 등의 선택에 주의하시기 바랍니다.
3. 시약 및 초자는 국립환경인력개발원에서 개인별 또는 공용으로 제공하는 것만을 사용하여야 하며, 추가로 요구할 경우 지급은 가능하나 작업태도평가 시 감점될 수 있으니 참고하시기 바랍니다.
4. 응시자의 고의 또는 명백한 부주의로 기기가 훼손될 경우 그 책임은 응시자에게 있습니다.
5. 기체크로마토그래프 장비의 경우 공정시험기준에 명시된 분석조건을 시험 당일 국립환경인력개발원에서 제공합니다.
6. 해당 분석항목에 대한 공정시험기준, 실험복, 분석기기작동법(매뉴얼)은 시험 당일 국립환경인력개발원에서 제공합니다.

다. 실기시험(구술형) 유의사항

1. 응시자는 시험 당일 신분증(주민등록증, 유효기간 내 여권, 운전면허증만 허용)과 응시표를 소지하고 응시자 교육장에 입실하여야 합니다.(개인별 입실시간은 추후 환경측정분석사 홈페이지 공지사항에 공고) 신분증 미지참 시 시험에 응시할 수 없으며, 당해 시험은 무효 처리됩니다.

라. 공통(필기·실기) 유의사항

1. 응시원서 또는 제출서류 등에 허위작성·위조·오기·누락 및 연락처 미기입으로 인해 발생하는 불이익은 응시자 본인의 책임입니다.
2. 전자계산기(공학용, 지정된 허용군 기종에 한하여 사용 가능하며 세부사항은 환경측정분석사 홈페이지에서 확인 가능)는 지참하되, 시험시작 전 반드시 감독관의 확인 하에 초기화(리셋) 이후에 사용하여야 하며, 이 사항을 위반하면 부정행위자로 처리될 수 있으니 착오 없으시기 바랍니다.
3. 시험시간의 1/2 이상이 경과한 이후부터 퇴실 가능합니다.
4. 시험 종료 후 감독관의 답안카드(답안지) 제출지시에 불응한 채 계속해서 답안카드(답안지)를 작성할 경우 당해시험은 무효처리될 수 있으며, 부정행위자로 간주될 수 있으니 유의하시기 바랍니다.
5. 응시자는 시험시간 중에 필기도구 및 계산기를 남에게 빌리거나 빌려주지 못하며, 통신기기 및 전자기기(PDA, PMP, 휴대용 컴퓨터, 휴대용카세트, 디지털카메라, MP3, 휴대용게임기,

전자사전, 카메라 펜, 시각표시 외의 기능이 부착된 시계 등)를 가지고 있거나 사용할 수 없습니다. 만약 시험 중 휴대폰 등 통신기기 및 전산기기를 지니고 있다가 적발되면 실제 사용 여부와 관계없이 부정행위자로 처리될 수 있으니 유의하시기 바랍니다.

6. 응시자 유의사항을 준수하지 않을 경우 불이익을 받을 수 있으며, 거짓이나 그 밖의 부정한 방법으로 환경측정분석사 자격을 취득한 경우에는 「환경분야 시험·검사 등에 관한 법률」 제20조에 따라 그 자격이 취소됩니다.

기타 사항

가. 해당 검정분야의 응시자격 요건을 충족하지 못한 자와 결격사유에 해당하는 자는 시험에 합격하더라도 당해시험이 원천 무효처리 됩니다.

나. 시험범위에 해당하는 환경오염공정시험기준과 정도관리 관련 규정은 시행계획 공고일 현재 시행 중인 규정을 적용합니다.

다. 시험장 관련 교통안내는 환경측정분석사 홈페이지를 참고하시기 바랍니다.

라. 필기시험 합격자는 당해 필기시험 합격자 발표일로부터 2년 동안(2년 이내에 검정이 시행되지 않을 경우에는 다음에 이어지는 1회로 한정) 필기시험을 면제받습니다.

마. 정도관리 현장평가에 평가위원으로 20회 이상 참여한 자는 필기시험 과목 중 정도관리 과목을 면제받습니다.

바. 필기시험 합격 후 최초로 실시되는 실기시험에서 60점 이상을 득점한 과목에 대해서는 그 이후 최초로 실시되는 실기시험에 한정하여 해당과목을 면제받습니다.

사. 본 공고문의 내용은 환경측정분석사 홈페이지에서도 열람할 수 있습니다.

아. 기타 시험관련 궁금한 사항은 국립환경인재개발원 교육기획과(☎ 032-560-7790~6)로 문의하시기 바랍니다.

공학용계산기 기종 안내

2020년 2월 1일부터 사용 가능한 공학용계산기 기종을 제한하므로 응시자는 환경측정분석사 자격검정시험 응시에 참고하시기 바랍니다.

◆ **적용시기** : 2020.2.1(토) ~

◆ **적용대상** : 환경측정분석사 검정 필기시험 및 실기시험 응시자

◆ **주요내용** : 아래 허용군 외 제조사 및 기종의 공학용계산기는 사용불가

〈공학용계산기 기종 허용군〉

연번	제조사	허용 기종군	비고
1	카시오(CASIO)	FX-901～999	
2	카시오(CASIO)	FX-501～599	
3	카시오(CASIO)	FX-301～399	
4	카시오(CASIO)	FX-80～120	
5	샤프(SHARP)	EL-501～599	
6	샤프(SHARP)	EL-5100, EL-5230, EL-5250, EL-5500	

※ 허용군 내 기종번호 말미의 영어 표기(ES, MS, EX 등)는 무관(단, 외장메모리 사용가능한 기종은 사용불가)

검정흐름도

검정계획 수립 및 공고	• 국립환경인재개발원 − 2개 이상의 일반 일간 신문에 시험일 90일 전까지 공고
↓	
필기시험 응시	• 응시자 → 국립환경인재개발원 − 응시원서 제출
↓ 〈합격시〉	
실기시험 응시	• 응시자 → 국립환경인재개발원 − 응시원서, 응시자격 증명서류(학력 경력증명서, 자격증사본 등) 제출
↓ 〈합격시〉	
환경측정분석사 자격증 교부	• 국립환경인재개발원 → 합격자

1편

필기

1장 대기오염 공정시험기준

1 [ES 01000] 총칙

01 대기환경보전법시행규칙 제15조 별표 8의 배출허용기준 중 표준산소농도를 적용받는 항목에 대하여 C : 오염물질농도(mg/Sm^3 또는 ppm), C_a : 실측오염물질농도(mg/Sm^3 또는 ppm), O_s : 표준산소농도(%), O_a : 실측산소농도(%), Q : 배출가스유량(Sm^3/일), Q_a : 실측배출가스유량(Sm^3/일)일 때 오염물질의 농도 및 배출가스유량 보정식으로 맞는 것은? [제3회 9번], [제6회 9번]

① $C = C_a \times \dfrac{21+O_s}{21+O_a}$, $Q = Q_a \div \dfrac{21+O_s}{21-O_a}$

② $C = C_a \times \dfrac{21-O_s}{21-O_a}$, $Q = Q_a \div \dfrac{21-O_s}{21-O_a}$

③ $C = C_a \div \dfrac{21-O_s}{21-O_a}$, $Q = Q_a \div \dfrac{21-O_s}{21-O_a}$

④ $C = C_a \div \dfrac{21+O_s}{21+O_a}$, $Q = Q_a \div \dfrac{21+O_s}{21+O_a}$

핵심포인트

개요

• 오염물질 농도 보정

$C = C_a \times \dfrac{21-O_s}{21-O_a}$	C : 오염물질 농도(mg/Sm^3 또는 ppm) O_s : 표준산소 농도(%) O_a : 실측산소 농도(%) C_a : 실측오염물질 농도(mg/Sm^3 또는 ppm)

• 배출가스 유량 보정

$Q = Q_a \div \dfrac{21-O_s}{21-O_a}$	Q : 배출가스 유량(Sm^3/일) O_s : 표준산소 농도(%) O_a : 실측산소 농도(%) Q_a : 실측배출가스 유량(Sm^3/일)

정답 01 ②

02 연소시설의 굴뚝에서 아황산가스(SO_2) 농도를 측정하였더니 450 ppm이었다. 이 연소시설의 표준산소농도가 9 %, 실측산소농도가 11 %이었다면 보정된 아황산가스 농도는 얼마인가? [제4회 28번]

① 540 ppm ② 375 ppm
③ 480 ppm ④ 360 ppm

문제풀이

① 주어진 조건 : SO_2 농도 450 ppm, 표준산소농도 9 %, 실측산소농도 11 %

② 보정된 SO_2 농도, $C(\text{ppm}) = C_a(\text{실측농도, ppm}) \times \frac{21-O_s}{21-O_a} = 450\text{ ppm} \times \frac{(21-9)\%}{(21-11)\%} = 540\text{ ppm}$

03 굴뚝에서 배출되는 가스 중 황산화물을 측정하였다. 측정된 산소농도는 10 %이고 황산화물의 농도는 200 ppm이다. 대기환경보전법 배출허용기준 표준산소농도가 12 %일 때 보정된 황산화물의 농도는? [제5회 8번]

① 164 ppm ② 194 ppm
③ 214 ppm ④ 244 ppm

문제풀이

① 주어진 조건 : 황산화물 농도 200 ppm, 표준산소농도 12 %, 실측산소농도 10 %

② 보정된 황산화물 농도, $C(\text{ppm}) = C_a(\text{실측농도, ppm}) \times \frac{21-O_s}{21-O_a} = 200\text{ ppm} \times \frac{(21-12)\%}{(21-10)\%} = 164\text{ ppm}$

04 다음 중 틀린 설명은? [제3회 10번]

① 액체 100 mL 중의 성분 질량(g) 또는 기체 100 mL 중의 성분 질량(g)을 표시할 때 W/V%를 사용한다.
② 황산(1+3)은 물 1용량에 황산 3용량의 비율로 혼합한 것을 의미한다.
③ 액체 100 mL 중의 성분 용량(mL) 또는 기체 100 mL 중의 성분 질량(mL)을 표시할 때 V/V%를 사용한다.
④ 액체 농도를 (1 → 3)으로 표시한 것은 용질 1 g 또는 1 mL를 용매에 녹여 전량을 3 mL로 한 것을 의미한다.

☑ **해설** ② 핵심포인트 2.② 참고 ; 황산(1+3) → 황산 1용량 대 물 3용량의 비율로 혼합한 것을 의미한다.

핵심포인트

1. 화학분석 및 일반사항/농도표시

① 중량백분율로 표시할 때는 %의 기호를 사용한다.
② 액체 100 mL 중의 성분질량(g) 또는 기체 100 mL 중의 성분질량(g)을 표시할 때는 W/V %의 기호를 사용한다.
③ 액체 100 mL 중의 성분용량(mL) 또는 기체 100 mL 중의 성분용량(mL)을 표시할 때는 V/V %의 기호를 사용한다.

정답 02 ① 03 ① 04 ②

④ 백만분율(Parts Per Million)을 표시할 때는 ppm의 기호를 사용하며 따로 표시가 없는 한 기체일 때는 용량 대 용량(V/V), 액체일 때는 중량 대 중량(W/W)을 표시한 것을 뜻한다.
⑤ 1억분율(Parts Per Hundred Million)은 pphm, 10억분율(Parts Per Billion)은 ppb로 표시하고 따로 표시가 없는 한 기체일 때는 용량 대 용량(V/V), 액체일 때는 중량 대 중량(W/W)을 표시한 것을 뜻한다.
⑥ 기체 중의 농도를 mg/m^3로 표시했을 때는 m^3은 표준상태(0℃, 1기압)의 기체용적을 뜻하고 Sm^3로 표시한 것과 같다. 그리고 am^3로 표시한 것은 실측상태(온도·기압)의 기체용적을 뜻한다.

2. 화학분석 및 일반사항/액의 농도

① 단순히 용액이라 기재하고, 그 용액의 이름을 밝히지 않은 것은 수용액을 뜻한다.
② 혼액 (1+2), (1+5), (1+5+10) 등으로 표시한 것은 액체상의 성분을 각각 1용량 대 2용량, 1용량 대 5용량 그리고 1용량 대 5용량 대 10용량의 비율로 혼합한 것을 뜻하며, (1 : 2), (1 : 5), (1 : 5 : 10) 등으로 표시할 수도 있다.
③ 액의 농도를 (1 → 2), (1 → 5) 등으로 표시한 것은 그 용질의 성분이 고체일 때는 1 g을, 액체일 때는 1 mL를 용매에 녹여 전량을 각각 2 mL 또는 5 mL로 하는 비율을 뜻한다.

05 질산(10 → 100) 용액의 몰 농도는? (단, 질산의 농도는 61 %, 비중은 1.38이다.) [제5회 7번]

① 0.13 M
② 0.36 M
③ 1.34 M
④ 3.59 M

문제풀이

① 주어진 조건 : 질산(10 → 100) 용액, 질산의 농도 61 %, 비중 1.38
② 질산(10 → 100) : 질산 10 mL를 물에 넣어 100 mL로 하는 것을 의미한다.
③ 10 mL 질산의 중량 계산 : $10\ mL \times \frac{1.38\ g}{mL} \times 0.61 = 8.418\ g$
④ 질산용액 100 mL의 몰농도 : $\frac{8.418\ g}{100\ mL} \times \frac{1\ M}{63\ g} \times \frac{10^3\ mL}{L} = 1.34\ M$

06 화학분석 일반사항에 온도의 표시와 관련된 내용을 다음에 제시하였다. 이에 대한 설명으로 옳은 것을 모두 고르시오. [제4회 16번]

> ㉠ 절대온도는 °K로 표시하고 절대온도 0 °K는 −273 ℃로 한다.
> ㉡ 냉수는 15 ℃ 이하, 온수는 60 ℃ ~ 70 ℃, 열수는 약 100 ℃를 말한다.
> ㉢ "수욕상 또는 수욕 중에서 가열한다"라 함은 따로 규정이 없는 한 상온에서 가열함을 뜻한다.

① ㉠, ㉡
② ㉡, ㉢
③ ㉠, ㉢
④ ㉠, ㉡, ㉢

☑ **해설** ㉢ 핵심포인트 1.④ 참고

핵심포인트

1. 화학분석 및 일반사항/온도의 표시

① 온도의 표시는 셀시우스(Celsius) 법에 따라 아라비아 숫자의 오른쪽에 ℃를 붙이며, 절대온도는 K로 표시하고 절대온도 0 K는 −273 ℃로 한다.
② 표준온도는 0 ℃, 상온은 (15 ~ 25) ℃, 실온은 (1 ~ 35) ℃로 하고 찬 곳은 따로 규정이 없는 한 (0 ~ 15) ℃인 곳을 뜻한다.

정답 05 ③ 06 ①

③ 냉수는 15 ℃ 이하, 온수는 (60 ~ 70) ℃, 열수는 약 100 ℃를 말한다.
④ "수욕상 또는 수욕 중에서 가열한다"라 함은 규정이 없는 한 수온 100 ℃에서 가열함을 뜻하고 약 100 ℃ 부근의 증기욕을 대응할 수 있다.

07 대기오염공정시험기준의 기재 및 용어에 대한 설명으로 틀린 것은? [제4회 33번]

① 액체성분의 양을 '정확히 취한다' 함은 홀피펫, 메스플라스크 또는 이와 동등 이상의 정도를 갖는 용량계를 사용하여 조작하는 것을 뜻한다.
② 시험조작 중 '즉시'란 30초 이내에 표시된 조작을 하는 것을 뜻한다.
③ 용액의 액성표시가 따로 규정이 없는 한 유리전극법에 의한 pH미터로 측정한 것을 뜻한다.
④ '감압' 또는 '진공'이라 함은 따로 규정이 없는 한 10 mmHg 이하를 뜻한다.

☑ **해설** ④ 핵심포인트 1.⑤ 참고

08 대기오염공정시험기준의 용어에 대한 설명으로 틀린 것은? [제8회 2번]

① '약'이란 그 무게 또는 부피에 대하여 ±10 % 이상의 차가 있어서는 안된다.
② '감압'이라 함은 따로 규정이 없는 한 50 mmHg 이하를 뜻한다.
③ '정확히 단다'라 함은 규정된 양의 시료를 취하여 분석용 저울로 0.1 mg까지 다는 것을 말한다.
④ 표준품을 채취할 때 표준액이 정수로 기재되어 있어도 실험자가 환산하여 기재수치에 '약'자를 붙여 사용할 수 있다.

☑ **해설** ② 핵심포인트 1.⑤ 참고

09 대기시험의 일반시험법에 대한 설명 중에서 알맞지 않은 것은? [제7회 6번]

① '약'이란 무게 또는 부피에 대하여 ± 5 % 이상의 차가 있어서는 안된다.
② '항량이 될 때까지 건조한다. 또는 강열한다'라 함은 따로 규정이 없는 한 보통의 건조방법으로 1시간 더 건조 또는 강열할 때 전후 무게의 차가 매 g당 0.1 mg 이하일 때를 뜻한다.
③ 시험조작 중 '즉시'란 30초 이내에 표시된 조작을 하는 것을 뜻한다.
④ '정확히 단다'라 함은 규정된 양의 시료를 취하여 분석용 저울로 0.1 mg까지 다는 것을 말한다.

☑ **해설** ① 핵심포인트 2.④ 참고, ② 핵심포인트 1.③ 참고

핵심포인트

1. 화학분석 및 일반사항/관련 용어

① "정확히 단다"라 함은 규정한 양의 검체를 취하여 분석용 저울로 0.1 mg까지 다는 것을 뜻한다.

정답 07 ④ 08 ② 09 ①, ②

② 액체성분의 양을 "정확히 취한다" 함은 홀피펫, 부피플라스크 또는 이와 동등 이상의 정도를 갖는 용량계를 사용하여 조작하는 것을 뜻한다.
③ "항량이 될 때까지 건조한다 또는 강열한다" 함은 따로 규정이 없는 한 보통의 건조방법으로 1시간 더 건조 또는 강열할 때 전후 무게의 차가 매 g당 0.3 mg 이하일 때를 뜻한다.
④ 시험조작 중 "즉시"란 30초 이내에 표시된 조작을 하는 것을 뜻한다.
⑤ "감압 또는 진공"이라 함은 따로 규정이 없는 한 15 mmHg 이하를 뜻한다.
⑥ "이상", "초과", "이하", "미만"이라고 기재하였을 때 이(以)자가 쓰인 쪽은 어느 것이나 기산점 또는 기준점인 숫자를 포함하여, "미만" 또는 "초과"는 기산점 또는 기준점의 숫자는 포함하지 않는다. 또 "a～b"라 표시한 것은 "a 이상 b 이하" 임을 뜻한다.
⑦ "바탕시험을 하여 보정한다"라 함은 시료에 대한 처리 및 측정을 할 때, 시료를 사용하지 않고 같은 방법으로 조작한 측정치를 빼는 것을 뜻한다.
⑧ 시료의 시험, 바탕시험 및 표준액에 대한 시험을 일련의 동일시험으로 행할 때, 사용하는 시약 또는 시액은 동일 로트(lot)로 조제된 것을 사용한다.
⑨ "정량적으로 씻는다" 함은 어떤 조작으로부터 다음 조작으로 넘어갈 때 사용한 비커, 플라스크 등의 용기 및 여과막 등에 부착한 정량대상 성분을 사용한 용매로 씻어 그 씻어낸 용액을 합하고 먼저 사용한 같은 용매를 채워 일정부피로 하는 것을 뜻한다.
⑩ 용액의 액성 표시는 따로 규정이 없는 한 유리전극법에 의한 pH미터로 측정한 것을 뜻한다.

2. ES 01103.a 시약 및 표준용액/시약/시약 및 표준물질의 규정

① 시험에 사용하는 시약은 따로 규정이 없는 한 특급 또는 1급 이상 또는 이와 동등한 규격의 것을 사용하여야 한다.
② 시험에 사용하는 표준물질은 원칙적으로 특급 시약을 사용하며 표준용액을 조제하기 위한 표준용 시약은 따로 규정이 없는 한 데시케이터에 보존된 것을 사용한다.
③ 표준물질을 채취할 때 표준용액이 정수로 기재되어 있어도 실험자가 환산하여 기재수치에 "약"자를 붙여 사용할 수 있다.
④ "약"이란 그 무게 또는 부피등에 대하여 ± 10 % 이상의 차가 있어서는 안된다.

2 [ES 01102] 시료 전처리

01 **대기오염공정시험기준 시료 전처리에 대한 설명으로 틀린 것은?** [제10회 1번]

① 용매추출법은 필터에 채취한 무기질 시료를 용해시키기 위하여 단일산이나 혼합산의 묽은 산 혹은 진한산을 사용하여 오픈형 열판에서 직접 가열하여 시료를 분해하는 방법이다.
② 마이크로파 산분해 방법은 원자흡수분광법이나 유도결합플라즈마방출분광법 등으로 무기물을 분석하기 위한 시료의 전처리 방법으로 주로 이용된다.
③ 회화법은 유기물 및 동식물 생체시료 중의 회분을 측정하기 위하여 일반적으로 사용하는 전처리 방법이다.
④ 단일산이나 혼합산을 사용하여 가열하지 않고 시료 중 분석하고자 하는 성분을 추출하고자 할 때 초음파 추출기를 이용한다.

☑ **해설** ① 핵심포인트 6. 참고 ; ①은 1. 산분해 방법에 대한 설명이다.

02 **굴뚝 배출가스 및 대기환경 중에서 채취한 입자상 및 기체상 시료의 분석을 위하여 시료의 성상에 따른 전처리방법의 연결이 틀린 것은?** [제11회 1번]

① 무기질 시료 : 질산－과산화수소법
② 유기물 함유시료 : 마이크로파 산분해법
③ 동식물 생체시료 : 회화법
④ 필터에 채취한 무기질 시료 : 질산－염산법

☑ **해설** 공정시험기준상 마이크로파 산분해법은 무기물을 분석하기 위한 시료의 전처리방법이지만 유기물 함유 시료의 전처리도 가능한 방법이다.

핵심포인트

1. 산 분해

① 필터에 채취한 무기질 시료를 용해시키기 위하여 단일산이나 혼합산의 묽은산 혹은 진한산을 사용하여 오픈형 열판에서 직접 가열하여 시료를 분해하는 방법으로 전처리에 사용하는 산류에는 염산(HCl), 질산(HNO_3), 플루오르화수소산(HF), 황산(H_2SO_4), 과염소산($HClO_4$) 등이 있는데 염산을 가장 많이 사용한다.
㉠ 질산－염산법　㉡ 질산－과산화수소수법　㉢ 질산법

2. 마이크로파 산 분해

① 원자흡수분광광도법(AAS)이나 유도결합플라즈마방출분광법(ICP－AES) 등으로 무기물을 분석하기 위한 시료의 전처리 방법으로 주로 이용된다.

3. 초음파 추출

① 단일산이나 혼합산을 가열하지 않고 시료 중 분석하고자 하는 성분을 추출하고자 할 때 초음파 추출기를 이용하는 방법으로 질산－염산 혼합액에 의한 초음파 추출법이 있다.

4. 회화법

① 유기물 및 동식물 생체시료 중의 회분을 측정하기 위하여 일반적으로 사용하는 전처리 방법이다.

5. 저온회화법

① 시료를 채취한 여과지를 회화실에 넣고 약 200 ℃ 이하에서 회화하는 전처리 방법이다.

6. 용매추출법

① 적당한 용매를 사용하여 액체나 고체 시료에 포함되어 있는 성분을 추출하는 방법이다.

정답 01 ① 02 모두 정답

3 [ES 01111.a] 배출가스 중 가스상 물질 시료채취방법

01 분석대상 가스가 질소산화물인 경우 채취관 및 도관의 재질로 사용할 수 없는 것은? [제3회 7번]

① 세라믹 ② 불소수지
③ 염화비닐수지 ④ 스테인리스강

☑ **해설** ③ 핵심포인트 <표> 6. 질소산화물 참고

02 배출가스 중 가스상 물질 시료채취방법으로 분석물질과 채취관 재질 선택이 틀린 것은? [제10회 2번]

① 암모니아－경질유리 ② 시안화수소－석영
③ 페놀－불소수지 ④ 불소화합물－실리콘수지

☑ **해설** ④ 핵심포인트 <표> 10. 불소화합물 참고

03 배출가스 중 가스상 물질의 시료채취 시 채취관이나 도관의 재질로서 경질유리나 석영을 사용할 수 없는 분석 대상 가스는? [제8회 10번]

① 불소화합물 ② 황산화물
③ 암모니아 ④ 염화수소

☑ **해설** ① 핵심포인트 <표> 10. 불소화합물 참고

04 배출가스의 온도가 150℃인 굴뚝에서 배출되는 불소화합물을 채취하기 위해 사용하는 채취관의 재질로 알맞은 것은? [제2회 24번]

① 석영, 실리콘수지 ② 세라믹, 불소수지
③ 스테인리스강, 불소수지 ④ 석영, 불소수지

☑ **해설** ③ 핵심포인트 <표> 10. 불소화합물 참고

핵심포인트

1. 시료채취장치/채취관

〈표〉 분석물질의 종류별 채취관 및 연결관 등의 재질

순번	분석물질, 공존가스	채취관, 연결관의 재질	여과재	비고
1	암모니아	①②③④⑤⑥	ⓐⓑⓒ	① 경질유리
2	일산화탄소	①②③④⑤⑥⑦	ⓐⓑⓒ	② 석영
3	염화수소	①② ⑤⑥⑦	ⓐⓑⓒ	③ 보통강철
4	염소	①② ⑤⑥⑦	ⓐⓑⓒ	④ 스테인리스강 재질
5	황산화물	①② ④⑤⑥⑦	ⓐⓑⓒ	⑤ 세라믹
6	질소산화물	①② ④⑤⑥	ⓐⓑⓒ	⑥ 불소수지

정답 01 ③ 02 ④ 03 ① 04 ③

순번	분석물질, 공존가스	채취관, 연결관의 재질	여과재	비고
7	이황화탄소	①② ⑥	ⓐⓑ	⑦ 염화비닐수지
8	포름알데히드	①② ⑥	ⓐⓑ	⑧ 실리콘수지
9	황화수소	①② ④⑤⑥⑦	ⓐⓑⓒ	⑨ 네오프렌
10	불소화합물	④ ⑥	ⓒ	
11	시안화수소	①② ④⑤⑥⑦	ⓐⓑⓒ	
12	브롬	①② ⑥	ⓐⓑ	
13	벤젠	①② ⑥	ⓐⓑ	ⓐ 알칼리 성분이 없는 유리솜 또는 실리카솜
14	페놀	①② ④ ⑥	ⓐⓑ	ⓑ 소결유리
15	비소	①② ④⑤⑥⑦	ⓐⓑⓒ	ⓒ 카보런덤

05 굴뚝 시료채취 시 채취관을 보온 또는 가열해 주는 이유 중 틀린 것은? [제8회 15번]

① 시료채취장치의 부식을 방지하기 위해서
② 여과지의 구멍이 막히지 않도록 하기 위해서
③ 분석 대상 가스의 분석오차를 막기 위해서
④ 배출가스의 공기 누출을 막기 위해서

핵심포인트

1. 시료채취장치/채취관/보온 및 가열

① 배출가스 중의 수분 또는 이슬점이 높은 기체성분이 응축해서 채취관이 부식 될 염려가 있는 경우
② 여과재가 막힐 염려가 있는 경우
③ 분석물질이 응축수에 용해되어 오차가 생길 염려가 있는 경우에는 채취관을 보온 또는 가열한다.

06 배출가스상 물질 시료채취방법 중 채취부에 해당하지 않는 것은? [제4회 7번]

① 흡수병　② 수은 마노미터
③ 가스건조탑　④ 채취관

☑ **해설** ④ 핵심포인트 1. 참고

07 배출가스상 물질의 시료채취방법에서 채취부에 대한 설명 중 옳지 않은 것은? [제2회 12번], [제9회 7번]

① 수은 마노미터 : 대기와 압력 차가 없는 것을 쓴다.
② 가스건조탑 : 유리로 만든 가스건조탑을 쓰며 건조제로는 입자 상태의 실리카겔, 염화칼슘 등을 쓴다.
③ 펌프 : 배기능력이 0.5 L/min ~ 5 L/min인 밀폐형을 쓴다.
④ 가스미터 : 일회전이 1 L인 습식 또는 건식 가스미터로 온도계와 압력계가 붙어 있는 것을 쓴다.

☑ **해설** ① 핵심포인트 1.② 참고

정답 05 ④　06 ④　07 ①

핵심포인트

1. 시료 채취장치/채취부

가스 흡수병, 바이패스용 세척병, 수은 마노미터, 가스건조탑, 펌프, 가스미터 등으로 구성되어 있다.

① 흡수병 : 유리로 만든 것으로 분석대상에 따라 선택한다.
② 수은 마노미터 : 대기와 압력차가 100 mmHg 이상인 것을 쓴다.
③ 가스 건조탑 : 유리로 만든 가스건조탑을 쓰며, 건조제로서는 입자상태의 실리카겔, 염화칼슘 등을 쓴다.
④ 펌프 : 배기능력 (0.5 ~ 5) L/min인 밀폐형인 것을 쓴다.
⑤ 가스미터 : 일회전 1 L의 습식 또는 건식 가스미터로 온도계와 압력계가 붙어 있는 것을 쓴다.

08 굴뚝 배출가스의 시료채취장치로 흡수병을 사용하여 조립할 때 누출확인시험에 관한 설명으로 옳지 않은 것은? [제9회 9번]

① 누출 확인 시 흡수병에 거품이 생기면 그 앞의 부분에 공기가 새는 것으로 본다.
② 흡인유량에 있어서의 장치 안의 부압(대기압과 압차)은 수은마노미터로 측정한다.
③ 먼저 채취관 쪽의 3방콕크를 닫고 펌프 쪽의 3방콕크를 연 다음 펌프의 유량조절 콕크를 조작한다.
④ 펌프의 3방콕크를 닫았을 때 압력측정기의 압차가 적어지면 펌프 바로 뒷부분부터 공기가 새는 것으로 본다.

☑ **해설** ④ 핵심포인트 1.③ 참고

핵심포인트

1. 시료채취장치의 취급/흡수병을 사용할 때 누출확인시험

① 미리 소정의 흡입유량에 있어서 장치안의 부압(대기압과 압차)을 수은 마노미터로 측정한다.
② 채취관 쪽의 3방콕을 닫고 펌프 쪽의 3방콕을 연 다음 펌프의 유량조절 콕을 조작하여 분석용 흡수병을 부압(소정의 흡입유량에 있어서의 장치안의 부압의 2배 정도)으로 하고 펌프 바로 앞의 콕을 닫는다.
③ 흡수병에 거품이 생기면 그 앞의 부분에 공기가 새는 것으로 본다. 또 펌프의 3방콕을 닫았을 때 수은 마노미터의 압차가 적어지면, 펌프 바로 앞부분까지 새는 곳이 있는 것으로 본다.
④ 새는 부분은 장치를 다시 조립해서 새는 곳이 없는지 다시 확인한다. 흡수병의 갈아맞춤 부분에 약간의 먼지가 붙어 있을 때에는 깨끗이 닦고, 갈아 맞춤부분은 물 1방울 ~ 2방울로 적셔서 차폐한다. 공기가 새는 것을 막고 필요한 때는 실리콘 윤활유 등을 발라서 새는 것을 막는다.

09 괄호에 들어갈 내용으로 모두 옳은 것은? [제3회 23번]

> 배출가스 중의 가스상 물질을 흡수병을 사용하여 시료채취 시 바이패스용 세척병은 1개 이상 준비하고 분석대상가스가 산성일 때는 수산화소듐 (㉠)을, 알칼리성일 때는 황산 (㉡)을 각각 50 mL씩 넣는다.

① ㉠ : 15 %, ㉡ : 20 %
② ㉠ : 20 %, ㉡ : 25 %
③ ㉠ : 25 %, ㉡ : 30 %
④ ㉠ : 30 %, ㉡ : 35 %

정답 08 ④ 09 ②

핵심포인트

1. 조립/흡수병을 사용할 때/채취부

① 분석용 흡수병은 1개 이상 준비하고 각각에 규정량의 흡수액을 넣는다.
② 바이패스용 세척병은 1개 이상 준비하고 분석물질이 산성일 때는 수산화소듐 용액(NaOH, 질량분율 20 %)을, 알칼리성일 때는 황산(H_2SO_4, 질량분율 25 %)을 각각 50 mL씩 넣는다.

10 배출가스 중 가스상 물질의 시료채취방법에 대한 설명으로 틀린 것은? [제11회 2번]

① 가스상 물질의 시료채취량은 표준상태로 환산한 건조시료 가스의 양이다.
② 분석물질이 이황화탄소일 때 채취관의 재질은 석영을 사용해야 한다.
③ 채취관은 배출가스의 흐름에 따라서 직각이 되도록 연결한다.
④ 연결관은 가능한 한 수직으로 연결하고 부득이 구부러진 관을 쓸 경우에는 응축수가 흘러나오기 쉽도록 5° 이상 경사지게 한다.

☑ **해설** ② 보기 4개중 굳이 답을 찾으려면 ②를 선택할 수 있으며, 채취관의 재질은 경질유리, 석영, 불소수지를 사용할 수 있다.

핵심포인트

1. 개요

① 배출가스 중 가스상 물질 시료채취방법은 굴뚝을 통하여 대기 중으로 배출되는 가스상 물질을 분석하기 위한 시료의 채취방법에 대해 규정하며, 이 시험기준에서 표시하는 가스상 물질의 시료채취량은 표준상태로 환산한 건조시료 가스량이다.

2. 시료채취장치

① 채취관은 배출가스의 흐름에 따라서 직각이 되도록 연결해야 하며, 채취구에 고정쇠를 써서 고정한다.
② 분석물질이 이황화탄소일 경우 채취관의 재질은 경질유리, 석영, 불소수지를 사용할 수 있다.
(문제 1번~4번 핵심포인트 참조)
③ 연결관은 되도록 짧은 것이 좋으나, 부득이 길게 해서 쓰는 경우에는 이음매가 없는 배관을 써서 접속부분을 적게 하고 받침 기구를 써서 고정하며, 76 m를 넘지 않도록 한다. 또한 구부러진 관을 쓸 경우에는 응축수가 흘러나오기 쉽도록 5° 이상 경사지게 하고 시료가스는 아래로 향하게 한다.

정답 10 정답없음

4 [ES 01112.b] 배출가스 중 입자상 물질 시료채취방법

01 굴뚝에서 먼지를 측정할 때 고려할 사항으로 틀린 것은? [제3회 50번]

① 측정위치는 하부 끝단으로부터 위를 향하여 굴뚝직경의 8배 이상이 되어야 한다.
② 측정위치는 상부 끝단으로부터 아래를 향하여 굴뚝직경의 2배 이상이 되어야 한다.
③ 측정공은 측정 위치로 선정된 굴뚝 벽면에 내경 100 mm ~ 150 mm로 설치한다.
④ 굴뚝 단면이 상하 동일 단면적인 사각형인 경우 환산 직경은 $\frac{A \times B}{A + B}$로 한다.
(여기서, A : 굴뚝 내부 단면 가로 치수, B : 굴뚝 내부 세로 치수)

☑ **해설** ④ 핵심포인트 2.② 참고

핵심포인트

1. 측정위치, 측정공 및 측정점의 선정/측정위치

① 측정위치는 원칙적으로 굴뚝의 굴곡부분이나 단면모양이 급격히 변하는 부분을 피하여 배출가스 흐름이 안정되고 측정작업이 쉬우며 안전한 곳을 선정한다.
② 수직굴뚝 하부 끝단으로부터 위를 향하여 그곳의 굴뚝 내경의 8배 이상이 되고, 상부 끝단으로부터 아래를 향하여 그곳의 굴뚝내경의 2배 이상이 되는 지점에 측정공 위치를 선정하는 것을 원칙으로 한다.
③ 위의 기준에 적합한 측정공 설치가 곤란하거나 측정작업의 불편, 측정자의 안전성 등이 문제될 때에는 하부 직경의 2배 이상과 상부 내경의 1/2배 이상 되는 지점에 측정공을 설치할 수 있다.
④ 수직굴뚝에 측정공을 설치하기가 곤란하여 부득이 수평 굴뚝에 측정공이 설치되어 있는 경우는 수평굴뚝에서도 측정할 수 있으나 측정공의 위치가 수직굴뚝의 측정위치 선정기준에 준하여 선정된 곳이어야 한다.

2. 측정위치, 측정공 및 측정점의 선정/측정공 위치선정

① 굴뚝단면이 원형인 경우(상·하 동일 단면적) : 굴뚝 상·하 직경은 위에서 명시한 수직굴뚝의 배출가스가 흐트러짐이 시작되는 위치의 내경을 기준으로 한다.
② 굴뚝단면이 사각형인 경우(상·하 동일 단면적의 정사각형 또는 직사각형)

환산직경 $= 2 \times \left(\frac{A \times B}{A+B}\right) = 2 \times \left(\frac{가로 \times 세로}{가로 + 세로}\right)$	A : 굴뚝내부 단면 가로규격 B : 굴뚝내부 단면 세로규격

③ 굴뚝단면이 서서히 변하는 경우
㉠ 원형굴뚝의 경우 : 측정공 위치를 대략적으로 선정하고 다음에 의거하여 굴뚝직경을 산출하여 선정된 측정공 위치가 환산 하부직경의 2배 이상과 환산 상부직경의 1/2배 이상이면 측정공 위치로 채택한다.

환산하부직경 $= \frac{하부직경 + 선정된\ 측정공의\ 직경}{2}$	환산상부직경 $= \frac{상부직경 + 선정된\ 측정공의\ 직경}{2}$

3. 측정위치, 측정공 및 측정점의 선정/측정공 및 측정작업대/측정공의 규격

① 측정공은 측정위치로 선정된 굴뚝 벽면에 내경 (100 ~ 150) mm 정도로 설치하고 측정 시 이외에는 마개를 막아 밀폐하고 측정 시에도 흡입관 삽입 이외의 공간은 공기가 새지 않도록 밀폐하여야 한다.

정답 01 ④

02 **수직원형 굴뚝의 상부직경은 1 m, 하부직경은 2 m, 높이는 20 m이다. 먼지 채취를 위한 측정공의 최소높이는 하부로부터 얼마 이상이어야 하는가?** [제5회 12번]

① 12.1 m ② 13.4 m
③ 14.7 m ④ 16.0 m

문제풀이

① 주어진 조건 : 굴뚝의 상부직경 1 m, 굴뚝의 하부직경 2 m, 굴뚝의 높이 20 m
② 측정공의 위치는 수직굴뚝 하부 끝단으로부터 위를 향하여 그 곳의 굴뚝 내경의 8배 이상되어야 하므로 굴뚝 하부직경(2 m) 8배인 지점에서의 굴뚝높이는 16 m이며 이 높이는 굴뚝 전체 높이(20 m)의 80 %에 해당하는 높이이므로 그 높이에서의 굴뚝 직경은 대략 1.2 m이다.
③ 다음 식을 적용하여 환산하부 직경을 구한다.

$$환산하부직경 = \frac{하부직경 + 선정된\ 측정공의\ 직경}{2} = \frac{(2+1.2)\ m}{2} = 1.6\ m$$

④ 따라서 측정공은 환산하부직경 (1.6 m)의 8배 이상이 되어야 하므로 1.6 m × 8 = 12.8 m보다 높은 위치이어야 한다.
⑤ 보기에서 12.8 m보다 높은 최소 높이는 13.4 m이다.

03 **상온·상압에서 배출가스의 유속을 피토관으로 측정하였더니 동압이 2 mmHg이었다. 공기의 유속은 몇 m/s인가?** (단, 피토관 계수는 0.9, 배출가스의 밀도는 1.3 kg/m^{3}이다.) [제7회 16번]

① 3.5 ② 4.9
③ 12.9 ④ 18.2

문제풀이

① 주어진 조건 : 동압(h) 2 mmHg, 피토관 계수(C) 0.9, 배출가스 밀도(r) 1.3 kg/m^3
② 유속계산 : $V(m/s) = C\sqrt{\frac{2gh}{r}} = 0.9\sqrt{\frac{2\times 9.8\ m/s^2 \times 2\ mmHg \times \frac{13.6\ mmH_2O}{mmHg}}{1.3\ kg/m^3}} = 18.2\ m/s$
※ 1 mmHg = 13.6 mmH_2O

04 **굴뚝을 통해 대기중으로 배출되는 가스의 평균유속을 피토관으로 측정한 결과 동압이 29.91 mmH_2O이었다. 배출가스의 평균유속(m/sec)은?** (단, 피토관 계수는 1.2, 배출가스의 온도는 150 ℃, 배출가스의 밀도는 1.3 kg/Sm^{3}이다.) [제10회 2차 1번]

① 0.3172 ② 3.172
③ 31.72 ④ 317.2

문제풀이

① 주어진 조건 : 동압(h) 29.91 mmH_2O, 피토관 계수(C) 1.2, 배출가스 온도(t) 150 ℃, 배출가스 밀도(r) 1.3 kg/m^3
② 배출가스 밀도 환산 : $\gamma(kg/m^3) = 1.3\ kg/m^3 \times \frac{273}{273+150} = 0.839\ kg/m^3$
③ 유속 계산 : $V(m/s) = C\sqrt{\frac{2gh}{r}} = 1.2\sqrt{\frac{2\times 9.8(m/s^2)\times 29.91\ mmH_2O}{0.839(kg/m^3)}} = 31.72\ m/s$

정답 02 ② 03 ④ 04 ③

핵심포인트

1. 분석절차/수동식채취장치의 전처리/배출가스의 유속측정

① 유속 측정방법 : 배출가스의 동압을 측정하는 기구로서는 피토관 계수가 정해진 피토관과 경사마노미터 등을 사용하며, 피토관의 전압(total pressure)공을 측정점에서 가스가 흐르는 방향에 직면하게 놓고 전압과 정압(static pressure)의 차이로 동압(velocity pressure)을 측정한다.

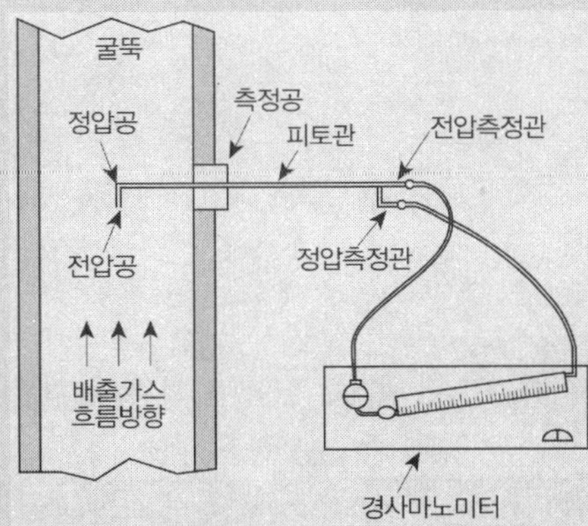

〈그림〉 피토관에 의한 배출가스 유속측정

② 유속 계산식

$V(\text{m/s}) = C\sqrt{\dfrac{2gh}{r}}$	V : 유속(m/s), C : 피토관 계수 h : 피토관에 의한 동압 측정치(mmH_2O) g : 중력가속도(9.81 m/s^2) γ : 굴뚝 내의 배출가스 밀도(kg/m^3)

05 대기 배출시설에서의 입자상 물질(먼지) 시료채취 및 측정에 관한 설명으로 틀린 것은?

[제2회 13번]

① 먼지 농도는 표준상태(25 ℃, 760 mmHg)의 건조 배출가스 1 Sm^3 중에 함유된 먼지의 중량으로 표시한다.

② 먼지가 포집되기 전·후에 여과지를 110±5 ℃에서 충분히 건조시켜 부착 수분을 제거한 후 먼지의 중량 농도를 계산한다.

③ 굴뚝이 원형일 때, 측정점에서의 내경($2R$)이 1 m를 초과하고 2 m 이하이면, 굴뚝 중심에서 측정점까지의 거리는 $r_1 = 0.500R$, $r_2 = 0.866R$로서 2지점 이상에서 시료를 채취한다.

④ 먼지 시료채취시 장비의 연결 순서는 보편적으로 시료채취관－흡수병－도관－펌프와 오리피스 마노미터 순으로 한다.

☑ **해설** ① 핵심포인트 1.① 참고

핵심포인트

1. 개요/적용범위

① 배출가스 중에 함유되어 있는 액체 또는 고체인 입자상 물질을 등속흡입하여 측정한 먼지로서, 먼지 농도 표시는 표준상태(0 ℃, 760 mmHg)의 건조 배출가스 1 m^3 중에 함유된 먼지의 질량(mg)으로 한다.

정답 05 ①

2. 측정 위치, 측정공 및 측정점의 선정/측정점의 선정/굴뚝단면이 원형일 경우

① 그림과 같이 측정 단면에서 서로 직교하는 직경선상에 표에서 부여하는 위치를 측정점으로 선정하며, 측정점수는 굴뚝직경이 4.5 m를 초과할 때는 20점까지로 한다.

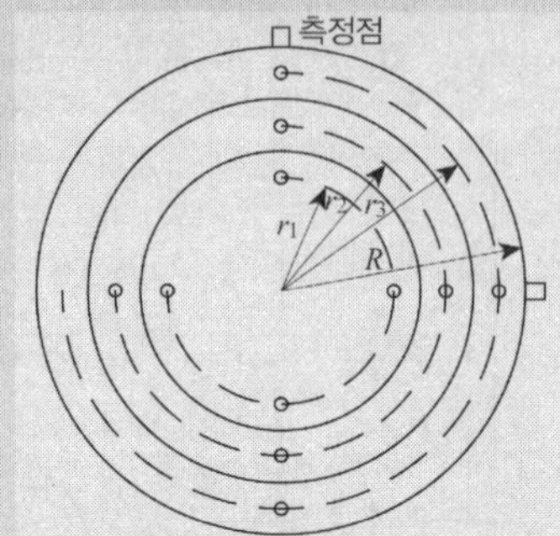

〈그림〉 원형단면의 측정 환산 예

〈표〉 원형단면의 측정점

굴뚝직경 $2R$(m)	반경구분수	측정점수	굴뚝 중심에서 측정점까지의 거리 r_n(m)				
			r_1	r_2	r_3	r_4	r_5
1 이하	1	4	0.707R	–	–	–	–
1 초과 2 이하	2	8	0.500R	0.866R	–	–	–
2 초과 4 이하	3	12	0.408R	0.707R	0.913R	–	–
4 초과 4.5 이하	4	16	0.354R	0.612R	0.791R	0.935R	–
4.5 초과	5	20	0.316R	0.548R	0.707R	0.837R	0.949R

② 굴뚝 단면적이 0.25 m^2 이하로 소규모일 경우에는 그 굴뚝 단면의 중심을 대표점으로 하여 1점만 측정한다.

3. 분석절차/반자동 채취장치의 전처리/측정방법

① 먼지가 채취된 여과지를 (110±5) ℃에서 충분히 1시간 ~ 3시간 건조시켜 부착수분을 제거한 후 먼지의 질량농도를 계산한다. 다만, 배연탈황시설과 황산미스트에 의해서 먼지농도가 영향을 받는 경우에는 여과지를 160 ℃ 이상에서 4시간 이상 건조시킨 후 먼지농도를 계산한다.

06 등속계수에 대한 설명으로 틀린 것은? [제3회 8번], [제7회 10번]

① 대기오염물질(입자상, 가스상) 농도를 산정하기 위해 필수적으로 측정하여야 한다.

② 등속계수의 적정 범위는 95 % ~ 110 %이다.

③ 등속계수를 산정하기 위해서는 배출가스의 정압, 오리피스압차, 굴뚝 내 배출가스온도, 진공게이지압, 시료채취시간 등을 측정하여야 한다.

④ 시료채취부에 있는 노즐의 종류에 따라 등속계수가 변한다.

☑ **해설** ① 핵심포인트 1.① 참고 ; 입자상 물질(먼지) 농도 산정시 필수적으로 측정하여야 하지만 가스상 물질 측정시에는 반드시 측정해야 하는 것은 아니다.
② 핵심포인트 2.① 참고

정답 06 ①

07 등속계수에 대한 설명으로 틀린 것은? [제9회 2차 9번]

① 가스상 대기오염물질의 농도를 산정하기 위해 필수적으로 측정하여야 한다.
② 등속계수의 적정 범위는 95 % ~ 110 %이다.
③ 등속계수를 산정하기 위해서는 배출가스의 정압, 오리피스압차, 굴뚝 내 배출가스온도, 진공게이지압, 시료채취시간 등을 측정하여야 한다.
④ 시료채취부에 있는 노즐의 종류에 따라 등속계수가 변한다.

☑ **해설** ① 핵심포인트 1.① 참고, ② 핵심포인트 2.① 참고

핵심포인트

1. 용어정의/등속흡입

① 등속흡입(Isokinetic sampling)은 먼지시료를 채취하기 위해 흡입 노즐을 이용하여 배출가스를 흡입할 때, 흡입노즐을 배출가스의 흐름방향으로 배출가스와 같은 유속으로 가스를 흡입하는 것을 말한다.

2. 시료채취 및 방법/반자동식채취기/시료채취절차

① 등속흡인 정도를 알아보기 위해 다음 식에 의해 등속흡입계수를 구하고 그 값이 90 % ~ 110 % 범위 내에 들지 않을 경우 다시 시료를 채취한다.
※ 등속흡입계수 하한값이 95 %에서 90 %로 변경됨(2020.9.7 개정)

$$I(\%) = \frac{T_s\,[0.00346\,V_{ic} + V_m/T_m\,(P_a + \Delta H/13.6)]}{P_s \cdot t \cdot v \cdot A_n} \times (1.667 \times 10^4)$$

I = 등속흡입계수(%)	T_m = 건식가스미터의 평균 절대온도(K : $273+\theta_m$(℃))
P_s' = 배출가스 압력(mmHg : $P_a + P_s$)	P_a = 측정공 위치에서의 대기압(mmHg)
P_s = 배출가스 정압	ΔH = 오리피스 압차(mmH$_2$O)
T_s = 배출가스 평균 절대온도(K : $273+\theta_m$(℃))	t = 총시료 채취시간(분)
V_{ic} = 임핀저와 실리카겔에 채취된 물의 총량(mL)	v = 배출가스 유속(m/s)
V_m = 건식가스미터에서 읽은 가스 시료채취량(m^3)	A_n = 노즐의 단면적(cm^2)

08 굴뚝에서 배출되는 배출가스 중 먼지를 수동식 채취기에 의한 방법으로 측정하였다. 가스미터에서 흡인 유량은 30 L/min, 가스 흡인 시간은 15분, 흡인 가스량(습식가스미터에서 읽은 값)은 480 L 일 때, 등속계수와 등속흡인 여부를 판정한 것으로 올바른 것은?

[제2회 30번], [제6회 16번], [제7회 14번]

① 93.75 %, 등속흡인 됨　② 93.75 %, 등속흡인 안 됨
③ 106.67 %, 등속흡인 됨　④ 106.67 %, 등속흡인 안 됨

문제풀이

1. 시료채취 및 방법/수동식채취기/시료채취절차

① 주어진 조건 : 가스미터 흡입유량(q_m) 30 L/min, 가스흡입 시간(t) 15분, 흡입 가스량(V_m') 480 L

② 등속흡입 계산 : $I(\%) = \frac{V_m'}{q_m \times t} \times 100 = \frac{480\ \text{L}}{30\,(\text{L/min}) \times 15\ \text{min}} \times 100 = 106.67\ \%$,

③ 판정 : 계산된 등속흡인 값이 90 % ~ 110 %의 범위에 있으므로 등속흡인 된 것으로 판단한다.

정답 07 ① 08 ③

09 **배출가스 중 입자상 물질의 시료채취방법으로 수동식 시료채취기를 1형과 2형으로 구분하는 기준은 무엇인가?** [제10회 3번]

① 연결관의 재질 ② 먼지채취부의 위치
③ 가스흡입부의 구성 ④ 가스미터의 종류

☑ **해설** ② 핵심포인트 1.① 참고

핵심포인트

1. 분석기기 및 기구/수동식 시료채취기

- 먼지채취부, 가스흡입부, 흡입유량 측정부 등으로 구성되며, 먼지채취부의 위치에 따라 1형과 2형으로 구분된다.
  ① 먼지채취기 설치위치 : 1형은 굴뚝 안에 설치하고, 2형은 굴뚝 밖에 설치한다.
  ② 먼지시료채취장치의 모든 접합부는 가스가 새지 않도록 하여야 하고 2형일 때는 배출가스 온도가 이슬점 이하가 되지 않도록 보온 또는 가열해 주어야 한다.

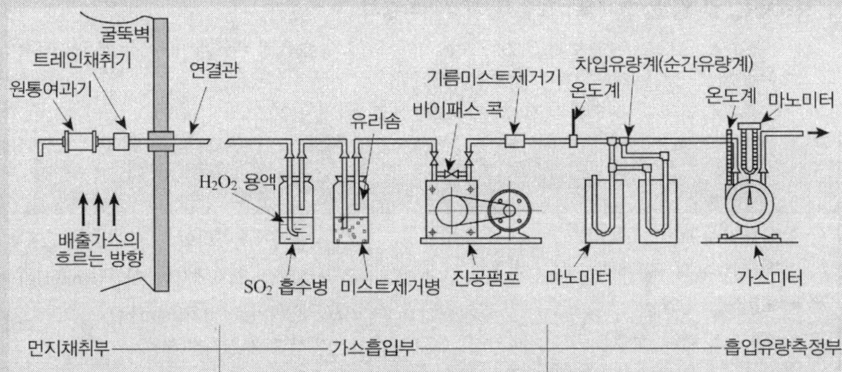

〈그림 1〉 수동식 시료채취장치(1형)

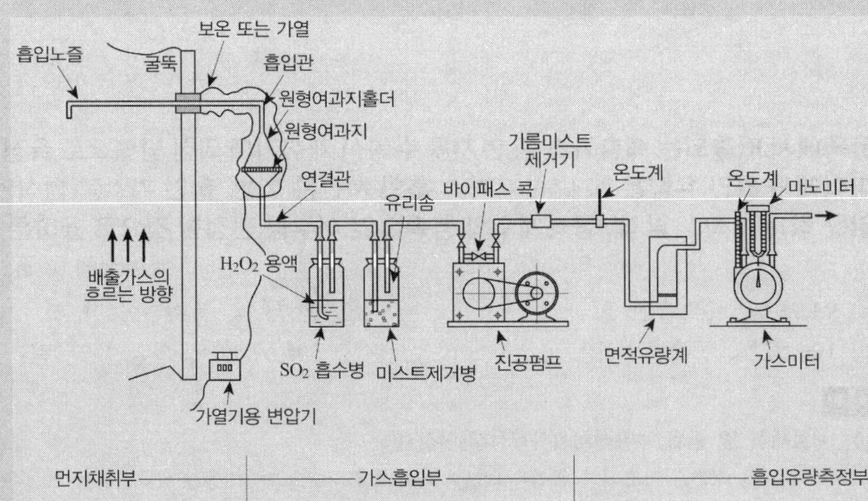

〈그림 2〉 수동식 시료채취장치(2형)

정답 09 ②

5 [ES 01113.a] 배출가스 중 휘발성유기화합물(VOCs) 시료채취방법

01 **배출가스 중 휘발성유기화합물질의 시료채취와 관련하여 가장 관계가 없는 것은?** [제2회 18번]

① 채취관 재질은 유리, 석영, 불소수지 등이다.
② 각 장치의 모든 연결 부위에는 진공용 그리스를 사용한다.
③ 응축기 및 응축수 트랩은 유리 재질이다.
④ 시료채취관에서 응축기 및 기타 부분의 연결관은 가능한 한 짧게 한다.

☑ **해설** ② 핵심포인트 1.① 참고

02 **배출가스 중 휘발성유기화합물질(VOCs) 시료채취방법으로 옳은 것은?** [제3회 22번]

① 채취관 재질은 유리, 석영, 불소수지 등으로 120 ℃ 이상까지 가열이 가능한 것이어야 한다.
② 각 장치의 모든 연결부위는 진공용 그리스를 사용하여 누출을 차단하고 불소수지 재질의 관을 사용하여 연결한다.
③ 응축기 및 응축수 트랩은 유리재질이어야 하며, 응축기는 가스가 앞쪽 흡착관을 통과하기 전 가스를 25 ℃ 이하로 낮출 수 있는 용량이어야 한다.
④ 유량측정부에서는 기기의 온도 및 압력 측정이 가능해야 하며, 최대 100 mL/min의 유량으로 시료채취가 가능해야 한다.

☑ **해설** ② 핵심포인트 1.① 참고, ③ 핵심포인트 1.④ 참고, ④ 핵심포인트 2.① 참고

03 **배출가스 중 VOC 시료채취 방법으로 틀린 것은?** [제4회 24번]

① 흡착관 방법에서 시료 흡인 속도는 500 mL/min 정도로 하고, 시료채취량은 1 L ~ 5 L 정도가 되도록 한다.
② 흡착관 방법에서는 시료채취 시 가스미터의 유량, 온도 및 압력을 측정한다.
③ 테들러 백은 새 것을 사용하는 것을 원칙으로 하고 재사용시는 질소나 헬륨가스를 채운 후 24시간 이상 백에 놓아두고 퍼지조작을 반복한 후 오염 여부를 확인한 다음 사용해야 한다.
④ 테들러 백은 2 L ~ 10 L 규격의 백을 사용하여 1 L/min ~ 2 L/min 정도로 시료를 흡인한다.

☑ **해설** ① 핵심포인트 2.① 참고

핵심포인트

1. 시료채취장치 및 방법/시료채취 위치/흡착관법

① 휘발성유기화합물 시료채취장치(VOST, Volatile Organic Sampling Train)는 시료채취관, 밸브, 응축기, 흡착관, 응축수 트랩, 건조제(실리카겔), 유량계, 진공펌프 및 진공가스미터로 구성되며, 각 장치의 모든 연결부위는 진공용 윤활유를 사용하지 않고 불소수지 재질의 관을 사용하여 연결한다.
② **채취관** : 재질은 유리, 석영, 불소수지 등으로, 120 ℃ 이상까지 가열이 가능한 것이어야 한다.
③ **밸브** : 불소수지, 유리 및 석영재질로 밀봉윤활유를 사용하지 않고 기체의 누출이 없는 구조이어야 한다.

정답 01 ② 02 ① 03 ①

④ 응축기 및 응축수 트랩 : 유리재질이어야 하며, 응축기는 기체가 앞쪽 흡착관을 통과하기 전 기체를 20 ℃ 이하로 낮출 수 있는 부피이어야 하고 상단 연결부는 밀봉윤활유를 사용하지 않고도 누출이 없도록 연결해야 한다.

⑤ 흡착관 : 스테인리스강 재질 또는 파이렉스(pyrex) 유리로 된 관에 측정대상 성분에 따라 흡착제를 선택하여 각 흡착제의 파과부피(breakthrough volume)를 고려하여 일정량 이상으로 충전한 후에 사용하며 시판되고 있는 별도규격 제품을 사용할 수 있다.

2. 시료채취장치 및 방법/시료채취 방법/흡착관법

① 시료흡입속도는 (100 ~ 250) mL/min 정도로 하며, 시료채취량은 (1 ~ 5) L 정도가 되도록 한다.

② 시료가스미터의 유량, 온도 및 압력을 측정한다.

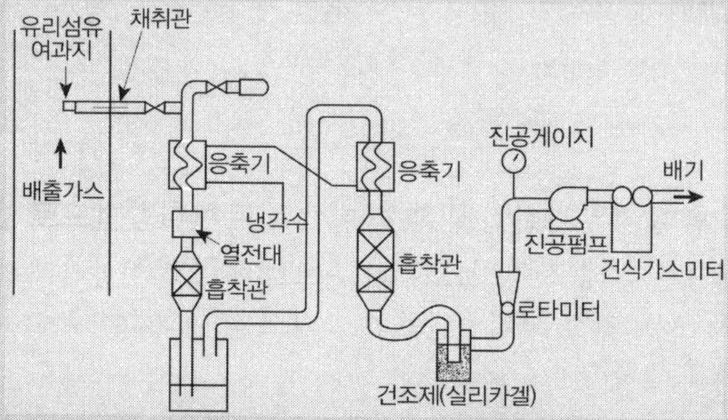

〈그림〉 흡착관법 시료채취장치

3. 시료채취장치 및 방법/시료채취 위치/테들러 백 방법

① 시료채취관, 응축기, 응축수 트랩, 진공흡입 상자, 진공펌프로 구성되며, 각 장치의 모든 연결부위는 불소수지 재질의 관을 사용하여 연결한다.

② 테들러 백은 시료채취 동안이나 채취 후 보관 시 반드시 직사광선을 받지 않도록 하여 시료성분이 시료채취 주머니 안에서 흡착, 투과 또는 서로간의 반응에 의하여 손실 또는 변질되지 않아야 한다.

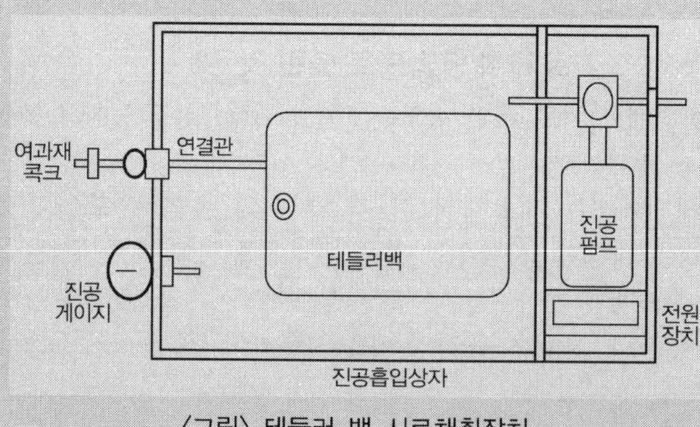

〈그림〉 테들러 백 시료채취장치

③ 테들러 백은 새 것을 사용하는 것을 원칙으로 하되, 재사용 시에는 제로기체와 동등 이상의 순도를 가진 질소나 헬륨기체를 채운 후 24시간 혹은 그 이상동안 시료채취주머니를 놓아둔 다음 퍼지(purge)시키는 조작을 반복하고, 시료채취주머니 내부의 기체를 채취한 다음 기체크로마토그래프를 이용하여 사용 전에 오염여부를 확인하고 오염되지 않은 것을 사용한다.

④ (1 ~ 10) L 규격의 시료채취주머니를 사용하여 (1 ~ 2) L/min 정도로 시료를 흡입한다.

⑤ 테들러 백은 빛이 들어가지 않도록 차단하고 시료채취 이후 24시간 이내에 분석이 이루어지도록 하며, 시료채취 전에는 테들러 백의 바탕시료 확인 후 시료채취에 임하도록 한다.

6 [ES 01114.a] 배출가스 중 굴뚝 배출 시료 채취방법

01 굴뚝 직경이 4.3 m인 원형굴뚝에서 먼지를 채취할 때 반경구분수 및 측정점수가 알맞은 것은? [제3회 5번]

① 반경구분수 4, 측정점수 16 ② 반경구분수 4, 측정점수 12
③ 반경구분수 3, 측정점수 16 ④ 반경구분수 3, 측정점수 12

☑ **해설** ① 핵심포인트 1. <표> 참고 ; 굴뚝직경 4 m 초과 4.5 m 이하인 경우 반경구분수 4, 측정점수 16이다.

02 상하 크기가 일정한 원형굴뚝에서 대기오염물질을 측정하려고 한다. 아래 그림과 같은 단면의 크기를 가지고 있는 원형 굴뚝에서 반경 구분수와 측정점 수를 바르게 짝지은 것은? [제9회 14번]

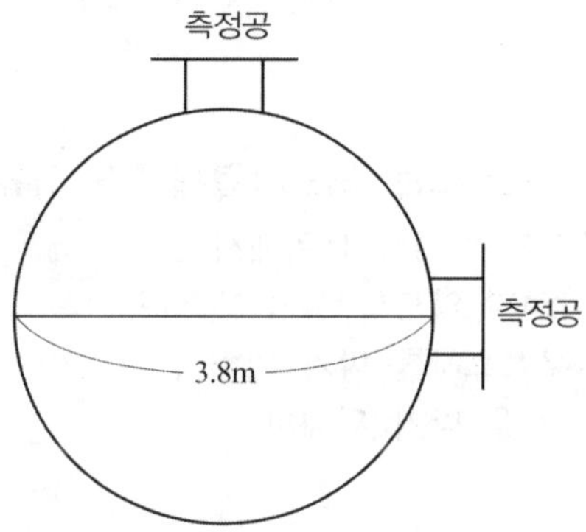

① 반경구분수−2, 측정점 수−4 ② 반경구분수−2, 측정점 수−8
③ 반경구분수−3, 측정점 수−6 ④ 반경구분수−3, 측정점 수−12

☑ **해설** ④ 핵심포인트 1. <표> 참고 ; 굴뚝직경 2 m 초과 4 m 이하인 경우 반경구분수 3, 측정점수 12이다.

핵심포인트

1. 측정위치, 측정공 및 측정점의 선정/측정점의 선정

• 굴뚝단면이 원형일 경우 : 측정점수는 굴뚝직경이 4.5 m를 초과할 때는 20점까지로 한다.
① 굴뚝 단면적이 0.25 m^2 이하로 소규모일 경우에는 그 굴뚝 단면의 중심을 대표점으로 하여 1점만 측정한다.
② 선정된 측정공이 수직굴뚝에 위치할 경우에는 굴뚝 단면의 1/4에 해당하는 반경선상의 측정점으로 줄일 수 있다.
③ 선정된 측정공이 수평굴뚝에 위치할 때에는 모든 측정점에서 측정한다.

〈표〉 원형단면의 측정점

굴뚝직경 $2R$(m)	반경구분수	측정점수	굴뚝 중심에서 측정점까지의 거리 r_n(m)				
			r_1	r_2	r_3	r_4	r_5
1 이하	1	4	0.707R	−	−	−	−
1 초과 2 이하	2	8	0.500R	0.866R	−	−	−
2 초과 4 이하	3	12	0.408R	0.707R	0.913R	−	−
4 초과 4.5 이하	4	16	0.354R	0.612R	0.791R	0.935R	−
4.5 초과	5	20	0.316R	0.548R	0.707R	0.837R	0.949R

정답 01 ① 02 ④

03 배출가스의 유량산정에 이용되지 않는 것은? [제3회 14번]

① 배출가스 평균 온도
② 굴뚝 높이
③ 대기압
④ 배출가스 중의 수분량

☑ **해설** ② 굴뚝높이는 입자상 물질(먼지) 시료 채취시 측정위치 산정에 이용된다.

핵심포인트

1. 배출가스의 유속, 유량 측정법/유속 및 유량 계산/건조 배출가스 유량

① 원형, 직사각형 또는 정사각형 단면일 때

$$Q_N = \overline{V} \times A \times \frac{273}{273+\overline{\theta_s}} \times \frac{P_a + \overline{P_s}}{760} \times \left(1 - \frac{X_w}{100}\right) \times 3,600$$

Q_N : 건조 배출가스 유량(m^3/hr) $\overline{V}$: 배출가스 평균 유속(m/s) A : 굴뚝 단면적(m^3) $\overline{\theta_s}$: 배출가스 평균온도(℃)	P_a : 대기압(mmHg) $\overline{P_s}$: 배출가스 평균정압(mmHg) X_w : 배출가스 중의 수분량(%)

04 굴뚝 시료채취 시 채취관을 보온 또는 가열해 주는 이유 중 틀린 것은? [제8회 15번]

① 시료채취장치의 부식을 방지하기 위해서
② 여과지의 구멍이 막히지 않도록 하기 위해서
③ 분석 대상 가스의 분석오차를 막기 위해서
④ 배출가스의 공기 누출을 막기 위해서

핵심포인트

1. 가스상 물질 시료채취방법/시료채취장치/채취관

① 배출가스 중의 수분 또는 이슬점이 높은 기체성분이 응축해서 채취관이 부식될 염려가 있는 경우,
② 여과재가 막힐 염려가 있는 경우,
③ 분석대상기체가 응축수에 용해해서 오차가 생길 염려가 있는 경우에는 보온 또는 가열한다.

05 배출가스상 물질의 시료채취에 사용되는 도관에 대한 설명으로 옳은 것은? [제2회 11번]

① 도관의 길이는 되도록 길게 하여 가스와의 접촉 면적을 최대한 넓게 한다.
② 도관은 가능한 한 수평으로 연결하여야 하고 부득이 구부러진 관을 쓸 때에는 응축수가 흘러나오기 쉽도록 경사지게 연결한다.
③ 바이패스 배출가스의 도관은 배후 압력의 변동이 큰 장소에 설치하여 정확도를 높인다.
④ 하나의 도관으로 여러 개의 측정기를 사용할 경우에는 각 측정기 앞에서 도관을 병렬로 연결하여 사용한다.

☑ **해설** ① 핵심포인트 1.② ㉡ 참고, ② 핵심포인트 1.② ㉢ 참고, ③ 핵심포인트 1.② ㉣ 참고

정답 03 ② 04 ④ 05 ④

핵심포인트

1. 가스상 물질 시료채취방법/시료채취장치/도관

① 재질 : 도관의 재질은 사용하는 채취관의 종류에 따라 적당한 것을 쓰며, 이음 부분이나 충전 등 도관의 일부에 부득이 흡착성이 있는 재질을 쓰는 경우에는 기체와의 접촉면적을 최소화한다.

② 치수(규격)

㉠ 도관의 안지름은 도관의 길이, 흡입기체의 유량, 응축수에 의한 막힘 또는 흡입펌프의 능력 등을 고려해서 (4 ~ 25) mm로 한다.

㉡ 도관의 길이는 되도록 짧게 하고, 부득이 길게 해서 쓰는 경우에는 이음매가 없는 배관을 써서 접속 부분을 적게 하고 받침 기구로 고정해서 사용해야 하며, 76 m를 넘지 않도록 한다.

㉢ 도관은 가능한 한 수직으로 연결해야 하고 부득이 구부러진 관을 쓸 경우에는 응축수가 흘러나오기 쉽도록 경사지게(5° 이상) 하고 시료가스는 아래로 향하게 한다.

㉣ 도관은 새지 않는 구조이어야 하며, 분석계에서의 배출가스 및 바이패스(bypass) 배출가스의 도관은 배후 압력의 변동이 적은 장소에 설치하고, 하나의 도관으로 여러 개의 측정기를 사용할 경우 각 측정기 앞에서 도관을 병렬로 연결하여 사용한다.

7 [ES 01115] 환경대기 시료채취방법

01 **대기시료채취지점수(측정점수)를 결정하는 방법이 아닌 것은?** [제3회 2번]

① 인구비례에 의한 방법
② TM좌표에 의한 방법(Grid System)
③ 중심원에 의한 동심원을 이용하는 방법
④ 바람의 방향을 이용하는 방법

☑ **해설** ① 핵심포인트 1.② 참고, ② 핵심포인트 2.② 참고, ③ 핵심포인트 2.① 참고

02 **환경대기 중 시료채취방법에서 채취지점 수(측정점 수)를 결정하는 방법에 해당되지 않는 것은?** [제6회 3번]

① 인구 비례에 의한 방법
② TM좌표에 의한 방법
③ 지그재그 방식에 의한 방법
④ 대상지역의 오염 정도에 따라 공식을 이용하는 방법

☑ **해설** ①, ②, ④ 핵심포인트 1.②·③, 핵심포인트 2.② 참고

핵심포인트

1. 시료채취 지점 수 및 채취장소의 결정/시료채취 지점 수의 결정

① 환경기준 시험을 위한 시료채취 지점 수 및 지점 장소는 측정하려고 하는 대상 지역의 발생원 분포 기상조건 및 지리적, 사회적 조건을 고려하여 다음과 같이 결정한다.

② 인구비례에 의한 방법 : 측정하려고 하는 대상지역의 인구 분포 및 인구밀도를 고려하여 인구밀도가 5,000명/km^2 이상일 때는 아래 그림을 적용하고 그 이하일 때는 그 지역의 가주지면적(그 지역 총면적에서 전답, 임야, 호수, 하천 등의 면적을 뺀 면적)으로부터 다음 식에 의하여 측정점의 수를 결정한다.

$$\text{측정점수} = \frac{\text{그 지역 가주지면적}}{25\text{km}^2} \times \frac{\text{그 지역 인구밀도}}{\text{전국 평균인구밀도}}$$

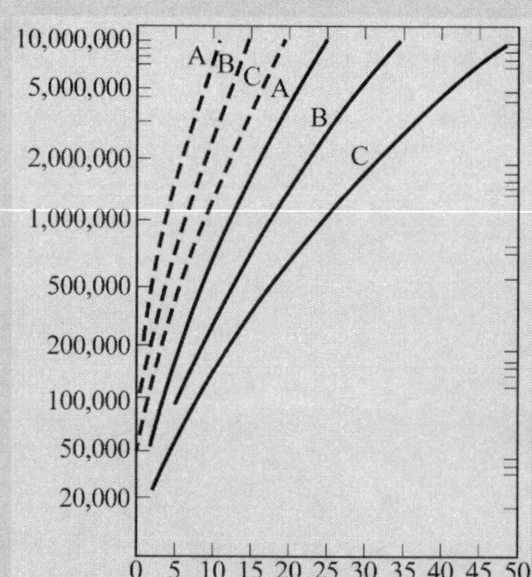

〈그림〉 인구비례에 의한 측정점수

③ 대상지역의 오염정도에 따라 공식을 이용하는 방법 : 측정하고자 하는 대상지역의 오염정도에 따라서 다음 공식을 이용하여 결정한다.

정답 01 ④ 02 ③

$$N = N_x + N_y + N_z,\ N_x = (0.095)\cdot\left(\frac{C_n - C_s}{C_s}\right)\cdot(x),\ N_y = (0.0096)\cdot\left(\frac{C_s - C_b}{C_s}\right)\cdot(y),\ N_z = (0.004)\cdot(z)$$

N : 채취지점 수
C_n : 최대농도
C_s : 환경기준(행정기준)
C_b : 최저농도(자연상태)
x : 환경기준보다 농도가 높은 지역(km^2)
y : 환경기준보다 농도가 낮으나 자연농도보다 높은 지역(km^2)
z : 자연상태의 농도와 같은 지역(km^2)

2. 시료채취 지점 수 및 채취장소의 결정/시료채취 장소의 결정]

① **중심점에 의한 동심원을 이용하는 방법** : 측정하려고 하는 대상지역을 대표할 수 있다고 생각되는 한 지점을 선정하고 지도위에 그 지점을 중심점으로 (0.3 ~ 2) km의 간격으로 동심원을 그리며, 중심점에서 각 방향(8방향 이상)으로 직선을 그어 각각 동심원과 만나는 점을 측정점으로 한다.

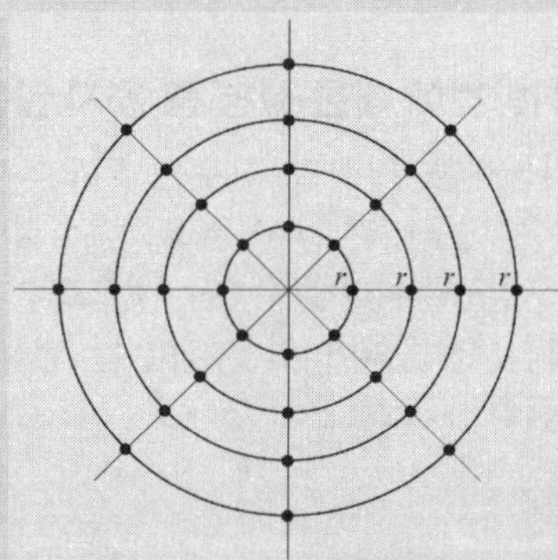

〈그림〉 동심원상 측정점 선정

② **TM좌표에 의한 방법** : 전국 지도의 TM좌표에 따라 해당지역의 1 : 25,000 이상의 지도위에 (2 ~ 3) km 간격으로 바둑판 모양의 구획을 만들고 그 구획마다 측정점을 선정한다.

③ **기타방법** : 과거의 경험이나 전례에 의한 선정 또는 이전부터 측정을 계속하고 있는 측정점에 대하여는 이미 선정되어 있는 지점을 측정점으로 할 수 있다.

03 대기시료채취 위치에 관한 설명으로 틀린 것은? [제9회 2차 2번]

① 시료채취 위치는 그 지역의 오염도가 가장 높은 곳을 선정한다.

② 주위에 건물이나 수목 등의 장애물이 있을 경우에는 채취위치로부터 장애물까지의 거리가 그 장애물 높이의 2배 이상 또는 채취점과 장애물 상단을 연결하는 직선이 수평선과 이루는 각도가 30° 이하 되는 곳 선정한다.

③ 시료채취 높이는 그 부근의 평균오염도를 나타낼 수 있는 곳으로서 가능한 한 1.5 m ~ 30 m 범위로 한다.

④ 주위에 건물 등이 밀집되거나 접근되어 있을 경우에는 건물 바깥벽으로부터 적어도 1.5 m 이상 떨어진 곳에 채취점을 선정한다.

☑ **해설** ① 핵심포인트 1.① 참고

정답 03 ①

04 **환경대기 중의 입자상 및 가스상 물질의 채취 방법 중 시료채취 위치선정 방법으로 틀린 것은?** [제10회 4번]

① 시료채취 위치는 원칙적으로 주위의 건물이나 수목 등의 장애물이 없고 그 지역의 오염도를 대표할 수 있다고 생각되는 곳을 선정한다.
② 주위에 장애물이 있을 경우에는 채취위치로부터 장애물까지의 거리가 그 장애물 높이의 2배 이상 되는 곳을 선정한다.
③ 시료채취 높이는 그 부근의 평균오염도를 나타낼 수 있는 곳으로서 1 m 높이에서 한다.
④ 주위에 건물 등이 밀집되거나 접근되어 있을 경우에는 건물 바깥벽으로부터 적어도 1.5 m 이상 떨어진 곳에 채취점을 선정한다.

☑ **해설** ③ 핵심포인트 1.④ 참고

05 **환경대기 중의 시료채취방법에 대한 설명 중 옳지 않은 것은?** [제7회 12번]

① 환경 대기 중의 악취물질을 채취할 경우는 되도록 장시간에 걸쳐 시료를 채취한다.
② 채취 지점 수의 결정은 인구비례, TM 좌표, 중심점에 의한 동심원 이용 방법 등이 있다.
③ 시료채취 높이는 평균 오염도를 나타낼 수 있는 곳으로 가능한 한 1.5 m ~ 10 m 높이 범위로 한다.
④ 주위에 건물 등이 밀집, 접근되어 있을 경우는 건물 바깥벽으로부터 적어도 1.5 m 이상 떨어진 곳에서 채취한다.

☑ **해설** ① 핵심포인트 2.④ 참고

핵심포인트

1. 시료채취 위치 선정

시료채취 위치는 그 지역의 주위환경 및 기상조건을 고려하여 다음과 같이 선정한다.

① 원칙적으로 주위에 건물이나 수목 등의 장애물이 없고, 그 지역의 오염도를 대표할 수 있다고 생각되는 곳을 선정한다.
② 주위에 건물이나 수목 등의 장애물이 있을 경우에는 채취위치로부터 장애물까지의 거리가 그 장애물 높이의 2배 이상 또는 주위에 건물이나 수목 등의 장애물이 있을 경우에는 채취점과 장애물 상단을 연결하는 직선이 수평선과 이루는 각도가 30° 이하 되는 곳을 선정한다.
③ 주위의 건물 등이 밀집되거나 접근되어 있을 경우에는 건물 바깥벽으로부터 적어도 1.5 m 이상 떨어진 곳에 채취점을 선정한다.
④ 시료채취의 높이는 그 부근의 평균오염도를 나타낼 수 있는 곳으로서 가능한 한 (1.5 ~ 30) m 범위로 한다.

2. 시료 채취 일반사항

① 시료채취를 할 때에는 되도록 측정하려는 기체 또는 입자의 손실이 없도록 하며, 특히 바람이나 눈, 비로부터 보호하기 위하여 측정기기는 실내에 설치하고 채취구는 밖으로 연결할 경우에는 채취관 벽과의 반응, 흡착, 흡수 등에 의한 영향을 최소한도로 줄일 수 있는 재질과 방법을 선택한다.
② 채취관을 장기간 사용하여 관내에 분진이 퇴적하거나 퇴적할 분진이 기체와 반응 또는 흡착하는 것을 막기 위하여 채취관은 항상 깨끗한 상태로 보관한다.
③ 미리 측정하려고 하는 성분과 이외의 성분에 대한 물리적, 화학적 성질을 조사하여 방해성분의 영향이 적은 방법을 선택한다.
④ 시료채취시간은 원칙적으로 그 오염물질의 영향을 고려하여 결정하는데 예를 들어 악취물질의 채취는 되도록 짧은 시간 내에 끝내고 입자상 물질중의 금속성분이나 발암성물질 등은 되도록 장시간 채취한다.
⑤ 환경기준이 설정되어 있는 물질의 채취시간은 원칙적으로 법에 정해져 있는 시간을 기준으로 한다.
⑥ 시료채취 유량은 각항에서 규정하는 범위 내에서는 되도록 많이 채취하는 것을 원칙으로 하며, 유량계는 그 성능을 잘 파악하여 사용하고 채취유량은 반드시 온도와 압력을 기록하여 표준상태로 환산한다.
⑦ 입자상 물질을 채취할 경우에는 채취관 벽에 분진이 부착 또는 퇴적하는 것을 피하고 특히 채취관은 수평방향으로 연결할 경우에는 되도록 관의 길이를 짧게 하고 곡률반경은 크게 하며, 기체의 흡착 유기성분의 증발, 기화 또는 변화하지 않도록 주의한다.

정답 04 ③ 05 ①

8 [ES 01201] 기체크로마토그래피

01 기체크로마토그래프에 관한 설명으로 적절하지 않은 것은? [제4회 29번]

① 운반가스는 시료도입부로부터 분리관 내로 흘러서 검출기를 통해서 외부로 방출된다.
② 분리관 내의 충전물에 대한 흡착성, 용해성에 따라 성분별 이동 속도가 달라진다.
③ 기체크로마토그래프의 운반가스 유로는 유량 조절부와 분리관 유로로 구성된다.
④ 기체크로마토그래프의 정량 분석법은 1점 절대 검량선법으로만 이루어진다.

☑ **해설** ④ 정량범위 내에서 3개 이상의 농도에 대해 검정곡선을 작성한다.

02 기체크로마토그래피 분석법에 대한 설명으로 틀린 것은? [제10회 5번]

① 검출기로 열전도도 검출기, 질소인 검출기, 불꽃이온화 검출기, 전자포획 검출기 등이 사용된다.
② 고정상 액체는 가능한 한 사용온도에서 증기압이 높고, 점성이 작은 것이어야 한다.
③ 일반적으로 무기물 또는 유기물의 대기오염 물질에 대한 정성, 정량분석에 이용한다.
④ 시료를 분리관에 도입시킨 후 그 중의 어떤 성분이 검출되어 기록지 상에 봉우리로 나타날 때까지의 시간을 보유시간이라고 한다.

☑ **해설** ② 핵심포인트 4.② 참고

03 기체크로마토그래프의 정량법에 대한 설명으로 적절하지 않은 것은? [제2회 17번]

① 절대검량선법 : 정량하려는 성분으로 된 순물질을 단계적으로 취하여 크로마토그램을 기록하고 피크 넓이 또는 피크 높이를 구한다.
② 넓이 백분율법 : 도입 시료의 모든 성분이 용출되며, 사용한 검출기에 대한 각 성분의 상대감도가 같다고 간주하는 경우에 적용한다.
③ 보정넓이 백분율법 : 도입한 시료의 모든 성분이 용출되며, 용출 전 성분의 상대감도가 구해지지 않은 경우에 적용한다.
④ 내부표준법 : 내부표준법에 사용하는 내부표준물질로는 정량하려는 성분 피크의 위치와 가능한 한 가깝고, 시료 중의 다른 성분 피크와는 완전하게 분리되는 물질을 선택한다.

☑ **해설** ③ 핵심포인트 5.③ 참고

핵심포인트

1. 원리 및 적용범위

① 기체시료 또는 기화한 액체나 고체시료를 운반가스에 의하여 분리, 관내에 전개시켜 기체상태에서 분리되는 각 성분을 크로마토그래피 적으로 분석하는 방법으로서 일반적으로 무기물 또는 유기물의 대기오염 물질에 대한 정성, 정량 분석에 이용한다.

정답 01 ④ 02 ② 03 ③

2. 개요

① 일정유량으로 유지되는 운반가스는 시료도입부로부터 분리관내를 흘러서 검출기를 통하여 외부로 방출된다.

② 시료도입부로부터 기체, 액체 또는 고체시료를 도입하면 기체는 그대로, 액체나 고체는 가열기화되어 운반가스에 의하여 분리관내로 송입되고 시료중의 각 성분은 충전물에 대한 각각의 흡착성 또는 용해성의 차이에 따라 분리관 내에서의 이동속도가 달라진다.

③ 실제로 어떤 조건에서 시료를 분리관에 도입시킨 후 그 중의 어떤 성분이 검출되어 기록지 상에 봉우리로 나타날 때까지의 시간을 보유시간(retention time)이라 하며 이 보유시간에 운반가스의 유량을 곱한 것을 보유부피(retention volume)라 한다.

3. 장치/가스유로계

① 운반가스유로 : 유량조절부와 분리관 유로로 구성된다.

4. 분리관 충전물질 및 충전방법/충전물질

① 분석대상 성분을 완전히 분리할 수 있는 것

② 사용온도에서 증기압이 낮고 점성이 작은 것

③ 화학적으로 안정된 것

④ 화학적 성분이 일정한 것이어야 한다.

5. 정량분석/정량법

① 절대검량선법 : 정량하려는 성분으로 된 순물질을 단계적으로 취하여 크로마토그램을 기록하고 봉우리 넓이 또는 봉우리 높이를 구한다.

② 넓이 백분율법 : 크로마토그램으로부터 얻은 시료 각 성분의 봉우리 면적을 측정하고 그것들의 합을 100으로 하여 이에 대한 각각의 봉우리 넓이 비를 각 성분의 함유율로 한다. 도입시료의 전 성분이 용출되며, 또한 사용한 검출기에 대한 각 성분의 상대감도가 같다고 간주되는 경우에 적용한다.

③ 보정넓이 백분율법 : 도입한 시료의 전성분이 용출되며 또한 용출전 성분의 상대감도가 구해진 경우 식에 의하여 정확한 함유율을 구할 수 있다.

④ 상대검정곡선법(내부표준법) : 정성하려는 성분의 순물질(X) 일정량에 내부표준물질(S)의 일정량을 가한 혼합시료의 크로마토그램을 기록하여 봉우리 넓이를 측정한다. 내부표준물질에는 그 봉우리가 정량하려는 성분 봉우리의 위치에 가능한 한 가깝고, 시료중의 다른 성분 봉우리와도 완전하게 분리되는 안전한 물질을 선택한다.

⑤ 표준물첨가법 : 시료의 크로마토그램으로부터 피검성분 A 및 다른 임의의 성분 B의 봉우리 넓이 a_1 및 b_1을 구한 다음 시료의 일정량 W에 성분 A의 기지량 ΔW_A을 가하여 다시 크로마토그램을 기록하고 성분 A 및 B의 봉우리 넓이 a_2 및 b_2를 구하면 K의 정수로 해서 식(1)과 식(2)가 성립하며 이를 이용하여 성분 A의 부피 또는 무게 함유율 $X(\%)$를 식(3)으로 구할 수 있다.

식(1) : $\dfrac{W_A}{W_B}=K\dfrac{a_1}{b_1}$ 식(2) : $\dfrac{W_A+\Delta W_A}{W_B}=K\dfrac{a_2}{b_2}$ 식(3) : $X(\%)=\dfrac{\Delta W_A}{\left(\dfrac{a_2}{b_2}-\dfrac{b_1}{a_1}-1\right)W}\times 100$

6. 장치/검출기

① 열전도도 검출기(TCD, Thermal Conductivity Detector)

㉠ 분석원리 : 네 개로 구성된 필라멘트에 전류를 흘려주면 필라멘트가 가열되는데, 이 중 2개의 필라멘트는 운반 기체인 헬륨에 노출되고 나머지 두 개의 필라멘트는 운반기체에 의해 이동하는 시료에 노출되며, 이 둘 사이의 열전도도 차이를 측정함으로써 시료를 검출 분석한다.

㉡ 모든 화합물의 분석이 가능하고, 값이 싸며 시료를 파괴하지 않는 장점이 있는데 반해 다른 검출기 대비 감도가 낮다.

② 불꽃이온화 검출기(FID, Flame Ionization Detector)

㉠ 분석원리 : 대부분의 유기화합물은 수소와 공기의 연소 불꽃에서 전하를 띤 이온을 생성하는데 생성된 이온에 의한 전류의 변화를 측정하여 검출하는 방식이다.

㉡ 대부분의 화합물에 대하여 열전도도 검출기보다 약 1,000배 높은 감도를 나타내고 대부분의 유기화합물의 검출이 가능하므로 가장 흔히 사용되며, 특히 탄소 수가 많은 유기물은 10 pg까지 검출 가능하므로 대기오염 분석에서 미량의 유기물질을 분석하는 경우에 유용하다.

③ 전자포획 검출기(ECD, Electron Capture Detector)

㉠ 분석원리 : 방사성 물질인 Ni－63 혹은 삼중수소로부터 방출되는 β－선이 운반 기체를 전리하여 이로 인해 전자포획 검출기 셀(cell)에 전자구름이 생성되어 일정 전류가 흐르게 되며 이 셀에 전자친화력이 큰 화합물이 들어오면 셀에 있던 전자가 포획되어 이로 인해 전류가 감소하는 것을 이용하는 방식이다.

㉡ 유기 할로겐 화합물, 나이트로 화합물 및 유기금속 화합물 등 전자 친화력이 큰 원소가 포함된 화합물을 수 ppt의 매우 낮은 농도까지 선택적으로 검출이 가능하여 유기염소계의 농약성분이나 PCBs 등 환경오염 시료의 분석에 많이 사용된다.

④ 질소인 검출기(NPD, Nitrogen Phosphorus Detector)

㉠ 분석원리 : 불꽃이온화 검출기와 유사한 구성에 알칼리금속염의 튜브를 부착한 것으로 가열된 알칼리금속염은 촉매 작용으로 질소나 인을 함유하는 화합물의 이온화를 증진시켜 유기 질소 및 유기 인 화합물을 선택적으로 검출가능하다.

㉡ 질소나 인을 함유하는 화합물에 대한 감도는 일반 탄화수소 화합물에 대한 감도의 약 100,000배로 질소 또는 인 화합물에 대한 선택성이 커서, 살충제나 제초제의 분석에 일반적으로 사용된다.

⑤ 불꽃 광도 검출기(FPD, Flame Photometric Detector)

㉠ 분석원리 : 황이나 인을 포함한 탄화수소 화합물이 불꽃이온화 검출기 형태의 불꽃에서 연소될 때 화학적인 발광을 일으키는 성분을 생성하는데 시료의 특성에 따라 황 화합물은 393 nm, 인 화합물은 525 nm의 특정 파장의 빛을 발산하며 이들 빛은 광학 필터를 통해 광전증배관에 도달하고, 이에 연결된 전자 회로에 신호가 전달되어 황이나 인을 포함한 화합물을 선택적으로 분석하는 방식이다.

㉡ 황 또는 인 화합물의 감도는 일반 탄화수소 화합물에 비하여 100,000배 커서, H_2S나 SO_2와 같은 황화합물은 약 200 ppb까지, 인 화합물은 약 10 ppb까지 검출 가능하다.

⑥ 펄스 방전 검출기(PDD, Pulsed Discharge Detector)

㉠ 분석원리 : 시료를 헬륨 펄스 방전에 의해 이온화시키고 이로 인해 생성된 전자는 전극으로 모여서 전류의 변화를 가져오며 전자포획 모드와 헬륨 광이온화 모드로 이용 가능하다.

⑦ 원자 방출 검출기(AED, Atomic Emission Detector)

㉠ 분석원리 : 시료를 구성하는 원소들의 원자방출을 검출하기 때문에 이용 범위가 넓고, 컬럼에서 흘러나온 시료는 마이크로파로 가열된 플라즈마 구멍으로 유입되고 화합물은 원자화되어 원자들은 플라즈마에 의해 들뜨게 되며, 들뜬 원자에 의해 방출된 빛은 광다이오드 배열기에 의해 파장에 따라 분리되어 각 원소에 대한 크로마토그램을 얻을 수 있다.

⑧ 전해질 전도도 검출기(ELCD, Electrolytic Conductivity Detector)

㉠ 분석원리 : 전도도 용매를 셀에 주입하고 기준전극에 의해 전류가 흐르게 되며 기체－액체 접촉기에서 기체 반응 생성물과 결합하게 되고 이 화합물은 분석 전극을 지나면서 액체상을 가진 기체－액체 분리기에서 기체상과 액체상으로 분리되는데, 이때 전위계가 기준 전극과 분석 전극 사이의 전도도 차이를 측정함으로써 성분의 농도를 측정하는 방식이다.

㉡ 할로겐, 질소, 황 또는 나이트로아민을 포함한 유기물을 이 방법으로 검출할 수 있다.

⑨ 질량 분석 검출기(MSD, Mass Spectrometric Detector)

㉠ 분석원리 : GC 컬럼에서 분리된 화합물이 질량분석기에서 이온화되어 이온의 질량 대 전하 비(m/z)로 분리하여 기록되며, 대부분의 화합물은 수 ng까지 고감도로 분석가능하다.

㉡ 질량분석기는 다양한 화합물을 검출할 수 있고, 토막내기 패턴으로 화합물 구조를 유추할 수도 있다.

04 괄호에 들어갈 말을 차례대로 옳게 제시한 것은? [제3회 29번]

> 기체크로마토그래피에서 컬럼의 효율은 van Deemter 식 $H = A + B/u + Cu$로 주어지는데, 여기에서 A는 ( )이고, B는 ( )이고, C는 ( )이다. u는 이동상의 선속도이다.

① 세로방향확산계수, 질량이동계수, 소용돌이 확산
② 질량이동계수, 세로방향확산계수, 소용돌이 확산
③ 소용돌이 확산, 질량이동계수, 세로방향확산계수
④ 소용돌이 확산, 세로방향확산계수, 질량이동계수

핵심포인트

1. van Deemter 식: HETP를 나타내는 식

① HETP(Height equivalent to a theoretical plate)는 컬럼, 실험조건에 의존하며, 특히 이동상의 흐름속도에 영향을 받는다.

$$\text{van Deemter} = A + \frac{B}{u} + Cu$$

A, B, C : 상수(주어진 컬럼, 실험조건), u : 이동상(운반기체)의 평균속도(cm/sec)
A : 소용돌이 확산(Eddy diffusion), 다중경로(multiple path term)
B : 세로방향 확산계수(Longitudinal diffusion or Molecular diffusion), (cm/sec)
C : 질량이동속도계수(Rate of mass transfer), $[(\text{cm/sec})^{-1}]$

05 기체크로마토그래피에서 관(column)의 단높이(H)에 미치는 효과와 이유에 대한 설명으로 틀린 것은? [제5회 4번]

① 충전제의 입자 크기가 증가하면 표면적이 감소하여 단높이는 증가한다.
② 시료 주입부의 온도를 높이면 시료의 증발속도가 증가하여 단높이는 증가한다.
③ 일정량의 충전제에 대해 정지상의 무게가 증가되면 정지상의 두께가 증가하고 단높이는 증가한다.
④ 시료의 주입속도를 줄이면 모든 분자가 관을 동시에 출발하여 내려오지 않으므로 띠넓음이 일어나게 되어 단높이는 증가한다.

☑ **해설** ② 핵심포인트 1.① ㉢ 참고

핵심포인트

1. 기체크로마토그래피/단높이

① 단높이(H)에 영향을 주는 요인
㉠ 고정상이 고르게 분포될수록 단높이는 감소한다.
㉡ 이동상의 유속이 감소할수록 단높이는 감소한다.
㉢ 이동상의 점도가 감소할수록, 온도가 높아질수록 단 높이는 감소한다.
㉣ 용질의 크기가 작을수록, 분자량이 작을수록 단높이는 감소한다.
㉤ 용질의 확산이 많을수록 단높이는 감소한다.
㉥ 용질의 피크가 분리 도중에 넓어지는 띠넓힘 현상에 대해서는 충분히 설명할 수 있으며, 반응속도 이론(rate theory)으로 설명할 수 있다.

정답 04 ④ 05 ②

06 N_2^+**이온(질량** = 28.0061)**과** CO^+**이온(질량** = 27.9949)**을 분리하기 위한 질량분석기의 분리능으로 옳은 것은?**

[제12회 1번]

① 4.50×10^{-4} ② 1.26×10^{-2}
③ 1.04 ④ 2.50×10^{3}

핵심포인트

① 주어진 조건 : N_2^+이온(질량 = 28.0061), CO^+이온(질량 = 27.9949)
② 분리능 산정식 : $R = m/\Delta m$
R : 분리능, m : 첫 번째 봉우리의 명목상 질량, Δm : 두 이온의 질량차이
③ 분리능(R) : $\frac{27.9949}{|28.0061 - 27.9949|} = 2,499.5 \fallingdotseq 2.50 \times 10^3$

정답 06 ④

9 [ES 01202] 자외선/가시선분광법

01 자외선/가시선분광법(흡광광도법)에 대한 설명으로 틀린 것은? [제9회 10번]

① 가시부와 근적외선부의 광원으로는 주로 텅스텐램프를 사용한다.
② 시료를 증기화하여 기저상태의 원자가 이 원자 증기층을 투과하는 파장의 빛을 흡수하는 현상을 이용한다.
③ 단색화장치는 프리즘, 회절격자 또는 이 두 가지를 조합시킨 것을 말한다.
④ 자외선부의 광원으로는 중수소 방전관을 사용한다.

☑ **해설** ② 원자흡수분광광도법에 관한 내용이다.

핵심포인트

1. 흡광광도법 또는 자외선/가시선분광법

① **장치의 개요** : 자외선/가시선분광법은 광원부, 파장선택부, 시료부, 측광부로 구성된다.
② **광원부** : 광원에는 텅스텐램프 중수소방전관 등을 사용하며, 점등을 위하여 전원부나 렌즈와 같은 광학계를 부속시킨다. 가시부와 근적외부의 광원으로는 주로 텅스텐램프를 사용하고 자외부의 광원으로는 주로 중수소 방전관을 사용한다.
③ **파장선택부** : 파장의 선택에는 일반적으로 단색화장치(monochromator) 또는 필터(filter)를 사용하며, 단색화장치로는 프리즘, 회절격자 또는 이 두 가지를 조합시킨 것을 사용하며 단색광을 내기 위하여 슬릿(slit)을 부속시킨다. 필터에는 색유리 필터, 젤라틴 필터, 간섭필터 등을 사용한다.
④ **시료부** : 시료액을 넣은 흡수셀(cell, 시료셀)과 대조액을 넣는 흡수셀(대조셀)이 있고 이 셀을 보호하기 위한 셀홀더(cell holder)와 이것을 광로에 올려놓을 시료실로 구성된다.
⑤ **측광부** : 측광부의 광전측광에는 광전관, 광전자증배관, 광전도셀 또는 광전지 등을 사용하고 필요에 따라 증폭기 대수변환기가 있으며 지시계, 기록계 등을 사용한다. 또 광전관, 광전자증배관은 주로 자외 내지 가시파장 범위에서 광전도셀은 근적외 파장에서 광전지는 주로 가시파장 범위 내에서의 광선측광에 사용된다. 지시계는 투과율, 흡광도, 농도 또는 이를 조합한 눈금이 있고 숫자로 되어 있는 것도 있다. 기록계에는 투과율, 흡광도, 농도 등을 자동으로 기록한다.

02 흡광광도법으로 어떤 물질을 정량하는 기본 원리인 Lambert－Beer 법칙에 관한 설명 중 옳지 않은 것은? [제2회 3번]

① 흡광도는 광이 투과하는 시료액층의 통과거리에 비례한다.
② 흡광도는 투과도의 역대수이다.
③ 흡광도는 파장이 짧을수록 커진다.
④ 파장 200 nm ~ 800 nm의 빛으로 스캔하려면 시료 용기가 석영이어야 한다.

☑ **해설** ③ 핵심포인트 1.① 참고 ; 흡광도는 파장이 길수록 커진다.

03 흡광광도법의 흡광도 값에 영향을 미치지 않는 것은 무엇인가? [제4회 17번]

① 시험용액의 종류
② 입사광의 세기
③ 시험용액의 농도
④ 빛의 투과거리

☑ **해설** ① 핵심포인트 1.① 참고

정답 01 ② 02 ③ 03 ①

04 **흡광광도분석법에서 사용하는 Lambert－Beer 법칙에 대한 설명으로 틀린 것은?** (단, 입사광의 강도 I_o, 투과광의 강도 I_t, 흡광계수 ϵ, 셀의 길이 L, 농도를 C라 함) [제3회 18번]

① $I_t = I_o \cdot 10^{-\epsilon CL}$

② 근적외부 파장범위를 측정할 때는 흡수셀의 재질로 석영만을 사용하여야 한다.

③ 셀의 길이가 같고, 흡광계수가 일정하다면 'I_t/I_o' 값이 감소할수록 농도는 높아진다.

④ 'I_t/I_o'를 투과도라 한다.

☑ **해설** ② 핵심포인트 2.① 참고 ; 근적외부 파장범위는 경질유리 흡수셀도 사용가능하다.

핵심포인트

1. 개요

① 자외선/가시선분광법은 일반적으로 광원에서 나오는 빛을 단색화장치 또는 필터에 의하여 좁은 파장범위의 빛만을 선택하여 액층을 통과시킨 다음 광전측광으로 흡광도를 측정하여 목적성분의 농도를 정량하는 방법이다.

$I_t = I_o \cdot 10^{-\epsilon CL}$ $\frac{I_t}{I_0} = t$(투과도), $t \times 100 = T$(투과백분율) $\log\frac{1}{t} = A$(흡광도)	I_o : 입사광의 강도 I_t : 투사광의 강도 C : 농도 l : 빛의 투사거리 ϵ : 흡광계수(비례상수), C=1 mol, l=10mm일 때의 ϵ값을 몰흡광계수라 한다.

2. 측정/흡수셀의 준비

① 시료액의 흡수파장이 약 370 nm 이상일 때는 석영 또는 경질유리 흡수셀을 사용하고 약 370 nm 이하일 때는 석영흡수셀을 사용한다.

05 **대기오염공정시험기준에 따른 자외선/가시선분광법에 사용되는 램버트－비어(Lambert－Beer)의 법칙에 대한 설명으로 틀린 것은?** [제12회 2번]

① 투과도가 0.01인 시료의 흡광도는 2이다.

② 흡광도는 흡광물질의 농도와 빛의 투사거리에 비례한다.

③ 몰흡광계수는 특정 파장의 빛을 흡수하는 물질의 고유특성이다.

④ 저농도 시료(0.01 mol/L 미만)에서 흡광도와 농도의 편차가 크다.

핵심포인트

① 흡광도 $= \log\frac{1}{\text{투과도}} = \log\frac{1}{0.01} = 2$

② 흡광도는 흡광물질의 농도와 투사거리에 비례한다.
(흡광도(A)$=\epsilon \cdot C \cdot L$, ϵ : 흡광계수, C : 셀 내 시료의 농도, L : 셀의 길이)

③ 몰흡광계수는 농도(C) = 1 mol, 투과길이(L) = 10 mm일 때의 흡광계수(ϵ)값을 일컫는다.

④ 일반적으로 흡광도가 0.2 ~ 0.8 범위에서는 흡광도와 농도의 관계가 직선성을 나타내지만, 저농도 시료(0.01 mol/L 미만)에서는 흡광도와 농도의 편차가 크다.

정답 04 ② 05 ③

06 **흡광광도 분석장치로 측정한 흡광도의 값이 0.7일 때 투과율은?** [제3회 1번]

① 10 %　　② 20 %
③ 30 %　　④ 40 %

문제풀이

① 주어진 조건 : 흡광도 0.7

② 투과도(t) 계산 : $\log\frac{1}{t}=0.7 \Rightarrow \log1-\log t=0.7 \Rightarrow \log t=-0.7 \Rightarrow t=10^{-0.7}=0.2$

③ 투과백분율(%) = $0.2\times100=20$ %

07 **흡광광도 측정에서 최초광의 80 %가 흡수되었을 때 흡광도는 얼마인가?** [제4회 50번]

① 0.2　　② 0.4
③ 0.5　　④ 0.7

문제풀이

① 주어진 조건 : 최초광의 80 %가 흡수(=투과백분율 20 %)

② 흡광도 $=\log\frac{1}{\text{투과도}}=\log\frac{1}{0.2}=0.7$

08 **비색법에 의해 어떤 물질을 정량할 때, 10 mm의 셀(cell)을 사용한 경우, 시료의 흡광도가 0.2이라면 같은 시료를 5 mm 셀을 사용하여 측정한 흡광도는?** [제6회 10번]

① 0.01　　② 0.05
③ 0.1　　④ 0.2

문제풀이

① 주어진 조건 : 10 mm 셀을 사용한 경우 시료의 흡광도 0.2

② 흡광도 계산 : 5 mm 셀을 사용할 경우 흡광도는 얼마인가?

㉠ 흡광도$(A)=\epsilon\cdot C\cdot L$, ϵ : 흡광계수, C : 셀 내 시료의 농도, L : 셀의 길이

㉡ $0.2=\epsilon\cdot C\cdot 10$, 흡광도와 셀의 길이는 비례하므로 $0.1=\epsilon\cdot C\cdot 5$와 같이 흡광도는 0.1이다.

정답 06 ② 07 ④ 08 ③

10 [ES 01203] 원자흡수분광광도법

01 환경 대기 중 금속화합물 분석에 주로 사용되는 시험방법인 원자흡수분광광도법에 대한 설명 중 틀린 것은? [제4회 22번]

① 시료 용액을 공기－아세틸렌 불꽃에 도입하여 원자화시킨 후 특정 파장에서 흡광 세기를 측정하여 농도를 정량한다.
② 입자상 금속화합물은 하이볼륨에어샘플러 및 로우볼륨에어샘플러법을 이용하여 여지에 채취한다.
③ 화학적 간섭은 다른 파장을 사용하여 다시 측정하거나 표준물질 첨가법을 사용하여 간섭 효과를 줄일 수 있다.
④ 여지의 전처리 방법은 산분해법, 마이크로파 산분해법, 회화법, 용매 추출법 등이 있다.

☑ **해설** ③ 핵심포인트 1.② 참고 ; ③은 광학적 간섭에 관한 내용으로서 광학적 간섭시 다른 파장을 선택한다.

02 원자흡수분광광도법에서 음이온이 공존하여 화학적 간섭을 발생시킬 수 있는데, 이들의 간섭을 피하는 방법으로 틀린 것은? [11회 4번]

① 이온교환이나 용매추출 등에 의한 방해물질의 제거
② 과량의 간섭원소 첨가
③ 이온화 전압이 더 낮은 원소 등을 첨가
④ 표준첨가법의 이용

☑ **해설** ③ 핵심포인트 1.① ㉠ 참고

핵심포인트

1. 간섭/화학적 간섭

이 종류의 간섭은 원소나 시료의 특유한 것으로 다음과 같은 경우에 일어난다.

① 불꽃 중에서 원자가 이온화하는 경우
 ㉠ 이온화 전압이 낮은 알칼리 및 알칼리토류 금속원소의 경우에 많고 특히 고온 불꽃을 사용한 경우에 두드러진다. 이 경우에는 이온화전압이 더 낮은 원소 등을 첨가하여 목적원소의 이온화를 방지하여 간섭을 피할 수 있다.

② 공존물질과 작용하여 해리하기 어려운 화합물이 생성되어 흡광에 관계하는 기저상태의 원자수가 감소하는 경우에는 공존하는 물질이 음이온의 경우와 양이온의 경우가 있으나 일반적으로 음이온 쪽의 영향이 크므로 다음과 같은 방법을 이용하여 간섭을 피한다.
 ㉠ 이온교환이나 용매추출 등에 의한 방해물질의 제거
 ㉡ 과량의 간섭원소의 첨가
 ㉢ 간섭을 피하는 양이온(예시 : 란타늄, 스트론튬, 알칼리 원소 등), 음이온 또는 은폐제, 킬레이트제 등의 첨가
 ㉣ 목적원소의 용매추출
 ㉤ 표준첨가법의 이용

정답 01 ③ 02 ③

03 다음은 배출가스 중 금속화합물을 원자흡수분광광도법에 의해 분석하는 시험방법에 대한 설명이다. 옳은 것을 모두 고른 것은?

[제4회 31번], [제8회 12번]

> ㉠ 대기공정시험기준에서 배출가스 중 구리, 납, 니켈, 아연, 카드뮴, 크롬 및 그 화합물의 분석방법에 대하여 규정한다.
> ㉡ 시료 용액을 직접 공기－수소 불꽃에 도입하여 원자화시킨 후, 각 금속성분의 특정파장에서 흡광세기를 측정하여 각 금속성분의 농도를 구한다.
> ㉢ 원자흡수분광광도법을 이용한 각 금속의 측정파장, 정량범위, 정밀도 및 검출한계는 대기공정시험기준에 제시되어 있다.

① ㉠, ㉡　　② ㉠, ㉢
③ ㉡, ㉢　　④ ㉠, ㉡, ㉢

☑ **해설** ㉡ 핵심포인트 1.① 참고 ; 시료 용액을 분무기(nebulizer)로 미세한 입자로 만들어 주어 공기－수소 불꽃에 도입한다.

핵심포인트

1. 원리 및 적용범위

① 시료를 적당한 방법으로 해리시켜 중성원자로 증기화하여 생긴 기저상태의 원자가 이 원자 증기층을 투과하는 특유파장의 빛을 흡수하는 현상을 이용하여 광전측광과 같은 개개의 특유 파장에 대한 흡광도를 측정하여 시료중의 원소농도를 정량하는 방법으로 대기 또는 배출 가스중의 유해 중금속, 기타 원소의 분석에 적용한다.

04 다음 측정 기기의 일반적인 흐름을 표시한 것 중 옳지 않은 것은?

[제2회 20번]

① 이온크로마토그래프 : 용리액－시료주입부－써프렛서－분리관－검출기－기록장치
② 비분산적외선분석계 : 광원－회전섹터－광학필터－시료셀/비교셀－검출기－증폭기－지시계
③ 원자흡광광도계 : 광원－원자화부－단색화부－측광부－검출기－기록장치
④ 질량분석기 : 시료도입부－이온화장치－질량분석기－검출기－기록장치

☑ **해설** ① 핵심포인트 1.③ 참고

핵심포인트

1. 장치

① 원자흡광광도계

광원부 — 시료원자화부 — 단색화부 — 측광부 — 검출기 — 기록장치

② 비분산적외선분석계

광원 — 회전섹터 — 광학필터 — 시료셀/비교셀 — 검출기 — 증폭기 — 지시계

③ 이온크로마토그래프

용리액조 — 펌프 — 시료주입장치 — 분리관 — 써프렛서 — 검출기 — 기록계

④ 질량분석기

시료도입부 — 이온화장치 — 질량분석기 — 검출기 — 기록장치

05 **Al, B, Si 등의 원소를 분석할 때 사용되는 불꽃을 만들기 위한 조연성 가스와 가연성 가스는 무엇인가?** [제4회 3번]

① 프로판, 공기
② 수소, 공기
③ 아세틸렌, 공기
④ 아세틸렌, 아산화질소

☑ **해설** ④ 핵심포인트 1.④ 참고

핵심포인트

1. 불꽃

① 조연성가스와 가연성가스 조합 : H_2-Air, C_2H_2-Air, $C_2H_2-N_2O$, C_3H_8-Air, $H_2-Air-Ar$, H_2-O_2, $C_2H_2-O_2$, 석탄가스－Air
② 대부분의 원소분석에 유효 : H_2-Air, C_2H_2-Air
③ 원자 외 영역에서 불꽃자체의 의한 흡수가 적기 때문에 이 파장영역에서의 분석선을 갖는 원소 분석에 적당 : H_2-Air
④ 불꽃의 온도가 높아서 불꽃 중에 해리하기 어려운 내화성산화물을 만들기 쉬운 원소(Al, B, Si 등)의 분석에 적당 : $C_2H_2-N_2O$

06 **괄호에 들어갈 내용을 모두 옳게 제시한 것은?** [제3회 40번]

> 배출가스 중 납을 원자흡수분광광도법으로 정량할 때 정량범위에서는 Pb은 (㉠)로 상대 표준편차는 (㉡)이다.

① ㉠ 0.2 mg/L～25 mg/L, ㉡ 2 %～10 %
② ㉠ 0.2 mg/L～25 mg/L, ㉡ 10 %～20 %
③ ㉠ 0.02 mg/L～2.5 mg/L, ㉡ 2 %～10 %
④ ㉠ 0.02 mg/L～2.5 mg/L, ㉡ 10 %～20 %

☑ **해설** ① 핵심포인트 <표> 2. Pb 참고

07 **원자흡광광도법을 이용하여 분석할 수 있는 대기중 금속화합물이 아닌 것은?** [제6회 18번]

① 코발트
② 크롬
③ 카드뮴
④ 아연

☑ **해설** ① 코발트는 유도결합플라즈마법을 이용하여 분석한다.

핵심포인트

[ES 01700.1] 환경대기 중 금속 화합물/원자흡수분광법/적용범위

〈표〉 원자흡수분광광도법의 측정파장, 정량범위, 정밀도 및 방법검출한계

순번	측정금속	측정파장(nm)	정량범위(mg/L)	정밀도(%RSD)	방법검출한계(mg/L)
1	Cu	324.8	0.05～20	3～10	0.015
2	Pb	217.0/283.3	0.2～25	2～10	0.06
3	Ni	232.0	0.2～20	2～10	0.06
4	Zn	213.8	0.01～1.5	2～10	0.003
5	Fe	248.3	0.5～50	3～10	0.15
6	Cd	328.8	0.04～1.5	2～10	0.012
7	Cr	357.9	2～20	2～10	0.6

정답 05 ④ 06 ① 07 ①

08 **원자흡수분광법을 이용하여 철을 분석할 때 니켈, 코발트 등이 다량 존재할 경우 간섭이 심하게 일어날 수 있다. 이때 간섭을 줄이기 위한 방법으로 적절하지 않은 것은?** [제2회 41번]

① 아세틸렌/아산화질소 불꽃을 사용한다.
② 흑연로원자흡수분광광도법을 이용한다.
③ 분석파장을 바꾼다.
④ 검정곡선용 표준용액의 매트릭스를 일치시킨다.

☑ **해설** ③ 핵심포인트 1.② 참고

09 **원자흡수분광광도법에 의한 니켈 측정 시, 시료에 다량의 탄소가 포함되었을 때의 간섭 작용을 배제하기 위한 방법으로 적합한 것은?** [제4회 18번]

① 시료를 채취한 여과지를 적당한 크기로 잘라서 자기도가니에 넣어 전기로를 사용하여 섭씨 800도에서 30분 이상 가열한 후 전처리 조작한다.
② 시료에 이플로오린화수소암모늄을 1 % 정도 가하여 분석하거나 아세틸렌－아산화질소 불꽃을 사용하여 방해를 줄일 수 있다.
③ 검정곡선용 표준용액의 매트릭스를 일치시키고 아세틸렌－아산화질소 불꽃을 사용하여 분석한다.
④ 시료에 0.2 % 염화칼슘 용액을 첨가하고 필요에 따라서는 0.5 % 인산을 추가로 가하여 간섭을 줄인다.

☑ **해설** ② 핵심포인트 1.⑦ 참고, ③ 핵심포인트 1.② 참고, ④ 핵심포인트 1.⑤ 참고

10 **원자흡수분광광도법으로 배출가스 중 금속화합물을 분석할 때, 화학적 간섭에 대한 설명으로 옳지 않은 것은?** [제4회 30번]

① 시료 내 납, 카드뮴, 크롬의 양이 미량으로 존재하거나 방해물질이 존재할 경우, 용매추출법으로 적용하여 정량할 수 있다.
② 아연 분석시 213.8 nm 측정파장을 이용할 경우 불꽃에 의한 흡수 때문에 바탕선이 높아지는 경우가 있다.
③ 철 분석시 니켈, 코발트가 다량으로 존재할 경우 간섭이 일어날 수 있다. 이때 검정곡선용 표준용액의 매트릭스를 일치시키고 아세틸렌/아산화질소 불꽃을 사용하여 분석하거나, 흑연로원자흡수분광광도법을 이용하여 간섭을 최소화시킬 수 있다.
④ 시료의 점도와 표면장력의 변화 등의 매질효과에 의하여 발생되며, 표준물질첨가법을 사용하여 간섭효과를 줄일 수 있다.

☑ **해설** ④ 물리적 간섭에 대한 설명이다.

핵심포인트

1. 배출가스 중 금속화합물-원자흡수분광광도법/개요/간섭물질/화학적 간섭

플라즈마 중에서 이온화하거나, 공존물질과 작용하여 해리하기 어려운 화합물이 생성되는 경우 발생할 수 있다. 이온화로 인한 간섭은 분석대상 원소보다 이온화 전압이 더 낮은 원소를 첨가하여 측정원소의 이온화를 방지할 수 있고, 해리하기 어려운 화합물을 생성하는 경우에는 용매추출법을 사용하여 측정원

정답 08 ③ 09 ① 10 ④

소를 추출하여 분석하거나 표준물질첨가법을 사용하여 간섭효과를 줄일 수 있다.

① 시료 내 납, 카드뮴, 크롬의 양이 미량으로 존재하거나 방해물질이 존재할 경우, 용매추출법을 적용하여 정량한다.

② 철 분석시 니켈, 코발트가 다량 존재할 경우 간섭이 일어날 수 있으므로, 검정곡선용 표준용액의 매트릭스를 일치시키고 아세틸렌/아산화질소 불꽃을 사용하여 분석하거나, 흑연로원자흡수분광법을 이용하여 간섭을 최소화 시킬 수 있다.

③ 니켈 분석시 다량의 탄소가 함유된 시료의 경우, 시료를 채취한 여과지를 적당한 크기로 잘라서 자기도가니에 넣어 전기로를 사용하여 800 ℃에서 30분 이상 가열한 후 전처리 조작을 행한다. 또한 카드뮴, 크롬 등을 동시에 분석하는 경우에는 500 ℃에서 2시간~3시간 가열한 후 전처리 조작을 행한다.

④ 아연 분석시 213.8 nm 측정파장을 이용할 경우 불꽃에 의한 흡수 때문에 바탕선이 높아지는 경우가 있다.

⑤ 규소(Si)를 다량 포함하고 있을 때는 0.2 % 염화칼슘 용액을 첨가하여 분석하고, 유기산(특히 시트르산)이 다량 포함되어 있을 때는 0.5 % 인산을 가하여 간섭을 줄일 수 있다.

⑥ 카드뮴 분석시 알칼리금속의 할로겐화물이 다량 존재하면 분자흡수, 광산란 등에 의해 양의 오차가 발생하는데, 이 경우에는 미리 카드뮴을 용매추출법으로 분리하거나 바탕시험값 보정을 실시한다.

⑦ 크롬 분석시 아세틸렌-공기 불꽃에서는 철, 니켈 등에 의한 방해를 받는데, 이 경우 황산나트륨, 황산칼륨 또는 이플루오린화수소암모늄을 1 % 정도 가하여 분석하거나, 아세틸렌-아산화질소 불꽃을 사용하여 방해를 줄일 수 있다.

11 원자흡수분광광도법에서 가장 흔히 사용되는 광원(light source)으로 옳은 것은?

[제10회 2차 3번]

① 레이저　② 중수소 램프
③ 텅스텐 램프　④ 중공음극 램프

핵심포인트

1. 용어

① 중공음극램프(Hollow Cathod Lamp) : 원자흡광분석의 광원이 되는 것으로 목적원소를 함유하는 중공음극 한 개 또는 그 이상을 저압의 네온과 함께 채운 방전관

② 다음극 중공음극램프(Multi-Cathod Hollow Cathod Lamp) : 두 개 이상의 중공음극을 갖는 중공음극램프

③ 다원소 중공음극램프(Multi-Element Hollow Cathod Lamp) : 한 개의 중공음극에 두 종류 이상의 목적원소를 함유하는 중공음극램프

정답 11 ④

11 [ES 01204] 비분산적외선분광광도법

01 **비분산적외선 분석법에 관한 설명 중 잘못된 것은?** [제4회 27번]

① 비분산적외선법 분석법은 시료중의 특정성분에 의한 적외선의 흡수량 변화를 측정하여 특정 성분의 농도를 구하는 분석방법이다.

② 광원은 원칙적으로 니크롬선 또는 탄화규소의 저항체에 전류를 흘려 가열한 것을 사용한다.

③ 교정용 가스는 고압용기에 저장하며 용기내 가스압력이 15 kgf/cm^2(35 ℃ 게이지압력) 이하일 때는 농도변화가 일어날 수 있으므로 사용하지 않는다.

④ 교정용 가스로 사용되는 일산화탄소 표준가스의 농도가 50 ppm일 경우 유효기간은 1년이다.

☑ **해설** ④ 핵심포인트 5.① 참고

02 **비분산적외선분석법에 대한 설명으로 틀린 것은?** [제8회 1번]

① 적외선의 흡수량 변화를 측정하여 특정 성분의 농도를 구하는 방법이다.

② 적외선 가스분석계는 고정형과 이동형으로 분류한다.

③ 분석계는 광원, 회전섹터, 광학필터, 시료셀, 비교셀, 검출기, 증폭기 및 지시계로 구성된다.

④ 시료 중 입자상 물질의 영향을 최소화하기 위하여 시료채취부 후단에 여과지를 부착한다.

☑ **해설** ④ 핵심포인트 2.① 참고

03 **비분산적외선 가스분석기의 구성요소가 아닌 것은?** [제3회 46번]

① 단색화장치 ② 회전섹터

③ 증폭기 ④ 검출기

☑ **해설** ① 핵심포인트 3.① 참고 ; 단색화장치는 자외선/가시선분광법에 사용되는 장치이다.

핵심포인트

1. 개요/적용범위

① 비분산적외선분석법은 적외선 영역에서 고유 파장 대역의 흡수 특성을 갖는 성분가스의 농도 분석에 적용된다.

② 선택적 검출기를 이용하여 시료 중의 특정 성분에 의한 적외선의 흡수량 변화를 측정하여 시료 중에 들어있는 특정 성분의 농도를 구하는 방법이다.

2. 개요/간섭물질

① **입자상 물질** : 대기 또는 굴뚝 배출기체에 포함된 먼지 등 입자상 물질이 측정에 영향을 줄 수 있으므로 이들 물질의 영향을 최소화하기 위하여 시료채취부 전단에 여과지(0.3 μm)를 부착하여야 한다.

정답 01 ④ 02 ④ 03 ①

3. 분석기기 및 기구/비분산적외선분석계/복광속 비분산분석계

① 분석계 : 광원, 회전섹터, 광학필터, 시료셀/비교셀, 검출기, 증폭기 및 지시계로 구성된다.

② 광원 : 원칙적으로 흑체발광으로 니크롬선 또는 탄화규소의 저항체에 전류를 흘려 가열한 것을 사용한다.

4. 정도보증 및 정도관리/측정기기 성능

① 측정시간 간격은 고정형은 4시간 이상, 이동형은 40분 이상이 되도록 한다.

5. 환경대기 중 일산화탄소 측정방법 – 비분산형 적외선분석법/시약 및 표준용액/표준가스/교정용가스

① 일산화탄소 표준가스의 유효기간은 농도의 표시치가 결정된 다음 달로부터 계산하여 100 μmol/mol은 1년, 100 μmol/mol 이하는 6개월로 한다.

② 용기 내 가스압력이 15 kg/cm^2(35 ℃ 게이지 압력) 이하로 될 때는 유효기간 이내라 하더라도 농도변화가 있을 수 있으므로 사용하지 않는다.

04 다음 측정 기기의 일반적인 흐름을 표시한 것 중 옳지 않은 것은? [제2회 20번]

① 이온크로마토그래프 : 용리액 – 시료주입부 – 써프렛서 – 분리관 – 검출기 – 기록장치

② 비분산적외선분석계 : 광원 – 회전섹터 – 광학필터 – 시료셀/비교셀 – 검출기 – 증폭기 – 지시계

③ 원자흡광광도계 : 광원 – 원자화부 – 단색화부 – 측광부 – 검출기 – 기록장치

④ 질량분석기 : 시료도입부 – 이온화장치 – 질량분석기 – 검출기 – 기록장치

☑ **해설** ① 핵심포인트 ③ 참고

핵심포인트

1. 장치

① 비분산적외선분석계

광원 — 회전섹터 — 광학필터 — 시료셀/비교셀 — 검출기 — 증폭기 — 지시계

② 원자흡광광도계

광원부 — 시료원자화부 — 단색화부 — 측광부 — 검출기 — 기록장치

③ 이온크로마토그래프

용리액조 — 펌프 — 시료주입장치 — 분리관 — 써프렛서 — 검출기 — 기록계

④ 질량분석기

시료도입부 — 이온화장치 — 질량분석기 — 검출기 — 기록장치

정답 04 ①

12 [ES 01205] 이온크로마토그래피

01 기기분석 방법 중 이온크로마토그래피 방법의 설명으로 틀린 것은? [제10회 6번]

① 저용량의 이온교환체가 충진되어 있는 분리관 중에서 강전해질의 용리액을 이용하여 용리액과 함께 목적이온 성분을 순차적으로 이동시켜 분리 용출한다.

② 검출기는 일반적으로 전도도 검출기를 많이 사용하고, 그 외 자외선, 가시선 흡수검출기(UV, VIS 검출기), 전기화학적 검출기 등이 사용된다.

③ 강전해질이 제거된 용리액과 함께 목적이온 성분을 전기 전도도셀에 도입하여 각각의 머무름 시간에 해당하는 전기 전도도를 검출함으로써 각각의 이온성분 농도를 측정한다.

④ 분리관은 용리액에 사용되는 전해질 성분을 저 전도도 용매로 바꿔줌으로써 전기 전도도셀에서 목적이온 성분을 고감도로 검출할 수 있게 해준다.

☑ **해설** ④ 핵심포인트 2.④ ㉡ 참고

02 환경대기 중의 이온성분을 정성, 정량 분석하는데 주로 사용되는 이온크로마토그래프법에 대한 설명으로 틀린 것은? [제3회 44번]

① 용리액조는 일반적으로 폴리에틸렌이나 경질유리제를 사용한다.

② 검출기는 분리관 용리액 중의 시료성분의 유무와 양을 검출하는 부분으로 일반적으로 전자포착검출기가 사용된다.

③ 용리액에 사용되는 전해질 성분을 제거하기 위하여 써프렛서가 사용된다.

④ 송액펌프는 맥동이 적고, 용리액 교환이 용이한 것을 선택한다.

☑ **해설** ② 핵심포인트 2.③ 참고 ; 전자포획검출기(ECD)는 기체크로마토그래프에 사용되는 검출기이다.

03 이온크로마토그래프법에서 써프렛서(suppressor)의 역할에 대한 설명 중 틀린 것은? [제2회 19번]

① 써프렛서는 용리액에 사용되는 전해질 성분을 제거하기 위하여 분리관 뒤에 연결하여 사용한다.

② 써프렛서 재생 용액과 용리액은 같은 방향으로 흐르도록 흐름 방향과 속도를 조절해 주어야 한다.

③ 전해질을 물 또는 낮은 전도도의 물질로 전환시켜 전기전도도 검출기에서 분석 이온의 전기 전도도만을 고감도로 검출하도록 하는 역할을 한다.

④ 음이온 써프렛서는 용리액의 금속 양이온을 수소이온(H^+)으로, 양이온 써프렛서는 용리액의 음이온을 수산화이온(OH^-)으로 교환시키는 역할을 한다.

☑ **해설** ② 핵심포인트 2.④ 참고 ; 재생용액과 용리액을 반대 방향으로 흐르도록 흐름방향과 속도를 조절해 준다.

정답 01 ④ 02 ② 03 ②

핵심포인트

1. 개요

① 저용량의 이온교환체가 충진되어 있는 분리관 중에서 강전해질의 용리액을 이용하여 용리액과 함께 목적이온 성분을 순차적으로 이동시켜 분리 용출한다.

② 분리 용출된 다음 써프렛서 (Suppressor)에 통과시켜 용리액에 포함된 강전해질을 제거시킨다.

③ 이어서 강전해질이 제거된 용리액과 함께 목적이온 성분을 전기 전도도셀에 도입하여 각각의 머무름 시간에 해당하는 전기 전도도를 검출함으로써 각각의 이온성분 농도를 측정한다.

2. 장치

① 용리액조 : 이온성분이 용출되지 않는 재질로써 용리액을 직접 공기와 접촉시키지 않는 밀폐된 것을 선택하며, 일반적으로 폴리에틸렌이나 경질 유리제를 사용한다.

② 송액펌프 : 맥동이 적은 것, 필요한 압력을 얻을 수 있는 것, 유량조절이 가능한 것, 용리액 교환이 가능한 것을 사용하여야 한다.

③ 검출기 : 분리관 용리액 중의 시료성분의 유무와 양을 검출하는 부분으로 일반적으로 전도도 검출기를 많이 사용하고, 그 외 자외선, 가시선 흡수검출기(UV, Vis 검출기), 전기화학적 검출기 등이 사용된다.

④ 써프렛서

㉠ 용리액에 사용되는 전해질 성분을 제거하기 위하여 분리관 뒤에 직렬로 접속시킨 것이다.

㉡ 전해질을 물 또는 저전도도의 용매로 바꿔줌으로써 전기 전도도 셀에서 목적이온 성분과 전기 전도도만을 고감도로 검출할 수 있게 해주는 것이다.

㉢ 관형과 이온교환막형이 있으며, 관형의 경우 음이온에는 스티롤계 강산형(H^+) 수지가, 양이온에는 스티롤계 강염기형(OH^-)의 수지가 충진된 것을 사용한다.

04 다음 측정 기기의 일반적인 흐름을 표시한 것 중 옳지 않은 것은? [제2회 20번]

① 이온크로마토그래프 : 용리액 – 시료주입부 – 써프렛서 – 분리관 – 검출기 – 기록장치

② 비분산적외선분석계 : 광원 – 회전섹터 – 광학필터 – 시료셀/비교셀 – 검출기 – 증폭기 – 지시계

③ 원자흡광광도계 : 광원 – 원자화부 – 단색화부 – 측광부 – 검출기 – 기록장치

④ 질량분석기 : 시료도입부 – 이온화장치 – 질량분석기 – 검출기 – 기록장치

☑ **해설** ① 핵심포인트 1.① 참고

핵심포인트

1. 장치

① 이온크로마토그래프

용리액조 – 펌프 – 시료주입장치 – 분리관 – 써프렛서 – 검출기 – 기록계

② 비분산적외선분석계

광원 – 회전섹터 – 광학필터 – 시료셀/비교셀 – 검출기 – 증폭기 – 지시계

③ 원자흡광광도계

광원부 – 시료원자화부 – 단색화부 – 측광부 – 검출기 – 기록장치

④ 질량분석기

시료도입부 – 이온화장치 – 질량분석기 – 검출기 – 기록장치

정답 04 ①

05 대기 중 부유분진, 강하분진, 산성비 등에는 다양한 무기화합물이 포함되어 있다. 무기화합물 중 수용성 및 이온성을 포함한 화합물의 분석방법으로 이온크로마토그래피법이 사용된다. 이온크로마토그래피법에서 검출한계의 기준이 되는 출력신호대 잡음신호(S/N)의 비는? [제3회 13번]

① 0.1 ② 1

③ 2 ④ 10

핵심포인트

1. 정량분석/검출한계

① 각 분석방법에서 규정하는 조건에서 출력신호를 기록할 때 잡음신호(Noise)의 2배에 해당하는 목적성분의 농도를 검출한계로 한다.

정답 05 ③

13 [ES 01206.a] 흡광차분광법

01 ㉠~㉣ 중 틀린 것은? [제4회 8번]

> 흡광차분광법은 빛을 조사하는 발광부와 (㉠) 정도 떨어진 곳에 설치되는 수광부 사이에 형성되는 빛의 이동경로를 통과하는 가스를 실시간으로 분석하는 기기분석법이며, 측정에 필요한 광원은 (㉡) 파장을 (㉢)를 사용하여 (㉣) 등의 가스상 대기오염물질 분석에 적용한다.

① ㉠ 50 m ~ 1,000 m
② ㉡ 180 nm ~ 2,850 nm
③ ㉢ 제논(Xenon) 램프
④ ㉣ SO_2, NO_x, CO, O_3

☑ **해설** ④ 핵심포인트 1.① 참고

02 대기오염물질의 분석에 적용하는 흡광차분광법에 관한 설명으로 틀린 것은? [제9회 13번]

① 측정원리는 Beer－Lambert 법칙을 응용한 것이다.
② 측정물질에 대한 간섭성분은 오존, 수분, 톨루엔 등이다.
③ 분광계로는 미분측광과 2파장측광이 가능한 광전분광광도계를 사용한다.
④ 측정에 필요한 광원은 180 nm ~ 2,850 nm의 파장대역을 갖는 제논(Xenon) 램프이다.

☑ **해설** ③ 핵심포인트 3.① 참고

03 흡광차분광법에서 톨루엔의 간섭을 받는 성분은? [제3회 28번]

① NO
② NO_2
③ O_3
④ SO_2

☑ **해설** ③ 핵심포인트 4.③ 참고

핵심포인트

1. 원리 및 적용범위

① 빛을 조사하는 발광부와 (50 ~ 1,000) m 정도 떨어진 곳에 설치되는 수광부(또는 발·수광부와 반사경) 사이에 형성되는 빛의 이동경로(Path)를 통과하는 가스를 실시간으로 분석하며, 측정에 필요한 광원은 (180 ~ 2,850) nm 파장을 갖는 제논(Xenon) 램프를 사용하여 SO_2, NO_x, O_3 등 대기오염물질 분석에 적용한다.

2. 개요/측정원리

① 흡광차분광법은 흡광광도법의 기본 원리인 Beer－Lambert 법칙을 응용한 것이다.

3. 장치/분석기/분광기

① Czerny－Turner 방식이나 Holographic 방식 등을 채택하고 있으며, 측정가스가 가지는 최대 흡수파장 대역으로 샘플을 분광시켜주는 역할을 한다.

4. 간섭물질의 영향

① SO_2에 대한 O_3의 영향 ② O_3에 대한 수분의 영향 ③ O_3에 대한 톨루엔의 영향

정답 01 ④ 02 ③ 03 ③

14 [ES 01207.a] 고성능액체크로마토그래피

01 대기오염공정시험기준에 따른 고성능 액체크로마토그래피에서 분리관 정지상에 따른 액체크로마토그래프의 종류에 대한 설명으로 모두 옳은 것은? [제12회 3번]

> ㉠ 화학종의 분리방식에는 분배, 흡착, 크기별 배제, 이온교환 방식이 있으며, 가장 널리 이용되는 방법은 분배 크로마토그래피이다.
> ㉡ 분배 크로마토그래피의 액체－액체 크로마토그래피는 정지상이 충전물의 지지체 입자에 물리적 흡착에 의해 붙잡혀 있다.
> ㉢ 분배 크로마토그래피는 이동상과 정지상의 상대적 극성에 따라 정상과 역상 크로마토그래피로 구분할 수 있으며 역상 크로마토그래피에서는 극성이 가장 큰 성분이 가장 늦게 용리된다.
> ㉣ 분배 크로마토그래피의 역상크로마토그래피 충전물로 디올(－$C_3H_6OCH_2CH_2CHOHCH_2OH$), 시아노(－$C_2H_4CN$), 아미노(－$C_3H_6NH_2$), 디메틸아미노(－$C_3H_6N(CH_3)_2$)기와 같은 작용기를 가진 것을 사용한다.

① ㉠, ㉡ ② ㉠, ㉡, ㉢
③ ㉠, ㉢, ㉣ ④ ㉠, ㉡, ㉢, ㉣

☑ **해설** ㉢ 핵심포인트 1.③ 참고, ㉣ 핵심포인트 1.④ 참고

핵심포인트

1. 기기장치/분리관/분리관 정지상에 따른 액체크로마토그래프의 종류

① 화학종의 분리 방식은 크게 분배, 흡착, 크기별 배제, 이온교환 방식이 있으며, 분배 크로마토그래피가 가장 널리 이용되고 있다.
② 분배 크로마토그래피는 정지상이 충전물의 지지체 입자에 붙잡혀 있는 상태에 따라 액체－액체 및 결합상 크로마토그래피로 세분할 수 있다. 액체－액체 크로마토그래피에서는 액체 정지상이 충전물의 표면에 물리적 흡착에 의해 붙잡혀 있고, 결합상 크로마토그래피에서는 정지상이 충전물 표면에 화학적 결합에 의해 붙어 있다.
③ 분배 크로마토그래피는 이동상과 정지상의 상대적 극성에 따라 정상 크로마토그래피와 역상 크로마토그래피로 구분할 수 있다. 정상 크로마토그래피에서는 극성이 가장 작은 성분이 상대적으로 이동상에 가장 잘 용해되기 때문에 먼저 용리된다. 반대로 역상 크로마토그래피에서는 극성이 가장 큰 성분이 먼저 용리되고 이동상의 극성을 증가시키면 용리시간도 길어진다.
④ 분배 크로마토그래피의 역상 충전물은 대부분 C_8 사슬(n－octyl)이나 C_{18} 사슬(n－octadecyl)을 사용하며 정상 충전물로는 디올(－$C_3H_6OCH_2CH_2CHOHCH_2OH$), 시아노(－$C_2H_4CN$), 아미노(－$C_3H_6NH_2$), 디메틸아미노(－$C_3H_6N(CH_3)_2$)기와 같은 극성 작용기를 가진 것을 사용한다.

정답 01 ①

15 [ES 01301] 배출가스 중 먼지

01 **굴뚝 직경이 4.3 m인 원형굴뚝에서 먼지를 채취할 때 반경구분수 및 측정점수가 알맞은 것은?** [제3회 5번]

① 반경구분수 4, 측정점수 16 ② 반경구분수 4, 측정점수 12
③ 반경구분수 3, 측정점수 16 ④ 반경구분수 3, 측정점수 12

☑ **해설** ① 핵심포인트 <표> 참고 ; 굴뚝직경 4 m 초과 4.5 m 이하인 경우 반경구분수 4, 측정점수 16이다.

02 **상하 크기가 일정한 원형굴뚝에서 대기오염물질을 측정하려고 한다. 아래 그림과 같은 단면의 크기를 가지고 있는 원형 굴뚝에서 반경 구분수와 측정점 수를 바르게 짝지은 것은?** [제9회 14번]

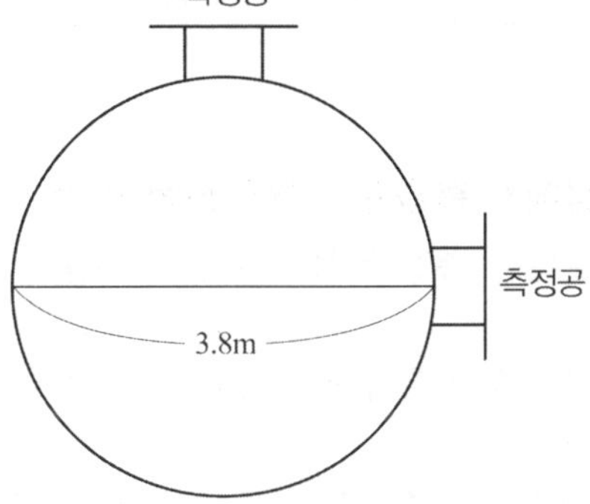

① 반경구분수−2, 측정점 수−4 ② 반경구분수−2, 측정점 수−8
③ 반경구분수−3, 측정점 수−6 ④ 반경구분수−3, 측정점 수−12

☑ **해설** ④ 핵심포인트 <표> 참고 ; 굴뚝직경 2 m 초과 4 m 이하인 경우 반경구분수 3, 측정점수 12이다.

03 **배출가스 중 먼지 시료채취 방법(반자동식 측정법)에 관한 설명으로 틀린 것은?** [제10회 8번]

① 굴뚝 단면이 원형일 경우 측정점수는 굴뚝직경이 4.5 m를 초과할 때는 10점까지로 한다.
② 수직굴뚝 하부 끝단으로부터 위를 향하여 그곳의 굴뚝 내경의 8배 이상이 되고, 상부 끝단으로부터 아래를 향하여 그곳의 굴뚝내경의 2배 이상이 되는 지점에 측정공 위치를 선정한다.
③ 한 채취점에서 채취시간을 최소 2분 이상으로 하고 모든 채취점에서 채취시간을 동일하게 한다.
④ 등속흡입 정도를 보기 위해 등속흡입계수를 구하고 그 값이 95 % ~ 110 % 범위 내에 들지 않는 경우에는 다시 시료채취를 행한다.

☑ **해설** ① 핵심포인트 <표> 참고 ; 굴뚝직경 4.5 m 초과시 측정점수 20점까지 한다.
④ 공정시험기준 개정으로 등속흡입계수는 (90 ~ 110) % 범위이다.

정답 01 ① 02 ④ 03 ①

핵심포인트

1. 시료채취 및 관리/측정점의 선정

- 굴뚝단면이 원형일 경우 : 측정점수는 굴뚝직경이 4.5 m를 초과할 때는 20점까지로 한다.
  ① 굴뚝 단면적이 0.25 m^2 이하로 소규모일 경우에는 그 굴뚝 단면의 중심을 대표점으로 하여 1점만 측정한다.
  ② 선정된 측정공이 수직굴뚝에 위치할 경우에는 굴뚝 단면의 1/4에 해당하는 반경선상의 측정점으로 줄일 수 있다.
  ③ 선정된 측정공이 수평굴뚝에 위치할 때에는 모든 측정점에서 측정한다.

〈표〉 원형단면의 측정점

굴뚝직경 $2R$(m)	반경구분수	측정점수	굴뚝 중심에서 측정점까지의 거리 r_n(m)				
			r_1	r_2	r_3	r_4	r_5
1 이하	1	4	0.707R	–	–	–	–
1 초과 2 이하	2	8	0.500R	0.866R	–	–	–
2 초과 4 이하	3	12	0.408R	0.707R	0.913R	–	–
4 초과 4.5 이하	4	16	0.354R	0.612R	0.791R	0.935R	–
4.5 초과	5	20	0.316R	0.548R	0.707R	0.837R	0.949R

04 배출가스 중 먼지 측정에서 흡습관 수분측정법에 관한 설명으로 틀린 것은? [제2회 31번]

① 흡습관법에 따른 수분량 측정장치는 흡입관, 흡습관, 가스 흡인 및 유량 측정부로 구성된다.
② 흡습관에는 무수염화칼슘의 흡습제를 넣고, 원칙적으로 유리섬유로 채워 막은 1개의 흡습관을 사용해야 한다.
③ 흡입관 내부에서 수분이 응축하지 않도록 보온 및 가열을 해야 한다.
④ 냉각조를 사용하여 흡습관을 냉각한다.

☑ **해설** ② 핵심포인트 1.② ㉢ 참고

05 흡습관법으로 배출가스 중의 수분량을 측정하려고 할 경우에 대한 설명으로 틀린 것은?
[제3회 48번]

① 흡인유량은 흡습제 1 g당 약 2 L/min 정도로 흡인장치의 마개를 조절한다.
② 흡인가스량은 적산유량계로 0.1 L 단위까지 읽는다.
③ 도관 또는 채취관 내부에 수분이 응축할 염려가 있는 경우에는 가열 또는 보온해 준다.
④ 흡인량은 흡습된 수분이 100 mg ~ 1 g 정도 되도록 한다.

☑ **해설** ① 핵심포인트 1.② ㉥ 참고

정답 04 ② 05 ①

06 **연도에서 배출되는 먼지 측정 시 흡습관법이나 응축기법 등으로 수분량을 측정하는데, 이 수분량을 측정하는 목적이 아닌 것은?** [제4회 12번]

① 시료 흡인유량에 대한 보정을 하기 위해서
② 측정공의 위치를 선정하기 위해서
③ 습한 배기가스의 단위체적당 질량을 계산하기 위해서
④ 유속 및 유량을 측정하기 위해서

☑ **해설** ② 핵심포인트 2.① ② 참고 ; 측정공의 위치는 연돌의 직경에 따라 달라진다.

07 **다음 굴뚝 배출가스 중 수분량 측정방법으로 옳은 것은?** [제9회 2차 7번]

① 두 번째 임핀저에 100 mg의 실리카겔을 넣고, 네 번째 임핀저에 50 mg의 물을 넣는다.
② 흡인기체량은 흡습된 수분이 0.1 g ~ 1 g이 되도록 한다.
③ 흡인기체량은 적산유량계로써 1 L 단위까지 읽는다.
④ 여과부 가열장치가 있는 경우 가열 장치가 정확히 100 ℃가 되도록 가열한 후 흡인한다.

☑ **해설** ① 핵심포인트 3.② 참고, ③ 핵심포인트 1.② ㉥ 참고, ④ 핵심포인트 4.⑥ 참고

핵심포인트

1. 배출가스의 유속, 유량 측정법/배출가스 중의 수분량 측정

① 수분량 측정은 별도의 흡습관을 이용하는 방법, 임핀저를 이용하는 방법, 수분응축기를 사용하는 방법 및 계산에 의한 방법 등이 있다.

② 흡습관을 이용하는 방법

㉠ 흡입관, 흡습관, 가스흡입 및 유량측정부 등으로 구성된다.
㉡ 흡입관으로는 스테인리스강 재질 또는 석영제 유리관을 사용하며, 먼지의 혼입을 방지하기 위하여 흡입관의 선단에 유리섬유 등의 여과재를 넣어 둔다.
㉢ U자관 또는 흡습관에 무수염화칼슘(입자상) 등의 흡습제를 넣고 흡습제의 비산을 방지하기 위하여 유리섬유로 채워 막으며 원칙적으로 2개의 흡습관을 사용한다.
㉣ 흡입관 내부에서 수분이 응축되지 않도록 보온 및 가열한다.
㉤ 냉각조를 사용하여 흡습관을 냉각하여야 한다.
㉥ 배출가스 흡입 유량을 1개의 흡습관내의 흡습제 1 g당 0.1 L/min 이하가 되도록 흡입유량 조절밸브로 조절하며 흡입가스량은 흡습된 수분이 (0.1 ~ 1) g이 되도록 하며 흡입가스량은 적산유량계로서 0.1 L 단위까지 읽는다.
㉦ 간이용 저울은 10 mg 차이까지 읽을 수 있는 것을 사용한다.
㉧ 배출가스 중의 수분량은 습한 가스 중의 수증기 부피백분율로 표시한다.

2. 배출가스의 유속, 유량 측정법/배출가스 중의 수분량 측정

① 수분량 계산 : 배출가스 중 수분량은 습한 기체 중의 수증기의 부피백분율로 표시하고 다음 식으로 구한다.

$X_w = \dfrac{\dfrac{22.4}{18} m_a}{V_m \times \dfrac{273}{273+\theta_m} \times \dfrac{P_a + P_m}{760} + \dfrac{22.4}{18} m_a} \times 100$	X_w : 배출가스 중 수증기의 부피 백분율(%) m_a : 흡습 수분의 질량($m_{a2} - m_{a1}$)(g) V_m : 흡입한 건조가스량(건식가스미터에서 읽은 값)(L) θ_m : 가스미터에서의 흡입 기체 온도(℃) P_a : 측정공 위치에서의 대기압(mmHg) P_m : 가스미터에서의 가스의 게이지압(mmHg)

정답 06 ② 07 ②

② 등속흡입을 위한 유량 산정식

$$q_m = \frac{\pi}{4} d^2 v \left(1 - \frac{X_w}{100}\right) \frac{273+\theta_m}{273+\theta_s} \times \frac{P_a + P_s}{P_a + P_m - P_v} \times 60 \times 10^{-3}$$

q_m : 가스미터의 등속 흡입유량(L/min)	θ_s : 배출가스의 온도(℃)
d : 흡입노즐의 내경(mm)	P_a : 측정공 위치에서의 대기압(mmHg)
v : 배출가스 유속(m/s)	P_s : 측정점에서의 정압(mmHg)
X_w : 배출가스 중 수증기의 부피 백분율(%)	P_m : 가스미터의 흡입 가스 게이지압(mmHg)
θ_m : 가스미터의 흡입가스 온도(℃)	P_v : θ_m의 포화수증기압(mmHg)

3. 분석절차/전처리/시료채취장치 1형을 사용하는 경우

① 원통형 여과지를 (110 ± 5) ℃에서 충분히 1시간~3시간 건조하고 데시케이터 내에서 실온까지 냉각하여 무게를 0.1 mg까지 측정한 후 여과지홀더에 끼운다.
② 임핀저 트레인 중 첫 번째와 두 번째 임핀저에 각각 100 g의 물(또는 과산화수소)을 넣고 네 번째 임핀저에는 미리 무게를 단 (200 ~ 300) g의 실리카겔을 넣는다.
③ 임핀저 트레인을 통과하는 배출가스의 온도가 높을 경우 임핀저 주의에 잘게 부순 얼음을 채워 넣는다.

4. 분석절차/전처리/시료채취장치 2형을 사용하는 경우

① 원통형 여과지를 (110 ± 5) ℃에서 충분히 1시간~3시간 건조하고 데시케이터 내에서 실온까지 냉각하여 무게를 0.1 mg까지 측정한 후 여과지홀더에 끼운다.
② 먼지 포집량이 100 mg을 초과할 것으로 예상되는 경우에는 흡입관과 여과지홀더 사이에 유리제 사이클론을 연결하여 사용한다.
③ 임핀저 트레인 중 첫 번째와 두 번째 임핀저에 각각 100 g의 물(또는 과산화수소)을 넣고 네 번째 임핀저에는 미리 무게를 단 (200 ~ 300) g의 실리카겔을 넣는다.
④ 임핀저 트레인을 통과하는 배출가스의 온도가 높을 경우 임핀저 주위에 잘게 부순 얼음을 채워 넣는다.
⑤ 임핀저 트레인은 배출가스의 냉각(20 ℃ 이하), 수분제거 및 채취된 물의 총량결정, 유해가스 제거 등을 위해 사용한다.
⑥ 임핀저 트레인에 흡입관을 연결한 후 흡입관 출구에서 시료가스의 온도가 (120 ± 14) ℃가 되도록 가열기를 조정하고 여과부 가열장치를 작동하여 여과지홀더 주위를 같은 온도로 유지한다.

08 수분흡수관의 사용 전후 무게차이가 18 g이고, 건조 공기 흡입량이 표준상태에서 100 L이었다. 표준상태에서의 총 공기 흡입량은 얼마인가? [제7회 4번]

① 100 L ② 122.4 L
③ 137.3 L ④ 144.8 L

문제풀이

① 주어진 조건 : 무게차 18 g, 건조공기 흡입량 100 L
② 총 공기 흡입량 = 건조 공기 흡입량 + 수분량

$$100\ L + 18\ g \times \frac{22.4\ L}{18\ g\ H_2O} = 100\ L + 22.4\ L = 122.4\ L$$

정답 08 ②

09 **굴뚝배출가스 중의 수분농도를 알아보기 위해 흡습관법으로 시료가스를 흡인채취하였다. 수분농도의 부피백분율(%)로 옳은 것은?** (단, 습식가스미터에서의 흡인가스온도는 17 ℃, 흡인가스차압은 27.2 mmH_2O, 흡인가스량은 20 L, 측정시의 대기압은 760 mmHg, 흡습수분의 중량은 1.8 g, 17 ℃에서의 물의 포화수증기압은 14.53 mmHg) [제11회 3번]

① 약 10.8 % ② 약 9.8 %
③ 약 8.8 % ④ 약 7.8 %

문제풀이

① 주어진 조건 : 가스미터에서의 흡입 기체 온도(θ_m) 17 ℃, 흡인가스 차압(P_m) 27.2 mmH_2O, 흡인가스량(V_m) 20 L, 대기압(P_a)=760 mmHg, 흡습 수분의 질량($m_a=m_{a2}-m_{a1}$)=1.8 g, 17 ℃에서의 물의 포화수증기압 14.53 mmHg

② 배출가스 중 수증기의 부피 산정식(X_w, %) :

$$X_w=\frac{\frac{22.4}{18}m_a}{V_m\times\frac{273}{273+\theta_m}\times\frac{P_a+P_m}{760}+\frac{22.4}{18}m_a}\times 100$$

② 배출가스 중 수분농도 부피 백분율(X_w, %)

$$=\frac{\frac{22.4}{18}\times 1.8}{20\times\frac{273}{273+17}\times\frac{760+27.2/13.6}{760}+\frac{22.4}{18}\times 1.8}=10.8\,\%$$

10 **다음은 배출가스 중 먼지 시료채취에 관한 대기오염공정시험방법이다. ( ) 안에 옳은 것은?** [제7회 2번]

> 포집량이 원형여과지일 때 포집면적 1 cm^2당 ( )mg 정도, 원통형 여과지일 때는 ( )mg 이상 되도록 한다. 다만, 총 포집량을 얻기 곤란한 경우는 공기 흡입유량은 ( )L 이상으로 한다.

① 1, 5, 100 ② 5, 1, 100
③ 1, 5, 400 ④ 5, 1, 400

핵심포인트

1. 시료채취 및 관리/시료채취 절차

① 흡입가스량은 원칙적으로 포집량이 원형여과지일 때 포집면적 1 cm^2당 1 mg 정도, 원통형여과지일 때는 전체포집량이 5 mg 이상 되도록 한다. 단, 동 채취량을 얻기 곤란한 경우에는 흡입가스량을 400 L 이상 또는 흡입 시간을 40분 이상으로 한다.

정답 09 ① 10 ③

11 배출가스 입자상 물질 시료채취방법에 대한 설명으로 틀린 것은? [정도관리 제9회 33번]

① 먼지가 포집된 여과지를 110±5 ℃에서 충분히(1시간~3시간) 건조시켜 부착수분을 제거한 후 먼지의 중량농도를 계산한다.

② 먼지농도 표시는 표준상태(0 ℃, 760 mmHg)의 건조배출가스 1 Sm^3 중에 함유된 먼지의 중량으로 표시한다.

③ 배연탈황시설과 황산미스트에 의해서 먼지농도가 영향을 받은 경우에는 여과지를 160 ℃ 이상에서 4시간 이상 건조시킨 후 먼지농도를 계산한다.

④ 수직굴뚝 하부 끝단으로부터 위를 향하여 그곳의 굴뚝 내경의 2배 이상이 되고, 상부 끝단으로부터 아래를 향하여 그곳의 굴뚝내경의 8배 이상이 되는 지점에 측정공 위치를 선정하는 것을 원칙으로 한다.

☑ **해설** ④ 핵심포인트 3.② 참고

핵심포인트

1. 개요/적용범위

① 배출가스 중에 함유되어 있는 액체 또는 고체인 입자상 물질을 등속흡입하여 측정한 먼지로서, 먼지농도 표시는 표준상태(0 ℃, 760 mmHg)의 건조 배출가스 1 m^3 중에 함유된 먼지의 질량(mg)으로 한다.

2. 분석절차/반자동 채취장치의 전처리/측정방법

① 먼지가 채취된 여과지를 (110 ± 5) ℃에서 충분히 1시간~3시간 건조시켜 부착수분을 제거한 후 먼지의 질량농도를 계산한다. 다만, 배연탈황시설과 황산미스트에 의해서 먼지농도가 영향을 받는 경우에는 여과지를 160 ℃ 이상에서 4시간 이상 건조시킨 후 먼지농도를 계산한다.

3. 측정위치, 측정공 및 측정점의 선정/측정위치

① 측정위치는 원칙적으로 굴뚝의 굴곡부분이나 단면모양이 급격히 변하는 부분을 피하여 배출가스 흐름이 안정되고 측정작업이 쉽고 안전한 곳을 선정한다.

② 수직굴뚝 하부 끝단으로부터 위를 향하여 그곳의 굴뚝 내경의 8배 이상이 되고, 상부 끝단으로부터 아래를 향하여 그곳의 굴뚝내경의 2배 이상이 되는 지점에 측정공 위치를 선정하는 것을 원칙으로 한다.

③ 위의 기준에 적합한 측정공 설치가 곤란하거나 측정작업의 불편, 측정자의 안전성 등이 문제될 때에는 하부 직경의 2배 이상과 상부 내경의 1/2배 이상 되는 지점에 측정공을 설치할 수 있다.

④ 수직굴뚝에 측정공을 설치하기가 곤란하여 부득이 수평 굴뚝에 측정공이 설치되어 있는 경우는 수평굴뚝에서도 측정할 수 있으나 측정공의 위치가 수직굴뚝의 측정위치 선정기준에 준하여 선정된 곳이어야 한다.

4. 시료채취 및 관리/시료채취/시료채취절차

① 등속흡입 정도를 보기 위해 등속흡입계수를 구하고 그 값이 (90 ~ 110) % 범위 내에 들지 않는 경우에는 다시 시료를 채취한다.

② 한 채취점에서 채취시간을 최소 2분 이상으로 하고 모든 채취점에서 채취시간을 동일하게 한다.

12 반자동식으로 굴뚝 배기가스 먼지시료 측정순서를 나타낸 것으로 괄호 안에 들어갈 내용은? [제10회 2차 2번]

위치선정 → 온도측정 → (　　)측정 → 정압측정 → 유속측정 → 시료채취 → 농도계산

① 등속흡인　　② 동압

③ 수분량　　④ 대기압

정답 11 ④　12 ③

핵심포인트

1. 시료채취절차

① 측정점 수를 선정한다.
② 배출가스 온도를 측정한다.
③ S자형 피토관과 경사마노미터로 배출가스의 정압과 평균동압을 각각 측정한다.
④ 배출가스 수분량을 측정한다.
⑤ 매 채취점마다 동압을 측정하고 계산자 또는 계산기를 이용하여 등속흡입을 위한 적정한 흡입노즐 및 오리피스압차를 구한 후 유량조절밸브를 그 오리피스차압이 유지되도록 유량을 조절하여 시료를 채취한다.
⑥ 한 채취점에서 채취시간을 최소 2분 이상으로 하고 모든 채취점에서 채취시간을 동일하게 한다.
⑦ 시료채취 중 굴뚝 내 배출가스 온도, 건식가스미터의 입구 및 출구온도, 여과지홀더, 최종 임핀저 통과 후의 가스온도, 진공게이지압 등을 측정 기록한다.
⑧ 각 측정점에서의 가스시료채취량을 기록해 둔다.
⑨ 농도를 계산한다.

16 [ES 01302.1b] 비산먼지 – 고용량공기시료채취법

01 **비산먼지의 고용량 공기시료채취법에 관한 설명으로 옳은 것은?** [제10회 9번]

① 시료채취장소는 바람의 영향이 가장 적은 곳으로 선정한다.
② 대조위치를 선정할 수 없는 경우 대조위치의 먼지농도는 0.15 mg/m^3으로 한다.
③ 바람이 거의 없을 때 (풍속이 0.5 m/s 미만일 때) 시료채취를 해야 한다.
④ 풍향·풍속 측정 시 연속기록 장치가 없을 경우에는 적어도 1시간 간격으로 같은 지점에서 2회 이상 풍향·풍속을 측정하여 기록한다.

☑ **해설** ① 핵심포인트 1.①·② 참고, ② 핵심포인트 1.③, 4. 참고, ③ 핵심포인트 2. 참고, ④ 핵심포인트 3.① 참고

핵심포인트

1. 시료채취 및 관리/5.1 측정위치의 선정

① 시료채취장소는 원칙적으로 측정하려고 하는 발생원의 부지 경계선상에 선정하며 풍향을 고려하여 그 발생원의 비산먼지 농도가 가장 높을 것으로 예상되는 지점 3개소 이상을 선정한다.
② 시료채취 위치는 부근에 장애물이 없고 바람에 의하여 지상의 흙모래가 날리지 않아야 하며 기타 다른 원인에 의하여 영향을 받지 않고 그 지점에서의 비산먼지농도를 대표할 수 있는 위치를 선정한다.
③ 별도로 발생원의 풍상측(upstream)인 바람의 방향에 따라 대상 발생원의 영향이 없을 것으로 추정되는 곳에 대조위치를 선정한다.

2. 시료채취 및 관리/5.2 시료채취

① 시료채취는 1회 1시간 이상 연속 채취하며, 다음과 같은 경우에는 원칙적으로 시료채취를 하지 않는다.
㉠ 대상발생원의 조업이 중단되었을 때
㉡ 비나 눈이 올 때
㉢ 바람이 거의 없을 때 (풍속이 0.5 m/s 미만일 때)
㉣ 바람이 너무 강하게 불 때 (풍속이 10 m/s 이상일 때)

3. 시료채취 및 관리/5.3 풍향풍속의 측정

① 시료채취를 하는 동안에 그 지역을 대표할 수 있는 지점에 별도로 풍향풍속계를 설치하여 전 채취시간 동안의 풍향풍속을 기록한다. 단, 연속기록 장치가 없을 경우에는 적어도 10분 간격으로 같은 지점에서 3회 이상 풍향풍속을 측정하여 기록한다.

4. 결과보고/먼지농도의 계산/8.1 비산먼지 농도의 계산

$C=(C_H-C_B)\times W_D\times W_s$	C_H : 채취먼지량이 가장 많은 위치에서의 먼지농도(mg/m^3) C_B : 대조위치에서의 먼지농도(mg/m^3) W_D, W_s : 풍향, 풍속 측정결과로부터 구한 보정계수 단, 대조위치를 선정할 수 없는 경우에는 C_B는 0.15 mg/m^3로 한다.

정답 01 ②

02 고용량공기시료채취법을 이용하여 비산먼지를 측정하였다. 측정결과 채취먼지량이 가장 많은 위치에서 먼지 농도는 $55\mu g/m^3$, 대조위치에서의 먼지농도는 $25\mu g/m^3$, 전 시료채취 기간 중 주풍향이 서남서에서 북북동 방향으로 측정되었고, 풍속은 전 채취시간의 60 %가 0.3 m/s로 측정되었다. 이때 비산먼지의 농도는? [제10회 2차 5번]

① $36\mu g/m^3$　② $54\mu g/m^3$
③ $45\mu g/m^3$　④ $43\mu g/m^3$

문제풀이

① 풍향에 대한 보정
풍향은 서남서(WSW)에서 북북동(NNE)으로 135° 변하여 보정계수(W_D)는 1.5를 적용한다.

풍향 변화범위	보정계수
전 시료채취 기간 중 주 풍향이 90° 이상 변할 때	1.5
전 시료채취 기간 중 주 풍향이 45° ~ 90° 변할 때	1.2
전 시료채취 기간 중 풍향 변동이 없을 때(45° 미만)	2.0

② 풍속에 대한 보정
풍속은 0.3 m/s로 0.5 m/s 미만이며 전 채취시간의 60 %이므로 50 % 이상에 해당되어 보정계수(W_S) 1.2를 적용한다.

풍향범위	보정계수
풍속이 0.5 m/s 미만 또는 10 m/s 이상되는 시간이 전 채취시간의 50 % 미만일 때	1.0
풍속이 0.5 m/s 미만 또는 10 m/s 이상되는 시간이 전 채취시간의 50 % 이상일 때	1.2

C_H : 55 $\mu g/m^3$, C_B : 25 $\mu g/m^3$, W_D : 1.5, W_S : 1.2
$C = (C_H - C_B) \times W_D \times W_s = (55-25)\mu g/m^3 \times 1.5 \times 1.2 = 54\ \mu g/m^3$

03 고용량공기채취기를 사용하여 철강공장 주변으로 비산되는 먼지를 24시간동안 측정하였다. 포집 전 여과지의 중량은 3.6 g이었고, 포집 시작시 유량은 1.5 m^3/min이었다. 포집 종료시 유량은 1.7 m^3/min이었고, 포집 후 여과지의 중량은 3.9 g이었다. 이때 비산먼지의 농도($\mu g/m^3$)로 옳은 것은? [제11회 5번]

① 118　② 123
③ 130　④ 139

문제풀이

① 주어진 조건 : 고용량공기채취기 포집시간 24시간, 포집 전 여과지의 중량(W_s) 3.6 g, 포집 후 여과지의 중량(W_e) 3.9 g, 포집시작시 유량(Q_s) 1.5 m^3/min, 포집 종료시 유량(Q_e) 1.5 m^3/min

② 흡인공기량 산정 : $\dfrac{Q_s + Q_e}{2} \times t = \dfrac{1.5\ m^3/min + 1.7\ m^3/min}{2} \times 24\ hr \times \dfrac{1440\ min}{24\ hr} = 2{,}304\ m^3$

③ 비산먼지 농도($\mu g/m^3$) : $\dfrac{W_e - W_s}{V} \times 10^3 = \dfrac{3.9\ g - 3.6\ g}{2{,}304\ m^3} \times \dfrac{10^3\ \mu g}{mg} \times \dfrac{10^3\ mg}{g} = 130\ \mu g/m^3$

정답 02 ② 03 ③

04 **석탄 야적장에서 외부로 비산되는 먼지를 고용량공기시료채취기법을 이용하여 4개 지점을 선정하여 측정하였다. 최종 비산먼지 농도로 옳은 것은?** [제12회 4번]

[측정조건]

- 총 공기흡입량은 2,400 m^3
- 풍향, 풍속에 대한 보정계수는 모두 1

	대조지점	지점 1	지점 2	지점 3	지점 4
채취전 여과지 질량(mg)	2,000	2,000	2,000	2,000	2,000
채취후 여과지 질량(mg)	2,500	2,950	2,900	2,800	3,050

① 0.167 mg/m^3
② 0.188 mg/m^3
③ 0.208 mg/m^3
④ 0.230 mg/m^3

문제풀이

① 비산먼지 농도 산정시 채취먼지량이 가장 많은 위치(지점)에서의 먼지농도를 산정하므로 지점 4를 계산에 적용한다.

② 비산먼지 농도(mg/m^3) $= \dfrac{W_e - W_s}{V} = \dfrac{3{,}050\ mg - 2{,}500\ mg}{2{,}400\ m^3} = 0.229\ mg/m^3 \fallingdotseq 0.230\ mg/m^3$

17 [ES 01303] 배출가스 중 암모니아

01 **배출가스 중 암모니아를 자외선/가시선분광법으로 분석할 때, 시료채취 장치 및 방법에 대한 설명으로 모두 옳은 것은?** [제12회 5번]

> ㉠ 여과지로는 유리섬유여과지 또는 유리여과기를 쓴다.
> ㉡ 바이패스용 세척병에는 수산화나트륨을 적당량 넣는다.
> ㉢ 가스 중에 먼지가 섞여 들어가는 것을 막기 위하여 시료채취관의 적당한 곳에 여과재를 넣는다.
> ㉣ 산성가스가 없는 경우 시료가스의 흡입 속도는 1 L/min ~ 2 L/min 정도로 한다.
> ㉤ 산성가스가 있는 경우 흡수병 2개 이상을 준비하여 각각에 흡수액으로 물을 50 mL씩 넣고 흡수병은 위로 향한 여과판이 있는 부피 150 mL ~ 250 mL의 것을 사용한다.

① ㉠, ㉡, ㉢
② ㉠, ㉢, ㉣
③ ㉡, ㉢, ㉣
④ ㉢, ㉣, ㉤

☑ **해설** ㉡ 핵심포인트 1.② 참고, ㉤ 핵심포인트 2.② 참고

핵심포인트

1. 시료채취 및 관리/시료채취장치

① 여과지로는 유리섬유여과지 또는 유리여과기를 쓴다.
② 바이패스용 세척병에는 황산(부피분율 10 %)을 적당량 넣는다.
③ 가스 중에 먼지가 섞여 들어가는 것을 막기 위하여 시료채취관의 적당한 곳에 여과재를 넣는다.

2. 시료채취 및 관리/시료의 흡수

① 산성가스가 없는 경우 : 여과관 또는 여과구가 붙은 흡수병 1개 이상을 준비하고 각각에 흡수병으로 붕산 용액(부피분율 0.5 %) 50 mL를 넣고, 흡수병에 시료가스를 주입하기 전에 바이패스를 사용하여 배관 속을 시료가스로 충분히 치환해야 하며, 시료가스의 흡입속도는 (1 ~ 2) L/min 정도로 한다.
② 산성가스가 있는 경우 : 흡수병 2개 이상을 준비하여 각각에 흡수액으로 과산화수소(1+9)를 50 mL씩 넣고 흡수병은 위로 향한 여과판이 있는 부피 (150 ~ 250) mL의 것을 사용하며, 유량 2 L/min 정도로 암모니아를 제거시킨 공기를 흡입한다.

02 **인도페놀법은 굴뚝 배출가스 중 암모니아를 분석하는 방법이다. 이에 대한 설명으로 옳지 않은 것은?** [제4회 5번]

① 분석용 시료용액에 페놀－나이트로프루시드소듐 용액과 하이포아염소산소듐 용액을 가하고 암모늄이온과 반응하여 생성하는 인도 페놀류의 흡광도를 측정하여 암모니아를 정량한다.
② 130 ℃에서 건조한 황산암모늄 2.9498 g을 물에 녹여 1 L로 한다.
③ 암모니아 농도에 대하여 이산화질소가 100배 이상, 아민류가 수십 배 이상, 아황산가스가 10배 이상, 황화수소가 같은 양 이상 각각 공존하지 않는 경우에 적합하다.
④ 이 방법은 시료채취량 20 L인 경우 시료 중 암모니아 농도가 약 10 ppm 이상인 것의 분석에 적합하다.

정답 01 ② 02 ④

☑ **해설** ④ 핵심포인트 2.① 참고

03 배출가스 중 암모니아를 인도페놀법으로 분석하고자 할 경우에 대한 설명으로 틀린 것은?

[제3회 37번]

① 페놀－나이트로프루시드소듐 용액과 하이포아염소산소듐 용액을 가한다.

② 흡광도 측정시 발색물질은 인도페놀류이다.

③ 암모니아 농도에 대하여 이산화질소가 같은 양 존재하면 분석 시 방해물질로 작용한다.

④ 시료 중의 암모니아 농도가 약 1 ppm 이상인 것의 분석에 적합하다.

☑ **해설** ③ 핵심포인트 2.① 참고

핵심포인트

1. 개요/목적

① 시료 용액에 페놀－나이트로프루시드소듐 용액과 하이포아염소산소듐 용액을 가하고 암모늄 이온과 반응하여 생성하는 인도페놀류의 흡광도를 측정하여 암모니아를 정량한다.

2. 개요/적용범위

① 시료채취량 20 L인 경우 시료중의 암모니아의 농도가 약 (1～10) ppm인 것의 분석에 적합하고, 이산화질소가 100배 이상, 아민류가 몇 십 배 이상, 이산화황이 10배 이상 또는 황화수소가 같은 양 이상 공존하지 않는 경우에 적용할 수 있다.

3. 시약 및 표준용액/암모니아 검정곡선용 표준용액

① 130 ℃에서 건조한 황산암모늄[$(NH_4)_2SO_4$, 분자량 : 132.13] 2.9498 g을 취하고 증류수에 녹여 1 L로 하며, 이 용액을 다시 흡수액으로 1,000배 묽게 하여 암모니아 표준용액으로 하다. 이 암모니아 표준용액 1 mL는 NH_3 1 μL(0 ℃, 760 mmHg)에 상당한다.

04 대기오염물질 분석방법 중 대상가스별 분석방법과 흡수액이 잘못 연결된 것은? (분석 대상 가스－분석방법－흡수액)

[제2회 2번]

① 암모니아－인도페놀법－붕산용액 (0.5 W/V%)

② 황산화물－중화적정법－과산화수소용액 (3 %)

③ 시안화수소－질산은적정법－질산암모늄＋황산 (1 → 5)

④ 페놀－흡광광도법－수산화소듐용액 (0.4W/V%)

☑ **해설** ③ 핵심포인트 <표> 4 질소산화물 참고

05 대기 중으로 배출되는 가스상 물질에 대한 분석방법과 흡수액에 대한 설명 중 옳지 않은 것은?

[제9회 2차 11번]

① 암모니아－인도페놀법, 중화적정법－붕산용액 (0.5 W/V%)

② 염화수소－이온크로마토그래프법, 싸이오시안산제이수은법－수산화소듐용액 (0.1 mol/L)

③ 황산화물－침전적정법, 중화적정법－과산화수소용액 (3 %)

④ 시안화수소－질산은적정법, 페놀디설폰산법－수산화소듐용액 (2 W/V%)

☑ **해설** ④ 핵심포인트 <표> 4 시안화수소 참고 ; ② 염화수소－이온크로마토그래프법－증류수

정답 03③ 04③ 05④

06 분석대상가스별 분석 방법 및 흡수액이 맞지 않는 것은?

[제9회 8번]

① 암모니아－인도페놀법－붕산용액
② 질소산화물－아연환원나프틸에틸렌다이아민법－과산화수소용액
③ 염화수소－흡광광도법－수산화소듐용액
④ 불소화합물－흡광광도법－수산화소듐용액

☑ **해설** 정답 없음

핵심포인트

1. 배출가스 중 가스상 물질 시료채취방법/조립/흡수병을 사용할 때/채취부

〈표〉 분석물질별 분석방법 및 흡수액

순번	분석물질	분석방법	흡수액
1	암모니아	자외선/가시선분광법－인도페놀법	과산화수소 (1＋9)
		중화적정법	붕산용액 (질량분율 0.5 %)
2	염화수소	이온크로마토그래피법	증류수
		싸이오시안산제이수은 자외선/가시선분광법	수소화소듐 용액 (0.1 M)
3	황산화물	침전적정법－아르세나조 Ⅲ법	과산화수소수 용액 (1＋9)
		중화적정법	
4	질소산화물	자외선/가시선－아연환원나프틸에틸렌다이아민법	과산화수소수 용액 (0.5＋9.5)
		자외선/가시선분광법－페놀디설폰산	물(800 mL)＋황산(3 mL)＋과산화수소수(10 mL)＋물로 1 L 채움
5	불소화합물	자외선/가시선분광법	수산화소듐 용액 (질량분율 0.1 M)
		적정법	
		이온선택전극법	
6	시안화수소	자외선/가시선－피리딘 피라졸론법	수산화소듐 용액 (질량분율 2 %)
		질산은 적정법	
7	페놀	기체크로마토그래프법	수산화소듐 용액 (0.1 N)
		4－아미노 안티피린 자외선/가시선분광법	

07 배출가스 중 암모니아 분석방법인 인도페놀법에서 사용되는 시약으로 옳은 것은?

[제9회 2차 13번]

① 하이포아염소산소듐 용액
② 초산나트륨삼수화물 용액
③ 티오시안산칼륨 용액
④ 황산

☑ **해설** ① 핵심포인트 1.① 참고

핵심포인트

1. 자외선가시선분광법－인도페놀법/시약 및 표준용액/시약

① 흡수액 : 과산화수소(1＋9), 0.5 % 붕산용액, 수산화소듐용액, 페놀－나이트로프루시드소듐 용액 하이포아염소산소듐 용액, 0.05 N 싸이오황산소듐 용액
② 암모니아 검정곡선용 표준용액
③ 2 N 황산 용액
④ 8 N 수산화소듐 용액

18 [ES 01304] 배출가스 중 일산화탄소

01 **배출가스에서 일산화탄소를 측정할 때 탄화수소 등 방해성분을 고려해야 하는 분석방법은?** [제9회 16번]

① 연속측정 비분산적외선법 ② 포집법에 의한 비분산적외선법
③ 정전위 전해법 ④ 기체크로마토그래프법

☑ **해설** ③ 핵심포인트 2.② 참고

02 **다음 대기오염공정시험기준에서 배출가스 중 일산화탄소의 농도측정법에 관한 설명으로 틀린 것은?** [제9회 2차 5번]

① 분석방법으로는 비분산형적외선 분석법, 정전위전해법, 기체크로마토그래프법이 있다.
② 1 L ~ 50 L의 합성수지로 된 포집백을 이용하여 배출가스를 채취한 후 실험실에 운반하여 측정할 수 있다.
③ 기체크로마토그래프로 분석할 경우 일산화탄소의 농도가 0.1 % 이상이면 불꽃이온화검출기를 사용한다.
④ 정전위 전해식 일산화탄소 계측기는 소형 경량으로 이동 측정에 적합하다.

☑ **해설** ③ 핵심포인트 1. <표> 3 기체크로마토그래피 참고 ; 일산화탄소 농도가 0.1 % 이상이면 열전도도검출기(TCD)를 이용한다.
② 핵심포인트 1.② 참고

03 **굴뚝 배출가스 중의 일산화탄소를 분석하는 주방법인 비분산 적외선 분석법에 대한 설명으로 틀린 것은?** [제3회 47번]

① 이 시험법은 선택성 검출기를 이용하여 시료 중의 특정 성분에 의한 적외선의 흡수량 변화를 측정하여 시료 중에 들어 있는 특정 성분의 농도를 구하는 원리가 적용된다.
② 정량범위는 0 ppm ~ 250 ppm부터 0 % ~ 1 %까지이다.
③ 탄화수소, 황산화물, 황화수소 등과 같은 방해성분의 영향을 무시할 수 없는 경우에는 흡착관을 이용하여 제거하고 측정한다.
④ 연속측정하는 경우와 포집용 백을 이용하는 경우도 있다.

☑ **해설** ③ 핵심포인트 3.③ 참고
② 공정시험기준 개정으로 정량범위는 핵심포인트 3.②로 변경되었다.

정답 01 ③ 02 ③ 03 ③

핵심포인트

1. 배출가스 중 일산화탄소/적용가능한 시험방법

① 선택형 검출기를 이용하여 시료 중의 특정 성분에 의한 적외선의 흡수량 변화를 측정하여 시료 중에 들어있는 특정 성분의 농도를 구하는 방법이다.

순번	분석방법	정량범위	방해성분 고려
1	비분산형 적외선 분석법	(0 ~ 1,000) ppm	−
2	정전위전해법	(0 ~ 1,000) ppm	○
3	기체크로마토그래피	TCD : 0.1 % 이상	−
		FID : (0~2,000) ppm	−

② 채취용 공기주머니 이용법 : 부피 (5 ~ 10) L의 합성수지 필름으로 만든 채취용 공기주머니를 사용한다.

2. 전기화학식(정전위전해법)/개요

① 현장에서 이동형 측정기를 사용하여 굴뚝배출가스 중 일산화탄소를 자동으로 측정하는 방법으로 이 측정기는 소형 경량으로 이동 측정에 적합하다.

② 간섭성분의 영향 : 프로판 100 ppm의 간섭영향 시험용 가스를 도입하였을 때 그 영향이 1 ppm 이하이어야 하며, 단 (0 ~ 10) ppm의 측정범위에서는 0.5 ppm 이하로 한다. 탄화수소, 황산화물, 황화수소 및 질소산화물과 같은 방해성분의 영향을 무시할 수 없는 경우에는 흡착관을 이용하여 제거한다.

3. 비분산형적외선분석법 – 연속분석방법/개요/목적

① 선택형 검출기를 이용하여 시료 중의 특정 성분에 의한 적외선의 흡수량 변화를 측정하여 시료 중에 들어있는 특정 성분의 농도를 구하는 방법이다.

② 정량범위 : (0 ~ 1,000) ppm

③ 간섭물질 : 없음

④ 분석방법 : 연속분석방법, 포집용 백 이용방법

19 [ES 01305] 배출가스 중 염화수소

01 배출가스 중 염화수소의 분석방법에 대한 설명으로 틀린 것은? [제3회 27번]

① 티오시안산 제2수은흡광광도법 : 시료가스 중의 염화수소를 수산화나트륨 용액에 흡수시킨 후 티오시안산제이수은 용액과 황산제이철암모늄 용액을 가하여 발색시켜 흡광도를 측정한다.

② 질산은적정법 : 이 방법의 정량범위는 시료가스를 통과시킨 흡수액 (100 mL)을 250 mL로 희석하여 분석용 시료용액으로 한 경우 230 mg/Sm^3 ~ 4,600 mg/Sm^3이다.

③ 이온크로마토그래프법 : 이 방법은 할로겐 등 산화성 가스의 영향을 무시할 수 있는 경우에 적합하다.

④ 이온전극법 : 시료가스 중의 염화수소를 질산칼륨 용액에 흡수시킨 후 초산완충액을 가하여 염소이온 전극을 이용하여 이온 농도를 측정한다.

☑ **해설** ③ 핵심포인트 2.① 참고 ; ② 질산은적정법과 ④ 이온전극법은 공정시험기준 개정으로 삭제되었다.

02 배출가스 중 염화수소의 분석시 싸이오시안산 제2수은법에 관한 설명으로 적합하지 않은 것은? [제9회 2차 4번]

① 다량의 할로겐 화합물이 함유되었을 때 측정한다.

② 다량의 시안화합물의 영향을 받지 않을 경우에 측정한다.

③ 싸이오시안산 제2수은과 황산철(Ⅱ)암모늄 용액을 가하고 염소이온과 반응시켜 측정한다.

④ 이 방법은 460 nm 흡광도를 측정한다.

☑ **해설** ① 핵심포인트 3.① 참고

03 배출가스 중 염화수소의 분석법(싸이오시안산 제2수은 자외선/가시분광법)에 대한 설명으로 틀린 것은? [제10회 10번]

① 티오시안산 제2수은 용액과 황산철(Ⅱ)암모늄 용액을 가하여 발색시켜, 파장 280 nm에서 흡광도를 측정한다.

② 이산화황, 기타 할로겐화물, 시안화물 및 황화물의 영향이 무시되는 경우에 적합하다.

③ 2개의 연속된 흡수병에 흡수액 (0.1 mol/L의 수산화소듐 용액)을 각각 50 mL 담은 뒤 40 L 정도의 시료를 채취한다.

④ 정량범위는 시료기체를 통과시킨 흡수액을 250 mL로 묽히고 분석용 시료용액으로 하는 경우 0.4 ppm ~ 80 ppm이다.

☑ **해설** ① 핵심포인트 3.① 참고

정답 01 ③ 02 ① 03 ①

핵심포인트

1. 배출가스 중 염화수소 시험방법

〈표〉 염화수소 시험방법, 정량범위 및 방법검출한계

순번	분석방법	정량범위	방법검출한계
1	이온크로마토그래피법	(0.4 ~ 80) ppm	0.13 ppm
2	싸이오시안산 제2수은 자외선/가시선분광법	(0.4 ~ 80) ppm	0.13 ppm

2. 이온크로마토그래피/적용범위

① 환원성 황화합물의 영향이 무시되는 경우에 적합하며, 정량범위는 시료기체를 통과시킨 흡수액을 100 mL로 묽히고 분석용 시료용액으로 하는 경우 (0.4 ~ 80) ppm이다.

3. 싸이오시안산 제2수은－자외선가시선분광법/적용범위

① 이산화황, 기타 할로겐화물, 시안화물 및 황화합물의 영향이 무시되는 경우에 적합하며, 염화수소를 수산화소듐 용액 (0.1 mol/L)에 흡수시킨 뒤 싸이오시안산 제2수은 용액과 황산철(Ⅱ)암모늄 용액을 가하여 발색시켜, 파장 460 nm에서 흡광도를 측정하며, 정량범위는 시료흡수액을 250 mL로 묽히고 분석용 시료용액으로 하는 경우 (0.4 ~ 80) ppm이다.

※ 질산은적정법과 이온전극법은 2016년 개정된 공정시험기준에서 삭제되었음

04 배출가스 중 분석대상 가스 채취에 사용되는 흡수액과 분석방법이 적절히 연결되지 않은 것은? [제4회 23번]

① 암모니아－붕산용액(0.5 W/V%)－인도페놀법
② 염화수소－수산화소듐(0.1 N)－싸이오시안산제2수은법
③ 질소산화물－아연아민착염용액－오르토톨리딘법
④ 사이안화수소－수산화소듐(2 W/V%)－피리딘 피라졸론법

☑ **해설** ③ 핵심포인트 <표> 5. 질소산화물 참고

05 대기 중으로 배출되는 가스상 물질에 대한 분석방법과 흡수액에 대한 설명 중 옳지 않은 것은? [제9회 2차 11번]

① 암모니아－인도페놀법, 중화적정법－붕산용액(0.5 W/V%)
② 염화수소－이온크로마토그래프법, 싸이오시안산 제2수은법－수산화소듐용액(0.1 mol/L)
③ 황산화물－침전적정법, 중화적정법－과산화수소용액(3 %)
④ 시안화수소－질산은적정법, 페놀디설폰산법－수산화소듐용액(2 W/V%)

☑ **해설** ④ 핵심포인트 <표> 7. 시안화수소 참고

06 배출허용기준시험 중 가스상 물질의 분석대상 가스와 분석방법의 연결이 틀린 것은?

[제8회 18번]

① 시안화수소 – 싸이오시안산제이수은법　　② 염소 – 오르토톨리딘법
③ 포름알데히드 – 액체크로마토그래피법　　④ 염화수소 – 이온전극법

☑ **해설** ① 핵심포인트 <표> 1. 염화수소, 7. 시안화수소 참고

핵심포인트

1. 배출가스 중 가스상 물질 시료채취방법/조립/흡수병을 사용할 때/채취부

〈표〉 분석물질별 분석방법 및 흡수액

순번	분석물질	분석방법	흡수액
1	염화수소[1]	이온크로마토그래피법	증류수
		싸이오시안산제이수은 자외선/가시선분광법	수소화소듐 용액 (0.1 M)
2	염소	자외선/가시선분광법 – 오르토톨리딘법	오르토톨리딘 염산 용액 (10 %)
3	암모니아	자외선/가시선분광법 – 인도페놀법	과산화수소(1+9) 붕산용액 (질량분율 0.5 %)
		중화적정법	
4	황산화물	침전적정법 – 아르세나조 Ⅲ법	과산화수소수 용액 (1+9)
		중화적정법	
5	질소산화물	자외선/가시선 – 아연환원나프틸에틸렌다이아민법	과산화수소수 용액 (0.5+9.5)
		자외선/가시선분광법 – 페놀디설폰산	물 (800 mL)+황산 (3 mL)+과산화수소수 (10 mL)+물로 1 L 채움
6	불소화합물	자외선/가시선분광법	수산화소듐 용액 (질량분율 0.1 M)
		적정법	
		이온선택전극법	
7	시안화수소	자외선/가시선 – 피리딘 피라졸론법	수산화소듐 용액 (질량분율 2 %)
		질산은 적정법	
8	페놀	기체크로마토그래프법	수산화소듐 용액 (0.1 N)
		4 – 아미노 안티피린 자외선/가시선분광법	

[1] 염화수소 분석방법 중 질산은적정법과 이온전극법은 2016년 개정된 공정시험기준에서 삭제되었음.

07 배출가스 중 염화수소를 티오시안산 제2수은법으로 측정한 결과 농도가 47 ppm이었다. 이를 %와 mg/Sm^3 농도로 환산한 결과가 옳은 것은?

[제5회 6번]

① 0.047 %, 28.8 mg/Sm^3　　② 0.0047 %, 29.7 mg/Sm^3
③ 0.047 %, 74.5 mg/Sm^3　　④ 0.0047 %, 76.6 mg/Sm^3

문제풀이

① 주어진 조건 : 염화수소 농도 47 ppm
② 10,000 ppm(V/V) = 1 % 이므로 47 ppm = 0.0047 % 이다.
③ 단위환산 농도 산정 : $(\text{mg/Sm}^3) = 47\frac{\text{mL}}{\text{m}^3}(\text{ppm}) \times \frac{36.5\ \text{g}}{22.4\ \text{L}} \times \frac{\text{L}}{10^3\ \text{mL}} \times \frac{10^3\ \text{mg}}{\text{g}} = 76.6\ \text{mg/Sm}^3$

정답 06 ① 07 ④

20 [ES 01306] 배출가스 중 염소

01 다음의 대기오염 측정과정에서 <표정>을 설명한 것이다. 측정 대상물질은? [제9회 11번]

① 옥시던트 ② 일산화탄소
③ 이산화탄소 ④ 염소

핵심포인트

1. 자외선, 가시선분광법－오르토톨리딘법/시약 및 표준용액

① 표정 : 제조한 적정용액 (0.1 N 싸이오황산소듐 용액)의 역가를 산정한다.

정답 01 ④

21 [ES 01307] 배출가스 중 황산화물

01 다음 배출가스 중 황산화물의 분석을 위한 시료채취에 관한 내용 중 맞는 것은?

[제2회 27번]

① 시료채취관에는 배출가스 중의 황산화물에 의해 부식되지 않는 재질, 예를 들면 유리관, 고무관, 스테인리스강관 등을 사용한다.
② 시료 중에 먼지가 섞여 들어가는 것을 방지하고자 채취관의 앞 끝에 적당한 여과재인 알칼리가 없는 유리솜 등을 넣는다.
③ 시료 중의 황산화물과 수분이 응축되지 않도록 시료채취관과 흡수병 사이에 실리카겔이 든 병을 둔다.
④ 채취관과 아답터, 삼방콕 등 가열하는 접속부분은 갈아 맞추거나 보통 고무관을 사용하여 시료가 누출되지 않도록 한다.

☑ **해설** ① 핵심포인트 1.① 참고, ③ 핵심포인트 1.③ 참고, ④ 핵심포인트 1.⑤ 참고

핵심포인트

1. 시료채취 및 관리/시료채취장치

① 시료채취관은 배출가스 중의 황산화물에 의해 부식되지 않는 재질, 예를 들면 유리관, 석영관, 스테인리스강 재질 등을 사용한다.
② 시료가스 중 먼지가 섞여 들어가는 것을 방지하기 위하여 채취관의 앞 끝에 알칼리가 없는 유리솜 등 적당한 여과재를 넣는다.
③ 시료가스 중 황산화물과 수분이 응축되지 않도록 시료채취관과 삼방콕 사이를 가열할 수 있는 구조로 한다.
④ 배관은 될 수 있는 한 짧게 하고, 수분이 응축될 우려가 있는 경우에는 채취관에서 삼방콕 사이를 160 ℃ 정도로 가열한다.
⑤ 채취관과 어댑터, 삼방콕 등 가열하는 접속부분은 갈아맞춤 또는 실리콘 고무관을 사용하고 보통 고무관을 사용하면 안된다.

02 대기 중으로 배출되는 가스상 물질에 대한 분석방법과 흡수액에 대한 설명 중 옳지 않은 것은?

[제9회 2차 11번]

① 암모니아 – 인도페놀법, 중화적정법 – 붕산용액 (0.5 W/V%)
② 염화수소 – 이온크로마토그래프법, 싸이오시안산 제2수은법 – 수산화소듐용액 (0.1 mol/L)
③ 황산화물 – 침전적정법, 중화적정법 – 과산화수소용액 (3 %)
④ 시안화수소 – 질산은적정법, 페놀디설폰산법 – 수산화소듐용액 (2 W/V%)

☑ **해설** ④ 핵심포인트 1. <표> 4 참고

정답 01 ② 02 ④

핵심포인트

1. 배출가스 중 가스상 물질 시료채취방법/조립/흡수병을 사용할 때/채취부

〈표〉 분석물질별 분석방법 및 흡수액

순번	분석물질	분석방법	흡수액
1	황산화물	침전적정법－아르세나조 Ⅲ법	과산화수소수 용액 (1＋9)
		중화적정법	
2	염화수소	이온크로마토그래피법	증류수
		싸이오시안산제이수은 자외선/가시선분광법	수소화소듐 용액 (0.1 M)
3	암모니아	자외선/가시선분광법－인도페놀법	과산화수소 (1＋9) 붕산용액 (질량분율 0.5 %)
		중화적정법	
4	시안화수소	자외선/가시선－피리딘 피라졸론법	수산화소듐 용액 (질량분율 2 %)
		질산은 적정법	

03 **연소시설의 굴뚝에서 아황산가스(SO_2) 농도를 측정하였더니 450 ppm이었다. 이 연소 시설의 표준산소농도가 9 %, 실측산소농도가 11 % 이었다면 보정된 아황산가스 농도는 얼마인가?** [제4회 28번]

① 540 ppm ② 375 ppm
③ 480 ppm ④ 360 ppm

문제풀이

① 주어진 조건 : SO_2 농도 450 ppm, 표준산소농도(O_s) 9 %, 실측산소농도(O_a) 11 %

② 표준산소 보정농도 $C(ppm) = C_a(\text{실측농도, ppm}) \times \frac{21-O_s}{21-O_a} = 450\ ppm \times \frac{(21-9)\ \%}{(21-11)\ \%} = 540\ ppm$

04 **굴뚝에서 배출되는 가스 중 황산화물을 측정하였다. 측정된 산소농도는 10 %이고 황산화물의 농도는 200 ppm이다. 대기환경보전법 배출허용기준 표준산소농도가 12 %일 때 보정된 황산화물의 농도는?** [제5회 8번]

① 164 ppm ② 194 ppm
③ 214 ppm ④ 244 ppm

문제풀이

① 주어진 조건 : 황산화물 농도 200 ppm, 표준산소농도(O_s) 12 %, 실측산소농도(O_a) 10 %

② 표준산소 보정농도 $C(ppm) = C_a(\text{실측농도, ppm}) \times \frac{21-O_s}{21-O_a} = 200\ ppm \times \frac{(21-12)\ \%}{(21-10)\ \%} = 164\ ppm$

핵심포인트

1. 오염물질의 농도보정

$C = C_a \times \frac{21-O_s}{21-O_a}$	C : 오염물질 농도 (mg/Sm^3 또는 ppm) O_s : 표준산소 농도 (%), O_a : 실측산소 농도 (%) C_a : 실측오염물질 농도 (mg/Sm^3 또는 ppm)

정답 03 ① 04 ①

22 [ES 01308] 배출가스 중 질소산화물

01 **배출가스 중 분석대상 가스 채취에 사용되는 흡수액과 분석방법이 적절히 연결되지 않은 것은?**

[제4회 23번]

① 암모니아 – 붕산용액 (0.5 W/V%) – 인도페놀법
② 염화수소 – 수산화소듐 (0.1 N) – 티오시안산 제2수은법
③ 질소산화물 – 아연아민착염용액 – 오르토톨리딘법
④ 사이안화수소 – 수산화소듐 (2 W/V%) – 피리딘 피라졸론법

☑ **해설** ③ 핵심포인트 <표> 1. 질소산화물 참고

핵심포인트

1. 배출가스 중 가스상 물질 시료채취방법/조립/흡수병을 사용할 때/채취부

〈표〉 분석물질별 분석방법 및 흡수액

순번	분석물질	분석방법	흡수액
1	질소산화물	자외선/가시선 – 아연환원나프틸에틸렌다이아민법	과산화수소수 용액 (0.5 + 9.5)
		자외선/가시선분광법 – 페놀디설폰산	물(800 mL) + 황산(3 mL) + 과산화수소수 (10 mL) + 물로 1 L 채움
2	암모니아	자외선/가시선분광법 – 인도페놀법	과산화수소 (1 + 9) 붕산용액 (질량분율 0.5 %)
		중화적정법	
3	염화수소	이온크로마토그래피법	증류수
		싸이오시안산제이수은 자외선/가시선분광법	수소화소듐 용액 (0.1 M)
4	시안화수소	자외선/가시선 – 피리딘 피라졸론법	수산화소듐 용액 (질량분율 2 %)
		질산은 적정법	

02 **아연환원 나프틸에틸렌디아민법으로 배출가스 중 질소산화물을 분석할 때 질산이온의 환원에 이용되는 시약은?**

[제5회 10번]

① 금속아연 ② 질산나트륨
③ 과산화수소 ④ 옥시던트

핵심포인트

1. 아연환원나프틸에틸렌디아민법/시약 및 표준용액

① 아연분말 : 시약 1급의 아연분말로써 질산 이온의 아질산 이온으로의 환원율이 90 % 이상인 것을 사용한다.

정답 01 ③ 02 ①

03 굴뚝에서 배출되는 질소산화물은 아연환원나프틸에틸렌다이아민법으로 분석한다. 분석 결과 검량선에서 분석된 이산화질소의 부피는 54 μL이고, 시료가스의 채취량은 850 mL (표준상태)였다. 그리고 분석용 시료의 희석 배수는 10배였다면 이산화질소의 농도는 몇 ppm인가? [제2회 28번]

① 75.35 ppm ② 635.29 ppm
③ 0.64 ppm ④ 1304.62 ppm

문제풀이

① 주어진 조건 : 검량선에서 분석된 이산화질소의 부피(V) : 54 μL, 시료가스 채취량(V_s) : 850 mL, 희석배수(n) : 10배

② 이산화질소 농도(ppm) : $\frac{nV}{V_s}\times 1,000 = \frac{10\times 54\ \mu L}{850\ mL}\times 1,000 = 635.29$ ppm

핵심포인트

1. 자외선가시선분광법/아연환원나프틸에틸렌디아민법/결과보고

① 최종농도 계산

$C(ppm) = \frac{nV}{V_s}\times 1,000$	C : 질소산화물의 농도(부피분율 ppm) n : 분석용 시료용액의 희석배수 V : 검정곡선에서 구한 이산화질소의 부피(μL) V_s : 시료채취량(mL) (0℃, 760)

04 굴뚝 배출가스 중의 질소산화물($NO+NO_2$)을 페놀디설폰산(PDS)법으로 분석하는 측정 원리에 관한 설명 중 옳은 것은? [제4회 46번], [제9회 15번]

① 시료 중의 질소산화물을 황산산성의 과산화수소수에 흡수시켜 질산이온으로 만들고 PDS를 반응시켜 얻어지는 니트로페놀디설폰산을 수산화나트륨으로 적정한다.
② 시료 중의 질소산화물을 황산산성의 과산화수소수에 흡수시켜 질산이온으로 만들고 PDS를 반응시켜 얻어지는 니트로페놀디설폰산에 암모니아수를 가한 착색액의 흡광도를 측정한다.
③ 시료 중의 질소산화물을 황산산성의 과산화수소수에 흡수시켜 아질산이온으로 만들고 PDS를 반응시켜 얻어지는 니트로페놀디설폰산에 암모니아를 가한 착색액의 흡광도를 측정한다.
④ 시료 중의 질소산화물을 황산산성의 과산화수소수에 흡수시켜 질산이온으로 만들고 이 질산이온을 분말금속 아연을 사용하여 아질산이온으로 환원해서 PDS와 반응시켜 얻어지는 니트로페놀디설폰산에 암모니아수를 가한 착색액의 흡광도를 측정한다.

☑ **해설** ② 핵심포인트 1.① 참고

05 배출가스 중의 질소산화물 측정방법 중 페놀디술폰산법으로 분석 시 시료의 산화 흡수제로 옳은 것은? [제3회 36번]

① $H_2O_2+H_2SO_4$ ② H_2O_2+NaOH
③ N/10 암모니아수 ④ N/10 과망간산칼륨용액

☑ **해설** ① 핵심포인트 1.① 참고

정답 03 ② 04 ② 05 ①

06 굴뚝 등에서 배출되는 배출가스 중 질소산화물($NO+NO_2$)을 분석하는 방법으로 적합한 것은? [제7회 15번]

① 인도페놀법 ② 페놀디설폰산법
③ 요오드적정법 ④ 피리딘 피라졸론법

핵심포인트

1. 페놀디설폰/개요/목적

① 시료 중 질소산화물을 산화흡수제 (황산(H_2SO_4) + 과산화수소수(H_2O_2))에 흡수시켜 질산이온으로 만들고 페놀디설폰산을 반응시켜 얻어지는 착색액의 흡광도로부터 이산화질소를 정량하는 방법이다.

07 굴뚝 배출가스 중의 질소산화물 측정방법에 대한 설명으로 틀린 것은? [제3회 38번]

① 아연환원나프틸에틸렌다이아민법에 의한 경우 2,000 V/Vppm 이하의 아황산가스는 방해하지 않지만 염소이온 또는 암모늄이온은 방해를 받는다.
② 페놀디설폰산법에 의한 경우 질소산화물 농도가 10 V/Vppm ~ 200 V/Vppm인 것에 적당하다.
③ 아연환원나프틸에틸렌다이아민법에서는 질산이온을 물에 흡수된 것을 아질산이온으로 환원하기 위하여 아연분말을 사용하는데 아연분말은 1급 시약으로 환원율이 90 % 이상인 것으로 한다.
④ 배출가스 중의 질소산화물 농도(V/Vppm)는 이산화질소로 하여 $\frac{nV}{V_s}\times 1{,}000$으로 계산한다. (여기서, n : 분석용 시료용액의 희석배수, V : 검량선에서 구한 이산화질소의 부피(μL), V_s : 시료가스 채취량(mL)(0℃, 760 mmHg))

☑ **해설** ① 핵심포인트 2.① 참고

핵심포인트

1. 배출가스 중 질소산화물/적용가능한 시험방법

〈표〉 분석방법 및 정량범위

순번	분석방법	정량범위
1	자외선가시선분광법 – 아연환원나프틸에틸렌디아민법	(10 ~ 1,000) ppm
2	자외선가시선분광법 – 페놀디설폰산	(10 ~ 200) ppm

2. 아연환원나프틸에틸렌다이아민법/개요/적용범위

① 1,000 ppm 이상의 농도가 진한 시료에 대해서는 분석용 시료용액을 적당량의 물로 묽게 하여 사용하면 측정이 가능하고, 2,000 ppm 이하의 아황산가스는 방해하지 않고 염소 이온 및 암모늄 이온의 공존도 방해하지 않는다.

3. 아연환원나프틸에틸렌다이아민법/시약 및 표준용액

① 아연분말 : 시약 1급의 아연분말로써 질산 이온의 아질산 이온으로의 환원율이 90 % 이상인 것을 사용한다.

4. 아연환원나트틸에틸렌다이아민법/결과보고

① 최종농도 계산

$C(\text{ppm})=\frac{nV}{V_s}\times 1{,}000$	C : 질소산화물의 농도(부피분율 ppm) n : 분석용 시료용액의 희석배수 V : 검정곡선에서 구한 이산화질소의 부피(μL) V_s : 시료채취량(mL) (0℃, 760mmHg)

정답 06 ② 07 ①

23 [ES 01309] 배출가스 중 이황화탄소

01 대기오염물질 배출허용기준 시험방법이 잘못 연결된 것은? [제3회 43번]

① 이황화탄소 – 오르토톨리딘법
② 폼알데하이드 – 크로모트로핀산법
③ 시안화수소 – 질산은적정법
④ 브롬화합물 – 흡광광도법

☑ **해설** ① 핵심포인트 1. <표> 1 참고

02 흡광광도법으로 배출가스 중 이황화탄소를 분석할 때 사용되는 흡수액은 무엇인가? [제9회 4번]

① 다이에틸아민구리 용액
② 질산칼륨 용액
③ 오르토톨리딘염산 용액
④ 황산+과산화수소소수

☑ **해설** ① 핵심포인트 2.① 참고

03 이황화탄소를 분석하기 위하여 분석용 흡수병으로 시료를 채취할 때 사용하는 흡수액은? [정도관리 제7회 16번]

① 다이에틸아민구리 용액
② 아연아민착염 용액
③ 오르토톨리딘염산 용액
④ 과산화수소 수용액(3 %)

☑ **해설** ① 핵심포인트 2.① 참고

핵심포인트

1. 배출가스 중 가스상 물질 시료채취방법/조립/흡수병을 사용할 때/채취부

〈표〉 분석물질별 분석방법 및 흡수액

순번	분석물질	분석방법	흡수액
1	이황화탄소	기체크로마토그래피	시료채취백 이용
		자외선/가시선분광법	다이에틸아민구리 용액
2	폼알데하이드	고성능액체크로마토그래피법	DNPH 흡수액
		크로모트로핀산–자외선/가시선분광법	크로모트로핀산+황산 용액
		아세틸아세톤–자외선/가시선분광법	아세틸아세톤 시약
3	시안화수소	자외선/가시선–피리딘 피라졸론법	수산화소듐 용액(질량분율 2 %)
		질산은 적정법	
4	브롬화합물	자외선/가시선분광법	수산화소듐 용액(질량분율 0.4 %)
		적정법	

2. 시약 및 표준용액/흡수액

① 다이에틸아민구리 용액 : 황산구리 0.2 g을 물에 녹여 1 L로 하고 이 용액 10 mL에 다이에틸아민염산염 0.75 g을 가하고 암모니아수 0.5 mL 및 시트르산 용액 (150 g/L) 1 mL를 가한 후 에틸알코올 90 %를 가하여 100 mL로 한 다음 잘 흔들어 섞는다.

정답 01 ① 02 ① 03 ①

04 **대기 배출가스 중 이황화탄소(CS_2)를 가스크로마토그래피법으로 측정한 결과, 검량선으로부터 구한 시료 중의 이황화탄소량은 0.01 μg, 시료도입량은 10 mL(0 ℃, 760 mmHg 상태)일 때, 이황화탄소(CS_2)의 농도로 맞는 것은?** [제2회 29번]

① 0.147 ppm
② 0.295 ppm
③ 0.442 ppm
④ 0.589 ppm

문제풀이

① 주어진 조건 : 검량선으로부터 구한 시료 중의 이황화탄소량 0.01 μg, 이황화탄소 분자량 76 g, 시료도입량 10 mL

② 이황화탄소 농도(ppm) : $\dfrac{0.01\ \mu g \times \dfrac{22.4\ \mu L}{76\ \mu g}}{10\ mL \times \dfrac{L}{10^3\ mL}} = 0.295\ \mu L/L(ppm)$

05 **이황화탄소(CS_2) 농도를 가스크로마토그래피법으로 정량하려고 한다. 검정곡선으로 구한 시료 중에 포함된 이황화탄소량은 0.004 μg, 건조시료 가스량은 10 mL(0 ℃, 760 mmHg)이다. 이황화탄소의 농도(V/Vppm)는?** [제5회 3번]

① 0.0118
② 0.059
③ 0.118
④ 0.59

문제풀이

① 주어진 조건 : 검량선으로부터 구한 시료 중의 이황화탄소량 0.004 μg, 이황화탄소 분자량 76 g, 시료도입량 10 mL

② 이황화탄소 농도(ppm) : $\dfrac{0.004\ \mu g \times \dfrac{22.4\ \mu L}{76\ \mu g}}{10\ mL \times \dfrac{L}{10^3\ mL}} = 0.118\ \mu L/L(ppm)$

정답 04 ② 05 ③

24 [ES 01310] 배출가스 중 황화수소

01 배출가스 중의 황화수소를 분석하는 방법에 대한 설명 중 틀린 것은? [제2회 26번]

① 용량법은 과잉의 요오드를 싸이오황산소듐 용액으로 적정하여 황화수소를 정량하는 방법이다.
② 용량법은 시료 중에 황화수소가 100 ppm ~ 2,000 ppm 함유되어 있는 경우에 적합하다.
③ 흡광광도법은 시료 중의 아연아민착염의 흡광도를 측정하여 황화수소를 정량하는 방법이다.
④ 흡광광도법은 시료 중에 황화수소가 5 ppm ~ 1,000 ppm 함유되어 있는 경우에 적합하다.

☑ **해설** ③ 핵심포인트 1.① 참고

02 배출허용기준 시험방법 중 용량법(요오드적정법)에 의한 황화수소의 분석방법에 대한 설명이다. 괄호 안에 들어갈 것을 옳게 제시한 것은? [제3회 25번], [제9회 6번]

> 시료 중의 황화수소를 (㉠)용액에 흡수시킨 다음 염산산성으로 하고, 요오드 용액을 가하여 과잉의 요오드를 (㉡) 용액으로 적정하여 황화수소를 정량한다. 이 방법은 시료 중의 황화수소가 (㉢)ppm 함유되어 있는 경우의 분석에 적합하다.

① ㉠ 아연아민착염 ㉡ p-아미노디메틸아닐린 ㉢ 5~1,000
② ㉠ 염화제이철 ㉡ p-아미노디메틸아닐린 ㉢ 100~2,000
③ ㉠ 아연아민착염 ㉡ 싸이오황산소듐 ㉢ 100~2,000
④ ㉠ 염화제이철 ㉡ 싸이오황산소듐 ㉢ 5~1,000

☑ **해설** ③ 핵심포인트 2 참고

핵심포인트

1. 자외선가시선분광법(흡광광도법)-메틸렌블루법

① 목적 : 배출가스 중의 황화수소를 아연아민착염 용액에 흡수시켜 p-아미노다이메틸아닐린용액과 염화철(Ⅲ) 용액을 가하여 생성되는 메틸렌블루의 흡광도를 측정하여 황화수소를 정량한다.
② 적용범위 : 시료 중의 황화수소가 (5 ~ 1,000) ppm 함유되어 있는 경우의 분석에 적합하다.

2. 적정법(용량법) – 아이오딘적정법

① 목적 : 시료 중의 황화수소를 아연아민착염 용액에 흡수시킨 다음 염산산성으로 하고, 아이오딘 용액을 가하여 과잉의 아이오딘(요오드)을 싸이오황산소듐 용액으로 적정하여 황화수소를 정량한다.
② 적용범위 : 시료 중의 황화수소가 (100 ~ 2,000) ppm 함유되어 있는 경우의 분석에 적합하다.

정답 01 ③ 02 ③

03 **배출가스 중 무기화합물의 시료채취에 대한 설명으로 틀린 것은?** [제12회 6번]

① 불소화합물은 2개의 250 mL 시료 흡수병에 각각 0.1 M 수산화소듐 용액 50 mL를 넣은 것으로 한다.

② 암모니아는 산성가스가 없는 경우 여과관 또는 여과구가 붙은 흡수병 1개 이상을 준비하고 각 흡수병에 붕산 용액(부피분율 0.5 %) 50 mL를 넣는다.

③ 황화수소 시료채취를 위한 흡수액은 수산화소듐 4.0 g을 정확하게 취하여 증류수에 용해시켜 1 L를 만든 수산화소듐 용액(0.1 mol/L)을 사용한다. 부피 250 mL의 흡수병에 흡수액 50 mL를 각각 넣는다.

④ 시안화수소의 흡수액은 수산화소듐 20 g을 물에 녹여서 1 L로 한다. 흡수병 1개를 준비하고 여기에 흡수액 20 mL를 넣는다.

☑ **해설** ③ 핵심포인트 1.① 참고

핵심포인트

1. 시약 및 표준용액

① 흡수액의 제조는 황산아연($ZnSO_4 \cdot 7H_2O$) 5 g을 물 약 500 mL에 녹이고 여기에 수산화소듐(NaOH) 6 g을 물 약 300 mL에 녹인 용액을 가한 다음 황산암모늄[$(NH_4)_2SO_4$] 70 g을 저으면서 가하고 수산화아연[$Zn(OH)_2$]의 침전이 녹으면 물을 가하여 전량을 1 L로 한다.

정답 03 ③

25 [ES 01311] 배출가스 중 불소화합물

01 란탄－알리자린콤플렉손법에 관한 설명으로 맞는 것은? [제9회 5번]

① 무기시안화물의 시안기를 분석하기 위한 방법이다.
② 암모니아를 정량하기 위한 방법이다.
③ 발색법으로 흡광광도계를 사용한다.
④ 질산이온을 정량하기 위한 방법이다.

☑ **해설** ③ 란탄－알리자린콤플렉손법은 불소화합물을 정량하기 위한 방법으로 분광광도계(흡광광도계)를 이용하여 흡광도를 측정한다.

핵심포인트

1. 자외선가시선분광법/목적

① 굴뚝에서 적절한 시료채취장치를 이용하여 얻은 시료 흡수액을 일정량으로 묽게 한 다음 완충액을 가하여 pH를 조절하고 란탄과 알리자린콤플렉손을 가하여 생성되는 생성물의 흡광도를 분광광도계로 측정하는 방법이며, 흡수파장은 620 nm를 사용한다.

02 굴뚝에서 배출되는 배출가스 중 무기 불소화합물을 흡광광도법으로 분석하는 경우 공존하는 방해이온으로 짝지어진 것은? [제3회 33번], [제6회 13번], [제9회 2차 10번]

① Al^{3+}, Pb^{2+}, NH_4^+
② Cu^{2+}, Zn^{3+}, PO_4^{3-}
③ Fe^{3+}, Mn^{2+}, NH_4^+
④ Zn^{3+}, Cr^{3+}, PO_4^{3-}

핵심포인트

1. 개요/간섭물질

① 시료가스 중에 알루미늄(Ⅲ), 철(Ⅱ), 구리(Ⅱ), 아연(Ⅱ) 등의 중금속 이온이나 인산 이온(PO_4^{3-})이 존재하면 방해 효과를 나타내므로 적절한 증류 방법을 통해 불소화합물을 분리한 후 정량하여야 한다.

03 배출가스의 온도가 150 ℃인 굴뚝에서 배출되는 불소화합물을 채취하기 위해 사용하는 채취관의 재질로 알맞은 것은? [제2회 24번]

① 석영, 실리콘수지
② 세라믹, 불소수지
③ 스테인리스강, 불소수지
④ 석영, 불소수지

☑ **해설** ③ 핵심포인트 1.③ 참고

핵심포인트

1. 시료채취 및 관리/시료채취장치

① 시료채취관은 배출가스 중의 무기 불소화합물에 의하여 부식되지 않는 재질의 관(불소수지관, 스테인리스강관, 구리관)을 사용하여야 하며, 굴뚝과 직각으로 접속하고 시료채취관의 앞 끝을 굴뚝의 중앙부까지 넣고, 흡수병까지의 거리는 가능한 한 짧게 한다.
② 시료 중에 먼지가 혼입되는 것을 막기 위하여 시료채취관의 적당한 곳에 여과재를 넣는다. 단, 여과재는 사불화에틸렌제 등의 불소화합물과 반응하지 않는 재질이어야 한다.

정답 01 ③ 02 ② 03 ③

③ 시료 중의 무기 불소화합물과 수분이 응축하는 것을 막기 위하여 시료채취관 및 시료채취관에서부터 흡수병까지의 사이를 140 ℃로 가열하여야 하며, 시료채취관에서부터 흡수병까지의 가열 부분에 있는 접속부는 갈아 맞춘 것으로 하고 경질 유리관이나 스테인리스강관, 사불화에틸렌수지관, 불소 고무관, 실리콘 고무관 등으로 하며, 일반 고무관은 사용할 수 없다.

04 자외선/가시선분광법을 이용하여 배출가스 중의 불소화합물 농도를 측정하였다. 측정 조건이 다음과 같았을 때 불소화합물의 농도(ppm, F)는?

[제10회 2차 6번]

[측정조건]

- 불소화합물 이온의 질량 : 0.01 mg
- 건조시료가스량 : 200 L
- 시료용액 전량(방해이온이 존재하지 않았음)
- 분취한 액량 : 30 mL
- 불소 분자량 : 19 g/mol

① 0.39
② 0.20
③ 0.33
④ 0.17

문제풀이

① 주어진 조건 : 검량곡선에서 구한 불소화합물 이온의 질량(A_F) 0.01 mg, 건조시료가스량(V_s) 200 L, 시료용액 전량(방해이온이 존재하지 않을 경우, V) 200 mL, 분취한 액량(v) 30 mL

② 불소화합물의 농도(ppm, F) :

$$\frac{A_F \times V/v}{V_s} \times 1{,}000 \times \frac{22.4}{19} = \frac{0.01\ \text{mg} \times 200\ \text{mL}/30\,\text{mL}}{200\ \text{L}} \times 1000 \times \frac{22.4\ \text{L}}{19\ \text{g}} = 0.39\ \text{ppm}$$

05 굴뚝에서 배출되는 불소화합물을 자외선/가시선분광법을 이용하여 불소 이온으로 아래 측정조건과 같이 분석한 결과 값에 큰 오차가 발생하였다. 다음 분석 과정 중 틀린 것끼리 짝지어진 것은?

[제11회 6번]

[측정조건]

㉠ 불소 이온 표준원액(100 mg F^-/L)을 조제하기 위하여 플루오르화소듐 (NaF, 분자량 : 41.99, 97 %)을 백금 접시에 담고, 500 ℃ ~ 550 ℃에서 40 ~ 50분간 가열하고, 데시케이터 속에서 실온으로 냉각한 시약 0.221 g을 물에 녹인 후 1 L 부피플라스크에 옮기고 표시선까지 물로 채웠다.

㉡ 시료채취 시 시료의 흡수병은 2개의 250 mL 부피 흡수병에 각각 0.1 M 수산화소듐 용액 50 mL를 넣어서 사용하였다.

㉢ 시료가스 중에 중금속 이온이 존재하지 않고 인산 이온만 존재하여 두 개의 흡수병 내의 흡수액을 200 mL 부피플라스크에 정량적으로 옮기고 페놀프탈레인 용액 (5 g/L) 1방울을 가해, 액의 색이 무색이 될 때까지 0.1 M 염산을 적절히 가한 후 물을 표시선까지 가하여 이것을 분석용 시료용액으로 하였다.

㉣ 흡광도 분석은 670 nm에서 측정하였다.

정답 04 ① 05 ③

① ㉠, ㉡　　② ㉡, ㉢
③ ㉢, ㉣　　④ ㉣, ㉠

☑ **해설** ㉢ 핵심포인트 3.① ㉠ 참고, ㉣ 핵심포인트 4.① 참고

핵심포인트

1. 시약 및 표준용액/표준용액

① 불소 이온 표준원액(100 mg F^-/L) : 플루오르화소듐(NaF, 분자량 : 41.99, 97 %)을 백금 접시에 담고, (500 ~ 550) ℃에서 40 ~ 50분간 가열하고, 데시케이터 속에서 실온으로 냉각한 시약 0.221 g을 물에 녹인 후 1 L 부피플라스크에 옮기고 표시선까지 물로 채운다. 제조한 표준용액은 폴리에틸렌병에 보관한다.

2. 시료채취 및 관리/시료 흡수

① 시료의 흡수병은 2개의 250 mL 부피 흡수병에 각각 0.1 M 수산화소듐 용액 50 mL를 넣으며, 두 개의 흡수병은 직렬로 연결하여 사용한다.

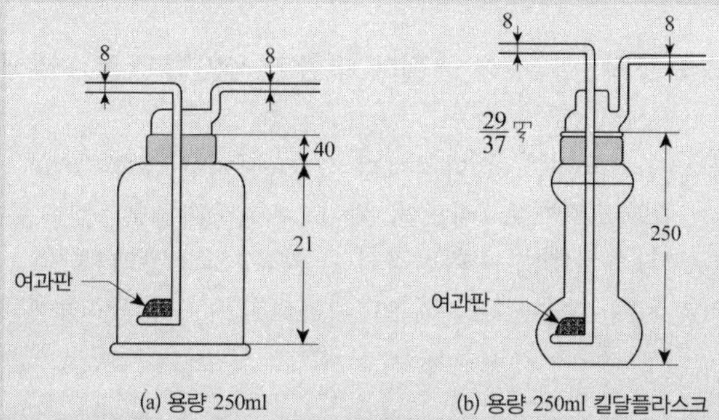

흡수병

3. 분석절차/전처리

① 방해이온이 존재하지 않는 경우

㉠ 두 개의 흡수병 내의 흡수액 100 mL (50 mL+50 mL)를 200 mL 부피플라스크에 정량적으로 옮긴 다음 페놀프탈레인용액(5 g/L) 1방울을 가해 액의 색이 무색이 될 때까지 0.1 M 염산을 적절히 가한 후 물을 표시선까지 가하여 이것을 분석용 시료용액으로 한다.

㉡ 200 mL 부피플라스크에 흡수액 100 mL를 취한 후 위와 같은 방법으로 한 것을 분석용 바탕시험용액으로 하며, 최종 용액량은 농도에 따라 조절 가능하다.

4. 분석절차/측정법

① 시료의 분석 : 파장 620 nm에서 흡광도를 측정한다.

26 [ES 01312] 배출가스 중 시안화수소

01 배출가스 중 분석대상 가스 채취에 사용되는 흡수액과 분석방법이 적절히 연결되지 않은 것은? [제4회 23번]

① 암모니아 – 붕산용액(0.5 W/V%) – 인도페놀법
② 염화수소 – 수산화소듐 (0.1 N) – 티오시안산 제2수은법
③ 질소산화물 – 아연아민착염용액 – 오르토톨리딘법
④ 사이안화수소 – 수산화소듐 (2 W/V%) – 피리딘 피라졸론법

☑ **해설** ③ 핵심포인트 <표> 5. 질소산화물 참고

02 대기 중으로 배출되는 가스상 물질에 대한 분석방법과 흡수액에 대한 설명 중 옳지 않은 것은? [제9회 2차 11번]

① 암모니아 – 인도페놀법, 중화적정법 – 붕산용액 (0.5 W/V%)
② 염화수소 – 이온크로마토그래프법, 싸이오시안산제이수은법 – 수산화소듐용액 (0.1 mol/L)
③ 황산화물 – 침전적정법, 중화적정법 – 과산화수소용액 (3 %)
④ 시안화수소 – 질산은적정법, 페놀디설폰산법 – 수산화소듐용액 (2 W/V%)

☑ **해설** ④ 핵심포인트 1. <표> 1 시안화수소 참고

핵심포인트

배출가스 중 가스상 물질 시료채취방법/조립/흡수병을 사용할 때/채취부

〈표〉 분석물질별 분석방법 및 흡수액

순번	분석물질	분석방법	흡수액
1	시안화수소	자외선가시선 – 피리딘 피라졸론법	수산화소듐 용액 (질량분율 2 %)
		질산은적정법	
2	암모니아	자외선/가시선분광법 – 인도페놀법	과산화수소 (1 + 9) 붕산용액 (질량분율 0.5 %)
		중화적정법	
3	염화수소	이온크로마토그래피법	증류수
		싸이오시안산제2수은 자외선/가시선분광법	수소화소듐 용액 (0.1 M)
4	황산화물	침전적정법 – 아르세나조 Ⅲ	과산화수소수 용액 (1 + 9)
		중화적정법	
5	질소산화물	자외선/가시선 – 아연환원나프틸에틸렌다이아민법	과산화수소수 용액 (0.5 + 9.5)
		자외선/가시선분광법 – 페놀디설폰산	물(800 mL) + 황산(3 mL) + 과산화수소수 (10 mL) + 물로 1 L 채움

03 배출가스 중 시안화수소를 분석하기 위한 질산은 적정법 내용으로 틀린 것은? [제3회 12번]

① 이 방법은 시안화수소를 흡수액에 흡수시킨 다음 질산은 용액으로 적정하여 시안화수소를 정량한다.

정답 01 ③ 02 ④ 03 ②

② 시료채취량이 50 L인 경우 시료 중의 시안화수소의 정량 범위는 5 ppm ~ 100 ppm이다.
③ 100 ppm 이상인 경우에는 시료채취량을 줄이든가 또는 분석용 시료용액의 분취량을 가감하여 분석에 사용한다.
④ 이 방법은 할로겐 등의 산화성 가스의 영향이 있을 경우 사용할 수 있다.

☑ **해설** ② 핵심포인트 2.② ㉠ 참고

핵심포인트

1. 자외선가시선분광법 – 피리딘피라졸론법

① 목적 : 이 방법은 시안화수소를 흡수액에 흡수시킨 다음 이것을 발색시켜서 얻은 발색액에 대하여 흡광도를 측정하여 시안화수소를 정량한다.
② 적용범위
㉠ 시료채취량 (100 ~ 1,000) mL인 경우 시안화수소의 농도가 (0.05 ~ 100) ppm인 것의 분석에 적합하다.
㉡ 시안화수소의 농도가 0.05 ppm 이하인 경우에는 시료채취량을 많게 하고, 100 ppm 이상인 경우에는 분석용 시료용액을 흡수액으로 묽게 하여 사용한다.
㉢ 이 방법의 방법검출한계는 0.016 ppm이다.
㉣ 할로겐 등의 산화성 가스와 황화수소 등의 영향을 무시할 수 있는 경우에 적용한다.

2. 질산은적정법

① 목적 : 이 방법은 시안화수소를 흡수액에 흡수시킨 다음 질산은 용액으로 적정하여 시안화수소를 정량한다.
② 적용범위
㉠ 시료채취량이 50 L인 경우 시료 중의 시안화수소 정량범위는 (0.5 ~ 100) ppm이다.
㉡ 100 ppm 이상인 경우에는 시료채취량을 줄이든가 또는 분석용 시료용액의 분취량을 가감하여 분석에 사용한다.
③ 간섭물질 : 없음

04 배출가스 중 시안화수소를 자외선/가시선분광법(피리딘피라졸론법)으로 분석하고자 한다. 다음 분석방법에 대한 설명 중 옳은 것으로만 짝지어진 것은? [제10회 2차 7번]

㉠ 시료채취관에서부터 흡수병에 이르는 사이에 시료 중의 수분을 응축시키기 위해 응축관을 설치한다.
㉡ 흡수병은 시료를 주입하기 전에 배관을 시료로 충분히 치환해 두고 약 100 mL를 약 1분간 주사기에 흡입한다.
㉢ 측정결과는 ppm 단위로 소수점 넷째 자리까지 유효자리수를 계산하고, 결과 표시는 소수점 셋째 자리로 표기한다. 방법검출한계 미만의 값은 소수점 넷째 자리까지 표시한다.
㉣ 시료 중에 먼지 등이 섞여 들어오는 것을 막기 위하여 시료채취관의 적당한 곳에 여과재로 유리솜, 유리종이 또는 유리 여과재를 넣는다.
㉤ 흡수액은 아세트산을 이용한다.
㉥ 시료채취관은 배출가스 중의 부식성 가스에 부식되지 않는 유리관, 석영관 또는 스테인리스관 등의 재질을 써야 한다.

① ㉡, ㉣, ㉥ ② ㉠, ㉢, ㉤
③ ㉢, ㉤, ㉥ ④ ㉣, ㉤, ㉥

☑ **해설** ㉠ 핵심포인트 1.② ㉢ 참고, ㉢ 핵심포인트 1.④ 참고, ㉤ 핵심포인트 1.① 참고

정답 04 ①

핵심포인트

1. 자외선가시선분광법/피리딘피라졸론법

① **흡수액** : 수산화소듐(NaOH) 20 g을 물에 녹여서 1 L로 한다.

② **시료채취장치**

㉠ 시료채취관은 배출가스 중의 부식성 가스에 부식되지 않는 유리관, 석영관 또는 스테인리스관 등의 재질을 써야 한다.

㉡ 시료 중에 먼지 등이 섞여 들어오는 것을 막기 위하여 시료채취관의 적당한 곳에 여과재(알칼리가 없는 유리솜, 유리종이 또는 유리 여과재)를 넣는다.

㉢ 시료 중의 수분이 응축하는 것을 막기 위하여 시료채취관에서부터 흡수병에 이르는 사이를 가열해야 한다. (배관은 되도록 짧게 하고 배관 속에서 수분의 응축을 막기 위하여 120 ℃ 이상 가열한다. 이때 수분의 응축이 없을 경우에는 가열을 생략하여도 좋다.)

③ **시료채취방법** : 흡수병은 시료를 주입하기 전에 배관을 시료로 충분히 치환해 두고 약 100 mL를 약 1분간 주사기에 흡입하며, 시료가 100 mL 이상 필요한 경우에는 삼방콕을 조작하여 주사기로 반복하여 흡입한다.

④ **결과의 표시** : 측정결과는 ppm 단위로 소수점 넷째 자리까지 유효자리수를 계산하고, 결과 표시는 소수점 셋째 자리로 표기하며 방법검출한계 미만의 값은 불검출로 표시한다.

05 배출가스 중의 시안화수소를 질산은 적정법으로 정량하는 경우, 분석용 시료용액에 수산화소듐 용액 또는 아세트산을 첨가하는 이유는?

[제9회 2차 8번]

① pH를 일정하게 조절하기 위하여 ② 발색을 파악하기 위하여
③ 다른 방해물질을 제거하기 위하여 ④ 시안이온을 고정하기 위하여

핵심포인트

1. 질산은적정법/분석절차/분석방법

① 수산화소듐 용액 (질량분율 2 %) 또는 아세트산(부피분율 10 %)을 가하고 pH미터를 써서 pH를 11 ~ 12로 조절한다.

06 배출가스 시료의 시안화수소를 질산은 적정법으로 측정하기 위하여 분석용 시료용액 100 mL를 준비하였다. 분석용 시료용액과 바탕시험용액의 적정에 소비된 N/100 질산은 용액의 양이 각각 2.2 mL, 0.2 mL이었다면 표준상태 배출가스 중 시안화물의 농도는 얼마인가? (단, 가스시료채취량은 50 L이고 , N/100 질산은 용액(역가=1.0) 1 mL는 시안화합물 0.448 mL(0 ℃, 760 mmHg)에 해당함)

[제4회 39번]

① 44.8 ppm ② 17.9 ppm
③ 100 ppm ④ 49.3 ppm

문제풀이

① 주어진 조건 : 분석용 시료용액(v) 100 mL, 분석용 시료용액(a)과 바탕시험용액(b)의 적정에 소비된 N/100 질산은 용액의 양 2.2 mL 및 0.2 mL, 가스시료 채취량(V_s) 50 L, N/100 질산은 용액의 역가(f) 1.0

② 시안화수소 농도(ppm) :

$$\frac{0.448\times(a-b)\times f\times\frac{250}{v}}{V_s}\times 1{,}000=\frac{0.448\times(2.2-0.2)\times 1\times\frac{250}{100}}{50}\times 1{,}000=44.8\text{ ppm}$$

핵심포인트

1. 질산은적정법/결과보고/최종농도계산

① 농도계산식

$C = \dfrac{0.448 \times (a-b) \times f \times \dfrac{250}{v}}{Vs} \times 1{,}000$	C : 시안화수소의 농도(부피분율 %) a : 시료의 0.01 N 질산은 용액 소비량(mL) b : 바탕시험에 있어서 0.01 N 질산은 용액의 소비량(mL) f : 0.01 N 질산은 용액의 역가(factor) v : 분석용 시료용액의 분취량(mL) V_s : 건조시료가스량(L)

07 **배출가스 중 시안화수소를 자외선/가시선분광법(피리딘피라졸론법)으로 분석하고자 한다. 시안화수소 표준원액, 표준액을 제조하여 검정곡선을 작성하는 과정 중 설명이 틀린 것은?**

[제11회 7번]

① 시안화수소 용액은 시안화포타슘(KCN, 분자량 : 65.12, 특급) 약 2.5 g을 물에 녹여 1 L로 하고 표정한다.

② 검정곡선은 10 mL 부피플라스크에 시안화수소 표준액 1 mL ~ 10 mL를 단계적으로 취하여 물로 표시선까지 채운다.

③ 시안화수소 표준원액은 시안화수소 용액 $10.0 \times (0.0448 \times a \times f)^{-1}$ mL를 취하여 수산화소듐 용액(1 N) 100 mL를 가하고 다시 물을 가하여 전량을 1 L로 한다. 시안화수소 표준원액 1 mL는 기체상 HCN 0.010 mL(0 ℃, 760 mmHg)에 상당한다.

④ 시안화수소 표준액은 표준원액 1.0 mL를 50 mL 눈금플라스크에 취하여 흡수액 20 mL를 가하고 지시약으로 페놀프탈레인 용액(질량분율 0.1 %) 한 방울을 가한 후 아세트산(99.7 %)으로 중화한 다음 물을 가하여 50 mL로 한다. 이 시안화수소 표준액 1 mL는 기체상 HCN 0.25 μL(0 ℃, 760 mmHg)에 상당한다.

☑ **해설** ④ 핵심포인트 2.② 참고

핵심포인트

1. 시약 및 표준용액/시약

① 시안화수소 용액 : 시안화포타슘(KCN, potassium cyanide, 분자량 : 65.12, 특급) 약 2.5 g을 물에 녹여서 1 L로 하며 사용시 표정한다.

2. 시약 및 표준용액/표준용액

① 시안화수소 표준원액 : 시안화수소 용액 $10.0 \times (0.0448 \times a \times f)^{-1}$ mL를 취하여 수산화소듐 용액(1 N) 100 mL를 가하고 다시 물을 가하여 전량을 1 L로 하며, 시안화수소 표준원액 1 mL는 기체상 HCN 0.010 mL(0 ℃, 760 mmHg)에 상당한다.

② 시안화수소 표준액 : 시안화수소 표준원액 1.0 mL를 50 mL 눈금플라스크에 취하여 흡수액 20 mL를 가하고 지시약으로 페놀프탈레인 용액(질량분율 0.1 %) 한 방울을 가한 후 아세트산(CH_3COOH, acetic acid, 분자량 : 60.05, 99.7 %) (부피분율 10 %)으로 중화한 다음 물을 가하여 50 mL로 한다. 이 시안화수소 표준액 1 mL는 기체상 HCN 0.2 μL(0 ℃, 760 mmHg)에 상당하며, 사용 시에 제조한다.

3. 분석절차

① 검정곡선의 작성 : 여러 개의 10 mL 부피플라스크에 시안화수소 표준액 (1 ~ 10) mL를 단계적으로 취하여 물로 표시선까지 채운다.

정답 07 ④

27 [ES 01313] 배출가스 중 매연

01 **배출가스 중 매연 측정에 대한 설명이다. 잘못 설명한 것은?** [제2회 5번]

① 될 수 있는 한 무풍 상태에서 측정하여야 한다.
② 농도표를 측정자의 약 10 m 위치에 놓는다.
③ 200 m 이내의 적당한 위치에 서서, 굴뚝배출구에서 30 cm ~ 45 cm 떨어진 곳의 농도를 측정자의 눈높이에 수직이 되게 관측한다.
④ 링겔만 매연농도법은 백상지의 흑선 부분이 전체의 0 %, 20 %, 40 %, 60 %, 80 %, 100 %를 차지하도록 한다.

☑ **해설** ② 핵심포인트 2.① 참고

02 **굴뚝에서 배출되는 매연을 링겔만 매연농도법으로 비교 측정하고자 할 경우에 대한 설명으로 틀린 것은?** [제9회 12번]

① 가능하면 무풍일 때 측정한다.
② 연기 흐름의 수평인 위치에서 태양광선을 측면으로 받는 방향에서 측정한다.
③ 매연의 검은 정도를 비교하여 각각 (0~5)도까지 6종으로 분류한다.
④ 굴뚝배출구에서 30 cm ~ 45 cm 떨어진 곳의 농도를 측정자의 눈높이에 수직이 되게 관측한다.

☑ **해설** ② 핵심포인트 2.① 참고

핵심포인트

1. 목적

① 이 시험기준은 굴뚝 등에서 배출되는 매연을 링겔만 매연농도표에 의해 비교 측정하기 위한 시험방법이다.

2. 시료채취 및 관리/측정위치의 선정

① 될 수 있는 한 바람이 불지 않을 때(무풍일 때) 굴뚝 배경의 검은 장애물을 피해 연기의 흐름에 직각인 위치에 태양광선을 측면으로 받는 방향으로부터 농도표를 측정치의 앞 16 m에 놓고 200 m 이내(가능하면 연도에서 16 m)의 적당한 위치에 서서 굴뚝배출구에서 (30~45) cm 떨어진 곳의 농도를 측정자의 눈높이의 수직이 되게 관측 비교한다.

3. 분석절차/측정방법

① 링겔만 매연농도 : 격자형 흑선을 그려 백상지의 흑선부분이 전체의 0 %, 20 %, 40 %, 60 %, 80 %, 100 %를 차지하도록 하여 이 흑선과 굴뚝에서 배출되는 매연의 검은 정도를 비교하여 각각 0에서 5도까지 6종으로 분류한다.

정답 01 ② 02 ②

28 [ES 01314] 배출가스 중 산소

01 다음은 배출가스 중 산소 농도의 측정법이다. 맞는 것은? [제2회 25번]

① 배출가스 중 산소 측정법으로는 오르자트분석법이 알려져 있으며, 이 방법으로는 이산화탄소와 산소의 농도를 알 수 있다.
② 산소 흡수액은 오르토톨리딘염산용액이다.
③ 자동측정 방식으로는 전기화학식이 있으며, 전기화학식 중 질코니아 방식은 아황산가스와 같은 가스가 있어도 산소 농도에 영향을 주지 않는다.
④ 자기식 방법은 산소가 검출기 내의 금속 성분과 반응하여 금속산화물이 만들어진 것을 검출하는 방식이다.

☑ **해설** ② 핵심포인트 3.② 참고, ③ 핵심포인트 2.② 참고, ④ 핵심포인트 4.① 참고

02 오르자트 가스분석계에 의한 산소측정시 사용하는 산소흡수액으로 옳은 것은? [제9회 2차 15번]

① 수산화소듐 용액
② 과산화수소 용액
③ 수산화포타슘과 피로가롤 혼합용액
④ 붕산 용액

☑ **해설** ③ 핵심포인트 3.② 참고

핵심포인트

1. 배출가스 중 산소 측정방법

① 자동측정법 - 전기화학식이 주시험방법이며 시험방법 및 정량범위는 다음 표와 같다.

〈표〉 배출가스 중 산소 분석방법 및 정량범위

순번	측정방법		정량범위
1	자동측정법	전기화학식	(0～25.0) %
2	화학분석법	오르자트분석법	(0.2～0.25) %
3	자동측정법	자기식(자기풍)	(0～5) %
		자기식(자기력)	(0～10) %

2. 자동측정법 - 전기화학식

① 목적 : 산소의 전기화학적 산화환원 반응을 이용하여 산소농도를 연속적으로 측정하는 방법으로 전극방식과 질코니아(zirconia) 방식이 있다.
② 측정범위 : (0 ~ 25) % 이하로 한다.
㉠ 전극방식 : 산화환원반응을 일으키는 가스(SO_2, CO_2 등)의 영향을 무시할 수 있는 경우 또는 영향을 제거할 수 있는 경우에 적용할 수 있다.
㉡ 질코니아방식 : 고온에서 산소와 반응하는 가연성가스(CO, CH_4 등) 또는 질코니아소자를 부식시키는 가스(SO_2 등)의 영향을 무시할 수 있는 경우 또는 그 영향을 제거할 수 있는 경우에 적합하다.
③ 측정기기 및 기구
㉠ 전극방식 : 가스투과성격막을 통하여 전해조 중에 확산 흡수된 산소가 고체전극표면위에서 환원될 때 생기는 잔해전류를 검출한다.
㉡ 질코니아 방식 : 고온으로 가열된 질코니아소자의 양 끝에 전극을 설치하고 그 한쪽에 시료가스, 다른 쪽에 공기를 통하여 산소농도 차를 주어 양극사이에 생기는 기전력을 검출한다.

정답 01 ① 02 ③

3. 화학분석법 – 오르자트분석법

① 목적 : 시료를 흡수액에 통하여 산소를 흡수시켜 시료의 부피 감소량으로부터 시료 중의 산소농도를 구하는 방법이다.

② 시약 – 산소 흡수액 : 물 100 mL에 수산화포타슘 60 g을 녹인 용액과 물 100 mL에 피로가롤 12 g을 녹인 용액을 혼합한 용액이다.

4. 자동측정법 – 자기식

① 목적 : 상자성체인 산소분자가 자계 내에서 자기화 될 때 생기는 흡입력을 이용하여 산소농도를 연속적으로 구하며, 자기풍 방식과 자기력 방식이 있다.

29 [ES 01317.1a] 배출가스 중 미세먼지(PM-10 및 PM-2.5)

01 **배출가스 중 미세먼지를 반자동식 채취기에 의한 방법으로 측정하고자 한다. 반자동식 채취 장치에 대한 설명으로 틀린 것은?** [제10회 2차 8번]

① 사이클론은 스테인리스강 재질이어야 하며 온도와 상관없이 내부의 O-ring은 불소수지 재질이어야 한다.
② 흡입노즐의 경우 PM-10용 흡입노즐의 내경은 3.18 mm ~ 9.90 mm, PM-2.5의 경우 3.18 mm ~ 5.08 mm 범위에서 선택한다.
③ 여과지홀더는 여과지가 파손되지 않으면서 공기가 새지 않게 하기 위하여 O-ring, 가스켓, 스크린이 포함되어 있다.
④ 피토관은 반드시 내열성이 있는 스테인리스강 재질이어야 하며 배출가스 유속을 지속적으로 측정하기 위하여 흡입관에 부착하여 사용한다.

☑ **해설** ① 핵심포인트 1.② 참고

핵심포인트

1. 분석기기 및 기구/반자동식 채취기에 의한 방법

① 흡입노즐 : 흡입노즐의 내경(d)은 0.1 mm 단위까지의 수준으로 하며, PM-10용 흡입노즐의 내경은 (3.18 ~ 9.90) mm, PM-2.5의 경우 (3.18 ~ 5.08) mm 범위에서 흡입노즐을 선택한다.
② 사이클론 : 스테인리스강 재질이어야 하며 내부의 O-ring은 불소수지 재질로써 변형 없는 한계온도는 205 ℃이므로 주의하며, 온도가 205 ℃를 초과할 경우 스테인리스강 재질의 O-ring으로 교체하여 사용한다.
③ 여과지홀더 : 스테인리스강 재질을 사용하며, 여과지가 파손되지 않으면서 공기가 새지 않게 하기 위하여 O-ring, 가스켓, 스크린이 포함되어 있다. 여과지홀더는 여과지가 파손되지 않으면서 공기가 새지 않고 여과지 교체 작업이 용이해야 한다.
④ 피토관 : 반드시 내열성이 있는 스테인리스강 재질이어야 하며, 피토관 계수가 정해진 L형 피토관(C : 1.0 전후) 또는 S형 피토관 (C : 0.85 전후)으로서 배출가스 유속을 지속적으로 측정하기 위하여 흡입관에 부착하여 사용하며, 시료채취 항목에 따라 피토관 길이는 달라지므로 항목에 맞게 교체하여야 한다.

02 **배출가스 중 미세먼지를 반자동식 채취기에 의한 방법으로 아래 조건과 같이 측정하였다. 측정결과 농도 값에 큰 오차가 발생하였다. 측정 조건 중 오차 요인으로 작용할 수 있는 항목으로 옳은 것으로 짝지어진 것은?** [제11회 8번]

[측정조건]

㉠ 흡인 노즐 안지름(d) : 1 mm
㉡ 흡입관은 수분 농축 방지를 위해 시료가스 온도를 (120 ± 14) ℃로 유지 패스용 세척병에는 수산화나트륨을 적당량 넣음
㉢ 원통형 여과지에 포집된 먼지시료는 보관하기 위하여 차광을 위해 은박호일로 감싸서 실험실로 이동함
㉣ 분석용 저울은 1 mg까지 정확하게 측정할 수 있는 저울을 사용함
㉤ 원통형 여과지를 (110 ± 5) ℃에서 충분히 (1~3)시간 건조하고 데시케이터 내에서 실온까지 냉각하여 무게를 잼

정답 01 ① 02 ③

① ㉠, ㉡ ② ㉡, ㉤
③ ㉢, ㉣ ④ ㉣, ㉤

☑ **해설** ㉢ 핵심포인트 2.① ㉠ 참고, ㉣ 핵심포인트 3.③ 참고

핵심포인트

1. 분석기기 및 기구/흡입노즐

① 흡입노즐의 내경(d)은 0.1 mm 단위까지의 수준으로 하며, PM-10용 흡입노즐의 내경은 (3.18～9.90) mm, PM-2.5의 경우 (3.18～5.08) mm 범위에서 흡입노즐을 선택한다.

2. 시료채취 및 관리/시료회수

① 시료채취가 완료된 시료는 다음과 같이 각 시료보관용기에 시료를 넣는다.
㉠ 보관용기 1 : 여과지홀더에서 조심스럽게 여과지를 분리하여 페트리접시 용기에 넣는다.
㉡ 보관용기 2 : 여과지홀더의 내부에 붙은 입자상 물질을 아세톤으로 세척하여 그 세척액을 용기에 넣는다.

3. ES 01301.1a 배출가스 중 먼지-반자동식 측정법/분석기기 및 기구

① 흡입관 : 수분농축 방지를 위해 시료가스 온도를 (120 ± 14) ℃로 유지할 수 있는 가열기를 갖춘 보로 실리케이트(borosilicate), 스테인리스강 재질 또는 석영 유리관을 사용한다.
② 채취장치에 사용되는 기구 및 기구/간이용 저울 : 10 mg까지 무게를 달 수 있는 저울을 사용한다.
③ 채취장치에 사용되는 기구 및 기구/분석용 저울 : 0.1 mg까지 정확하게 측정할 수 있는 저울을 사용하여야 하며 측정표준 소급성이 유지된 표준기에 의해 교정되어야 한다.

4. ES 01301.1a 배출가스 중 먼지-반자동식 측정법/분석절차/전처리

① 시료채취장치 1형을 사용하는 경우 원통형 여과지를 (110 ± 5) ℃에서 충분히 1시간～3시간 건조하고 데시케이터 내에서 실온까지 냉각하여 무게를 0.1 mg까지 측정한 후 여과지홀더에 끼운다.

30 [ES 01400] 배출가스 중 금속화합물

01 **배출가스 중 금속화합물을 원자흡수분광광도법에 의해 분석하는 시험방법에 대한 설명으로 옳은 것은?** [제4회 31번], [제8회 12번]

> ㉠ 대기공정시험기준에서 배출가스 중 구리, 납, 니켈, 아연, 카드뮴, 크롬 및 그 화합물의 분석방법에 대하여 규정한다.
> ㉡ 시료 용액을 직접 공기－수소 불꽃에 도입하여 원자화시킨 후, 각 금속성분의 특성파장에서 흡광세기를 측정하여 각 금속성분의 특성파장에서 흡광세기를 측정하여 각 금속성분의 농도를 구한다.
> ㉢ 원자흡수분광광도법을 이용한 각 금속의 측정파장, 정량범위, 정밀도 및 검출한계는 대기공정시험기준에 제시되어 있다.

① ㉠, ㉡ ② ㉠, ㉢
③ ㉡, ㉢ ④ ㉠, ㉡, ㉢

☑ **해설** ㉡ 핵심포인트 1.① 참고

핵심포인트

1. 원자흡수분광광도법/목적

① 배출가스 중 구리, 납, 니켈, 아연, 철, 카드뮴, 크롬을 원자흡수분광광도법에 의해 정량하는 방법으로, 시료용액을 직접 공기-아세틸렌 불꽃에 도입하여 원자화 시킨 후, 각 금속 성분의 특성파장에서 흡광세기를 측정하여 각 금속 성분의 농도를 구한다.

2. 원자흡수분광광도법/적용범위

① 원자흡수분광광도법을 이용한 각 금속의 측정파장, 정량범위, 정밀도 및 방법검출한계는 대기오염공정시험기준에 제시되어 있다.

02 **금속화합물을 측정하는 방법에서 매질 효과에 의한 간섭 현상을 줄이는데 가장 효과적인 방법은?** [제2회 1번]

① 절대검량법 ② 내부표준법
③ 외부표준법 ④ 표준물질첨가법

☑ **해설** ④ 핵심포인트 1.② 참고

정답 01 ② 02 ④

03 배출가스 중 금속화합물 분석을 위한 원자흡수분광광도법에 대한 설명으로 틀린 것은?

[제3회 19번]

① 광학적 간섭은 분석하고자 하는 금속과 근접한 파장에서 발광하는 물질이 존재하여 스펙트럼이 분리되지 않는 경우의 간섭이다.

② 물리적 간섭은 시료의 분무 시 매질효과에 의해 발생할 수 있다.

③ 시료 용액의 점도, 표면장력, 휘발성 등과 같은 물리적 특성이나 화학적 조성의 차이에 의해 원자화율이 달라지면서 정량성이 저하되는 효과를 바탕효과라 한다.

④ 알칼리 금속의 할로겐화물이 다량 존재하면, 미리 카드뮴을 용매추출법으로 분리하여 측정할 수 있다.

☑ **해설** ③ 핵심포인트 2.① 참고

핵심포인트

1. 원자흡수분광광도법/개요/간섭물질

① **광학적 간섭** : 분석하고자 하는 금속과 파장에서 발광하는 물질이 존재하거나, 측정파장의 스펙트럼이 넓어질 때, 이온과 원자의 재결합으로 연속 발광할 때 또는 분자띠 발광시에 발생할 수 있다.

② **물리적 간섭** : 시료의 분무시, 시료의 점도와 표면장력의 변화 등 매질효과에 의해 발생하는데, 시료를 희석하거나, 표준물질첨가법을 사용하여 간섭효과를 줄일 수 있다.

③ **화학적 간섭 – 카드뮴 분석시** : 알칼리금속의 할로겐화물이 다량 존재하면 분자흡수, 광산란 등에 의해 양의 오차가 발생하는데, 이 경우에는 미리 카드뮴을 용매추출법으로 분리하거나 바탕시험값 보정을 실시한다.

2. 배출가스 중 금속화합물 – 원자흡수분광광도법/용어정의

① **매질효과** : 시료용액의 점도 표면장력, 휘발성 등과 같은 물리적 특성이나 화학적 조성의 차이에 의해 원자화율이 달라지면서 정량성이 저하되는 효과로 이를 물리적 방해라고도 한다.

04 원자흡수분광광도법에 의한 니켈 측정시, 시료에 다량의 탄소가 포함되었을 때의 간섭작용을 배제하기 위한 방법으로 적합한 것은?

[제4회 18번]

① 시료를 채취한 여과지를 적당한 크기로 잘라서 자기도가니에 넣어 전기로를 사용하여 섭씨 800도에서 30분 이상 가열한 후 전처리 조작한다.

② 시료에 이플로오린화수소암모늄을 1 % 정도 가하여 분석하거나 아세틸렌–아산화질소 불꽃을 사용하여 방해를 줄일 수 있다.

③ 검정곡선용 표준용액의 매트릭스를 일치시키고 아세틸렌–아산화질소 불꽃을 사용하여 분석한다.

④ 시료에 0.2 % 염화칼슘 용액을 첨가하고 필요에 따라서는 0.5 % 인산을 추가로 가하여 간섭을 줄인다.

☑ **해설** ② 핵심포인트 1.⑦ 참고, ③ 핵심포인트 1.② 참고, ④ 핵심포인트 1.⑤ 참고

정답 03 ③ 04 ①

05 **원자흡수분광광도법으로 배출가스 중 금속화합물을 분석할 때, 화학적 간섭에 대한 설명으로 옳지 않은 것은?** [제4회 30번]

① 시료 내 납, 카드뮴, 크롬의 양이 미량으로 존재하거나 방해물질이 존재할 경우, 용매추출법으로 적용하여 정량할 수 있다.

② 아연 분석시 213.8 nm 측정파장을 이용할 경우 불꽃에 의한 흡수 때문에 바탕선이 높아지는 경우가 있다.

③ 철 분석시 니켈, 코발트가 다량으로 존재할 경우 간섭이 일어날 수 있다. 이때 검정곡선용 표준용액의 매트릭스를 일치시키고 아세틸렌/아산화질소 불꽃을 사용하여 분석하거나, 흑연로원자흡수분광광도법을 이용하여 간섭을 최소화시킬 수 있다.

④ 시료의 점도와 표면장력의 변화 등의 매질효과에 의하여 발생되며, 표준물질첨가법을 사용하여 간섭효과를 줄일 수 있다.

☑ **해설** ④ 1번~3번 문제 핵심포인트 1.② 참고

06 **배출가스 중 금속화합물을 원자흡수분광광도법으로 분석시 다음 설명 중 틀린 것은?** [제6회 11번]

① 시료 내 납, 카드뮴, 크롬의 양이 미량으로 존재하거나 방해물질이 존재할 경우 용매추출법을 적용하여 정량할 수 있다.

② 철 분석 시 다량의 탄소가 포함된 시료의 경우, 시료를 채취한 여과지를 적당한 크기로 잘라서 자기도가니에 넣어 전기로를 사용하여 800 ℃에서 30분 이상 가열한 후 전처리 조작을 행한다.

③ 카드뮴 분석 시 알칼리금속의 할로겐화물이 다량 존재하면 분자흡수, 광산란 등에 의해 양의 오차가 발생한다. 이 경우에는 미리 카드뮴을 용매추출법으로 분리하거나 바탕값 보정을 실시한다.

④ 크롬 분석 시 아세틸렌-공기 불꽃에서는 철, 니켈 등에 의한 방해를 받는다. 이 경우 황산나트륨, 황산칼륨 또는 이플로오린화수소암모늄을 1 % 정도 가하여 분석하거나, 아세틸렌-아산화질소 불꽃을 사용하여 방해를 줄일 수 있다.

☑ **해설** ② 핵심포인트 1.③ 참고 ; 철 분석시에는 핵심포인트 1.② 참고

핵심포인트

원자흡수분광광도법/개요/간섭물질

1. 화학적 간섭 : 플라즈마 중에서 이온화하거나, 공존물질과 작용하여 해리하기 어려운 화합물이 생성되는 경우 발생할 수 있다. 이온화로 인한 간섭은 분석대상 원소보다 이온화 전압이 더 낮은 원소를 첨가하여 측정원소의 이온화를 방지할 수 있고, 해리하기 어려운 화합물을 생성하는 경우에는 용매추출법을 사용하여 측정원소를 추출하여 분석하거나 표준물질첨가법을 사용하여 간섭효과를 줄일 수 있다.
   ① 시료 내 납, 카드뮴, 크롬의 양이 미량으로 존재하거나 방해물질이 존재할 경우, 용매추출법을 적용하여 정량한다.
   ② 철 분석 시 니켈, 코발트가 다량 존재할 경우 간섭이 일어날 수 있으므로, 검정곡선용 표준용액의 매트릭스를 일치시키고 아세틸렌/아산화질소 불꽃을 사용하여 분석하거나, 흑연로원자흡수분광법을 이용하여 간섭을 최소화 시킬 수 있다.

정답 05 ④ 06 ②

③ 니켈 분석 시 다량의 탄소가 함유된 시료의 경우, 시료를 채취한 여과지를 적당한 크기로 잘라서 자기 도가니에 넣어 전기로를 사용하여 800 ℃에서 30분 이상 가열한 후 전처리 조작을 행한다. 또한 카드뮴, 크롬 등을 동시에 분석하는 경우에는 500 ℃에서 2~3시간 가열한 후 전처리 조작을 행한다.
④ 아연 분석 시 213.8 nm 측정파장을 이용할 경우 불꽃에 의한 흡수 때문에 바탕선이 높아지는 경우가 있다.
⑤ 규소(Si)를 다량 포함하고 있을 때는 0.2 % 염화칼슘 용액을 첨가하여 분석하고, 유기산(특히 시트르산)이 다량 포함되어 있을 때는 0.5 % 인산을 가하여 간섭을 줄일 수 있다.
⑥ 카드뮴 분석 시 알칼리금속의 할로겐화물이 다량 존재하면 분자흡수, 광산란 등에 의해 양의 오차가 발생하는데, 이 경우에는 미리 카드뮴을 용매추출법으로 분리하거나 바탕시험값 보정을 실시한다.
⑦ 크롬 분석 시 아세틸렌-공기 불꽃에서는 철, 니켈 등에 의한 방해를 받는데, 이 경우 황산나트륨, 황산칼륨 또는 이플루오린화수소암모늄을 1 % 정도 가하여 분석하거나, 아세틸렌-아산화질소 불꽃을 사용하여 방해를 줄일 수 있다.

07 배출가스 중 금속화합물을 유도결합플라즈마 분광법을 이용하여 분석할 때 주의할 점으로 틀린 것은? [제12회 7번]

① 소듐, 칼슘, 마그네슘 등과 같은 염의 농도가 높은 시료에서, 절대검정곡선법을 적용할 수 없는 경우에는 표준물질첨가법을 사용하도록 한다.
② 표준원액은 일반적으로 1,000 mg/kg 농도에서 0.3 % 이내의 불확도를 나타내어야 한다.
③ 구리 표준원액은 구리 표준용액을 사용하거나 금속구리(순도 99.9 % 이상) 0.1 g을 취해 최소량의 6 N 염산을 녹인 후, 부피분율 2 % 염산으로 묽혀서 사용한다.
④ 셀룰로스제 여과지를 써서 시료를 채취할 때는 전처리 시 분해법 및 용매추출법을 따라서는 안된다.

<해설> ③ 핵심포인트 3.① 참고

핵심포인트

1. 유도결합플라즈마분광법/개요/간섭물질

① **광학적 간섭** : 분석하고자 하는 금속과 파장에서 발광하는 물질이 존재하거나, 측정파장의 스펙트럼이 넓어질 때, 이온과 원자의 재결합으로 연속 발광할 때 또는 분자띠 발광시에 발생할 수 있다. 광학적 간섭은 측정에 사용하는 스펙트럼이 다른 인접선과 완전히 분리되지 않아 파장 선택부의 분해능이 충분하지 않기 때문에 검정곡선의 직선영역이 좁고 구부러져 측정감도 및 정밀도가 저하되는데 이 경우 다른 파장을 사용하여 다시 측정하거나 표준물질첨가법을 사용하여 간섭효과를 줄일 수 있다.
② **물리적 간섭** : 시료의 분무 시 시료의 점도와 표면장력의 변화 등 매질효과에 의해 발생하며 이런 경우 시료를 희석하거나, 표준물질첨가법을 사용하여 간섭효과를 줄일 수 있다.
③ **화학적 간섭** : 플라즈마 중에서 이온화하거나, 공존물질과 작용하여 해리하기 어려운 화합물이 생성되는 경우 발생할 수 있으며, 이온화로 인한 간섭은 분석대상 원소보다 이온화 전압이 더 낮은 원소를 첨가하여 측정원소의 이온화를 방지할 수 있고, 해리하기 어려운 화합물을 생성하는 경우에는 용매추출법을 사용하여 측정원소를 추출하여 분석하거나 표준물질첨가법을 사용하여 간섭효과를 줄일 수 있다.
④ 납, 니켈, 카드뮴 및 크롬 분석 시 시료 중의 소듐, 포타슘, 마그네슘, 칼슘 등의 농도가 높고 분석성분의 농도가 낮은 경우에는 시료 농축 및 방해물질 제거를 위하여 용매추출법을 이용하여 정량할 수 있다.
⑤ 소듐, 칼슘, 마그네슘 등과 같은 염의 농도가 높은 시료에서, 절대검정곡선법을 적용할 수 없는 경우에는 표준물질첨가법을 사용하도록 한다.

정답 07 ③

2. 유도결합플라즈마분광법/용어정의

① 표준원액 : 정확히 농도를 알고 있는 비교적 고농도의 용액으로 일반적으로 1,000 mg/kg 농도에서 0.3 % 이내의 불확도를 나타내어야 한다.

3. 유도결합플라즈마분광법/시약 및 표준용액/표준용액

① 구리 표준원액 : 유도결합플라즈마 분광법용 구리 표준용액 1 mg/mL를 사용하거나 금속구리 (순도 99.9 % 이상) 1 g을 취해 최소량의 6 N 질산에 완전히 녹이고, 1 L 부피플라스크에 옮긴 후 부피분율 2 % 질산으로 표시선까지 묽힌다.

4. 유도결합플라즈마분광법/시료채취 및 관리/시료채취장치

① 셀룰로스제 여과지를 써서 시료를 채취할 때에는 전처리 시 분해법 및 용매추출법을 따라서는 안된다.
② 굴뚝 배출가스의 시료 성상과 처리방법은 다음의 표와 같다.

〈표〉 시료의 성상 및 처리 방법

성상	처리방법
타르 기타 소량의 유기물을 함유하는 것	질산－염산법, 질산-과산화수소수법, 마이크로파산분해법
유기물을 함유하지 않는 것	질산법, 마이크로파산분해법
다량의 유기물 유리탄소를 함유하는 것 셀룰로스 섬유제 필터를 사용한 것	저온회화법

31 [ES 01401] 배출가스 중 비소화합물

01 **배출가스 중 비소화합물의 원자흡수분광법 분석에 작용하는 간섭 현상 및 그 대책으로 적당하지 않은 것은?** [제2회 23번]

① 일부 화합물은 휘발성이 있으므로 마이크로파 산분해로 전처리하는 것을 권장한다.

② 시료 중 귀금속(은, 금, 백금, 팔라듐 등)의 농도가 일정 수준 이상이면 수소화비소의 발생에 간섭을 준다.

③ 전이금속의 간섭은 염산 농도에 영향을 받으므로 저농도보다 4 N ~ 6 N 염산 사용을 권장한다.

④ 질산 분해로 발생한 환원된 산화질소와 아질산염은 수소화비소의 발생을 촉진시킬 수 있다.

☑ **해설** ④ 핵심포인트 2.⑤ 참고

02 **배출가스 중 비소화합물 측정시 수소화물생성원자 흡수분광광도법에 대한 설명으로 틀린 것은?** [제10회 7번]

① 이 시험기준은 배출가스 중의 입자상 및 가스상 비소화합물의 농도 측정을 위한 기준 방법이다.

② 시료용액 중 비소를 수소화비소로 하여 아르곤-수소 불꽃 중에 도입하여 흡광도를 측정한다.

③ 채취 시료를 전처리하는 동안 휘발성이 없으므로 전처리 방법으로 초음파추출법을 권장한다.

④ 배출가스 중의 입자상 및 가스상 비소 농도를 ppm으로 산출한다.

☑ **해설** ③ 핵심포인트 2.① 참고

핵심포인트

1. 수소화물생성원자흡수분광광도법/개요

① 목적 : 고정된 오염물질의 주요 배출원인 배출가스 중의 입자상 및 가스상 비소화합물의 농도 측정을 위한 기준 방법이다. 시료용액 중의 비소를 수소화비소로 하여 아르곤-수소 불꽃 중에 도입하고 비소에 의한 원자흡수를 파장 193.7 nm에서 측정하여 비소를 정량한다.

2. 수소화물생성원자흡수분광광도법/간섭물질

① 비소 및 비소화합물 중 일부 화합물은 휘발성이 있으므로 채취 시료를 전처리 하는 동안 비소의 손실 가능성이 있기 때문에 마이크로파(초음파) 산분해법을 이용할 것을 권장한다.

② 시료용액 중의 산 매질 농도에 따라 감응도에 약간의 차이가 날 수 있으므로 표준용액을 동일한 방법으로 처리하여 이러한 차이를 줄여야 한다.

③ 시료용액 중에 귀금속(은, 금, 백금, 팔라듐 등)의 농도가 100 mg/L 이상, 구리, 납 등의 농도가 1 mg/L 이상, 수소화물 생성원소(비스무트, 안티몬, 주석, 셀레늄, 텔루륨 등)의 농도가 각각 (0.1 ~ 1) mg/L 이상, 철, 니켈, 코발트의 함량이 각각 비소 함량의 5배, 10배, 80배 정도를 초과하는 경우에는 수소화비소의 발생에 간섭을 준다.

④ 전이금속에 의한 간섭은 염산 농도에 따라 달라지며 저농도에서보다 (4 ~ 6) N에서 덜하다.

⑤ 질산 분해에 의해 생기는 환원된 산화질소와 아질산염은 감도를 저하시킬 수 있다.

3. 결과보고/결과의 표시

① 측정결과는 ppm 단위의 소수점 넷째 자리까지 유효자리수를 계산하고, 결과 표시는 소수점 셋째 자리까지 표기한다. 방법검출한계 미만의 값은 불검출로 표시한다.

정답 01 ④ 02 ③

03 **굴뚝 배출가스 중의 비소화합물을 분석하기 위한 시료채취에 관한 설명으로 아래 설명 중 적합하지 않은 것은?** [제7회 1번]

① 입자상의 비소를 시료채취할 때에는 등속흡인으로 채취한다.
② 입자상의 비소를 시료채취 시에는 규소섬유 또는 불소수지 여지를 사용한다.
③ 가스상의 비소는 수산화소듐용액(0.4 W/V%)을 흡수액으로 사용한다.
④ 가스상 비소의 시료채취 유량은 10 L/min 정도이다.

☑ **해설** ③ 핵심포인트 2.① 참고, ④ 핵심포인트 2.② 참고

핵심포인트

1. 시료채취 및 관리/시료채취/입자상 비소화합물의 시료채취방법
① 시료채취 : ES 01301.1 배출가스 중 먼지 − 반자동식 측정법의 시료채취방법에 따라 입자상 비소를 시료채취할 때에는 등속흡입으로 한다.
② 여과지 : 규소섬유 또는 불소수지제를 사용한다.

2. 시료채취 및 관리/시료채취/가스상 비소화합물의 시료채취방법
① 흡수액 : 수산화소듐 용액(질량분율 4 (W/V) %)
② 흡입유량 : 1 L/min

04 **자외선/가시선분광법으로 배출가스 중 비소화합물을 분석할 때, 간섭물질에 대한 설명으로 틀린 것은?** [제3회 17번]

① 비소 및 비소화합물 중 일부 화합물은 휘발성이 있으므로, 전처리 방법으로는 마이크로파 산분해법을 이용할 것을 권장한다.
② 크롬, 코발트, 구리, 몰리브덴, 니켈 등이 수소화비소 생성에 영향을 줄 수 있으며 간섭을 일으킬 정도로 생성된다.
③ 안티몬은 스티빈(stibine)으로 환원되어 510 nm에서 최대 흡수를 나타내는 착물을 형성케 함으로써 비소 측정에 간섭을 줄 수 있다.
④ 메틸 비소화합물은 pH 1에서 메틸수소화비소를 생성하여 흡수용액과 착물을 형성하고 총비소 측정에 영향을 줄 수 있다.

☑ **해설** ② 핵심포인트 1.② 참고

핵심포인트

1. 자외선가시선분광법/개요/간섭물질
① 비소 및 비소화합물 중 일부 화합물은 휘발성이 있으므로 채취 시료를 전처리하는 동안 비소의 손실 가능성이 있기 때문에 전처리 방법으로 마이크로파 산분해법을 이용할 것을 권장한다.
② 일부 금속(크롬, 코발트, 구리, 수은, 몰리브데넘, 니켈, 백금, 은, 셀렌 등)이 수소화비소(AsH_3) 생성에 영향을 줄 수 있지만 시료 용액 중의 이들 농도는 간섭을 일으킬 정도로 높지는 않다.
③ 황화수소가 영향을 줄 수 있으며 이는 아세트산납으로 제거할 수 있다.
④ 안티몬은 스티빈(stibine)으로 환원되어 510 nm에서 최대 흡수를 나타내는 착화합물을 형성케 함으로써 비소 측정에 간섭을 줄 수 있다.
⑤ 메틸 비소화합물은 pH 1에서 메틸수소화비소(methylarsine)를 생성하여 흡수용액과 착화합물을 형성하고 총 비소 측정에 영향을 줄 수 있다.

정답 03 ③, ④ 04 ②

32 [ES 01402] 배출가스 중 카드뮴화합물

01 카드뮴화합물 측정에서 채취한 시료와 그 성상에 따른 처리방법으로 틀린 것은? [제4회 35번]

① 다량의 유기물과 유기탄소를 함유한 것은 저온회화법으로 처리
② 유기물을 함유하지 않은 것은 질산법으로 처리
③ 셀룰로오스섬유계 여과지를 사용한 것은 질산－과산화수소법으로 처리
④ 타르 기타 소량의 유기물을 함유한 것은 질산－염산법으로 처리

☑ **해설** ③ 핵심포인트 1.① <표> 3 저온회화법 참고

핵심포인트

1. 분석절차/전처리

① 채취한 시료는 그 성상에 따라 아래 <표>의 처리방법에 의하여 처리하고 분석시료용액을 조제한다.

〈표〉 시료의 성상 및 처리 방법

순번	성상	처리방법
1	타르 기타 소량의 유기물을 함유하는 것	질산－염산법, 질산－과산화수소수법, 마이크로파산분해법
2	유기물을 함유하지 않는 것	질산법, 마이크로파산분해법
3	다량의 유기물 유리탄소를 함유하는 것 셀룰로스 섬유제 필터를 사용한 것	저온회화법

02 배출가스 중 카드뮴화합물을 원자흡수분광광도법으로 분석한 결과이다. 카드뮴 농도는 몇 mg/Sm^3인가? (단, 시료용액 1 mL 중의 카드뮴의 양 : 0.15 μg, 시료용액전량 : 250 mL, 표준상태에서 습한 시료가스 채취량 : 1,200 L, 배출가스 중 수분량 : 10 %이다.) [제10회 2차 9번]

① 0.0313 ② 0.0347
③ 0.3125 ④ 0.3472

문제풀이

① 주어진 조건 : 시료용액 1 mL 중 카드뮴의 양 0.15 μg, 시료용액전량 250 mL, 표준상태에서 습한 시료가스 채취량 1,200 L, 배출가스 중 수분량 10 %

② 시료 중의 카드뮴량(m) : $\frac{0.15\ \mu g}{1\ mL} \times \frac{1\ mg}{1000\ \mu g} \times 250\ mL = 0.0375\ mg$

③ 건조시료가스량(V_s) : 습한시료가스량 × (1－배출가스 중 수분비율) = 1,200 L × (1－0.9) = 1,080 L

④ 카드뮴농도(mg/Sm^3) : $\frac{m}{V_s} \times 1,000 = \frac{0.0375\ mg}{1,080\ L} \times 1,000 = 0.0347\ mg/Sm^3$

정답 01 ③ 02 ②

33 [ES 01403] 배출가스 중 납화합물

01 배출가스 중 납화합물의 원자흡광광도법에 관한 설명이다. 이에 대한 내용 중 잘못된 것은?

[제7회 7번]

① 시료용액에 염류와 같은 방해물질이 존재하지 않을 때에는 가연성 가스로 아세틸렌 또는 수소를 사용한다.
② 조연성 가스로는 아르곤을 사용한다.
③ 납을 질산에 녹여 표준액으로 사용한다.
④ 납 중공음극램프를 사용한다.

☑ **해설** ② 핵심포인트 1.② 참고

핵심포인트

1. 원자흡수분광광도법/시약 및 표준용액/원자흡수분광광도계용 기체

① 가연성 기체 : 아세틸렌(C_2H_2)
② 조연성 기체 : 공기 또는 아산화질소(N_2O)

2. 원자흡수분광광도법/시약 및 표준용액/표준용액

① 납 표준원액 (0.1 mg/mL) : 질산납 0.160 g을 물에 녹이고 (1+1) 질산 1 mL를 가한 다음 1,000 mL 부피플라스크에 넣고 물을 표시선까지 가한다.
② 납 표준용액 (0.01 mg/mL) : 납 표준원액 (90.1 mg/mL) 10 mL를 100 mL 부피플라스크에 넣고, 물을 표시선까지 가한다.

3. 원자흡수분광광도법/측정법

① 납의 속빈음극램프(중공음극램프)를 점등하여 안정화시킨 후 217.0 nm 또는 283.3 nm의 파장으로 원자흡수분광광도법 통칙에 따라 조작한다.

정답 01 ②

34 [ES 01404] 배출가스 중 크롬화합물

01 **배출가스 중 크롬을 원자흡수분광광도법으로 분석 시 철, 니켈 등의 방해를 극복하기 위한 가연성 가스와 조연가스의 조합으로 적절한 것은?** [제2회 4번]

① $C_2H_2-N_2O$　　② C_3H_8-air
③ $C_2H_2-O_2$　　④ $H_2-air-Ar$

핵심포인트

1. 원자흡수분광광도법/시약 및 표준용액/원자흡수분광광도계용 기체

① 아세틸렌-공기 불꽃에서는 철, 니켈 등에 의한 방해를 받는다. 이 경우 황산소듐, 이황산포타슘 또는 이플루오르화수소암모늄을 1% 정도 가하여 분석하거나, 아세틸렌(C_2H_2)-아산화질소(N_2O) 불꽃을 사용하여 방해를 줄일 수 있다.

02 **굴뚝 내 배출가스 중 크롬을 원자흡수분광광도법으로 분석한 결과이다. 크롬의 농도는 표준상태(0 ℃, 760 mmHg)로 환산한 건조시료가스 1 m^3 중의 크롬을 mg 수로 나타낸 것으로 옳은 것은?** (단, 검정곡선으로부터 구한 시험용액 1 mL 중 크롬의 양 0.7 μg, 시험용액 전량 250 mL, 건조시료가스채취량 1,100 L이다.) [제11회 9번]

① 0.16 mg/Sm^3　　② 0.26 mg/Sm^3
③ 1.59 mg/Sm^3　　④ 2.59 mg/Sm^3

문제풀이

① 주어진 조건 : 검정곡선으로부터 구한 시험용액 1 mL 중 크롬의 양 0.7 μg, 시험용액 전량 250 mL, 건조시료 가스 채취량 1,100 L

② 시료 중의 크롬량 (m) : $\frac{0.7\ \mu g}{1\ mL}\times\frac{1\ mg}{1,000\ \mu g}\times 250\ mL = 0.175\ mg$

③ 크롬농도(mg/Sm^3) : $\frac{m}{V_s}\times 1,000 = \frac{0.175\ mg}{1,100\ L}\times 1,000 = 0.16\ mg/Sm^3$

정답 01 ① 02 ①

35 [ES 01405] 배출가스 중 구리화합물

01 배출가스 중 구리화합물을 산분해한 후 구리착화합물을 만들기 위해 사용되는 시약은? [제4회 1번]

① 디티존 용액 ② 다이페닐카바지드 용액
③ 다이메틸글리옥심 용액 ④ 디에틸디티오카바민산 용액

핵심포인트

1. 자외선가시선분광법/목적

① 시료용액에 시트르산이암모늄－EDTA 용액을 가하여 방해원소를 차단하고, 암모니아수를 가해 pH 9로 조절한 다음, DDTC(디에틸디티오카르바민산) 용액을 가하여 구리 착화합물로 만들고 사염화탄소로 추출하여, 측정파장 400 nm 부근의 흡광도를 측정하여 정량한다.

02 배출가스 중 구리화합물을 원자흡수분광법으로 분석한 결과를 나타낸 것이다. 구리 농도로 옳은 것은? [제12회 8번]

－ 검량선에서 구한 값 : 15 μg/mL
－ 시험용액 전량 : 200 mL
－ 건조시료가스 채취량 : 1,200 L (26 ℃, 770 mmHg)

① 0.70 mg/Sm^3 ② 1.70 mg/Sm^3
③ 2.70 mg/Sm^3 ④ 3.70 mg/Sm^3

문제풀이

① 주어진 조건 : 검량선에서 구한 구리 농도 15 μg/mL, 시료용액 전량 200 mL, 건조시료가스 채취량 1,200 L

② 표준 건조시료가스량(V_s) : $V_s = V \times \frac{273\ ℃}{273\ ℃ + t} \times \frac{p}{760\ \text{mmHg}}$

$$= 1{,}200\ \text{L} \times \frac{273\ ℃}{(273+26)\ ℃} \times \frac{770\ \text{mmHg}}{760\ \text{mmHg}} = 1{,}100\ \text{L}$$

③ 시료 중의 구리량(m) : $\frac{15\ \mu g}{\text{mL}} \times \frac{\text{mg}}{10^3\ \mu g} \times 200\ \text{mL} = 3\ \text{mg}$

④ 구리농도(mg/Sm^3) : $\frac{m}{V_s} \times 1{,}000 = \frac{3\ \text{mg}}{1{,}100\ \text{L}} \times 1{,}000 = 2.73\ \text{mg/Sm}^3$

정답 01 ④ 02 ③

36 [ES 01406] 배출가스 중 니켈화합물

03 원자흡수분광광도법에 의한 니켈 측정 시, 시료에 다량의 탄소가 포함되었을 때의 간섭작용을 배제하기 위한 방법으로 적합한 것은? [제4회 18번]

① 시료를 채취한 여과지를 적당한 크기로 잘라서 자기도가니에 넣어 전기로를 사용하여 섭씨 800도에서 30분 이상 가열한 후 전처리 조작한다.
② 시료에 이플로오린화수소암모늄을 1 % 정도 가하여 분석하거나 아세틸렌－아산화질소 불꽃을 사용하여 방해를 줄일 수 있다.
③ 검정곡선용 표준용액의 매트릭스를 일치시키고 아세틸렌－아산화질소 불꽃을 사용하여 분석한다.
④ 시료에 0.2 % 염화칼슘 용액을 첨가하고 필요에 따라서는 0.5 % 인산을 추가로 가하여 간섭을 줄인다.

☑ **해설** ES 01400 배출가스 중 금속화합물 4번~6번 문제 핵심포인트 참고 ; ② 크롬(Cr) 분석시 ③ 철(Fe) 분석시 ④ 규소(Si)를 다량 함유하고 있을 시

핵심포인트

1. 원자흡수분광광도법/개요/간섭물질

① 다량의 탄소가 포함된 시료의 경우, 시료를 채취한 필터를 적당한 크기로 잘라서 자기도가니에 넣어 전기로를 사용하여 800 ℃에서 30분 이상 가열한 후 전처리 조작을 행한다.
② 카드뮴, 크롬 등을 동시에 분석하는 경우에는 500 ℃에서 2~3시간 가열한 후 전처리 조작을 행한다.
③ 다른 금속이온이 다량 존재하는 경우에는 용매추출법을 적용하여 정량할 수 있다.

04 배출가스 중 니켈화합물을 자외선－가시선 분광법에 의하여 분석할 때의 간섭물질 제거 방법으로 틀린 것은? [제3회 21번]

① 다량의 탄소가 포함된 시료의 경우, 시료를 채취한 여과지를 적당한 크기로 잘라서 자기도가니에 넣어 전기로를 사용하여 800 ℃에서 30분 이상 가열한 후 전처리 조작을 행한다.
② 방해하는 원소는 구리, 망간, 코발트, 크롬 등이나 이 원소들이 단독으로 니켈과 공존하면 비교적 영향이 적다. 구리 10 mg, 망간 20 mg, 코발트 2 mg, 크롬 10 mg까지 공존하여도 니켈의 흡광도에 영향을 미치지 않는다.
③ 니켈－다이메틸글리옥심의 클로로폼에 의한 추출은 pH 6.5~8.5 사이로, 가장 적당한 범위는 pH 7.0~7.5이다.
④ 니켈－다이메틸글리옥심 착염의 최대 흡수는 450 nm와 540 nm이나 시간이 경과함에 따라 파장이 변하며, 약 20분까지는 안정하다. 따라서 흡광도 측정은 발색 후 20분 이내에 이루어져야 한다.

☑ **해설** ③ 핵심포인트 1.③ 참고

정답 01 ① 02 ③

핵심포인트

1. 자외선가시선분광법/개요/간섭물질

① 다량의 탄소가 포함된 시료의 경우, 시료를 채취한 필터를 적당한 크기로 잘라서 자기도가니에 넣어 전기로를 사용하여 800 ℃에서 30분 이상 가열한 후 전처리 조작을 행한다.

② 방해하는 원소는 Cu, Mn, Co, Cr 등이나 이 원소들이 단독으로 니켈과 공존하면 비교적 영향이 적다. Cu 10 mg, Mn 20 mg, Co 2 mg, Cr 10 mg까지 공존하여도 니켈의 흡광도에 영향을 미치지 않는다.

③ 니켈－다이메틸글리옥심의 클로로포름에 의한 추출은 pH (8～11) 사이로, 가장 적당한 범위는 pH (8.5～9.5)이다.

④ 니켈－다이메틸글리옥심 착염의 최대흡수는 450 nm와 540 nm이나 시간이 경과함에 따라 파장이 변하며, 약 20분까지는 안정하므로 흡수도 측정은 발색 후 20분 이내에 이루어져야 한다.

37 [ES 01408] 배출가스 중 수은화합물

01 **배출가스 중의 수은화합물을 환원기화 원자흡광광도법으로 분석하는 방법에 대한 설명으로 틀린 것은?** [제2회 22번]

① 배출원에서 등속으로 흡인된 입자상과 가스상 수은은 흡수액인 산성 과망간산칼륨 용액으로 채취한다.
② Hg^{2+} 형태로 채취한 수은을 Hg^{0} 형태로 환원시켜서, 광학셀에 있는 용액에서 기화시킨 다음 원자흡광광도계로 측정한다.
③ 시료채취 시 배출가스 중에 존재하는 산화유기물질은 수은 채취를 방해할 수 있다.
④ 시료채취관은 스테인리스강 혹은 보로실리케이트 재질을 쓰고 수분 응축을 방지하기 위해서 시료채취관을 100±14 ℃로 가열한다.

☑ **해설** ④ 핵심포인트 4.① 참고

02 **배출가스 중 수은 시험방법에 대한 설명으로 옳지 않은 것은?** [제4회 40번]

① 환원기화 원자흡광광도법은 배출원에서 등속으로 흡인된 입자상과 가스상 수은은 흡수액인 산성 과망간산칼륨 용액에 채취된다.
② 환원기화 원자흡광광도법에서 시료채취 시 배출가스 중에 있는 산화 유기물질은 수은의 채취를 방해할 수 있다.
③ 흡광광도법에서 구리, 아연, 납, 비스무스 등의 방해물질이 다량 함유되어 있는 경우에는 에틸렌디아민테트라아세트산소듐용액 (0.1 M)을 다량 넣는다.
④ 흡광광도법에서 황산 (1+15)(수은시험용)과 과망간산포타슘 용액 (0.3 W/V%)을 1 : 2로 가하여 진탕혼합 후 흡수액으로 한다.

☑ **해설** ④ 핵심포인트 7.① 참고

03 **배출가스 중 수은 시험방법의 분석을 설명한 내용으로 틀린 것은?** [제8회 13번]

① 냉증기 원자흡광광도법의 정량범위는 0.0005 mg/m^3~0.0075 mg/m^3이다.
② 냉증기 원자흡광광도법은 광학셀에 있는 수증기의 응축이 방해요인으로 작용한다.
③ 자외선/가시선분광법은 흡광도 550 nm에서 측정하는 방법이다.
④ 자외선/가시선분광법의 방법검출한계는 0.00008 mg/m^3이다.

☑ **해설** ③ 핵심포인트 5.① 참고

핵심포인트

1. 냉증기원자흡수분광광도법/개요/목적

① 개요/목적 : 배출원에서 등속으로 흡입된 입자상과 가스상 수은은 흡수액인 산성 과망간산포타슘 용액에 채취되며, Hg^{2+} 형태로 채취한 수은을 Hg^{0} 형태로 환원시켜서, 광학셀에 있는 용액에서 기화시킨 다음 원자흡수분광광도계로 측정한다.

정답 01 ④ 02 ④ 03 ③

2. 냉증기원자흡수분광광도법/개요/적용범위

① 개요/적용범위 : 이 시험방법은 소각로, 소각시설 및 그 밖의 배출원에서 배출되는 입자상 및 가스상 수은을 측정·분석하는데 적용된다. 정량범위는 (0.0005～0.0075) mg/m^3이고, 방법검출한계는 0.00015 mg/m^3이다.

3. 냉증기원자흡수분광광도법/개요/간섭물질

① 간섭물질 : 시료채취시 배출가스 중에 존재하는 산화 유기물질은 수은의 채취를 방해할 수 있으며, 분석 시에는 광학셀에 있는 수증기의 응축이 방해요인으로 작용할 수 있다.

4. 냉증기원자흡수분광광도법/시료채취 및 관리/시료채취 장치

① 시료채취장치/시료채취관 : 보로실리케이트 혹은 석영 유리관을 사용하고 시료채취 동안에 수분 응축을 방지하기 위해서 시료채취관 출구의 가스 온도가 (120±14) ℃로 유지되도록 하며, 단 흡수병 앞에 여과지가 사용될 경우에는 가스상 수은(Hg)의 응축을 최소화하기 위해서 시료채취관과 연결관을 가열하며 금속성 연결관을 사용해서는 안된다.

5. 자외선가시선분광법/개요/목적

① 암모니아수로 씻어주어 과잉의 디티존을 제거하여 흡광도 490 nm 파장에서 측정한다.

6. 자외선가시선분광법/개요/적용범위

① 개요/적용범위 : 이 시험방법은 소각로, 소각시설 및 그 밖의 배출원에서 배출되는 입자상 및 가스상 수은을 측정·분석하는데 적용된다. 정량범위는 (0.00025～0.00625) mg/m^3이고, 방법검출한계는 0.00008 mg/m^3이다.

7. 자외선가시선분광법/시료채취 및 관리/시료채취 및 회수

① 흡수액 : 황산 (1+5)(수은시험용)과 과망간산포타슘 용액 (질량분율 0.3 %)을 등량 (1 : 1)씩 가하여 진탕혼합 후 흡수액으로 한다.

38 [ES 01501] 배출가스 중 폼알데하이드 및 알데하이드류

01 배출가스 중 폼알데하이드 및 알데하이드류의 분석방법이 아닌 것은? [제3회 31번]

① 메틸에틸케톤법 ② 액체크로마토그래프법(HPLC)
③ 크로모트로핀산(Chromotropic acid)법 ④ 아세틸아세톤(Acetyl acetone)법

핵심포인트

1. 적용가능한 시험방법

① 고성능액체크로마토그래피법이 주시험방법이며, 시험방법들의 정량범위는 <표>와 같다.

〈표〉 분석방법 및 정량범위

분석방법	정량범위	방법검출한계
고성능액체크로마토그래피법	(0.01～100) ppm	0.005 ppm
크로모트로핀산 자외선/가시선분광법	(0.01～0.2) ppm (시료채취량 60 L인 경우)	0.003 ppm
아세틸아세톤 자외선/가시선분광법	(0.02～0.4) ppm (시료채취량 60 L인 경우)	0.007 ppm

02 배출가스 중 폼알데하이드 및 알데하이드류 고성능 액체크로마토그래피 방법에 따른 시료채취장치 구성으로 틀린 것은? [제11회 10번]

① 산소 흡수병 ② 임핀저 트레인
③ 차압게이지 (마노미터) ④ 피토관

핵심포인트

1. 고성능액체크로마토그래피/분석기기 및 기구

① 시료채취장치 구성 : 흡입노즐, 흡입관, 피토관, 차압게이지(마노미터), 임핀저 트레인, 기체흡입 및 유량측정부

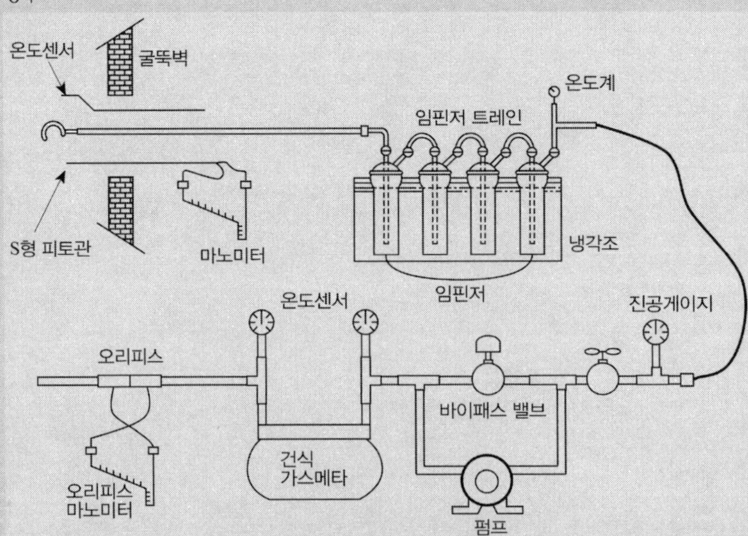

〈그림〉 알데하이드류 시료채취장치

정답 01 ① 02 ①

03 **다음은 액체크로마토그래프법에 의한 배출가스 중 폼알데하이드 분석방법에 관한 내용이다. 적합하지 않은 것은?** [제4회 15번]

① 시료채취가 완료되면 임핀저를 마개하여 실험실로 가져와서 마개를 열고 유도화 반응을 완결하기 위해 50 ℃～60 ℃의 수욕조에 임핀저를 30분간 넣어 둔다.

② 임핀저를 실온이 되게 한 후 아세토나이트릴로 50 mL 눈금까지 채운다. 시료채취시 카트리지를 사용했을 경우 마개를 제거하고 20 mL의 아세토나이트릴로 추출해 낸 후 아세토나이트릴을 가해 50 mL로 만든다.

③ HPLC 분석은 다음 조건을 만족하여야 한다.
컬럼 : Nova－Pak C18 (3.9×150 mm), 디텍터 : UV/Vis, 360 nm, 주입량 : 20 μL, 유량 : 1.5 mL/분

④ 채취된 시료를 당일 분석하지 않을 경우 시료를 유리병에 옮긴 후 마개를 하여 4 ℃ 이하의 냉장고에 냉장보관하여야 하며, 이 냉장시료는 30일 이내 분석하여야 한다.

☑ **해설** ① 핵심포인트 1.① ㉠ 참고, ② 핵심포인트 1.① ㉡ 참고

핵심포인트

1. 고성능액체크로마토그래피/분석절차

① 전처리

㉠ 시료채취가 완료되면 임핀저를 마개한 후 실험실로 가져와서, 마개를 열고 유도화 반응을 완결하기 위해 (70～80) ℃의 항온조에 임핀저를 30분간 넣어둔다.

㉡ 임핀저를 실온이 되게 한 후 아세토나이트릴로 50 mL 눈금까지 채운다. 시료채취시 DNPH－카트리지를 사용했을 경우 마개를 제거하고 5 mL의 아세토나이트릴로 추출해 낸 후 아세토나이트릴을 가해 10 mL로 한다.

㉢ 각 임핀저(또는 카트리지) 용액을 유리 바이알에 따르고 마개를 한다.

㉣ 시료를 즉시 분석할 수 없는 경우에는 시료를 4 ℃ 이하로 냉장보관하여야 하며, 이 냉장시료는 30일 이내에 분석하여야 한다.

2. 고성능액체크로마토그래피/측정법

〈표〉 HPLC 분석조건 예시

조건	세부내용
분석 컬럼	C18 (300 mm × 3.9 mm × 4 μm)
컬럼온도	20 ℃
검출기	자외선 검출기 (검출파장 360 nm)
이동상	이동상 A : 아세토나이트릴 100 (%) 이동상 B : 증류수/아세토나이트릴 40/60 (%)
이동상 프로그램	0분～10.5분 : 용매 B 100 % 10.5분～30분 : 용매 A (0 % → 100 %로 증가) 용매 B (100 % → 0 %로 감소)
이동상 용매 유속	1.3 mL/min
시료 주입량	10 μL

정답 03 ①, ②

39 [ES 01503] 배출가스 중 페놀류

01 **배출가스 내의 페놀화합물의 분석 방법에 대한 설명으로 틀린 것은?** [제2회 7번]

① 흡광광도법은 시료 중의 페놀류를 수산화소듐용액에 흡수시켜 포집하는 방법이다.
② 흡광광도법은 염소, 취소 등의 산화성가스가 공존하면 오차가 발생한다.
③ 기체크로마토그래프법의 검출부는 수소염이온화검출기(FID)이다.
④ 기체크로마토그래프법은 10 L의 시료 중 페놀류의 농도가 1 ppm ~ 20 ppm일 때 적당하다.

☑ **해설** ④ 핵심포인트 1.① <표> 1. 기체크로마토그래피 참고

02 **배출가스 중의 페놀화합물 농도를 분석하기 위한 방법으로 맞는 것은?** [제7회 17번]

① 공정시험법에서 배출가스 중의 페놀화합물 측정은 흡광광도법과 액체크로마토그래프방법을 채택하고 있다.
② 적절한 방법으로 흡수액으로부터 추출, 농축시킨 페놀류는 GC와 불꽃이온화검출기(FID)를 이용하여 정량분석할 수 있다.
③ 흡광광도법에서 시료 중의 페놀류는 초산용액에 흡수시켜 포집한다.
④ 흡광광도법에서 흡수병에 포집한 페놀류는 디티존 용액으로 발색시킨 후 흡광도를 측정하여 농도를 계산한다.

☑ **해설** ① 핵심포인트 1.① 참고, ③, ④ 핵심포인트 3.① 참고

핵심포인트

1. 적용가능한 시험방법

① 기체크로마토그래피법이 주시험방법이며, 시험방법들의 정량범위는 <표>와 같다.

〈표〉 분석방법 및 정량범위

순번	분석방법	정량범위	방법검출한계
1	기체크로마토그래피	(0.2~300) ppm (시료채취량 10 L인 경우)	0.07 ppm
2	4－아미노 안티피린 자외선/가시선분광법	(0.3~20) ppm (시료채취량 10 L인 경우)	0.1 ppm

2. 기체크로마토그래피/개요

① 목적 : 배출가스를 수산화소듐 용액에 흡수시켜 이 용액을 산성으로 한 후 아세트산에틸로 추출한 다음 기체크로마토그래프/불꽃이온화검출기(GC/FID) 또는 기체크로마토그래프/질량분석기(GC/MS)로 정량하여 페놀류의 농도를 산출한다.

3. 자외선가시선분광법/개요

① 목적 : 배출가스를 수산화소듐 용액에 흡수시켜 이 용액의 pH를 10±0.2로 조절한 후 여기에 4－아미노안티피린 용액과 헥사사이아노철(Ⅲ)산포타슘 용액을 순서대로 가하여 얻어진 적색 액을 510 nm의 파장에서 흡광도를 측정하여 페놀류의 농도를 산출한다.

정답 01 ④ 02 ②

03 환경오염공정시험법상 가스크로마토그래프법과 흡광광도법을 적용할 수 있는 것은?

[제6회 14번]

① 구리화합물 ② 페놀화합물
③ 크롬화합물 ④ 카드뮴화합물

☑ 해설 ② 핵심포인트 <표> 1 페놀화합물 참고

핵심포인트

〈표〉 항목별 적용가능한 시험방법

순번	항목	분석방법
1	페놀화합물	기체크로마토그래피법, 자외선가시선분광법(흡광광도법)
2	구리화합물	원자흡수분광광도법, 유도결합플라즈마분광법, 자외선가시선분광법
3	크롬화합물	
4	카드뮴화합물	

04 배출가스 중의 페놀화합물을 분석하기 위한 기체크로마토그래프 조건으로 적절하지 않은 것은?

[제4회 37번]

① 아피에존L분리관을 사용할 경우 n-프로필벤젠(n-propylbenzene) 10 mg을 메틸알코올 100 mL에 녹인다.
② 운반가스의 유량은 40 mL/분 ~ 60 mL/분으로 한다.
③ 산화성가스 및 황화수소, 아황산가스 등의 환원성가스가 공존하면 오차가 발생된다.
④ 수소염 이온화검출기가 사용된다.

☑ 해설 ② 핵심포인트 3.① 참고, ③ 핵심포인트 2.① 참고

핵심포인트

1. 기체크로마토그래피/시약 및 표준용액/시약

① 내부표준물질 : n-프로필벤젠(n-propylbenzene) 또는 카프릴산메틸(methyl caprylate) 10 mg을 메틸알코올 100 mL에 녹인 것을 사용한다.

2. 기체크로마토그래피/개요/간섭물질

① 다량의 유기물이나 염기성 유기물이 오염되어 있을 경우에 알칼리성에서 추출하여 제거할 수 있으나 이 때 페놀이나 2,4-다이메틸페놀의 회수율이 줄어들 수 있다.

3. 기체크로마토그래피/분석기기 및 기구

① 운반기체는 부피분율 99.999 % 이상의 헬륨 또는 질소로서 유량은 (0.5~5) mL/min, 시료 주입부 온도는 (280~320) ℃, 오븐온도는 (40~320) ℃로 사용한다.

4. 기체크로마토그래피/분석절차/측정법

① 기체크로마토그래프/불꽃이온화검출기(GC/FID) 또는 기체크로마토그래프/질량분석기(GC/MS)를 이용할 수 있다.

정답 03 ② 04 ②, ③

05 배출가스 중 페놀류를 기체크로마토그래피법의 내부표준물질법을 적용하여 분석하고자 한다. 농도를 산정하는 공식의 설명으로 틀린 것은? [제11회 11번]

$$C=\frac{k\times a\times V_1}{S_L\times V_s}\times 1{,}000$$

단, C : 시료 중의 페놀류의 농도(ppm)

S_L : 정량에 사용한 분석용 시료용액의 양(μL)

① k : 페놀류의 이온 농도(mg/kg)

② a : 검정곡선으로부터 구한 정량에 사용된 분석용 시료용액 중의 페놀류의 양(μg)

③ V_1 : 분석용 시료 용액의 조제량(mL)

④ V_s : 건조시료가스량(L)

핵심포인트

1. 기체크로마토그래피/결과보고/용매흡수법의 경우

① 공식 : $C=\frac{k\times a\times V_1}{S_L\times V_s}\times 1{,}000$

C : 시료 중의 페놀류의 농도(ppm)

k : 페놀류의 질량으로부터 구한 부피의 환산계수(아래 표 참고)

a : 검정곡선으로부터 구한 정량에 사용된 분석용 시료용액 중 페놀류의 양(μg)

V_1 : 분석용 시료 용액의 조제량(mL)

S_L : 정량에 사용한 분석용 시료용액의 양(μL)

V_s : 건조시료가스량(L)

〈표〉 페놀류의 부피 환산계수

물질명	분자량	k(환산계수)
페놀	94	0.238
o,m,p-크레졸	108	0.207
클로로페놀	128	0.175
2,4-다이클로로페놀	162	0.138
2,4,6-트라이클로로페놀	196	0.114
펜타클로로페놀	264	0.085

정답 05 ①

40 [ES 01504] 배출가스 중 다이옥신 및 퓨란류

01 굴뚝 배출가스 중 다이옥신 및 퓨란류 시험방법으로 틀린 것은? [제2회 33번]

① 시료채취 회수율을 확인하기 위하여 내부표준물질인 $^{37}Cl_4-2,3,7,8-T_4CDD$ 일정량을 흡착관 또는 임핀저에 가한다.
② 최종 배출구에서 시료채취 시 흡인 가스량은 기본적으로 4시간 평균 4 Nm^3 이상으로 한다.
③ 배출가스를 채취하는 동안에 XAD−2 수지 포집관부는 30 ℃ 이하로 유지하여야 한다.
④ 흡착관에는 15 g～30 g(시료채취 가스 1 Nm^3 당 5 g에 해당하는 양)의 XAD−2 수지를 넣는다.

☑ **해설** ② 핵심포인트 3.① 참고

02 배출가스 중 다이옥신 및 퓨란류 시험방법에 대한 설명으로 틀린 것은? [제3회 34번], [제6회 12번]

① 흡착을 위한 흡착관에는 앰버라이트(amberlite) 재질의 XAD−2 수지를 15 g ~ 30 g 정도 충진한다.
② 먼지 포집부가 200 ℃를 초과하는 경우는 적절한 방법을 사용하여 200 ℃ 이하로 유지해야 한다.
③ 여과지는 원통형 유리섬유 재질을 사용하며, 여과지 홀더는 석영 또는 경질유리 재질로 된 것을 사용한다.
④ 흡착관에 대한 전처리 시 톨루엔으로 16시간 이상 속실렛 추출을 하며, 초음파로 30분씩 3회 추출용매를 바꿔가면서 추출하여도 상관없다.

☑ **해설** ② 핵심포인트 3.② 참고

03 배출가스 중 다이옥신 및 퓨란류 시험방법에서 시린지첨가용 내부표준물질의 회수율 범위는? [제3회 4번]

① 40 % ~ 110 %　② 50 % ~ 120 %
③ 60 % ~ 130 %　④ 70 % ~ 140 %

☑ **해설** ② 핵심포인트 4.① 참고

04 배출가스 중 다이옥신을 분석할 때 앰버라이트 재질의 XAD−2 수지를 20 g 충전한 흡착관을 사용하는 경우 시료채취가스의 흡인량(Sm^3)은? [제8회 9번]

① 10 Sm^3　② 8 Sm^3
③ 5 Sm^3　④ 4 Sm^3

☑ **해설** ④ 핵심포인트 1.② 참고 ; 시료기체 1 m^3당 5 g 충전하므로 20 g 충전시 흡입가스량은 4 Sm^3이다.

정답 01 ② 02 ② 03 ② 04 ④

핵심포인트

1. 잔류성유기오염물질공정시험기준/ES 10101.a 배출가스의 시료채취 및 보존방법/시료채취장치 및 재료

① 여과지 홀더 : 원통형 여과지를 지지해 주는 석영 또는 경질유리 재질로 된 것을 사용한다.

② 기체흡착부 : 흡착 수지를 충전한 흡착관을 임핀저 3과 4 사이에 장착하며, 흡착관에 (15~30) g (시료채취기체 1 m^3 당 5 g 이상에 해당하는 양)의 흡착 수지(XAD-2)를 넣고 유리 또는 석영으로 채운다.

2. 잔류성유기오염물질공정시험기준/ES 10101.a 배출가스의 시료채취 및 보존방법/시료채취장치 및 재료/시료채취 재료

① 원통형 여과지 : 유리섬유 재질의 것을 사용하며, 사용에 앞서 600 ℃에서 5시간 강열하여 불순물 제거 또는 톨루엔으로 16~24시간 속슬레 세정 후 아세톤으로 진공건조기에서 충분히 건조시켜 사용한다.

② 흡착수지 : XAD-2 수지 세척은 아세톤+증류수(1+1), 아세톤, 톨루엔(2회), 아세톤 순으로 각각 순서대로 30분간 초음파 세정을 실시하고, 30 ℃ 이하의 진공건조기에서 충분히 건조시켜 사용한다.

3. 잔류성유기오염물질공정시험기준/ES 10101.a 배출가스의 시료채취 및 보존방법/시료채취 및 관리/시료채취

① 최종 배출구에서 시료채취시 흡입기체량은 표준상태(0 ℃, 1기압)에서 4시간 이상, 3 Sm^3 이상으로 한다.

② 먼지 채취부가 120 ℃를 초과하는 경우에는 연결관 사용 등의 적절한 방법을 사용하여 120 ℃ 이하로 유지하여야 하며, 배출가스온도가 높을 경우(500 ℃ 이상)에는 냉각장치 등을 사용하여 먼지채취부 온도를 120 ℃ 이하로 유지하여야 한다.

③ 배출가스 시료를 채취하는 동안에 각 흡수병은 얼음 또는 드라이아이스 등으로 냉각시키며, 흡착수지(XAD-2) 흡착관은 30 ℃ 이하로 유지하여야 한다.

4. 잔류성유기오염물질공정시험기준/ES 10902.1a 배출가스 시료 중 비의도적 잔류성유기화합물질 동시 시험기준-HRGC/HRMS/분석절차/회수율

① 회수율은 실린지 첨가용 표준물질에 대한 시료채취용 또는 정제용 내부표준물질의 회수율로 나타내며, 시료분석결과에 대한 신뢰성 검토를 위해 시료분석결과와 함께 제시한다. 각 물질 및 각 이성질체에 대한 회수율은 (50~120) % 범위(단, 헥사클로로벤젠은 (40~130) %)를 만족하여야 하며, 회수율이 범위를 벗어나면 재시험하여야 한다.

② 시료채취용 내부표준물질 $^{37}Cl_4$-2,3,7,8-T_eCDD와 정제용 내부표준물질 15종에 대한 회수율은 실린지 첨가용 내부표준물질로 사용되는 ^{13}C-1,2,3,4-T_eCDD와 ^{13}C-1,2,3,7,8,9-HxCDD를 가지고 구한다.

05 배출가스 중의 다이옥신 및 퓨란류를 분석하기 위한 시약으로 적절치 못한 것은?

[제4회 14번]

① 아세톤 : 잔류농약 시험용
② 무수황산나트륨 : 유해중금속 측정용
③ 톨루엔 : 잔류농약 시험용
④ 증류수 : 노말 헥산으로 세정한 증류수

핵심포인트

1. 잔류성유기오염물질 공정시험기준/ES 10902.1a 배출가스 시료 중 비의도적 잔류성유기화합물질 동시 시험기준-HRGC/HRMS/시약 및 표준용액/시약

① 증류수 : 노말-헥세인으로 세정한 증류수
② 아세톤 : 잔류농약 분석급 이상
③ 무수황산나트륨 : 유해중금속 분석급 이상
④ 톨루엔 : 잔류농약 분석급 이상

정답 05 정답없음

41 [ES 01506] 배출가스 중 벤젠

01 배출가스 중 벤젠 분석방법에 대한 설명으로 틀린 것은? [제3회 20번]

① 벤젠 분석방법은 가스크로마토그래프법과 흡광광도법 두 종류가 있다.
② 벤젠 시료채취 방법은 흡착관법, 테들러 백법이 있다.
③ 벤젠의 분석방법 중 가스크로마토그래프법은 다시 고체흡착 열탈착법, 고체흡착 용매추출법, 테들러 백－열탈착법으로 나뉜다.
④ 벤젠의 분석방법 중 흡광광도법은 메틸에틸케톤법으로 배출가스를 수산화나트륨 용액(4 W/V%)에 흡수시켜 분석하는 방법이다.

☑ **해설** 공정시험법 개정에 따라 현재 기준에 맞는 보기는 ②만 해당한다.

핵심포인트

1. 적용가능한 시험방법

① 기체크로마토그래피가 주시험방법이다.

분석방법	정량범위	방법검출한계
기체크로마토그래피	(0.1～2,500) ppm	0.03 ppm

② 흡광광도법 삭제

2. 기체크로마토그래피/시료채취 및 관리

① 흡착관법
② 테들러 백에 의한 방법

3. 기체크로마토그래피/분석절차/시료주입

① 고체흡착－열탈착법
② 테들러 백－열탈착법

정답 01 ①, ③, ④

42 [ES 01507] 배출가스 중 총탄화수소

01 **배출가스 중 총탄화수소 측정 및 분석방법의 설명으로 틀린 것은?** [제10회 11번]

① 주시험방법은 불꽃이온화검출기법과 비분산형 적외선분석법이다.
② 불꽃이온화분석기를 사용하는 경우에는 연소가스로 수소/헬륨가스, 수소/질소가스, 또는 수소를 사용한다.
③ 총탄화수소의 측정은 연속공정인 경우 30분 동안 연속측정하고, 공정이나 작업 주기가 30분 이하인 경우에는 작업시간 동안 측정한다.
④ 불꽃이온화분석기를 사용하는 경우에는 배출가스 중 이산화탄소, 수분이 존재한다면 음의 오차를 가져올 수 있다.

☑ **해설** ④ 핵심포인트 2.① 참고

핵심포인트

1. 적용가능한 시험방법

① 불꽃이온화검출기법이 주시험방법이다.

순번	분석방법	정량범위	정밀도
1	불꽃이온화검출기법	–	±10 % 이내
2	비분산적외선분석법	–	±10 % 이내

2. 불꽃이온화검출기법/개요/간섭물질

① 배출가스 중 이산화탄소(CO_2), 수분이 양의 오차를 가져올 수 있으나 단, 이산화탄소(CO_2), 수분의 퍼센트(%) 농도의 곱이 100을 초과하지 않는다면 간섭은 없는 것으로 간주한다.

3. 불꽃이온화검출기법/시약 및 표준용액/교정 및 사용 가스

① 연소가스 : 불꽃이온화분석기를 사용하는 경우에는 수소(40 %) / 헬륨(60 %), 수소(40 %) / 질소(60 %), 또는 수소(99.99 % 이상)를 사용하며, 공기는 고순도 공기를 사용한다.

4. 비분산적외선분석법/분석절차/배출가스 측정방법

① 총탄화수소의 측정은 연속공정인 경우 30분 동안 연속측정하고, 공정이나 작업 주기가 30분 이하인 경우에는 작업시간 동안 측정한다.

02 **굴뚝 배출가스(총탄화수소) 연속자동측정기에 대한 설명 중 틀린 것은?** [제6회 17번]

① 불꽃이온화검출(FID)법은 알칸류(alkanes), 알켄류(alkenes) 및 방향족(aromatics)이 주성분인 증기의 총탄화수소(THC)를 측정하는데 적용된다.
② 비분산적외선(NDIR) 법은 알칸류(alkanes)가 주 성분인 증기의 총탄화수소(THC)를 측정하는데 적용된다.
③ 측정시스템 성능 기준은 영점편차가 스팬값의 ±3 % 이하, 교정편차가 스팬값의 ±3 % 이하, 교정오차가 교정가스 농도의 ±5 % 이하이어야 한다.
④ 불꽃이온화검출분석기(FID)로 다른 유기물질을 측정하려면 그 물질의 특성에 맞는 흡수밴드가 설정될 수 있는 장비와 교정가스가 필요하다.

☑ **해설** ④ 핵심포인트 3.② 참고 ; ④는 비분산적외선분석법에 관한 내용이다.

정답 01 ④ 02 ④

03 **굴뚝 배출가스 중 총탄화수소를 불꽃이온화검출기를 이용하여 연속측정할 경우, 측정시스템 및 측정값을 보정하기 위한 편차 시험에 대한 설명으로 틀린 것은?** [제2회 32번]

① 측정을 마친 후 또는 연속측정을 하는 경우에는 1시간마다 편차 시험을 실시한다.

② 편차 시험은 영점가스와 중간농도 교정가스를 주입하여, 편차값이 ±10 %를 초과하면 시험결과를 무효로 한다.

③ 편차 시험에 사용되는 영점가스는 총탄화수소 농도(프로판 또는 탄소등가 농도)가 0.1 ppmv 이하이거나 스팬값의 0.1 %인 고순도 공기를 말한다.

④ 편차 시험에 사용되는 중간농도 교정가스는 공기 또는 질소로 충진된 프로판가스로 스팬값 45 %~55 % 농도 범위의 값을 가진다.

☑ **해설** ② 핵심포인트 4.① ② 참고

핵심포인트

1. 불꽃이온화검출기법/개요/적용범위

① 시멘트 소성로, 소각로, 연소시설, 도장시설 등에서 배출되는 배출가스 중 총탄화수소(THC)를 분석하는 방법으로써, 알케인류(alkanes), 알켄류(alkenes) 및 방향족(aromatics) 등이 주성분인 증기의 총탄화수소를 측정하는데 적용되며, 결과 농도는 프로판 또는 탄소등가농도로 환산하여 표시한다.

2. 불꽃이온화검출기법/분석절차/교정오차 시험

① 영점가스와 고농도 교정가스를 주입장치를 통하여 주입하여 분석기를 적절하게 조절한다.

② 영점과 고농도가스를 사용하여 작성한 검정곡선을 이용하여 저농도 및 중간농도 교정가스의 예상반응도를 계산한다.

③ 저농도 및 중간농도 교정가스를 차례로 주입장치에 주입한 후 각 교정가스에 대한 반응도를 기록한다.

④ 기록된 반응도와 예상반응도와의 편차는 각 교정가스 농도 값의 5 % 이내이어야 하며, 그 이상인 경우는 분석기를 교체하거나 수리한다.

3. 비분산적외선분석법/개요/적용범위

① 시멘트 소성로, 소각로, 연소시설, 도장시설 등에서 배출되는 배출가스 중 총탄화수소(THC)를 분석하는 방법으로써, 알케인류(alkanes)가 주성분인 증기의 총탄화수소를 측정하는데 적용되며, 결과 농도는 프로판 또는 탄소등가농도로 환산하여 표시한다. 비분산적외선법으로 분석 시 배출가스 성분을 파악할 수 있는 분석이 선행되어야 한다.

② 비분산적외선(NDIR) 분석기로 다른 유기물질을 측정하려면 그 물질의 특성에 맞는 흡수셀이 설정될 수 있는 장비와 교정가스가 필요하다.

4. 비분산적외선분석법/시약 및 표준용액/측정시스템 성능기준

① 영점편차 : 스팬값의 ±3 % 이하이어야 한다.

② 교정편차 : 스팬값의 ±3 % 이하이어야 한다.

③ 교정오차 : 교정가스 농도의 ±5 % 이하이어야 한다.

정답 03 ②

43 [ES 01508] 휘발성유기화합물 누출확인방법

01 휴대용 측정기기를 이용하여 휘발성유기화합물질의 누출을 확인하는 방법으로 틀린 것은?

[제8회 7번]

① 개별 누출원으로부터의 직접적인 누출량 측정법으로 사용된다.
② 기기의 계기눈금은 최소한 표시된 누출농도의 ±5 %를 읽을 수 있어야 한다.
③ 측정기기의 시료 유량은 0.5 L/min～3 L/min이다.
④ 기기의 응답시간은 30초보다 작거나 같아야 한다.

☑ **해설** ① 핵심포인트 1.① 참고

핵심포인트

1. 개요/적용범위

① 이 방법은 누출의 확인 여부로만 사용하고, 개별 누출원으로부터의 직접적인 누출량 측정법으로 사용하여서는 안된다.

2. 분석기기 및 기구/휴대용 VOCs 측정기기/규격

① 기기의 계기눈금은 최소한 표시된 누출농도의 ±5 %를 읽을 수 있어야 한다.
② 기기의 시료유량은 (0.5～3) L/min이다.

3. 분석기기 및 기구/휴대용 VOCs 측정기기/성능 기준

① 기기의 응답시간은 30초보다 작거나 같아야 한다.

02 기지의 농도값과 측정값 간의 평균차이를 상대적인 퍼센트(%)로 표현하는 것으로서, 동일한 기지 농도의 측정값들의 일치정도를 무엇이라 하는가?

[제3회 45번]

① 응답시간 ② 교정정밀도
③ 반응인자 ④ 누출농도

☑ **해설** ② 핵심포인트 1.② 참고

핵심포인트

1. 용어정의

① **응답시간** : VOCs가 시료채취장치로 들어가 농도 변화를 일으키기 시작하여 기기 계기판의 최종값이 90 %를 나타내는 데 걸리는 시간이다.
② **교정 정밀도** : 기지의 농도값과 측정값간의 평균차이를 상대적인 퍼센트로 표현하는 것으로서, 동일한 기지 농도의 측정값들의 일치정도이다.
③ **반응인자** : 관련규정에 명시된 대조화합물로 교정된 기기를 이용하여 측정할 때 관측된 측정값과 VOCs 화합물 기지농도와의 비율이다.
④ **누출농도** : VOCs가 누출되는 누출원 표면에서의 VOCs 농도로서, 대조화합물을 기초로 한 기기의 측정값이다.

정답 01 ① 02 ②

44 [ES 01509] 배출가스 중 사염화탄소, 클로로폼, 염화비닐

01 배출가스 중의 사염화탄소와 클로로폼에 대한 다음 설명 중 틀린 것은? [제2회 34번]

① 사염화탄소나 클로로폼은 불꽃이온화검출기(FID)나 전자포획검출기(ECD)로 검출할 수 있다.

② ECD는 FID에 비해 감도가 좋으나 방사선물질이 들어 있어서 철저한 관리가 요구된다.

③ 사염화탄소나 클로로폼이 높은 농도로 배출가스 속에 포함되어 있을 때는 배출가스를 백으로 포집하여 시료 주입 루프(loop) 또는 주사기(gas−tight)를 이용하여 가스크로마토그래프에 직접 도입하여 분석할 수 있다.

④ 배출가스 중 사염화탄소 및 클로로폼은 고체흡착 열탈착법으로 분석할 수 있는데, 이 때 고체흡착제로는 CMS(carbon molecular sieve)가 흔히 이용된다.

☑ **해설** ④ 핵심포인트 3.① ㉠ 참고

핵심포인트

1. 개요/적용범위

① 이 시험기준은 산업시설 등에서 덕트 또는 굴뚝으로 배출되는 배출가스 중 사염화탄소, 클로로폼 및 염화비닐의 시료를 흡착관 및 테들러 백에 채취하여 기체크로마토그래프 시스템에서 분석하는 방법에 관하여 규정한다.

② 흡착관법 및 테들러 백 방법을 이용하여 분석한다.

2. 분석기기 및 기구

① 기체크로마토그래프는 시료도입부, 온도조절오븐, 컬럼, 검출기 등을 갖추어야 하며, 검출기는 0.1 ppm 이상의 감도를 가진 ECD 혹은 FID나 MS가 장착된 GC이어야 하며, 시료 주입은 열탈착장치를 사용한다.

3. ES 01804.2 환경대기 중 유해휘발성유기화합물 시험방법-고체흡착법

① 분석절차/고체흡착/시약 및 물질

㉠ 고체흡착 용매추출법에 사용되는 흡착제는 CMS(Carbon molecular sieve)이며 입경 20/40 메쉬인 것을 사용한다.

02 다음은 배출가스 휘발성유기화합물 중 염화비닐 분석법에 관한 것이다. 틀린 것은? [제2회 40번], [제6회 8번]

① 테들러 백 열탈착법을 이용하여 분석할 수 있다.

② 염화비닐 검출에 용이한 가스크로마토그래프의 검출기로는 FID, ECD 등이 있다.

③ 염화비닐 분리에 용이한 가스크로마토그래프의 분리관은 캐필러리형 컬럼이다.

④ 고체흡착 용매추출법은 황화수소를 사용하여 흡착관에 흡착된 염화비닐을 추출한다.

☑ **해설** ④ 용매추출법은 이황화탄소를 사용하여 흡착관에 흡착된 염화비닐을 추출한다. ; 고체흡착 용매추출법은 2019년 공정시험기준 개정시 삭제되었다.

정답 01 ④ 02 ④

핵심포인트

1. 개요/적용범위

① 배출가스 중 사염화탄소, 클로로폼 및 염화비닐의 시료를 고체흡착－열탈착법 및 테들러 백법을 이용하여 기체크로마토그래프 시스템에서 분석하는 방법이다.

2. 분석기기 및 기구/측정장치/흡착관법/컬럼

① 모세관컬럼(BP－1, PLOT 및 VOCOL 등) 컬럼 또는 이와 동등한 성능 이상의 최적 분리능 및 빠른 분석 시간을 제공할 수 있는 컬럼을 선택한다.

3. 분석절차/고체흡착 열탈착－기체크로마토그래프/기체크로마토그래프 분석

① 휘발성유기화합물질들은 분석대상화합물의 분리에 용이한 컬럼에 의하여 성분별로 분리되고, FID나 ECD 혹은 다른 적절한 검출기를 사용하여 정량 분석된다.

03 배출가스 중 염화비닐을 측정하기 위한 교정용 표준물질에 대한 설명으로 틀린 것은?

[제8회 4번]

① 염화비닐 표준물질을 농도에 따라 하나 또는 그 이상 준비한다.
② 표준물질의 일정량을 단계적으로 분취하여 검량선을 작성한다.
③ 분취량은 분석조건 및 기기감도 등을 고려해 분석자가 임의 변경할 수 있다.
④ 테들러 백의 입구를 통해 미지 농도의 순수 염화비닐 가스를 주입한다.

☑ **해설** ④ 핵심포인트 1.① 참고

핵심포인트

1. 시약 및 표준물질/교정용 표준물질

① 고농도의 표준가스를 테들러 백에 주입하고 저농도 표준물질을 만들 테들러 백에 일정량의 질소로 담고, 기체용 주사기로 고농도 표준가스 일정량을 분취한 뒤 질소가 담긴 테들러 백에 주입하여 저농도의 표준물질을 제조한다.

2. 분석절차/고체흡착 열탈착－기체크로마토그래프/검정곡선의 작성

① 가스상 표준물질을 농도에 따라서 하나 또는 그 이상을 준비해야 하는데 이 중 어느 하나는 분석물질의 농도근처에 있는 것이어야 한다.
② 가스상 표준물질 일정량을 단계적으로 분취하여 검정곡선을 작성한다.
③ 분취량은 흡착된 시료분석 시 시료의 분취량과 동일하게 분취하며, 분석조건 및 기기감도 등을 고려해 분석자가 임의로 변경할 수 있다.

45 [ES 01511] 배출가스 중 휘발성유기화합물

01 **배출가스 휘발성유기화합물질 시료채취장치**(VOST : Volatile Organic Sampling Train)**의 구성에 관한 설명중 괄호 안에 들어가야 할 숫자를 차례대로 옳게 나열한 것은?** [제9회 2번]

장치	설 명
채취관	채취관 재질은 유리, 석영, 불소수지 등으로 (　　)℃ 이상까지 가열이 가능한 것이어야 한다.
응축기 및 응축수 트랩	응축기 및 응축수 트랩은 유리재질이어야 하며, 응축기는 가스가 앞쪽 흡축관을 통과하기 전 가스를 (　　)℃ 이하로 낮출 수 있는 용량이어야 한다.
흡착관	흡착관은 사용 전 반드시 안정화시켜서 사용해야 하며, Carbotrap의 경우 안정화 온도는 (　　)℃로 한다.

① 120, 20, 350　② 100, 30, 250
③ 120, 30, 330　④ 100, 20, 330

핵심포인트

1. 배출가스 중 굴뚝 시료채취방법/휘발성유기화합물의 시료채취방법/시료채취장치

① **채취관** : 재질은 유리, 석영, 불소수지 등으로 120 ℃ 이상까지 가열이 가능한 것이어야 한다.
② **응축기 및 응축수 트랩** : 유리재질이어야 하며, 응축기는 기체가 앞쪽 흡착관을 통과하기 전 기체를 20 ℃ 이하로 낮출 수 있는 용량이어야 하고 상단 연결부는 밀봉윤활유를 사용하지 않고도 누출이 없도록 연결해야 한다.
③ **흡착관** : 각 흡착제는 반드시 지정된 최고온도 범위와 기체유량을 고려하여 사용하여야 하며, 흡착관은 사용하기 전에 반드시 안정화 단계를 거쳐야 한다. 보통 350 ℃(흡착제의 종류에 따라 조절 가능)에서 99.99 % 이상의 헬륨기체 또는 질소기체를 유량 (50～100) mL/min으로 적어도 2시간 동안 안정화 시킨다.

02 **산업 시설의 덕트 또는 굴뚝 등으로 배출되는 배출가스 중 휘발성유기화합물질의 시료채취방법인 테들러 백 방법에 대한 내용으로 적합하지 않는 것은?** [제2회 16번], [제6회 6번]

① 테들러 백을 재사용하는 경우에는 제로가스와 동등 이상의 순도를 가진 질소나 헬륨가스를 채운 후 24시간 혹은 그 이상 동안 백을 놓아 둔 후 퍼지(purge)시키는 조작을 반복한다.
② 누출시험을 실시한 후, 시료를 채취하기 전에 가열한 시료채취관 및 도관을 통해 순수 공기로 충분히 치환한다.
③ 2 L～10 L 규격의 백을 사용하여 1 L/min～2 L/min 정도로 시료를 흡인한다.
④ 시료를 채취한 백은 입구를 불소수지 재질로 된 필름으로 밀봉하여 가능한 한 빠른 시일 내에 분석한다.

☑ **해설** ② 핵심포인트 2.② 참고

03 배출가스 중 휘발성유기화합물(VOCs)의 시료채취 방법에 대한 설명으로 옳지 않은 것은?

[제6회 5번]

① 시료채취방법으로는 흡착관법과 테들러 백(Tedlar bag) 방법이 있다.
② 각 장치의 모든 연결부위는 불소수지 재질의 관을 사용하여 연결한다.
③ 흡착관법에서 시료 흡인 속도는 1 L/min～1.5 L/min 정도로 한다.
④ 굴뚝이나 기기의 분석조건 하에서 매우 낮은 증기압을 갖는 휘발성유기화합물의 측정에는 적용되지 않는다.

☑ **해설** ③ 핵심포인트 2.③ 참고

핵심포인트

1. 배출가스 중 굴뚝 시료채취방법/휘발성유기화합물의 시료채취방법

① 실내공기나 배출원에서 일시적으로 배출되는 미량 휘발성유기화합물의 채취 및 누출 확인, 굴뚝 환경이나 기기의 분석조건 하에서 매우 낮은 증기압을 갖는 휘발성유기화합물의 측정에는 적용하지 않는다.

2. 배출가스 중 굴뚝 시료채취방법/휘발성유기화합물의 시료채취방법/시료채취방법/흡착관법

① 각 장치의 모든 연결부위는 불소수지 재질의 관을 사용하여 연결한다.
② 누출시험을 실시한 후 시료를 도입하기 전에 가열한 시료채취관 및 연결관을 시료로 충분히 치환한다.
③ 시료흡입속도는 (100～250) mL/min 정도로 하며, 시료채취량은 (1～5) L 정도가 되도록 한다.

3. 배출가스 중 굴뚝 시료채취방법/휘발성유기화합물의 시료채취방법/시료채취방법/테들러 백 방법

① 각 장치의 모든 연결부위는 불소수지 재질의 관을 사용하여 연결한다.
② 시료채취주머니는 새 것을 사용하는 것을 원칙으로 하되 만일 재사용 시에는 제로기체와 동등 이상의 순도를 가진 질소나 헬륨기체를 채운 후 24시간 혹은 그 이상동안 시료채취주머니를 놓아둔 후 퍼지(purge) 시키는 조작을 반복하고, 시료채취주머니 내부의 기체를 채취하여 기체크로마토그래피를 이용하여 사용 전에 오염여부를 확인하고 오염되지 않은 것을 사용한다.
③ 누출시험을 실시한 후 시료를 도입하기 전에 가열한 시료채취관 및 도관을 통해 시료로 충분히 치환한다.
④ (1～10) L 규격의 시료채취주머니를 사용하여 (1～2) L/min 정도로 시료를 흡입한다.
⑤ 시료채취주머니는 빛이 들어가지 않도록 차단하고 시료채취 이후 24시간 이내에 분석이 이루어지도록 한다.

정답 03 ③

46 [ES 01515] 배출가스 중 에틸렌옥사이드

01 **배출가스 중 에틸렌옥사이드 HBr 유도체화−기체크로마토그래피법에 대한 설명으로 틀린 것은?** [제11회 12번]

① 전자포획검출기(ECD)에 의해 측정한다.
② 시료채취 후 8시간 이내에 분석할 수 없고, 시료의 안정성에 의심이 되는 경우에 적용한다.
③ 24 L 채취 시료일 경우 5 μmol/mol～20 μmol/mol 범위에서 측정할 수 있다.
④ 배출가스 중에 존재하는 에틸렌옥사이드화합물이 저농도일 때 적용한다.

☑ **해설** ③ 핵심포인트 1.② 참고

핵심포인트

1. HBr유도체화-기체크로마토그래피법

① **목적** : 대기압에서 열탈착기로 분리한 후 전자포획검출기(ECD, Electron Capture Detector)로 측정한다.
② **적용범위** : 배출가스 중에 존재하는 에틸렌옥사이드화합물이 저농도이거나 시료채취 후 8시간 이내에 분석할 수 없고 시료 안정성에 의심이 되는 경우에 적용되며, 시료를 24 L 채취할 경우 (0.05～4.6) μmol/mol 범위에서 측정할 수 있다.

정답 01 ③

47 [ES 01601] 환경대기 중 아황산가스 측정방법

01 파라로자닐린법에 대한 설명으로 틀린 것은? [제5회 5번]

① 환경대기 중 아황산가스 농도를 측정하기 위한 시험법이다.
② 아황산가스의 측정 범위는 0.01 ppm～0.4 ppm이다.
③ 방해물질 중 O_3는 설파민산을 사용함으로써 제거할 수 있다.
④ 흡수액의 아황산가스는 5 ℃로 보관하면 30일간은 손실되지 않는다.

☑ **해설** ③ 핵심포인트 3.③ 참고

02 파라로자닐린방법으로 환경대기 중 아황산가스를 분석할 때 방해물질을 제거하는 방법으로 틀린 것은? [제2회 47번]

① NO_x의 방해는 설파민산을 사용하여 제거할 수 있다.
② 오존의 방해는 측정 기간을 늘려서 제거할 수 있다.
③ 금속성분(크롬, 철, 망간)의 방해는 EDTA를 사용하여 방지할 수 있다.
④ 암모니아와 황화물(Sulfides)은 염화제이수은을 사용하여 방지할 수 있다.

☑ **해설** ④ 핵심포인트 3.⑤ 참고

03 환경대기 중 아황산가스를 파라로자닐린법으로 측정할 때의 주요 방해물질이 아닌 것은? [제9회 3번]

① 크롬(Cr) ② 망간(Mn)
③ 오존(O_3) ④ 벤젠(C_6H_6)

☑ **해설** ④ 핵심포인트 3.① 참고

04 환경대기 중 아황산가스를 파라로자닐린법으로 측정분석할 때, 질소산화물의 방해를 제거하기 위하여 사용하는 물질은? [제8회 11번]

① 설퍼민산 ② 오존
③ EDTA ④ 인산

☑ **해설** ① 핵심포인트 3.② 참고

정답 01 ③ 02 ④ 03 ④ 04 ①

05 환경대기 중 아황산가스를 채취하여 파라로자닐린법으로 분석할 때 간섭물질에 대한 설명으로 틀린 것은?

[제10회 14번]

① 주요 방해물질은 질소산화물, 오존, 망간, 철 및 크롬이다.
② 암모니아, 황화물 및 알데하이드는 방해 물질에 해당된다.
③ 에틸렌디아민테트라아세트산 및 인산은 금속 성분들의 방해를 방지한다.
④ NO_x의 방해는 설퍼민산을 사용함으로써 제거할 수 있다.

☑ **해설** ② 핵심포인트 3.⑤ 참고

핵심포인트

1. 파라로자닐린법/개요/목적

① 이 시험방법은 환경 대기 중의 아황산가스 농도를 측정하기 위한 시험방법이다.

2. 파라로자닐린법/개요/적용범위

① 아황산가스 농도 측정범위는 (0.01 ~ 0.40) μmol/mol이다.

3. 파라로자닐린법/개요/간섭물질

① 주요 방해물질은 질소산화물(NO_x), 오존(O_3), 망간(Mn), 철(Fe) 및 크롬(Cr)이다.
② NO_x의 방해는 설퍼민산(NH_3SO_3)을 사용함으로써 제거할 수 있다.
③ 오존의 방해는 측정기간을 늦춤으로써 제거된다.
④ 금속들의 방해는 에틸렌디아민테트라아세트산(EDTA) 및 인산은으로 방지할 수 있다.
⑤ 암모니아, 황화물(Sulfides) 및 알데하이드는 방해성분이 아니다.

4. 파라로자닐린법/시약 및 표준물질/시약/흡수액

① 시료채취 후의 흡수액은 비교적 안정하고 22 ℃에서 아황산가스 손실은 1일당 1 %로 5 ℃로 보관하면 30일간은 손실되지 않는다.

06 대기오염공정시험기준에 따른 대기 중 오염물질과 그 측정방법으로 옳은 것은?

[제10회 2차 4번]

① 아황산가스 : 자외선형광법
② 이산화질소 : 원자흡수분광광도법
③ 오존 : 비분산적외선분석법
④ 일산화탄소 : 자외선/가시선분광법

☑ **해설** ② 화학발광법, ③ 자외선광도법, ④ 비분산적외선법

핵심포인트

1. 환경대기 중 아황산가스 측정방법/적용가능한 시험방법

① 자외선 형광법 : 주시험방법
② 파라로자닐린법
③ 산정량수동법

정답 05 ② 06 ①

48 [ES 01602] 환경대기 중 일산화탄소 측정방법

01 환경대기 중 일산화탄소(CO)를 수소염이온화검출기를 장착한 기체크로마토그래프법으로 분석하려고 할 때, 정량하는 화학종은? [제3회 11번]

① CO_2　② CH_4
③ C_2H_2　④ C_3H_8

핵심포인트

1. 개요/적용범위

① 운반가스로 수소를 사용하며 시료공기를 분자 체(molecular sieve)가 채워진 분리관을 통과시키면 분리된 일산화탄소(CO)는 니켈 촉매에 의해서 메탄(CH_4)으로 환원되는데 이렇게 생성된 메탄(CH_4)을 불꽃 이온화 검출기로 정량된다.

② 반응식 : $CO + 3H_2 \xrightarrow{N_i} CH_4 + H_2O$

02 환경대기 중 일산화탄소의 농도를 수소염이온화검출기법(가스크로마토그래피법)으로 측정한 결과가 다음과 같을 때 대기 중의 일산화탄소의 농도는? [제4회 2번]

- 교정용 가스 중의 일산화탄소 농도 40 ppm
- 시료 공기 중의 일산화탄소 피크높이 10 mm
- 교정용 가스 중의 일산화탄소 피크높이 20 mm

① 15 ppm　② 20 ppm
③ 35 ppm　④ 50 ppm

문제풀이

① 주어진 조건 : 교정용 가스 중의 일산화탄소 농도(C_s) 40 ppm, 시료 공기 중의 일산화탄소 피크 높이(L) 10 mm, 교정용 가스 중의 일산화탄소 피크 높이(L_s) 20 mm

② 일산화탄소 농도(ppm) : $C_s \times \frac{L}{L_s} = 40\text{ ppm} \times \frac{10\text{ mm}}{20\text{ mm}} = 20\text{ ppm}$

핵심포인트

1. 결과보고

① 다음 식에 의하여 시료대기중의 일산화탄소 농도를 산출한다.

$C = C_s \times \frac{L}{L_s}$	C : 일산화탄소 농도 (μmol/mol) C_s : 교정용 가스중의 일산화탄소 농도 (μmol/mol) L : 시료 공기 중의 일산화탄소의 피크 높이 (mm) L_s : 교정용 가스중의 일산화탄소 피크 높이 (mm)

정답 01 ② 02 ②

03 대기오염공정시험기준에 따른 대기 중 오염물질과 그 측정방법으로 옳은 것은?

[제10회 2차 4번]

① 아황산가스 : 자외선형광법
② 이산화질소 : 원자흡수분광광도법
③ 오존 : 비분산적외선분석법
④ 일산화탄소 : 자외선/가시선분광법

☑ **해설** ② 화학발광법, ③ 자외선광도법, ④ 비분산적외선법

핵심포인트

1. 환경대기 중 일산화탄소 측정방법/적용가능한 시험방법

① 비분산적외선분석법 : 주시험방법
② 가스크로마토그래피법

정답 03 ①

49 [ES 01603] 환경대기 중 질소산화물 측정방법

01 **다음 중 환경대기 중 질소산화물 측정방법에 대한 설명으로 틀린 것은?** [제9회 2차 18번]

① 야곱스호흐하이저법의 측정범위는 0.01 μmol/mol～0.4 μmol/mol이다.
② 수동살츠만법의 측정범위는 0.005 μmol/mol～5 μmol/mol이다.
③ 야곱스호흐하이저법은 540 nm에서 흡광도를 측정한다.
④ 수동살츠만법은 650 nm에서 흡광도를 측정한다.

☑ **해설** ④ 핵심포인트 3.① 참고

02 **대기오염공정시험기준에 따른 대기 중 오염물질과 그 측정방법으로 옳은 것은?** [제10회 2차 4번]

① 아황산가스 : 자외선형광법
② 이산화질소 : 원자흡수분광광도법
③ 오존 : 비분산적외선분석법
④ 일산화탄소 : 자외선/가시선분광법

☑ **해설** ② 이산화질소; 화학발광법, 수동살츠만법, 야곱스호흐하이저법 ③ 오존; 자외선광도법, ④ 일산화탄소; 비분산적외선법

핵심포인트

1. 적용가능한 시험방법

① 화학발광법이 주시험방법이며, 시험방법들의 정량범위는 <표>와 같다.

〈표〉 분석방법 및 정량범위

순번	분석방법	정량범위	방법검출한계
1	화학발광법	–	–
2	수동살츠만법	(0.005～5) μmol/mol	0.005 μmol/mol
3	야곱스호흐하이저법	(0.01～0.4) μmol/mol	0.01 μmol/mol

2. 야곱스호흐하이저법/분석절차/측정방법

① 발색액을 540 nm에서 흡광도를 측정한다.

3. 수동살츠만법/분석절차/측정방법

① 발색액을 550 nm에서 흡광도를 측정한다.

03 **환경대기 중 질소산화물 측정법과 그 내용에 대한 설명으로 틀린 것은?** [제11회 13번]

① 흡광광도법(absorption spectrometry – Saltzman method) : 흡수발색액(Saltzman 시약)을 사용하여 흡광광도법에 의해 시료 가스 중에 함유된 일산화질소와 이산화질소의 1시간 평균값을 동시에 연속측정하는 방법이다.
② 수동살츠만법(Saltzman method) : 살츠만 시약을 이용하여 흡수 발색액에 NO_2를 흡수시켜 생성되는 적동색 아조염료의 흡광도를 측정하여 NO_2 농도를 측정한다.
③ 야콥스 호흐하이저법(Jacob Hochheiser method) : NO_2를 수산화나트륨에 흡수시켜 아질산나트륨으로 만든 후 아질산 이온으로 하여 발색 시약에 의해 발색되는 용액의 흡광도를 측정하여 NO_2를 측정한다.

정답 01 ④ 02 ① 03 ④

④ 파라로자닐린법(Pararosaniline method) : NO를 사염화수은산칼륨 용액에 흡수시켜 이염화아질산수은염을 형성하여 여기에 파라로자닐린 및 포름알데하이드를 반응시켜 파라로자닐린메틸술폰산을 형성한 후 적자색으로 발색시켜 NO의 흡광도를 측정한다.

☑ 해설 ④ 핵심포인트 2.① 참고

핵심포인트

1. 적용가능한 시험방법

① **화학발광법** : 시료대기 중 일산화질소(NO)와 오존(O_3)을 반응시켰을 때 이산화질소(NO_2)가 생성되며, 이 NO_2는 광화학적으로 들뜬 상태에 있다. 이 NO_2 분자는 바닥상태로 돌아가면서 근적외선영역(1,200 nm) 부근의 중심파장을 갖는 빛을 발생시키며, 이 빛의 세기는 NO 함량에 비례하게 되고 이를 이용해서 시료대기 중에 포함되는 NO 농도를 측정하는 방법이다.

② **야곱스 호흐하이저법** : 시료 중 이산화질소(NO_2)를 수산화소듐(NaOH) 용액에 흡수시켜 아질산소듐($NaNO_2$) 용액으로 만들며 이때 생성된 아질산 이온(NO_2^-)이 발색시약(인산설퍼닐아마이드 및 나프틸에틸렌다이아민·이염산염)에 의해 발색되는 용액의 흡광도를 측정하여 이산화질소(NO_2)를 측정하는 방법이다.

③ **흡광광도법(살츠만법)** : 흡수발색액(Saltzman 시약)을 사용하여 흡광광도법에 의해 시료 가스 중에 함유된 일산화질소(NO)와 이산화질소(NO_2)의 1시간 평균값을 동시에 연속측정하는 방법이다.

④ **수동살츠만법** : 이산화질소(NO_2)를 포함한 시료공기를 흡수 발색액(나프틸에틸렌다이아민·이염산염, 술파닐산 및 아세트산 혼합액)에 통과시키면 NO_2 량에 비례하여 등적색의 아조(azo) 염료가 생기며, 이 발색된 용액의 흡광도를 측정하여 NO_2 농도를 측정하는 방법이다.

⑤ **흡광차분광법** : 질소산화물의 고유 흡수파장에 대하여 Beer-Lambert 법칙에 따라 농도에 비례하여 빛이 흡수되는 원리를 이용한 방법으로 자외선 영역에서 질소산화물 기체분자에 의한 흡수 스펙트럼을 측정하여 시료 기체 중 질소산화물 농도를 연속적으로 측정하는 방법이다.

2. 환경대기 중 아황산가스 측정방법

① **파라로자닐린법** : 사염화수은칼륨용액에 대기 중 아황산가스를 흡수시켜 안전한 이염화 아황산수은염 착물을 형성시키고 이 착화합물과 파라로자닐린 및 폼알데하이드를 반응시켜 진하게 발색되는 파라로자닐린 메틸설폰산을 형성시킨 후 발색된 용액을 비색계 또는 분광광도계를 사용하여 흡광도를 측정하고 검정곡선에 의해 시료 가스 중 아황산농도를 구하는 방법이다.

04 환경대기 중의 질소산화물을 측정하는 방법 중 야곱스호흐하이저법에 대한 설명으로 틀린 것은?

[제10회 15번]

① 수산화나트륨 용액에 시료가스를 흡수시키면 대기 중의 이산화질소는 아질산나트륨 용액으로 변화된다.
② 시료채취는 60분간 연속해서 시료채취를 한다.
③ 방해물질인 아황산가스는 과산화수소로 제거한다.
④ 인산설파닐아미드 및 나프틸에틸렌다이아민·이염산염으로 발색한다.

☑ 해설 ② 핵심포인트 3.① 참고

정답 04 ②

핵심포인트

1. 야곱스호흐하이저법/개요/목적

① 수산화소듐 용액에 시료가스를 흡수시키면 대기 중의 이산화질소(NO_2)는 아질산나트륨($NaNO_2$) 용액으로 변화되며, 이 때 생성된 아질산 이온(NO_2^-)을 발색 시약 인산설퍼닐아마이드 및 나프틸에틸렌다이아민·이염산염으로 발색시켜 비색법에 의해 측정된다.

2. 야곱스호흐하이저법/개요/간섭물질

① 아황산가스의 방해는 분석 전에 과산화수소로 아황산가스를 황산으로 변화시킴으로서 제거할 수 있다.

3. 야곱스호흐하이저법/시료채취 및 관리

① 시료채취는 24시간 연속해서 실시한다.

05 환경대기 중 질소산화물을 수동살츠만법으로 측정하고자 한다. 다음 중 틀린 것은?

[제4회 11번]

① 흡광도 측정파장은 550 nm이다.
② $NaNO_3$ 표준용액(0.0203 g/L) 1 mL를 25 mL로 희석한 것의 흡광도는 흡수액 10 mL에 NO_2 4μL를 흡수하는 것에 상당한다.
③ 기체의 용적계산은 760 mmHg, 0 ℃를 표준으로 한다.
④ NO_2를 포함하는 시료대기를 통과시킨 흡수액은 등적색이다.

☑ **해설** ③ 핵심포인트 3.① 참고

핵심포인트

1. 수동살츠만법/개요/목적

① NO_2를 포함한 시료공기를 흡수 발색액(나프틸에틸렌다이아민·이염산염, 술파닐산 및 아세트산 혼합액)에 통과시키면 NO_2량에 비례하여 등적색의 아조(azo) 염료가 생기며, 이 발색된 용액의 흡광도를 측정하여 NO_2 농도를 구한다.

2. 수동살츠만법/분석절차/측정방법

① 발색액을 550 nm에서 흡광도를 측정한다.
② $NaNO_2$ 표준용액 1 mL를 25 mL로 희석한 것의 흡광도는 흡수액 10 mL에 NO_2 4 μL을 흡수한 것에 상당한다.

3. 수동살츠만법/결과보고

① 기체의 용적계산은 편의상 760 mmHg, 25 ℃를 표준으로 하므로 기체 1 mol은 24.47 L이다.

50 [ES 01604] 환경대기 중 먼지 측정방법

01 **대기 중에 부유하는 입자상 물질을 포집하는 하이볼륨에어샘플러에 관한 설명 중에서 옳지 않은 것은?** [제6회 15번]

① 먼지를 여과지상에 포집하여 중량농도를 구하는 방법이다.
② 흡인펌프, 분립장치, 여과지홀더 및 유량측정부로 구성된다.
③ 포집입자의 입경은 일반적으로 0.1 μm～100 μm 범위이다.
④ 흡인유량은 약 2 m^3/min이고 24시간 이상 연속측정이 가능한 송풍기를 사용하여야 한다.

☑ **해설** ② 핵심포인트 2.① 참고

02 **환경대기 중 부유하고 있는 입자상 물질을 포집하기에 적합하고 포집입자의 입경은 일반적으로 0.1 μm～100 μm이고 흡인유량은 1.2 m^3/min～1.7 m^3/min인 시료채취장치는?** [제9회 2차 6번]

① 고용량공기시료채취기(High Volume Air Sampler)
② 저용량공기시료채취기(Low Volume Air Sampler)
③ 캐니스터(Canister)
④ 앤더슨 공기시료채취기(Andersen Air sampler)

☑ **해설** ① 핵심포인트 1.①, 3.② 참고

03 **하이볼륨에어샘플러법에서 포집 전 여과지의 칭량을 위하여 항량이 될 때까지 보관하는 온도와 습도 조건은?** [제4회 6번]

① 온도 15 ℃, 상대습도 40 % ② 온도 15 ℃, 상대습도 50 %
③ 온도 20 ℃, 상대습도 40 % ④ 온도 20 ℃, 상대습도 50 %

☑ **해설** ④ 핵심포인트 3.① 참고

04 **환경대기 중 입자상 물질 측정법 중에서 직접적인 중량농도측정법은?** [제8회 6번]

① 고용량공기시료채취법 ② 광산란법
③ 광투과법 ④ 베타선흡수법

핵심포인트

1. 고용량 공기시료채취기법/용어정의/먼지

① 총부유먼지(TSP) : 측정대상이 되는 환경 대기 중에 부유하고 있는 총 먼지를 말하며, 일반적으로 총 부유먼지는 (0.01～100) μm 이하인 먼지를 채취한다.
② 고용량 공기시료채취기 : 대기 중에 부유하고 있는 입자상 물질을 고용량 공기시료채취기를 이용하여 여과지 상에 채취하는 방법으로 입자상 물질 전체의 질량농도를 측정하거나 금속성분의 분석에 이용한다.

정답 01 ② 02 ① 03 ④ 04 ①

2. 고용량 공기시료채취기법/분석기기 및 기구

① 고용량 공기시료채취기는 공기흡입부, 여과지홀더, 유량측정부 및 보호상자로 구성된다.

② 공기흡입부 : 직권정류자모터에 2단 원심터빈형 송풍기가 직접 연결된 것으로 무부하일 때의 흡입유량이 약 2 m^3/min이고 24시간 이상 연속측정할 수 있는 것이어야 한다.

3. 고용량 공기시료채취기법/분석절차/측정방법

① 채취전 여과지의 칭량 : 시료를 채취하기 전 여과지를 미리 온도 20 ℃, 상대습도 50 %에서 항량이 될 때까지 보관하였다가 0.01 mg의 감도를 갖는 분석용 저울로서 0.1 mg까지 정확히 단다.

② 먼지의 채취 : 채취를 시작하고부터 5분 후에 유량계의 눈금을 읽어 유량을 기록하고 유량계는 떼어 놓으며, 이때의 유량은 보통 (1.2～1.7) m^3/min 정도 되도록 한다.

05 하이볼륨에어샘플러를 사용해서 1일간 부유분진을 측정하였다. 유량은 포집 시작 시 0.2 m^3/s, 포집이 끝날 무렵 0.22 m^3/s 이었고, 포집 전후 여과재의 중량 차는 3.0 g이었다. 부유분진의 농도(mg/m^3)는 얼마인가?

[제2회 10번], [제6회 20번], [제9회 18번], [제9회 2차 17번]

① 0.146 mg/m^3　② 0.156 mg/m^3

③ 0.165 mg/m^3　④ 0.175 mg/m^3

문제풀이

① 주어진 조건 : 시료채취기간 1일, 채취유량 (시작) 0.2 m^3/s, (종료) 0.22 m^3/s, 포집 전후 여과재의 중량 차 : 3.0 g

② 먼지농도(mg/m^3) : $\dfrac{W_e - W_s}{V} = \dfrac{3\ \text{g}}{\dfrac{(0.2+0.22)\ \text{m}^3/\text{s}}{2} \times \dfrac{3600\ \text{s}}{\text{hr}} \times \dfrac{24\ \text{hr}}{1\ \text{day}}} = 0.165\ \text{mg/m}^3$

핵심포인트

1. 결과보고/먼지농도의 계산

① 채취된 시료는 수분을 평형화 한 후에 무게측정을 한 후 실제 측정된 온도와 압력에 대하여 0 ℃, 1기압으로 보정하여 농도를 계산한다.

② 채취 전후 여과지의 질량차이와 흡입 공기량으로부터 다음 식에 의하여 먼지 농도를 구한다.

먼지농도(μg/m^3)$= \dfrac{W_e - W_s}{V} \times 10^3$	W_e : 채취후 여과지의 질량(mg) W_s : 채취전 여과지의 질량(mg) $V = Q \times t$: 총 공기흡입량(m^3) t : 시료채취 시간

06 "입자상 물질의 시료채취"에 관한 설명이다. 설명이 옳은 항을 모두 고르면?

[제4회 47번]

가. 로우볼륨에어샘플러법의 포집 입경 범위는 10 μm 이하이며, 0.3 μm의 입자상 물질에 대하여 90 % 이상의 초기 포집률을 갖는 여과지를 사용한다.

나. 하이볼륨에어샘플러의 유량 측정을 위한 지시유량계는 상대유량단위로서 1.0 m^3/분～2.0 m^3/분의 범위를 0.05 m^3/분까지 측정할 수 있도록 눈금이 새겨진 것을 사용한다.

다. 입자상 물질 채취관을 수평방향으로 연결할 경우에는 가능한 관의 길이를 길게 하고,

정답 05 ③ 06 ①

곡률반경은 작게 한다.
라. 로우볼륨에어샘플러에 사용되는 부자식 면적유량계에 새겨진 눈금은 20 ℃, 1기압에서 10 L/min～30 L/min 범위를 3.0 L/min까지 측정할 수 있도록 되어 있는 것을 사용한다.
마. 하이볼륨에어샘플러의 유량은 포집을 시작하고부터 5분 후의 유량이 보통 1.2 m^3/분 ～ 1.7 m^3/분 정도 되도록 한다.

① 나, 마　　② 가, 나, 마
③ 나, 다, 마　　④ 나, 라, 마

☑ **해설** 가. 핵심포인트 1.①, 3.① ㉠ 참고, 다. 가능한 관의 길이를 짧게 하고 곡률반경을 크게 한다.
라. 핵심포인트 2.② 참고

07 환경대기 중 먼지 측정방법 중 저용량 공기시료채취법에 대한 설명으로 틀린 것은?

[제10회 16번]

① 환경대기 중에 부유하고 있는 입자상 물질을 여과지 위에 채취하는 방법으로 일반적으로 총부유먼지와 10 μm 이하의 입자상 물질을 여과지 위에 채취하고 질량농도를 구하거나 금속 등의 성분 분석에 이용한다.
② 저용량공기시료채취기의 기본구성은 흡입펌프, 분립장치, 여과지홀더 및 유량측정부로 구성된다.
③ 저용량공기시료채취기 분립장치의 세척은 알코올로 연 1회만 씻는다.
④ 여과지홀더는 보통 직경 110 mm 또는 47 mm 정도의 여과지를 파손되지 않고 공기가 새지 않도록 장착할 수 있는 것이어야 한다.

☑ **해설** ③ 핵심포인트 4.① ㉠ <표> 1 '분립장치' 참고

08 환경대기 중 입자상 시료채취방법 가운데 로우볼륨에어샘플러법이 있다. 이 때 사용하는 포집용 여과지에 대한 설명으로 맞는 것은?

[제4회 34번]

① 통상 구멍 크기(pore size)가 0.1 μm～0.3 μm인 여과지를 사용하여야 한다.
② 여과지 재질은 테플론을 사용하여야 한다.
③ 초기포집률이 0.3 μm인 입자상 물질에 대해 99.9 % 이상이어야 한다.
④ 흡습성 및 대전성이 적고, 압력 손실이 낮아야 한다.

☑ **해설** ①, ②, ③ 핵심포인트 3.① 참고

정답 07 ③　08 ④

09 로우볼륨에어샘플러(Low volume air sampler) 장치 중 흡인펌프에 대한 설명으로 틀린 것은?

[제3회 24번]

① 진공도가 높아야 한다.
② 유량이 크고 운반이 쉬워야 한다.
③ 맥동이 없이 고르게 작동되어야 한다.
④ 연속해서 7일 정도 사용할 수 있어야 한다.

☑ **해설** ④ 핵심포인트 2.① 참고

핵심포인트

1. 저용량 공기시료채취기법/용어정의/먼지

① 저용량 공기시료채취기 : 이 방법은 환경 대기 중에 부유하고 있는 입자상 물질을 저용량공기시료채취기를 사용하여 여과지 위에 채취하는 방법으로 일반적으로 총부유먼지와 10 μm 이하의 입자상 물질을 채취하여 질량농도를 구하거나 금속 등의 성분 분석에 이용한다.

2. 저용량 공기시료채취기법/분석기기 및 기구

① 흡입펌프 : 연속해서 30일 이상 사용할 수 있고 되도록 다음의 조건을 갖춘 것을 사용한다.
㉠ 진공도가 높은 것
㉡ 유량이 큰 것
㉢ 맥동이 없이 고르게 작동될 것
㉣ 운반이 용이할 것

② 유량 측정부
㉠ 로터미터계 : 유량계는 여과지홀더와 흡입펌프와의 사이에 설치하며, 이 유량계에 새겨진 눈금은 20 ℃, 1기압에서 (10~30) L/min 범위를 0.5 L/min까지 측정할 수 있도록 되어 있는 것을 사용한다.

3. 저용량 공기시료채취기법/분석절차/측정방법

① 채취용 여과지 : 입자상 물질의 채취에 사용하는 채취용 여과지는 통상 유리섬유제 여과지의 구멍크기(pore size)가 (1~3) μm되는 니트로셀룰로즈제 멤브레인필터 또는 석영섬유제 여과지 등을 사용하여 다음과 같은 조건이 맞는 것을 사용한다.
㉠ 0.3 μm의 입자상 물질에 대하여 99 % 이상의 초기채취율을 갖는 것이어야 한다.
㉡ 압력손실이 낮은 것이어야 한다.
㉢ 가스상 물질의 흡착이 적고 흡습성 및 대전성이 적은 것이어야 한다.
㉣ 취급하기 쉽고 충분한 강도를 가진 것이어야 한다.
㉤ 분석에 방해되는 물질을 함유하지 않은 것이어야 한다.

② 채취전 여과지의 칭량 : 시료를 채취하기 전 여과지를 미리 온도 20 ℃, 상대습도 50 %에서 항량이 될 때까지 보관하였다가 0.001 mg의 감도를 갖는 분석용 저울을 사용하여 여과지 무게를 측정한다.

③ 먼지의 채취 : 채취를 시작하고부터 5분 후에 유량계의 눈금을 읽어 유량을 기록하고 유량계는 떼어놓으며, 이때의 유량은 보통 20 L/min가 되도록 한다.

4. 저용량 공기시료채취기법/결과보고

① 주의사항
㉠ 장치의 세척

〈표〉 장치의 세척방법

순번	세척부위	세척횟수	세척방법
1	분립장치	채취시마다	중성세제 또는 초음파 세척기를 사용하여 씻는다.
2	패킹	〃	〃
3	망	〃	〃
4	유량계	연 1 회	알코올 또는 중성세제로 씻는다.
5	펌프사일렌서(pump silencer)	〃	펠트(felt) 모양의 필터를 교환한다.

정답 09 ④

10 **환경대기 중 먼지 측정방법 중 베타선을 투과시켜 입자상의 농도를 연속적으로 측정하는 베타선흡수법에 관한 설명이다. 올바른 것은?** [제4회 21번]

> ㉠ 장치 구성 중 유량조절부와 분진 제거 여과지가 필요하다.
> ㉡ 배출 가스 중 먼지 측정에 적용할 수 있다.
> ㉢ 분립 장치가 필요하다.

① ㉠, ㉡　　② ㉠, ㉢

③ ㉡, ㉢　　④ ㉠, ㉡, ㉢

핵심포인트

1. 베타선법/개요/목적

① 이 시험방법은 환경 대기 중의 먼지농도를 측정하기 위한 시험방법이다.

2. 베타선법/분석기기 및 기구

① 구성 : 공기흡입부, 분립장치, 유량조절부, 테이프 여과지, 교정부, 시료채취 시간 조정부, 베타선 광원, 베타선 감지부, 연산장치 등으로 나누어져 있다.

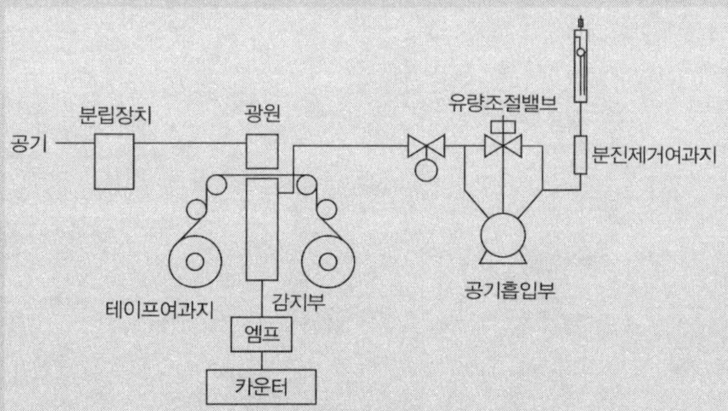

〈그림〉 베타선흡수법 장치 구성

51 [ES 01605.1] 환경대기 중 미세먼지(PM-10) 자동측정법-베타선법

01 **환경대기 중 미세먼지(PM-10)를 베타선 자동측정법으로 측정하였다. 측정조건이 아래 가정과 같다고 할 때 표준용적유량의 계산 값으로 옳은 것은?** (가정 : 실제 체적 유량 16.7 L/min, 대기압 700 mmHg, 대기온도 15 ℃) [제10회 2차 10번]

① 14.6 L/min
② 15.6 L/min
③ 15.1 L/min
④ 16.2 L/min

문제풀이

① 주어진 조건 : 실제 체적 유량(Q_a) 16.7 L/min, 대기압(P_a) 700 mmHg, 대기온도(T_a) 15 ℃

② 표준용적유량(Q_{std}) : $Q_a \times \left(\frac{P_a}{P_{std}}\right) \times \left(\frac{T_{std}}{T_a}\right) = 16.7 \times \left(\frac{700}{760}\right) \times \left(\frac{293}{288}\right) = 15.6$ L/min

Q_{std} : 표준 용적 유량(std m^3/min)
Q_a : 실제 체적 유량(m^3/min), 16.7 L/min
P_a : 대기압(mmHg), 700 mmHg
P_{std} : 표준대기압(mmHg), 760 mmHg
T_a : 대기온도(K), 288 K(273 + 15 ℃)
T_{std} : 표준상태 온도, 293 K(273+20 ℃)

정답 01 ②

52 [ES 01605.2] 환경대기 중 미세먼지(PM-10) 자동측정법-중량농도법

01 **환경대기 중 미세먼지(PM-10)를 중량농도법으로 측정한 결과 오차가 크게 발생하였다. 시료채취 및 분석방법으로 틀린 것은?** [제11회 14번]

① 유량조절장치의 유량 확인 결과 동작 유속에서 측정값의 ±5 %로 정확성이 확인된다.
② 시료채취 유속 0.1 m^3/min 이하의 저용량 시료채취기를 사용한다.
③ 0.01 mg까지 정확하게 측정할 수 있는 저울을 사용한다.
④ 시료채취 필터는 0.3 μm의 입자상 물질을 99 % 이상 채취할 수 있는 유리섬유 재질의 필터를 사용한다.

☑ **해설** ① 핵심포인트 3.① 참고

핵심포인트

1. 분석기기 및 기구

① 시료채취기 : 시료채취기는 0.1 m^3/min의 저용량 시료채취기를 사용한다.
① 분석용 저울 : 0.01 mg까지 정확하게 측정할 수 있는 저울을 사용하여야 하며, 측정표준 소급성이 유지된 표준기로 교정하여야 한다.

2. 시약 및 표준용액

① 시료채취 필터 : 시료채취기의 작동 유속에서 0.3 μm 입자상 물질을 99 % 이상 채취할 수 있어야 하며 필터의 재질은 유리섬유, 석영섬유, 폴리스타이렌(스틸렌), 니트로셀룰로스, 불소수지 등이어야 한다.

3. 정도관리/정도보증/유속교정

① 유속교정 : 유량조절장치는 주기적(연 1회)으로 표준 유속계를 이용하여 교정되어야 하며, 설계유량이 확인되어야 한다. 측정기의 유속교정시 작동 유속에서 측정값의 ±2 % 이내의 정확성이 확인되어야 한다.

02 **환경대기 중 미세먼지(PM−10)를 중량농도법으로 측정하고자 한다. 측정절차를 측정 순서에 따라 옳게 나열한 것은?** [제12회 9번]

> ㉠ 필터를 제조사의 설명서에 따라 시료채취기에 설치한다.
> ㉡ 시작과 종료를 기록할 타이머를 맞춘다. 경과 시간기록계를 영으로 맞추고 초기 지시값을 기록한다.
> ㉢ 시료채취기 전원을 켜고 운전 온도 조건을 확인한 후 유속 지시계를 읽고 기록한다.
> ㉣ 필터를 24시간 평형화 한 후 필터의 무게를 재고 시료채취 전의 필터 질량을 식별 번호와 함께 기록한다.
> ㉤ 시료채취 기간 동안의 평균 유속을 시료채취기 제조사 설명서의 지시에 따라 기록한다.

① ㉣ → ㉠ → ㉢ → ㉡ → ㉤
② ㉠ → ㉡ → ㉣ → ㉤ → ㉢
③ ㉤ → ㉣ → ㉢ → ㉠ → ㉡
④ ㉡ → ㉢ → ㉤ → ㉣ → ㉠

☑ **해설** ㉣ 핵심포인트 ② 참고, ㉠ 핵심포인트 ④ 참고, ㉢ 핵심포인트 ⑤ 참고, ㉡ 핵심포인트 ⑦ 참고, ㉤ 핵심포인트 ⑩ 참고

정답 01 ① 02 ①

핵심포인트

1. 측정절차/측정절차

① 각 필터의 세공, 입자 및 다른 불완전성 등을 검사하며 각 필터에 식별 번호를 적고 기록하여 필터 정보를 수집한다.
② 각 필터를 온도 (15～30) ℃ (±3 ℃), 상대습도 (20～45) % (±5 %)의 환경조건에서 최소 24시간 평형화 한다.
③ 평형화에 이어 각 필터의 무게를 재고 시료채취 전의 필터 질량을 식별 번호와 함께 기록한다.
④ 초기 질량을 잰 필터를 제조사의 설명서에 따라 시료채취기에 설치한다.
⑤ 시료채취기 전원을 켜고 운전 온도 조건을 확인하며, 유속 지시계를 읽고 기록한다. 필요하다면 대기 온도와 압력계도 설치하며, 시료채취기의 유속을 시료채취기 제조사의 설계 유속에 따라 결정한다.
⑥ 유속이 적용 가능 범위 밖에 있을 경우, 누출여부를 조사하고 유속을 재조정한다.
⑦ 시작과 종료를 기록할 타이머를 맞추며, 경과 시간기록계를 영으로 맞추고 초기 지시값을 기록한다.
⑧ 시료채취 정보(위치, 식별번호, 날짜)를 기록한다.
⑨ (24±1)시간 동안 시료채취를 한다.
⑩ 시료채취 기간 동안의 평균 유속(Q_a)을 시료채취기 제조사 설명서의 지시에 따라 기록하며, 경과시간 기록계의 최종 값을 기록한다. 필요하다면 평균 대기온도와 압력을 기록한다.
⑪ 시료채취기로부터 필터를 주의하여 꺼내어 보관함에 담으며, 이 때 시료채취기 제조사의 설명서를 따르고 필터의 바깥쪽 끝부분을 잡는다.
⑫ 기상 조건, 건설활동, 산불 또는 황사와 같은 모든 요소들을 기록한다.
⑬ 시료 필터를 이동시켜 가능한 빨리 질량 측정을 할 수 있도록 평형화 시킨다.
⑭ 채취된 필터를 필터 유지 환경에서 최소 24시간 동안 시료채취 전 필터 준비 때와 같은 온도와 습도의 조건에서 평형화시킨다.
⑮ 평형화 시킨 후 즉시 필터의 무게를 다시 재고 식별번호와 함께 기록한다.

53 [ES 01606.2a] 환경대기 중 미세먼지(PM-2.5) 자동측정법-베타선법

01 **환경대기 중 미세먼지(PM-2.5) 자동측정법 - 베타선법에 대한 설명으로 틀린 것은?**

[제10회 13번]

① 측정 질량농도의 최소검출한계는 5μg/m^3 이하이다.
② 공기흡입부에는 분립장치가 설치되어 있어 입경 2.5μm 이상의 입자를 제거하며 설정유량으로 공기를 흡입하여 여과지 위에 입경 2.5μm 이하의 먼지를 채취한다.
③ 이 측정방법은 베타선이 여과지 위에 채취된 먼지를 통과할 때 흡수 소멸하는 베타선의 차로서 미세먼지(PM-2.5) 농도를 측정하는 방법으로 질량소멸계수(μ)는 먼지의 성분, 입경분포, 밀도 등에 영향을 받지 않는다.
④ 신규 또는 교체하는 자동측정기는 중량농도법과 비교측정을 통해 등가성을 확인하여야 한다.

☑ **해설** ③ 핵심포인트 2.① 참고

핵심포인트

1. 베타선법/적용범위

① 측정 질량농도의 최소검출한계는 5 μg/m^3 이하이며, 측정범위는 (0~1,000) μg/m^3이다.

2. 베타선법/간섭오차

① 베타선이 여과지 위에 채취된 먼지를 통과할 때 흡수 소멸하는 베타선의 차로서 미세먼지(PM-2.5) 농도를 측정하는 방법으로 질량소멸계수(μ)는 먼지의 성분, 입경분포, 밀도 등에 영향을 받는다.
② PM-2.5는 지역적, 공간적 특성에 따라 미세먼지의 성분, 입경분포, 밀도 등이 달라질 수 있으며, 이에 질량소멸계수가 차이를 나타낼 수 있는데 동일한 질량소멸계수를 베타선 자동측정기에 적용할 수 없으므로 중량농도법과의 비교측정을 통해 등가성을 확인하여야 한다.

3. 베타선법/분석기기 및 기구

① 공기흡입부에는 분립장치가 설치되어 있어 입경 2.5 μm 이상의 입자를 제거하며 설정유량으로 공기를 흡입하여 여과지 위에 입경 2.5 μm 이하의 먼지를 채취한다.

4. 베타선법/정도보증 및 정도관리/등가성 평가(확인)

① 신규 또는 교체하는 자동측정기는 중량농도법과 비교측정을 통해 등가성을 확인하여야 한다.
② 베타선법의 일평균자료와 중량농도법 상관 추세선을 최소제곱법으로 구하여 기울기의 범위가 0.9~1.1, 절편의 값은 -2.25~2.25이어야 한다.
③ 신규 또는 교체하는 자동측정기는 중량농도법과 비교측정을 통해 등가성을 확인하여야 하며, 베타선법(일평균자료)과 중량농도법 측정자료 최소 23일 이상을 대상으로 평가한다.

정답 01 ③

54 [ES 01607] 환경대기 중 옥시던트 측정방법

01 **환경대기 중 옥시던트 측정 방법에 대한 설명으로 틀린 것은?** [제10회 17번]

① 자외선광도법은 오존 농도 측정의 주시험법으로 환경대기 중 오존 농도 1 nmol/mol~500 nmol/mol의 범위에서 적용한다.
② 중성요오드화칼륨법은 산화성물질이나 환원성 물질이 결과에 영향을 미치지 않으므로 오존만을 측정할 수 있는 방법이다.
③ 화학발광법은 대기 시료 중에 오존과 에틸렌 가스가 반응할 때 생기는 발광도가 오존농도와 비례한다는 것을 이용하여 오존 농도를 측정한다.
④ 알칼리성 요오드화칼륨법은 대기 중에 존재하는 저농도의 옥시던트를 측정하는데 사용된다.

☑ **해설** ② 핵심포인트 4.① ㉠ 참고

02 **환경대기 중 옥시던트 측정 방법에 대한 설명으로 옳지 않은 것은?** [제2회 44번]

① 화학발광법은 시료대기 중에 오존과 에틸렌 가스가 반응할 때 생기는 발광도가 오존농도와 비례 관계가 있다는 것을 이용하여 오존 농도를 측정하는 방법이다.
② 흡광차분광법에 의한 옥시던트 측정에 대한 간섭 성분으로는 이산화질소와 톨루엔이 있다.
③ 수동법 중 중성 요오드화 칼륨법은 시료를 채취한 후 1시간 이내에 분석할 수 있을 때 사용하고, 1시간 이내에 측정할 수 없을 때에는 알칼리성 요오드화 칼륨법을 사용하여야 한다.
④ 알카리성 요오드화 칼륨법은 대기 중에 존재하는 저농도의 옥시던트를 측정하는데 사용된다.

☑ **해설** ② 핵심포인트 3.② 참고

03 **환경대기 중 옥시던트 측정방법에 대한 설명으로 옳지 않은 것은?** [제4회 49번]

① 총옥시던트란 중성요오드화칼륨용액으로 요오드를 유리시키는 물질을 총칭한다.
② 화학발광법은 시료대기 중에 오존과 에틸렌(Ethylene) 가스가 반응할 때 생기는 발광도가 오존 농도와 비례 관계가 있다는 것을 이용하여 오존 농도를 측정한다.
③ 흡광차분광법으로 오존 농도를 측정할 때 간섭 성분은 수분과 이산화질소가 있다.
④ 자동연속측정방법 중 중성요오드화칼륨법은 시료 대기 중에 함유된 전옥시던트를 연속적으로 측정한다.

☑ **해설** ③ 핵심포인트 3.② 참고

정답 01 ② 02 ② 03 ③

04 **환경대기 중 옥시던트를 측정하기 위해 시료를 채취하여 실험실로 이동하였다. 실험실 이동거리가 1시간 이상 소요될 경우에 가장 적절한 분석방법은?** [제9회 17번]

① 자외선광도법
② 화학발광법
③ 중성요오드화칼륨법
④ 알칼리성 요오드화칼륨법

☑ **해설** ④ 핵심포인트 4.① ㉡ 참고

05 **대기오염공정시험기준에 따른 대기 중 오염물질과 그 측정방법으로 옳은 것은?** [제10회 2차 4번]

① 아황산가스 : 자외선형광법
② 이산화질소 : 원자흡수분광광도법
③ 오존 : 비분산적외선분석법
④ 일산화탄소 : 자외선/가시선분광법

☑ **해설** ② 이산화질소; 화학발광법, 수동살츠만법, 야곱스호흐하이저법, ③ 오존 ; 자외선광도법, ④ 일산화탄소 ; 비분산적외선법

핵심포인트

1. 자외선광도법

① 목적 및 적용범위 : 자외선광도법은 오존농도 측정의 주시험법이며, 환경 대기 중 오존농도 (1~500) nmol/mol의 범위에서 적용한다.

2. 화학발광법

① 측정원리 : 시료 대기 중에 오존과 에틸렌 가스가 반응할 때 400 nm의 가시광선 영역에서 빛을 발생시키며, 이 빛의 세기가 오존 농도와 비례하기 때문에 발광도를 측정하여 오존농도를 산정한다.

3. 흡광차분광법

① 측정원리 : 자외선 흡수를 이용한 분석으로 흡광광도법의 기본원리인 Beer−Lambert 법칙을 근거로 한 분석원리로서 오존의 고유 흡수파장에 대하여 농도에 비례한 빛의 흡수를 원리로 하여 오존농도를 산정한다.
② 간섭물질 : 흡수 스펙트럼이 오존과 겹치는 환경 대기 중의 유기화합물이 간섭 현상을 일으킬 수 있으며, 기기를 건조 오존 가스로 교정하는 경우, 환경대기 중 상대습도가 높으면 간섭현상이 있을 수 있다.

4. 중성요오드화칼륨법

① 적용범위
㉠ 이 방법은 오존으로서 (0.01~10) μmol/mol 범위에 있는 전체 옥시던트를 측정하는데 사용되며 산화성물질이나 환원성물질이 결과에 영향을 미치므로 오존만을 측정하는 방법이 아니다.
㉡ 이 방법은 시료를 채취한 후 1시간 이내에 분석할 수 있을 때 사용할 수 있으며 1시간 내에 측정할 수 없을 때는 알칼리성 요오드화칼륨법을 사용하여야 한다.

5. 알칼리성요오드화칼륨법

① 측정원리 : 이 방법은 대기 중에 존재하는 저농도의 옥시던트(오존)를 측정하는데 사용된다.

정답 04 ④ 05 ①

06 **환경대기 중 오존을 자외선광도법을 이용하여 측정하고자 한다. 이때 다음의 측정기기, 시료채취장치 및 방법에 대한 설명 중 옳은 것으로만 짝지어진 것은?** [제10회 2차 11번]

> ㉠ 이 방법은 파장 253.7 nm 자외선 흡수량의 변화를 측정하여 환경대기 중의 오존을 연속적으로 측정하는 방법이다.
> ㉡ 발광부는 광원으로 제논램프를 사용한다.
> ㉢ 채취된 시료 공기의 일부를 오존 촉매 변환기를 사용하여 오존으로 전환한다. 시료 흡수셀(단일셀 배치)에 시료와 번갈아 흘리거나 이중 흡수셀(2중셀 배치)에 흘리면서 전환된 오존의 자외선 세기를 측정한다.
> ㉣ 측정기는 시료가스 채취구, 필터, 유량계, 시료 가스흡입펌프, 흡수셀, 광원램프, 검출기, 증폭기 및 지시기록계 등으로 구성된다.
> ㉤ 시료 배관은 체류 시간을 최소로 유지할 수 있을 만큼 짧아야 하며, 최대 5초까지의 체류 시간이 허용된다.
> ㉥ 입자 여과지는 5 μm 이상의 입자를 제거할 수 있는 여과지를 사용하고 오존에 대해서 선택적으로 반응할 수 있는 재료를 사용하여야 한다.
> ㉦ 원칙적으로 바탕가스는 질소를 바탕으로 한 산소 20.5 % ~ 20.9 %, 오존 함유량이 1 nmol/mol 이하의 고순도 공기를 사용한다.

① ㉠, ㉦　　② ㉡, ㉣
③ ㉢, ㉤　　④ ㉣, ㉥

☑ **해설** ㉡ 핵심포인트 3.① 참고, ㉢ 핵심포인트 1.② 참고, ㉥ 핵심포인트 5.① 참고

핵심포인트

1. 측정기기 및 기구/측정부/측정원리

① 이 방법은 파장 253.7 mm 자외선 흡수량의 변화를 측정하여 환경대기 중의 오존을 연속적으로 측정하는 방법이다.

② 채취된 시료 공기의 일부를 오존 촉매 변환기를 사용하여 오존만을 선택적으로 제거하고, 시료 흡수셀(단일셀 배치)에 시료와 번갈아 흘리거나 이중 흡수셀(2중셀 배치)에 흘리면서 오존 흡수가 없는 상태의 자외선 세기를 측정한다.

2. 측정기기 및 기구/측정부/장치구성

① 측정기는 시료가스 채취구, 필터, 유량계, 시료가스흡입펌프, 흡수셀, 광원램프, 검출기, 증폭기 및 지시기록계 등으로 구성된다.

3. 측정기기 및 기구/측정부/장치구성

① 광원램프 : 파장 254 nm 부근에서 휘선스펙트럼을 갖는 것으로 원칙적으로 저압수은램프를 사용한다.

4. 시약 및 표준용액/시료배관

① 시료 배관은 유리 또는 탄화수소 중합체와 같은 오존에 대한 불활성 물질로 만든 것으로 체류시간을 최소로 유지할 수 있을 만큼 짧아야 하며 최대 5초까지의 체류시간이 허용된다.

5. 시약 및 표준용액/입자여과지

① 입자 여과지는 5 μm 이상의 입자를 제거할 수 있는 폴리테트라플루오로에틸렌(PTFE)과 같이 오존에 대해서 불활성 재료를 사용하여야 하며 전체 시스템을 깨끗이 유지하기 위하여 시료채취 입구에 설치할 것을 권장한다.

정답 06 ①

6. 시약 및 표준용액/바탕가스
① 원칙적으로 바탕가스는 질소를 바탕으로 한 산소 (20.5~20.9) %, 오존 함유량이 1 nmol/mol 이하의 고순도 공기를 사용한다. 또한 제로가스(zero gas)는 자외선 측정의 영향을 일으킬 수 있는 질소, 황산화물, 탄화수소 및 기타의 간섭물질도 없어야 한다.

07 환경 대기 중의 옥시던트(오존으로서) 농도를 중성요오드화 칼륨법으로 측정할 때 사용해서는 안 되는 시료채취용 관의 재질은? [제3회 15번]

① 유리 ② 테플론
③ PVC ④ 스테인리스강

핵심포인트

1. 분석기기 및 기구
① 시료채취용 관류 : 테플론, 유리, 스테인리스강 재를 사용하고 오존을 파괴시키는 PVC나 고무관을 사용해서는 안된다.

08 다음 중 환경대기 중 옥시던트 측정방법 중 중성요오드화 칼륨법(수동)에 대한 설명으로 틀린 것은? [제9회 2차 12번]

① 오존으로서 (0.01～10) μmol/mol 범위의 옥시던트를 측정한다.
② 시료를 채취한 후 1일 이내에 분석할 수 있을 때 사용한다.
③ 시험액은 파장 352 nm에서 흡광도를 측정한다.
④ 흡수액에는 인산이수소칼륨이 들어간다.

☑ **해설** ② 핵심포인트 1.② 참고

핵심포인트

1. 중성요오드화칼륨법/적용범위
① 오존으로서 (0.01～10) μmol/mol 범위에 있는 전체 옥시던트를 측정하는데 사용되며, 산화성물질이나 환원성물질이 결과에 영향을 미치므로 오존만을 측정하는 방법은 아니다.
② 이 방법은 시료를 채취한 후 1시간 이내에 분석할 수 있을 때 사용할 수 있으며, 한 시간 내에 측정할 수 없을 때는 알칼리성 아이오딘화칼륨법을 사용하여야 한다.

2. 중성요오드화칼륨법/시약 및 표준용액/시약
① 흡수액 : 인산이수소칼륨(KH_2PO_4) 13.61 g, 인산일수소나트륨(Na_2HPO_4) 14.2 g 및 아이오딘화칼륨(KI) 10 g을 순서대로 증류수에 녹이고 증류수를 가하여 1 L로 만든 용액을 흡수액으로 한다.

3. 중성요오드화칼륨법/분석절차/측정방법
① 시험액을 셀에 취하고 파장 352 nm에서 흡광도를 측정한다.

정답 07 ③ 08 ②

55 [ES 01608] 환경대기 중 석면측정용 현미경법

01 위상차현미경을 이용한 석면 농도 측정 방법에 대한 설명으로 맞는 것은? [제5회 2번]

① 멤브레인 필터에 포집한 대기 부유먼지 중의 석면 섬유를 위상차 현미경을 사용하여 계수하는 방법이다.
② 석면먼지의 농도표시는 표준상태(0 ℃, 760 mmHg)의 기체 1 mL 중에 함유된 석면섬유의 개수(개/mL)로 표시한다.
③ 시료채취는 원칙적으로 채취 지점의 지상 1.5 m 되는 위치에서 10 L/min의 흡인유량으로 4시간 이상 채취한다.
④ 포집한 먼지 중 길이 5 μm 이상이고, 길이와 폭의 비가 9 : 1 이상인 섬유를 석면 섬유로 계수한다.

☑ **해설** ② 핵심포인트 2.① 참고, ③ 핵심포인트 3. 참고, ④ 핵심포인트 4.① 참고

02 환경대기 중 석면을 측정분석하는 방법에 대한 설명으로 틀린 것은? [제9회 2차 3번]

① 셀룰로오스 에스테르제 멤브레인 필터에 석면섬유를 포집한다.
② 개방형 필터홀더를 사용한다.
③ 포집한 먼지 중에 길이 5 μm 이상이고, 길이와 폭의 비가 5 : 1 이상인 섬유를 석면섬유로서 계수한다.
④ 아세톤－트리아세틴을 사용하여 필터를 투명화시킨다.

☑ **해설** ③ 핵심포인트 4.① 참고

핵심포인트

1. 개요/목적
① 이 시험방법은 멤브레인 필터에 포집한 대기 중 부유먼지 중의 석면섬유를 위상차현미경을 사용하여 계수하는 방법이며 주 시험법으로 한다.

2. 용어정의
① 석면먼지의 농도표시는 20 ℃, 1기압 상태의 기체 1 mL 중에 함유된 석면섬유의 개수(개/mL)로 표시한다.

3. 시료채취 및 관리/시료채취 및 측정방법
① 시료채취 지점 및 위치 : 인접지역에 직접적인 발생원이 없고 대상시설의 내벽, 천정에서 1m 이상 떨어진 곳을 선정하며, 바닥면으로부터 (1.2～1.5) m 위치에서 측정한다.
② 시료채취 및 측정시간 : 주간시간대 (오전 8시～오후 7시) 10 L/min으로 1시간 채취한다.

4. 분석절차/식별방법
① 포집한 먼지 중에 길이 5 μm 이상이고, 길이와 폭의 비가 3 : 1 이상인 섬유를 석면섬유로 계수한다.

정답 01 ① 02 ③

03 **환경대기에서 석면을 채취한 멤브레인 필터에서 현미경으로 석면을 식별하여 석면 농도를 구할 때 틀린 것은?** [제2회 45번]

① 포집한 먼지 중 길이가 5 μm 이상이고, 길이와 폭의 비가 3 : 1 이상인 섬유를 석면 섬유 1개로 판정한다.
② 위상차 현미경으로 계수하고, 계수된 동일 시야에 대하여 생물 현미경으로 계수하여 나눈 값으로 석면먼지 농도를 구한다.
③ 저배율로 포집된 시료 먼지의 균일성을 확인하고 균일하지 않으면 버린다.
④ 접안 그래티큘을 보정할 때 세로선 최소 간격은 10 μm이다.

☑ **해설** ② 핵심포인트 3.① 참고

핵심포인트

1. 분석절차/기구 및 장치

① 접안 그래티큘 : 대물측미계 또는 스테이지마이크로미터는 최저 10 μm까지 표시되어 있는 것이어야 한다.

2. 분석절차/식별방법

① 포집한 먼지 중에 길이 5 μm 이상이고, 길이와 폭의 비가 3 : 1 이상인 섬유를 석면섬유로 계수한다.

3. 분석절차/계수방법/계수조작

① 위상차 현미경에 따라 계수하고, 섬유가 계수된 동일 시야에 대하여 400배의 배율에서 생물현미경을 사용하여 다시 계수하여 그 결과를 석면섬유수 측정표에 기록한다.

04 **환경대기 중 석면을 계수하는 방법에 대한 설명으로 틀린 것은?** [제3회 26번], [제7회 8번]

① 길이와 폭의 비가 3 : 1 이상인 단섬유는 1개로 판정한다.
② 길이 5 μm 이상인 단섬유는 1개로 판정한다.
③ 1개의 섬유로부터 가지가 벌어진 경우에는 1개의 단섬유로 인정한다.
④ 섬유가 헝클어져 정확하게 헤아리기 힘들 때는 1개로 판정한다.

☑ **해설** ④ 핵심포인트 <표> 3 참고

05 **환경대기 중 석면농도를 측정할 때 계수대상물 식별방법으로 옳지 않은 것은?** [제4회 25번]

① 단섬유인 경우 길이가 5 μm 이상인 섬유는 1개로 판정한다.
② 입자가 부착된 섬유인 경우 입자의 폭이 3 μm를 넘는 것은 0개로 판정한다.
③ 섬유가 헝클어져 정확한 수를 계수하기 힘들 때는 삐져나온 수에 1/2을 곱하여 판정한다.
④ 섬유가 그래티큘 시야의 경계선에 물린 경우 안으로 한쪽 끝만 들어와 있을 때는 1/2개로 인정한다.

☑ **해설** ③ 핵심포인트 <표> 3 참고

정답 03 ② 04 ④ 05 ③

06 **환경대기 중 석면의 농도를 측정하기 위한 계수 대상물의 식별 방법이 아닌 것은?**

[제6회 19번]

① 원형섬유인 경우 ② 가지가 벌어진 섬유의 경우
③ 헝클어져 다발을 이루고 있는 경우 ④ 입자가 부착하고 있는 경우

☑ **해설** ① 원형섬유는 계수 대상물의 식별 대상이 아니다.

07 **환경대기 중 석면농도의 측정 시 계수(計數) 대상물의 식별 방법으로 틀린 것은?**

[제8회 14번]

① 단섬유의 경우 길이와 폭의 비가 3 : 1 이상인 섬유는 1개로 판정한다.
② 섬유가 헝클어져 다발을 이루어 정확한 수를 헤아리기 힘들 때에는 0개로 판정한다.
③ 섬유에 입자가 부착하고 있는 경우 부착입자의 폭이 3 μm가 넘는 것을 1개로 판정한다.
④ 섬유가 그래티큘 시야의 경계선에 물려 시야 안으로 한쪽 끝만 들어와 있는 경우는 1/2개로 인정한다.

☑ **해설** ③ 핵심포인트 <표> 4 참고

핵심포인트

적용범위

〈표〉 위상차현미경법의 식별방법, 측정범위, 정량범위, 측정계수

순번	식별방법	측정범위	정량범위	측정계수
1	단섬유	5 이상	길이와 폭의 비가 3:1 이상인 섬유	1
2	가지가 벌어진 섬유	5 이상	길이와 폭의 비가 3:1 이상인 섬유	1
3	헝클어져 다발을 이루고 있는 섬유	5 이상	길이와 폭의 비가 3:1 이상인 섬유	섬유개수[1)]
4	입자가 부착하고 있는 섬유	5 이상	입자의 폭이 3 μm 넘지 않는 섬유	1
5	섬유가 그래티큘 시야의 경계선에 물린 경우	5 이상	– 시야 안 – 한쪽 끝 – 경계선에 몰려 있음	1 1/2 0
6	위의 식별방법에 따라 판정하기 힘든 경우	5 이상	다른 시야로 바꾸어 식별	0
7	다발을 이루고 있는 섬유가 그래티큘 시야의 1/6 이상인 경우	5 이상	다른 시야로 바꾸어 식별	0

[1)] 여러 개의 섬유가 교차하고 있는 경우는 교차하고 있는 각각의 섬유를 단섬유 인정한다. 섬유가 헝클어져 정확한 수를 헤아리기 힘든 때에는 0개로 한다.

08 **다음 조건에서 환경대기 중 포집한 시료 중의 석면 먼지농도는?** (단, 유효 포집면적 3.85 cm^2, 위상차현미경으로 계측한 총 섬유수 5개, 생물현미경으로 계측한 총 섬유수 0개, 현미경으로 계측한 1시야의 면적 7.85×10^{-5} cm^2, 표준상태로 환산한 채취 공기량 1,200 L, 계수한 시야의 총수 100이다.)

[제4회 38번]

① 0.001 개/mL ② 0.002 개/mL
③ 0.01 개/mL ④ 0.02 개/mL

정답 06 ① 07 ③ 08 ②

문제풀이

① 주어진 조건 : 유효 포집면적(A) 3.85 cm^2, 위상차현미경으로 계측한 총 섬유수(N_1) 5개, 생물현미경으로 계측한 총 섬유수(N_2) 0개, 현미경으로 계측한 1 시야의 면적(a) 7.85×10^{-5} cm^2, 표준상태로 환산한 채취 공기량(V) 1,200 L, 계수한 시야의 총수(n) 100개

② 석면 먼지농도(개/mL) : $\frac{A\times(N_1-N_2)}{a\times V\times n}\times\frac{1}{1,000}=\frac{3.85\ cm^2\times(5-0)}{7.85\times10^{-5}\ cm^2\times1,200\ L\times100}\times\frac{1}{1,000}=0.002$ 개/mL

09 환경대기 중 석면을 위상차현미경법으로 측정하였다. 측정조건이 다음과 같을 때 석면농도(개/mL)로 옳은 것은? [제10회 2차 12번]

[측정조건]

- 유효 포집면적 : 3.85 cm^2
- 위상차현미경으로 계측한 총 섬유수 : 8 개
- 광학현미경으로 계측한 총 섬유수 : 1 개
- 현미경으로 계측한 1시야의 면적 : 0.00785 cm^2
- 표준상태로 환산한 채취 공기량 : 400 L
- 계수한 시야의 총수 : 150 개

① 0.0033 ② 0.0045
③ 0.0069 ④ 0.0057

문제풀이

① 주어진 조건 : 유효 포집면적(A) 3.85 cm^2, 위상차현미경으로 계측한 총 섬유수(N_1) 8개, 광학현미경으로 계측한 총 섬유수(N_2) 1개, 현미경으로 계측한 1 시야의 면적(a) 0.00785 cm^2, 표준상태로 환산한 채취 공기량(V) 400 L, 계수한 시야의 총수(n) 150개

② 석면 농도(개/mL) : $\frac{A\times(N_1-N_2)}{a\times V\times n}\times\frac{1}{1,000}=\frac{3.85\ cm^2\times(8-1)}{7.85\times10^{-3}\ cm^2\times400\ L\times150}\times\frac{1}{1,000}=0.0057$ 개/mL

핵심포인트

1. 결과보고/농도 계산방법

① 포집한 시료의 석면농도는 다음의 식에 의하여 구한다.

섬유수(개/mL) $=\frac{A\times(N_1-N_2)}{a\times V\times n}\times\frac{1}{1,000}$	A : 유효 포집면적 (cm^2) N_1 : 위상차현미경으로 계측한 총 섬유수 (개) N_2 : 광학현미경으로 계측한 총 섬유수 (개) a : 현미경으로 계측한 1시야의 면적 (cm^2) V : 표준상태로 환산한 채취 공기량 (L) n : 계수한 시야의 총수 (개)

정답 09 ④

56 [ES 01700] 환경대기 중 금속화합물

01 환경대기 중 금속의 측정방법에 대한 설명으로 틀린 것은? [제5회 9번]

① 주요 측정 대상에는 니켈, 비소, 카드뮴, 크롬 등과 같은 발암성 물질과 구리, 납, 아연, 철 등이 포함된다.

② 입자 형태로 존재하는 금속은 하이볼륨 및 로우볼륨 에어 샘플러를 이용하여 필터에 채취한다.

③ 환경대기 중 금속의 측정방법은 유도결합플라즈마 원자발광분광법을 주시험으로 한다.

④ 시료의 전처리 방법은 산분해법, 용매 추출법, 회화법 등이 있다.

☑ **해설** ③ 핵심포인트 2.① 참고

02 원자흡광광도법을 이용하여 분석할 수 있는 대기 중 금속화합물이 아닌 것은? [제6회 18번]

① 코발트　　② 크롬

③ 카드뮴　　④ 아연

☑ **해설** ① 핵심포인트 4. <표> '적용가능한 금속' 참고

핵심포인트

1. 목적

① 주요 측정대상 금속은 니켈, 비소, 수은, 카드뮴, 크롬 등과 같은 발암성 금속 성분과 납, 아연 등이 포함되며 나트륨, 칼슘, 규소 등과 같은 항목은 인체의 위험성은 없으나 먼지 오염의 제어를 위해 모니터링 되기도 한다.

2. 적용가능한 시험방법

① 대기 중 금속성분을 위한 시료는 적절한 방법으로 전처리하여 기기분석을 실시하며, 원자흡수분광법을 주시험방법으로 한다.

② 시험방법 : 원자흡수분광법, 유도결합플라즈마 원자발광분광법, 자외선가시선 분광법

3. 원자흡수분광법/적용범위

① 대기 중 입자상 금속화합물을 고용량 공기시료채취기(high volume air sampler)법 및 저용량 공기시료채취기(low volume air sampler)법을 이용하여 여과지에 채취한다.

4. 원자흡수분광법/분석절차/전처리 방법

〈표〉 금속별 시료 전처리 방법 비교

전처리법	전처리법	적용가능한 금속
산분해법	질산－과산화수소법	구리, 납, 니켈, 비소, 아연, 철, 카드뮴, 크롬
	질산－염산혼합액에 의한 초음파 추출법	
	마이크로파산분해법	
	회화법	
용매추출법	다이에틸다이티오카바민산 또는 디티존－톨루엔 추출법	납, 카드뮴
	트라이옥틸아민법	크롬

정답 01 ③ 02 ①

03 **환경대기 중 입자상 형태로 존재하는 금속의 농도를 마이크로파산분해법으로 추출하여 측정하고자 할 때, 틀린 것은?** [제2회 43번], [제5회 7번], [제6회 7번]

① 질산(5.5 %)과 염산(16.7 %)의 혼합산을 추출용매로 사용한다.
② 시료를 채취한 여과지는 세라믹 가위 또는 유리 재질의 형판을 사용하여 분석에 필요한 만큼 자른다.
③ 산 분해용 용기는 테플론 재질이 적당하며, 사용 전에 이온성 세제와 증류수를 사용하여 잘 세척한다.
④ 보통 1200 W의 세기로 마이크로파를 10분 동안 상승시켜 180 ℃에서 10분동안 유지하여 추출한다.

☑ **해설** ③ 핵심포인트 1.② 참고

핵심포인트

1. 원자흡수분광법/마이크로파 산분해법

① 시료를 채취한 여과지를 깨끗이 세척한 세라믹 가위 또는 유리 재질 형판을 사용하여 분석에 필요한 만큼의 크기로 자른 후 5.5 % 질산 / 16.7 % 염산 혼합산 용액 10 mL를 가하여 전처리를 행한다.
② 마이크로파 산분해용기는 테프론 재질이 적당하며, 사용 전에 미리 질산(약 10 mL)으로 세척하고 비이온성 세제로 씻어낸 다음, 다시 증류수로 세척한 후 사용한다.
③ 산분해 용기가 12개일 경우 1200 W 세기로 마이크로파를 10분간 상승시켜 180 ℃에서 10분간 유지한다. 단, 용기의 수가 12개 미만일 때는 마이크로파 세기를 1개당 약 5 %의 비율로 줄인다.

04 **유도결합프라즈마 - 원자발광분광법을 이용한 금속 및 금속화합물의 농도측정방법에 대한 설명으로 틀린 것은?** [제2회 21번]

① Cd의 측정 파장은 226.5 nm이며 정량범위는 0.008 mg/L ~ 2 mg/L이다.
② 검정곡선 작성에 사용되는 표준용액은 가능한 한 시료의 매질과 동일한 조성을 갖도록 조제하여야 한다.
③ 나트륨, 칼슘, 마그네슘과 같은 염의 농도가 높은 시료에서 절대검정곡선법을 적용할 수 없는 경우에는 용매추출법을 이용하여 정량한다.
④ 표준원액은 정확한 농도를 알고 있는 비교적 고농도의 용액으로, 일반적으로 1,000 mg/kg 농도에서 0.3 % 이내의 불확도를 나타내야 한다.

☑ **해설** ③ 핵심포인트 2.② 참고

핵심포인트

1. 적용범위

〈표〉 유도결합플라즈마분광법의 정량범위와 반복표준편차(정밀도), 검출한계

원소	측정파장(nm)	정량범위(mg/L)	정밀도(%)	방법검출한계(mg/L)
Cd	226.50	0.008 ~ 2	2 ~ 10	0.005
Cu	324.75	0.04 ~ 20	3 ~ 10	0.010
Pb	220.35	0.1 ~ 2	2 ~ 10	0.032
Ni	231.60 / 221.65	0.04 ~ 2	2 ~ 10	0.014
As	193.963	0.02 ~ 0.15	2 ~ 10	0.025
Zn	206.19	0.4 ~ 20	3 ~ 10	0.120
Fe	259.94	0.1 ~ 50	3 ~ 10	0.034

정답 03 ③ 04 ③

2. 간섭물질

① 시료용액 중에 소듐(나트륨), 포타슘(칼륨), 마그네슘, 칼슘 등의 농도가 높고, 중금속 성분의 농도가 낮은 경우에는 용매추출법을 이용하여 정량할 수 있다.

② 소듐(나트륨), 마그네슘, 칼슘과 같은 염의 농도가 높은 시료용액에서 검정곡선법이 적용되지 않을 때는 표준물첨가법을 사용하는 것이 좋으며, 이 때 시료용액의 종류에 따라 바탕보정을 할 필요가 있다.

3. 용어정의

① **표준원액** : 정확한 농도를 알고 있는 비교적 고농도의 용액으로, 일반적으로 1,000 mg/kg 농도에서 0.3 % 이내의 불확도를 나태내야 한다.

② **표준용액** : 검정곡선 작성에 사용되며, 용도에 따라 표준원액을 적당한 농도 범위로 묽혀 제조한다. 가능한 한 시료의 매질과 동일한 조성을 갖도록 조제해야 하며, 표준물질의 함량은 1 % 이내의 함량 정밀도를 가져야 한다.

05 환경대기 중 금속화합물을 유도결합플라즈마 분광법으로 분석하기 위한 용매추출 전처리 과정에 해당하는 시료로 옳은 것은? [제12회 11번]

- 시료용액의 적정량을 비커에 취해 아세트산 → 아세트산나트륨 완충용액 (pH 5) 10 mL를 가하여 (1+1) 암모니아수 및 (1+10) 질산으로 pH를 5.2로 조정한다.
- 정제한 아세트산 → 아세트산나트륨 완충용액 (pH 5)을 1 L 분액깔때기에 옮기고 1-피롤리딘카르보다이티오산 암모늄 용액 (20 g/L) 2 mL, 헥사메틸렌암모늄헥사메틸렌카르바모다이티오산의 메탄올 용액 (20 g/L) 2 mL를 가하여 혼합한 후 자일렌 일정량 (5 mL ~ 20 mL)을 가하여 약 5분간 세게 흔들어 정치한다.
- 물 층을 버리고 자일렌 층을 시험관에 넣어 정량에 이용한다.

① 칼슘 ② 소듐
③ 카드뮴 ④ 마그네슘

핵심포인트

1. 유도결합플라즈마 분광법/분석절차/전처리방법/용매추출법

① 1-피롤리딘다이티오카바민산법 : 시료용액 중에 소듐(나트륨), 포타슘(칼륨), 마그네슘, 칼슘 등의 농도가 높고 분석하고자 하는 카드뮴, 납, 니켈의 농도가 낮은 경우에 사용하여 정량할 수 있으며, 망간, 바나듐 등의 정량에도 이용할 수 있다.

정답 05 ③

06 **환경대기 중의 금속화합물 농도 측정 방법에 대한 설명으로 옳은 것은?** [제10회 2차 13번]

① 베릴륨 화합물을 유도결합플라즈마 분광법으로 분석 시 전처리 방법으로는 마이크로산 분해법을 적용하여 분석한다.

② 구리 화합물을 유도결합플라즈마 분광법으로 분석 시 규소(Si)를 다량으로 포함하고 있을 때는 0.2 % 염화칼슘 용액을 첨가하여 분석할 수 있다.

③ 구리, 비소, 아연 화합물을 유도결합플라즈마 분광법으로 분석 시 전처리 방법으로는 1-피롤리딘다이티오카바민산을 적용하여 분석한다.

④ 크롬 화합물을 유도결합플라즈마 분광법으로 분석 시 불꽃 또는 광원에서 발생하는 스펙트럼으로 인하여 분석원소의 흡수세기에 영향을 미치는 스펙트럼 방해가 나타난다.

☑ **해설** ② 핵심포인트 2.① 참고, ③ 핵심포인트 1. <표> 산분해법 적용, ④ 원자흡수분광광도법 분석시 방해

핵심포인트

환경대기 중 금속화합물/유도결합플라즈마 분광법

1. 금속별 시료 전처리 방법 비교

전처리법	전처리법	적용가능한 금속
산분해법	질산－과산화수소법	구리, 납, 니켈, 비소, 아연, 철, 카드뮴, 크롬
	질산－염산혼합액에 의한 초음파 추출법	
	회화법	
	마이크로파산분해법	구리, 납, 니켈, 비소, 아연, 철, 카드뮴, 크롬, 베릴륨, 코발트
용매추출법	1－피롤리딘다이티오카바민산법	납, 니켈, 카드뮴
	트라이옥틸아민법	크롬

2. 환경대기 중 금속화합물/원자흡수분광법/화학적간섭

① 원자흡수분광법으로 철 분석시 규소(Si)를 다량 포함하고 있을 때는 0.2 % 염화칼슘 용액을 첨가하여 분석하고, 유기산(특히 시트르산)이 다량 포함되어 있을 때는 0.5 % 인산을 가하여 간섭을 줄일 수 있다.

57 [ES 01702] 환경대기 중 납화합물

01 환경대기 중 납 화합물 분석방법과 정량범위가 틀린 것은? [제10회 12번]

① 유도결합플라즈마분광법 (0.1 mg/L～2 mg/L)
② 원자흡수분광법 (0.2 mg/L～25 mg/L)
③ 수소화물발생원자흡수분광법 (0.005 mg/L～0.05 mg/L)
④ 자외선/가시선분광법 (0.001 mg～0.04 mg)

☑ **해설** ③ 핵심포인트 1. <표> '분석방법' 참고

핵심포인트

1. 적용가능한 시험방법

① 원자흡수분광법이 주시험방법이며, 다음의 <표>에 각 분석방법별 정량범위와 정밀도 및 방법검출한계를 나타내었다.

〈표〉 납 시험방법과 정량범위, 정밀도 및 방법검출한계

분석방법	정량범위	정밀도(%)	방법검출한계
원자흡수분광법	(0.2～25) mg/L	2～10	0.06 mg/L
유도결합플라즈마분광법	(0.1～2) mg/L	2～10	0.032 mg/L
자외선/가시선 분광법	(0.001～0.04) mg	2～10	–

02 환경대기 중 납 화합물을 유도결합플라즈마 분광법으로 분석할 때의 주의할 점으로 틀린 것은? [제10회 2차 15번]

① 시료용액 중에 나트륨, 칼륨, 마그네슘, 칼슘 등의 농도가 높고 납의 농도가 낮은 경우에는 산분해법을 이용하다.
② 유도결합플라즈마 분광법용 기체로는 순도 99.99 % 이상의 아르곤(Ar)을 사용한다.
③ 시료채취는 저용량 공기시료채취기를 사용할 경우에는 3～7일간 연속채취하는 것을 원칙으로 한다.
④ 내부정도관리 주기는 방법검출한계, 정밀도, 정확도의 측정은 연 1회 이상 측정하는 것을 원칙으로 한다.

☑ **해설** ① 핵심포인트 1.① 참고

핵심포인트

1. 유도결합플라즈마 분광법

① 간섭물질 : 시료용액 중에 나트륨, 칼륨, 마그네슘, 칼슘 등의 농도가 높고 납의 농도가 낮은 경우에는 용매추출법을 이용하여 납을 정량할 수 있다.
② 플라즈마용 기체 : 순도 99.99 % 이상의 아르곤(Ar) 기체를 사용한다.
③ 시료채취 : 고용량 공기시료채취기를 사용할 경우의 시료채취 시간은 24시간을 원칙으로 하고 저용량 공기시료채취기를 사용할 경우에는 (3～7) 일간 연속채취하는 것을 원칙으로 하며, 대기 중의 납 농도와 측정당시의 기상조건을 고려하여 채취기간을 결정할 수 있다.
④ 내부정도관리 주기 : 방법검출한계, 정밀도와 정확도의 측정은 연 1회 이상 측정하는 것을 원칙으로 하며, 분석자의 변경, 분석장비의 수리나 이동 등 주요 변동사항이 발생하는 경우에는 수시로 하고 검정곡선의 검증 및 방법바탕시료의 측정은 시료군 당 1회 실시하여야 한다.

정답 01 ③ 02 ①

03 환경대기 중 납 및 그 화합물 농도를 자외선/가시광선분광측정법으로 측정할 때 틀린 것은?

[제2회 42번]

① 납 이온이 염화칼륨 용액 중에서 디티존과 반응하여 생성되는 착염을 클로로폼으로 추출하고, 흡광도를 520 nm에서 측정하여 정량한다.
② 입자상 납 화합물은 로우볼륨 및 하이볼륨 샘플러로 채취하여, 여과지를 전처리한 후 납의 분석 농도를 구하고, 채취 유량에 따라 대기 중 농도를 구한다.
③ 자외선/가시선 분광법의 정량 범위는 0.001 mg~0.04 mg이며, 정밀도는 3 %~10 %이다.
④ 납 착화합물은 시간이 경과하면 분해되므로, 가능한 한 빛을 차단하고 20 ℃ 이하에서 조작하며, 장시간 방치하지 않도록 한다.

☑ **해설** ① 핵심포인트 1.① 참고

04 괄호 안에 들어가야 할 것은?

[제4회 42번]

환경대기 중의 (　　) 시험법은 (　　)이온을 시안화 칼륨용액 중에서 디티존에 작용시켜서 생성되는 (　　)디티존 착염을 클로로포름으로 추출하고 과잉량의 디티존을 시안화칼륨 용액으로 씻고 (　　) 착염의 흡광도를 측정하여 정량하는 방법이다.

① 납　　② 탄화수소
③ 황　　④ 다이옥신

☑ **해설** ① 핵심포인트 1.① 참고

핵심포인트

1. 자외선가시선분광법

① **목적** : 납 이온이 시안화칼륨 용액 중에 디티존과 반응하여 생성되는 납 디티존착염을 클로로폼으로 추출하고, 과량의 디티존은 시안화칼륨 용액으로 씻어내어, 납착염의 흡광도를 520 nm에서 측정하여 정량하는 방법이다.
② **적용범위** : 대기 중 입자상 형태로 존재하는 납 및 그 화합물의 분석방법에 대하여 규정하며, 입자상 납화합물은 하이볼륨에어샘플러법 및 로우볼륨에어샘플러법을 이용하여 여과지에 채취하고 여과지를 전처리한 후 납의 분석농도를 구하고 채취유량에 따라 대기 중 납의 농도를 산출한다.
③ 정량범위는 (0.001 ~ 0.04) mg이며, 정밀도는 (3 ~ 10) %이다.
④ **간섭물질** : 납착물은 시간이 경과하면 분해되므로, 가능한 빛을 차단하고, 20 ℃ 이하에서 조작하며, 장시간 방치하지 않도록 한다.

정답 03 ① 04 ①

58 [ES 01703] 환경대기 중 니켈화합물

01 **원자흡수분광광도법에 의한 니켈 측정 시, 시료에 다량의 탄소가 포함되었을 때의 간섭작용을 배제하기 위한 방법으로 적합한 것은?** [제4회 18번], [제8회 5번]

① 시료를 채취한 여과지를 적당한 크기로 잘라서 자기도가니에 넣어 전기로를 사용하여 섭씨 800도에서 30분 이상 가열한 후 전처리 조작한다.

② 시료에 이플로오린화수소암모늄을 1 % 정도 가하여 분석하거나 아세틸렌－아산화질소 불꽃을 사용하여 방해를 줄일 수 있다.

③ 검정곡선용 표준용액의 매트릭스를 일치시키고 아세틸렌－아산화질소 불꽃을 사용하여 분석한다.

④ 시료에 0.2 % 염화칼슘 용액을 첨가하고 필요에 따라서는 0.5 % 인산을 추가로 가하여 간섭을 줄인다.

☑ **해설** ① 핵심포인트 1.③ 참고, ② 크롬분석시, ③ 철분석시, ④ 규소(Si) 다량 포함시

02 **아래의 시험방법은 환경대기 중의 입자상 금속화합물의 농도를 측정하기 위해 사용되는 '원자흡수분광법'에 대해 설명한 것이다. 해당하는 입자상 금속화합물로 옳은 것은?** [제10회 2차 14번]

> • 측정파장 : 232 nm
> • 정량범위 : 0.2 mg/L～20.0 mg/L
> • 간섭물질 : 다량의 탄소가 포함된 시료의 경우 전기로를 사용하여 800 ℃에서 30분 가열한 후 전처리 조작을 행한다.

① Cd ② Ni
③ Cr ④ Pb

핵심포인트

1. 원자흡수분광법

① 목적 : 니켈 속빈음극램프를 점등하여 안정화시킨 후 232 nm의 파장에서 원자흡수분광법으로 측정하는 방법이다.

② 적용범위 : 원자흡수분광법이 주시험방법이며, 니켈의 정량범위는 (0.2～20) mg/L이며, 반복표준편차는 (2～10) %이다.

③ 간섭물질 : 다량의 탄소가 포함된 경우, 시료를 채취한 필터를 적당한 크기로 잘라서 자기도가니에 넣어 전기로를 사용하여 800 ℃에서 30분 이상 가열한 후 전처리 조작을 행하며, 카드뮴, 크롬 등을 동시에 분석하는 경우에는 500 ℃에서 (2～3)시간 가열한 후 전처리 조작을 행한다.

정답 01 ① 02 ②

03 **환경대기 중 니켈화합물을 원자흡수분광법으로 분석하기 위한 시료채취 및 분석결과를 나타낸 것이다. 니켈 농도로 옳은 것은?** [제12회 12번]

- 시료채취
  - 장치 : 고용량 공기시료채취기
  - 시간 : 24시간
  - 평균유량 : 1.5 m^3/min
  - 온도 및 압력 : 27 ℃, 765 mmHg
- 전체 여과지 크기 : 20 cm × 23 cm
  - 분취한 여과지 크기 : 2.5 cm × 20 cm
- 조제한 분석용 시료용액 최종 부피 : 15 mL
- 원자흡수분광법 분석결과
  - 시료용액 측정값 : 0.987 μg/mL
  - 바탕시험 용액 측정값 : 0.011 μg/mL

① 0.07 μg/Sm^3
② 0.17 μg/Sm^3
③ 1.07 μg/Sm^3
④ 1.17 μg/Sm^3

문제풀이

① 환경대기 중의 니켈 농도는 0 ℃, 760 mmHg로 환산한 표준가스 1 m^3 중의 니켈을 mg 수로 나타낸다.

② 표준 건조시료가스량(V_s) : $Q \times t \times \frac{273℃}{273℃ + t} \times \frac{p}{760\ mmHg}$

$$= \frac{1.5\ m^3}{min} \times 1{,}440\ min \times \frac{273℃}{(273+27)℃} \times \frac{765\ mmHg}{760\ mmHg} = 1{,}979\ Sm^3$$

③ 분취한 여과지에 대한 보정계수 : $\frac{20\ cm \times 23\ cm}{2.5\ cm \times 20\ cm} = 9.2$

④ 시료중의 니켈량(m) : (시료용액 측정값 − 바탕시험 용액 측정값) × 분석용 시료용액 최종 부피

$$= (0.987 - 0.011)\ \mu g/mL \times 15\ mL = 14.64\ \mu g$$

⑤ 구리농도(μg/Sm^3) : $\frac{m}{V_s} \times \text{보정계수} = \frac{14.64\ \mu g}{1{,}979\ Sm^3} \times 9.2 = 0.07\ \mu g/Sm^3$

정답 03 ①

59 [ES 01704] 환경대기 중 비소화합물

01 환경대기 중 비소화합물을 수소화물발생 원자흡수분광법으로 측정할 때 간섭물질에 대한 설명으로 틀린 것은? [제12회 10번]

① 비소 및 비소화합물 중 휘발성 비소의 손실을 방지하기 위하여 전처리 방법으로서 고압 산분해법 이용을 권장한다.
② 전이금속에 의한 간섭은 염산농도에 따라 달라지며 4 N~6 N 염산의 사용을 권장한다.
③ 시료 분석시 213.8 nm 측정파장을 이용할 경우 불꽃에 의한 흡수 때문에 바탕선이 높아지는 경우가 있다.
④ 시료 중에 귀금속의 농도가 100 μg/L 이상, 구리, 납 등의 농도가 1 mg/L 이상, 수소화물 생성원소의 농도가 각각 0.1 mg/L~1 mg/L 이상일 경우에는 수소화 비소의 발생에 간섭을 준다.

☑ **해설** ① 핵심포인트 2.① 참고

02 환경대기 중에 존재하는 비소(As) 및 비소화합물을 수소화물 원자흡수분광광도법으로 정량할 경우, 전처리하는 동안 비소 손실의 가능성이 있어 이를 최소화하기 위해 공정시험기준에서 권장하는 전처리 방법은? [제3회 3번], [제6회 4번]

① 질산 – 염산법
② 마이크로파 산분해법
③ 질산 – 과산화수소법
④ 질산 – 염산혼합액에 의한 초음파 추출법

☑ **해설** ② 핵심포인트 2.① 참고

핵심포인트

1. 수소화물발생 원자흡수분광법/개요/목적

① 수소화 비소발생장치를 부착하고 비소 속빈음극램프를 점등하여 안정화시킨 후, 193.7 nm의 파장에서 원자흡수분광법 통칙에 따라 조작하여 시료용액의 흡수도 또는 흡수 백분율을 측정하는 방법이다.

2. 수소화물발생 원자흡수분광법/개요/간섭물질

① 비소 및 비소화합물 중 일부 화합물은 휘발성이 있으므로 채취 시료를 전처리하는 동안 비소의 손실 가능성 있기 때문에 전처리 방법으로서 마이크로파 산분해법을 이용할 것을 권장한다.
② 시료 용액 중의 산 매질 농도에 따라 감응도에 약간의 차이가 날 수 있으며, 시료와 표준용액을 동일한 방법으로 처리하여 이러한 차이를 줄여야 한다.
③ 시료 용액 중에 귀금속(은, 금, 백금, 팔라듐 등)의 농도가 100 μg/L 이상, 구리, 납 등의 농도가 1 mg/L 이상, 수소화물 생성원소(비스무트, 안티모니, 주석, 셀레늄, 텔루륨 등)의 농도가 각각 (0.1~1) mg/L 이상 철, 니켈, 코발트의 함량이 각각 비소함량의 5, 10, 80배 정도를 초과하는 경우에는 수소화 비소의 발생에 간섭을 준다.
④ 전이금속에 의한 간섭은 염산 농도에 따라 달라지며 저농도에서보다 (4~6) N 염산의 사용을 권장한다.
⑤ 질산 분해에 의해 생기는 환원된 산화질소와 아질산염은 감도를 저하시킬 수 있다.

3. 환경대기 중 아연 화합물-원자흡수분광법/개요/간섭물질

① 213.8 nm 측정파장을 이용할 경우 불꽃에 의한 흡수 때문에 바탕선이 높아지는 경우가 있다.

정답 01 ① 02 ②

4. 환경대기 중 금속화합물/원자흡수분광법

① 전처리방법

전처리법		적용가능한 금속
산분해법	질산－과산화수소법	구리, 납, 니켈, 비소, 아연, 철, 카드뮴, 크롬
	질산－염산혼합액에 의한 초음파 추출법	구리, 납, 니켈, 비소, 아연, 철, 카드뮴, 크롬
	마이크로파 산분해법	구리, 납, 니켈, 비소, 아연, 철, 카드뮴, 크롬
	회화법	구리, 납, 니켈, 비소, 아연, 철, 카드뮴, 크롬
용매추출법	다이에틸다이티오카바민산 또는 디티존－톨루엔 추출법	납, 카드뮴
	트라이옥틸아민법	크롬

60 [ES 01705] 환경대기 중 아연화합물

01 다음은 환경대기 중의 어떤 금속성분의 농도를 측정하기 위해 사용되는 「원자흡수분광광도법」의 측정파장, 정량범위, 정밀도 및 방법검출한계를 나타낸 것이다. 측정 대상 금속은? [제4회 13번]

- 측정파장 : 213.8 nm
- 정량범위 : 0.01 mg/L ~ 1.5 mg/L
- 정밀도 : 2 % RSD ~ 10 % RSD
- 방법검출한계 : 0.003 mg/L

① 아연(Zn)
② 구리(Cu)
③ 카드뮴(Cd)
④ 납(Pb)

핵심포인트

1. 적용가능한 시험방법

① 원자흡수분광법이 주시험방법이며, 다음의 <표>에 각 분석방법별 정량범위와 정밀도 및 방법검출한계를 나타내었다.

② 아연을 원자흡수분광광도법으로 정량하는 방법으로 아연 속빈음극램프를 점등하여 안정화시킨 후 213.8 nm의 파장에서 아연을 측정하는 방법이다.

〈표〉 아연 시험방법과 정량범위, 정밀도 및 방법검출한계

분석방법	정량범위	상대표준편차(정밀도,%)	방법검출한계
원자흡수분광법	(0.01～1.5) mg/L	2～10	0.003 mg/L
유도결합플라즈마분광법	(0.4～20) mg/L	3～10	0.120 mg/L

정답 01 ①

61 [ES 01706] 환경대기 중 철화합물

01 **환경대기 중 철(Fe)에 대한 주시험방법은 원자흡수분광광도법이다. 이 시험방법은 대기 중 입자상 형태로 존재하는 철(Fe) 및 그 화합물을 분석하는 방법으로 하이볼륨 또는 로우볼륨에어샘플러법을 이용하여 여과지에 채취하고 여과지를 전처리하여 분석하는 방법이다. 시료에 규소(Si)가 다량 포함되어 있을 때 전처리된 시험용액에 첨가해야할 시약은 무엇인가?** [제4회 26번]

① 0.5 % 인산 ② 0.2 % 염화칼슘
③ 0.5 % 황산나트륨 ④ 0.2 % 이플루오린화 수소암모늄

☑ **해설** ② 핵심포인트 1.② 참고

02 **원자흡수분광법을 이용하여 철을 분석할 때 니켈, 코발트 등이 다량 존재할 경우 간섭이 심하게 일어날 수 있다. 이때 간섭을 줄이기 위한 방법으로 적절하지 않은 것은?** [제2회 41번]

① 아세틸렌/아산화질소 불꽃을 사용한다.
② 흑연로원자흡수분광광도법을 이용한다.
③ 분석파장을 바꾼다.
④ 검정곡선용 표준용액의 매트릭스를 일치시킨다.

☑ **해설** ③ 광학적 간섭시 다른 분석 파장을 사용하여 재측정한다.

03 **원자흡수분광법을 이용하여 철을 분석할 때 니켈, 코발트 등이 다량 존재할 경우 간섭이 심하게 일어날 수 있다. 이때 간섭을 줄이기 위한 방법으로 틀린 것은?** [제8회 8번]

① 아세틸렌/아산화질소 불꽃을 사용한다.
② 흑연로원자흡수분광광도법을 이용한다.
③ 시료를 500 ℃에서 2~3시간 가열한다.
④ 검정곡선용 표준용액의 매트릭스를 일치시킨다.

☑ **해설** ③ 니켈 측정시 다량의 탄소가 포함된 시료의 전처리 방법이다.

핵심포인트

1. 원자흡수분광법/개요/간섭물질

① 니켈, 코발트가 다량 존재할 경우 검정용 표준용액의 매질을 일치시키고 아세틸렌/아산화질소 불꽃을 사용하여 분석하거나, 흑연로원자흡수분광법을 이용하여 최소화 시킬 수 있다.
② 규소(Si)를 다량 포함하고 있을 때는 0.2 % 염화칼슘 용액을 첨가하여 분석할 수 있다.
③ 유기산(특히 시트르산)이 다량 포함되어 있을 때는 0.5 % 인산을 가하여 간섭을 줄일 수 있다.

정답 01 ② 02 ③ 03 ③

62 [ES 01707] 환경대기 중 카드뮴화합물

01 **유도결합플라즈마 원자발광분광법으로 환경대기 중 카드뮴을 분석하고자 할 때 광학적 간섭 효과를 줄일 수 있는 방법으로 옳은 것은?** [제2회 9번]

① 표준물질첨가법 사용　② 시료 희석
③ 시료 점도 증가　④ 이온화 전압이 더 낮은 원소 첨가

☑ **해설** ① 핵심포인트 1.② 참고

핵심포인트

1. ES 01700.2 환경대기 중 금속화합물-유도결합플라즈마분광법/간섭물질/광학적 간섭

① 분석하고자 하는 금속과 근접한 파장에서 발광하는 물질이 존재하거나, 측정파장의 스펙트럼이 넓어질 때 이온과 원자의 재결합으로 연속 발광할 때 또는 분자띠 발광 시에 발생할 수 있다.
② 광학적 간섭은 측정에 사용하는 스펙트럼이 다른 인접선과 완전히 분리되지 않아 파장 선택부의 분해능이 충분하지 않기 때문에 검량곡선의 직선영역이 좁고 구부러져 측정감도 및 정밀도가 저하되므로 이 경우 다른 파장을 사용하여 다시 측정하거나 표준물질첨가법을 사용하여 간섭효과를 줄일 수 있다.

02 **카드뮴화합물 측정에서 채취한 시료와 그 성상에 따른 처리방법으로 틀린 것은?** [제4회 35번]

① 다량의 유기물과 유기탄소를 함유한 것은 저온회화법으로 처리
② 유기물을 함유하지 않은 것은 질산법으로 처리
③ 셀룰로오스섬유계 여과지를 사용한 것은 질산-과산화수소법으로 처리
④ 타르 기타 소량의 유기물을 함유한 것은 질산-염산법으로 처리

☑ **해설** ③ 핵심포인트 1.① <표> 3 '저온회화법' 참고

핵심포인트

배출가스 중 카드뮴화합물

1. 원자흡수분광광도법/분석절차/전처리

① 채취한 시료는 그 성상에 따라 아래 <표>의 처리방법에 의하여 처리하고 분석시료용액을 조제한다.

〈표〉 시료의 성상 및 처리 방법

순번	성상	처리방법
1	타르 기타 소량의 유기물을 함유하는 것	질산-염산법, 질산-과산화수소수법, 마이크로파산분해법
2	유기물을 함유하지 않는 것	질산법, 마이크로파산분해법
3	다량의 유기물 유리탄소를 함유하는 것 셀룰로스 섬유제 필터를 사용한 것	저온회화법

정답 01 ① 02 ③

63 [ES 01708] 환경대기 중 크롬화합물

01 다음에서 설명하는 금속은? [제3회 41번]

> 주기율표 6B족에 속하는 원소로서 원자번호는 24, 원자량은 51.99이다. 주요 산화상태는 +1에서 +6이며 주로 합금, 전기도금, 염료로 사용된다. 염산이나 황산에는 수소를 발생하며 녹지만, 진한 질산이나 왕수 등 산화력을 가지는 산에는 녹지 않고, 또 이들 산에 담가 둔 것은 표면에 부동태를 만들어 보통의 산에도 녹지 않는다.

① 크롬 ② 구리
③ 니켈 ④ 아연

핵심포인트

1. 적용가능한 시험방법

① 일반적 성질 : 주기율표 6B족에 속하는 원소로서 원자번호는 24, 원자량은 51.99이다. 주요 산화상태는 +1에서 +6이며, 주로 합금, 전기도금, 염료로 사용된다. 염산이나 황산에는 수소를 발생하며 녹지만, 진한 질산이나 왕수 등 산화력을 가지는 산에는 녹지 않고, 또 이들 산에 담가 둔 것은 표면에 부동태를 만들어 보통의 산에도 녹지 않는다.

② 원자흡수분광법이 주시험방법이며, 정량범위와 정밀도 및 방법검출한계를 <표>에 나타내었으며 시료 중 카드뮴의 농도가 낮은 경우, 용매추출법을 이용한 전처리가 요구된다.

〈표〉 크롬 시험방법과 정량범위, 정밀도 및 방법검출한계

분석방법	정량범위	상대표준편차(정밀도,%)	방법검출한계
원자흡수분광법	(2∼20) mg/L	2∼10	0.6 mg/L
유도결합플라즈마분광법	(0.02∼4) mg/L	2∼10	0.012 mg/L

정답 01 ①

64 [ES 01710] 환경대기 중 코발트화합물

01 **환경대기 중 금속화합물인 코발트의 특성으로 올바르지 않는 것은?** [제4회 41번]

① 주기율표 제9족에 속하는 철족원소
② 원자번호 27, 원자량은 58.93
③ 공기 중에 방치해도 표면에 녹이 슬 뿐 쉽게 부식되지 않음
④ 녹주석, 금록석, 페나스석 등으로 널리 존재함

☑ **해설** ④ 핵심포인트 2.① 참고 ; 베릴륨화합물에 대한 설명이다.

핵심포인트

1. 적용가능한 시험방법

① 일반적 성질 : 주기율표 제9족에 속하는 철족원소, 원자번호 27, 원자량 58.93, 철과 비슷한 광택이 나는 금속으로 강자성이고, 가열해도 잘 융해되지 않으며, 공기 중에 방치해도 표면에 녹이 슬 뿐 잘 부식되지 않는다.

② 유도결합플라즈마원자발광분광법으로 분석하며, 정량범위와 정밀도 및 방법검출한계를 표에 나타내었다.

〈표〉 코발트 시험방법과 정량범위, 정밀도 및 방법검출한계

분석방법	정량범위	상대표준편차(정밀도,%)	방법검출한계
유도결합플라즈마원자발광분광법	(0.15～5) mg/L	2～10	0.015 mg/L

2. ES 01709 환경대기 중 베릴륨화합물

① 일반적 성질 : 주기율표 제2족에 속하는 알칼리토금속으로 원자번호 4, 원자량은 9.01이다. 천연석으로는 녹주석·금록석·페나스석 등으로 널리 존재하지만, 가장 중요한 광물은 녹주석이며, 산화베릴륨을 (11～13) % 함유하고 있다.

정답 01 ④

65 [ES 01711] 환경대기 중 수은 습성 침적량 측정법

01 **환경대기 중 수은분석을 위한 습성 침적량 측정방법에 대한 설명으로 틀린 것은?**

[제10회 2차 16번]

① 총수은은 BrCl에 의해 산화 가능한 수은의 형태로 2가 수은이나 0가 수은에만 한정된 것이 아니라 2가 수은화합물이나 흡착된 입자상 수은, 유기수은을 포함한다.
② 시료 내에 염화브롬이 50 ng/L～100 ng/L의 농도로 존재할 경우 수은의 회수율이 100 %까지 감소될 수 있다.
③ 강우시료의 채취는 염산용액 20 mL를 첨가한 PTFE병과 유리깔때기, 테플론 어댑터, 테플론 커플링, 유리베이퍼 포크와 연결하여 강우 채취기를 통해 이루어진다.
④ 모든 시료는 화요일 아침 8시～10시에 교환하는 것을 원칙으로 하며 8일 이상으로 채취된 시료는 유효하지 않은 시료로 판정한다.

☑ **해설** ② 핵심포인트 1.② ㉠ 참고

02 **환경대기 중 금속화합물 분석법의 간섭물질 전처리 과정을 설명한 것이다. 해당하는 시료로 옳은 것은?**

[제12회 13번]

- 시료 내 요오드화물의 농도가 3 mg/L를 초과하면, 보통 시료보다 더 많은 양의 $SnCl_2$를 첨가하여야 한다.
- 시료 내 요오드화물의 농도가 30 mg/L를 초과하면 분석 후 모든 분석 도구 및 시스템을 4 N HCl 용액으로 씻어내야 한다.
- 금아말감 튜브에 수분이 흡착되는 것을 방지하고, 수분이 흡착된 금아말감 튜브는 사용하지 않는다.
- 금아말감 튜브에 수분이 흡착되면 분석 시 또 다른 피크를 생성할 수 있다.

① 니켈　　② 수은
③ 아연　　④ 크롬

핵심포인트

1. 유도결합플라즈마 분광법

① 총 수은 : BrCl에 의해 산화 가능한 수은의 형태를 말하며 이는 2가 수은[Hg(Ⅱ)]이나 0가 수은[Hg(0)]에만 한정된 것이 아니라, 복잡한 형태의 2가 수은 화합물이나 흡착된 입자상 수은, 일부 공유결합을 하고 있는 유기수은 [CH_3HgCl, $(CH_3)_2Hg$, $C_6H_5HgOOCCH_3$]을 포함한다.

② 간섭물질 처리

㉠ 시료 내에 요오드화물이 (30～100) ng/L의 농도로 존재할 경우 수은의 회수율이 100 %까지 감소될 수 있으며 만일 시료 내 요오드화물의 농도가 3 mg/L를 초과하는 경우 보통 시료보다 더 많은 양의 $SnCl_2$를 첨가하여야 한다. $SnCl_2$를 첨가한 후 재빨리 시료병의 뚜껑을 닫고 즉시 분석해야 하며, 시료 내 요오드화물의 농도가 30 mg/L를 초과하면 분석 후 모든 분석 도구 및 시스템을 4 N HCl 용액으로 씻어내야 한다.

정답 01 ② 02 ②

㉡ 금아말감튜브에 수분이 흡착되면 간섭이 일어날 수 있으며 수분이 흡착되면 형광셀에 응결할 수 있고, 이는 분석 시 또 다른 피크를 생성할 수 있으므로 금아말감 튜브에 수분이 흡착되는 것을 방지하고 수분이 흡착된 금아말감튜브는 사용하지 않는다.

③ **시료채취방법** : 일반적으로 강우 시료 중에 포함되어 있는 수은은 그 농도가 매우 낮기 때문에 오염되지 않도록 특별히 주의해야 하므로 모든 기기들은 제시된 산세척 방법으로 세척한 후 사용해야 하며, 시료의 채취는 염산용액 20 mL를 첨가한 PTFE병과 유리깔때기, 테플론 어댑터, 테플론 커플링, 유리 베이퍼 포크와 연결하여 강우 채취기를 통해 이루어진다.

④ **시료채취 주기** : 모든 시료는 화요일 아침 8시~10시에 교환하며, 만약 화요일에도 비가 오는 경우에는 수요일에 시료를 교환해야 하고 8일 이상 채취된 시료는 유효하지 않은 시료로 판정한다.

66 [ES 01801] 환경대기 중 벤조(a)피렌 시험방법

01 환경대기 중 벤조(a)피렌의 주시험방법으로 옳은 것은? [제10회 18번]

① 이온크로마토그래피법
② 유도결합플라즈마분광법
③ 가스크로마토그래피법
④ 주사전자현미경법

핵심포인트

1. 가스크로마토그래피법

① 목적 : 가스크로마토그래피법은 환경대기 중의 벤조(a)피렌 농도를 측정하기 위한 주시험방법이다.

02 환경대기 중 벤조(a)피렌 시험방법에 대한 설명으로 틀린 것은? [제2회 48번]

① 시료채취용 필터로 PTFE 멤브레인 필터를 사용하고 흡착 튜브의 흡착제로 XAD－2 resin을 사용한다.
② 시료채취가 끝난 필터는 실온에서 24시간 방치 후 무게를 단다.
③ 시료분석을 위하여 3개의 표준용액을 이용하여 매일 교정한다.
④ 흡착성이 높은 입자상 물질의 양이 많을 때는 Soxhlet 추출을 할 수도 있다.

☑ **해설** ③ 핵심포인트 2.① 참고

핵심포인트

1. 가스크로마토그래피법/분석기기 및 기구/시료채취장치

① 시료채취용 샘플러
㉠ PTFE 멤브레인 필터를 카세트 필터홀더에 장착시킬 수 있는 샘플러를 사용한다.
㉡ 무게를 달기 전에 실온에서 24시간 동안 방치한 다음 필터를 꺼내 무게를 달고, 흡착튜브는 시료채취 후에 쓰이는 플라스틱캡을 갖춘 것으로서 흡착제는 XAD－2 resin을 사용한다.

2. 가스크로마토그래피법/정도보증 및 정도관리/교정

① 적어도 5개 표준용액으로 매일 교정한다.

03 환경대기 중 벤조(a)피렌을 형광광도법으로 분석하고자 한다. 틀린 것은? [제4회 19번]

① 형광분광광도법에서 형광분석은 1 mL의 액량으로부터 30 ng～2,000 ng 분석이 가능하다.
② 염화메틸렌 시약은 특급시약을 사용하며, 사용 전에 유리제 증류기를 사용하여 2회 증류한다.
③ 무수에틸에테르 시약은 나트륨－납 합금으로 처리하여 유리제 증류기로 2회 증류한다.
④ 형광용셀은 내용적 1.0 mL, 광로길이 10 mm, 400 nm～600 nm 광투과율이 100 %인 것을 사용한다.

☑ **해설** ① 핵심포인트 1.① 참고

정답 01 ③ 02 ③ 03 ①

핵심포인트

1. 형광분광광도법/적용범위

① 형광분석은 1 mL의 액량으로부터 (3～200) ng 또는 (10～300) ng의 벤조(a)피렌 분석이 가능하다.

2. 형광분광광도법/교정

① 형광용셀 : 내용적 1.0 mL, 광로길이 10 mm, 파장 (400～600) nm에서의 광투과율이 100 %인 것을 사용한다.

3. 형광분광광도법/시약 및 표준용액

① 염화메틸렌 : 특급시약을 사용 전에 유리제 증류기를 사용하여 2회 증류한 것
② 펜탄 : 특급시약을 사용 전에 유리제 증류기를 사용하여 (35～36) ℃에서 증류한 것 사용
③ 무수에틸에테르 : 나트륨－납 합금으로 처리하여 유리제 증류기로 2회 증류한 것

67 [ES 01802.1] 환경대기 중 다환방향족탄화수소류(PAHs) – 기체크로마토그래피/질량분석법

01 환경대기 중 다환방향족탄화수소류(PAHs) 시험방법에서 적용범위와 간섭물질에 대한 설명으로 틀린 것은? [제12회 14번]

① 대략 10^{-8} kPa 이상의 증기압을 갖는 PAH는 환경대기 중에서 기체와 입자상으로 존재한다.

② 환경대기 중에서 기체상과 입자상으로 존재하므로 여과지와 흡착제의 동시 채취가 필요하다.

③ 측정 및 분석과정중의 동일한 분석절차의 공시료 점검을 통하여 불순물에 대한 확인이 필요하다.

④ 휘발성 PAHs는 필터 상에 포집하고 비휘발성 PAHs는 Tenax, XAD−2 수지, PUF를 사용하여 채취한다.

☑ **해설** ④ 핵심포인트 1.① 참고

02 환경대기 중 다환방향족탄화수소류의 분석방법에 대한 설명으로 틀린 것은? [제7회 18번]

① 내부표준방법으로 PAHs를 정량할 때 전처리한 시료의 최종부피를 정확히 알아야 한다.

② 내부표준방법과 상대검량선방법은 같은 뜻으로 사용된다.

③ 시료에 첨가하는 내부표준물질의 정확한 양을 알면 GC에 주입 부피는 알 필요가 없다.

④ 검출기가 질량분석기일 경우 동위원소를 내부표준물질로 사용한다.

☑ **해설** ① 알고 있는 내부표준물질의 양을 시료 추출액에 첨가하여 농도보정에 사용하므로 전처리한 시료의 최종부피를 정확하게 알아야 하는 것은 아니다.

03 환경대기 중 다환방향족탄화수소류의 분석방법에 대한 설명으로 틀린 것은? [제4회 10번]

① PAHs는 넓은 범위의 증기압을 가지며, 환경대기에서 기체상으로만 존재한다.

② 정제용 내부표준물질은 분석과정의 효율을 판단하기 위하여 사용한다.

③ 내부표준물질은 분석물질의 정량치를 보정하기 위하여 시료에 첨가한다.

④ 검출기가 질량분석기일 경우 동위원소를 대체 표준물질 혹은 내부표준물질로 사용한다.

☑ **해설** ① 핵심포인트 1.① 참고

04 환경대기 중 다환방향족탄화수소류(PAHs) 시험방법 중 기체크로마토그래피/질량분석법에 대한 설명으로 틀린 것은? [제10회 19번]

① 입자상 물질을 채취하기 위하여 산 처리된 석영 여과지(지름 : 105 mm)를 사용하고 사용 전에 여과지를 120 ℃에서 24시간 동안 구워 불순물을 제거한다.

② PAHs는 넓은 범위의 증기압을 가지며 대략 10^{-8} kPa 이상의 증기압을 갖는 PAH는 환경대기 중에서 기체와 입자상으로 존재한다.

정답 01 ④ 02 ① 03 ① 04 ①

③ 증기상태로 존재하는 PAH는 Tenax, XAD－2 수지, PUF(Polyurethane foam)을 사용하여 채취한다.

④ 비휘발성(증기압 < 10^{-8}mmHg) 물질로 존재하는 PAHs는 필터 상에 포집한다.

☑ **해설** ① 핵심포인트 4.① 참고

05 대기 중에 존재하는 다환방향족탄화수소류(PAHs)를 기체크로마토그래프/질량분석법으로 측정하고자 할 경우에 대한 설명으로 틀린 것은? [제3회 35번]

① PAH는 환경대기 중에서 기체와 입자상으로 존재하기 때문에 정확한 측정을 위해서는 여과지와 흡착제의 동시 채취가 필요하다.

② 증기상 PAHs를 채취하기 위해 PUF나 XAD－2 수지를 사용한다.

③ 채취된 물질이 광분해되는 것을 막기 위해 가능하면 자외선으로부터 보호해야 한다.

④ PUF를 흡착제로 사용하였을 경우 메틸렌클로라이드 용매를 이용하여 추출한다.

☑ **해설** ④ 핵심포인트 4.② ㉠ 참고

핵심포인트

1. 개요/적용범위

① PAHs는 대기 중 비휘발성물질 또는 휘발성물질들로 존재하며 비휘발성(증기압 < 10^{-8} mmHg) PAHs는 필터 상에 포집하고 증기상태로 존재하는 PAHs는 Tenax, XAD－2 수지, PUF을 사용하여 채취한다.

2. 개요/간섭물질

① PAHs는 넓은 범위의 증기압을 가지며 대략 10^{-8} kPa 이상의 증기압을 갖는 PAH는 환경대기 중에서 기체와 입자상으로 존재하므로 총 PAHs의 대기 중 농도를 정확한 측정을 위해서는 여과지와 흡착제의 동시 채취가 필요하다.

② 시료채취과정과 측정과정 중에 실제 대기 중의 불순물, 용매, 시약, 초자류, 시료채취 기기의 오염에 따라 오차가 발생하며 측정 및 분석과정 중의 동일한 분석절차의 공시료 점검을 통하여 불순물에 대한 확인이 필요하다.

3. 개요/용어정의

① 내부표준물질 : 알고 있는 양을 시료 추출액에 첨가하여 농도측정 보정에 사용되는 물질로서 반드시 분석목적 물질이 아니어야 한다.

4. 시약 및 표준용액

① 입자상 여과지 : 입자상 물질을 채취하기 위하여 산 처리된 석영여과지(지름 : 105 mm)를 사용하고, 사용 전에 여과지를 600 ℃에서 5시간 동안 구워 불순물을 제거한다.

② 증기상 채취용 물질 : 증기상 PAHs를 채취하기 위해 PUF 3인치 (밀도 : 0.022 g/cm^3) 또는 XAD－2 수지를 사용한다.

㉠ PUF(Polyurethane foam)

- PUF 전처리를 위해 사용되는 속실렛 추출장치에 (200～250) mL의 메틸렌클로라이드로 2시간 순환 세척한다.
- 순환 세척한 용매를 깨끗한 초자에 옮겨 보관하고 필요하다면 나중 분석에서 초자류의 공시료 분석에 사용한다.
- 세척된 속실렛 추출장치에 아세톤을 넣어 (14～24)시간 추출(4주기/시간) 한다.

정답 05 ④

- 세척이 끝난 PUF는 수분흡입기와 연결된 진공오븐에서 건조시키고 상온에서 냄새가 나지 않을 정도(2시간~4시간)로 건조시킨다.
- PUF가 포함된 유리 카트리지를 헥산으로 세척한 호일로 싸고 라벨을 붙여 테프론 테이프로 단단하게 포장한다.
- 유리 카트리지를 공시료로 하여 분석하고 그 농도가 각각의 분석대상물질에 대하여 10 ng/카트리지 이하인 것을 사용한다.

③ 정제용 내부표준물질 : 대체표준물질은 화학적으로 환경시료에 검출되지 않는 물질로서 속실렛의 추출영향, 시료처리과정 오차 등을 확인하기 위해 주입되며, 추출이나 공정 앞에 각 시료, 공시료에 첨가한다.

5. 시료채취 및 관리/시료채취 및 관리/시료채취

① 운반함은 냉장보관하거나 채취된 분석대상물질이 광분해 되는 것을 막기 위해 가능한 자외선으로부터 보호해야 한다.

6. 분석절차/시료의 추출

① 정제용 내부표준물질의 주입 : 대체표준물질(D_{10}-fluorene, D_{10}-pyrene)의 첨가는 질량분석기의 분석으로 속실렛 추출 영향, 시료처리 공정 오차 등을 확인한다.

06 환경대기 중 다환방향족탄화수소류(PAHs) 기체크로마토그래피/질량분석법의 시료채취 및 관리에 대한 설명으로 틀린 것은? [제11회 15번]

① 시료채취는 대기흐름의 방해물로부터 적어도 2 m 이상 떨어져 시료채취기를 설치한다.

② 배기관은 시료도입부로 공기의 재순환을 막기 위하여 상향류 방향으로 하며, 측정지점과 배출지점이 관계된 상황을 기록지에 기록한다.

③ 시료채취유량이 초기값과 10 % 이상 차이가 있을 때는 원인을 알아보고 시료로 쓸 것인지 결정한다.

④ 시료는 냉장보관 운반저장하며 시료는 4 ℃에서 7일 이내 추출하고 추출액은 40일 이내 분석한다.

☑ **해설** ② 핵심포인트 1.② 참고

핵심포인트

1. 시료채취 및 관리/일반사항

① 시료채취지점은 배출지점에서 측정하지 않는 한 배출지점의 영향을 받지 않는 곳에서 측정하며 대기흐름의 방해물로부터 적어도 2 m 이상 떨어져 시료채취기를 설치한다.

② 배기관은 시료도입부로 공기의 재순환을 막기 위하여 하향류 방향으로 하며, 측정지점과 배출지점이 관계된 상황을 기록지에 기록한다.

2. 시료채취 및 관리/시료채취 및 관리/시료회수

① 시료채취유량이 초기값과 10 % 이상 차이가 있을 때는 원인을 알아보고 시료로 쓸 것인지 결정한다.

② 시료는 냉장보관 운반저장하며 4 ℃에서 7일 이내 추출하고 추출액은 40일 이내 분석한다.

정답 06 ②

07 **환경대기 중 다환방향족탄화수소류의 분석방법으로 추출 정제된 시료의 농축액을 추가로 농축하여 1mL 이하 용량으로 만드는데 필요한 장치는 무엇인가?** [제10회 20번]

① 속실렛 추출장치 ② 가속용매 추출장치
③ 회전증발농축기 ④ 질소농축장치

☑ **해설** ④ 핵심포인트 1.④ 참고

핵심포인트

1. 분석기기 및 기구

① **가속용매 추출장치(ASE, accelerated solvent extractor)** : 추출된 시료를 밀봉용기에서 유기용제로 가열 가압하여 추출할 수 있는 장치이다.
② **속실렛(soxhlet) 추출장치** : 필터와 흡착제를 동시에 추출할 수 있어야 하며 대략 1 L 크기의 플라스크, 원통형 여과지 냉각장치 및 가열맨틀 등으로 구성되어야 한다.
③ **회전증발농축기(rotary evaporator)** : 시료를 추출, 정제, 농축하며 시료증발을 위한 감압장치와 가열장치, 300 mL 수기, 감압장치, 냉각장치로 구성된다.
④ **질소농축장치** : 추출 정제된 시료의 농축액을 추가로 농축하기 위하여 1 mL 이하 용량의 농축관과 질소 증발장치(필요시 가열장치 포함)로 구성한다.

정답 07 ④

68 [ES 01803.1] 환경대기 중 알데하이드류 – 고성능액체크로마토그래피법

01 환경대기 중 알데하이드류를 고성능액체크로마토그래피법으로 분석하는 것에 대한 설명으로 옳지 않은 것은? [제2회 50번]

① 이동상 용매로 아세토나이트릴과 증류수, 아세토나이트릴과 테트라하이드로퓨란 등의 혼합 용매를 사용한다.
② 시료채취 시 공기 중 오존에 의한 방해를 제거하기 위하여 오존 스크러버를 DNPH 카트리지 앞에 연결한다.
③ 시료의 추출은 테트라하이드로퓨란으로 실시한다.
④ 추출된 DNPH 유도체는 갈색 바이알에 옮겨 밀봉한 후 냉장 보관하며, 특별한 사유가 없는 한 2주일 내에 분석한다.

☑ **해설** ③ 핵심포인트 3.① 참고

02 환경대기 중 알데하이드류 농도 측정방법에 관한 설명으로 옳은 것은? [제4회 48번], [제8회 16번]

① DNPH 카트리지의 후단에 오존 스크러버를 장착하여 시료를 채취하여야 한다.
② 카르보닐화합물과 DNPH가 반응하여 형성된 DNPH 유도체를 아세토나이트릴 용매로 추출하여 분석한다.
③ 표준물질로는 DNPH 유도체화된 알데하이드를 아세톤에 용해시켜 사용한다.
④ DNPH 카트리지를 이용한 적당한 시료채취유량은 2 L/min～4 L/min 정도이다.

☑ **해설** ① 핵심포인트 2.① 참고, ③ 핵심포인트 3.① 참고, ④ 핵심포인트 4.① 참고

03 알데하이드류를 분석하는 방법에 대한 설명으로 틀린 것은? [제5회 11번]

① DNPH 유도체를 아세토나이트릴 용매로 추출하여 분석한다.
② 약 1.5 g의 요오드화칼륨(KI)이 충전된 오존 스크러버를 DNPH 카트리지 앞부분에 장착한다.
③ 고성능 액체 크로마토그래피(HPLC)를 이용하여 분석한다.
④ 검출기는 UV검출기를 사용하며 460 nm 파장에서 분석한다.

☑ **해설** ④ 핵심포인트 1.① 참고

04 고성능 액체크로마토그래피법에 의해 환경대기 중에 있는 알데하이드 화합물의 농도를 측정하는 실험에서 필요하지 않은 것은? [제3회 39번]

① DNPH 카트리지 ② 오존 스크러버
③ 아세토나이트릴 ④ IR(적외선) 검출기

☑ **해설** ④ 핵심포인트 1.① 참고

정답 01 ③ 02 ② 03 ④ 04 ④

핵심포인트

1. 개요/시험방법의 종류/DNPH 유도체화 액체크로마토그래피(HPLC/UV) 분석법

① 이 시험방법은 카르보닐화합물과 DNPH가 반응하여 형성된 DNPH 유도체를 아세토나이트릴 용매로 추출한 후 고성능액체크로마토그래피(HPLC)를 이용하여 자외선(UV) 검출기의 파장 360 nm에서 분석한다.

2. 측정장치 및 기구/시료채취장치

① 오존 스크러버 : 공기 시료 중에는 오존이 항상 존재하므로 오존 제거를 위해 약 1.5 g의 KI가 충전된 오존 스크러버를 DNPH 카트리지 전단에 장착한다.

3. 시약 및 표준물질/용매

① 아세토나이트릴 : 시료 추출 및 이동상 용매
② 증류수 : 이동상 용매
③ 테트라하이드로퓨란 : 이동상 용매

4. 시료채취 및 관리/시료채취방법

① DNPH 카트리지로 유속 약 (1~2) L/min으로 하여 시료를 채취한다.

5. 분석절차/HPLC 분석법

① 이동상으로는 분당 1 mL의 유량으로 아세토나이트릴과 증류수, 아세토나이트릴, 테트라하이드로퓨란 혼합용액을 사용할 수 있다.
② 갈색 바이알에 옮긴 시료는 밀봉하여 냉장 보관하며, 추출된 시료는 특별한 사유가 없는 한 2주일 이내에 분석한다.

05 **환경대기 중 알데하이드류의 고성능액체크로마토그래피법에서 DNPH 카트리지로부터 용출시킨 용액 중 미반응 2,4−DNPH를 제거하기 위해 사용하는 것으로 옳은 것은?**

[제12회 15번]

① 여과지
② 강 음이온 교환수지
③ 강 양이온 교환수지
④ 스테인리스 스틸 필터

핵심포인트

1. 측정장치 및 기구/시료채취장치

① 강 양이온 교환수지 : 미반응의 2,4−DNPH를 포착하기 위해 사용된다. DNPH 카트리지로부터 아세토나이트릴을 사용하여 용출시킨 용액 중에 미반응의 과잉의 2,4−DNPH를 제거하여 시료의 크로마토그램을 좋게 할 수도 있다. 강 양이온 교환수지는 입경 (40~100) μm의 다공성 친수성 비닐폴리머 또는 이것과 동등 이상의 성능을 지닌 것을 사용한다.

정답 05 ③

69 [ES 01804] 환경대기 중 유해 휘발성유기화합물(VOCs) 시험방법

01 **다음은 대기환경 중에 존재하는 휘발성유기화합물 중 오존생성 전구물질과 유해대기오염물질의 농도를 측정하기 위한 시험방법에 대한 설명이다. 옳은 것을 모두 고른 것은?**

[제4회 43번]

> ㉠ 고체흡착열탈착분석법, 고체흡착용매추출법과 자동연속열탈착분석법이 있으며, 고체흡착열탈착분석법을 주시험법으로 한다.
> ㉡ 시료채취장치는 흡착관, 흡인펌프 및 유량계로 구성되나, 자동연속열탈착분석법의 경우 저온농축관, 흡인펌프, 적산유량계로 구성된다.
> ㉢ 고체흡착열탈착분석법의 성능에서 분석대상물질의 정밀도는 시험방법에 정해진 식으로 구하고 이 값을 20 % 이내로 한다.

① ㉠, ㉡ ② ㉡, ㉢
③ ㉠, ㉢ ④ ㉠, ㉡, ㉢

핵심포인트

1. 개요/적용범위

① 고체흡착열탈착법과 고체흡착용매추출법 및 자동연속열탈착분석법이 있으며, 고체흡착열탈착분석법을 주시험법으로 한다.

2. 분석기기 및 기구/시료채취장치

① 고체분말표면에 기체가 흡착되는 것을 이용하는 방법으로 흡착관, 유량계 및 흡입펌프로 구성한다.

3. 정도보증 및 정도관리/표준시료 및 현장시료에 대한 정도보증 및 관리

① 중복분석정밀도 : 동일한 시간동안 동일한 유량으로 시료를 채취하여 동일한 방법으로 두 시료를 분석하여 정밀도를 확인하며, 20 % 이내로 한다.

02 **환경대기 중 유해 휘발성 유기화합물(VOCs) 시험 방법에 대한 설명으로 틀린 것은?**

[제12회 16번]

① 다수의 염소화 VOC는 캐니스터에서 불안정하므로 적용이 어렵다.
② 고체흡착 열탈착법은 C_3～C_{20}까지에 해당되는 주요 VOC에 광범위하게 적용할 수 있다.
③ 고체흡착법은 대기환경 중 0.5 nmol/mol～25 nmol/mol 농도의 휘발성 유기화합물의 분석에 적합하다.
④ 캐니스터법은 대기중에 존재하는 유해 VOC를 0.1 nmol/mol～100 nmol/mol의 범위에서 측정할 수 있다.

☑ **해설** ① 핵심포인트 1.② 참고

핵심포인트

1. 캐니스터법/개요/적용범위

① 대기 중에 존재하는 유해 VOC를 (0.1～100) nmol/mol 범위에서 측정할 수 있다.
② 일정 기압하 또는 대기압 이하에서 캐니스터에 안정하게 보관할 수 있는 VOC 화합물에 대해서만 적용 가능하며, 다수의 염소화 VOC 화합물은 캐니스터에서 안정하므로 적용이 가능하다.

정답 01 ④ 02 ①

2. 고체흡착법/개요/적용범위

① 대기중에 존재하는 미량의 VOC를 측정하는 방법이며, 대기환경 중 (0.5～25) nmol/mol 농도의 VOC 분석에 적합하다.

② C_3～C_{20}에 해당되는 주요 VOC에 광범위하게 적용될 수 있으며 고체흡착 열탈착법을 주시험방법으로 한다.

03 고체흡착법을 이용하여 대기 중 휘발성유기화합물을 측정하고자 할 경우에 대한 설명으로 틀린 것은?

[제7회 9번]

① 환경대기 중에 존재하는 0.5 ppbv～25 ppbv 농도의 휘발성유기화합물의 분석에 적합하다.
② 대기 중 수분이 많은 곳에서 시료를 채취할 경우에는 Tenax와 같은 흡착제를 이용한다.
③ 오존농도가 높은 곳에서 낮은 농도의 BTEX를 시료채취할 경우 오존 스크러버를 사용한다.
④ 열탈착시스템에서 저온농축관의 냉매로는 액체질소, 액체아르곤 등을 사용한다.

☑ **해설** ③ 핵심포인트 2.③ 참고

04 고체흡착법을 이용한 환경대기 중 휘발성 유기화합물 시험방법에 대한 설명으로 틀린 것은?

[제2회 46번]

① 일정량의 흡착제로 충전한 흡착관에 시료를 채취하여 2단 농축/열 탈착한다.
② 환경대기 중에 존재하는 0.5 nmol/mol(ppbv)～25 nmol/mol(ppbv) 농도의 휘발성유기화합물 분석에 적합하다.
③ 대기 중 수분이 많은 곳에서 시료채취를 할 경우에는 Tenax, Carbotrap과 같은 소수성 흡착제를 선택하거나, 흡착제의 종류에 따라 시료채취량을 늘려야 한다.
④ 불꽃 이온화 검출기, 광이온화 검출기, 전자포착 검출기는 검출기의 선택적 특성을 활용하여 직렬 혹은 병렬로 연결하여 이중 검출기로도 사용이 가능하다.

☑ **해설** ③ 핵심포인트 2.④ 참고

05 환경대기 중 휘발성유기화합물(VOCs)을 측정하고자 할 때, 간섭에 대한 설명으로 틀린 것은?

[제3회 16번]

① 시료채취시 오염물질이 10 % 이하가 되도록 하여야 한다.
② 오존의 농도가 높은(100 ppbv 이상) 지역에서 낮은 농도의 VOCs를 측정하고자 할 때는 예외 없이 오존 스크러버를 사용하여야 한다.
③ 오존 스크러버에 사용되는 주요 화합물은 potassium iodide(KI)이며, 벤즈알데하이드 시료를 채취할 때에는 오존 스크러버를 사용해야 한다.
④ 대기 중 수분이 많은 곳(상대습도 70 % 이상)에서 시료를 채취하고자 할 때에는 Tenax, Carbotrap 등과 같은 소수성의 흡착제를 선택하는 것이 좋다.

☑ **해설** ② 핵심포인트 2.③ 참고

정답 03 ③ 04 ③ 05 ②

06 환경대기 중 휘발성유기화합물을 고체흡착 용매 추출법을 이용하여 분석할 때 시료채취 및 주의사항으로 옳은 것은? [제8회 3번]

① 오존농도가 높은 지역에서 Tenax 흡착제를 사용하여 낮은 농도의 휘발성유기화합물을 채취할 경우에는 오존 스크러버를 사용하지 않아도 된다.

② 대기 중 상대습도가 70 % 이상에서 시료채취를 할 경우에는 흡착제의 종류에 따라 시료채취량을 줄여야 한다.

③ 돌파부피란 전체 휘발성유기화합물 농도의 10 %가 흡착관을 통과할 때 까지 흘러간 총 부피를 의미한다.

④ 시료채취시 안전부피는 돌파부피의 2/3배를 취하거나 머무름 부피의 1/3배 정도를 취한다.

☑ **해설** ① 핵심포인트 2.③ 참고, ③ 7번 문제 핵심포인트 1.⑥ 참고, ④ 7번 핵심포인트 1.④ 참고

핵심포인트

1. 고체흡착법/개요/적용범위

① 대기환경 중 (0.5～25) nmol/mol 농도의 휘발성유기화합물질 분석에 적합하다.

2. 개요/간섭물질

① 돌연변이물질(artifact) 간섭의 최소화 : 시료채취 시 돌연변이물질이 10 % 이하가 되도록 목표를 설정하여야 한다.

② 벤즈알데하이드, 페놀과 아세토페논과 같은 돌연변이물질들은 대기 중 고농도 (100～500) nmol/mol 오존 상태의 시료채취시 Tenax 흡착제의 산화를 통해 생성된다.

③ 오존농도가 높은(100 nmol/mol 이상) 지역에서 Tenax 물질로 10 nmol/mol 이하의 낮은 농도의 VOC(아이소프렌 등) 시료를 채취할 때는 반드시 오존 스크러버가 사용되어야 한다. 단, B.T.E.X.(벤젠, 톨루엔, 에틸벤젠, 자일렌) 및 포화지방족 탄화수소 등 비교적 반응성이 적은 물질들은 제외한다.

④ 수분에 의한 간섭의 최소화 : 수분이 많은 곳(상대습도 70 % 이상)에서 시료를 채취할 경우에는 Tenax, Carbotrap과 같은 소수성 흡착제를 선택해야 하며, 흡착제의 종류에 따라 습도가 높은 경우 시료채취량을 줄여야 한다.

3. 분석기기 및 기구/분석장치 및 기구

① 검출기 : 불꽃이온화검출기(FID), 전자포획검출기(ECD), 광이온화검출기(PID), 질량분석기(MS)

07 환경대기 중 휘발성유기화합물의 시험방법에 사용하는 용어 중 설명이 틀린 것은? [제4회 36번]

① 열탈착 : 열과 불활성기체를 이용하여 탈착한 후, 기체크로마토그래프와 같은 분석기기로 전달하는 과정

② 머무름 부피 : 흡착제가 충전된 흡착관을 통과하면서 분석물질을 탈착하기 위하여 필요한 운반가스의 부피를 측정함으로써 알 수 있음

③ 2단 열탈착 : 흡착관으로부터 분석물질을 열탈착하여 고온농축관에서 농축한 후 기체크로마토그래프로 전달하는 과정

④ 안전부피 : 분석대상물질의 손실없이 안전하게 채취할 수 있는 일정 농도에 대한 공기의 부피로 돌파부피의 2/3나 머무름 부피의 1/2

☑ **해설** ③ 핵심포인트 1.② 참고

정답 06 ② 07 ③

핵심포인트

1. 고체흡착법/용어정의

① **열탈착** : 불활성의 운반기체를 이용하여 높은 온도에서 VOC를 탈착한 후 탈착물질을 기체 크로마토그래피와 같은 분석시스템으로 운송하는 과정이다.
② **2단 열탈착** : 흡착제로부터 분석물질을 열탈착하여 저온농축트랩에 농축한 다음, 저온 농축트랩을 가열하여 농축된 화합물을 기체 크로마토그래피로 전달하는 과정이다.
③ **머무름 부피** : 짧은 길이로 흡착제가 충전된 흡착관을 통과하면서 분석물질의 증기띠를 이동시키는데 필요한 운반기체의 부피로 분석물질의 증기띠가 흡착관을 통과하면서 탈착되는데 요구되는 양만큼의 부피이다.
④ **시료채취 안전부피(SSV)** : 파과부피의 2/3배를 취하거나 머무름 부피의 1/2 정도를 취한다.
⑤ **돌연변이물질** : 시료채취나 시료보관 과정에서 화학반응에 의해서 새로운 물질이 만들어지게 되는데 이러한 물질을 총칭하며, 목적성분 농도를 증감시킬 수 있다.
⑥ **파과부피** : 전체 VOC 양의 5%가 흡착관을 통과하게 되는데, 이 시점에서 흡착관 내부로 흘러간 총 부피이다.

08 환경대기 중 휘발성유기화합물 측정 시, 기체상의 표준시료를 희석하고자 할 때 비교적 분자량이 큰 방향족 할로겐 화합물을 측정하는 방법으로 적합한 것은? [제2회 49번]

① 캐니스터(canister)를 이용하는 방법 ② 테플론(Teflon) 주머니를 이용한 방법
③ 테들러(Tedlar) 주머니를 이용한 방법 ④ 동적인 흐름(dynamic flow) 방법

핵심포인트

1. 고체흡착법/시약 및 표준기체/가스상 표준물질

① 분자량이 상대적으로 큰 방향족 할로겐 화합물을 취급할 때에는 실온에서 이들 화합물들이 테들러 백에 달라붙는 현상이 있으므로 이러한 경우에는 동적인 흐름 방법(dynamic flow method)을 사용하도록 한다.

09 휘발성유기화합물질(VOC) 시료를 채취할 때 흡착관 충진제로 많이 사용되는 물질이 아닌 것은? [제3회 6번]

① Silica gel ② Charcoal
③ Tenax ④ XAD－2

☑ **해설** ① 실리카겔은 수분 제거용으로 사용한다.

10 환경대기 중 휘발성유기화합물의 분석에 오염여부를 확인하기 위한 바탕시료에 대한 기술로 틀린 것은? [제3회 32번]

① 시료군마다 1개의 방법바탕시료를 측정한다.
② 실험실 바탕시료에서 검출되는 물질의 피크면적이 분석시료 성분들의 피크 면적의 10% 이상이면 분석결과는 유효하지 않다.
③ 현장 바탕시료의 오염은 주로 시료보관과 흡착관 밀봉의 부주의에서 발생한다.
④ 현장 바탕시료의 피크면적이 시료 흡착관 분석에서의 최소 피크 면적의 5% 이상이면 분석결과는 유효하지 않다.

☑ **해설** ④ 핵심포인트 1.① ㉢ 참고

정답 08 ④ 09 ① 10 ④

핵심포인트

1. 고체흡착법/정도보증 및 정도관리
   ① 바탕시료의 측정
   ㉠ 실험실 바탕시료 분석 시 검출되는 물질의 봉우리 면적이 분석시료 성분들의 봉우리 면적의 10 % 이상일 경우 그 시료 흡착관의 분석 결과는 유효한 결과로 사용할 수 없다.
   ㉡ 현장 바탕시료의 분석 시 검출되는 물질의 봉우리 면적이 분석시료의 VOC 최소 봉우리 면적의 5 % 정도 혹은 그 이상을 차지하고 있을 경우 실험실에서는 시료보관과 흡착관 밀봉에 특별한 주의를 기울여야 한다.
   ㉢ 현장 바탕시료의 봉우리 면적이 시료 흡착관 분석에서의 최소 봉우리 면적보다 10 % 혹은 그 이상일 경우 그 시료 흡착관의 분석 결과는 유효한 결과로 사용할 수 없다.
   ② 현장 이중 시료의 측정
   ㉠ 현장 시료를 채취할 때는 20개의 시료당 1개 정도의 동시시료를 채취하여 분석하여야 하며, 양자 간 분석정밀도가 10 % 이내를 유지하여야 한다.
   ③ 내부정도관리 주기
   ㉠ 검출한계 및 정밀도·정확도 측정의 경우 연 2회 이상 측정하며, 검정곡선의 검증, 바탕시료의 측정을 시료군 당 1회로 실시한다.

11 환경대기 중 휘발성유기화합물의 시료보관 또는 추출된 시료의 분석기간의 설명으로 틀린 것은? [제11회 16번]

① 알데하이드류 – 고성능액체크로마토그래피법 : 채취된 시료는 용매로 추출하기 전까지 냉동(4 ℃ 이하) 보관하고 추출된 시료는 특별한 사유가 없는 한 30일 이내 분석한다.

② 다환방향족탄화수소류(PAHs) – 기체크로마토그래피/질량분석법 : 시료는 4 ℃에서 7일 이내 추출하고 추출액은 40일 이내 분석한다.

③ 유해휘발성유기화합물 – 고체흡착법 : 흡착관은 양쪽 끝단을 테플론 재질의 마개를 이용하여 밀봉하거나 이중 밀봉하여 보관하고, 24시간 이내에 사용하지 않을 경우 4 ℃의 냉암소에 보관한다.

④ 벤조(a)피렌시험방법 – 가스크로마토그래피법 : 시료채취 후 즉시 20 mL 바이올에 핀셋으로 조심스럽게 필터를 옮겨 넣고 침전물이 흐트러지지 않도록 끝부분에 필터를 고정시킨 후 바이올의 뚜껑을 막고 알루미늄호일로 감싼다.

☑ **해설** ① 핵심포인트 3.② 참고

핵심포인트

1. ES 01801.1 환경대기 중 벤조(a)피렌 시험방법-가스크로마토그래피법
   ① 시료채취 후 즉시 20 mL 바이올에 핀셋으로 조심스럽게 필터를 옮겨 넣고 침전물이 흐트러지지 않도록 끝부분에 필터를 고정시킨 후 바이올의 뚜껑을 막고 알루미늄호일로 그것을 싼다.
2. ES 01802.1 환경대기 중 다환방향족탄화수소류(PAHs)-기체크로마토그래피/질량분석법
   ① 기체크로마토그래피 시료는 냉장보관하여 운반저장하며 4 ℃에서 7일 이내 추출하고 추출액은 40일 이내 분석한다.
3. ES 01803.1 환경대기 중 알데하이드류-고성능액체크로마토그래피법
   ① 채취한 시료는 알루미늄 호일로 포장하여 외부공기와 차단할 수 있는 비닐봉지에 이중으로 밀봉하여 저온, 차광, 밀봉 상태로 보관(10 ℃ 이하)하여 운반하며, 용매로 추출하기 전까지 냉장(4 ℃ 이하) 보관한다.
   ② 추출된 시료는 갈색 바이올에 옮긴 후 밀봉하여 냉장 보관하며, 특별한 사유가 없는 한 2주일 이내에 분석한다.
4. ES 01804.2 환경대기 중 유해 휘발성 유기화합물 시험방법-고체흡착법
   ① 시료를 채취한 흡착관을 불활성의 테플론 마개가 두 개 있는 깨끗한 재질의 유리병이나 금속병에 넣고 양쪽을 밀봉한 후, 4 ℃ 이하의 아이스박스에 넣어서 보관한다.
   ② 채취한 시료는 30일 이내에 분석하고, 보관하는 동안 4 ℃ 이하의 깨끗한 환경에서 냉장보관하여야 한다.

정답 11 ①

70 [ES 01805.1] 환경대기 중 오존전구물질 – 자동측정법

01 **다음은 대기환경 중에 존재하는 휘발성유기화합물 중 오존생성 전구물질과 유해대기오염물질의 농도를 측정하기 위한 시험방법에 대한 설명이다. 옳은 것을 모두 고른 것은?**

[제4회 43번]

> ㉠ 고체흡착열탈착분석법, 고체흡착용매추출법과 자동연속열탈착분석법이 있으며, 고체흡착열탈착분석법을 주시험법으로 한다.
> ㉡ 시료채취장치는 흡착관, 흡인펌프 및 유량계로 구성되나, 자동연속열탁착분석법의 경우 저온농축관, 흡인펌프, 적산유량계로 구성된다.
> ㉢ 고체흡착열탈착분석법의 성능에서 분석대상물질의 정밀도는 시험방법에 정해진 식으로 구하고 이 값을 20 % 이내로 한다.

① ㉠, ㉡　　② ㉡, ㉢
③ ㉠, ㉢　　④ ㉠, ㉡, ㉢

핵심포인트

1. 개요/적용범위

① 고체흡착열탈착법과 고체흡착용매추출법 및 자동연속열탈착분석법이 있으며, 고체흡착열탈착분석법을 주시험법으로 한다.

2. 분석기기 및 기구/시료채취장치

① 고체분말표면에 기체가 흡착되는 것을 이용하는 방법으로 흡착관, 유량계 및 흡입펌프로 구성한다.

3. 정도보증 및 정도관리/표준시료 및 현장시료에 대한 정도보증 및 관리

① 중복분석정밀도 : 동일한 시간동안 동일한 유량으로 시료를 채취하여 동일한 방법으로 두 시료를 분석하여 정밀도를 확인하며, 20 % 이내로 한다.

정답 01 ④

71 [ES 01806] 환경대기 중 탄화수소 측정방법

01 **대기 중 탄화수소는 가스크로마토그래피법을 이용하여 측정하고 검출기로는 불꽃이온화검출기(FID)를 이용해 검출한다. 탄화수소 중 활성탄화수소는 총 탄화수소에서 무엇을 제외했을 때인가?** [제9회 2차 14번]

① 유기금속계
② 유기염소계
③ 올레핀계/방향족 탄화수소
④ 유기인계

핵심포인트

1. 용어정의

① **활성탄화수소** : 총탄화수소 가운데 세정기를 이용해서 제거되어지는 올레핀계 탄화수소, 방향족 탄화수소 등을 총칭한다.

정답 01 ③

72 [ES 01901] 굴뚝연속자동측정기기의 기능

01 배출가스 중 연속자동측정기의 측정 범위는 배출시설별 오염 물질 배출허용기준의 (A)배 이내의 값으로 설정할 수 있어야 한다. 다만, 배출가스 농도가 측정 범위를 초과하는 경우와 배출허용기준이 5 ppm 이하(먼지 5 mg/Sm^3)인 경우에는 배출허용기준의 (B)배 이내에서 설정할 수 있다. A와 B에 들어갈 내용으로 알맞은 것은? [제2회 35번]

① A : 2～3, B : 6～10 ② A : 2～5, B : 5～10
③ A : 3～6, B : 6～12 ④ A : 3～4, B : 5～12

핵심포인트

1. 아날로그 통신방식/측정범위의 설정
   ① 측정범위 : 형식승인을 취득한 측정범위 중 최소범위와 최대범위 내에서 배출시설별 오염물질 배출허용기준의 (2～5) 배의 값으로 설정하여야 한다. 다만 배출가스 농도가 측정범위를 초과하는 경우와 배출허용기준이 5 ppm 이하(먼지 5 mg/Sm^3)인 경우에는 배출허용기준의 (5～10) 배 이내에서 설정할 수 있으며, 유속의 경우 최대유속의 (1.2～1.5) 배 범위에서 설정하여야 한다.

정답 01 ②

73 [ES 01902.1] 굴뚝연속자동측정기기 설치방법

01 굴뚝연속자동측정기의 설치 방법에 대한 설명으로 틀린 것은? [제8회 17번]

① 배출허용기준이 같은 3개의 배출시설이 1개의 굴뚝으로 오염물질을 배출시, 합쳐지기 전 각각의 지점에 유량계를 설치한다.
② 전원 및 전압 불안정이 문제가 될 경우는 정전압장치를 설치하여야 한다.
③ 광학장치와 전기시설은 내식성 재질로 된 덮개로 봉인하여 부식성가스로부터 보호한다.
④ 먼지 측정 시 측정공은 난류의 영향을 고려하여 수직굴뚝에 설치한다.

☑ **해설** ① 핵심포인트 1.① 참고

02 대기오염공정시험기준에 따른 굴뚝 유형별 굴뚝연속자동측정기기의 설치 방법으로 틀린 것은? [제12회 17번]

① 불가피하게 외부공기가 유입되는 경우에 측정기기는 외부공기 유입 전에 설치하여야 한다.
② 1개 배출시설에서 2개 이상의 굴뚝으로 오염물질이 나뉘어서 배출되는 경우에 측정기는 나뉘기 전 굴뚝에 설치하거나, 나뉜 각각의 굴뚝에 설치한다.
③ 배출허용기준이 다른 2개 이상의 배출시설이 1개의 굴뚝을 통하여 오염물질을 배출하는 경우 측정기기는 오염물질이 합쳐진 후 지점에 설치한다.
④ 표준산소농도를 적용받는 시설의 가스상 오염물질 측정기기는 산소측정기기의 측정시료와 동일한 시료로 추정할 수 있도록 하여야 한다.

☑ **해설** ③ 핵심포인트 1.① 참고

03 굴뚝연속자동측정기기의 설치방법에 대한 설명으로 틀린 것은? [제10회 2차 17번]

① 1개 배출시설에서 2개 이상의 굴뚝으로 오염물질이 나뉘어서 배출되는 경우에 측정기는 나뉘기 전 굴뚝에 설치하거나, 나뉜 각각의 굴뚝에 설치하여야 한다.
② 굴뚝 내경이 2 m를 초과할 때는 중심영역에 채취관을 설치하여야 한다.
③ 수평굴뚝의 측정위치는 외부공기가 새어들지 않고 굴뚝에 요철부분이 없는 곳으로서 굴뚝의 방향이 바뀌는 지침으로부터 굴뚝내경의 2배 이상 떨어진 곳을 선정한다.
④ 수직굴뚝의 측정위치는 굴뚝 하부 끝에서 위를 향하여 굴뚝 내경의 2배 이상이 되고, 상부 끝단으로부터 아래를 향하여 굴뚝 상부 내경의 1/2배 이상이 되는 지점으로 한다.

☑ **해설** ② 핵심포인트 5.① 참고

정답 01 ① 02 ③ 03 ②

04 배출가스의 연속자동측정기 설치에 있어서 측정공 위치에 대한 설명으로 틀린 것은?

[제9회 1번]

① 모든 방지시설의 후단이어야 하나, 필요에 따라서는 전단에 설치할 수도 있다.

② 먼지를 측정하는 경우에 수평굴뚝에서는 측정위치는 하부 직경의 4배 이상인 곳으로 하고, 시료를 채취하는 측정기의 채취지점은 굴뚝바닥으로부터 굴뚝 내경의 1/3과 1/2사이의 단면 위에 위치하도록 한다.

③ 가스상 물질의 측정에서 수직굴뚝의 경우 측정위치는 굴뚝 하부 끝에서 위를 향하여 굴뚝 내경의 2배 이상이 되고, 상부 끝단으로부터 아래를 향하여 굴뚝 상부 내경의 1/2배 이상이 되는 지점으로 한다.

④ 먼지와 가스상 물질을 모두 측정하는 경우 측정위치는 가스상 물질을 따른다.

☑ **해설** ④ 핵심포인트 4.③ 참고

핵심포인트

1. 굴뚝 유형별 설치방법

① **병합굴뚝** : 2개 이상의 배출시설이 1개의 굴뚝을 통하여 오염물질을 배출시, 배출허용기준이 같은 경우에는 측정기기 및 유량계를 오염 물질이 합쳐진 후 지점 또는 합쳐지기 전 지점에 설치하여야 하고, 배출허용기준이 다른 경우에는 합쳐지기 전 각각의 지점에 설치하여야 한다.

② **분산굴뚝** : 1개 배출시설에서 2개 이상의 굴뚝으로 오염물질이 나뉘어서 배출되는 경우에 측정기는 나뉘기 전 굴뚝에 설치하거나 나뉜 각각의 굴뚝에 설치하여야 한다.

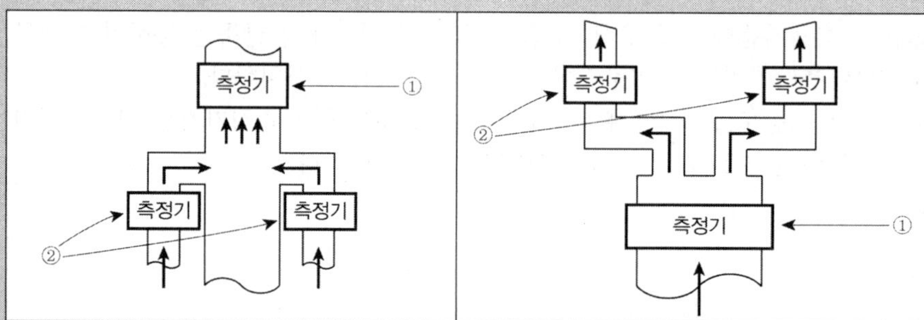

병합굴뚝(덕트)에서 측정기기 설치 분산굴뚝(덕트)에서 측정기기 설치

2. 측정 및 측정공 위치/공통사항

① 모든 방지시설의 후단이어야 하나, 필요에 따라서는 전단에 설치할 수도 있다.

② 수직굴뚝 하부 끝단으로부터 위를 향하여 그곳의 굴뚝 내경의 8배 이상이 되고, 상부 끝단으로부터 아래를 향하여 그곳의 굴뚝내경의 2배 이상이 되는 지점에 측정공 위치를 선정하는 것을 원칙으로 한다.

③ 위의 기준에 적합한 측정공 설치가 곤란하거나 측정작업의 불편, 측정자의 안전성 등이 문제될 때에는 하부 내경의 2배 이상과 상부 내경의 1/2배 이상 되는 지점에 측정공 위치를 선정할 수 있다.

④ 수직굴뚝에 측정공을 설치하기가 곤란하여 부득이 수평 굴뚝에 측정공이 설치되어 있는 경우는 수평굴뚝에서도 측정할 수 있으나 측정공의 위치가 수직굴뚝의 측정위치 선정기준에 준하여 선정된 곳이어야 한다.

3. 측정 및 측정공 위치/먼지 측정기

① **수직굴뚝** : 측정위치는 굴뚝 하부 끝에서 위를 향하여 굴뚝내경의 2배 이상이 되고, 상부 끝단으로부터 아래를 향하여 굴뚝 상부 내경의 1/2배 이상이 되는 지점으로 한다.

② **수평굴뚝** : 측정위치는 하부 직경의 4배 이상인 곳으로 하고, 시료를 채취하는 측정기기의 채취지점은 굴뚝바닥으로부터 굴뚝 내경의 1/3과 1/2 사이의 단면 위에 위치하도록 한다.

정답 04 ④

4. 측정 및 측정공 위치/가스상 물질 측정기기

① 수직굴뚝 : 측정위치는 굴뚝 하부 끝에서 위를 향하여 굴뚝내경의 2배 이상이 되고, 상부 끝단으로부터 아래를 향하여 굴뚝 상부 내경의 1/2배 이상이 되는 지점으로 한다.

② 수평굴뚝 : 측정위치는 외부공기가 새어들지 않고 굴뚝에 요철부분이 없는 곳으로서 굴뚝의 방향이 바뀌는 지점으로부터 굴뚝내경의 2배 이상 떨어진 곳을 선정한다.

③ 먼지와 가스상 물질을 모두 측정하는 경우 측정위치는 먼지를 따른다.

5. 측정경로 및 측정점 위치/가스상 물질 측정기기

① 굴뚝 내경이 2 m를 초과할 때에는, 굴뚝벽면으로부터 1 m 이상 떨어진 지점에서 대표성을 확인한 후 채취관을 설치하여야 한다.

② 굴뚝 내경이 2 m 이하일 때에는 중심영역(굴뚝 중심으로부터 단면적의 1 % 이하의 범위)에 채취관을 설치하여야 한다.

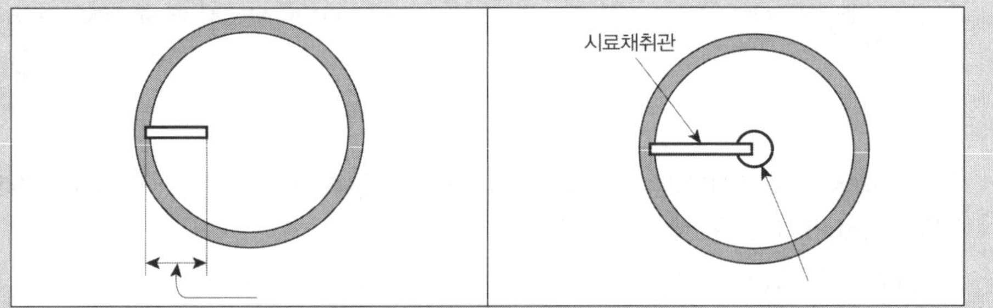

굴뚝 내경이 2m를 초과할 경우　　　굴뚝 내경이 2m 이하일 경우

6. 설치환경/시료채취형

① 외기온도, 수분, 먼지, 전원전압 불안정, 주파수 변동, 전자파의 영향 등으로 인하여 측정기가 오작동되거나 가동중단 될 우려가 있는 경우에는 항온·제습 장치, 방진 장치, 정전압 장치, 접지 설치, 무정전 전원공급 장치, 유선통신 장치 등의 시설을 설치하여야 한다.

7. 설치환경/굴뚝부착형

① 부식성가스 또는 액체로부터 광학장치와 전기시설을 보호하기 위해 내식성 재질로 된 덮개로 기기를 견고히 봉인하여야 한다.

8. 측정 및 측정공 위치/먼지 측정기

① 난류의 영향을 고려하여 수직굴뚝에 설치하는 것이 원칙이지만 불가피한 경우에는 수평굴뚝에도 측정공을 설치할 수 있다.

05 굴뚝연속자동측정기기의 설치방법 중 시료채취장치에 대한 설명으로 틀린 것은?

[제12회 18번]

① 측정기기에 따라서는 습기제거와 기체－액체 분리가 필요한 것이 있다.

② 필요에 따라 펌프, 유량계, 분석계 등을 보호하기 위하여 여과지 또는 마이크로 유리 솜 등의 미세여과지를 사용한다.

③ 가스상 장치의 구성은 채취관, 도관, 연속자동측정기기 순으로 이루어지며 기체-액체 분리관, 응축수 트랩 등을 갖추어야 한다.

④ 펌프는 굴뚝으로부터 분석계까지 시료를 운반하는데 사용하는 것으로 흡인유량은 0.1 L/min 이하여야 한다.

☑ **해설** ④ 핵심포인트 3.② 참고

정답 05 ④

핵심포인트

1. 시료채취장치/가스상 장치의 구성

① 채취관, 도관, 연속자동측정기기 순으로 이루어지며 기체－액체 분리관, 응축수 트랩 등을 갖추어야 한다.

2. 시료채취장치/채취관

① 습기제거와 기체–액체분리 : 측정기기에 따라서는 습기제거와 기체－액체 분리가 필요한 것이 있다.

3. 시료채취장치/측정기기에 쓰이는 기타 부품

① 미세여과지 : 필요에 따라 펌프, 유량계, 분석계 등을 보호하기 위해서 여과지 또는 마이크로 유리솜 등의 미세여과지를 쓰며, 이 여과지는 먼지와 미스트 제거에도 유용하다.

② 펌프 : 연속자동측정기에 사용되는 펌프는 공기가 새거나 윤활유 유입으로 인한 오염이 없는 다이아프램 펌프나 배기펌프를 사용한다. 흡인유량은 (0.2～10) L/min 정도로 분석계의 종류, 도관의 굵기, 길이 등에 따라서 적절한 것을 선정하여야 한다.

06 굴뚝연속자동측정기에서 가스시료채취장치는 채취관 → 도관 → 연속분석계로 구성되어 있다. 기술한 내용 중 틀린 것은? [제4회 45번]

① 채취관은 배출가스의 흐름에 대하여 직각이 되도록 한다.

② 불소화합물을 채취하기 위한 채취관의 재질로는 스테인리스강을 사용한다.

③ 도관은 될 수 있는 대로 수평으로 연결한다.

④ 도관 부분에는 기체－액체 분리관과 응축수 트랩을 갖춘다.

☑ **해설** ③ 핵심포인트 1.② ㉡ 참고

핵심포인트

1. 조립 및 취급방법/조립방법/준비사항

① 채취관 : 측정기기까지의 도관길이가 가급적 짧게 되는 위치에, 또한 채취관이 배출가스의 흐름에 대하여 수직이 되도록 연결한다.

㉠ 채취구는 측정기기까지의 도관길이가 가급적 짧게 되는 위치에, 또한 채취관이 배출가스의 흐름에 대하여 수직이 되도록 연결한다.

㉡ 채취구에는 굴뚝외벽으로부터의 길이가 (100～200) mm, 바깥지름 (22～60) mm 정도의 보통 강철관 또는 스테인리스강관 등을 써서 굴뚝외벽에 설치한다.

② 도관

㉠ 도관은 가능한 짧은 것이 좋으나 부득이 길게 해서 쓰는 경우에는 이음매가 없는 배관을 써서 접속부분을 적게 하고 받침기구로 고정한다.

㉡ 냉각도관은 될 수 있는 대로 수직으로 연결하며 부득이 구부러진 관을 쓰는 경우에는 응축수가 빨리 흘러나오기 쉽도록 경사지게하고 시료가스는 아래로 흐르도록 한다.

㉢ 냉각 도관 부분에는 반드시 기체－액체 분리관과 그 아래쪽에 응축수 트랩을 연결한다.

㉣ 기체－액체 분리관은 도관의 부착위치 중 가장 낮은 부분 또는 온도의 부분에 부착하여 응축수를 급속히 냉각시키고 배관계의 밖으로 빨리 방출시킨다.

정답 06 ③

74 [ES 01903.1] 굴뚝연속자동측정기기 – 먼지

01 우리나라 대기오염공정시험기준에서 먼지의 연속 자동측정법이 아닌 것은? [제7회 3번]

① 광산란적분법
② 광투과법
③ 열중량분석법
④ 베타(β)선 흡수법

☑ **해설** ③ 핵심포인트 2.④ 참고

02 굴뚝 배출가스 중 먼지를 연속적으로 자동측정하는 방법에 대한 설명으로 틀린 것은? [제12회 19번]

① 먼지농도는 표준상태(0 ℃, 760 mmHg)의 건조배출가스 1 m^3 안에 포함된 먼지의 무게로서 mg/Sm^3의 단위를 갖는다.
② 교정용입자는 실내에서 감도 및 교정오차를 구할 때 사용하는 균일계 단분산 입자로서 기하평균 입경이 0.3 μm～3 μm인 인공입자로 한다.
③ 광투과법의 광원은 안정화 회로에 의하여 점등되고 중수소방전관 또는 중공음극램프를 사용한다.
④ 베타선흡수법은 자동연속측정기 내부의 여과지 위에 먼지시료를 채취하고 이 여과지에 베타선을 조사하여 농도를 구하는 방법이다.

☑ **해설** ③ 핵심포인트 2.③ 참고

핵심포인트

1. 용어의 뜻

① 먼지농도 : 표준상태(0 ℃, 760 mmHg)의 건조배출가스 1 m^3 안에 포함된 먼지의 무게로서 mg/Sm^3의 단위를 갖는다.
② 교정용입자 : 실내에서 감도 및 교정오차를 구할 때 사용하는 균일계 단분산 입자로서 기하평균 입경이 (0.3～3) μm인 인공입자로 한다.

2. 측정방법의 종류

① 광투과법 : 먼지입자들에 의한 빛의 반사, 흡수, 분산으로 인한 감쇄현상에 기초를 두며 먼지를 포함하는 굴뚝배출가스에 일정한 광량을 투과하여 얻어진 투과된 광의 강도변화를 측정하여 굴뚝에서 미리 구한 먼지농도와 투과도의 상관관계식에 측정한 투과도를 대입하여 먼지의 상대농도를 연속적으로 측정하는 방식이다.
② 베타(β)선 흡수법 : 시료가스를 등속흡인하여 굴뚝밖에 있는 자동연속측정기 내부의 여과지 위에 먼지시료를 채취하며, 이 여과지에 방사선 동위원소로부터 방출된 β선을 조사하고 먼지에 의해 흡수된 β선량을 구한다. 굴뚝에서 미리 구해놓은 β선 흡수량과 먼지농도사이의 관계식에 시료채취 전후의 β선 흡수량의 차를 대입하여 먼지농도를 구한다.
③ 광투과법 : 먼지입자들에 의한 빛의 반사, 흡수, 분산으로 인한 감쇄현상에 기초를 두며, 먼지를 포함하는 굴뚝배출가스에 일정한 광량을 투과하여 얻어진 투과된 광의 강도변화를 측정하여 굴뚝에서 미리 구한 먼지농도와 투과도의 상관관계식에 측정한 투과도를 대입하여 먼지의 상대농도를 연속적으로 측정하는 방법이다.
④ 열중량분석법(Thermogravimetric analysis) : 시료에 온도프로그램을 가하여 시료의 질량변화를 시간이나 온도의 함수로 측정하는 방법이다.

정답 01 ③ 03 ③

75 [ES 01904.1] 굴뚝연속자동측정기기 – 아황산가스

01 **굴뚝 배출가스 중 가스상 물질을 연속으로 자동측정하는 경우 각각의 물질에 대한 분석 방법 중 옳지 않은 것은?** [제7회 11번]

① 아황산가스 : 용액 전도율법, 불꽃광도법
② 질소산화물 : 화학발광법, 이온 전극법
③ 염화수소 : 이온 전극법, 비분산 적외선법
④ 암모니아 : 용액 전도율법, 적외선 가스 분석법

☑ **해설** ② 핵심포인트 <표> 2 참고 ; 이온전극법은 염화수소, 불화수소 분석방법이다.

02 **굴뚝연속자동측정기로 가스상 물질을 측정하는 경우 각각의 물질에 대한 분석 방법으로 옳은 것은?** [제10회 2차 20번]

① 염화수소 : 이온전극법, 정전위전해법
② 암모니아 : 용액전도율법, 적외선가스분석법
③ 아황산가스 : 화학발광법, 적외선흡수법, 자외선흡수법, 정전위전해법
④ 질소산화물 : 용액전도율법, 적외선흡수법, 자외선흡수법, 정전위전해법, 불꽃광도법

☑ **해설** ①, ③, ④ 핵심포인트 <표> 참고

핵심포인트

〈표〉 항목별 측정방법

순번	항목	측정방법
1	아황산가스	용액전도율법, 적외선흡수법, 자외선흡수법, 정전위전해법, 불꽃광도법
2	질소산화물	화학발광법, 적외선흡수법, 자외선흡수법, 정전위전해법
3	염화수소	이온전극법, 비분산적외선분석법
4	암모니아	용액전도율법, 적외선가스분석법

03 **굴뚝 배출가스 중 아황산가스를 연속자동측정하는 측정원리에 대한 설명으로 틀린 것은?** [제10회 2차 18번]

① 용액전도율법은 아황산가스가 흡수액에서 과산화수소수에 의해 황산으로 산화되어 흡수되고, 이때 흡수액의 전도율을 측정하는 방법이다.
② 정전위전해법은 아황산가스를 전해질에 흡수시킨 후 전기화학적 반응을 이용하여 아황산가스의 농도를 측정하는 방법이다.
③ 적외선흡수법은 빛을 조사하면 아황산가스로부터 산란광이 발생하고, 산란광의 강도는 광전자증배관에 의해 측정되어 아황산가스의 농도를 측정하는 방법이다.
④ 비분산자외선흡수법은 수은램프로부터 나온 빛을 둘로 나누어 두 개의 광학필터를 통과시켜 각각의 흡광도를 측정하여 아황산가스의 농도를 측정하는 방법이다.

☑ **해설** ③ 핵심포인트 1.<표> 2 참고 ; ③은 먼지 측정을 위한 광산란적분법에 관한 설명이다.

정답 01 ② 02 ② 03 ③

04 **굴뚝연속자동측정기기로 배출가스 중 가스상 물질을 측정하는 방법 및 측정원리가 틀린 것은?** [제11회 18번]

① 아황산가스를 측정하는 정전위전해법은 아황산가스를 전해질에 흡수시킨 후 전기화학적 반응을 이용하여 그 농도를 구하는 방법이다.

② 질소산화물을 측정하는 화학발광법은 일산화질소와 오존이 반응하면 이산화질소가 생성되는데 이때 590 nm～875 nm에 이르는 폭을 가진 빛이 발생하는데, 이 발광강도를 측정하여 농도를 구하는 방법이다.

③ 암모니아를 측정하는 불꽃광도법은 불꽃 중에서 암모니아가 환원될 때 발생하는 빛 가운데 394 nm 부근의 빛에 대한 발광강도를 측정하여 암모니아의 농도를 구하는 방법이다.

④ 염화수소를 측정하는 이온전극법은 시료가스 중 염화수소가 분석계의 비교부에 도입된 후 그 안에 들어있던 흡수액과 접촉하게 되고, 이 시료액과 비교부에 새로 도입된 흡수액 중의 염소이온 농도차를 염소이온 전극으로 측정하여 농도를 구하는 방법이다.

☑ **해설** ③ 핵심포인트 1. <표> 6 참고

05 **굴뚝연속자동측정기기로 배출가스 중 가스상 물질을 측정하는 방법 및 측정원리가 틀린 것은?** [제12회 20번]

① 아황산가스를 측정하는 불꽃광도법은 환원선 수소불꽃에 도입된 아황산가스가 불꽃 중에서 환원될 때 발생하는 빛 가운데 394 nm 부근의 빛에 대한 발광강도를 측정하여 농도를 구하는 방법이다.

② 질소산화물을 측정하는 광산란적분법은 시료가스에 빛을 조사하면 이산화질소로부터 산란광이 발생하고, 산란광의 강도는 광전자증배관에 의해 측정되어 이산화질소의 농도를 측정하는 방법이다.

③ 염화수소를 측정하는 이온전극법은 시료가스 중 염화수소가 분석계의 비교부에 도입된 후 그 안에 들어있던 흡수액과 접촉하게 되고, 이 시료액과 비교부에 새로 도입된 흡수액 중의 염소이온 농도차를 염소이온 전극으로 추정하여 농도를 구하는 방법이다.

④ 암모니아를 측정하는 용액전도율법은 시료가스와 흡수액을 일정한 비율로 접촉시켜서 시료가스가 포함된 암모니아 가스를 흡수액에 흡수시킨 다음, 흡수 전후의 전도율 변화를 측정하여 암모니아의 농도를 구하는 방법이다.

☑ **해설** ② 질소산화물의 측정방법에는 화학발광법, 적외선흡수법, 자외선흡수법, 정전위전해법 등이 있다. 광산란적분법은 먼지의 측정에 이용되는 방법이다.

핵심포인트

1. 개요/적용가능한 방법

〈표〉 아황산가스 분석방법

순번	측정방법	개요
1	용액전도율법	시료가스를 황산산성과산화수소수 흡수액에 도입하면 아황산가스는 과산화수소수에 의해 황산으로 산화되어 흡수되며, 이때 황산의 생성으로 인하여 흡수액의 전도율이 증가하게 되는데, 이 전도율의 증가는 시료가스 중의 아황산가스 농도에 비례하는 원리를 이용한 방법이다.

정답 04 ③ 05 ②

순번	측정방법	개요
2	적외선흡수법	시료가스를 셀에 취하여 7,300 nm 부근에서 적외선가스분석계를 사용하여 이산화황의 광흡수를 측정하는 방법이다.
3	분산자외선흡수법	287 nm에서의 아황산가스와 이산화질소의 흡광도를 그리고 380 nm에서 이산화질소의 흡광도를 측정하고 몰흡광계수와 농도 및 흡광도로 표시된 2원 1차 연립방정식에 대입하여 아황산가스의 극대흡수파장인 287 nm에서의 이산화질소의 간섭을 보정하며, 287 nm에서 구한 아황산가스만의 흡광도를 미리 작성한 검량선에 대입하여 그 농도를 구하는 방법이다.
4	비분산자외선흡수법	수은램프로부터 나온 빛을 둘로 나누어 두 개의 광학필터를 통과시키며 하나의 필터로부터는 (280～320) nm의 광을 다른 하나로부터는 (540～570) nm의 광을 시료셀에 조사한 다음 전자는 측정광으로 하고 후자는 비교광으로 하여 흡광도를 측정하고 그 차를 시료가스 중 아황산가스의 흡광도로 하며 이것을 미리 작성한 검량선에 대입하여 시료가스 중 아황산가스의 농도를 구하는 방법이다.
5	정전위전해분석법	아황산가스를 전해질에 흡수시킨 후 전기화학적 반응을 이용하여 그 농도를 구하는 방법으로 전해질에 흡수된 아황산가스는 작용전극에 일정한 전위의 전기에너지를 가하면 황산이온으로 산화되는데 이때 발생되는 전해전류는 온도가 일정할 때 흡수된 아황산가스 농도에 비례하여 농도를 구하는 방법이다.
6	불꽃광도분석법	환원선 수소불꽃에 도입된 아황산가스가 불꽃 중에서 환원될 때 발생하는 빛 가운데 394 nm 부근의 빛에 대한 발광강도를 측정하여 연도배출가스 중 아황산가스 농도를 구하는 방법이다.

06 **자외선흡수분석계를 이용하여 굴뚝 배출가스 중 아황산가스를 연속자동측정하는 방법에 대한 설명으로 틀린 것은?** [제2회 37번]

① 자외선흡수분석계를 이용해 굴뚝배출가스에서 아황산가스를 연속자동측정하는 시스템에서는 흡수 용액을 사용하지 않는다.
② 자외선흡수분석계는 광원에서 나오는 빛을 프리즘 또는 회절격자분광기를 이용하여 아황산가스를 극대로 흡수하는 자외선 영역의 단색광을 발사한다.
③ 시료셀의 창은 자외선뿐만 아니라 가시광선도 투과할 수 있는 석영유리로 되어 있다.
④ 아황산가스 이외 가스상 물질의 방해 간섭을 보정하기 위해 간섭필터가 장착되어 있다.

☑ **해설** ④ 핵심포인트 1.③ 참고

핵심포인트

1. 장치구성/분석계/자외선 흡수분석계

① **원리** : 자외선흡수분석계에는 분광기를 이용하는 분산방식과 이용하지 않는 비분산방식이 있다.
② **분광기** : 프리즘 또는 회절격자분광기를 이용하여 자외선영역 또는 가시광선영역의 단색광을 얻는데 사용된다.
③ **광학필터** : 특정파장 영역의 흡수나 다층박막의 광학적 간섭을 이용하여 자외선에서 가시광선 영역에 이르는 일정한 폭의 빛을 얻는데 사용된다.
④ **시료셀** : 시료셀은 (200～500) mm의 길이로 시료가스가 연속적으로 통과할 수 있는 구조로 되어 있으며, 셀의 창은 석영판과 같이 자외선 및 가시광선이 투과할 수 있는 재질로 되어 있어야 한다.

정답 06 ④

07 **굴뚝연속자동측정기에 대한 아황산가스 측정법에 대한 설명으로 옳은 것은?** [제3회 30번]

① 교정가스 : 공인기관의 보정치가 제시되어 있는 표준가스로 연속자동측정기 최대 눈금치의 약 40 %와 95 %에 해당하는 농도를 갖는다.

② 스팬가스 : 95 % 교정가스를 스팬가스라고 한다.

③ 제로가스 : 공인기관에 의해 아황산가스 농도가 0.1 ppm 미만으로 보증된 표준가스를 말한다.

④ 검출한계 : 제로드리프트의 2배에 해당하는 지시치가 갖는 아황산가스의 농도를 말한다.

☑ **해설** ① 핵심포인트 1.① 참고, ② 핵심포인트 1.② 참고, ③ 핵심포인트 1.③ 참고

핵심포인트

1. 용어해설

① 교정가스 : 공인기관의 보정치가 제시되어 있는 표준가스로 연속자동측정기 최대눈금치의 약 50 %와 90 %에 해당하는 농도를 갖는다.

② 스팬가스 : 90 % 교정가스를 스팬가스라고 한다.

③ 제로가스 : 공인기관에 의해 아황산가스 농도가 1 ppm 미만으로 보증된 표준가스를 말한다.

④ 검출한계 : 제로드리프트의 2배에 해당하는 지시치가 갖는 아황산가스의 농도를 말한다.

정답 07 ④

76 [ES 01905.1] 굴뚝연속자동측정기기 – 질소산화물

01 다음은 굴뚝배출가스 중 질소산화물을 연속측정하기 위한 연속자동측정기의 성능 규격을 제시한 것이다. 대기오염공정시험기준의 성능규격에 적합지 않은 것은? [제7회 5번]

① 상대정확도는 주시험방법의 20 % 이하
② 재현성은 최대눈금치의 2 % 이하
③ 교정오차 10 % 이하
④ 스팬드리프트(2시간)는 최대눈금치의 2 % 이하

☑ **해설** ③ 핵심포인트 1. <표> 1 참고

핵심포인트

1. ES 01911.1 부록 2 무기가스상-굴뚝배출가스에서 연속자동측정 방법

① 아황산가스, 질소산화물, 염화수소, 불화수소, 암모니아, 일산화탄소

〈표〉 연속자동측정기기의 성능규격

순번	항목	성능
1	교정오차	5 % 이하
2	상대정확도	주시험방법, 기기분석 방법의 20 % 이하, 단 측정값이 해당 배출허용기준의 50 % 이하인 경우에는 배출허용기준의 15 % 이하
3	응답시간	최대 5분 이하 (단, 이온전극법일 경우 10분 이내)
4	재현성	최대 눈금치의 2 % 이하
5	배출가스 유량에 대한 안정성	최대 눈금치의 2 % 이하
6	편향시험	5 % 이하
7	원격검색	± 5 % 이내

02 다음은 굴뚝배출가스 중 질소산화물을 연속적으로 측정하기 위해 사용하는 어떤 분석계의 원리를 기술한 것이다. 제시한 원리로 적용되는 분석계로 옳은 것은? [제9회 2차 16번]

- 일산화질소와 오존이 반응하면 이산화질소가 생성되는데 이때 590 nm～875 nm에 이르는 폭을 가진 빛이 발생한다. 이 빛의 강도를 측정하여 시료가스 중 일산화질소 농도를 연속적으로 측정한다.
- 질소산화물 농도는 시료가스를 환원장치를 통과시켜 이산화질소를 일산화질소로 환원한 다음 위와 같이 측정하여 구한다.

① 적외선 흡수분석계 ② 자외선 흡수분석계
③ 정전위전해 분석계 ④ 화학발광 분석계

☑ **해설** ④ 핵심포인트 1. <표> 2 참고

정답 01 ③ 02 ④

03 굴뚝연속자동측정기기로 배출가스 중 가스상 물질을 측정하는 방법 및 측정원리가 틀린 것은?

[제11회 18번]

① 아황산가스를 측정하는 정전위전해법은 아황산가스를 전해질에 흡수시킨 후 전기화학적 반응을 이용하여 그 농도를 구하는 방법이다.

② 질소산화물을 측정하는 화학발광법은 일산화질소와 오존이 반응하면 이산화질소가 생성되는데 이때 590 nm～875 nm에 이르는 폭을 가진 빛이 발생하는데, 이 발광강도를 측정하여 농도를 구하는 방법이다.

③ 암모니아를 측정하는 불꽃광도법은 불꽃중에서 암모니아가 환원될 때 발생하는 빛 가운데 394 nm 부근의 빛에 대한 발광강도를 측정하여 암모니아의 농도를 구하는 방법이다.

④ 염화수소를 측정하는 이온전극법은 시료가스 중 염화수소가 분석계의 비교부에 도입된 후 그 안에 들어있던 흡수액과 접촉하게 되고, 이 시료액과 비교부에 새로 도입된 흡수액 중의 염소이온 농도차를 염소이온 전극으로 측정하여 농도를 구하는 방법이다.

☑ **해설** ③은 아황산가스 분석을 위한 불꽃광도분석법의 원리이다.

핵심포인트

1. 개요/적용가능한 방법

〈표〉 질소산화물 분석방법

순번	측정방법	개요
1	정전위 전해법 (전기화학식)	가스투과성 격막을 통하여 전해질 용액에 시료가스 중의 질소산화물을 확산시키고 일정한 전위의 전기에너지를 부가하여 질산이온으로 산화시켜서 생성되는 전해전류로 시료가스 중 질소산화물의 농도를 측정한다.
2	화학 발광법	일산화질소와 오존이 반응하여 이산화질소가 될 때 발생하는 발광강도를 (590～875) nm 부근의 근적외선 영역에서 측정하여 시료중의 일산화질소의 농도를 측정하는 방법으로 이산화질소는 일산화질소로 환원시킨 후 측정한다.
3	적외선 흡수법	일산화질소는 5,300 nm 적외선 영역에서 광흡수하는 것을 이용하여 시료 중의 일산화질소의 농도를 비분산형 적외선분석계로 측정하는 방법이며, 이산화질소는 일산화질소로 환원시킨 후 측정한다.

04 굴뚝연속자동측정기에 대한 질소산화물 측정법에 대한 설명으로 알맞지 않은 것은?

[제4회 32번]

① 검출한계는 5 ppm 이하이다.

② 연속자동측정기는 시료채취부, 분석계 및 데이터처리부 등으로 구성되어 있다.

③ 분석계의 종류로는 화학발광분석계, 적외선흡수분석계, 자외선흡수분석계, 정전위전해분석계가 있다.

④ 화학발광분석계는 350 nm～550 nm에 이르는 폭을 가진 빛(화학발광)을 분석한다.

☑ **해설** ④ 핵심포인트 1.④ 참고

핵심포인트

1. 성능 및 성능시험방법

① 검출한계 : 5 ppm 이하로 한다.

② 장치의 구성 : 연속자동측정기는 시료채취부, 분석계 및 데이터처리부 등으로 구성되어 있다.

정답 03 ③ 04 ④

③ 분석계 : 화학발광분석계, 적외선흡수분석계, 자외선흡수분석계, 정전위전해 분석계가 있다.
④ 화학발광분석계 : 일산화질소와 오존이 반응하면 이산화질소가 생성되는데 이때 (590～875) nm에 이르는 폭을 가진 빛(화학발광)이 발생하며 이 발광강도를 측정하여 시료가스 중 일산화질소 농도를 연속적으로 측정한다.

05 굴뚝 배출가스 중 가스상 물질을 연속으로 자동측정하는 경우 각각의 물질에 대한 분석 방법 중 옳지 않은 것은? [제7회 11번]

① 아황산가스 : 용액 전도율법, 불꽃광도법
② 질소산화물 : 화학발광법, 이온 전극법
③ 염화수소 : 이온 전극법, 비분산 적외선법
④ 암모니아 : 용액 전도율법, 적외선 가스 분석법

☑ **해설** ② 핵심포인트 1. <표> 1 참고 ; 이온전극법은 염화수소와 불화수소의 분석방법이다.

06 굴뚝연속자동측정기로 가스상 물질을 측정하는 경우 각각의 물질에 대한 분석 방법으로 옳은 것은? [제10회 2차 20번]

① 염화수소 : 이온전극법, 정전위전해법
② 암모니아 : 용액전도율법, 적외선가스분석법
③ 아황산가스 : 화학발광법, 적외선흡수법, 자외선흡수법, 정전위전해법
④ 질소산화물 : 용액전도율법, 적외선흡수법, 자외선흡수법, 정전위전해법, 불꽃광도법

핵심포인트

1. 측정방법의 종류

〈표〉 항목별 측정방법

순번	항목	측정방법
1	질소산화물	화학발광법, 적외선흡수법, 자외선흡수법, 정전위전해법
2	아황산가스	용액전도율법, 적외선흡수법, 자외선흡수법, 정전위전해법, 불꽃광도법
3	염화수소	이온전극법, 비분산적외선분석법
4	암모니아	용액전도율법, 적외선가스분석법

07 굴뚝 배출가스(질소산화물)의 연속자동측정기에 대한 설명 중 틀린 것은? [제2회 38번]

① 화학발광분석계는 유량 제어부, 반응조, 검출기, 오존발생기 등으로 구성되어 있으며, NO_x 컨버터 효율을 측정할 수 있다.
② 적외선흡수분석계는 광원, 광학계, 가스셀 터릿(gas cell turret), 검출기 등으로 구성되어 있으며, 배출가스 중 이산화질소 백분율이 10 %를 넘는 시설에서는 별도로 이산화질소 농도를 구한다.

정답 05 ② 06 ② 07 ③

③ 자외선흡수분석계는 광원, 분광기, 광학필터, 시료셀, 검출기, 합산증폭기, 오존발생기 등으로 구성되어 있으며, NO는 350 nm～450 nm, NO_2는 195 nm～230 nm의 빛을 흡수한다.
④ 정전위전해분석계는 전해셀, 정전위전원, 증폭기로 구성되어 있으며, 가스 투과성 격막을 통과한 가스를 흡수하는 용액으로 약 0.5 M 황산 용액을 사용한다.

☑ **해설** ③ 핵심포인트 1.③ ㉠ 참고

핵심포인트

1. 성능 및 성능시험방법

① 화학발광분석계
㉠ 질소산화물 농도는 시료가스를 환원장치를 통과시켜 이산화질소를 일산화질소로 환원한 다음 측정한다.
㉡ 구성 : 유량제어부, 반응조, 검출기, 오존발생기 등으로 구성되어 있다.

② 적외선흡수분석계
㉠ 배출가스 중 이산화질소의 분율이 질소산화물의 10 %를 넘는 시설에 대해서는 이산화질소 농도를 별도로(3.4 μm의 적외선광을 이용한다) 구하고 그 농도를 합한다.
㉡ 구성 : 광원, 광학계, 가스셀 터릿 및 검출기 등으로 이루어져 있으며, 이 장치는 원격조정을 할 수 있는 중앙측정 조정장치를 갖추고 있다.

③ 자외선흡수분석계
㉠ 일산화질소(NO)는 (195～230) nm, 이산화질소(NO_2)는 (350～450) nm 부근의 자외선을 흡수하는 성질을 이용하여 일산화질소와 이산화질소의 농도를 각각 측정하여 그것들을 합하는 방식(다성분합산방식)과 시료가스 중 일산화질소를 이산화질소로 산화시킨 다음 측정하는 방식이 사용되고 있다.
㉡ 구성 : 광원, 분광기, 광학필터, 시료셀, 검출기, 합산증폭기, 오존발생기 등으로 이루어져 있다.

④ 정전위전해분석계
㉠ 가스투과성 격막을 통하여 전해질 용액에 시료가스 중의 질소산화물을 흡수시키고 일정한 전위의 전기에너지를 부가하면 질산이온으로 산화되는데 이 때 생성되는 전해전류는 온도가 일정할 때 시료가스 중 질소산화물의 농도에 비례한다.
㉡ 구성 : 전해셀, 정전위전원, 증폭기로 구성되어 있다.

08 질소산화물의 농도를 자외선 흡수법 자동측정기에서 측정할 때 간섭하는 물질은?

[제5회 1번]

① SO_2　② H_2O
③ CO_2　④ CO

핵심포인트

1. 자외선 흡수법

① 합산증폭기 : 신호를 증폭하는 기능과 일산화질소 측정파장에서 아황산가스(SO_2)의 간섭을 보정하는 기능을 가지고 있다.

정답 08 ①

77 [ES 01906.1] 굴뚝연속자동측정기기 – 염화수소

01 **굴뚝 배출가스 중 가스상 물질을 연속으로 자동측정하는 경우 각각의 물질에 대한 분석방법 중 옳지 않은 것은?** [제7회 11번]

① 아황산가스 : 용액 전도율법, 불꽃광도법
② 질소산화물 : 화학발광법, 이온 전극법
③ 염화수소 : 이온 전극법, 비분산 적외선법
④ 암모니아 : 용액 전도율법, 적외선 가스 분석법

☑ **해설** ② 핵심포인트 1. <표> 3 참고 ; 이온전극법은 염화수소 및 불화수소 분석방법이다.

02 **굴뚝연속자동측정기로 가스상 물질을 측정하는 경우 각각의 물질에 대한 분석 방법으로 옳은 것은?** [제10회 2차 20번]

① 염화수소 : 이온전극법, 정전위전해법
② 암모니아 : 용액전도율법, 적외선가스분석법
③ 아황산가스 : 화학발광법, 적외선흡수법, 자외선흡수법, 정전위전해법
④ 질소산화물 : 용액전도율법, 적외선흡수법, 자외선흡수법, 정전위전해법, 불꽃광도법

☑ **해설** ①, ③, ④ 핵심포인트 1. <표> 참고

03 **굴뚝배출가스를 연속적으로 자동측정하는 방법 중 측정원리에 따라 이온전극법으로 측정할 수 있는 오염물질로만 짝지어진 것은?** [제4회 9번]

① SO_2, HF ② HCl, NO_x
③ SO_2, NO_x ④ HCl, HF

☑ **해설** ④ 핵심포인트 1. <표> 1, 2 참고

04 **다음 오염물질 중 대기오염공정시험기준의 굴뚝연속자동측정기기 측정항목으로 틀린 것은?** [제11회 17번]

① 불화수소 ② 시안화수소
③ 암모니아 ④ 염화수소

☑ **해설** ② 시안화수소는 굴뚝연속자동측정 항목이 아니다.

정답 01 ② 02 ② 03 ④ 04 ②

핵심포인트

1. 측정방법의 종류

〈표〉 항목별 굴뚝연속자동측정방법

순번	항목	측정방법
1	염화수소	이온전극법, 비분산적외선분석법
2	불화수소	이온전극법
3	질소산화물	화학발광법, 적외선흡수법, 자외선흡수법, 정전위전해법
4	아황산가스	용액전도율법, 적외선흡수법, 자외선흡수법, 정전위전해법, 불꽃광도법
5	암모니아	용액전도율법, 적외선가스분석법

05 **굴뚝연속자동측정기로 염화수소 농도를 측정하는 경우에 대한 설명으로 틀린 것은?** [제2회 8번]

① 분석 방법에는 이온전극법 및 자외선흡수분석법이 있다.
② 분석 시 염화수소 표준가스 또는 염소이온 전극이 사용된다.
③ 이온전극법의 경우 흡수액은 질산칼륨용액을 사용한다.
④ 비분산 적외선분석법으로 측정할 경우에는 3.55 μm를 중심 파장으로 하는 적외선이 사용된다.

☑ **해설** ① 핵심포인트 2. 참고

06 **굴뚝 배출가스 중 염화수소를 비분산적외선분석법을 사용하여 연속적으로 자동측정할 때 비분산적외선흡수분석계의 구성을 설명한 것 중 틀린 것은?** [제2회 36번]

① 광원은 Nernst 등에 450 mA～650 mA의 전류를 가하여 사용한다.
② 시료셀은 금코팅 거울을 이용하여 광로를 최고 20 m까지 조정할 수 있다.
③ 회전 섹터는 광속을 100 Hz로 단속하며 시료셀과 필터휠 사이에 위치한다.
④ 필터휠은 고농도의 염화수소 가스가 채워져 있는 셀을 고정시킨 바퀴 모양의 틀이다.

☑ **해설** ③ 핵심포인트 2.④ 참고

07 **굴뚝연속자동측정기로 염화수소를 측정하기 위한 비분산적외선분석법에 대한 설명으로 틀린 것은?** [제3회 49번]

① 3.55 μm를 중심파장으로 한다.
② 광원은 Nernst 등을 사용한다.
③ 투과광 강도는 시료 농도가 높을수록 높다.
④ 검출기는 적외선에 민감한 광전센서를 쓴다.

☑ **해설** ③ 핵심포인트 2.① 참고 ; 투과광 강도는 시료 농도가 낮을수록 높다.

정답 05 ① 06 ③ 07 ③

08 **굴뚝연속자동측정기기로 배출가스 중 가스상 물질을 측정하는 방법 및 측정원리가 틀린 것은?** [제11회 18번]

① 아황산가스를 측정하는 정전위전해법은 아황산가스를 전해질에 흡수시킨 후 전기화학적 반응을 이용하여 그 농도를 구하는 방법이다.

② 질소산화물을 측정하는 화학발광법은 일산화질소와 오존이 반응하면 이산화질소가 생성되는데 이때 590 nm～875 nm에 이르는 폭을 가진 빛이 발생하는데, 이 발광강도를 측정하여 농도를 구하는 방법이다.

③ 암모니아를 측정하는 불꽃광도법은 불꽃 중에서 암모니아가 환원될 때 발생하는 빛 가운데 394 nm 부근의 빛에 대한 발광강도를 측정하여 암모니아의 농도를 구하는 방법이다.

④ 염화수소를 측정하는 이온전극법은 시료가스 중 염화수소가 분석계의 비교부에 도입된 후 그 안에 들어있던 흡수액과 접촉하게 되고, 이 시료액과 비교부에 새로 도입된 흡수액 중의 염소이온 농도차를 염소이온 전극으로 측정하여 농도를 구하는 방법이다.

☑ **해설** ③은 아황산가스 분석을 위한 불꽃광도분석법의 원리이다.

핵심포인트

1. 이온전극법

① **측정원리** : 시료가스 중 염화수소는 배관을 통하여 분석계의 비교부에 도입된 후 그 안에 들어있던 흡수액과 접촉하여 염소이온으로 변하고 이어서 이 시료액은 시료부로 옮겨지고 이 용액과 비교부에 새로 도입된 흡수액 중의 염소이온 농도차를 염소이온 전극으로 측정하는 방법이다.

2. 비분산적외선분석법

① **측정원리** : 3.55 μm를 중심파장으로 하고 어느 정도의 폭을 가진 적외선이 시료가스를 포함하는 시료셀을 통과한 다음 필터휠에 의해 처음에는 광학필터를 거쳐 검출기로 가고 다음에는 고농도의 염화수소가스가 채워져 있는 가스필터 셀을 거쳐 검출기로 가게 되는데 이 때 투과광의 강도차이로 염화수소의 농도를 측정하는 방법이다.

② **광원** : Nernst 등에 (450～650) mA의 전류를 가하여 800 ℃로 가온한다.

③ **시료셀** : 시료가스가 항온항압으로 연속적으로 흐르도록 만들어져 있으며, 금으로 표면처리된 거울을 사용하여 광로를 최고 20 m까지 조정할 수 있다.

④ **회전섹터** : 광속을 100 Hz로 단속하며 광원과 시료셀 사이에 위치한다.

⑤ **필터휠** : 고농도의 염화수소 가스가 채워져 있는 셀을 고정시킨 바퀴모양의 틀이다.

⑥ **검출기** : 적외선에 민감한 광전센서를 사용한다.

정답 08 ③

78 [ES 01907.1] 굴뚝연속자동측정기기-불화수소

01 다음 오염물질 중 대기오염공정시험기준의 굴뚝연속자동측정기기 측정항목으로 틀린 것은? [제11회 17번]

① 불화수소 ② 시안화수소
③ 암모니아 ④ 염화수소

☑ **해설** ② 시안화수소는 굴뚝연속자동측정 항목이 아니다.

핵심포인트

1. 측정방법의 종류

순번	항목	측정방법
1	불화수소	이온전극법
2	염화수소	이온전극법, 비분산적외선분석법
3	질소산화물	화학발광법, 적외선흡수법, 자외선흡수법, 정전위전해법
4	아황산가스	용액전도율법, 적외선흡수법, 자외선흡수법, 정전위전해법, 불꽃광도법
5	암모니아	용액전도율법, 적외선가스분석법

정답 01 ②

79 [ES 01908.1] 굴뚝연속자동측정기기 – 암모니아

01 **굴뚝배출가스의 암모니아를 연속으로 자동측정하는 방법은?** [제4회 20번]

① 용액전도율법, 적외선가스분석법 ② 광산란적분법, 베타(β)선 흡수법
③ 정전위전해법, 불꽃광도법 ④ 자외선흡수법, 정전위전해법

☑ **해설** ① 핵심포인트 1. <표> 1 참고

02 **굴뚝 배출가스 중 가스상 물질을 연속으로 자동측정하는 경우 각각의 물질에 대한 분석 방법 중 옳지 않은 것은?** [제7회 11번]

① 아황산가스 : 용액 전도율법, 불꽃광도법
② 질소산화물 : 화학발광법, 이온 전극법
③ 염화수소 : 이온 전극법, 비분산 적외선법
④ 암모니아 : 용액 전도율법, 적외선 가스 분석법

☑ **해설** ② 핵심포인트 1. <표> 4 참고 ; 이온전극법은 염화수소와 불화수소 분석방법이다.

03 **굴뚝연속자동측정기로 가스상 물질을 측정하는 경우 각각의 물질에 대한 분석 방법으로 옳은 것은?** [제10회 2차 20번]

① 염화수소 : 이온전극법, 정전위전해법
② 암모니아 : 용액전도율법, 적외선가스분석법
③ 아황산가스 : 화학발광법, 적외선흡수법, 자외선흡수법, 정전위전해법
④ 질소산화물 : 용액전도율법, 적외선흡수법, 자외선흡수법, 정전위전해법, 불꽃광도법

☑ **해설** ② 핵심포인트 1. <표> 1 참고

04 **다음 오염물질 중 대기오염공정시험기준의 굴뚝연속자동측정기기 측정항목으로 틀린 것은?** [제11회 17번]

① 불화수소 ② 시안화수소
③ 암모니아 ④ 염화수소

☑ **해설** ② 시안화수소는 굴뚝연속측정 항목이 아니다.

핵심포인트

1. 측정방법의 종류

〈표〉 항목별 자동측정방법

순번	항목	측정방법
1	암모니아	용액전도율법, 적외선가스분석법
2	염화수소	이온전극법, 비분산적외선분석법
3	불화수소	이온전극법
4	질소산화물	화학발광법, 적외선흡수법, 자외선흡수법, 정전위전해법
5	아황산가스	용액전도율법, 적외선흡수법, 자외선흡수법, 정전위전해법, 불꽃광도법

정답 01 ① 02 ② 03 ② 04 ②

05 굴뚝연속자동측정기기로 배출가스 중 가스상 물질을 측정하는 방법 및 측정원리가 틀린 것은? [제11회 18번]

① 아황산가스를 측정하는 정전위전해법은 아황산가스를 전해질에 흡수시킨 후 전기화학적 반응을 이용하여 그 농도를 구하는 방법이다.

② 질소산화물을 측정하는 화학발광법은 일산화질소와 오존이 반응하면 이산화질소가 생성되는데 이때 590 nm～875 nm에 이르는 폭을 가진 빛이 발생하는데, 이 발광강도를 측정하여 농도를 구하는 방법이다.

③ 암모니아를 측정하는 불꽃광도법은 불꽃 중에서 암모니아가 환원될 때 발생하는 빛 가운데 394 nm 부근의 빛에 대한 발광강도를 측정하여 암모니아의 농도를 구하는 방법이다.

④ 염화수소를 측정하는 이온전극법은 시료가스 중 염화수소가 분석계의 비교부에 도입된 후 그 안에 들어있던 흡수액과 접촉하게 되고, 이 시료액과 비교부에 새로 도입된 흡수액 중의 염소이온 농도차를 염소이온 전극으로 측정하여 농도를 구하는 방법이다.

☑ **해설** ③ 핵심포인트 1. <표> 참고 ; 불꽃광도법은 아황산가스 분석에 이용되는 방법이다.

핵심포인트

1. 측정방법의 종류

〈표〉 암모니아 측정방법

순번	측정방법	원리
1	용액전도율법	시료가스와 흡수액을 일정한 비율로 접촉시키면서 시료가스가 포함된 암모니아 가스를 흡수액에 흡수시킨 다음 흡수 전후의 전도율 변화를 측정하며 이 전도율의 차는 시료가스 중 암모니아 농도에 비례하는 원리로 농도를 측정한다.
2	적외선 흡수법	적외선 영역에서 고유 파장 대역의 흡수 특성을 갖는 성분가스를 비분산적외선 방법으로 농도를 측정하는 방법으로 선택성 검출기를 이용하여 시료 중 특정 성분에 의한 적외선의 흡수량 변화를 측정하여 시료 중 암모니아의 농도를 측정하는 방법이다.

정답 05 ③

80 [ES 01909.1] 굴뚝연속자동측정기기 – 배출가스 유량

01 **굴뚝연속자동측정기에서 굴뚝의 건조 배출가스 유량을 연속자동측정하는 방법에 대한 설명으로 틀린 것은?** [제2회 39번]

① 피토관을 이용하여 유량을 측정할 때, 측정점이 여러 지점이면 굴뚝의 직경에 따라 측정점 수를 달리한다.
② 열선유속계를 이용하는 경우 시료채취부가 열선과 지주 등으로 구성되며, 열선으로는 직경 2 μm～10 μm, 길이 약 1 mm의 텅스텐이나 백금선 등이 쓰인다.
③ 초음파유속계를 이용하는 경우 굴뚝 입구를 측정 셀(cell)로 하여 초음파를 발사한 뒤 시간차를 검출기에서 측정하도록 하는 방법이다.
④ 와류유속계를 이용하는 경우 압력계 및 온도계를 유량계 하류 측에 설치해야 한다.

☑ **해설** ③ 핵심포인트 1.④ ㉠ 참고

02 **굴뚝에서 배출되는 건조 배출가스의 유량을 연속적으로 측정하는 방법에 대한 설명으로 틀린 것은?** [제3회 42번]

① 피토관을 이용하여 여러 지점에서 유량 측정시 굴뚝 내경이 1 m 이하이면 굴뚝 직경의 16.7 %, 50.0 %, 83.3 %에 위치한 지점에서 측정하여야 한다.
② 와류유속계를 이용하는 경우 압력계 및 온도계를 유량계 상류 측에 설치해야 한다.
③ 열선식 유속계를 이용하는 경우 시료채취부는 열선과 지주 등으로 구성되어 있다. 열선은 직경 2 μm～10 μm, 길이 약 1 mm의 텅스텐이나 백금선 등이 쓰인다.
④ 초음파유속계를 이용하는 경우 진동자는 초음파의 발신 및 수신을 실행하는 소자이며, 보통 400 kHz～2 MHz 정도의 주파수를 사용한다.

☑ **해설** ② 핵심포인트 1.③ ㉠ 참고

03 **굴뚝에서 배출되는 건조 배출 가스의 유량을 연속적으로 자동측정하는 방법이 아닌 것은?** [제6회 1번]

① 피토관을 이용하는 방법
② 비분선 적외선을 이용하는 방법
③ 열선유속계를 이용하는 방법
④ 와류유속계를 이용하는 방법

☑ **해설** ② 비분산적외선을 이용하는 방법은 공기 중 기체성분(CO, CO_2)을 연속 자동측정방법이다.

정답 01 ③ 02 ② 03 ②

04 **굴뚝에서 배출되는 건조 배출가스의 유량을 연속적으로 자동측정하는 방법에 대한 설명으로 틀린 것은?** [제11회 19번]

① 피토관 : 관내 유체의 전압과 정압과의 차인 동압을 측정하여 유속을 구하고 유량을 산출한다.

② 자기풍 : 자계 내에서 흡입된 산소분자의 일부가 가열되어 자기성을 잃는 것에 의하여 생기는 자기풍의 세기를 이용하여 유속을 구하고 유량을 산출한다.

③ 열선유속계 : 유체와 열선 사이에 열교환이 이루어짐에 따라 열선의 열손실은 유속의 함수가 되기 때문에 이 열량을 측정하여 유속을 구하고 유량을 산출한다.

④ 와류유속계 : 유동하고 있는 유체내에 고형물체를 설치하면 이 물체의 하류에는 유속에 비례하는 주파수의 소용돌이가 발생하므로 이것을 측정하여 유속을 구하고 유량을 산출한다.

☑ **해설** ②는 산소 자동측정방법이다 ; ES 01314.3a 배출가스 중 산소-자동측정법-자기식(자기풍) 참고

핵심포인트

1. 측정방법의 종류

① 피토관을 이용하는 방법

㉠ 원리 : 관내 유체의 전압과 정압과의 차인 동압을 측정하여 유속을 구하고 유량을 산출한다.

㉡ 측정점 위치 : 굴뚝 내경이 1 m 이하인 경우 굴뚝 직경의 16.7 %, 50.0 %, 83.3 %에 위치한 지점에서 측정하여야 하며, 굴뚝 내경이 1 m를 초과하는 경우 측정점의 선정방법에 따라 4개점 이상에서 측정한다.

② 열선 유속계를 이용하는 방법

㉠ 원리 : 흐르고 있는 유체 내에 가열된 물체를 놓으면 유체와 열선(가열된 물체) 사이에 열교환이 이루어짐에 따라 가열된 물체가 냉각된다. 이때 열선의 열손실은 유속의 함수가 되기 때문에 이 열량을 측정하여 유속을 구하고 유량을 산정한다.

③ 와류유속계를 이용하는 방법

㉠ 원리 : 유동하고 있는 유체내에 고형물체(소용돌이 발생체)를 설치하면 이 물체의 하류에는 유속에 비례하는 주파수의 소용돌이가 발생하므로 이것을 측정하여 유속을 구하고 유량을 산출한다. 압력계 및 온도계는 유량계 하류 측에 설치해야 한다.

④ 초음파 유속계를 이용하는 방법

㉠ 원리 : 굴뚝 내에서 초음파를 발사하면 유체흐름과 같은 방향으로 발사된 초음파와 그 반대의 방향으로 발사된 초음파가 같은 거리를 통과하는데 걸리는 시간차가 생기게 되며, 이 시간차를 직접시간차 측정, 위상차측정, 주파수차 측정방법을 이용하여 유속을 구하고 유량을 산정한다.

㉡ 검출 및 분석부 : 진동자는 초음파의 발신 및 수신을 실행하는 소자이며 보통 400 kHz~2 MHz 정도의 주파수를 사용하며, 굴뚝 배출가스 유량측정에 적합한 주파수를 선정하여 사용하여야 한다.

05 **굴뚝에서 배출되는 건조 배출가스의 유량을 연속적으로 자동측정하는 피토관을 이용하는 방법에 대한 설명으로 틀린 것은?** [제11회 20번]

① 시료채취부는 피토관, 흡인관과 온도계로 구성되어 있다.

② 굴뚝 내경이 1 m 이하인 경우 굴뚝 직경의 중앙점에서 측정한다.

③ 흡인관은 수분응축 방지를 위해 시료가스 온도를 120 ℃±14 ℃로 유지할 수 있는 가열기를 갖춘 보로실리케이트, 스테인리스강 또는 석영 유리관을 사용하여야 한다.

④ 피토관은 L형 피토관(피토관 계수 : 1.0 전후) 또는 S형 피토관(피토관 계수 : 0.85 전후)을 흡인관에 부착하여 사용한다.

정답 04 ② 05 ②

☑ **해설** ② 핵심포인트 1.⑤ 참고

핵심포인트

1. 장치의 구성/피토관을 이용하는 방법

① 시료채취부는 피토관, 흡인관과 온도계로 구성되어 있다.
② 피토관은 피토관 계수가 정해진 L형 피토관(C : 1.0 전후) 또는 S형 피토관(웨스턴형 C : 0.85 전후)으로서, 배출가스를 연속적으로 측정하기 위해 흡인관에 부착하여 사용한다.
③ 흡입관은 수분응축 방지를 위해 시료가스 온도를 (120±14) ℃로 유지할 수 있는 가열기를 갖춘 보로실리케이트(borosilicate), 스테인리스강 또는 석영 유리관을 사용하여야 한다.
④ 온도계는 배출가스 온도를 측정하는 것으로 열전대식 온도계 등을 사용하며 시료채취관과 온도계의 앞부분은 동일한 선상에 설치한다.
⑤ 굴뚝 내경이 1 m 이하인 경우 굴뚝 직경의 16.7 %, 50.0 %, 83.3 %에 위치한 지점에서 측정하여야 한다.
⑥ 굴뚝 내경이 1 m를 초과하는 경우 측정점에 따라 4개 지점 이상에서 측정한다.

〈그림〉 굴뚝 내경 1 m 이하 시 피토관 위치

06 **굴뚝연속자동측정기에서 피토관을 이용하여 유량을 측정할 경우, 배출가스 평균유속을 구하는 식은 평균유속 $V = C\sqrt{2gh/r}$ 이다. 여기에서 r로 옳은 것은?** [제9회 2차 1번]

① 피토관의 내경
② 굴뚝의 반경
③ 배출가스의 평균동압측정치
④ 굴뚝내의 습한 배출가스 밀도

핵심포인트

1. 결과보고/농도 계산방법

① 배출가스의 평균유속은 다음 식으로 구한다.

$\overline{V} = C\sqrt{\frac{2gh}{r}}$	$\overline{V}$: 배출가스 평균유속 (m/s) C : 피토관 계수 g : 중력가속도 (9.81 m/s^2) h : 배출가스의 평균 동압 측정치 (mmH$_2$O) r : 굴뚝내의 습한 배출가스 밀도 (kg/m^3)

정답 06 ④

07 굴뚝에서 배출되는 가스의 유량을 피토관을 이용하여 연속적으로 자동측정한 데이터가 관제센터로 전송되고 있다. 아래의 측정값을 이용하여 계산한 5분간의 건조배출가스량 (Sm^3)은? [제10회 2차 19번]

- 배출가스의 5분 평균 유속 : 6 m/s
- 굴뚝 단면적 : 20 m^2
- 대기압 : 760 mmHg
- 배출가스의 5분 평균 정압 : 10 mmHg
- 배출가스의 5분 평균 온도 : 100 ℃
- 배출가스의 수분량 : 8 %(v/v)

① 24,560 ② 23,926
③ 26,695 ④ 45,847

문제풀이

1. 측정방법의 종류/피토관을 이용하는 방법

① 주어진 조건 : 배출가스의 5분 평균 유속($\overline{V}$) 6 m/s, 굴뚝 단면적(A) 20 m^2, 대기압(P_a) 760 mmHg, 배출가스의 5분 평균 정압(P_s) 10 mmHg, 배출가스의 5분 평균 온도(T_s) 100 ℃, 배출가스의 수분량 (X_w) 8 %(v/v)

② 건조배출가스 유량(Sm^3)

$$Q_s = \overline{V} \times A \times \frac{P_a + P_s}{760} \times \frac{273}{273 + T_s} \times \left(1 - \frac{X_w}{100}\right) \times 3,600$$

$$= 6\ \text{m/s} \times 20\ \text{m}^2 \times \frac{760 + 10}{760} \times \frac{273}{273 + 100} \times \left(1 - \frac{8}{100}\right) \times 3,600 = 24,560\ \text{Sm}^3$$

정답 07 ①

81 기타

01 **대기 측정시 압력의 MKS 단위는 $kg/m \cdot s^2$이다. 다음 중 $1\ kg/m \cdot s^2$에 해당하는 것은?**

[제2회 6번]

① 1 atm ② 10,332 mmH_2O
③ 14.7 PSI ④ 1 Pa

문제풀이

1. 대기압 표현 방법

① 1 Pa(Pascal) : 압력을 표현하는 국제단위이며, 1 m^2의 면적에 1 N의 힘을 받을 때의 압력

$$1\ N = 1\ kg \cdot m/s^2 \Rightarrow 1\ Pa = 1\frac{N}{m^2} = \frac{1\ kg \cdot m/s^2}{m^2} = 1\ kg/m \cdot s^2$$

02 **수소이온농도가 6×10^{-4}(mole)인 수용액의 pH는 얼마인가?** [제4회 44번]

① 2.2 ② 3.2
③ 4.8 ④ 5.0

문제풀이

1. pH 계산

① $pH = -\log[H^+] = -\log[6 \times 10^{-4}] = 3.2$

03 **유리전극법에 의한 pH 측정 시 행하는 조치로 옳지 않은 것은?** [제6회 2번]

① pH를 측정할 때마다 제로조정과 스팬조정을 행한다.
② 유리전극에 기름기가 부착되어 있는 경우에는 양질의 중성세제로 씻어 사용한다.
③ 유리전극을 사용하지 않을 때는 증류수로 깨끗이 씻은 후 완전히 건조시켜 보관한다.
④ 유리전극의 오염이 심할 경우에는 유리전극을 묽은 염산에 적신 후 증류수에 씻어 사용한다.

핵심포인트

1. pH 전극

① 유리전극은 제조사에서 제시하는 보관용액 또는 정제수에 담아 보관한다.

04 0.1 N－HCl **용액** 500 mL**를 조제하려고 한다.** HCl **몇** mL**를 녹여야 하는가?** (단, 염산의 분자량은 36.5 g, 비중 1.2, 농도 35 %이다.) [제2회 15번]

① 2.173 ② 4.345
③ 8.690 ④ 10.380

정답 01 ④ 02 ② 03 ③ 04 ②

문제풀이

① 주어진 조건 : HCl 분자량 36.5 g, 비중 1.2, 농도 35 %, 01N HCl 용액 500 mL 조제 시 필요한 HCl의 부피

② 노르말농도(N) 산정식 : $\frac{\text{물질부피(mL)} \times \text{비중} \times \text{함유량(\%)}}{\text{분자량(g)}}$

③ HCl 필요 부피(mL) : $\frac{\text{N농도} \times \text{분자량(g)}}{\text{비중} \times \text{함유량(\%)}} = \frac{0.1\ \text{N}/1000\ \text{mL} \times 500\ \text{mL} \times 36.5\ \text{g}}{1.2\ \text{g/mL} \times 0.35} = 4.345\ \text{mL}$

05 어떤 지역 위에 있는 대류권에서의 SO_2의 농도는 0.16 ppm(부피)이다. 이 기체는 다음과 같은 반응으로 빗물에 용해된다. 이 반응의 평형 상수가 1.3×10^{-2}이라고 한다면 산성비의 pH는 얼마인가? (단, 이 반응은 SO_2의 부분압에 의해 영향을 받지 않는다고 가정한다.)

[제7회 13번]

$$SO_2(g) + H_2O \leftrightarrow H^+(aq) + HSO_3^-(aq)$$

① 4.34 ② 5.12

③ 6.02 ④ 7.00

문제풀이

① 주어진 조건 : SO_2 0.16 ppm, 평형상수 1.3×10^{-2}

② SO_2 분압산정 : $P_{SO_2} = (1\ \text{atm})(0.16\times10^{-6}) = 1.6\times10^{-7}\ \text{atm}$

③ 다른 수소이온(H^+)의 요인이 없다고 가정하면 $H^+ = HSO_3^-$

④ 평형상수(K) : $\frac{[H^+][HSO_3^-]}{[SO_2]} = \frac{[H^+]^2}{[SO_2]} = \frac{[H^+]^2}{1.6\times10^{-7}} = 1.3\times10^{-2}$

⑤ $[H^+]^2 = (1.3\times10^{-2})(1.6\times10^{-7}) = 2.08\times10^{-9}$

⑥ 수소이온농도(mol/L) : $[H^+] = \sqrt{(2.08\times10^{-9})} = 4.56\times10^{-5}$

⑦ $pH = -\log[H^+] = -\log[4.56\times10^{-5}] = 4.34$

06 대기시료채취 시 시료의 안정도에 관한 설명으로 틀린 것은?

[정도관리 제9회 2차 4번]

① 간섭은 최소화 되어야 하고, 해석만 가능하다면 존재한다 하더라도 무방하다.

② 시료의 안정도는 시료채취와 분석사이의 시간이 증가될수록 더욱더 중요하다.

③ 가변적인 회수율이 정성분석을 방해하기 때문에 거의 100 %의 회수율이 요구된다.

④ 온도는 포집된 물질이 포집매체로부터 소실되게 하거나, 회수율을 저해하는 변형 따위를 야기할 수 있다.

☑ **해설** ① 핵심포인트 1.④ 참고

핵심포인트

1. 시료채취에서의 QA/QC/대기시료채취/시료채취 시설 및 장비

① 시료의 안정도는 시료채취와 분석사이의 시간이 증가될수록 더욱 더 중요하게 된다.

② 온도, 미량, 오염물질, 화학의 반응효과는 포집된 물질이 포집매체로부터 소실되게 하거나 회수율을 저해하는 변형따위를 야기할 수 있다.

③ 가변적인 회수율이 정량분석을 방해하기 때문에 거의 100 %의 회수율이 요구된다.

④ 간섭은 최소화되어야 하고, 만약 존재하더라도 해석할 수 있는 것이어야 한다.

정답 05 ① 06 ①

2장 실내공기질 공정시험기준

1 실내공기질관리법·시행령·시행규칙 관련

01 **다음 중 다중이용시설의 관리 대상 오염물질에 해당되지 않는 것은?** [제6회 1번]

① 일산화질소　② 오존
③ 라돈　④ 석면

☑ **해설** ① 핵심포인트 1.② 참고 ; 실내공기질관리법 개정으로 ②, ④ 항목은 삭제되었다.

핵심포인트

1. 실내공기질관리법

① 다중이용시설 유지기준 오염물질 : 미세먼지(PM-10), 초미세먼지(PM-2.5), 이산화탄소(CO_2), 폼알데하이드(HCHO), 총부유세균(TAB), 일산화탄소(CO)
② 다중이용시설 권고기준 오염물질 : 이산화질소(NO_2), 라돈, 총휘발성유기화합물(TVOC), 부유곰팡이 2018.10.18(개정) → 부유곰팡이 추가, 석면 및 오존(O_3) 제외

02 **실내공기질관리법에서 정하는 실내공기질 유지기준에 관한 설명이다. 괄호 안에 값을 모두 합한 것으로 옳은 것은?** [제11회 2번]

> ㉠ 실내주차장 미세먼지(PM-10)의 경우 (　　) $\mu g/m^3$ 이하이다.
> ㉡ 의료기관, 산후조리원, 노인요양시설의 총부유세균은 (　　) CFU/m^3 이하이다.
> ㉢ 실내주차장 일산화탄소의 경우 (　　) ppm 이하이다.
> ㉣ 지하역사, 지하도상가, 철도역사의 대합실, 영화상영관, 학원 등에서의 폼알데하이드는 (　　) $\mu g/m^3$ 이하이다.

① 985　② 1,055
③ 1,095　④ 1,125

문제풀이

1. 실내공기질관리법 시행규칙/실내공기질 유지기준(제3조)관련

㉠ 실내주차장 미세먼지(PM-10) : 200 $\mu g/m^3$ 이하
㉡ 의료기관, 산후조리원, 노인요양시설의 총부유세균 : 800 CFU/m^3 이하
㉢ 실내주차장 일산화탄소 : 25 ppm 이하
㉣ 지하역사, 지하도상가, 철도역사의 대합실, 영화상영관, 학원 등에서의 폼알데하이드 : 100 $\mu g/m^3$ 이하
– 합계 : ㉠ 200 + ㉡ 800 + ㉢ 25 + ㉣ 100 = 1,125

정답 01 ① 02 ④

2. 다중이용시설 유지기준

<table>
<tr><th>오염물질 항목
다중이용시설</th><th>미세먼지
(PM-10)
($\mu g/m^3$)</th><th>초미세먼지
(PM-2.5)
($\mu g/m^3$)</th><th>이산화탄소
(ppm)</th><th>폼알데하이드
($\mu g/m^3$)</th><th>총부유세균
(CFU/m^3)</th><th>일산화탄소
(ppm)</th></tr>
<tr><td>가. 지하역사, 지하도상가, 철도역사의 대합실, 여객자동차터미널의 대합실, 항만시설 중 대합실, 공항시설 중 여객터미널, 도서관·박물관 및 미술관, 대규모 점포, 장례식장, 영화상영관, 학원, 전시시설, 인터넷컴퓨터게임시설제공업의 영업시설, 목욕장업의 영업시설</td><td>100 이하</td><td>50 이하</td><td rowspan="3">1,000 이하</td><td>100 이하</td><td>–</td><td rowspan="2">10 이하</td></tr>
<tr><td>나. 의료기관, 산후조리원, 노인요양시설, 어린이집, 실내어린이 놀이시설</td><td>75 이하</td><td>35 이하</td><td>80 이하</td><td>800 이하</td></tr>
<tr><td>다. 실내주차장</td><td>200 이하</td><td>–</td><td>100 이하</td><td>–</td><td>25 이하</td></tr>
<tr><td>라. 실내 체육시설, 실내 공연장, 업무시설, 둘 이상의 용도에 사용되는 건축물</td><td>200 이하</td><td>–</td><td>–</td><td>–</td><td>–</td><td>–</td></tr>
</table>

비고

1. 도서관, 영화상영관, 학원, 인터넷컴퓨터게임시설제공업 영업시설 중 자연환기가 불가능하여 자연환기설비 또는 기계환기설비를 이용하는 경우에는 이산화탄소의 기준을 1,500 ppm 이하로 한다.
2. 실내 체육시설, 실내 공연장, 업무시설 또는 둘 이상의 용도에 사용되는 건축물로서 실내 미세먼지(PM-10)의 농도가 200 $\mu g/m^3$에 근접하여 기준을 초과할 우려가 있는 경우에는 실내공기질의 유지를 위하여 다음 각 목의 실내공기정화시설(덕트) 및 설비를 교체 또는 청소하여야 한다.
   가. 공기정화기와 이에 연결된 급·배기관(급·배기구를 포함한다)
   나. 중앙집중식 냉·난방시설의 급·배기구
   다. 실내공기의 단순배기관
   라. 화장실용 배기관
   마. 조리용 배기관

2 [ES 02000.b] 총칙

01 **실내공기질공정시험기준은 실내공기 오염물질을 측정함에 있어서 측정의 (　　)을 유지하기 위하여 필요한 제반사항을 규정한다. (　　)에 들어갈 용어로 맞는 것은?** [제6회 3번]

① 정확성과 통일　② 공정성과 방법
③ 신뢰성과 연속　④ 최신성과 판정

☑ **해설** ① 핵심포인트 1.① 참고

핵심포인트

1. 개요/목적

① 환경분야 시험·검사 등에 관한 법률 제6조 규정에 의거 실내공기 오염물질을 측정함에 있어서 측정의 [정확성] 및 [통일]을 유지하기 위하여 필요한 제반사항에 대한 규정을 정함을 목적으로 한다.

02 **실내공기질공정시험기준의 시험 판정을 위한 적용범위로 틀린 것은?** [제8회 4번]

① 건축자재 사용제한의 대상여부　② 다중이용시설 실내공기질 권고기준
③ 다중이용시설 실내공기질 유지기준　④ 실험실 실내공기질 권고기준

☑ **해설** ④ 다중이용시설 실내공기질 권고기준이다.

핵심포인트

1. 개요/적용범위

① 실내공기질관리법 제5조 실내공기질 유지기준
② 실내공기질관리법 제6조 실내공기질 권고기준
③ 실내공기질관리법 제9조 신축 공동주택의 실내공기질 관리
④ 실내공기질관리법 제9조의3 대중교통차량의 실내공기질 관리
⑤ 실내공기질관리법 제9조의4 대중교통시설의 실내공기질 관리
⑥ 실내공기질관리법 제9조의5 지하역사의 실내공기질 관리
⑦ 실내공기질관리법 제11조 오염물질 방출 건축자재의 사용제한 대상여부

03 **실내공기질공정시험기준에서 농도와 온도에 대한 설명으로 틀린 것은?** [제5회 17번]

① 공기 중의 오염물질 농도를 $\mu g/m^3$으로 표시했을 때, m^3은 25 ℃, 1기압일 때의 기체 부피를 의미한다.
② 표준온도는 ℃, 상온은 15 ℃～25 ℃, 실온은 1 ℃～35 ℃로 하고, 찬 곳은 따로 규정이 없는 한 0 ℃～15 ℃의 곳을 뜻한다.
③ 각각의 시험은 따로 규정이 없는 한 실온에서 조작하고 조작 직후에 그 결과를 관찰한다.
④ 절대온도는 °K로 표시하고 절대온도 0 °K는 －273 ℃로 한다.

☑ **해설** ③ 핵심포인트 2.④ 참고

정답 01 ① 02 ④ 03 ③

핵심포인트

1. 농도표시

① 농도표시는 공기 중의 오염물질 농도를 $\mu g/m^3$로 표시했을 때, m^3은 25 ℃, 1기압일 때의 기체 부피를 의미한다.

2. 온도의 표시

① 온도의 표시는 셀시우스(Celsius) 법에 따라 아라비아 숫자의 오른쪽에 ℃를 붙인다. 절대온도는 °K로 표시하고 절대온도 0 °K는 −273 ℃로 한다.

② 표준온도는 25 ℃, 상온은 (15∼25) ℃, 실온은 (1∼35) ℃로 하고, 찬 곳은 따로 규정이 없는 한 (0∼15) ℃의 곳을 뜻한다.

③ 냉수는 15 ℃ 이하, 온수는 (60∼70) ℃, 열수는 약 100 ℃를 말한다.

④ 각각의 시험은 따로 규정이 없는 한 상온에서 조작하고 조작 직후에 그 결과를 관찰한다.

04 실내공기질공정시험기준의 용어에 대한 설명이 잘못된 것은? [제7회 10번]

> ㉠ 시험조작 중 '즉시'란 30초 이내에 표시된 조작을 하는 것을 뜻한다.
> ㉡ '밀폐용기'란 광선이 투과되지 않는 갈색용기 또는 투과되지 않게 포장을 한 용기
> ㉢ '기밀용기'란 물질을 취급 또는 보관하는 동안에 외부로부터 공기 또는 다른 기체가 침입하지 않도록 내용물을 보호하는 용기
> ㉣ '밀봉용기'란 물질을 취급 또는 보관하는 동안에 기체 또는 미생물이 침입하지 않도록 내용물을 보호하는 용기

① ㉠ ② ㉡
③ ㉢ ④ ㉣

☑ **해설** ② 핵심포인트 1.⑨, ⑫ 참고 ; ㉡은 차광용기에 관한 설명이다.

05 다음의 실내공기질공정시험기준에 나오는 '용기'에 관련된 설명으로 틀린 것은? [제9회 11번]

① '밀폐용기'라 함은 물질을 취급 또는 보관하는 동안에 이물이 들어가거나 내용물이 손실되지 않도록 보호하는 용기를 뜻한다.

② '차광용기'라 함은 물질을 취급 또는 보관하는 동안에 내용물의 광화학적 변화를 방지할 수 있는 용기를 뜻한다.

③ '용기'라 함은 시험용액 또는 시험에 관계된 물질을 보존, 운반 또는 조작하기 위하여 넣어두는 것을 뜻한다.

④ '기밀용기'라 함은 물질을 취급 또는 보관하는 동안에 미생물 등이 침입하지 않도록 내용물을 보호하는 용기를 뜻한다.

☑ **해설** ④ 핵심포인트 1.⑩, ⑪ 참고 ; ④는 '밀봉용기'에 관한 설명이다.

정답 04 ② 05 ④

06 실내공기질과 관련된 용어 및 단어의 설명으로 모두 옳은 것은? [제11회 1번]

> ㉠ 시험조작 중 '즉시'란 10초 이내에 표시된 조작을 하는 것을 뜻한다.
> ㉡ '감압 또는 진공'이라 함은 따로 규정이 없는 한 15 mmHg 이하를 뜻한다.
> ㉢ '항량'이라 함은 같은 조건에서 1시간 더 건조할 때 전후 무게차이가 매 g당 0.1 mg 이하일 때를 뜻한다.
> ㉣ '기밀용기'라 함은 물질을 취급 보관하는 동안 외부로부터 공기 또는 다른 기체가 침입하지 않도록 내용물을 보호하는 용기를 뜻한다.
> ㉤ '밀봉용기'라 함은 물질을 취급 또는 보관하는 동안 이물질이 들어가거나 내용물이 손상되지 않도록 보호하는 용기를 뜻한다.

① ㉠, ㉡　　② ㉠, ㉢, ㉣
③ ㉡, ㉣　　④ ㉢, ㉣, ㉤

☑ **해설** ㉠ 핵심포인트 1.① 참고, ㉢ 핵심포인트 1.⑬ 참고, ㉤ 핵심포인트 1.⑨ 참고

핵심포인트

1. 용어·단어

① 시험조작 중 '즉시'란 30초 이내에 표시된 조작을 하는 것을 뜻한다.
② '감압 또는 진공'이라 함은 따로 규정이 없는 한 15 mmHg 이하를 뜻한다.
③ '이상', '초과', '이하', '미만'이라고 기재하였을 때 이(以)자가 쓰인 쪽은 어느 것이나 기산점 또는 기준점인 숫자를 포함하며, '미만' 또는 '초과'는 기산점 또는 기준점의 숫자는 포함하지 않는다. 또 'a～b'라 표시한 것은 a 이상 b 이하임을 뜻한다.
④ '바탕시험을 하여 보정한다'라 함은 시료에 대한 처리 및 측정을 할 때, 시료를 사용하지 않고 같은 방법으로 조작한 측정치를 빼는 것을 뜻한다.
⑤ 시료의 시험, 바탕시험 및 표준액에 대한 시험을 일련의 동일시험으로 행할 때, 사용하는 시약 또는 표준시약은 동일 로트(lot)로 조제된 것을 사용한다.
⑥ '정량적으로 씻는다'라 함은 어떤 조작으로부터 다음 조작으로 넘어갈 때 사용한 비커, 플라스크 등의 용기 및 여과막 등에 부착한 정량대상 성분을 사용한 용매로 씻어 그 씻어낸 용액을 합하고 먼저 사용한 같은 용매를 채워 일정용량으로 하는 것을 뜻한다.
⑦ 용액의 산성, 또는 알칼리성을 검사할 때는 따로 규정이 없는 한 유리전극법에 의한 pH미터로 측정하고 구체적으로 표시할 때는 pH 값을 쓴다.
⑧ '용기'라 함은 시험용액 또는 시험에 관계된 물질을 보존, 운반 또는 조작하기 위하여 넣어두는 것으로 시험에 지장을 주지 않도록 깨끗한 것이어야 한다.
⑨ '밀폐용기'라 함은 물질을 취급 또는 보관하는 동안에 이물이 들어가거나 내용물이 손실되지 않도록 보호하는 용기를 뜻한다.
⑩ '기밀용기'라 함은 물질을 취급 또는 보관하는 동안에 외부로부터의 공기 또는 다른 기체가 침입하지 않도록 내용물을 보호하는 용기를 뜻한다.
⑪ '밀봉용기'라 함은 물질을 취급 또는 보관하는 동안에 기체 또는 미생물이 침입하지 않도록 내용물을 보호하는 용기를 뜻한다.
⑫ '차광용기'라 함은 광선이 투과되지 않는 갈색용기 또는 투과하지 않게 포장을 한 용기로서 취급 또는 보관하는 동안에 내용물의 광화학적 변화를 방지할 수 있는 용기를 뜻한다.
⑬ '항량'이라 함은 같은 조건에서 1시간 더 건조할 때 전후 무게차이가 매 g당 0.3 mg 이하일 때를 뜻한다.

정답 06 ③

3 [ES 02001.c] 정도보증/정도관리

01 **실내공기질 공정시험기준 중 정도보증/정도관리 용어에 대한 설명이다. 괄호 안에 들어갈 것을 옳게 제시한 것은?** [제7회 11번]

> (㉠) : 시험분석 결과의 반복성을 나타내는 것으로 반복 시험하여 얻은 결과를 상대표준편차(RSD, Relative standard deviation)로 나타내며, 연속적으로 n회 측정한 결과의 평균값과 (㉡)으로/로 구한다.
> (㉢) : 시험분석 결과가 참값에 얼마나 근접하는가를 나타내는 것으로 동일한 매질의 인증시료를 확보할 수 있는 경우에는 표준절차서(SOP, Standard operational procedure)에 따라 인증표준물질을 분석한 결과값(C_M)과 인증값(C_c)과의 (㉣)으로/로 구한다.

① ㉠ 정확도, ㉡ 표준편차, ㉢ 정밀도, ㉣ 상대백분율
② ㉠ 정확도, ㉡ 분산, ㉢ 정밀도, ㉣ 상대백분율
③ ㉠ 정밀도, ㉡ 표준편차, ㉢ 정확도, ㉣ 상대백분율
④ ㉠ 정밀도, ㉡ 분산, ㉢ 정확도, ㉣ 상대백분율

☑ **해설** ㉠·㉡ 핵심포인트 2.④ 참고, ㉢·㉣ 핵심포인트 2.⑤ 참고

02 **기기검출한계를 구하는 방법은?** [제5회 28번]

① 바탕시료를 반복 측정 분석한 결과의 평균에 2배한 값
② 바탕시료를 반복 측정 분석한 결과의 평균에 3배한 값
③ 바탕시료를 반복 측정 분석한 결과의 표준편차에 2배한 값
④ 바탕시료를 반복 측정 분석한 결과의 표준편차에 3배한 값

☑ **해설** ④ 핵심포인트 2.① 참고

03 **실내공기질공정시험기준의 정도관리 요소와 그 계산식으로 틀린 것은?** [제8회 7번]

① 정량한계 = 10 × 표준편차(s)
② 정밀도(%) = 표준편차(s) / 평균값($\overline{x}$) × 100
③ 상대적인 차이(%) = ($C_2 - C_1$) / 표준편차(s) × 100, (C_1, C_2 : 1, 2 두 시료의 측정값)
④ 정확도(%) = 결과값(C_M) / 인증값(C_C) × 100

☑ **해설** ③ 핵심포인트 2.⑥ 참고

04 **다음 용어의 설명 중 틀린 것은?** [제5회 13번]

① 기기검출한계(IDL, instrumental detection limit)는 일반적으로 S/N비의 2배~5배 농도 또는 바탕시료를 반복 측정 분석한 결과의 표준편차에 3배한 값
② 방법검출한계(MDL, method detection limit)란 시료와 비슷한 매질 중에서 시험 분석 대상을 검출할 수 있는 최소한의 농도

정답 01 ③ 02 ④ 03 ③ 04 ③

③ 정밀도(precision)란 시험 분석 결과가 참값에 얼마나 근접하는가를 나타내는 것
④ 정량한계(LOQ, limit of quantification)란 제시된 정량한계 부근의 농도를 포함하도록 시료를 준비하고 이를 반복 측정하여 얻은 결과의 표준편차에 10배한 값

☑ **해설** ③ 핵심포인트 2.④ 참고 ; ③은 정확도에 관한 내용이다.

05 실내공기질 정도보증 및 정도관리(QA/QC)에 관련된 설명들과 용어의 연결이 옳은 것은?

[제8회 14번]

㉮ 시료와 유사한 매질을 선택하여 추출, 농축, 정제 및 분석 과정에 따라 측정한 것
㉯ 시료와 동일한 매질에 일정량의 표준물질을 첨가하여 검정곡선을 작성하는 방법
㉰ 시험분석 대상물질을 기기가 검출할 수 있는 최소한의 농도
㉱ 시험분석 결과가 참값에 얼마나 근접하는가를 나타내는 것

ⓐ 방법바탕시료 ⓑ 시약바탕시료 ⓒ 절대검정곡선법 ⓓ 표준물질첨가법
ⓔ 상대검정곡선법 ⓕ 기기검출한계 ⓖ 방법검출한계 ⓗ 정량한계
ⓘ 정밀도 ⓙ 정확도

① ㉮－ⓐ, ㉯－ⓒ, ㉰－ⓖ, ㉱－ⓘ
② ㉮－ⓐ, ㉯－ⓓ, ㉰－ⓕ, ㉱－ⓙ
③ ㉮－ⓑ, ㉯－ⓒ, ㉰－ⓗ, ㉱－ⓘ
④ ㉮－ⓑ, ㉯－ⓓ, ㉰－ⓖ, ㉱－ⓙ

☑ **해설** ㉮ 핵심포인트 1.① 참고, ㉯ 핵심포인트 1.④ 참고, ㉰ 핵심포인트 2.① 참고, ㉱ 핵심포인트 2.⑤ 참고

핵심포인트

1. 정도관리 요소/바탕시료

① 방법바탕시료(method blank) : 시료와 유사한 매질을 선택하여 추출, 농축, 정제 및 분석과정에 따라 측정한 것을 말하며, 이때 매질, 실험절차, 시약 및 측정장비 등으로부터 발생하는 오염물질을 확인할 수 있다.
② 시약바탕시료(reagent blank) : 시료를 사용하지 않고 추출, 농축, 정제 및 분석과정에 따라 모든 시약과 용매를 처리하여 측정한 것을 말하며, 이때 실험절차, 시약 및 측정 등으로부터 발생하는 오염물질을 확인할 수 있다.
③ 절대검정곡선법(external standard method) : 시료의 농도와 지시값과의 상관성을 검정곡선 식에 대입하여 작성하는 방법이다. 검정곡선은 직선성이 유지되는 농도범위 내에서 제조농도 5개 이상을 사용하되, 측정값이 가능한 검정곡선 범위 안에 포함될 수 있는 범위로 설정한다.
④ 표준물질첨가법(standard addition method) : 시료와 동일한 매질에 일정량의 표준물질을 첨가하여 검정곡선을 작성하는 방법으로서, 매질효과가 큰 시험 분석 방법에서 분석 대상 시료와 동일한 매질의 표준시료를 확보하지 못한 경우에 매질효과를 보정하여 분석할 수 있는 방법이다.
⑤ 상대검정곡선법(internal standard method) : 검정곡선 작성용 표준용액과 시료에 동일한 양의 내부표준물질을 첨가하여 시험분석 절차, 기기 또는 시스템의 변동으로 발생하는 오차를 보정하기 위해 사용하는 방법이다. 시험 분석하려는 성분과 물리·화학적 성질은 유사하나 시료에는 없는 순수 물질을 내부표준물질로 선택하며, 일반적으로 분석하려는 성분에 동위원소가 치환된 것을 많이 사용한다.

2. 정도관리 요소/검출한계

① 기기검출한계(IDL, Instrumental detection limit) : 시험분석 대상물질을 기기가 검출할 수 있는 최소한의 농도로서, 일반적으로 S/N비의 (2～5) 배 농도 또는 바탕시료를 반복 측정 분석한 결과의 표준편차에 3배한 값이다.
② 방법검출한계(MDL, method detection limit) : 시료와 비슷한 매질 중에서 시험분석 대상을 검출할 수 있는 최소한의 농도로서, 제시된 정량한계 부근의 농도를 포함하도록 준비한 n개의 시료를 반복

측정하여 얻은 결과의 표준편차(s)에 99 % 신뢰수준에서 t−분포값을 곱하여 산정하며, 제시한 정량 한계값 이하이어야 한다.

③ **정량한계**(LOQ, Limit of Quantification) : 시험분석 대상을 정량화할 수 있는 측정값으로서, 제시된 정량한계 부근의 농도를 포함하도록 시료를 준비하고 이를 반복 측정하여 얻은 결과의 표준편차(s)에 10배한 값을 사용한다. (정량한계 = 10×s)

④ **정밀도**(precision) : 시험분석 결과의 반복성을 나타내는 것으로 반복 시험하여 얻은 결과를 상대표준편차(RSD, relative standard deviation)로 나타내며, 연속적으로 n회 측정한 결과의 평균값($\bar{x}$)과 표준편차(s)로 구한다.

$$\text{정밀도}(\%) = \frac{s}{\bar{x}} \times 100$$

⑤ **정확도**(accuracy) : 시험분석 결과가 참값에 얼마나 근접하는가를 나타내는 것으로, ㉠ 동일한 매질의 인증시료를 확보할 수 있는 경우 인증표준물질을 분석한 결과값(C_M)과 인증값(C_C)과의 상대백분율로 구하며, ㉡ 동일한 매질의 인증시료를 확보할 수 없는 경우에는 해당 표준물질을 첨가하여 시료를 분석한 분석값(C_{AM})과 첨가하지 않은 시료의 분석값(C_S)과의 차이를 첨가 농도(C_A)의 상대백분율 또는 회수율로 구한다.

$$\text{정확도}(\%) = \frac{C_M}{C_C} \times 100 = \frac{C_{AM} - C_S}{C_A} \times 100$$

⑥ **상대적인 차이**(RPD, relative percentage difference) : 동일한 조건에서 측정한 두 시료의 측정값(C_2, C_1) 차를 두 시료 측정값의 평균($\bar{x}$)으로 나누어 두 측정값의 상대적인 차이를 구한다.

$$\text{상대적인 차이}(\%) = \frac{C_2 - C_1}{\bar{x}} \times 100(\%)$$

06 실내공기 중 폼알데하이드(HCHO)의 측정과정에서 현장 이중시료(field duplicate)에 대한 설명으로 틀린 것은?

[제9회 2차 3번]

① 현장 이중시료는 동일 위치에서 동일한 조건으로 중복 채취한 시료로서 독립적으로 분석하여 비교한다.

② 현장 이중시료는 필요시 하루에 20개 이하의 시료를 채취할 경우에는 1개를, 그 이상의 시료를 채취할 때에는 시료 20개당 1개를 추가로 채취한다.

③ 동일한 조건에서 측정한 두 시료의 측정값 차를 두 시료 측정값의 평균값으로 나누어 두 측정값의 상대적인 차이(RPD, relative percentage difference)를 구한다.

④ 두 측정값의 차이는 10 %가 넘지 않아야 한다.

☑ **해설** ④ 핵심포인트 1.① ㉤ 참고

핵심포인트

1. ES 02601.1c 실내 및 건축자재에서 방출되는 폼알데하이드 측정방법-2,4 DNPH 카트리지와 액체크로마토그래피법

① 정도보증/정도관리(QA/QC)/현장이중시료(field duplicate)

㉠ 시험과정의 정밀도는 현장 이중시료를 이용하여 평가한다.

㉡ 동일 위치에서 동일한 조건으로 동시에 중복 채취한 시료로서 독립적으로 분석하여 비교한다.

㉢ 필요시 하루에 20개 이하의 시료를 채취한 경우에는 1개를, 그 이상의 시료를 채취할 때에는 시료 20개당 1개를 추가로 채취한다.

㉣ 동일한 조건에서 측정한 두 시료의 측정값 차를 두 시료 측정값의 평균으로 나누어 두 측정값의 상대적인 차이(RPD, relative percentage difference)를 구한다.

㉤ 두 측정값의 차이는 20 %가 넘지 않아야 하며, 단 현장 이중시료는 신축공동주택 및 다중이용시설에만 적용된다.

$$\text{상대적인 차이}(\%) = \frac{C_2 - C_1}{\bar{x}} \times 100\ \%$$

정답 06 ④

4 [ES 02101] 일반사항

01 실내공기질공정시험기준 중 일반사항에 해당하지 않는 것은? [제9회 2차 17번]

① 방울수라 함은 25 ℃에서 정제수 10방울을 떨어뜨릴 때 그 부피가 약 1 mL되는 것을 뜻한다.

② '약'이란 그 무게 또는 부피에 대하여 ±10 % 이상의 차가 있어서는 안된다.

③ 표준품을 채취할 때, 표준액이 정수로 기재되어 있어도 실험자가 환산하여 기재수치에 '약'자를 붙여 사용할 수 있다.

④ 표준액을 조제하기 위한 표준용 시약은 따로 규정이 없는 한 데시케이터에 보존된 것을 사용한다.

☑ **해설** ① 핵심포인트 2.④ 참고

02 실내공기질공정시험기준의 화학분석 일반사항에 관한 내용이다. 다음 괄호 안의 값을 모두 합한 것은? [제12회 1번]

ㄱ. '약'이란 그 무게 또는 부피에 대하여 ±(㉠)% 이상의 차가 있어서는 안 된다.
ㄴ. 방울수라 함은 20 ℃에서 정제수 (㉡)방울을 떨어뜨릴 때 그 부피가 약 1 mL되는 것을 뜻한다.

① 15 ② 20
③ 25 ④ 30

☑ **해설** ㉠ 핵심포인트 1.④ 참고, ㉡ 핵심포인트 2.④ 참고 ; ㉠ 10 + ㉡ 20 = 30

핵심포인트

1. 화학분석 일반사항/시약, 시액, 표준물질

① 시험에 사용하는 시약은 따로 규정이 없는 한 특급 또는 1급 이상 또는 이와 동등한 규격의 것을 사용하여야 한다. 단, 단순히 염산, 질산, 황산 등으로 표시하였을 때는 따로 규정이 없는 한 규정한 농도 이상의 것을 뜻한다.

② 시험에 사용하는 표준품은 원칙적으로 특급 시약을 사용하며 표준액을 조제하기 위한 표준용 시약은 따로 규정이 없는 한 데시케이터에 보존된 것을 사용한다.

③ 표준품을 채취할 때 표준액이 정수로 기재되어 있어도 실험자가 환산하여 기재수치가 "약" 자를 붙여 사용할 수 있다.

④ "약"이란 그 무게 또는 부피에 대하여 ±10 % 이상의 차가 있어서는 안된다.

⑤ 시험에 사용하는 물은 따로 규정이 없는 한 정제증류수 또는 이온교환수지로 정제한 탈염수를 사용한다.

2. 화학분석 일반사항/용액의 농도

① 단순히 용액이라 기재하고, 그 용액의 이름을 밝히지 않은 것은 수용액을 뜻한다.

② 혼합액 (1+2), (1+5), (1+5+10) 등으로 표시한 것은 액체상의 성분을 각각 1용량 대 2용량, 1용량 대 5용량 또는 1용량 대 5용량 대 10용량의 비율로 혼합한 것을 뜻하며, (1 : 2), (1 : 5), (1 : 5 : 10) 등으로 표시할 수 있다. 보기를 들면 황산(1+2), 또는 황산(1 : 2)라 표시한 것은 황산 1용량에 물 2용량을 혼합한 것이다.

정답 01 ① 02 ④

③ 용액의 농도를 (1 → 2), (1 → 5) 등으로 표시한 것은 그 용질의 성분이 고체일 때는 1 g을, 액체일 때는 1 mL를 용매에 녹여 전량을 2 mL 또는 5 mL로 하는 비율을 뜻한다.
④ 방울수라 함은 20 ℃에서 정제수 20방울을 떨어뜨릴 때 그 부피가 약 1 mL되는 것을 뜻한다.

3. 화학분석 일반사항/기구

① 공정시험기준에서 사용하는 모든 유리기구는 KS L 2302(이화학용 유리기구의 모양 및 치수)에 적합한 것 또는 이와 동등 이상의 규격에 적합한 것으로 국가 또는 국가에서 지정하는 기관에서 검정을 필한 것을 사용하여야 한다.
② 부피플라스크, 피펫, 뷰렛, 메스실린더, 비커 등 화학분석용 유리기구는 국가검정을 필한 것을 사용한다.
③ 여과용 기구 및 기기를 기재하지 아니하고 "여과한다"라고 하는 것은 KS M 7602 거름종이 5종 또는 이와 동등한 여과지를 사용하여 여과함을 말한다.
④ 분석용 화학저울은 국가검정을 필한 것을 사용하여야 한다.
⑤ 계량기구 중 측정값을 분석결과의 계산에 사용할 목적으로 사용되는 것은 모두 보정하여 사용한다.

5 [ES 02130.d] 실내공기 오염물질 시료채취 및 평가방법

01 **연면적 30,000 m^2인 박물관에서 실내공기오염물질의 최소 시료채취점 수는?** [제8회 3번]

① 1　　② 2
③ 3　　④ 4

☑ **해설** ④ 핵심포인트 1. <표> 3 참고

02 **연면적(m^2)이 10,000 초과~20,000 이하인 다중 이용시설의 실내공기 시료채취를 위한 최소 시료채취지점 수로 맞는 것은?** [제9회 2차 18번]

① 2　　② 3
③ 4　　④ 5

☑ **해설** ② 핵심포인트 1. <표> 2 참고

03 **실내공기질 시료채취 지점 선정을 위한 다음의 보기에 들어갈 (㉮)와 (㉯)를 합한 측정지점수로 옳은 것은?** [제10회 1번]

> − 수도권 내 한 도서관(다중이용시설)의 연면적은 9,000 m^2로서 최소 시료채취지점수는 (㉮)이다.
> − 경기도 내 신축 공동주택의 총 세대수가 250세대일 때 시료채취 세대수는 (㉯) 세대이다.

① 6　　② 7
③ 8　　④ 9

문제풀이

① ㉮ 핵심포인트 1. <표> 1 참고 ; 2 지점
② ㉯ 8번 문제 핵심포인트 1. <표> 참고 ; 4 세대
③ ㉮ 2 + ㉯ 4 = 6

04 **다중이용시설 내 최소 시료채취지점 수를 결정하고자 한다. 각각의 지점수를 모두 더한 값으로 옳은 것은?** [제11회 3번]

> ㉠ 연면적 19,000(m^2)인 목욕장　　㉡ 연면적 15,000(m^2)인 장례식장
> ㉢ 연면적 25,000(m^2)인 영화상영관　　㉣ 연면적 9,000(m^2)인 지하역사

① 8　　② 11
③ 12　　④ 15

정답 01 ④ 02 ② 03 ① 04 ③

문제풀이

① ㉠ 핵심포인트 <표> 2 참고 ; 3 지점
② ㉡ 핵심포인트 <표> 2 참고 ; 3 지점
③ ㉢ 핵심포인트 <표> 3 참고 ; 4 지점
④ ㉣ 핵심포인트 <표> 1 참고 ; 2 지점
⑤ 합계 : ㉠ 3 + ㉡ 3 + ㉢ 4 + ㉣ 2 = 12

핵심포인트

1. 시료채취지점 선정 및 조건/다중이용시설/시료채취지점 선정

〈표〉 다중이용시설 내 최소 시료채취지점 수 결정

순번	다중이용시설의 연면적(m^2)	최소 시료채취지점 수
1	10,000 이하	2
2	10,000 초과 ~ 20,000 미만	3
3	20,000 이상	4

※ 실내공기 시료채취 시 실외공기를 동시에 채취·분석하여 실내공기 측정 값 검토 시 활용할 수 있다. 대상시설 건축물로부터 최소 1 m 이상 떨어져서 실외공기 시료를 채취해야 하며, 시료채취 당시의 온도, 습도, 풍속 등 물리적 환경인자에 관한 정보를 기록한다.

05 다중이용시설 내 시료채취 위치에 대한 설명으로 틀린 것은? [제5회 22번], [제8회 8번]

① 시료채취 위치는 주변시설 등에 의한 영향과 부착물 등으로 인한 측정 장애가 없어야 한다.
② 대상 시설의 오염도를 대표할 수 있다고 판단되며, 시설을 이용하는 사람이 많은 곳으로 선정한다.
③ 시료채취는 인접지역에 직접적인 오염물질 발생원이 있는 곳으로 선정한다.
④ 시료채취지점의 중앙점에서 바닥면으로부터 1.2 m~1.5 m 높이에서 채취한다.

☑ **해설** ③ 핵심포인트 1.① 참고

06 다중이용시설에서 실내공기질을 측정하려고 한다. 다음 중 옳은 것은? [제10회 2차 6번]

㉠ 황사주의보가 발령되어 다중이용시설 내 실내공기를 시료채취한다.
㉡ 일반적으로 신축공동주택에서 시료를 채취하기 위해서는 30분간 환기 후 5시간 이상 밀폐한 후 시료를 채취한다.
㉢ 지하역사 승강장의 경우 등 불가피하게 기류가 발생하는 경우는 지하철이 다니지 않는 경우에 시료를 채취한다.
㉣ 일반적으로 시료채취는 중앙점에서 바닥면으로부터 1.2 m~1.5 m 높이에서 수행하나, 라돈의 경우는 천정과의 거리는 최소 0.5 m 떨어지도록 한다.

① ㉠, ㉢ ② ㉠, ㉣
③ ㉡, ㉣ ④ ㉡, ㉢

☑ **해설** ㉠ 핵심포인트 1.⑤ 참고, ㉢ 핵심포인트 1.④ 참고

정답 05 ③ 06 ③

핵심포인트

1. 시료채취지점 선정 및 조건/다중이용시설/시료채취위치

환기시설의 위치, 시설 이용자의 다수여부, 오염물질 발생원의 분포, 실내기류 분포, 공기질의 대표성 등을 고려하여 다음과 같이 선정한다.

① 시료채취 위치는 주변시설 등에 의한 영향과 부착물 등으로 인한 측정 장애가 없고, 대상 시설의 오염도를 대표할 수 있다고 판단되며, 시설을 이용하는 사람이 많은 곳으로 선정한다.

② 시료채취는 인접지역에 직접적인 오염물질 발생원이 없고, 가능하면 시료채취지점의 중앙점에서 바닥면으로부터 (1.2～1.5) m 높이에서 수행한다. 다만, 라돈과 같이 사람이 많이 왕래하는 곳에서 장기간(90일 이상) 시료를 채취할 경우에는 사람의 손이 닿지 않는 곳에서 측정할 수 있으나, 천정과의 거리는 최소 0.5 m 떨어지도록 한다.

③ 측정지점에 자연환기구나 기계환기설비의 급배기구가 설치되어 있는 경우에는 급배기구에서 가능한 멀리 떨어진 곳(최소한 1 m 이상)에서 채취하며, 다수의 환기 및 급배기구가 존재할 경우는 인접한 환기구 설치지점의 중간지점을 채취지점으로 한다.

④ 지하역사는 승강장, 대합실, 연결통로 등에서 채취하며 환승역사의 경우 점포가 있는 연결통로에 채취하고 승강장은 반드시 포함한다. 지하역사 승강장 등 불가피하게 기류가 발생하는 곳에 한해서는 실제 조건하에서 시료채취를 수행한다.

⑤ 황사경보와 황사주의보 발령 시 다중이용시설 실내공기 시료채취는 실시하지 않는다.

⑥ ㉡에 관한 설명은 아래 12번, 13번 해설 참고

07 **어느 재개발 지역에 들어선 신축 공동주택 단지는 8개 동으로 구성되었고 1개 동당의 세대 수가 180세대이며 2개의 시공사에서 시공했다. 이 건물을 대상으로 실내공기질을 측정하려고 할 때 시료를 채취해야 할 세대의 수는?** [제5회 14번]

① 16세대　　② 24세대

③ 32세대　　④ 64세대

문제풀이

② 핵심포인트 1. <표> 1 참고; 1개동당 180세대인 공동주택의 시료채취세대는 3세대이므로 8개동은 3세대 × 8개동 = 24세대

08 **실내공기질공정시험기준에 따른 실내공기 오염물질 시료채취 및 평가방법에서 신축 공동주택의 실내공기오염물질에 관한 시료채취세대 선정에 관한 설명으로 틀린 것은?** [제12회 2번]

① 총 세대수가 299세대이면 4세대를 채취한다.

② 일반적으로 신축공동주택에서 실내공기시료의 채취는 오후 1시에서 6시 사이에 실시한다.

③ 라돈의 경우에는 신축공동주택 내 시료채취는 최저층에서 측정한다. 공동주택의 총 세대수가 100세대일 때 2세대를 측정한다.

④ 각 단위세대에서 실내공기의 채취는 거실의 중앙점에서 바닥면으로부터 1.2 m～1.5 m 높이에서 실시한다.

☑ **해설** ③ 핵심포인트 1.② ㉠ 참고

정답 07 ② 08 ③

09 **신축 공동주택의 총 세대 수가 450 세대일 경우, 시료채취 세대는 몇 세대인가?**

[제6회 11번], [제9회 2차 6번]

① 4 ② 5
③ 6 ④ 7

문제풀이

③ 핵심포인트 1. <표> 3 참고 ; 총 세대수 450세대이므로 총 세대수 (300~399)에 해당하는 시료채취 세대수는 5세대이며, 100세대 증가시마다 1세대씩 추가하므로 총 시료채취 세대수는 6세대이다.

10 **총 세대수가 1,100세대인 신축 공동주택의 실내공기질 시료채취대상 세대수 및 위치를 순서대로 기재한 것으로 옳은 것은?**

[제7회 12번]

> – 시료채취 세대 : ( )세대
> – 시료채취 위치 : 저층부 - ( )세대, 중층부 - ( )세대, 고층부 - ( )세대

① 13, 5, 4, 4 ② 13, 4, 5, 4
③ 14, 5, 5, 4 ④ 14, 4, 5, 5

문제풀이

① 총 세대수 1,100세대이므로 (1,100~1,199) 시료채취는 13세대이다.
② 총 세대수가 100세대일 때 3개 세대(저층부, 중층부, 고층부)를 기본으로 하며 100세대 증가시마다 1세대씩 추가하여 13세대까지 중층부, 저층부, 고층부 순으로 증가하므로 저층부 4세대, 중층부 5세대, 고층부 4세대이다.

11 **실내공기질 시료채취에 관한 설명이다. 괄호 안에 들어갈 숫자를 모두 더한 값으로 옳은 것은?**

[제10회 2차 4번]

> ㉠ 다중이용시설의 연면적 20,000 m^2 이상인 시료채취지점의 수는 ( )이다.
> ㉡ 신축공동주택에서 라돈을 측정할 경우, 공동주택의 총 세대수가 100세대일 때는 ( ) 세대를 측정한다.
> ㉢ 폼알데하이드를 신축공동주택에서 측정할 경우, 100세대가 증가할 때마다 1세대씩 추가하여 최대 ( )세대까지 시료를 채취한다.

① 15 ② 20
③ 27 ④ 30

문제풀이

① ㉠ 1번 ~ 4번 문제 핵심포인트 1. <표> 3 참고 : 4 지점
② ㉡ 핵심포인트 1.② ㉠ 참고 ; 3 세대
③ ㉢ 핵심포인트 1.① ㉡ 참고 ; 20 세대
④ ㉠ 4 + ㉡ 3 + ㉢ 20 = 27

정답 09 ③ 10 ② 11 ③

핵심포인트

1. 시료채취지점 선정 및 조건/신축공동주택/시료채취세대 선정

① 폼알데하이드 등 라돈 이외 오염물질

㉠ 공동주택의 총 세대수가 100세대일 때 3개 세대(저층부, 중층부, 고층부)를 기본으로 한다.

㉡ 100세대가 증가할 때마다 1세대씩 추가하고 최대 20세대까지 시료를 채취하며 중층부, 저층부, 고층부 순으로 증가한다.

㉢ 저층부는 최하부 3층 이내, 고층부는 최상부 3층 이내, 중층부는 전체 층 중 중간의 3층을 의미한다. (예시 : 15층 건물에서 저층부는 1층~3층, 중층부는 7층~9층, 고층부는 13층~15층)

㉣ 공동주택이 여러 개의 동으로 구성되어 있는 경우에는 선정된 시료채취 세대수를 넘지 않도록 각 동에서 골고루 선택한다.

㉤ 하나의 단지에 시공사가 여러 개인 경우는 시공사별로 구분한 총세대수에 따른 시료채취 세대를 구분하여 선정한다.

〈표〉 신축공동주택 시료채취 세대수의 예

순번	총 세대수	시료채취 세대수
1	100～199	3세대
2	200～299	4세대
3	300～399	5세대

※ 실내공기 시료채취 시 실외공기를 동시에 채취·분석하여 실내공기 측정 값 검토 시 활용할 수 있다. 이 경우에는 대상시설 건축물로부터 최소 1 m 이상 떨어져서 실외공기 시료를 채취해야 하며, 시료채취 당시의 온도, 습도, 풍속 등 물리적 환경인자에 관한 정보를 기록한다.

② 라돈

㉠ 공동주택의 총 세대수가 100세대일 때 3개 세대(저층부, 중층부, 고층부)를 기본으로 한다.

㉡ 100 세대가 증가할 때마다 1세대씩 추가하며, 최대 12세대까지 측정하며, 이 때 측정세대는 중층부, 저층부, 고층부 순으로 증가한다.

㉢ 라돈 측정은 연속측정방법을 사용한다.

2. 시료채취지점 선정 및 조건/신축공동주택/시료채취(측정) 위치

① 각 단위세대에서 실내공기의 채취는 거실의 중앙점에서 바닥면으로부터 (1.2～1.5) m 높이에서 실시한다.

3. 시료채취지점 선정 및 조건/신축공동주택/시료채취(측정) 조건

① 폼알데하이드 등 라돈 이외 오염물질

㉠ 일반적으로 신축 공동주택에서 실내공기시료의 채취는 오후 1시에서 6시 사이에 실시하며, 라돈은 48시간 연속측정하므로 특정시간대에 측정해야 하는 규정이 없다.

12 신축공동주택의 실내공기 채취 조건으로 괄호 안에 들어갈 숫자를 모두 합한 것은?

[제6회 5번], [제9회 3번]

> 시료채취 시 실내온도는 ( ) ℃ 이상을 유지하도록 한다. 실내공기질 채취 순서는 ( )분 이상 환기, ( )시간 이상 밀폐, 시료채취 순이다. 외부 공기와 면하는 개구부(창호, 출입문, 환기구 등)를 ( )시간 이상 모두 닫아 실내외 공기의 이동을 방지한다.

① 50　　② 55

③ 60　　④ 65

☑ **해설** ③ 핵심포인트 1.② 참고

정답 12 ③

핵심포인트

① 시료채취 시 실내온도는 (20) ℃ 이상을 유지하도록 한다. 실내공기질 채취 순서는 (30)분 이상 환기, (5)시간 이상 밀폐, 시료채취 순이다. 외부 공기와 면하는 개구부(창호, 출입문, 환기구 등)를 (5)시간 이상 모두 닫아 실내외 공기의 이동을 방지한다.

② 20 + 30 + 5 + 5 = 60

13 신축 공동주택에서 실내공기시료를 채취하기 위한 조건을 충족하는 것으로 옳은 것은?

[제9회 2차 15번]

① 25분 환기시킨 다음 3시간 밀폐 후 채취 시작
② 25분 환기시킨 다음 6시간 밀폐 후 채취 시작
③ 45분 환기시킨 다음 3시간 밀폐 후 채취 시작
④ 45분 환기시킨 다음 6시간 밀폐 후 채취 시작

☑ **해설** ④ 핵심포인트 1.② 참고 ; 30 분이상 환기 5시간 이상 밀폐한다.

핵심포인트

1. 시료채취지점 선정 및 조건/신축공동주택/시료채취조건

① 폼알데하이드 등 라돈 이외 오염물질 : 신축공동주택에서 실내공기시료의 채취는 오후 1시에서 6시 사이에 실시한다.

② 시료채취 조건

(1) 30분 이상 환기 (2) 5시간 이상 밀폐 (3) 시료채취

↑ 시료채취시작

(1) 30분 이상 환기	신축 공동주택의 단위세대의 외부에 면한 모든 개구부(창호, 출입문, 환기구 등)와 실내출입문, 수납가구의 문 등을 개방하고, 이 상태를 30분 이상 지속한다.

⇩

(2) 5시간 이상 밀폐	외부공기와 면하는 개구부(창호, 출입문, 환기구 등)를 5시간 이상 모두 닫아 실내외 공기의 이동을 방지한다. 이때 실내간의 이동을 위한 문과 수납기구 등의 문은 개방한다.

⇩

(3) 시료채취	시료채취는 실내에 자연환기 및 기계환기설비가 설치되어 있을 경우, 이를 밀폐하거나 가동을 중단하고 실시하며, 시료채취 시 실내온도는 20 ℃ 이상을 유지하도록 한다.

14 오염물질별 시료채취 시간과 횟수가 틀린 것은?

[제5회 15번]

① 휘발성유기화합물, 시료채취 시간 30분, 연속 2회
② 미세먼지, 시료채취 시간 6시간 이상, 1회
③ 일산화탄소, 시료채취 시간 1시간, 1회
④ 총부유세균, 총 시료채취량 250 L 이상, 2회

☑ **해설** ④ 핵심포인트 1. <표> 6 참고 ; ② 미세먼지는 실내공기질관리법 시행규칙 개정(2019년 7월 1일)으로 시료채취시간이 24시간으로 변경되었다.

정답 13 ④ 14 ④

15 시료채취 여건상 불가피할 경우(파과, 정량한계 미만 등)를 제외하고, 실내공기 오염물질에 대한 시료채취 시간 및 횟수가 틀린 것은? [제6회 10번]

① 이산화탄소 : 1시간, 1회
② 미세먼지 : 4시간 이상, 1회
③ 폼알데하이드 : 30분, 연속 2회
④ 휘발성유기화합물 : 30분, 연속 2회

☑ 해설 ② 핵심포인트 1. <표> 2 참고 ; 미세먼지는 실내공기질관리법 시행규칙 개정(2019년 7월 1일)으로 시료채취시간이 24시간으로 변경되었다.

16 실내공기오염물질과 시료채취시간 또는 유량의 연결이 틀린 것은? [제8회 12번]

① 휘발성유기화합물 : 30분
② 미세먼지 : 6시간 이상
③ 석면 : 총 시료채취량 1,200 L 이상
④ 총 부유세균 : 총 시료채취량 250 L 이상

☑ 해설 ③ 핵심포인트 <표> 3 참고 ; 미세먼지는 실내공기질관리법 시행규칙 개정(2019년 7월 1일)으로 시료채취시간이 24시간으로 변경되있다.

17 실내공기 오염물질별 시료채취 시간 및 횟수에 관한 설명이 옳은 것은? [제10회 2차 5번]

> ㉠ 석면의 경우 1회 측정하되, 미세먼지(PM-10)의 농도를 고려하여 시료채취량을 조절한다.
> ㉡ 휘발성유기화합물의 경우 30분 연속 3회 측정한다.
> ㉢ 미세먼지(PM-10)의 경우 6시간 이상 1회 측정한다.
> ㉣ 총부유세균은 시료채취량이 250 L 이하로 3회 측정하며, 시료채취 간격은 60분 이상이다.
> ㉤ 오존은 1시간 1회 측정한다.

① ㉠, ㉡, ㉢
② ㉠, ㉢, ㉤
③ ㉡, ㉢, ㉣
④ ㉡, ㉣, ㉤

☑ 해설 ㉡ 핵심포인트 <표> 1, ㉣ 핵심포인트 <표> 6 참고 ; ㉢ 미세먼지는 실내공기질관리법 시행규칙 개정(2019.7.1)으로 시료채취시간이 24시간으로 변경되었다. ㉤ 오존은 실내공기질관리법 개정(2018.10.18)으로 삭제되었다.

핵심포인트

1. 시료채취지점 선정 및 조건/오염물질별 시료채취시간 및 횟수

〈표〉 실내공기오염물질별 시료채취시간 및 횟수

순번	실내공기오염물질	시료채취시간	횟수	비 고
1	휘발성유기화합물질 폼알데하이드	30분	연속 2회	30분/1회씩 연속 2회 측정
2	미세먼지(PM-2.5, PM-10)	24시간[1)]	1회	–
3	석면	총 시료채취량 1,200 L	1회	미세먼지(PM-10) 농도를 고려하여 시료채취량 조절
4	일산화탄소, 이산화탄소, 이산화질소	1시간	1회	–
5	라돈	측정방법에 따라 다름	1회	단기측정(2일~90일 이하)과 장기측정(90일 이상)으로 구분
6	총부유세균	총 시료채취량 250 L 이하	3회	시료채취간격 20분 이상
7	부유곰팡이	약 50 L~200 L	3회	시료채취간격 20분

1) 미세먼지 시료채취 시간 관련 사항은 「실내공기질관리법」 시행규칙 개정 시행일인 2019년 7월 1일부터 '24시간'으로 변경되었다.
※ 오존은 「실내공기질관리법」 개정(2018.10.18)시 삭제되었다.

정답 15 ② 16 ④ 17 ②

6 [ES 02131.1d] 건축자재 방출 휘발성유기화합물 및 폼알데하이드 시험방법-소형챔버법

01 폼알데하이드 건축자재 시험 방법에서 사용되는 용어의 의미로 틀린 것은? [제9회 10번]

① 환기횟수 : 단위시간당 소형방출시험챔버에 공급되는 공기비
② 시료부하율 : 시험편의 노출 표면적과 소형방출 시험챔버 부피의 비
③ 액체 건축자재 : 액체 상태의 건축자재로 건조와 같은 상 전이(phase transition) 후에 사용설명서에 따르는 특성을 갖는 자재
④ 단위 면적당 유량 : 공급유량과 시험편의 면적 간의 비

☑ **해설** ① 핵심포인트 1.⑥ 참고

02 소형챔버를 이용하여 건축자재에서 방출되는 휘발성유기화합물 및 폼알데하이드를 정량하는 시험방법의 용어정의에 대한 설명으로 틀린 것은? [제10회 3번]

① 시료부하율(product loading factor) : 시험편의 노출 표면적과 방출시험 챔버 표면적의 비
② 단위방출량(specific emission rate) : 시험시작에서 규정된 시간 이후에 시험대상 건축자재의 시험편으로부터 단위시간당 방출되는 휘발성유기화합물과 폼알데하이드의 질량
③ 환기횟수(air exchange rate) : 단위시간당 소형 방출시험챔버에 공급되는 공기의 부피와 방출시험 챔버 부피의 비
④ 총휘발성유기화합물(total volatile organic compounds) : 실내공기 중 가스크로마토그래프에 의해 n-헥산에서 n-헥사데칸까지의 범위에서 검출되는 휘발성유기화합물을 대상으로 하며 톨루엔으로 환산하여 정량

☑ **해설** ① 핵심포인트 1.⑩ 참고

핵심포인트

1. 용어정의

① 소형방출시험챔버(small－scale emission test chamber) : 건축자재에서 방출되는 휘발성유기화합물과 폼알데하이드를 측정하기 위한 제반조건을 갖춘 용기
② 고체 건축자재(solid building materials) : 고체형태의 건축자재로 건조와 같은 상 전이(phase transition) 없이 직접 사용설명서에 따르는 특성을 갖는 자재
③ 액체 건축자재(liquid building materials) : 액체상태의 건축자재로 건조와 같은 상 전이(phase transition) 후에 사용설명서에 따르는 특성을 갖는 자재
④ 시료(sample) : 시험대상 건축자재를 대표하는 건축자재의 일부 또는 조각
⑤ 시험편(test specimen) : 시험대상이 되는 건축자재 또는 제품의 방출특성에 대해 소형 방출시험 챔버 내에서 시험을 하기 위해 특별하게 준비된 시료의 일부
⑥ 환기횟수(air exchange rate) : 단위 시간당 소형 방출시험 챔버에 공급되는 공기의 부피와 방출시험 챔버 부피의 비
⑦ 유량(air flow rate) : 단위시간당 소형 방출시험 챔버에 공급되는 공기의 부피
⑧ 공급공기농도(supply air concentration) : 소형 방출시험 챔버에 공급되는 공기 중 휘발성유기화합물과 폼알데하이드의 농도
⑨ 단위면적당 유량(area specific air flow rate) : 공급 유량과 시험편의 면적 간의 비
⑩ 시료부하율(product loading factor) : 시험편의 노출 표면적과 소형 방출시험 챔버 부피의 비

정답 01 ① 02 ①

⑪ 회수율(recovery) : 주어진 시간동안 소형 방출시험 챔버에서 배기되는 공기 중 대상 개별 휘발성유기화합물과 폼알데하이드의 양을 동일한 시간동안 소형 방출시험 챔버에 공급한 대상 개별 휘발성유기화합물과 폼알데하이드의 양으로 나눈 값(%)

⑫ 소형방출시험챔버 농도(emission test chamber concentration) : 소형 방출시험 챔버의 출구에서 측정한 휘발성유기화합물과 폼알데하이드의 농도

⑬ 단위 방출량(SER, specific emission rate) : 시험시작 시점으로부터 규정된 시간 이후에 시험대상 건축자재의 시험편으로부터 단위시간당 방출되는 휘발성유기화합물과 폼알데하이드의 질량으로 본 규격에서는 단위 면적당 방출량(SER_a, area specific emission rate)과 단위길이당 방출량(SER_l, length specific emission rate)을 사용.

⑭ 총휘발성유기화합물(TVOCs, total volatile organic compounds) : 실내공기 중에서 가스크로마토그래프에 의하여 n−헥산에서 n−헥사데칸까지의 범위에서 검출되는 휘발성유기화합물을 대상으로 하며, 톨루엔으로 환산하여 정량

03 건축자재 방출 휘발성유기화합물 및 폼알데하이드 시험방법의 소형챔버법의 공기시료채취장치의 구성 요소로 틀린 것은?

[제8회 15번]

① 청정공기공급장치　② 유속조절장치
③ 소형방출시험챔버　④ 공기시료채취장치

핵심포인트

1. 분석기기 및 기구/일반적인 장치

① 청정공기공급장치
② 습도조절장치
③ 유량조절장치
④ 항온조
⑤ 소형방출시험챔버
⑥ 공기시료채취장치

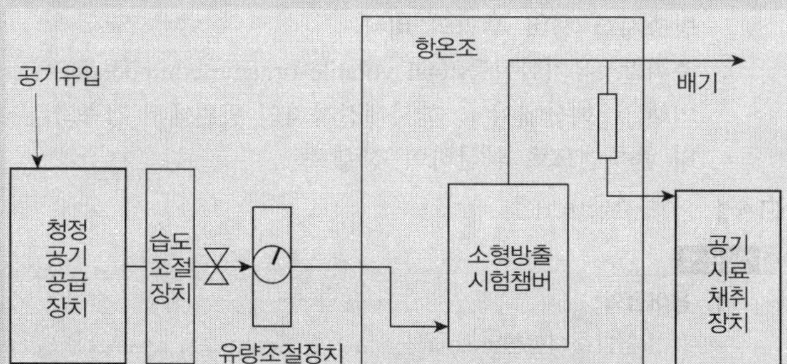

〈그림〉 소형방출챔버장치의 일반적인 구성도

04 건축자재 방출 휘발성유기화합물 및 폼알데하이드 시험 방법에 관한 설명으로 틀린 것은?

[제6회 17번]

① 소형방출시험챔버의 내부 부피는 20 L를 원칙으로 한다.
② 공기시료채취시 채취유량은 공급공기유량의 90 % 이하이어야 한다.
③ 고체 건축자재의 시료부하율은 $2.0\ m^2/m^3 \pm 0.2\ m^2/m^3$로 한다.
④ 롤 형태의 제품은 롤의 1 m 안쪽 혹은 가장 바깥층을 제외한 안쪽에서 시료를 채취한다.

☑ **해설** ② 핵심포인트 1.② 참고

정답 03 ② 04 ②

05 **소형챔버법에서 제품 시료를 채취하는 방법으로 틀린 것은?** [제5회 21번]

① 시험 대상이 되는 건축 자재는 일반적인 제조과정에 의해 생산되고 포장되고 취급된 것이어야 하며, 채취된 시료는 1일 안에 포장하여야 한다.
② 롤 형태의 제품은 롤의 1 m 안쪽 혹은 가장 바깥층을 제외한 안쪽에서 시료를 채취한다.
③ 판상 형태의 제품은 개봉하지 않은 제품을 시료로 한다.
④ 액상제품 시료는 시료로 채취할 양이 충분한 제품포장단위에서 채취한다.

☑ **해설** ① 핵심포인트 2.① 참고

핵심포인트

1. 분석기기 및 기구/소형방출시험챔버

① 소형 방출시험 챔버 : 휘발성유기화합물 및 폼알데하이드에 접하게 되는 모든 부분은 표면이 전해 연마된 스테인리스강 또는 유리 등으로 제작되어야 하며, 내부 부피는 20 L를 원칙으로 한다.
② 공기시료채취장치 : 채취유량은 공급공기유량의 80 % 이하이어야 하며, 공기시료채취를 이중으로 하기 위하여 공기채취 분기관을 사용할 수 있다.

2. 시료채취 및 관리/제품시료의 채취 및 시료의 운반과 보존

① 제품시료의 채취 방법 : 시험 대상이 되는 건축자재는 일반적인 제조과정에 의해 생산되고 포장 및 취급되어야 하며, 채취된 시료는 1시간 이내에 포장하여야 한다.
㉠ 롤 형태의 제품 : ⓐ 롤의 1 m 안쪽 혹은 가장 바깥층을 제외한 안쪽에서 시료를 채취, ⓑ 제품의 중앙부분에서 채취, ⓒ 반복적인 무늬가 있는 제품의 경우에는 무늬 부분이 시험편의 중심에 오도록 채취
㉡ 판상 형태의 제품 : 개봉하지 않은 제품을 시료로 하며, 단, 제품이 커서 배송이 어렵다면, 제품의 중앙부분에서 시료를 채취, 목질판상제품의 시료채취는 KS M 1998(가구용구성제)에 따름.
㉢ 액체 제품 : 개봉하지 않은 제품을 시료로 하며, 시료채취량으로 충분한 제품포장단위에서 채취

3. 시료채취 및 관리/시험편 제작

① 고체 건축자재 : 롤 형태와 판상형태로 구분하여 시험편을 준비하며, 시료부하율은 $(2.0 \pm 0.2)\ m^2/m^3$로 한다.

06 **건축자재 방출 휘발성유기화합물 및 폼알데하이드 시험방법 중 소형챔버법을 이용하여 측정하고자 한다. 이때 여러 종류의 시험편을 제작해야 하는데 길이 40 mm, 깊이 3 mm, 너비 10 mm의 비활성재질로 된 테플론 재질의 틀 안을 메우는 방법으로 제작되는 것은?** [제6회 20번]

① 퍼티 ② 페인트
③ 접착제 ④ 실란트

☑ **해설** ④ 핵심포인트 1.① ㉠ 참고

핵심포인트

1. 시료채취 및 관리/시험편 제작

① 실란트
㉠ 시험편을 길이 40 mm, 깊이 3 mm와 너비 10 mm의 비활성재질로 된 테플론 재질의 틀 안을 메꾸는 방법으로 제작한다.
㉡ 시험편 건조시간은 제품의 제조회사에서 제공하는 시방서 또는 기술자료집의 경화방법에 따라 시험편의 지촉건조(도막을 손가락으로 가볍게 댔을 때 접착제가 손가락에 묻지 않는 상태) 시까지 온도 (25±1) ℃, 상대습도 (50±5) %의 조건에서 경화를 실시한 후 고정틀에 고정하여 챔버 내에 설치한다.
㉢ 단위 방출량을 mg/m·h(SER_l) 단위로 기록한다.

정답 05 ① 06 ④

07 **건축자재 방출 휘발성유기화합물 및 폼알데하이드의 소형챔버법에서 방출량 측정을 위한 공기시료의 채취는 시험시작일로부터 며칠이 경과한 후에 실시하는가?** [제10회 2번]

① 1일 ② 3일
③ 7일 ④ 5일

☑ **해설** ③ 핵심포인트 2.① 참고

08 **건축자재 방출 휘발성유기화합물 및 폼알데하이드 시험방법인 소형챔버법에서 공기시료의 채취에 관한 규정으로 옳지 않은 것은?** [제9회 2차 7번]

① 휘발성유기화합물 채취에는 고체흡착관을 사용한다.
② 폼알데하이드 채취에는 DNPH 카트리지를 사용한다.
③ 공기시료채취는 시험시작일로부터 7일이 경과한 후에 실시한다.
④ 공기시료채취기를 작동한 시점으로부터 방출시험이 시작된 것으로 한다.

☑ **해설** ④ 핵심포인트 2.① 참고

09 **건축자재 방출 휘발성유기화합물 및 폼알데하이드 시험방법 중 소형챔버법에 대한 설명으로 틀린 것은?** [제8회 11번]

① 휘발성유기화합물 채취에는 고체흡착관(Tenax－TA)을 사용하고, 폼알데하이드 채취에는 오존 스크러버를 장착한 DNPH 카트리지를 사용한다.
② 방출 시험은 소형방출시험챔버 내 온도 25 ℃±1.0 ℃, 상대습도 50 %±5 %의 조건에서 실시하며, 시험 기간 동안 온도 및 상대습도는 연속적으로 모니터링하여 기록한다.
③ 공급공기 중 총휘발성유기화합물의 농도는 20 $\mu g/m^3$ 이하, 개별 휘발성유기화합물 및 폼알데하이드의 농도는 5 $\mu g/m^3$ 이하여야 한다.
④ 공기시료를 이중으로 채취할 경우를 대비해 멀티포트 시료채취 분기관을 사용하여도 되며, 분기관은 출구 공기 흐름 속으로 직접 유입한다.

☑ **해설** ④ 공기시료 채취관은 챔버출구의 공기흐름에 직접 연결되어야 하며, 공기시료채취를 이중으로 하기 위해서는 공기채취 분기관을 사용할 수 있다.

10 **건축자재 방출 휘발성유기화합물 및 폼알데하이드 시험방법에서 소형방출시험챔버에 공급되는 공기 질로 옳은 것은?** [제10회 4번], [정도관리 6회 1번]

① 공급공기 중 총 휘발성유기화합물의 농도는 10 $\mu g/m^3$ 이하 및 폼알데하이드의 농도는 10 $\mu g/m^3$ 이하
② 공급공기 중 총 휘발성유기화합물의 농도는 20 $\mu g/m^3$ 이하 및 폼알데하이드의 농도는 20 $\mu g/m^3$ 이하
③ 공급공기 중 총 휘발성유기화합물의 농도는 20 $\mu g/m^3$ 이하 및 폼알데하이드의 농도는 5 $\mu g/m^3$ 이하

정답 07 ③ 08 ④ 09 ④ 10 ③

④ 공급공기 중 총 휘발성유기화합물의 농도는 10 $\mu g/m^3$ 이하 및 폼알데하이드의 농도는 5 $\mu g/m^3$ 이하

☑ **해설** ③ 핵심포인트 4.③ 참고

핵심포인트

1. 시료채취 및 관리/공기시료의 채취

① 휘발성유기화합물 채취에는 Tenax-TA가 충진된 고체흡착관을 사용한다.
② 폼알데하이드 채취에는 오존 스크러버를 장착한 DNPH 카트리지를 사용한다.
③ 두 개 이상의 챔버를 이용하는 건축자재 방출시험은 현장이중시료를 채취하지 않는다.

2. 시료채취 및 관리/방출시험기간

① 방출량 측정을 위한 공기시료채취는 시험시작일로부터 7일(168시간± 2시간)이 경과한 후 실시하며 준비된 시험편을 챔버 내 설치하는 시점에서 방출시험이 시작된 것으로 한다.

3. 정도보증 및 정도관리/온도 및 상대습도

① 방출시험은 소형방출시험챔버 내 온도 (25±1) ℃, 상대습도 (50±5) %의 조건에서 실시한다.
② 시험기간 동안 온도 및 상대습도는 연속적으로 모니터링하여 기록한다.

4. 정도보증 및 정도관리/공급 공기질(supply air quality)

① 소형방출시험챔버에 공급되는 공기의 질은 방출시험에 영향을 미치지 않는 정도로 오염물질의 농도가 낮아야 한다.
② 챔버 내 습도조절에 사용되는 물은 공급되는 공기의 질에 영향을 미칠 수 있는 휘발성유기화합물 및 폼알데하이드가 포함되어 있어서는 안된다.
③ 공급공기 중 총휘발성유기화합물의 농도는 20 $\mu g/m^3$ 이하, 개별 휘발성유기화합물 및 폼알데하이드의 농도는 5 $\mu g/m^3$ 이하이어야 한다.
④ 방출시험기간 동안 공급 공기의 조건은 지속적으로 유지되어야 하며 주기적으로 확인되어야 한다.

11 건축 자재에서 방출되는 실내대기오염물질을 측정하는 용기인 소형방출시험챔버의 기밀성에 대한 설명으로 틀린 것은? [정도관리 제8회 32번]

① 1,000 Pa의 초과압력에서 1분간 새는 공기의 양이 챔버부피의 0.1 % 미만이면 기밀하다고 본다.
② 공기의 누출량이 공급공기유량의 1 % 미만이면 기밀하다고 본다.
③ 실험실 공기의 영향을 방지하기 위하여 대기압보다 약간 낮은 압력으로 유지하여야 한다.
④ 추적가스희석법으로 최소 연 1회 이상 챔버의 기밀성을 확인해야 한다.

☑ **해설** ③ 핵심포인트 1.① 참고

핵심포인트

1. 정도보증 및 정도관리/소형챔버의 기밀성

① 소형방출시험챔버는 실험실 공기의 영향을 방지하기 위하여 대기압보다 약간 높은 압력으로 유지하여야 한다.
② 소형방출챔버의 기밀성 확인은 압력강하 측정 또는 입구 및 출구 유량 동시 비교측정 혹은 추적가스 희석(trace gas dilution)법으로 최소 연 1회 이상 확인하여야 한다.
③ 소형방출챔버는 아래의 조건 중 적어도 하나를 만족하여야 한다.
   ㉠ 1,000 Pa의 초과압력에서 1분간 새는 공기의 양이 챔버부피의 0.1 % 미만
   ㉡ 공기의 누출량이 공급공기유량의 1 % 미만

정답 11 ③

12 **부피가 20 L인 소형방출시험챔버에서 단위 분당 공급되는 공기의 부피가 0.17 L일 때 환기횟수(air exchange rate, hr^{-1})는 얼마인가?** [제8회 2번]

① 0.49　　② 0.51
③ 0.53　　④ 0.55

문제풀이

① 주어진 조건 : 부피 20 L, 단위 분당 공급 공기 부피 0.17 L/min

② 환기횟수 $= \dfrac{\text{단위시간당 공급되는 공기의 부피 } (L \cdot hr^{-1})}{\text{소형방출시험챔버 } (L)} = \dfrac{0.17\ L/min}{20\ L} \times \dfrac{60\ min}{hr} = 0.51\ hr^{-1}$

핵심포인트

1. 정도보증 및 정도관리/단위면적당 유량과 환기횟수

① 소형방출시험챔버 농도는 방출시험 조건에서 설정된 단위면적당 유량에 좌우되며, 챔버내 환기횟수는 (0.5 ± 0.05) 회/hr로 조절하고 연속적으로 모니터링한다.

13 **실내와 건축 자재에서 방출되는 휘발성유기화합물(VOCs)의 분석에서 검정곡선 작성을 위한 표준물질의 농도 범위는 최대와 최소의 농도 차가 몇 배 이내여야 하는가?** [제5회 23번]

① 10배　　② 20배
③ 30배　　④ 40배

☑ **해설** ① 핵심포인트 1.② 참고

핵심포인트

1. 분석절차/휘발성유기화합물질의 분석

① 총휘발성유기화합물은 크로마토그램에서 헥산에서 헥사데칸까지의 범위에서 검출되는 모든 휘발성유기화합물로 표준물질 분석 시 헥산, 톨루엔, 헥사데칸이 반드시 포함되어 있어야 한다.
② 검정곡선 작성을 위한 표준물질 농도의 범위는 최대, 최소 농도차가 10배 이내이어야 한다.
③ 연속적으로 시료를 분석할 때마다 검정곡선을 작성하며 직선성은 0.999 이상 되어야 한다.

정답 12 ② 13 ①

7 [ES 02301.1a] 실내공기 중 라돈 측정방법 – 알파비적검출법

01 라돈이 붕괴되면서 차례로 생성되는 라돈붕괴생성물이 아닌 것은? [제6회 4번]

① 폴로늄－218(Po－218)
② 비스무스－214(Bi－214)
③ 폴로늄－214(Po－214)
④ 토륨－232(Th－232)

☑ 해설 ④ 토륨은 악티늄 계열의 방사성 금속 원소로서 우라늄(U)과 함께 오래전부터 다량으로 존재하는 방사성 원소이다. 토륨은 서서히 라돈(Ra)-228이 되고 결국 납(Pb)-208로 끝나는 방사성 붕괴를 일으킨다.

핵심포인트

1. 용어정의/라돈붕괴생성물

① 라돈붕괴생성물이란 라돈이 붕괴되면서 차례로 생성되는 생성물을 말한다.
② 라돈붕괴생성물은 폴로늄-218(Po-218), 비스무스-214(Bi-214), 폴로늄-214(Po-214), 납-210(Pb-210)으로 방사성을 띄며 알파, 베타 또는 감마선을 방출한다.
③ 방사성 붕괴에 의해 만들어진 라돈 : Ra-226, 자연라돈 : Ra-222(반감기 3.82일)

02 1.3 pCi/L는 몇 Bq/m^3인가? [제9회 2차 10번]

① 0.035
② 35.0
③ 48.1
④ 48100

문제풀이

① 농도환산 : $\frac{1.3\ pCi}{L} \times \frac{L}{1\ pCi} \times \frac{37\ Bq}{m^3} = 48.1\ Bq/m^3$

핵심포인트

1. 용어정의/방사능 농도, 베크렐

단위 부피에 포함된 해당 원소의 방사능으로 Bq/m^3의 단위를 사용한다.
① 베크렐(Bq, becquerel) : 방사성 원자핵이 방사선을 방출하며 붕괴하는 비율을 나타내는 단위로 1초 동안에 물질 중 하나의 방사성 핵종이 붕괴되어 다른 핵종으로 바뀔 때 1 Bq이라고 한다.
※ 퀴리(Ci) : 과거에 사용하던 방사능 단위, 1 pCi/L = 37 Bq/m^3

03 알파비적검출기를 이용한 라돈의 측정에서 에칭을 하는 이유와 사용되는 시약으로 옳은 것은? [제11회 4번]

① 방사선으로 손상된 부분을 부식하기 위한 작업, KOH
② 방사선으로 손상되지 않은 부분을 부식하기 위한 작업, KOH
③ 방사선으로 손상된 부분을 부식하기 위한 작업, HCl
④ 방사선으로 손상되지 않은 부분을 부식하기 위한 작업, HCl

핵심포인트

1. 용어정의/에칭(etching)

① NaOH나 KOH과 같은 용액에 담가 방사선으로 손상된 부분을 부식시키는 방법으로 에칭을 함으로써 현미경 등으로 방사선으로 손상된 부분을 확인할 수 있다.

정답 01 ④ 02 ③ 03 ①

04 **알파비적검출기 검출 소자 중 LR－115를 사용하며 에칭 온도는 60 ℃, 에칭 시간은 1시간의 조건일 때 사용할 부식용액으로 옳은 것은?** [제5회 19번]

① 15 % NaOH ② 2.5 N NaOH
③ 20 % NaOH ④ 6.25 % NaOH

☑ **해설** ② 핵심포인트 1. <표> ④ 참고

핵심포인트

1. 시약 및 표준용액/에칭용액

〈표〉 에칭 조건 예시

검출소자	부식용액	에칭온도	에칭시간	참고문헌
CR－39	① 6.25 N NaOH	70 ℃	8 h	R. shweikani et. al.
	② 20 % NaOH	90 ℃	2 h	Statens stralevern
LR－115	③ 10 % NaOH	60 ℃	1 h	S.Y.Y. Leung et. al.
	④ 2.5 N NaOH	60 ℃	1 h	K.P. Eappen. et. al.
	⑤ 10 % NaOH	60 ℃	1.5 h	전재식 외 1인

05 **알파비적검출기를 이용하여 라돈을 측정할 때 고려할 내용이 아닌 것은?** [제9회 2번]

① 측정(축적) 기간을 일반적으로 90일 이상 길게 한다.
② 검출기의 일련번호와 설치 날짜 및 시간을 기록한다.
③ 검출기는 가능한 통풍이 잘 되는 곳에 설치한다.
④ 측정이 종료되면 기밀이 유지되도록 밀봉하여 운반한다.

☑ **해설** ③ 핵심포인트 1.② 참고

핵심포인트

1. 시료채취 및 관리/시료채취 절차

① 시료채취 기간은 90일 또는 그 이상 일수 동안 측정하며, 시료채취 시점은 검출기를 포장지에서 개봉하면서부터 시작된다. → 반드시 검출기의 일련번호와 설치 날짜 및 시간을 기록한다.
② 대상 측정지점의 급격한 환경변화가 예상될 경우, 알파비적검출기를 이용한 측정을 수행하여서는 안되며, 측정하려는 대상 공간의 평상시 조건에서 측정을 실시하여야 한다.
③ 시료채취가 종료되면 기밀이 가능한 포장지로 포장·보관하여 실험실까지 운반하여 분석한다.

06 **알파비적검출기를 라돈 농도가 1,000 Bq·m^{-3}로 일정하게 유지되는 라돈 교정챔버에 설치하여 10 h 노출한 후 교정용 검출소자와 바탕농도 측정용 검출소자의 단위면적당 비적수를 판독한 결과 각각 10,000 cm^{-2}와 100 cm^{-2}로 나타났다. 검출기의 교정효율은?** [제5회 30번], [제8회 18번]

① 9.9 (h·Bq·m^{-3})$^{-1}$ ② 9.9 cm^{-2} (h·Bq·m^{-3})$^{-1}$
③ 0.99 (h·Bq·m^{-3})$^{-1}$ ④ 0.99 cm^{-2} (h·Bq·m^{-3})$^{-1}$

정답 04 ② 05 ③ 06 ④

문제풀이

① 주어진 조건 : 라돈노출량(E_x) 1,000 Bq·m^{-3}, 노출시간(h) 10시간, 교정용 검출소자의 단위면적당 비적 수(G) 10,000 cm^{-2}, 바탕농도 측정용 검출소자의 단위면적당 비적 수(B) 100 cm^{-2}

② 검출기의 교정효율(C_F) : $\frac{G-B}{E_x}=\frac{(10000-100)\ cm^{-2}}{1000\ (Bq\cdot m^{-3})\times 10\ h}=0.99\ cm^{-2}(h\cdot Bq\cdot m^{-3})^{-1}$

핵심포인트

1. 정도보증 및 정도관리/교정효율 산출

① 알파비적검출기를 사용하여 라돈 농도를 검출하고자 할 때는 검출소자에 알파입자에 의해 생성된 비적과 검출기가 노출된 라돈 농도와의 환산계수(C_F 또는 교정효율)을 산출해야 한다.

② 계산식 : $C_F=\frac{G-B}{E_x}$

C_F : 알파비적검출기 교정효율(tracks·cm^{-2}·h^{-1}·Bq^{-1}·m^{3})
G : 교정용 검출소자의 단위 면적당 비적 수(tracks·cm^{-2})
B : 바탕농도 검출기의 단위 면적당 비적 수(tracks·cm^{-2})
E_x : 라돈 노출량(h·Bq·m^{-3})

07 운송 중 라돈 검출기의 보관 방법에 대한 설명 중 옳은 것은? [정도관리 제6회 5번]

① 젖지 않은 종이로 포장한다.
② PVC 포장지로 밀봉한다.
③ 폴리에틸렌 포장지로 포장한다.
④ 알루미늄 코팅지로 밀봉한다.

☑ **해설** ①·②·③ 핵심포인트 1.② 참고

핵심포인트

1. 정도보증 및 정도관리/운송 중 라돈의 노출

① 실제 측정 장소에서의 노출기간에 비하여 검출기의 운송시간은 일반적으로 매우 짧으므로 운송시간에 의한 비적의 생성은 대개의 경우 무시 가능하지만 운송기간 중 라돈에 노출될 우려가 있으므로 라돈이 스며들지 않도록 검출기를 밀봉하여야 한다.

② 라돈은 얇은 폴리에틸렌과 PVC와 같은 포장지를 쉽게 침투할 수 있으므로 알루미늄 코팅 된 포장지 등 정전기 발생을 방지할 수 있는 포장지를 사용하는 것이 바람직하다.

08 바탕 라돈 농도가 10 Bq·m^{-3}이고, 교정효율이 0.950인 연속측정기로 공기 중 라돈 농도를 측정한 결과, 지시값이 960 Bq·m^{-3}로 나타났다. 라돈 농도(Bq·m^{-3})는? [제6회 19번]

① 1000
② 100
③ 10
④ 1

문제풀이

① 주어진 조건 : 바탕 라돈 농도(B) 10 Bq·m^{-3}, 공기 중 라돈농도(G) 960 Bq·m^{-3}, 교정효율(C_F) 0.950

② 라돈농도(C_{Rn}) : $\frac{(G-B)}{C_F}=\frac{(960-10)(Bq\cdot m^{-3})}{0.950}=1000\ (Bq\cdot m^{-3})$

정답 07 ④ 08 ①

핵심포인트

1. 결과보고/라돈 농도 산출

① 알파비적검출기를 이용하여 채취된 라돈의 농도는 내부의 검출소자를 꺼낸 다음 화학적 에칭과정을 거쳐 검출소자의 비적 수를 계산하여 산출하며, 이때 바탕농도 검출기도 동일한 과정을 거쳐 비적 수를 얻는다.

② 계산식 : $C_{Rn} = \dfrac{(G-B)}{\Delta t \cdot C_F}$

C_{Rn} : 라돈 평균방사능농도($Bq \cdot m^{-3}$)
G : 측정한 검출기의 단위 면적당 비적 수($tracks \cdot cm^{-2}$).
B : 바탕농도 검출기의 단위 면적당 비적 수($tracks \cdot cm^{-2}$)
Δt : 노출시간(h)
C_F : 알파비적검출기 교정효율($tracks \cdot cm^{-2} \cdot h^{-1} \cdot Bq^{-1} \cdot m^3$)

09 **알파비적검출기를 공기 중에 100일 동안 노출시켜 라돈 농도를 측정결과 시료 측정용 검출소자와 바탕농도 측정용 검출소자의 단위면적당 비적 수가 각각 241,000 cm^{-2}와 1,000 cm^{-2}로 나타났다. 검출기의 교정효율이 0.100 $cm^{-2}(h \cdot Bq \cdot m^{-3})^{-1}$일 때 측정지점의 라돈 평균방사능 농도는 얼마인가?** [제7회 15번]

① 1 $Bq \cdot m^{-3}$
② 10 $Bq \cdot m^{-3}$
③ 100 $Bq \cdot m^{-3}$
④ 1000 $Bq \cdot m^{-3}$

문제풀이

① 주어진 조건 : 노출시간(일) 100일, 교정용 검출소자의 단위면적당 비적 수(G) 241,000 cm^{-2}, 바탕농도 측정용 검출소자의 단위면적당 비적 수(B) 1,000 cm^{-2}, 검출기 교정효율(C_F) 0.100 $cm^{-2} \cdot (Bq \cdot m^{-3})^{-1}$

② 라돈농도(C_{Rn}) : $\dfrac{(G-B)}{\Delta t \cdot C_F} = \dfrac{(241,000-1,000)\ cm^{-2}}{100\ days \cdot 0.100\ cm^{-2}(h \cdot Bq \cdot m^{-3})^{-1}} \times \dfrac{1\ day}{24\ h} = 1000\ (Bq \cdot m^{-3})$

10 **실내공기질공정시험기준에 따라 알파비적검출기를 사용하여 라돈 측정을 수행하였다. 이 경우 노출 일수로 옳은 것은?** [제12회 4번]

ㄱ. 알파비적검출기의 교정효율 : 0.95 ($tracks \cdot cm^{-2} \cdot h^{-1} \cdot Bq^{-1} \cdot m^3$)
ㄴ. 측정 검출기의 단위면적당 비적수 : 15,000 ($tracks \cdot cm^{-2}$)
ㄷ. 바탕농도 검출기의 단위면적당 비적수 : 3,600 ($tracks \cdot cm^{-2}$)
ㄹ. 라돈 평균 방사능 농도 : 100 ($Bq \cdot m^{-3}$)

① 5일
② 7일
③ 9일
④ 12일

정답 09 ④ 10 ①

문제풀이

① 주어진 조건 : 위 박스 참고

② 노출시간(Δt) : $\dfrac{(G-B)}{C_{Rn}\cdot C_F}=\dfrac{(15{,}000-3{,}600)\ \mathrm{cm}^{-2}}{100\,(\mathrm{Bq\cdot m^{-3}})\cdot 0.95\ (\mathrm{cm^{-2}\cdot h^{-1}\cdot Bq^{-1}\cdot m^{3}})}\times\dfrac{\mathrm{day}}{24\ \mathrm{h}}=5\ \mathrm{days}$

C_{Rn} : 라돈 평균방사능농도 ($\mathrm{Bq\cdot m^{-3}}$)

G : 측정한 검출기의 단위 면적당 비적 수 ($\mathrm{tracks\cdot cm^{-2}}$)

B : 바탕농도 검출기의 단위 면적당 비적 수 ($\mathrm{tracks\cdot cm^{-2}}$)

Δt : 노출시간(h)

C_F : 알파비적검출기 교정효율($\mathrm{tracks\cdot cm^{-2}\cdot h^{-1}\cdot Bq^{-1}\cdot m^{3}}$)

11 알파비적검출기를 사용하여 라돈 농도를 검출하고자 할 때 다음 설명으로 틀린 것은?

[제10회 2차 7번]

① 라돈 농도와 알파 및 감마방사선에 의해 생산된 비적과의 비 즉 환산계수를 구하는 것을 교정이라 한다.

② 교정은 공인교정기관을 통하여 수행하여야 한다.

③ 라돈 검출기 교정시설은 온도 및 습도 등 환경조건을 안정하게 유지할 수 있는 능력을 갖추고 있어야 한다.

④ 교정은 적어도 12개월에 1회 이상 실시해야 하며, 3개 이상의 서로 다른 농도에서 교정이 수행되어야 한다.

☑ **해설** ① 핵심포인트 1.① ㉠ 참고

핵심포인트

1. 정도보증/정도관리(QA/QC)

① 교정효율 산출

㉠ 알파비적검출기를 사용하여 라돈 농도를 검출하고자 할 때는 검출소자와 알파입자에 의해 생성된 비적과 검출기가 노출된 라돈 농도와의 환산계수(C_F 또는 교정효율)를 산출해야 하고, 이 과정을 교정이라 한다. 이 과정은 반드시 측정에 앞서 수행되어야 한다.

㉡ 교정을 위해 라돈 검출기의 교정시설이 교정 목적을 달성하기에 적합한 조건을 갖추고 있는지 확인해야 하므로 공인교정기관을 통하여 교정을 수행하거나 적어도 교정시설 내 기준 라돈 농도는 일차 측정표준에 소급한 측정값이어야 한다.

㉢ 교정시설 내의 환경조건(온도, 습도, 라돈농도, 공기흐름 등)은 교정효율에 영향을 줄 수 있기 때문에 라돈 검출기 교정시설은 온도 및 습도 등 환경조건을 안정하게 유지할 수 있는 능력을 갖추고 있어야 한다.

② 정확도 관리

㉠ 라돈 검출기의 정확도 관리를 위하여 교정은 적어도 12개월에 1회 이상 실시해야 하며, 3개 이상의 서로 다른 라돈 농도에서 교정이 이루어져야 한다.

㉡ 교정 시 20개 이상의 라돈검출기를 동시에 교정에 사용하여야 하며, 이들 중 1/4(5개) 이상은 바탕잡음 측정용으로 다른 교정용 검출기와 같은 이동 경로를 가지며 같이 처리/계수하여 교정효율 산출에 반드시 반영하여야 한다.

정답 11 ①

8 [ES 02302.1c] 실내공기 중 미세먼지(PM-10, PM-2.5) 측정방법 – 중량법

01 실내공기 중 미세먼지 측정 방법에서 사용되는 입경분리장치로 적합하지 않은 것은?

[제6회 6번]

① 사이클론식 : 원심분리형 분립 장치로 분리
② 중력침강형 : 평판 사이 통과시 중력에 의한 침강으로 분리
③ 관성충돌식 : 관성충돌을 이용하여 분리
④ 여과채취식 : 여과지의 포집률에 따른 분리

☑ **해설** ④ 여과채취식은 입경분리장치와 관련 없다.

02 중량법으로 실내공기 중 미세먼지(PM-10) 측정시 사용되는 입경분리장치가 아닌 것은

[제7회 14번]

① 사이클론식 입경분리장치
② 유수식 입경분리장치
③ 중력침강형 입경분리장치
④ 관성충돌 입경분리장치

☑ **해설** ② 유수식 입경분리장치는 미세먼지 측정시 사용되는 입경분리장치와는 관련이 없다.

03 실내공기질공정시험기준에 따른 실내 공기 중 미세먼지(PM-10, PM-2.5) 시료채취방법에 대한 설명으로 틀린 것은?

[제12회 5번]

① 시료채취는 입경분리장치 용량에 맞추어 1 L/min ~ 30 L/min 범위에서 24시간 연속 채취한다.
② 여과지 보관은 온도 (20±2) ℃, 상대습도 (35±5) % 범위의 항온, 항습조건에서 24시간 이상 항량이 될 때까지 보관한다.
③ 관성충돌 입경분리장치는 원심형 분립 장치에 들어간 입자가 원심력에 의해 낙하하여 채취되는 장치이다.
④ 흡인 펌프는 일정한 유량으로 시료를 채취할 수 있어야 하며, 유량변화는 5 % 이내여야 한다.

☑ **해설** ③ 관성충돌 입경분리장치, 핵심포인트 1.③ 참고, 원심형 사이클론 분립장치, 핵심포인트 1.① 참고

핵심포인트

1. 분석기기 및 기구/입경분리장치

입경분리장치는 10 μm 또는 2.5 μm를 초과하는 부유입자를 제거하는 장치로서, 흡인펌프에 의해 장치 내로 들어온 채취대상 공기 중에 10 μm 또는 2.5 μm 이상의 입자는 공기 유입구에 있는 충돌판에 관성 충돌하여 붙고, 10 μm 또는 2.5 μm보다 작은 입자는 충돌판에서 위로 흐르는 공기의 흐름에 따라 여과지에 쌓이게 되며 사이클론 방식, 중력침강 방식과 관성충돌 방식이 있다. 입경분리 장치는 10 μm 또는 2.5 μm 크기의 입자에 대해서 그 채취효율이 50 % 이상이어야 한다.

정답 01 ④ 02 ② 03 ③

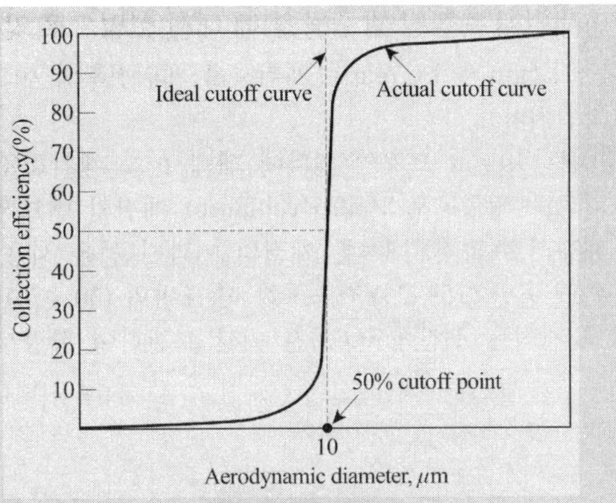

〈그림〉 채취효율곡선

① 사이클론식 입경분리장치 : 흡입된 공기가 원심분리형 분립장치에 들어간 후 내부에서 나선 운동으로 변환되면, 10 μm 또는 2.5 μm보다 큰 입자는 원심력에 의해 벽면을 따라 아래쪽으로 낙하하여 분립장치 밑 부분에 퇴적되고 측정하고자 하는 10 μm 또는 2.5 μm보다 작은 입자는 분립 장치 윗부분으로 빠져나가 여과지에 채취될 수 있도록 설계되어 있는 장치

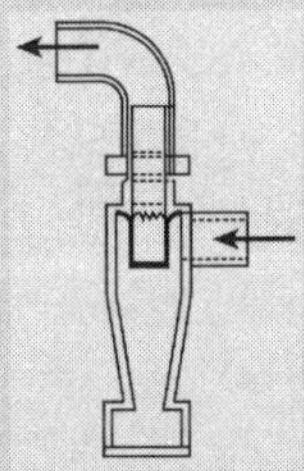

② 중량침강형 입경분리장치 : 얇은 평판을 좁은 간격으로 여러 장 겹쳐서 평판이 수평이 되도록 놓고 여기에 채취하려고 하는 공기를 통과시키면 평판 사이를 통과하는 동안에 10 μm 또는 2.5 μm 이상의 입자는 중력에 의해 침강하여 떨어지고 작은 입자만이 통과하여 채취될 수 있도록 설계된 장치

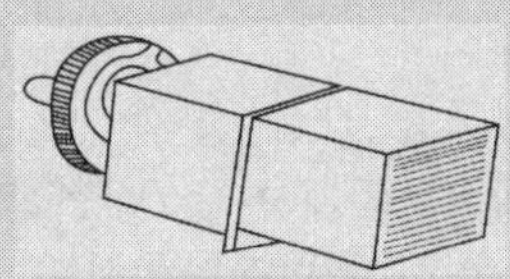

③ 관성충돌 입경분리장치 : 10 μm 또는 2.5 μm 이상의 입자를 관성충돌을 이용하여 제거하여 10 μm 또는 2.5 μm보다 작은 입자를 채취하는 장치

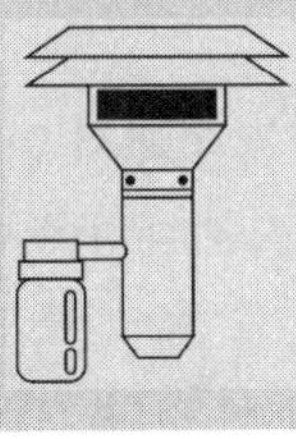

필기 02 실내공기질 공정시험기준

04 **실내공기 중 미세먼지 측정방법(중량법)에 대한 설명으로 맞는 것은?** [제7회 3번]

① 공기유량을 1 L/min ~ 3 L/min로 채취하여 채취전후의 여과지 중량의 차이를 이용하여 측정하는 방법이다.

② 입경분리장치는 10 μm 크기의 입자에 대해서 그 채취효율이 99 % 이상이어야 한다.

③ 여과지는 니트로 셀룰로오스(nitro cellulose) 재질의 멤브레인 여과지(membrane filter), 석영섬유 재질의 여과지, 테플론 재질의 여과지 등을 사용한다.

④ 여과지는 온도 범위 (15～25) ℃ ± 3 ℃, 습도범위 (30～70) % RH ± 5 % RH, 일정 온습도 범위로 유지되는 조건에서 6시간 이상 보관하여 항량시킨 후에 사용하도록 한다.

☑ **해설** ① 핵심포인트 1.① 참고, ② 핵심포인트 3.① 참고, ④ 핵심포인트 3.③ 참고

05 **미세먼지(PM-10)의 채취에 사용하는 여과지와 조건에 대한 설명으로 틀린 것은?** [제9회 17번]

① 멤브레인이나 섬유상 재질의 여과지 둘 다 사용 가능하다.

② 0.3 μm의 입자상 물질에 대하여 99.97 % 이상의 HEPA급의 초기포집률을 가지며, 가능한 압력손실이 낮은 것을 사용한다.

③ 온도 범위 (20 ± 2) ℃, 상대습도 (35 ± 5) %, 일정 온습도 범위로 유지되는 조건에서 24시간 이상 보관하여 항량시킨 후에 사용하도록 한다.

④ 시료채취 후의 여과지의 무게는 저울을 이용하여 3회 이상 여과지의 무게를 측정하여 평균값으로 나타낸다.

☑ **해설** ② 핵심포인트 3.① 참고

06 **실내공기 중 미세먼지 측정방법(중량법)에 사용하는 여과지의 조건으로 틀린 것은?** [제9회 2차 13번]

① 가능한 압력손실이 낮은 것

② 취급하기 쉽고 충분한 강도를 가질 것

③ 기체상 물질의 흡착이 적고, 흡습성 및 대전성이 낮은 것

④ 10 μm의 입자상 물질에 대하여 99 % 이상의 초기포집률을 갖는 것

☑ **해설** ④ 핵심포인트 3.① 참고

07 **미세먼지(PM-10) 농도 측정 및 분석에서 여과지에 대한 설명으로 틀린 것은?** [제10회 6번]

① 여과지는 0.5 μm의 입자상 물질에 대하여 99 % 이상의 초기포집률을 갖는 것을 사용한다.

② 10^{-6} g (0.001 mg) 이상의 감도를 갖는 분석용 저울로 정확히 여과지의 무게를 측정한다.

③ 여과지를 미리 온도 범위 (20 ± 2)℃, 상대습도 (35 ± 5) %, 일정 온습도 범위에서 유지되는 조건에서 24시간 이상 항량이 될 때까지 보관하여 사용한다.

④ 여과지의 무게는 저울을 이용하여 3회 이상 여과지의 무게를 측정하여 평균값으로 나타낸다.

☑ **해설** ① 핵심포인트 3.① 참고

정답 04 ③ 05 ② 06 ④ 07 ①

08 실내공기 중 미세먼지 채취용 여과지에 대한 설명으로 틀린 것은? [제10회 7번]

① 흡습성은 높고 대전성은 낮아야 한다.
② 니트로 셀룰로오스, 석영섬유, 테플론 등의 재질을 사용해야 한다.
③ 압력손실은 낮고 강도는 높아야 한다.
④ 0.3 μm의 입자상 물질에 대하여 99 % 이상의 초기포집률을 가져야 한다.

☑ **해설** ① 핵심포인트 3.④ ㉢ 참고

09 미세먼지 측정방법인 중량법에 관한 설명으로 틀린 것은? [제10회 18번]

① 이 시험기준은 미세먼지(PM−10 및 PM−2.5) 농도 측정을 위한 주시험법으로 사용한다.
② 흡입 펌프는 일반적으로 1 L/min ~ 30 L/min 정도의 유량을 갖는 것을 사용하고, 시료채취 시간동안 유량의 변화는 10 % 이내이다.
③ 일정 온습도 범위로 유지되는 조건에서 24시간 이상 보관하여 항량시킨 후에 사용한다.
④ 0.001 mg 이상의 감도를 갖는 분석용 저울을 사용한다.

☑ **해설** ② 핵심포인트 6.①·② 참고

핵심포인트

1. 개요/목적

① 실내 공기 중 미세먼지(PM−10 및 PM−2.5)를 여과지에 (1~30) L/min 정도의 공기유량으로 채취하여 채취전후의 여과지 중량의 차이를 이용하는 방법이다.

2. 개요/적용범위

① 중량법은 미세먼지(PM−10 및 PM−2.5) 농도 측정을 위한 주시험법으로 사용한다.

3. 분석기기 및 기구/여과지

① 0.3 μm의 입자상 물질에 대하여 99 % 이상의 초기포집률을 갖는다.
② 니트로 셀룰로오스(nitro cellulose) 재질의 멤브레인 여과지(membrane filter) 석영섬유 재질의 여과지, 테플론 재질이 여과지 등을 사용한다.
③ 흡인공기가 함유하고 있는 공기 중의 수분에 의한 영향을 줄여, 측정을 전후해서 항온항습 상태를 일정하게 유지시킬 수 있도록 데시케이터 등에서 온도 범위 (20 ± 2) ℃, 상대습도 (35 ± 5) %, 일정 온습도 범위로 유지되는 조건에서 24시간 이상 보관하여 항량시킨 후에 사용한다.
④ 여과지의 조건
  ㉠ 0.3 μm의 입자상 물질에 대하여 99 % 이상의 초기포집률을 갖는 것
  ㉡ 가능한 압력손실이 낮은 것
  ㉢ 기체상 물질의 흡착이 적고, 흡습성 및 대전성이 낮은 것
  ㉣ 취급하기 쉽고 충분한 강도를 가질 것
  ㉤ 분석에 방해되는 물질을 함유하지 않을 것

4. 분석기기 및 기구/저울

① 0.001 mg 이상의 감도를 갖는 분석용 저울

5. 분석절차/시료채취 후의 여과지 무게 측정

① 24시간 이상 항량이 될 때까지 보관하였다가 감도 10^{-6} g (0.001 mg) 이상의 감도를 갖는 분석용 저울로 정확히 여과지의 무게를 단다.
② 여과지의 종류에 따라 정전기, 습도 등 여과지 무게 측정시 발생할 수 있는 오차에 주의하여야 한다.

정답 08 ① 09 ②

③ 여과지의 무게는 저울을 이용하여 3회 이상 무게를 측정하여 평균값으로 나타낸다.

6. 분석기기 및 기구/흡인펌프

① (1～30) L/min 정도의 용량을 갖는 것을 사용한다.
② 펌프는 모든 상황에서 일정한 유량으로 시료를 채취할 수 있어야 하며, 시료채취시간 동안 유량의 변화는 5 % 이내여야 한다.
③ 압력손실과 도관 안에서의 압력 손실을 극복할 수 있어야 하며, 일정하고 유연한 흐름을 보장해야 한다.
④ 흡인펌프는 연속해서 30일 이상 사용할 수 있도록 한다.
⑤ 흡인펌프의 조건
㉠ 진공도가 높을 것
㉡ 맥동이 없어 고르게 작동될 것
㉢ 운반이 용이할 것

10 실내공기 중 미세먼지(PM-10) 측정방법인 중량법 측정에서 유량계의 사용에 대한 설명으로 옳은 것은? [제10회 5번]

① 질량유량제어장치(MFC, Mass Flow Controller)를 사용해도 된다.
② 유량계에 새겨진 최소눈금은 25 ℃, 1기압에서 0 L/min～20 L/min 범위에 있어야 한다.
③ 입경분리장치의 설계유량의 ± 5 % 이내의 정확도를 유지할 수 있으며, 입경분리장치의 설계유속 범위 내에 있어야 한다.
④ 유량계는 흡인펌프 후단에 설치한다.

☑ **해설** ② ③ 핵심포인트 1.② 참고, ④ 핵심포인트 1.① 참고

핵심포인트

1. 분석기기 및 기구/유량계

① 여과지 홀더와 흡인펌프와의 사이에 설치한다.
② 유량계에 새겨진 최소눈금은 25 ℃, 1기압에서 (0～30) L/min 범위에서 입경분리장치의 설계유량의 ± 2 % 이내의 정확도를 유지할 수 있으며, 입경분리장치의 설계유속 범위 내에 있어야 한다.
③ 멤브레인 여과지와 같이 압력 손실이 큰 여과지를 사용할 경우에는 유량의 눈금값에 대한 보정이 필요하기 때문에 압력계가 부착되어 있는 것을 사용한다.
④ 질량유량제어장치(MFC, mass flow controller)를 많이 사용한다.

11 지하역사의 미세먼지 시료채취 방법으로 틀린 것은? [제10회 2차 10번]

① 총 시료채취시간은 6시간으로 하였다.
② 6시간 동안 채취한 총 유량은 25 ℃, 1기압에서 12 m^2이었다.
③ 지하역사의 경우 출근시간대 혹은 퇴근시간대를 포함하여야 한다.
④ 총 유량은 시료채취전과 종료전의 평균유량과 채취시간의 곱으로 계산하였다.

정답 10 ① 11 ①, ②, ③

핵심포인트

1. 시료채취 및 관리/시료채취량 및 측정시간

① 미세먼지(PM-10, PM-2.5)는 (1～30) L/min의 용량으로 24시간[1] 연속 채취한다.

1) 미세먼지 시료채취 시간 관련된 사항은 「실내공기질관리법」 시행규칙 개정 시행일인 2019년 7월 1일부터 '24시간'으로 한다.

→ 6시간 시료채취 시 유량 : (1～30) L/min × 360 min = (360～10,800) L = (0.36～10.8) m^3

② 지하역사의 경우 출근시간대(오전 7시～9시) 혹은 퇴근시간대(오후 6시～8시)를 반드시 포함하도록 한다. → 24시간 시료채취에 따라 삭제

③ 시료채취 유량은 시료채취 기간의 평균유량으로 한다.

12 **실내공기 중 미세먼지 측정 방법인 중량법 시험에서 공기 채취 시 공기저항으로 생기는 압력 손실이** 20 mmHg**로 나타났다.** 1**기압 조건에서 유량을** 30 L/min**으로 흡인하고자 할 때, 시험 중인 유량계의 눈금값으로 옳은 것은?** [제5회 26번]

① 29.6 L/min ② 30.0 L/min
③ 30.4 L/min ④ 30.8 L/min

문제풀이

① 주어진 조건 : 압력손실(ΔP) 20 mmHg, 1기압 조건에서의 유량(Q_0) 30 L/min

② 유량계의 눈금값(Q_r) : $Q_0\sqrt{\frac{760}{760-\Delta p}} = 30\sqrt{\frac{760}{760-20}} = 30.4$ L/min

13 **여과지채취법에 의한 실내공기 시료채취기의 유량교정 설정곡선을 작성하고자 한다.** 1**기압에서 유량이** 20 L/min**로 시료를 채취할 때 압력손실이** 200 mmHg**이었다면 설정해야 할 유량계의 눈금은 몇** L/min**로 하여야 하는가?** [제10회 2차 9번]

① 18.1 ② 21.2
③ 23.3 ④ 25.4

문제풀이

① 주어진 조건 : 1기압에서 유량(Q_0) 20 L/min로 시료채취시 압력손실(ΔP) 200 mmHg

② 유량계의 눈금값(Q_r) : $Q_0\sqrt{\frac{760}{760-\Delta P}} = 20\sqrt{\frac{760}{760-200}} = 23.3$ L/min

핵심포인트

1. 정도보증/정도관리/유량의 보정/원리

① 유량계의 눈금값을 Q_r, 1기압에서 유량을 Q_o(L/min)라 하면 식 1의 관계가 있고, C_p는 압력보정계수로서 식 2로 구한다.

② P_o가 760 mmHg 일 때 마노미터로 측정한 유량계의 압력손실을 ΔP(mmHg)라 하면, C_p는 식 3으로 나타낸다.

③ 저용량 공기채취기에 의하여 Q_0 = 30 L/min으로 공기를 흡인할 때 식 1, 식 3으로부터 식 4의 관계가 성립하고 Q_r을 구하여 유량계의 눈금값(부자의 위치)을 설정한다.

④ 식 4로부터 ΔP와 Q_r의 관계를 그래프로 그리면 유량설정곡선(그림)을 얻으며 그림을 사용하여 교정한다.

정답 12 ③ 13 ③

<식 1> $Q_0 = C_p \cdot Q_r$

<식 2> $C_p = \sqrt{\dfrac{P}{P_0}}$

<식 3> $C_p = \sqrt{\dfrac{760 - \Delta P}{760}}$

<식 4> $Q_r = 30\sqrt{\dfrac{760}{760 - \Delta P}}$

P_0 : 유량계의 설정조건에서의 압력(보통 760 mmHg)

P : 사용조건에서의 유량계내의 압력

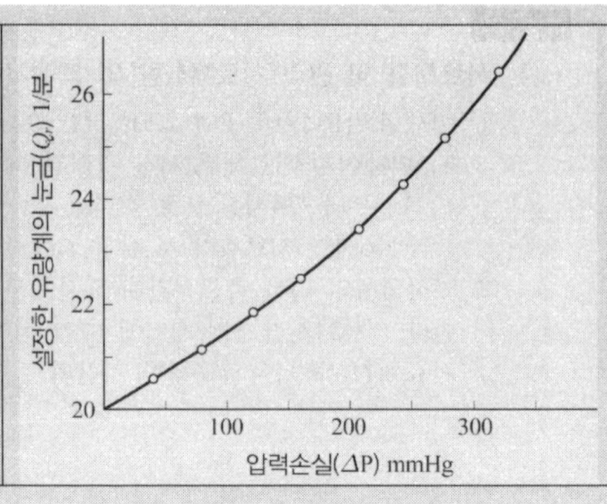

14 흡입펌프 공기채취기 세척할 때 채취 때마다 중성세제 또는 초음파 세척을 하지 않는 세척 부위는?

[제6회 13번]

① 망　　② 패킹
③ 유량계　　④ 분립장치

☑ **해설** ③ 핵심포인트 1.③ <표> 4 참고

핵심포인트

1. 정도보증 및 정도관리/주의사항

① 흡인펌프는 약 1년간 사용 후에는 날개(blade)를 교환한다.
② 유량계의 설계온도는 20 ℃가 많으므로 온도보정의 영향은 적지만 ± 10 ℃ 차에 대하여 오차범위 ± 2 % 이하이다.
③ 공기채취기의 세척은 다음 표에 따라 실시한다.

〈표〉 장치의 세척방법

순번	세척부위	세척횟수	세척방법
1	분립장치	채취시마다	중성세제 또는 초음파 세척
2	패킹	채취시마다	중성세제 또는 초음파 세척
3	망	채취시마다	중성세제 또는 초음파 세척
4	유량계	연 1회	알코올 또는 중성세제로 세척

④ 유량변화는 온도 및 입자상 물질 채취량의 증가에 따라 달라지기 때문에 기상조건이 변화할 때는 반드시 유량을 확인해야 하며, 장기간 채취할 때는 입자상 물질에 의하여 여과지가 막히기 때문에 채취 후반에는 되도록 유량확인을 자주하여야 한다.
⑤ 유량계를 청소할 때는 눈금교정을 한다.

15 실내공기 중의 미세먼지(PM-10) 농도 측정시 채취한 유량의 보정 환산을 위한 표준상태로 옳은 것은?

[제8회 10번]

① 25 ℃, 1기압　　② 20 ℃, 1기압
③ 15 ℃, 1기압　　④ 0 ℃, 1기압

☑ **해설** ① 핵심포인트 1.③ 참고

정답 14 ③　15 ①

16 **실내공기 중 미세먼지 농도 측정값이 20 ℃, 0.95 기압 조건에서 150 μg/m^{3}이었다. 실내공기질 공정시험기준에 따라 보정된 농도로 맞는 것은?** [제7회 7번]

① 144 μg/m^3 ② 145 μg/m^3
③ 146 μg/m^3 ④ 147 μg/m^3

문제풀이

① 주어진 조건 : 기온 20 ℃, 대기압 0.95 atm, 농도 150 μg/m^3

② 표준상태(25 ℃, 1기압) 환산 유량(m^3) : $1\ m^3 \times \frac{298\ °K}{(273+20)\ °K} \times \frac{0.95\ atm}{1\ atm} = 0.966\ m^3$

③ 보정 농도(μg/m^3) : $\frac{150\ \mu g}{0.966\ m^3} = 155\ \mu g/m^3$

핵심포인트

1. 결과보고/농도계산

① 시료채취 유량은 시료채취 기간의 평균유량으로 한다.

$Q_{ave} = \frac{Q_1 + Q_2}{2}$	Q_{ave} : 시료채취기간의 평균유량(L/min) Q_1 : 시료채취 시작시의 유량(L/min) Q_2 : 시료채취 종료시의 유량(L/min)

② 채취한 공기의 부피는 다음 식에 따라 계산한다.

$V = \frac{Q_{ave} \times T}{10^3}$	V : 채취한 공기의 부피(m^3) Q_{ave} : 시험 전·후 측정한 유량의 평균(L/min) T : 채취시간(min)

③ 채취한 공기는 25 ℃, 1기압 조건으로 보정하여 환산한다.

$V_{(25℃,\,1atm)} = V \times \frac{T_{(25℃)}}{T_2} \times \frac{P_2}{P_{(1atm)}}$	$V_{(25℃,\,1atm)}$: 25℃, 1기압일 때 공기의 부피(m^3) V : 실제로 채취한 공기의 부피(m^3) $T_{(25℃)}$: 25℃의 절대온도(°K) (298°K = 273 + 25℃) T_2 : 공기를 채취할 때의 절대온도(°K, °K = 273 + ℃) $P_{(1atm)}$: 1기압(atm) P_2 : 공기를 채취할 때의 기압(atm)

④ 미세먼지 농도 계산(μg/m^3)

$C = \frac{(W_2 - W_1) - (B_2 - B_1)}{V_{(25℃,\,1atm)}}$	C : 공기 중 미세먼지의 농도(μg/m^3) W_1 : 시험 전 여과지 무게(μg) W_2 : 시험 후 여과지 무게(μg) B_1 : 시험 전 바탕시료 여과지 무게(μg) B_2 : 시험 후 바탕시료 여과지 무게(μg) $V_{(25℃,\,1atm)}$: 보정된 채취공기의 부피(m^3)

정답 16 정답 없음

17 **중량법에 의한 실내공기 중 미세먼지(PM-10) 시료채취를** 16.7 L/min**로** 12**시간 동안 연속 채취한 분진의 질량이** 0.4 mg**이었고, 공여지(바탕시료)의 시료채취 전후의 무게차가** 0.02 mg**이었다면 미세먼지(PM-10)의 농도는 몇** $\mu g/m^3$**인가**? (단, 시료채취시의 온도, 압력은 35 ℃, 1기압이다.) [제10회 2차 8번]

① 약 32.7 $\mu g/m^3$
② 약 25.7 $\mu g/m^3$
③ 약 38.7 $\mu g/m^3$
④ 약 45.7 $\mu g/m^3$

문제풀이

① 주어진 조건 : 시료채취 유량(Q_{ave}) 16.7 L/min, 12시간 연속 채취한 분진의 질량(W_2) 0.4 mg, 공여지의 시료채취 전후의 무게차(W_1) 0.02 mg

② 12시간 연속채취 부피 산정(V) : $\frac{Q_{ave} \times T}{10^3} = \frac{16.7\ \text{L/min} \times 60\ \text{min/hr} \times 12\ \text{hr}}{10^3} = 12.024\ \text{m}^3$

③ 표준상태 보정부피 산정(V_{std}) : $V \times \frac{298\ \text{°K}}{273 + t\ ℃} \times \frac{P}{760} = 12.024\ \text{m}^3 \times \frac{298}{308} \times \frac{760}{760} = 11.6336\ \text{m}^3$

④ 미세먼지(PM-10) 농도($\mu g/m^3$) : $\frac{(W_2 - W_1)}{V_{(25\ ℃,\ 1\ \text{atm})}} = \frac{(0.4 - 0.02)\ \text{mg}}{11.6336\ \text{m}^3} = 0.0327\ \text{mg/m}^3 = 32.7\ \mu g/m^3$

정답 17 ①

9 [ES 02303.1b] 실내공기 중 석면 및 섬유상 먼지농도 측정방법 – 위상차현미경법

01 **각각의 석면 종류에 대한 형태와 특성으로 옳은 것은?** [제12회 6번]

① 청석면: 곧은 모양, 가장 강도가 강함
② 갈석면: 곧은 모양, 외부압력에 쉽게 부스러지지 않음
③ 백석면: 곱슬곱슬한 모양, 전기가 잘 통함
④ 직섬석석면: 곱슬곱슬한 모양, 외부압력에 쉽게 부스러짐

☑ **해설** ② 핵심포인트 <표> 3 참고, ③ 핵심포인트 <표> 1 참고, ④ 핵심포인트 <표> 4 참고

핵심포인트

〈표〉 석면의 종류 및 특성

순번	종류	사진	주요특성	형태	색상	용도
1	백석면		• 전기가 통하는 것을 막는 성질이 뛰어남 • 가늘고 부드러우며 잘 휘어짐 • 독성이 강함	• 곱슬곱슬한 모양	백색 황색 녹색	건축자재 마찰재 등에 두루사용
2	청석면	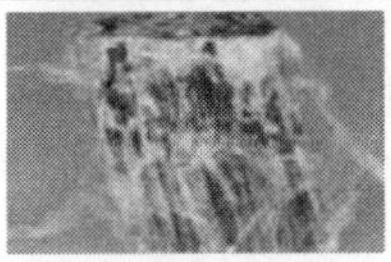	• 강도가 가장 강함 • 산(acid)에 부식되지 않는 성질이 강함 • 독성이 가장 강함	• 곧은 모양	청색	브레이크의 마찰재 등
3	갈석면		• 열에 강함 • 외부 압력에 쉽게 부스러짐 • 독성이 강함	• 곧은 모양	담회색 갈색	시멘트, 단열재, 지붕재 등
4	직섬석석면	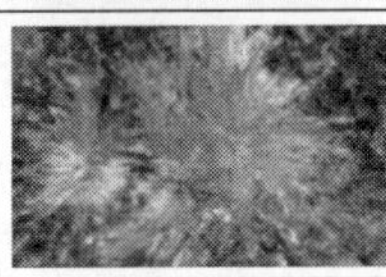	• 외부 압력에 쉽게 부스러짐	• 곧은 모양 • 절단된 파편 형태	담회색 담갈색 녹색	타일

※ 자료출처 : 환경부 홈페이지(www.me.go.kr)

02 **실내공기 중의 석면 측정 방법인 위상차 현미경법에 대한 설명으로 옳지 않은 것은?** [제6회 2번], [제9회 8번]

① 석면 및 섬유상 먼지의 농도를 측정하기 위한 주 시험 방법으로 사용된다.
② 측정범위는 100개(섬유수)/mm^2(여과지면적) ~ 1,300개(섬유수)/mm^2(여과지면적)이며, 방법 검출 한계는 7개(섬유수)/mm^2(여과지면적)이다.
③ 석면의 조성이나 특별한 섬유 형태의 특성을 식별하지 못하므로 석면과 섬유상의 먼지를 구분할 수 없다.
④ 석면 및 섬유상 먼지를 채취한 여과지를 투명화 과정을 거쳐 탄소코팅 및 회화 전처리를 하여야 한다.

☑ **해설** ④ 탄소코팅 및 회화 전처리는 투과전자현미경법의 전처리 방법이다.

정답 01 ① 02 ④

03 실내공기 중 석면 및 섬유상 먼지의 측정방법에 대한 설명으로 틀린 것은? [제10회 8번]

① 이 시험기준은 실내공기 중 석면의 조성이나 특별한 섬유 형태의 특성을 식별할 수 있으며, 석면과 섬유상의 먼지를 구분할 수 있다.

② 이 시험 기준의 측정범위는 100개(섬유수)/mm^2(여과지면적)～1,300개(섬유수)/mm^2(여과지면적)이며, 방법검출한계는 7개(섬유수)/mm^2(여과지면적)이다.

③ 실내공기 중 석면 및 섬유상 먼지를 여과지에 채취하여 투명하게 전처리한 후 위상차현미경으로 계수하여 공기 중 석면 및 섬유상 먼지의 수 농도를 측정한다.

④ 이 시험 기준에서 사용하는 굴절률은 약 1.45이므로 굴절률이 1.4～1.5인 섬유가 존재하는 환경에서는 사용하기에 적절하지 않다.

☑ **해설** ① 핵심포인트 1.③ 참고

핵심포인트

1. 적용범위

① 실내공기 중 석면 및 섬유상 먼지의 농도를 측정하기 위한 주시험방법으로 사용된다.

② 측정범위는 100개(섬유수)/mm^2(여과지면적)～1,300개(섬유수)/mm^2(여과지면적)이며, 방법검출한계는 7개(섬유수)/mm^2(여과지면적)이다.

③ 실내공기 중 석면의 조성이나 특별한 섬유 형태의 특성을 식별하지 못하므로 석면과 섬유상의 먼지를 구분할 수 없다.

④ 굴절률은 약 1.45이므로 굴절률이 1.4～1.5인 섬유가 존재하는 환경에서 사용하기에 적절하지 않다.

⑤ 이 시험기준을 이용하여 분석한 결과가 실내공기질관리법상 기준을 초과한 경우에는 '실내공기 중 석면 측정법－투과전자현미경법'을 적용하여 추가분석 후 그 결과를 적용한다.

04 실내공기 중의 석면 및 섬유상 먼지의 농도측정 시험기준에서 위상차현미경법에서 사용되는 시약으로 틀린 것은? [제8회 5번]

① 아세톤 ② 아세토나이트릴

③ 트라이아세틴 ④ 래커

☑ **해설** ② 아세토나이트릴은 '폼알데하이드' 분석에 사용되는 시약이다.

핵심포인트

1. 시약 및 표준용액

① 아세톤 : 셀룰로오스 에스터(MCE, mixed cellulose ester) 재질의 여과지를 투명화 하는데 이용되는 시약이다.

② 트라이아세틴 : 투명화된 여과지의 고정화에 이용되는 시약이다.

③ 래커 또는 네일 바니쉬 : 커버글라스의 가장자리를 슬라이드글라스와 붙이는 역할을 한다.

05 실내공기 중의 석면 및 섬유상 먼지를 채취하기 위한 공기의 최소 양은? [제5회 29번]

① 400 L ② 800 L

③ 1,200 L ④ 1,600 L

정답 03 ① 04 ② 05 ③

핵심포인트

1. 시료채취 및 관리/시료채취량 및 측정시간

① 최소 공기 채취량은 1,200 L이며, 시료채취 유량은 (5~10) L/min으로 한다.
② 미세먼지(PM-10)의 농도가 100 $\mu g/m^3$ 이상의 고농도 환경에서는 많은 양의 공기량 채취 시 현미경을 이용한 석면 및 섬유상 먼지의 분석이 어려울 수 있으므로 공기 채취량 선정에 주의하여야 한다.

06 실내공기질공정시험기준에 따른 석면의 분석절차에 대한 설명으로 틀린 것은? [제12회 8번]

① 석면시료를 채취한 여과지를 절단할 때 여과지의 조각은 중심부분을 주로 포함하게 외과용 메스를 이용하여 잘라낸다.
② 여과지 절단을 위하여 가위를 사용하는 것은 권장하지 않는다.
③ 투명화과정은 아세톤 증기 발생장치를 이용하고 여과지면이 아세톤 증기에 균일하게 접촉하게 한다.
④ 고정화는 투명해진 여과지에 가능한 빨리 마이크로피펫을 사용하여 트라이아세틴을 여과지 중심부에 떨어뜨리고 그 위에 커버글라스를 덮는 과정이다.

☑ **해설** ① 핵심포인트 1.① 참고

핵심포인트

1. 분석절차/전처리/시료의 절단

① 시료를 채취한 여과지를 여과지홀더에서 꺼내어 2~4등분하며, 절단된 여과지의 각 조각은 전체여과지의 중심부터 가장자리까지 모두 포함하여야 한다.
② 여과지를 자를 때에는 외과용 메스 혹은 이것과 같이 둥글고 예리한 칼날을 가진 칼을 이용하며 칼날을 여과지에 대고 굴리듯 눌러서 자르며 찢어지지 않도록 주의한다.
③ 여과지 절단을 위하여 가위를 사용하는 것은 권장하지 않는다.

2. 분석절차/전처리/투명화

① 상용화된 아세톤 증기 발생장치를 사용하는 경우, 아세톤 증기 발생장치의 전원을 켜서 가열시킨 후 절단된 여과지를 얹은 슬라이드글라스를 아세톤 증기를 접촉할 수 있는 위치에 놓는다.
② 아세톤 증기 발생장치가 적절한 온도가 되었을 때 250 μL 마이크로피펫을 이용하여 여과지면이 투명해질 때까지의 최소량의 아세톤을 증기발생장치에 주입한다.
③ 아세톤은 느린 속도로 일정한 압력으로 주입하며, 3초~5초 후 여과지가 투명해지면 피펫과 슬라이드를 증기발생장치에서 제거한다.

3. 분석절차/전처리/고정화

① 아세톤 증기와 접촉하여 투명해진 여과지에 가능한 빨리 마이크로 피펫을 사용하여 트라이아세틴을 (3~3.5) μL (2방울~3방울) 여과지의 중심부에 떨어뜨리고, 그 위에 커버글라스를 덮는다.
② 커버글라스를 덮을 때에는 가능한 한 기포가 발생하지 않도록 주의하면서 서서히 여과지 위에 얹고 핀셋으로 가볍게 누른다.

정답 06 ①

07 석면 및 섬유상 먼지 시료 분석에서 그래티큘 경계에 있는 섬유의 계수 방법으로 틀린 것은?

[제9회 2차 14번]

① 그래티큘 안에 완전하게 들어와 있는 길이가 5 μm 이상인 섬유를 1개로 계수한다.

② 섬유의 한쪽 끝은 그래티큘 안에 다른 한쪽 끝은 그래티큘 바깥에 놓여 있는 경우에는 1/2개로 계수한다.

③ 그래티큘 경계를 두 번 이상 지나는 섬유는 2개로 계수한다.

④ 그 외의 모든 섬유들은 계수하지 않는다.

☑ **해설** ③ 핵심포인트 1.③ ㉢ 참고

08 아래의 섬유상 먼지와 월톤－버켓 그래티큘 예에서 석면 및 섬유상 먼지의 총 수는?

[제7회 1번]

① 6.0개

② 6.5개

③ 8.5개

④ 9.5개

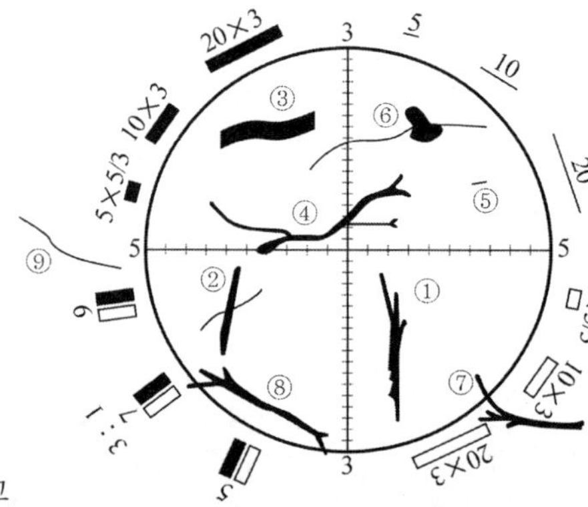

☑ **해설** ② 핵심포인트 1. <표> 참고

문제풀이

• ① 1개 ② 2개 ③ 1개 ④ 1개 ⑤ 0개 ⑥ 1개 ⑦ 1/2개 ⑧ 0개 ⑨ 0개 → 합 6.5개

09 석면 계수 규칙에 따라 아래 그림에서 석면섬유를 계수할 수 없는 것은?

[제8회 16번]

① ㉮

② ㉯

③ ㉰

④ ㉱

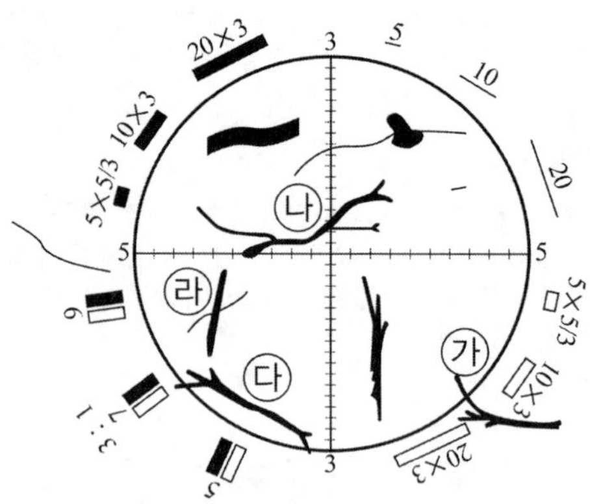

☑ **해설** ③ 핵심포인트 1. <표> 참고

문제풀이

㉮ 1/2개 ㉯ 1개 ㉰ 0개 ㉱ 2개

정답 07 ③ 08 ② 09 ③

10 위상차현미경에 의해 석면 및 섬유상먼지를 계수한 결과 4 μm 크기의 섬유 4개, 6 μm 크기의 섬유 2개, 5 μm 크기의 동일한 다발에서 나온 것으로 보이는 끝부분이 4개로 갈라져 있는 것 2개, 그래티큘을 한번 통과하는 섬유 2개, 그래티큘을 두 번 통과하는 섬유 2개, 그래티큘을 세 번 통과하는 섬유 2개였다면 석면섬유는 몇 개인가? [제10회 2차 11번]

① 5개　② 7개
③ 9개　④ 11개

문제풀이

① 4 μm 섬유 4개 : 길이가 5 μm 이하이므로 세지 않음(핵심포인트 1. <표> ⑤)
② 6 μm 섬유 2개 : 길이가 5 μm 이상이므로 2개
③ 5 μm 크기의 동일한 다발에서 나온 것으로 보이는 끝부분이 4개로 갈라져 있는 것 2개 : 2개(핵심포인트 1. <표> ④)
④ 그래티큘을 한 번 통과하는 섬유 2개 : 1/2 × 2개 = 1개(핵심포인트 1. <표> ⑦)
⑤ 그래티큘을 두 번 또는 세 번 통과하는 섬유 2개 : 세지 않음(핵심포인트 1. <표> ⑧)
⑥ ② 2개 + ③ 2개 + ④ 1개 = 5개

핵심포인트

1. 분석절차/분석방법/석면 섬유 계수방법

① 길이가 5 μm 이상인 섬유만 계수하며, 굴곡이 있는 경우 굴곡을 따라 길이를 측정한다.
② 길이와 폭의 비(aspect ratio)가 3:1 이상인 섬유만 계수한다.
③ 그래티큘 경계에 있는 섬유의 산정방법
　㉠ 그래티큘 안에 완전하게 들어와 있는 길이가 5 μm 이상인 섬유를 1개로 계수
　㉡ 섬유의 한쪽 끝은 그래티큘 안에 다른 한쪽 끝은 그래티큘 바깥에 놓여 있는 경우에는 1/2개로 계수
　㉢ 그래티큘 경계를 두 번 이상 지나는 섬유는 계수하지 않음
　㉣ 그 외의 모든 섬유들은 계수하지 않음

〈표〉 석면 섬유 계수 규칙에 따른 계수결과

월톤-버켓 그래티큘

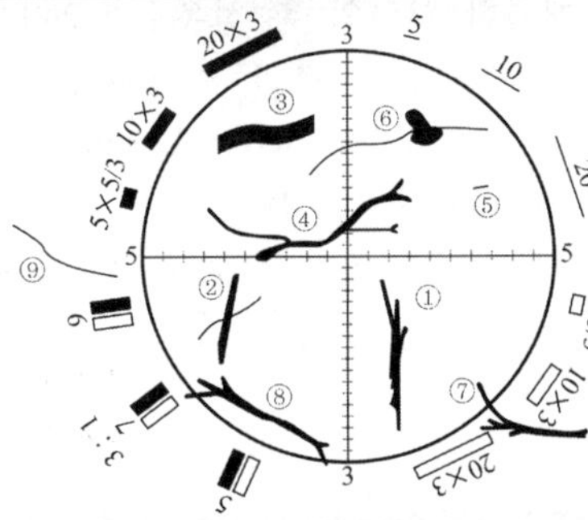

대상번호	섬유수	계수근거
①	1개	- 여러 개의 가는 섬유가 묶인 다발형태 - 가는 섬유가 동일한 다발로부터 나온 것으로 보이면 하나의 섬유로 계수한다. 단, 모든 섬유가 길이 5 μm 이상이고, 길이와 폭의 비가 3:1 이상인 조건을 만족해야 함.
②	2개	- 섬유가 길이 5 μm 이상이고, 길이와 폭의 비가 3:1 이상인 조건을 만족하고 동일한 다발에서 나온 것처럼 보이지 않고 서로 겹쳐 있으면, 분리하여 계수
③	1개	- 비록 상대적으로 직경이 넓어 보이나(> 3 μm), 하나의 섬유로 계수. 섬유 직경 최대한도는 제한이 없으며, 다만 길이와 너비의 비의 조건을 만족하면 계수

정답 10 ①

④	1개	– 비록 길고 가느다란 섬유들이 섬유뭉치에서 빠져나와 있어도 이 섬유들은 원래 묶음의 부분으로 보이므로 개별 섬유로 보지 않음
⑤	세지 않음	– 길이가 5 μm 이하이므로 세지 않음
⑥	1개	– 입자 때문에 섬유가 부분적으로 가려진 경우 하나의 섬유로 계수. 만약 입자로부터 나온 섬유의 끝이 동일한 섬유로부터 나온 것처럼 보이지 않고 각각의 끝이 길이, 길이와 너비의 비를 만족하는 경우 서로 다른 섬유로 계수
⑦	1/2개	– 그래티큘을 한번 통과하는 섬유는 1/2로 계수
⑧	세지 않음	– 한번 이상 그래티큘을 통과하는 섬유는 세지 않음
⑨	세지 않음	– 그래티큘 경계선 바깥에 있는 섬유는 세지 않음

11 석면 및 섬유상 먼지 시료 시험결과에 포함되지 않는 것은? [제9회 13번]

① 시험일 ② 분석자명
③ 환기량 ④ 시료채취 현장 특성

☑ **해설** ③ 핵심포인트 1.① 참고

핵심포인트

1. 결과보고/결과의 표시

① 시험결과에는 다음 사항을 표시 : 시험일, 분석자명, 시료채취 현장특성, 시험결과
② 시험결과는 소수점 셋째자리까지 표기 : 농도가 0.01개/cc 미만인 경우 '0.01개/cc 미만'으로 표시

12 실내공기질공정시험기준에 따라 채취한 실내 공기 중 석면 및 섬유상 먼지의 농도로 옳은 것은? [제12회 7번]

ㄱ. 유효포집면적 : 100 cm^2
ㄴ. 위상차현미경으로 계측한 시료의 총 섬유수 : 200개
ㄷ. 위상차현미경으로 계측한 바탕시료의 총 섬유수 : 4개
ㄹ. 현미경으로 계측한 1 시야의 면적ㅍ0.0002 cm^2
ㅁ. 현미경으로 계측한 시야의 총수 : 10
ㅂ. 0 ℃, 770 mmHg에서 채취한 공기의 총 유량 : 2,000 L

① 4.4개/cc ② 4.9개/cc
③ 44.3개/cc ④ 49개/cc

문제풀이

① 주어진 조건 : 위 표 참고
② 표준상태 유량 보정(V_{std}) : $V\times\frac{T_{(25\,℃)}}{T_2}\times\frac{P_2}{P_{(1\,atm)}}=2{,}000\times\frac{298}{273}\times\frac{770}{760}=2211.9$ L
③ 섬유상 먼지의 농도 산정(개/cc) :

$$\frac{A\times(N_1-N_2)}{a\times V_{(25\,℃,\,1\,atm)}\times n}\times\frac{1}{1{,}000}=\frac{100\times(200-4)}{0.0002\times2211.9\times10}\times\frac{1}{1{,}000}=4.4\ 개/cc$$

정답 11 ③ 12 ①

핵심포인트

① 표준상태 유량 산정

$$V_{(25\,℃,\,1\,atm)} = V \times \frac{T_{(25\,℃)}}{T_2} \times \frac{P_2}{P_{(1\,atm)}}$$

$V_{(25\,℃,\,1\,atm)}$: 25 ℃, 1기압일 때 기체의 부피 (m^3)
$T_{(25\,℃)}$: 25 ℃의 절대온도(°K) (298 °K = 273 + 25 ℃)
$P_{(1\,atm)}$: 1기압(atm)
V : 실제로 채취한 기체의 부피(m^3)
T_2 : 기체를 채취할 때의 절대온도(°K) (°K = 273 + ℃)
P_2 : 기체를 채취할 때의 기압(atm)

② 섬유상 먼지의 농도 산정

$$C = \frac{A \times (N_1 - N_2)}{a \times V_{(25\,℃,\,1\,atm)} \times n} \times \frac{1}{1,000}$$

C : 공기 중 석면 및 섬유상 먼지의 농도 (개/cc)
A : 유효 포집면적 (cm^2)
N_1 : 위상차현미경으로 계측한 시료의 총 섬유수 (개)
N_2 : 위상차현미경으로 계측한 바탕시료의 총 섬유수 (개)
a : 현미경으로 계측한 1시야의 면적 (cm^2)
$V_{(25\,℃,\,1\,atm)}$: 표준상태로 환산한 채취 공기량 (L)
n : 계수한 시야의 총수 (개)

10 [ES 02304.1a] 실내공기 중 석면 측정방법 – 투과전자현미경법

01 투과전자현미경법을 이용한 석면 측정 방법에서 사용하는 분석기기 및 기구로 틀린 것은?

[제8회 1번]

① Jaffe 세정기 ② 스퍼터 코팅기
③ 월톤 – 버켓 그래티큘 ④ 에너지 분산 엑스선 분석기

☑ **해설** ③ 월톤-버켓 그래티큘은 위상차현미경을 이용한 석면 측정시 사용하는 기구이다.

핵심포인트

1. 분석기기 및 기구

① 투과전자현미경(TEM)
② 에너지 분산 엑스선 분석기(EDXA)
③ 플라즈마 회화기(plasma asher)
④ 진공 코팅 장치(vacuum coating unit)
⑤ 스퍼터 코팅기(sputter coater)
⑥ Jaffe 세정기(jaffe washer)
⑦ 아세톤 증발장치
⑧ 슬라이드 온열기 또는 오븐
⑨ 탄소격자 레플리카(carbon grating replica)
⑩ 에너지 분산 엑스선 분석기의 보정 시험편 그리드
⑪ 페트리 접시
⑫ 전자현미경 구리 그리드
⑬ 전자현미경 금 그리드
⑭ 탄소막대 전극
⑮ 일반적인 전자현미경 기구 및 제품
⑯ 표준석면 시료
⑰ 여과지
⑱ 시험편 준비실

02 사람에게 미치는 석면의 해로운 정도가 큰 것부터 작은 것 순으로 옳게 나타낸 것은?

[제11회 6번]

① 청석면 > 갈석면 > 백석면 ② 청석면 > 백석면 > 갈석면
③ 백석면 > 청석면 > 백석면 ④ 백석면 > 갈석면 > 청석면

핵심포인트

1. 환경부 석면관리종합정보망(http://asbestos.me.go.kr)

① 석면의 인체위해도 정도를 큰 것부터 나열하면 청석면 > 갈석면 > 백석면 순이다.

정답 01 ③ 02 ①

03 위상차현미경을 이용하여 분석한 결과가 기준치를 초과하여 투과전자현미경(TEM)을 이용하여 석면 농도를 측정하였다. 위상차현미경 분석에 의한 공기 중 석면 농도(f/cc)가 300이고, 시료 중 석면으로 확인된 섬유의 개수가 40, 현장바탕시료 중 석면으로 확인된 섬유의 개수가 3, 시료 중 석면과 비석면을 포함하는 모든 섬유의 개수가 150, 현장 바탕시료 중 석면과 비석면을 포함하는 모든 섬유의 개수가 18일 때 공기 중 석면의 농도(f/cc)는?

[제11회 7번]

① 77　　② 84
③ 1,070　　④ 1,172

문제풀이

① 주어진 조건
㉠ 위상차현미경 분석에 의한 공기 중 석면 농도(C_{PCM}) : 300
㉡ 시료 중 석면으로 확인된 섬유의 개수(f_s) : 40
㉢ 현장 바탕시료 중 석면으로 확인된 섬유의 개수(f_b): 3
㉣ 시료 중 석면과 비석면을 포함하는 모든 섬유의 개수(F_s) : 150
㉤ 현장 바탕시료 중 석면과 비석면을 포함하는 모든 섬유의 개수(F_b) : 18

② 석면 농도 : $C = C_{PCM}\dfrac{f_s - f_b}{F_s - F_b} = 300 \times \dfrac{40-3}{150-18} = 84$ (f/cc)

04 실내공기질공정시험기준에 따라 투과전자현미경을 이용하여 섬유상 먼지 시료에 대한 석면 정성 분석 후 공기 중의 석면 농도를 구하였더니 40 (f/cc) 이었다. 시료로부터 확인된 섬유의 개수가 보기와 같을 때 위상차현미경 분석에 의한 공기 중 석면 농도는? [제12회 9번]

ㄱ. 시료 중 석면으로 확인된 섬유의 개수 : 21
ㄴ. 현장 바탕시료 중 석면으로 확인된 섬유의 개수 : 11
ㄷ. 시료 중 석면과 비석면을 포함하는 모든 섬유의 개수 : 32
ㄹ. 현장 바탕시료 중 석면과 비석면을 포함하는 모든 섬유의 개수 : 30

① 5 f/cc　　② 7 f/cc
③ 8 f/cc　　④ 11 f/cc

문제풀이

① 주어진 조건
㉠ 전자투과현미경 분석에 의한 공기 중 석면 농도(C) : 40 (f/cc)
㉡ 시료 중 석면으로 확인된 섬유의 개수(f_s) : 21
㉢ 현장 바탕시료 중 석면으로 확인된 섬유의 개수(f_b): 11
㉣ 시료 중 석면과 비석면을 포함하는 모든 섬유의 개수(F_s) : 32
㉤ 현장 바탕시료 중 석면과 비석면을 포함하는 모든 섬유의 개수(F_b) : 30

② 위상차현미경 분석에 의한 공기 중 석면 농도(C_{PCM})

$C = C_{PCM}\dfrac{f_s - f_b}{F_s - F_b}$ 로부터 $C_{PCM} = C\dfrac{F_s - F_b}{f_s - f_b} = 40 \times \dfrac{32-30}{21-11} = 8$ f/cc

정답 03 ② 04 ③

핵심포인트

1. 분석절차/분석방법/결과의 계산

① 실내공기질공정시험기준 ES 02303.1의 "실내 공기 중 석면 및 섬유상 먼지 농도 측정방법-위상차현미경"을 이용하여 분석한 결과에서 다중이용시설 등의 실내공기질관리법의 시행규칙 별표 3의 기준을 초과하는 시료에 대하여 투과전자현미경(TEM)을 이용하여 시료의 섬유상 먼지에 대한 석면 정성 분석 후, 아래의 식에 따라 공기 중 부유하는 섬유 중 석면 비율을 산정할 수 있으며, 이를 위상차현미경법 결과에 적용하여 공기 중 석면 농도(f/cc)를 계산할 수 있다.

② 공기 중 석면 농도 산정방법

$C = C_{PCM}\dfrac{f_s - f_b}{F_s - F_b}$	C : 공기 중 석면 농도(f/cc) C_{PCM} : 위상차현미경 분석에 의한 공기 중 석면 농도(f/cc) f_s : 시료 중 석면으로 확인된 섬유의 개수 f_b : 현장 바탕시료 중 석면으로 확인된 섬유의 개수 F_s : 시료 중 석면과 비석면을 포함하는 모든 섬유의 개수 F_b : 현장 바탕시료 중 석면과 비석면을 포함하는 모든 섬유의 개수

11 [ES 02601.1b] 실내 및 건축자재에서 방출되는 폼알데하이드 측정방법 - 2,4 DNPH 카트리지와 액체크로마토그래프법

01 2,4 – DNPH 카트리지를 사용하여 폼알데하이드를 측정할 때 방해물질로 작용하는 것은?

[제6회 7번]

① 질소 ② 이산화탄소
③ 오존 ④ 산소

☑ **해설** ③ 핵심포인트 1.① 참고

02 다음은 2,4 – DNPH 카트리지와 액체크로마토그래피법으로 폼알데하이드를 측정하는 그래프를 표현한 것이다. a)와 b)의 차이는 어떤 물질로 인한 간섭현상으로 생긴 것인가?

[제9회 12번]

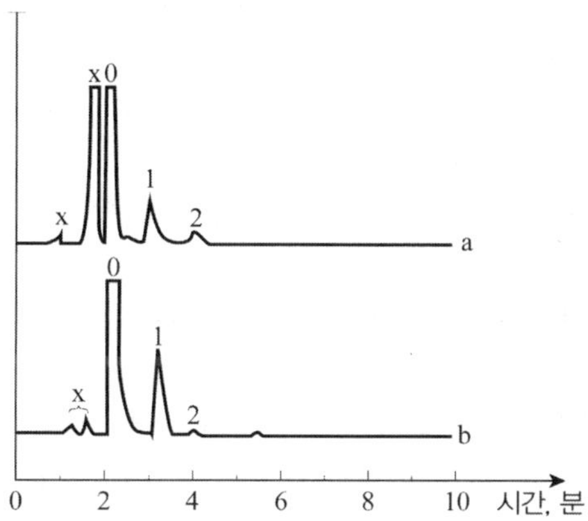

(x : unknown, 0 : DNPH, 1 : formaldehyde, 2 : acetaldehyde)

① 오존 ② 헥산
③ 이산화탄소 ④ 아세토나이트릴

☑ **해설** ① 핵심포인트 1.② 참고

핵심포인트

1. 개요/간섭물질

① 오존은 카트리지 내에서 DNPH 및 그 유도체와 반응하여 농도를 감소시키는 방해물질로 작용한다.
② 시료에 오존이 존재하면 폼알데하이드 유도체의 머무름 시간보다 더 짧은 머무름 시간을 가진 새로운 화합물의 출현으로 분석에 방해가 되므로 오존에 의한 간섭작용 최소화를 위해 DNPH 카트리지의 앞 부분에 오존 스크러버를 직렬로 연결하여 사용한다.

정답 01 ③ 02 ①

03 고성능 액체크로마토그래프를 이용하여 실내공기 중에 존재하는 폼알데하이드의 농도를 측정 및 분석하고자 할 때 실험에 필요한 것이 아닌 것은? [제9회 18번]

① 형광검출기
② 오존 스크러버
③ 아세토나이트릴
④ DNPH 카트리지

☑ **해설** ① 핵심포인트 1.⑤ 참고

핵심포인트

1. 시약, 물품 및 장비

① DNPH(2,4－dinitrophenylhydrazine) 카트리지
② 아세토나이트릴
③ 오존 스크러버
④ 고성능액체크로마토그래피(HPLC)
⑤ 자외선(UV) 검출기

04 실내 및 건축자재에서 방출되는 폼알데하이드 측정방법(2,4－DNPH 카트리지와 액체 크로마토그래프법)에 대한 설명으로 옳은 것은? [제11회 8번]

① 시료채취 전 냉장보관했던 카트리지는 용기에서 꺼낸 즉시 카트리지의 마개를 제거하고 시료채취장치에 연결한다.
② 유리튜브(glass-tube)로 제작된 카트리지의 경우에는 카트리지의 양 끝을 깬 후 시료채취 장치에 연결한다.
③ 시료채취는 50 mL/min에서 200 mL/min의 유속으로 30분간 연속 2회 채취한다. 단, 채취 시간은 현장여건 및 장치의 특성에 따라 조정이 가능하다.
④ DNPH 카트리지의 파과용량 평가시 뒤쪽의 카트리지에 채취된 폼알데하이드의 양이 전체 채취된 양의 10 %를 넘으면 파과가 일어난 것으로 본다.

☑ **해설** ① 핵심포인트 1.①, ③ 핵심포인트 1.③, ④ 핵심포인트 2.② 참고

05 실내공기질공정시험기준에 따른 실내공기 중 폼알데하이드의 시료채취에 대한 설명으로 틀린 것은? [제12회 11번]

① 시료채취 시 알루미늄 호일 등을 이용하여 DNPH 카트리지가 빛에 노출되는 것을 차단한다.
② 오존 스크러버는 고순도의 요오드칼륨(KI)으로 충진되어 DNPH와 반응하는 오존을 제거해 준다.
③ 건축자재 방출시험 공기 시료채취 시 채취유량은 공급공기 유량의 90 % 이하여야 한다.
④ 실내공기 중 시료채취는 0.5 L/min～1.2 L/min의 유량으로 30분간 연속 2회 채취한다.

☑ **해설** ③ 핵심포인트 1.③ 참고

정답 03 ① 04 ② 05 ③

핵심포인트

1. 시료채취 및 관리/시료채취

① 시료채취 전 냉장보관했던 카트리지는 용기에서 꺼내어 실온이 될 때까지 따뜻하게 두며 카트리지가 실온이 되면 폴리글러브를 낀 손으로 카트리지의 마개를 제거하고 시료채취장치에 카트리지를 연결한다.
② 유리튜브(glass-tube)로 제작된 카트리지의 경우에는 양 끝을 깬 후 시료채취장치에 연결한다.
③ 시료채취는 (0.5～1.2) L/min의 유량으로 30분간 연속 2회 채취한다. 단, 건축자재 방출시험 공기 시료채취 시 채취유량은 공급공기 유량의 80 % 이하이어야 하며, (0.1～1.2) L/min의 유량으로 채취하고 채취시간은 현장여건 및 장치의 특성에 따라 조정 가능하다.
④ 시료채취 시 알루미늄 호일 등을 이용하여 DNPH 카트리지가 빛에 노출되는 것을 차단한다.

2. 정도보증/정도관리(QA/QC) / 시료의 채취 / DNPH 카트리지 파과용량 평가

① DNPH 카트리지의 파과용량은 시료채취 시 DNPH 카트리지를 2 개로 직렬로 연결하여 (0.5～1.2) L/min의 유량으로 30분간 채취하여 앞쪽과 뒤쪽의 DNPH 카트리지를 분석하여 파과용량을 평가한다.
② 뒤쪽의 카트리지에 채취된 폼알데하이드의 양이 전체 채취된 양의 5 %를 넘으면 파과가 일어난 것으로 본다.

06 실내 및 건축자재에서 방출되는 폼알데하이드 시료채취 시 DNPH를 사용하는 시료채취 장치의 연결 순서가 올바른 것은? [제7회 4번]

① 공기유입 → DNPH 카트리지 → 오존 스크러버 → 시료채취용 펌프
② 공기유입 → 오존 스크러버 → DNPH 카트리지 → 시료채취용 펌프
③ 공기유입 → 활성탄 → DNPH 카트리지 → 시료채취용 펌프
④ 공기유입 → DNPH 카트리지 → 활성탄 → 시료채취용 펌프

핵심포인트

1. 시료채취 및 관리/시료채취

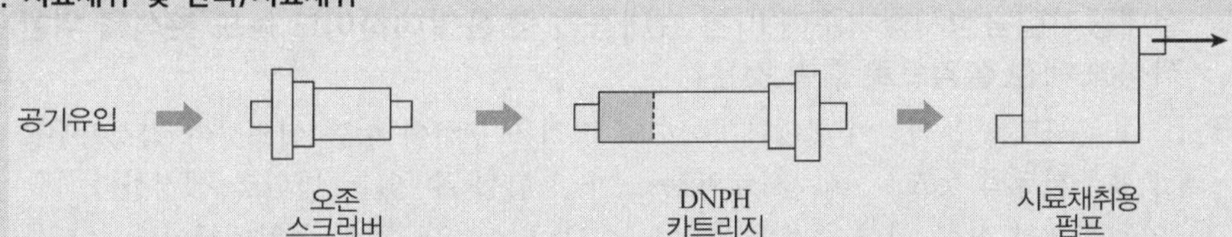

〈DNPH 카트리지와 오존 스크러버를 이용한 시료채취〉

07 실내공기 중 폼알데하이드(HCHO)의 측정과정에서 현장 이중시료(field duplicate)에 대한 설명으로 틀린 것은? [제9회 2차 3번]

① 현장 이중시료는 동일 위치에서 동일한 조건으로 중복 채취한 시료로서 독립적으로 분석하여 비교한다.
② 현장 이중시료는 필요시 하루에 20개 이하의 시료를 채취할 경우에는 1개를, 그 이상의 시료를 채취할 때에는 시료 20개당 1개를 추가로 채취한다.
③ 동일한 조건에서 측정한 두 시료의 측정값 차를 두 시료 측정값의 평균값으로 나누어 두 측정값의 상대적인 차이(RPD, relative percentage difference)를 구한다.
④ 두 측정값의 차이는 10 %가 넘지 않아야 한다.

정답 06 ② 07 ④

☑ **해설** ④ 핵심포인트 1.④ 참고

08 **실내공기 중 폼알데하이드 측정 시 현장바탕시료 및 현장이중시료에 대한 설명으로 틀린 것은?** [제11회 9번]

① 각 시료군마다 적어도 하나의 현장바탕시료를 분석하여야 한다.
② 현장 바탕시료는 카트리지를 통하여 공기를 채취하지 않는 것을 제외하고는 동등한 것으로 간주한다.
③ 동일 군이나 동일 시간의 수는 주어진 공기를 시료채취한 현장 바탕시료 수를 결정하기 위하여 기록되어야 한다.
④ 하루에 20개 이하의 시료를 채취할 경우에는 1개를, 그 이상의 시료를 채취할 경우에는 시료 40개당 1개를 추가로 채취한다.

☑ **해설** ④ 핵심포인트 1.③ 참고

핵심포인트

1. 정도보증 및 정도관리/현장이중시료

① 시험과정의 정밀도는 이중시료를 이용하여 평가한다.
② 동일 위치에서 동일한 조건으로 중복 채취한 시료로서 독립적으로 분석하여 비교한다.
③ 필요시 하루에 20개 이하의 시료를 채취할 경우에는 1개를, 그 이상의 시료를 채취할 때에는 시료 20개당 1개를 추가로 채취한다.
④ 동일한 조건에서 측정한 두 시료의 측정값 차를 두 시료 측정값의 평균값으로 나누어 두 측정값의 상대적인 차이(RPD, relative percentage difference)를 구하며 두 측정값의 차이는 20 %를 넘지 않아야 한다.

09 **실내공기질공정시험기준에 따른 실내공기 중 폼알데하이드 농도 분석을 위한 검정곡선 작성에 대한 설명으로 틀린 것은?** [제12회 10번]

① 표준시료를 분석하여 폼알데하이드의 면적을 구하여 이를 이용하여 검정곡선을 작성한다.
② 표준시료의 농도는 미지시료의 농도가 포함될 수 있는 범위로 설정한다.
③ 검정곡선 작성 시 표준용액의 농도는 DNPH－유도체화 폼알데하이드 농도를 사용한다.
④ 검정곡선 작성용 표준시료는 메탄올로 희석하여 5개 이상 농도 단계로 제조한다.

☑ **해설** ④ 핵심포인트 1.① 참고

핵심포인트

1. 분석절차/측정법/검정곡선의 작성

① DNPH－유도체화 폼알데하이드 표준용액을 아세토나이트릴로 희석하여 5개 이상 농도단계의 표준시료를 제조하며, 이 때 표준시료의 농도는 미지시료의 농도가 가능한 검정곡선 범위 안에 포함될 수 있는 범위로 설정한다.
② 표준시료를 분석하여 폼알데하이드의 면적을 구하고 이를 이용하여 검정곡선을 작성한다.
③ 주입된 분석 물질질량과 상응하는 피크 면적 간의 관계식을 결정하는 것이 검정곡선이다.
④ 검정곡선 작성 시 표준용액의 농도는 DNPH－유도체화 폼알데하이드 농도를 사용한다.
⑤ 직선 범위에 걸친 곡선의 기울기가 분석한 DNPH－유도체화 폼알데하이드의 감응계수이다.
⑥ 검정곡선은 시료를 분석할 때마다 작성하며 결정계수(R^2)는 0.98 이상 되어야 한다.

정답 08 ④ 09 ④

10 **어린이집 실내공기 중 폼알데하이드 농도를 측정하면서 DNPH-폼알데하이드 유도체 분석 농도를 구하고 아래와 같은 정보를 얻었다. 실내공기 중 폼알데하이드 유도체 농도(C)의 범위로 옳은 것은?** [제10회 2차 1번]

- 시료 중 DNPH－폼알데하이드 유도체 분석농도 : 3.5 μg/mL
- 바탕시료 중 DNPH－폼알데하이드 유도체 분석농도 : 1.0 μg/mL
- 시료 카트리지에서 추출된 용액의 총 부피 : 20 mL
- 바탕시료 카트리지에서 추출된 용액의 총 부피 : 20 mL
- 환산된 총 실내공기 채취 부피 : 480 L

① $101\ \mu g/m^3 < C < 110\ \mu g/m^3$
② $91\ \mu g/m^3 < C < 100\ \mu g/m^3$
③ $111\ \mu g/m^3 < C < 120\ \mu g/m^3$
④ $121\ \mu g/m^3 < C < 130\ \mu g/m^3$

문제풀이

① 주어진 조건 :
㉠ 시료 중 DNPH－폼알데하이드 유도체 분석농도(A_s) : 3.5 μg/mL
㉡ 바탕시료 중 DNPH－폼알데하이드 유도체 분석농도(A_b) : 1.0 μg/mL
㉢ 시료 카트리지에서 추출된 용액의 총 부피(V_s) : 20 mL
㉣ 바탕시료 카트리지에서 추출된 용액의 총 부피(V_b) : 20 mL
㉤ 환산된 총 실내공기 채취 부피($V_{(25℃,\ 1\ atm)}$) : 480 L

② 폼알데하이드 농도(μg/m³) : $\frac{(A_s V_s - A_b V_b)}{V_{(25℃,\ 1\ atm)}} \times 1{,}000 = \frac{(3.5\times 20 - 1.0\times 20)}{480}\times 1{,}000 = 104.1\ \mu g/m^3$

11 **폼알데하이드 농도 분석에서 방법검출한계(MDL)에 이를 것으로 생각되는 대상물질의 농도(μg/m³)를 7회 반복 측정한 값은 다음과 같다. 방법검출한계 값으로 옳은 것은?** [제10회 2차 12번]

0.23, 0.21, 0.24, 0.19, 0.18, 0.23, 0.22

① 0.059
② 0.069
③ 0.079
④ 0.089

문제풀이

① 주어진 조건 : 폼알데하이드 농도(μg/m³) 0.23, 0.21, 0.24, 0.19, 0.18, 0.23, 0.22

② 표준편차 : $\sqrt{\sum_{n=1}^{7}\frac{(X_i-\overline{X})^2}{n-1}} = 0.022254$, X_i : 개별농도값, $\overline{X}$: 평균값, n : 측정횟수

③ 방법검출한계(MDL) = 3.14 × 표준편차 = 3.14 × 0.022254 = 0.069

정답 10 ① 11 ②

12 [ES 02602.1b] 실내 및 건축자재에서 방출되는 휘발성유기화합물 측정방법 – 고체흡착관과 기체크로마토그래프 – MS/FID법

01 **실내 및 건축자재에서 방출되는 휘발성유기화합물 측정방법인 고체흡착관과 기체크로마토그래프 – MS/FID법에 대한 설명 중 옳은 것은?** [제9회 6번], [제9회 2차 2번]

① 실내 및 건축자재에서 방출되는 휘발성유기화합물 농도 측정을 위한 부시험방법이다.
② 휘발성유기화합물은 실내공기 중에서 끓는점이 (50～100) ℃에서 (140～200) ℃ 사이에 있는 유기물이다.
③ 실내 및 건축자재 중 $\mu g/m^3$에서 mg/m^3의 농도범위에 있는 극성을 띠는 휘발성유기화합물 측정에 적합하다.
④ 분석기기 회수율은 휘발성유기화합물 채취용 흡착관 진처리장치인 자동열탈착장치의 효율을 평가한다.

☑ **해설** ① 핵심포인트 1.① 참고, ② 핵심포인트 2.① 참고, ③ 핵심포인트 2.② 참고

02 **실내공기 중에서 가스크로마토그래프에 의하여 n – 헥산에서 n – 헥사데칸까지의 범위에서 검출되는 휘발성유기화합물을 대상으로 총휘발성유기화합물 농도를 구하는데 이때 환산 기준이 되는 성분은?** [제8회 6번]

① 톨루엔 ② 벤젠
③ 자일렌 ④ 에틸벤젠

☑ **해설** ① 핵심포인트 2.② 참고

핵심포인트

1. 개요/적용범위

① 실내 및 건축자재에서 방출되는 휘발성유기화합물(VOCs) 농도측정을 위한 주시험방법으로 사용된다.

2. 개요/용어정의

① **휘발성유기화합물** : 실내공기 중에서 끓는점이 (50～100) ℃에서 (240～260) ℃ 사이에 있는 유기화합물을 일컫는다.
② **총휘발성유기화합물(TVOCs)** : 실내공기 중에서 기체크로마토그래프에 의하여 n – 헥산에서 n – 헥사데칸까지의 범위에서 검출되는 휘발성유기화합물을 대상으로 하며, 톨루엔으로 환산하여 정량한다.
③ **분석기기 회수율** : 휘발성유기화합물 채취용 흡착관 전처리 장치인 자동열탈착장치의 효율을 평가하는 것이다.

03 **실내공기 중에서 휘발성유기화합물 시료를 채취하는 흡착관에 대한 설명으로 틀린 것은?** [제5회 27번]

① 주로 입자 크기가 0.18 mm～0.25 mm인 Tenax TA를 사용함
② 유리관 또는 스테인리스강 관에 Tenax TA를 약 200 mg 충진함
③ 시료채취하기 전에 열탈착을 이용하여 불순물을 제거함
④ 열탈착은 (250 ± 5) ℃ 내외로 온도를 유지하며 약 3시간 동안 시행함

정답 01 ④ 02 ① 03 ④

☑ **해설** ④ 핵심포인트 2.② 참고

04 실내 및 건축자재에서 방출되는 휘발성유기화합물 측정방법(고체흡착관과 기체크로마토그래프-MS/FID법)에 대한 설명으로 틀린 것은? [제7회 18번]

① 흡착관 세척 장치를 사용할 경우 Tenax TA는 (240~260) ℃ 범위에서 탈착하여 활성 가스를 약 3시간 동안 (50~100) mL/min로 공급한다.
② 시료를 채취하는 흡착관은 Tenax TA를 사용하여 주로 입자 크기가 (0.18~0.25) mm ((60~80) mesh)를 유리관 또는 스테인리스강 관에 약 200 mg 충전하여 사용한다.
③ 흡착관 세척 장치로는 비활성가스를 사용하여 흡착관을 세척할 경우 사용하며 반드시 대기 중의 공기로 흡입되는 것을 방지해야 하며 ± 5 ℃ 내외로 온도가 정밀하게 유지되어야 한다.
④ Tenax TA는 2,6-diphenylene oxide의 다공성 중합체로 생산된 직후 다양한 불순물이 함유되어 있으므로 휘발성유기화합물을 시료채취하기 전 열탈착을 이용하여 이를 제거해야 한다.

☑ **해설** ① 핵심포인트 2.② 참고

05 실내공기 중에서 휘발성유기화합물 시료를 채취하는 흡착관에 대한 설명으로 틀린 것은? [제10회 9번]

① 흡착관 세척장치는 비활성가스를 사용하여 흡착관을 세척할 경우 사용하며 반드시 대기 중 공기가 흡입되는 것을 방지해야 하며 ± 5℃ 내외로 온도를 정밀하게 유지한다.
② 유리관 또는 스테인리스강 관에 Tenax TA를 약 200 mg 충진한다.
③ 열탈착은 (220~250) ℃ 내외로 온도를 유지하며 약 3시간 동안 (50~100) mL/min로 공급한다.
④ 주로 입자 크기가 (0.18~0.25) mm인 Tenax TA를 사용한다.

☑ **해설** ③ 핵심포인트 2.② 참고

핵심포인트

1. 분석기기 및 기구/흡착관
① 시료를 채취하는 흡착관은 Tenax TA를 사용하여 주로 입자 크기가 (0.18~0.25) mm ((60~80) mesh)를 유리관 또는 스테인리스강 관에 약 200 mg 충전하여 사용한다.
② Tenax TA는 2,6-diphenylene oxide의 다공성 중합체로 생산된 직 후 다양한 불순물이 함유되어 있으므로 휘발성유기화합물을 채취하기 전 열탈착을 이용하여 이를 제거해야 한다.

2. 분석기기 및 기구/흡착관 세척장치
① 비활성 가스를 사용하여 흡착관을 세척할 경우 사용하며 반드시 대기 중의 공기가 흡입되는 것을 방지해야 하며 ± 5 ℃ 내외로 온도가 정밀하게 유지되어야 한다.
② Tenax TA의 경우 (320~350) ℃ 범위에서 탈착하며 비활성 가스를 약 3시간 동안 (50~100) mL/min로 공급한다.

정답 04 ① 05 ③

06 고체흡착관을 이용한 실내공기 중 휘발성유기화합물 시료채취에 대한 설명으로 옳은 것은?

[제9회 2차 11번]

① 시료채취는 연속 2회 측정한다.
② 시료채취 유속은 10 mL/min 이하로 한다.
③ 시료채취의 부피는 10 L 이상으로 한다.
④ 건축자재에서 방출되는 시료채취는 공급공기유량의 100 %로 한다.

☑ **해설** ②,③ 핵심포인트 1.② 참고, ④ 핵심포인트 1.④ 참고

핵심포인트

1. 시료채취 및 관리/고체흡착관을 이용한 시료채취

① 시료채취를 하기 전 시료채취용 펌프를 가동시키고 시료채취 유속 또는 기록계 수치를 측정해 기록한 후 시작 시간, 온도 및 필요시 기압계 압력도 측정한다.
② 적절한 시료채취 유속은 (50～200) mL/min 범위이며, 시료채취 부피는 (1～5) L 범위로 연속 2회 측정한다.
③ 농도를 알지 못하는 시료를 채취하는 경우에는 시료채취 부피를 다르게 하여 세 개 이상의 비교 시료를 취하는 것이 바람직하다.
④ 건축자재로에서 방출되는 휘발성유기화합물 측정은 공급공기유량의 80 % 이하로 하여 최소 2회 이상 측정한다.
⑤ 시료채취를 마칠 때에는 유속 또는 기록계 수치를 측정해 기록하고 펌프를 끈 다음 펌프가 꺼진 시간을 기록한다.
⑥ 시료가 채취된 흡착관은 시료채취선에서 분리하고 PTFE 패럴이 장착된 스크루 마개 부품으로 양끝을 막은 후 단단히 밀봉하고 직사광선을 피하여 서늘한 곳에 보관하여 이동한다.
⑦ 이동 후에는 4 ℃ 냉장보관하며 변화 가능성을 피하기 위해 시료는 되도록 빨리 분석해야 하고 가급적이면 포집 후 4주 이내에 분석한다.

07 휘발성유기화합물의 시료채취에 사용되는 흡착관의 관리에 대한 설명으로 괄호 안에 들어갈 내용이 모두 옳은 것은?

[제6회 18번]

> 시료채취 흡착관이 안정적인 부피(보유부피)로 유지되기 위해서 매년 혹은 (㉠)를 사용한 후에는 재점검되어야 한다. 만약 성능이 (㉡) % 이하로 나타나면 반드시 새로운 흡착제로 재충진하고 재안정화시켜 사용하도록 한다.

① ㉠ 20회, ㉡ 50～60
② ㉠ 20회, ㉡ 60～70
③ ㉠ 30회, ㉡ 50～60
④ ㉠ 30회, ㉡ 60～70

핵심포인트

1. 분석 시 고려사항/시료채취 흡착관 관리

① 시료채취 흡착관이 안정적인 부피(보유부피)로 유지되기 위해서 매년 혹은 20회를 사용한 후에 재점검되어야 하며, 만약 성능이 (50～60) % 이하로 나타나면 반드시 새로운 흡착제로 재충전하고 재안정화시켜 사용하도록 한다.
② 흡착관이 사용된 경우와 흡착관의 시료채취 부피가 재측정 될 때마다 기록하며 흡착관의 사용경로를 명확히 기록하고 재충진될 경우 이 기록은 수정되어야 한다.
③ 시료 흡착관은 고유의 이름이 지워지지 않도록 명기되어야 하며, 각 흡착관에 포함된 흡착제의 총 길이 및 양, 허용 가능한 최대 온도, 각 흡착관이 충진 된 날짜 등의 세부사항들을 기록하여야 한다.

정답 06 ① 07 ①

08 **기체크로마토그래프 − MS/FID법을 이용한 휘발성유기화합물 분석에서 정밀도 평가와 관련이 없는 것은?** [제9회 7번]

① 머무름 시간 ② 피크면적
③ 공명선 ④ 감응계수

☑ **해설** ③ 원자흡수분광광도법에 관한 내용임 ; 공명선은 원자가 외부로부터 빛을 흡수했다가 다시 먼저 상태로 돌아갈 때 방사하는 스펙트럼선이다.

핵심포인트

1. 분석 시 고려사항/정밀도 평가 및 관리

① 정밀도는 표준물질을 반복 분석하여 ㉠ 머무름 시간(RT), ㉡ 피크면적(area) 또는 ㉢ 감응계수(RF)의 상대표준편차(RSD %)를 이용하여 평가한다.
② 정밀도는 최소 연 1회 평가하며, 머무름 시간과 피크면적 혹은 감응계수의 상대표준편차가 각각 1 %, 5 % 미만으로 유지하여야 하고, 범위에서 벗어날 경우 컬럼 유량과 컬럼 상태를 점검한다.

09 **실내와 건축 자재에서 방출되는 휘발성유기화합물(VOCs)의 분석에서 검정곡선 작성을 위한 표준물질의 농도 범위는 최대와 최소의 농도 차가 몇 배 이내여야 하는가?** [제5회 23번]

① 10배 ② 20배
③ 30배 ④ 40배

☑ **해설** ① 핵심포인트 1.② 참고

핵심포인트

1. 분석절차/분석법/휘발성유기화합물질의 분석

① 총휘발성유기화합물은 크로마토그램에서 헥산에서 헥사데칸까지의 범위에서 검출되는 모든 휘발성유기화합물로 표준물질 분석시 헥산, 톨루엔, 헥사데칸이 반드시 포함되어 있어야 한다.
② 검정곡선 작성을 위한 표준물질 농도의 범위는 최대, 최소 농도차가 10배 이내이어야 한다.
③ 연속적으로 시료를 분석할 때 마다 검정곡선을 작성하며 직선성은 0.999 이상 되어야 한다.

10 **실내 환경에서 TVOCs(총휘발성유기화합물)를 고체흡착관(Tenax tube)을 이용하여 시료채취 한 후 가스크로마토그래프 − MS를 이용하여 분석한 양이 100 ng(톨루엔 환산)이었다. 시료채취량은 3 L(15 ℃, 1기압)일 때 TVOCs의 농도(μg/m^3)는?** [제6회 15번]

① 32.3 ② 33.3
③ 64.6 ④ 66.6

문제풀이

① 표준상태 유량산정($V_{(25\,℃,\ 1\,\text{atm})}$) : $V \times \dfrac{T_{(25\,℃)}}{T_2} \times \dfrac{P_2}{P_{(1\,\text{atm})}} = 3\ \text{L} \times \dfrac{298\ °\text{K}}{(273+15)\ °\text{K}} \times \dfrac{1\ \text{atm}}{1\ \text{atm}} = 3.1\ \text{L}$

② TVOC 농도 산정(μg/m^3) : $\dfrac{\text{톨루엔 환산질량 }(\mu g)}{\text{시료채취유량 }(m^3)} = \dfrac{100\ \text{ng}}{3.1\ \text{L}} \times \dfrac{\mu g}{1000\ \text{ng}} \times \dfrac{1000\ \text{L}}{m^3} = 32.3\ \mu g/m^3$

정답 08 ③ 09 ① 10 ①

11 **다중이용시설 실내환경(35 ℃, 1atm)에서 휘발성유기화합물을 고체흡착관으로 채취한 후, 가스크로마토그래프 질량분석기(GC-MS)로 분석하였다. 유량 0.1 L/min으로 30분 동안 시료채취하였고, GC-MS로 톨루엔(분자량 92)을 분석할 때 0.14 μg이 검출되었다. 이 실내환경의 톨루엔 농도는 몇 $\mu g/m^3$인가?** (단, 고체흡착관에서 파과는 없는 것으로 가정)

[제10회 2차 13번]

① 46.67　② 48.28
③ 50.67　④ 52.28

문제풀이

① 주어진 조건 : 유량 0.2 L/min으로 30분간 시료 채취, 톨루엔(분자량 92) 검출량 0.14 μg
② 채취유량 : 0.1 L/min×30 min＝3 L
③ 표준상태 유량산정($V_{(25℃,\ 1\,atm)}$) : $V \times \frac{T_{(25℃)}}{T_2} \times \frac{P_2}{P_{(1\,atm)}} = 3\ L \times \frac{298\ °K}{(273+35)\ °K} \times \frac{1\ atm}{1\ atm} = 2.9\ L$
④ 실내환경의 톨루엔 농도($\mu g/m^3$) : $\frac{톨루엔\ 질량(\mu g)}{시료채취유량(m^3)} = \frac{0.14\ \mu g}{2.9 \times 10^{-3}\ m^3} = 48.28\ \mu g/m^3$

핵심포인트

1. 결과보고/총휘발성유기화합물(TVOCs)의 농도 계산

① 채취한 공기는 다음 식에 따라 25 ℃, 1기압 조건으로 보정하여 그 값을 환산한다.
② 계산식

$V_{(25℃,\ 1\,atm)} = V \times \frac{T_{(25℃)}}{T_2} \times \frac{P_2}{P_{(1atm)}}$	$V_{(25℃,1atm)}$: 25 ℃, 1기압일 때 공기의 부피(m^3) V : 실제로 채취한 공기의 부피(m^3) $T_{(25℃)}$: 25℃의 절대온도(°K) (298 °K = 273 + 25 ℃) T_2 : 공기를 채취할 때의 절대온도(°K, °K = 273 + ℃) $P_{(1atm)}$: 1기압(atm) P_2 : 공기를 채취할 때의 기압(atm)

12 **고체흡착관과 기체크로마토그래프를 이용하여 실내 및 건축자재에서 방출되는 휘발성 유기화합물을 측정하는 방법에 관한 설명이다. 괄호 안의 숫자가 가장 큰 것은?**

[제10회 2차 2번]

- 분석기기에 공급되는 전원은 지정된 전력부피 및 주파수이어야 하고, 전원변동은 지정 전압의 (㉠)% 이내로서 주파수의 변동이 없는 것이어야 한다.
- 시험과정의 정밀도는 현장 이중시료를 이용하여 평가하는데, 동일한 조건에서 측정한 두 시료의 측정값 차를 두 시료 측정값의 평균값으로 나누어 두 측정값의 상대적 차이를 구하는데, 이 때 두 측정값의 차이는 (㉡)%가 넘지 않아야 한다.
- 흡착관의 파과용량 평가시 뒤쪽의 흡착관에 채취된 휘발성유기화합물의 양이 전체 채취된 양의 (㉢)%를 넘으면 파과가 일어난 것으로 본다.
- 정밀도는 최소 연 1회 평가하며, 머무름 시간과 감응계수의 상대표준편차가 (㉣)% 미만으로 유지되어야 한다.

① ㉡　② ㉠
③ ㉢　④ ㉣

정답 11② 12①

☑ **해설** ㉠ 핵심포인트 1.① 참고 ; 10 %, ㉡ 핵심포인트 1.② 참고 ; 20 %, ㉢ 핵심포인트 1.③ 참고 ; 5 %, ㉣ 핵심포인트 1.④ 참고 : 5 %

핵심포인트

1. 정도보증/정도관리(QA/QC)

① **분석기기의 설치 조건** : 분석기기에 공급되는 전원은 지정된 전력부피 및 주파수이어야 하고, 전원변동은 지정전압의 10 % 이내로서 주파수의 변동이 없는 것이어야 한다.

② **현장이중시료** : 시험과정의 정밀도는 현장 이중시료를 이용하여 평가하며, 현장 이중시료는 동일 위치에서 동일한 조건으로 중복 채취한 시료로서 독립적으로 분석하여 비교한다. 현장 이중시료는 필요시 하루에 20개 이하의 시료를 채취할 경우에는 1개를, 그 이상의 시료를 채취할 때에는 시료 20개당 1개를 추가로 채취하며, 동일한 조건에서 측정한 두 시료의 측정값 차를 두 시료 측정값의 평균값으로 나누어 두 측정값의 상대적인 차이를 구하며, 두 측정값의 차이는 20 %가 넘지 않아야 한다.

③ **파과용량 평가** : 흡착관의 파과용량은 Tenax-TA가 충진된 고체흡착관 2개를 직렬로 연결하여 (50~100) mL/min 유량으로 약 30분간 채취하여 앞쪽과 뒤쪽의 흡착관을 분석하여 파과용량을 평가하며 뒤쪽의 흡착관에 채취된 휘발성유기화합물의 양이 전체 채취된 양의 5 %를 넘으면 파과가 일어난 것으로 본다.

④ **정밀도 평가 및 관리** : 정밀도는 표준물질을 반복 분석하여 머무름시간(RT), 피크면적(area) 또는 감응계수(RF)의 상대표준편차(RSD %)를 이용하여 평가한다. 정밀도는 최소 연 1회 평가하며, 머무름시간과 피크면적 혹은 감응계수의 상대표준편차가 각각 1 %, 5 % 미만으로 유지하여야 하며, 만약 범위에서 벗어날 경우 컬럼 유량과 컬럼 상태를 점검한다.

13 총휘발성유기화합물(TVOCs)에 대한 설명으로 틀린 것은? [제11회 10번]

① 톨루엔으로 환산하여 정량한다.

② 표준물질 분석시 벤젠, 톨루엔, 자일렌이 반드시 포함되어야 한다.

③ 실내공기 중에서 기체크로마토그래프에 의하여 n-헥산에서 n-헥사데칸까지의 범위에서 검출되는 모든 휘발성유기화합물을 대상으로 한다.

④ 시료 중 분석 물질 양(ng)은 '시료의 크로마토그램에서 헥산에서 헥사데칸 사이의 분석 물질 피크 면적의 합'에서 '검정곡선의 세로축 절편'을 뺀 후 검정곡선의 기울기로 나눈다.

☑ **해설** ② 핵심포인트 1.① 참고

핵심포인트

1. 분석절차/분석법/총휘발성유기화합물 분석

① 총휘발성유기화합물은 크로마토그램의 헥산에서 헥사데칸까지의 범위에서 검출되는 모든 휘발성유기화합물로 표준물질 분석 시 헥산, 톨루엔, 헥사데칸이 반드시 포함되어 있어야 한다.

2. 결과보고/총휘발성유기화합물(TVOCs)의 농도 계산

① 총휘발성유기화합물(TVOC)은 n-헥산과 n-헥사데칸 사이 크로마토그램의 총면적을 고려한다.

② 톨루엔 감응계수를 이용하여 면적을 톨루엔의 질량 단위로 전환한다.

③ 시료 중의 분석 물질 양(m_A)은 시료의 크로마토그램에서 헥산에서 헥사데칸 사이의 분석 물질 피크 면적의 합(A_T)에서 검정곡선의 세로축 절편(C_A)을 뺀 다음 검정곡선의 기울기(b_{st})를 나눈 값이다.

농도산출식 : $m_A = \dfrac{(A_T - C_A)}{b_{st}}$

정답 13 ②

14 휘발성유기화합물(VOCs) 측정 및 분석에서 '다른 조건(다른 조작자, 다른 장치, 다른 실험실 및 또는 다른 시간)하에서 같은 시험방법을 적용하여 얻은 같은 시험재료의 2회 이상 시험 결과'가 의미하는 것으로 옳은 것은? [제11회 11번]

① 재현성(reproducibility) ② 반복성(repeatability)
③ 회수율(recovery) ④ 방법검출한계(method detection limit)

핵심포인트

1. 용어정의

① 재현성(Reproducibility) : 다른 조건(다른 조작자, 다른 장치, 다른 실험실 및 또는 다른 시간)하에서 같은 시험 방법을 적용하여 얻은 같은 시험 재료의 2회 이상 시험 결과를 말한다.
② 반복성(repeatability) : 같은 조건(같은 조작자, 같은 장치, 같은 실험실과 짧은 시간 간격 내외)하의 동일한 시험 재료로 같은 방법을 사용하여 얻어진 2회 이상의 시험 결과를 말한다.
③ 분석기기 회수율(recovery) : 휘발성유기화합물 채취용 흡착관 전처리 장치인 자동열탈착장치의 효율성 평가를 말한다.

2. 정도보증/정도관리(QA/QC)

① 방법검출한계(method detection limit) : 방법검출한계에 이를 것으로 생각되는 대상물질의 농도를 7회 반복 측정한 후, 이 농도 값을 바탕으로 하여 얻은 표준편차에 3.14(7회 반복분석에 대해 99 % 신뢰구간에서의 자유도 값)를 곱한다.

15 고체흡착관과 기체크로마토그래프법을 이용한 휘발성유기화합물 측정방법 중 열탈착장치를 이용한 시료의 탈착에 대한 설명으로 틀린 것은? [제11회 12번]

① 흡착관내의 수분 제거를 위하여 흡착관을 시료채취방법으로 연결하여 탈착한다.
② 흡착제의 종류에 따라 흡착관 탈착에 사용될 운반기체 유량과 가열온도를 설정한다.
③ 흡착관에서 탈착된 시료는 −30 ℃ 이하의 저온 농축관으로 이송한다.
④ 저온농축 및 열탈착 시 온도설정 조건은 사용하는 흡착제와 분석물질에 따라 선정한다.

☑ **해설** ① 핵심포인트 1.② 참고

핵심포인트

1. 분석절차/열탈착을 이용한 전처리/시료의 탈착

① 시료를 채취한 흡착관은 오염되지 않은 장갑을 사용하여 마개를 제거한 후, 열탈착 장치에 연결한다.
② 흡착관내의 수분을 제거하기 위해서 흡착관을 시료채취 반대방향으로 연결하여 탈착시킨다.
③ 흡착관을 흡착제의 종류에 따른 운반기체 유량과 가열온도를 설정하여 시료가 완전히 이송될 수 있도록 탈착하고, 탈착된 시료는 −30 ℃ 이하의 저온 농축관으로 이송된다.
④ 저온 농축관으로 이송된 시료를 다시 가열 탈착한 후 시료를 적당히 분할하여 컬럼의 유량을 조정하고 크로마토그래프로 이송한다.
⑤ 저온농축 및 열탈착 시 온도설정 조건은 사용하는 흡착제나 분석대상물질에 따라서 설정할 수 있다.

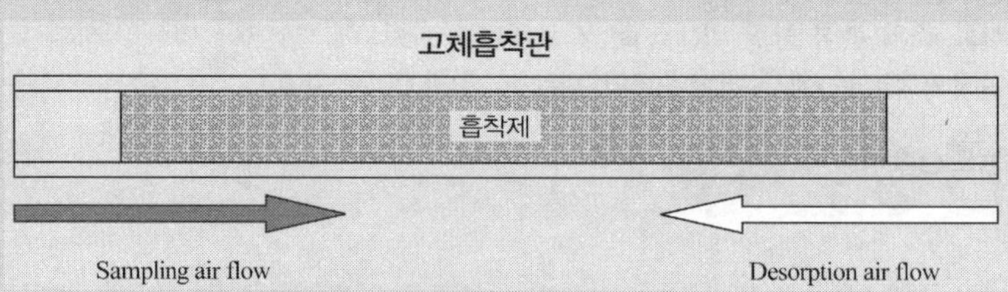

〈그림〉 고체흡착관의 시료채취방향과 열탈착방향의 예

정답 14 ① 15 ①

16 휘발성유기화합물 분석에서 전처리 장치인 열탈착 장치를 이용하여 시료가 주입되는 경우에는 반드시 분석기기 간에 회수율이 평가되어야 한다. 분석기기 회수율에 대한 내용으로 틀린 것은? [제11회 13번]

① 표준물질을 흡착관에 주입한 농도와 가스크로마토그래프에 직접적으로 주입한 농도 값을 비교한다.
② 최소 연간 1회 이상 하도록 한다.
③ 회수율 평가는 대상물질이나 80 %～120 % 범위가 되어야 한다.
④ 회수율 범위에서 벗어날 때에는 열탈착 장치에서 가스크로마토그래프로 유입되는 가스 배관의 누출을 점검하고 흡착관의 상태를 점검한다.

☑ **해설** ② 핵심포인트 1.③ 참고

핵심포인트

1. 정도보증/정도관리(QA/QC)/분석시 고려사항/분석기기의 회수율 평가

① 전처리 장치인 열탈착장치를 이용하여 시료가 주입되는 경우에는 반드시 분석기기 간에 회수율이 평가되어야 하며, 표준물질을 흡착관에 주입한 농도와 가스크로마토그래프에 직접적으로 주입한 농도 값을 비교한다.
② 대상물질은 주로 벤젠, 톨루엔, 에틸벤젠, 자일렌, 스틸렌(스타이렌)이 포함되어 있어야 하며 기타 혼합 표준물질(TVOC : C_6～C_{18})이 포함되어 있어야 한다.
③ 회수율 평가는 최소 연간 2회 이상하도록 하며 대상 물질마다 (80～120) % 범위가 되어야 한다.
④ 범위에서 벗어날 때에는 열탈착 장치에서 가스크로마토그래프로 유입되는 가스 배관의 누출을 점검하고 흡착관의 상태를 점검한다.

정답 16 ②

13 [ES 02701.1c] 실내공기 중 총부유세균 측정방법 - 충돌법

01 **실내공기 중 총부유세균 측정방법에 대한 설명으로 맞는 것은?** [제7회 2번]

① 실내공기 중 부유하고 있는 배양 가능한 세균과 진균의 총부유농도를 측정한다.
② 충돌법이 주시험방법은 아니다.
③ 시료채취는 20분 이상 간격으로 2회 연속측정한다.
④ 시료를 채취한 배지는 (35 ± 1) ℃에서 48시간 동안 배양기에서 배양한다.

☑ **해설** ① 핵심포인트 1.① 참고, ② 핵심포인트 2.① 참고, ③ 핵심포인트 4.① 참고

02 **실내공기 중 총부유세균 측정방법에 관한 설명으로 틀린 것은?** [제10회 11번]

① 총부유세균 측정에 사용되는 한천배지는 TSA 배지나, 카제인대두소화 한천배지를 사용한다.
② 하나의 지점에서 사용한 배지가 여러 개일 경우 가장 많은 집락수를 선택하여 측정 대상 공간의 총부유세균수로 한다.
③ 시료채취는 채취하고자하는 지점에서 20분 이상 간격으로 3회 측정한다.
④ 총 공기채취량이 많으면 여러 개의 세균이 하나의 홀에 겹쳐 하나의 집락으로 계수되므로 실제 농도보다 낮게 평가된다.

☑ **해설** ② 핵심포인트 5.③ 참고

핵심포인트

1. 개요/목적

① 실내공기 중 부유하고 있는 배양 가능한 세균의 총부유농도 측정방법을 규정한다.

2. 개요/적용범위

① 실내공기 중 총부유세균의 농도 측정을 위한 주시험방법으로 사용된다.

3. 시약 및 표준용액/배지

① 총부유세균 측정에 사용되는 한천배지는 TSA(Tryptic Soy Agar) 또는 이와 동등하다고 인정되는 상용화된 제품을 이용한다.

4. 시료채취 및 관리/시료채취

① 채취하고자 하는 지점에서 20분 이상 간격으로 3회 연속측정한다.

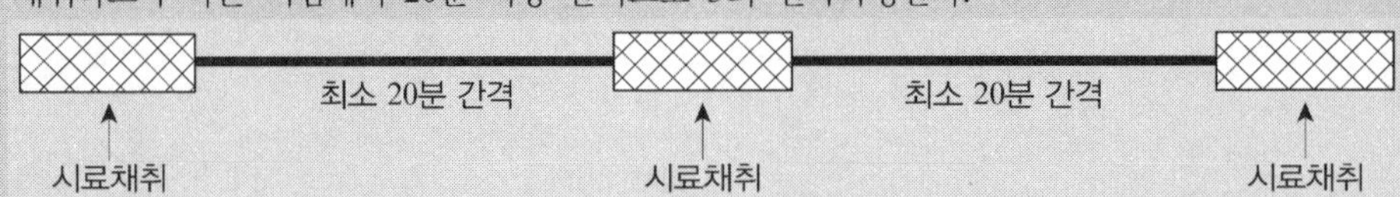

5. 분석절차/배양

① 페트리 접시를 뚜껑이 아래로 가게 뒤집어 배양기에 넣어 배양한다.
② 시료를 채취한 배치는 (35 ± 1) ℃에서 48시간 동안 배양기에서 배양한다.
③ 하나의 지점에서 사용한 배지가 여러 개일 경우에는 각 배지의 집락수를 센 후 평균집락수를 구하여 측정 대상 실내공간의 총부유세균 수로 한다.
④ 배양한 배지 표면에 400개의 구멍 위치에서 모두 집락이 생성되었다면 너무 많은 공기를 채취하여 농도를 산출할 수 없는 경우이므로, 동일한 지점에서 총 공기 채취유량을 줄여 시료를 다시 채취하여 재시험한다.

정답 01 ④ 02 ②

03 **실내공기 중 총부유세균의 측정방법 중 충돌법의 용어로 틀린 것은?** [제9회 2차 16번]

① 배지는 미생물의 증식이나 생존능의 유지를 돕기 위한 천연 또는 합성 성분을 함유하는 액체, 반고체, 고체상의 물질 제제이다.

② 총부유세균 측정에 사용되는 한천배지는 TSA(tryptic soy agar)배지, 카제인 대두 소화 한천 배지(casein soybean digest agar)를 사용한다.

③ 배양기는 별도로 규정이 없는 한, 온도가 ± 1 ℃ 이내의 범위에서 안정하고 고른 온도 분포를 유지할 수 있는 챔버(chamber)로 구성된다.

④ 고압 증기 멸균기는 미생물의 파괴라는 관점에서 최소한 151 ℃의 포화 증기 온도를 얻을 수 있는 장치이다.

☑ **해설** ④ 핵심포인트 2.③ 참고

핵심포인트

1. 용어정의

① 배지 : 미생물의 증식이나 생존능의 유지를 돕기 위한 천연 및/또는 합성 성분을 함유하는 액체, 반고체, 고체상의 물질 제제

2. 분석기기 및 기구

① 배지 : 총부유세균 측정에 사용되는 한천배지는 TSA(tryptic soy agar) 배치, 카제인대두소화한천배지(casein soybean digest agar)를 사용한다.

② 배양기 : 온도가 ± 1 ℃ 이내의 범위에서 안정하고 고른 온도분포를 유지할 수 있는 챔버(chamber)로 구성된다.

③ 고압 증기 멸균기 : 미생물의 파괴라는 관점에서 최소한 121 ℃의 포화 증기 온도를 얻을 수 있는 장치이다.

04 **실내공기 중 총부유세균 측정방법인 TSA 배지 성분으로 틀린 것은?** [제9회 1번], [제10회 10번]

① Agar
② NaCl
③ KCl
④ enzymatic digest of soybean meal

핵심포인트

1. 시약 및 표준용액/배지

〈표〉 총부유세균용 배지(TSA 배지) 조성

순번	성 분	조 성
1	approximate formula per liter pancreatic digest of casein	15.0 g
2	enzymatic digest of soybean meal	5.0 g
3	염화나트륨(sodium chloride, NaCl)	5.0 g
4	한천[Agar, $(C_{12}H_{18}O_9)n$]	15.0 g

정답 03 ④ 04 ③

05 **실내공기질공정시험기준에 따른 실내공기 중 충돌법에 의한 총부유세균 측정을 위한 배지로 즉시 사용할 수 없는 것은?** [제12회 12번]

① 완성된 형태로 페트리 접시에 포장되어 공급된 배지
② 동결 건조된 형태로 포장되어 공급된 상업용 배지
③ 건조 분말배지를 증류수로 멸균한 상업용 배지
④ 건조 과립배지를 증류수로 멸균한 상업용 배지

☑ **해설** ②, ③, ④ 핵심포인트 1.② 참고

핵심포인트

1.시약 및 표준용액/배지

① 완성배지 : 완성된 형태로 페트리 접시에 포장되어 공급되는 배지
② 상업용 건조 제제로 준비한 배지 : 즉시 사용이 불가능한 건조 형태의 배지(분말, 과립, 동결 건조된 제품)로 증류수(필요에 따라 다른 성분 추가)를 가하여 멸균한 배지

06 **어떤 실내환경의 총부유세균의 농도를 측정하기 위하여 매회 10 L/min의 유량으로 총유량 250 L를 채취할 때 최소로 소요되는 시료채취 시간은 몇 분인가?** [제10회 2차 15번]

① 25분 ② 75분
③ 115분 ④ 135분

핵심포인트

1. 시료채취 및 관리/시료채취

① 채취하고자 하는 지점에서 20분 이상 간격으로 3회 연속측정한다.

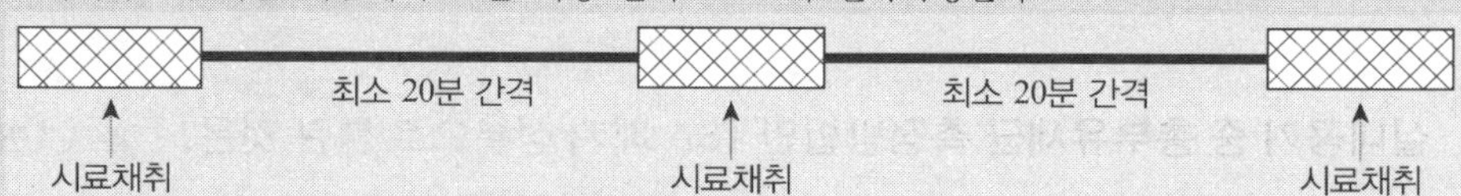

② 1회 채취시 소요시간 : 250 L ÷ 10 L/min = 25 min
③ 3회 채취시 소요시간 : 25 min × 3회 = 75 min
④ 시료채취간 최소 20분 간격을 둠 : 20 min × 2회 = 40 min
⑤ 최소 소요시간 : 75 min + 40 min = 115 min

07 **총부유세균과 총부유곰팡이 분석을 위한 시료의 이동과 보관에 관한 공통점이 아닌 것은?** [제11회 16번]

① 밀봉 ② 차광
③ 냉장(10 ℃ 이하) ④ 온도차이로 인한 물기발생 주의

☑ **해설** ③ 핵심포인트 1.②, 2.① 참고

핵심포인트

1. 총부유세균/시료채취 및 관리/이동 및 보관

① 채취가 끝나면 페트리 접시의 뚜껑을 덮고 파라필름으로 밀봉한다.
② 밀봉한 시료는 직사광선을 피해 실온에서 보관·운반하며, 온도차이로 인해 물기가 생기지 않도록 주의한다.

정답 05 ②, ③, ④ 06 ③ 07 ③

2. 부유곰팡이/시료채취 및 관리/이동 및 보관

① 밀봉한 시료는 직사광선을 피해 냉장온도(10 ℃ 이하)에서 보관·운반하며 이때 온도 차이로 인한 물기가 생기지 않도록 주의한다.
② 운송하는 동안 평판접시의 시료채취 면이 위쪽을 향하도록 하여 폐쇄 용기에 담아 운송한다.
③ 운송과정 동안 배양 온도인 (25 ± 3) ℃를 초과하지 않도록 하여야 하며, 시료채취 종료 후 24시간 이내에 시료를 처리하여야 하고 48시간이 경과한 시료는 폐기하여야 한다.

08 실내공기 중 충돌법에 의한 총부유세균의 분석절차와 결과가 틀린 것은? [제11회 14번]

① 시료를 채취한 배지는 (35 ± 1) ℃에서 2일 동안 배양하였다.
② 400개의 헤드 홀을 갖는 샘플러를 사용했을 때 총 집락수가 399개였다.
③ 공기 중 농도는 ASTM에서 제시한 집락계수 환산표를 이용하여 계산하였다.
④ 400개의 헤드 홀을 갖는 채취기에서 모두 집락이 생성되어 동일지점에서 시료채취 총 유량을 줄여 시료채취 후 재시험하였다.

☑ **해설** ③ 핵심포인트 3.① 참고

핵심포인트

1. 분석절차/배양

① 페트리 접시를 뚜껑이 아래로 가게 뒤집어 배양기에 넣어 배양한다.
② 시료를 채취한 배지는 (35 ± 1) ℃에서 48시간 동안 배양기에서 배양한다.

2. 분석절차/계수

① 배양 중 증식되는 세균의 확산으로 인해 계수가 곤란할 수 있으므로 24시간 단위로 증식 상태를 관찰하고 집락수를 세어 놓는다.
② 하나의 지점에서 사용한 배지가 여러 개일 경우에는 각 배지의 집락수를 센 후 평균집락수를 구하여 측정 대상 실내공간의 총부유세균 수로 한다.
③ 400개의 구멍을 가진 시료채취 장비를 사용하여 시료채취 후 계수 시, 총 집락수는 399 이하가 되어야 한다.
④ 만약 배양한 배지 표면에 400개의 구멍 위치에서 모두 집락이 생성되었다면 너무 많은 공기를 채취하여 농도를 산출할 수 없는 경우이므로, 동일한 지점에서 총 공기 채취유량을 줄여 시료를 다시 채취하여 재시험한다.

3. 분석절차/집락수의 보정

① 400개의 구멍을 가지는 충돌방식의 채취 장비를 사용한 경우는 집락계수 환산표(충돌방식 시료채취기의 집락계수 환산표)를 사용하여 계수한 총 부유세균의 집락수를 보정하고, 보정된 집락수를 이용하여 공기 중 농도를 계산하는데 사용한다.
② 그 외 각 채취장비(bio air sampler) 제조사에서 제시하는 집락 계수 환산표를 사용하여 보정한다.

09 총부유세균의 측정시험 시 배양기에 페트리 접시를 넣을 경우 최대 적층수와 배양기 내벽과의 최소 이격거리는? [정도관리 제6회 26번]

① 6개, 15 mm ② 6개, 25 mm
③ 12개, 15 mm ④ 12개, 25 mm

☑ **해설** ② 핵심포인트 1.③ 참고

정답 08 ③ 09 ②

핵심포인트

1. 정도보증/정도관리/배양기 사용 주의사항

① 배양기의 벽면은 직사광선으로부터 보호되어야 하며, 배지는 온도 평형을 이루는 데 장시간이 필요하므로 배양기는 한 번의 단일 작업 시 가능한 한 가득 채우지 않아야 한다.
② 배양기에 페트리 접시나 시험관을 넣을 경우, 이들은 배양기의 내벽에서 25 mm 이내에 위치하지 않아야 하며, 공기 순환에 주의를 기울여야 한다.
③ 페트리 접시는 6개를 초과하여 적층하여서는 안되며, 최소한 25 mm는 띄어 놓아야 한다.

10 실내공기 중 총부유세균 측정방법(충돌법)에 따라 아래 조건에서 채취한 공기의 총 부피(25 ℃, 1기압 조건으로 보정 전)를 올바르게 계산한 것은? [제7회 16번]

Q_1 : 시료채취 시작 시의 유량(L/min) : 4 L/min
Q_2 : 시료채취 종료 시의 유량(L/min) : 6 L/min
T : 시료채취시간(min) : 20 min

① 0.1 m^3 ② 1 m^3
③ 10 m^3 ④ 100 m^3

문제풀이

① 주어진 조건 : 위 표 참고
② 평균유량(Q_{ave}) : $\dfrac{Q_1+Q_2}{2}=\dfrac{4\ \text{L/min}+6\ \text{L/min}}{2}=5\ \text{L/min}$
③ 공기의 총 부피(V) : $5\ \text{L/min}\times 20\ \text{min}\times\dfrac{\text{m}^3}{1000\ \text{L}}=0.1\ \text{m}^3$

핵심포인트

1. 결과보고/총부유세균의 농도 계산

① 유량계산

$Q_{ave}=\dfrac{Q_1+Q_2}{2}$	Q_{ave} : 시료채취기간의 평균유량(L/min) Q_1 : 시료채취 시작시의 유량(L/min) Q_2 : 시료채취 종료시의 유량(L/min)

11 보정된 집락수가 158 CFU이고 환산된 채취 공기량이 450 L일 때, 실내공기 중 총 부유세균의 농도(CFU/m^3)는? [제6회 16번]

① 0.351 ② 2.848
③ 284.8 ④ 351.1

문제풀이

① 주어진 조건 : 보정된 집락수(CFU) 158, 환산된 채취공기량(V) 450 L
② 총부유세균의 농도 계산(CFU/m^3) : $\dfrac{\text{CFU}}{\text{V}_{(25\ ℃,\ 1\ \text{atm})}}=\dfrac{158\ \text{CFU}}{450\ \text{L}}\times\dfrac{1000\ \text{L}}{\text{m}^3}=351.1\ \text{CFU/m}^3$

정답 10 ① 11 ④

12 **400개의 홀을 갖는 공기충돌(impacting) 방식의 바이오에어 채취기(bio air sampler)에 의해 35 ℃, 0.8기압에서 평균유량 10 L/min로 30분 동안 채취한 총부유세균의 농도(CFU/m³)를 계산하시오?** (단, 보정된 집락수는 482이다.) [제10회 2차 14번]

① 약 2,077 CFU/m³　② 약 2,197 CFU/m³
③ 약 3,077 CFU/m³　④ 약 3,197 CFU/m³

문제풀이

① 주어진 조건 : 기온(T_2) 35 ℃, 기압(P_2) 0.8기압, 평균유량(Q_{ave}) 10 L/min, 시료채취시간(min) 30분, 보정된 집락수(CFU) 482

② 시료채취 부피(V) : 10 L/min×30 min＝300 L

③ 표준상태 보정부피($V_{(25℃,\ 1\,atm)}$) : $V \times \frac{T_{(25℃)}}{T_2} \times \frac{P_2}{P_{(1\,atm)}} = 300\ \text{L} \times \frac{298\ \text{°K}}{(273+35)\ \text{°K}} \times \frac{0.8\ \text{atm}}{1\ \text{atm}} = 232.2\ \text{L}$

④ 총부유세균의 농도(CFU/m³) : $\frac{\text{CFU}}{V_{(25℃,\ 1\,atm)}} = \frac{482\ \text{CFU}}{232.2\ \text{L}} \times \frac{1000\ \text{L}}{\text{m}^3} \fallingdotseq 2{,}077\ \text{CFU/m}^3$

13 **실내공기질공정시험기준에 따라 실내공기 중 총부유세균을 측정하기 위해 400개의 홀(hole)을 갖는 바이오 공기 채취기를 사용하여 제시된 조건으로 측정한 총부유세균의 농도로 옳은 것은?** [제12회 13번]

ㄱ. 측정온도 : 25 ℃, 1 기압　ㄴ. 초기유량 : 21 L/min
ㄷ. 종료시 유량 : 25 L/min　ㄹ. 측정시간 : 5분
ㅁ. 계수한 세균수를 보정한 집락수(CFU) : 326

① 283.478 CFU/m³　② 310.76 CFU/m³
③ 2834.78 CFU/m³　④ 3104.76 CFU/m³

문제풀이

① 주어진 조건 : 위 표 참고

② 시료채취 유량(Q_{ave}) : $\frac{Q_1 + Q_2}{2} = \frac{21\ \text{L/min} + 25\ \text{L/min}}{2} = 23\ \text{L/min}$

③ 채취부피(V) : 23 L/min×5 min＝115 L

④ 표준상태 보정부피($V_{(25℃,\ 1\,atm)}$) : $V \times \frac{T_{(25℃)}}{T_2} \times \frac{P_2}{P_{(1\,atm)}} = 115\ \text{L} \times \frac{298\ \text{°K}}{298\ \text{°K}} \times \frac{1\ \text{atm}}{1\ \text{atm}} = 115\ \text{L}$

⑤ 총부유세균 농도(CFU/m³) : $\frac{\text{CFU}}{V_{(25℃,\ 1\,atm)}} = \frac{326\ \text{CFU}}{115\ \text{L}} \times \frac{1000\ \text{L}}{\text{m}^3} = 2834.78\ \text{CFU/m}^3$

핵심포인트

1. 결과보고/총부유세균의 농도 계산

① 총부유세균의 농도 계산(CFU/m³)

$C = \frac{CFU}{V_{(25℃,1atm)}}$	C : 실내공기 중 총부유세균의 농도(CFU/m³) CFU : 보정된 집락수 $V_{(25℃,1atm)}$: 25℃, 1기압일 때 공기의 부피(m³)

정답 12 ①　13 ③

14 [ES 02702.1a] 실내공기 중 부유곰팡이 측정방법 – 충돌법

01 **총부유세균과 총부유곰팡이 분석을 위한 시료의 이동과 보관에 관한 공통점이 아닌 것은?** [제11회 15번]

① 밀봉 ② 차광
③ 냉장(10 ℃ 이하) ④ 온도차이로 인한 물기발생 주의

☑ **해설** ③ 핵심포인트 1.②, 2.① 참고

핵심포인트

1. 총부유세균/시료채취 및 관리/이동 및 보관

① 채취가 끝나면 페트리 접시의 뚜껑을 덮고 파라필름으로 밀봉한다.
② 밀봉한 시료는 직사광선을 피해 실온에서 보관·운반하며, 온도차이로 인해 물기가 생기지 않도록 주의한다.

2. 부유곰팡이/시료채취 및 관리/이동 및 보관

① 밀봉한 시료는 직사광선을 피해 냉장온도(10 ℃ 이하)에서 보관·운반하며 이때 온도 차이로 인한 물기가 생기지 않도록 주의한다.
② 운송하는 동안 평판접시의 시료채취 면이 위쪽을 향하도록 하여 폐쇄 용기에 담아 운송한다.
③ 운송과정 동안 배양 온도인 (25 ± 3) ℃를 초과하지 않도록 하여야 하며, 시료채취 종료 후 24시간 이내에 시료를 처리하여야 하고 48시간이 경과한 시료는 폐기하여야 한다.

02 **현장 점검자가 부유곰팡이 시료채취 일지에 기록해야 할 사항 중 틀린 것은?** [제11회 16번]

① 배지종류 및 보관온도
② 시료채취량, 기온 및 상대온도
③ 채취높이, 부착곰팡이 발생유무 및 정도
④ 채취 시 활동양상(조리, 환기상태 등)

☑ **해설** ① 핵심포인트 1.② 참고

핵심포인트

1. 시료채취 및 관리/시료채취 지점선정 및 방법/시료채취방법

① 시료채취가 완료되면 시료채취 헤드를 제거하여 채집된 평판배지를 회수한 후 파라필름으로 밀봉하며, 시료채취 과정에서 측정에 영향을 미칠 수 있는 사항을 시료채취 일지에 기록한다.
② 시료채취 일지 기록사항 : 측정대상 공간, 채취지점 위치(가능하면 도면에 표기), 시료채취 장치, 시료채취 일시 및 시간, 시료채취량, 기온 및 상대습도, 채취 높이, 부착곰팡이 발생유무 및 정도, 채취 시 활동양상(조리, 환기상태 등) 등 측정농도 해석에 필요한 자료가 기록되어야 한다.

정답 01 ③ 02 ①

03 **실내공기질공정시험기준에 따른 실내공기 중 부유곰팡이 측정방법에 대한 설명으로 틀린 것은?** [제12회 14번]

① 집락수 계수는 2회 반복한다.
② 시료를 채취한 배지는 최소 5일 동안 배양하며 최대 7일을 초과하지 않아야 한다.
③ 배양 2일 후부터 24시간 간격으로 집락수를 계수한다.
④ 배양 과정 중 진동으로 인한 세균 오염을 주의해야 한다.

☑ **해설** ④ 핵심포인트 1.② 참고

핵심포인트

1. 분석절차/배양

① 시료를 채취한 평판접시는 접시의 뚜껑이 위쪽을 향하도록 하야 배양기에 넣어 배양한다.
② 시료를 채취한 배지는 (25 ± 1) ℃에서 5일 동안 배양하며 최대 7일을 초과하지 않아야 하며, 배양과정에서 진동에 의한 포자 확산으로 인한 2차 집락이 형성되지 않도록 주의하여야 한다.

2. 분석절차/계수

① 배양 중에 포자 확산으로 인한 2차 집락의 형성 및 집락의 겹침 현상 등으로 인해 계수가 곤란할 수 있으므로 배양 후 2일~3일 후에 증식 상태 및 집락수를 계속하여 기록한 다음 일정 주기 (24시간 간격)로 최소 배양 5일, 최대 7일째까지 집락수를 세어 놓는다. 집락수 계수는 육안 또는 콜로니 카운터를 사용하며 2회 반복하여 동일한 수가 나오는지 확인한다.
② 배양 후에 생성된 집락은 계수에 혼란을 없도록 적절한 집락수를 가져야 하며, 만약 배양 후 평판접시에 과도한 집락이 형성된 경우 채취유량을 줄여 시료를 다시 채취하여 재시험하여야 한다.

정답 03 ④

15 [ES 02901.1c] 실내공기 중 라돈 연속측정방법

01 **라돈의 물리화학적 성질에 대한 설명으로 틀린 것은?** [제12회 3번]

① 라돈은 색깔과 냄새, 맛이 없어서 인간이 라돈의 존재를 쉽게 느낄 수 없다.
② 밀도는 표준상태에서 공기보다 가벼워 지중에서 건물내로 쉽게 유입될 수 있다.
③ 다른 물질과 화학반응을 잘 하지 않지만 물리적으로 매우 불안정하여 방사선을 방출하면서 붕괴한다.
④ 라돈(^{222}Rn)의 반감기는 3.8일이다.

☑ **해설** ② 핵심포인트 1.② 참고 ; 환경부 자료(생활 속 자연 방사성 물질, 라돈의 이해) 참고

핵심포인트

1. 용어정의/라돈-222

① 라듐-226(Ra-226)이 방사성 붕괴할 때 생성되는 불활성 원소로서 3.823일의 반감기를 갖는 무색, 무취의 방사성 기체이다.
② 밀도는 표준상태(0 ℃, 1기압)에서 9.73 g/L로 공기(1.29 g/L)보다 약 8배 무겁다.
③ 다른 물질과 화학반응을 잘 하지 않지만, 물리적으로 매우 불안정하여 강한 방사선을 방출하면서 붕괴한다.

02 **실내공기 중 라돈 연속측정방법 중 적용범위에 대한 설명으로 옳은 것은?** [제10회 12번]

① 이 시험기준은 실내공기 중 라돈 농도 측정을 위한 주시험방법으로 사용된다.
② 이 시험기준을 이용한 실내공기 중 라돈측정은 단기측정으로 2일 이상 90일 이하의 측정시간을 필요로 한다.
③ 라돈에 대한 연속측정방법이므로 장기측정방법에 비해 연평균 라돈 농도 평가를 위해 사용하기에 적절하다.
④ 이 시험기준은 신축공동주택 내 라돈 농도 측정을 위한 부시험방법으로 사용된다.

☑ **해설** ① 핵심포인트 1.① 참고, ③ 핵심포인트 1.④ 참고, ④ 핵심포인트 1.② 참고

03 **실내공기 중 라돈 연속측정방법으로 틀린 것은?** [제10회 2차 3번]

① 연평균 라돈 농도 평가를 위해 사용하기 적절하다.
② 실내공기 중 라돈 측정을 위한 부시험방법으로 사용된다.
③ 신축공동주택 내 라돈 농도 측정을 위한 주시험방법으로 사용된다.
④ 연속라돈측정기에서의 검출방식은 섬광셀, 이온화상자, 실리콘검출기가 있다.

☑ **해설** ① 핵심포인트 1.④ 참고

정답 01 ② 02 ② 03 ①

04 아래 설명은 실내공기 중 연속라돈측정기의 검출방식 중 무엇에 대한 설명인가? [제7회 8번]

> 여과지를 거친 후, 자연확산 또는 동력펌프를 통해 측정기 내부로 유입된 라돈과 측정기 내부에서 생성된 라돈붕괴생성물에서 방출되는 α입자에 ZnS(Ag)가 반응하여 나온 것을 광증배관으로 증폭하여 계수한다.

① 이온화상자 ② 섬광셀
③ 베타선 흡수 ④ 실리콘 검출기

☑ **해설** ② 핵심포인트 2.① ㉠ 참고

05 실내공기 중 연속라돈측정기 검출방식 중의 하나이다. 해당되는 방식은? [제10회 13번]

> 여과지를 거친 후, 자연확산 또는 동력펌프를 통해 측정기 내부로 유입된 라돈과 측정기 내부에서 생성된 라돈붕괴생성물에서 방출되는 α입자에 ZnS(Ag)가 반응하여 나온 것을 광증배관으로 증폭하여 계수한다.

① 퀴리 ② 이온화상자
③ 섬광셀 ④ 실리콘검출기

☑ **해설** ③ 핵심포인트 2.① ㉠ 참고

06 실내공기질공정시험기준에 따라 실내공기 중 라돈을 측정하기 위한 연속라돈측정 분석기기와 기구에 대한 설명으로 틀린 것은? [제12회 15번]

① 섬광셀 방식, 이온화상자 방식, 실리콘 검출기 모두 여과지와 동력펌프를 필요로 한다.
② 실리콘 검출기는 용기 내부에 유입된 라돈과 셀 내부에서 생성된 라돈붕괴생성물에서 방출되는 알파입자를 실리콘 반도체 검출기로 측정하는 방식이다.
③ 섬광셀 방식은 셀 내부에 유입된 라돈과 셀 내부에서 생성된 라돈붕괴생성물에서 방출되는 알파입자와 ZnS(Ag)가 반응하여 나온 섬광을 바로 측정하는 방식이다.
④ 이온화상자 방식은 이온화상자 내부에 유입된 라돈과 상자 내부에서 생성된 라돈붕괴생성물에서 방출되는 알파입자가 고전기장에서 만든 이온화의 전기적 세기를 측정하는 방식이다.

☑ **해설** ③ 핵심포인트 2.① ㉠ 참고

핵심포인트

1. 개요/적용범위

① 실내공기 중 라돈 농도 측정을 위한 부시험방법으로 사용된다.
② 신축공동주택 내 라돈 농도 측정을 위한 주시험법을 사용된다.
③ 실내공기 중 라돈 농도 측정은 단기 측정으로 2일 이상 90일 이하의 측정시간을 필요로 한다.
④ 이 시험기준은 장기 측정 방법에 비해 연평균 라돈 농도 평가를 위해 사용하기에 적절하지 못하다.

정답 04 ② 05 ③ 06 ③

2. 분석기기 및 기구

① 연속라돈측정기에는 주로 다음의 세 가지 검출 방식이 이용된다.

㉠ 섬광셀(scintillation cell) : 여과지를 거친 후 자연확산 또는 동력펌프를 통해 셀 내로 유입된 라돈과 셀 내부에서 생성된 라돈붕괴생성물에서 방출되는 α입자에 ZnS(Ag)가 반응하여 나온 섬광을 광증배관으로 증폭하여 계수한다.

㉡ 이온화상자(ionization chamber) : 이온화상자 방식은 여과지를 거친 후 자연확산 또는 동력펌프를 통해 이온화상자 내로 유입된 라돈과 이온화상자 내부에서 생성된 라돈붕괴생성물에서 방출되는 α입자가 고전기장에서 만든 이온화의 전기적 신호를 계수한다.

㉢ 실리콘검출기(silicon detector) : 실리콘검출기 방식은 여과지를 통하여 측정용기로 유입된 공기 중 라돈 및 라돈붕괴생성물이 붕괴할 때 방출하는 α입자를 실리콘 반도체 검출기를 이용하여 계수한다.

07 실내 라돈 연속측정방법의 절차와 방법의 설명 중 틀린 것은? [제9회 16번]

① 실내 측정기가 안정화 된 후 최소 48시간 이상 측정한다.

② 실내 라돈 농도 저감을 위한 시설 설치의 필요성을 판단하는 목적으로 하는 측정은 실내 라돈 농도를 측정하기 전 최소 12시간 전에 외부로 통하는 문과 창문을 모두 닫고 실시한다.

③ 연속라돈측정기의 교정은 12개월에 1회 이상 실시해야 하며, 적어도 3개 이상의 서로 다른 라돈 농도(148 $Bq \cdot m^{-3}$ 이상)에서 이루어져야 한다.

④ 연속라돈측정기의 오차는 라돈농도(148 $Bq \cdot m^{-3}$ 이상)가 알려진 챔버내에 노출시킨 후 RPE를 계산하고 이 값이 25 % 이내로 유지되어야 한다.

☑ **해설** ④ 핵심포인트 3.② 참고

핵심포인트

1. 시료채취 및 관리/측정절차

① 실내 측정기가 안정된 후 최소 48시간 이상 측정한다.

② 실내 라돈 농도 저감을 위한 시설 설치의 필요성을 판단하는 목적으로 측정하는 경우에는 측정하기 전 최소 12시간 전에 외부로 통하는 모든 창문을 모두 닫는다.

2. 정도보증/정도관리/교정

① 연속라돈측정기의 교정시설은 온도, 습도 등 환경조건을 안정하기 유지할 수 있어야 하며, 교정은 12개월에 1회 이상 실시해야 하며, 적어도 3개 이상의 서로 다른 라돈 농도(148 Bq/m^3 이상)에서 이루어져야 하며 수리 후에는 바로 교정하여야 한다.

3. 정도보증/정도관리/정확도 관리

① 상대 백분율 오차(RPE, relative percentage error) : 연속라돈측정기의 정확도와 교정인자가 제대로 설정되어 있는지를 판단할 수 있는 지표

② 연속라돈농도측정기를 라돈농도(148 Bq/m^3 이상)가 알려진 챔버 내에 노출시킨 후 RPE를 다음 식으로 계산하고 15 % 이내로 유지하여야 한다.

$RPE(\%) = \frac{(MV - RV)}{RV} \times 100$	RPE : 기준값으로부터 벗어나는 오차(relative percentage error) MV : 라돈측정기를 라돈 농도가 알려진 라돈 챔버내에 노출시킨 후의 지시값 RV : 라돈 챔버내 라돈농도의 기준값

08 **실내공기 중 라돈(^{220}Rn)이 자연붕괴되어 초기농도의 100분의 1로 줄어드는데 걸리는 시간이 6.16분이라 할 때 ^{220}Rn의 반감기와 전구물질로 옳은 것은?** [제11회 17번]

① 반감기 3.8초, 전구물질 ^{238}U
② 반감기 3.8초, 전구물질 ^{232}Th
③ 반감기 55.6초, 전구물질 ^{238}U
④ 반감기 55.6초, 전구물질 ^{238}Th

필기 02 실내공기질 공정시험기준

핵심포인트

1. 용어정의/라돈-222

① 라돈-222(Rn-222)는 라듐-226(Ra-226)이 방사성 붕괴할 때 생성되는 불활성 원소로서 3.823일의 반감기를 갖는 무색, 무취의 방사성 기체이다.
② 흙이나 암석 등 자연계에서 생성되는 천연 라돈은 3개의 동위원소(Rn-222, 220, 219)가 있으며, 천연 방사능 붕괴계열이 함유된 우라늄-238(U-238), 토륨-232(Th-232), 우라늄-235(U-235) 방사성 붕괴 계열에서 각각 생긴 것들이다.

2. ^{220}Rn 반감기 계산

① 반감기 산정식 : $\ln\frac{[A]_t}{[A]_o} = -kt$ $[A]_o$: 초기농도, $[A]_t$: t시간 후 농도, k : 반응속도 상수, t : 시간
② $\ln\frac{1}{100} = -k \times (6.16\ \text{min})$, $k = 0.7476\ \text{min}^{-1}$
③ ^{220}Rn의 반감기 : $\ln\frac{1}{2} = -0.7476\ \text{min}^{-1} \times t$

$t = 0.927\ \text{min} = 55.6\ \text{sec}$
∴ ^{220}Rn이 1/2로 줄어드는데 걸리는 시간은 55.6초이다.

정답 08 ③

16 [ES 02902.1a] 실내공기 중 미세먼지(PM-10, PM-2.5) 연속측정방법-베타선흡수법

01 **실내공기 중 미세먼지**(PM-10) **측정 부시험방법은?** [제9회 4번]

① 자외선광도법
② 베타선흡수법
③ 화학발광법
④ 비분산적외선법

핵심포인트

1. 개요/적용범위

① 베타선흡수법은 실내공기 중 미세먼지(PM-10) 및 초미세먼지(PM-2.5) 농도 측정을 위한 부시험방법이다.

② 이 시험기준 사용시 주시험방법인 ES 02302.1c "실내공기 중 미세먼지(PM-10, PM-2.5) 측정방법-중량법"과 비교한 보정계수 적용이 필요하다.

02 **실내공기 중 미세먼지**(PM-10)**의 베타선흡수법에 의한 연속측정방법에 대한 설명으로 틀린 것은?** [제9회 2차 1번]

① 입경분리장치의 입경분리기준은 기준점인 10 μm에서 그 효율이 50 % 이상이어야 한다.
② 실내공기 중 미세먼지(PM-10)를 여과지에 채취하고 여과지에 베타선을 투과시켜 흡수되는 베타선의 정도를 이용하여 미세먼지(PM-10)의 중량농도를 연속적으로 측정하는 방법이다.
③ 일반적으로 시료채취 후 농도값은 1시간 간격으로 나타내나, 먼지의 농도가 0.01 mg/m^3 이하의 저농도일 경우는 시료채취 시간을 연장하여 측정하여야 한다.
④ 측정기의 유속 교정은 동작 유속에서 측정값의 ±5 % 이내의 정확성을 가져야 한다.

☑ **해설** ④ 핵심포인트 4.② 참고

핵심포인트

1. 개요/목적

① 실내공기 중 미세먼지(PM-10 및 PM-2.5)를 여과지에 채취하고 여과지에 베타선(β-ray)을 투과시켜 흡수되는 베타선의 정도를 이용하여 미세먼지의 중량농도를 연속적으로 측정하는 방법이다.

2. 분석기기 및 기구/입경분리장치

① 입경분리장치는 10 μm 또는 2.5 μm를 초과하는 부유입자를 제거할 수 있어야 한다.

② 입경분리장치 입경분리기준 기준점인 10 μm 또는 2.5 μm에서 그 효율이 50 % 이상이어야 한다.

3. 시료채취 및 관리/측정기의 검정 및 주의사항

① 시료채취 후 농도값은 1시간 간격으로 나타내나, 먼지의 농도가 0.01 mg/m^3 이하의 저농도일 경우는 시료채취 시간을 연장하여 측정한다.

4. 정도보증/정도관리/측정기의 유량 정도관리/유량교정

① 유량조절장치는 주기적으로(연 1회) 표준 유속계를 이용하여 교정되어야 하며, 실제유량이 확인되어야 한다.

② 측정기의 유속교정은 작동 유속에서 측정값의 ± 2 % 이내의 정확성을 가져야 한다.

정답 01 ② 02 ④

03 베타선흡수법의 미세먼지 연속측정 기기장치의 구성으로 틀린 것은? [제11회 5번]

① 분립장치, 베타선 광원
② 테이프 여과지, 베타선 감지부
③ 유량조절부, 파장선택부
④ 공기흡인부, 베타선 감지부

핵심포인트

1. 분석기기 및 기구/베타선흡수법(β-ray absorption method) 기기 장치의 구성

① 공기흡인부, 분립장치, 유량조절부, 테이프 여과지, 교정부, 시료채취 시간 고정부, 베타선 광원, 베타선 감지부, 연산장치

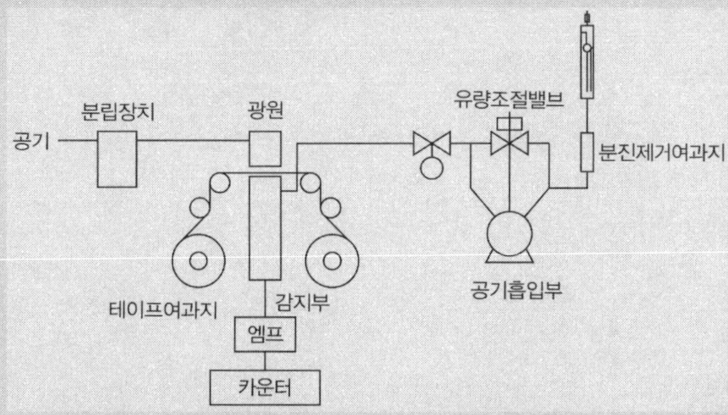

〈그림〉 베타선흡수법 장치구성

04 베타선흡수법을 이용한 미세먼지 측정방법은 주 시험 방법인 중량법과 비교하여 보정계수 적용이 필요하다. 보정계수 적용에 대한 설명으로 틀린 것은? [제6회 14번]

① 보정계수 산출을 위해서는 베타선흡수법을 이용하여 조사하고자 하는 지역과 동일한 공간에 중량법을 이용하여 베타선흡수법과 동시에 공기 중 미세먼지 농도를 측정한다.
② 10회 이상 반복 측정하여 베타선흡수법을 이용한 농도값과 중량법을 이용한 농도값의 상관을 확인한다.
③ 보정계수 = 베타선흡수법 측정농도값/중량법 측정농도값
④ 보정값 = 측정값(베타선흡수법) × 보정계수

☑ **해설** ③ 핵심포인트 1.④ 참고

05 실내공기 중 미세먼지 연속측정방법에서 베타선흡수법에 대한 설명으로 틀린 것은? [제10회 2차 16번]

① 보정값 = 측정값 × 보정계수
② 보정계수 = 베타선흡수법 측정농도 값/중량법 측정농도 값
③ 입자상 물질을 일정시간 여과지 위에 채취하여 베타선을 투과시켜 물질의 중량농도를 연속적으로 측정하는 방법이다.
④ 입자성분 사이의 상호작용, 습도의 영향 등으로 농도 차이를 나타낼 수 있으므로, 미세먼지 주시험방법인 중량법과 비교하여 보정하는 것이 필요하다.

정답 03 ③ 04 ③ 05 ②

☑ **해설** ② 핵심포인트 1.④ 참고

핵심포인트

1. 정도보증/정도관리/측정기의 유량 정도관리/보정계수 적용

① 입자성분 사이의 상호작용, 습도(수분)의 영향 등으로 농도 차이를 나타낼 수 있으므로, 미세먼지 (PM-10, PM-2.5) 주시험방법인 중량법(ES 02302.1c)과 비교하여 보정계수 적용이 필요하다.

② 보정계수 산출을 위해서는 베타선흡수법을 이용하여 실내공기 중 미세먼지 농도를 조사하고자 하는 지역과 동일한 공간에 중량법을 이용하여 베타선흡수법과 동시에 공기 중 미세먼지 농도를 측정한다.

③ 10회 이상 반복 측정하여 베타선흡수법을 이용한 농도값과 중량법을 이용한 농도값의 상관성을 확인한다.

④ 보정계수 $= \dfrac{\text{중량법 측정농도 값}}{\text{베타선 흡수법 측정농도 값}}$

⑤ 보정값 = 측정값(베타선 흡수법) × 보정계수

17 [ES 02903.1b] 실내공기 중 오존 측정방법－자외선광도법

01 실내공기 오염 물질과 측정 방법이 바르게 연결된 것은? [제6회 8번]

① 오존 : 주사전자현미경법
② 이산화질소 : 전기화학센서법
③ 일산화탄소 : 비분산적외선법
④ 이산화탄소 : 자외선광도법

핵심포인트

1. 개요/적용범위

① 오존(O_3) : 주시험방법－자외선광도법
② 이산화질소(NO_2) : 주시험방법－화학발광법
③ 이산화탄소(CO_2) : 주시험방법－비분산적외선법
④ 일산화탄소(CO) : 주시험방법－비분산적외선법, 부시험방법－전기화학식센서법

02 오존 측정을 위한 자외선광도법의 간섭물질이 아닌 것은? [제9회 2차 8번]

① 미세먼지
② 질소산화물
③ 습도
④ 스팬가스

☑ **해설** ①, ②, ③ 핵심포인트 1.①~⑤ 참고 ; ④는 오존 측정을 위한 측정기기의 스팬(최대)값을 교정하는데 사용하는 가스이다.

03 자외선광도법으로 실내공기 중의 오존을 측정하는 경우, 간섭물질로 오존 생성 기여율이 가장 큰 것은? [제6회 9번], [제7회 6번]

① 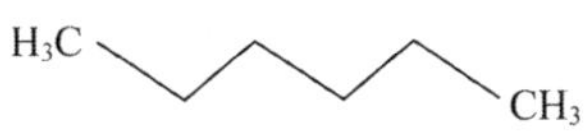

② 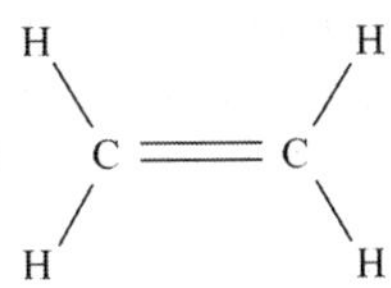

③ 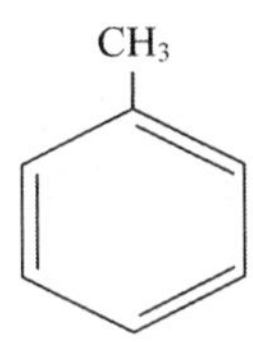

④ 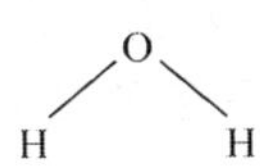

☑ **해설** ③ 톨루엔, 핵심포인트 1.④ 참고

04 자외선광도법으로 실내공기 중 오존을 측정할 때, 간섭물질로서 휘발성유기화합물 가운데 오존 생성기여율이 가장 큰 것은? [제10회 14번]

① 벤젠
② 에틸벤젠
③ 자일렌
④ 톨루엔

☑ **해설** ④ 핵심포인트 1.④ 참고

정답 01 ③ 02 ④ 03 ③ 04 ④

핵심포인트

1. 개요/간섭물질

① 입자상 물질 : 시료 도입부에서 여과지에 의해 제거되지 않은 경우 시료 배관과 분석부에 축적되어 오존 측정에 대해 무시할 수 없는 영향을 미칠 수 있다.
② 질소산화물 : 0.5 ppm에서의 이산화질소 농도에 대한 등가의 오존에서 약 2 $\mu g/m^3$의 영향을 받게 된다.
③ 이산화황 : 0.5 ppm에서의 이산화황 농도에 대한 등가의 오존에서 약 8 $\mu g/m^3$의 영향을 받게 된다.
④ 톨루엔 : 휘발성유기화합물(VOCs) 중 톨루엔의 오존 생성 기여율이 가장 크다.
⑤ 습도 : 시료 공기 중에 습도 변화로 인해 자외선 광원 램프 내부 석영창 표면의 빛 분산에 무시할 수 없는 변동을 유발한다.

05 자외선광도법으로 실내공기 중 오존의 농도를 측정하고자 한다. 시료채취구 및 배관에 대한 설명으로 틀린 것은?

[제9회 14번]

① 재질은 오존에 대한 비활성 물질을 사용한다.
② 먼지 등의 유입을 방지하기 위하여 채취관의 적당한 위치에 여과지를 넣는다.
③ 채취구 끝 모양은 통풍을 위하여 가능한 넓은 것으로 한다.
④ 배관 안쪽의 응축을 막기 위하여 내부 청소시 주위 조건과 평형을 유지하는 시간이 필요하다.

☑ **해설** ③ 핵심포인트 1.① 참고

핵심포인트

1. 분석기기 및 기구/시료채취구 및 배관

① 채취구 끝의 모양은 먼지, 빗물 등의 혼입이 적은 구조로 한다.
② 구조와 크기는 유량, 기계적 강도, 펌프의 능력, 청소의 용이함 등을 고려한다.
③ 재질은 오존에 대해 비활성 물질로 만든 것을 사용한다.
④ 먼지 등의 혼입 방지를 위하여 채취관의 적당한 위치에 여과지를 넣는다.
⑤ 배관을 청소하거나 교체 시에는 배관 안쪽의 응축을 막기 위해 주위 조건과 평형을 유지하기 위한 시간이 필요하다.

06 자외선광도법으로 실내공기 중 오존을 측정할 때 오존 스크러버의 입구 및 출구 농도를 2방향 콕으로 방향 전환하여 측정한 결과 각각 8 μL/L와 6 μL/L로 측정되었다면 오존 스크러버의 분해 효율은?

[제8회 17번]

① 75 %
② 33 %
③ 25 %
④ 67 %

문제풀이

① 주어진 조건 : 오존 스크러버 입구 농도(A) 8 μL/L, 오존 스크러버 출구 농도(B) 6 μL/L
② 오존 스크러버 분해 효율(R_{oz}) : $\frac{A-B}{A} \times 100 = \frac{(8-6)\ \mu L}{8\ \mu L} \times 100 = 25\ \%$

핵심포인트

1. 부록/오존 스크러버 효율 계산

① 오존 입구 및 출구농도를 2방향 콕으로 방향 전환하여 오존 자동측정기기로 측정하고, 다음 식으로 오존 분해 효율을 산출하여 그 평균값을 구한다.

② 효율 산출 식

$R_{oz} = \dfrac{A-B}{A} \times 100$	R_{oz} : 오존 분해효율(%) A : 오존 스크러버의 입구 농도(vol ppm) B : 오존 스크러버의 출구 농도(vol ppm)

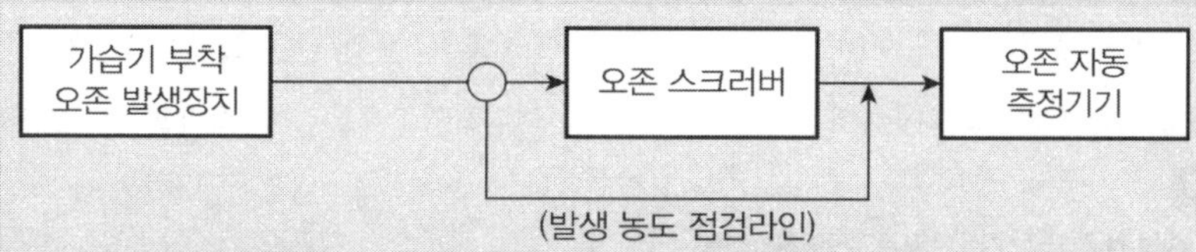

〈그림〉 오존 스크러버의 효율 시험 장치 예시

07 **실내공기질 측정 과정 중에 오존 스크러버가 공기 중 다른 요소들에 노출되어 불량이 의심된다. 다음의 인자들을 가지고 계산한 스크러버 효율(%)로 옳은 것은?** (단, 효율은 소수점 이하 둘째자리에서 반올림하시오.) [제11회 18번]

> ㉠ 오존 발생장치에 의해서 발생시킨 약 1 ppm 농도의 오존가스를 가습기에 의해서 상대습도 50 % 이상으로 가습하여 소정의 유량으로 오존 스크러버에 24시간 연속 통과시킴
> ㉡ 오존 스크러버의 입구농도와 출구농도를 2방향콕으로 방향전환하여 자동측정기로 측정
> ㉢ (1차측정)
> 오존 스크러버 입구농도 : 0.752(vol ppm)
> 오존 스크러버 출구농도 : 0.071(vol ppm)
> ㉣ (2차측정)
> 오존 스크러버 입구농도 : 0.732(vol ppm)
> 오존 스크러버 출구농도 : 0.062(vol ppm)

① 93.3 %
② 82.2 %
③ 91.1 %
④ 90.6 %

문제풀이

① 주어진 조건

1차) 오존 스크러버 입구 농도(A) : 0.752 ppm, 오존 스크러버 출구 농도(B) : 0.071 ppm

2차) 오존 스크러버 입구 농도(A) : 0.732 ppm, 오존 스크러버 출구 농도(B) : 0.062 ppm

② 오존 스크러버 분해효율

1차) $R_{oz} = \dfrac{A-B}{A} \times 100 = \dfrac{(0.752-0.071)\ \mu L}{0.752\ \mu L} \times 100 = 90.6\ \%$

2차) $R_{oz} = \dfrac{A-B}{A} \times 100 = \dfrac{(0.732-0.062)\ \mu L}{0.732\ \mu L} \times 100 = 91.5\ \%$

③ 1차와 2차의 평균 : $\dfrac{90.6\ \% + 91.5\%}{2} = 91.1\ \%$

정답 07 ③

08 실내공기질 오존 측정을 위한 자외선광도법 측정기기의 성능사양을 나열한 것이다. 괄호 안에 들어갈 숫자로 옳은 것은? [제10회 2차 17번]

> ㉠ 재현성(반복성) : 최대 눈금값의 ±(　)% 이내
> ㉡ 직선성(지시오차) : 최대 눈금값의 ±(　)% 이내
> ㉢ 전압 변동에 대한 안정성 : 최대 눈금값의 ±(　)% 이내
> ㉣ 유량 변동에 대한 안정성 : 최대 눈금값의 ±(　)% 이내

① ㉠ 1, ㉡ 2, ㉢ 5, ㉣ 5　② ㉠ 2, ㉡ 5, ㉢ 1, ㉣ 5
③ ㉠ 1, ㉡ 2, ㉢ 1, ㉣ 2　④ ㉠ 5, ㉡ 2, ㉢ 1, ㉣ 2

☑ **해설** ㉠ 핵심포인트 1.①, ㉡ 핵심포인트 1.④, ㉢ 핵심포인트 1.⑤, ㉣ 핵심포인트 1.⑥ 참고

핵심포인트

1. 분석기기 및 기구/오존측정기/성능

① 재현성(반복성) : 최대 눈금값의 ±2% 이내
② 제로 드리프트 : 최대 눈금값의 ±2% 이내
③ 스팬 드리프트 : 최대 눈금값의 ±2% 이내
④ 직선성(지시오차) : 최대 눈금값의 ±5% 이내
⑤ 전압변동에 대한 안정성 : 최대 눈금값의 ±1% 이내
⑥ 유량변화에 대한 안정성 : 최대 눈금값의 ±5% 이내

정답 08 ②

18 [ES 02904.1b] 실내공기 중 이산화질소 측정방법 – 화학발광법

01 실내공기 오염 물질과 측정 방법이 바르게 연결된 것은? [제6회 8번]

① 오존 : 주사전자현미경법
② 이산화질소 : 전기화학센서법
③ 일산화탄소 : 비분산적외선법
④ 이산화탄소 : 자외선광도법

핵심포인트

1. 개요/적용범위

① 오존(O_3) : 주시험방법 – 자외선광도법
② 이산화질소(NO_2) : 주시험방법 – 화학발광법
③ 이산화탄소(CO_2) : 주시험방법 – 비분산적외선법
④ 일산화탄소(CO) : 주시험방법 – 비분산적외선법, 부시험방법 – 전기화학식센서법

02 이산화질소 분석부에서 배출되어 주변의 오염 물질로 작용할 수 있으며, 시료채취펌프를 보호하기 위해 반드시 관리하여야 할 기체는? [제9회 2차 9번]

① 오존
② 질소
③ 일산화탄소
④ PAN

☑ **해설** ① 핵심포인트 1.① 참고

03 화학발광법을 이용한 이산화질소 측정기기에 오존 스크러버를 설치하는 이유로 옳은 것은? [제10회 15번]

① 일산화질소를 이산화질소로 전환시키기 위하여
② 측정기기 시료 셀에서 오존과 순차적으로 반응하도록 유도하기 위하여
③ 측정기기 시료 셀로 들어가는 공기 중에 존재하는 오존을 제거하기 위해서
④ 측정기기에서 배기되는 공기로 인해 근접한 대기가 오염되는 것을 막기 위해서

핵심포인트

1. 분석기기 및 기구/이산화질소 측정장치/오존 스크러버

① 시료 분석부로부터 배출되는 기체 중의 오존은 활성탄을 통과하여 제거되어야 하는데 오존 스크러버를 설치하여 근접한 대기 오염을 방지하고 시료채취 펌프를 보호한다.

04 실내공기 중 이산화질소의 측정방법에 대한 설명으로 옳지 않은 것은? [제7회 9번]

① 변환기는 300 ℃ 이상의 일정한 온도로 가열되어야 하며, 스테인리스강, 구리, 몰리브덴, 텅스텐 또는 분광학적으로 순수한 탄소 성분으로 만들어진다.
② 생성된 오존의 농도는 측정할 질소산화물의 최고 농도보다 더 낮아야 한다.
③ 광학필터는 600 nm 이하의 파장에서 모든 복사선을 제거하여야 한다.
④ NO_2를 NO로 변환하는 컨버터 효율이 95 % 이상이어야 한다.

정답 01 ③ 02 ① 03 ④ 04 ②

☑ **해설** ② 핵심포인트 3.① 참고

05 화학발광법에 의한 이산화질소 측정장치와 방법에 관한 설명으로 틀린 것은? [제11회 19번]

① 실내공기질 공정시험기준에 따른 이산화질소 농도의 측정범위는 약 0 ppm～10 ppm이다.

② 화학발광법을 이용한 선형 측정 가능범위는 일산화질소 기준으로 약 0.001 ppm～10,000 ppm이다.

③ 공기 중 포함된 황 화합물이 측정에 방해요소 중 하나이다.

④ 탄화수소의 영향을 없애기 위하여 적외선 파장 영역을 차단하는 광학필터를 사용한다.

☑ **해설** ④ 핵심포인트 3.② 참고 ; 600 nm 이하의 자외선, 가시광선 파장영역을 차단한다.

핵심포인트

1. 개요/적용범위

① 화학발광법은 실내공기 중 이산화질소 농도를 측정하기 위한 주시험방법으로 측정범위는 (0～10) ppm 이다.

2. 개요/간섭물질

① 입자상 물질 등이 공기 중 이산화질소를 측정하는데 간섭물질로 작용할 수 있으며 간섭이 의심되는 물질의 영향을 막기 위해서는 각 물질에 해당하는 여과지 및 스크러버를 사용하여야 한다.

② **입자상 물질** : 시료 도입부에서 여과지에 의해 제거되지 않는 경우 시료 배관과 분석부에 축적되어 이산화질소 측정에 대해 무시할 수 없는 영향을 미칠 수 있다.

③ **기타 간섭물질** : 암모니아, 아민, 질산, 무기 또는 질산과산화 아세틸(PAN, peroxyacetyl nitrate), 그리고 유기 아질산염, 질산염 등이 있으며 또한 컨버터에서 황 화합물 및 카르보닐에 의한 촉매독으로 인해 측정이 영향 받을 수 있다.

3. 분석기기 및 기구/이산화질소 측정장치/시료 분석부

① **오존 발생기** : 자외선 또는 고압 무음 전기 방전에 의해 공기 중의 산소를 오존으로 변환시키며 생성된 오존의 농도는 측정할 질소산화물의 최고 농도보다 더 높아야 한다. 오존 발생기에 들어가는 공기 또는 산소의 유속은 일정하게 유지되어야 한다.

② **광학필터** : 600 nm 이하의 파장에서 모든 복사선을 제거하여야 하므로 이 파장에서 방출하는 불포화 탄화수소와의 화학발광 반응에 의하여 나온 어떠한 간섭도 피할 수 있다.

06 화학발광법에 의한 이산화질소 측정장치의 시료 분석부에 관한 설명으로 틀린 것은? [제9회 15번]

① 시료 셀은 이산화질소에 대한 비활성 물질로 구성되고 상압 상태에서 유지하여야 한다.

② 이산화질소 변환기는 몰리브덴 등 탄소 성분으로 만들어진다.

③ 광학필터는 복사선을 제거하여 불포화 탄화수소와의 화학발광반응에 의한 간섭을 피할 수 있다.

④ 디지털 기록계는 분석된 이산화질소 농도를 디지털로 표시 및 저장한다.

☑ **해설** ① 핵심포인트 2.① 참고

정답 05 ④ 06 ①

07 **실내공기 중 이산화질소 측정에 관한 설명으로 옳은 것은?** [제10회 2차 20번]

① 변환기는 300℃ 이상의 일정한 온도로 가열되어야 한다.
② 스팬가스는 측정기기 최대 눈금값의 90 %~95 % 농도를 사용한다.
③ 측정기의 직선성은 최대 눈금값의 ± 5 % 이내의 값을 가져야 한다.
④ 환경부 고시 실내공기 이산화질소 권고 기준은 1시간 평균 0.5 ppm이다.

☑ **해설** ② 핵심포인트 4.① 참고, ③ 핵심포인트 3.④ 참고,
④ 다중이용시설 업종에 따라 이산화질소 권고기준은 1시간 평균 (0.05~0.3) ppm의 범위이다.

08 **이산화질소 분석을 위한 화학발광법 측정기기의 최소 성능 사양으로 틀린 것은?** [제5회 20번]

① 측정범위 : 0 ppm~5 ppm 이하
② 재현성(반복성) : 최대 눈금값의 ± 2 % 이내
③ 측정기기의 응답시간 : 1분 이하
④ 간섭성분 영향 : NH_3 1 ppm이 NO로 변화되는 변환효율이 5 % 이하

☑ **해설** ① 핵심포인트 3.① 참고

09 **실내공기질공정시험기준에 따른 실내 공기 중 이산화질소 측정에 관한 설명으로 틀린 것은?** [제12회 17번]

① 입자상 물질은 이산화질소를 측정하는데 간섭물질로 작용하지 않는다.
② 변환기는 스테인리스강, 구리, 텅스텐으로 만들어 진다.
③ 스팬가스는 측정기기 최대 눈금값의 80 %~90 % 농도를 사용한다.
④ 측정기기의 직선성은 최대 눈금값의 ± 4 % 이내의 값을 가져야 한다.

☑ **해설** ① 핵심포인트 1.① 참고

10 **이산화질소 분석에 사용되는 스팬가스에 대한 설명으로 옳은 것은?** [제6회 12번]

① 일산화질소와 오존의 두 성분 혼합가스, 측정기기 최대 눈금값의 70 %~90 % 농도를 사용
② 이산화질소와 오존의 두 성분 혼합가스, 측정기기 최대 눈금값의 80 %~90 % 농도를 사용
③ 일산화질소와 질소의 두 성분 혼합가스, 측정기기 최대 눈금값의 70 %~90 % 농도를 사용
④ 이산화질소와 질소의 두 성분 혼합가스, 측정기기 최대 눈금값의 80 %~90 % 농도를 사용

☑ **해설** ④ 핵심포인트 4.① 참고

핵심포인트

1. 개요/간섭물질

① 입자상 물질 등이 공기 중 이산화질소를 측정하는데 간섭물질로 작용할 수 있으며, 간섭이 의심되는 물질의 영향을 막기 위해서는 각 물질에 해당하는 여과지 및 스크러버를 사용하여야 한다.

정답 07 ① 08 ① 09 ① 10 ④

② 입자상 물질 : 시료 도입부에서 여과지에 의해 제거되지 않는 경우 시료 배관과 분석부에 축적되어 이산화질소 측정에 대해 무시할 수 없는 영향을 미칠 수 있다.
③ 기타 간섭물질 : 암모니아, 아민, 질산, 무기 또는 질산과산화아세틸(PAN, peroxyacetyl nitrate), 그리고 유기 아질산염, 질산염 등이 있다. 또한 컨버터에서 황 화합물 및 카르보닐에 의한 촉매독으로 인하여 측정에 영향을 받을 수도 있다.

2. 분석기기 및 기구/시료분석부

① 시료셀(absorption cell) : 일산화질소와 오존과의 반응으로 생긴 이산화질소로부터 발생하는 발광도를 측정하기 위한 셀이며, 이산화질소에 대한 비활성물질로 구성되고 진공상태여야 한다.
② 이산화질소변환기(converter) : 변환기는 300 ℃ 이상의 일정한 온도로 가열되어야 하며, 스테인리스강, 구리, 몰리브덴, 텅스텐 또는 분광학적으로 순수한 탄소성분으로 만들어진다.
③ 오존발생기(ozone generator) : 자외선 또는 고압 무음전기방전에 의해 공기 중의 산소를 오존으로 변환시키며, 생성된 오존의 농도는 측정할 질소산화물의 최고 농도보다 더 높아야 한다.
④ 광학필터 : 600 nm 이하의 파장에서 모든 복사선을 제거하여야 하는데, 이 파장에서 방출되는 불포화 탄화수소와의 화학 발광 반응에 의하여 나온 어떠한 간섭도 피할 수 있기 때문이다.
⑤ 광전자 증배관(photomultiplier) : 분석장치의 출력은 광전자 증배관의 특성에 의해 밀접하게 영향을 받으며, 주위의 원하는 않는 잡음과 온도 변화의 영향을 줄이기 위하여 튜브는 보통 자동 온도 조절이 되는 냉각된 용기에 내장되어야 한다.
⑥ 디지털 기록계 : 분석된 이산화질소 농도를 디지털로 표시 및 저장한다.

3. 분석기기 및 기구/이산화질소 측정장치/시료분석부/성능

① 측정범위 : (0～2) ppm 이하
② 분해능 : 0.001 ppm 이하
③ 재현성(반복성) : 최대 눈금값의 ± 2 % 이내
④ 직선성(지시오차) : 최대 눈금값의 ± 4 % 이내
⑤ 측정기기의 응답시간 : 1분 이하
⑥ 컨버터 효율 : NO_2를 NO로 변환하는 효율이 95 % 이상
⑦ 간섭성분 영향 : NH_3 1 ppm이 NO로 변화되는 변환효율이 5 % 이하

4. 표준가스/측정기기 교정가스/스팬가스

① 스팬가스(span gas) : 보통 이산화질소와 질소의 두 성분 혼합가스로서, 측정기기 최대 눈금값의 (80～90) % 농도를 사용한다.

11 **일산화질소 표준가스와 정제공기를 흘려서 측정기기의 지시값이 측정 범위의 약 80 %를 지시하도록 유량을 조정했을 때의 지시값이 250이고, 오존 발생기를 작동하여 발생하는 오존으로 일산화질소를 산화한다. 이때 디지털기록계의 지시값이 측정 범위의 약 10 %를 지시하도록 오존 발생기를 조정한다. 이때 디지털기록계의 지시값은 180이다. 측정기기의 유로변환을 하여 질소산화물 측정유로(변환기 경유)로 하고 이때 지시 기록계의 지시값이 220이다. 이산화질소 변환기의 효율은?** [제5회 24번]

① 57.1 % ② 42.8 %
③ 51.4 % ④ 38.5 %

문제풀이

① 주어진 조건 : 지시값 A 250, 지시값 B 180, 지시값 C 220
② 컨버터 효율(%) $= \frac{C-B}{A-B} \times 100 = \frac{220-180}{250-180} \times 100 = 57.1\ \%$

정답 11 ①

12 **이산화질소 농도 측정을 위하여 이산화질소 변환기를 사용하는데, 실험 ㉠, ㉡, ㉢, ㉣, ㉤의 측정값을 이용한 이산화질소 변환기의 효율은?** [제10회 2차 18번]

㉠ 오존발생기의 동작을 멈추고, 일산화질소 표준가스 및 정제공기를 흘려 측정
㉡ 일산화질소 표준가스 및 정제공기를 흘려 측정기기의 지시값이 측정 범위의 약 80 %를 지시하도록 유량을 조정하고 측정
㉢ 오존 발생기를 작동시키고 통과한 표준가스 및 정제공기를 측정
㉣ 측정한 지시값이 측정 범위의 약 10 %를 지시하도록 오존 발생기를 조정하고 측정
㉤ 질소산화물변환기 측정유로로 유로변환을 하여 지시값 측정

항목	㉠	㉡	㉢	㉣	㉤
지시값	25	21	22	4	20

① 76.2 %
② 94.1 %
③ 88.9 %
④ 96.2 %

문제풀이

① 주어진 조건 : ㉡ 지시값 A 21, ㉣ 지시값 B 4, ㉤ 지시값 C 20

② 컨버터 효율(%) : $\frac{C-B}{A-B}\times 100 = \frac{20-4}{21-4}\times 100 = 94.1$ %

핵심포인트

1. 부록/이산화질소 변환기 효율계산/기상적정법

① 오존발생기의 동작을 멈추고 측정기기를 일산화질소 측정 쪽에 설정한다.
② 일산화질소 표준가스 및 정제공기를 흘려서 측정기기의 지시값이 측정범위의 약 80 %를 지시하도록 유량을 조정하며, 이때의 지시기록의 [지시값을 A]로 한다.
③ 오존 발생기를 작동시켜 발생하는 오존으로 일산화질소를 산화한다. 이때 디지털기록계의 지시값이 측정 범위의 약 10 %를 지시하도록 오존 발생기를 조정한다. 이 때 디지털기록계의 [지시값을 B]로 한다.
④ 측정기기의 유로변환을 하여 질소산화물 측정유로(변환기 경유)로 하고 이때 지시 기록계의 [지시값을 C]로 한다.

$$\text{컨버터 효율}(\%) = \frac{C-B}{A-B}\times 100$$

13 **공기 중 이산화질소를 직독식**(Direct reading) **측정기기를 사용하여 측정하였더니** 3.324 **가 나왔다. 이때 측정대상이 된 실내공기의 압력 및 온도를 측정하였더니** 1.1**기압,** 28 ℃ **이었다면 실내공기질 공정시험기준에 의한 표준상태 농도는?** [제7회 13번]

① 3.052 ppm　② 3.291 ppm
③ 3.620 ppm　④ 3.693 ppm

문제풀이

① 주어진 조건 : 이산화질소 직독식 농도 3.324 ppm, 압력 1.1 기압, 온도 28 ℃

② 표준상태 보정 부피($V_{(25℃,\ 1\,atm)}$) : $V \times \frac{T_{(25℃)}}{T_2} \times \frac{P_2}{P_{(1\,atm)}} = V \times \frac{298\ °K}{(273+28)\ °K} \times \frac{1.1\ atm}{1\ atm} = 1.089\ V$

③ 표준상태 농도(ppm) : $\frac{3.324\ \mu L}{L} \times \frac{1}{1.089} = 3.052\ ppm$

핵심포인트

1. 결과보고

① 계산식

$V_{(25℃,\ 1atm)} = V \times \frac{T_{(25℃)}}{T_2} \times \frac{P_2}{P_{(1atm)}}$	$V_{(25℃,\ 1atm)}$: 25 ℃, 1기압일 때 공기의 부피 (m^3) V : 실제로 채취한 공기의 부피 (m^3) $T_{(25℃)}$: 25 ℃의 절대온도(°K) (298 °K = 273 + 25 ℃) T_2 : 공기를 채취할 때의 절대온도 (°K, °K = 273 + ℃) $P_{(1atm)}$: 1기압 (atm) P_2 : 공기를 채취할 때의 기압 (atm)

정답 13 ①

19 [ES 02905.1a] 실내공기 중 이산화탄소 측정방법 – 비분산적외선법

01 실내공기 오염물질 중 적외선에 대한 흡수 특성을 이용하여 측정되는 오염물질의 조합으로 옳은 것은? [제5회 16번]

① 일산화탄소, 이산화탄소 ② 일산화탄소, 오존
③ 라돈, 이산화탄소 ④ 이산화질소, 폼알데하이드

핵심포인트

1. 개요/목적
   ① 이산화탄소(CO_2) : 이산화탄소의 특정 파장의 적외선을 흡수하는 특성을 이용한다.
   ② 일산화탄소(CO) : 일산화탄소의 특정 파장의 적외선을 흡수하는 특성을 이용한다.

02 실내공기 오염 물질과 측정 방법이 바르게 연결된 것은? [제6회 8번]

① 오존 : 주사전자현미경법 ② 이산화질소 : 전기화학센서법
③ 일산화탄소 : 비분산적외선법 ④ 이산화탄소 : 자외선광도법

핵심포인트

1. 개요/적용범위
   ① 오존(O_3) : 주시험방법 – 자외선광도법
   ② 이산화질소(NO_2) : 주시험방법 – 화학발광법
   ③ 이산화탄소(CO_2) : 주시험방법 – 비분산적외선법
   ④ 일산화탄소(CO) : 주시험방법 – 비분산적외선법, 부시험방법 – 전기화학식센서법

03 비분산적외선법을 이용한 이산화탄소의 측정 범위는? [제5회 25번]

① 0 ppm ~ 500 ppm ② 0 ppm ~ 1,000 ppm
③ 0 ppm ~ 5,000 ppm ④ 0 ppm ~ 15,000 ppm

핵심포인트

1. 개요/적용범위
   ① 이산화탄소(CO_2) : 주시험방법 – 비분산적외선법
   ② 측정범위 : (0 ~ 5,000) ppm

04 실내공기 중 이산화탄소 분석기(비분산적외선법)의 최소 성능으로 옳은 것은? [제9회 2차 4번]

- 재현성(반복성) : 최대 눈금값의 ±(㉮)% 이내 – 제로 드리프트 : 최대 눈금값의 ±(㉯)% 이내
- 스팬드리프트 : 최대 눈금값의 ±(㉰)% 이내 – 직선성(지시오차) : 최대 눈금값의 ±(㉱)% 이내

정답 01 ① 02 ③ 03 ③ 04 ④

① ㉮ 1, ㉯ 1, ㉰ 1, ㉱ 1
② ㉮ 1, ㉯ 2, ㉰ 2, ㉱ 2
③ ㉮ 2, ㉯ 2, ㉰ 2, ㉱ 2
④ ㉮ 2, ㉯ 2, ㉰ 2, ㉱ 5

☑ **해설** ㉮ 핵심포인트 1.② 참고, ㉯ 핵심포인트 1.③ 참고, ㉰ 핵심포인트 1.④ 참고, ㉱ 핵심포인트 1.⑤ 참고

05 실내공기 중 이산화탄소 측정에 사용되는 비분산적외선 분석기의 최소 성능 사양에 관한 설명이다. 괄호 안의 숫자가 다른 하나는? [제10회 16번]

> – 전압변동에 대한 안정성 : 최대 눈금값의 ±(가)% 이내
> – 제로드리프트 : 최대 눈금값의 ±(나)% 이내
> – 재현성(반복성) : 최대 눈금값의 ±(다)% 이내
> – 스팬드리프트 : 최대 눈금값의 ±(라)% 이내

① 다
② 나
③ 가
④ 라

☑ **해설** 가. 핵심포인트 1.⑧, 나. 핵심포인트 1.③, 다. 핵심포인트 1.②, 라. 핵심포인트 1.④ 참고

핵심포인트

1. 분석기기 및 기구/이산화탄소 측정장치/시료 분석부/성능
① 분해능 : 1 ppm 이하
② 재현성(반복성) : 최대 눈금값의 ±2 % 이내
③ 제로 드리프트 : 최대 눈금값의 ±2 % 이내
④ 스팬 드리프트 : 최대 눈금값의 ±2 % 이내
⑤ 직선성(지시오차) : 최대 눈금값의 ±5 % 이내
⑥ 측정기기의 응답시간 : 30초 이하
⑦ 온도변화에 대한 안정성 : 최대 눈금값의 ±2 % 이내
⑧ 전압변동에 대한 안정성 : 최대 눈금값의 ±1 % 이내

06 실내공기 중 이산화탄소 측정기기의 성능평가를 위해서 스팬가스 초기지시값을 측정했더니 50 ppm 이었고 눈금값과 스팬가스 초기지시값과의 최대 편차를 구했더니 25 ppm 이었다. 이때 구한 스팬드리프트(%)의 값은? [제9회 9번]

① 5
② 50
③ 100
④ 200

문제풀이

① 주어진 조건 : 스팬가스 초기지시값 50 ppm, 최대 편차 25 ppm
② 스팬드리프트(%) : $\frac{|\bar{d}|}{\text{스팬가스 초기지시값}} \times 100 = \frac{25}{50} \times 100 = 50\ \%$

핵심포인트

1. 정도보증/정도관리/측정기기 성능평가방법/스팬드리프트
① 측정기기에 스팬가스를 설정유량으로 도입하여 8시간 내에 1시간 이상 간격으로 3회 이상 측정하며, 그 사이에 눈금값과 스팬가스 초기 지시값과의 최대 변동폭을 구하고 다음 식에 따라 스팬드리프트를 구한다.
② 계산식

스팬드리프트(%) $= \frac{|\bar{d}|}{\text{스팬가스 초기지시값}} \times 100$	d : 스팬가스 초기 지시값으로부터 최대 편차

정답 05 ③ 06 ②

20 [ES 02906.1b] 실내공기 중 일산화탄소 측정방법 – 비분산적외선법

01 실내공기 오염물질 중 적외선에 대한 흡수 특성을 이용하여 측정되는 오염물질의 조합으로 옳은 것은? [제5회 16번]

① 일산화탄소, 이산화탄소
② 일산화탄소, 오존
③ 라돈, 이산화탄소
④ 이산화질소, 폼알데하이드

핵심포인트

1. 개요/목적

① 이산화탄소(CO_2) : 이산화탄소의 특정 파장의 적외선을 흡수하는 특성을 이용한다.
② 일산화탄소(CO) : 일산화탄소의 특정 파장의 적외선을 흡수하는 특성을 이용한다.

02 실내공기 오염 물질과 측정 방법이 바르게 연결된 것은? [제6회 8번]

① 오존 : 주사전자현미경법
② 이산화질소 : 전기화학센서법
③ 일산화탄소 : 비분산적외선법
④ 이산화탄소 : 자외선광도법

핵심포인트

1. 개요/적용범위

① 오존(O_3) : 주시험방법 – 자외선광도법
② 이산화질소(NO_2) : 주시험방법 – 화학발광법
③ 이산화탄소(CO_2) : 주시험방법 – 비분산적외선법
④ 일산화탄소(CO) : 주시험방법 – 비분산적외선법, 부시험방법 – 전기화학식센서법

03 다음은 실내공기 중 일산화탄소 측정방법인 비분산적외선법과 전기화학식센서법에 관한 내용으로 틀린 것은? [제9회 5번]

① 비분산적외선법은 실내공기 중 일산화탄소농도를 측정하기 위한 주시험방법이다.
② 전기화학식센서법 측정기기의 성능사양은 측정범위가 0 ppm～100 ppm 이하, 분해능은 0.2 ppm 이하에 적합하여야 한다.
③ 비분산적외선법 성능사양의 스팬 드리프트는 최대 눈금값의 ±2 % 이내이다.
④ 전기화학식센서법의 일산화탄소 변환기는 보통 0 ppm～200 ppm 농도의 일산화탄소를 0.1 ppm 보다 낮게 변환시킨다.

☑ **해설** ② 핵심포인트 4.① 참고

핵심포인트

1. 비분산적외선법/개요/적용범위

① 일산화탄소 농도 측정을 위한 주시험방법이다.

2. 비분산적외선법/분석기기 및 기구/일산화탄소측정장치/시료분석부/성능

① 스팬드리프트 : 최대 눈금값의 ±2 % 이내

정답 01 ① 02 ③ 03 ②

> **3. 전기화학식센서법/분석기기 및 기구/일산화탄소측정장치/시료분석부/성능**
> ① 측정범위는 (0～100) ppm이며, 분해능은 0.1 ppm 이하이어야 한다.
>
> **4. 전기화학식센서법/정도보증 및 정도관리/보수점검/일산화탄소변환기**
> ① 변환기는 보통 (0～200) ppm 농도의 일산화탄소를 0.1 ppm보다 낮게 변환시킨다.

04 비분산적외선법으로 일산화탄소를 측정할 때 영향이 가장 큰 방해물질은? [제7회 5번]

① 수증기　　② 이산화탄소
③ 탄화수소　　④ 질소

☑ **해설** ① 핵심포인트 2.③ 참고

05 실내공기질공정시험기준에 따라 일산화탄소를 비분산적외선법을 이용하여 측정할 때 방해요소와 그 제거 방법으로 옳은 것은? [제12회 18번]

① 수증기: 활성탄　　② 이산화탄소: 소다석회
③ 질소산화물: 광학필터　　④ 에틸렌: 활성탄

☑ **해설** ② 핵심포인트 2.④ 참고

06 실내공기 중 일산화탄소 측정방법인 비분산적외선법에 대한 설명으로 틀린 것은? [제10회 20번]

① 제로가스(zero gas)는 질소 또는 공기 중의 일산화탄소 함유량 0.09 ppm 이하의 것을 사용한다.
② 이산화황, 질소산화물 등은 주요 간섭 물질이고, 수증기는 방해요소가 아니다.
③ 교정장치에 일산화탄소 변환기(converter)가 필요하다.
④ 측정장치에 적외선 광원이 필요하다.

☑ **해설** ② 핵심포인트 2.③ 참고

07 실내공기 중의 일산화탄소의 양을 측정하기 위하여 사용하는 비분산적외선법의 설명으로 틀린 것은? [제10회 2차 19번]

① 이산화황, 질소산화물은 간섭 물질이다.
② 직선성은 최대 눈금값의 5 % 이내여야 한다.
③ 일산화탄소 측정 농도 범위는 0 ppm～500 ppm이다.
④ 대기 중 탄화수소는 보통 방해 요인이 되지 않는다.

☑ **해설** ③ 핵심포인트 1.① 참고

정답 04 ① 05 ② 06 ② 07 ③

08 실내공기공정시험기준에 따른 실내 공기 중 일산화탄소 측정방법 중 비분산적외선법에 사용하는 일산화탄소 변환기에 대한 설명으로 틀린 것은? [제12회 19번]

① 시료공기 중의 일산화탄소를 이산화탄소로 변환시킨다.
② 일산화탄소를 포함하지 않은 제로가스를 흘려보낸다.
③ 약 300 °C로 가열한 백금(platinum)이나 팔라듐(palladium) 여과지를 사용한다.
④ 보통 0 ppm～200 ppm 농도의 일산화탄소를 0.1 ppm 보다 낮게 변환시킨다.

☑ **해설** ③ 핵심포인트 5.① 참고

핵심포인트

1. 개요/목적/적용범위

① 일산화탄소 농도를 측정하기 위한 주시험방법으로 측정범위는 약 (0～100) ppm이다.

2. 개요/목적/간섭물질

① 입자상 물질, 수증기, 이산화탄소 등이 간섭물질로 작용할 수 있다. 간섭이 의심되는 물질의 영향을 막기 위해서 각 물질에 해당하는 여과지, 스크러버를 사용하여야 한다.
② 입자상 물질 : 시료 도입부에서 여과지에 의해 제거되지 않는 경우 시료 배관과 분석부에 축적되어 일산화탄소 측정에 대해 무시할 수 없는 영향을 미칠 수 있다.
③ 수증기 : 주요한 방해 요소는 수증기이고, 습도가 높은 측정지점에서는 실리카겔과 같은 건조제에 공기 시료를 통과시켜 영향을 최소화할 수 있다.
④ 이산화탄소 : 대기 중 이산화탄소 방해 영향은 그다지 크지 않으며 600 mg/m^{3}의 이산화탄소는 0.2 mg/m^{3}에 해당하는 값의 영향을 주게 되지만 소다석회를 사용하여 영향을 줄일 수 있다.
⑤ 탄화수소 : 대기 중 탄화수소는 보통 방해 요인이 되지 않으며, 325 mg/m^{3}의 메탄은 0.6 mg/m^{3}에 해당하는 값의 영향을 주게 된다.
⑥ 기타 간섭물질 : 이산화황, 질소산화물 등도 주요 간섭물질이다.

3. 표준가스/측정기기 교정가스/제로가스

① 질소 또는 공기 중의 일산화탄소 함유량 0.09 ppm 이하의 것을 사용한다.

4. 분석기기 및 기구/일산화탄소 측정장치

① 적외선광원 : 원칙적으로 니크롬선, 탄화규소 등 저항체에 전류를 흘려 가열한 것을 사용한다.
② 직선성(지시오차) : 최대 눈금값의 ± 5 % 이내

5. 분석기기 및 기구/교정장치

① 방향전환밸브의 조작으로 들어온 시료공기 중의 일산화탄소를 이산화탄소로 바꾸어 일산화탄소를 포함하지 않은 제로가스를 흘려보내게 된다. 약 90 ℃로 가열한 백금(platinum)이나 팔라듐(palladium) 여과지를 사용한다.
② 변환기는 보통 (0～200) ppm 농도의 일산화탄소를 0.1 ppm 보다 낮게 변환시키며, 교정 주기마다 점검하여 0.2 ppm 보다 초과되면 교체해야 한다.

09 실내공기 중 일산화탄소 측정방법 중 시료채취 및 관리에 대한 사항으로 틀린 것은? [제9회 2차 12번]

① 측정지점이 여러 곳일 경우에는 미리 장소별로 고유번호를 부여하여 측정 시 기록 등을 구별한다.
② 담배의 연소과정에서도 일산화탄소가 발생하여 실내공기질에 영향을 미치므로 흡연 장소 가까이 측정위치를 선정하여야 한다.

정답 08 ③ 09 ②

③ 전원을 넣고 일산화탄소 농도 지시값을 확인하여 충분한 안정화 시간을 갖는다.
④ 측정 중간에도 측정기기의 상태를 확인하여 고장 등 긴급한 상황 발생시에는 신속한 조치를 취해야 한다.

☑ **해설** ② 핵심포인트 1.⑥ 참고

핵심포인트

1. 시료채취 및 관리

① 여과지의 상태, 입력시간 및 날짜를 확인한다.
② 측정지점이 여러 곳일 경우에는 미리 장소별로 고유번호를 부여하여 측정 시 기록 등을 구별한다.
③ 시료 도입부에서 시료공기의 누출 여부와 측정기기의 유량과 압력을 확인한다.
④ 전원을 넣어 일산화탄소 농도의 지시값이 안정될 때까지 충분히 예열한다.
⑤ 시료채취 및 측정 중간에도 측정기기의 상태를 확인하여 고장 등 긴급한 상황 발생 시에는 신속히 조치를 취해야 한다.
⑥ 담배의 연소과정에서도 일산화탄소가 발생하므로, 흡연 장소를 피하여 측정위치를 선정하여야 한다.

10 **비분산적외선법으로 실내공기 중 일산화탄소 농도를 측정하는 분석기기의 교정주기에 대한 설명으로 모두 바르게 제시한 것은?** [제10회 17번]

㉠ 분석기를 처음 구매했을 때 한다.
㉡ 제로드리프트가 허용범위를 초과할 때 한다.
㉢ 감응특성에 영향을 주는 유지 보수를 했을 때 한다.
㉣ 분석기를 연속적으로 사용하는 경우는 정기적으로 한다.

① ㉠, ㉡　　② ㉠, ㉡, ㉢, ㉣
③ ㉡, ㉢, ㉣　　④ ㉡, ㉢

☑ **해설** ㉠, ㉡, ㉢, ㉣ 핵심포인트 1.①~④ 참고

11 **일산화탄소 측정기 정도관리 중 교정주기가 틀린 것은?** [정도관리 제8회 19번]

① 분석기를 처음 구매했을 때
② 감응 특성에 영향을 주는 유지 보수를 했을 때
③ 분석기를 간헐적으로 사용하는 경우에는 정기적으로 제로만 교정을 수행
④ 제로드리프트와 스팬드리프트가 허용범위를 초과할 때

☑ **해설** ③ 핵심포인트 1.③ 참고

핵심포인트

1. 정도보증 및 정도관리/측정기기 교정방법/교정 주기

① 분석기를 처음 구매했을 때
② 감응 특성에 영향을 주는 유지 보수를 했을 때
③ 각 시료채취의 전과 후 또는 분석기를 연속적으로 사용하는 경우에는 정기적으로 제로와 스팬교정을 수행
④ 제로드리프트와 스팬드리프트가 허용범위를 초과했을 때

정답 10 ② 11 ③

12 **비분산적외선법을 이용한 일산화탄소 측정기기의 제로드리프트를 평가하기 위해 측정기기에 제로가스를 설정유량으로 도입하여 8시간 연속측정한 결과, 제로가스 초기 지시값이 0.05 ppm이었고, 8시간 연속측정한 기간 동안 최대값이 0.06 ppm이었다면 제로드리프트는 몇 %인가?** [제9회 2차 5번], [제12회 20번]

① 17 %　　② 20 %

③ 83 %　　④ 120 %

문제풀이

① 주어진 조건 : 제로가스 초기지시값 0.05 ppm, 8시간 연소 측정한 기간동안 최대값 0.06 ppm

② 제로드리프트(%) : $\frac{|\bar{d}|}{\text{제로가스 초기지시값}} \times 100 = \frac{0.01}{0.05} \times 100 = 20\ \%$

핵심포인트

1. 정도보증/정도관리/측정기기 성능평가방법/제로드리프트

① 측정기기에 제로가스를 설정유량으로 도입하여 8시간 연속측정하며, 그 사이에 눈금값과 제로가스 초기 지시값과의 최대 변동폭을 구하고 다음 식에 따라 제로드리프트를 구한다.

② 계산식

$\text{제로드리프트(\%)} = \frac{|\bar{d}|}{\text{제로가스 초기지시값}} \times 100$	d : 제로가스 초기 지시값으로부터 최대 편차

13 **실내공기 중 일산화탄소 농도를 측정하였더니 1.803 mg/m^{3}이었다. 이때 측정 대상이 된 실내공기의 온도와 압력은 25 ℃, 1기압이다. 이 농도를 ppm으로 환산하면?** [제5회 18번]

① 1.574 ppm　　② 2.065 ppm

③ 1.002 ppm　　④ 3.245 ppm

문제풀이

① 주어진 조건 : 일산화탄소 농도 1.803 mg/m^3, 온도 25 ℃, 압력 1기압

② 온도와 압력은 표준상태와 같은 조건이므로 부피(m^3)는 보정할 필요가 없다.

③ 일산화탄소 농도(ppm) : $\frac{1.803\ \text{mg}}{\text{m}^3} \times \frac{\text{mol}}{28\ \text{kg}} \times \frac{24.45\ \text{m}^3}{\text{mol}} = 1.574\ \text{ppm}$

정답 12 ② 13 ①

21 [ES 02906.2b] 실내공기 중 일산화탄소 측정방법 – 전기화학식센서법

01 **다음은 실내공기 중 일산화탄소 측정방법인 비분산적외선법과 전기화학식센서법에 관한 내용으로 틀린 것은?** [제9회 5번]

① 비분산적외선법은 실내공기 중 일산화탄소농도를 측정하기 위한 주시험방법이다.
② 전기화학식센서법 측정기기의 성능사양은 측정범위가 0 ppm～100 ppm 이하, 분해능은 0.2 ppm 이하에 적합하여야 한다.
③ 비분산적외선법 성능사양의 스팬 드리프트는 최대 눈금값의 ± 2 % 이내이다.
④ 전기화학식센서법의 일산화탄소 변환기는 보통 0 ppm～200 ppm 농도의 일산화탄소를 0.1 ppm 보다 낮게 변환시킨다.

☑ **해설** ② 핵심포인트 2.① 참고

핵심포인트

1. 전기화학식센서법/개요/적용범위
① 실내공기 중 일산화탄소 농도를 측정하기 위한 부시험방법이다.

2. 전기화학식센서법/분석기기 및 기구/일산화탄소 측정장치/시료분석부/성능
① 측정범위는 (0～100) ppm 이하이며, 분해능은 0.1 ppm 이하이어야 한다.
② 제로드리프트는 최대 눈금값의 ± 2 % 이내
③ 스팬드리프트는 최대 눈금값의 ± 4 % 이내
④ 응답시간 : 2분 30초 이하

3. 정도보증 및 정도관리/보수점검/일산화탄소 변환기
① 변환기는 보통 (0～200) ppm 농도의 일산화탄소를 0.1 ppm 보다 낮게 변환시키며, 교정 주기마다 점검하여 0.2 ppm을 초과하면 교체해야 한다.

02 **일산화탄소 측정을 위한 전기화학식 센서의 구조를 설명한 것이다. 아래 괄호 안에 들어갈 것을 모두 바르게 제시한 것은?** [제10회 19번]

> 측정물질의 산화가 일어나는 (㉠), (㉠)에 외부로부터 전압을 걸어줄 때 기준이 되는 (㉡), (㉠)에서 흐르는 전류만큼의 대응 전류를 흘려줌으로써 평형을 유지시키는 (㉢)으로 구성된다.

① ㉠ 감응전극, ㉡ 상대전극, ㉢ 기준전극
② ㉠ 상대전극, ㉡ 기준전극, ㉢ 감응전극
③ ㉠ 감응전극, ㉡ 기준전극, ㉢ 상대전극
④ ㉠ 기준전극, ㉡ 감응전극, ㉢ 상대전극

핵심포인트

1. 분석기기 및 기구/일산화탄소 측정장치/전기화학식 센서원리
① 측정물질의 산화가 일어나는 [감응전극(sensing electrode)], [감응전극]에 외부로부터 전압을 걸어줄 때 기준이 되는 [기준전극(reference electrode)], [감응전극]에서 흐르는 전류만큼의 대응 전류를 흘려줌으로써 평형을 유지시키는 [상대전극(counter electrode)]으로 구성된다.

정답 01 ② 02 ③

03 **전기화학식센서법을 이용한 측정기기를 사용하여 실내공기 중 일산화탄소를 측정 시 방법검출한계는 0.1 ppm이라고 한다. 이 말의 의미로 옳은 것은?** [제11회 20번]

① 실내공기 중 일산화탄소 농도가 0.1 ppm 미만이면 측정이 불가능하다는 의미이다.
② 실내공기 중 일산화탄소 농도가 0.1 ppm 부근이면 측정이 가능하다는 의미이다.
③ 실내공기 중 일산화탄소 농도가 0.1 ppm이면 정량이 가능하다는 의미이다.
④ 실내공기 중 일산화탄소 농도가 0.1 ppm 보다 낮아야 정량이 가능하다는 의미이다.

핵심포인트

1. ES 02001.b 정도보증/정도관리/정도관리 요소/방법검출한계

① 방법검출한계(MDL, method detection limit) : 시료와 비슷한 매질 중에서 시험분석 대상을 검출할 수 있는 최소한의 농도로서, 제시된 정량한계 부근의 농도를 포함하도록 준비한 n개의 시료를 반복 측정하여 얻은 결과의 표준편차(s)에 99 % 신뢰도에서의 t-분포값을 곱한 것이다.
② 일반적으로 검출한계에 다다를 것으로 예상되는 농도를 7회 반복(자유도 6) 측정한 후 이 값의 표준편차에 3.14를 곱하여 산정한다.
③ 산출된 방법검출한계는 제시한 정량한계값 이하이어야 하며 검출한계 미만이면 불검출로 표시하고 측정이 불가능하다는 의미이다.

방법검출한계 $= t_{(n-1,\, a=0.01)} \times s$

자유도($n-1$)	2	3	4	5	6	7	8	9
t – 분포값	6.96	4.54	3.75	3.36	3.14	3.00	2.90	2.82

정답 03 ①

3장 악취 공정시험기준

1 악취방지법·시행령·시행규칙

01 **악취방지법상 지정악취물질이 아닌 것은?** [제9회 14번]

① 톨루엔 ② 에틸벤젠
③ 자일렌 ④ 황화수소

☑ **해설** ② 핵심포인트 1. <표> 참고 ; 에틸벤젠은 휘발성유기화합물질이지만 악취방지법상 지정악취물질은 아니다.

02 **대기환경 중에 존재하는 휘발성유기화합물 중 악취방지법상 지정악취물질이 아닌 것은?** [제5회 33번]

① 톨루엔(Toluene) ② 에틸벤젠(Ethylbenzene)
③ 자일렌(Xylene) ④ 스타이렌(Styrene)

☑ **해설** ② 핵심포인트 1. <표> 참고 ; 에틸벤젠은 휘발성유기화합물질이지만 악취방지법상 지정악취물질은 아니다.

03 **다음 물질 중 지정악취물질에 해당하지 않는 것은?** [제7회 18번]

① 암모니아 ② 자일렌
③ 폼알데하이드 ④ 뷰틸아세테이트

☑ **해설** ③ 핵심포인트 1. <표> 참고 ; 카르보닐(알데하이드류) 화합물 중 폼알데하이드는 지정악취물질이 아니다.

핵심포인트

1. 악취방지법 시행규칙/제2조 지정악취물질

〈표〉 지정악취물질 현황

구분	적용시기			
	2005년 2월 10일부터		2008년 1월 1일부터	2010년 1월 1일부터
항목	1. 암모니아 2. 메틸메르캅탄 3. 황화수소 4. 다이메틸설파이드 5. 다이메틸다이설파이드 6. 트라이메틸아민	7. 아세트알데하이드 8. 스타이렌 9. 프로피온알데하이드 10. 뷰틸알데하이드 11. n-발레르알데하이드 12. i-발레르알데하이드	13. 톨루엔 14. 자일렌 15. 메틸에틸케톤 16. 메틸아이소뷰틸케톤 17. 뷰틸아세테이트	18. 프로피온산 19. n-뷰틸산 20. n-발레르산 21. i-발레르산 22. i-뷰틸알코올

정답 01 ② 02 ② 03 ③

04 괄호 안에 들어갈 내용으로 모두 옳은 것은? [제9회 11번]

> 스타이렌은 악취방지법에 단일 악취물질로서 지정악취물질로 정하고 있으며, 배출허용기준은 공업지역 (㉠) ppm 이하, 기타지역 (㉡) ppm 이하, 엄격한 배출허용기준은 (㉢) ppm 이다.

① ㉠ 0.5, ㉡ 0.3, ㉢ 0.4~0.6
② ㉠ 0.6, ㉡ 0.4, ㉢ 0.4~0.8
③ ㉠ 0.7, ㉡ 0.3, ㉢ 0.4~0.6
④ ㉠ 0.8, ㉡ 0.4, ㉢ 0.4~0.8

☑ **해설** ④ 핵심포인트 1.① ㉡ '스타이렌' 참고

핵심포인트

1. 악취방지법 시행규칙/제8조 배출허용기준

① 배출허용기준 및 엄격한 배출허용기준의 설정범위(제8조제1항, 별표 3)

㉠ 복합악취

구분	배출허용기준(희석배수)		엄격한 배출허용기준의 범위(희석배수)	
	공업지역	기타 지역	공업지역	기타 지역
배출구	1000 이하	500 이하	500~1000	300~500
부지경계선	20 이하	15 이하	15~20	10~15

㉡ 지정악취물질

구분	배출허용기준(ppm)		엄격한 배출허용 기준의 범위(ppm)	적용시기
	공업지역	기타 지역	공업지역	
암모니아	2 이하	1 이하	1~2	2005년 2월 10일부터
메틸메르캅탄	0.004 이하	0.002 이하	0.002~0.004	
황화수소	0.06 이하	0.02 이하	0.02~0.06	
다이메틸설파이드	0.05 이하	0.01 이하	0.01~0.05	
다이메틸다이설파이드	0.03 이하	0.009 이하	0.009~0.03	
트라이메틸아민	0.02 이하	0.005 이하	0.005~0.02	
아세트알데하이드	0.1 이하	0.05 이하	0.05~0.1	
스타이렌	0.8 이하	0.4 이하	0.4~0.8	
프로피온알데하이드	0.1 이하	0.05 이하	0.05~0.1	
뷰틸알데하이드	0.1 이하	0.029 이하	0.029~0.1	
n-발레르알데하이드	0.02 이하	0.009 이하	0.009~0.02	
i-발레르알데하이드	0.006 이하	0.003 이하	0.003~0.006	
톨루엔	30 이하	10 이하	10~30	2008년 1월 1일부터
자일렌	2 이하	1 이하	1~2	
메틸에틸케톤	35 이하	13 이하	13~35	
메틸아이소뷰틸케톤	3 이하	1 이하	1~3	
뷰틸아세테이트	4 이하	1 이하	1~4	
프로피온산	0.07 이하	0.03 이하	0.03~0.07	2010년 1월 1일부터
n-뷰틸산	0.002 이하	0.001 이하	0.001~0.002	
n-발레르산	0.002 이하	0.0009 이하	0.0009~0.002	
i-발레르산	0.004 이하	0.001 이하	0.001~0.004	
i-뷰틸알코올	4.0 이하	0.9 이하	0.9~4.0	

정답 04 ④

2 [ES 09000.a] 총칙

01 악취공정시험기준에 관한 설명 중 옳지 않은 것은? [제7회 10번], [제10회 2번]

① 배출허용기준 및 엄격한 배출허용기준의 초과 여부를 판정하기 위한 악취의 측정은 공기희석관능법으로 복합악취를 측정하는 것을 원칙으로 한다.

② 악취물질 배출 여부를 확인할 필요가 있는 경우에는 공기희석관능법으로 복합악취를 측정한다.

③ 복합악취 측정을 위한 시료의 채취는 배출구와 부지경계선 및 피해지점에서 실시하는 것을 원칙으로 한다.

④ 지정악취물질의 시료는 부지경계선 및 피해지점에서 채취한다.

☑ **해설** ② 핵심포인트 1.② 참고

02 악취공정시험기준에 관한 설명으로 틀린 것은? [제8회 4번]

① 악취는 순간적으로 발생하는 감각공해로 특정한 악취물질의 연속적인 측정이 필요한 경우에 현장연속측정장치를 활용한다.

② 악취관리지역의 주변에서 악취의 주기적, 연속적인 측정을 위하여 현장연속측정장치를 설치하여 측정분석 할 수 있다.

③ 측정된 결과는 악취관리지역 및 발생원의 관리자료로 활용할 수 있다.

④ 배출허용기준의 초과여부를 판정하기 위한 악취의 측정은 지정악취물질을 측정하는 것을 원칙으로 한다.

☑ **해설** ④ 핵심포인트 1.② 참고

핵심포인트

1. 개요/적용범위

① 악취방지법 제4조의 악취실태조사, 시행규칙 제6조의 악취관리지역의 지정기준, 제17조 사업장 악취검사 시료분석, 시행규칙 제8조 별표3의 배출허용기준 및 엄격한 배출허용기준의 적합여부와 악취취약지역에서의 악취 오염정도를 공정시험기준의 규정에 의하여 시험·판정한다.

② 배출허용기준 및 엄격한 배출허용기준의 초과여부를 판정하기 위한 악취의 측정은 공기희석관능법을 이용하여 복합악취를 측정하는 것을 원칙으로 하며, 악취물질배출여부를 확인할 필요가 있는 경우에는 기기분석법에 의해 지정악취물질을 측정한다.

③ 악취는 순간적으로 발생하는 감각공해로 연속적인 측정이 필요한 경우에 연속측정방법을 활용하고, 악취관리지역의 주변에서 악취의 주기적, 연속적인 측정을 위하여 연속측정장치를 설치하여 측정·분석할 수 있으며 측정된 결과는 악취관리지역 및 발생원의 관리데이터로 활용할 수 있다.

④ 복합악취 측정을 위한 시료의 채취는 배출구와 부지경계선 및 피해지점에서 실시하는 것을 원칙으로 하며, 기기분석법에 의한 지정악취물질 측정을 위한 시료의 채취는 부지경계선 및 피해지점에서 채취한다.

정답 01 ② 02 ④

03 **악취시료의 농도 산출에 사용되는 시료공기의 기준 상태는?** [제8회 15번]

① 0 ℃, 1기압　　② 20 ℃, 2기압
③ 25 ℃, 1기압　　④ 30 ℃, 2기압

☑ **해설** ③ 핵심포인트 1.④ 참고

04 **악취공정시험기준의 단위, 기호, 농도 및 온도 표시방법으로 옳은 것은?** [제10회 2차 2번]

① 악취농도를 공기희석관능법에 의한 희석배수로 나타날 때는 희석배수 산정방법에 따라 소수점 첫째자리까지 계산한다.
② 기체중의 농도는 표준상태인 0 ℃, 1기압으로 환산하여 표시한다.
③ 상온은 1 ℃~35 ℃, 실온은 15 ℃~25 ℃로 하고, 찬 곳은 따로 규정이 없는 한 0 ℃ 이하의 곳을 뜻한다.
④ ppm, ppb, ppt와 같은 분율은 배출허용기준에서 사용되고 있어 악취방지법 시행령이 개정될 때까지 함께 사용되지 못한다.

☑ **해설** ② 핵심포인트 1.④ 참고, ③ 핵심포인트 2.② 참고, ④ 핵심포인트 1.③ 참고

필기 03 악취 공정시험기준

핵심포인트

1. 표시방법/농도

① 악취농도를 공기희석관능법에 의한 희석배수로 나타낼 때는 희석배수 산정방법에 따라 소수점 첫째자리까지 계산하고 결과는 소수점 이하는 절삭하고(버리고) 정수로 나타낸다.
② 농도표시는 물질(mole)의 비율로 나타내는 것을 원칙으로 한다. 작은 농도는 소수와 배수를 이용해서 나타내거나, 그 소수나 배수에 해당하는 기호를 사용하여 표시한다.
③ 백만분율(ppm, parts per million), 십억분율(ppb, parts per billion)과 조분율(ppt, parts per trillion)과 같은 분율은 배출허용기준 및 엄격한 배출허용기준에서 사용되고 있어 악취방지법 시행령이 개정될 때까지 함께 사용한다. 분율의 기호를 사용할 때에는 어떤 분율인지 반드시 분율 기호 앞에 표시한다. 기체일 때는 mol/mol, 부피 대 부피 백만분율(v/v ppm) 혹은 무게 대 부피 백만분율(w/v ppm), 액체일 때는 mol/mol 혹은 무게 대 무게 백만분율(w/w ppm), 무게 대 부피 백만분율(w/v ppm)로 표시한다.
④ 기체 중의 농도는 표준상태(25 ℃, 1기압)로 환산하여 표시한다.

2. 표시방법/온도의 표시

① 온도의 표시는 셀시우스(Celsius) 법에 따라 아라비아 숫자의 오른쪽에 ℃를 붙인다. 절대온도는 K로 표시하고 절대온도 0 K는 −273 ℃로 한다.
② 표준온도는 25 ℃, 상온은 (15~25) ℃, 실온은 (1~35) ℃로 하고, 찬 곳은 따로 규정이 없는 한 (0~15) ℃의 곳을 뜻한다.
③ 냉수는 15 ℃ 이하, 온수는 (60~70) ℃, 열수는 약 100 ℃를 말한다.
④ 각각의 시험은 따로 규정이 없는 한 상온에서 조작 직후에 그 결과를 관찰한다.

05 **악취공정시험방법 시험의 기재 및 용어에 관한 설명으로 틀린 것은?** [제6회 8번]

① '항량이 될 때까지 건조한다 또는 강열한다.'라 함은 규정된 건조온도에서 1시간 더 건조 또는 강열할 때 전후 무게의 차가 매 g당 0.1 g 이하일 때를 뜻한다.
② '감압 또는 진공'이라 함은 따로 규정이 없는 한 15 mmHg 이하를 뜻한다.

정답 03 ③ 04 ① 05 ①

③ '바탕 시험을 하여 보정한다.'라 함은 시료에 대한 처리 및 측정을 할 때, 시료를 사용하지 않고 같은 방법으로 조작한 측정치를 빼는 것을 뜻한다.

④ 시험 조작 중 '즉시'란 30초 이내에 표시된 조작을 하는 것을 뜻한다.

☑ **해설** ① 핵심포인트 1.⑮ 참고

06 **'용기'의 종류에 대한 설명 중 틀린 것은?** [제8회 5번]

① '밀폐용기'라 함은 내용물이 손상되더라도 압력이 손실되지 않도록 보호하는 용기

② '기밀용기'는 외부로부터 공기 또는 다른 기체가 침입되지 않도록 내용물을 보호하는 용기

③ '밀봉용기'는 기체 또는 미생물이 침입하지 않도록 내용물을 보호하는 용기

④ '차광용기'는 광선이 투과되지 않는 갈색용기 또는 투과하지 않게 포장을 한 용기

☑ **해설** ① 핵심포인트 1.⑪ 참고

07 **용기에 대한 설명으로 옳은 것은?** [제10회 18번]

① '밀봉용기'라 함은 물질을 취급 또는 보관하는 동안에 기체 또는 미생물이 침입하지 않도록 내용물을 보호하는 용기이다.

② '밀폐용기'라 함은 광선이 투과되지 않는 갈색용기 또는 투과하지 않게 포장을 한 용기이다.

③ '차광용기'라 함은 물질을 취급 또는 보관하는 동안에 외부로부터 공기 또는 다른 기체가 침입하지 않도록 내용물을 보호하는 용기이다.

④ '기밀용기'라 함은 물질을 취급 또는 보관하는 동안에 이물이 들어가거나 내용물이 손상되지 않도록 보호하는 용기이다.

☑ **해설** ② 핵심포인트 1.⑭ 참고, ③ 핵심포인트 1.⑫ 참고, ④ 핵심포인트 1.⑪ 참고

08 **악취공정시험기준상 관련 용어에 관한 설명으로 옳은 것은?** [제9회 2차 16번]

① '밀폐용기'라 함은 물질을 취급 또는 보관하는 동안에 외부로부터의 공기 또는 다른 기체가 침입하지 않도록 내용물을 보호하는 용기를 뜻한다.

② 시험 조작 중 '즉시'란 10초 이내에 표시된 조작을 하는 것을 뜻한다.

③ '정량적으로 씻는다'라 함은 어떤 조작으로부터 다음 조작으로 넘어갈 때 사용한 비커, 플라스크 등의 용기 및 여과막 등에 부착한 정량대상 성분을 사용한 용매로 씻어 그 세액을 합하고 먼저 사용한 같은 용매를 채워 일정 용량으로 하는 것으로 뜻한다.

④ '이상', '초과', '이하', '미만'이라고 기재하였을 때 이(以)자가 쓰인 쪽은 어느 것이나 기산점 또는 기준점인 숫자를 포함하며, 'a－b'라 표시한 것은 'a 초과 b 미만'임을 뜻한다.

☑ **해설** ① 핵심포인트 1.⑫ 참고, ② 핵심포인트 1.③ 참고, ④ 핵심포인트 1.⑤ 참고

정답 06 ① 07 ① 08 ③

09 악취공정시험기준에서 정의하고 있는 용어 및 단어에 대한 설명으로 틀린 것은? [제11회 1번]

① '무취공기'란 오염되지 않은 공기를 무취공기 제조장치의 정제수, 실리카겔 및 활성탄으로 정제하여 냄새를 인지하지 못하는 공기를 뜻한다.

② 용액의 산성, 중성, 또는 알칼리성을 검사할 때는 따로 규정이 없는 한 유리전극법에 의한 pH 측정기로 측정하고 구체적으로 표시할 때는 pH 값을 쓴다.

③ '차광용기'란 물질을 취급 또는 보관하는 동안에 기체 또는 미생물이 침입하지 않도록 내용물을 보호하는 용기를 뜻한다.

④ 시료의 시험, 바탕시험 및 표준액에 대한 시험을 일련의 동일시험으로 행할 때, 사용하는 시약 또는 시액은 동일 로트(lot)로 조제된 것을 사용한다.

☑ **해설** ③ 핵심포인트 1.⑬ 참고 ; 차광용기는 핵심포인트 1.⑭ 참고

핵심포인트

1. 관련단어·용어

① '무취공기'란 오염되지 않은 공기를 무취공기 제조장치의 정제수, 실리카겔 및 활성탄으로 정제하여 냄새를 인지하지 못하는 공기를 뜻한다.

② '판정요원'이란 소정의 냄새 강도와 냄새질 시험을 통과한 표준적인 냄새지각 능력을 갖춘 사람을 말한다.

③ 시험조작 중 '즉시'란 30초 이내에 표시된 조작을 하는 것을 뜻한다.

④ '감압 또는 진공'이라 함은 따로 규정이 없는 한 15 mmHg 이하를 뜻한다.

⑤ '이상', '초과', '이하', '미만'이라고 기재하였을 때 이(以)자가 쓰인 쪽은 어느 것이나 기산점 또는 기준점인 숫자를 포함하며, '미만' 또는 '초과'는 기산점 또는 기준점의 숫자는 포함하지 않는다. 또 'a~b'라 표시한 것은 'a 이상 b 이하'임을 뜻한다.

⑥ '바탕시험을 하여 보정한다'라 함은 시료에 대한 처리 및 측정을 할 때, 시료를 사용하지 않고 같은 방법으로 조작한 측정치를 빼는 것을 뜻한다.

⑦ 시료의 시험, 바탕시험 및 표준액에 대한 시험을 일련의 동일시험으로 행할 때, 사용하는 시약 또는 시액은 동일 로트(lot)로 조제된 것을 사용한다.

⑧ '정량적으로 씻는다' 함은 어떤 조작으로부터 다음 조작으로 넘어갈 때 사용한 비커, 플라스크 등의 용기 및 여과막 등에 부착한 정량대상 성분을 사용한 용매로 씻어 그 씻어낸 용액을 합하고 먼저 사용한 같은 용매를 채워 일정부피로 하는 것을 뜻한다.

⑨ 용액의 산성, 중성, 또는 알칼리성을 검사할 때는 따로 규정이 없는 한 유리전극법에 의한 pH 측정기로 측정하고 구체적으로 표시할 때는 pH 값을 쓴다.

⑩ '용기'라 함은 시험용액 또는 시험에 관계된 물질을 보존, 운반 또는 조작하기 위하여 넣어두는 것으로 시험에 지장을 주지 않도록 깨끗한 것을 뜻한다.

⑪ '밀폐용기'라 함은 물질을 취급 또는 보관하는 동안에 이물이 들어가거나 내용물이 손실되지 않도록 보호하는 용기를 뜻한다.

⑫ '기밀용기'라 함은 물질을 취급 또는 보관하는 동안에 외부로부터 공기 또는 다른 기체가 침입하지 않도록 내용물을 보호하는 용기를 뜻한다.

⑬ '밀봉용기'라 함은 물질을 취급 또는 보관하는 동안에 기체 또는 미생물이 침입하지 않도록 내용물을 보호하는 용기를 뜻한다.

⑭ '차광용기'라 함은 광선이 투과되지 않는 갈색용기 또는 투과하지 않게 포장을 한 용기로서 취급 또는 보관하는 동안에 내용물의 광화학적 변화를 방지할 수 있는 용기를 뜻한다.

⑮ '항량이 될 때까지 건조한다 또는 강열한다'라 함은 규정된 건조온도에서 1시간 더 건조 또는 강열할 때 전후 무게의 차가 매 g당 0.3 mg 이하일 때를 뜻한다.

정답 09 ③

3 [ES 09001.a] 정도보증/정도관리

01 7차례의 분석 실험결과 3.0 ppm, 3.2 ppm, 3.2 ppm, 3.5 ppm, 3.5 ppm, 3.6 ppm, 3.7 ppm의 결과를 얻었다. 상대표준편차(%)는? [제5회 31번]

① 약 4.50 %
② 약 5.50 %
③ 약 6.50 %
④ 약 7.50 %

문제풀이

① 주어진 조건 : 7회 분석결과(ppm) 3.0, 3.2, 3.2, 3.5, 3.5, 3.6, 3.7
② 평균 ($\overline{x}$) : 3.4
③ 표준편차(s) : $\sqrt{\dfrac{\sum_{i=1}^{x}(x_i-\overline{x})^2}{n-1}}=0.254$
④ 상대표준편차(RSD, %) : $\dfrac{s}{\overline{x}}\times 100=\dfrac{0.254}{3.4}\times 100 \fallingdotseq 7.50\ \%$

핵심포인트

1. 정도관리 요소/정밀도

① 정밀도(precision)는 시험분석 결과의 반복성을 나타내는 것으로 반복 시험하여 얻은 결과를 상대표준편차(RSD, relative standard deviation)로 나타내며, 연속적으로 n회 측정한 결과의 평균값($\overline{x}$)과 표준편차(s)로 구한다.

상대표준편차(%) = $\dfrac{s}{\overline{x}}\times 100$

02 검교정을 하지 않아도 될 유리기구는? [제5회 35번]

① 용량플라스크
② 피펫
③ 뷰렛
④ 시험관

☑ **해설** ④ 부피 눈금이 없는 시험관은 검교정을 하지 않아도 된다.

핵심포인트

1. 환경시험검사 QAQC 핸드북/부록1 측정기의 교정대상 및 주기

① 부피(Volume) 교정기기 : 뷰렛, 피펫, 플라스크, 실린더, 정밀부피병, 표준부피병

정답 01 ④ 02 ④

4 [ES 09002.a] 정도관리 유의사항

01 **다음 중 현장 공시험(travel blank)에 대한 설명으로 틀린 것은?** [제9회 17번]

① 이송 중 오염이 없을 경우는 측정값에서 조작 blank 값을 빼서 농도를 계산한다.
② travel blank 값이 조작 blank 값보다 클 경우 측정값에서 travel blank 값을 빼서 농도를 계산한다.
③ travel blank 값 > 조작 blank 값은 시료의 이송 중 오염이 있다는 것을 의미한다.
④ travel blank 값과 조작 blank 값이 같을 때에는 이송 중에 오염이 있다고 가정한다.

☑ **해설** ④ 핵심포인트 1.① 참고

02 **악취시료 측정분석과정에서 측정값에 문제가 있기 때문에 재측정하거나 잘못된 측정으로 취급하는 경우가 아닌 것은?** [제9회 9번]

① 분석기기의 감도 변동이 큰 경우
② travel blank 값이 커서 시료의 오염이 있는 경우
③ 2중 측정결과가 크게 다른 경우
④ 현장 공시험값의 평균값(e)이 조작 blank 값(a)과 동등(같다)하다고 간주할 경우

☑ **해설** ④ 핵심포인트 1.① 참고

핵심포인트

1. 내부정도관리 수행

① 이송 중에 오염이 없는 경우(현장바탕시료 값 < 조작바탕시료 값)
현장바탕시료 값의 평균(e)이 조작바탕시료 값(a)과 동등하다고 간주할 수 있을($a \fallingdotseq e$)시에는 이송 중의 오염은 무시할 수 있다. ⇒ 측정값으로부터 조작바탕시료 값(a)을 공제하여 농도를 계산한다.

② 이송 중에 오염이 있는 경우(현장바탕시료 값 > 조작바탕시료 값)
㉠ 현장바탕시료 값을 측정했을 때의 표준편차(s)로부터 구한 정량한계 값($10s$)의 배출가스 농도를 환산한 값(f)이 억제 기준값의 1/10(c) 이하($f < c$)일 때에는, 측정값으로부터 현장 바탕시료 값의 평균(e)을 공제해 농도를 계산한다.
㉡ 현장바탕시료 값에 의한 정량한계 값(f)이 억제 기준값의 1/10(c) 보다 크고($f > c$), 시료의 측정값(d)이 현장바탕시료 값의 평균(e)의 정량한계 값 이상(f)일 때($d \geq f$)에는, 측정값(d)으로부터 현장바탕시료 값의 평균(e)을 공제해 농도를 계산한다.
㉢ 현장바탕시료 값에 의한 정량한계 값(f)이 억제 기준값의 1/10(c)보다 크고($f > c$), 시료의 측정값(d)이 현장바탕시료 값에 의한 정량한계 값(f)보다 작은($d < f$) 경우에는 측정값의 신뢰성에 문제가 있다. 이와 같은 경우 원칙적으로 잘못된 측정으로 취급하여, 오염의 원인을 발견하여 없앤 후 다시 시료를 채취한다.
㉣ 시료가스가 극히 고농도로 오염이 있어서 문제가 되지 않다고 생각되는 경우, 현장바탕시료의 확인을 생략할 수 있다.
㉤ 시료채취 및 분석측정에서의 종합적인 신뢰성을 확보하기 위해 동일조건으로 채취한 2곳 이상의 시료에 대해서 똑같이 분석하고, 정량한계 이상농도의 측정대상물질에 대해 양자의 차가 30 % 이하임을 확인한다.
㉥ 차가 클 때는 측정값의 신뢰성에 문제가 있기 때문에 원칙으로 잘못된 측정으로 취급한다. 이와 같은 경우에는 채취유속, 계의 누설유무, 분석기기의 안정성 등 여러 가지 필요사항에 대해 점검, 개선한 후, 다시 한 번 시료를 측정한다.

정답 01 ④ 02 ④

5 [ES 09003.a] 기록관리 유의사항

01 악취시료 분석 시 시료분석절차상 규정되어 있지 않는 것은? [제8회 17번]

① 일상적 점검, 조정기록 ② 표준물질의 제조사 및 Traceability
③ 분석기기의 측정조건 설정과 결과 ④ 분석기기의 가격 및 시험방법

☑ **해설** ④ 핵심포인트 1.① ㉣ 참고

핵심포인트

1. 정도관리에 관한 정리사항

① 시료분석절차상 규정되어 있는 것
㉠ 일상적인 점검, 조정 기록(장치의 교정 등)
㉡ 표준물질의 제조사 및 소급성(traceability)
㉢ 분석기기의 측정조건 설정과 결과
㉣ 분석기기의 종류 및 시험방법

02 다음 중 악취 측정의 정도보증/정도관리에서 표준작업 순서(SOPs)에 해당되는 항목 중 옳지 않은 것은? [제7회 12번]

① 시료채취용 시약류의 준비, 정제, 보관 및 취급방법
② 시료채취장치의 조립이나 기기, 기구의 교정, 조작방법
③ 시료채취 장소의 선정 및 시료채취 기간
④ 시료농도 산출에 사용되는 측정분석결과의 데이터 처리방법 및 결과

☑ **해설** ③은 표준작업순서(SOPs)와 관계없다.

핵심포인트

1. 표준작업순서(SOPs) 작성

① 시료채취용 시약류의 준비, 정제, 보관 및 취급방법
② 분석용 시약, 표준물질 등의 준비, 보관 및 취급방법
③ 시료채취장치의 조립이나 기기, 기구의 교정, 조작방법
④ 분석기기의 측정조건 설정, 조정, 조작순서
⑤ 측정조작의 모든 공정의 기록(사용하는 컴퓨터의 하드 및 소프트를 포함한다)
⑥ 시료농도 산출에 사용되는 측정분석결과 데이터의 처리방법 및 결과

정답 01 ④ 02 ③

6 [ES 09130.a] 시료채취와 보관

01 악취 측정의 정도 관리에서 시료채취용 기재의 준비와 보관에 대한 설명 중 옳지 않은 것은?

[제6회 6번]

① 시료채취에 사용되는 주머니는 미리 제로가스(VOC－free gas)를 충전하여 GC 등에 의해 분석하고, 오염이 없는 것을 확인한다.
② 고체흡착관은 충분히 물로 세척하여 깨끗하게 해 둔다.
③ 온도계와 압력계는 항상 정상 상태를 유지해야 한다.
④ DNPH 카트리지에 의한 시료채취는 공기 중에 사전 노출되어 오염되지 않도록 밀봉 보관되어 있는 상태를 유지하고 있어야 하며 시료채취시에 개봉하여 사용한다.

☑ **해설** ② 핵심포인트 1.③ 참고

02 악취공정시험기준에 따른 시료채취용 기재 및 장치의 준비에 관한 설명으로 틀린 것은?

[제11회 3번]

① 흡착관 채취법으로 사용하는 흡착관은 열을 가하지 않고 고순도 질소 혹은 공기(순도 99.999 % 이상)로 충분히 세척하여 깨끗하게 해둬야 하며, 오염이 없는 것이 확인된 흡착관은 끝을 테플론 등의 불소수지 마개를 이용하여 밀봉한 상태로 보관한다.
② 시료채취에 사용되는 시료주머니는 충분히 세척하고 미리 고순도 질소 혹은 공기(순도 99.999 % 이상)를 충전하여 기체크로마토그래피 등으로 분석하여 오염이 없는 것을 확인한 후 고순도 질소 혹은 공기를 빼낸 후 밀봉하여 보관한다.
③ DNPH 카트리지에 의한 시료채취는 밀봉 및 보관상태를 유지하고 있어야 하며, 시료채취 시에 개봉하여 사용한다.
④ 시료채취에 있어서는 장치를 조립한 후, 시료로 채취장치를 세정·치환하고 기구 등에 의한 오염이나 흡착을 줄여주고 장치가 새지 않음을 확인한다.

☑ **해설** ① 핵심포인트 1.③ 참고

03 공기희석관능법에 사용되는 무취공기의 오염 유무는 어떤 물질을 측정하여 확인하는가?

[정도관리 제6회 15번]

① 총 이산화탄소의 양　　② 총 질소의 양
③ 총 수소의 양　　④ 총 탄화수소의 양

☑ **해설** ④ 핵심포인트 1.⑤ 참고

핵심포인트

1. **시료채취/시료채취용 기재의 준비**
① **시료주머니 채취법** : 시료채취에 사용되는 시료주머니는 충분히 세척하고 미리 고순도 질소 혹은 공기(순도 99.999% 이상)를 충전하여 기체크로마토그래피 등으로 분석하여 오염이 없는 것을 확인하며, 오염이 없는 것을 확인한 주머니는 고순도 질소 혹은 공기를 빼낸 후 밀봉하여 보관한다.
② **DNPH 카트리지 채취법** : DNPH 카트리지는 공기 중에 사전 노출되어 오염되지 않도록 밀봉 보관상태를 유지하고 있어야 하며 시료채취 시에 개봉하여 사용한다. 시료의 분석 전에 시험과정과 같은 방

정답 01 ② 02 ① 03 ④

법으로 추출용매를 사용하여 시료의 시험과 같은 과정을 거쳐 분석하며, 그 결과 대상물질의 판정에 영향에 대한 것을 확인하고 이에 대한 영향을 배제하여야 한다.

③ **흡착관 채취법** : 사용하는 흡착관은 충분히 열세척(thermal conditioning)하여 깨끗하게 해 두며, 미리 몇 개의 흡착관에 대해 기체크로마토그래피 등에 의해 분석하고, 오염이 없는 것을 확인한다. 열세척하여 오염이 없는 것이 확인된 흡착관은 끝을 테플론 등의 불소수지 마개를 이용하여 밀봉한 상태로 보관한다.

④ **온도 및 압력의 측정** : 시료의 농도 산출 시 필요한 시료채취 당시의 현장 온도와 기압을 측정하기 위하여 온도계와 압력계를 항상 정상 상태로 유지하여야 한다.

⑤ **무취공기 확인** : 공기희석관능법에 사용되는 무취공기의 총 탄화수소류의 양(톨루엔 환산농도, toluene equivalent)을 일정주기로 측정하여 가급적 무취공기의 오염여부를 확인하도록 한다.

04 악취시료채취기록부에 기록해야 할 사항으로 올바르게 짝지은 것은? [제10회 1번]

㉠ 시료채취자 의견(현황, 시료채취사항)	㉡ 시료채취 지점(높이, 공정 및 시설)
㉢ 시료채취주머니의 종류	㉣ 현장시료채취 냄새 강도

① ㉠, ㉡, ㉢, ㉣
② ㉠, ㉡, ㉣
③ ㉡, ㉢, ㉣
④ 없음

핵심포인트

1. 악취시료채취기록표

〈표〉 악취시료 채취기록표

(1) 시료채취일시(시간)	2020 . . . (시간 : 시 분 ~ 시 분 까지)				
(2) 시료채취자 인적사항	① 소 속	② 직 명	③ 성 명	④ 성 별	
(3) 시료채취업소	① 업 소 명				
	② 소 재 지				
(4) 공장의 조업상태					
(5) 시료채취 시 기상상태	① 날 씨		② 기 온		③ 풍 향
	④ 풍 속		⑤ 기타 기상상태		
(6) 시료채취 지점	① 채취지점(높이, m)	② 공정 및 시설			
(7) 시료채취주머니 종류					
(8) 시료채취자 의견(사업장, 현황, 시료채취사항 등)					
(9) 현장시료채취 냄새강도	① 냄새가 느낄 수 없다. ② 무슨 냄새인지 알 수 없으나, ( )한 냄새가 느껴진다. ③ 무슨 냄새인지 알 수 없으나 복합적으로 여러 물질이 혼합되어 나타나는 냄새로 ( )한 냄새를 느낄 수 있다. ④ ( )한 냄새를 느낄 수 있으나 어떤 물질인지는 알 수가 없고, 심미적으로 혐오감을 느낀다. ⑤ 강한 혐오감을 느낀다. ⑥ 기타( )				
(10) 냄새의 주성분					
(11) 기타 사항					

정답 04 ①

05 지정악취물질 시료채취기록표에 기록해야 할 사항으로 옳은 것은? [제11회 2번]

> ㉠ 시료채취시 기상상태(날씨, 기온, 풍향, 풍속)
> ㉡ 시료채취자 인적사항(소속, 직명, 성명)
> ㉢ 채취방법 및 유량(유속)
> ㉣ 현장시료채취 냄새강도

① ㉠, ㉡, ㉢, ㉣　② ㉠, ㉡, ㉢
③ ㉡, ㉢, ㉣　④ 없음

☑ **해설** ㉣ 4번 문제 핵심포인트 <표> 악취시료 채취기록표에 기록해야 할 사항이다.

핵심포인트

1. 지정악취물질 시료채취기록부

〈표〉 지정악취물질 시료채취기록표

<table>
<tr><td>(1) 시료채취일시(시간)</td><td colspan="5">2022 . . . (시간 : 시 분 ~ 시 분 까지)</td></tr>
<tr><td rowspan="3">(2) 시료채취자, 인적사항</td><td>① 소 속</td><td colspan="2">② 직 명</td><td colspan="2">③ 성 명</td></tr>
<tr><td></td><td colspan="2"></td><td colspan="2"></td></tr>
<tr><td></td><td colspan="2"></td><td colspan="2"></td></tr>
<tr><td rowspan="2">(3) 시료채취업소</td><td>① 업 소 명</td><td colspan="4"></td></tr>
<tr><td>② 소 재 지</td><td colspan="4"></td></tr>
<tr><td rowspan="2">(4) 시료채취장소</td><td>① 위 치</td><td colspan="4"></td></tr>
<tr><td>② 특 징</td><td colspan="4"></td></tr>
<tr><td rowspan="2">(5) 시료채취 시 기상상태</td><td>① 날 씨</td><td>② 기 온</td><td>③ 풍 향</td><td>④ 풍 속</td><td>⑤ 기타 사항</td></tr>
<tr><td></td><td>℃</td><td></td><td>m/s</td><td>–</td></tr>
<tr><td>(6) 검사항목</td><td>암모니아</td><td>황화합물</td><td colspan="2">트라이메틸아민</td><td>알데하이드류</td></tr>
<tr><td>채취방법</td><td>임핀저</td><td></td><td colspan="2"></td><td>DNPH 카트리지</td></tr>
<tr><td>유량(유속)</td><td></td><td></td><td colspan="2"></td><td></td></tr>
<tr><td>(6) 검사항목</td><td>스타이렌</td><td>VOCs</td><td colspan="2">지방산류</td><td></td></tr>
<tr><td>채취방법</td><td></td><td>고체흡착관</td><td colspan="2"></td><td></td></tr>
<tr><td>유량(유속)</td><td></td><td></td><td colspan="2"></td><td></td></tr>
<tr><td>(8) 기타 사항</td><td colspan="5"></td></tr>
</table>

정답 05 ②

7 [ES 09301.b] 공기희석관능법

01 **악취의 공기희석관능법에 관한 설명으로 틀린 것은?** [제8회 2번]

① 복합악취의 측정은 공기희석관능법을 원칙으로 한다.
② 사업장 안에 높이 5 m 이상의 일정한 악취배출구와 다른 악취발생원이 혼재할 경우 부지경계선에서만 채취한다.
③ 제조된 무취공기는 공기희석관능법에 따라 판정요원으로 선정된 5명이 시험하였을 때 냄새를 인지할 수 없어야 한다.
④ 공기희석관능법은 시료채취 후 가능한 48시간 이내에 시험하여야 한다.

☑ **해설** ② 핵심포인트 2.① 참고

핵심포인트

1. 개요/목적

① 공기중 물질이 사람의 후각을 자극하여 불쾌감과 혐오감을 주는 복합악취물질을 측정하기 위한 방법을 규정하는데 있으며, 복합악취의 측정은 공기희석관능법을 원칙으로 한다.

2. 시료채취 및 관리/배출구에서의 시료채취지점 선정 및 시료채취

① 시료채취지점의 선정 : 사업장에서 5 m 이상의 일정한 배출구로 배출되는 경우에는 악취도가 가장 높을 것으로 판단되는 측정공 또는 최종배출구에서 채취한다.

3. 분석기기 및 기구/무취공기 제조장치

① 무취공기의 질 : 제조된 무취공기는 공기희석관능법에 따라 판정요원으로 선정된 5명이 시험하였을 때 냄새를 인지할 수 없어야 한다.

4. 시료채취 및 관리/시료의 분석

① 시료채취 후 가능한 48시간 이내에 시험하여야 한다.

02 **악취공정시험기준에 따른 공기희석관능법 자동희석장치의 구성 명칭이 바르게 연결된 것은?** [제12회 3번]

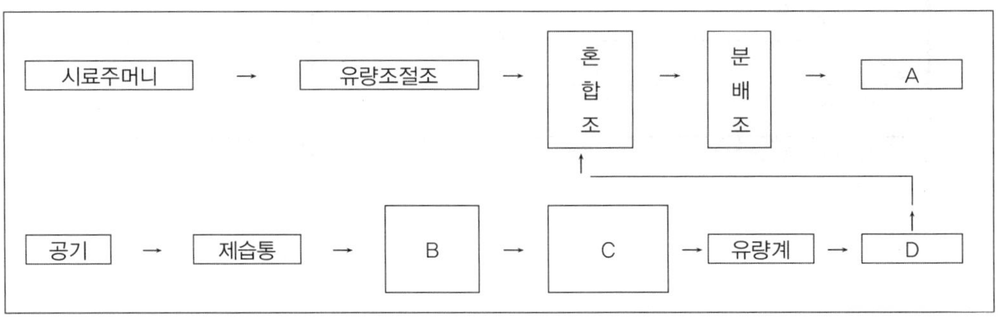

① A : 시료 희석주머니
② B : 바늘 밸브
③ C : 활성탄통
④ D : 격막펌프

핵심포인트

1. 분석기기 및 기구/자동희석장치/자동희석장치의 성능

① 이 장치는 시료와 무취공기를 적절비율로 혼합하여 소정의 희석배수로 만들어주는 기기로서 아래 그림과 같이 유량조절조, 격막펌프, 유량계, 활성탄통 및 혼합조 등으로 구성되어 있다.

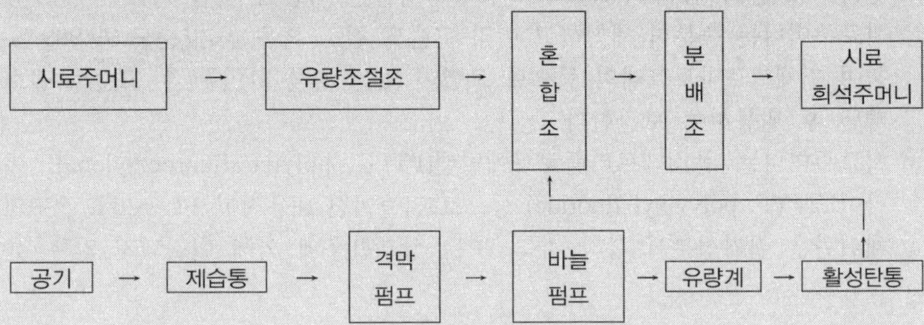

〈그림〉 자동희석장치의 구성

03 공기희석관능법의 자동희석장치 흡착성을 확인하기 위하여 무취주머니에 주입하는 시약으로 옳은 것은?

[제8회 8번]

① 노말발레르산　　② 아이소프로필알콜
③ 노말헥산　　④ 벤젠

핵심포인트

1. 분석기기 및 기구/자동희석장치/자동희석장치의 성능

① 흡착성 : 30 L 무취주머니에 무취공기를 20 L 채운 후 주사기로 n-발레르산(n-valeric acid) 1 μL를 주입한다.

04 공기희석관능법으로 복합악취를 측정하기 위한 시료채취에 대한 설명으로 틀린 것은?

[제6회 7번]

① 시료채취 용기와 시료채취관은 취기 성분이 흡착, 투과 또는 상호 반응에 의해 변질되지 않는 재질이어야 한다.
② 시료주머니의 재질은 테플론(Teflon), 테들러(Tedlar), 폴리에스테르(Polyester)로 내용적이 3 L～20 L 정도의 것으로 한다.
③ 먼지가 많은 공기 시료는 시료채취관 유입부에 필터를 설치하여 시료채취시 먼지가 제거되게 한다.
④ 부지경계선에서의 시료채취는 (1～10) L/분의 유량으로 10분 이상 이루어지도록 한다.

☑ **해설** ④ 핵심포인트 3.① 참고 ; ②번의 시료주머니 재질 중 테들라(Tedlar)는 제외되었으며, 폴리바이닐플로라이드(PVF, Polyvinyl fluoride)가 추가되었다. 핵심포인트 2.② 참고

정답 03 ① 04 ④

05 악취공정시험기준의 공기희석관능법 시 사용되는 채취용기에 대한 설명으로 틀린 것은?

[제10회 2차 20번]

① 시료채취용기의 제작 시 실리콘(silicone rubber)이나 천연고무(natural rubber)와 같은 재질은 최소한의 접합부(seals and joints)에서는 사용이 적합하다.
② 시료주머니는 충분히 세척하고 미리 고순도 질소 혹은 공기(순도 99.999 % 이상)를 충전하여 기체크로마토그래피 등으로 오염이 없는 것을 확인한 후 고순도 질소 혹은 공기를 빼낸 후 밀봉하여 보관한다.
③ 시료주머니는 폴리테트라플로로에틸렌(PTFE, polytetrafluoroethylene), 폴리바이닐플로라이드(PVF, polyvinyl fluoride) 등으로 만들어진 내용적이 3 L～20 L 정도의 것으로 한다.
④ 채취관은 취기성분이 흡착, 투과 또는 상호반응에 의해 변질되지 않는 것이어야 한다.

☑ **해설** ① 핵심포인트 2.③ 참고

핵심포인트

1. ES 09130 시료채취와 보관/시료채취

① **시료주머니 채취법** : 시료채취에 사용되는 주머니는 충분히 세척하고 미리 고순도 질소 혹은 공기(순도 99.999 % 이상)를 충전하여 기체크로마토그래피 등으로 분석하여 오염이 없는 것을 확인하며, 오염이 없는 것을 확인한 주머니는 고순도 질소 혹은 공기를 빼낸 후 밀봉하여 보관한다.

2. 분석기기 및 기구/채취용기

① 시료채취용기와 시료채취관은 취기성분이 흡착, 투과 또는 상호반응에 의해 변질되지 않는 재질이어야 한다.
② 시료주머니의 재질은 폴리테트라플로로에틸렌(PTFE, polytetrafluoroethylene), 폴리바이닐플로라이드(PVF, polyvinyl fluoride) 등 불소수지재질과 폴리에스터(polyester) 재질 또는 동등이상의 보존성능을 갖고 있는 재질로 만들어진 내용적이 (3～20) L 정도의 것으로 한다.
③ 시료채취용기의 제작 시 실리콘이나 천연고무와 같은 재질은 최소한의 접합부에서도 사용할 수 없다.
④ 시료채취 전 시료주머니를 무취공기로 1회 이상 치환한 후, 시료주머니의 무취상태를 확인하고 채취관 및 펌프도 사용하기 전에 이물질을 제거하고 무취공기로 10분 이상 치환한 후 사용한다.

3. 시료채취 및 관리/부지경계선에서의 시료채취지점 선정 및 시료채취/시료의 수동채취

① 시료주머니는 시료채취 전 시료로 1회 이상 치환한 후 사용하며, 시료채취는 (1～10) L/min의 유량으로 5분 이내에 이루어지도록 한다.

06 관능법 판정 요원에게 판정 시험 전 악취 강도에 대한 정도를 인식시키기 위하여 사용하는 화학물질은?

[제5회 46번]

① Acetic acid
② n－Butanol
③ Methylcyclopentenolone
④ Trimetylamine

☑ **해설** ② 핵심포인트 1.① 참고

07 **공기희석관능법의 판정요원 선정용 시험액을 정제수 및 유동파라핀으로 만들어 사용한다. 판정요원 선정용 시험액과 냄새의 연결이 옳은 것은?** [제11회 5번]

① 초산(acetic acid) : 생선 썩는 냄새
② 트라이메틸아민(trimethylamine) : 식초 냄새
③ Methylcyclopentenolone($C_6H_8O_2$) : 달콤한 설탕 타는 냄새
④ β-Phenylethylalcohol($C_8H_{10}O$) : 크레졸 냄새

☑ **해설** ①, ②, ④ 핵심포인트 2. <표> 참고

08 **공기희석관능법에서 악취강도 인식시험액 또는 판정요원 선정용 시험액이 아닌 것은?** [제10회 5번]

① 노말뷰탄올
② 암모니아
③ 초산
④ 트라이메틸아민

☑ **해설** ② 핵심포인트 2. <표> 참고

09 **공기희석관능법 시험을 위한 악취강도 인식시험액 제조절차에 대한 설명으로 틀린 것은?** [제11회 4번]

① 바이알에 준비된 노말뷰탄올 용액은 1시간 이후에 실험에 사용한다.
② 악취강도 1도의 인식시험액을 제조하기 위해서는 정제수 1 L에 노말뷰탄올 0.1 mL를 주입하여 제조한다.
③ 실험시작 전까지 교반기를 이용하여 용액을 교반시키고, 인식시험 전 준비된 바이알에 용액을 각각 100 mL씩 넣어 파라필름이나 뚜껑을 이용하여 밀봉한다.
④ 준비된 둥근 플라스크에 정제수 1 L를 넣는다. 뚜껑을 닫고(뚜껑이 없으면 파라필름으로 밀봉) 초음파 세척기에 넣어 기포를 제거한다(30분 이상).

☑ **해설** ① 핵심포인트 1.② ㉣ 참고

핵심포인트

1. 시약 및 표준용액/악취강도 인식시험액

① 판정요원의 판정시험 전 악취강도에 대한 정도를 인식시켜 주기 위하여 노말뷰탄올로 제조한 냄새를 인식시키며, 노말뷰탄올(순도 99.5 % 이상)을 정제수로 희석하여 제조한다.

〈표〉 악취강도 인식시험액

악취강도	노말뷰탄올 주입량(mL/L)	농도(ppm)
1	0.1	100
2	0.4	400
3	1.5	1,500
4	7.0	7,000
5	30.0	30,000

정답 07 ③ 08 ② 09 ①

② 제조절차
㉠ 준비된 둥근 플라스크에 정제수 1 L를 넣은 후 뚜껑을 닫고(뚜껑이 없으면 파라필름으로 밀봉) 초음파 세척기에 넣어 기포를 제거한다(30분 이상).
㉡ 노말뷰탄올 용액을 이용하여 기포를 제거한 둥근 플라스크 1 L에 물질농도 1도에서 5도의 인식시험액을 만든다.
㉢ 실험시작 전까지 교반기를 이용하여 용액을 교반시키고, 인식시험 전 준비된 바이알에 용액을 각각 100 mL씩 넣어 파라필름이나 뚜껑을 이용하여 밀봉하며 바이알을 6조 이상 준비한다.
㉣ 바이알에 준비된 노말뷰탄올 용액은 1시간 이내에 실험에 사용한다.

2. 시약 및 표준용액/악취강도 선정용 시험액

〈표〉 판정요원 선정용 시험액

시험액	농 도	제조용액	냄새의 성격
초산(Acetic acid)	1.0 wt %	정제수	식초 냄새
트라이메틸아민(Trimethylamine)	0.1 wt %	정제수	생선 썩는 냄새
메틸사이클로펜테놀론(Methylcyclopentenolone)	0.32 wt %	유동파라핀	달콤한 설탕 타는 냄새
베타페닐에틸알코올($\beta-$Phenylethylalcohol)	1.0 wt %	유동파라핀	장미향 냄새

10 공기희석관능법을 위한 시료채취방법으로 옳은 것은? [제8회 18번]

① 시료채취 후 가능한 24시간 이내에 시험하여야 한다.
② 시료채취관에 수분응축관이나 유리섬유를 설치하면 시료가 손실될 수 있으므로 사용하지 말아야 한다.
③ 사업장에서 5 m 이상의 일정한 배출구로 배출되는 경우에는 악취도가 가장 높을 것으로 판단되는 측정공 또는 최종배출구에서 채취한다.
④ 사업장 부지경계선에서 시료채취는 기상조건과 관계없이 주거지역과 가장 가까운 지점에서 한다.

☑ **해설** ① 핵심포인트 3.① 참고, ② 핵심포인트 2.② 참고, ④ 핵심포인트 1.① 참고

핵심포인트

1. 시료채취 및 관리/부지경계선에서의 시료채취지점 선정 및 시료채취
① 시료채취지점의 선정 : 시료채취자는 악취가 가장 높을 것으로 판단되는 부지경계선을 시료채취지점으로 한다.

2. 시료채취 및 관리/배출구에서의 시료채취지점 선정 및 시료채취
① 시료채취지점의 선정 : 사업장에서 5 m 이상의 일정한 배출구로 배출되는 경우에는 악취도가 가장 높을 것으로 판단되는 측정공 또는 최종배출구에서 채취한다.
② 시료의 채취 : 일정한 배출구로 배출되는 가스 중에 수분이 함유되어 있다고 판단될 경우에는 채취관 끝부분에 필요한 경우 입구부분에 수분응축관을 설치한다.

3. 시료채취 및 관리/시료의 운반 및 보관
① 시료채취 후 가능한 48시간 이내에 시험하여야 한다.

정답 10 ③

11 **악취 공기희석관능법의 악취강도 인식 시험은 통풍이 잘되는 곳에서 밀봉을 풀어 1도에서 5도의 순으로 냄새를 맡게 하여 악취강도에 대한 정도를 판정요원이 인식하도록 한다. 이때 인식시험액의 뚜껑을 열은 상태에서 코와의 간격(A)과 시간(B)으로 옳은 것은?**

[제7회 14번]

① A : 1～3 cm, B : 3초 이내
② A : 3～5 cm, B : 3초 이내
③ A : 5～7 cm, B : 5초 이내
④ A : 5～7 cm, B : 5초 이내

☑ **해설** ② 핵심포인트 1.② 참고

12 **악취의 공기희석관능법 시험을 위한 판정과 선정요원에 대한 설명으로 틀린 것은?**

[제8회 1번]

① 예비판정요원 중 5인 이상으로 판정요원(panel)을 구성한다.
② 악취분석요원은 악취강도 인식시험액 2도의 시험액을 예비판정요원 모두에게 냄새를 맡게 하여 냄새의 인식유무를 확인한다.
③ 조사 대상 사업장과 이해관계가 있는 자는 피한다.
④ 시험당일 감기 등으로 후각에 영향이 있는 자는 피한다.

☑ **해설** ② 핵심포인트 1.① 참고

13 **악취공정시험기준의 공기희석관능법 시험을 위한 판정요원의 선정방법으로 옳은 것은?**

[제10회 2차 5번]

① 냄새를 맡을 때는 뚜껑을 열은 상태에서 코와의 간격을 5 cm 이상 두고 3초 이후에 냄새를 맡는다.
② 악취분석요원은 악취강도 인식시험액 1도의 시험액을 예비판정요원 모두에게 냄새를 맡게 하여 냄새의 인식유무를 확인한다.
③ 판정요원은 판정시험 전 악취강도에 대한 정도를 인식시켜 주기 위하여 초산으로 제조한 냄새를 인식시킨다.
④ 악취강도 인식시험액을 통풍이 잘되는 곳에서 밀봉을 풀어 5도에서 1도의 순으로 냄새를 맡게 하여 악취강도에 대한 정도를 인식하도록 한다.

☑ **해설** ① 핵심포인트 1.② 참고, ③ 6번~9번 문제 핵심포인트 1.① 참고, ④ 핵심포인트 1.② 참고

14 **악취공정시험기준에 따른 공기희석관능법 중 판정요원 선정 절차에 대한 설명이 틀린 것은?**

[제12회 2번]

① 판정요원은 만 19세 이상이어야 한다.
② 악취강도 1도의 인식시험액 냄새를 인식하지 못하면 판정요원 선정시험을 받도록 한다.
③ 여과지 5매 중 3매는 판정요원 선정용 시험액에 담그고, 나머지 2매는 정제수와 유동파라핀에 각각 1분 동안 담가둔다.

정답 11 ② 12 ② 13 ② 14 ②

④ 냄새나는 여과지 3매를 선택하게 하여 냄새의 종류를 맞추고, 악취강도가 3도, 4도인 사람을 예비판정요원으로 선정한다.

☑ **해설** ② 핵심포인트 1.① 참고

핵심포인트

1. 판정요원의 선정/판정요원의 선정/악취강도 인식시험

① 악취강도 인식시험액 1도의 시험액을 예비판정요원 모두에게 냄새를 맡게 하여 냄새의 인식유무를 확인하며, 예비판정요원이 냄새를 인식하지 못하면 판정요원 선정시험 대상에서 제외한다.
② 시험을 통과한 판정요원을 대상으로 1도에서 5도의 순으로 냄새를 맡게 하여 악취강도에 대한 정도를 인식하도록 하며, 냄새를 맡을 때는 뚜껑을 열은 상태에서 코와의 간격을 (3～5) cm 두고 3초 이내에 냄새를 맡는다.
③ 악취분석요원은 여과지(길이 14 cm, 폭 7 mm) 5매를 1조로 하여 그중 3매는 판정요원 선정용 시험액 중 3가지와 나머지 2매는 정제수와 유동파라핀에 각각 1 cm 정도 길이로 시험액에 1분 동안 담가두며, 이 여과지는 비로 시험에 사용한다.
④ 판정요원의 선정은 5매 1조의 여과지를 건강한 피검자에게 주어 냄새가 나는 여과지 3매를 선택하게 하여 3종류의 시험액을 냄새의 종류와 냄새나는 여과지를 모두 맞추고 악취도가 3, 4인 사람을 예비판정요원으로 합격한 것으로 하며, 판정에 사용된 여과지는 1회 사용 후 버린다.
⑤ 위의 방법으로 선정된 예비판정요원 중 5인 이상으로 판정요원(panel)을 구성하며, 다만 상기 방법에 의해 구성된 판정요원은 당일에 한하여 유효한 것으로 한다.
⑥ 판정요원은 만 19세 이상이어야 한다.
⑦ 악취분석요원도 위의 판정요원과 똑같은 검사에 합격하여야 한다.
⑧ 조사대상 사업장에 대해 이해관계가 있는 자는 피한다.
⑨ 시험당일 감기 등으로 후각에 영향이 있는 자는 피한다.

15 공기희석관능법의 판정 요원 선정 방법에서 악취 강도 구분과 설명의 연결이 틀린 것은?

[제5회 38번]

① 감지 냄새(Threshold) − 무슨 냄새인지 알 수 없으나 냄새를 느낄 수 있는 정도의 상태
② 보통 냄새(Moderate) − 무슨 냄새인지 알 수 있는 정도의 냄새
③ 강한 냄새(Strong) − 예를 들어, 여름철에 재래식화장실에서 나는 정도의 심한 상태
④ 참기 어려운 냄새(Over strong) − 견디기 어려운 강렬한 냄새로, 호흡이 정지될 것 같이 느껴지는 정도의 상태

☑ **해설** ③ 핵심포인트 1. <표> '악취강도' 3, 4도 참고

16 악취판정도에 따르면 '쉽게 감지할 수 있는 정도의 강한 냄새'는 몇 도에 해당하는가?

[제8회 11번]

① 2도　　② 3도
③ 4도　　④ 5도

☑ **해설** ② 핵심포인트 1. <표> '악취강도' 3도 참고

정답 15 ③ 16 ②

핵심포인트

1. 판정요원의 선정/판정요원의 선정/악취강도 인식시험

〈표〉 악취판정도

악취강도	악취도 구분	설 명	노말뷰탄올 농도(ppm)
0	무취 (None)	상대적인 무취로 평상시 후각으로 아무것도 감지하지 못하는 상태	0
1	감지 냄새 (Threshold)	무슨 냄새인지 알 수 없으나 냄새를 느낄 수 있는 정도의 상태	100
2	보통 냄새 (Moderate)	무슨 냄새인지 알 수 있을 정도의 상태	400
3	강한 냄새 (Strong)	쉽게 감지할 수 있는 정도의 강한 냄새를 말하며 예를 들어 병원에서 크레졸 냄새를 맡는 정도의 냄새	1,500
4	극심한 냄새 (Very strong)	아주 강한 냄새, 예를 들어 여름철에 재래식 화장실에서 나는 심한 정도의 상태	7,000
5	참기 어려운 냄새 (Over strong)	견디기 어려운 강렬한 냄새로서 호흡이 정지될 것 같이 느껴지는 정도의 상태	30,000

17 **공기희석관능법에서 시료희석주머니의 희석배수에 해당되지 않는 것은?** [제8회 16번]

① 10배 ② 30배
③ 50배 ④ 100배

핵심포인트

1. 분석절차/시료의 공기희석/수동식 공기희석

① 희석배수는 부지경계선에는 약 3배수씩(10배, 30배, 100배) 단계별로 증가시키면서 희석하고, 배출구일 경우는 300배, 1,000배, 3,000배의 희석배수로 시험을 시작한다.

18 **공기희석관능법에서 관능시험에 대한 설명으로 옳지 않은 것은?** [제7회 11번]

① 관능시험은 시료희석주머니의 희석배수가 높은 것에서 낮은 순으로 실시한다.
② 판정요원에게 판정 당일 냄새가 강한 화장품이나 냄새가 강한 식사(흡연, 강한 향의 음료, 껌, 자극성 음식)는 피하도록 주의한다.
③ 사전에 판정요원에게 관능시험의 순서를 충분히 설명해 준다. 정답의 번호는 반드시 이웃의 판정요원과 같지 않다는 것을 설명해 준다.
④ 판정요원은 관능시험을 시작하기 전에 판정시험의 대기실에 오도록 하고 시간에 늦어 충분히 침착해지지 않은 상태로 시험을 시작하지 않도록 한다.

☑ **해설** ① 핵심포인트 1.① 참고

정답 17 ③ 18 ①

핵심포인트

1. 분석절차/관능시험

① 관능시험은 시료희석주머니의 희석배수가 낮은 것부터 높은 순으로 실시한다.

2. 분석절차/판정요원에 대한 교육

① 판정요원에게 판정당일 냄새가 강한 화장이나 냄새가 강한 식사(흡연, 강한 향의 음료, 껌, 자극성 음식)는 피하도록 주의한다.

② 사전에 판정요원에게 관능시험의 순서를 충분히 설명해 주며, 정답의 번호는 반드시 이웃의 판정요원과 같지 않다는 것을 설명해 준다.

③ 판정요원은 관능시험을 시작하기 전에 판정시험의 대기실에 오도록 하고 시간에 늦어 충분히 침착해지지 않은 상태로 시험에 들지 않도록 한다.

19 **악취의 공기희석관능시험법에서 판정 요원들의 관능시험 절차로서 틀린 것은?** [제5회 48번]

① 판정 요원에게 현장에서 채취한 냄새시료를 공급하여 평가 대상 냄새를 인식시키고 5분간 휴식을 취하게 된다.

② 악취분석요원이 판정 요원에게 시험하는 악취 시료들의 최초시료 희석배수는 부지경계선 시료는 10배이며, 배출구 시료는 300배이다.

③ 판정 요원은 관능시험용 마스크를 쓰고 시료 희석주머니와 무취주머니를 손으로 눌러주면서 각각 약 1분간 냄새를 맡는다.

④ 각 판정 요원은 공급된 시료희석주머니와 무취주머니로부터의 시료의 냄새가 구분되는 번호를 기록한다.

☑ **해설** ③ 핵심포인트 2.③ 참고

20 **악취분석요원은 최초 시료희석배수에서의 관능시험 결과 모든 판정 요원의 정답률을 구하여 평균정답률을 기준으로 판정 시험을 끝낸다. 이때 기준이 되는 정답률로 옳은 것은?**

[제5회 37번], [제10회 4번]

① 0.4 미만 ② 0.6 미만

③ 0.5 미만 ④ 0.7 미만

☑ **해설** ② 핵심포인트 2.⑥ 참고

21 **악취공정시험기준의 공기희석관능법으로 복합악취를 측정하기 위한 관능시험 절차에 대한 설명이다. 괄호 안에 들어갈 내용으로 옳은 것은?** [제10회 2차 4번]

> 악취분석요원은 최초시료희석배수에서의 관능시험결과 모든 판정요원의 정답률을 구하여 평균정답률이 (㉠) 미만일 경우 판정시험을 끝낸다. 정답률의 산정은 시료냄새주머니를 선정한 경우 (㉡), 무취냄새주머니를 선정한 경우 (㉢)으로 산정한다.

① ㉠ 0.6, ㉡ 1.00, ㉢ 0.00 ② ㉠ 0.7, ㉡ 2.00, ㉢ 1.00

③ ㉠ 0.8, ㉡ 3.00, ㉢ 2.00 ④ ㉠ 0.9, ㉡ 4.00, ㉢ 3.00

정답 19 ③ 20 ② 21 ①

☑ **해설** ① 핵심포인트 2.⑥ 참고

22 **악취공정시험기준에 따른 공기희석관능법 중 시료의 공기희석 관능시험 방법에 대한 설명으로 틀린 것은?** [제12회 1번]

① 자동식 희석장치의 경우 희석 조작이 끝나면 10분 이상 무취공기로 시료 가스가 통과한 라인 및 혼합조를 세척한다.

② 악취분석요원은 최초 시료희석배수에서의 관능시험 결과 모든 판정요원의 정답률을 구하여 평균정답률이 0.6 미만일 경우 판정시험을 끝낸다.

③ 자동식 희석장치 활성탄 통의 활성탄 여과지는 1개월에 한번 씩 갈아준다.(1일 2시간 측정기준)

④ 시험용 냄새주머니의 희석배수는 부지경계선에는 약 3배수씩(3배, 10배, 30배) 단계별로 증가시키면서 희석하며, 배출구일 경우는 (100배, 300배, 1,000배)의 희석배수로 시험을 시작한다.

☑ **해설** ④ 핵심포인트 1.① 참고

핵심포인트

1. 분석절차/시료의 공기희석/수동식 공기희석

① 시험용 냄새주머니의 희석배수는 부지경계선에서 약 3배수씩 (10배, 30배, 100배) 단계별로 증가시키면서 희석하며, 배출구일 경우는 (300배, 1,000배, 3,000배)의 희석배수로 시험을 시작한다.

② 이 때 시료의 냄새정도에 따라 최초 희석배수를 선택하여 실시할 수 있으며, 단 배출허용기준 이하의 농도분석을 위하여 부지경계선에서는 3배, 배출구에서는 100배 이하 (30배, 100배 등)의 희석배수로 시험을 시작할 수 있다.

2. 분석절차/관능시험/관능시험 절차

① 판정요원에게 현장에서 채취한 냄새시료를 공급하여 평가대상 냄새를 인식시키고 5분간 휴식을 취하게 된다.

② 악취분석요원이 최초시료희석배수(부지경계선 10배, 배출구 시료 300배)를 판정요원에게 단계별로 희석시킨 시료주머니 1개와 별도로 준비한 무취주머니 2개를 1조로 하여 각 판정요원에게 1조를 제조하여 나누어 준다.

③ 판정요원은 관능시험용 마스크를 쓰고 시료희석주머니와 무취주머니를 손으로 눌러 주면서 각각 2초~3초간 냄새를 맡는다.

④ 각 판정요원은 공급된 시료희석주머니와 무취주머니로부터의 시료의 냄새가 구분되는 번호를 기록한다.

⑤ 악취분석요원은 최초시료희석배수 1조의 관능시험절차가 완료된 후 다시 최초시료 희석배수 1조를 제조하여 판정요원에게 관능시험을 한다.

⑥ 악취분석요원은 최초시료희석배수에서의 관능시험결과 모든 판정요원의 정답률을 구하여 평균정답률이 0.6 미만일 경우 판정시험을 끝낸다. 정답률의 산정은 시료냄새주머니를 선정한 경우 1.00, 무취냄새주머니를 선정한 경우 0.00으로 산정한다.

⑦ 최초시료희석배수 2조의 시료 평가 후 정답률이 0.6 이상일 경우 다음 시료희석배수의 평가를 진행한다. 다음 시료희석배수의 평가는 첫 번째 시료희석배수 시료의 판정 결과 각 2조 모두 정답을 맞힌 판정요원만 다음 단계의 시료희석배수 평가를 진행한다. 다음 단계의 시료희석배수로 희석시킨 1개의 시료와 무취공기 2개를 1조로 하여 관능시험을 실시한다. 또한, 다음 시료희석배수 평가시 정답을 맞힌 악취판정요원이 1인 이하인 경우 평가를 중단하고 그 결과를 계산한다.

3. 분석절차/시료의 공기희석/자동식 희석방법

① 희석배수에 맞게 유량 조절을 위하여 활성탄 통을 거치는 무취공기의 유량, 시료주머니 안의 공기를 흡입하는 유량 등을 결정한다.
② 시료주머니의 공기와 무취공기가 잘 혼합이 되도록 약 30초간 무취공기의 유량을 조절하여 통과시킨 후에 "시료희석주머니"의 입구를 분배기의 출구에 꼭 맞게 끼운다.
③ 희석 조작이 끝난 다음 단계의 희석 조작을 시작하기 전에는 약 3분 이상 펌프의 유량을 조절하여 관속에 남아있는 냄새를 완전히 제거시킨 다음 희석 조작을 실시한다.
④ 위 조작과 별도로 무취주머니 2개를 준비한다.
⑤ 희석 조작이 끝나면 10분 이상 무취공기로 시료 가스가 통과한 라인(관) 및 혼합조를 세척한다.
⑥ 활성탄 통의 활성탄 여과지는 1개월에 한번 씩 갈아준다.(1일 2시간 측정기준)
⑦ 제습통의 실리카겔은 색깔이 변하면 즉시 갈아준다.

23 공기희석관능법으로 공업지역의 부지경계선에서 복합악취를 측정한 결과가 아래와 같을 경우, 결과의 표시와 배출허용기준에 따른 적합 여부를 판단하시오. [제5회 41번], [제10회 6번]

판정 요원 구분	1차 평가		2차 평가 (×30)	3차 평가 (×100)
	1조(×10)	1조(×10)		
a	×	○		
b	○	○	○	○
c	○	○	○	×
d	○	○	○	×
e	○	○	×	

① 14, 적합
② 20, 적합
③ 21, 부적합
④ 30, 부적합

문제풀이

1. 결과보고/희석배수 산정방법

판정요원 구분	계산과정	비고	전체의 희석배수
a	$a=\sqrt{(3\times10)}=5.477$	최소(제외)	
b	$b=100$	최대(제외)	
c	$c=30$	→	$\sqrt[3]{(30\times30\times10)}=20.8$
d	$d=30$	→	
e	$e=10$	→	

희석배수는 20.8배이므로 소수점 이하를 절삭하면(버리면) 20배가 되며 "적합"으로 판정한다.

정답 23 ②

24 **악취공정시험기준의 공기희석관능법으로 기타지역의 부지경계선에서 복합악취를 측정한 결과가 아래와 같은 경우, 희석배수와 적합여부를 판단하시오.** [제10회 2차 3번]

판정 요원 구분	1차 평가		2차평가(×30)	3차평가(×100)
	1조(×10)	1조(×10)		
a	○	○	○	×
b	○	×		
c	○	○	×	
d	○	○	○	○
e	×	○		

① 10, 적합 ② 11, 적합
③ 20, 부적합 ④ 21, 부적합

핵심포인트

1. 결과보고/희석배수 산정방법

판정요원 구분	계산과정	비고	전체의 희석배수
a	$a=30$	→	
b	$b=\sqrt{(3\times10)}=5.477$	최소(제외)	
c	$c=10$	→	$\sqrt[3]{(30\times10\times5.477)}=11.8$
d	$d=100$	최대(제외)	
e	$e=\sqrt{(3\times10)}=5.477$	→	

희석배수는 11.8배이므로 소수점 이하를 절삭하면(버리면) 20배가 되며 "적합"으로 판정한다.

정답 24 ②

8 [ES 09302.1a] 암모니아 – 붕산용액 흡수법 – 자외선가시선분광법 [ES 09302.2a] 암모니아 – 인산함침 여과지법 – 자외선가시선분광법

01 **암모니아를 인도페놀법에 의해서 분석하고자 한다. 악취공정시험방법에 대한 다음 설명으로 틀린 것은?** [제8회 13번]

① 암모니아는 알칼리성이므로 붕산용액을 흡수액으로 이용한다.
② 시료채취방법은 붕산용액 흡수법과 붕산함침여과지법이 있다.
③ 시료 용액에 페놀–나이트로프루시드소듐용액과 하이포아염소산소듐용액을 차례로 가한다.
④ 하이포아염소산소듐용액의 유효염소농도는 시간이 지나면 감소하므로 사용할 때마다 유효염소농도를 구한다.

☑ **해설** ② 핵심포인트 1.② 참고

02 **악취공정시험기준의 암모니아 측정방법으로 틀린 것은?** [제11회 7번]

① 시료는 10 L/min의 유량으로 흡입하여 5분 이내 시료채취가 이루어지도록 한다.
② 측정결과 농도 표기는 ppm 단위로 소수점 첫째 자리로 결과를 표기한다.
③ 암모니아 분석의 방법검출한계는 0.001 ppm 이하이어야 한다.
④ 검정곡선의 결정계수는 0.98 이상이어야 한다.

☑ **해설** ③ 핵심포인트 4.① 참고

03 **악취공정시험기준에 따른 암모니아–붕산 용액 흡수법의 시료채취 및 분석방법에 대한 설명으로 틀린 것은?** [제12회 4번]

① 유량계는 1 L/min～15 L/min의 범위의 유량을 측정할 수 있어야 한다.
② 분석기의 재현성은 상대표준편차 10 % 이내여야 한다.
③ 페놀–나이트로프루시드소듐 용액은 차고 어두운 곳에 보존하고 조제한 후 1개월 이상 경과한 것은 사용하지 않는다.
④ 암모니아 표준용액은 갈색 병에 넣어 냉장 보관해야 하며, 1개월 이상 경과한 것은 불안정하여 사용할 수 없다.

☑ **해설** ④ 핵심포인트 3.③ 참고

정답 01 ② 02 ③ 03 ④

04 **지정악취물질 암모니아 시험방법에 대한 설명으로 틀린 것은?** [제10회 2차 1번]

① 용액흡수법의 흡수병은 20 mL 용량을 담을 수 있는 단일 채취병으로 한다.
② 시료채취방법은 용액흡수법과 인산함침필터법이 있다.
③ 분석용 시료용액에 페놀－나이트로프루시드소듐용액과 하이포아염소산소듐용액을 가하여 암모늄이온과 반응시켜 생성되는 인도페놀류 흡광도를 측정하는 것이다.
④ 암모니아의 흡광광도계 측정결과 ppm 단위의 소수점 둘째 자리까지 결과를 산출하고 소수점 첫째자리로 결과를 표기한다.

☑ **해설** ① 핵심포인트 2.① 참고

핵심포인트

1. 개요/목적

① 암모니아는 알칼리성이므로 붕산용액을 흡수액으로 이용한다.
② 시료채취방법은 붕산용액 흡수법과 인산함침 여과지법이 있다.
③ 시료 용액에 페놀－나이트로프루시드소듐 용액과 하이포아염소산소듐 용액을 차례로 가하고 암모늄이온과 반응시켜 생성되는 인도페놀류의 흡광도를 측정하여 암모니아를 정량한다.

2. 분석기기 및 기구/흡수병

① **흡수병** : 흡수액 부피 20 mL를 담을 수 있는 경질유리제로 여과구가 장치되어 있는 것을 사용하고, 흡수액 부피 20 mL를 담을 수 있는 채취용액을 넣어 2개를 직렬로 연결시킨 것이어야 한다.
② **흡입펌프** : 흡수병을 연결한 상태에서 10 L/min 이상의 공기를 흡입할 수 있어야 한다.
③ **유량계** : (1～15) L/min 범위의 유량을 측정할 수 있어야 한다.

3. 시약 및 표준물질/시약

① **페놀-나이트로프루시드소듐 용액** : 페놀 5 g, 나이트로프루시드소듐 25 mg을 정제수에 용해하여 전량을 500 mL로 하며, 이 용액은 차고 어두운 곳에 보관하고 조제한 후 1개월 이상 경과한 것은 사용하지 않는다.
② **하이포아염소산소듐 용액** : 하이포아염소산소듐 용액(원액)의 유효염소농도는 구입시에 10 % 전후이지만 시간이 지나면 감소하므로 사용할 때마다 유효염소농도를 구한다.
③ **암모니아 표준용액** : 130 ℃에서 건조한 황산암모늄($(NH_4)_2SO_4$) 0.295 g을 정제수에 녹여 전량을 1 L로 하며, 이것의 일부를 취하여 붕산 용액으로 50배 희석한다. 이 용액은 1 mL 암모니아 2 μL (0 ℃, 1기압)에 상당하는 암모늄이온을 함유한다. 갈색병에 넣어 냉장 보관하면 1년 정도 안정하지만 사용 기간 내라도 앞에서 한 측정값과 상당한 차이를 나타낼 경우에는 사용하지 말고 새로 제조한다.

4. 정도보증/정도관리(QA/QC)/내부정도관리 방법

① 방법검출한계 : 암모니아 분석의 방법검출한계는 0.01 ppm 이하이어야 한다.
② 재현성 평가: 검정곡선 작성용 표준용액 중 중간단계 농도의 표준용액을 3회 이상 분석하여 상대표준편차(RSD %) 값을 구하고 이 값은 10 % 이내이어야 한다.

5. 결과보고/결과표현방법

① 암모니아의 흡광광도계 측정결과 ppm 단위의 소수점 둘째 자리까지 결과를 산출하고 소수점 첫째자리로 표기하며(유효자리숫자 맺음법은 KS규격 KSQ 5002에 따른다), 측정결과는 V/V ppm으로 μmol/mol과 같이 사용할 수 있다.

필기 03 악취 공정시험기준

정답 04 ①

05 흡광광도법을 이용한 암모니아 측정에서 내부정도관리방법에 대한 설명으로 옳지 않은 것은? [제7회 1번]

① 방법검출한계는 0.1 μmol/mol 이하이어야 한다.

② 암모니아 표준용액에 의한 검정곡선의 결정계수는 $R^2=0.98$ 이상이어야 한다.

③ 재현성 측정은 중간단계의 표준용액을 시료의 측정과정과 동일한 방법으로 3개 이상 측정하여 상대표준편차(RSD %)값을 구하며 이때 상대표준편차는 10 % 이내이어야 한다.

④ 바탕시험 측정은 분석용 시료의 흡광도측정과 동일하게 3개 이상의 바탕시험을 측정한다.

☑ **해설** ① 핵심포인트 1.① 참고

핵심포인트

1. 정도보증 및 정도관리/분석기기의 설치 조건/내부정도관리 방법

① 방법검출한계 : 0.01 ppm(μmol/mol) 이하이어야 한다.

② 검정곡선의 결정계수 : $R^2=0.98$ 이상이어야 한다.

③ 바탕시험 측정 : 분석용 시료의 흡광도 측정과 동일하게 3개 이상의 바탕시험을 측정한다.

④ 재현성 평가 : 중간단계의 표준용액을 시료의 측정과정과 동일한 방법으로 3개 이상 측정하여 상대표준편차(RSD %) 값을 구하며 상대표준편차는 10 % 이내이어야 한다.

⑤ 정도관리 주기 : 연 1회 이상 측정하는 것을 원칙으로 하며 분석기기의 주요부품 교체, 수리 분석자의 변경 시 등 수시로 한다.

06 암모니아 시험방법(붕산용액 흡수법－흡광광도법)으로 틀린 것은? [제10회 7번]

① 구리이온이 존재하면 발색이 강화되어 양의 방해가 발생한다.

② 시료채취시에 입자상 물질을 제거하기 위하여 필터를 사용하면 기체상 암모니아가 제거될 수도 있다.

③ 시료채취장치에 시료공기를 10 L/min의 유량으로 흡인하여 5분 이내 시료채취가 이루어지도록 한다.

④ 분석용 시료용액은 640 nm 파장에서 흡광도를 측정한다.

☑ **해설** ① 핵심포인트 1.② 참고

핵심포인트

1. 붕산용액흡수법/개요/간섭물질

① 입자상 물질에 포함된 암모늄염이 같이 정량될 가능성이 있으며, 입자상 물질을 제거하기 위하여 필터를 사용하면 기체상 암모니아가 제거될 수도 있다.

② 구리이온이 존재하면 발색을 방해하여 음의 방해가 발생한다.

2. 붕산용액흡수법/시료채취 및 관리

① 시료채취장치에 시료 공기를 10 L/min의 유량으로 흡인하여 5분 이내 시료채취가 이루어지도록 한다.

3. 붕산용액흡수법/분석절차/흡광도측정

① 분석용 시료용액은 640 nm 파장에서 흡광도를 측정한다.

정답 05 ① 06 ①

07 암모니아 인산함침 여과지법 – 자외선/가시선 분광법에 대한 설명으로 틀린 것은?

[제10회 2차 7번]

① 인산함침여과지는 석영재질 여과지로 전기로에서 500 ℃에서 1시간 가열 후 방치하여 냉각한다.
② 구리이온이 존재하면 발색을 촉진시켜 양의 방해가 발생한다.
③ 대기 중의 시료를 10 L/min～20 L/min의 유량으로 채취할 수 있어야 한다.
④ 암모니아 분석의 방법검출한계는 0.01 μmol/mol 이하이어야 한다.

☑ **해설** ② 핵심포인트 1.② 참고

핵심포인트

1. 인산함침여과지법/간섭물질

① 입자상 물질에 포함된 암모늄염이 같이 정량될 가능성이 있으며, 입자상 물질을 제거하기 위하여 필터를 사용하면 기체상 암모니아를 제거할 수 있다.
② 구리이온이 존재하면 발색을 방해하여 음의 방해가 발생한다.

2. 인산함침여과지법/시약 및 표준물질

① 인산함침여과지법 : 직경 47 mm, 구멍크기 0.3 μm 원형의 석영재질 여과지를 전기로에서 500 ℃에서 1시간 가열 후 실리카겔 건조용기에서 방치하여 냉각하고, 5 % 인산·에틸알콜에 5분간 함침 후 실리카겔 데시케이터에서 하루 동안 보존하고 밀봉하여 보관한다.

3. 인산함침여과지법/시료채취 및 관리

① 시료채취 : 2단 여과지 홀더에 인산함침여과지를 끼워 대기 중의 암모니아 기체를 흡수할 수 있게 하고 (10～20) L/min으로 5분 이내 시료채취가 이루어지도록 한다.

4. 인산함침여과지법/정도보증/정도관리

① 방법검출한계 : 암모니아 측정의 방법검출한계는 0.01 ppm(μmol/mol) 이하이어야 한다.

08 다음의 흡광광도법 구성부에서 (A)칸에 들어가야 할 항목은?

[제8회 7번]

광원부 — (A) — 시료부 — 측광부

① 흡수셀　　② 검지관
③ 파장선택부　　④ 써프렛서

☑ **해설** ③ 핵심포인트 1.① 참고

핵심포인트

1. 자외선/가시선분광법(흡광광도법)

① **장치의 개요** : 자외선/가시선분광법은 광원부, 파장선택부, 시료부, 측광부로 구성된다.
② **광원부** : 광원에는 텅스텐램프 중수소방전관 등을 사용하며, 점등을 위하여 전원부나 렌즈와 같은 광학계를 부속시킨다. 가시부와 근적외부의 광원으로는 주로 텅스텐램프를 사용하고 자외부의 광원으로는 주로 중수소 방전관을 사용한다.
③ **파장선택부** : 파장의 선택에는 일반적으로 단색화장치(monochromator) 또는 필터(filter)를 사용하며, 단색화장치로는 프리즘, 회절격자 또는 이 두 가지를 조합시킨 것을 사용하며 단색광을 내기 위하여 슬릿(slit)을 부속시킨다. 필터에는 색유리 필터, 젤라틴 필터, 간접필터 등을 사용한다.

정답 07 ② 08 ③

④ **시료부** : 시료액을 넣은 흡수셀(cell, 시료셀)과 대조액을 넣는 흡수셀(대조셀)이 있고 이 셀을 보호하기 위한 셀홀더(cell holder)와 이것을 광로에 올려놓을 시료실로 구성된다.
⑤ **측광부** : 측광부의 광전측광에는 광전관, 광전자증배관, 광전도셀 또는 광전지 등을 사용하고 필요에 따라 증폭기 대수변환기가 있으며 지시계, 기록계 등을 사용한다. 또 광전관, 광전자증배관은 주로 자외 내지 가시파장 범위에서 광전도셀은 근적외 파장에서 광전지는 주로 가시파장 범위 내에서의 광선측광에 사용된다. 지시계는 투과율, 흡광도, 농도 또는 이를 조합한 눈금이 있고 숫자로 되어 있는 것도 있다. 기록계에는 투과율, 흡광도, 농도 등을 자동기록한다.

09 램버트－비어(Lambert－Beer)의 법칙에서 시료의 농도에 비례하는 양은? [제9회 8번]

① 입사광 강도와 투과광 강도의 차　② 투과광 강도의 역수
③ 광도거리　④ 흡광도

☑ **해설** ④ 핵심포인트 1.① 참고

10 흡광광도법에서 어떤 악취성분의 흡광도가 0.3이었다. 이때 악취성분을 통과하는 투과백분율은? [제9회 1번]

① 20 %　② 30 %
③ 50 %　④ 70 %

문제풀이

① 주어진 조건 : 흡광도 = 0.3
② 투과도 계산 : $\log\frac{1}{t}=0.3 \Rightarrow \log1-\log t=0.3 \Rightarrow \log t=-0.3 \Rightarrow t=10^{-0.3}=0.5$
③ 투과백분율(%) = 0.5×100 %= 50 %

11 흡광광도법에서 그 빛의 70 %가 흡수될 경우 흡광도는? [제5회 36번]

① 0.22　② 0.32
③ 0.42　④ 0.52

문제풀이

① 주어진 조건 : 흡수율 70 % → 투과백분율 30 %
② 흡광도 계산 : 흡광도 = $\log\frac{1}{\text{투과도}}=\log\frac{1}{0.3}=0.52$

핵심포인트

1. 대기오염공정시험기준/자외선가시선분광법

① 자외선가시선분광법/개요

$\frac{I_t}{I_0}=t$(투과도), $t\times100=T$(투과백분율) $\log\frac{1}{t}=A$(흡광도) 흡광도$(A)=\epsilon\cdot C\cdot l$	I_o : 입사광의 강도　I_t : 투사광의 강도 C : 농도　l : 빛의 투사거리 ϵ : 흡광계수(비례상수), C=1 mol, l=10 mm일 때의 ϵ값을 몰흡광계수라 함

정답 09 ④　10 ③　11 ④

12 **다음 암모니아 용액흡수법 농도계산식 중 A는 무엇을 뜻하는가?** [제6회 2번]

$$C = \frac{5A}{V \times \frac{298}{273+t} \times \frac{P}{760}}$$

① 분석용 시료용액 중의 암모니아량 (μL) ② 대기 중의 암모니아 농도 (ppm)
③ 유량계에서 측정한 흡입가스량 (L) ④ 유량계의 온도 (℃)

핵심포인트

1. 결과보고/농도계산

① 검정곡선에 의하여 분석용 시료용액 중의 암모니아 양을 표준상태(25 ℃, 1기압)에서 구하고 다음 식에 의하여 대기 중의 암모니아 농도를 구한다.

$C_{(25℃, 1atm)} = \frac{5A}{V \times \frac{298}{273+t} \times \frac{P}{760}}$	C : 대기 중 암모니아 농도(ppm, μmol/mol) 5 : 전체 붕산 용액 시료량(50 mL) / 분석용 시료량(10 mL) A : 분석용 시료용액 중의 암모니아 양(μL) V : 유량계에서 측정한 흡입량(L) t : 유량계의 온도(℃) P : 시료채취 시의 대기압(mmHg)

13 **악취공정시험기준의 암모니아 측정 시 대기 중 암모니아 농도는?** [제10회 2차 6번]

- 시료공기량 20 L
- 시료채취 후 2개의 흡수병 중의 붕산 용액을 합하여 부피 50 mL로 하고 용액 10 mL를 시험관에 옮겨 분석용 시료로 사용
- 유량계의 온도 10 ℃
- 시료채취시의 대기압 750 mmHg
- 검정곡선에서 구한 시료의 암모니아 양은 20 μL이다.

① 3.1 ppm ② 4.8 ppm
③ 5.6 ppm ④ 6.6 ppm

문제풀이

① 주어진 조건 : 암모니아량(A) 20 μL, 시료채취유량(V) 20 L, 유량계의 온도(t) 25 ℃, 대기압(P) 750 mmHg

② 암모니아 농도, $C_{(25℃, 1atm)} = \frac{5A}{V \times \frac{298}{273+t} \times \frac{P}{760}} = \frac{5 \times 20\ \mu L}{20\ L \times \frac{298}{273+10} \times \frac{750}{760}} = 4.8$ ppm (μL/L)

14 대기 중 암모니아를 측정하기 위해 붕산용액 흡수법으로 측정한 결과가 다음과 같을 때, 대기 중의 암모니아 농도(㉠)와 흡광도를 측정할 수 있는 파장(㉡)으로 모두 옳은 것은?

[제11회 6번]

[측정조건]

- 총 공기시료 부피 50 L
- 표준물질(8 μL)의 흡광도는 0.0991
- 분석용 미지시료 흡광도는 0.0892
- 흡수액 바탕시료 흡광도는 0.0131
- 포집용액의 용량 50 mL
- 시료채취 시 온도는 17.2 ℃
- 대기압은 740 mmHg

(소수점 첫째자리로 결과표기)

① ㉠ 0.7 ppm, ㉡ 460 nm
② ㉠ 0.6 ppm, ㉡ 460 nm
③ ㉠ 0.7 ppm, ㉡ 640 nm
④ ㉠ 0.6 ppm, ㉡ 640 nm

문제풀이

① 바탕시료로 보정한 표준물질(8 μL)의 흡광도 : 0.0991 − 0.0131 = 0.0860

② 바탕시료로 보정한 분석용 미지시료의 흡광도 : 0.0892 − 0.0131 = 0.0761

③ 분석용 미지시료의 양(μL) $= \frac{\text{미지시료 흡광도}}{\text{표준물질 흡광도}} \times \text{표준물질량} = \frac{0.0761}{0.0860} \times 8\,\mu L = 7\,\mu L$

④ 암모니아 농도, $C_{(25℃,1\,atm)} = \dfrac{5A}{V \times \dfrac{298}{273+t} \times \dfrac{P}{760}} = \dfrac{5 \times 7\,\mu L}{50\,L \times \dfrac{298}{273+17.2} \times \dfrac{740}{760}} = 0.7\,ppm\,(\mu L/L)$

핵심포인트

1. 분석절차/흡광도 측정

① 분석용 시료에 페놀−나이트로프루시드소듐 용액 5 mL를 가하여 잘 흔들어 섞은 후 하이포아염소산소듐 용액 5 mL를 혼합하여 25 ℃~30 ℃에서 1시간 방치한 후, 640 nm 파장에서 흡광도를 측정한다.

15 하이포아염소산소듐 용액의 유효염소농도를 구하는 방법에 관한 설명으로 틀린 것은?

[제11회 20번]

① 유효염소 농도단위는 (W/V %)로 계산한다.
② 하이포아염소산소듐 용액은 희석하여 아이오딘화포타슘 및 아세트산을 넣고 적정한다.
③ 싸이오황산소듐 용액으로 적정하고 지시약으로 전분 용액을 넣는다.
④ 하이포아염소산소듐 용액의 유효염소 농도는 시간이 지나면 증가하므로 사용할 때마다 유효염소 농도를 구한다.

☑ **해설** ④ 핵심포인트 1.① 참고

정답 14 ③ 15 ④

핵심포인트

1. 시약 및 표준물질/시약/하이포아염소산소듐 용액

① 하이포아염소산소듐 용액(유효염소 3 %~10 %) 60 /C mL와 수산화소듐 10 g 및 인산수소소듐 12 수화물 35.8 g을 정제수에 용해하여 전량을 1 L로 하며, 이 용액은 사용할 때마다 제조한다.

→ 하이포아염소산소듐 용액의 유효염소 농도는 구입 시에 10 % 전후이지만 시간이 지나면 감소하므로 사용할 때마다 유효염소 농도를 구한다.

② 하이포아염소산소듐 용액의 유효염소 농도(원액)를 구하는 방법

㉠ 하이포아염소산소듐 용액 10 mL를 부피플라스크 200 mL에 넣어 물을 표선까지 가한다.

㉡ 이 용액 10 mL를 부피 300 mL의 마개달린 삼각플라스크에 넣어 물을 가해 액 100 mL로 한다.

㉢ 아이오딘화포타슘 (1~2) g 및 아세트산 (1+1) 6 mL를 넣어 마개를 막고 잘 흔들어 섞어 어두운 곳에 약 5분간 방치한 다음 50 mmol/L 싸이오황산소듐으로 적정하고 용액의 황색이 엷아지면 지시약으로 전분 용액(1 w/v %) 1 mL를 넣고 아이오딘화 전분의 푸른색이 사라질 때까지 적정한다.

㉣ 따로 바탕시험으로서 물 10 mL를 넣어 똑같이 작업하여 적정 값을 보정하며 이때 사용한 50 mmol/L 싸이오황산소듐용액의 "a" mL와 factor로부터 다음 식에 의해 유효 염소농도를 계산한다.

$$\text{유효염소농도}(W/V\%) = \frac{a \times f \times (200/10)}{1/20\text{희석하이포아염소산소듐용액(mL)}} \times 0.001773 \times 100$$

필기 03 악취 공정시험기준

9 [ES 09303.1a] 황화합물 – 저온농축 – 모세관컬럼 – 기체크로마토그래피법 [ES 09303.2a] 황화합물 – 저온농축 – 충전컬럼 – 기체크로마토그래피법 [ES 09303.3a] 황화합물 – 전기냉각저온농축 – 모세관컬럼 – 기체크로마토그래피법

01 **황화합물의 저온농축 – 모세관 컬럼 – 기체크로마토그래피법의 설명으로 틀린 것은?**

[제10회 8번]

① 이산화황의 머무름시간(RT)은 메틸메르캅탄의 머무름시간과 매우 비슷하게 때문에 충분한 분리가 이루어질 수 있도록 해야 한다.

② 0.1 nmol/mol～60 nmol/mol 농도 범위의 대기 중 황화합물 악취성분을 분석하는데 적합하다.

③ 황화합물 중 황화수소는 극성이 커서 수분에 의한 영향으로 가스상 시료 중 농도 변화가 일어날 수 있다.

④ 모세관 컬럼은 규정물질의 항목별 검출 분리능이 1 이상($R \geq 1$)되는 분리관을 사용한다.

☑ **해설** ① 핵심포인트 2.② 참고

핵심포인트

1. 개요/적용범위

① 황화합물 측정항목 : 황화수소, 메틸메르캅탄, 다이메틸설파이드, 다이메틸다이설파이드

② 측정범위 : (1～50) ppb 농도 범위의 대기 중 황화합물 악취성분 분석에 적합하다.

※ 공정시험기준 개정 전 : (0.1～60) nmol/mol

2. 개요/간섭물질

① 황화합물 중 황화수소는 극성이 커서 수분에 의한 영향으로 가스상 시료 중 농도 변화가 일어날 수 있으며, 분석과정에서 수분으로 인하여 회수율이 달라질 수 있다. 특히 ppb 수준의 저농도 황화물 분석에서는 수분의 영향이 매우 크다.

② 이산화황(SO_2)과 카보닐설파이드(COS, carbonyl sulfide)의 머무름시간(RT)은 황화수소의 머무름시간과 매우 비슷하기 때문에 2개 성분과 황화수소가 겹쳐서 나올 경우 오차가 커지므로 충분한 분리가 이루어질 수 있도록 해야 한다.

3. 용어정의/모세관컬럼

① 컬럼 : 저온농축온도 및 열탈착장치의 구성에 따라서 내경 및 필름두께를 선택하여 규정물질의 항목별 검출 분리능이 1 이상($R \geq 1$)되는 분리관을 사용한다.

02 **악취공정시험기준에 따른 지정악취물질과 시료채취방법을 연결한 것으로 틀린 것은?**

[제9회 2차 15번]

① 황화합물 : 흡인상자법
② 트라이메틸아민 : 산성여과지법
③ 스타이렌 : 붕산용액흡수법
④ 지방산류 : 알칼리함침필터법

☑ **해설** ③ 핵심포인트 1. <표> 4 '스타이렌' 참고

정답 01 ① 02 ③

03 **악취물질 중 황화합물(메틸메르캅탄, 황화수소, 다이메틸설파이드, 다이메틸다이설파이드)을 분석하려고 한다. 황화합물을 분석하는 시험방법이 아닌 것은?** [제9회 2차 17번]

① 저온농축 – 모세관컬럼 기체크로마토그래피법
② 저온농축 – 충전형 분리관 기체크로마토그래피법
③ 저온농축 – 고체상미량추출 – 기체크로마토그래피법
④ 전기냉각 저온농축 – 모세관컬럼 기체크로마토그래피법

☑ **해설** ③ 핵심포인트 1. <표> 1 '황화합물' 참고

04 **악취공정시험기준의 시료채취방법과 기기분석방법의 연결로 옳은 것은?** [제10회 3번]

① 트라이메틸아민 : 산성여과지법 – 액체크로마토그래피법
② 알데하이드류 : DNPH카트리지 – 기체크로마토그래피법
③ 지방산류 : 산성여과지필터법 – 헤드스페이스 기체크로마토그래피법
④ 황화합물 : 시료채취주머니 흡인상자법 – 헤드스페이스 기체크로마토그래피법

☑ **해설** ①, ③, ④ 핵심포인트 1. <표> 참고

05 **악취공정시험방법 중 지정악취물질의 시료채취방법 – 기기분석방법의 연결로 옳은 것은?** [제9회 12번]

① 황화합물 : 시료채취주머니 흡인상자법 – 헤드스페이스 기체크로마토그래피법
② 트라이메틸아민 : 알칼리함침필터 필터법 – 헤드스페이스 기체크로마토그래피법
③ 유기산 : 알칼리수용액 흡수법 – 헤드스페이스 기체크로마토그래피법
④ 알데하이드류 : DNPH 유도체법 – 흡광광도법

☑ **해설** ①, ②, ④ 핵심포인트 1. <표> 참고

핵심포인트

1. 시험방법

〈표〉 항목별 시료채취방법 및 기기분석방법

순번	항목	시료채취방법	기기분석방법
1	황화합물	흡인상자 (시료채취주머니)	저온농축 – 모세관컬럼 – 기체크로마토그래피법
			저온농축 – 충전컬럼 – 기체크로마토그래피법
			전기냉각저온농축 – 모세관컬럼 – 기체크로마토그래피법
2	트라이메틸아민	산성 수용액 흡수 산성 여과지 시료채취	헤드스페이스 – 모세관컬럼 – 기체크로마토그래피법
			고체상미량추출 – 모세관컬럼 – 기체크로마토그래피법
		산성 수용액 흡수	저온농축 – 충전컬럼 – 기체크로마토그래피법
3	알데하이드류	DNPH 카트리지	액체크로마토그래피법
			기체크로마토그래피법
4	스타이렌	고체흡착관, 캐니스터	저온농축 – 기체크로마토그래피법
		시료채취주머니	고체상미량추출 – 기체크로마토그래피법
5	지방산류	알칼리함침여과지 알칼리 수용액 흡수	헤드스페이스 – 기체크로마토그래피법
			고체상미량추출 – 기체크로마토그래피법

정답 03 ③ 04 ② 05 ③

06 다음 중 악취공정시험기준에 따른 황화합물 시험방법으로 옳지 않은 것은? [제7회 15번]

① 시료는 임핀저 방법으로 산성여과지 방법으로 채취한다.
② 분석방법으로는 저온농축－모세관컬럼－기체크로마토그래피법과 저온농축－충전컬럼－기체크로마토그래피법, 전기냉각저온농축－모세관컬럼－기체크로마토그래피법이 있다.
③ 저온농축－모세관컬럼－기체크로마토그래피법에서 채취시료의 농축은 저온농축장치를 －183 ℃ 이하의 온도를 유지한 상태에서 시료채취주머니의 고순도 질소 100 mL를 시료주입구에 연결하여 농축을 유도한다.
④ 저온농축－충전컬럼－기체크로마토그래피법에서 저온농축관은 경질유리 또는 불소수지제로서 내경이 3 mm～4 mm인 것을 사용한다.

☑ **해설** ① 핵심포인트 1.① 참고

핵심포인트

1. 분석기기 및 기구/시료채취장치(흡인상자)

① 흡인상자를 이용하여 시료채취주머니[(폴리테트라플로로에틸렌(PTFE), 폴리바이닐플로라이드(PVF) 등 불소수지재질과 폴리에스터(polyester) 재질이거나 더 안정적인 재질]에 시료를 1회 이상 채우고 배기한 후 (1～10) L를 채취한다.
② 분석방법은 2번～5번 핵심포인트 1. <표> 1 참고

2. 저온농축－모세관컬럼－기체크로마토그래피법/분석절차/측정법/채취시료의 농축

① 저온농축관을 액체냉매에 담그고 －183 ℃ 이하를 유지한 상태에서 불소수지 주머니의 고순도 질소 100 mL를 유량조절기(mass flow controller)와 진공펌프를 이용하여 시료 주입구에 연결한 상태로 농축을 유도한다.

3. 저온농축－충전컬럼－기체크로마토그래피법/분석기기 및 기구/저온농축장치－충전컬럼－기체크로마토그래피

① 저온농축관을 경질유리 또는 불소수지제로서 내경이 (3～4) mm를 사용한다.
② 빈 저온농축관 내부를 10 N 인산으로 세척하고, 건조시킨 후 피검성분 분석에 사용하는 것과 같은 종류의 기체크로마토그래피 충전물질 (0.8～1.0) g 정도 충전한다.

07 황화합물 분석을 위한 기체크로마토그래프 검출기로 적합하지 않은 것은? [제9회 2차 10번]

① 펄스형불꽃광도검출기(PFPD)
② 원자발광검출기(AED)
③ 불꽃이온화검출기(FID)
④ 황화학발광검출기(SCD)

☑ **해설** ③ 핵심포인트 1 참고

핵심포인트

1. 분석기기 및 기구/저온농축장치-모세분리관 기체크로마토그래피/기체크로마토그래피검출기

① 불꽃광도검출기(FPD, Flame Photometric Detector)
② 펄스형불꽃광도검출기(PFPD, Pulsed Flame Photometric Detector)
③ 원자발광검출기(AED, Atomic Emission Detector)
④ 황화학발광검출기(SCD, Sulfur Chemiluminescence Detector)
⑤ 질량분석기(MS, Mass Spectrometer)

정답 06 ① 07 ③

08 **황화합물의 저온농축－모세관컬럼 기체크로마토그래피법에서 정도관리 방법으로 옳은 것은?** [제10회 15번]

① 방법검출한계(MDL)는 황화수소, 메틸메르캅탄, 다이메틸설파이드, 다이메틸다이설파이드를 측정하며 분석에 사용하는 시료부피 범위에서 황화수소로 0.2 nmol/mol 이하로 한다.
② 모든 분석과정을 통한 측정·분석의 정밀도는 3회 반복 분석의 상태표준편차로서 구하고, 이 값은 20 ppb의 농도에서 20 % 이내로 한다.
③ 상대습도 80 %인 바탕시료 가스와 함께 주입된 황화수소의 저온농축장치 회수율은 60 % 이상으로 유지한다.
④ 내부정도관리주기는 월 1회 이상 실시하는 것을 원칙으로 하고, 장비 교체, 수리, 분석자가 변경될 때마다 수시로 한다.

☑ **해설** ① 핵심포인트 1.① 참고, ② 핵심포인트 1.② 참고, ④ 핵심포인트 1.④ 참고

필기 03 악취 공정시험기준

09 **악취물질인 황화합물을 측정하기 위한 저온농축장치의 회수율은 황화합물 표준가스를 저온농축 장치에 일정량 주입한 결과와 같은 양의 표준시료를 기체크로마토그래피에 직접 주입하여 산출한다. 상대습도 10 % 이하인 바탕시료 가스와 함께 주입된 경우 황화수소의 회수율은 (A) % 이상이고, 상대습도 80 %인 바탕시료 가스와 함께 주입된 경우 회수율이 (B) % 이상이어야 한다. 빈칸 A와 B에 들어갈 내용으로 옳은 것은?** [제7회 17번]

① A : 90, B : 70
② A : 80, B : 70
③ A : 90, B : 60
④ A : 80, B : 60

☑ **해설** ④ 핵심포인트 1.③ 참고

10 **다음은 황화합물 저온농축장치 회수율측정에 대한 내용이다. ㉠, ㉡의 내용으로 옳은 것은?** [제9회 2차 12번]

> 상대습도 (㉠) % 이하(질소가스)와 함께 주입된 황화수소의 저온농축장치의 회수율은 80 % 이상, 상대습도 (㉡) %(공기)와 함께 주입된 황화수소의 회수율은 60 % 이상이어야 한다.

① ㉠ 20, ㉡ 60
② ㉠ 10, ㉡ 60
③ ㉠ 10, ㉡ 80
④ ㉠ 20, ㉡ 60

☑ **해설** ③ 핵심포인트 1.③ 참고

핵심포인트

1. 정도보증 및 정도관리/내부정도관리방법

① **방법검출한계** : 황화수소, 메틸메르캅탄, 다이메틸설파이드, 다이메틸다이설파이드를 측정하며 분석에 사용하는 시료부피 범위에서 메틸메르캅탄으로 0.2 ppb 이하로 한다.
② **정밀도 및 검정곡선 작성** : 모든 분석과정을 통한 측정·분석의 정밀도는 3회 반복 분석의 상대표준편차로서 구하고 이 값은 10 ppb의 농도에서 10 %로 한다. 분석에 사용하는 시료부피 범위로부터 구한 검정곡선의 결정계수는 (1～50) ppb 범위에서 R^2 =0.98 이상이어야 한다.

정답 08 ③ 09 ④ 10 ③

③ 회수율 측정 : 상대습도 10 % 이하인 바탕시료 가스와 함께 주입된 황화수소의 저온농축장치의 회수율은 80 % 이상 혹은 상대습도 80 %인 바탕시료 가스와 함께 주입된 황화수소의 회수율은 60 % 이상으로 유지한다.

④ 정도관리 주기 : 내부정도관리주기는 연 1회 이상 측정하는 것을 원칙으로 하며 분석장비의 주요부품 교체, 수리, 분석자의 변경 시 등 수시로 한다.

11 다음 조건으로 다이메틸설파이드 표준가스 제조시 표준가스의 농도(ppm)를 구하라.

[제9회 10번], [제9회 2차 11번]

- 다이메틸설파이드 시약 순도 : 99 % 이상 고순도 시약, 다이메틸설파이드 비중 : 0.845 g/mL
- 다이메틸설파이드 분자량 : 62.14 g/mol
- 다이메틸설파이드 주입량 : 2 μL
- 실내조건 : 25 ℃, 1기압 (760 mmHg)
- 표준가스 제조용기 부피 : 5 L

① 66.5 ppm ② 121.8 ppm
③ 133.0 ppm ④ 266.0 ppm

문제풀이

① 주어진 조건 : 위 표 참고

② 표준가스 농도(ppm) :

$$\frac{\text{비중(g/mL)}\times\text{주입량}(\mu L)\times\text{부피(L/mole)}}{\text{분자량(g/mole)}\times\text{표준가스제조용기부피(mL)}}=\frac{(0.845\text{ g/mL})\times(2\ \mu L)\times(22.45\text{ L/mole})}{(62.14\text{ g/mole})\times(5{,}000\text{ mL})}\times 10^6\ \frac{\mu L}{L}$$

$$= 133.0\text{ ppm}$$

12 다이메틸설파이드 표준가스를 직접 제조하기 위해 고순도(순도 100 %로 가정) 다이메틸설파이드 용액을 기체용 주사기로 2 μL를 채취한 후 10 L 크기의 경질 유리병에 주입 후 1분간 교반하여 실내온도 25 ℃, 1기압 조건의 실내 공간에 10분간 방치하였다. 이때 경질 유리병 내부의 다이메틸설파이드 농도는 얼마인가? (단, 다이메틸설파이드 비중 0.845, 분자량 62.14)

[제5회 44번], [제10회 19번]

① 약 56.5 ppm ② 약 86.5 ppm
③ 약 76.5 ppm ④ 약 66.5 ppm

문제풀이

① 주어진 조건 : 다이메틸설파이드 표준가스 주입량 2 μL, 표준가스제조용기부피 10 L, 다이메틸설파이드 비중(g/mL) 0.845, 다이메틸설파이드 분자량(g/mole) 62.14

② 다이메틸설파이드 농도(ppm) :

$$\frac{\text{비중(g/mL)}\times\text{주입량}(\mu L)\times\text{부피(L/mole)}}{\text{분자량(g/mole)}\times\text{표준가스제조용기부피(mL)}}=\frac{(0.845\text{ g/mL})\times(2\ \mu L)\times(24.45\text{ L/mole})}{(62.14\text{ g/mole})\times(10{,}000\text{ mL})}\times 10^6\ \frac{\mu L}{L}$$

$$= 66.5\text{ ppm}$$

정답 11 ③ 12 ④

13 **기체크로마토그래프(GC)법에서 컬럼에 충전하는 고정상 물질의 특성에 대한 설명으로 틀린 것은?** [제8회 14번]

① 분석대상 성분을 완전히 분리할 수 있는 것
② 증기압과 점성이 모두 큰 것
③ 화학적으로 안정된 것
④ 화학적 성분이 일정한 것

☑ **해설** ② 핵심포인트 1. ① ㉡ 참고

핵심포인트

1. 대기오염공정시험기준/기체크로마토그래피/분리관, 충전물질 및 충전방법/충전물질

① **고정상액체** : 고정상 액체는 가능한 한 다음의 조건을 만족시키는 것을 선택한다.
㉠ 분석대상 성분을 완전히 분리할 수 있는 것이어야 한다.
㉡ 사용온도에서 증기압이 낮고, 점성이 작은 것이어야 한다.
㉢ 화학적으로 안정된 것이어야 한다.
㉣ 화학적 성분이 일정한 것이어야 한다.

14 **기체크로마토그래프 분석시, 성분 분리시 영향을 주는 인자가 아닌 것은?** [제5회 49번]

① 분리관 외경 ② 운반가스 선속도
③ 오븐 온도 ④ 분리관 길이

☑ **해설** ① 성분 분리시 영향을 주는 인자는 분리관 내경이다.

정답 13 ② 14 ①

10 [ES 09304.1a] 트라이메틸아민 - 헤드스페이스 - 모세관컬럼 - 기체크로마토그래피법 [ES 09304.2a] 트라이메틸아민 - 고체상미량추출 - 모세관컬럼 - 기체크로마토그래피법 [ES 09304.3a] 트라이메틸아민 - 저온농축 - 충전컬럼 - 기체크로마토그래피법

01 **악취공정시험법 상 헤드스페이스 장치를 이용하여 분석할 수 있는 물질을 바르게 나열한 것은?** [제9회 2차 4번]

① 스타이렌, 프로피온산　　② 트라이메틸아민, n－발레르산
③ 뷰틸아세테이트, 메틸메르캅탄　　④ i－뷰틸알코올, n－뷰틸산

☑ **해설** ② 핵심포인트 <표> 1. '트라이메틸아민', 5 '지방산류' 참고

02 **악취공정시험기준의 시료채취방법과 기기분석방법의 연결로 옳은 것은?** [제10회 3번]

① 트라이메틸아민 : 산성여과지법 － 액체크로마토그래피법
② 알데하이드류 : DNPH카트리지 － 기체크로마토그래피법
③ 지방산류 : 산성여과지필터법 － 헤드스페이스 기체크로마토그래피법
④ 황화합물 : 시료채취주머니 흡인상자법 － 헤드스페이스 기체크로마토그래피법

☑ **해설** ①, ③, ④ 핵심포인트 <표> 참고

03 **악취공정시험기준에 따른 지정악취물질과 시료채취방법을 연결한 것으로 틀린 것은?** [제9회 2차 15번]

① 황화합물 : 흡인상자법　　② 트라이메틸아민 : 산성여과지법
③ 스타이렌 : 붕산용액흡수법　　④ 지방산류 : 알칼리함침필터법

☑ **해설** ③ 핵심포인트 <표> 4. '스타이렌' 참고

04 **악취공정시험방법 중 지정악취물질의 시료채취방법 － 기기분석방법의 연결로 옳은 것은?** [제9회 12번]

① 황화합물 : 시료채취주머니 흡인상자법 － 헤드스페이스 기체크로마토그래피법
② 트라이메틸아민 : 알칼리함침필터 필터법 － 헤드스페이스 기체크로마토그래피법
③ 유기산 : 알칼리수용액 흡수법 － 헤드스페이스 기체크로마토그래피법
④ 알데하이드류 : DNPH 유도체법 － 흡광광도법

☑ **해설** ①, ②, ④ 핵심포인트 <표> 참고

정답 01 ② 02 ② 03 ③ 04 ③

05 **악취공정시험기준의 트라이메틸아민의 분석방법으로 틀린 것은?** [제10회 2차 8번]

① 트라이메틸아민 – 전기냉각저온농축 – 모세관컬럼 – 기체크로마토그래피법
② 트라이메틸아민 – 헤드스페이스 – 모세관컬럼 – 기체크로마토그래피법
③ 트라이메틸아민 – 저온농축 – 충전컬럼 – 기체크로마토그래피법
④ 트라이메틸아민 – 고체상미량추출 – 모세관컬럼 – 기체크로마토그래피법

☑ **해설** ① 핵심포인트 <표> 1. '트라이메틸아민' 참고 ; ①은 황화합물 분석방법이다.

06 **트라이메틸아민 분석법의 전처리방법으로 틀린 것은?** [제10회 2차 9번]

① 고체상 흡착법 ② 붕산용액 흡수법
③ 저온 농축법 ④ 헤드스페이스법

☑ **해설** ② 핵심포인트 <표> 1. '트라이메틸아민' 참고 ; ②는 암모니아 흡수방법이다.

핵심포인트

〈표〉 항목별 시료채취 및 기기분석 방법

순번	항목	시료채취방법	기기분석방법
1	트라이메틸아민	산성 수용액 흡수 산성 여과지 시료채취	헤드스페이스 – 모세관컬럼 – 기체크로마토그래피법
			고체상미량추출 – 모세관컬럼 – 기체크로마토그래피법
		산성 수용액 흡수	저온농축 – 충전컬럼 – 기체크로마토그래피법
2	황화합물	흡인상자(시료채취주머니)	저온농축 – 모세관컬럼 – 기체크로마토그래피법
			저온농축 – 충전컬럼 – 기체크로마토그래피법
			전기냉각저온농축 – 모세관컬럼 – 기체크로마토그래피법
3	알데하이드류	DNPH 카트리지	액체크로마토그래피법
			기체크로마토그래피법
4	스타이렌	고체흡착관, 캐니스터	저온농축 – 기체크로마토그래피법
		시료채취주머니	고체상미량추출 – 기체크로마토그래피법
5	지방산류	알칼리함침여과지 알칼리수용액 흡수	헤드스페이스 – 기체크로마토그래피법
			고체상미량추출 – 기체크로마토그래피법

07 **악취공정시험기준에 따른 트라이메틸아민 측정분석 방법의 설명으로 틀린 것은?** [제10회 9번]

① 분석 가능한 농도범위는 0.1 nmol/mol～25 nmol/mol이 적합하다.
② 트라이메틸아민과 공존하는 탄화수소들이 충분히 분리되지 않으면 질소인검출기를 사용할 경우에 양의 간섭현상이 나타날 수 있다.
③ 시료채취는 임핀저 방법과 산성여과지 방법으로 한다.
④ 기체크로마토그래피는 불꽃이온화검출기 또는 질소인검출기를 갖고 있는 것이어야 한다.

☑ **해설** ② 핵심포인트 2.① 참고

정답 05 ① 06 ② 07 ②

핵심포인트

1. 개요/적용범위
   ① 분석 가능한 농도범위 : (0.7 ~ 6.6) ppb (개정 전 : (0.1 ~ 25) nmol/mol)
2. 개요/간섭물질
   ① 트라이메틸아민과 공존하는 탄화수소들이 충분히 분리되지 않으면 불꽃이온화검출기를 사용할 경우에는 양의 간섭이 나타날 수 있으며, 저농도의 트라이메틸아민인 경우에는 주의하여야 한다.
   ② 에탄올 베이스의 트라이메틸아민 표준용액을 사용하는 경우 에탄올 봉우리와 트라이메틸아민 봉우리가 인접하여 나타날 수 있으므로 이들을 잘 분리하고 머무름 시간을 확인한 후 시험한다.
3. 분석기기 및 기구/시료채취장치
   ① 임핀저 시료채취법
   ② 산성여과지 시료채취법
4. 분석절차/측정원리/기체크로마토그래피 분석
   ① 검출기로는 불꽃이온화검출기(FID, Flame Ionization Detector), 질소인검출기(NPD, Nitrogen Phosphorus Detector), 질량분석기(MS, Mass Spectrometer)를 사용한다.

08 다음 그림은 대기 환경에 존재하는 트라이메틸아민의 농도를 측정하기 위한 임핀저 시료채취장치이다. 이 장치에 대한 설명으로 옳은 것은? [제7회 8번]

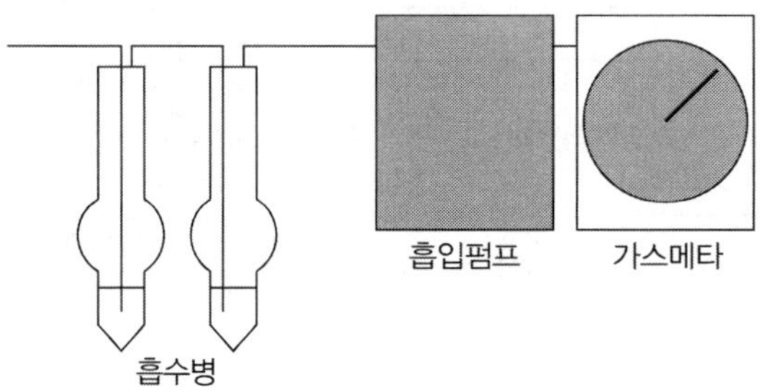

① 흡수액량은 20 mL의 흡수병을 1개만 사용하여도 된다.
② 시료채취장치는 직경 47 mm, 구멍크기 0.3 μm 원형의 여과지를 끼울 수 있는 홀더로 구성된다.
③ 시료가스를 흡인할 수 있는 흡인펌프 유량은 (2 ~ 10) L/min, 유량계는 (2 ~ 15) L/min의 유량을 측정할 수 있어야 한다.
④ 흡인펌프는 유량 (1 ~ 10) L/min으로 유속 안정성은 5 % 이내를 유지할 수 있어야 한다.

☑ 해설 ① 핵심포인트 1.① 참고, ②, ③ 핵심포인트 2.① 참고 ; 산성여과지 시료채취장치

09 악취공정시험기준에 따른 트라이메틸아민 실험방법 중 옳지 않은 것은? [제7회 9번]

① 시료채취방법으로 임핀저법과 산성여과지법을 사용한다.
② 분석방법으로는 헤드스페이스 – 모세관분리관 – 기체크로마토그래피법과 저온농축 – 충전컬럼 – 기체크로마토그래프법, DNPH 카트리지 – 기체크로마토그래피법이 있다.
③ 내부정도관리 주기는 분기 1회 이상 수행한다.
④ 내부정도관리는 방법검출한계와 정밀도, 검정곡선작성등을 수행한다.

정답 08 ④ 09 ②

☑ **해설** ② 1번~6번 핵심포인트 <표> 1. '트라이메틸아민' 참고

핵심포인트

1. 분석기기 및 기구/시료채취장치/흡수병 시료채취장치

① 경질유리 재질로 여과구가 장치되어 있는 흡수액량 20 mL의 흡수병을 2개 직렬로 연결한다.
② 흡입 펌프는 유량 (1～10) L/min으로 유속 안정성은 5 % 이내를 유지할 수 있어야 한다.
③ 유량계는 적산유량계나 순간 유량계를 사용한다.

2. 분석기기 및 기구/산성여과지 시료채취장치

① 산성여과지 시료채취장치는 직경 47 mm, 구멍크기 0.3 μm 원형의 여과지를 끼울 수 있는 지지대와 시료기체를 흡인할 수 있는 흡인펌프의 유량은 (2～10) L/min, 유량계는 (2～15) L/min의 유량을 측정할 수 있어야 한다.
② 흡인유량의 안정성은 시료채취 동안 5 % 이내의 유속을 유지할 수 있어야 한다.

3. 정도관리/정도보증(QA/QC)/내부정도관리 방법

① 방법검출한계 : 0.5 ppb 이하
② 정밀도 평가 : 표준물질을 저온농축장치나 헤드스페이스 장치에 주입하고 동일한 시간, 동일한 조건에서 3회 반복 분석하여 크로마토그래피의 적분 넓이와 봉우리의 머무름 시간 (RT)의 정밀도를 확인하며, 모든 분석과정을 통한 측정분석의 정밀도는 3회 반복 분석의 표준편차로서 구하고 이 값은 10 μg/L의 농도에서 상대표준편차(RSD %) 10 % 이내로 한다.
③ 검정곡선 작성 : 결정계수(R^2)는 트라이메틸아민 표준물질 (2～20) μg/L 범위에서 R^2 = 0.98 이상이어야 한다.
④ 정도관리 주기 : 연 1회 이상 분석하는 것을 원칙으로 하며 분석기기의 주요부품 교체, 수리 및 분석자의 변경 시 등 수시로 한다. [공정시험기준 개정(2018년)으로 분기 1회에서 연 1회로 변경됨]

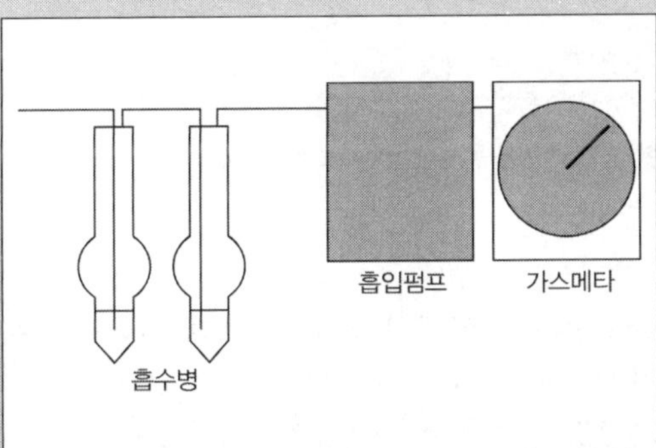

임핀저 시료채취장치

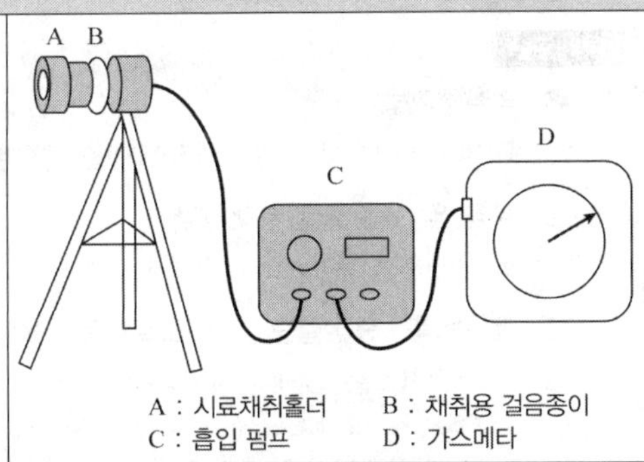

산성여과지 시료채취장치

10 **악취물질 중 트라이메틸아민은 헤드스페이스－모세관 컬럼 기체크로마토그래피로 분석이 가능하다. 헤드스페이스분석법에 대한 설명에서, 괄호 안에 들어갈 것을 옳게 제시한 것은?**

[제6회 9번]

> 헤드스페이스분석법은 헤드스페이스바이알 안에서 시료의 (㉠)상태에서 바이알 상단부에 발생된 트라이메틸아민 기체를 주사기로 기체크로마토그래피로 직접 주입하거나 (㉡) 파이버(fiber)에 흡착시킨 후 기체크로마토그래피에 주입하며 분석하는 방법이다.

① ㉠ 산성, ㉡ 고체상미량추출장치　　② ㉠ 알칼리, ㉡ 고체상미량추출장치
③ ㉠ 산성, ㉡ 저온농축장치　　④ ㉠ 알칼리, ㉡ 저온농축장치

정답 10 ②

☑ **해설** ㉠ 핵심포인트 1.① 참고, ㉡ 핵심포인트 2.① 참고

핵심포인트

1. 헤드스페이스-모세관컬럼-기체크로마토그래피법/분석기기 및 기구/시료채취장치/분석기구/헤드스페이스-모세관컬럼-기체크로마토그래피

① 헤드스페이스분석법은 헤드스페이스 바이알 안에서 시료의 알칼리상태에서 바이알 상단부에 발생한 트라이메틸아민기체(headspace gas)를 주사기로 기체크로마토그래피에 직접 주입 또는, 헤드스페이스 자동 주입장치를 이용하여 기체크로마토그래피로 주입/분석하는 방법에 해당한다.

2. 고체상미량추출-모세관컬럼-기체크로마토그래피법/분석기기 및 기구/시료채취장치/분석기구/SPME-모세관컬럼-기체크로마토그래피

① SPME 분석법은 헤드스페이스 바이알 안에서 시료의 알칼리상태에서 바이알상단부에 발생된 트라이메틸아민기체를 고체상미량추출장치(SPME, Solid Phase Micro Extraction) 파이버(fiber)에 흡착시킨 후 기체크로마토그래피에 주입하여 분석하는 방법이다.

11 기기분석법 중 트라이메틸아민 시험 방법에 대한 설명으로 틀린 것은? [제9회 6번]

① 트라이메틸아민은 악취방지법상 단일악취물질로 지정하고 있다.
② 기체크로마토그래피는 FID 또는 NPD를 검출기로 사용한다.
③ 컬럼 내 충전제는 입경 100 mesh～120 mesh 백색 규조토 담체를 활용하여 만든다.
④ 분해시약은 수산화포타슘 500 g을 증류수에 용해시켜 1 L로 만든다.

☑ **해설** ③ 핵심포인트 3.③ 참고

핵심포인트

1. 악취방지법

① 악취방지법상 트라이메틸아민을 포함한 22개 항목을 단일악취물질로 지정하고 있다.

2. 시약 및 표준물질/분해시약

① 수산화포타슘(KOH) 500 g을 정제수에 용해시켜 1 L로 만든다.

3. 저온농축-충전컬럼-기체크로마토그래피법/분석기기 및 기구/분석기구/기체크로마토그래피

① 검출기로는 불꽃이온화검출기(FID, Flame Ionization Detector), 질소인검출기(NPD, Nitrogen Phosphorus Detector), 질량분석기(MS, Mass Spectrometer)를 사용한다.
② 컬럼은 유리제로 내경 3 mm, 길이 (3～5) mm의 것으로 내면을 10 % 수산화포타슘용액으로 씻고 물로 씻은 다음 건조한다.
③ 충진제는 입경 (60～80) mesh의 백색규조토 고체 지지체에 다이글리세롤을 15 %, 테트라에티렌펜타민을 15 %, 수산화포타슘 2 %를 피복한 것 또는 이와 동등 이상의 성능을 가진 것이어야 한다.

12 트라이메틸아민의 고체상미량추출-모세관컬럼-기체크로마토그래피방법의 시료채취 및 분석방법에 관한 설명으로 옳은 것은? [제9회 2차 2번]

① 고체상 흡착 방법에서 사용되는 고체상 미량 추출(SPME) 파이버는 Carboxen / Polydimethylsiloxane(CAR/PDMS)이 75 μm～85 μm으로 입혀진 파이버를 사용한다.
② 가스크로마토그래피 검출기는 불꽃이온화검출기(FID) 혹은 열전도도 검출기(TCD)를 사용한다.

정답 11 ③ 12 ①

③ 채취용 산성여과지는 직경 47 mm, 구멍크기 0.3 μm 원형 유리섬유 거름종이 또는 실리카섬유 여과지를 0.1 N 염산 1 mL에 함침 시켜 제조한다.

④ 시료채취는 20 L/분의 유량으로 5분 이내 시료 공기를 흡입하여 채취되도록 한다.

☑ **해설** ② 핵심포인트 2.①, ③ 핵심포인트 3.①, ④ 핵심포인트 4.① 참고

핵심포인트

1. 분석기기 및 기구/SPME－모세관컬럼－기체크로마토그래피/고체상 미량 추출

① 고체상 미량추출(SPME, Solid Phase Micro Extraction) : SPME 파이버는 carboxen / polydimethylsiloxane(CAR/PDMS)이 (75 ~ 85) μm으로 입혀진 파이버를 사용한다.

2. 분석기기 및 기구/SPME－모세관컬럼－기체크로마토그래피/기체크로마토그래피

① 기체크로마토그래피는 불꽃이온화검출기(FID, Flame Ionization Detector) 혹은 질소인검출기(NPD, Nitrogen Phosphorus Detector) 또는 질량분석기(MS, mass spectrometer)를 사용한다.

3. 시약 및 표준물질/표준용액/산성여과지

① 산성여과지 : 채취용 산성여과지(거름종이)는 직경 47 mm, 구멍크기 0.3 μm의 원형유리섬유 거름종이 또는 실리카섬유 여과지를 전기로 내에서 500 ℃로 1시간 가열한 후 실리카겔 데시케이터에 방치하고, 1 N 황산 1 mL를 함침시킨 후 실리카겔 데시케이터나 진공 데시케이터 안에서 하루 동안 보존하며, 사용시마다 제조한다.

4. 시료채취 및 관리

① 산성 수용액 흡수법, 산성여과지를 이용한 시료채취법 : 시료채취는 10 L/min의 유량으로 5분 이내에 시료공기를 산성여과지에 채취되도록 한다.

13 악취공정시험기준의 기체크로마토그래피법을 이용하여 트라이메틸아민을 분석한 결과는 다음과 같다. 트라이메틸아민의 농도는? [제10회 2차 10번]

㉠ 시료공기량 : 30 L
㉡ 시료채취시의 대기온도 : 20 ℃
㉢ 시료채취시의 대기압력 : 750 mmHg
㉣ 검정곡선에 의해 계산된 트라이메틸아민의 양 : 160 ng
㉤ 트라이메틸아민의 분자량 : 59 g/mol

① 0.002 ppm
② 0.004 ppm
③ 0.006 ppm
④ 0.008 ppm

문제풀이

① 주어진 조건 : 검정곡선에 의해 계산된 트라이메틸아민의 양(m) 160 ng, 트라이메틸아민의 분자량(M) 59 g/mol, 시료채취유량(V) 30 L, 온도(t) 20 ℃, 대기압(P) 750 mmHg

② 시료채취유량(V_s) : $V \times \frac{298}{273+t} \times \frac{P}{760} = 30\ \text{L} \times \frac{298}{273+20} \times \frac{750}{760} = 30.11\ \text{L}$

③ 농도계산(ppm) : $\frac{m}{V_s} \times \frac{24.46}{M} = \frac{160\ \text{ng}}{30.11\ \text{L}} \times \frac{24.46\ \text{L}}{59\ \text{g/mol}} \times \frac{1\ \text{g}}{10^6\ \text{ng}} = 0.002\ \text{ppm}$

정답 13 ①

11 [ES 09305.1a] 알데하이드–DNPH 카트리지 – 액체크로마토그래피법 [ES 09305.2a] 알데하이드–DNPH 카트리지 – 기체크로마토그래피법

01 **악취공정시험방법 중 지정악취물질의 시료채취방법 – 기기분석방법의 연결로 옳은 것은?** [제9회 12번]

① 황화합물 : 시료채취주머니 흡인상자법 – 헤드스페이스 기체크로마토그래피법
② 트라이메틸아민 : 알칼리함침필터 필터법 – 헤드스페이스 기체크로마토그래피법
③ 유기산 : 알칼리수용액 흡수법 – 헤드스페이스 기체크로마토그래피법
④ 알데하이드류 : DNPH 유도체법 – 흡광광도법

☑ **해설** ① 핵심포인트 1. <표> 3 '황화합물', ② 핵심포인트 1. <표> 2 '트라이메틸아민', ④ 핵심포인트 1. <표> 1 '알데하이드뷰' 참고

02 **악취공정시험기준의 시료채취방법과 기기분석방법의 연결로 옳은 것은?** [제10회 3번]

① 트라이메틸아민 : 산성여과지법 – 액체크로마토그래피법
② 알데하이드류 : DNPH카트리지 – 기체크로마토그래피법
③ 지방산류 : 산성여과지필터법 – 헤드스페이스 기체크로마토그래피법
④ 황화합물 : 시료채취주머니 흡인상자법 – 헤드스페이스 기체크로마토그래피법

☑ **해설** ① 핵심포인트 1. <표> 2 '트라이메틸아민', ③ 핵심포인트 1. <표> 4 '지방산류', ④ 핵심포인트 1. <표> 3 '황화합물' 참고

핵심포인트

1. 시험방법

〈표〉 항목별 시료채취방법 및 분석방법

순번	항목	시료채취방법	기기분석방법
1	알데하이드류	DNPH 카트리지	액체크로마토그래피법
			기체크로마토그래피법
2	트라이메틸아민	산성 수용액 흡수 산성 여과지 시료채취	헤드스페이스–모세관컬럼–기체크로마토그래피법
			고체상미량추출–모세관컬럼–기체크로마토그래피법
		산성 수용액 흡수	저온농축–충전컬럼–기체크로마토그래피법
3	황화합물	흡인상자(시료채취주머니)	저온농축–모세관컬럼–기체크로마토그래피법
			저온농축–충전컬럼–기체크로마토그래피법
			전기냉각저온농축–모세관컬럼–기체크로마토그래피법
4	지방산류	알칼리함침여과지 알칼리수용액 흡수	헤드스페이스–기체크로마토그래피법
			고체상미량추출–기체크로마토그래피법

정답 01 ③ 02 ②

03 **악취물질 중 2,4-다이나이트로페닐하이드라진(DNPH) 유도체를 형성하여 측정할 수 있는 물질은?** [제5회 45번]

① 뷰틸 알데하이드
② n-뷰틸산
③ 메틸메르캅탄
④ 트라이메틸아민

☑ **해설** ① 핵심포인트 1.① 참고

04 **악취물질 중 아세트알데하이드를 액체크로마토그래피법(HPLC/UV)으로 분석하고자 한다. 괄호 안에 들어갈 것을 옳게 제시한 것은?** [제6회 4번]

> 이 시험방법은 카르보닐화합물과 2,4-Dinitrophenylhydrazine(DNPH)가 반응하여 형성된 DNPH유도체를 (㉠)용매로 추출하여 액체크로마토그래피(HPLC)를 이용하여 자외선(UV) 검출기의 (㉡) 파장에서 분석한다.

① ㉠ 아세토나이트릴, ㉡ 640 nm
② ㉠ 아세토나이트릴, ㉡ 360 nm
③ ㉠ 메탄올, ㉡ 640 nm
④ ㉠ 메탄올, ㉡ 360 nm

핵심포인트

1. 개요/적용범위

① 이 방법은 알데하이드 물질(카르보닐화합물)을 2,4-Dinitrophenylhydrazine(DNPH)가 반응하여 형성된 DNPH유도체를 아세토나이트릴 용매로 추출하여 고성능 액체크로마토그래피(HPLC, High Performance Liquid Chromatography)를 이용하여 자외선(UV) 검출기의 360 nm 파장에서 분석한다.

05 DNPH **카트리지를 이용한 악취시료채취법에 대한 설명이다. 빈칸** A~C**에 들어갈 내용으로 옳은 것은?** [제7회 5번]

> DNPH는 알데하이드뿐만 아니라 아세톤과 같은 케톤류 화합물과도 쉽게 반응하므로 시료 중 카르보닐 화합물의 총량이 사용한 카트리지의 허용범위를 초과하지 않도록 시료채취 (A)와/과 (B)을/를 적절히 조절해야 한다. DNPH는 오존과 습도에 취약하며 고순도의 (C)으로 충진된 오존 스크러버를 사용하여 오존을 제거해야 한다.

① A : 유량, B : 시간, C : 아이오딘화포타슘
② A : 유량, B : 장소, C : 수산화소듐
③ A : 농도, B : 시간, C : 아이오딘화포타슘
④ A : 농도, B : 장소, C : 수산화소듐

☑ **해설** ① 핵심포인트 1. ② ③ 참고

정답 03 ① 04 ② 05 ①

필기 03 악취 공정시험기준

핵심포인트

1. 분석기기 및 기구/시료채취장치/DNPH 유도화 카트리지

① 폴리프로필렌튜브에 DNPH－실리카를 충전한 카트리지로서 상용화된 카트리지는 아래 조건에 준하거나 그 이상의 성능을 갖추어야 한다.

② DNPH는 알데하이드뿐만 아니라 아세톤과 같은 케톤류 화합물과도 쉽게 반응하므로 시료 중 카르보닐 화합물의 총량이 사용한 카트리지의 허용 범위를 초과하지 않도록 시료채취 유량과 시간을 적절히 조절하여야 한다.

③ DNPH는 오존과 습도에 취약하며 고순도의 아이오딘화포타슘(KI)으로 충진된 오존 스크러버를 사용하여 오존을 제거하여야 한다.

06 악취물질에 따른 분석방법으로 (알데하이드－DNPH카트리지－액체크로마토그래피법) 시험방법에 대한 설명으로 틀린 것은? [제10회 2차 13번]

① 알데하이드 물질을 DNPH유도체로 형성하여 고성능액체크로마토그래피로 분석한다.

② 고온 및 수분이 높을 경우, DNPH 카트리지의 회수율에 영향을 미치므로 채취단계의 적절한 관리가 필요하다.

③ DNPH 유도체는 자외선 영역에서 흡광성이 있으며 360 nm～400 nm 파장 범위에서 감도를 가지며 검출기의 최대파장(λ_{max})을 380 nm에 고정시켜 분석한다.

④ 대기 중 아세트알데하이드, 프로피온알데하이드, 뷰틸알데하이드, n－발레르알데하이드, iso－발레르알데하이드 등 물질의 측정을 하기 위한 방법이다.

☑ **해설** ③ 핵심포인트 3.① 참고

핵심포인트

1. 개요/목적

① 대기 중 아세트알데하이드, 프로피온알데하이드, 뷰틸알데하이드, n－발레르알데하이드, iso－발레르알데하이드 등의 물질을 측정하기 위한 시험방법이다.

② DNPH 카트리지 채취기 또는 채취방법을 이용해서 시료를 채취하고 액체크로마토그래피 분석방법을 적용하여 분석한다.

2. 개요/간섭물질

① 고온 및 수분이 높은 경우, 카트리지의 회수율에 영향을 미치므로 채취단계의 적절한 관리가 필요하다.

3. 분석절차/DNPH 유도체화 액체크로마토그래프 분석법

① 용출한 DNPH 유도체는 자외선 영역에서 흡광성이 있으며 (350～380) nm에서 최대의 감도를 가지므로 자외선검출기의 파장을 360 nm에 고정시켜 분석한다.

07 대기 환경 중에 존재하는 알데하이드 화합물의 시료채취 방법으로 틀린 것은? [제9회 3번]

① 시료 중 알데하이드의 양에 따라 DNPH 충전량이 다르다.

② DNPH 카트리지를 이용하여 시료를 채취할 때에는 오존 스크러버를 DNPH 카트리지 후단에 장착해야 한다.

③ DNPH 카트리지로 시료를 채취할 경우, 적절한 시료 공기 유량은 1 L/min～2 L/min으로서 5분 이내에 이루어지게 한다.

정답 06 ③ 07 ②

④ 채취된 시료는 차광, 밀봉하여 10 ℃ 이하에서 운반하며, 용매로 추출하기 전까지는 4 ℃ 이하에서 냉장 보관한다.

☑ **해설** ② 핵심포인트 2.① 참고

08 **악취공정시험기준의 알데하이드 액체크로마토그래피법에서 시료채취 및 관리에 관한 설명으로 틀린 것은?** [제11회 8번]

① 현장에서 DNPH 카트리지로 채취할 때에는 시료가스를 유속 약 1 L/min～2 L/min으로 5분 이내에 이루어지도록 한다.

② 알데하이드 시료채취 시 공기 중 오존에 의한 방해를 제거하기 위해 아이오딘화포타슘(KI) 결정을 채운 오존 스크러버를 DNPH 카트리지 앞에 연결하여 시료를 채취한다.

③ 채취한 시료는 알루미늄 호일로 포장하여 외부 공기와 차단할 수 있는 비닐봉지에 이중으로 밀봉하여 저온, 차광, 밀봉 상태로 10 ℃ 이하에서 보관하여 운반하며, 용매로 추출하기 전까지 냉장 4 ℃ 이하에서 보관한다.

④ 채취한 시료는 외부 공기로부터 오염이 되지 않도록 밀폐용 마개와 불소수지 재질 패럴을 이용하여 막아서 보관하며 24시간 이내에 사용하지 않을 경우에는 4 ℃의 냉암소에서 보관하여야 한다.

☑ **해설** ④ 휘발성유기화합물질 분석을 위한 고체흡착관 보관 방법이다.

09 **대기 중 알데하이드류 악취물질을 분석하기 위한 DNPH카트리지－액체크로마토그래피 분석법의 설명으로 옳은 것은?** [제10회 10번]

① 시료추출에 사용하는 모든 유리기구는 아세토나이트릴로 세척한 후 60 ℃ 이상에서 건조한다.

② 시료채취주머니를 사용할 경우 시료채취는 10분 이내에 이루어지도록 한다.

③ 채취된 시료는 DNPH카트리지에 1 L/min～10 L/min의 유량으로 채취한다.

④ 공기 중 오존에 의한 방해를 제거하기 위해 오존 스크러버를 DNPH카트리지 뒤에 연결한다.

☑ **해설** ②, ③ 핵심포인트 3.① 참고, ④ 핵심포인트 2.① 참고

10 **알데하이드를 채취하기 위해 사용하는 DNPH 카트리지는 시료채취 시 공기 중의 오존에 의한 방해를 제거하기 위하여 오존 스크러버를 사용한다. 다음 중 오존 스크러버에 채워 사용하는 물질은 무엇인가?** [제9회 15번]

① KOH ② KI

③ NaOH ④ $(NH_4)_2SO_4$

☑ **해설** ② 핵심포인트 2.① 참고

정답 08 ④ 09 ① 10 ②

핵심포인트

1. 분석기기 및 기구/시료채취장치/DNPH 유도화 카트리지

① 폴리프로필렌 튜브에 DNPH－실리카를 충전한 카트리지로서 상용화된 카트리지는 아래 조건에 준하거나 그 이상의 성능을 갖추어야 한다.
② 카트리지의 DNPH 충전량은 사전 예비실험을 통하여 고농도 시료의 경우 돌파(breakthrough)가 일어나지 않도록 충분한 양을 충전한 카트리지를 사용하여야 한다.
③ DNPH는 알데하이드뿐만 아니라 아세톤과 같은 케톤류 화합물과도 쉽게 반응하므로 시료 중 카르보닐 화합물의 총량이 사용한 카트리지의 허용 범위를 초과하지 않도록 시료채취 유량과 시간을 적절히 조절하여야 한다.

2. 분석기기 및 기구/시료채취장치/오존 스크러버

① 약 1.5 g의 아이오딘화포타슘(KI)을 충전한 오존 스크러버를 DNPH 카트리지 전단에 설치한다.
② 공기 시료 중에는 오존이 항상 존재하므로 반드시 오존 제거용으로 사용하여야 한다.
③ 한번 사용 후에는 새로 충전한 스크리비를 사용하여야 한다.

3. 시료채취 및 관리/시료채취방법

① 시료주머니를 사용할 경우 시료채취는 5분 이내에 이루어지도록 하며, 채취한 시료는 DNPH 카트리지에 (1～2) L/min의 유량으로 채취한다.
② DNPH 카트리지로 채취할 때에는 시료가스를 유량 약 (1～2) L/min으로 5분 이내에 이루어지도록 한다.
③ 알데하이드 시료채취 시 공기 중 오존에 의한 방해를 제거하기 위해 내경 1.0 cm × 길이 4 cm의 폴리프로필렌 튜브에 아이오딘화포타슘(KI) 결정을 채운 오존 스크러버를 아래 그림과 같이 DNPH 카트리지 앞에 연결하여 시료를 채취한다.

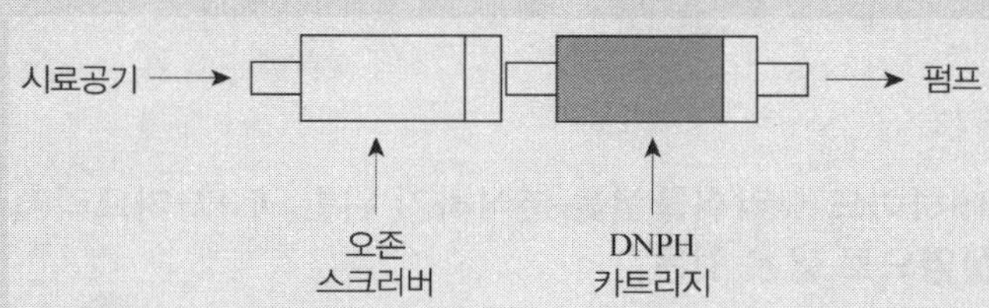

④ 채취한 시료는 알루미늄 포일로 포장하여 외부공기와 차단할 수 있는 비닐봉지(예시 : 지퍼 백)에 이중으로 밀봉하여 저온, 차광, 밀봉 상태로 보관(10 ℃ 이하)하여 운반하며 용매로 추출하기 전까지 냉장(4 ℃ 이하) 보관하며 시료가 저장되는 냉장고는 실험에 사용되는 시약이나 기타 오염물질에서의 오염의 영향이 없는 곳이어야 한다.

4. 분석절차/DNPH 유도체화 액체크로마토그래프(HPLC/UV) 분석법

① 시료추출방법 : 추출에 사용하는 모든 유리기구는 아세토나이트릴로 세척한 후 60 ℃ 이상에서 건조한다.

11 다음의 지정악취물질 중 알데하이드류 분석 시 사용하는 HPLC의 이동상으로 부적합한 물질은?

[제8회 10번]

① 아세토나이트릴 ② 메탄올
③ 물 ④ 테트라하이드로퓨란

핵심포인트

1. 시약 및 표준물질/용매

① 아세토나이트릴(acetonitrile) : 시료 추출 및 액체크로마토그래피 이동상 용매(액체크로마토그래피 등급)

정답 11 ②

② 정제수(물) : 액체크로마토그래피 이동상 용매(액체크로마토그래피 등급)
③ 테트라하이드로퓨란(tetrahydrofuran) : 액체크로마토그래피 이동상 용매(액체크로마토그래피 등급)
테트라하이드로퓨란은 알데하이드와 케톤류의 액체크로마토그래피 분리능 향상에 도움을 준다.

12 **공기 중 알데하이드의 DNPH카트리지－액체크로마토그래피법에 적용하는 검출기로 옳은 것은?** [제9회 2차 18번]

① 자외선－가시광선 검출기 ② 불꽃이온화 검출기
③ 전자포획형 검출기 ④ 불꽃염광광도 검출기

☑ **해설** ① 핵심포인트 1.① 참고

필기 03 악취 공정시험기준

13 **다음 중 지정악취물질 중 알데하이드류 분석시 사용하는 HPLC 검출기의 파장은?** [제5회 50번]

① 360 nm ② 460 nm
③ 530 nm ④ 540 nm

☑ **해설** ① 핵심포인트 1.① 참고

핵심포인트

1. 분석절차/DNPH 유도체화 액체크로마토그래프(HPLC/UV) 분석법/액체크로마토그래피 분석방법

① 용출한 DNPH 유도체는 자외선 영역에서 흡광성이 있으며 (350～380) nm에서 최대의 감도를 가지므로 자외선검출기의 파장을 360 nm에 고정시켜 분석한다.

14 **대기에 존재하는 악취물질 중 알데하이드류를 분석하는 방법으로 알데하이드－DNPH카트리지－기체크로마토그래피법 시험방법에 대한 설명으로 틀린 것은?** [제10회 2차 12번]

① 측정물질이나 방해물질은 액체크로마토그래피법과 동일하다.
② 알데하이드 분석시 기체크로마토그래프에 사용되는 검출기로는 불꽃이온화검출기(FID), 질소인검출기(NPD), 질량분석기(MS) 등을 사용한다.
③ 시료주머니를 사용할 경우 시료채취는 10분 이상 이루어지도록 해야 한다.
④ 채취한 시료는 DNPH 카트리지에 1 L/min～2 L/min의 유량으로 채취한다.

☑ **해설** ③ 핵심포인트 3.① 참고

핵심포인트

1. 개요/목적

① 대기 중 아세트알데하이드, 프로피온알데하이드, 뷰틸알데하이드, n-발레르알데하이드, i-발레르알데하이드 등 물질의 측정을 위한 시험방법이다.
② DNPH 카트리지 채취기 또는 채취방법을 이용해서 시료를 채취하고 기체크로마토그래피 분석방법을 적용하여 분석한다.

2. 개요/간섭물질

① 고온 및 수분이 높은 경우, 카트리지의 회수율에 영향을 미치므로 채취단계의 적절한 관리가 필요하다.

정답 12 ① 13 ① 14 ③

3. 시료채취 및 관리

① 시료주머니를 사용할 경우 시료채취는 5분 이내에 이루어지도록 하며, 채취한 시료는 DNPH 카트리지에 (1~2) L/min의 유량으로 채취한다.

4. 분석절차/기체크로마토그래피 분석방법

① 검출기로서 불꽃이온화검출기(FID), 질소인검출기(NPD), 질량분석기(MS)를 사용한다.

15 **시료중의 아세트알데하이드 DNPH 유도체의 농도는 2.2 mg/L였다. 아세트알데하이드의 농도로 환산하시오.** (단, 아세트알데하이드의 분자량은 44.1 g, 아세트알데하이드 DNPH 유도체의 분자량은 224.2 g) [제9회 2차 8번]

① 0.39 mg/L ② 0.41 mg/L
③ 0.43 mg/L ④ 0.45 mg/L

문제풀이

① 주어진 조건 : 알데하이드 분자량(g) 44.1 g, 아세트알데하이드 DNPH 유도체의 분자량 224.2 g, 아세트알데하이드 DNPH 유도체의 농도 2.2 mg/L

② 아세트알데하이드 농도(mg/L) : $\frac{44.1\ g}{224.2\ g} \times 2.2\ mg/L = 0.43\ mg/L$

16 **알데하이드-DNPH카트리지-액체크로마토그래피법에서 표준혼합용액 중 DNPH 유도체의 농도가 300 mg/L이면 아세트알데하이드의 농도는?** (단, 아세트알데하이드 분자량 : 44.1, DNPH 유도체 분자량 : 224.2) [제10회 2차 11번]

① 59.0 mg/L ② 68.0 mg/L
③ 77.0 mg/L ④ 86.0 mg/L

문제풀이

① 주어진 조건 : 알데하이드 분자량 44.1 g, 아세트알데하이드 DNPH 유도체의 분자량 224.2 g, 아세트알데하이드 DNPH 유도체의 농도 300 mg/L

② 아세트알데하이드 농도(mg/L) : $\frac{44.1\ g}{224.2\ g} \times 300\ mg/L = 59.0\ mg/L$

핵심포인트

1. 분석절차/DNPH 유도체화 액체크로마토그래프(HPLC/UV) 분석법/표준용액 제조

① DNPH 유도체 혼합용액중의 알데하이드 개별물질의 농도는 아래 식을 이용하여 환산한다.

$$\text{알데하이드 농도(mg/L)} = \frac{\text{알데하이드분자량(g)}}{\text{DNPH유도체의 분자량(g)}} \times \text{DNPH유도체의 농도(mg/L)}$$

정답 15 ③ 16 ①

17 **액체크로마토그래피법을 이용하여 아세트알데하이드를 분석한 결과는 아래와 같다. 아세트알데하이드의 농도를 계산한 값으로 옳은 것은?** [제7회 4번]

– 시료 중 아세트알데하이드의 양 : 100 ng – 공시료 중 아세트알데하이드의 양 : 15 ng – 측정된 온도와 압력 하에서 총 공기시료 부피 : 30 L – 평균 대기압력 : 760 mmHg – 평균 대기온도 : 20 ℃

① 2.79 $\mu g/m^3$
② 3.54 $\mu g/m^3$
③ 4.26 $\mu g/m^3$
④ 5.21 $\mu g/m^3$

문제풀이

① 주어진 조건 : 위 표 참고

② 알데하이드 농도($\mu g/m^3$) : $\dfrac{(100-15)\ \text{ng}}{30\ \text{L}\times\dfrac{760}{760}\times\dfrac{298}{273+20}}\times\dfrac{\mu g}{10^3\,\text{ng}}\times\dfrac{10^3\ \text{L}}{\text{m}^3}=2.79\ \mu g/m^3$

핵심포인트

1. 결과보고/농도계산

① 알데하이드 농도는 다음 식을 이용하여 계산한다(표준상태 : 25 ℃, 1기압 기준).

알데하이드농도($\mu g/m^3$) $=\dfrac{A_a-A_b}{V_m\times\dfrac{P_a}{760}\times\dfrac{298}{273+T_a}}$	A_a : 시료 중 알데하이드 량(ng) A_b : 바탕시료 중 알데하이드 량(ng) V_m : 측정된 온도와 압력 하에서 총 공기시료 부피(L) P_a : 평균 대기압력(mmHg) T_a : 평균 대기온도(℃)

18 **표준상태(25 ℃, 1기압 기준)에서 프로피온알데하이드의 공업지역 배출허용기준은 0.1 ppm 이하이다. 프로피온알데하이드 농도 0.1 ppm을 $\mu g/m^3$로 환산한 값으로 옳은 것은?** (단, 프로피온알데하이드의 분자량은 58이다.) [제11회 9번]

① 237 $\mu g/m^3$
② 259 $\mu g/m^3$
③ 303 $\mu g/m^3$
④ 330 $\mu g/m^3$

문제풀이

1. 결과보고/농도계산

① 주어진 조건 : 프로피온알데하이드의 분자량 58, 표준상태(25 ℃, 1기압)에서의 부피 24.45 L

② ppm 농도를 $\mu g/m^3$으로 환산한다.

$$\text{시료농도}(\mu g/m^3)=\text{시료농도}(\text{ppm})\times\frac{\text{분자량(g)}}{24.46\ \text{L}}\times10^3$$

③ 프로피온알데하이드 농도($\mu g/m^3$) :

$$0.1\ \text{ppm}\left(\frac{\text{mL}}{\text{m}^3}\right)\times\frac{58\ \text{g}}{24.46\ \text{L}}\times10^6\frac{\mu g}{\text{g}}\times\frac{1}{10^3}\frac{\text{L}}{\text{mL}}=237\ \mu g/m^3$$

정답 17 ① 18 ①

12 [ES 09306.1a] 스타이렌 – 저온농축 – 기체크로마토그래피법 [ES 09306.2a] 스타이렌 – 고체상미량추출 – 기체크로마토그래피법

01 괄호 안에 들어갈 내용으로 모두 옳은 것은? [제9회 11번]

> 스타이렌은 악취방지법에 단일 악취물질로서 지정악취물질로 정하고 있으며, 배출허용기준은 공업지역 (㉠) ppm 이하, 기타지역 (㉡) ppm 이하, 엄격한 배출허용기준은 (㉢) ppm 이다.

① ㉠ 0.5, ㉡ 0.3, ㉢ 0.4～0.6
② ㉠ 0.6, ㉡ 0.4, ㉢ 0.4～0.8
③ ㉠ 0.7, ㉡ 0.3, ㉢ 0.4～0.6
④ ㉠ 0.8, ㉡ 0.4, ㉢ 0.4～0.8

핵심포인트

1. 악취방지법 시행규칙/제8조 배출허용기준

① 배출허용기준 및 엄격한 배출허용기준의 설정범위(제8조 제1항, 별표 3)

구분	배출허용기준(ppm)		엄격한 배출허용 기준의 범위(ppm)
	공업지역	기타 지역	공업지역
스타이렌	0.8 이하	0.4 이하	0.4～0.8

02 고체흡착관을 이용하여 스타이렌을 채취하는 경우에 돌파부피에 대한 정의와 관련 없는 것은? [제9회 2차 5번]

① 분석대상물질이 손실 없이 안전하게 채취할 수 있는 일정농도에 대한 공기의 부피
② 시료채취 시에 분석대상물질이 흡착관에 채취되지 않고 흡착관을 통과하는 부피
③ 흡착관에 충진된 흡착제의 최대흡착부피
④ 두 개의 흡착관을 직렬로 연결할 경우 후단의 흡착관에 채취된 양이 전체의 5% 이상을 차지할 경우의 공기 부피

☑ **해설** ① 핵심포인트 1.① 참고 ; 안전부피에 대한 내용이다.

핵심포인트

1. 용어정의

① 돌파부피(breakthrough volume)
  ㉠ 시료채취 시에 분석대상물질이 흡착관에 채취되지 않고 흡착관을 통과하는 부피
  ㉡ 흡착관에 충진된 흡착제의 최대 흡착부피
  ㉢ 두 개의 흡착관을 직렬로 연결할 경우, 후단의 흡착관에 채취된 양이 전체의 5 % 이상을 차지할 경우의 공기부피
② 안전부피(SSV, safe sample volume)
  ㉠ 분석대상물질의 손실없이 안전하게 채취할 수 있는 일정농도에 대한 공기의 부피를 말하며, 채취에 사용되는 흡착관의 최대 흡착부피 2/3에 해당하는 값을 적용
③ 머무름부피(retention volume)
  ㉠ 흡착관으로부터 분석물질을 탈착하기 위하여 필요한 운반기체의 부피를 측정하여 결정

정답 01 ④ 02 ①

03 악취물질 중 스타이렌 시료를 채취하여 분석하고자 한다. 적합한 시료채취방법이 아닌 것은?

[제6회 1번]

① 고체흡착관을 이용하는 방법
② 캐니스터를 이용하는 방법
③ 시료채취주머니를 이용하는 방법
④ DNPH 카트리지를 이용하는 방법

☑ **해설** ④는 알데하이드류 시료채취 방법이다.

핵심포인트

1. 저온농축 - 기체크로마토그래피법/분석기기 및 기구/시료채취장치

<table>
<tr><td>① 고체흡착관을 이용한 시료채취 방법</td><td>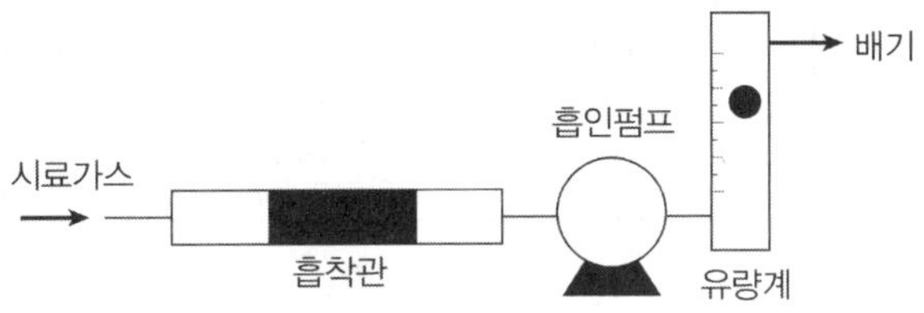
</td></tr>
<tr><td>② 캐니스터를 이용한 시료채취 방법</td><td></td></tr>
</table>

2. 고체상미량추출 - 기체크로마토그래피법/분석기기 및 기구/시료채취장치

<table>
<tr><td>① 시료주머니를 이용한 시료채취방법</td><td>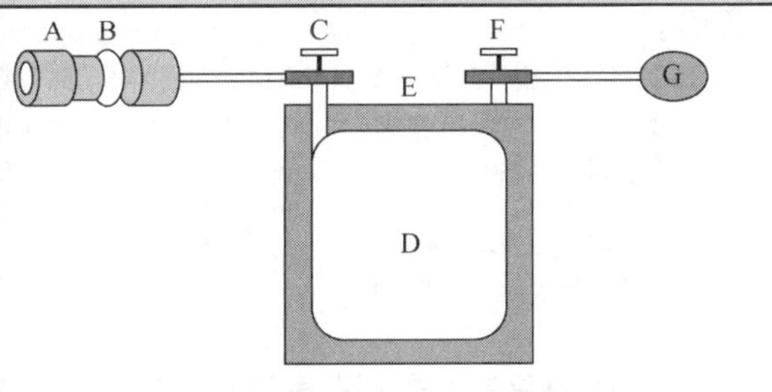

A : 시료채취 홀더 E : 간접진공 흡입 상자
B : 필터 F : 흡입 콕크
C : 불소수지제 콕크 G : 유량계를 갖춘 흡입 펌프
D : 시료채취 주머니</td></tr>
</table>

04 악취공정시험기준에 따른 지정악취물질과 시료채취방법을 연결한 것으로 틀린 것은?

[제9회 2차 15번]

① 황화합물 : 흡인상자법
② 트라이메틸아민 : 산성여과지법
③ 스타이렌 : 붕산용액흡수법
④ 지방산류 : 알칼리함침필터

☑ **해설** ③ 핵심포인트 <표> 1 '스타이렌' 참고

정답 03 ④ 04 ③

핵심포인트

1. 시험방법

〈표〉 항목별 시료채취 및 기기분석 방법

순번	항목	시료채취방법	기기분석방법
1	스타이렌	고체흡착관, 캐니스터	저온농축 – 기체크로마토그래피법
		시료채취주머니	고체상미량추출 – 기체크로마토그래피법
2	트라이메틸아민	산성 수용액 흡수 산성 여과지 시료채취	헤드스페이스 – 모세관컬럼 – 기체크로마토그래피법
			고체상미량추출 – 모세관컬럼 – 기체크로마토그래피법
		산성 수용액 흡수	저온농축 – 충전컬럼 – 기체크로마토그래피법
3	황화합물	흡인상자(시료채취주머니)	저온농축 – 모세관컬럼 – 기체크로마토그래피법
			저온농축 – 충전컬럼 – 기체크로마토그래피법
			전기냉각저온농축 – 모세관컬럼 – 기체크로마토그래피법
4	지방산류	알칼리함침여과지 알칼리수용액 흡수	헤드스페이스 – 기체크로마토그래피법
			고체상미량추출 – 기체크로마토그래피법

05 고체상미량추출(SPME) – 기체크로마토그래피법으로 지방산류와 스타이렌을 분석하고자 할 때 SPME 파이버로 옳은 것은? [제11회 12번]

① Carboxen/Polydimethylsiloxane이 85 μm으로 피복된 파이버
② Divinylbenzene/Carboxen/Polydimethylsiloxane이 50/30 μm으로 피복된 파이버
③ Polyacrylate이 85 μm으로 피복된 파이버
④ Polydimethylsiloxane이 85 μm으로 피복된 파이버

☑ 해설 ① 핵심포인트 1.② 참고

핵심포인트

1. 분석기기 및 기구/분석기기/고체상 미량추출(SPME)

① SPME 장치는 일정한 두께로 흡착 코팅한 파이버와 일반적인 주사기를 변형한 모양으로 구성한다.
② SPME 파이버는 carboxen/polydimethylsiloxane(CAR/PDMS)이 (75～85) μm으로 피복된 파이버를 사용한다.
③ 파이버는 사용 전에 기체크로마토그래피 주입구에서 250 ℃에서 1시간 가열하여 안정화 한 후 사용한다.

06 스타이렌 표준가스를 제조하고자 한다. 1.3 bar의 공기를 25 ℃의 순수한 스타이렌에 통과시킬 때, 공기 중 스타이렌의 농도로 옳은 것은? (단, 스타이렌은 15 %에서 포화된다고 가정하라. 또한 25 ℃에서 스타이렌의 증기압은 5 mmHg이고, 1기압은 1.013 bar이다.) [제11회 10번]

① 749 ppm ② 759 ppm
③ 769 ppm ④ 779 ppm

문제풀이

① 주어진 조건 : 1.3 bar의 공기를 25 ℃의 순수한 스타이렌에 통과시킴, 스타이렌은 15 %에서 포화된다고 가정, 25 ℃에서 스타이렌의 증기압 5 mmHg, 1기압은 1.013 bar
② 압력의 단위를 bar에서 mmHg로 바꾼다 : $1.3\ \text{bar} \times \frac{760\ \text{mmHg}}{1.013\ \text{bar}} = 975.32\ \text{mmHg}$
③ 25 ℃에서 스타이렌의 증기압은 5 mmHg이고, 15 %에서 포화된다고 가정할 때,
스타이렌 농도(ppm) : $\frac{5\ \text{mmHg}}{975.32\ \text{mmHg}} \times \frac{10^6}{1}\ \text{ppm} \times 0.15 = 769\ \text{ppm}$

정답 05 ① 06 ③

13 [ES 09307.a] 휘발성유기화합물 – 저온농축 – 기체크로마토그래피법

01 휘발성유기화합물을 저온농축 – 기체크로마토그래피법으로 분석하는 경우 두 개의 고체 흡착관을 직렬로 연결하였을 때, 후단의 고체 흡착관에 채취된 양이 전체의 몇 % 이상 차지하는 경우를 돌파부피라고 정의할 수 있는가? [제10회 11번]

① 1 % ② 2 %
③ 10 % ④ 5 %

☑ 해설 ④ 핵심포인트 1.② 참고

핵심포인트

1. 용어정의/돌파부피(breakthrough volume)
   ① 시료채취 시에 분석대상물질이 흡착관에 채취되지 않고 흡착관을 통과하는 부피로서, 흡착관에 충진된 흡착제의 최대 흡착부피를 일컫는다.
   ② 두 개의 흡착관을 직렬로 연결할 경우, 후단의 흡착관에 채취된 양이 전체의 5 % 이상을 차지할 경우의 공기부피이다.

02 휘발성유기화합물(지정악취물질) 저온농축 기체크로마토그래피법의 설명으로 틀린 것은? [제10회 2차 15번]

① 기체크로마토그래프의 검출기는 질량분석기 혹은 불꽃이온화검출기를 사용한다.
② 휘발성 지정악취물질인 벤젠, 톨루엔, 자일렌, 스타이렌, 메틸에틸케톤을 동시에 측정하기 위한 방법이다.
③ Tenax류의 흡착제는 오존이 10 nmol/mol 이하의 환경에서 사용한다.
④ 시료는 고체흡착관을 사용하여 부지경계선에서 채취한다.

☑ 해설 ② 핵심포인트 1.① 참고

핵심포인트

1. 개요/목적
   ① 대기환경 중에 존재하는 휘발성악취물질인 톨루엔, 자일렌, 메틸에틸케톤, 메틸아이소뷰틸케톤, 뷰틸아세테이트, 스타이렌, i-뷰틸알코올을 동시에 측정하기 위한 시험방법이다.
2. 개요/간섭물질
   ① Tenax류의 흡착제는 높은 농도의 오존 존재 하에서 시료를 채취할 경우 고분자가 산화되어 벤즈알데하이드, 페놀, 아세토페논과 같은 물질이 생성되므로 오존이 10 nmol/mol 이하의 환경에서 사용한다.
3. 시료채취 및 관리
   ① 시료채취는 고체흡착관을 사용하여 부지경계선에서 실시한다.
4. 분석절차
   ① 모세관 컬럼에 주입된 시료는 목적성분을 분리한 후 질량분석기(MS) 혹은 불꽃이온화검출기(FID)로 분석한다.

정답 01 ④ 02 ②

03 악취공정시험기준에서 휘발성유기화합물의 시료채취에 관한 설명으로 옳지 않은 것은?

[제7회 3번]

① 고체흡착관 뒤에 유량계를 설치하고 펌프를 작동시킨 후, 유량을 약 100 mL/min으로 안정되게 조정하고 5분간 채취한다.

② 유량의 안정성을 파악하기 위해 시료채취 전후의 유량을 비교하여 10 % 이내인지 확인한다.

③ 채취 후 1시간 이내에 분석하지 못할 경우, 흡착관의 마개를 닫고 알루미늄호일 등으로 밀봉한 후 분석 시까지 4 ℃ 냉장 보관하여야 한다.

④ 현장 바탕시험용 고체흡착관은 측정지점까지 운반하여 보관하지만 개봉하지는 않는다.

☑ **해설** ④ 핵심포인트 2.① 참고

핵심포인트

1. 휘발성유기화합물 – 저온농축 – 기체크로마토그래피법/시료채취 및 관리/시료채취

① 고체흡착관 뒤에 유량계를 설치하고 펌프를 작동시킨 후, 유량을 약 100 mL/min으로 안정되게 조정하고 5분간 채취한다.

② 유량의 안정성을 파악하기 위해 시료채취 전후의 유량을 비교하여 10 % 이내인가를 확인한다.

③ 채취 후 1시간 이내에 분석하지 못할 경우, 흡착관의 마개를 닫고 알루미늄호일 등으로 밀봉한 후, 분석 시까지 4 ℃ 냉장 보관하여야 한다.

2. 휘발성유기화합물 – 저온농축 – 기체크로마토그래피법/시료채취 및 관리/현장 바탕시험용 고체흡착관

① 현장 바탕시험용 고체흡착관은 측정지점까지 운반하고 측정지점에서 개봉한다.

② 시료 흡착관들과 동일한 조건의 경로를 갖도록 바탕시험용 고체흡착관을 동일시간에 노출시켜야 하며, 일일 최소 1개 이상의 흡착관을 시료채취 때마다 사용하며 시료측정결과에 보정한다.

04 톨루엔, 자일렌 등의 휘발성유기화합물(VOCs)의 채취를 위한 고체흡착관의 설명으로 틀린 것은?

[제8회 9번]

① 고체흡착관은 사용하기 전에 반드시 열세척 안정화(thermal cleaning) 단계를 거쳐야 한다.

② 고체흡착관은 각 흡착제의 돌파부피를 고려하여 24시간 안에 사용하지 않으면 4 ℃ 냉암소에 보관한다.

③ 다공성 폴리머 흡착제로 충전된 흡착관은 약 100번의 열처리 사용 후 흡착 성능을 확인하고 교체한다.

④ 수분이 많은 시료의 경우 Carbosieve SIII와 같은 소수성 흡착제들을 이용한다.

☑ **해설** ④ 핵심포인트 1.② 참고

05 톨루엔, 자일렌 등의 휘발성유기화합물 시료채취를 위한 고체흡착관의 설명으로 틀린 것은?

[제10회 16번]

① 고체흡착관은 사용하기 전에 반드시 열세척 안정화(thermal cleaning) 단계를 거쳐야 한다.

② 수분이 많은 시료의 경우 Tenax류와 같은 친수성 흡착제들을 이용한다.

③ 다공성 폴리머 흡착제로 충전된 흡착관은 약 100번의 열처리 사용 후 흡착 성능을 확인하고 교체한다.

정답 03 ④ 04 ④ 05 ②

④ 고체흡착관은 각 흡착제의 돌파부피를 고려하여 200 mg 이상으로 충진한 후 사용되고, 24시간 안에 사용하지 않을 경우에는 4 ℃의 냉암소에 보관한다.

☑ **해설** ② 핵심포인트 1.② 참고

06 휘발성유기화합물 저온농축 기체크로마토그래피법의 분석기기 및 기구에 대한 설명으로 옳은 것은? [제10회 2차 14번]

① 시료를 채취한 고체흡착관내의 수분을 제거하기 위해서 흡착관을 시료채취 반대방향으로 연결하여 탈착시킨다.

② 다공성의 폴리머흡착제로 충전된 흡착관들은 약 300번의 열처리 사용 후 흡착성능을 확인한다.

③ 흡인펌프 유량의 안정성은 시료채취 시간 동안 10 % 이내여야 한다.

④ 기체크로마토그래프의 운반기체는 비활성의 건조하고 순수한(99.999 % 이상) 질소 혹은 산소를 사용한다.

☑ **해설** ④ 핵심포인트 3.② 참고

핵심포인트

1. 개요/간섭물질

① 200 mg 정도 충전된 탄소성 흡착제류들과 tenax류의 유기물 바탕값은 각각 0.01 ng과 0.1 ng 정도이다.

② carbosieve SⅢ와 carboxen 같은 친수성 흡착제들은 수분이 공존하면 활성이 급격하게 감소하므로 수분이 많은 시료일 경우에는 tenax류와 같은 소수성 흡착제들을 이용하여 채취한다.

③ tenax류의 흡착제는 높은 농도의 오존 존재하에서 시료를 채취할 경우 고분자가 산화되어 벤즈알데하이드, 페놀, 아세토페논과 같은 물질이 생성되므로 오존이 10 ppb 이하의 환경에서 사용한다.

2. 분석기기 및 기구/시료채취장치/고체흡착관

① 고체흡착관은 스테인리스강 또는 유리재질로 된 관에 측정대상 성분에 따라 흡착제를 선택하고 각 흡착제의 돌파부피(breakthrough volume)를 고려하여 충진한 후에 사용한다.

② 각 고체흡착제는 반드시 허용된 최고 온도범위와 유량에 따라 사용하여야 하며, 흡착관은 사용하기 전에 반드시 열세척 안정화(thermal cleaning) 단계를 거쳐야 한다.

③ 외부공기로부터 오염이 되지 않도록 밀폐용 마개와 불소수지재질 마개(ferrules)를 이용하여 막아서 보관하며 24시간 이내에 사용하지 않을 경우에는 4 ℃의 냉암소에서 보관하여야 한다.

④ 고체흡착관은 각 흡착제의 돌파부피를 고려하여 200 mg 이상으로 충진한 후 사용한다.

⑤ 다공성의 폴리머흡착제로 충전된 흡착관들(chromosorb, porapaks, tenax)은 약 100번의 열처리 사용 후, 흡착관이 spherocarb, carbotrap, carbopack, carbosieve SIII, carboxen과 같은 탄소계 흡착제로 충전된 경우는 약 200번의 열처리 사용 후 흡착성능을 확인하고 교체하도록 한다.

⑥ 흡인펌프 : 유량 (50～200) mL/min을 유지할 수 있어야 하며, 유량의 안정성은 시료채취 시간동안 5 % 이내여야 한다.

3. 분석기기 및 기구/시료채취장치/열탈착 장치

① 시료의 탈착 : 흡착관내의 수분을 제거하기 위해서 흡착관을 시료채취 반대방향으로 연결하여 탈착시킨다.

② 운반기체 : 기체크로마토그래프의 이동상으로 주입된 시료를 분리관과 질량분석계로 옮겨주는 역할을 하며, 비활성의 건조하고 순수한(99.999 % 이상) 질소 혹은 헬륨을 사용한다.

정답 06 ④

07 **대기 환경에서 휘발성유기화합물 중 악취물질로 지정된 물질을 분석하기 위해 사용되는 열탈착장치** (Thermal Desorption Unit)**의 구성이 아닌 것은?** [제5회 34번]

① 시료포집부 ② 고온농축부
③ 유로전환부 ④ 시료수집부

☑ **해설** ② 핵심포인트 1.① 참고 ; 저온농축부

핵심포인트

1. ES 09303.3a 황화합물/저온농축장치-모세관컬럼-기체크로마토그래피

① 저온농축장치는 시료채취부, 저온농축관, 유료전환부, 시료수집부로 구성되어 있다.

08 **휘발성유기화합물 분석결과를** ppm **단위로 표시할 경우, 결과 표시 및 유효자리 수가 틀린 것은?** [제11회 11번]

구분	물질명	결과표시	유효자리수
ㄱ	메틸에틸케톤	0	0.0
ㄴ	톨루엔	0	0.0
ㄷ	자이렌	0	0.0
ㄹ	스타이렌	0	0.0

① ㄱ ② ㄴ ③ ㄷ ④ ㄹ

핵심포인트

1. 결과의 표시

① 휘발성 유기화합물의 분석결과는 ppm 단위로 다음 표에 따라 표시한다(수치맺음법은 KS Q 5002에 따름).

물질명	결과표시	유효자리수	물질명	결과표시	유효자리수
메틸에틸케톤	0	0.0	메틸아이소뷰틸케톤	0	0.0
톨루엔	0	0.0	뷰틸아세테이트	0	0.0
자일렌	0	0.0	i-뷰틸알코올	0.0	0.00
스타이렌	0.0	0.00			

09 **저온농축장치를 이용한 휘발성유기화합물의 연속측정법에서 시료 농축 시 시료의 흡인 속도** 15 mL/min, **채취된 시료의 농축시간** 30**분, 시료 농축시 온도** 44 ℃, **시료농축시 압력** 760 mmHg**일 때 표준상태로 환산한 대기 시료의 양은 몇** L**인가?**

① 0.4 L ② 0.5 L
③ 0.6 L ④ 0.7 L

문제풀이

① 주어진 조건 : 시료 흡인속도 15 mL/min, 시료 농축시간 30분, 시료 농축시 온도 44 ℃, 시료 농축시 압력 760 mmHg

② 시료채취량(V) : 15 mL/min × 30 min = 450 mL = 0.45 L

③ 표준시료채취량(V_{std}) : $0.45\ \text{L} \times \dfrac{298\ \text{°K}}{(273+44)\ \text{°K}} \times \dfrac{760\ \text{mmHg}}{760\ \text{mmHg}} = 0.4\ \text{L}$

정답 07 ② 08 ④ 09 ①

14 [ES 09308.1a] 지방산류 – 헤드스페이스 – 기체크로마토그래피법 [ES 09308.2a] 지방산류 – 고체상미량추출 – 기체크로마토그래피법

01 **악취공정시험기준의 시료채취방법과 기기 분석방법의 연결로 옳은 것은?** [제10회 3번]

① 트라이메틸아민 : 산성여과지법 – 액체크로마토그래피법
② 알데하이드류 : DNPH카트리지 – 기체크로마토그래피법
③ 지방산류 : 산성여과지필터법 – 헤드스페이스 기체크로마토그래피법
④ 황화합물 : 시료채취주머니 흡인상자법 – 헤드스페이스 기체크로마토그래피법

☑ **해설** ① 핵심포인트 1. <표> 3 '트라이메틸아민' 참고, ③ 핵심포인트 1. <표> 1 '지방산류' 참고, ④ 핵심포인트 1. <표> 4 '황화합물' 참고

02 **악취공정시험기준에 따른 지정악취물질과 시료채취방법을 연결한 것으로 틀린 것은?** [제9회 2차 15번]

① 황화합물 : 흡인상자법
② 트라이메틸아민 : 산성여과지법
③ 스타이렌 : 붕산용액흡수법
④ 지방산류 : 알칼리함침필터법

☑ **해설** ③ 핵심포인트 <표> 2 '스타이렌' 참고

03 **악취공정시험법 상 헤드스페이스 장치를 이용하여 분석할 수 있는 물질을 바르게 나열한 것은?** [제9회 2차 4번]

① 스타이렌, 프로피온산
② 트라이메틸아민, n-발레르산
③ 뷰틸아세테이트, 메틸메르캅탄
④ i-뷰틸알코올, n-뷰틸산

☑ **해설** ② 핵심포인트 <표> 1, 3 참고

핵심포인트

1. 시험방법

〈표〉 항목별 시료채취방법 및 기기분석방법

순번	항목	시료채취방법	기기분석방법
1	지방산류	알칼리함침여과지 알칼리 수용액 흡수	헤드스페이스 – 기체크로마토그래피법
			고체상미량추출 – 기체크로마토그래피법
2	스타이렌	고체흡착관, 캐니스터	저온농축 – 기체크로마토그래피법
		시료채취주머니	고체상미량추출 – 기체크로마토그래피법
3	트라이메틸아민	산성 수용액 흡수 산성 여과지 시료채취	헤드스페이스 – 모세관컬럼 – 기체크로마토그래피법
			고체상미량추출 – 모세관컬럼 – 기체크로마토그래피법
		산성 수용액 흡수	저온농축 – 충전컬럼 – 기체크로마토그래피법
4	황화합물	흡인상자(시료채취주머니)	저온농축 – 모세관컬럼 – 기체크로마토그래피법
			저온농축 – 충전컬럼 – 기체크로마토그래피법
			전기냉각저온농축 – 모세관컬럼 – 기체크로마토그래피법

정답 01 ② 02 ③ 03 ②

04 지정악취물질 중 유기산에 대한 설명으로 틀린 것은? [제8회 12번]

① 유기산으로서 프로피온산, n-뷰틸산, n-발레르산, i-발레르산 등이 있다.
② 알칼리 수용액 시료채취장치는 흡수병속의 채취용액에 기체가 채취되는 것을 이용하는 방법이다.
③ 알칼리 수용액 시료채취장치는 흡수병, 흡인펌프 및 유량계로 구성한다.
④ 알칼리 수용액 시료채취장치의 흡인펌프는 10 L/min～20 L/min의 유량범위를 갖는 것을 사용해야 한다.

☑ **해설** ④ 핵심포인트 2.③ 참고

핵심포인트

1. 개요/적용범위

① 환경대기 중에 존재하는 지방산으로서 프로피온산, n-뷰틸산, n-발레르산, i-발레르산을 대상으로 하며 지정악취물질로서 시료는 부지경계선에서 채취한다.

2. 분석기기 및 기구/알칼리 수용액 시료채취장치

① 흡수병속의 채취용액에 기체가 채취되는 것을 이용하는 방법으로 채취장치는 흡수병, 흡인펌프 및 유량계로 구성한다.

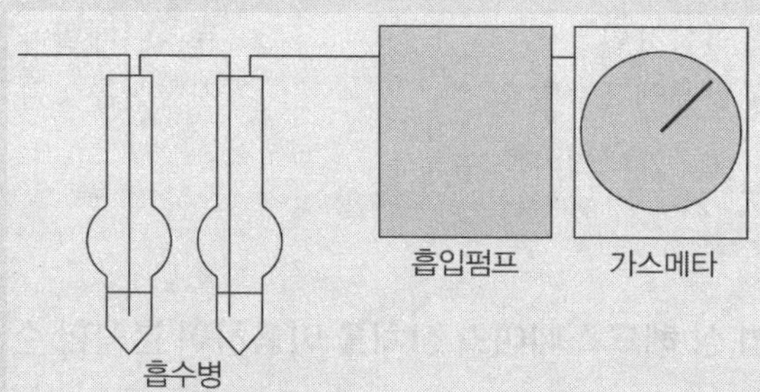

〈그림〉 알칼리 수용액 시료채취장치

② 흡수병은 부피 200 mL의 경질유리제로 여과구가 장치되어 있는 것을 사용하고, 흡수병 안에 채취용액을 넣어 2개를 직렬로 연결시킨 것이어야 한다. 흡수액과 기체가 통과하는 부분은 bubbler 형태로 사용하는 것을 권장한다.
③ 흡인펌프는 (1～5) L/min의 유량범위를 갖는 것을 사용해야 하며, 흡인유량의 안정성은 시료채취 동안 5 % 이내의 유속을 유지할 수 있어야 한다.

05 지방산류의 헤드스페이스 기체크로마토그래피법의 시료채취방법이다. 각각 괄호 안의 내용으로 옳은 것은? [제10회 2차 16번]

> ㉠ 알칼리함침여과지를 이용한 시료채취
> – 알칼리함침필터를 2단으로 필터지지대에 설치한 상태에서 (㉮)L/min으로 5분 이내에 시료공기를 알칼리함침여과지에 채취한다.
> ㉡ 알칼리수용액 흡수방법을 이용한 시료채취
> – 시료채취장치의 흡수병속에 흡수용액 10 mL씩 넣고 (㉯)L/min의 유량으로 5분간 시료를 흡입하여 채취한다.

정답 04 ④ 05 ①

① ㉮ 10, ㉯ 2　　② ㉮ 5, ㉯ 5
③ ㉮ 2, ㉯ 5　　④ ㉮ 10, ㉯ 5

☑ **해설** ㉮ 핵심포인트 1.① 참고, ㉯ 핵심포인트 1.② 참고

핵심포인트

1. 시료채취 및 관리

① **알칼리함침여과지를 이용한 시료채취** : 2단 필터지지대에 알칼리함침여과지를 2단으로 설치하며, 그 뒤에 유량계와 흡인펌프, 가스미터의 순서로 시료채취장치를 연결한다. 흡인펌프는 알칼리함침필터를 2단으로 필터지지대에 설치한 상태에서 10 L/min으로 5분 이내에 시료공기를 알칼리함침여과지에 채취한다.

② **알칼리수용액 흡수방법을 이용한 시료채취** : 시료채취장치의 흡수병속에 흡수용액 10 mL씩 넣고 2 L/min의 유량으로 5분간 시료를 흡입하여 채취한다.

06 특정 지정악취물질에 대한 설명의 대상 물질은? [제5회 39번]

- 전처리는 헤드스페이스 장치, SPME 장치를 이용한다.
- 검출기로서 불꽃이온화검출기(FID) 혹은 질량분석기(MSD)를 사용할 수 있다.
- 측정 결과는 ppm 단위의 소수점 다섯째 자리까지 유효자리수를 표기한다.
- 0.1 N NaOH 수용액을 흡수용액으로 사용한다.

① 노말발레르산　　② 트라이메틸아민
③ 아세트알데하이드　　④ 메틸에틸케톤

☑ **해설** ① 지방산류 분석에 관한 내용이다.

07 지방산류 고체상 미량추출 기체크로마토그래피법의 알칼리함침여과지에 사용되는 용액의 설명으로 옳은 것은? [제11회 13번]

① 0.5 N 수산화포타슘용액　　② 0.5 N 수산화소듐용액
③ 0.1 N 탄산포타슘용액　　④ 0.1 N 탄산소듐용액

☑ **해설** ① 핵심포인트 2.① 참고

08 지방산류－고체상미량추출－기체크로마토그래피법에서 제시된 고체상미량추출(SPME) 파이버의 종류로 옳은 것은? [제10회 2차 17번]

① (50/30) μm divinylbenzene/carboxen on polydimethylsiloxane
② 65 μm polydimethylsiloxane/divinylbenzene
③ 85 μm carboxen/polydimethyl-siloxane
④ 100 μm polydimethylsiloxane

☑ **해설** ③ 핵심포인트 1.② 참고

정답 06 ① 07 ① 08 ③

09 고체상 미량추출(SPME)-기체크로마토그래피법으로 지방산류와 스타이렌을 분석하고자 할 때 SPME 파이버로 옳은 것은? [제11회 12번]

① Carboxen/Polydimethylsiloxane이 85 μm으로 피복된 파이버
② Divinylbenzene/Carboxen/Polydimethylsiloxane이 50/30 μm으로 피복된 파이버
③ Polyacrylate이 85 μm으로 피복된 파이버
④ Polydimethylsiloxane이 85 μm으로 피복된 파이버

☑ **해설** ① 핵심포인트 1.② 참고

핵심포인트

1. 분석기기 및 기구/헤드스페이스-SPME 파이버 추출장치

① 헤드스페이스 바이알 : 불소수지/실리콘 재질의 고무마개(septum)가 달린 15 mL 바이알을 사용한다.
② 고체상 미량추출(SPME) : SPME(Solid Phase Micro Extraction) 장치는 일정한 두께로 흡착 코팅한 파이버와 일반적인 주사기를 변형한 모양으로 되어 있으며, Carboxen/Polydimethylsiloxane (CAR/PDMS)이 85 μm으로 입혀진 파이버를 사용한다.

2. 시약 및 표준물질/시약

① 수산화포타슘(KOH) 함침 용액 : 특급 시약의 수산화포타슘을 정제수(비저항 > 18 MΩ)에 녹여 0.5 N로 제조하여 사용한다.
② 흡수액 : 수산화소듐(NaOH) 0.4 g을 정제수에 녹여 100 mL로 하여 0.1 N NaOH 수용액을 제조한다.

3. 분석절차/헤드스페이스-기체크로마토그래피법

① 검출기로는 불꽃이온화검출기(FID, Flame Ionization Detector) 혹은 질량분석기(MS, Mass Spectrometer)를 사용한다.

4. 결과보고/농도의 계산

① 측정결과는 ppm 단위로 다음 표에 따라 표시한다(수치맺음법은 KS Q 5002에 따름).

물질명	결과표시	유효자리수	물질명	결과표시	유효자리수
프로피온산	0.000	0.0000	n-발레르산	0.0000	0.00000
n-뷰틸산	0.000	0.0000	i-발레르산	0.000	0.0000

10 지방산류 분석방법 중 고체상미량추출법(SPME) 적용과 관련하여 틀린 항목은? [제9회 7번]

① 부분평형의 원리
② 유도체화 촉진
③ 헤드스페이스에 적용
④ Carboxen / Polydimethylsiloxane

☑ **해설** ② DNPH 유도체화는 알데하이드류 분석 내용이다.

핵심포인트

1. 분석기기 및 기구/헤드스페이스-SPME 파이버 추출장치

① SPME : 일정한 두께로 흡착 코팅한 파이버와 일반적인 주사기를 변형한 모양으로 되어 있으며, Carboxen/ Polydimethylsiloxane(CAR/PDMS)이 85 μm로 입혀진 파이버를 사용하고 사용 전에 기체 크로마토그래피 주입구에서 250 ℃에서 1시간 가열하여 열세척을 한 후 사용한다.
② SPME 방법은 용매를 사용하지 않는 추출방법으로서 SPME의 추출기법은 두 과정으로 되어 있는데 ㉠ 코팅물(흡착 정지상)과 시료사이에서 분석성분이 분배되는 과정과 ㉡ 흡착된 분석성분이 분석기기에서 탈착이 일어나는 과정이다.

정답 09 ① 10 ②

15 [ES 09901.a] 황화합물 - 저온농축 - 기체크로마토그래피법 - 연속측정방법

01 현장연속측정방법인 전기냉각/주사기 주입방법을 이용해 황화물을 측정할 때 사용되는 검출기는? [제6회 3번]

① 불꽃(염광)광도 검출기(Flame Photometric Detector, FPD)
② 불꽃이온화 검출기(Flame Ionization Detector, FID)
③ 질소인 검출기(Nitrogen Phosphorus Detector, NPD)
④ 전자포획형 검출기(Electron Capture Detector, ECD)

핵심포인트

1. 개요/목적
   ① 대기 중에 존재하는 미량의 황화합물을 현장에서 연속으로 측정하기 위한 장치로서 시료 흡인펌프를 사용하여 일정량을 전기냉각(펠티어냉각) 저온농축관에 농축한 다음 고온으로 탈착되며, 농축된 시료는 이송관을 통해 기체크로마토그래피(GC)의 모세관 컬럼으로 주입하고, 모세관 컬럼으로 분리한 후 불꽃광도검출기(FPD, Flame Photometric Detector), 펄스형불꽃광도검출기(PFPD, Pulsed Flame Photometric Detector) 등으로 검출한다.

필기 03 악취 공정시험기준

02 대기 중에 존재하는 수분은 황화수소(H_2S) 분석시 많은 영향을 줄 수 있기 때문에 시료채취 전에 제거되어야 한다. 황화수소(H_2S) 연속측정장치의 수분 제거 방법으로 틀린 것은? [제5회 40번], [제8회 6번]

① 건조장치(Nafion Dryer 등)를 사용하는 방법
② 전기냉각(Peltier) 방법
③ 냉매냉각(Cryogenic) 방법
④ 열탈착(Thermal Desorption) 방법

☑ **해설** ④ 핵심포인트 1.① 참고 ; 열탈착방법은 휘발성유기화합물질 분석 방법시 이용되는 방법이다.

03 현장연속측정방법 중 황화합물 측정방법에 있어서 On-line 시료채취시 수분 전처리방법으로 적절하지 않은 것은? [제9회 4번]

① 건조장치(Nafion Dryer 등)를 사용하는 방법
② 전기냉각(펠티어)방식으로 수분을 응결시키는 방법
③ 냉매냉각(Cryogenic)으로 제거하는 방법
④ 유리섬유(Glass Fiber) 필터를 설치하여 제거하는 방법

☑ **해설** ④ 핵심포인트 1.① ② 참고

정답 01 ① 02 ④ 03 ①

04 **황화합물의 연속측정방법(On-line) 시료채취 시 대기 중에 존재하는 수분 제거방식으로 적절하지 않은 것은?** [제9회 2차 1번]

① 필터제거방식 ② 건조장치방식(Nafion Dryer 등)
③ 건조냉각(팰티어)방식 ④ 냉매냉각(Cryogenic)방식

☑ **해설** ① 핵심포인트 1.① 참고

05 **악취공정시험기준의 황화합물 연속측정에서 시료채취 시 팰티어(Peltier) 방식 대기 중 수분 제거에 대한 설명으로 옳은 것은?** [제11회 14번]

① Nafion dryer 등의 건조장치를 사용하여 시료채취주입부의 유입 전에 수분을 제거한다.
② 전기냉각 방식으로 시료채취주입부를 저온으로 유지하여 수분을 응결시켜 제거한다.
③ 냉매냉각 방법을 이용하여 시료채취주입부를 극저온으로 유지하여 수분을 응결한다.
④ 무기계 수분흡착 필터를 시료채취주입부의 유입부 전단에 설치하여 수분을 제거한다.

☑ **해설** ①, ③, ④ 핵심포인트 1.① 참고

06 **악취공정시험기준의 황화합물 연속측정에 대한 설명 중 옳은 것은?** [제10회 2차 19번]

① 시료채취주입부를 저온으로 유지하여 대기 중 수분을 응결시켜 제거한다.
② 시료주머니에 채취한 악취 시료는 전처리 없이 바로 사용한다.
③ 시료채취 시 간섭물질의 유입을 막기 위해 반응성이 있는 필터를 설치한다.
④ 저온농축관에 농축된 시료는 저압에서 탈착시켜 GC의 분리관에 주입한다.

☑ **해설** ②, ④ 핵심포인트 2. 참고, ③ 핵심포인트 1.② 참고

핵심포인트

1. 분석절차/전처리

① **수분 전처리 방법** : 건조장치(nafion dryer 등)를 사용하는 방법, 전기냉각(펠티어) 방식으로 시료채취주입부를 저온으로 유지하여 수분을 응결시켜 제거하는 방법, 냉매냉각(cryogenic)으로 제거하는 방법으로 수분 제거 효율 95 % 이상의 장치를 사용하여야 하며, 수분 제거 장치에 의해서 시료의 변질이 없어야 한다.

② **입자상 물질 전처리 방법** : 시료채취 시 미세 입자상 물질을 적절하게 처리할 수 있도록 유리섬유여과지(glass fiber filter)나 규소질섬유(silanized glass wool)와 같은 반응성이 없는 필터를 설치하여야 하며, 이 때 필터는 시료 통과 시 시료의 변질이 없는 재질을 사용하여야 한다.

2. 분석절차/분석법

① **시료채취** : 2,3-way valve를 사용하여 시료주머니, 캐니스터, 외부대기 등 다양한 시료채취방법을 이용하여 설정된 시간동안 유량조절장치(MFC)와 소형펌프에 의해 저온 농축부의 저온 농축관에 시료가 채취된다.

② **기체크로마토그래피 주입** : 시료의 농축이 완료되면 저온농축관을 순간적으로 가열시켜 농축된 시료는 가열된 밸브를 이용하여 유로 변환 트랜스퍼관을 통해 기체크로마토그래프에 주입되면서 분석이 시작된다.

정답 04 ① 05 ② 06 ①

07 **어떤 조건에서** CP-Sil 5 CB **컬럼으로** H_2S**와** COS**를 분리할 때 머무를 시간은 각각** 2.70**분,** 2.82**분이었고,** H_2S**와** COS **피크의 밑면 너비(피크의 좌우 변곡점에서의 접선이 자르는 바탕선의 길이)는 각각** 0.10**분과** 0.09**분이었다. 컬럼의 분리도는?** [제10회 2차 18번]

① 0.63 ② 0.79
③ 1.26 ④ 1.58

문제풀이

① 시료도입점으로부터 H_2S 봉우리(피크)의 최고점까지의 길이(t_{R1}) : 2.70분
② 시료도입점으로부터 COS 봉우리(피크)의 최고점까지의 길이(t_{R2}) : 2.82분
③ H_2S의 봉우리(피크)의 좌우 변곡점에서의 접선이 자르는 바탕선의 길이(W_1) : 0.10분
④ COS의 봉우리(피크)의 좌우 변곡점에서의 접선이 자르는 바탕선의 길이(W_2) : 0.09분
⑤ 컬러의 분리도(R) $= \frac{2(t_{R2}-t_{R1})}{W_1+W_2} = \frac{2(2.82-2.70)}{0.10+0.09} = \frac{2\times 0.12}{0.19} = 1.26$

핵심포인트

1. 분석기기 및 기구/모세분리관

① 황화수소(H_2S)의 머무름시간은 이산화황(SO_2)과 카르보닐설파이드(COS)의 머무름시간과 매우 비슷하기 때문에 확실하게 분리가 이루어지는 분리관[예 : CP-Sil 5 CB(60m × 0.53mm, 5μm)]을 사용해야 한다.

필기 03 악취 공정시험기준

정답 07 ③

16 [ES 09902.a] 암모니아 – 흡광차분광법 – 연속측정방법

01 악취분석방법 중 현장연속측정방법이 아닌 것은? [제10회 12번]

① 카르보닐류 : 고효율막채취장치 – 액체크로마토그래피법
② 휘발성유기화합물질 : 저온농축 – 기체크로마토그래피법
③ 암모니아 : 흡광차분광법
④ 지방산류 : 고효율막채취장치 – 기체크로마토그래피법

☑ **해설** ④ 핵심포인트 1.<표> 7 ‘지방산류’ 참고

핵심포인트

1. 시험방법

〈표〉 항목별 시료채취 및 연속측정방법

순번	항목	시료채취 및 연속측정방법
1	암모니아	흡광차분광법
		고효율막 채취장치–이온크로마토그래피법
2	황화합물	저온농축–기체크로마토그래피법
3	스타이렌	흡광차분광법
4	트라이메틸아민	고효율막 채취장치–이온크로마토그래피법
5	카르보닐류	고효율막 채취장치–액체크로마토그래피법
6	휘발성유기화합물질	저온농축–기체크로마토그래피법
7	지방산류	고효율막 채취장치–이온크로마토그래피법

02 흡광차 분석장치를 이용한 암모니아 연속측정방법에 대한 설명 중 옳지 않은 것은? [제7회 13번]

① 대기 중의 암모니아의 농도는 비어 램버트 법칙을 사용하여 계산한다.
② 흡광차 분석장치를 이용한 측정 농도범위는 0 ppb～2,000 ppb이다.
③ 장치의 구성에서 발광부는 텅스텐 램프를 사용한다.
④ 분광기는 czerny-turner 방식이나 holographic 방식 등을 채택하고 있다.

☑ **해설** ③ 핵심포인트 2.① 참고

03 모든 형태의 가스분자는 분자 고유의 흡수스펙트럼이 있으므로 가스 농도에 대한 빛의 투과율, 흡광계수, 투사거리를 계측하여 가스의 농도를 측정하는 방법은? [제5회 42번]

① 흡광광도법
② 흡광차분광법
③ 가스크로마토그래피법
④ 비분산적외선 분광광도법

☑ **해설** ② 핵심포인트 1.① 참고

정답 01 ④ 02 ③ 03 ②

핵심포인트

1. 용어정의/흡광차분광법(DOAS)

① 원리 : 자외선 흡수를 이용한 분석으로 자외선/가시선분광법의 기본원리인 비어-램버트법칙(Beer-Lambert)에 근거한 분석원리를 적용하며, 모든 형태의 가스분자는 분자 고유의 흡수스펙트럼을 가진다는 점을 기초로 한다. 흡광차분광법은 환경 대기 중의 암모니아 가스 농도에 대한 빛의 투과율(I_t/I_o), 흡광계수, 투사거리를 계측하여 암모니아 농도를 측정하는 방법이다.

2. 분석기기 및 기구장치구성

① 광원부-발광부/수광부 및 발·수광부 : 발광부는 광원으로 제논램프((180~2,850) nm)를 사용하며, 점등을 위하여 시동전압이 매우 큰 전원공급장치를 필요로 한다. 수광부는 발광부에서 조사한 빛을 받아 분석한다.

② 광원부-분석기-분광기 : 체르니-터너(czerny-turner) 방식이나 홀로그램(holographic) 방식 등을 채택하여 측정가스가 가지는 최대 흡수파장 영역으로 시료에 분광시켜 스펙트럼을 산출하는 역할을 한다.

3. 분석기기 및 기구/성능

① 측정범위 : (0~2,000) ppb

04 흡광차분광법을 이용한 암모니아의 연속측정방법에서 응답시간이란 스판 조정용 가스의 주입시점으로부터 최종 지시값의 어느 정도에 도달하기까지 시간(분)을 측정한 값을 말하는지 다음 중에서 고르시오. [제10회 17번]

① 90 %　　② 70 %

③ 80 %　　④ 60 %

핵심포인트

1. 분석기기 및 기구/성능/응답시간

① 교정장치 주입구 직후로부터 제로조정용 가스를 주입하여 지시가 안정된 후 유로를 스판 조정용 가스로 전환하며, 이때의 지시기록에서, 스판 조정용 가스의 주입시점으로부터 최종 지시값의 90 %에 도달하기까지의 시간을 측정하여 응답시간으로 한다.

정답 04 ①

17 [ES 09903.a] 스타이렌 – 흡광차분광법 – 연속측정방법

01 **스타이렌 연속측정방법에 사용되는 흡광차분광법(DOAS)에 대한 설명으로 적절하지 않은 것은?** [제9회 2차 6번], [제10회 20번]

① 모든 형태의 가스분자는 분자 고유의 흡수스펙트럼을 가진다.
② 적외선 흡수를 이용한 분석으로 비어 – 램버트(Beer – Lambert) 법칙을 근거로 한다.
③ 스타이렌 가스의 고유 흡수파장에서 농도에 비례하여 흡수가 이루어진다.
④ 농도 측정을 위해 스타이렌 가스 농도에 대한 빛의 투과율, 흡광계수, 투사거리를 계측한다.

☑ **해설** ② 핵심포인트 1.① 참고

핵심포인트

1. 용어정의/흡광차분광법(DOAS)

① 자외선 흡수를 이용한 분석으로 자외선/가시선분광법의 기본원리인 Beer – Lambert 법칙에 근거한 분석원리를 적용한다.
② 측정원리는 모든 형태의 가스분자는 분자 고유의 흡수스펙트럼을 가진다는 점을 기초로 한다.
③ 스타이렌 가스의 고유 흡수파장에서 농도에 비례하여 흡수가 이루어진다.
④ 스타이렌 가스 농도에 대한 빛의 투과율(I_t / I_o), 흡광계수, 투사거리를 계측하여 스타이렌의 농도를 측정하는 방법이다.

02 **흡광차분광법에서 응답시간이란 스판 조정용 가스의 주입시점으로부터 최종 지시값의 어느 정도에 도달하기까지 시간(분)을 측정한 값을 말하는지 다음 중에서 고르시오.** [제9회 2차 9번]

① 60 %
② 70 %
③ 80 %
④ 90 %

핵심포인트

1. 분석기기 및 기구/성능/응답시간

① 응답시간 : 교정장치 주입구 직후로부터 제로조정용 가스를 주입하여 지시가 안정된 후 유로를 스판 조정용 가스로 전환하며 이 때의 지시기록에서, 스팬 조정용 가스의 주입시점으로부터 최종 지시값의 90 % 값에 도달하기까지의 시간(분)을 측정하여 응답시간으로 한다.

03 **대기 중 스타이렌의 연속측정 방법인 흡광차분광법은 UV 흡수를 이용한 분석으로서 자외선/가시선분광법의 기본원리인 Beer – Lambert 법칙을 근거로 스타이렌의 농도를 측정한다. 스타이렌에 대해 흡광광도를 분석하니 빛의 60 %가 흡수되었다. 만일 빛의 투사거리만을 3배 늘린다면, 흡수되는 빛의 %로 옳은 것은?** [제11회 15번]

① 64.8 %
② 78.4 %
③ 80.6 %
④ 93.6 %

정답 01 ② 02 ④ 03 ④

문제풀이

① 주어진 조건 : 빛의 60 % 흡수

② 빛이 60 % 흡수하였으므로 흡광도(A)는 0.6이며, 투과도(T)는 0.4이다.

③ Beer-Lambert 식을 이용한다 : $A = \log\left(\frac{I_0}{I}\right) = -\log(T) = \epsilon \cdot C \cdot l$

④ 투사거리(l)가 1 cm인 경우 $\epsilon \cdot C = \frac{-\log(0.4)}{1\ \text{cm}} = \frac{0.39794}{\text{cm}}$

⑤ 투사거리(l)를 3배(1 cm → 3 cm) 늘릴 경우, $-\log T = \frac{0.39794}{\text{cm}} \times 3\ \text{cm} = 1.19382$, $T = 0.064$

⑥ 투과도(T)는 0.064이므로 흡광도(A) = 1 − 0.064(투과도) = 0.936 이다.

∴ 투사거리(l)를 3배로 늘릴 경우 빛의 93.6 %를 흡수한다.

18 [ES 09904.a] 트라이메틸아민, 암모니아 – 고효율막채취장치 – 이온크로마토그래피법 – 연속측정방법

01 **이온크로마토그래피법에서 사용되는 '써프렛서(suppressor)'에 관한 설명으로 틀린 것은?**

[제8회 3번]

① 써프렛서는 용리액으로 사용되는 전해질 성분을 분리검출하기 위해 분리관과 함께 병렬로 접속시킨다.

② 써프렛서는 양이온교환수지를 충전시킨 충전형과 양이온 교환막으로 된 격막형이 있다.

③ 써프렛서는 전해질을 물 또는 저전도도의 용매로 바꿔줌으로써 전기전도도 셀에서 목적 이온 성분의 전도도만을 고감도로 검출할 수 있게 해준다.

④ 써프렛서는 이온크로마토그래프의 기본구성 중 검출부에 해당된다.

☑ **해설** ① 핵심포인트 1.① 참고

핵심포인트

1. 분석기기 및 기구/이온크로마토그래피 시스템

① 써프렛서(suppressor) : 용리액에 사용되는 전해질 성분을 제거하기 위하여 분리관 뒤에 직렬로 연결시킨 것이다.

② 전해질을 물 또는 저전도의 용매로 바꿔줌으로써 전기 전도도 셀에서 목적이온 성분과 전기 전도도만을 고감도로 검출할 수 있게 해주는 것이다.

③ 관형과 이온교환막형이 있으며, 관형은 음이온에는 스티롤계 강산형(H^+) 수지가, 양이온에는 스티롤계 강염기형(OH^-)의 수지가 충진된 것을 사용한다.

02 **고효율막채취장치를 이용한 암모니아의 연속측정방법 중 시료채취 조건이 틀린 것은?**

[제9회 2차 7번]

① 흡수액 통로의 부피는 흡수액 유량과 더불어 흡수액의 확산 스크러버 내에서의 머무름 시간을 결정하는 요소이다.

② 측정지점으로부터 시료채취장치로 이송하는 공기 유량은 10 L/min을 넘지 않도록 한다.

③ 측정지점과 시료채취장치와의 거리가 20 m 이하인 경우 전단 공기 흡입 펌프는 사용하지 않는 것이 좋다.

④ 흡수액의 유량은 실제 시료채취 시간을 결정하는 요소 중에 하나로서 감소할수록 흡수액의 확산 스크러버 내에서의 머무름 시간이 길어져 농축도가 증가한다.

☑ **해설** ③ 핵심포인트 1.② 참고

핵심포인트

1. 시료채취 및 관리/시료채취 조건

① 흡수액 유량 : 확산 스크러버 내의 흡수액 흐름 통로의 부피는 (100~200) μL의 범위 내에서 결정할 것을 권장한다. 흡수액 통로의 부피는 흡수액 유량과 더불어 흡수액의 확산 스크러버 내에서의 머무름 시간을 결정하는 요소이다. 측정되는 기체 시료의 농도는 머무름시간 동안의 평균값이며, 그 부피가 증가할수록 머무름시간이 길어져 농축도가 증가하는 반면 시료 기체의 농도 변화에 대한 반응 시간이 길어진다.

정답 01 ① 02 ③

② 흡입시료 유량 : 측정지점으로부터 시료채취장치로 공기를 이송하는 전단 공기 흡입 펌프의 공기 흡입 유량은 측정지점과 시료채취장치와의 거리에 따라 유동적이나 10 L/min을 넘지 않도록 한다. 측정지점과 시료채취장치와의 거리가 5 m 이하인 경우 전단 공기 흡입 펌프는 사용하지 않는 것이 좋다.

03 **고효율막채취장치를 이용한 트라이메틸아민과 암모니아의 현장연속측정을 위한 시료채취 조건 중 암모니아 및 아민류의 권장 시료채취 유량과 흡수액 유량 조건을 옳게 연결한 것은?**

[제6회 5번]

① 0.1 L/분 – 10 μL/분
② 0.5 L/분 – 70 μL/분
③ 7.0 L/분 – 10 μL/분
④ 5.0 L/분 – 150 μL/분

핵심포인트

1. 시료채취 및 관리/시료채취 조건/흡수액의 유량

〈표〉 암모니아 및 아민의 권장 채취 조건

항목	권장값
흡수액 통로 부피	150 μL
시료채취 유량	0.5 L/min
흡수액 유량	70 μL/min

04 **이온크로마토그래피법에 관한 설명으로 틀린 것은?** [제9회 16번]

① 용리액조는 이온성분이 용출되지 않는 재질로써 일반적으로 폴리에틸렌이나 경질 유리제를 사용한다.
② 공급전원은 기기의 사용에 지정된 전압 전기용량 및 주파수로 전압변동은 10 % 이하이고 주파수 변동이 없어야 한다.
③ 이온크로마토그래피의 구성은 용리액조 → 송액펌프 → 시료주입장치 → 분리관 → 써프렛서 → 검출기 → 기록계 순서이다.
④ 써프렛서는 관형과 이온교환막형이 있는데, 관형의 경우 음이온에는 스티롤계 강염기형(OH^-)의 수지가 충진된 것을 사용한다.

☑ **해설** ④ 핵심포인트 1.③ 참고

핵심포인트

1. 시료채취 및 관리/이온크로마토그래피 분석조건

① 이온크로마토그래피 구성

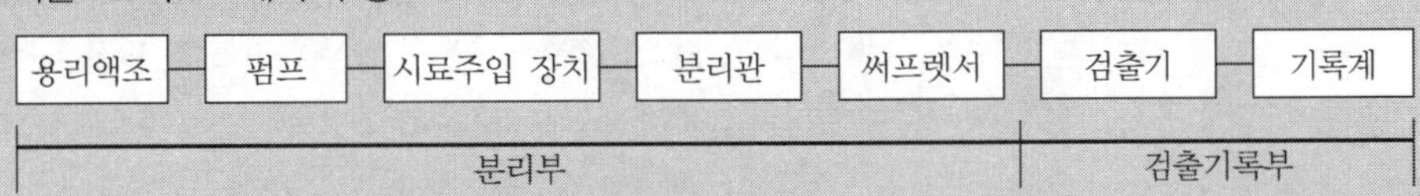

② 용리액조 : 이온성분이 용출되지 않는 재질로써 용리액을 직접공기와 접촉시키지 않는 밀폐된 것을 선택하며, 일반적으로 폴리에틸렌이나 경질 유리제를 사용한다.
③ 써프렛서 : 관형과 이온교환막형이 있으며, 관형은 음이온에는 스티롤계 강산형(H^+) 수지가, 양이온에는 스티롤계 강염기형(OH^-)의 수지가 충진된 것을 사용한다.
④ 설치조건 : 공급전원은 기기의 사양에 지정된 전압 전기용량 및 주파수로 전압변동은 10 % 이하이고 주파수 변동이 없어야 한다.

정답 03 ② 04 ④

05 이온크로마토그래피 분석법에 관한 설명 중 틀린 것은? [제9회 2차 14번]

① 이온크로마토그래프는 고성능액체크로마토그래프(HPLC)의 일종으로 환경 중에 존재하는 유기산이나 이온성분을 정성·정량분석하는데 이용된다.
② 이온크로마토그래프는 일반적으로 열전도도검출기(TCD)를 사용한다.
③ 음이온을 분석할 경우에는 음이온 교환수지를 분리컬럼(separator)에 충진시켜 Na_2CO_3 용리액을 이용하며, 양이온 분석시는 양이온 교환수지와 HCl 용리액을 사용한다.
④ 써프렛서란 용리액 자체의 전도도를 감소시키고 목적성분의 전도도를 증가시켜 목적성분을 고감도로 분석하기 위한 장치이다.

☑ **해설** ② 핵심포인트 1.③ 참고, ③ 핵심포인트 1.② 참고

핵심포인트

1. 분석기기 및 기구/이온크로마토그래피 시스템

① 원리 : 이동상으로는 액체, 고정상으로는 이온교환수지를 사용하여 이동상에 녹는 혼합물을 고분리능 고정상이 충전된 분리관내로 통과시켜 시료성분의 용출상태를 전도도 검출기 또는 광학 검출기로 검출하여 그 농도를 정량하는 방법이다.
② 용리액(Eluent) : 음이온을 분석할 경우에는 음이온 교환수지를 분리컬럼에 충진시켜 Na_2CO_3, $NaHCO_3$ 용리액을 이용하며, 양이온 분석시는 양이온 교환수지와 MSA(Methane Sulfonic Acid) 용리액을 사용한다.
③ 검출기 : 분리관 용리액 중의 시료성분의 유무와 량을 검출하는 부분으로 일반적으로 전도도 검출기를 많이 사용하고, 그 외 자외선/가시선흡수검출기(UV/Vis 검출기), 전기화학적 검출기 등이 사용된다.
④ 써프렛서(suppressor) : 전해질을 물 또는 저전도의 용매로 바꿔줌으로써 전기 전도도 셀에서 목적이온 성분의 전기 전도도만을 고감도로 검출할 수 있게 해주는 것이다.

06 지정악취물질의 현장연속측정방법 중 흡수액으로 초순수를 사용하지 않는 것은? [제10회 13번]

① 고효율막채취장치를 이용한 트라이메틸아민 측정
② 고효율막채취장치를 이용한 카르보닐류의 측정
③ 고효율막채취장치를 이용한 지방산류 측정
④ 고효율막채취장치를 이용한 암모니아 측정

☑ **해설** ② 핵심포인트 1.② 참고

핵심포인트

1. 시약 및 표준물질

① 트라이메틸아민, 암모니아, 지방산류 : 흡수액으로 비저항값이 18 MΩ 이상인 초순수를 사용한다.
② 카르보닐류 : 흡수액은 아세토나이트릴에 인산을 녹여 3 %의 농도로 만든 후 다시 2,4-DNPH를 녹여 그 농도가 60 ppm이 되도록 한다.

정답 05 ②, ③ 06 ②

19 [ES 09905.a] 카르보닐류 – 고효율막채취장치 – 액체크로마토그래피법 – 연속측정방법

01 다음은 카르보닐류의 연속측정방법 중 흡수액에 관한 설명이다. A ~ C에 들어갈 내용 중 옳은 것은? [제7회 2번]

> 흡수액은 아세토나이트릴(acetonitrile, C_2H_3N)에 (A)을 녹여 3 %의 농도로 만든 후 다시 2,4-DNPH를 녹여 그 농도가 (B)ppm이 되도록 한다. 사용되는 2,4-DNPH는 용매로 아세토나이트릴을 사용하여 한번 이상 재결정한 것을 사용한다. 제조된 흡수액은 (C)에 보관해야 하며 사용 전에는 저온에서 보관한다.

① A : 인산　B : 30　C : 투명한 유리병
② A : 인산　B : 60　C : 갈색병
③ A : 수산화포타슘　B : 30　C : 투명한 유리병
④ A : 수산화포타슘　B : 60　C : 갈색병

☑ **해설** ② 핵심포인트 2.① 참고

02 악취물질 중 카르보닐류의 연속측정은 확산 스크러버를 통해 환경 대기 중의 카르보닐류를 흡수액으로 채취하고, 고성능액체크로마토그래피(HPLC) 시스템에 주입하여 분석하는 과정을 통해 이루어진다. 이 때 사용되는 흡수액은? [제9회 18번]

① 2,4-다이나이트로페닐하이드라진 용액　② 붕산용액
③ 아세토나이트릴 용액　④ 18.2 MΩ 이상의 초순수

☑ **해설** ① 핵심포인트 1.② 참고

03 지정악취물질의 현장연속측정방법 중 흡수액으로 초순수를 사용하지 않는 것은? [제10회 13번]

① 고효율막채취장치를 이용한 트라이메틸아민 측정
② 고효율막채취장치를 이용한 카르보닐류의 측정
③ 고효율막채취장치를 이용한 지방산류 측정
④ 고효율막채취장치를 이용한 암모니아 측정

☑ **해설** ② 핵심포인트 1.② 참고

핵심포인트

1. 개요/적용범위/적용원리

① 카르보닐화합물의 연속측정은 확산 스크러버를 통해 시료를 흡수액으로 채취하고 고성능 액체크로마토그래피(HPLC) 시스템에 주입하여 분석하는 과정을 통해 이뤄진다.
② 흡수액으로서 2,4-다이나이트로페닐하이드라진용액을 사용하며 흡수액으로 채취하는 과정은 연속적으로 이루어지며 일정 시간 간격으로 액체크로마토그래피에 주입되고 주입한 시료는 액체크로마토그

정답 01 ② 02 ① 03 ②

래피에서 분리가 이루어진 후 정량분석을 한다.

2. 시약 및 표준물질/흡수액

① 흡수액은 아세토나이트릴(acetonitrile, C_2H_3N)에 인산(Phosphoric acid, H_3PO_4)을 녹여 3 %의 농도로 만든 후 다시 2,4-DNPH를 녹여 그 농도가 60 ppm이 되도록 한다. 사용되는 2,4-DNPH는 용매로 아세토나이트릴을 사용하여 한번 이상 재결정한 것을 사용한다. 제조된 흡수액은 갈색병에 보관해야 하며 사용 전에는 저온에서 보관한다.

② 트라이메틸아민, 암모니아, 지방산류 : 흡수액으로 비저항값이 18 MΩ 이상인 초순수를 사용한다.

04 악취분석방법 중 현장연속측정방법이 아닌 것은? [제10회 12번]

① 카르보닐류 : 고효율막 채취장치 – 액체크로마토그래피법
② 휘발성유기화합물질 : 저온농축 – 기체크로마토그래피법
③ 암모니아 : 흡광차분광법
④ 지방산류 : 고효율막 채취장치 – 기체크로마토그래피법

☑ **해설** ④ 핵심포인트 1. <표> 7 '지방산류' 참고

핵심포인트

1. 시험방법

〈표〉 항목별 시료채취 및 연속측정방법

순번	항목	시료채취 및 연속측정방법
1	카르보닐류	고효율막 채취장치 – 액체크로마토그래피법
2	암모니아	흡광차분광법
		고효율막 채취장치 – 이온크로마토그래피법
3	황화합물	저온농축 – 기체크로마토그래피법
4	스타이렌	흡광차분광법
5	트라이메틸아민	고효율막 채취장치 – 이온크로마토그래피법
6	휘발성유기화합물질	저온농축 – 기체크로마토그래피법
7	지방산류	고효율막 채취장치 – 이온크로마토그래피법

05 카르보닐류 – 고효율막 채취장치 – 액체크로마토그래피법 – 연속측정방법에 관한 설명이다. 아래 내용 중 괄호 안에 들어갈 용어로 옳은 것은? [제11회 16번]

(　　　)는 공기가 흐르는 공기통로, 흡수액이 흐르는 흡수액 통로, 두 통로를 분리하는 반투막으로 구분할 수 있다. 반투막의 미세공을 통하여 공기통로로부터 채취하고자하는 성분이 흡수액 통로로 확산 채취된다.

① 흡인상자　② DNPH 카트리지
③ 확산 스크러버　④ 연속측정장치

정답 04 ④ 05 ③

핵심포인트

1. 분석기기 및 기구/확산 스크러버

① 확산스크러버는 ㉠ 공기가 흐르는 공기통로, ㉡ 흡수액이 흐르는 흡수액 통로, ㉢ 이 두 통로를 분리하는 반투막으로 구분할 수 있다. 반투막은 소수성 재질로 이루어져 있으며 (10~30) μm 정도의 미세공을 가지고 있다. 반투막의 미세공을 통해 공기 통로로부터 채취하고자 하는 성분이 흡수액 통로로 확산 채취된다.

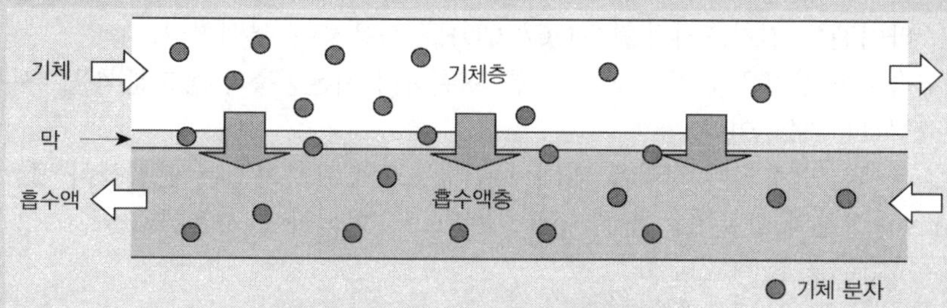

〈그림〉 확산 스크러버의 채취원리

20 [ES 09906.a] 휘발성유기화합물질 – 저온농축 – 기체크로마토그래피법 – 연속측정방법

01 **저온농축장치를 이용한 스타이렌의 연속측정 방법에 관한 설명으로 틀린 것은?** [제9회 2번]

① 저온 농축관은 시료가 흡착관에 잘 흡착될 수 있도록 －10 ℃로 냉각되어야 한다.
② 스타이렌은 전자포획검출기(GC/ECD)를 사용하여 분석한다.
③ 연속측정 방법은 대기 중의 시료를 채취하여 저온농축과 농도분석을 1시간의 주기로 연속측정하는 구조이다.
④ 스타이렌의 정확한 정량을 위해서는 저농도의 표준가스는 안정성이 낮으므로 일반적으로 ppm 수준의 표준가스를 수 ppb 수준으로 희석하여 사용한다.

☑ **해설** ② 핵심포인트 3.② 참고

02 **저온농축장치를 이용한 휘발성유기화합물의 연속측정법에 관한 설명으로 틀린 것은?** [제10회 14번]

① 기체크로마토그래피의 검출기는 불꽃이온화검출기(FID)를 사용한다.
② 저온흡착관은 환경 중의 시료를 저온농축관에 채취하기 전에 열탈착 장치에 의해 불활성 기체가 흐르는 상태에서 보통 100 ℃ ± 10 ℃로 순도 99.999 % 이상의 불활성 기체로 안정화 시킨 후 사용한다.
③ 저온농축관은 시료가 흡착관에 잘 흡착될 수 있도록 －10 ℃ 이하로 냉각한다.
④ 분석 장치의 검·교정을 위한 표준물질의 농도는 100 nmol/mol 또는 1 μmol/mol 정도의 혼합표준가스를 사용하여야 한다.

☑ **해설** ② 핵심포인트 1.① 참고

핵심포인트

1. 용어정의/저온흡착관의 안정화(conditioning)

① 환경대기 중 시료를 직접 저온농축관에 채취하기 전에 열탈착 장치에 의해 불활성 기체가 흐르는 상태에서 보통 (230±10) ℃로 순도 99.999 % 이상의 불활성 기체로 안정화 시킨 후 사용한다.

2. 분석기기 및 기구

① 저온농축분석법에 사용되는 자동연속측정장치는 그림과 같이 대기 중의 공기를 직접 채취하여 저온농축과 농도분석을 약 1시간의 주기로 연속측정하는 시스템이다.

3. 분석기기 및 기구/장치구성

① 저온농축장치 : 시료채취는 진공펌프에 의해 시료주입장치를 통해 약 600 mL의 시료 또는 표준가스가 유입되고 저온농축관은 시료가 흡착관에 잘 흡착될 수 있도록 －10 ℃ 이하로 냉각한다.
② 검출기 : 휘발성 물질류의 분석은 불꽃이온화검출기(FID)를 사용한다.

4. 시약 및 표준물질/표준물질

① 표준물질 : 자동저온농축분석법을 이용하여 분석하는 표준물질의 농도는 100 ppb 또는 1 ppm 정도의 혼합 표준물질을 사용하여야 한다.
② 표준물질의 희석 : 휘발성 지정악취물질의 정량을 위해 고농도의 표준가스를 희석하여 사용한다. 일반적으로 ppm 정도의 혼합 표준물질을 수 ppb 수준으로 희석하여 사용한다.

정답 01 ② 02 ②

03 저온농축장치를 이용한 휘발성유기화합물의 연속측정법에서 측정분석 성능에 대한 설명 중 틀린 것은?

[제9회 2차 3번]

① 방법검출한계(MDL)는 검출한계에 다다를 것으로 생각되는 농도를 3번 반복 측정한 후 이 농도값을 바탕으로 하여 얻은 표준편차에 3.14를 곱한다.

② 측정과 분석의 정밀도는 3회 이상 반복분석의 표준편차로 구하고 이 값은 10 nmol/mol ~100 nmol/mol 농도의 시료 1 L를 취하여 측정할 때 10 % 이내로 한다.

③ 검정곡선의 결정계수는 대기 중 농도 10 nmol/mol~100 nmol/mol 범위에서 3개~5개의 농도에 대해 0.98 이상이어야 한다.

④ 분석정밀도는 동일한 시간 동안 동일한 조건에서 4회 반복 분석하여 크로마토그램의 적분 면적과 봉우리의 머무름 시간(RT)의 정밀도를 확인한다.

☑ **해설** ① 핵심포인트 1.① 참고

핵심포인트

1. 정도보증 및 정도관리/내부정도관리방법

① **방법검출한계(MDL)** : 검출한계에 다다를 것으로 생각되는 농도를 7번 반복 측정한 후 이 농도값을 바탕으로 하여 얻은 표준편차에 3.14를 곱한다. 방법검출한계는 각 물질별로 10 ppb 이하이어야 한다.

② **정밀도 평가** : 동일한 시간 동안 동일한 조건에서 4회 반복 분석하여 크로마토그램의 적분면적과 봉우리의 머무름 시간(RT)의 정밀도를 확인한다. 정밀도는 3회 이상 반복분석의 표준편차로 구하고 이 값은 (10~100) ppb ((10~100) nmol/mol) 농도의 시료 1 L를 취하여 측정할 때 10 % 이내로 한다.

③ **검정곡선 작성** : 대기 중 농도 (10~100) ppb ((10~100) nmol/mol) 범위에서 3~5개의 농도에 대해 결정계수(R^2)가 0.98 이상이어야 하며, 측정결과 허용범위를 벗어나면 재작성 하도록 한다.

04 악취분석방법 중 현장연속측정방법이 아닌 것은?

[제10회 12번]

① 카르보닐류 : 고효율막 채취장치 – 액체크로마토그래피법

② 휘발성유기화합물질 : 저온농축 – 기체크로마토그래피법

③ 암모니아 : 흡광차분광법

④ 지방산류 : 고효율막 채취장치 – 기체크로마토그래피법

☑ **해설** ④ 핵심포인트 <표> 7 '지방산류' 참고

핵심포인트

1. 시험방법

〈표〉 항목별 시료채취 및 연속측정방법

순번	항목	시료채취 및 연속측정방법
1	휘발성유기화합물질	저온농축–기체크로마토그래피법
2	카르보닐류	고효율막 채취장치–액체크로마토그래피법
3	암모니아	흡광차분광법
		고효율막 채취장치–이온크로마토그래피법
4	황화합물	저온농축–기체크로마토그래피법
5	스타이렌	흡광차분광법
6	트라이메틸아민	고효율막 채취장치–이온크로마토그래피법
7	지방산류	고효율막 채취장치–이온크로마토그래피법

정답 03 ① 04 ④

05 **휘발성유기화합물－저온농축－기체크로마토그래피법－연속측정방법의 분석기기 및 기구에 대한 설명으로 틀린 것은?** [제11회 17번]

① 시료 중의 과량의 수분제어를 위해 써프렛서를 설치한다.
② 저온농축관은 시료가 흡착관에 잘 흡착될 수 있도록 －10 ℃ 이하로 냉각한다.
③ 자동연속열탈착분석법은 대기 중의 공기를 직접 채취하여 저온응축과 농도분석을 약 1시간 주기로 연속측정하는 시스템이다.
④ 모세관 컬럼은 일반적으로 한 개의 모세관 컬럼을 사용하지만 두 개를 함께 사용할 수도 있다.

☑ **해설** ① 핵심포인트 1.① 참고

핵심포인트

1. 분석기기 및 기구/장치구성/시료 주입기

① **수분 제거부** : 시료 중의 과량의 수분제어를 위해 사용하는 장치로 반투과성의 막 여과지가 설치된 건조기(nafion dryer)를 이용한다.
② **저온농축장치** : 고체상의 흡착관으로 기체상의 분석대상 시료를 농축하고 기체크로마토그래피로 시료를 연속적으로 유입시키기 위한 장치로서 두 종류의 흡착제(graphite, carbon molecular sieve)로 충전된 작은 유리관으로 구성된다. 시료채취는 진공 펌프에 의해 시료주입장치를 통해 약 600 mL의 시료 또는 표준물질이 유입되고 저온농축관은 시료가 흡착관에 잘 흡착될 수 있도록 －10 ℃ 이하로 냉각된다.
③ **모세관 컬럼** : 비극성 모세관 컬럼으로 유리재질, 실리카 재질로 된 관의 내벽에 정지상이 결합된 모세관 컬럼을 사용하며, 길이는 충분한 분해능을 갖기 위해 일반적으로 길이가 (30～60) m, 내경은 (0.25～0.32) mm 정지상 필름의 두께가 5 μm인 것을 사용하나 분석대상 물질에 따라 별도 규격 제품을 사용할 수 있다. 모세관 컬럼은 일반적으로 한 개의 모세관 컬럼을 사용하지만 두 개를 사용할 수도 있다.

2. 분석절차/분석시스템

① 연속열탈착분석법에 사용되는 자동연속열탈착분석법은 대기 중의 공기를 직접 채취하여 저온농축과 농도 분석을 1시간의 주기로 연속측정하는 시스템이다.

정답 05 ①

21 [ES 09907.a] 지방산류 - 고효율막 채취장치 - 이온크로마토그래피법 - 연속측정방법

01 **고효율막 채취장치를 이용한 유기산류의 연속측정방법 중 틀린 내용은?** [제9회 5번]

① 유기산류의 대상물질은 프로피온산, n-뷰틸산, n-발레르산, i-발레르산이다.
② 유기산류의 측정방법은 확산 충진을 통해 대기 중의 기체상 유기산을 흡수액에 채취하고 흡광차 분석장치를 이용하여 정량한다.
③ 유기산류의 흡수액으로는 비저항값이 18 MΩ 이상인 초순수를 사용한다.
④ 흡수액의 유량은 50 μL/min～100 μL/min의 범위 내에서 결정한다.

☑ **해설** ② 핵심포인트 1.① 참고

핵심포인트

1. 개요/목적

① 지방산류 측정방법은 확산 충진을 통해 공기 중의 기체상 유기산을 흡수액에 흡수시켜 채취하고 이온크로마토그래피 시스템에 주입하여 분석한다.
② 흡수액은 정제한 정제수(3차 정제수)를 사용하며, 흡수액으로 채취하는 과정은 연속적으로 이루어지며 일정 시간 간격으로 이온크로마토그래피에 주입된다.

2. 개요/적용범위

① 분석대상물질은 프로피온산, n-뷰틸산, n-발레르산, i-발레르산이다.

3. 시약 및 표준물질/흡수액

① 비저항 값이 18MΩ 이상인 정제수(3차 정제수)를 사용한다.

4. 시료채취 및 관리/흡수액의 유량

① (50～100) μL/min의 범위 내에서 결정한다. 흡수액의 유량은 실제 채취시간을 결정하는 요소 중의 하나로서 감소할수록 흡수액의 확산 스크러버 내에서의 머무름 시간이 길어져 농축도가 증가한다.

〈표〉 유기산의 시료채취 조건

항목	권장값
흡수액 채널의 부피(dead volume)	150 μL
시료채취 유량	0.5 L/min
흡수액 유량	60 μL/min

02 **지방산류 - 고효율 막 채취장치 - 이온크로마토그래피법 - 연속측정방법의 확산 스크러버 채취원리에 대한 설명으로 틀린 것은?** [제11회 18번]

① 반투막은 소수성 재질로 이루어져 있으며 10 μm～30 μm 정도의 미세 기공을 가지고 있다.
② 반투막의 미세 기공을 통해 공기 채널을 흐르는 공기로부터 채취하고자하는 성분이 흡수액 채널 쪽으로 확산되어 채취된다.
③ 확산이 빠른 입자상 성분은 막을 통해 흡수액에 녹게 되고, 상대적으로 확산이 느린 기체상 성분은 곧바로 통과되어 선택적으로 분리된다.
④ 확산 스크러버는 공기가 흐르는 공기 통로와 흡수액이 흐르는 흡수액 통로, 그리고 이 두 통로를 분리하는 반투막의 세 부분으로 구성되어 있다.

정답 01 ② 02 ③

☑ **해설** ③ 핵심포인트 1.⑥ 참고

핵심포인트

1. 분석기기 및 기구/확산 스크러버

① 확산 스크러버는 ㉠ 공기가 흐르는 공기 통로와 ㉡ 흡수액이 흐르는 흡수액 통로, ㉢ 그리고 이두 통로를 분리하는 반투막의 세 부분으로 구성되어 있다.

② 반투막은 소수성 재질로 이루어져 있으며 (10～30) μm 정도의 미세기공을 가지고 있다.

③ 반투막의 미세 기공을 통해 공기 채널을 흐르는 공기로부터 채취하고자하는 성분이 흡수액 채널 쪽으로 확산되어 채취된다.

④ 흡수액은 확산 스크러버로 주입되어 흡수액 채널을 통과하여 일정 시간을 머무른 뒤 빠져나가며 이 머무름 시간 동안 유기산의 채취가 일어나며 확산 스크러버를 빠져나간 뒤 이온크로마토그래프의 주입 루프(loop)를 채우게 된다.

⑤ 확산 스크러버는 기체상 물질을 선택적으로 채취하기 위한 장치로서 확산 스크러버의 다공성 막(멤브레인)의 한쪽에는 시료를 다른 한쪽에는 흡수액을 반대방향으로 흘려주어 시료와 흡수액이 접촉하도록 한다.

⑥ 시료가 통과하면서 확산이 빠른 기체 성분은 막(멤브레인)을 통해 흡수액에 녹게 되지만 상대적으로 확산이 느린 입자상 성분은 곧바로 통과하게 되어 대기 중 기체상 성분을 선택적으로 분리하여 채취할 수 있게 된다.

→ 이 때 흡수액에 용해되는 과정이 비가역적인 시료는 흡수율 99 % 이상의 정량적인 흡수가 가능하므로 적절한 흡수액의 선택을 통한 다양한 성분의 채취에 이용 가능하다.

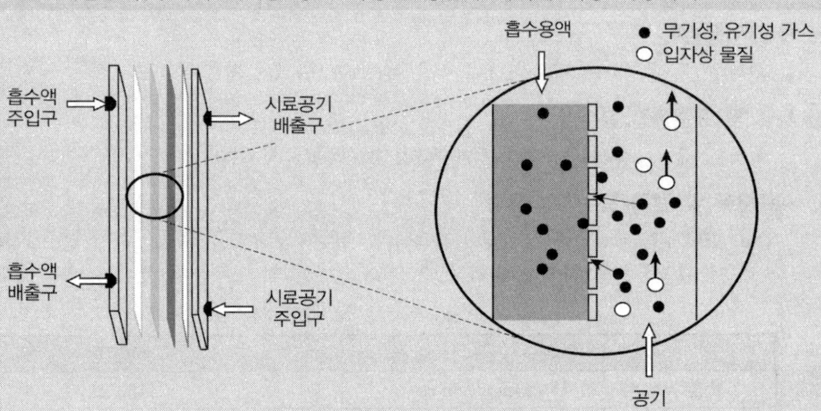

〈그림〉 확산 스크러버의 채취 원리

03 지정악취물질의 현장연속측정방법 중 흡수액으로 초순수를 사용하지 않는 것은?

[제10회 13번]

① 고효율막 채취장치를 이용한 트라이메틸아민 측정
② 고효율막 채취장치를 이용한 카르보닐류의 측정
③ 고효율막 채취장치를 이용한 지방산류 측정
④ 고효율막 채취장치를 이용한 암모니아 측정

☑ **해설** ② 핵심포인트 1.② 참고

정답 03 ②

핵심포인트

1. 시약 및 표준물질

① 트라이메틸아민, 암모니아, 지방산류 : 흡수액으로 비저항값이 18 MΩ 이상인 초순수를 사용한다.

② 카르보닐류 : 흡수액은 아세토나이트릴에 인산을 녹여 3 %의 농도로 만든 후 다시 2,4-DNPH를 녹여 그 농도가 60 ppm이 되도록 한다.

04 지정악취물질 분석방법 중 간섭물질을 설명하는 글이다. 해당하는 분석방법으로 옳은 것은? [제11회 19번]

〈간섭물질〉

공기 중에 공존하는 분자량이 큰 지방산이나 양성자산이 모세관 컬럼에서 늦게 용출되어 이어지는 분석 사이클에 방해할 수 있다.

① 지방산류 – 고효율 막 채취장치 – 이온크로마토그래피법 – 연속측정방법

② 지방산류 – 고체상 미량 추출 – 기체크로마토그래피법

③ 지방산류 – 저온농축 – 기체크로마토그래피법 – 연속측정방법

④ 지방산류 – 헤드스페이스 – 기체크로마토그래피법

핵심포인트

1. 지방산류-고효율 막 채취장치-이온크로마토그래피법-연속측정방법/개요/간섭물질

① 공기 중에 공존하는 분자량의 큰 지방산이나 양성자산이 모세관 컬럼에서 늦게 용출되어 이어지는 분석 사이클에 영향을 줄 수 있다.

05 악취분석방법 중 현장연속측정방법이 아닌 것은? [제10회 12번]

① 카르보닐류 : 고효율막 채취장치 – 액체크로마토그래피법

② 휘발성유기화합물질 : 저온농축 – 기체크로마토그래피법

③ 암모니아 : 흡광차분광법

④ 지방산류 : 고효율막 채취장치 – 기체크로마토그래피법

☑ **해설** ④ 핵심포인트 1. <표> 1 '지방산류' 참고

핵심포인트

1. 시험방법

〈표〉 항목별 시료채취 및 연속측정방법

순번	항목	시료채취 및 연속측정방법
1	지방산류	고효율막 채취장치 – 이온크로마토그래피법
2	황화합물	저온농축 – 기체크로마토그래피법
3	암모니아	흡광차분광법
		고효율막 채취장치 – 이온크로마토그래피법
4	스타이렌	흡광차분광법
5	트라이메틸아민	고효율막 채취장치 – 이온크로마토그래피법
6	카르보닐류	고효율막 채취장치 – 액체크로마토그래피법
7	휘발성유기화합물질	저온농축 – 기체크로마토그래피법

정답 04 ① 05 ④

22 기타

01 문장 중의 ( ) 안에 들어갈 용어의 조합으로 옳은 것은? [제5회 47번]

(1) 결합은 전기적으로 음이온과 양이온의 반응으로 형성되어 물과 같은 (2) 용매에 용해되기 쉽다. 한편, 사염화탄소와 같은 (3) 결합에 의해 형성되는 화합물은 (4) 용매에 용해되기 쉽다.

① (1) 이온 (2) 극성 (3) 공유 (4) 비극성
② (1) 이온 (2) 비극성 (3) 공유 (4) 극성
③ (1) 공유 (2) 극성 (3) 이온 (4) 비극성
④ (1) 공유 (2) 비극성 (3) 이온 (4) 극성

핵심포인트

① **이온결합** : 금속 양이온과 비금속 음이온 사이의 정전기적 인력에 의해 형성되는 결합으로 대부분 물과 같은 극성 용매에 잘 녹으며, NaCl형과 CsCl형 등이 있다.
② **공유결합** : 비금속 원자들이 서로 전자를 제공하여 전자쌍을 이루고 이 전자쌍을 서로 공유함으로써 형성되는 결합으로 비극성 용매에 잘 녹는다.

02 악취물질 배출을 방지하기 위하여 여러 유형의 제어방법 중 화학적 방법이 아닌 것은?

① 연소법 ② 냉각응축법
③ 산화법 ④ 약액세정법

핵심포인트

1. 악취 제어방법
① 화학적 방법 : 오존 산화법, 약액세정법, 직접 연소법
② 물리적 방법 : 수세법, 흡착법
③ 생물학적 방법 : 토양 탈취법, 충전탑법, 바이오 필터법

03 다음 중 아세톤 : 노말헥산(50 : 50) 혼합용액 약 100 mL를 조제하는 방법으로 옳은 것은? [제5회 32번]

① 아세톤 50 mL를 100 mL 용량플라스크에 붓고, 노말헥산으로 표선까지 채워 100 mL로 조제한다.
② 노말헥산 50 mL를 100 mL 용량플라스크에 붓고, 아세톤으로 표선까지 채워 100 mL로 조제한다.
③ 아세톤 50 mL를 50 mL 용량플라스크에 취하고, 노말헥산 50 mL를 50 mL 용량플라스크에 취하여 100 mL 메스실린더에 합한 후 100 mL 표선까지 아세톤으로 채운다.
④ 아세톤 50 mL를 50 mL 용량플라스크에 취하고, 노말헥산 50 mL를 50 mL 용량플라스크에 취하여 그 용매를 혼합한다.

정답 01 ① 02 ② 03 ④

핵심포인트

1. 대기오염공정시험기준/액의 농도

① 혼액 (1+2), (1+5), (1+5+10) 등으로 표시한 것은 액체상의 성분을 각각 1용량 대 2용량, 1용량 대 5용량, 1용량 대 5용량 대 10용량의 비율로 혼합한 것을 뜻하며 (1:1), (1:5), (1:5:10) 등으로 표시할 수 있다. 아세톤 : 노말헥산(50:50) 혼합용액은 아세톤 50 mL와 노말헥산 50 mL를 혼합하여 100 mL를 조제하는 것이다.

04 액체크로마토그래피에 대한 설명 중 틀린 것은? [제6회 10번]

① 고성능액체크로마토그래피는 목적 성분이 분리관 내에 주입되었을 때, 고정상과 이동상 사이의 반응성의 차이에 따라 분리가 일어난다.

② HPLC 장치의 연결관으로는 스테인리스강, PTFE, PEEK, 유리 등의 재질을 사용한다.

③ HPLC 용매는 시료 분석 목적에 방해를 주지 않는 고순도 HPLC용 용매만을 사용하며, 물을 사용할 경우에는 비저항 값이 180 MΩ 이상인 것을 사용한다.

④ HPLC의 펌프로서 일반적으로 쓰이는 것은 왕복식 펌프이며, 최소한 500 psi의 고압이 가능해야 한다.

☑ **해설** ④ 핵심포인트 1.① ㉠ 참고

핵심포인트

1. 대기오염공정시험기준/고성능 액체크로마토그래피

① 고성능 액체크로마토그래프 펌프장치가 갖추어야 할 필요조건
- ㉠ 약 200기압(약 2939 psi)까지의 압력발생
- ㉡ 맥동 충격이 없는 출력
- ㉢ (0.1~10) mL/min의 흐름속도
- ㉣ 흐름속도 조절 및 흐름속도 재현성의 상대오차가 0.5 % 또는 그 이하일 것
- ㉤ 잘 부식되지 않는 스테인리스강으로 된 장치와 봉합재로써 테플론을 사용할 것 등

② **펌프의 종류** : 왕복식 펌프, 치환(혹은 주사기형) 펌프, 기압식(혹은 일정압력) 펌프

정답 04 ④

4장 정도관리

1 환경분야 시험·검사 등에 관한 법률·시행령·시행규칙

01 **환경시험검사기관 정도관리 현장평가의 중대한 미흡사항으로 틀린 것은?** [제11회 28번]

① 숙련도 시험의 근거자료가 없는 경우
② 해당기관의 기술인력 부족이 30일 지속된 경우
③ 품질문서가 구비되어 있으나 매우 미흡한 경우
④ 시험성적서의 거짓 기재 및 발급한 경우

☑ **해설** ③ 품질문서가 구비되어 있으나 매우 미흡한 경우는 중대한 미흡사항은 아니며, 품질문서가 미구비되어 있는 경우가 중대한 미흡사항이다.

핵심포인트

1. 환경분야 시험·검사 등에 관한 법률 시행규칙 제17조의3제1항 관련(별표11의2, 정도관리 판정기준)

① 현장평가기준 : 현장평가 시 중대한 미흡사항
㉠ 인력의 허위기재(자격증만 대여해 놓은 경우 포함)
㉡ 숙련도 시험에서의 부정행위(근거자료가 없는 경우 및 숙련도 표준시료의 위탁분석 행위 등)
㉢ 고의 또는 중대한 과실로 측정 결과를 거짓으로 산출(근거자료가 없는 경우 및 시험 성적서의 거짓 기재 및 발급 등)한 경우
㉣ 기술능력·시설 및 장비가 개별법의 등록·지정·인정기준에 미달된 경우
㉤ 그 밖에 국립환경과학원장이 고시한 중대한 미흡사항

02 **정도관리 결과 부적합 판정을 받은 기관이 다시 정도관리를 신청할 수 있는 경과기간은?** [제10회 38번]

① 1개월
② 6개월
③ 3개월
④ 12개월

☑ **해설** ③ 핵심포인트 1.② 참고

핵심포인트

1. 환경분야 시험·검사 등에 관한 법률 시행규칙/제3장 시험·검사기관 등/제17조의4(정도관리의 재신청 등)

① 법 제18조의2제4항에 따라 정도관리를 다시 하려는 자는 정도관리 신청서를 국립환경과학원장에게 제출하여야 한다.
② 제1항에 따라 정도관리를 신청한 경우에는 부적합 판정을 통보받은 날부터 3개월이 경과된 이후에 정도관리를 신청할 수 있다. 다만, 부적합 판정을 통보받은 사유가 시설 또는 장비로 인한 것으로 인정되는 경우에는 보완을 완료한 즉시 신청할 수 있다.

정답 01 ③ 02 ③

03 환경시험검사기관 정도관리 부적합 기관에 대한 조치사항으로 틀린 것은? [제10회 2차 19번]

① 부적합 판정 이후 환경시험검사를 할 수 없다.
② 환경시험검사 업무중지 규정을 위반하면 1년 이하의 징역에 처할 수 있다.
③ 측정대행업은 영업정지 1년의 행정처분을 받을 수 있다.
④ 환경시험검사 업무중지 규정을 위반하면 1,000만원 이하의 벌금에 처할 수 있다.

☑ **해설** ③ 핵심포인트 1.① 참고

핵심포인트

1. 환경분야 시험·검사 등에 관한 법률/제14조(환경측정검사기관의 지정취소 등)

① 환경부장관은 환경측정검사기관이 제1호~제8호에 해당하는 경우에 지정을 취소하거나 6월 이내의 기간을 정하여 그 업무의 전부 또는 일부에 대한 정지를 명할 수 있다.

2. 환경분야 시험·검사 등에 관한 법률/제18조의2(시험·검사기관의 정도관리)

① 제3항: 정도관리 결과 부적합 판정을 받은 시험·검사기간은 그 판정을 통보받은 날부터 시험·검사 등을 할 수 없다.

3. 환경분야 시험·검사 등에 관한 법률/제33조(벌칙)

① 제18조의2제3항을 위반하여 시험·검사 등을 한 자는 1년 이하의 징역 또는 1,000만원 이하의 벌금에 처할 수 있다.

04 「환경분야 시험·검사 등에 관한 법률」 중 환경 시험·검사 결과의 효력에 대한 내용으로 틀린 것은? [제12회 22번]

① 환경 시험·검사기관은 시험·검사 결과의 신뢰도 검증에 필요한 자료를 3년 동안 유지·관리하여야 한다.
② 환경 시험·검사기관은 시험·검사 성적서에 환경부령으로 정하는 자(환경측정분석사 등)의 서명을 하여야 한다.
③ 시험·검사 결과를 소송 등의 근거자료로 활용하기 위해서는 정도관리 적합 판정을 받은 자가 생산한 것이어야 한다.
④ 국공립 연구기관은 정도관리 적합 판정을 받지 않고 시험·검사한 결과를 환경부령으로 정하는 사업관련 보고서에 제공할 수 있다.

☑ **해설** ④ 핵심포인트 1.② 참고

핵심포인트

1. 제4장 시험·검사기관 등/제18조의3(시험·검사 결과의 효력 등)

① 환경분야 관계 법령에서 정하는 바에 따라 시험·검사한 결과를 소송 및 행정처분 등을 위한 근거 또는 국가, 지방자치단체, 「공공기관의 운영에 관한 법률」 제4조에 따른 공공기관(이한 "공공기관"이라 한다)이 실시하는 사업관련 보고서에 활용하고자 하는 경우에는 반드시 제18조의2에 따라 정도관리 적합 판정을 받은 자가 생산한 것이어야 한다.
② 누구든지 정도관리 적합 판정을 받지 아니하고 시험·검사한 결과를 제1항에 따른 사업 관련 보고서에 제공하여서는 아니 된다.
③ 제①항에 따른 사업관련 보고서의 종류 및 범위 등은 환경부령으로 정한다.
④ 시험·검사기관은 시험·검사 성적서 및 관련 기록부에 환경부령으로 정하는 자의 서명을 하여야 하며, 제18조의2제7항에 따른 시험·검사 결과의 신뢰도 검증에 필요한 자료를 3년 동안 유지·관리하여야 한다.

정답 03 ③ 04 ④

05 **환경분야 시험·검사 등에 관한 법률과 관련고시에 명시된 정도관리에 관한 내용으로 틀린 것은?** [제8회 7번]

① 국립환경과학원장은 시험·검사기관에 대하여 5년의 범위에서 시험·검사기관별로 주기를 달리하여 정도관리를 실시할 수 있다.
② 정도관리는 국립환경과학원장이 시험·검사기관의 기술인력·시설·장비 및 운영 등에 대한 시험·검사 능력의 평가와 이와 관련된 자료를 검증하는 방법으로 한다.
③ 국립환경과학원장은 시험·검사능력이 국립환경과학원장이 정하는 평가기준에 맞는 대상기관에 대하여는 정도관리 검증서를 발급할 수 있다.
④ 시험·검사 능력이 평가기준에 미치지 못하는 대상 기관에 대하여는 국립환경과학원장이 정하는 기관에서 해당 시험·검사 항목에 대한 교육을 받도록 하거나 현지지도를 실시할 수 있다.

☑ **해설** ① 핵심포인트 1.① 참고

핵심포인트

1. 환경분야 시험·검사 등에 관한 법률 시행령 제13조의2(시험·검사기관 등)

① 환경부장관은 법 제18조의2제1항에 따른 정도관리를 3년마다 정기적으로 실시하되, 필요한 경우 수시로 실시할 수 있다.

06 **숙련도 시험은 대상기관의 측정값 x, 기준값 X, 측정값의 분산정도 s로부터 Z값을 구하고, 오차율 등을 적용 평가항목별 평가 후 종합하여 기관을 평가한다. Z값 산출 시 사용되는 기준값 X로 적합하지 않은 것은?** [제4회 6번]

① 표준시료 제조값
② 전문기관에서 분석한 평균값
③ 대상기관의 분석평균값
④ 타 대상기관의 측정값

☑ **해설** ④ 핵심포인트 1.③ ㉠ 참고

07 **숙련도 평가에 관련된 사항으로 틀린 것은?** [제6회 10번]

① 측정값이 정규분포 변수로서 대상기관의 측정값과 기준값의 차를 측정값의 분산정도(또는 목표표준편차, Target Standard Deviation)로 나눈 값으로 산출한다.
② 기준값은 시료의 제조 방법, 시료의 균질성 등을 고려하여 표준시료 제조값, 전문기관에서 분석한 평균값, 인증표준물질과의 비교로부터 얻은 값, 대상기관의 분석 평균값의 4가지 방법 중 한 방법을 선택한다.
③ 분야별 항목 평가는 도출된 개별 평가 항목의 Z값에 따라 평가결과를 '적합'과 '부적합'으로 판정한다.
④ 오차율은 대상기관의 분석값과 기준값의 차를 대상기관의 분석값으로 나누어 구한다.

☑ **해설** ④ 핵심포인트 1.④ ㉠ 참고

정답 05 ① 06 ④ 07 ④

08 **정도관리 숙련도 시험 결과를 오차율로 평가하고자 한다. 숙련도 시험용 시료의 기준값으로 적당하지 않은 것은?** [제5회 48번]

① 표준 시료 제조값 ② 대상 기관의 분석 평균값
③ 분석자가 실험한 공시험값 ④ 인증 표준물질과의 비교로부터 얻은 값

☑ **해설** ③ 핵심포인트 1.④ ㉠ 참고

09 **정도관리 숙련도시험의 평가 기준에서 오차율은 다음식에 따라 산정한다. 오차율(%) = [(대상기관의 분석값 − 기준값)/(기준값)], 여기서 '기준값'으로 선택될 수 없는 항목은?** [제4회 38번]

① 인증표준물질과의 비교로부터 얻은 값 ② 표준시료 제조값
③ 대상기관의 분석 평균값 ④ 지정된 전문기관의 분석값

☑ **해설** ④ 핵심포인트 1.④ ㉠ 참고

10 **「환경분야 시험·검사 등에 관한 법률」에 따른 정도관리 판정기준에 대한 설명으로 틀린 것은?** [제11회 20번]

① 숙련도 시험 결과와 현장평가 결과가 모두 판정기준에 적합한 경우만 적합으로 판정한다.
② 현장평가 합계 평점이 70점 미만인 경우 부적합으로 판정한다.
③ 오차율에 의한 숙련도 시험 평가의 경우 오차율 산정 시 기준값으로 대상기관의 분석 평균값은 사용해서는 안된다.
④ 오차율에 의한 숙련도 시험 평가의 경우 분야별 항목평가는 개별 항목의 오차율이 ±30 % 이하인 경우 '적합'으로 평가함을 원칙으로 한다.

☑ **해설** ③ 핵심포인트 1.④ ㉠ 참고

11 **환경시험검사기관 정도관리 판정 기준 중 틀린 것은?** [제11회 21번]

① 숙련도 판정 기준 : Z값 또는 오차율 ② Z값에 따른 평가 시 '부적합' : $2 \le |Z|$
③ 미생물 항목 : 별도의 기준 적용 ④ 분야별 기관 평가 : 90점 이상 적합

☑ **해설** ② 핵심포인트 1.③ ㉡ 참고

12 **악취분야 A 시험기관은 2019년도 국립환경과학원에서 실시하는 아세트알데하이드 항목의 숙련도 시험에 참여하였으며 그 결과 Z-score가 3.7로 평가되었다. A 시험기관의 조치사항을 틀린 것은?** [제12회 24번]

① 분석절차 및 방법을 점검한다. ② 분석장비(HPLC 등)를 점검한다.
③ 표준용액 농도 및 검정곡선을 점검한다. ④ 측정값이 과소평가되고 있음을 인식한다.

정답 08 ③ 09 ④ 10 ③ 11 ② 12 ④

☑ **해설** ④ 핵심포인트 1.③ ㉡ 참고 ; Z-score 값이 2보다 크므로 측정값이 과대평가되고 있음을 인식한다.

핵심포인트

1. 환경분야 시험·검사 등에 관한 법률 시행규칙 제17조의3제1항(정도관리 결과의 통보 등)

[별표 11의 2] 정도관리 판정기준

① 숙련도시험은 제시된 기준에 따라 평가하되 기준값의 선정 등에 관한 사항은 필요한 경우 기술위원회의 의견을 반영하여 정할 수 있다.

② 숙련도시험은 Z값(Z-score), 오차율 등을 사용하여 평가항목을 평가하고 이를 종합하여 기관을 평가한다. 단, 표준시료 개발 등을 위하여 예비로 실시한 항목은 기관평가에 활용하지 않는다.

③ Z값에 의한 평가

㉠ Z값의 도출 : 측정값의 정규분포 변수로서 대상기관의 측정값과 기준값의 차를 측정값의 분산정도(또는 목표표준편차, Target Standard Deviation)로 나눈 값으로 산출한다.

$Z=\dfrac{x-X}{s}$	x : 대상기관의 측정값 X : 기준값※ S : 측정값의 분산정도 (또는 목표표준편차)	※ 기준값 : 시료 제조방법, 균질성 등을 고려하여 다음 4가지 방법 중 한 방법을 선택한다. 1) 표준물질 제조값 2) 전문기관에서 분석한 평균값 3) 인증표준물질과의 비교로 얻은 값 4) 대상기관의 분석 평균값

㉡ 분야별 항목평가는 도출된 개별 평가항목의 Z값에 따라 평가결과를 $|Z| \le 2$인 경우 "적합", $2<|Z|$인 경우 "부적합"으로 판정한다.

④ 오차율에 의한 평가

㉠ 오차율 산정방법

$\text{오차율}(\%)=\dfrac{\text{대상기관의 분석값}-\text{기준값}}{\text{기준값}}\times 100$	※ 기준값 : 시료 제조방법, 균질성 등을 고려하여 다음 4가지 방법 중 한 방법을 선택한다. 1) 표준시료 제조값 2) 전문기관에서 분석한 평균값 3) 인증표준물질과의 비교로 얻은 값 4) 대상기관의 분석 평균값

㉡ 분야별 항목평가는 개별 항목의 오차율이 ± 30 % 이하인 경우 "적합", ± 30 %보다 큰 경우 "부적합"으로 평가함을 원칙으로 하되, 기술위원회의 의견을 반영하여 변경할 수 있다.

⑤ 기타 방법에 의한 평가 : 미생물과 같이 정성분석을 실시하는 항목과 위 ③, ④의 방법에 따라 평가할 수 없는 경우는 국립환경과학원장이 별도의 기준을 정하여 평가할 수 있다.

⑥ 분야별 기관 평가 : 위 ③, ④, ⑤의 방법에 따라 평가한 분야별 항목 평가결과를 만족 "5점", 불만족 "0점"으로 부여 후 총점을 100점으로 환산하여 계산하며, 분야별 환산점수는 90점 이상이면 "적합", 90점 미만이면 "부적합"으로 평가한다.

㉠ 분야별 환산점수 산출식 : $\text{환산점수} = \dfrac{\text{총점}}{\text{항목수}}\times\dfrac{100}{5}$

13 **A기관이 납 항목에 대한 숙련도시험을 실시하여, 평가결과** Z-score 1.5**로 '만족'을 받았다. 숙련도 시험 평가를 위한 납의 기준값은 참여한 기관의 평균인** 2.0 mg/L, **표준편차는** 0.2 mg/L**이었다면 A 기관이 제출한 납의 측정결과는?** [제2회 47번]

① 2.1 mg/L ② 2.2 mg/L
③ 2.3 mg/L ④ 2.4 mg/L

정답 13 ③

문제풀이

① 주어진 조건 : Z-score 1.5, 숙련도 시험 평가기관의 평균(X) 2.0 mg/L, 표준편차(s) 0.2 mg/L

② A 기관이 제출한 납의 측정결과(x) : $Z=\frac{x-X}{s}$에서 $1.5=\frac{x-2.0}{0.2}$, $x=2.3$ mg/L

14 Z-score**에 의한 숙련도 시험결과 부적합 기관의 수로 옳은 것은?** (단, 전체 참여 기관 평균 : 2.0 mg/L, 목표표준편차 : 0.4 mg/L) [제10회 2차 20번]

기관 A : 1.6 mg/L, 기관 B : 2.7 mg/L, 기관 C : 3.0 mg/L, 기관 D : 1.2 mg/L

① 0
② 1
③ 2
④ 3

문제풀이

① 주어진 조건 : 전체 참여 기관의 평균: 2.0 mg/L, 목표표준편차: 0.4 mg/L

② Z-score 산출 :

㉠ 기관 A : 1.6 mg/L, $Z=\frac{x-X}{s}=\frac{1.6-2.0}{0.4}=-1.0$

㉡ 기관 B : 2.7 mg/L, $Z=\frac{x-X}{s}=\frac{2.7-2.0}{0.4}=1.75$

㉢ 기관 C : 3.0 mg/L, $Z=\frac{x-X}{s}=\frac{3.0-2.0}{0.4}=2.5$

㉣ 기관 D : 1.2 mg/L, $Z=\frac{x-X}{s}=\frac{1.2-2.0}{0.4}=-2.0$

③ 판정 : Z값에 따라 $|Z|\le 2$인 경우 "적합", $2<|Z|$인 경우 "부적합"으로 판정하므로 기관 C가 부적합 기관이다.

15 **정도관리 평가를 위한 숙련도시험 평가기준 중 하나는 오차율이다. 평가 대상기관의 측정값이** 1.5 ppm**이고, 기준값은** 2.0 ppm, **표준편차는** 0.5 ppm**일 경우 대상기관의 오차율과 평가 결과가 맞는 것은?** [제3회 38번], [제6회 25번]

① 100 %, 만족
② 100 %, 불만족
③ 25 %, 만족
④ 25 %, 불만족

문제풀이

① 주어진 조건 : 평가 대상기관의 측정값 1.5 ppm, 기준값 2.0 ppm, 표준편차 0.5 ppm

② 오차율(%) $=\frac{\text{대상기관의 분석값}-\text{기준값}}{\text{기준값}}\times 100\ \% = \frac{(1.5-2.0)\,\text{ppm}}{2.0\ \text{ppm}}\times 100\ \% = -25\%$

③ 판정 : 오차율이 ±30 % 이하이므로 "만족"으로 판정한다.

정답 14 ② 15 ③

16 다음은 어떤 평가 대상 기관이 5개의 측정 항목에 대하여 얻은 분석 결과와 각 항목에 대한 기준값을 표로 나타낸 것이다. 이를 참조할 때, 숙련도 시험 평가 기준에 따른 평가 대상 기관의 환산 점수는? [제3회 25번]

평가항목	측정기관의 분석값(mg/L)	기준치(mg/L)
BOD	5.50	5.00
SS	6.30	5.00
암모니아성 질소	0.69	1.00
총인	0.16	0.20
불소	0.77	1.00

① 40
② 60
③ 70
④ 80

문제풀이

① 항목별 오차율을 구한다.

평가항목	오차율 계산식	오차율(%)	판정	점수
BOD	오차율(%) $=\frac{(5.50-5.00)\ \text{ppm}}{5.00\ \text{ppm}}\times100$	10	만족	5
SS	오차율(%) $=\frac{(6.30-5.00)\ \text{ppm}}{5.00\ \text{ppm}}\times100$	26	만족	5
암모니아성 질소	오차율(%) $=\frac{(0.69-1.00)\ \text{ppm}}{1.00\ \text{ppm}}\times100$	−31	불만족	0
총인	오차율(%) $=\frac{(0.16-0.20)\ \text{ppm}}{0.20\ \text{ppm}}\times100$	−20	만족	5
불소	오차율(%) $=\frac{(0.77-1.00)\ \text{ppm}}{1.00\ \text{ppm}}\times100$	−23	만족	5

② 분야별 환산점수 산출 : 환산점수 $=\frac{\text{총점}}{\text{항목수}}\times\frac{100}{5}=\frac{(5+5+0+5+5)}{5}\times\frac{100}{5}=80$

17 다음 중 정도관리 숙련도 시험에서 분야별 적합 판정을 받은 경우로 모두 옳은 것은? [제10회 2차 21번]

> ㉠ 숙련도 시험 13항목 중 12항목 적합
> ㉡ 숙련도 시험 19항목 중 16항목 적합
> ㉢ 숙련도 시험 15항목 중 13항목 적합
> ㉣ 숙련도 시험 20항목 중 15항목 적합

① ㉠
② ㉠, ㉡
③ ㉠, ㉡, ㉢
④ ㉠, ㉡, ㉢, ㉣

문제풀이

〈2018년 수시 숙련도 평가지침〉

① 분야별 환산점수 산출식 : 환산점수 $=\frac{\text{총점}}{\text{항목수}}\times\frac{100}{5}$

㉠ 숙련도 시험 13항목 중 12항목 적합: 환산점수 $=\frac{12\times5}{13}\times\frac{100}{5}=92.3$

㉡ 숙련도 시험 19항목 중 16항목 적합: 환산점수 $=\frac{16\times5}{19}\times\frac{100}{5}=84.2$

정답 16 ④ 17 ①

㉢ 숙련도 시험 15항목 중 13항목 적합: 환산점수 $= \frac{13\times5}{15}\times\frac{100}{5}=86.7$

㉣ 숙련도 시험 20항목 중 15항목 적합: 환산점수 $= \frac{15\times5}{20}\times\frac{100}{5}=75.0$

② **판정** : 총점을 100점으로 환산하여 계산하며, 분야별 환산점수가 90점 이상이면 "적합", 90점 미만이면 "부적합"으로 판정하므로 ㉠만 "적합"이고 ㉡, ㉢, ㉣은 "부적합"이다.

18 다음 중 환경시험검사기관 정도관리 현장평가에서 적합한 경우는? [제10회 2차 31번]

① 현장평가 평점이 70점이고, 미흡사항 보완 조치가 30일 만에 완료된 경우
② 현장평가 평점이 100점이고, 미흡사항 보완 조치가 50일 만에 제출된 경우
③ 현장평가 평점이 69점이고, 미흡사항 보완 조치가 20일 만에 완료된 경우
④ 현장평가 시작 날로부터 6개월 전에 중대한 미흡사항으로 행정처분을 받은 경우

☑ **해설** ① 핵심포인트 1. <표> '적합' 및 2.① 참고

핵심포인트

1. 환경분야 시험·검사 등에 관한 시행규칙 제17조의3(정도관리 결과의 통보 등)

① 정도관리 판정기준 : 숙련도 시험 결과와 현장평가 결과가 모두 판정기준에 적합한 경우만 정도관리 적합으로 판정한다.

〈표〉 정도관리 판정기준

구분	판정기준
적합	1. 미흡사항이 없는 경우 2. 현장평가 합계평점이 70점 이상이며 현장평가에서 미흡한 것으로 지적된 미흡사항의 보완조치에 대하여 정도관리 심의회에서 적합으로 판정한 경우
부적합	1. 현장평가 합계평점이 70점 미만인 경우 2. 현장평가 합계평점이 70점 이상이나 현장평가에서 미흡한 것으로 지적된 미흡사항의 보완조치에 대하여 정도관리 심의회에서 부적합으로 판정한 경우 3. 현장평가 시 중대한 미흡사항이 발견되어 현장평가를 종료한 경우 4. 현장평가를 시작하는 날로부터 1년 이내에 중대한 미흡사항에 해당되는 사유로 개별법에 따라 행정처분을 받은 경우

2. 환경시험·검사기관 정도관리 운영 등에 관한 규정 제44조(대상기관의 보완조치 결과 제출 등)

① 대상기관은 제42조제5항에 따라 평가팀장에게 전달받은 미흡사항 보고서의 미흡사항에 대한 보완조치 계획 또는 결과를 별지 제12호 서식의 미흡사항 보완조치 결과보고서로 작성하여 현장평가 완료일로부터 30일 내에 과학원장에게 제출하여야 한다.

19 환경측정분석사가 될 수 없는 자에 대한 설명으로 틀린 것은? [제11회 18번]

① 피성년후견인 또는 피한정후견인
② 파산선고를 받고 복권되지 아니한 자
③ 환경측정분석사가 자격증을 다른 사람에게 대여하여 자격이 취소된 후 3년이 경과되지 아니한 자
④ 「대기환경보전법」 또는 「물환경보전법」을 위반하여 징역의 형을 선고받고 그 집행이 종료된 날부터 3년이 경과되지 아니한 자

정답 18 ① 19 ④

☑ **해설** ④ 핵심포인트 1.① ㉢ 참고

핵심포인트

1. 환경분야 시험·검사 등에 관한 법률 제19조(환경측정분석사)

① 환경측정분석사가 될 수 없는 자
㉠ 피성년후견인 또는 피한정후견인
㉡ 파산선고를 받고 복권되지 아니한 자
㉢ 환경분야 시험·검사 등에 관한 법률, 대기환경보전법, 물환경보전법, 소음·진동관리법, 실내공기질 관리법 또는 악취방지법을 위반하여 징역의 형을 선고받고 그 집행이 종료(집행이 종료된 것으로 보는 경우를 포함한다)되거나 집행이 면제된 날부터 2년이 경과되지 아니한 자
㉣ ㉢호의 규정에 따른 법을 위반하여 형의 집행유예를 선고받고 그 유예기간 중에 있는 자
㉤ 제20조 제1항에 따라 환경측정분석사의 자격이 취소된 후 3년이 경과되지 아니한 자

2. 환경분야 시험·검사 등에 관한 법률 제20조(환경측정분석사의 자격취소 등)

① 환경부장관은 환경측정분석사의 자격을 취득한 자가 다음 각 호의 어느 하나에 해당하는 경우에는 자격을 취소하거나 3년 이내의 범위 안에서 자격을 정지하는 처분을 할 수 있다. 다만, 제1호 또는 제3호에 해당하는 경우에는 자격을 취소하여야 한다.
㉠ 거짓 그 밖의 부정한 방법으로 환경측정분석사의 자격을 취득한 경우
㉡ 제6조제1항 각 호에서 정한 법률의 규정에 따라 기록·제출 또는 공표하여야 하는 환경오염도의 측정분석 업무를 거짓으로 하거나 측정기록부를 조작한 경우
㉢ 제19조제2항제1호 내지 제4호의 어느 하나에 해당하게 된 경우
㉣ 제19조제4항의 규정을 위반하여 환경측정분석사 자격증을 다른 사람에게 대여한 경우

20 「환경분야 시험·검사 등에 관한 법률」에 따른 측정대행업자의 준수사항에 대한 설명으로 틀린 것은? [제11회 19번]

① 시료채취기록부, 시험기록부 및 시약소모대장(소음·진동분야는 제외)의 서류를 작성하여 3년 동안 보관하여야 한다.
② 보유차량에 국가기관의 오염물질 검사차량으로 잘못 알게 하는 문구를 표시하거나 과대 표시를 하여서는 아니 된다.
③ 측정·분석은 해당 분야에 등록된 기술인력이 수행하여야 한다. 다만, 시료채취 인력은 다른 분야·업종의 기술인력으로 대체할 수 있다.
④ 환경오염공정시험기준에 따라 환경 오염도를 정확하고 엄정하게 측정·분석하여야 하며, 측정 후 작성한 측정기록부 중 1부를 측정의뢰인에게 보내야 한다.

☑ **해설** ③ 핵심포인트 2.① 참고

핵심포인트

1. 환경분야 시험·검사 등에 관한 시행규칙 제17조(측정대행업자의 준수사항)

① 측정대행업자는 측정분석 결과를 환경부령이 정하는 바에 따라 사실대로 기록하고 그 결과를 최종 기록한 날부터 3년동안 이를 보존하여야 한다.
② 환경분야 시험·검사 등에 관한 법률 제18조 제2항에 따른 측정대행업자의 준수사항은 별표 11과 같다.

2. [별표 11] 측정대행업자의 준수사항(제17조제2항 관련)

① 등록된 기술인력을 다른 분야·업종의 기술인력으로 근무하게 하여서는 아니 되며, 시료채취 및 측정·분석은 해당 분야에 등록된 기술인력이 수행하여야 한다.

정답 20 ③

② 환경오염공정시험기준에 따라 환경 오염도를 정확하고 엄정하게 측정·분석하여야 하며, 측정 후 작성한 측정기록부 중 1부를 측정의뢰인에게 보내야 한다.
③ 보유차량에 국가기관의 오염물질 검사차량으로 잘못 알게 하는 문구를 표시하거나 과대표시를 하여서는 아니 된다.
④ 다음 각 목의 서류를 작성하여 3년 동안 보관하여야 한다.
　㉠ 시료채취기록부(시료를 채취하는 경우에만 해당한다), 시험기록부(시험항목, 일자, 분석자, 시험방법, 계산식, 기초시험자료, 분석기기 조작 조건, 측정 결과, 검정곡선(calibration curve), 전처리사항 등 분석과정과 그 결과를 확인할 수 있는 자료가 포함되어야 한다) 및 시약소모대장(소음·진동분야는 제외한다)
　㉡ 측정기록부 발송대장
　㉢ 공정시험기준에 따른 정도관리 수행기록철
　㉣ 차량 운행일지
⑤ 측정대행계약을 체결한 경우에는 측정대행 계약서를 3년 동안 보관하여야 한다.
⑥ 등록된 기술인력에게 측정·분석 결과에 영향을 미칠 수 있는 명령이나 간섭을 하여서는 아니 된다.

21 **「환경분야 시험·검사 등에 관한 법률」에 따른 시험·검사 기술인력의 교육에 대한 내용으로 옳은 것은?** [제12회 23번]

① 측정대행업무를 담당하는 기술인력은 환경부장관이 실시하는 전문교육을 받아야 한다.
② 측정대행업에 등록된 기술인력이 받아야 하는 전문교육과정은 측정분석 기술요원과정으로 하며, 교육기간은 3일 이내로 한다.
③ 측정대행업자는 고용하고 있는 기술인력 중 해당 분야의 기술인력으로 최초로 고용된 자에게 그 사유가 발생한 날부터 2년 이내에 전문교육을 받도록 하여야 한다.
④ 환경청장은 시험·검사 등의 업무를 수행하는 기술인력의 전문성을 향상시키기 위하여 교육의 실시, 전문인력의 확보·관리 등에 관한 시책을 강구하여야 한다.

☑ **해설** ② 핵심포인트 2.① ㉢ 참고, ③ 핵심포인트 2.① 참고, ④ 핵심포인트 1.① 참고

핵심포인트

1. 환경분야 시험·검사 등에 관한 법률/제6장 보칙/제24조(시험·검사 기술인력의 교육 등)
① 환경부장관은 시험·검사 등의 업무를 수행하는 기술인력의 전문성을 향상시키기 위하여 교육의 실시, 전문인력의 확보·관리 등에 관한 시책을 강구하여야 한다.
② 측정대행업무를 담당하는 기술인력은 환경부장관이 실시하는 전문교육을 받아야 한다.
③ 측정대행업자는 제2항의 규정에 따른 기술인력에 대하여 당해 전문교육을 받게 하여야 한다.
④ 제2항의 규정에 따른 교육의 실시기관 및 내용 등에 관하여 필요한 사항은 환경부령으로 정한다.

2. 환경분야 시험·검사 등에 관한 법률 시행규칙/제25조(측정대행업에 등록된 기술인력 교육)
① 법 제24조제4항에 따른 교육의 실시기관은 국립환경인재개발원으로 하며, 측정대행업자는 고용하고 있는 기술인력 중 다음 각 호의 어느 하나에 해당하는 자에게 그 사유가 발생하는 날부터 1년 이내에 국립환경인재개발원이 실시하는 전문교육을 받도록 하여야 한다.
　㉠ 해당 분야의 기술인력으로 최초로 고용된 자
　㉡ 법 또는 법에 따른 명령을 위반한 자
　㉢ 전문교육과정은 측정분석 기술요원과정으로 하며, 교육기간은 5일 이내로 한다.

정답 21 ①

2 환경분야 시험·검사 업무처리 규정

01 **품질문서 작성 시, 측정분석 기관의 시료채취 기록 사항으로 반드시 기록하지 않아도 되는 것은?** [제2회 7번]

① 사용된 시료채취방법
② 시료채취자
③ 환경조건
④ 시료채취 일자 및 장소

☑ **해설** ③ 핵심포인트 1.① <표> 참고 ; 환경조건은 참고사항으로 필수 기록사항은 아니다.

핵심포인트

1. 제4조(시험·검사기록)

① 시험·검사 기록물의 기본 기록사항(제4조제2항 관련)

〈표〉 시료채취기록부

구성	기록사항
가. 시료채취일시	
나. 시료채취자	성명, 직급, 서명 등
다. 시료명	시료번호 등
라. 관리분야	대기, 수질, 폐기물 등 관계법령에 의한 관리분야
마. 시험항목	
바. 시료채취량	필요시 기록
사. 현장측정결과	수온, pH 등 현장측정 항목에 대한 측정 값
아. 기타 참고사항	날씨(기온, 강우 등) 및 육안 관찰 사항, 사용한 보존제의 종류 및 양, 배출허용기준, 협의기준, 업종 등 시료특성관련 내용 등 분야별 항목별 특성을 반영하여 기록

02 **시료 접수 기록부의 필수 기록사항이 아닌 것은?** [제3회 8번]

① 시료명
② 시료 인계자
③ 현장 측정 결과
④ 시료 접수 일시

☑ **해설** ③ 핵심포인트 1.① <표> 참고 ; 현장측정결과는 문제1번 시료채취기록부의 필수 기록사항이다.

핵심포인트

1. 제4조(시험·검사기록)

① [별표 1] 시험·검사 기록물의 기본 기록사항(제4조제2항 관련)

〈표〉 시료접수 및 성적서 발송대장

구성	기록사항
가. 시료접수 일자	
나. 성적서 발송 일자	
다. 시료명(번호)	
라. 시험항목	
마. 시험결과	시험결과 및 단위를 표기
바. 각종 기준	각종 환경기준 및 배출허용기준 등 적합여부 판정에 필요한 기준 등을 표기
사. 적합 여부	먹는 물 수질검사기관 등은 기준 대비 적합여부를 표기
아. 작성자 및 서명	작성자 및 검토자의 이름 및 서명

정답 01 ③ 02 ③

03 **환경시험검사 업무처리 규정 중 시료채취 및 의뢰 내용으로 틀린 것은?** [제10회 2차 36번]

① 시료채취자는 일시, 채취자, 관리분야, 시험항목, 채취량 등을 기록하여야 한다.
② 시험검사기관은 민간인 등이 시료를 채취하여 의뢰한 경우에도 자체적으로 채취한 시료와 동일하게 성적서를 발급·통보하여야 한다.
③ 시험검사기관은 민간인 등이 채취하고 의뢰하는 경우 시료채취기록부 서식에 작성하여 제출하도록 할 수 있다.
④ 타 부서(기관)에서 채취하여 의뢰하는 경우에는 시료와 함께 시료채취기록부 사본을 제출하여야 한다.

☑ **해설** ② 핵심포인트 1.④ 참고

핵심포인트

1. 제6조(시료채취 및 의뢰)

① 시료채취자는 제4조1항제1호 및 별표 1에 의한 시료채취기록부를 작성하여야 한다.
② 타 부서(기관)에서 시료를 채취하여 시험·검사를 의뢰하는 경우에는 시료와 함께 제1항의 시료채취기록부 사본을 제출하여야 한다.
③ 시험·검사기관은 민간인 등이 시료를 채취하여 의뢰하는 경우에는 시료채취 방법, 용기, 보존·운반방법 등이 법 제6조의 환경오염공정시험기준에 적합하도록 시험·검사기관의 홈페이지 등에 공지하여야 하며, 시험·검사에 필요한 사항을 시료채취기록부 서식에 작성하여 제출하도록 할 수 있다.
④ 시험·검사기관은 제3항에 따라 민간인 등이 시료를 채취하여 의뢰한 경우에는 시험·검사 성적서에 참고자료임을 명시하여 발급·통보하여야 한다.

정답 03 ②

3 환경시험·검사기관 정도관리 운영 등에 관한 규정

01 **'측정분석기관 정도관리의 방법 등에 관한 규정'에 대한 기술 중 틀린 것은?** [제3회 34번]

① '대상기관'이라 함은 영 제22조 각호에 규정된 측정분석기관과 제4조 제22항의 규정에 의하여 정도관리 신청을 한 기관을 말한다.

② '검증기관'이라 함은 이 규정에 따라 국립환경과학원장으로부터 정도관리 결과, 정도관리 평가기준에 적합하여 우수 판정을 받고 정도관리검증서를 교부받은 측정분석기관을 말한다.

③ '숙련도 시험'이라 함은 정도관리의 일부로서 측정분석기관의 분석능력을 향상시키기 위하여 일반시료에 대한 분석능력 또는 장비운영 능력을 평가하는 것을 말한다.

④ '현장평가'라 함은 정도관리를 위하여 측성분석기관을 방문하여 기술인력·시실·장비 및 운영 등에 대한 측정분석 능력의 평가와 이와 관련된 자료를 검증하고 평가하는 것을 말한다.

☑ **해설** ③ 핵심포인트 1.③ 참고

02 **정도관리와 관련하여 설명한 용어의 정의를 나타낸 것으로 틀린 것은?** [제9회 28번]

① '대상기관'이라 함은 환경분야 시험·검사 등에 관한 법률 시행령 제13조의 2 제1항 각호에 규정된 시험·검사기관과 규칙 제17조의 4등의 규정에 의하여 정도관리 신청을 한 기관을 말한다.

② '정도관리 검증기관'이라 함은 국립환경과학원장이 실시하는 정도관리를 받고 정도관리 판정기준에 적합 판정을 받음으로써 정도관리 검증서를 교부받은 시험·검사기관을 말한다.

③ '숙련도 시험'이라 함은 정도관리의 일부로서 시험·검사기관의 정도관리 시스템에 대한 주기적인 평가를 위하여 표준시료에 대한 시험·검사능력과 장비수리 능력을 평가하는 것을 말한다.

④ '현장평가'라 함은 정도관리를 위하여 평가위원이 시험·검사기관을 직접 방문하여 시험·검사기관의 정도관리 시스템 및 시행을 평가하기 위하여 시험·검사기관의 기술인력·시설·장비 및 운영 등에 대한 실태와 이와 관련된 자료를 검증·평가하는 것을 말한다.

☑ **해설** ③ 핵심포인트 1.③ 참고

03 **측정분석기관 정도관리의 방법 등에 관한 규정으로 틀린 것은?** [제9회 30번]

① 정도관리 대상기관은 환경분야 시험·검사 등에 관한 법률 시행령 제13조의2 제1항 각호에 규정된 시험·검사기관을 말한다.

② 정도관리 검증기관은 국립환경과학원장으로부터 정도관리결과 적합 판정을 받고 정도관리검증서를 교부받은 시험·검사기관을 말한다.

③ 숙련도 시험은 정도관리의 일부로서 시험·검사기관의 분석능력을 향상시키기 위하여 표준시료에 대한 분석능력을 평가하는 것을 말한다.

④ 환경분야 시험·검사 등에 관한 법률 시행령 제22조 각호에 규정된 시험·검사기관 이외의 기관은 정도관리 검증서를 받을 수 없다.

정답 01 ③ 02 ③ 03 ④

☑ **해설** ④ 핵심포인트 1.⑤ 참고

04 「환경시험·검사기관 정도관리 운영 등에 관한 규정」에서 설명하는 내용으로 틀린 것은?

[제11회 25번]

① 분야별 기술위원회는 각 기술위원회별로 외부 또는 과학원 내부의 각 분야별 전문가 등 20명 이내의 위원을 두고 분야별 기술위원회의 장은 위원 중에서 호선한다.

② "정도관리 검증기관"이라 함은 국립환경과학원장이 실시하는 정도관리(숙련도시험 및 현장평가)를 받고 「환경분야 시험·검사 등에 관한 법률」 제18조의2 및 동 법률 시행규칙 별표 11의2의 정도관리 판정기준의 적합 판정을 받음으로써 정도관리 검증서를 교부받은 시험검사기관을 말한다.

③ "숙련도 시험"이라 함은 정도관리의 일부로써 시험검사기관의 정도관리 시스템에 대한 주기적인 평가를 위하여 표준시료에 대한 시험검사 능력과 시료채취 등을 위한 장비운영 능력 등을 평가하는 것을 말한다.

④ "정도관리"라 함은 시험검사기관이 시험검사 결과의 신뢰도를 확보하기 위하여 내부적으로 ISO/IEC 17025를 인용한 별표 1에 따라 정도관리시스템을 확립시행하고 내부적으로 이에 대한 주기적인 검증평가를 하는 것을 말한다.

☑ **해설** ④ 핵심포인트 1.① 참고

핵심포인트

1. 제1장 총칙/제2조(정의)

이 규정에서 사용하는 용어의 정의는 다음 각 호와 같다.

① 정도관리 : 시험·검사기관이 시험·검사 결과의 신뢰도를 확보하기 위하여 내부적으로 ISO/IEC 17025를 인용하여 정도관리 시스템을 확립·시행하고 외부적으로 이에 대한 주기적인 검증·평가를 받는 것을 말한다.

② 대상기관 : 영 제13조의제2제1항 각 호에 규정된 시험·검사기관과 규칙 제17조의4 등의 규정에 의하여 정도관리 신청을 한 기관을 말한다.

③ 숙련도 시험 : 정도관리의 일부로서 시험·검사기관의 정도관리시스템에 대한 주기적인 평가를 위하여 표준시료에 대한 시험·검사 능력과 시료채취 등을 위한 장비운영 능력 등을 평가하는 것을 말한다.

④ 현장평가 : 정도관리를 위하여 평가위원이 시험·검사기관을 직접 방문하여 시험·검사기관의 정도관리 시스템 및 시행을 평가하기 위하여 시험·검사기관의 기술인력·시설·장비 및 운영 등에 대한 실태와 이와 관련된 자료를 검증·평가하는 것을 말한다.

⑤ 정도관리 검증기관 : 국립환경과학원장이 실시하는 정도관리(숙련도시험 및 현장평가)를 받고 법 제18조의2 및 규칙 별표 11의2의 정도관리 판정기준에 적합 판정을 받음으로써 정도관리 검증서를 교부받은 시험·검사기관을 말한다.

2. 제2장 운영 및 조직/제5조(정도관리심의회와 기술위원회 구성)

① 규칙 제 17조의 2 및 제17조의 3에 따른 정도관리심의회는 과학원의 정도관리 담당부서 부장을 위원장으로 하며 위원은 분야별 기술위원 1인 이상으로 한다.

② 분야별 기술위원회는 대기위원회, 실내공기질·악취위원회, 수질위원회, 먹는물위원회, 폐기물·토양·잔류성유기오염물질위원회, 미생물위원회 등으로 구분하며, 각 기술위원회별로 외부 또는 과학원 내부의 각 분야별 전문가 등 20명 이내의 위원을 두고 분야별 기술위원회의 장은 위원 중에서 호선한다. 다만 과학원장은 효율적인 운영을 위하여 필요하다고 인정될 때에는 기술위원회를 분리 또는 통합 또는 추가로 둘 수 있다.

③ 심의회와 기술위원회의 운영을 위하여 각각 간사를 둘 수 있다.

정답 04 ④

05 시료채취 현장기록에 포함되지 않아도 될 사항은? [제9회 12번]

① 사용된 시료채취 방법 ② 시료채취자
③ 환경조건(필요한 경우) ④ 시료인계자 및 인수자

☑ **해설** ④ 핵심포인트 2.① ㉢ 참고

핵심포인트

1. [별표 1] 환경시험·검사기관에 대한 요구사항(제2조 관련)/3.0 기술요건/3.5 시료채취

① 시료채취 기록은 다음 사항을 포함하고 있어야 한다.
㉠ 시료명(또는 시료번호)
㉡ 사용된 시료채취 방법
㉢ 시료채취자
㉣ 환경조건(필요한 경우)
㉤ 시료채취 일시 및 장소
㉥ 시료채취량
㉦ 현장에서의 측정 내용

2. [별표 1] 환경시험·검사기관에 대한 요구사항(제2조 관련)/3.0 기술요건/3.6 시료채취

① 시료접수 기록부에는 다음의 사항을 포함하고 있어야 한다.
㉠ 시료명(시험실 시료 ID 번호)
㉡ 시료접수 일시
㉢ 시료 인계자 및 인수자
㉣ 현장 측정결과(필요한 경우)
㉤ 특이사항

06 측정분석 기관이 장비 운영을 위하여 준수해야 될 사항이 아닌 것은? [제3회 18번]

① 시험장비의 정상적 작동 ② 요구되는 정확도의 달성
③ 요구되는 사양의 만족 ④ 실험실의 모든 직원에 의한 운영

☑ **해설** ④ 핵심포인트 1.㉤ 참고 ; 권한을 부여받은 직원에 의해 운영되어야 한다.

핵심포인트

1. 제1장 총칙/제3조(시험·검사기관에 대한 요구사항)

[별표 1] 환경분야 시험·검사기관에 대한 요구사항/3.기술요건/3.4 시험장비 및 표준물질

① 시험장비 및 표준물질 : 환경분야 시험·검사 등에 관한 법률 등 시험·검사 관련 법률에 의해 등록·지정·인정받은 시험·검사기관은 그 법률에서 요구하는 시험장비를 갖추고 그 운영에 대해 다음 사항을 준수하고 있다.
㉠ 시험장비의 정상적 작동
㉡ 요구되는 정확도의 달성
㉢ 요구되는 사양의 만족
㉣ 사용 전 점검 및 교정
㉤ 권한을 부여받은 직원에 의한 운영
㉥ 장비의 운영과 유지관리에 대한 절차서 사용

정답 05 ④ 06 ④

07 환경분야 측정분석기관 정도관리의 경영 요건 내용에 해당되지 않는 것은?

[제3회12번], [제4회 12번]

① 시험 결과의 보증
② 시험의 위탁
③ 서비스 및 물품 구매
④ 부적합 업무 관리 및 보완조치

☑ **해설** ① 핵심포인트 1. [별표 2] '3.0 기술요건' 참고 ; ①은 기술요건에 해당한다.

08 현장평가의 평가요소는 경영요건과 기술요건으로 나눠지는데 다음 중 경영요건이 아닌 것은?

[제10회 2차 35번]

① 조직
② 직원
③ 문서관리
④ 내부정도관리 평가

☑ **해설** ② 핵심포인트 1. [별표 1] '3.0 기술요건' 참고 ; ②는 기술요건에 해당한다.

09 시험결과 보고행위와 관련한 품질경영관리 요건과 맞지 않는 것은?

[제4회 33번]

① 시험결과를 시험방법에 따라 정확하고 객관적으로 보고
② 고객이 시험결과를 전자매체로 받고자 하는 경우 비밀유지 절차에 따라 전달
③ 시험인력을 변경할 경우 시험방법을 정확히 운영할 수 있는지를 확인
④ 측정분석기관은 시험 성적서의 수정에 관련된 규정을 보유

☑ **해설** ③ 핵심포인트 3. [별표 1] 참고 ; ③은 2. [별표 1] '3.3 시험방법 및 유효성확인'과 관련된 내용이다.

핵심포인트

1. 제1장 총칙/제3조(시험·검사기관에 대한 요구사항)

① 시험·검사기관은 시험·검사 결과의 신뢰도를 확보하기 위한 시험·검사기관에 대한 요구사항 별표 1에 따라 해당기관의 방침, 목표 및 업무절차를 체계적으로 문서화하여 이에 따른 정도관리 시스템을 확립하고 이를 실행하여야 한다.

[별표 1] 환경분야 시험·검사기관에 대한 요구사항/2.0 경영요건

2.1	조직	2.2	품질시스템
2.3	문서관리	2.4	시험의뢰 및 계약 시의 검토
2.5	시험의 위탁	2.6	서비스 및 물품구매
2.7	고객에 대한 서비스	2.8	부적합 업무 관리 및 보완조치
2.9	기록 관리	2.10	내부 정도관리 평가 (경영검토 및 내부심사)

[별표 2] 환경분야 시험·검사기관에 대한 요구사항/3.0 기술요건

3.1	직원	3.2	시설 및 환경조건
3.3	시험방법 및 유효성 확인	3.4	시험장비 및 표준물질
3.5	시료채취	3.6	시료관리
3.7	시험결과의 보증	3.8	결과보고
3.9	시험검사 성적서의 리스크 관리		

2. 제1장 총칙/제3조(시험·검사기관에 대한 요구사항)

[별표 1] 환경분야 시험·검사기관에 대한 요구사항/3.기술요건/3.3 시험방법 및 유효성확인

① 시험·검사기관은 해당하는 시험업무에 대해 적절한 방법과 절차를 사용하고 있다. 즉 시료채취, 시료

정답 07 ① 08 ② 09 ③

취급, 시료운반, 시료보관, 전처리 및 결과분석 등의 시험과정에 대한 전반적인 절차를 포함하며, 품질지침서의 부재로 인해 시험결과에 영향을 미칠 수 있는 경우를 대비하여 장비의 사용과 조작 및 시료 전처리 등에 관한 품질지침서를 보유하고 있다.
② 시험·검사기관은 환경오염공정시험기준을 우선적으로 사용하고 있으며, 최신판을 사용하고 있다.
③ 시험·검사기관은 시험인력을 변경할 경우, 시험 이전에 시험방법을 정확히 운영할 수 있는지를 확인하고 있다.
④ 시험·검사기관은 장비, 시설의 변화가 있을 경우 시험방법 운영 능력을 재확인하고 있다.

3. 제1장 총칙/제3조(시험·검사기관에 대한 요구사항)

[별표 1] 환경분야 시험·검사기관에 대한 요구사항/3.기술요건/3.8결과보고
① 시험·검사기관은 시험결과를 시험방법이나 관련지침에 따라 정확하고 객관적으로 보고하고 있다.
② 시험·검사기관은 고객이 시험결과를 전화, 팩스, 전자매체 등을 통하여 전달받고자 하는 경우 비밀유지가 보장될 수 있는 절차에 따라 전달하고 있다.
③ 시험·검사기관은 시험 성적서의 수정에 관련된 규정을 보유하고 있다.

10 **환경시험·검사기관에 대한 요구사항 중 '직원'에 대한 설명으로 틀린 것은?** [제10회 2차 34번]

① 직원의 범위에는 정규직뿐 아니라 임시직도 포함한다.
② 품질책임자는 직원에 대한 담당업무, 교육·훈련 내용 등을 기록한 직무기술서를 보관하여야 한다.
③ 내부 숙련도 시험결과 평가 시 직원이 1명~2명일 경우 z-score보다는 오차율로 평가하는 것이 합당하다.
④ 매년 1회 이상의 숙련도 시험계획을 수립하고 수행하여야 한다.

☑ **해설** ④ 핵심포인트 1.④ 참고 ; 숙련도 시험계획 수립 및 수행은 기술책임자의 업무이다.

핵심포인트

1. 정도관리 현장평가 내용 해설/ 3.기술요건/직원

① 시험·검사기관은 장비 운용, 시험업무, 결과 평가 및 서명을 하는 모든 직원들의 역량을 보장하고 있으며, 특정한 시험·검사업무인 경우 자격을 갖춘 직원이 수행하도록 하며, 훈련과정에 있는 직원을 고용하고 있을 경우 적절한 관리감독을 하여야 한다.
[해설] 직원이란 시험·검사와 관련된 모든 직원을 의미하므로 정규직뿐만 아니라 임시직도 대상에 포함한다.
② 시험·검사기관은 직원의 교육·훈련의 필요성과 훈련 제공에 대한 방침과 절차를 보유하여야 한다.
③ 시험·검사기관은 숙련도에 관한 목표와 계획을 설정하고, 주기적인 숙련도시험이나 실험실 관리시료 분석을 통한 정밀도 및 정확도 확인을 통해 시험·검사능력을 검증하여야 한다.
[해설] 직원에 대한 숙련도를 향상시키고 역량을 강화하기 위한 목적으로 자체적인 숙련도 시험 계획을 수립하고 이행하여야 하며, 이에 따라 매년 1회 이상의 숙련도 시험 계획을 수립하고 품질책임자 권한 하에 이를 시행한다. 일부 기관에서는 자체 숙련도 시험을 계획하고 수행하면서 1명~2명에 대한 숙련도 시험 결과를 z-score로 평가하고자 하나 이는 평가방법을 잘못 적용한 것이므로 오차율에 의해 평가하는 것이 합당하다.
④ 시험·검사기관은 기술직원에 대한 업무·자격·교육·훈련·기술 및 경험 등에 대한 기록을 유지·관리하여야 한다.
[해설] 기술책임자는 자신의 책임 권한 내에 있는 주요 직원에 대한 담당업무, 위임전결사항, 교육·훈련 내용, 자격증(외부/내부) 보유여부, 정도관리 시스템에서의 역할 등을 기록한 '직무기술서'를 보관하여야 하며, 이 직무기술서는 교육이수 상황에 따라 그 내용이 바뀔 수 있으므로 그 때마다 기술책임자는 내용을 확인하고 서명한다.

정답 10 ④

11 과학원장이 시·도보건환경연구원과 공동으로 실시할 수 있는 정도관리 업무 중 옳은 것은? [제10회 2차 29번]

① 정도관리 계획 수립 및 보고
② 정도관리 업무와 관련된 규정의 제·개정
③ 정도관리 심의회와 기술위원회의 구성 및 운영
④ 정도관리 현장평가

☑ **해설** ④ 핵심포인트 1.② 참고

핵심포인트

1. 제2장 운영 및 조직/제4조(정도관리 업무)

① 과학원장은 환경분야 시험·검사에 관한 법률 제18조의2 및 시행규칙 제17조의3에 따라 다음 각 호의 정도관리 업무를 수행하여야 한다.
㉠ 정도관리 운영을 위한 시스템 구축 및 운영
㉡ 정도관리 계획 수립 및 보고
㉢ 정도관리 업무와 관련된 규정의 제·개정
㉣ 정도관리 심의회와 기술위원회의 구성 및 운영
㉤ 숙련도 시험 및 표준시료 제조·공급
㉥ 현장평가
㉦ 정도관리 검증기관 기관 사후관리
㉧ 현장평가 평가위원 위촉 및 관리
㉨ 정도관리 관련 국내 타부처 및 국제 협력
㉩ 최초 정도관리 및 재신청에 의한 정도관리 업무
㉪ 기타 정도관리 업무 수행에 필요한 사항
② 과학원장은 ㉥ 현장평가 업무를 시·도보건환경연구원과 공동으로 실시할 수 있다.

12 정도관리 기술위원회의 기능이 아닌 것은? [제8회 17번]

① 현장평가 시 기술적 쟁점에 관한 사항
② 정도관리 시행계획 수립에 관한 사항
③ 현장평가 내용 및 평가 점검표 개선에 관한 사항
④ 대상기관에 대한 정도관리 평가보고서

☑ **해설** ④ 핵심포인트 1.① ㉠ 참고 ; ④는 심의회의 기능이다.

13 「환경시험·검사기관 정도관리 운영 등에 관한 규정」에 따른 정도관리심의회의 심의·의결사항이 아닌 것은? [제12회 27번]

① 정도관리 시행계획 수립에 관한 사항
② 정도관리 평가위원의 위촉 및 해촉 심의
③ 이의 또는 불만처리에 대한 최종 결정 및 분쟁 조정에 관한 사항
④ 대상기관에 대한 정도관리 평가보고서 및 보완조치 결과 등을 통한 정도관리 결과의 적합 또는 부적합 여부의 판정에 관한 사항

☑ **해설** ① 핵심포인트 1.② ㉢ 참고

정답 11 ④ 12 ④ 13 ①

핵심포인트

1. 제2장 조직 및 운영/제6조(심의회와 기술위원회 기능)

① 심의회는 다음 각 호의 사항을 심의·의결한다.

㉠ 대상기관에 대한 정도관리 평가보고서 및 보완조치 결과 등을 통한 적합 또는 부적합 여부의 판정에 관한 사항

㉡ 정도관리 평가위원의 위촉 및 해촉 심의

㉢ 이의 또는 불만처리에 대한 최종 결정 및 분쟁 조정에 관한 사항

㉣ 그 밖에 과학원장이 필요하다고 인정하는 사항

② 기술위원회는 정도관리와 관련된 다음 각 호의 사항을 검토·자문한다.

㉠ 분야별 정도관리와 관련된 기술기준에 관한 사항

㉡ 현장평가 시 기술적 쟁점에 관한 사항

㉢ 정도관리 시행계획 수립에 관한 사항

㉣ 숙련도 시험의 판정기준 도출 및 표준시료 설정값 확정에 관한 사항

㉤ 현장평가 내용 및 평가 점검표 개선에 관한 사항

㉥ 그 밖에 과학원장이 필요하다고 판단되는 사항

14 정도관리에서 시험 결과 계산의 정확성 및 결과표기의 적절성 확인 방법으로 거리가 먼 것은?

[제2회 33번]

① 알맞은 검정곡선식을 이용하여 계산하였는가?

② 반복 실험한 경우, 측정값을 통계적으로 처리하였는가?

③ 검정곡선 범위 안에 분석 시료의 농도가 포함되었는가?

④ 단위가 정확히 표기되었는가?

☑ **해설** ② 측정의 반복 실험과 이에 따른 통계적 처리는 제시되어 있지 않다.

핵심포인트

1. 시험분야별 분석능력 점검표

① 검정곡선의 적절성 및 직선성

㉠ 검정곡선의 적절성 : 3개 이상의 농도

㉡ 검정곡선의 직선성 : R^2(결정계수)이 0.98 이상 또는 R(상관계수)이 0.99 이상 확보

㉢ 검정곡선 범위의 적절성 : 시료의 농도가 검정곡선의 범위 내에 있는가?

② 시험결과의 계산과정 및 결과표기 적절성

㉠ 희석배수 적용

㉡ 바탕값의 보정

㉢ 계산과정의 정확성

㉣ 결과표기의 적절성 : 표준상태환산, 시험방법에서 요구하는 단위의 환산 표기

15 시험·검사기관에 대한 현장평가를 수행하기 위한 정도관리 평가위원은 국가공무원법의 결격사유가 없는 자 중에서 다음의 자격을 갖춘 자를 위촉할 수 있다. 여기에 해당되지 않는 것은?

[제10회 2차 24번]

① 학사학위를 취득한 후 3년 이상인 자

② 관련분야 기술사 자격을 취득한 자

정답 14 ② 15 ①

③ 정도관리 현장평가의 자문위원으로 10회 이상 참여한 자
④ 환경측정분석사 자격을 취득한 후 3년 이상 환경분야 시험·검사 경력을 갖춘 자

☑ **해설** ① 핵심포인트 1.② ㉠ 참고

핵심포인트

1. 제2장 운영 및 조직/제10조(정도관리 평가위원)

① 과학원장은 환경분야 시험·검사 등에 관한 법률 시행령 제13조의2 제3항제2호에 따른 시험·검사기관에 대한 현장평가를 수행하기 위하여 정도관리 평가위원을 위촉하여야 한다.
② 정도관리 평가위원은 국가공무원법 제33조의 결격사유가 없는 자로서 다음 각 호 중 하나의 자격을 갖춘 자 중 제12조제1항의 교육과정을 이수한 자를 위촉하거나 KOLAS 평가사 등 그와 동등 또는 그 이상의 자격이 있다고 판단되는 자를 위촉하여야 한다.
㉠ 전문대학을 졸업한 후 7년 이상, 또는 학사학위를 취득한 후 5년 이상, 또는 석사학위 취득 후 3년 이상 환경분야 시험·검사나 정도관리 등에 대한 경력을 갖춘 자, 또는 관련분야 전공의 박사학위를 취득한 자
㉡ 환경관련 분야의 산업기사 자격을 취득한 후 7년 이상, 또는 기사 자격을 취득한 후 5년 이상 환경분야 시험·검사 경력을 갖춘 자, 또는 관련분야 기술사 자격을 취득한 자, 또는 정도관리 현장평가의 자문위원으로 10회 이상 참여 자
㉢ 규칙 제20조에 따라 환경측정분석사 자격을 취득한 후 3년 이상 환경분야 시험·검사 경력을 갖춘 자

16 기술위원회의 위원 위촉에 대한 설명으로 틀린 것은? [제10회 2차 27번]

① 기술위원회의 위원은 해당 분야의 학식과 경험이 풍부한 자 중에서 국립환경과학원장이 위촉한다.
② 과학원장은 기술위원회의 위원이 특별한 사유 없이 연 2회 이상 해당 분야의 기술위원회에 불참하는 경우 해촉할 수 있다.
③ 기술위원회의 위원 임기는 3년으로 연임할 수 있다.
④ 과학원장은 기술위원회의 위원이 해당 분야의 기술위원회 운영에 중대한 지장을 야기하는 경우 해촉할 수 있다.

☑ **해설** ② 핵심포인트 1.③ ㉠ 참고

핵심포인트

1. 제2장 운영 및 조직/제7조(기술위원회의 위원 위촉)

① 기술위원회의 위원은 분야별 전문가로서 해당 분야의 학식과 경험이 풍부한 자 중에서 과학원장이 위촉한다.
② 위원의 임기는 3년으로 하며, 연임할 수 있다.
③ 과학원장은 기술위원회의 위원이 다음 각 호의 하나에 해당하는 경우에는 해촉할 수 있다.
㉠ 특별한 사유 없이 연 3회 이상 해당 분야의 기술위원회에 불참하는 경우
㉡ 해당 분야의 기술위원회 운영에 중대한 지장을 야기하는 경우

17 정도관리에 대한 설명 중 옳지 않은 것은? [제2회 38번], [제6회 32번]

① 정도관리의 평가 방법은 대상 기관에 대하여 숙련도 평가의 적합 여부로 판단되는 것을 말한다.

정답 16 ② 17 ①

② 측정분석 기관의 기술인력, 시설, 장비 및 운영 등에 관한 것은 3년마다 시행한다.
③ 검증 기관이라 함은 규정에 따라 국립환경과학원장으로부터 정도관리 평가기준에 적합하여 우수 판정을 받고 정도관리 검증서를 교부받은 측정 기관을 말한다.
④ 숙련도시험 평가 기준은 Z값에 의한 평가와 오차율에 의한 평가가 있다.

☑ **해설** ① 핵심포인트 1.① 참고

18 정도관리 판정기준으로 틀린 것은? [제10회 2차 28번]

① 과학원장은 대상기관에 대한 정도관리 적합여부를 판정하기 위하여 숙련도 시험 및 현장평가를 실시하여야 한다.
② 숙련도 시험은 숙련도 시험판정기준에 따라 평가하며 적합, 부적합으로 분야별로 판정하되, 기준값의 선정 등에 관한 사항은 필요한 경우 기술위원회의 의견을 반영하여 정할 수 있다.
③ 폐·하수종말처리시설 및 보건소·정수장의 정도관리는 과학원장이 따로 정하는 일정규모 이상인 경우에는 해당기관의 시험·검사업무 담당부서장의 책임 하에 과학원장이 배포한 농도를 표시한 표준시료에 대하여 실시한 자체 숙련도 시험으로 갈음할 수 있다.
④ 정도관리는 정도관리 판정기준에 따라 적합, 부적합으로 분야별로 판정하며 숙련도 시험과 현장평가 결과가 모두 적합한 경우에만 최종 적합으로 판정한다.

☑ **해설** ③ 핵심포인트 1.⑤ 참고

19 측정분석기관 정도관리 평가 방법 및 항목에 대한 설명으로 틀린 것은? [제10회 19번]

① 숙련도시험을 위한 표준시료를 수령한 대상기관은 수령한 날로부터 30일 이내에 분석결과 등을 과학원장에게 제출하여야 한다.
② 정도관리 평가기준의 적합 여부를 판단하기 위해 숙련도시험, 현장평가, 정도관리 책임자 평가를 실시하여야 한다.
③ 정도관리 평가분야는 대기, 수질, 먹는물, 폐기물, 토양, 실내공기질, 악취, 잔류성유기오염물질 분야의 8가지이다.
④ 과학원장은 정도관리 평가결과 미달 판정을 받은 기관에 대해 과학원 홈페이지에 공고할 수 있다.

☑ **해설** ② 핵심포인트 1.① 참고 ; 정도관리 책임자에 대한 평가는 실시하지 않는다.

핵심포인트

1. 제3장 정도관리/제15조(정도관리 판정기준)

① 과학원장은 대상기관에 대한 정도관리 적합여부를 판정하기 위하여 숙련도 시험 및 현장평가를 실시하여야 한다.
② 숙련도 시험은 환경분야 시험·검사 등에 관한 법률 시행규칙 별표 11의2 제1호에 제시된 숙련도 시험 판정기준에 따라 평가하며 적합, 부적합으로 분야별로 판정하되, 기준값의 선정 등에 관한 사항은 필요한 경우 기술위원회의 의견을 반영하여 정할 수 있다. 단, 21조제2항에 따라 ISO/IEC 17043 규정을 준수하는 숙련도 시험에 참여한 항목이 있는 시험·검사기관의 숙련도 시험 결과 판정 시에는 이 결과

정답 18 ③ 19 ②

를 포함하여 판정한다.
③ 현장평가는 환경분야 시험·검사 등에 관한 법률 시행규칙 별표 11의2 제2호에 제시된 현장평가 판정 기준에 따라 평가하며 적합, 부적합으로 구분하여 판정한다.
④ 정도관리는 환경분야 시험·검사 등에 관한 법률 시행규칙 별표 11의2 제3호에 제시된 정도관리 판정 기준에 따라 적합, 부적합으로 분야별로 판정하며 숙련도 시험과 현장평가 결과가 모두 적합한 경우에만 최종 적합으로 판정한다.
⑤ 환경분야 시험·검사 등에 관한 법률 시행령 제13조의2 제1항 제6호 및 제8호에 따른 폐·하수종말처리시설 및 보건소·정수장의 정도관리는 과학원장이 따로 정하는 일정규모 이상인 경우에는 제1항의 정기 숙련도 시험으로, 일정규모 미만인 경우에는 해당기관의 시험·검사업무 담당부서장의 책임 하에 과학원장이 배포한 농도를 표시한 표준시료에 대하여 실시한 자체 숙련도 시험으로 갈음할 수 있으며, 일정규모는 매년 정도관리 계획에 공지한다.
⑥ 환경분야 시험·검사 등에 관한 법률 시행규칙 제15조제1항에 따라 측정대행항목을 변경하려는 자에 대한 정도관리를 실시하는 경우 항목별평가로 하며, 판정기준은 규칙 별표 11의2에 따른다.

20 **측정분석기관 정도관리의 방법 등에 관한 규정에서 정한 정도관리 및 평가방법 및 항목에 대한 설명으로 옳은 것은?** [제9회 2차 13번]

① 과학원장은 대상기관에 대하여 정도관리 평가기준의 적합여부를 판단하기 위하여 숙련도시험, 서류심사를 실시하여야 한다.
② 대상기관은 숙련도시험 항목 중에서 분석실적이 없거나, 기타요인으로 일부 또는 전체항목이 대하여 숙련도시험을 실시할 수 없는 경우에는 숙련도시험 시행 15일 전까지 변경을 요청할 수 있다.
③ 과학원장은 숙련도시험을 위한 표준시료를 대상기관에 배포하고, 대상기관은 이를 수령한 날로부터 15일 이내에 표준시료 분석결과 등을 과학원장에게 제출하여야 한다.
④ 과학원장은 대상기관이 분석결과를 제출한 날로부터 60일 이내에 평가결과를 통지하여야 한다.

☑ **해설** ① 17번~19번 문제 핵심포인트 1.① 참고, ② 규정에서 삭제, ③ 핵심포인트 2.① 참고, ④ 핵심포인트 3.① 참고

21 **다음은 환경시험·검사기관 정도관리 운영 등에 관한 규정**(제2012-47호, '12.12.21) **중 숙련도 시험을 위한 표준시료의 시험결과 제출에 관련된 사항이다. 틀린 사항은?** [제6회 11번]

㉮ 대상기관은 과학원장이 숙련도 시험을 위하여 표준시료를 배포하면 이를 수령한 날로부터 60일 이내에 표준시료 시험결과 등을 과학원장에게 제출하여야 한다. 다만, 과학원장은 평가분야 및 항목에 따라서 기간을 단축하여 정할 수 있다.
㉯ 수시 숙련도 시험의 대상기관은 표준시료 시험결과와 함께 반드시 근거 자료를 제출하여야 한다.
㉰ 과학원장은 정기 숙련도 시험 결과에 대한 신뢰성 확인을 위하여 필요하다고 인정되는 경우에는 별도의 근거자료를 대상기관에 요청할 수 있다.
㉱ 시료채취 등을 위한 장비운영 능력 등을 평가하는 숙련도시험에 참여하지 않았거나 제1항의 기간 내에 표준시료 시험 결과를 제출하지 않을 경우에는 부적합으로 판정한다.

정답 20 정답없음 21 ①

① ㉮　　② ㉯
③ ㉰　　④ ㉱

☑ 해설 ㉮ 핵심포인트 2.① 참고

핵심포인트

1. 제3장 정도관리/제16조(정도관리 평가 분야 및 항목)

① 정도관리 평가분야 : 대기, 수질, 먹는물, 폐기물, 토양, 실내공기질, 악취, 잔류성유기오염물질, 기타 과학원장이 필요하다고 인정하는 분야

2. 제4장 숙련도 시험/제19조(표준시료의 시험결과 제출)

① 대상기관은 과학원장이 숙련도 시험을 위하여 표준시료를 배포하면 이를 수령한 날로부터 30일 이내에 표준시료 시험결과 등을 과학원장에게 제출하여야 한다. 다만, 과학원장은 평가 분야 및 항목에 따라서 기간을 단축하여 정할 수 있다.
② 수시 숙련도 시험의 대상기관은 제1항에 따른 표준시료 시험결과와 함께 반드시 근거자료를 제출하여야 한다.
③ 과학원장은 정기 숙련도 시험 결과에 대한 신뢰성 확인을 위하여 필요하다고 인정되는 경우에는 별도의 근거자료를 대상기관에 요청할 수 있다.
④ 시료채취 등을 위한 장비운영 능력 등을 평가하는 숙련도시험에 참여하지 않았거나 제1항의 기간 내에 표준시료 시험 결과를 제출하지 않을 경우에는 숙련도 시험 부적합으로 판정한다.

3. 제4장 숙련도 시험/제20조(숙련도 시험 결과 평가 및 통보)

① 과학원장은 제18조의1항에 따라 숙련도 시험을 실시한 경우에는 표준시료의 시험결과를 평가하고 기관 부적합을 받은 시험·검사기관에 대하여 불만족 항목에 대해 1회에 한하여 재시험을 실시하여야 하며, 최종 숙련도 시험평가 결과는 재시험을 위한 표준시료 배포일로부터 60일 이내에 대상기관에 통보하여야 한다.

22 **정도관리 시행계획을 수립할 때에는 ISO/IEC 17043 규정을 준수하는 숙련도 시험 시행계획을 수립하도록 노력하여야 하는 사항으로 틀린 것은?** [제10회 2차 26번]

① 표준시료의 균질성 및 안전성 평가를 위한 표준 불확도
② 숙련도 시험 평가 등에 적용될 통계 분석에 대한 세부적인 설명
③ 대상기관에 대한 숙련도 시험 평가기준
④ 대상기관에 통보되는 숙련도 시험 평가결과 등에 대한 설명

☑ 해설 ① 핵심포인트 1.① ㉠ 참고

핵심포인트

1. 제4장 숙련도 시험/제17조(숙련도 시험 대상 항목 등)

① 과학원장은 정도관리 시행계획을 수립할 때에는 ISO/IEC 17043 규정을 준수하는 숙련도 시험 시행계획을 수립하도록 노력하여야 하며, 다음 사항이 포함되어야 한다.
㉠ 표준시료의 균질성 및 안전성 평가를 위한 표준편차자료
㉡ 숙련도 시험 평가 등에 적용될 통계 분석에 대한 세부적인 설명
㉢ 대상기관에 대한 숙련도 시험 평가기준
㉣ 대상기관에 통보되는 숙련도 시험 평가결과 등에 대한 설명

정답 22 ①

23 정도관리는 표준시료의 분석능력에 대한 숙련도와 시험·검사기관에 대한 현장평가로 구분된다. 현장평가에 대한 설명으로 틀린 것은? [제11회 27번]

① 정도관리를 위하여 평가위원이 시험·검사기관을 직접 방문하여 시험·검사기관의 정도관리 시스템 및 시행을 평가하는 것을 말한다.

② 평가위원을 통하여 시험·검사기관의 기술인력, 시설, 장비 및 운영 등에 대한 실태와 이와 관련된 자료를 검증·평가하는 것을 말한다.

③ 표준시료에 대한 시험·검사 능력과 시료채취 등을 위한 장비운영 능력 등을 평가하는 것을 말한다.

④ 평가위원이 직접 대상기관에 방문하여 ISO/IEC 17025 규정을 인용하여 시험분야별 분석능력 점검표에 따라 평가를 실시한다.

☑ **해설** ③ 핵심포인트 1.① 참고 ; ③은 숙련도시험에 관한 내용이다.

핵심포인트

1. 제1장 총칙/제2조(정의)

① "숙련도 시험"이라 함은 정도관리의 일부로서 시험·검사기관의 정도관리 시스템에 대한 주기적인 평가를 위하여 표준시료에 대한 시험·검사능력과 시료채취 등을 위한 장비운영 능력 등을 평가하는 것을 말한다.

② "현장평가"라 함은 정도관리를 위하여 평가위원이 시험·검사기관을 직접 방문하여 시험·검사 기관의 정도관리 시스템 및 시행을 평가하기 위하여 시험·검사기관의 기술인력·시설·장비 및 운영 등에 대한 실태와 이와 관련된 자료를 검증·평가하는 것을 말한다.

2. 제5장 현장평가/제22조(현장평가 방법)

① 현장평가 평가위원이 직접 대상기관에 방문하여 ISO/IEC 17025 규정을 인용하여 운영 및 기술 점검표 및 중분류에 따른 시험분야별 분석능력 점검표에 따라 현장평가를 실시하도록 한다.

필기 04 정도관리

24 현장평가를 위한 정도관리 평가팀의 구성에 대한 내용으로 틀린 것은? [제12회 25번]

① 평가팀은 대상기관별로 2일 이내에서 현장평가를 한다. 다만, 분야, 항목, 측정분석방법, 기술적 난이 등을 감안하여 평가 일수를 적절히 조정할 수 있다.

② 정도관리 평가위원 중 현장평가에 5회 이상 참여한 자를 평가팀장으로 선임한다.

③ 평가팀장은 평가팀을 대표하며 현장평가 일정의 진행, 현장평가 보고서의 조정 및 제출 업무를 수행하여야 한다.

④ 과학원장은 현장평가 시 필요하다고 인정되는 경우에는 전문가를 자문위원으로 둘 수 있으며 자문위원은 평가위원이 요구하는 자문에 기술적 지원을 한다.

☑ **해설** ② 핵심포인트 1.① ㉠ 참고

핵심포인트

1. 제5장 현장평가/제27조(현장평가를 위한 정도관리 평가팀의 구성)

① 과학원장은 대상기관에 대한 현장평가를 위하여 해당분야의 정도관리 평가위원으로 정도관리 평가팀을 구성하고 정도관리 평가위원 중 다음 각 호의 자격을 갖춘 자 중에 1인을 평가팀장으로 선임한다.

㉠ 현장평가에 7회 이상 참여한 자

㉡ 과학원장이 적합한 자격을 갖추었다고 인정한 자

정답 23 ③ 24 ②

② 평가팀장은 평가팀을 대표하여 다음 각 호의 업무를 수행하여야 한다.
  ㉠ 현장평가 일정의 진행
  ㉡ 현장평가 보고서의 조정 및 제출
③ 과학원장은 현장평가 시 필요하다고 인정되는 경우에는 전문가를 자문위원으로 둘 수 있으며 자문위원은 평가위원이 요구하는 자문에 기술적 지원을 한다.
④ 평가팀은 대상기관별로 2일 이내에서 현장평가를 한다. 다만 분야, 항목, 측정분석방법, 기술적 난이 등을 감안하여 평가 일수를 적절히 조정할 수 있다.

25 **측정분석 기관의 정도관리를 위한 현장평가에 대한 설명으로 옳지 않은 것은?** [제2회 43번]

① 과학원장은 현장평가계획서를 작성하고, 현장평가를 하는 정도관리 팀장과 협의한 후, 대상기관에 현장평가 예정 10일 전에 통보한다.
② 정도관리 평가팀은 대상기관별로 2일 이내에 현장평가를 실시한다.
③ 평가위원은 현장평가 중에 발견된 미흡 사항에 대하여 대상 기관의 대표자 또는 위임받은 자가 동의하지 않으면 이를 과학원의 담당과장에게 보고하고, 정도관리 심의위원회에서 판정하도록 한다.
④ 정도관리 심의회는 정도관리 평가보고서를 근거로 평가과정의 적절성과 대상 기관의 업무 수행 능력을 심의하되, 재적위원 과반수의 출석과 출석위원 2/3이상의 찬성으로 우수 및 미달 여부를 의결한다.

☑ **해설** ① 핵심포인트 2.① 참고, ④ 핵심포인트 4.① 참고

핵심포인트

1. 제5장 현장평가/제27조(현장평가를 위한 정도관리 평가팀의 구성)
① 평가팀은 대상기관별로 2일 이내에서 현장평가를 실시한다. 다만 분야, 항목, 측정분석방법, 기술적 난이 등을 감안하여 평가 일수를 적절히 조정할 수 있다.

2. 제5장 현장평가/제29조(현장평가 계획의 통보)
① 과학원장은 현장평가 계획을 수립하고 이를 평가팀장과 협의 한 후 현장평가 예정 5일 전까지 해당기관에 통보하여야 한다.(변경됨)

3. 제5장 현장평가/제40조(현장평가 시 주의사항)
① 평가위원은 현장평가 중에 발견된 미흡사항에 대해 대상기관의 대표자 또는 위임받은 자가 동의하지 않는 경우에는 이를 즉시 국립환경과학원에 알리고, 정도관리심의회에서 판정하도록 한다.

4. 제6장 정도관리 검증기관/제45조(정도관리 결과의 심의)
① 정도관리심의회는 평가보고서를 근거로 평가 과정의 적절성과 대상기관의 업무 수행능력 여부를 정도관리 판정기준에 따라 심의하되 재적위원 과반수의 출석과 출석위원 과반수이상의 찬성으로 정도관리 적합 또는 부적합 여부를 분야별로 의결하며, 서면심의할 수 있다.

26 **환경분야 측정분석기관 정도관리 평가 내용 중 '시험분야별 분석능력 점검' 분야에 해당하지 않는 것은?** [제3회 4번]

① 시험 결과의 계산
② 장비 및 시험방법
③ (기기)분석
④ 시료채취

정답 25 ①, ④ 26 ②

☑ 해설 ② 핵심포인트 1. <표> 참고 ; ②는 운영 및 기술점검 분야의 기술요건에 해당한다.

핵심포인트

1. 제5장 현장평가/제28조(평가위원과의 사전 협의)

① 별지제7호 서식의 현장평가 의견서 양식

〈표〉 정도관리 점검표 평가의견

대분류	소분류	
운영 및 기술점검표	경영요건	운영에 관한 사항
	기술요건	인력에 관한 사항
		시설에 관한 사항
		장비 및 시험방법 등에 관한 사항
시험분야별 분석능력 점검표	분야	시료채취
		전처리
		(기기)분석
		시험결과의 계산
		기타

27 환경측정분석기관 정도관리 운영지침(국립환경과학원 예규)에 명시된 현장평가 절차 중 순서가 옳은 것은? [제4회 20번]

① 시험실 순회 → 문서평가 → 성적서 확인 → 분야별 평가
② 문서평가 → 성적서 확인 → 시험실 순회 → 분야별 평가
③ 문서평가 → 시험실 순회 → 성적서 확인 → 분야별 평가
④ 시험실 순회 → 성적서 확인 → 문서 평가 → 분야별 평가

☑ 해설 ① 핵심포인트 1.① 참고

28 정도관리 현장평가 절차로 틀린 것은? [제11회 30번]

① 시험실 순회
② 시험성적서 확인
③ 직원의 고충사항
④ 정도관리 문서검토

☑ 해설 ③ 핵심포인트 1.① 참고 ; 주요 직원과의 면담은 진행하지만 직원의 고충사항에 대한 상담은 하지 않는다.

29 정도관리 평가위원들은 현장평가 첫 번째 단계로서 대상기관의 관련분야 참석자들과 시작회의를 실시하여야 한다. 이에 대한 내용으로 틀린 것은? [제10회 2차 25번]

① 대상기관의 관련분야 참석자들은 평가위원들과 시작회의를 하며 시작회의의 주관은 평가팀장이 한다.
② 평가팀장은 참석자들에게 현장평가의 목적, 대상, 방법 등의 평가계획에 대해서 설명하고 대상 기관으로부터 참석자들을 소개받고 담당업무와 책임에 대해 설명을 들을 수 있다.
③ 대상기관의 대표자는 공식 의사전달체계를 수립하고 대상기관은 시험실 순회, 정도관리

정답 27 ① 28 ③ 29 ③

문서평가 및 시험분야별 평가의 담당자를 지정한다.

④ 대상기관은 현장평가에 필요한 정도관리 품질문서 등을 제출하고, 평가위원들이 장비(컴퓨터 등), 시설(평가위원 회의실 등) 등을 사용할 수 있도록 한다.

☑ **해설** ③ 핵심포인트 2.④ 참고 ; 평가팀장에 관한 설명이다.

핵심포인트

1. 제5장 현장평가/제30조(현장평가 절차)

① 평가팀은 현장평가 해당기관에 대하여 시작회의, 시험실 순회, 중간회의, 정도관리 문서 평가, 시험성적서 확인, 주요직원 면담, 시험분야별 평가, 현장평가보고서 작성 및 종료회의로 이루어지며, 정도관리 문서 및 기록물은 현장평가일 이전에 사전 검토 또는 평가할 수 있다.

2. 제5장 현장평가/제31조(시작회의)

① 평가위원들은 현장평가의 첫 번째 단계로서 대상기관의 관련분야 참석자들과 시작회의를 하며 시작회의의 주관은 평가팀장이 한다.

② 시작회의에는 대상기관의 대표자(또는 위임받은 대리인)와 현장평가 계획에서 요청받은 분야의 관계자가 참석하여야 하며 평가위원은 참석자 명단을 기록한다.

③ 평가팀장은 참석자들에게 현장평가의 목적, 대상, 방법 등의 평가계획에 대해서 설명하고 대상기관으로부터 참석자들을 소개받고 담당업무와 책임에 대해 설명을 들을 수 있다.

④ 평가팀장은 대상기관과의 공식 의사전달체계를 수립하고, 대상기관은 시험실 순회, 정도관리 문서 평가 및 시험분야별 평가의 담당자를 지정한다.

⑤ 대상기관은 현장평가에 필요한 정도관리 품질문서 등을 제출하고 평가위원들이 장비(컴퓨터 등), 시설(평가위원 회의실 등) 등을 사용할 수 있도록 한다.

⑥ 평가팀장은 시작회의 종료 전에 종료회의 날짜와 시기를 정하여야 한다.

30 환경측정분석기관의 정도관리를 위한 평가 사항이 아닌 것은? [제4회 32번]

① 인력현황을 포함한 조직도　② 업무분장서
③ 실험실 배치도 및 장비 위치도　④ 장비의 교정 및 관리기록

☑ **해설** ③ 핵심포인트 1.① 참고

31 정도관리 품질문서 평가 내용이 아닌 것은? [제9회 22번]

① 업무 분장서　② 시료관리 기록
③ 시험성적서　④ 장비구매 계약서

☑ **해설** ④ 핵심포인트 1.① 참고

32 정도관리 품질문서 평가시에 평가위원이 검토해야 할 사항으로 틀린 것은? [제10회 40번]

① 조직도(인력현황 포함) 및 업무분장서
② 정도관리 품질문서에 따른 2년간의 실적 및 기록
③ 장비 관리 및 시료관리 기록
④ 시험방법 목록

정답 30 ③　31 ④　32 ②

☑ **해설** ② 핵심포인트 1.① ⓞ 참고

33 **평가위원이 운영 및 기술점검표에 따라 경영요건 및 기술요건을 포함한 대상기관의 정도관리 품질문서 및 기록물을 검토하는 내용으로 틀린 것은?** [제10회 2차 30번]

① 시험성적서 및 정도관리 품질문서에 따른 2년간의 실적 및 기록
② 조직도(인력현황 포함) 및 업무분장서
③ 시험방법 목록 및 장비 관리 기록
④ 표준용액(물질), 시약목록 및 시료관리 기록

☑ **해설** ① 핵심포인트 1.① ⓞ 참고

핵심포인트

1. 제5장 현장평가/제34조(정도관리 품질문서 평가)

① 평가위원은 운영 및 기술 점검표에 따라 다음 각 호의 내용 등 경영요건 및 기술요건을 포함한 대상기관의 정도관리 품질문서 및 기록물 등을 검토한다.
㉠ 조직도(인력현황 포함)
㉡ 업무분장서
㉢ 시험방법 목록
㉣ 장비 관리 기록
㉤ 표준용액(물질) 및 시약 목록
㉥ 시료관리 기록
㉦ 시험성적서(원자료 및 산출근거 포함)
ⓞ 정도관리 품질문서에 따른 3년간의 실적 및 기록

필기 04 정도관리

34 **정도관리 평가 위원은 정도관리 평가 기준에 따라 대상 기관에 대하여 현장평가를 실시하며, 다음 각 호의 방법으로 조사할 수 있다. 이에 해당하지 않는 사항은?** [제3회 15번]

① 직원과의 질의응답, 시험실 환경에 관한 사항
② 시료 및 시약의 관리 사항, 측정·분석 업무의 평가
③ 측정·분석장비의 검·교정 등 장비 관리 사항, 시험성적서 등 기록물 관리 사항
④ 자격증 취득 관리에 관한 사항, 보수 교육 이수여부

☑ **해설** ④ 핵심포인트 1.① 참고

35 **정도관리 현장평가에서 시험분야별 평가 절차 및 요소에 해당하는 것은?** [제9회 2차 27번]

① 평가위원의 개인적 지식 역량에 따라 분석능력 평가표와 관계없이 평가 진행
② 해당기관의 업무 방해를 예방하기 위하여 평가위원이 위치한 회의실에서 진행
③ 해당기관의 담당자의 부담을 덜어 주기 위하여 시험검사 업무 관찰은 지양
④ 숙련도 시험 기록 검토 및 필요시 현장입회 시험

☑ **해설** ①, ②, ③ 핵심포인트 2. 참고

정답 33 ① 34 ④ 35 ④

핵심포인트

1. 제5장 현장평가/제36조(시험분야별 평가)

① 시험분야별 평가는 다음 각 호의 요소들을 포함하며, 분석자가 업무를 수행하는 곳에서 진행한다.
㉠ 분석자와의 질의응답
㉡ 시료 채취·운반·보관에 관한 사항
㉢ 시험실 환경에 관한 사항
㉣ 시험방법 및 관련 사항
㉤ 표준용액(물질) 및 시약의 관리현황 조사
㉥ 시험·검사 업무의 관찰
㉦ 장비의 교정 및 관리 기록 조사
㉧ 시험성적서 등 보관된 원자료 및 산출근거 등 조사
㉨ 숙련도 시험 기록의 검토 및 필요시 현장입회 시험
㉩ 기타 시험·검사 등과 관련된 사항

2. 제5장 현장평가/제40조(현장평가 시 주의사항)

① 합리적인 시간계획 및 태도를 준수하여야 한다.
② 가능한 현장평가 점검표에 따라 평가한다.
③ 질문 시에는 간단하고 분명하게 하도록 하며 편견이 없어야 한다.
④ 평가기준이 아닌 평가위원 개인의 의견이 평가에 개입되지 않도록 한다.
⑤ 평가 중에 대상기관의 불법사항 또는 거짓사항이 발견되었거나 이에 대한 의혹이 생길 경우에는 관련 자료들을 충분히 수집 후 중간회의에서 평가팀장에게 보고한다.
⑥ 중대한 미흡사항과 관련하여 평가를 더 깊이 있게 진행하고자 할 경우, 평가팀장에게 즉시 연락을 취하고 평가의 깊이와 진행방향을 결정하여야 한다.
⑦ 평가를 종료시킬 정도의 미흡사항이 발견되면 평가팀장은 대상기관의 경영진에게 미흡사항의 심각성을 설명하고 그 시점에서 평가의 종료여부를 협의하여야 한다.
⑧ 평가팀과 대상기관과의 의견이 상충되어 합의되지 못하는 상황이 발생될 경우, 평가팀장은 해당 사항에 대한 무리한 결론은 정하지 말고 과학원에 이를 보고하여야 하며 과학원의 결정사항을 해당 대상기관 및 평가위원에게 통보하여야 한다.

36 현장평가 시 중대한 미흡사항에 대하여 틀린 것은? [제10회 2차 23번]

① 정도관리 검증기관이 검증서를 발급받은 이후 정당한 사유 없이 1년 이상 시험·검사 등의 실적이 없는 경우
② 측정대행업을 등록하려는 자에 대하여 현장평가를 실시하는 경우 숙련도 시험분석자와 등록예정인력이 불일치하는 경우
③ 평가팀장은 현장평가를 종료시킬 정도의 중대한 미흡사항이 발견되면 즉시 국립환경과학원에 알리고 협의한 다음 대상기관의 대표자에게 이를 설명하고 그 시점에서 평가종료를 선언한다.
④ 중대한 미흡사항이 발견된 경우는 평가팀장은 확인서를 작성하고 대상기관의 대표자에 대한 동의로서 확인서에 서명한다.

☑ **해설** ③ 핵심포인트 1.② 참고

정답 36 ③

핵심포인트

1. 제5장 현장평가/제39조(중대한 미흡사항)

① 과학원장이 고시한 중대한 미흡사항
㉠ 정도관리 검증기관이 검증서를 발급받은 이후 정당한 사유 없이 1년 이상 시험·검사 등의 실적이 없는 경우(단, 용역사업 참여 실적은 업무실적에 포함됨)
㉡ 측정대행업을 등록하려는 자에 대하여 현장평가를 실시하는 경우 숙련도시험 분석자와 등록예정 인력이 불일치하는 경우
② 평가팀장은 현장평가를 종료시킬 정도의 중대한 미흡사항이 발견되면 즉시 국립환경과학원에 알리고 협의 한 다음 대상기관의 대표자 또는 위임받은 자에게 이를 설명하고 그 시점에서 평가 종료여부를 협의할 수 있다.
③ 평가팀장은 현장평가 종료를 결정한 경우 환경분야 시험·검사 등에 관한 법률 시행규칙 별표 11의 2 제2호 라목에 따라 현장평가 부적합으로 판정됨을 대상기관에 알린다.
④ 중대한 미흡사항이 발견된 경우는 평가팀장은 확인서를 작성하고 대상기관의 대표자 또는 위임받은 자는 이에 대한 동의로서 확인서에 서명한다.

37 **현장평가 점검표 및 미흡사항 보고서 작성 시 틀린 것은?** [제11회 26번]

① 점검표의 평가내용 중 '평점 0'을 받은 내용은 미흡사항 보고서를 작성한다.
② 미흡사항 등에 이의가 있을 경우 현장평가 종료일로부터 7일 이내에 이의신청이 가능하다.
③ 대상기관에서 미흡사항에 수긍하지 않을 경우 분야별 기술위원회를 거쳐 최종 판정됨을 알린다.
④ 현장평가 이후의 보완조치 이행은 평가종료일로부터 30일 이내에 완료해야 한다.

☑ **해설** ③ 핵심포인트 2.① 참고

38 **현장평가 종료회의에 대한 설명으로 틀린 것은?** [제10회 2차 33번]

① 종료회의 전에 미흡사항에 대해 대상기관의 대표자의 확인서명을 받는다.
② 현장평가 종료일로부터 20일 이내에 보완조치 이행이 완료되어야 한다.
③ 의견이 불일치된 평가결과에 대해서는 7일 이내에 이의 신청이 가능함을 알린다.
④ 최종평가 결과의 통보에 대한 대략적인 일정을 설명한다.

☑ **해설** ② 핵심포인트 4.① 참고

39 **정도관리 검증기관과 관련된 규정으로 틀린 것은?** [제11회 22번]

① 정도관리 대상기관의 보완조치는 현장평가 완료일로부터 30일 이내에 제출하여야 한다.
② 정도관리 검증기관의 검증유효기관은 심의된 날로부터 3년 이내로 한다.
③ 정도관리 3년 주기 숙련도 시험에 지속적으로 참가하여야 검증유효기간이 유지된다.
④ 정도관리 현장평가 결과에 대하여 평가위원과 불일치하는 경우 현장평가 종료일로부터 7일 이내에 이의 신청할 수 있다.

☑ **해설** ③ 숙련도 시험은 1년 주기로 실시한다.

정답 37 ③ 38 ② 39 ③

핵심포인트

1. 제5장 현장평가/제38조(현장평가 점검표의 작성)

① 평가위원은 운영 및 기술점검표와 시험분야별 분석능력 점검표의 평가내용 중 평점 "0"점을 받은 내용은 미흡사항으로서 미흡사항 보고서에 그 내용을 기록한다.

② 평점 "0"점을 받은 미흡사항 중 대상기관이 쉽게 시정 가능한 경미한 미흡사항은 즉시 시정토록 하는 방법으로 평가할 수 있다.

2. 제5장 현장평가/제40조(현장평가 시 주의사항)

① 평가위원은 현장평가 중에 발견된 미흡사항에 대해 대상기관의 대표자 또는 위임받은 자가 동의하지 않는 경우에는 이를 즉시 국립환경과학원에 알리고, 정도관리심의회에서 판정하도록 한다.

3. 제5장 현장평가/제42조(종료회의)

① 현장평가를 마감하는 종료회의는 평가팀장이 주재하며 대상기관의 대표자, 기술책임자, 품질책임자가 참석한 상태에서 현장평가 중 발견된 사항들을 설명한다.

② 평가팀은 대상기관에 대한 평가 시 알게 된 모든 사항에 대한 기밀을 누설하지 않을 것을 대상기관에 약속한다.

③ 평가위원은 평가결과와 발견된 미흡사항에 대해 제1항의 대상기관 참석자에게 설명하며, 의견이 불일치된 평가결과에 대해서는 현장평가 종료일로부터 7일 이내에 과학원장에게 이의 신청 할 수 있음을 알린다.

④ 평가팀장은 미흡사항 보고서를 대상기관에 제시하고 대상기관의 대표자 또는 위임받은 자는 발견된 미흡사항에 대한 동의로서 미흡사항 보고서에 서명한다.

⑤ 평가팀장은 제4항에 따라 대상기관의 대표자 등이 서명한 미흡사항 보고서 사본을 대상기관에게 전달하고 대상기관의 참석자에게 현장평가 이후의 보완조치 이행 및 정도관리 최종평가 결과의 통보에 대한 대략적인 일정에 대해 설명한다.

4. 제5장 현장평가/제44조(대상기관의 보완조치 결과 제출 등)

① 대상기관은 제42조제5항에 따라 평가팀장에게 전달받은 미흡사항 보고서의 미흡사항에 대한 보완조치 계획 또는 결과를 미흡사항 보완조치 결과보고서로 작성하여 현장평가 완료일로부터 30일 내에 과학원장에게 제출하여야 한다.

5. 제6장 정도관리 검증기관/제48조(검증기관의 검증유효기간 및 정도관리 유지)

① 검증기관의 검증유효기관은 심의된 날로부터 3년 이내로 한다.

6. 제6장 정도관리 검증기관/제49조(검증유효기간의 특례)

① 과학원장은 정도관리 재신청에 의하여 시험·검사 기관이 정도관리 적합 판정을 받은 경우에는 정도관리 검증서의 검증유효기간을 검정서를 발급하는 날부터 3년째 되는 해의 연말까지로 한다.

40 **현장평가 시 평가팀장이 작성하는 평가보고서에 반드시 포함하여야 하는 사항이 아닌 것은?** [제6회 22번]

① 대상기관 현황　　② 운영·기술 점검표
③ 부적합 판정에 대한 증빙 자료　　④ 시험분야별 분석 능력 점검표

☑ **해설** ③ 핵심포인트 1.① ㉰ 참고

핵심포인트

1. 제6장 정도관리 검증기관/제43조(현장평가 보고서의 제출)

① 평가팀장은 현장평가 완료 후, 과학원장에게 현장평가보고서를 제출하며, 현장평가 보고서에는 다음 사항이 포함되어야 한다.
㉠ 대상기관 현황
㉡ 적합여부를 평가한 운영·기술 점검표
㉢ 적합여부를 평가한 시험분야별 분석능력 점검표
㉣ 현장평가 결과를 정리한 미흡사항 보고서
㉤ 부적합 판정에 대한 증빙을 위한 확인서 등 자료(필요시)
㉥ 그 밖의 현장평가 관련 기록

41 **국립환경과학원 예규 501호(2009.9.24) 환경측정분석기관 정도관리 운영 지침 중 정도관리심의회에서 평가할 평가보고서 상에 포함될 사항이 아닌 것은?** [제4회 31번]

① 대상기관의 숙련도 평가 ② 대상기관의 현장평가결과
③ 보완조치 결과 또는 보완 계획서 ④ 대상기관 기록관리 보고시스템

<해설> ④는 정도관리 심의회에서 평가할 평가보고서 상에 포함되는 내용이 아니다.

핵심포인트

1. 제6장 정도관리 검증기관/제45조(정도관리 결과의 심의)

① 국립환경과학원의 정도관리 운영팀은 정도관리 결과를 판정하기 위하여 다음 각 호가 포함된 정도관리 평가보고서를 작성하여 심의회에 상정한다.
㉠ 대상기관의 분야별 숙련도 시험결과
㉡ 대상기관의 분야별 현장평가 결과
㉢ 대상기관의 미흡사항 보완조치 결과

42 **검증기관의 검증 유효기간이 결과통보일로부터 만료된 것으로 보는 사항으로 틀린 것은?** [제11회 23번]

① 시험 성적서의 거짓 기재 및 발급
② 기술능력·시설 및 장비가 등록기준에 미달하여 행정처분을 받는 경우
③ 정도관리 검증서 원본을 포함한 검증기관 변경보고를 하지 않은 경우
④ 현지실사 결과에 따른 검증내용의 변동사항에 대한 보완조치가 정해진 기간 내에 완료되지 않은 경우

☑ **해설** ③은 검증기관의 검증 유효기간이 만료된 것과 관계없는 내용이다.

핵심포인트

1. 제6장 정도관리 검증기관/제48조(검증기관의 검증유효기간 및 정도관리 유지)

① 검증기관에 대하여 다음 각 호의 사항이 발견된 경우는 그 결과 통보일로부터 해당 분야의 검증유효기간이 만료된 것으로 본다.
㉠ 숙련도 시험결과가 부적합 판정된 경우
㉡ 현장평가 결과가 부적합 판정된 경우
㉢ 현지실사 결과에 따른 검증내용의 변동사항에 대한 보완조치가 정해진 기간 내에 완료되지 않은 경우

정답 41 ④ 42 ③

㉣ 인력의 허위기재(자격증만 대여해 놓은 경우 포함)
㉤ 숙련도 시험의 부정행위(산출근거 미보유 및 부적정, 숙련도 표준시료의 위탁분석 행위 등)
㉥ 시험성적서의 거짓 기재 및 발급
㉦ 고의 또는 중대한 과실로 측정 결과를 거짓으로 산출하거나 기술능력·시설 및 장비가 등록기준에 미달하여 행정처분을 받은 경우

43 정도관리를 위한 품질 경영 관리 요건 중 틀린 것은? [제9회 23번]

① 측정 분석 기관은 수탁 기관의 업무에 대하여 책임을 진다.
② 모든 문서는 주기적으로 문서의 사용 가능성을 검토하여야 한다.
③ 측정 분석 기관은 다른 고객의 비밀을 보장할 수 있는 범위 내에서 시험 결과를 확인해 준다.
④ 측정 분석 기관은 전자적 저장 기록을 보호하고 예비 파일로 다시 저장하여야 한다.

☑ **해설** ① 핵심포인트 1.② 참고

핵심포인트

1. 별표 1. 환경시험·검사기관에 대한 요구사항/2.0 경영요건

① 2.3 문서관리(문서관리 절차) : 주기적으로 문서의 사용가능성(다른 문서와의 부합성, 변경사항 등)을 검토하고 필요한 경우, 본 요구사항과의 적합성을 보장하기 위해 수정하고 있다.
② 2.5 시험의 위탁 : 시험·검사기관은 고객 또는 법적으로 위탁기관을 지정한 경우를 제외하고는 위탁기관의 업무에 대한 책임을 지고 있다.
③ 2.7 고객에 대한 서비스 및 불만사항 : 시험·검사기관은 다른 고객의 기밀을 보장할 수 있는 범위 내에서 해당 시험결과를 고객이 확인 할 수 있도록 협조하고 있다.
④ 2.9 기록 관리 : 시험·검사기관은 전자적으로 저장된 기록을 보호 및 백업(back-up)과 저장된 기록들의 수정 또는 무단 접근의 방지를 위한 절차를 갖추고 있다.

44 시험검사기관 정도관리 현장평가시 주의사항에 해당하는 것은? [제9회 2차 20번]

① 혁신적인 자세로 평가자 개인 지식을 대상기관 담당자에게 전수한다.
② 질문은 가급적 어렵게 하여 부적합 사항을 되도록 많이 이끌어 낸다.
③ 중대한 미흡사항이 발견되면 평가위원 스스로 현장평가 종료를 즉시 선언한다.
④ 평가위원이 발견한 미흡사항에 대하여 대표가 동의하지 않으면 국립환경과학원 정도관리심의회에서 판정한다.

☑ **해설** ① 핵심포인트 1.① 참고, ② 핵심포인트 1.③ 참고, ③ 핵심포인트 1.⑦ 참고

45 정도관리 현장평가 시 주의사항으로 틀린 것은? [제11회 24번]

① 합리적인 시간계획 및 태도를 준수하여야하며, 가능한 현장평가 점검표에 따라 평가한다.
② 질문 시에는 간단하고 분명하게 하도록 하며 편견이 없어야 한다. 또한, 평가기준이 아닌 평가위원 개인의 의견이 평가에 개입되지 않도록 한다.
③ 평가 중에 대상기관의 불법사항 또는 거짓사항이 발견되었거나 이에 대한 의혹이 생길 경우에는 관련 자료들을 충분히 수집 후 최종회의에서 평가팀장에게 보고한다.
④ 평가를 종료시킬 정도의 미흡사항이 발견되면 평가팀장은 대상기관의 경영진에게 미흡사항의 심각성을 설명하고 그 시점에서 평가의 종료여부를 협의하여야 한다.

정답 43 ① 44 ④ 45 ③

☑ **해설** ③ 핵심포인트 1.⑤ 참고

46 정도관리 현장 평가에 필요한 3가지 평가 요소가 아닌 것은? [제2회 10번]

① 토의 ② 질문
③ 경청 ④ 확인

☑ **해설** ① 핵심포인트 ⑧ 참고 ; 미흡사항에 대해 대상기관이 동의하지 않으면 그 내용의 적합 여부를 토론할 필요가 없으며, 동규정 제40조 제2항에 의거하여 즉시 국립환경과학원에 알리고 정도관리심의회에서 판정하도록 한다.

핵심포인트

1. 별표 5 현장평가시 주의사항

① 합리적인 시간계획 및 태도를 준수하여야 한다.
② 가능한 현장평가 점검표에 따라 평가한다.
③ 질문 시에는 간단하고 분명하게 하도록 하며 편견이 없어야 한다.
④ 평가기준이 아닌 평가위원 개인의 의견이 평가에 개입되지 않도록 한다.
⑤ 평가 중에 대상기관의 불법사항 또는 거짓사항이 발견되었거나 이에 대한 의혹이 생길 경우에는 관련 자료들을 충분히 수집 후 중간회의에서 평가팀장에게 보고한다.
⑥ 중대한 미흡사항과 관련하여 평가를 더 깊이 있게 진행하고자 할 경우, 평가팀장에게 즉시 연락을 취하고 평가의 깊이와 진행방향을 결정하여야 한다.
⑦ 평가를 종료시킬 정도의 미흡사항이 발견되면 평가팀장은 대상기관의 경영진에게 미흡사항의 심각성을 설명하고 그 시점에서 평가의 종료여부를 협의하여야 한다.
⑧ 평가팀과 대상기관과의 의견이 상충되어 합의되지 못하는 상황이 발생할 경우, 평가팀장은 해당 사항에 대한 무리한 결론은 정하지 말고 과학원에 이를 보고하여야 하며 과학원의 결정사항을 해당 대상기관 및 평가위원에게 통보하여야 한다.

47 정도관리를 위한 품질경영시스템(Quality Management System) 또는 품질시스템의 구성 문서로 적절하지 않은 것은? [제2회 45번], [제6회 9번]

① 품질 매뉴얼 ② 품질 절차서
③ 품질 지시서 ④ 품질 보증서

☑ **해설** ④ 핵심포인트 1.③ 참고

핵심포인트

1. 제2조 관련/(별표1)환경시험·검사기관에 대한 요구사항

① 품질시스템 : 시험·검사기관은 품질시스템을 유지하는데 필요한 품질시스템 문서를 갖추고 관련 직원은 품질시스템 문서를 충분히 이해하고 실행하며, 품질시스템 문서는 투명하고 알기 쉽게 작성하여 업무 수행의 효율성을 높이도록 하고 있다.
② 시험·검사기관은 품질시스템을 위한 문서들의 체계를 규정하고 품질시스템의 모든 절차들을 개략적으로 기술하고, 최고 경영자의 권한 하에 발행하고 있다.
③ 품질시스템은 품질 매뉴얼(Quality manual), 품질 절차서(Quality procedures), 품질 지시서(Quality instruction, 품질지침서)로 구성되어 있다.

정답 46 ① 47 ④

48 **환경시험검사기관 정도관리의 내부 심사에 대한 설명으로 틀린 것은?** [제10회 2차 8번]

① 미리 정해진 일정표와 절차에 따라 기관 활동에 대한 심사를 정기적으로 실시하여야 한다.
② 정해진 일정표에 따라 경영진이 요청한 대로 심사를 계획하고 운영하는 것은 기술책임자의 책임이다.
③ 심사는 여건이 허락하는 한도 내에서 심사 대상 활동으로부터 독립적이고, 적절한 훈련을 통해 자격을 갖춘 직원에 의해 실시하여야 한다.
④ 심사받은 활동 분야, 심사결과 및 이에 따른 시정조치를 기록하여야 한다.

☑ **해설** ② 핵심포인트 1.① ㉠ 참고

핵심포인트

1. 제2조 관련/(별표1)환경시험·검사기관에 대한 요구사항

① 내부 정도관리 평가(경영검토 및 내부심사)
㉠ 품질책임자는 책임 하에 정해진 일정표와 절차에 따라 정기적인 내부 정도관리 평가(최소 연1회)를 실시하도록 규정하고 이를 실행하고 있다.
㉡ 내부 정도관리 평가는 여건이 허락하는 한도 내에서 독립적이며, 적절한 훈련을 통해 자격을 갖춘 직원에 의해 실시되어야 한다.
㉢ 내부 정도관리 평가 결과 및 이에 따른 시정조치를 기록하여야 한다.
㉣ 내부 정도관리 평가에서는 취해진 시정조치의 이행 및 효과를 검증하고 기록하여야 한다.

49 **악취 검사기관의 숙련도시험 평가항목으로 틀린 것은?** [제11회 29번]

① 톨루엔　② 에틸벤젠
③ 자일렌　④ 스타이렌

☑ **해설** ② 에틸벤젠은 휘발성유기화합물이지만 지정악취물질은 아니므로 숙련도시험 평가항목 대상에 해당하지 않는다.

핵심포인트

1. 제3장 정도관리/제16조2항관련(정도관리 평가분야 및 항목)

평가분야	중분류	소분류
악취	복합악취	복합악취
	지정악취물질	암모니아, 아세트알데하이드, 프로피온알데하이드, 뷰틸알데하이드, n-발레르알데하이드, i-발레르알데하이드, 메틸메르캅탄, 황화수소, 다이메틸설파이드, 다이메틸다이설파이드, 트라이메틸아민, 톨루엔, 자일렌, 메틸에틸케톤, 메틸아이소뷰틸케톤, 뷰틸아세테이트, 스타이렌, i-뷰틸알코올, 프로피온산, n-뷰틸산, n-발레르산, i-발레르산

50 **「환경시험·검시가관 정도관리 운영 등에 관한 규정」의 설명으로 옳은 것은?** [제12회 26번]

① 현장평가는 현장평가 판정기준에 따라 평가하며 적합, 조건부 적합, 부적합으로 구분하여 판정한다.
② 측정대행업을 등록하려는 자가 ISO/IEC 17043 규정을 준수하는 숙련도 시험에 참여하여 Z값의 절대값이 3 이하의 판정을 받은 실적이 있는 항목에 대하여는 대상기관이 당해 연도 말까지 그 결과 사본을 제출하는 경우, 익년도에 실시하는 정기 숙련도 시험을

면제 할 수 있다.

③ 현장평가 계획을 통보받은 해당기관은 이해관계 또는 기밀유지 등 정당한 사유가 있을 경우에는 현장평가 일정 또는 정도관리 평가위원의 변경을 현장평가 예정일 3일전까지 요청할 수 있다.

④ 시도지사 또는 환경청장은 측정대행업소, 먹는물 수질검사기관 및 토양관련전문기관 등에 행정처분을 내린 경우 또는 이들 기관이 폐업신고를 한 경우에는 행정처분을 내린 날로부터 또는 폐업신고를 한 날로부터 10일 이내에 과학원장에게 그 사실을 알려야 한다.

☑ **해설** ① 핵심포인트 1.① 참고, ② 핵심포인트 2.① 참고, ④ 핵심포인트 4.① 참고

핵심포인트

1. 제3장 정도관리/제15조(정도관리 판정기준)

① 현장평가는 제시된 현장평가 판정기준에 따라 평가하며 적합, 부적합으로 구분하여 판정한다.

2. 제4장 숙련도 시험/제21조(숙련도 시험의 면제)

① 과학원장은 각 호에 규정된 시험·검사기관 또는 측정대행업을 등록하려는 자가 ISO/IEC 17043 규정을 준수하는 숙련도 시험에 참여하여 Z값의 절대값이 2 이하의 판정을 받은 실적이 있는 항목에 대하여는 대상기관이 당해 연도 말까지 그 결과 사본을 제출하는 경우, 익년도에 실시하는 정기 숙련도 시험을 면제 할 수 있다.

3. 제5장 현장평가/제29조(현장평가 계획의 통보)

① 현장평가 계획을 통보받은 해당기관은 이해관계 또는 기밀유지 등 정당한 사유가 있을 경우에는 현장평가 일정 또는 정도관리 평가위원의 변경을 현장평가 예정일 3일전까지 요청할 수 있으며, 과학원장은 해당기관의 변경요청이 타당하다고 판단되는 경우에는 현장평가 계획을 변경하고, 이를 대상기관에게 통보한다.

4. 제6장 정도관리 검증기관/제51조(감독기관의 고지의무)

① 시(구)·도(군)지사 또는 환경청장은 측정대행업소, 먹는물수질검사기관 및 토양관련전문기관 등에 행정처분을 내린 경우 또는 이들 기관이 폐업신고를 한 경우에는 행정처분을 내린 날로부터 또는 폐업신고를 한 날로부터 7일 이내에 과학원장에게 그 사실을 알려야 한다.

51 숙련도 시험 운영기관에서 다른 기관과 위탁계약이 가능한 사항으로 옳은 것은? [제11회 10번]

① 숙련도 시험 스킴계획
② 숙련도 아이템의 균질성, 안정성 시험
③ 숙련도 시험 결과에 대한 수행도 평가
④ 최종 결과보고서 승인

☑ **해설** ② 핵심포인트 1.① 참고

핵심포인트

1. KS Q ISO/IEC 17043 해설서

① 서비스 위탁 : 숙련도 시험 운영기관이 위탁계약을 활용하는 경우는 주로 장비 및 시설 제조설비 부족 등의 이유로 위탁기관의 서비스가 반드시 필요한 사항으로 숙련도 시험 아이템의 준비, 균질성 시험, 안전성 시험, 설정값의 결정, 숙련도 시험 아이템의 처리, 보관, 운송 등의 작업이 포함될 수 있다.

② 운영기관은 숙련도 스킴 계획, 수행도 평가 또는 최종 결과 보고서 승인에 대해서는 위탁계약하여서는 안 된다.

4 정도관리 현장평가 실무 및 해설

01 측정분석기관에서 측정분석 결과에 영향을 줄 수 있는 부적합업무가 발견되었을 때 이를 기록하고 총괄책임자에게 보고해야 할 적임자는? [제4회 37번]

① 품질책임자 ② 기술책임자
③ 시험담당자 ④ 정도관리담당자

☑ **해설** ④ 핵심포인트 2.② 해설 참고

핵심포인트

1. 제2장 환경시험실 품질문서/2.0 경영요건/2.8 부적합 업무 관리 및 보완조치

① 2.8.1 시험·검사기관은 시험 업무 또는 시험·검사의 결과가 해당기관의 절차 또는 고객의 요구사항과 맞지 않을 때 이행되는 보완조치에 대한 방침과 절차를 보유하고 있다.
㉠ 부적합 업무 관리에 대한 책임자가 지정되어 있다.
㉡ 부적합 업무가 확인되었을 때의 조치사항이 규정되어 있으며 이행되고 있다.
㉢ 품질책임자에 의한 보완조치 결과에 대한 검토 절차가 명시되어 있다.

2. 위 조항에 대한 해설

① 부적합 사항에 대해서는 '시정 및 예방조치 보고서'의 작성을 통하여 지적된 사항과 그 원인 및 그 원인해소 내용을 기록하고 품질책임자의 확인을 받도록 한다. 일부 시험실에서는 특정 항목의 숙련도 시험 결과가 '불만족'인 경우와, 현장평가를 통하여 지적받은 내용에 대해서도 '시정 및 예방조치 보고서'를 작성하지 않는 경우가 있는데 이는 개선되어야 한다. 아울러 내부 감사를 통하여 지적받은 사항에 대해서도 동일하게 보고서가 작성되고 시정되도록 하여야 한다.
② 한편 별도의 정도관리 업무조직을 운영할 경우에는 정도관리담당자가 보고서를 작성 보고하는 것이 더 적절하다.

02 정도관리를 위한 품질경영시스템(Quality Management System) 또는 품질시스템 하에서 정도관리에 참여하지 않아도 되는 사람은? [제2회 46번]

① 시료 분석 의뢰자 ② 최고 경영자
③ 기술 책임자 ④ 시험 담당자

☑ **해설** ① 시료 분석 의뢰자는 품질경영시스템을 운용하는 기관의 정도관리에 참여하지 않아도 된다.

핵심포인트

1. 정도관리 현장평가 내용 해설집

① 품질시스템 하에서 정도관리에 참여하는 사람 : 최고 경영자, 품질 책임자, 기술 책임자, 시험원

03 다음 설명에 맞는 문서로 옳은 것은? [제10회 2차 11번]

> 조직 내에 구축된 품질시스템에서 개개인의 담당업무와 연관된 규정, 지침서 등을 종합하여 각 업무별로 위임전결, 업무처리 시 필요한 품질문서, 교육, 자격요건 등을 상세히 기술한 개인별 업무지침서

정답 01 ④ 02 ① 03 ①

① 직무기술서 ② 품질매뉴얼
③ 개인이력카드 ④ 품질수행계획서

☑ **해설** 핵심포인트 [해설] 참고

핵심포인트

1. 정도관리 현장평가 내용 해설집

① 기술요건/직원 : 시험·검사기관은 기술직원에 대한 업무·자격·교육·훈련·기술 및 경험 등에 대한 기록을 유지·관리하고 있다.

[해설] 기술책임자는 자신의 책임 권한 내에 있는 주요 직원에 대한 담당업무, 위임전결 사항, 교육·훈련 내용, 자격증(외부/내부) 보유여부, 정도관리 시스템에서의 역할 등을 기록한 '직무기술서'를 보관하여야 하며, 이 직무기술서는 교육이수 상황에 따라 그 내용이 바뀔 수 있으므로 그 때마다 기술책임자는 내용을 확인하고 서명한다.

04 대기 시험항목 중 시험·검사의 표준처리기간이 다른 것은? [제12회 29번]

① 시안화수소 ② 질소산화물
③ 이황화탄소 ④ 브롬화합물

☑ **해설** 핵심포인트 <표> 참고 ; ① 5일, ②, ③, ④ 6일

핵심포인트

〈표〉 환경분야 시험·검사의 표준처리기간(제9조제2항 관련)

항목	매연, 탄화수소	먼지, 황산화물	암모니아, 염화수소, 시안화수소,	질소산화물, 불소화물, 이황화탄소, 염소, 황화수소, 브롬화합물, 페놀화합물	카드뮴/납/구리/아연/크롬/니켈 화합물	포름알데히드	수은화합물, 비소화합물, 벤젠, 염화비닐
시험검사기간(A)	현장측정	2일	3일	4일	6일	7일	9일
행정처리기간(B)	2일						
표준처리기간(A+B)	2일	4일	5일	6일	8일	9일	11일

05 정도관리 현장평가 시 배출가스 중 굴뚝먼지 항목의 분석능력 점검표 항목 평가 내용으로 틀린 것은? [제12회 28번]

① 흡입가스량 또는 흡입시간은 적절한가?
② 먼지 시료채취기록은 현장에서 기록되고 있는가?
③ 측정점의 위치와 그 수는 적정하게 결정되고 있는가?
④ 동압은 10 mmH_2O 단위까지 정확하게 측정되고 있는가?

☑ **해설** ④ 핵심포인트 1.② 참고

핵심포인트

1. 정도관리 현장평가 실무/시험분야별 분석능력 점검표/대비분야-배출가스 중 무기물질-굴뚝먼지

① 1)시료채취준비/시료채취점 선정방법의 적절성 : 측정점의 위치와 그 수는 적정하게 결정되고 있는가?
② 2) 측정/먼지측정 : 동압은 0.1 mmH_2O 단위까지 정확하게 측정되고 있는가?
③ 2) 측정/먼지 시료채취 기록 : 먼지 시료채취기록은 현장에서 기록되고 있는가?
④ 2) 측정/먼지 시료채취 기록 : 흡입가스량 또는 흡입시간은 적절한가?

정답 04 ① 05 ④

5 측정결과의 불확도추정 및 표현을 위한 지침

06 **한국인정기구(KOLAS) 규정에 따른 측정결과의 불확도추정 및 표현을 위한 지침 내용 중 측정결과에 대한 설명과 특성으로 틀린 것은?** [제12회 12번]

① 반복성(repeatability)은 같은 측정 조건에서 같은 측정량을 연속적으로 측정하여 얻은 결과들 사이의 일치하는 정도이다.

② 재현성(reproducibility)은 같은 측정량을 측정하여 얻은 측정결과들과 측정량의 참값이 서로 일치하는 정도이다.

③ 측정 결과의 완전한 보고는 측정 불확도에 대한 정보를 포함하여야 한다.

④ 반복성과 재현성 모두 결과의 분산 특성을 이용하여 정량적으로 표현할 수 있다.

☑ **해설** ② 핵심포인트 1.③ 참고 ; ②는 정확도에 관한 내용이다.

핵심포인트

1. 용어의 정의

① 측정결과 : 측정에 의해 얻어진 측정량의 추정값이며, 측정 결과의 완전한 보고는 측정 불확도에 대한 정보를 포함하여야 한다.

② (측정결과의) 반복성(repeatability) : 같은 측정 조건에서 같은 측정량을 연속적으로 측정하여 얻은 결과들 사이의 일치하는 정도로서 반복성 조건은 같은 측정 절차, 같은 측정자, 같은 조건 하에서 사용된 같은 측정기기, 같은 장소, 짧은 시간 내의 반복을 포함한다. 반복성은 결과의 분산 특성을 이용하여 정량적으로 표현할 수 있다.

③ (측정결과의) 재현성(reproducibility) : 변경된 측정 조건에서 같은 측정량을 측정하여 얻은 결과들 사이의 일치하는 정도로서 변경된 조건은 측정원리, 측정방법, 관측자, 측정기기, 교정용 표준기, 장소, 사용 조건, 시간을 포함한다. 재현성은 결과의 분산 특성을 이용하여 정량적으로 표현할 수 있다.

정답 01 ②

6 측정불확도 표현지침

01 충분히 타당성 있는 이유가 있어 측정량에 영향을 미칠 수 있는 값들의 분포를 특성화한 파라미터는? [제2회 6번]

① 범위(Range) ② 불확도(Uncertainty)
③ 편차(Deviation) ④ 정밀도(Precision)

핵심포인트

측정불확도 표현지침/2. 정의

(측정)불확도 : 측정결과와 관련하여 측정량을 합리적으로 추정한 값의 산포(분산) 특성을 나타내는 파라미터

02 측정결과에 관련하여, 측정량을 합리적으로 추정한 값의 분산(dispersion) 특성을 나타내는 파라미터로 정의되는 용어는 다음 중 무엇인가? [제10회 2차 10번]

① 유효성 ② 선택성
③ 불확도 ④ 감도

핵심포인트

1. 측정불확도 표현지침

① (측정) 불확도는 측정결과의 타당성에 대한 의심을 나타내며 이러한 불확도의 일반적 개념과 표준편차와 같이 그 개념의 정량적 척도를 나타내는 특정량에 대한 다른 적절한 용어가 없기 때문에 서로 다른 이 두 개의 의미에 "불확도"라는 용어를 사용한다.
② 측정결과와 관련하여, 측정량을 합리적으로 추정한 값의 산포특성을 나타내는 파라미터

2. 화학적 시험방법의 유효성 확인을 위한 지침

① 8. 화학적 시험방법의 유효성 확인을 위한 지침 1번~3번 문제 핵심포인트 1.⑨ '측정불확도' 참고

03 한국인정기구(KOLAS) 규정에 따라 측정불확도를 보고할 때, 기반이 되는 불확도 추정 결과의 신뢰수준 값(%)으로 옳은 것은? [제11회 6번]

① 99 % ② 95 %
③ 75 % ④ 50 %

핵심포인트

1. 시험분야 측정불확도 추정에 관한 지침/2. 일반적인 해석 및 지침/2.7 측정불확도 보고

① 측정불확도를 보고할 경우에는 GUM(Guide to the Expression of Uncertainty in Measurement)에서 권고한 보고양식을 사용하는 것이 좋으며, 불확도 추정 결과는 신뢰수준 95 %를 기반으로 보고되어야 한다.

정답 01 ② 02 ③ 03 ②

04 **시험 기관 및 교정 기관에서 사용되는 측정 및 시험 장비로서 시험 또는 교정 결과의 측정 불확도에 중대한 영향을 미치는 장비에 대하여 측정의 소급성 출처를 입증하여야 한다. 이에 해당되지 않는 것은?** [제5회 43번]

① 한국인정기구(KOLAS)로부터 공인받은 교정기관에서 발행한 교정 성적서
② 한국표준과학연구원(KRISS)에서 발행한 교정 성적서
③ 한국기초과학지원연구원(KBSI)에서 발행한 교정 성적서
④ 국가표준상호인증협정(CIPM-MRA)을 체결한 각국의 표준 기관(NMI)에서 발행한 교정 성적서

핵심포인트

1. 한국기초과학지원연구원(KBSI, Korea Basic Science Institute)

① 국가 과학기술 발전에 기반이 되는 기초과학 진흥을 위한 연구시설·장비 및 분석과학기술 관련 연구개발, 연구지원 및 공동연구를 수행하는 기관이다.

05 **직사각형으로 된 굴뚝의 면적과 불확도를 계산하는 과정 중, 너비의 표준불확도는 1.1 감도계수는 435, 높이의 표준불확도는 5.8 감도계수는 679일 때, 합성표준불확도는 얼마인가?** (단위 : cm) [제10회 20번]

① 2631 ② 3967
③ 3270 ④ 4417

문제풀이

$$\text{합성표준불확도} = \sqrt{(\text{감도계수} \times \text{너비의 표준불확도})^2 + (\text{감도계수} \times \text{높이의 표준불확도})^2}$$
$$= \sqrt{(435 \times 1.1)^2 + (679 \times 5.8)^2} = 3967\,\text{cm}$$

핵심포인트

1. 측정결과의 불확도 추정 및 표현을 위한 지침

① **합성표준불확도** : 측정결과가 여러 개의 다른 입력량으로부터 구해질 때 이 측정결과의 표준 불확도를 합성표준불확도라고 하며, 각 입력량의 변화가 측정 결과에 미치는 영향에 따라 가중된 분산과 공분산의 합의 양의 제곱근과 같다.

06 **이산화황(SO_2) 측정장비를 사용하여 대기 중 이산화황을 측정한 결과이다. 이산화황 측정값의 합성표준 불확도로 옳은 것은?** (단, 계산 결과는 소수점 셋째 자리에서 반올림하여 소수점 둘째자리까지만 표시하였다) [제12회 7번]

> 이산화황 측정장비를 사용하여 5회 반복 측정하였더니 측정값은 1.99 nmol/L 이었고, 측정값의 표준불확도는 0.04 nmol/L이었다. 이산화황 측정장비는 이산화황 표준가스(표준물질)를 사용하여 교정하였고, 교정성적서에 명시되어 있는 값과 불확도는 2 nmol/L ± 0.06 nmol/L (k=2, 95 % 신뢰수준) 이었다. 시료의 반복 측정결과와 이산화황 측정장비 교정을 위한 측정결과는 서로 상관관계가 없었다.

정답 04 ③ 05 ② 06 ③

① 0.03 nmol/L ② 0.04 nmol/L
③ 0.05 nmol/L ④ 0.06 nmol/L

문제풀이

① 주어진 조건 : 이산화황 측정값 1.99 nmol/L, 측정값의 표준불확도 0.04 nmol/L, 교정서에 명시되어 있는 값과 불확도 2 nmol/L ± 0.06 nmol/L (k=2 %, 95 % 신뢰수준)

② A 타입 표준불확도 : u = 0.04 nmol/L, B 타입 표준불확도 : $u = \frac{U}{k} = \frac{0.06\ \text{nmol/L}}{2} = 0.03\ \text{nmol/L}$

③ 합성표준불확도(u_c) : 0.05 nmol/L

$(u_c)^2$ = (A타입 표준불확도)^2 + (B타입 표준불확도)^2

= $(0.04\ \text{nmol/L})^2 + (0.03\ \text{nmol/L})^2 = 0.0025\ (\text{nmol/L})^2$

$u_c = \sqrt{0.0025\ (\text{nmol/L})^2} = 0.05\ \text{nmol/L}$

07 **불확도**(uncertainty)**가** ±0.02 mL**인 뷰렛을 사용하여 용액을 주입할 때 처음 눈금이** 15 mL**이고 마지막 눈금이** 5 mL**라고 가정할 때 가해준 부피의 불확도로 옳은 것은?**

[제11회 40번]

① ± 0.01 mL ② ± 0.02 mL
③ ± 0.03 mL ④ ± 0.05 mL

문제풀이

① 주어진 조건 : 뷰렛의 불확도 ± 0.02 mL, 뷰렛의 처음 눈금 15 mL, 뷰렛의 마지막 눈금 5 mL

② 뷰렛의 적정에 사용되는 부피기구로서 적정된 부피는 다음과 같이 계산된다.

적정에 사용된 부피 : 15(±0.02)mL − 5(±0.02) mL = 10(±u)

③ 가해준 부피의 불확도(u) : ±0.35 nmol/L

$(u)^2$ = (A타입 표준불확도)^2 + (A타입 표준불확도)^2

= $(0.02\ \text{mL})^2 + (0.02\ \text{mL})^2 = 0.0008\ \text{mL}^2$

$u = \sqrt{0.0008\ \text{mL}^2} = 0.03\ \text{mL}$

08 **양**(quantity)**의 참값에 대한 설명 중 틀린 것은?** [제10회 2차 6번]

① 참값은 본성적으로 확정되어 있다.
② 주어진 특정량에 대한 정의와 일치하는 값이다.
③ 참값은 완전한 측정에 의해서만 얻어지는 값이다.
④ 주어진 특정량에 대한 정의와 일치하는 값은 여럿 있을 수 있다.

☑ **해설** ① 핵심포인트 1.① ㉡ 참고

핵심포인트

1. 측정결과의 불확도 추정 및 표현을 위한 지침/2. 용어정의/2.1 측정학 용어

① 양(quantity)의 참값 : 주어진 특정량에 대한 정의와 일치하는 값
㉠ 참값은 완전한 측정에 의해서만 얻어지는 값이다.
㉡ 참값은 본성적으로 확정되어 있지 않다.
㉢ 주어진 특정량에 대한 정의와 일치하는 값은 여럿 있을 수 있다.

정답 07 ③ 08 ①

09 확장불확도에 대한 설명으로 틀린 것은? [제11회 5번]

① 측정결과가 여러 개의 다른 입력량으로부터 구해질 때 측정결과의 표준불확도이다.
② 합성표준불확도에 포함인자 k를 곱하여 구한다.
③ 포함인자 k의 값은 그 구간에 대해 요구되는 포함확률 또는 신뢰수준에 따라 정한다.
④ 포함인자 k의 값은 보통 2와 3 사이의 값을 갖는다.

☑ **해설** ① 핵심포인트 1.① 참고

핵심포인트

1. 측정불확도 표현지침/확장불확도

① 측정결과가 여러 개의 다른 양으로부터 구해질 때 측정결과의 표준편차를 합성표준불확도라고 한다.
② 합성표준불확도(u_c)에 포함인자 k를 곱하여 구한다.
③ 포함인자 k는 그 구간에 요구되는 포함확률 또는 신뢰 수준에 따라 정해진다.
④ 포힘인자 k는 보통 2에서 3사이의 값을 갖는다.

정답 09 ①

7 시험/교정 결과와 규격과의 적합성 보고 방법

01 측정값의 불확도 분포 곡선이 평균값 주위에서 대칭적이라는 가정을 토대로 할 경우 다음 중 틀린 것은? [제10회 2차 7번]

① 시험결과가 규정된 신뢰수준에서 확장불확도 구간의 반을 늘려도 규격 한계를 벗어나지 않을 경우, 규격에 적합하다고 말할 수 있다.

② 시험결과가 확장불확도 구간의 반을 아래쪽으로 늘려도 규격의 상한 한계를 벗어난 경우, 규격에 부적합하다고 말할 수 있다.

③ 시험결과가 확장불확도 구간의 반을 위쪽으로 늘려도 규격 하한 한계를 벗어난 경우, 규격에 부적합하다고 말할 수 있다.

④ 시험결과가 정확히 규격 한계와 일치된 경우, 주어진 신뢰수준에서 적합 또는 부적합을 진술하는 것이 가능하다.

☑ **해설** ④ 핵심포인트 1.① ㉣ 참고

핵심포인트

1. 시험/교정 결과와 규격과의 적합성 보고 방법

① 규격과의 적합성 평가 : 표준, 시험규격, 고객의 요구 및 실행규정이 없는 경우, 다음과 같은 방법으로 접근이 가능하다.

㉠ 시험결과가 95 % 신뢰수준에서 확장불확도 구간의 반을 늘려도 규격 한계를 벗어나지 않는 경우, 규격에 적합하다고 말할 수 있다.

㉡ 시험결과가 확장불확도 구간의 반을 아래쪽으로 늘려도 규격의 상한한계를 벗어난 경우, 규격에 부적합하다고 말할 수 있다.

㉢ 시험결과가 확장불확도 구간의 반을 위쪽으로 늘려도 규격의 하한한계를 벗어난 경우, 규격에 부적합하다고 말할 수 있다.

㉣ 측정된 값이 규격 한계에 근접해 있고 확장불확도 구간의 반이 한계에 겹쳐지는 경우, 주어진 신뢰수준에서 적합, 부적합을 확인하는 것은 불가능하다. 이런 경우는 적합이나 부적합을 증명할 수 없다는 진술과 함께 시험 결과와 확장 불확도가 보고되어야 한다.

정답 01 ④

8 화학적 시험방법의 유효성 확인을 위한 지침

01 **화학적 시험 방법의 유효성 확인을 위한 KOLAS 지침 사항 중 유효성 수행 인자에 해당되지 않는 것은?** [제5회 32번]

① 직선성 ② 유효숫자
③ 측정 불확도 ④ 정확도

☑ **해설** ①, ③, ④ 핵심포인트 1.②, ④, ⑨ 참고 ; ② 유효숫자는 분석자료의 평가와 승인시 해당되는 인자이다.

02 **측정 및 시험방법의 유효성을 확인하는 두 번째 단계는 성능변수라고 불리는 성능특성을 결정하는 것이다. 이러한 성능특성에 대한 설명으로 틀린 것은?** [제11회 8번]

① 선택성(Selectivity) : 간섭물질이 존재할 때의 측정의 정확성
② 진도(Trueness) : 분석대상성분의 농도(또는 양)의 변화에 따른 측정신호값의 변화에 대한 비율
③ 검출한계(LOD) : 0과는 확실하게 구별할 수 있는 분석대상성분의 최소량 또는 최저 농도
④ 둔감도(Ruggedness) : 시험결과가 절차상에 제시된 시험조건에 대한 작은 변화의 영향을 받지 않는 수준

☑ **해설** ② 핵심포인트 1.④ ㉡ 참고 ; ②는 핵심포인트 1.③ 감도(Sensitivity)에 대한 설명이다.

03 **화학적 시험방법의 유효성 확인에서 성능 특성(performance characteristics)에 대한 설명으로 틀린 것은?** [제12회 9번]

① 정확도(accuracy)는 시험결과의 품질을 측정하는 것으로 매질효과(matrix effect)와 진도(trueness)로 구성된다.
② 분석 회수율을 추정하기 가장 좋은 방법은 일정한 농도(또는 양)의 분석대상성분이 포함된 매질 인증표준물질(CRM)을 분석하는 것이다.
③ 선택성(selectivity)은 간섭물질이 존재할 때의 측정의 정확성을 뜻한다.
④ 첨가시료(spiked samples)는 적절한 인증표준물질 및 표준물질이 모두 사용 불가능한 경우 적용할 수 있다.

☑ **해설** ① 핵심포인트 1.④ 참고

핵심포인트

1. 시험방법의 유효성 확인(Method validation)은 구체적인 용도에 따른 특정 요구사항의 만족에 대한 객관적인 증거를 제공한다. 시험방법 유효성 확인은 KS Q ISO/IEC 17025에 대한 시험기관 인정의 기본적인 요구사항이므로 이 규격에 따라 인정을 받은 시험기관은 자체 개발하거나 표준 시험방법에서 수정한 모든 방법을 유효화하고 표준 시험방법을 검증하여 사용하는 모든 방법의 유효성을 입증해야 한다.

① 선택성(Selectivity) : 간섭물질이 존재할 때 측정의 정확성을 뜻한다. 잠재적인 간섭물질의 영향은 의심되는 간섭물질을 사전에 알려진 농도만큼 첨가한 시료를 분석함으로써 확인할 수 있다.

정답 01 ② 02 ② 03 ①

② 직선성(Linearity) : 측정모델이 장비 응답값과 농도 간의 관계로 정의되는 측정방법에 대해서는 이러한 측정모델로 적용가능한 범위가 수립되어야 한다.
③ 감도(Sensitivity) : 분석대상성분의 농도(또는 양)의 변화에 따른 측정신호값의 변화에 대한 비율이다.
④ 정확도(Accuracy) : 시험결과의 품질(즉, 결과가 고객에게 얼마나 유용한가)을 측정하는 것으로서 2가지 구성요소인 정밀도(Precision)와 진도(Trueness)로 구성된다.
㉠ 정밀도(Precision) : 지정된 조건 하에서 시행된 각각의 반복적인 시험결과들 간의 근접성을 나타내는 것이다.
㉡ 진도(Trueness) : 측정결과의 편의(Bias)는 시험방법 자체의 편의, 시험기관의 편의, 특정 분석과 관련된 편의의 조합이라고 볼 수 있다.
㉢ 분석회수율(Analytical recovery) : 시료의 준비, 시료로부터 분석대상물의 추출, 정량 이전의 분석에 관련된 편의로서 이를 추정하기 가장 좋은 방법은 일정한 농도(또는 양)의 분석대상성분이 포함된 매질 인증표준물질(CRM)을 분석하는 것이다.
⑤ 첨가시료(Spiked samples) : 적절한 인증표준물질(CRM) 및 표준물질(RM)이 모두 사용 불가능한 경우 첨가시료, 즉 알려진 농도로 분석대상물질을 첨가한 시료의 분석을 통해 편의를 확인할 수 있다.
⑥ 검출한계(LOD) 및 정량한계(LOQ)
㉠ 검출한계(LOD) : 0과는 확실하게 구분할 수 있는 분석대상성분의 최소량 또는 최저 농도이다.
㉡ 정량한계(LOQ) : '적절한 불확도 수준으로 결정 가능한 분석물의 최저 농도'로 정의한다. LOQ 추정시 가장 일반적으로 권장되는 방법은 LOD의 3배로 정하는 것이다.
⑦ 범위(Range) : 적절한 불확도 수준을 갖는 시험결과를 얻을 수 있는 농도 범위로 정의된다.
⑧ 둔감도(Ruggedness) : 시험결과가 절차상에 제시된 시험 조건에 대한 작은 변화(예: 온도, pH, 시약농도, 유속, 추출시간, 이동상의 조성에 대한 작은 변화)의 영향을 받지 않는 수준을 나타낸다.
⑨ 측정불확도(Measurement Uncertainty) : '충분히 타당성 있는 이유에 의해 측정량에 영향을 미칠 수 있는 값들의 분포를 특성화한 파라미터'로 정의된다. 측정불확도는 시험방법이 아니라 시험결과의 특성이나 시험방법에 의해 발생하는 불확도는 시험방법의 효과를 나타내는 중요한 지표로 간주된다.

9 KS Q ISO/IEC 17025(시험기관 및 교정기관의 자격에 대한 일반 요구사항)

01 **시험 및 교정기관에서 기록을 관리하는 일반적인 사항으로 틀린 것은?** [제10회 2차 9번]

① 품질 기록에는 시정 및 예방 조치를 제외한 내부심사 및 기술 검토 보고서를 포함한다.
② 모든 기록은 읽기 쉬워야 하며, 기록 보유기간은 정해져 있어야 한다.
③ 기록은 전자적 매체를 포함한 하드카피도 가능하다.
④ 모든 기록은 안전하고 비밀이 보장되어야 한다.

☑ **해설** ① 핵심포인트 1.① 참고

핵심포인트

1. 기록의 관리

① 해당기관은 품질 및 기술 기록의 식별, 수집, 색인, 이용, 파일링, 보관, 유지 및 폐기 절차를 수립하고 유지하여야 하며, 품질 기록에는 시정 및 예방조치 기록뿐 아니라 내부심사 및 경영검토 보고서를 포함하여야 한다.
② 모든 기록은 읽기 쉬워야 하며, 훼손 또는 열화 및 분실을 방지할 수 있는 적절한 환경을 제공하는 시설에서 검색이 가능한 방식으로 보관 및 보존하여야 하고 기록 보유 기간은 정해져 있어야 한다.
③ 기록은 하드 카피 및 전자적 매체 같은 어떠한 방식으로도 가능하다.
④ 모든 기록은 안전하고 비밀이 보장되어야 한다.
⑤ 해당기관은 전자적으로 저장된 기록의 보호 및 백업(back-up)과 이들 기록에 대한 무단 검색 또는 수정의 방지를 위한 절차를 갖추어야 한다.

02 ISO/IEC 17025**에서는 고객이 이용할 방법을 규정하지 않는 경우 해당기관은 일반적으로 유효성이 보장되고 있다고 간주하는 방법을 선택한다. 이에 해당하는 것은?**

[제2회 41번], [제6회 30번]

㉮ 국제, 지역, 국가규격으로 발간된 방법 ㉯ 저명한 기술기관이 발행한 방법 ㉰ 관련된 과학서적 또는 잡지에 발표된 방법 ㉱ 장비제조업체가 지정하는 적절한 방법

① ㉮, ㉯, ㉰
② ㉮, ㉯, ㉱
③ ㉮, ㉰, ㉱
④ ㉮, ㉯, ㉰, ㉱

핵심포인트

1. 시험 및/또는 교정 방법과 방법의 유효성 확인 / 5.4.2 방법의 선정

① 고객이 사용할 방법을 지정하지 않을 경우 해당기관은
㉠ 국제, 지역, 국가 규격으로 발간된 방법(ISO, IEC, APLAC, EC, KS 등)
㉡ 저명한 기술기관이 발행한 방법(관련 단체규격, KASTO 표준교정절차서 등)
㉢ 관련된 과학서적 또는 잡지에 발표된 방법(Metrologia 등 전문 저널)
㉣ 제조자들이 정한 적절한 방법(제조사 서비스 매뉴얼 등)을 선택하여야 한다.

정답 01 ① 02 ④

03 **환경부의 정도관리제도와 지식경제부의 한국인정기구(KOLAS)에 대한 설명으로 잘못된 것은?** [제2회 42번], [제6회 40번]

① 두 제도는 ISO/IEC 17025를 바탕으로 운영하고 있으며, 평가사를 통한 현장평가 위주로 실시되고 있다.
② 정도관리제도와 KOLAS는 환경 관련 분석 기관이 의무적으로 수행하여야 한다.
③ 정도관리제도는 '환경기술개발 및 지원에 관한 법률 제14조'에 근거를 두고 있으며, KOLAS는 '국가표준 기본법 시행령 제16조'에 근거하고 있다.
④ KOLAS는 측정불확도를 도입하고 있지만, 정도관리제도는 측정불확도를 도입하고 있지 않다.

☑ **해설** ② 정도관리제도는 환경관련 분석기관이 의무적으로 수행하여야 하나 KOLAS는 의무사항이 아니다.
③ 정도관리제도는 법령 조정에 따라 '환경분야 시험·검사 등에 관한 법률 제18조의 2'에 근거한다.(법령 변경)

핵심포인트

1. 인정기구(KOLAS)

① 국가표준기본법 시행령 제16조(시험·검사기관의 인정) : 관련 중앙행정기관의 장은 국가기술표준원을 인정기구로 지정할 수 있다.
② 대한민국 "정부조직법" 및 "산업통상자원부와 그 소속기관직제령"에 근거하여 국가표준제도의 확립 및 산업표준화 제도 운영, 공산품의 안전/품질 및 계량·측정에 관한 사항, 산업기반 기술 및 공업기술의 조사/연구 개발 및 지원, 교정기관, 시험기관 및 검사기관 인정제도의 운영, 표준화관련 국가 간 또는 국제기구와의 협력 및 교류에 관한 사항 등의 업무를 관장하는 국가기술표준원 조직이다.
③ '국제표준기법' 및 ISO/IEC 17011(적합성평가－인정기관에 대한 일반요구사항)의 규정에 따라 교정기관 인정, 시험기관 인정, 검사기관 인정, 표준물질생산기관 인정업무를 수행하고 있다.

〈표〉 환경부 정도관리제도와 KOLAS 인정제도의 비교

	정도관리제도	KOLAS 인정제도
적용범위	환경분야 시험·검사 등에 관한 법률	국가표준기본법
적용대상	대기오염도 검사기관 등 '환경분야 시험·검사 등에 관한 법률 시행령' 제13조의3에 규정된 기관	'국제 공인시험기관 및 검사기관 인정제도 운영요령'에 의거하여 인정을 받고자 신청한 기관
대상기관 수 또는 인정받은 기관 수	약 900개	약 380개
인정분야	1. 대기 2. 수질 3. 먹는 물 4. 폐기물 5. 토양 6. 실내공기질 7. 악취 8. 잔류성유기오염물질	1. 역학시험 2. 화학시험 3. 전기시험 4. 열 및 온도측정 5. 비파괴검사 6. 음향 및 광도측정 7. 광학 및 광도측정 8. 의학시험 9. 생물학적시험 10. 법과학시험 11. OECD의 GLP 시험

필기 04 정도관리

정답 03 ②

04 **측정분야별 환경기준에 따라 신청기관 또는 한국인정기구(KOLAS) 인정 교정기관이 측정환경을 적정하게 유지 관리하는지에 대한 적합 여부를 평가하기 위한 설명으로 틀린 것은?** (단, 각 항목에 영향을 받지 않거나 특수기구에서 측정이 이루어지는 경우는 제외함)

[제12회 8번]

① 피 평가기관의 환경평가일수는 최소 5일(5MD)간 실시하는 것을 원칙으로 한다.
② 환경평가기관은 보유하고 있는 환경평가 장비에 대하여 국가측정표준과의 소급성을 유지하여야 한다.
③ 표준실 환경기준에서 온도선택조건은 20 ℃, 23 ℃ 또는 25 ℃이고, T-3등급에서 1시간당 온도 변화량은 1.5 ℃ 이내여야 한다.
④ 표준실 환경기준에서 습도조건 및 변동폭은 H-2등급에서 1일 습도 분포는 30 % R.H~70 % R.H 이내여야 하고, 1시간당 습도 변화량은 10 % R.H 이내여야 한다.

☑ **해설** ① 핵심포인트 1.① 참고

핵심포인트

1. 환경평가 수행을 위한 지침(KOLAS)

① 제3조 평가일수 및 비용 : 환경평가일수는 2일(2MD)간 실시하는 것을 원칙으로 하며, 다만 피 평가기관의 표준실이 2실 이하인 경우에는 1일간 실시할 수 있다.
② 제4조 환경평가 수행절차/환경평가기관의 운영 : 환경평가기관은 보유하고 있는 환경평가 장비에 대하여 국가측정표준과의 소급성을 유지하여야 하며, KOLAS(인정기구)에 등록되어 있는 평가사를 확보하여야 한다.
③ 표준실 환경기준

항목	온도선택조건		등급	온도변동폭
1. 온도	측정분야	온도 선택 조건	T-1	• 1시간당 온도 변화량 : 0.7 ℃ 이내 • 1일 온도분포 : 기준온도 ± 1.0 ℃ 이내
	모든 측정분야	20 ℃, 23 ℃ 또는 25 ℃	T-2	• 1시간당 온도 변화량 : 1.0 ℃ 이내 • 1일 온도분포 : 기준온도 ± 1.5 ℃ 이내
			T-3	• 1시간당 온도 변화량 : 1.5 ℃ 이내 • 1일 온도분포 : 기준온도 ± 2.0 ℃ 이내
2. 습도	등급	습도조건 및 변동폭		
	H-1	• 1시간당 습도 변화량 : 5 % R.H 이내 • 1일 습도분포: 30 % R.H ~ 55 % R.H 이내		
	H-2	• 1시간당 습도 변화량 : 10 % R.H 이내 • 1일 습도분포: 30 % R.H ~ 70 % R.H 이내		

05 ISO/IEC 17025**에서 문서**(documents)**와 기록물**(records)**의 차이를 바르게 나타낸 것은?**

[제8회 36번]

① 기록물은 서명이 필요하고, 문서는 필요 없다.
② 기록물은 문서의 유효성에 대한 증거물이다.
③ 문서와 달리 기록물은 수정될 수 없다.
④ 문서는 활자체로, 기록물은 수기로 작성되어야 한다.

☑ **해설** ② 핵심포인트 1.① 참고

정답 04 ① 05 ②

핵심포인트

1. 기록물과 문서

① 기록물은 문서의 유효성에 대한 증거물이다.
② 기록의 수정은 잘못된 부분을 지우지 않고 통상 두 줄로 긋되 수정된 부분은 수정자가 누구인지를 확인할 수 있도록 서명을 하여야 한다.

06 한국인정기구(KOLAS) 규정에서 경영 요구사항으로 틀린 것은? [제11회 7번]

① 조직　　② 문서관리
③ 서비스 및 물품 구매　　④ 시설 및 환경조건

☑ **해설** ④ 핵심포인트 2. 참고 ; 시설 및 환경조건은 2의 '기술요구사항'에 해당한다.

핵심포인트

1. 경영 요구사항

① 조직
② 문서관리
③ 시험 및 교정의 위탁
④ 고객에 대한 서비스
⑤ 부적합 시험 및/또는 교정 작업의 관리
⑥ 시정조치
⑦ 기록의 관리
⑧ 경영검토
⑨ 경영시스템
⑩ 의뢰, 입찰 및 계약의 검토
⑪ 서비스 및 물품 구매
⑫ 불만사항
⑬ 개선
⑭ 예방조치
⑮ 내부심사

2. 기술 요구사항

① 일반사항
② 시설 및 환경조건
③ 장비
④ 샘플링
⑤ 인적요인
⑥ 시험 및/또는 교정 방법과 방법의 유효성 확인
⑦ 측정 소급성
⑧ 시험 및/또는 교정 품목의 취급

07 시험 및 교정기관의 결과가 기술적으로 적절하고 유효한지 보증하기 위한 방법에 대한 설명으로 틀린 것은? [제12회 10번]

① 결과의 유효성을 확인하기 위한 물질은 반드시 균질성과 안정성을 확보하여야 한다.
② 시험 기관은 품질관리를 위해 내부사용을 목적으로 자체적으로 생산한 품질관리물질(QCM)을 사용하여 측정소급성이나 측정결과의 진도를 입증하도록 한다.
③ 시험 및 교정 기관 간 비교가 바람직하나 해당 시험 및 교정을 수행하는 타기관이 없는 경우 시험자간 비교시험 등의 방법으로 기관내 비교시험을 실시 할 수 있다.
④ 인증표준물질은 인증값의 측정소급성과 특성값의 불확도가 반드시 포함되어야 한다는 점에서 표준물질과 차이가 있다.

☑ **해설** ② 핵심포인트 1.② 참고

정답 06 ④　07 ②

필기 04 정도관리

핵심포인트

1. 결과의 유효성 보장

① 결과의 유효성을 확인하기 위한 물질은 반드시 균질성과 안정성을 확보하여야 한다.

② 품질관리물질(QCM)은 품질관리를 위해 사용되는 물질로서 내부사용을 목적으로 시험실에서 자체적으로 생산된 물질이며, 해당 시험에 사용되는 물질의 특성들을 반영하여 대표성을 가지고 품질관리에 적합하도록 제조되어야 한다. 그리고 측정결과의 반복성, 중간정밀도, 재현성 평가에 이용할 수 있으나 측정소급성이나 측정결과의 진도를 입증하는 목적으로 이용할 수는 없다.

③ 인증표준물질은 인증값의 측정소급성과 특성값의 불확도가 반드시 포함되어야 한다는 점에서 표준물질과 차이가 있으며 이에 대한 구체적 내용은 "KS A ISO 17034"(표준물질생산기관의 적격성에 대한 일반 요구사항)의 부속서 A에서 확인 가능하다.

④ 시험 및 교정기관 간 비교가 바람직하나 해당 시험 및 교정을 수행하는 타기관이 없거나 타기관의 협조를 구하기 어려운 경우 시험자간 비교시험 등의 방법으로 기관내 비교시험을 실시할 수 있다.

10 KOLAS 공인교정기관 지정제도 운영요령

01 **한국인정기구(KOLAS) 공인교정기관 평가 및 인정에 적용되는 기준으로 틀린 것은?** [제12회 11번]

① KS Q ISO/IEC 17025
② 측정결과의 불확도 추정 및 표현을 위한 지침
③ 측정결과의 안정도 추정을 위한 지침
④ 측정결과의 소급성 유지를 위한 지침

☑ **해설** ③ 핵심포인트 1.①~⑨ 참고

핵심포인트

1. 제15조(인정 및 평가기준)

① KS Q ISO/IEC 17025(시험 및 교정 기관의 적격성에 대한 일반 요구사항, ISO/IEC 17025)
② 현장교정 수행을 위한 추가기술요건
③ 인정마크사용 및 인정지위 주장을 위한 지침
④ KS Q ISO/IEC 17025 해설서
⑤ 측정결과의 불확도 추정 및 표현을 위한 지침
⑥ 교정·측정능력(CMC) 산출 및 유지 관리지침
⑦ 환경평가 수행을 위한 지침
⑧ 공인기관의 기술기록 관리에 관한 기본 지침
⑨ 측정결과의 소급성 유지를 위한 지침

필기 04 정도관리

02 **한국인정기구(KOLAS)에서 인정기구장이 공인기관의 인정을 취소할 수 있는 경우로 틀린 것은?** [제12회 13번]

① 사후관리 결과 기술인력, 설비 등에 중대한 결함이 발견된 경우
② 해당분야 기술책임자 또는 실무자 없이 KOLAS 공인성적서를 발급한 경우
③ 소급성을 입증할 수 없는 시험/측정장비 또는 (인증)표준물질을 사용하여 KOLAS 공인성적서 발행한 경우
④ KOLAS 공인성적서를 허위로 발급하거나 처리 능력을 초과하여 발급한 경우

☑ **해설** ① 핵심포인트 1.① ㉢ 참고; ①은 6개월 이내의 기간을 정하여 일부 또는 전체 인정항목에 대해 KOLAS 인정마크 또는 공인기관 명칭의 사용중지를 명할 수 있는 경우이다.

핵심포인트

1. 제29조(인정 취소 등)

① 인정기구의 장은 다음 각 호의 어느 하나에 해당하는 경우에는 6개월 이내의 기간을 정하여 일부 또는 전체 인정항목에 대해 KOLAS 인정마크 또는 공인기관 명칭의 사용중지를 명할 수 있다.
㉠ 개선명령을 위반한 경우
㉡ 업무의 휴지 신고를 위반한 경우
㉢ 사후관리결과 기술인력, 설비 또는 환경 등에 중대한 결함이 발견된 경우
㉣ 사후관리를 거부 또는 방해한 경우
㉤ 사후관리를 제24조의 기간 내에 받지 않은 경우

정답 01 ③ 02 ①

ⓑ 인정받지 아니한 분야에 대하여 인정마크를 넣어 성적서를 발급한 경우
ⓢ 평가결과 치명결함에 준하는 결함이 발견된 경우

② 인정기구의 장은 다음 각 호의 어느 하나에 해당하는 경우에는 일부 또는 전체 인정항목에 대해 공인기관 인정을 취소할 수 있다.
㉠ KOLAS 인정마크의 사용중지 및 공인기관 명칭의 사용중지명령을 위반한 경우나 부여된 기간 중에 개선조치를 취하지 않은 경우
㉡ 허위 기타 부정한 방법으로 인정된 획득한 사실이 인지되었거나, 공인기관으로서의 업무수행이 불가능하다고 판단되는 경우
㉢ 기술책임자 또는 해당분야 실무자가 없이 성적서를 발급한 경우
㉣ 소급성이 확보되지 않은 시험기기를 사용하여 성적서를 발급한 경우
㉤ 시험·검사 처리능력을 초과하여 성적서를 발급한 경우
㉥ 부도, 폐업 또는 기타 사유로 공인기관의 업무수행이 불가능하다고 판단되는 경우
㉦ 인정서를 자진 반납한 경우
㉧ 숙련도시험 결과 불만족결과를 산출한 것으로 통보를 받은 후 기간 내 개선조치를 취하지 않은 경우
㉨ 숙련도 시험결과 동일항목에 대해 2회 연속적으로 불만족 결과를 산출한 경우
㉩ 휴지기간 만료일까지 정당한 사유 없이 업무재개 신고를 하지 않을 경우
㉪ 공인기관이 인정기구에서 수행하는 인정행위 또는 이와 유사한 행위, 홍보 등을 행하는 경우
㉫ 평가결과 치명결함이 발견된 경우

11 KOLAS 공인기관 인정신청 및 평가수행 절차에 관한 규정

01 한국인정기구(KOLAS)의 최초 인정신청 현장평가 결과, 부적합 사항이 발견되면 현장평가 후 몇 개월 이내에 시정조치를 완료해야 하는가? [제12회 15번]

① 1개월 ② 3개월
③ 6개월 ④ 12개월

☑ **해설** ② 핵심포인트 1.① 참고

핵심포인트

1. 시정조치 보고 및 확인평가

① 평가결과 부적합사항이 발견된 신청기관은 현장평가가 종료된 날로부터 3개월 이내(사후관리는 1개월 이내)에 해당 부적합사항에 대하여 시정조치를 완료하고 시정조치내용을 e-KOLAS 시스템을 통하여 인정기구의 장에게 보고하여야 한다.

② 재시정조치가 요구되는 경우 요청일로부터 2주 내에 시정조치를 완료하여야 하며, 시정조치 기간 등 보완에 소요되는 기간은 인정처리기간에 산입하지 아니한다.

정답 01 ②

12 숙련도시험 운영기준

01 **하나 또는 그 이상의 숙련도 아이템의 특성을 식별하거나 기술하는데 목적이 있는 숙련도 시험 스킴(Scheme)은?** [제12회 14번]

① 순차적 스킴 ② 연속적 스킴
③ 정성적 스킴 ④ 정량적 스킴

☑ **해설** ③ 핵심포인트 1.② 참고

핵심포인트

1. 용어정의/숙련도시험(proficiency testing)

① 정량적 스킴 : 하나 또는 그 이상의 숙련도시험 아이템의 측정량을 재는 데에 목적이 있는 경우
② 정성적 스킴 : 하나 또는 그 이상의 숙련도시험 아이템의 특성을 식별하거나 기술하는 데에 목적이 있는 경우
③ 순차적 스킴 : 하나 또는 그 이상의 숙련도시험 아이템이 시험 또는 측정을 위해 순차적으로 배포되고 일정 간격으로 운영기관에 회수하는 경우
④ 동시적 스킴 : 숙련도시험 아이템이 정해진 시간 범위 내에서 동시 진행 시험 또는 측정을 위해 배포되는 경우
⑤ 일회성 시험 : 숙련도시험 아이템을 단 1회만 제공받는 경우
⑥ 연속적 스킴 : 숙련도시험 아이템을 정해진 간격으로 제공받는 경우
⑦ 샘플링 : 후속 분석을 위해 샘플을 채취하도록 요구받는 경우
⑧ 자료 변환과 해석 : 일련의 데이터나 다른 정보가 주어지거나, 그 정보에 대한 해석(혹은 다른 결과)을 진행하는 경우

정답 01 ③

13 환경시험 검사 QA/QC 핸드북

I 정도관리 일반

1) 정도관리

01 품질경영시스템의 실행에 속하지 않는 것은? [제9회 2차 19번]

① 정도보증 ② 품질경영
③ 표준화 ④ 정도관리

☑ **해설** ③ 핵심포인트 1.① 참고

핵심포인트

1. 정도관리/서론

① 품질경영시스템은 품질경영, 정도보증, 정도관리 등을 통해 실행된다.
② 정도보증과 정도관리는 때때로 혼용되어 적용될 때도 있는데 서로 중복적으로 관련되어 있기 때문이다.
③ 품질경영시스템의 정도보증은 관리(management)를 담당하는 특성을 띄고 있으며, 정도관리는 실제로 수행하는 기능적(functional)인 특성을 가지고 있다.

02 정도관리를 운용하는 목적으로 적합하지 않은 것은? [제2회 22번], [제6회 8번]

① 시험검사의 정밀도 유지 ② 정밀도 상실의 조기 감지 및 원인 추적
③ 타 실험실에 비하여 법적 우월성 유지 ④ 검사 방법 및 장비의 비교 선택

☑ **해설** ③ 핵심포인트 1.①~⑤ 참고

핵심포인트

1. 정도관리 운용 목적

① 시험·검사의 정밀도 유지 ② 시험·검사의 정확도 유지
③ 정밀도 상실의 초기 감지 및 원인 제거 ④ 기구 및 장비의 시험·검사 수행 능력 추적
⑤ 시험·검사 방법 및 장비의 비교 선택

03 정도관리용 시료의 필요조건이 아닌 것은? [제5회 16번]

① 시료의 성상과 농도에 대한 대표성이 있어야 한다.
② 함량은 검정곡선의 직선성 범위를 최대한 포함해야 한다.
③ 보존 기간에 용기의 영향이 배제되어야 한다.
④ 안정성이 입증되어야 한다.

핵심포인트

1. 정도관리/서론/정도관리

① 시료의 대표성 : 각 시료의 대표성을 갖는 시료를 선택하는 것이 중요하다.
② 시료의 보존 : 시료채취 후 보존과 저장을 위해 적절한 용기를 사용하여야 한다.
③ 시료취급과 보관 : 분석항목과 시료의 안정성을 보장하여야 하며 간섭에 대한 검토가 이루어져야 한다.

정답 01 ③ 02 ③ 03 ②

04 정도감사에 대한 설명으로 틀린 것은? [제10회 39번]

① 정도감사에는 내부감사와 외부감사 및 시스템감사와 작업감사로 구분된다.
② 정도감사의 빈도는 결과에 대한 비판의 정도, 잘못에 연관되었을 위험성 등에 의해서 좌우된다.
③ 시스템 감사는 측정시스템의 결과에 대한 양적인 평가를 하는 것이다.
④ 외부감사는 내부감사에 비해 형식을 중요시한다.

☑ **해설** ③ 핵심포인트 1.② 참고

핵심포인트

1. 정도관리일반/정도관리/서론/정도평가

① 정도감사는 정도보증 프로그램의 필수적인 요소로서 정도감사에는 시스템감사와 작업감사의 두 가지로 구분된다.
② 시스템 감사는 정도보증 프로그램의 절차에 의해 질적인 평가를 하는 것이며, 작업감사는 측정시스템의 결과에 대한 양적인 평가를 하는 것이다.
③ 정도감사에는 내부감사와 외부감사가 있으며 내부감사 중 내부시스템감사는 정도보증 주관 감독자에 의해서 주기적으로 혹은 비 주기적으로 정도보증 수행을 모니터링하기 위한 감독행위다.
④ 정도감사의 빈도는 결과에 대한 비판(의심)의 정도, 잘못에 연관되었을 위험성 등에 의해서 좌우된다.
⑤ 내부정도감사는 실험실의 정도평가 프로그램 수행의 재검토를 포함하며 모든 측정자료의 정확도를 평가하고자 하는 것이 주목적이다.
⑥ 외부감사도 본래의 내부감사 형식에 따르며 일반적으로 인증을 위한 규칙, 규제, 혹은 평가기준을 준수하는지 여부를 판단하게 되며 내부감사에 비해 보다 형식을 중요시 한다.

05 포괄적인 QA/QC 프로그램에 포함되어야 할 사항이 아닌 것은? [제5회 4번]

① 정밀도, 정확도에 대한 QC 목표
② 시료 보관 및 분석 방법
③ 교정 방법과 주기
④ 운영자의 실험실 운영 방침

☑ **해설** ④ 운영자의 실험실 운영 방침은 ISO/IEC 17025의 경영조건에 해당한다.

핵심포인트

1. 정도관리일반/정도관리/서론/정도관리시스템

포괄적인 QA/QC 프로그램은 아래 사항들을 포함하여야 한다.

① 실험실 조직에 대한 소개
② 정밀도, 정확도에 대한 QC 목표
③ 시료채취 방법
④ 시료의 보관
⑤ 분석 방법
⑥ 교정 방법과 주기
⑦ 예방적인 보존 계획과 주기
⑧ QC 활동
⑨ 데이터의 정밀도와 정확도 평가에 사용하기 위한 명확한 절차의 진행
⑩ 데이터의 환산, 유효화 및 기록
⑪ 실행과 시스템 감사
⑫ QA 보고서

06 A.V. Feigenbaum은 품질관리(Quality Control: QC) 발달과정을 5단계로 설명하고 있는데, 이를 순서대로 바르게 나열한 것은? [제10회 2차 37번]

① 작업자 품질관리 → 조장 품질관리 → 검사품질관리 → 통계적 품질관리 → 통합적 품질관리
② 조장 품질관리 → 작업자 품질관리 → 검사품질관리 → 통계적 품질관리 → 통합적 품질관리

정답 04 ③ 05 ④ 06 ①

③ 작업자 품질관리 → 조장 품질관리 → 검사품질관리 → 통합적 품질관리 → 통계적 품질관리
④ 조장 품질관리 → 검사품질관리 → 작업자 품질관리 → 통계적 품질관리 → 통합적 품질관리

핵심포인트

1. 정도관리일반/정도관리/정도관리시스템

품질관리제도의 발달과정을 살펴보면 A.V. Feigenbaum이 정리한 바와 같이 다음과 같이 구분할 수 있다.

작업자 품질관리 (Operator QC)	1800년대 말까지 생산자가 직접 품질관리를 책임짐
↓	
조장 품질관리 (Foreman QC)	1900년대부터 조장이 품질을 책임짐
↓	
검사 품질관리 (Inspection QC)	1차 세계대전 경 제품생산과 품질검사가 분리됨
↓	
통계적 품질관리 (Statistical QC, SQC)	1930년대~2차 대전 대량생산에 따라 통계적 기법을 적용
↓	
통합 품질관리 (Total QC, TQC)	1950년대 원료구입에서 A/S까지 관리

07 내부표준물질에 대한 설명 중 틀린 것은? [제4회 27번]

① 동위원소는 내부표준물질의 하나이다.
② 매질에 의한 간섭을 보정할 수 있다.
③ 내부표준물질로 사용하는 원소 또는 분자는 시료에 존재하지 않아야 한다.
④ 분광법에서 사용되는 기기의 광원 또는 검출기의 감도가 변하는 것을 보정할 수 있다.

☑ **해설** ② 핵심포인트 1.① 참고 ; 매질에 의한 간섭을 보정할 수 없다.

08 대체표준물질(surrogate standards)에 대한 다음 설명 중 (   ) 안에 들어가야 할 것으로 짝지어진 것은? [제4회 21번]

대체표준물질은 측정항목 오염물질과 (   )한 물리, 화학적 성질을 갖고 있어 측정 분석 시 측정항목 성분의 거동을 유추할 수 있고 환경 중에서 일반적으로 (   ) 물질이며 (   )에 첨가하였을 때 시험 항목의 측정 반응과 비슷한 작용을 하는 물질을 선택하여 사용한다.

① 상이 – 발견되지 않는 – 시료
② 유사 – 발견되지 않는 – 시료
③ 상이 – 발견되는 – 정제수
④ 유사 – 발견되는 – 정제수

☑ **해설** ② 핵심포인트 1.② 참고

정답 07 ② 08 ②

09 유기물질 분석에서 사용하는 대체표준물질에 대한 설명이 틀린 것은? [제5회 46번]

① 일반적으로 환경에서 쉽게 나타나는 화학 물질을 대체표준물질로 사용한다.
② 분석 대상 물질과 유사한 거동을 나타내는 물질을 대체표준물질로 사용한다.
③ 대체표준물질은 GC 또는 GC/MS로 분석하는 미량 유기 물질의 검출에 이용된다.
④ 대체표준물질은 추출 또는 퍼징(purging) 전에 주입된다.

☑ **해설** ① 핵심포인트 1.② 참고

10 용어에 대한 설명이 옳은 것은? [제5회 6번]

① 대체표준물질은 시험 측정 항목과 비슷한 물리 화학적 성질을 가진 것으로 일반적으로 환경 시료에서는 발견되지 않는 물질이다. 시험법과 분석자의 전반적인 오차를 확인하기 위해 사용한다.
② 내부표준물질은 측정 분석 직전에 일정량을 첨가하는 물질로서 분석장비의 손실과 오염, 측정 분석 결과를 보정하기 위해 사용한다. 내부표준물질은 화학적으로 비슷하지 않은 성질을 가진 복합물이다. 이 물질은 분석하고자 하는 물질의 분석에 방해가 되지 않는 물질이다.
③ 정밀도는 반복 측정 분석한 결과의 일치도를 의미한다. 이는 일반적으로 % 회수율을 측정하여 평가한다.
④ 정밀도는 결과가 얼마나 참값에 근접하는가를 의미한다. 이는 일반적으로 상대 표준 편차의 계산에 의해 표현한다.

☑ **해설** ① 핵심포인트 1.① ② 참고; ②는 대체표준물질, ③ ④는 정확도에 관한 내용이다.

11 다음 표준물질에 대한 설명이 틀린 것은? [제5회 3번]

① 정량용 내부표준물질은 분석 대상 물질과 비슷한 화학적 성질을 가져야 한다.
② 대체표준물질은 분석 대상 물질을 정량하기 위하여 시료에 첨가한다.
③ 대체표준물질은 전처리 과정부터 분석 과정의 효율을 판단하기 위하여 사용한다.
④ 정량용 내부표준물질은 일반적으로 동위원소 치환 물질을 많이 사용하고 있다.

☑ **해설** ② 핵심포인트 1.① 참고 ; 분석 대상 물질의 정량을 위해 내부표준물질을 시료에 첨가한다.

12 실험 분석 시 사용하는 표준물질에 관한 내용 중 틀린 것은? [제8회 9번]

① 대체표준물질은 시료에 첨가하였을 때 시험항목과 비슷한 작용을 하여 측정 항목 성분의 거동을 유추할 수 있다.
② 대체표준물질은 분석시료, 정도관리시료, 바탕시료에 모두 첨가할 수 있다.
③ 내부표준물질은 추출, 정제, 농축 등 시료 전처리 전에 넣어 기기 분석 과정에서 영향된 분석 결과를 보정하기 위해 사용된다.
④ 내부표준물질은 각 실험 방법에서 정하는 대로 분석시료, 정도관리시료, 바탕시료에 모두 첨가할 수 있다.

☑ **해설** ③ 핵심포인트 1.② 참고 ; ③은 대체표준물질에 관한 내용이다.

정답 09 ① 10 ① 11 ② 12 ③

13 **기체크로마토그래프를 이용한 다성분 측정 시 사용하는 내부표준물질 또는 대체표준물질의 설명으로 잘못된 것은?** [제3회 16번]

① 분석장비의 오염과 손실, 시료 보관 중의 오염과 손실, 측정 결과를 보정하기 위해 사용하며 내부표준물질은 분석 대상 물질과 동일한 검출시간을 가진 것이어야 한다.
② 내부표준물질은 분석 대상 물질과 유사한 물리·화학적 특성을 가진 것이어야 하며, 각 실험 방법에서 정하는 대로 모든 시료, 품질관리 시료 및 바탕시료에 첨가한다.
③ 내부표준물질에서 분석 물질이 포함되어서는 안되며 동위원소 치환체가 아니어도 내부표준물질의 사용이 가능하다.
④ 대체표준물질은 대상 항목과 유사한 화학적 성질을 가지나 일반적으로는 환경시료에서 발견되지 않는 물질이며 시험법, 분석자의 오차 확인용으로 사용한다.

☑ **해설** ① 핵심포인트 1.② 참고 ; ①은 대체표준물질에 관한 내용이다.

14 **정도관리 용어에 대해 설명한 것 중 틀린 것은?** [제9회 2차 1번]

① 내부표준물질은 시료를 분석하기 직전에 바탕시료, 검정곡선용 표준물질, 시료 또는 시료추출물에 첨가되는 농도를 알고 있는 화합물이다.
② 대체표준물질은 대상 분석물질의 특성과 유사하지 않은 크로마토그래피 특성을 가져야 한다.
③ 매질은 시험 측정항목을 포함하여 고유한 환경매체 또는 기질을 말한다.
④ 매질첨가란 시험 항목의 알고 있는 농도를 분석하고자 하는 시료에 첨가하는 것을 말한다.

☑ **해설** ② 핵심포인트 1.② 참고

필기 04 정도관리

15 **시료 전처리 과정의 상대농도 변화를 보정하기 위하여 대체표준물질(surrogate)을 첨가하는 시기로 옳은 것은?** [제11회 2번]

① 시료채취 시
② 시료 추출 직전
③ 시료 희석 직전
④ 기기분석 직전

☑ **해설** ② 핵심포인트 1.② ㉢ 참고

16 **정도관리에 관한 용어를 설명한 내용이다. 각각의 괄호 안에 들어갈 내용으로 옳은 것은?** [제11회 35번]

내부표준물질법(internal standard method)에 의해 정량할 때, 내부표준물질의 감응과 비교하여 모든 분석물질의 감응을 측정한다. 내부표준물질 감응은 검정곡선의 감응에 비해 ±(㉠) 이내에 있어야 한다. 시험방법에 정의되어 있지 않다면 검정곡선은 시료를 분석할 때마다 매번 수행하여야 하며, 부득이한 경우라도 한 개 시료군(batch)의 분석에 (㉡) 이상 초과한다면 검정곡선을 새로 작성하여야 한다.

정답 13 ① 14 ② 15 ② 16 ④

① ㉠ 20 %, ㉡ 2일　　② ㉠ 30 %, ㉡ 2일
③ ㉠ 20 %, ㉡ 3일　　④ ㉠ 30 %, ㉡ 3일

☑ **해설** ㉠ 핵심포인트 1.① ㉣ 참고, ㉡ 핵심포인트 2.① 참고

핵심포인트

1. 정도관리/1.3 용어정의/1.3.1 표준물질 용어

① 내부표준물질(IS, Internal Standard) : 시료를 분석하기 직전에 바탕시료, 검정곡선용 표준물질, 시료 또는 시료추출물에 첨가되는 농도를 알고 있는 화합물이다.
㉠ 이 화합물은 대상 분석물질의 특성과 유사한 크로마토그래피 특성을 가져야 한다.
㉡ 머무름 시간(retention time), 상대적 감응(relative response), 그리고 각 시료 중에 존재하는 분석물의 양을 점검하기 위해서는 내부표준물질을 사용한다.
㉢ 내부표준물질법에 의해 정량할 때, 내부표준물질의 감응과 비교하여 모든 분석물질의 감응을 측정한다.
㉣ 내부표준물질 감응은 검정곡선의 감응에 비해 ±30 % 이내에 있어야 한다.
㉤ 이 화합물의 머무름 시간은 모든 분석대상물질과 분리되어야 하며 크로마토그램의 전형적인 면적 안으로 용리되어야 하며, 단일 화합물이 이들 기준을 만족할 수 없다면 다른 화합물을 사용한다.

② 대체표준물질(surrogate) : 분석하고자 하는 물질과 화학적 조성, 추출, 크로마토그래피가 유사한 유기화합물이지만, 일반 환경에서는 통상적으로 검출되는 물질이 아니다.
㉠ GC, GC/MS로 분석하는 미량유기물질의 분석에 이용된다.
㉡ 모든 바탕시료, 표준물질, 시료에 주입되어 각 시료에 대한 시험방법의 효율을 모니터하기 위하여 시료의 전처리부터 추출과 분석에 이르기까지 전반적인 과정을 조사할 수 있다.
㉢ 이 물질이 주입된 시료는 특별한 방법에 따라 퍼징(purging)하거나 추출 전에 주입되고 대체첨가물질의 회수율이 수용한계를 벗어나면 적절한 수정이 이루어진 후 재분석해야 하지만 특정 시험방법에서 대체표준물질과 허용기준에 대한 사항을 지정하고 있으면 그에 따라 사용하여야 한다.

2. 정도관리/1.3 용어정의/1.3.3 분석/1.3.3.1 검정·교정

① 검정곡선 : 시험방법이 정의되어 있지 않다면 검정곡선은 시료를 분석할 때마다 매번 수행해야 하며, 부득이하게 한 개 시료군(batch)의 분석이 하루를 넘길 경우라도 가능한 2일을 초과하지 않아야 하며, 3일 이상 초과한다면 검정곡선을 새로 작성하여야 한다.

17 바탕시료와 관련이 없는 것은?　[제2회 26번]

① 측정항목이 포함되지 않은 시료　　② 오염 여부의 확인
③ 분석의 이상 유무 확인　　④ 반드시 정제수를 사용

☑ **해설** ④ 핵심포인트 1.① 참고

18 대기시료채취에 적용되는 바탕시료로 적절하지 않은 것은?　[제4회 40번]

① 시험바탕시료　　② 현장바탕시료
③ 운반바탕시료　　④ 장비바탕시료

☑ **해설** ① 핵심포인트 1. ① ㉠~㉧ 참고 ; 사용목적에 따라 정제수바탕시료, 기기바탕시료, 운반바탕시료, 실험실바탕시료, 방법바탕시료, 현장바탕시료 등이 있다.

정답 17 ④　18 ①

19 시료분석에 대한 정도관리의 목적이 아닌 것은? [제4회 43번]

① 바탕시료의 분석을 통해 분석의 정확도를 파악할 수 있다.
② 첨가시료의 분석을 통해 분석의 정확도를 파악할 수 있다.
③ 반복시료의 분석을 통해 분석의 정밀도를 확인할 수 있다.
④ 이중시료의 분석을 통해 분석의 정밀도를 확인할 수 있다.

☑ **해설** ① 핵심포인트 1.① 참고 ; 바탕시료는 측정항목이 포함되지 않은 기준 시료를 의미하며, 측정분석의 오염 확인과 이상유무를 확인하기 위하여 사용한다.

20 다음은 어느 용어에 대한 설명인가? [제9회 2차 24번]

측정분석 항목이 포함되지 않은 기준 시료를 의미하며 측정분석 또는 운반 과정에서 오염 상태를 확인하거나 검정곡선 작성과정에서 기기 또는 측정시스템의 바탕값을 확인하기 위하여 사용

① 반복시료 ② 이중시료
③ 분취시료 ④ 바탕시료

☑ **해설** ④ 핵심포인트 1.① 참고

21 '실험실 바탕시료'를 준비하는 목적으로 맞는 것은? [제2회 19번]

① 시료채취 과정에서 오염, 측정 항목의 손실, 채취장치와 용기의 오염 등의 이상 유무를 확인하기 위함이다.
② 현장 채취 이전에 미리 정제수나 측정 항목 표준물질의 손실이 발생하였는지 확인하기 위함이다.
③ 시료 수집과 운반(부적절하게 청소된 시료용기, 오염된 시약, 운반 시 공기 중 오염 등) 동안에 발생한 오염을 검증하기 위한 것이다.
④ 시험 수행 과정에 사용하는 시약과 시료 희석에 사용하는 정제수의 오염과 실험 절차에서의 오염, 이상 유무를 확인하기 위함이다.

☑ **해설** ① 핵심포인트 1. ① ㉡ 참고, ② 정제수 바탕시료, ③ 핵심포인트 1. ① ㉤ 참고

22 일반적으로 시료의 채취와 처리 및 분석과정에서 발생할 수 있는 오염을 보정하기 위해 바탕시료를 사용한다. 만약 울릉도, 소청도, 제주도 등에서 채취한 빗물을 서울 소재 실험실에서 한꺼번에 모아서 분석하려고 할 때, 사용되는 바탕시료는? [제3회 42번], [제6회 41번]

① 운반바탕시료 ② 실험실바탕시료
③ 시험바탕시료 ④ 현장바탕시료

☑ **해설** ④ 핵심포인트 1. ① ㉡ 참고

정답 19 ① 20 ④ 21 ④ 22 ④

23 **바탕시료의 종류와 설명이 각각 올바르게 연결된 것은?** [제7회 5번]

㉮ 방법바탕시료	㉯ 현장바탕시료	㉰ 기구바탕시료
㉱ 운반바탕시료	㉲ 전처리바탕시료	㉳ 매질바탕시료

ⓐ 시료채취 후 보관용기에 담아 운송 중에 용기로부터 오염되는 것을 확인하기 위한 바탕시료
ⓑ 먼저 시료에 있던 오염물질이 시료채취 기구에 남아있는지를 평가하는 시료
ⓒ 분석의 모든 과정(채취, 운송, 분석)에서 생기는 문제점을 찾는 데 사용되는 시료
ⓓ 전처리에 사용되는 기구에서 발생할 수 있는 오염을 확인하기 위한 바탕시료
ⓔ 측정하고자 하는 물질이 전혀 포함되어 있지 않은 것이 증명된 시료
ⓕ 분석장비의 바탕값을 평가하기 위한 시료

① ㉮－ⓑ, ㉯－ⓓ, ㉳－ⓕ ② ㉯－ⓒ, ㉰－ⓑ, ㉲－ⓓ
③ ㉰－ⓐ, ㉱－ⓒ, ㉲－ⓔ ④ ㉱－ⓑ, ㉲－ⓓ, ㉳－ⓕ

☑ **해설** ② 핵심포인트 1. ① ㉠~㉧ 참고

24 **바탕시료(blank sample)의 종류와 설명이 각각 올바르게 연결된 것은?** [제10회 23번]

㉮ 방법바탕시료	㉯ 현장바탕시료	㉰ 기구바탕시료
㉱ 운반바탕시료	㉲ 전처리바탕시료	㉳ 매질바탕시료

ⓐ 시료채취 후 보관용기에 담아 운송 중에 용기로부터 오염되는 것을 확인하기 위한 바탕시료
ⓑ 먼저 시료에 있던 오염물질이 시료채취 기구에 남아있는지를 평가하는 시료
ⓒ 분석의 모든 과정(채취, 운송, 분석)에서 생기는 문제점을 찾는 데 사용되는 시료
ⓓ 전처리에 사용되는 기구에서 발생할 수 있는 오염을 확인하기 위한 바탕시료
ⓔ 측정하고자 하는 물질이 전혀 포함되어 있지 않은 것이 증명된 시료
ⓕ 시료매질(물, 대기 시료중의 입자, 폐수나 토양시료중의 유기용매 등)에 존재할 수 있는 물질에 대한 평가이며, 분석과정에서 매질의 영향으로 회수율이나 정확도가 떨어질 때 하는 시료

① ㉮－ⓑ, ㉯－ⓓ, ㉳－ⓕ ② ㉰－ⓐ, ㉱－ⓒ, ㉲－ⓔ
③ ㉯－ⓒ, ㉰－ⓑ, ㉲－ⓓ ④ ㉱－ⓑ, ㉲－ⓓ, ㉳－ⓕ

☑ **해설** ③ 핵심포인트 1. ① ㉠~㉧ 참고

정답 23 ② 24 ③

25 어떤 바탕시료에 대한 설명인가? [제9회 1번]

> 측정하고자 하는 물질이 전혀 포함되어 있지 않은 것이 증명된 시료로 시험·검사 매질에 시료의 시험방법과 동일하게 같은 용량, 같은 비율의 시약을 사용하고 시료의 시험·검사와 동일한 전처리와 시험절차로 준비하는 바탕시료를 말한다.

① 기구바탕시료　② 매질바탕시료
③ 방법바탕시료　④ 현장바탕시료

☑ **해설** ③ 핵심포인트 1. ① ㉠ 참고

26 시료분석 시의 정도관리 요소 중 바탕값(blank)의 종류와 내용이 맞게 연결된 것은? [제4회 49번]

① 정제수 바탕시료(reagent blank sample) : 시료채취과정의 오염과 채취용기의 오염 등 현장 이상 유무를 확인하기 위함이다.
② 시험바탕시료(method blank) : 시약 조제, 시료 희석, 세척 등에 사용하는 시료를 말한다.
③ 현장바탕시료(filed blank sample) : 시료채취 과정에서 시료와 동일한 채취과정의 조작을 수행하는 시료를 말한다.
④ 운송바탕시료(trip blank sample) : 시험 수행 과정에서 사용하는 시약과 정제수의 오염과 실험절차의 오염, 이상 유무를 확인하기 위한 목적에 사용한다.

☑ **해설** ① 현장바탕시료, ② 방법바탕시료, ④ 시약바탕시료

필기 04 정도관리

27 실험의 바탕시료에 대한 설명으로 틀린 것은? [제9회 18번]

① 방법 바탕시료는 측정하고자 하는 물질이 전혀 포함되지 않은 시료로 시료의 시험방법과 동일한 전처리와 시험절차로 준비하는 바탕시료를 말한다.
② 현장 바탕시료는 현장에서의 시료채취, 운송, 분석 과정에서 생기는 문제점을 찾는데 사용된다.
③ 기구 바탕시료는 시료채취 후 보관용기에 담아 운송 중에 용기로부터 오염되는 것을 확인하기 위하여 사용된다.
④ 검정곡선 바탕시료는 분석장비의 바탕값을 평가하기 위한 것으로 측정성분이 포함되지 않은 용매를 시료와 같은 용량의 전처리 물질을 주입하여 측정한다.

☑ **해설** ③ 핵심포인트 1.㉤ 참고 ; ③은 운반바탕시료에 관한 내용이다.

핵심포인트

1. 대기오염공정시험기준/ES 01001 정도보증, 정도관리/바탕시료, 환경시험 검사 QA/QC 핸드북/정도관리1.3 용어정의/1.3.2 시료

① 바탕시료는 측정·분석 항목이 포함되지 않은 기준 시료를 의미하며 측정·분석 또는 운반 과정에서 오염 상태를 확인하거나 검정곡선 작성과정에서 기기 또는 측정 시스템의 바탕값을 확인하기 위하여 사용하는 것으로서 정제수, 용매 등이 사용된다.

정답 25 ③　26 ③　27 ③

〈표〉 바탕시료로부터 얻을 수 있는 정보

바탕시료	시료 오염원							
	용기	채취기구	전처리	운반 및 보관	전처리장비	교차오염	시약	분석기기
방법					✪		✪	✪
현장	✪		✪	✪		✪		
장비/세척	✪	✪		✪		✪		
운반	✪			✪		✪		
전처리					✪		✪	✪
기기								✪
시약							✪	✪

㉠ 방법바탕시료(Method blank sample) : 시료와 같은 매질의 물질을 시험방법과 동일한 절차에 따라 시료와 동시에 전처리된 바탕시료이므로 시험분석 항목이 전혀 포함되어 있지 않지만 시료와 매질이 같은 것이 확인된 시료이다. 방법바탕시료는 시험분석 과정에서 매질효과의 보정이 정확한지를 확인하거나 시약 및 절차상의 오염을 확인하기 위해 이용하며, 이러한 목적으로 사용되는 것으로 정제수 바탕시료(reagent water blank) 또는 실험실 바탕시료(laboratory blank) 등으로 표현하기도 한다.

㉡ 현장바탕시료 (Field blank sample) : 현장에서의 채취과정, 시료의 운송, 보관 및 분석과정에서 발생하는 문제점을 찾는데 사용되는 시료를 말한다. 현장바탕시료를 분석하는 경우 분석 결과에는 분석하고자 하는 물질이 없는 것으로 나타나야 하며, 모든 현장 채취 시료보다 5배 정도의 낮은 값 이하로 측정되어야 분석과정에 문제점이 없는 것으로 판단할 수 있다. 이러한 현장바탕시료는 시료 한 그룹 당 1개 정도 있으면 되고, 만약 분석 과정에 분해나 희석 또는 농축과 같은 전처리 과정이 포함된다면 현장 바탕시료도 같은 전처리 과정을 거치며 전처리 과정에서의 오염을 확인하여야 한다.

㉢ 장비바탕시료(Equipment blank sample) : 깨끗한 시료로서 시료채취장치의 정결함을 확인하는데 사용되며 특히 동일한 시료채취 기구의 재이용으로 인하며 먼저 시료에 있던 오염물질이 남아 있는지를 평가하는데 이용된다. 장비바탕시료는 증류수 등으로 만들며 규정된 시료채취장치로 채취되어 시료 통에 주입하며 다른 시료와 마찬가지로 분석한다. 장비바탕시료는 분석물질과 각각의 매질 그리고 시료채취에 사용되는 장비의 유형에 대해 20개의 시료마다 1개 정도로 적용해야 한다. 이 바탕시료는 시료채취 시작 전에 현장에서 준비하는데 정제수를 적절한 용기에 담은 후 미리 세척된 장비를 이용하여 채취한다.

㉣ 세척바탕시료(rinsate blank sample) : 시료채취 장비의 청결과 손실·오염 유무를 확인하는데 사용하는 바탕시료로서 전처리하여 용액화된 시료의 분석을 위하여 채취 장치를 정제수(reagent water)로 세척하는 경우 이 세척수를 채취하여 세척바탕시료로 사용한다.

㉤ 운반바탕시료(Trip blank sample) : 시료의 수집과 운반 동안에 부적절하게 세척된 시료 용기 및 오염된 시약의 사용 그리고 운반 시 공기 중 오염 등을 확인하기 위하여 사용한다.

㉥ 전처리바탕시료(Preparation blank sample) : 시료전처리바탕시료(sample preparation blank) 또는 시료보관바탕시료(sample bank blank)라고도 하며, 교환, 혼합, 분취 등 시료를 분석하기 위한 다양한 전처리 과정에 대한 바탕시료이므로 전처리에 사용되는 기구(교반기, 믹서 등등)에서 발생할 수 있는 오염을 확인하기 위한 바탕시료이다.

㉦ 매질바탕시료(Matrix blank sample) : 시료매질에 존재할 수 있는 물질에 대한 평가로 시료매질은 물만을 지칭하는 것이 아니며, 대기 시료 중의 입자, 폐수나 토양 시료 중의 유기용매 등을 지칭하기도 하며 일반적으로 방법바탕시료와 유사하다. 매질바탕시료는 보통 분석에 문제가 발생하였을 때 이를 교정하기 위한 다양한 바탕시료 중의 하나이다.

㉧ 검정곡선바탕시료(Calibration blank sample) : 기기바탕시료(instrument blank)라 하기도 하며, 분석장비의 바탕값을 평가하기 위한 것으로서 측정 성분이 포함되지 않은 용매를 시료와 같은 용량의 산(전처리)을 주입하여 측정하며, 장비와 시료 관리에 대해 평가할 수 있다.

28 **악취분야의 정도관리에 대한 설명으로 틀린 것은?** [제10회 2차 5번]

① 현장바탕시료값이 조작바탕시료 값보다 클 경우에는 측정값에서 조작바탕시료값을 빼서 농도를 계산한다.

② 현장바탕시료값이 조작바탕시료 값보다 작으면 시료 운반과정에서 오염은 무시할 수 있는 것을 나타낸다.

③ 시료가 극히 고농도이기 때문에 오염이 있어도 문제가 되지 않는다고 판단되는 경우에는 현장 바탕시료의 확인을 생략할 수 있다.

④ 시료의 이송 중에 오염의 유무를 판단하기 위하여 현장바탕시료를 채취하여 시험한다.

☑ **해설** ① 핵심포인트 1.④ 참고

핵심포인트

1. 악취공정시험기준/ES 09002.a 정도관리 유의사항/현장바탕시료값의 측정과 측정값의 보정

① 현장바탕시료 시험은 시료채취 준비 시부터 시료분석 시까지의 오염의 유무를 확인하기 위한 것으로, 시료채취 조작 이외에는 시료와 똑같이 취급하여 운반한 것을 분석했을 때의 값을 현장바탕시료 값이라고 한다.

② 현장바탕시료는 일련의 시료채취에 있어서 시료수의 10 % 정도 빈도로, 적어도 3개 시료 이상을 준비하여 측정한 다음, 평균값(e) 및 표준편차(s)를 구해 다음과 같이 측정값을 보정한다.

③ 이송 중에 오염이 없는 경우(현장바탕시료 값 < 조작바탕시료 값)
현장바탕시료 값의 평균(e)이 조작바탕시료 값(a)과 동등하다고 간주할 수 있을($a \fallingdotseq e$)시에는 이송 중의 오염은 무시할 수 있으므로 측정값으로부터 조작바탕시료 값(a)을 공제하여 농도를 계산한다.

④ 이송 중에 오염이 있는 경우(현장바탕시료 값 > 조작바탕시료 값)

㉠ 현장바탕시료 값을 측정했을 때의 표준편차(s)로 부터 구한 정량한계 값($10s$)의 배출가스 농도를 환산한 값(f)이 억제 기준값의 1/10(c) 이하($f < c$)일 때에는, 측정값으로부터 현장 바탕시료 값의 평균(e)을 공제해 농도를 계산한다.

㉡ 현장바탕시료 값에 의한 정량한계 값(f)이 억제 기준값의 1/10(c)보다 크고($f > c$), 시료의 측정값(d)이 현장바탕시료 값의 평균(e)의 정량한계 값 이상(f)일 때($d \geq f$)에는, 측정값(d)으로부터 현장바탕시료 값의 평균(e)을 공제해 농도를 계산한다.

㉢ 현장바탕시료 값에 의한 정량한계 값(f)이 억제 기준값의 1/10(c)보다 크고($f > c$), 시료의 측정값(d)이 현장바탕시료 값에 의한 정량한계 값(f)보다 작은($d < f$) 경우에는 측정값의 신뢰성에 문제가 있으므로, 이와 같은 경우 원칙적으로 잘못된 측정으로 취급하여, 오염의 원인을 발견하여 없앤 후 다시 시료를 채취한다.

㉣ 시료가스가 극히 고농도로 오염되어 있어서 문제가 되지 않는다고 생각되는 경우, 현장바탕시료의 확인을 생략할 수 있다.

㉤ 시료채취 및 분석·측정에서의 종합적인 신뢰성을 확보하기 위해 동일조건으로 채취한 2곳 이상의 시료에 대해서 똑같이 분석하고, 정량한계 이상농도의 측정대상물질에 대해 양자의 차가 30 % 이하임을 확인한다.

㉥ 차가 클 때는 측정값의 신뢰성에 문제가 있기 때문에 원칙적으로 잘못된 측정으로 취급한다. 이와 같은 경우에는 채취유속, 계의 누설유무, 분석기기의 안정성 등 여러 가지 필요사항에 대해 점검, 개선한 후, 다시 한 번 시료를 측정한다.

정답 28 ①

29 **시험분석 용어에 대한 정의가 틀린 것은?** [제10회 2번]

① 검정곡선(calibration curve) : 시료의 측정 항목 농도를 계산하기 위해 기지 표준물질을 해당 분석 방법으로 측정 분석하여 농도와 반응을 나타낸 곡선
② 바탕시료(blanks) : 측정 항목이 포함되지 않은 기준 시료를 의미하며 측정 분석의 오염 확인과 이상 유무를 확인하기 위해 사용
③ 이중시료(duplicate sample) : 둘 또는 그 이상의 시료로서 같은 지점에서 동일한 시간에 동일한 방법으로 채취된 시료
④ 대체표준물질(surrogates) : 화학적 시험 측정항목과 비슷한 성분이나 일반적으로 환경시료에서는 발견되지 않음

☑ **해설** ③ 핵심포인트 1.① 참고 ; ③은 반복시료에 대한 내용이다. 이중시료는 핵심포인트 1.② 참고

30 **분석 결과의 정도보증을 위한 절차 중 기기에 대한 검증을 할 때 필요한 시료가 아닌 것은?** [제2회 23번]

① 인증표준물질(CRM)
② 바탕시료(blanks)
③ 반복시료(replicate sample)
④ 표준물질(standards)

☑ **해설** ③ 핵심포인트 1.① 참고 ; ③은 시료의 대표성에 관한 내용이다.

31 **반복시료**(replicate sample)**에 대한 설명이 틀린 것은?** [제7회 10번]

① 둘 또는 그 이상의 시료를 같은 지점에서 동일한 시각에 동일한 방법으로 채취한 것을 말한다.
② 반복시료를 분석한 결과로 시료의 대표성을 평가한다.
③ 시료가 단지 두 개만 채취되었다면 이를 분할시료(split sample)라고 한다.
④ 현장에서의 자연적인 차이와 현장 시료채취 방법상의 차이를 찾는데 사용 할 수 있다.

☑ **해설** ③ 핵심포인트 1.① 참고 ; 분할시료는 핵심포인트 1.③ 참고

32 **현장이중시료**(field duplicate sample)**를 가장 정확하게 표현한 것은?** [제2회 15번]

① 동일한 시각, 동일한 장소에서 2개 이상 채취된 시료
② 두 개 또는 그 이상의 시료를 같은 지점에서 동일한 방법으로 채취한 것으로서, 같은 방법을 써서 독립적으로 채취한 시료
③ 하나의 시료로서, 각각 다른 분석자 또는 분석실로 공급하고자 둘 또는 그 이상의 시료를 나눠 담은 시료
④ 관심이 있는 항목에 속하는 물질을 가하여 그 농도를 알고 있는 시료

☑ **해설** ② 핵심포인트 1.① 참고, ③ 핵심포인트 1.③ 참고, ④ 34번~35번 문제 핵심포인트 1.① 참고

정답 29 ③ 30 ③ 31 ③ 32 ①

33 시료에 대한 설명으로 틀린 것은? [제8회 34번]

① 바탕시료는 동일한 환경조건에서 대표성을 갖는다.
② 반복시료는 둘 또는 그 이상의 시료를 같은 지점에서 동일한 시각에 동일한 방법으로 채취된 것을 말한다.
③ 이중시료는 한 개의 시료를 두 개(또는 그 이상)의 시료로 나누어 동일한 조건에서 측정하여 그 차이를 확인하는 것으로 분석의 오차를 평가한다.
④ 분할시료는 하나의 시료가 각각의 다른 분석자 또는 분석실로 공급되기 위해 둘 또는 그 이상의 시료용기에 나누어진 것을 말한다.

☑ **해설** ① 대표성은 시료 채취에 있어서 중요한 요소이다.

핵심포인트

1. 정도관리/1.3 용어정의/1.3.2 시료

① 반복시료(Replicate sample) : 둘 또는 그 이상의 시료를 같은 지점에서 동일한 시각에 동일한 방법으로 채취된 것을 말하며, 동일한 방법으로 독립적으로 분석되고, 반복시료를 분석한 결과로 시료의 대표성을 평가한다. 시료가 2개만 채취되었을 경우 이중시료라고 하며, 이중 시료는 동일한 환경조건에서 대표성을 갖는다. 현장에서의 자연적인 차이와 현장 시료채취 방법상의 차이를 찾는데 사용할 수 있다.

② 이중시료(Duplicate sample) : 한 개의 시료를 두 개(또는 그 이상)의 시료로 나누어 동일한 조건에서 측정하여 그 차이를 확인하는 것으로 분석의 오차를 평가하며, 사용 목적에 따라 현장이중시료, 눈가림현장이중시료, 정도관리용 이중시료로 구분할 수 있다.
㉠ 현장이중시료(Field duplicate sample) : 시료 분석에 있어서 반복성을 평가할 수 있는 시료로서 같은 지역에서 같은 시간대에 수집한 시료 또는 같은 시간에 준비되고 분석되는 같은 시료의 나눔을 의미하며, 각각의 독립적인 시료채취 동안 최소한 한 개의 시료 혹은 시료의 10 %는 이중시료 분석을 위해 수집해야 한다.
㉡ 눈가림현장이중시료(Blind field duplicate sample) : 동일한 시각에 동일한 장소에서 채취된 이중시료이지만 별도의 시료로서 관리·분석되지 않기 때문에 분석자는 이것이 이중시료라는 것을 인식하지 못하므로 분석자의 분석 정밀도를 평가 할 수 있는 시료이다.

③ 분할시료(Split sample) : 하나의 시료가 각각의 다른 분석자 또는 분석실로 공급되기 위해 둘 또는 그 이상의 시료용기에 나누어진 것을 의미하며 분석자간 또는 실험실간의 분석 정밀도를 평가하거나 시험방법의 재현성을 평가하기 위해 사용되며 여러 개의 시료로 나뉘기 전에 충분히 혼합되어야 한다.
㉠ 현장분할시료(Field split sample) : 시료채취 현장에서 분리되어지는 것으로 분석의 정확도와 시료채취의 정확도를 위해 분석된다.
㉡ 실험실분할시료(Lab split sample) : 분석실에서 분리된 것을 말하며, 분석 정확도를 위해 분석된다.
㉢ 눈가림현장분할시료(Blind field split sample) : 현장에서의 시료분할과 내용에 대한 설명 없이 주어진 시료를 말한다.

34 첨가시료에 대한 내용으로 틀린 것은? [제3회 17번]

① 관심을 갖는 항목의 물질을 가하는 것으로 농도를 알고 있는 시료이다.
② 첨가물질의 회수율로 분석 정확도를 판단할 수 있다.
③ 일반적으로 고농도의 저장 용액을 그대로 주입하거나 묽혀서 주입한다.
④ 실험실에서 준비된 첨가시료는 실험실의 준비 및 분석에 대한 영향을 반영한다.

☑ **해설** ④ 핵심포인트 1.① 참고

정답 33 ① 34 ④

35 **실험실 첨가시료 분석 시 매질첨가(matrix spike)의 내용 중 잘못된 것은?** [제3회 11번], [제9회 3번]

① 실험실은 시료의 매질간섭을 확인하기 위하여 일정한 범위의 시료에 대해 측정항목 오염물질을 첨가하여야 한다.

② 첨가농도는 시험방법에서 특별히 제시하지 않은 경우 검증하기 위해 선택한 시료의 배경농도 이하여야 한다.

③ 만일 시료 농도를 모르거나 농도가 검출한계 이하일 경우 분석자는 적절한 농도를 선택해야 한다.

④ 매질첨가 회수율에 대한 관리 기준을 설정하여 측정의 정확성을 검증하여야 한다.

☑ **해설** ② 핵심포인트 1. ① 참고 ; 매질첨가시료는 시료의 매질 간섭을 확인하기 위하여 분석하고자 하는 성분을 포함하지 않은 매질에 분석하고자 하는 물질의 알고 있는 양을 주입한 시료이다.

핵심포인트

1. 정도관리/1.3 용어정의/1.3.2 시료

① 첨가시료(Spiked sample) : 관심을 갖고 있는 항목의 물질을 첨가한 농도를 알고 있는 시료로서 정확도 확인에 이용되며, 이 시료를 만들기 위해 통상 소량의 고농도 저장용액(stock solution)이 주입되며 분석 전에 시료용기 내에서 완전히 혼합시킨다. 첨가용 용액은 저장용액의 농도가 원 시료 농도의 약 3배~5배 정도가 되도록 한다. 첨가 용액은 시료를 준비하기 전에 주입되어야 하며, 이 시료가 현장에서 만들어진다면 그 분석결과는 시료의 저장, 운송, 실험실의 준비 및 분석에 대한 영향을 반영하고, 실험실에서 준비된다면 관심을 갖고 있는 항목의 물질을 가한 때부터 분석에 이르기까지의 영향을 반영한다. 첨가물질의 회수율(%)은 분석 정확도의 계산에 이용되며, 첨가용액은 아래와 같은 방식으로 그 양이 계산되어 시료에 주입된다.

$C_1V_1 = C_2V_2$	C_1 : 첨가 용액의 농도 V_1 : 첨가 용액의 양 C_2 : 원하는 첨가시료의 농도 V_2 : 원하는 시료의 양

㉠ 시약첨가시료(Reagent spike sample) : 분석하고자 하는 물질이 없는 물에 분석하고자 하는 물질을 추가하기도 하는데 이때 첨가하는 것을 시약첨가시료라 하며, 일반 시료와 같은 방법으로 준비한다.

㉡ 현장첨가시료(Field spiked sample) : 시료매질로부터 간섭물질을 포함한 분석 시스템의 수행내용을 검증하기 위해 사용하며, 현장준비와 실험실로의 운반은 일반시료와 비슷하게 취급하고 별도의 시료명을 기입한다.

36 **시료분석 결과의 정도보증을 위한 정도관리 절차 중 실험실 검증 시료에 관한 설명으로 맞는 것은?** [제3회 26번]

① 실험실 검증 시료(laboratory fortified sample)란 실험실에서 분석자와 시험방법에 의해 계획되고, 특수한 정도보증 확보를 위해 수행된다.

② 만일 시험방법 수행에서 검정 표준물질에 의해 어떠한 문제가 발생할 경우, 다른 실험실 관리 시료와의 비교 측정분석을 통해 개선 작업이 이루어져야 한다.

③ 실험실 관리 시료(laboratory control sample)는 최소한 매분기에 한 번씩 실험실의 시험항목 측정분석 중에 수행해야 한다.

④ 권장하는 실험실 관리 시료는 인증표준물질을 사용하는 것을 말하며, 시험수행 1시료군 측정분석마다 1회 이상 측정 분석한다.

정답 35 ② 36 ④

☑ **해설** ①, ② 실험실 관리시료에 대한 내용이다. ③ 기간보다는 시료의 종류별 수량에 따라 수행한다(예시: 20개마다 1개 이상)

37 실험실 관리시료(Laboratory Control Samples)에 대한 설명으로 적절하지 않은 것은?

[제2회 21번], [제6회 23번]

① 최소한 한 달에 한 번씩은 실험실의 시험항목을 측정분석 중에 수행해야 한다.
② 권장하는 실험실 관리시료에는 기준표준물질, 인증표준물질이 있다.
③ 실험실 관리시료를 확인하기 위해 검정에 사용하는 표준물질의 안정성을 확인할 수 있다.
④ 검정표준물질에 의해 어떠한 문제가 발생할 경우, 실험실 관리시료를 즉시 폐기한다.

☑ **해설** ① 핵심포인트 1.① ㉣ 참고 ; 기간보다는 시료의 종류별 수량에 따라 수행한다(예시: 20개마다 1개 이상)

핵심포인트

1. 정도관리/1.3 용어정의/1.3.2 시료

① **정도관리를 위한 첨가시료** : 시험기관은 시험·검사 하는 모든 일상의 시료들과 그 외의 시료들에 대해서 정확도를 검증해야 하며, 검증 결과가 설정된 관리 기준을 벗어난다면 시료의 시험결과는 매질의 영향을 받는다고 할 수 있으므로 이러한 영향을 최소화 할 수 있는 방법을 모색하여 올바른 시험·검사를 수행 할 수 있도록 관리해야 하며, 이 검증은 첨가시료로 평가할 수 있다. 첨가시료에는 실험실첨가시료(LFS), 실험실매질첨가이중시료(LFSM), 실험실매질첨가이중시료(LFSMD), 내부표준물질, 대체표준물질 등이 있다.

㉠ 실험실첨가시료(LFS, Laboratory fortified sample) : 용매(일반적으로 정제수)에 분석하고자 하는 성분의 물질을 일정량 주입한 시료로서 첨가바탕시료(spiked blank)라고도 하며, 실험과정의 정확도와 성분의 회수율 평가를 목적으로 사용하고 방법검출한계(MDL)의 약 10배 또는 기기검출한계(IDL)의 약 100배 농도를 넣는 것이 바람직하다.

㉡ 실험실매질첨가시료(LFSM, Laboratory fortified sample matrix) : 시료의 매질 간섭을 확인하기 위해 분석하고자 하는 성분을 포함하지 않은 매질에 분석하고자 하는 물질의 알고 있는 양을 주입한 시료로 분석하고자 하는 성분을 포함하지 않은 매질을 확보하기 어려운 경우 환경시료 중의 하나를 선택하여 사용한다. 주입량은 방법검출한계(MDL)의 약 10배 또는 기기검출한계(IDL)의 약 100배 농도를 넣는 것이 바람직하다.

㉢ 실험실매질첨가이중시료(LFSMD, Laboratory fortified sample matrix duplicate) : 실험실매질첨가시료와 같은 방법으로 1개 또는 그 이상으로 준비한 시료로서, 실험과정의 반복성과 매질 간섭의 반복성을 확인하기 위해 사용한다.

㉣ 실험실관리시료(LCS, Laboratory control sample) : 검정곡선을 비롯한 모든 정도관리 수행에 사용하는 표준물질의 정확도를 평가하기 위해 사용되며, 반드시 검정곡선 또는 정도관리 수행에 사용한 표준물질의 제조사와 다른 제조사 또는 기관의 표준물질을 사용하여 검정곡선, 정도관리에 사용한 표준물질을 교차 확인해야 한다. 방법검출한계의 3배~10배 또는 검정 표준용액의 중간 농도로 실험실관리시료를 제조하여 일상적인 시료의 시험·검사와 같이 수행한다. 실험실 또는 분석자는 주기적인 실험실관리시료의 분석 계획을 수립하고 계획에 따라 수행해야 하며, 분석 정도관리 결과가 관리기준을 벗어났거나 표준물질이 의심스러울 때 즉시 수행하고, 수행 결과에 대해 정확도와 정밀도를 계산하여 관리차트를 작성한다.

38 **검정은 초기검정과 수시검정으로 구분되는데 이 중 초기검정에 대한 설명으로 틀린 것은?** [제7회 9번], [제9회 24번], [제10회 21번]

① 분석대상 표준물질의 최소 3개 농도를 가지고 초기검정을 수행하며 가장 낮은 농도는 최소 정량한계값 이상이어야 한다.
② 감응인자 또는 검정인자가 사용된다면 각각의 분석물질에 대한 상대표준편차가 20 % 이하이어야 한다.
③ 선형회귀방법을 사용한다면 상관계수는 0.995 이상이어야 한다.
④ 검정곡선은 선형 또는 이차함수일 수 있고 원점을 통과하거나 통과하지 않을 수 있다.

☑ **해설** ① 핵심포인트 1.① ㉠ 참고

39 **검정곡선에 대한 설명으로 틀린 것은?** [제7회 2번], [제9회 7번]

① 검정곡선은 선형 또는 이차함수일 수 있는 원점을 통과하거나 통과하지 않을 수 있다.
② 내부표준물질 검정을 위한 감응인자(response factor), 외부표준물질 검정 또는 검정곡선을 위한 검정인자(calibration factor)에 따라 여러 검정곡선이 있다.
③ 감응인자 또는 검정인자가 사용된다면, 각각의 분석물질에 대한 상대표준편차(RSD)는 10 % 이하여야 한다.
④ 검정범위에 따라 검정곡선을 작성한 다음 검정곡선에 대한 상관관계를 산출하여 0.9998을 초과해야 한다.

☑ **해설** ③ 핵심포인트 1.① ㉡ 참고, ④ 핵심포인트 1.① ㉢ 참고

핵심포인트

1. 정도관리/1.3 용어정의/ 1.3.3 분석

① 초기 검정
㉠ 분석대상 표준물질에 대하여 최소 5개 농도를 가지고 초기검정을 수행하며 가장 낮은 농도는 최소 정량한계(LOQ, Limit of quantification)이어야 하고, 가장 높은 농도는 정량범위의 가장 높은 농도이거나 그와 비슷한 농도이어야 한다.
㉡ 검정곡선은 선형 또는 이차함수일 수 있고 원점을 통과하거나 통과하지 않을 수 있고, 내부표준물질 검정을 위한 감응인자(response factor), 외부표준물질 검정 또는 검정곡선을 위한 검정인자(calibration factor)에 따라 여러 검정곡선이 있으며, 각각의 분석물질에 대한 상대표준편차(RSD)는 20 % 이하이어야 한다.
☞ 한 분석물질의 상대표준편차가 20 % 이상일 경우 시료 정량 전에 직선성의 부족 원인을 확인하고 보정한다.
㉢ 선형회귀방법을 사용한다면 상관계수는 0.995 이상이어야 하며, 검정곡선이 작성되었다면 검정곡선을 사용하여 각각의 검정 점들을 다시 계산하여 그 값들은 ±20 % 이내에 존재하여야 한다.

40 **정도관리 절차에 대한 설명으로 틀린 것은?** [제2회 17번]

① 기기에 대한 검증으로, 검정곡선(calibration curve)은 측정분석하는 날마다 매 번 수행한다.
② 시험 방법에 대한 분석자의 능력을 검증하려면 시료 측정분석 시작 전에 초기능력검증(IDC, Initial Demonstration of Capability)을 수행한다.

정답 38 ① 39 ③, ④ 40 ④

③ 시료분석능력에 대한 정도관리를 위해 검정곡선 확인절차를 수립 운영한다.
④ 시료분석 결과에 대한 정도검증을 위해 실험실검증시료(LFS, Laboratory Fortified Sample) 분석을 수행한다.

☑ **해설** ④ 시험·검사 수행시 전처리과정에서 사용 초자와 분석기기의 이상유무와 측정 오염물질의 오염·손실을 평가하기 위해 실험실 검증시료를 분석한다.

41 정도관리 절차에 대한 설명으로 틀린 것은? [제8회 26번]

① 검정곡선(calibration curve)은 시료의 분석 시마다 새로 작성한다.
② 시험 방법에 대한 분석자의 능력을 검증하려면 시료 측정분석 시작 전에 초기능력검증(IDC, initial demonstration of capability)을 수행한다.
③ 시료분석능력에 대한 정도관리를 위해 검정곡선 확인절차를 수립 운영한다.
④ 시료의 등방성을 검증하기 위해 실험실검증시료(LFS, laboratory fortified sample) 분석을 수행한다.

☑ **해설** ④ 시험·검사 수행시 전처리과정에서 사용 초자와 분석기기의 이상유무와 측정 오염물질의 오염·손실을 평가하기 위해 실험실 검증시료를 분석한다.

42 검정곡선에 대한 설명으로 옳지 않은 것은? [제2회 20번]

① 검정 표준물질은 반드시 실험실 관리 시료 표준물질과 같은 제조사에서 만든 것이어야 한다.
② 검정곡선은 하나의 시료군(batch)의 측정 분석이 부득이하게 3일 이상 지속된다면 검정곡선을 새로 작성한다.
③ 오염물질 측정 분석에 사용하는 검정곡선은 정도관리 시료와 실제 시료에 존재하는 오염물질의 농도 범위를 모두 포함해야 한다.
④ 초기 능력 검증 또는 시험 방법 검증을 통하여 시험 결과의 정밀도를 판정하고, 그 결과에 비례하여 검정곡선 작성을 위한 표준물질의 수를 정하기도 한다.

☑ **해설** ① 핵심포인트 1. ① ㉤ 참고

43 검정곡선에 관한 설명 중 틀린 것은? [제3회 22번]

① 몇몇 무기물질 시험 방법은 각 오염물질 바탕시료와 최소한 표준물질 3개 단계별 농도를 권장하고 있다.
② 정밀도가 낮은 측정기기나 오염 농도가 높은 시료는 검정곡선 범위에 포함되도록 조작하고 농축 또는 희석하여 분석한다.
③ 일반적으로 검정곡선은 시료를 분석한 직후에 다시 작성해 놓고 다음 분석에 사용한다.
④ 기체 크로마토그래프를 사용하는 시험에서 검정곡선의 작성은 최소한 표준물질 5개 단계별 농도를 사용하여 검정곡선을 작성한다.

☑ **해설** ③ 핵심포인트 1. ① ㉡ ㉢ 참고

정답 41 ④ 42 ① 43 ③

44 검정곡선에 대한 설명으로 틀린 것은? [제10회 29번]

① 시료를 분석할 때 마다 매번 새로 작성해야 한다.
② 표준물질을 사용하여 단계별 농도를 작성한다.
③ 시료의 농도범위를 모두 포함 할 수 있어야 한다.
④ 상관계수는 0에 가까울수록 좋다.

☑ **해설** ④ 핵심포인트 1. ① ㈆ 참고

핵심포인트

1. 정도관리/1.3 용어정의/1.3.3 분석

① 검정곡선(Calibration curve)
㉠ 지시값과 이에 해당하는 측정값 사이의 관계를 나타내는 표현으로 검정곡선은 일대일관계를 나타내며, 측정불확도에 관한 정보는 포함하지 않는다.
㉡ 검정곡선은 반드시 시료의 분석 시 마다 새로 작성하여야 하며, 부득이 이를 수행하지 못할 경우 해당 시험법의 설명을 따른다.
㉢ 시험방법에 검정곡선에 대한 요구사항이 구체적으로 제시되어 있지 않다면 검정곡선은 시료를 분석할 때마다 매번 작성하여야 하며, 부득이하게 한 개 시료군(batch)의 분석이 하루를 넘길 경우라도 가능한 2일을 초과하지 않아야 하고, 3일 이상 초과한다면 검정곡선을 새로 작성하여야 한다.
㉣ 오염물질 분석에 사용할 검정곡선은 정도관리 시료와 실제 시료에 존재하는 오염물질 농도 범위를 모두 포함 할 수 있는 범위여야 한다.
㉤ 검정표준물질은 실험실관리시료(LCS) 표준물질과 다른 제조사여야 한다.
㉥ 초기능력검증(IDC, Initial demonstration of capability) 또는 시험방법 검증을 통해 시험결과의 정밀도에 비례하여 검정곡선 작성을 위한 표준물질 수를 정하기도 한다.
㉦ 검정곡선의 상관계수는 1에 가까울수록 좋으며 0.999 이상되어야 하고, 0.9998 이상이 바람직하다.

② 초기능력검증(IDC, Initial demonstration of capability)
㉠ 처음 시험·검사를 시작하는 분석자, 처음 수행하는 시험방법, 처음 사용하는 분석기기에 대해 실제 시료의 시험·검사를 시작하기에 앞서 반드시 초기능력검증을 수행하여야 한다.
㉡ 분석자의 교체, 시험방법의 변경, 분석장비의 교체와 같은 중요한 변경 사항이 발생하는 경우에도 초기능력검증을 실시하여야 한다.

45 GC/MS 분석시 검정곡선 작성을 위해 권장되는 상대표준편차에 따른 표준물질 최소 측정점 수가 바른 것은? [제7회 33번]

	상대표준편차(RSD)	검정곡선 작성을 위한 표준물질 최소 측정점
㉮	0~2 미만	1
㉯	2~10 미만	5
㉰	10~25 미만	10
㉱	25 이상	15

① ㉮ ② ㉯
③ ㉰ ④ ㉱

☑ **해설** ②, ③, ④ 핵심포인트 1. <표> 2~4 참고

정답 44 ④ 45 ①

46 GC/MS **분석시 검정곡선을 작성하기 위한 최소 측정점이 옳은 것은?** [제9회 31번]

상대표준편차 2 ~ 10 미만

① 1 ② 3
③ 5 ④ 7

☑ **해설** ② 핵심포인트 1. <표> 2 참고

핵심포인트

1. 정도관리/1.3 용어정의/1.3.3 분석

〈표〉 GC/MS 분석시 검정곡선을 작성하기 위한 최소 측정점※

순번	상대표준편차(RSD)	검정곡선 작성을 위한 표준물질 최소 측정점
1	0 이상 ~ 2 미만	1
2	2 이상 ~ 10 미만	3
3	10 이상 ~ 25 미만	5
4	25 이상	7

※ Tenth Annual Analytical Symposium, USEPA, 1987

47 **검정곡선검증**(calibration curve verification)**에 대한 설명으로 가장 적합한 것은?** [제2회 13번]

① 검정곡선검증에는 회귀분석법을 이용하는 것이 가장 효과적이다.
② 검정곡선검증은 검정곡선을 위해 사용된 표준물질을 시료 분석 과정에서 재측정하여 분석조건의 변화를 확인하는 것이다.
③ 검정곡선의 직선성은 결정계수(R^2)로 확인할 수 있다.
④ 시료에 따라 다소 다르지만 일반적으로 1시료군(batch) 2회 이상 검정곡선검증을 수행함이 원칙이다.

☑ **해설** ① 핵심포인트 1.① ㉡ 참고, ③ 핵심포인트 1.① ㉢ 참고, ④ 핵심포인트 1.① ㉣ 참고

핵심포인트

1. 정도관리/1.3 용어정의/1.3.3 분석

① 검정곡선검증(CCV, calibration curve verification)
㉠ 측정장비와 시험방법의 검정곡선 확인을 위해 시료 분석시마다 실시한다.
㉡ 필요한 시료는 바탕시료와 측정항목의 표준물질 한 개 농도로 최소 2개 시료(예, method blank와 1개의 standard)로 검증해야 한다.
㉢ 모든 확인은 시료의 분석 이전에 수행하여 시스템을 재검정하고 검정결과는 시험방법에 명시되어 있는 자세한 관리기준 이내여야 하며, 관리기준은 일반적으로 (90~110) %이다.
㉣ 실험 수행 중에는 초기 검정곡선 확인 이후 주기적으로 검정곡선검증을 실시하며, 최초 검정곡선검증용 표준시료를 시료 10개 또는 20개 단위로 검증하거나 시료군(batch)별로 실시한다.
㉤ 특별히 분석시간이 긴 경우는 8시간 간격으로 실시하며, 검정곡선 확인은 실험실의 능력에 맞는 주기를 선택하여 검정곡선 확인절차를 수립하여 운영한다.
㉥ 기준값을 초과한 경우는 다시 검정곡선을 작성하며, 이상이 발견되지 않는 경우에 검정곡선 검증 이후시료부터 다시 분석한다.

정답 46 ② 47 ②

48 **기기검출한계(IDL)에 대한 설명이 틀린 것은?** [제5회 14번]

① 내부표준물질을 사용하여 7회 반복 측정한 값으로부터 구한다.
② 신호(S)/잡음(N)의 비가 2배 ~ 5배인 농도이다.
③ 기기 제조사에서 제시한 검출 한계 값으로 대신 사용할 수 있다.
④ 바탕 시료를 반복 측정한 표준 편차의 3배에 해당하는 농도이다.

☑ **해설** ① 핵심포인트 1. ① ㉣ 참고, ②·③·④ 핵심포인트 1. ① ㉢ 참고

49 **기기검출한계에 대한 설명으로 옳은 것은?** [제8회 29번]

① 분석장비의 검출한계를 구하기 위하여 일반적으로 신호대잡음비(S/N ratio) 2배~5배 농도이다.
② 바탕시료를 반복 측정한 결과의 평균에 해당되는 농도이다.
③ 매질에 포함된 측정항목의 검출 가능한 최저 농도로 기기별로 동일하다.
④ 기기검출한계는 분석항목에 관계없이 항상 일정하다.

☑ **해설** ① 핵심포인트 1.① ㉢ 참고

50 **괄호 안에 들어갈 것을 차례대로 제시하면?** [제5회 33번]

> 방법 검출 한계를 설정하기 위해서는 검출 한계에 다다를 것으로 생각되는 농도를 ( )번 반복 측정한 후, 이 농도값을 바탕으로 얻은 표준편차에 99 % 신뢰 구간에서의 t 분포값 ( )를 곱한다.

① 7, 3.14
② 6, 4.15
③ 5, 5.16
④ 4, 6.17

☑ **해설** ① 핵심포인트 1. ① ㉣ 참고

51 **정량한계(LOQ, limit of quantification)에 대한 설명으로 틀린 것은?** [제6회 18번], [제7회 3번]

① 검정농도(calibration points)와 질량분광(mass spectra)을 완전히 확인할 수 있는 최소 수준을 말한다.
② 일반적으로 방법검출한계와 동일한 수행 절차에 의해 수립되며 방법검출한계와 같은 낮은 농도 시료 7개~10개를 반복 측정하여 표준편차의 5배에 해당하는 값을 정량한계(LOQ, limit of quantification)로 정의한다.
③ 정량한계(LOQ)의 개념은 시험, 검사시스템에서 가능한 범위에서의 검정농도(calibration points)와 질량분광(mass spectra)을 완전히 확인할 수 있는 최소 수준이다.
④ 최소정량한계(MQL, minimum quantification limit), 최소 수준(minimum level), 최소정량수준(MLQ, minimum level of quantification) 등이 있다.

☑ **해설** ② 핵심포인트 1. ② ㉠ 참고

정답 48 ① 49 ① 50 ① 51 ②

52 시료의 분석 결과에 대한 신뢰성을 부여하기 위한 정도관리와 관련된 용어로 옳지 않은 것은? [제6회 17번]

① 최소정량수준(MLQ)이란 일반적으로 시험 검출 한계와 동일한 수행 절차에 의해 수립되며 시험 검출 한계와 같은 낮은 농도 시료 3개~7개를 반복 측정한 표준편차의 5배에 해당하는 값을 최소 정량 수준으로 정한다.

② 분산(dispersion)이란 측정값의 크기가 가지런하지 않은 것을 말하며, 분산의 크기를 표시하기 위하여 대표적으로 표준편차를 이용한다.

③ 시험검출한계(MDL)란 매질에 포함된 측정 항목의 검출 가능한 최저 농도로 측정 가능하고, 분석 농도가 0보다 분명히 큰 농도로, 신뢰도 99 %를 가진다.

④ 기기검출한계란 일반적으로 S/N비의 2배~5배 농도 또는 바탕시료를 반복 측정 분석한 결과 표준편차의 3배에 해당하는 농도를 말한다.

☑ **해설** ① 핵심포인트 1. ② ㉠ 참고

53 방법검출한계를 예측하는 방법으로 틀린 것은? [제11회 32번]

① 검량범위의 50 % 농도 1개 시료를 7회 반복한 평균값

② 기기의 신호/잡음비의 2.5배~5배에 해당하는 농도

③ 감도에 있어 분명한 변화가 있는 검정 곡선 영역

④ 정제수를 다중 분석한 표준편차 값의 3배 농도

☑ **해설** ① 핵심포인트 1. ① ㉡ 참고 ; ① 검출한계에 다다를 것으로 예상되는 농도로서 0보다 큰 최소농도수준 1개 시료로 7회 반복 측정한 표준편차 값이다.

핵심포인트

1. 정도관리/1.3 용어정의/1.3.3 분석

① 검출한계(LOD, Limit of detection)

㉠ 검출한계란 검출 가능한 최소량을 의미하며, 정량 가능할 필요는 없다. 일반적으로 분석기기에 직접 시료를 주입하여 분석하는 경우엔 기기검출한계(IDL), 전처리 또는 분석과정이 포함된 경우엔 방법검출한계(MDL)로 구분하기도 한다.

㉡ 검출한계 구하는 방법

ⓐ 시각적 평가에 근거하는 방법

ⓑ 신호(signal) 대 잡음(noise)에 근거하는 방법

ⓒ 반응의 표준편차와 검정곡선의 기울기에 근거하는 방법

㉢ 기기검출한계(IDL, Instrument detection limit) : 분석장비의 검출한계는 일반적으로 S/N(signal/noise)비의 2배~5배 농도, 또는 바탕시료에 대한 반복시험·검사결과 표준편차의 3배에 해당하는 농도, 분석장비 제조사에서 제시한 기기검출한계값을 사용할 수 있다.

㉣ 방법검출한계(MDL, Method detection limit) : 어떠한 매질 종류에 측정항목이 포함된 시료를 시험방법에 의해 시험·검사한 결과가 99 % 신뢰수준에서 0보다 분명히 큰 최소 농도로 정의할 수 있으며, 계산은 분석장비, 분석자, 시험방법에 따라 달라질 수 있다.

> 방법검출한계 산정방법 : MDL = $3.143 \times s$
> ☞ 시료의 개수(n)와 신뢰도에 따라서 계수값은 달라지며, 일반적으로 7개 시료에 대한 98 % 신뢰도(one side 99 % 신뢰도)에서는 계수(t 분포값)가 3.143이고, 99 % 신뢰도(one side 99.5 % 신뢰도)에서는 계수(t 분포값)이 3.707이다.

정답 52 ① 53 ①

② 정량한계(LOQ, Limit of quantification)
㉠ 시험·검사시스템에서 검정농도와 질량분광을 완전히 확인할 수 있는 최소수준을 말하며, 일반적으로 방법검출한계와 동일한 수행절차에 의해 수립되며 방법검출한계와 같은 낮은 농도 시료 7개~10개를 반복 측정하여 표준편차의 10배에 해당하는 값으로 정의한다.
㉡ 비슷한 의미로 최소정량한계(MQL, Minimum quantification limit), 최소수준(ML, Minimum level), 최소정량수준(MLQ, Minimum level of quantification) 등이 있다.
③ 분산(Dispersion) : 측정값의 크기가 가지런하지 않은 것을 의미하며, 분산의 크기를 표시하기 위해 대표적으로 표준편차를 이용한다.

54 어떤 매질 종류에 측정항목이 포함된 시료를 시험방법에 의해 측정한 결과가 98 %(one side 99 %) 신뢰수준(student t value = 3.14)에서 0보다 분명히 큰 최소농도로 정의된 방법검출한계(MDL)는 얼마인가? (단, 7회 측정하여 계산된 농도(mg/L)는 0.154, 0.178, 0.166, 0.130, 0.117, 0.178, 0.166인 경우임) [제4회 41번]

① 0.045
② 0.065
③ 0.075
④ 0.085

문제풀이

① 주어진 조건 : 7회 측정 농도(mg/L) 0.154, 0.178, 0.166, 0.130, 0.117, 0.178, 0.166
② 7회 측정값의 표준편차 0.0237
③ 방법검출한계(MDL) : 3.143×표준편차(s) = 3.143×0.0237 = 0.075

55 무게를 측정하기 위하여 7번 반복하여 저울로 다음의 값을 얻었다. 이때 저울의 방법검출한계(MDL)를 구하시오? (단, 신뢰도 98 %에서 자유도 6에 대한 값인 t 분포값은 3.143을 이용하고, 표준편차와 검출한계값은 소수 셋째자리에서 반올림하여 계산하시오) [제6회 49번]

무게 : 5.1, 4.9, 5.0, 4.7, 4.8, 5.2, 5.2(g)

① 0.12 g
② 0.21 g
③ 0.31 g
④ 0.63 g

문제풀이

① 주어진 조건 : 7회 측정 무게 (g) 5.1, 4.9, 5.0, 4.7, 4.8, 5.2, 5.2
② 7회 측정값의 표준편차 : 0.20 (0.19518에서 소수 셋째자리에서 반올림하면 0.20임)
③ 방법검출한계(MDL) : 3.143×표준편차(s) = 3.143×0.20 = 0.63

56 정도관리에 대한 통계적 용어 설명으로 틀린 것은? [제2회 1번], [제6회 42번]

① "중앙값"은 최솟값과 최댓값의 중앙에 해당하는 크기를 가진 측정값 또는 계산값을 말한다.
② "회수율"은 순수 매질 또는 시료 매질에 첨가한 성분의 회수 정도를 %로 표시한다.
③ "상대편차백분율(RPD)"은 측정값의 변이 정도를 나타내며, 두 측정값의 차이를 한 측정값으로 나누어 백분율로 표시한다.

정답 54 ③ 55 ④ 56 ③

④ “방법검출한계(Method Detection Limit)”는 99 % 신뢰수준으로 분석할 수 있는 최소 농도를 말하는데, 시험자나 분석기기 변경처럼 큰 변화가 있을 때마다 확인해야 한다.

☑ **해설** ③ 핵심포인트 <표> 2 ‘상대차이백분율’ 참고

57 정도관리/정도보증(QA/QC)의 통계 용어에 대한 정의로 틀린 것은? [제10회 22번]

① 유효숫자는 측정 결과 등을 나타내는 숫자 중에서 소수점 셋째 자리 이하는 반올림한 숫자이다.

② 상대차이백분율은 관찰값을 수정하기 위한 변이성을 나타내는 값이다.

③ 회수율은 순수 매질에 첨가한 성분의 회수율 또는 시료 매질에 첨가한 성분 회수율이다.

④ 중앙값은 일련의 측정값 중 최소값과 최대값의 중앙에 해당하는 크기를 가진 측정값이다.

☑ **해설** ① 유효숫자; 자료를 반올림할 때 남아있는 자리수를 일컫는다.

핵심포인트

1. 정도관리/1.3 용어정의/1.3.3 분석

〈표〉 QA/QC 관련 내용 및 계산수식

순번	통계	용어	정의	계산
1	중앙값		일련의 측정값 중 최소값과 최대값의 중앙에 해당하는 크기를 가진 측정값	n개 측정값의 오름차순 중 n이 짝수일 경우는 $n/2$번째와 $(n+2)/2$번째의 평균값이며 n이 홀수일 경우는 $(n+1)/2$번째 측정값
2	상대차이 백분율	RPD	관찰값을 수정하기 위한 변이성 측정	$\frac{\lvert x_1 - x_2 \rvert}{\bar{x}} \times 100$, 두 측정값의 차이를 평균으로 나눈 값의 백분율
3	회수율	$\%R$	순수 매질에 첨가한 성분 회수율	$\left(\frac{X_{meas}}{X_{true}}\right) \times 100$
			시료 매질에 첨가한 성분 회수율	$\left(\frac{\text{첨가시료의 농도값} - \text{시료의 농도값}}{\text{첨가시료의 농도값}}\right) \times 100$

58 정밀도와 정확도를 표현하는 방법이 바르게 짝지은 것은? [제2회 16번]

① 정밀도 : 상대표준편차, 정확도 : 변동계수

② 정밀도 : 중앙값, 정확도 : 회수율

③ 정밀도 : 중앙값, 정확도 : 변동계수

④ 정밀도 : 상대표준편차, 정확도 : 회수율

☑ **해설** ④ 핵심포인트 1.① ② 참고

59 분석 결과의 정확도를 평가하기 위한 방법으로 틀린 것은? [제3회 41번], [제9회 2차 21번]

① 회수율 측정 ② 상대표준편차 계산

③ 공인된 방법과의 비교 ④ 표준물질 분석

☑ **해설** ② 핵심포인트 1. ② 참고

정답 57 ① 58 ④ 59 ②

60 검증 방법은 의도한 목적을 위해 받아들일 수 있는 분석 방법을 증명하는 과정이다. 그 중 정밀도(precision)에 대한 설명으로 틀린 것은? [제8회 11번]

① 실제 참값과 반복 시험·검사한 결과의 일치도, 즉 재현성을 의미한다.
② 정밀도는 이중/반복시료 분석에 따라 확인한다.
③ 정밀도는 일반적으로 상대표준편차(RSD, Relative standard deviation)나 변동계수(CV, coefficient of variation)의 계산에 의해 표현된다.
④ 실험실간 정밀도는 같은 사람이 다른 실험실에서 분석하는 경우이다.

☑ **해설** ④ 핵심포인트 1. ② 참고; 재현성(실험실간 정밀도)이란 하나의 균일한 시료에서 채취한 시료를 서로 다른 실험실에서 측정하는 경우의 정밀도를 말한다.

61 실제 참값의 반복 측정 분석한 결과의 일치 정도를 나타내는 용어는? [제5회 5번]

① 정확도(accuracy)
② 정밀도(precision)
③ 오차(error)
④ 분산(dispersion)

☑ **해설** ② 핵심포인트 1. ② 참고

핵심포인트

1. 정도관리/1.3 용어정의/1.3.3 분석

① 정확도(Accuracy)

㉠ 시험·검사결과가 얼마나 참값에 근접하는가를 나타내는 척도로서 임의오차(random error)와 계통오차(systemic error) 요소들을 포함한다.
㉡ 시험·검사결과 값이 참값 또는 기지의 첨가농도와 차이가 나지 않을 때 이 시험·검사는 정확하다고 할 수 있다.
㉢ 정확도는 정제수 또는 시료 매질로부터 %회수율(%R)을 측정하여 평가한다.

$$\%R = \frac{\text{측정값}}{\text{참값}} \times 100\ \% = \frac{\text{첨가값} - \text{비첨가값}}{\text{첨가값}} \times 100\ \%$$

② 정밀도(Precision)

㉠ 실제 참값과 반복 시험·검사한 결과의 일치도, 즉 재현성을 의미하며, 이중/반복시료 분석에 따라 확인한다.
㉡ 정밀도는 일반적으로 상대표준편차(RSD, relative standard deviation)나 변동계수(CV, coefficient of variation)의 계산에 의해 표현된다.

$$RSD = \frac{\text{표준편차}(s)}{\text{표본의 평균}(\bar{x})} \qquad CV(\text{or } \%RSD) = \frac{\text{표준편차}(s)}{\text{표본의 평균}(\bar{x})} \times 100\%$$

62 시료 분석 결과의 정도 보증 방법이 아닌 것은? [제3회 1번], [제4회 30번], [제6회 46번]

① 회수율 검토(Spike recovery test)
② 관리차트(Control Chart)
③ 숙련도 시험(PT, Proficiency test)
④ 시험 방법에 대한 분석자의 능력 검증(IDC, Initial Demonstration of Capability)

☑ **해설** ④ 핵심포인트 1.② 참고

정답 60 ④ 61 ② 62 ④

핵심포인트

1. 정도관리/1.3 용어정의

① 시료 분석 결과의 정도 보증 방법 : 회수율 검토, 관리차트, 숙련도 시험
② 시험 분석자에 대한 능력 검증 : 초기능력검증(IDC, Initial Demonstration of Capability)

63 1 ppm 톨루엔 1 mL를 질소로 희석하여 200 mL를 만든 후 chromosorb에 흡착시켜 열탈착하여 가스크로마토그래프로 4회 반복 측정시켜 200 mL 중 톨루엔의 농도를 구한 결과이다. 분석 정확도(accuracy)는(%)? [제4회 28번]

4.8 ppb, 4.5 ppb, 5.2 ppb, 5.3 ppb

① 95 % ② 97 %
③ 98 % ④ 99 %

문제풀이

1. 정확도(회수율)

① 주어진 조건 : 첨가시료 주입농도 1 ppm ⇒ 200배 희석 5 ppb, 톨루엔 분석농도 : 4.8 ppb, 4.5 ppb, 5.2 ppb, 5.3 ppb ⇒ 평균 4.95 ppb
② 분석정확도(%R) : $\frac{\text{측정값}}{\text{참값}}\times 100\ \% = \frac{4.95}{5.0}\times 100\ \% = 99\ \%$

64 소량 첨가(spike)란 시료에 대한 감응이 교정 곡선에서 예상하는 것과 같은지를 시험하기 위하여 시료에 첨가하는 아는 양의 분석 물질을 지칭한다. 1 L 중에 분석물질이 10 μg 들어 있는 미지 시료에 추가로 5.0 μg/L를 소량 첨가하여 14.6 μg/L를 얻었을 경우 소량 첨가의 회수율(%)은? [제10회 16번]

① 97 % ② 92 %
③ 46 % ④ 102 %

문제풀이

1. 정확도(회수율)

① 주어진 조건 : 미지시료의 농도값 10 μg/L, 첨가농도값 5.0 μg/L, 첨가시료의 농도값 14.6 μg/L
② 분석정확도(% R) : $\frac{\text{첨가시료의 농도값}-\text{시료의 농도값}}{\text{첨가농도값}}\times 100\ \% = \frac{(14.6-10)}{5.0}\times 100\ \% = 92\ \%$

65 괄호 안의 자료들은 실험실에서 5개 시료 용액의 pH값을 측정한 결과이다. 주어진 측정 결과의 상대표준편차(% RSD)를 계산한 결과에 가장 근사한 것은? [제4회 36번]

7.2, 7.4, 7.6, 7.8, 8.0

① 2.16 % ② 4.16 %
③ 6.16 % ④ 8.16 %

정답 63 ④ 64 ② 65 ②

문제풀이

1. 상대표준편차(정밀도)

① 주어진 조건 : 5개 시료 용액의 pH 값 7.2, 7.4, 7.6, 7.8, 8.0

② 평균($\bar{x}$) 7.6, 표준편차(s) 0.316

③ 상대표준편차(% RSD) : $\frac{\text{표준편차}(s)}{\text{표본의 평균}(\bar{x})} \times 100\ \% = \frac{0.316}{7.6} \times 100 = 4.16\ \%$

66 시험 방법에 대한 표준작업절차서(SOP)에 포함되지 않은 것은? [제2회 11번]

① 시약과 표준물질 ② 시험 방법
③ 시료 채취 장소 ④ 시료 보관

☑ 해설 ③ 핵심포인트 1.① ㉠~㉻ 참고 ; 시험 방법에 대한 표준작업절차서에는 시료채취 장소가 포함되지 않는다.

67 시험 방법에 관한 표준작업절차서에 포함되는 내용이 아닌 것은? [제4회 42번]

① 실험자의 경력사항 ② 검출한계
③ 실험실 환경 및 폐기물 관리 ④ 결과분석 및 계산

☑ 해설 ① 핵심포인트 1.① ㉠~㉻ 참고 ; ① 실험실의 경력 사항은 시험 방법에 대한 표준작업절차서에 포함되지 않는다.

핵심포인트

1. 정도관리/1.3 용어정의/1.3.3 분석

① 표준작업절차서(SOPs, Standard operating procedures) : 시험방법에 관한 표준작업절차서는 다음의 내용을 포함하고 있어야 한다.

㉠ 시험방법개요(분석항목 및 적용 가능한 매질)
㉡ 검출한계
㉢ 간섭물질(matrix interference)
㉣ 시험·검사장비(보유하고 있는 기기에 대한 조작)
㉤ 시약과 표준물질(사용하고 있는 표준물질 제조 방법 설정 유효기간)
㉥ 시료관리(시료보관방법 및 분석방법에 따른 전처리 방법)
㉦ 정도관리 방법
㉧ 시험방법 절차
㉨ 결과분석 및 계산
㉩ 시료 분석결과 및 정도관리 결과 평가
㉪ 벗어난 값(outlier)에 대한 시정조치 및 처리절차
㉫ 실험실환경 및 폐기물관리
㉬ 참고자료
㉭ 표, 그림, 도표와 유효성 검증 자료

68 한 항목의 동일한 표준시료의 반복 분석 측정한 결과 농도 대비 감응도가 변하는 것을 그린 것으로서 표준시료분석에 대한 흡광광도계의 흡광치, 크로마토그램의 봉우리 면적에 대한 변화를 나타낸 것은? [제9회 2차 33번]

① 관리차트 ② 검정곡선 작성
③ 검출기 감도 ④ 측정 분석의 재현성

☑ 해설 ① 핵심포인트 1.① 참고

정답 66 ③ 67 ① 68 ①

69 **정확도의 관리기준에서 측정된 물질의 회수율(%)로부터 계산된 평균값이 89.9 %, 표준편차가 2.6 %일 때 상한 경고 기준은 얼마인가?** [제6회 27번]

① 82.1 % ② 84.7 %
③ 95.1 % ④ 97.7 %

문제풀이

1. 상한경고기준

① 주어진 조건 : 평균값 89.9 %, 표준편차 2.6 %
② 상한경고기준 $= m+2s = 89.9\ \% + 2.6\ \% \times 2 = 95.1\ \%$

핵심포인트

1. 정도관리/1.3 용어정의/1.3.3 분석

① 관리차트(Control chart) : 동일한 시험방법 수행에 의해 측정방법을 반복하여 측정 분석한 결과를 시간에 따라 표현한 것으로 통계적으로 계산된 평균선과 한계선도 함께 나타낸다.
㉠ 충분한 자료가 유효해질 때 실험실은 정도보증/정도관리(QA/QC) 지침서나 정도관리(QC) 참고자료에 따라 정도관리 확인 시료의 평균회수율과 표준편차로부터 실험실첨가시료 관리차트를 개발한다.
㉡ 이 자료는 상한관리기준(UCL, upper control limit)과 하향관리기준(LCL, lower control limit) 또는 상한경고기준(UWL, upper warning limit)과 하향경고기준(LWL, lower warning limit) 수립에 사용한다.

상한관리기준 = $m+3s$	상한경고기준 = $m+2s$
하한관리기준 = $m-3s$	하한경고기준 = $m-2s$

70 **20개의 정확도 데이터를 모은 후 계산한 결과, 회수율 평균은 98.9 %, 표준편차는 1.9 %였다. 정확도의 관리기준으로 올바른 것은?** [제9회 34번]

① 경고 기준은 ±102.7 %이다. ② 관리 기준은 104.6 %이다.
③ 상한 경고기준은 102.7 %이다. ④ 하한 관리기준은 95.1 %이다.

☑ **해설** ① 문제풀이 ⑦ 참고, ② 문제풀이 ④ 참고, ④ 문제풀이 ③ 참고

문제풀이

① 주어진 조건 : 평균값 98.9 %, 표준편차 1.9 %
② 상한관리기준 $= m+3s = 98.9\ \% + 1.9\ \% \times 3 = 104.6\ \%$
③ 하한관리기준 $= m-3s = 98.9\ \% - 1.9\ \% \times 3 = 93.2\ \%$
④ 관리기준 = $m \pm 3s = 98.9\% \pm 3 \times 1.9\ \% = 98.9\ \% \pm 5.7\ \%$
⑤ 상한경고기준 $= m+2s = 98.9\ \% + 1.9\ \% \times 2 = 102.7\ \%$
⑥ 하한경고기준 $= m-2s = 98.9\ \% - 1.9\ \% \times 2 = 95.1\ \%$
⑦ 경고기준 = $m \pm 2s = 98.9\% \pm 2 \times 1.9\ \% = 98.9\ \% \pm 3.8\ \%$

71 **오차에 대한 정의가 틀린 것은?** [제5회 8번]

① 개인오차(personal error) : 측정자 개인차에 따라 일어나는 오차
② 계통오차(system error) : 재현 가능하여 어떤 수단에 의해 보정이 가능한 오차. 이것에 따라 측정값의 편차가 발생함

정답 69 ③ 70 ③ 71 ④

③ 우연오차(random error) : 재현 불가능한 것으로 원인을 알 수 없어 보정할 수 없는 오차. 이것으로 인해 측정값의 분산이 생김.
④ 분석오차(analytical error) : 측정기가 나타내는 값에서 나타내야 할 참값을 뺀 값으로 표준기의 수치에서 부여된 수치를 뺀 값

☑ **해설** ④ 핵심포인트 <표> 7 '분석오차' 참고

72 오차에 대한 설명으로 맞지 않는 것은?

[제6회 2번]

① 계통오차(systematic error) : 재현 가능하여 어떤 수단에 의해 보정이 가능한 오차로서 이것에 따라 측정값은 편차가 생긴다.
② 우연오차(random error) : 재현 불가능한 것으로 원인을 알 수 없어 보정할 수 없는 오차이며, 이것으로 인해 측정값의 분산이 생긴다.
③ 기기오차(instrument error) : 계량기 등의 검정시험에 허용되는 공차
④ 방법오차(method error) : 분석의 기초원리가 되는 반응과 시약의 비이상적인 화학적 또는 물리적 행동으로 발생하는 오차로 계통오차에 속한다.

☑ **해설** ③ 핵심포인트 <표> 6 '검정허용오차' 참고

73 정도관리 오차에 관한 설명 중 바르게 짝지어진 것은?

[제3회 19번], [제6회 43번]

㉮ 계량기 등의 검정시에 허용되는 공차(규정된 최댓값과 최솟값의 차) ㉯ 재현 가능하며 어떤 수단에 의해 보정이 가능한 오차, 이것에 따라 측정값은 편차가 생긴다. ㉰ 재현 불가능한 것으로 원인을 알 수 없어 보정할 수 없는 오차이며, 이것으로 인해 측정값은 분산이 생긴다. ㉱ 측정 분석에서 수반되는 오차

① ㉮ 검정허용오차, ㉯ 계통오차, ㉰ 우연오차, ㉱ 분석오차
② ㉮ 검정허용오차, ㉯ 우연오차, ㉰ 계통오차, ㉱ 분석오차
③ ㉮ 분석오차, ㉯ 계통오차, ㉰ 우연오차, ㉱ 검정허용오차
④ ㉮ 우연오차, ㉯ 계통오차, ㉰ 분석오차, ㉱ 검정허용오차

☑ **해설** ① 핵심포인트 1. <표> 참고

74 설명에 대한 옳은 답은?

[제4회 25번]

분석오차 중 가장 심각하며 오차를 최소화하거나 보정이 가능하지 않으며, 측정법의 조건을 개선하지 않는 한 변화시킬 수가 없다. 이에 대한 원인으로는 불순물의 공침, 침전물의 적은 용해도, 부반응, 불완전 반응, 시약 중의 불순물 등이 있다.

① 방법오차
② 조작오차
③ 기기오차
④ 임의오차

정답 72 ③ 73 ① 74 ①

☑ **해설** ① 핵심포인트 1. <표> 4 '방법오차' 참고

75 시료 분석 결과의 신뢰성을 부여하기 위한 정도관리 용어에 대한 설명으로 틀린 것은?

[제11회 3번]

① 바탕 시료는 측정·분석 항목이 포함되지 않은 기준 시료를 의미하며 측정·분석의 오염 확인과 이상 유무를 확인하기 위해 사용한다.

② 계통오차는 재현 불가능한 것으로 원인을 알 수 없어 보정할 수 없는 오차이며 이것에 따라 측정값은 편차가 발생한다.

③ 정확도는 시험·검사결과가 얼마나 참값에 근접하는가를 나타내는 척도로서 임의오차와 계통오차 요소들을 포함한다.

④ 정도보증은 시험·검사결과가 정도목표를 만족하고 있음을 보증하기 위한 제반적인 활동을 말한다.

☑ **해설** ② 핵심포인트 1. <표> 1 '계통오차' 참고 ; ②는 우연오차에 관한 내용이다.

핵심포인트

1. 정도관리/1.3 용어정의/1.3.3 분석

〈표〉 오차(Error)의 종류 및 내용

순번	오차의 종류		내용
1	계통오차(Systematic error)		재현 가능하며 어떤 수단에 의해 보정이 가능한 오차로서 이것에 따라 측정값은 편차가 발생한다.
2	계통오차	개인오차 (Personal error)	측정자 개인차에 따라 일어나는 오차로서 계통오차에 속한다.
3		기기오차 (Instrument error)	측정기가 나타내는 값에서 나타내야 할 참값을 뺀 값으로 표준기의 수치에서 부여된 수치를 뺀 값으로서 계통오차에 속한다.
4		방법오차 (Method error)	분석의 기초원리가 되는 반응과 시약의 비이상적인 화학적 또는 물리적 행동으로 발생하는 오차로 계통오차에 속한다.
5	우연오차 (Random error)		재현 불가능한 것으로 원인을 알 수 없어 보정할 수 없는 오차이며 이것으로 인해 측정값은 분산이 발생한다.
6	검정허용오차 (Verification tolerance)		계량기 등의 검정 시에 허용되는 공차이다. (규정된 최대값과 최소값의 차이)
7	분석오차(Analytical error)		시험·검사에서 수반되는 오차이다.

76 시료의 분석결과에 대한 정도보증을 위해 실험실에서 수행해야 할 사항이 아닌 것은?

[제4회 9번]

① 실험실의 일상적인 분석 정도보증

② 정도관리 시료의 분석결과에 의한 관리차트

③ 분석자의 경험 및 경력보증

④ 숙련도 시험

☑ **해설** ③ 시험방법에 대한 분석자의 능력이 검증되어야 한다.

정답 75 ② 76 ③

핵심포인트

1. 정도관리/1.4 정도보증 계획

정도관리를 위한 종합적인 보증절차를 통해 분석결과의 신뢰성을 확보할 수 있으며, 정도관리 절차는 다음과 같이 구성된다.

① 시험방법에 대한 검증
② 기기에 대한 검증
③ 시험방법에 대한 분석자의 능력 검증
④ 시료분석에 대한 정도관리
⑤ 시료분석 결과에 대한 정도보증

77 시료채취에 대한 설명으로 틀린 것은? [제8회 33번]

① 시료채취는 실험실에서 다루기 쉽고, 그 조성이 시료 전체 물질의 대표성을 나타낼 수 있도록 시료 전체 물질의 크기를 줄이는 과정을 말한다.
② 전체물질에서 시료를 취하는 단계로서 모집단의 확인－대표시료 모으기－실험실 시료만들기로 이루어지는 것이 일반적이다.
③ 대표시료는 화학조성에서 뿐만 아니라 조성입자들의 크기분포에서도 전체를 대표하여야 한다.
④ 시료를 취할 때 발생하는 오차는 분석에 관련된 다른 불확정성과 밀접한 관계를 가지며 적절한 관리를 통하여 없앨 수 있다.

☑ **해설** ④ 핵심포인트 1. ② 참고 ; 조절할 수 없는 변수 때문에 발생하는 우연오차, 불가측오차 등은 항상 존재하여 없앨 수 없다.

핵심포인트

1. 정도관리/1.4 정도보증 계획/1.4.1 실험실 정도보증 계획

① 환경 모니터링 프로젝트에서 연구의 전체 오차는 시료채취 계획 에러와 시료 고유의 공간적 변동성에 영향을 미치는 시료채취단위간 변동성과 시료채취, 분석, 데이터 처리에 기인하는 시료채취 단위내 변동성으로 분류한다.
② 우연오차 또는 불가측오차 : 측정할 때 조절할 수 없는 변수 때문에 발생하여, 양의 값을 가지거나 음의 값을 가질 확률은 같고, 항상 존재하여 보정할 수 없다.

78 시료분석 업무에서 시험방법에 대한 분석자의 능력을 확인하기 위한 분석과정이 아닌 것은? [제9회 2차 7번]

① 교정 ② 정확도
③ 정밀도 ④ 방법검출한계(MDL)

☑ **해설** ① 핵심포인트 1. <표> 1 참고 ; 교정은 기기에 대한 검증방법이다.

정답 77 ④ 78 ①

79 **기기의 성능 검증에 이용될 수 있는 것은?** [제5회 38번]

① 검정 확인(calibration verification)
② 시험 검출 한계 시험(method detection limit)
③ 반복시료(replicate sample)
④ 표준작업 절차 작성(SOP 작성)

☑ **해설** ① 핵심포인트 1. <표> 1 '기기에 대한 검증' 참고 ; 기기에 대한 검증방법으로 검정확인 또는 교정(검정) 검증(calibration verification)의 과정이 필요하다.

핵심포인트

1. 정도관리/1.4 정도보증계획/1.4.1 실험실 정도보증 계획

〈표〉 시료분석업무 절차 및 필요한 시료

순번	시료분석업무		
	목적	요구되는 분석과정	필요한 시료
1	기기에 대한 검증	• 교정 (calibration) • 교정 (검정) 검증 (calibration verification)	• 바탕시료 (blanks) • 표준물질 (standards) • 인증표준물질 (CRM)
2	시험방법에 대한 분석자의 능력 확인	• 방법검출한계 (MDL) • 정확도 (accuracy) • 정밀도 (precision)	• 시약첨가시료 (reagent spikes) • 반복시료 (replicates) • 이중시료 (duplicates)
3	시료분석 능력 확인	• 정확도 (accuracy) • 정밀도 (precision)	• 바탕시료 (현장, 운송, 시험) • 매질첨가시료 (matrix, spikes) 매질첨가이중시료 (matrix spike duplicates) • 반복시료 (replicates), 이중시료 (duplicates) • 대체표준물질 첨가 (surrogate spikes)
4	정도보증	• 관리차트 (control chart)	• 정도관리 시료 (QC sample) • 실험실 정도관리 시료 (Laboratory quality control sample)

80 **다음의 정도관리에 대한 설명으로 틀린 것은?** [제8회 12번]

① 보고한계(reporting limit)의 농도는 검출한계의 농도보다 더 높다.
② 검정점검(calibration check) 용액은 검정곡선용 표준용액을 사용한다.
③ 정확도를 평가하기 위해서는 검정점검, 소량첨가 회수율, 품질관리시료 등이 필요하다.
④ 표준작업절차(standard operating procedure)는 시료의 수집, 기기의 유지 및 신뢰도 보증을 위한 검정, 시료의 보관상태까지 포함하여야 한다.

☑ **해설** ② 검정곡선용 표준물질은 내부표준물질을 사용한다.

핵심포인트

1. 서론/정도보증계획/실험실 정도보증 계획/정도보증 계획/정도관리

① 다양한 QC 샘플은 어떤 알고 있는 농도로 오염된 시료의 분석과 마찬가지로 편향의 정도를 결정짓기 위해 사용할 수 있으며, 이런 편향을 확인하는데 이용되는 시료로는 표준물질, 매질첨가시료, 매질 QC시료 등이 있다. 예로서 교정드리프트는 측정시스템에서 비임의적 변화이며 교정확인표준물질(calibration check standard) 또는 시료의 주기적 재측정에 의해 종종 감지된다.

정답 79 ① 80 ②

2) 실험실의 기본 장비와 관리

01 **명시된 불확도를 갖는 끊어지지 않는 비교의 사슬을 통하여, 국제표준 등 규정된 기준과 연관될 수 있는 표준값의 특성을 무엇이라고 하는가?** [제6회 31번], [제8회 15번]

① 기준값　　② 설정값
③ 소급성　　④ 이상값

☑ **해설** ③ 핵심포인트 1.① 참고

02 **문서화된 끊어지지 않은 교정의 연결고리를 통하여 측정결과를 기준에 결부시킬 수 있는 측정 결과의 특성은 무엇인가?** [제10회 2차 12번]

① 측정 불확도　　② 측정 소급성
③ 설정값 추정　　④ 적합성 평가

☑ **해설** ② 핵심포인트 1.① 참고

03 **측정의 소급성에 대한 설명으로 틀린 것은?** [제11회 1번]

① 문서화된 끊어진 교정의 사슬을 통하여 측정결과를 국가기술기준에 결부시킬 수 있는 측정결과의 특성이다.
② 소급성 사슬내의 각 단계 별 측정불확도는 승인된 방법에 따라 계산 및 추정되어야 하며, 총괄적인 불확도 계산을 위해 제시되어야 한다.
③ 환경오염물질의 농도 측정에 대한 측정결과의 소급성을 유지하기 위하여 표준물질을 사용한다.
④ 시험분석 분야에서 소급성의 유지는 교정 및 검정곡선 작성과정의 표준물질을 적절히 사용함으로써 달성할 수 있다.

☑ **해설** ① 핵심포인트 1.① 참고

04 **측정불확도에 대한 설명으로 틀린 것은?** [제12회 2번]

① 측정결과의 품질을 나타내는 도구이다.
② 측정의 소급성은 측정 불확도 추정과 관련이 없다.
③ 측정 불확도는 측정량을 합리적으로 추정한 값의 산포 특성을 나타내는 인자이다.
④ 사용된 정보를 기초로 하여 측정량에 대한 측정값의 분산특성을 나타내는 음이 아닌 파라미터이다.

☑ **해설** ② 핵심포인트 1.① 참고

정답 01 ③　02 ②　03 ①　04 ②

05 측정결과의 소급성 유지를 위한 지침에서 사용되는 용어의 정의가 틀린 것은? [제11회 9번]

① 내부교정(In-House Calibration) : 공인기관 및 산업체에서 인정받은 시험 또는 교정활동을 목적으로 표준기 또는 측정기기에 대해 측정소급성을 확립하기 위해 자체적으로 수행되는 교정

② 측정불확도(Uncertainty of Measurement) : 측정결과와 관련된, 측정량을 합리적으로 추정한 값들의 분산 특성을 나타낸 음이 아닌 파라미터

③ 인증표준물질(CRM) : 측정이나 명목특성 시험에 사용할 목적으로 만들어진 명시된 특성에 관하여 충분히 균질하고 안정된 물질

④ 명목특성(Nominal Property) : 크기가 없는 현상, 물체 또는 물질의 특성

☑ **해설** ③ 핵심포인트 1.⑨ 참고; 인증표준물질(CRM)은 1.⑩ 참고

핵심포인트

1. 측정결과의 소급성 유지를 위한 지침/용어의 정의

① 측정소급성(Metrological traceability) : 문서화된 끊어지지 않는 교정의 사슬을 통하여 측정결과를 기준에 결부시킬 수 있는 측정결과의 특성이며, 각 단계의 측정불확도에 기여한다.

② 측정소급성 사슬(Metrological traceability chain) : 측정결과를 기준에 결부시키는데 사용되는 측정표준과 교정의 단계적 순서

③ 측정단위에 측정소급성(Metrological traceability to a measurement unit) : 기준이 실제적인 구현에 의한 측정단위의 정의일 때 측정소급성

④ 측정불확도(Uncertainty of Measurement) : 측정 결과와 관련된 측정량을 합리적으로 추정한 값들의 분산 특성을 나타내는 음이 아닌 파라미터

⑤ 측정기기(Measuring instrument) : 단독 또는 하나 이상의 보조장치와 결합하여 측정에 사용되는 장치

⑥ 명목특성(Nominal Property) : 크기가 없는 현상 물체 또는 물질의 특성

⑦ 교정(Calibration) : 명시된 조건 하에서 첫 번째 단계로 측정표준에 의해 제공된 양의 값 (측정불확도 포함)과 대응되는 지시값(연계된 측정불확도 포함) 사이의 관계를 확립하고, 두 번째 단계로 지시값에서 측정결과를 얻는 관계를 확립하기 위해 첫 번째 단계의 정보를 이용하는 작업

⑧ 내부교정(In-House calibration) : 공인기관 및 산업체에서 인정받은 시험 또는 교정활동의 목적으로 표준기 또는 측정기기에 대해 측정소급성을 확립하기 위해 자체적으로 수행되는 교정

⑨ 표준물질(RM, Reference material) : 측정이나 명목특성 시험에 사용할 목적으로 만들어진 명시된 특성에 관하여 충분히 균질하고 안정된 물질

⑩ 인증표준물질(CRM, Certificate reference material) : 공인기관에 의해 발급된 문서가 포함된 유효한 절차를 사용하여 한 개 이상의 명시한 특성값과 연계 불확도 및 소급성을 제공하는 표준물질

06 전자저울 설치 및 측정환경으로 틀린 것은? [제8회 14번]

① 직사광선이 닿지 않도록 설치한다.

② 저울 발판을 돌려 수평기의 물방울이 수평기 가운데 오도록 설치한다.

③ 이상적인 측정환경을 유지하기 위하여 에어컨과 환풍기를 저울 가까이에 설치한다.

④ 저울은 진동에 매우 민감하므로 견고한 받침대를 사용해야 하며, 필요시에는 석재와 같은 받침대를 사용하여 평형을 유지한다.

☑ **해설** ③ 핵심포인트 1.④ 참고

정답 05 ③ 06 ③

07 **전자저울 설치 및 측정환경에 대한 설명으로 틀린 것은?** [제10회 25번]

① 직사광선이 닿지 않도록 설치한다.
② 이상적인 측정 환경은 실내온도 (20±5) ℃, 상대습도 (45∼60) %이다.
③ 저울을 사용하기 전에는 반드시 1시간 이상 안정화하여 사용한다.
④ 저울이 설치될 장소로는 먼지가 적은 방을 선정한다.

☑ **해설** ② 핵심포인트 1.① 참고

08 **실험실에서 가장 기본적으로 사용되는 분석저울을 관리하는 방법으로 틀린 것은?** [제3회 33번]

① 실험실에서 사용하는 분석저울은 최소한 0.0001 g까지 측정 가능해야 하며, 사용 전에는 반드시 영점으로 조정을 한 뒤 사용한다.
② 저울은 습도가 일정하게 유지되는 실온에서 사용한다.
③ 전기식 지시저울은 자동 교정이 되므로 수시로 분동 없이 자체 교정을 한 후 사용한다.
④ 저울을 사용하는 천칭실에는 온도계, 습도계, 압력계도 부대장비로 갖추어야 한다.

☑ **해설** ③ 핵심포인트 2.① 참고

09 **실험실에서 사용하는 분석용 저울(analytical balance)의 측정 범위는 사용 시험방법을 수행하기 위해 적절해야 한다. 다음 중 일반시험방법의 정도관리에 적합한 분석용 저울의 최소 측정값은 어느 것인가?** [제8회 23번]

① 1 g　　② 0.01 g
③ 0.0001 g　　④ 0.000001 g

☑ **해설** ③ 분석저울은 0.1 mg(0.0001 g) 단위로 판독 가능한 것이어야 한다.

핵심포인트

1. 실험실의 기본 장비와 관리/2.1 저울/2.1.1. 전자저울 설치 및 측정환경

① 이상적인 측정 환경은 실내온도 (20±2) ℃, 상대습도 (45 ~ 60) %이다.
② 저울이 설치될 장소는 먼지가 적은 방을 선정한다.
③ 저울은 진동에 매우 민감하므로 견고한 받침대를 사용해야 하며, 필요시에는 석재와 같은 받침대를 사용하여 평형을 유지한다.
④ 에어컨, 환풍기와 같이 진동을 유발하는 장비는 저울 가까이에 설치하지 않는다.
⑤ 직사광선이 닿지 않도록 설치한다.
⑥ 자기를 띠는 기계를 저울 가까운 곳에 설치하지 않도록 한다.
⑦ 저울 발판을 돌려 수평기의 물방울이 수평기 가운데 오도록 설치한다.
⑧ 저울을 사용하기 전에는 반드시 1시간 이상 안정화하여 사용하며, 사용 후 AC 어댑터를 접속한 채로 대기(standby) 상태로 놓아둔다.

정답 07 ② 08 ③ 09 ③

〈표〉 천칭실 부대 장비 및 시설

순번	장비명	수량	최저 요구 성능
1	온도계	1대 이상	• 최소 눈금 : 0.1 ℃
2	습도계	1대 이상	• 최소 눈금 : 1 %(상대습도)
3	압력계	1대 이상	• 최소 눈금 : 200 Pa
4	무진동실험대	–	• 진동이 없고 견고한 것으로 저울 수만큼 갖추어야 함

2. 실험실의 기본 장비와 관리/2.1 저울/2.1.3. 전기식 지시 저울의 교정

① 저울의 교정은 수시교정, 상시교정, 정기교정으로 구분되며 수시교정과 상시교정은 사용자가 국제법정계량기구의 분동을 이용하여 직접 수행하며, 정기교정은 국가표준기본법에 근거한 국제기준(KS A ISO/IEC 17025) 및 한국인정기구(KOLAS)가 인정한 국가교정기관에 의해 1년 주기로 교정한다.

② 수시교정과 상시교정에 사용되는 분동은 정밀계기용(M1 등급) 또는 동등 이상의 분동으로 국가표준기본법에 근거한 국제기준 및 한국인정기구가 인정한 국가교정기관에 의해 2년 주기로 교정 받은 것을 사용한다.

③ 교정에 필요한 분동의 질량은 전자저울의 측정 범위 또는 자주 사용되는 질량의 범위 내에서 선택하며, 아래 <표>에는 전자저울별 필요 기기 및 최저 요구 성능을 나타내었다.

〈표〉 전자저울별 필요 기기 및 최저 요구 성능

순번	전자저울 분해능	표준장비명	수량	최저 요구 성능
1	10^{-6}	표준분동시리즈	각 1 세트	저울 교정에 적합한 표준분동
2	10^{-5}			
3	10^{-4}			

필기 04 정도관리

10 **실험실에서 사용하는 유리 및 플라스틱 재질에 대한 설명이 틀린 것은?** [제9회 2차 5번]

① 석영의 최대작업온도는 1,050 ℃이며 대부분의 산과 할로겐에 내구성이 있다.
② 폴리에틸렌(polyethylene)의 최대작업온도는 115 ℃이며 알칼리 또는 HF에 잘 견딘다.
③ 폴리스타이렌(polystyrene)의 최대작업온도는 70 ℃이며 많은 유기용매에 침식을 받는다.
④ 테플론(teflon)의 최대작업온도는 250 ℃이며 산과 알칼리에 의해 침식을 받는다.

☑ **해설** ④ 핵심포인트 1. <표> 12 '테플론' 참고

11 **실험실에서 사용하는 실험 기구 재질 특성에 대한 설명으로 틀린 것은?** [제10회 5번]

① 고순도 실리카 유리의 최대작업온도는 1,000 ℃이며 붕규산 유리보다 알칼리에 약하다.
② 연성유리는 열적 안정성이 약하며 알칼리 용액에 침식을 받는다.
③ 항알칼리성 유리는 열적안정성이 붕규산 유리보다 더욱 민감하다.
④ 용융석영의 최대작업온도는 1,050 ℃이며 대부분의 산과 할로겐에 강하다.

☑ **해설** ① 핵심포인트 1. <표> 5 '고순도 실리카 유리' 참고

정답 10 ④ 11 ①

핵심포인트

1. 실험실의 기본 장비와 관리/2.2 용기 및 기구/2.2.1. 용기 재질 특성

〈표〉 실험 기구 재질 특성

순번	재료	최대작업온도(℃)	열적 안정성	화학적 내구성	비고
1	붕규산 유리	200	150℃ 변화에 안정	가열할 때 알칼리 용액에 의해 약간 침식 받음	
2	연성 유리		약함	알칼리 용액에 침식	
3	항알칼리성 유리		붕규산 유리보다 더욱 민감함		
4	용융석영	1050	매우 강함	대부분의 산과 할로겐에 강함	
5	고순도 실리카 유리	1000	매우 강함	붕규산 유리보다 알칼리에 강함	
6	자기	1100(유약) 1400(유약없음)	강함	매우 좋음	
7	백금	약 1500		대부분의 산, 용융된 염에 강함, 1000℃ 이상의 왕수, 용융 질산염, 사이안산염 및 염화물에 침식, 금, 은, 다른 금속과 합금	강도를 증가시키기 위해 이리듐이나 로듐과 합금으로 사용하는 경우가 많음. 용융과 HF 처리를 위해 백금도가니 사용
8	니켈과 철			용융된 시료가 금속으로 오염	과산화물 용융을 위해 니켈과 철 도가니 사용
9	스테인리스강	400～500	매우 강함	진한 염산, 묽은 황산 및 끓는 진한 질산 이외의 알칼리와 산에 침식되지 않음	
10	폴리에틸렌	115		알칼리성 용액이나 HF에 침식되지 않으며, 많은 유기 용매에 침식됨(아세톤과 에탄올은 가능)	유연한 플라스틱
11	폴리스타이렌	70		HF에 침식되지 않으며 많은 유기용매에 침식	약간 깨지기 쉬움
12	테플론	250		대부분의 화학약품에 비활성	미량금속 분석을 위한 용액과 시약의 보관에 유용함.

12 **실험 기구 중 뷰렛의 사용 방법에 대한 설명이 틀린 것은?** [제5회 9번]

① Geissler 형 뷰렛은 콕이 유리로 되어 있기 때문에 실리콘 그리스를 약간 발라 사용한다.
② 뷰렛의 눈금은 무색인 경우 메니스커스 상단을 눈금으로 읽는다.
③ 이상적인 적정 속도는 매초 0.5 mL 정도, 즉 20 mL를 떨어뜨리는데 40초 정도의 속도가 적당하다.
④ 뷰렛을 사용한 후에는 씻어 충분히 건조한 다음 콕에 종이를 끼워 건조로 인하여 접합되는 것을 방지한다.

☑ **해설** ② 핵심포인트 1.① ㉡ 참고

핵심포인트

1. 실험실의 기본 장비와 관리/2.2 용기 및 기구/2.2.1. 용기 재질 특성

① 뷰렛

㉠ 콕이 붙은 뷰렛은 콕이 유리나 테플론 재질로 되어 있기 때문에 바셀린이나 실리콘 그리스를 약간 칠하여 사용한다.

정답 12 ②

ⓛ 뷰렛의 눈금은 무색인 경우 메니스커스 하단을 눈금으로 읽는다. 눈금은 0.1 mL까지 표시되어 있기 때문에 1/10인 0.01 mL 단위까지 정확히 읽는다.
ⓒ 이상적으로는 매초 0.5 mL 정도, 즉 20 mL를 떨어뜨리는데 40초 정도의 적정속도가 적당하며, 적정의 종말점에 가까우면 한 방울씩 떨어뜨린다.
ⓔ 적정이 끝나면 눈금을 읽어 적정치를 구하고 사용 후에는 충분히 씻어 건조한 다음 콕에 종이를 끼워서 건조로 인하여 접합되는 것을 방지한다.

13 가열건조를 피해야 하는 유리기구는? [제4회 7번]

① 비커　② 삼각플라스크
③ 피펫　④ 시험관

☑ 해설 ③ 핵심포인트 1.① 참고

14 실험실에서 사용하는 유리 기구 취급 방법에 대한 설명으로 옳은 것은? [제2회 12번]

㉮ 새로운 유리 기구를 사용할 때에는 탈알칼리 처리를 하여야 한다.
㉯ 눈금피펫이나 부피피펫은 보통 실온에서 건조시키는데 빨리 건조시키려면 고압멸균기에 넣어 고온에서 건조시켜도 된다.
㉰ 중성세제로 세척된 유리 기구는 충분히 물로 헹궈야 한다.
㉱ 유리 마개가 있는 시약병에 강알칼리액을 보존하면 마개가 달라붙기 쉬우므로 사용하지 않는 것이 좋다.

① ㉮, ㉯　② ㉮, ㉱
③ ㉮, ㉯, ㉱　④ ㉮, ㉰, ㉱

☑ 해설 ㉯ 핵심포인트 1.① 참고

핵심포인트

1. 실험실의 기본 장비와 관리/2.2 용기 및 기구/2.2.5. 기구의 건조

① 가열건조 : 가열건조는 가능한 한 낮은 온도(90 ℃를 넘지 않는 온도)에서 건조시키는 것이 바람직하다. 이때 눈금이 새겨져 있는 메스실린더, 피펫, 뷰렛과 같은 측용기류는 유리이기 때문에 팽창하면 냉각하여도 원래 상태로 복원되지 않는 경우가 있으므로 가열건조를 피해야 한다.

15 유리기구의 세척에 대한 설명 중 틀린 것은? [제3회 3번]

① 총질소분석용 유리기구는 질산 용액에 담갔다가 정제수로 세척하여 사용한다.
② 농약 표준용액을 제조하는 데 사용할 100 mL 부피 플라스크는 아세톤으로 헹군 다음 공기 건조한다.
③ 미생물 항목의 시료병은 멸균하여 사용한다.
④ 휘발성유기화합물의 시료용기는 105 ℃에서 1시간 이상 건조하여 사용한다.

☑ 해설 ① 핵심포인트 2. <표> 2 "무기물질(이온물질)" 참고

정답 13 ③ 14 ④ 15 ①

16 **실험실에서 사용하는 유리 기구와 플라스틱 기구의 세척 방법이 틀린 것은?** [제5회 11번]

① 유리 기구 세척은 세제를 사용하여 세척하거나 초음파 세척기를 사용한다.
② Sodium Alkoxide 용액에 유리 기구를 15분 이상 담가 놓으면 유리가 부식된다.
③ 플라스틱 기구는 비알칼리성 세제를 이용하여 솔로 세척한다.
④ 탄소 잔류물은 trisodiumphosphate 세정액으로 제거한다.

☑ **해설** ③ 핵심포인트 3.① 참고

17 **실험에 사용할 유리기구의 세척과 건조에 관한 설명으로 틀린 것은?** [제10회 4번]

① 휘발성유기화합물 분석을 위해 세척제로 세척하고 수돗물, 정제수로 헹군 후 공기 중에서 건조시킨다.
② 중금속 분석을 위해 세척제로 세척, 수돗물로 헹군 후 20 % 질산수용액에 4시간 이상 담가 두었다가 정제수로 헹군 후 공기 중에서 건조시킨다.
③ 무기 이온물질 분석을 위해 세척제로 세척하고 수돗물, 정제수로 헹군 후 공기 중에서 건조시킨다.
④ 미생물 분석을 위해 세척제로 세척하고, 뜨거운 물, 정제수로 헹군 후 유리기구는 160 ℃에서 2시간이내 건조시킨다.

☑ **해설** ① 핵심포인트 2. <표> 6 "휘발성유기화합물질" 참고

18 **실험기구별 세척방법으로 틀린 것은?** [제11회 34번]

① 유리 기구 및 석영 기구는 더운 질산(1:1)으로 세척한 후 물로 충분히 헹구어 씻는다.
② 백금 기구는 황산(1:1)에 담가 80 ℃ 이상으로 1일 이상 가열한 후 물로 충분히 헹구어 세척한다.
③ 합성수지 기구는 폴리에틸렌제 용기에 넣은 질산(1:1)에 0.5일 이상 담근 후 물로 충분히 헹구어 씻는다.
④ 보존 용기는 세척제와 수돗물, 물로 씻은 후 질산(1:3)을 가득 채워 0.5일 이상 방치하고, 물, 염산(1:1)의 순서로 씻은 후 시험 목적에 따라 정제수로 세척한다.

☑ **해설** ② 핵심포인트 1.③ 참고

핵심포인트

1. 실험실의 기본 장비와 관리/2.2 용기 및 기구/2.2.4 기구의 세척

① 유리 기구 및 석영 기구의 세척 : 더운 질산 (1:1)으로 세척한 후 물로 충분히 헹구어 씻는다. 구입 후 처음 사용할 때에는 먼저 세척제와 수돗물로 씻고, 물, 아세톤의 순서로 씻은 후 위의 조작을 하며 사용 직전에는 시험 목적에 따라 정제수로 세척한다.

② 합성수지 기구의 세척 : 폴리에틸렌제 용기에 넣은 질산 (1:1)에 0.5일 이상 담근 후 물로 충분히 헹구어 씻는다. 구입 후 처음 사용할 때에는 먼저 세척제와 수돗물, 물, 아세톤의 순서로 씻은 후, 폴리에틸렌제 용기에 넣어 질산 (1:3)에 0.5일 이상 담그고, 0.5일 이상 초음파 세척을 한 후 물로 충분히 헹구어 씻는다. 사용 직전에는 시험 목적에 따라 반드시 정제수로 세척한다.

③ **백금기구의 세척** : 질산 (1:3)에 담가 80 ℃ 이상으로 1일 이상 가열한 후 물로 충분히 씻는다. 사용 직전에는 시험 목적에 따라 반드시 정제수로 세척한다.

④ **보존 용기의 세척** : 보존 용기는 세척제와 수돗물, 물로 씻은 후 질산 (1:3)을 가득 채워 0.5일 이상 방치하고, 물, 염산(1:1)의 순서로 씻은 후 시험 목적에 따라 정제수로 세척한다.

2. 유리기구의 세척

① **유리기구의 세척** : 일반적인 유리 기구 세척은 비누나 중성합성세제로 충분이 세척이 가능하지만 시판되는 실험실용 세제를 사용하는 것이 좋다. 기구의 세척방법에 따라 초음파 세척기를 사용하기도 하며 실험실용 세제는 오염물질에 따라 용도가 다르므로 이를 주의하여 선택한다.

㉠ Chromic acid 용액 : 이 용액은 Cr^{6+}이 Cr^{3+}으로 되면서 오염물질을 산화시키므로 세척력이 있으면 Cr^{6+}의 붉은색을 나타내며 지속적인 사용으로 유기물을 산화시키면 Cr^{3+}으로 되어 녹색을 나타내며 이러한 경우 새로 만들어 사용한다.

㉡ Sodium(Potassium) Alkoxide 용액 : 이 용액은 유리를 부식시키므로 15분 이상 담그는 것은 피하는 것이 좋으며, 에탄올 대신 아이소프로판올을 사용하면 세정력은 떨어지나 유리 기구의 손상은 적다.

㉢ Trisodiumphosphate 세정액 : 탄소 잔류물을 제거한다.

㉣ 30 % 묽은 $NaHSO_3$ 수용액 : 과망간산칼륨($KMnO_4$)을 가지고 작업할 때 생기는 이산화망간의 갈색얼룩은 30 % 묽은 $NaHSO_3$ 수용액으로 제거한다.

〈표〉 유리 기구 세척 절차 및 건조방법

순번	시험방법(항목)	세척 순서	건조방법
1	일반물질	① 세척제 사용 세척, ② 수돗물 헹굼, ③ 정제수 헹굼	자연 건조
2	무기물질(이온물질)	① 세척제 사용 세척, ② 수돗물 헹굼, ③ 정제수 헹굼	자연 건조
3	중금속	① 세척제 사용 세척, ② 수돗물 헹굼, 20 % 질산수용액 또는 질산(<8 %)/염산(<17 %) 수용액에 4시간 이상 담가 두었다가 ③ 정제수 헹굼	자연 건조
4	농약	① 마지막으로 사용한 용매로 즉시 헹구고 뜨거운 물로 세척 ② 수돗물 세척, ③ 수돗물로 헹구고 정제수로 헹굼	400 ℃에서 1시간 건조 또는 아세톤으로 헹굼
5	소독물질과 부산물	① 세척제 세척, ② 수돗물 헹굼, ③ 정제수 헹굼	105 ℃에서 1시간 건조
6	휘발성 유기화합물	① 세척제 세척, ② 수돗물 헹굼, ③ 정제수 헹굼	105 ℃에서 1시간 건조
7	기타	① 세척제 사용 세척, ② 수돗물 헹굼, ③ 정제수 헹굼	자연 건조
8	미생물	① 세척제 사용 세척 ② 뜨거운 물 헹굼 ③ 정제수 헹굼	유리기구 : 160 ℃에서 2시간 이내 건조 시료병 : 121 ℃에서 15분 멸균
9	바이러스		
10	원생동물		

3. 플라스틱기구의 세척

① 비알칼리성 세제를 이용하여 손으로 세척 후 증류수로 헹구어 사용하며, 이때 브러시나 솔은 사용하지 않는다.

3) 분석기기의 교정 및 관리

01 **수시교정용 표준물질에 대한 설명으로 틀린 것은?** [제12회 35번]

① 분석장비의 바탕값을 평가하기 위해 사용한다.
② 분석하는 동안 정확도를 확인하기 위해 사용한다.
③ 수시교정용 표준용액 또는 표준가스에 의한 초기교정에 대한 검증이 허용기준을 초과할 경우에는 초기교정을 다시 실시하여 분석한다.
④ 수시교정용 표준물질과 원래의 교정 표준물질과의 편차가 무기물의 경우 ±5 %, 유기물의 경우 ±10 %여야 한다.

☑ **해설** ① 핵심포인트 1.① 참고 ; 수시교정용 표준물질은 2.③ 참고

핵심포인트

1. 정도관리 일반/1.3 용어

① 검정곡선바탕시료 : 검정곡선바탕시료는 기기바탕시료라 하기도 하며, 분석장비의 바탕값을 평가하기 위해 사용한다.

2. 분석기기의 교정 및 관리/3.1 분석기기 교정

① 분석기기 교정은 초기교정과 수시교정으로 구분된다.
② 초기교정은 분석기기가 안정화 된 후 분석을 시작하기 전에 하며, 초기교정에 대한 검증은 분석과정 중에 수시 교정용 표준용액 또는 표준가스로 한다.
③ 수시교정용 표준용액 또는 표준가스에 의한 초기 교정에 대한 검증이 허용기준을 초과할 경우에는 초기교정을 다시 실시하여 분석한다.
④ 허용할 수 없는 교정 범위의 확인 및 수정 : 수시교정 표준물질과 원래의 교정 표준물질과의 편차가 무기물의 경우 ± 5 %, 유기물의 경우 ± 10 %이어야 하며, 교정검증표준물질 혹은 QC 점검 표준물질의 허용 범위는 무기물의 경우 참값의 ± 5 %, 유기물은 참값의 ± 10 %다.

02 **표준물질에 대한 설명으로 틀린 것은?** [제3회 47번]

① 교정검증 표준물질은 농도를 정확하게 확인하지 못한 표준물질의 값을 정확히 알기 위하여 교정곡선과 비교하여 맞는 것인지 검증하기 위해 사용된다.
② 수시교정용 표준물질은 분석하는 동안 교정 정확도를 확인하기 위하여 중간점 초기 교정용 표준물질의 값을 대신해서 사용한다.
③ 실험실 관리 표준물질은 교정용 검정 표준용액과 같은 농도의 것을 사용한다.
④ 시료를 쉽게 분석하기 전에 전처리를 실시한 경우 바탕시료와 표준물질을 준비하고 시료와 함께 분석한다.

☑ **해설** ① 핵심포인트 1.② 참고

정답 01 ① 02 ①

03 검정표준물질에 관한 설명이다. 괄호 안에 들어갈 용어로 알맞게 짝지은 것은? [제12회 30번]

> ㉮ (㉠)은 시료를 분석하는 중에 검정곡선의 정확성을 확인하기 위해 사용하는 표준물질이다.
> ㉯ (㉡)은 검정곡선이 실제 시료에 정확하게 적용할 수 있는지를 검증하고, 검정곡선의 정확성을 검증하는 표준물질이다.

① ㉠ 교정검증표준물질, ㉡ 연속검정표준물질
② ㉠ 교정검증표준물질, ㉡ 실험실관리표준물질
③ ㉠ 연속검정표준물질, ㉡ 실험실관리표준물질
④ ㉠ 연속검정표준물질, ㉡ 교정검증표준물질

☑ **해설** ㉠ 핵심포인트 1.① 참고, ㉡ 핵심포인트 1.② 참고

핵심포인트

1. 분석기기의 교정 및 관리/3.3 기기별 검정 및 관리

① 연속검정표준물질(CCS, Continuing calibration standard) : 시료를 분석하는 중에 검정곡선의 정확성을 확인하기 위해 사용하는 표준물질이다.
② 교정검증표준물질(CVS, Calibration verification standard) : 검정곡선이 실제 시료에 정확하게 적용할 수 있는지를 검증하고, 검정곡선의 정확성을 검증하는 표준물질이다.
③ 바탕시료와 실험실관리표준물질(LCS, Laboratory control standard) : 시료 분석에 필요한 전처리(침전, 증류, 추출, 여과 등)에 대한 시료의 영향을 검증할 필요가 있으므로 시료의 전처리와 동일한 과정으로 바탕시료와 표준시료의 전처리를 실시하고, 바탕시료는 측정하고자 하는 대상물질이 포함되지 않은 시료로 준비하며, 실험실관리표준물질은 교정검증표준물질과 같은 농도의 시료로 준비한다.
④ 수시교정표준물질 : 초기교정에 대한 점검을 위해 사용되는 표준물질로서 시료의 정량을 위해서 사용되지 않는다.

04 실험실 분석기기에 대한 초기 교정 절차 중 틀린 것은? [제9회 2번]

① 곡선을 검증하기 위해 수시교정표준물질을 사용해 교정한다.
② 교정용 표준물질과 동일한 검증 확인 표준물질을 사용해 교정한다.
③ 분석 과정에 시료 전처리가 포함되어 있다면, 바탕 시료와 실험실 관리 표준물질을 사용한다.
④ 10개의 시료를 분석한 후에 수시 교정 표준물질을 사용해 다시 곡선을 점검한다.

☑ **해설** ② 핵심포인트 1.④ 참고

핵심포인트

1. 분석기기의 교정 및 관리/3.3 기기별 검정 및 관리/3.3.5 검정곡선 작성 절차

① 시험방법에 따라 최적 범위 안에서 교정용 표준물질과 바탕시료를 사용해 검정곡선을 그린다.
② 계산된 상관계수에 의해 곡선의 허용 혹은 허용불가를 결정한다.
③ 검정곡선을 검증하기 위해 연속교정물질(CCS)을 사용해 교정하며 검증된 값의 5 % 내에 있어야 한다.
④ 교정검증표준물질(CVS)을 사용해 교정하며, 교정용 표준물질과 다른 것을 사용하고, 초기교정이 허용되기 위해서는 참값의 10 % 내에 있어야 한다.
⑤ 분석법에 시료 전처리가 포함되어 있다면, 바탕시료와 실험실관리표준물질(LCS)을 시료와 같은 방법으로 전처리하여 측정하며, 그 결과는 실제값의 15 % 이내에 있어야 한다.

정답 03 ④ 04 ②

⑥ 10개 시료 단위로 시료군을 만들어 분석하며, 시료군에는 바탕시료와 첨가시료, 복수시료 등을 포함한다.
⑦ 10개의 시료를 분석한 후에 연속교정물질(CCS)로 검정곡선을 검증하며, 검증값이 5 % 이내에 있어야 한다.
⑧ 검정곡선을 교정검증표준물질(CVS)로 검증하여 그 결과가 10 % 이내이면 분석을 계속한다.
⑨ CCS 혹은 CVS가 허용 범위에 들지 못했을 경우, 분석을 멈추고 다시 새로운 초기교정을 실시한다.

05 UV−Vis 분광광도계의 상세 교정 절차의 설명 중 틀린 것은? [제3회 23번], [제7회 22번]

① 바탕 시료로 기기를 영점에 맞춘다.
② 1개의 검정표준물질로 검정곡선을 작성한다. 참값의 5 % 이내에 있어야 한다.
③ 분석한 검증확인표준물질에 의해 곡선을 검증한다. 참값의 10 % 이내에 있어야 한다.
④ 디디뮴교정필터를 사용하더라도 검증확인표준물질로 확인하여야 한다.

☑ **해설** ④ 핵심포인트 2.② 참고

핵심포인트

1. 분석기기의 교정 및 관리/3.4 기기별 관리 및 점검/3.4.1 UV-VIS 분광광도계

UV-VIS 분광광도계를 이용한 검정곡선 작성 및 시료 측정방법은 다음과 같이 수행하는 것이 바람직하다.
① 바탕시료로 기기의 영점을 맞춘다.
② 한 개의 연속교정물질(CCS)로 검정곡선을 그리며, 참값의 5 % 이내에 있어야 한다.
③ 분석한 교정검증표준물질(CVS)에 의해 검정곡선을 검증하며, 참값의 10 % 이내에 있어야 한다.
④ 시료 10개를 분석 시마다 검정곡선에 대한 검정을 실시하며, 바탕시료, 첨가시료, 이중시료를 측정한다.
⑤ 연속교정물질(CCS)로 검정곡선을 검증하여 검정곡선의 변동을 확인한다.
⑥ 초기 교정 절차에서 언급한 것과 같이 분석 과정을 진행한다.

2. 분광광도계의 점검

① 분광광도계는 정상 조건하에서는 기기를 사용하는 동안 정확한 파장을 유지하지만, 이를 확인하기 위해서 주기적으로 점검해야 한다.
② 디디뮴(didymium) 교정필터를 사용하여 파장을 교정하면 더 좋은 결과를 얻을 수 있으며, 교정필터를 이용할 수 없다면 염화코발트 용액의 흡광도를 500 nm, 505 nm, 515 nm, 520 nm 파장에서 측정하여 그 결과를 얻을 수 있다.

06 어떤 착물 용액은 470 nm에서 9.32×10^3 L/mol·cm의 몰 흡광계수를 갖는다. 1.0 cm 셀에 들어있는 3.12×10^{-5} M 착물 용액의 흡광도는? [제7회 7번]

① 0.191
② 0.291
③ 0.582
④ 0.873

문제풀이

① 주어진 조건 : 흡광계수(ϵ) 9.32×10^3 L/mol·cm, 셀의 길이(l) 1.0 cm, 착물의 농도(C) 3.12×10^{-5} M
② 흡광도$(A)=\epsilon\cdot C\cdot L=(9.32\times10^3\ \text{L/mol}\cdot\text{cm})\times(3.12\times10^{-5}\ \text{mol/L})\times(1.0\ \text{cm})=0.291$

C : 농도,
L : 빛의 투사거리
ϵ : 흡광계수(비례상수), C= 1 mol, l=10 mm일 때의 ϵ값을 몰흡광계수라 함.

07 **기체크로마토그래프(GC, gas chromatograph)를 이용하여 정교한 분석절차를 수행할 때, 필수적으로 확인하여야 할 사항이 아닌 것은?** [제3회 44번]

① 오븐 온도가 ±0.2 ℃ 이내로 제어가 가능한지 오븐 온도 프로그램의 성능을 확인하여야 한다.
② 바탕시료의 반복 측정을 통한 바탕선 안정도와 컬럼 장애(column bleeding)를 확인하여야 한다.
③ 운반 가스의 유속 조절 프로그램 성능 유지와 분할/비분할 주입 기능을 확인하여야 한다.
④ 제조사와 실험실 사이에 검정·교정 계약을 체결하여 주기적으로 장비의 신뢰도를 증명하여야 한다.

☑ **해설** ④ 핵심포인트 1.⑤ 참고

핵심포인트

1. 분석기기의 교정 및 관리/3.4 기기별 관리 및 점검/3.4 기체크로마토그래프(Gas chromatograph) : 검출기
① 오븐 온도가 ±0.2 ℃ 이내로 제어가능한지 여부, 오븐 온도 프로그램의 성능 유지, 운반가스의 유속 조절 프로그램 성능 유지, 분할/비분할 주입 기능을 확인한다.
② 바탕시료, 표준물질 시료의 반복 측정을 통한 정확도와 정밀도, 바탕선 안정도, 컬럼 장애(column bleeding) 유무, 피크 분리와 각각의 검출기 성능을 정기적으로 확인한다.
③ 자동 시료 채취장치가 부착되어 있을 경우 자동 시료 채취 장치의 성능, 정확도·정밀도 시험을 정기적으로 수행하고 청결상태를 사용 시마다 확인한다.
④ 장비의 시험 항목별 기기 검출한계, 정확도·정밀도 시험을 정기적으로 수행한다.
⑤ 제조사와 실험실 사이에 검정·교정 계약을 체결하여 주기적으로 장비의 신뢰도를 증명할 것을 권장한다.
⑥ 실험실은 검정·교정 계획을 세우고 검정·교정 사항과 유지·관리 내역을 기록하여 보관한다.

08 **기체크로마토그래피 검출기 특성으로 잘못 기술한 것은?** [제2회 2번]

① ECD－할로겐 화합물에 민감하다.
② FID－비교적 넓은 직선성 범위를 갖는다.
③ TCD－O_2, N_2 등 기체분석에 많이 사용된다.
④ FPD－과산화물 검출에 사용된다.

☑ **해설** ④ 핵심포인트 1.⑤ 참고

09 **기체크로마토그래프(GC) 시스템에 이용되는 검출기에 대한 설명으로 틀린 것은?** [제10회 24번]

① 전자포획검출기(ECD)는 시료 중의 할로겐이나 산소 같은 전자포획력이 강한 화합물에 의해 전류가 감소하는 것을 이용하는 방법이다.
② 광이온화검출기(PID)는 매우 민감하고, 노이즈가 적고, 직선성이 탁월하며 시료를 파괴하지 않아도 된다.
③ 질량검출기(MSD)는 금속 필라멘트, 전기저항체를 검출소자로 하여 산소 및 질소와 같은 무기가스 분석에 많이 사용된다.
④ 불꽃광도검출기(FPD)는 수소불꽃에 의해 시료성분을 연소시켜 발생하는 불꽃의 광도를 분광학적으로 측정하는 방법으로 인 또는 유황화합물을 선택적으로 검출할 수 있다.

정답 07 ④ 08 ④ 09 ③

☑ **해설** ③ 핵심포인트 1.⑥ 참고 ; ③은 핵심포인트 1.④ 열전도도 검출기에 관한 내용이다.

10 **많은 종류의 검출기가 기체크로마토그래프에 이용되는데, 다음은 어떤 종류의 검출기에 대한 설명인가?** [제9회 2차 25번]

> 다양한 화합물을 검출할 수 있고, 물질의 파쇄로 화합물 구조를 유추할 수 있다. 분자를 이온화시켜 여러 개의 렌즈를 통해 사중극자를 통해 가속화하고, 다른 크기의 전하를 띤 조각을 분리한다. 대부분의 화학물질은 고유의 파편 유형을 가지고 있는데, 이에 따라 다양한 스펙트럼이 형성된다.

① 전해질전도도 검출기(ELCD) ② 전자포획기검출기(ECD)
③ 불꽃이온화검출기(FID) ④ 질량검출기(MSD)

☑ **해설** ④ 핵심포인트 1.⑥ 참고

11 **수소불꽃에 의해 시료 성분을 연소시킬 때 발생하는 불꽃의 광도를 분광학적으로 측정하는 방법으로 인 또는 황화합물의 분석에 사용되는 GC 검출기는?** [제9회 17번]

① ECD ② FID
③ FPD ④ TCD

☑ **해설** ③ 핵심포인트 1.⑤ 참고

12 **기체크로마토그래프(GC, gas chromatograph)를 이용하여 대기 중의 유해물질을 분석할 때, 질소(N_2) 가스를 운반기체로 사용할 수 없는 검출기(detector)로 옳은 것은?** [제8회 30번]

① 열전도도 검출기(TCD) ② 전자 포획 검출기(ECD)
③ 질소-인 검출기(NPD) ④ 전해질 전도도 검출기(ELCD)

☑ **해설** ④ 핵심포인트 1.① 참고

13 **연소 기체인 수소가 필요하지 않은 검출기는?** [제9회 32번]

① 질소-인 검출기(NPD) ② 불꽃 광도 검출기(FPD)
③ 불꽃 이온화 검출기(FID) ④ 열전도도 검출기(TCD)

☑ **해설** ④ 핵심포인트 1.④ 참고

정답 10 ④ 11 ③ 12 ④ 13 ④

핵심포인트

1. 분석기기의 교정 및 관리/3.4 기기별 관리 및 점검/3.4.5 기체크로마토그래프(Gas chromatograph)/3.4.5.2 검출기

① 전해질 전도도 검출기(ELCD, Electrolytic Conductivity Detector)
㉠ 분석원리 : 전도도 용매를 셀에 주입하고 기준전극에 의해 전류가 흐르게 되며 기체-액체 접촉기에서 기체 반응 생성물과 결합하게 되고 이 화합물은 분석 전극을 지나면서 액체상을 가진 기체-액체 분리기에서 기체상과 액체상으로 분리되는데, 이때 전위계가 기준 전극과 분석 전극 사이의 전도도 차이를 측정함으로써 성분의 농도를 측정하는 방식이다.
㉡ 할로겐, 질소, 황 또는 나이트로아민을 포함한 유기물을 이 방법으로 검출할 수 있다.

② 전자포획 검출기(ECD, Electron Capture Detector)
㉠ 분석원리 : 방사성 물질인 Ni-63 혹은 삼중수소로부터 방출되는 β-선이 운반 기체를 전리하여 이로 인해 전자포획 검출기 셀(cell)에 전자구름이 생성되어 일정 전류가 흐르게 되며 이 셀에 전자친화력이 큰 화합물이 들어오면 셀에 있던 전자가 포획되어 이로 인해 전류가 감소하는 것을 이용하는 방식이다.
㉡ 유기 할로겐 화합물, 니트로 화합물 및 유기금속 화합물 등 전자 친화력이 큰 원소가 포함된 화합물을 수 ppt의 매우 낮은 농도까지 선택적으로 검출이 가능하여 유기 염소계의 농약성분이나 PCBs 등 환경오염 시료의 분석에 많이 사용된다.

③ 불꽃이온화 검출기(FID, Flame Ionization Detector)
㉠ 분석원리 : 대부분의 유기화합물은 수소와 공기의 연소 불꽃에서 전하를 띤 이온을 생성하는데 생성된 이온에 의한 전류의 변화를 측정하여 검출하는 방식이다.
㉡ 대부분의 화합물에 대하여 열전도도 검출기보다 약 1,000배 높은 감도를 나타내고 대부분의 유기화합물의 검출이 가능하므로 가장 흔히 사용되며, 특히 탄소 수가 많은 유기물은 10 pg까지 검출 가능하므로 대기오염 분석에서 미량의 유기물질을 분석할 경우 유용하다. 넓은 직선 응답범위를 가져 유속의 작은 변화에는 상대적으로 민감하지 못하지만, 사용이 간단하다.

④ 열전도도 검출기(TCD, Thermal Conductivity Detector)
㉠ 분석원리 : 네 개로 구성된 필라멘트에 전류를 흘려주면 필라멘트가 가열되는데, 이 중 2개의 필라멘트는 운반 기체인 헬륨에 노출되고 나머지 두 개의 필라멘트는 운반기체에 의해 이동하는 시료에 노출되며, 이 둘 사이의 열전도도 차이를 측정함으로써 시료를 검출 분석한다.
㉡ 모든 화합물의 분석이 가능하며 특히 무기가스(O_2, N_2, H_2O, 비탄화수소) 분석에 많이 이용된다. 값이 싸며 시료를 파괴하지 않는 장점이 있는데 반해 다른 검출기 대비 감도가 낮다.

⑤ 불꽃 광도 검출기(FPD, Flame Photometric Detector)
㉠ 분석원리 : 수소불꽃에 의해 시료 성분을 연소시키며 이 때 발생하는 불꽃의 광도를 분광학적으로 측정하는 방법이다.
㉡ 인 또는 유황화합물을 선택적으로 검출할 수 있으므로 황계통의 악취성분이나 인계통의 잔류농약 분석에 많이 사용된다.

⑥ 질량검출기(MSD, Mass Spectrophotometer Detector)
㉠ 분석원리 : 다양한 화합물을 검출할 수 있고, 물질이 분해되는 특성으로 파쇄로 화합물 구조를 유추할 수 있다. MSD는 분자를 이온화시켜 여러 개의 렌즈와 사중극자를 통해 가속화하고 다른 크기의 전하를 띈 조각이 질량에 따라 분리한다.

14 기체크로마토그래프를 이용한 다성분 측정 시 사용하는 내부표준물질 또는 대체표준물질의 설명으로 잘못된 것은? [제3회 16번]

① 분석장비의 오염과 손실, 시료 보관 중의 오염과 손실, 측정 결과를 보정하기 위해 사용하며 내부표준물질은 분석 대상 물질과 동일한 검출시간을 가진 것이어야 한다.

정답 14 ①

② 내부표준물질은 분석 대상 물질과 유사한 물리·화학적 특성을 가진 것이어야 하며, 각 실험 방법에서 정하는 대로 모든 시료, 품질관리 시료 및 바탕시료에 첨가한다.
③ 내부표준물질에서 분석 물질이 포함되어서는 안되며 동위원소 치환체가 아니어도 내부표준물질의 사용이 가능하다.
④ 대체표준물질은 대상 항목과 유사한 화학적 성질을 가지나 일반적으로는 환경시료에서 발견되지 않는 물질이며 시험법, 분석자의 오차 확인용으로 사용한다.

☑ 해설 ① 핵심포인트 1.ⓜ 참고

15 기체크로마토그래피법의 정량방법 중 내부표준법에 대한 설명으로 틀린 것은?

[제9회 2차 26번]

① 내부표준물질은 대상시료에 존재하지 않는 물질을 사용한다.
② 내부표준물질과 분석대상물질을 동시에 분석할 수 있어야 한다.
③ 내부표준물질은 분석대상물질과 물리화학적 성질이 유사한 것을 사용한다.
④ 내부표준법에서 전처리 후 최종 부피를 알아야 한다.

☑ 해설 ④ 내부표준물질의 감응과 비교하여 정량하므로 최종 부피를 알 필요는 없다.

16 정도관리에 관한 용어를 설명한 내용이다. 각각의 괄호 안에 들어갈 내용으로 옳은 것은?

[제11회 35번]

> 내부표준물질법(internal standard method)에 의해 정량할 때, 내부표준물질의 감응과 비교하여 모든 분석물질의 감응을 측정한다. 내부표준물질 감응은 검정곡선의 감응에 비해 ±(㉠) 이내에 있어야 한다.
> 시험방법에 정의되어 있지 않다면 검정곡선은 시료를 분석할 때마다 매번 수행하여야 하며, 부득이한 경우라도 한 개 시료군(batch)의 분석에 (㉡) 이상 초과한다면 검정곡선을 새로 작성하여야 한다.

① ㉠ 20 %, ㉡ 2일 ② ㉠ 30 %, ㉡ 2일
③ ㉠ 20 %, ㉡ 3일 ④ ㉠ 30 %, ㉡ 3일

☑ 해설 ㉠ 핵심포인트 1. ① ㉣ 참고, ㉡ 핵심포인트 2. ① 참고

핵심포인트

1. 정도관리/1.3 용어정의/표준물질 용어

① 내부표준물질(IS, Internal Standard) : 시료를 분석하기 직전에 바탕시료, 검정곡선용 표준물질, 시료 또는 시료추출물에 첨가되는 농도를 알고 있는 화합물이다.
㉠ 이 화합물은 대상 분석물질의 특성과 유사한 크로마토그래피 특성을 가져야 한다.
㉡ 머무름 시간(retention time), 상대적 감응(relative response), 그리고 각 시료 중에 존재하는 분석물의 양을 점검하기 위해서는 내부표준물질을 사용한다.
㉢ 내부표준물질법에 의해 정량할 때, 내부표준물질의 감응과 비교하여 모든 분석물질의 감응을 측정한다.
㉣ 내부표준물질 감응은 검정곡선의 감응과 비교하여 ±30 % 이내에 있어야 한다.

정답 15 ④ 16 ④

㉣ 이 화합물의 머무름 시간은 모든 분석대상물질과 분리되어야 하며 크로마토그램의 전형적인 면적 안으로 용리되어야 하고 단일 화합물이 이들 기준을 만족할 수 없다면 다른 화합물을 사용한다.

② 대체표준물질(surrogate) : 분석하고자 하는 물질과 화학적 조성, 추출, 크로마토그래피가 유사한 유기 화합물이지만, 일반 환경에서는 통상적으로 검출되는 물질이 아니다.

㉠ GC, GC/MS로 분석하는 미량유기물질의 분석에 이용된다.

㉡ 모든 바탕시료, 표준물질, 시료에 주입되어 각 시료에 대한 시험방법의 효율을 모니터하기 위하여 시료의 전처리부터 추출과 분석에 이르기까지 전반적인 과정을 조사할 수 있다.

㉢ 이 물질이 주입된 시료는 특별한 방법에 따라 퍼징(purging)하거나 추출 전에 주입되고 대체첨가물질의 회수율이 수용한계를 벗어나면 적절한 수정이 이루어진 후 재분석해야 하지만 특정 시험방법에서 대체표준물질과 허용기준에 대한 사항을 지정하고 있으면 그에 따라 사용하여야 한다.

2. 정도관리/1.3 용어정의/분석/검정·교정

① 검정곡선 : 시험방법이 정의되어 있지 않다면 검정곡선은 시료를 분석할 때마다 매번 수행해야 하며, 부득이하게 한 개 시료군(batch)의 분석이 하루를 넘길 경우라도 가능한 2일을 초과하지 않아야 하고 3일 이상 초과한다면 검정곡선을 새로 작성하여야 한다.

17 분석시 방해물질에 대한 설명으로 틀린 것은? [제9회 26번]

① 원자흡수분광광도계(AAS : atomic absorption spectrophotometer) 사용시 방해물질은 불꽃이 분자를 충분히 분해시키지 못했거나 분해된 원자가 불꽃의 온도에서 분해되지 않는 화합물로 산화될 때 발생한다.

② 기체크로마토그래프(GC : gas chromatograph) 사용시 방해물질은 시료, 용매 또는 운반가스 오염 또는 많은 양의 화합물을 GC에 삽입했을 경우, 그리고 검출기에 화합물이 오래 머무르면서 발생한다.

③ 기체크로마토그래프(GC : gas chromatograph) 사용시 시료 주입부의 격막(septum)은 대부분이 고무재질이므로 그 격막이 가열되면서 방해물질이 발생한다.

④ 이온크로마토그래프(IC : ion chromatograph) 사용시 시료의 주입을 위해 사용하는 6-port valve와 시료 루프(Loop)의 오염으로 인해 방해 물질이 생성된다.

☑ **해설** ③ 핵심포인트 2.② 참고

핵심포인트

1. 분석기기의 교정 및 관리/3.4 기기별 관리 및 점검/3.4.3 원자흡수분광광도계(Atomic absorption spectrophotometer)

① 화학적 방해물질은 불꽃이 분자를 충분히 분해시키지 못했거나 분해된 원자가 불꽃의 온도에서 분해되지 않는 화합물로 산화될 때 발생한다.

2. 분석기기의 교정 및 관리/3.4 기기별 관리 및 점검/3.4.4 기체크로마토그래프(Gas chromatograph) : 방해물질

① 방해물질은 시료, 용매 또는 운반가스 오염 또는 많은 양의 화합물을 GC에 삽입했을 경우, 그리고 검출기에 화합물이 오래 머무르며 발생한다.

② 장비 내에 방해물질이 있을 수도 있는데, 시료 주입부의 격막은 대부분 실리콘 재질이며 그 격막이 가열되면서 오염이 발생한다.

정답 17 ③

18 정도관리용 표준시료로서 적합하지 않은 것은? [제4회 46번]

① 표준용액(standard) ② 바탕시료(blanks)
③ 인증된 기준 물질(CRM) ④ 혼합시료(composite sample)

☑ **해설** ④는 시료의 한 유형으로서 샘플링시간에 따라 단일시료, 혼합시료, 연속시료로 구분할 수 있다.

핵심포인트

1. 표준물질

① 정도관리용 표준시료 : 바탕시료, 정도관리를 위한 첨가시료, 정도관리시료, 검정검증표준시료, 인증표준물질

19 탁도계 점검은 최소한 반년에 한 번 실시하여야 하는데, 이 때 사용되는 표준용액은? [제3회 2번]

① Hexamethylene tetramine 용액 ② Hydrazine sulfate 용액
③ Formazine 용액 ④ Pyridine 용액

핵심포인트

1. 분석기기의 교정 및 관리/3.4 기기별 관리 및 점검/3.4.10 탁도계

① 시료를 측정하기 전에 표준물질로 매번 탁도계를 교정하며, 이 탁도계의 성능은 최소한 반년에 한 번씩 주기적으로 검사해야 하고, 탁도계의 불량 여부는 실험실에서 준비된 formazine 저장용액의 측정결과로 알아볼 수 있다.

20 실험실장비 유지관리방법으로 부적절한 것은? [제5회 30번]

① pH 미터의 probe는 매일 점검 관리한다.
② 용존산소측정기의 probe는 필요할 시에 점검관리한다.
③ 저울의 펜 청소는 매일 점검 관리한다.
④ 기준전극의 probe는 매일 점검 관리한다.

☑ **해설** ② 핵심포인트 1. <표> "용존산소측정기" 참고

21 실험실 장비의 유지 관리 주기가 '매일'이 아닌 것은? [제9회 2차 29번]

① pH 미터의 probe 청소
② 용존산소 측정기의 probe 청소
③ UV－Vis 분광기의 파장 최적상태 확인
④ AA/flame 분광기의 튜브, 펌프, 램프 점검

☑ **해설** ③ 핵심포인트 1. <표> "UV-vis 분광기" 참고

정답 18 ④ 19 ③ 20 ② 21 ③

핵심포인트

1. 분석기기의 교정 및 관리/3.5 실험실 기기의 유지 관리 주기

① 실험실 장비를 항시 관리하고 분석하는데 가장 최적의 상태를 유지하여야 하며, 유지 관리 부분과 그 주기를 아래 표에 나타내었다.

〈표〉 실험장비 유지관리

기기	유지활동	횟수	기기	유지활동	횟수
pH 미터	전극(probe) 청소 전극(probe) 충전 배터리 교체	매일 매주/필요시 필요시	저울	팬 청소 전구 교체 스케일 범위 조절	매일 매년 매년
전도도	전극(probe) 청소 배터리 교체	매일 필요시	UV－Vis 분광기	파장 최적상태 확인 램프 교체 창 청소 시료 주입구 청소 석영 셀 청소	매주 필요시 분기별 매일 매일
용존산소측정기	전극(probe) 청소 멤브레인 필터 교체 배터리 교체	매일 필요시 필요시			
이온선택전극	전극(probe) 청소 전극(probe) 충전	매일 단기간	AA/Flame 분광기	시료분사구 청소 버너헤드청소 튜브, 펌프, 램프 점검 석영창 청소 전기장치 점검 광학장치 점검	매일 매일 매일 매주 6개월 매년
기준전극	전극(probe) 청소 용액저장상태 확인	매일 매일			

4) 시약

01 다음의 방법으로 암모니아 표준액을 제조하고자 할 때 필요한 시약등급수(reagent-grade water)를 순서대로 나열한 것은? [제4회 50번]

> 건조한 황산암모늄 2.9498 g을 시약등급수 100 mL～150 mL가 든 비커에서 완전히 용해시킨 후, 1 L 메스플라스크에 옮겨 시약등급수로 표선까지 채운다. 이 용액을 다시 시약등급수로 1,000배 묽게 하여 암모니아 표준액으로 한다. 실험에 사용되는 모든 유리 기구는 시약등급수로 세척한 후 사용한다.

① 유형 Ⅰ, 유형 Ⅰ, 유형 Ⅰ, 유형 Ⅰ ② 유형 Ⅰ, 유형 Ⅰ, 유형 Ⅰ, 유형 Ⅲ
③ 유형 Ⅱ, 유형 Ⅱ, 유형 Ⅱ, 유형 Ⅱ ④ 유형 Ⅱ, 유형 Ⅱ, 유형 Ⅱ, 유형 Ⅲ

☑ **해설** 정밀분석용(환경오염물질 분석 포함) 시약 등급수는 유형 Ⅰ을 사용하며, 유리기구 등의 세척은 유형 Ⅲ을 사용한다.

02 다음은 미국 ASTM에서 제공하는 시약등급수(reagent-grade water)의 유형에 관한 설명이다. 옳지 않은 것은? [제7회 18번]

① 유형 Ⅰ은 환경분석과 같은 정밀한 분석을 필요로 할 때 사용한다.
② 유형 Ⅱ는 박테리아의 존재를 무시할 목적으로 한 실험이나 시약에 사용된다.
③ 유형 Ⅲ은 유리기구의 세척에 사용된다.
④ 유형 Ⅳ는 더 높은 등급수의 생산을 위한 원수(feed water)로 사용된다.

☑ **해설** ④ 핵심포인트 1. ① ㉢ 참고 ; 유형 Ⅲ에 관한 내용이다.

핵심포인트

1. 시약/4.1 시약

① 시약등급수의 종류 및 사용 : 시약등급수는 표준용액 제조, 시약 제조, 희석 및 바탕시료로 사용되며, 시약등급수의 수질기준을 미국 ASTM에서는 표와 같이 4개 등급으로 구분하고 있다.

㉠ 유형 Ⅰ : 증류 또는 다른 동등한 과정을 거쳐 혼합이온교환수지와 0.2 μm 멤브레인 필터를 통과한 것을 말한다(정밀분석용).

㉡ 유형 Ⅱ : 증류 또는 이와 비슷한 과정으로 생산한 물로 전기전도도가 25 ℃ (298 K)에서 1.0 μS/cm 이어야 한다(분석실용). 박테리아의 존재를 무시해도 좋은 실험이나 시약, 염료 혹은 착색에 사용한다.

㉢ 유형 Ⅲ : 증류, 이온교환, 역삼투에 의한 전기분해식 이온화장치 또는 이것들의 조합에 의해 제조된 것으로 0.45 μm 멤브레인 필터를 통과한 것이다(시험실용, 유리세척이나 예비세척). 보다 높은 등급수를 생산하기 위한 원수(feed water)로 사용된다.

㉣ 유형 Ⅳ : 증류, 이온교환, 역삼투에 의한 전기분해식 이온화장치, 전기투석장치 또는 이것들의 조합에 의해 제조된 것을 말한다(시험실용, 유리세척이나 예비세척).

정답 01 ② 02 ④

〈표〉 시약등급수의 종류

	유형 Ⅰ	유형 Ⅱ	유형 Ⅲ	유형 Ⅳ
전기전도도, 최대값, μS/cm, 25℃	0.056	1.0	0.25	5.0
전기저항, 최소값, MΩ·cm, 25℃	18	1.0	4.0	0.2
25℃에서의 pH	–	–	6.2～7.5	5.0～8.0
총유기탄소(TOC), 최대값, μg/L	50	50	200	제한 없음
소듐(Na), 최대값, μg/L	1	5	10	50
염화이온, 최대값, μg/L	1	5	10	50
총 실리카, 최대값, μg/L	3	3	500	제한 없음

03 **시약 등급수를 준비하기 위한 처리 방법이 아닌 것은?** [제8회 16번]

① 증류 ② 이온교환
③ 흡착 ④ 흡수

☑ **해설** ④ 핵심포인트 1. <표> 참고

04 **녹아 있는 이온화된 고체를 제거하기에 적절하지 않은 처리 과정은?** [제3회 7번], [제7회 12번]

① 증류 ② 역삼투
③ 한외여과 ④ 탈이온화

☑ **해설** ③ 핵심포인트 1.⑤ 참고

05 **물의 정제에 사용되는 일반 과정과 정제에 의해 제거되는 오염물질에 대한 설명으로 맞지 않는 것은?** [제3회 13번], [제6회 14번]

① 활성화 탄소 흡착에 의해 잔류염소가 제거된다.
② 한외여과지(Ultrafilter)는 특정 유기 오염물질을 줄이는 데 유용하다.
③ 185 nm 자외선 산화는 전처리를 할 때 미량의 유기오염물질을 제거하는 데 효과적이다.
④ 증류에 의해 정제된 물은 탈이온화에 의해 만들어진 정제수보다 더 높은 저항값을 가진다.

☑ **해설** ④ 핵심포인트 1.① 참고

정답 03 ④ 04 ③ 05 ④

06 **시약 등급수**(reagent grade water, **실험실용 정제수) 제조 시 준비 방법을 설명한 내용이다. 괄호 안에 들어갈 시약 등급수 제조방법으로 틀린 것은?** [제12회 32번]

> 시약 등급수는 요구되는 수준을 만족할 수 있는 제조 방법을 선택하여 제조한다. 부적절한 제조방법의 선택 시 시약 등급수의 오염을 유발할 수 있으므로 주의해야 한다. 시약 등급수 제조방법으로는 ( ), 증류, ( ), ( ), ( ) 등의 방법에 적용된다.

① 역삼투 ② 탈이온화
③ 한외여과 ④ 적외선 처리

☑ **해설** ④ 핵심포인트 1. <표> 참고

핵심포인트

1. 시약/4.1 시약/4.1.2 시약등급수의 준비 방법(제조 방법)

시약 등급수는 요구되는 수질을 만족할 수 있는 제조 방법을 선택하여 제조하며, 부적절한 제조방법의 선택 시 시약 등급수의 오염을 유발할 수 있으므로 주의해야 한다. 시약 등급수 제조방법으로는 역삼투, 증류, 탈이온화, 한외여과, 자외선 처리 등의 방법에 적용된다.

〈표〉 물의 정제에 사용되는 일반적인 과정 및 제거되는 오염물질

순번	정제과정	녹아있는 이온화된 고체	녹아있는 이온화된 기체	녹아있는 유기물질	입자	박테리아	발열물질(pyrogen)/균체내 독소(endotoxin)
1	증류	G~E ①	P	G	E	E	E
2	탈이온화	E	E	P	P	P	P
3	역삼투	G ②	P	G	E	E	E
4	탄소 흡착	P	P	G~E ④	P	P	P
5	여과	P	P ③	P	E	E	P
6	한외 여과	P	P	G ⑤	E	E	E
7	자외선 산화	P	P	G~E ⑥	P	G ⑦	P

E : Excellent(완벽히 제거되거나 거의 제거됨), G : Good(많은 부분이 제거됨), P : Poor(조금 제거되거나 안 됨)

① 증류에 의해 정제된 물의 저항은 탈이온화에 의해 만들어진 저항보다 더 낮은 값을 가지는데, 이는 증류에 의해 정제된 물은 이산화탄소, 이산화황과 다른 이온화된 기체가 있을 수 있기 때문이다.
② 녹아있는 이온화된 고체의 저항은 원래 제공되는 물의 저항에 의존한다.
③ 활성화 탄소는 흡착에 의해 잔류염소가 제거된다.
④ 다른 정제과정을 사용할 때, 활성화 탄소의 등급과 다른 합성 흡착제의 등급은 유기 오염물질을 제거하기 위한 능력을 가진 것을 사용한다.
⑤ 한외여과는 미량 유기 오염물질을 감소하는데 유용하다.
⑥ 185 nm 자외선 산화는 전처리를 할 때 미량의 유기 오염물질을 제거하는데 효과적이다.
⑦ 254 nm 자외선 살균은 박테리아를 물리적으로 제거하는 것이 아니라 살균 또는 박테리아 증식을 최소화한다.

07 **시약을 표준화하거나 기기를 검정하는데 사용되는 화학약품의 표준물질이 갖추어야 할 조건으로 옳지 않은 것은?** [제6회 33번]

① 비흡습성이고 안정하여 정확한 무게 달기가 가능하여야 한다.
② 무게로 2 %를 넘지 않는 불순물을 가져야 한다.
③ 순수한 원소 이외에는 무게 등의 오차를 최소화하기 위해서 높은 상대적 물질량을 가져야 한다.
④ 용액에서 분석 물질과 빠르게 반응해야 한다.

☑ **해설** ② 핵심포인트 1.① ㉠ 참고

08 **일차 표준물질이 갖추어야 할 조건으로 틀린 것은?** [제5회 41번]

① 일상적인 보관에서 분해되지 않아야 한다.
② 공기 중의 수분을 흡수하거나 이산화탄소 등을 흡수하지 않아야 한다.
③ 결정수를 포함하지 않는 것이 좋다.
④ 순도 100 %급의 시약을 반드시 사용한다.

☑ **해설** ④ 핵심포인트 1.① ㉠ 참고 ; 거의 100 %에 가까운 매우 높은 순도이어야 하며, 불순물 함량이 (0.01 ~ 0.02) %이어야 한다.

09 **적정용 표준용액을 표준화하기 위한 방법으로 틀린 것은?** [제3회 31번]

① 적정 용액의 신속한 표준화 작업을 위해서 필요한 저장용액(stock solution)을 미리 확보해 두어야 한다.
② 고체상태의 고순도 일차표준(primary standard) 물질을 사용하여 적정 용액을 표준화할 수 있다.
③ 정확한 농도를 알고 있는 다른 표준용액을 사용하여 적정 용액을 표준화할 수 있다.
④ 최종 규정 농도를 3번 이상 반복한 실험 결과를 평균하여 결정한다.

☑ **해설** ① 고체상태의 고순도 일차표준 물질을 사용하여 적정용액을 표준화하므로 저장용액을 미리 확보해 둘 필요는 없다.

10 **적정 분석에서 적정 용액의 표준화에 관한 설명으로 옳은 것을 모두 고른 것은?** [제12회 1번]

> ㉠ 적정 분석에서 적정 용액의 정확한 농도를 정하는 것을 표준화라고 한다.
> ㉡ 정확한 규정 농도는 2번의 실험을 통한 결과의 평균을 사용한다.
> ㉢ 적정 용액 표준화는 2가지 절차에 의해서 할 수 있는데, 일차표준 고체 화학물질을 사용하는 방법과 정확한 농도를 가진 표준용액을 사용하는 방법이 있다.

① ㉠　　② ㉠, ㉢
③ ㉡　　④ ㉡, ㉢

정답 07 ② 08 ④ 09 ① 10 ②

☑ 해설 ㉡ 핵심포인트 2.① ㉠, ㉡ 참고

핵심포인트

1. 시약/4.2 표준물질/4.2.1 적정용액의 표준화

① 일부 시약은 분석자가 만족할 수 있는 정도의 정확도와 순도를 갖고 있고, 일부 물질은 정확도와 순도의 관계성이 입증되어 일차표준물질(primary standards)이라 한다. 이러한 일차표준물질의 반응성을 이용하여 분석자가 제조한 적정용액의 질량농도를 정확히 측정하는 것이 적정용액의 표준화라 하며 다음과 같은 조건을 갖추어야 한다.

㉠ 매우 높은 순도(거의 100 %)와 정확한 조성을 알아야 하며, 불순물의 함량이 (0.01 ~ 0.02) %이어야 한다.

㉡ 일차표준물질은 안정하고 쉽게 건조되어야 하며, 대기 중 수분과 이산화탄소를 흡수하지 않아야 한다.

㉢ 표준화용액과 화학량론적으로 신속하게 반응하여야 한다.

㉣ 무게 달기와 관련된 상대오차를 최소화하기 위하여 비교적 큰 화학식량을 가지고 있어야 한다.

2. 대기오염공정시험기준/ES 01103.a 시약 및 표준용액/3.표준물질/3.1 적정 용액의 표준화

① 적정분석에서 적정용액의 정확한 농도를 정하는 것을 표준화라고 하며, 다음과 같이 2가지 절차에 의해서 적정용액을 표준화할 수 있다.

㉠ 일차표준 고체 화학물질을 사용하는 것으로 상세한 표준화 절차는 실험실 표준작업절차서(SOP)에 작성되어 있어야 하며, 사용한 적정용액의 양 및 화학물질의 정확한 무게를 결정하여 적정용액의 올바른 규정농도를 계산하고 최종 규정 농도는 3번의 실험 및 계산을 통한 평균값을 사용한다.

㉡ 정확한 농도를 가진 표준용액으로 적정용액의 규정 농도를 표준화 할 때 사용하는 것으로서 사용하는 표준용액의 양, 표준용액의 규정농도 및 사용한 적정용액의 양을 결정하여, 정확한 규정 농도를 계산할 수 있으며 정확한 규정 농도는 3번의 실험을 통한 결과의 평균을 사용한다.

11 일차표준물질을 이용하여 조제한 표준용액의 특성으로 틀린 것은? [제12회 31번]

① 한 번의 측정으로 그 농도를 결정할 수 있을 만큼 매우 안정해야 한다.
② 적정시약이 첨가되는 시간을 최소화하기 위하여 분석물과 빠르게 반응하여야 한다.
③ 만족할 만한 종말점을 얻기 위해 분석물과 거의 완전히 반응해야 한다.
④ 간단한 균형 반응식으로 설명할 수 있도록 분석물과 비선택적으로 반응하여야 한다.

☑ 해설 ④ 핵심포인트 1.④ 참고

핵심포인트

1. 시약/4.2 표준물질/4.2.1 적정용액의 표준화

일차표준물질을 이용한 표준용액은 다음과 같은 특성을 갖는 것이 좋다.

① 한 번의 측정으로 그 농도를 결정할 수 있을 만큼 매우 안정해야 한다.
② 적정시약이 첨가되는 시간을 최소화하기 위하여 분석물과 빠르게 반응해야 한다.
③ 만족할 만한 종말점을 얻기 위해 분석물과 거의 완전히 반응해야 한다.
④ 간단한 균형 반응식으로 설명할 수 있도록 분석물과 선택적으로 반응하여야 한다.

12 다음 보기 중 일차표준물질로 사용하는데 가장 부적합한 것은? [제6회 45번]

① 염화소듐
② 질산은
③ 수산화소듐
④ 아이오딘수소포타슘

정답 11 ④ 12 ③

☑ 해설 ③ 일차표준물질은 안정하고 쉽게 건조되어야 하며, 대기 중 수분과 이산화탄소를 흡수하지 않아야 하지만 수산화소듐은 대기 중 수분을 쉽게 흡수하는 성질인 조해성이 큰 물질로서 일차표준물질로 사용하기에 부적적하다.

핵심포인트

1. 시약/4.2 표준물질/4.2.1 적정용액의 표준화

① 산-염기 적정에서 염기 적정용액용 일차표준물질 : 프탈산수소칼륨, 설퍼민산, 아이오딘수소포타슘
② 강산 적정용액용 일차표준물질 : 탄산소듐
③ 침전법과 착화물 적정의 일차표준물질 : 질산은, 염화소듐, 염화포타슘, 탄산칼슘
④ 산화환원반의 일차표준물질 : 옥살산소듐, 중크롬산포타슘, 삼산화비소

13 교정용 저장용액의 농도와 보존기간으로 틀린 것은? [제10회 6번]

① 인산염인 : 0.1 mg/mL, 3개월
② 아질산성 질소 : 0.25 mg/mL, 3개월
③ 시안이온 : 1 mg/mL, 3개월
④ 암모니아성 질소 : 0.1 mg/mL, 3개월

☑ 해설 ③ 핵심포인트 <표> 5 "시안이온" 참고

핵심포인트

1. 시약/4.2 표준물질/4.2.2 교정용 저장용액 및 작업용액(표준용액) 제조방법

상업적으로 판매되는 저장용액이나 표준용액을 구매해서 사용하거나 실험실에서 교정용 저장용액이나 표준용액을 제조하여 사용한다.

〈표〉 교정용 저장용액 및 보존기간

순번	항목	저장용액 (mg/mL)	보존기간	작업용액 (mg/mL)	비고
1	pH	4.00, 7.00, 10.00	표시기간	–	–
2	불소이온	1.0	1개월	0.002	–
3	브롬	0.5	3개월	-–	실온보관
4	색도	–	–	500 unit	–
5	시안이온	1	1개월	0.001	표정, 냉장보관, 매주점검
6	아질산성 질소	0.25	3개월	0.001	표정, 클로로폼 보존처리, 냉장보관
7	암모니아성 질소	0.1	3개월	0.005	냉장보관
8	질산성 질소	0.1	6개월(1.0 mg/mL)	0.01, 0.02 0.001, 0.002	냉장보관, 클로로폼 보존처리
9	총 유기탄소	1000	3개월(0.1 mg/L 이하)	100	냉장보관, 갈색병
10	음이온 계면활성제	0.5	–	0.01	–
11	인산염 인	0.1	3개월(0.05 mg/mL)	0.005	냉장보관
12	전기전도도	0.01 M KCl	6개월	–	실온보관, 유리병
13	탁도	–	1개월	400 NTU	냉장보관
14	페놀	약 1	3개월	0.01, 0.001	표정, 유리병

14 폭발성물질은 가열, 마찰, 충격 또는 다른 화학물질과의 접촉으로 산소나 산화제 공급 없이 폭발하는 특성이 있다. 폭발성 물질이 아닌 것은? [제4회 2번]

① 니트로소화합물
② 질산에스테르류
③ 나트륨
④ 유기과산화물

☑ 해설 ③ 핵심포인트 1. <표> 2 "발화성물질" 참고

정답 13 ③ 14 ③

15 **폭발성물질과 발화성물질의 구분에 따른 유해화학물질의 종류를 연결한 것으로 옳지 않은 것은?** [제7회 27번]

① 폭발성물질 – 디아조화합물
② 폭발성물질 – 황화인
③ 발화성물질 – 철분
④ 발화성물질 – 마그네슘

☑ **해설** ② 핵심포인트 1. <표> 2 "발화성물질" 참고

16 **다음 유해 화학물질의 분류와 특성을 설명한 것 중 틀린 것은?** [제9회 2차 12번]

① 폭발성 물질 : 가열, 마찰, 충격 또는 다른 화학물질과의 접촉으로 인하여 산소나 산화제 공급 없이 폭발
② 발화성 물질 : 스스로 발화하거나 발화가 용이한 것 또는 물과 접촉하여 발화하면서 가연성 가스를 발생시키는 물실
③ 인화성 물질 : 대기압에서 인화점이 50 ℃ 이하인 가연성 액체
④ 가연성 가스 : 폭발한계 농도의 하한이 10 % 이하 또는 상하한의 차이가 20 % 이상인 가스

☑ **해설** ③ 핵심포인트 1. <표> 4 "인화성물질" 참고

17 **독성과 독성유발물질이 연결된 것으로 틀린 것은?** [제10회 2차 16번]

① 신경독소 – 비소
② 부식성물질 – 질산, 페놀
③ 질식사 – 이산화탄소, 질소
④ 급성독성물질 – 오존, 포스겐

☑ **해설** ② 페놀 : 약산성물질, ④ 오존 : 산화제

핵심포인트

1. 시약/4.2 표준물질/4.2.4 시약 운반 및 보관 방법

일반적으로 실험실에서 사용하는 유해화학물질의 특성 및 종류에 대해 표에 나타내었다.

〈표〉 유해화학물질의 분류

순번	구분	특성	종류
1	폭발성 물질	가열·마찰·충격 또는 다른 화학물질과의 접촉으로 인하여 산소나 산화제 공급없이 폭발	• 질산에스테르류, 니트로화합물, 니트로소 화합물, 아조화합물, 디아조화합물, 하이드라진 및 그 유도체, 유기과산화물 등
2	발화성 물질	스스로 발화하거나 발화가 용이한 것, 또는 물과 접촉하여 발화하고 가연성 가스를 발생시키는 물질	• 가연성 고체 : 황화인, 적린, 유황, 철분, 금속분, 마그네슘, 인화성 고체 등 • 자연발화성 및 금수성(禁水性)물질 : 칼륨, 나트륨, 알킬 알루미늄, 알킬리듐, 황인, 알칼리금속 등
3	산화성 물질	산화력이 강하고 가열·충격 및 다른 화학물질과의 접촉으로 인하여 격렬히 분해·반응하는 물질	• 염소산 및 염류, 과염소산 및 그 염류, 과산화수소 및 무기과산화물, 아염소산 및 그 염류, 불소산염류, 초산 및 그 염류, 요오드산염류, 과망간산염류, 중크롬산 및 그 염류 등
4	인화성 물질	대기압에서 인화점이 65 ℃ 이하인 가연성 액체	• 인화점 −30 ℃ 이하 : 에틸에테르, 가솔린, 아세트알데하이드, 산화플로필렌 등 • 인화점 −30 ℃~0 ℃ : 노말헥산, 산화에틸렌, 아세톤, 메틸에틸케톤 등 • 인화점 0 ℃~30 ℃ : 메틸알코올, 에틸알코올, 자일렌, 아세트산 등

정답 15 ② 16 ③ 17 ②,④

순번	구분	특성	종류
			• 인화점 30 ℃~65 ℃ : 등유, 경유, 에탄, 프로판, 부탄 기체 (15 ℃, 1기압에서 기체 상태인 가연성가스)
5	가연성 가스	폭발한계 농도의 하한이 10 % 이하 또는 상하한의 차이가 20 % 이상인 가스	• 수소, 아세틸렌, 에틸렌, 메탄, 에탄, 프로판, 부탄, 기타 (15 ℃, 1기압에서 기체 상태인 가연성가스)
6	부식성 물질	금속 등을 쉽게 부식시키거나, 인체와 접촉하면 심한 상해를 입히는 물질	• 부식성 산류 : 농도 20 % 이상인 염산, 질산, 황산 등, 농도 60 % 이상인 인산, 아세트산, 불산 등 • 부식성 염기류 : 농도 40 ℃ 이상인 수산화나트륨, 수산화칼륨 등
7	독성 물질	다음 조건의 동물실험 독성치를 나타내는 물질	• LD_{50}(경구, 쥐) : 200 mg/kg 이하 • LD_{50}(경피 쥐 또는 토끼) : 400 mg/kg 이하 • LC_{50}(쥐, 4시간 흡입) : 2,000 mg/kg 이하

18 화학물질의 급성 독성 또는 단일 노출 후 독성을 평가하는 방법인 치사량(LD) 또는 치사농도(LC)에 대한 설명으로 틀린 것은? [제10회 2차 18번]

① LD_{50}은 통제 된 실험실 조건 하에서 시험 동물의 피부에 흡입, 주사 또는 피부에 접촉시켰을 때 절반(50 %)의 동물을 죽이는 화학물질의 양이다. LD_{50}은 일반적으로 체중 kg 당 밀리그램 또는 그램으로 표시된다.

② 일반적으로 LD_{50} 또는 LC_{50}이 낮을수록 화학물질의 독성이 낮다.

③ 시험 동물의 사망을 유발하는 가장 낮은 농도 또는 용량으로 정의되는 LC_{100} 및 LD_{100} 값이 유용하다.

④ LC_{50}은 노출 된 시험동물의 50 %를 죽일 수 있는 공기 중의 화학물질의 농도이다. LC_{50}은 백만 분의 일, 리터당 밀리그램 당, 입방미터 당 밀리그램으로 주어진다.

☑ **해설** ② LD_{50} 또는 LC_{50}이 낮을수록 적은 양에서도 치사할 확률이 높아짐을 의미한다.

19 화학물질의 독성 위험도 평가에 대한 설명으로 틀린 것은? [제12회 18번]

① EC_{50}은 노출된 시험동물의 50 %를 사망시키는 공기 중의 화학 물질 농도이다.

② LC_{50}은 흡입이 체내에 화학 물질로 유입되는 중요한 경로가 되는 충분한 증기압의 휘발성 화학물질에 더 자주 사용된다.

③ 화학물질의 급성 독성 또는 단일 노출 후 독성을 평가하는 한 가지 방법은 치사량(LD) 또는 치사농도(LC) 값을 검사하는 것이다.

④ LD_{50}은 통제 된 실험실 조건 하에서 시험 동물에 투여, 주사 또는 피부에 접촉시 동물의 절반(50 %)을 사망시키는 화학물질의 양이다.

☑ **해설** ① 핵심포인트 1.③ 참고

정답 18 ② 19 ①

핵심포인트

1. 화학물질의 급성흡입독성시험 기술지침/한국산업안전보건공단

① LC_{50}(Lethal concentration 50 %) : 반수치사농도, 검체를 실험동물에 흡입노출 시켰을 때 실험동물의 50%가 죽는 검체 노출농도

② LD_{50}(Lethal dose 50 %) : 반수치사용량, 검체를 실험동물에 흡입노출 시켰을 때 실험동물의 50 %가 죽는 검체 노출농도

③ EC_{50}(Effective concentration 50 %): 약물이 투여되었을 때 해당 약물이 나타낼 수 있는 최대 효과의 절반 정도를 보일 수 있는 약물의 최대 농도

20 다음 중 시약 보관 방법이 잘못된 것은? [제3회 28번], [제6회 20번]

① 가연성 용매는 실험실 밖에 저장하고 많은 양은 금속 캔에 저장하며, 저장 장소에는 '가연성 물질'이라고 반드시 명기한다.

② 화학물질은 화학물질 저장실에 알파벳 순서대로 저장하며, 도착 날짜와 개봉 날짜를 모두 기입하여 보관한다.

③ 암모니아 산화물, 질소화물, 인산 저장용액은 냉장고에 '유기물질용 냉장고'라고 적어서 보관한다.

④ 실리카 저장용액은 반드시 플라스틱병에 보관한다.

☑ **해설** ② 화학물질은 종류별로 구분하여 보관한다. ③ 핵심포인트 1. <표> 7 참고

21 다음 표준물질 및 시약 등의 저장방법으로 옳은 것은? [제8회 3번]

① 실리카 저장용액은 유리병에 보관한다.

② 중금속 표준물질은 실험실의 지정된 장소에 항상 냉장 상태로 보관하여야 한다.

③ 용매의 경우 분리된 용매 캐비닛에 저장하되 밀폐된 장소이어야 한다.

④ 미량 유기표준물질은 바이알에 담아 냉동고에 보관한다.

☑ **해설** ① 핵심포인트 1. <표> 8 참고, ② 핵심포인트 1. <표> 12 참고, ③ 핵심포인트 1. <표> 3 참고

22 표준물질, 시약 및 화학물질과 이에 대한 저장 방법이 잘못 짝지어진 것은? [제4회 44번]

① 산(HCl, H_2SO_4 등) : 원래의 용기에 저장하고, 캐비닛에 '산'이라고 적는다.

② 미량 유기물질을 위한 저장 용액과 표준물질 : 바이알에 넣어 냉장고(4 ℃) 또는 상온에서 저장한다.

③ 과산화수소 : '화학물질 저장'이라고 냉장고에 적은 후 저장하되, 뚜껑을 단단히 조여 봉한 용기에 넣어 보관한다.

④ 중금속 저장 용액 및 표준물질 : 실온에서 저장한다.

☑ **해설** ② 핵심포인트 1. <표> 10 참고

정답 20 ②,③ 21 ④ 22 ②

23 표준물질, 시약 및 화학물질과 이에 대한 저장 방법이 틀린 것은? [제5회 22번]

① 가연성 용매 : 원래의 용기에 저장하며, 저장 장소에는 '가연성 물질'이라고 반드시 명기
② 페놀 : '화학물질 저장'이라고 냉장고에 적은 후 저장하고, 뚜껑이 단단히 조여 있는 봉해진 용기에 보관
③ 중금속, 표준물질 : 바이알에 보관해 냉동고에 저장
④ 용매 : 분리된 용매 캐비닛에 원래 용기에 저장하며, 환기가 잘 되는 장소에 저장

☑ **해설** ③ 핵심포인트 1. <표> 12 참고

24 표준물질, 시약 및 화학물질의 저장 방법에 대한 설명으로 틀린 것은? [제10회 7번]

① 실리카 저장용액은 반드시 플라스틱병에 저장해야 한다.
② 페놀은 실험실 밖에 저장하며, 많은 양의 금속캔에 저장한다.
③ 과산화수소는 '화학물질저장'이라고 적은 냉장고에 저장하고, 뚜껑이 단단히 조여 있는 봉해진 용기에 보관한다.
④ 중금속 표준물질은 실험실의 지정된 저장 장소에 실온에서 보관한다.

☑ **해설** ② 핵심포인트 1. <표> 5 참고

핵심포인트

1. 시약/4.2 표준물질/ 시약 운반 및 보관 방법

시약의 저장을 위한 일반적인 기준은 다음과 같으며, 이러한 기준에 따라 시약의 특성을 고려하여 표와 같이 저장한다.

① 모든 화학물질은 특별한 저장 공간이 있어야 한다.
② 모든 화학물질에는 물질이름, 소유자, 구입날짜, 위험성, 응급절차를 나타내는 라벨을 부착해야 한다.
③ 일반적으로 위험한 물질은 직사광선을 피하고 시원한 곳에 저장하며, 이종물질은 혼입하지 않도록 함과 동시에 화기, 열원으로부터 격리해야 한다.
④ 다량의 위험한 물질은 법령에 의하여 소정의 저장고에 종류별로 저장하고, 또한 독극물은 약품 선반에 잠금장치를 설치하여 보관한다.
⑤ 특히 위험한 약품의 분실, 도난 시는 사고가 일어날 우려가 있으므로 담당책임자에게 보고해야 한다.

〈표〉 화학물질별 저장 방법

순번	화학물질	저장 방법
1	산(HCl, H_2SO_4, HNO_3, 아세트산)	• 원래의 용기에 저장 • 캐비닛에 "산"이라고 적어 산성용액으로 분류
2	가연성 용매	• 원래의 용기에 저장 • 많은 양을 보관할 때는 금속 캔에 저장하여 실험실 외부에 보관하고, "가연성물질"이라 명기
3	용매	• 분리된 용매 캐비닛에 원래 용기에 저장 • 환기가 잘 되는 장소에 저장
4	VOC 분석에 사용되는 화학물질	• 분리된 용매 캐비닛에 원래 용기에 저장 • 다른 어떤 화학물질과도 같이 보관할 수 없음
5	페놀	• "화학물질 저장"이라고 냉장고에 적은 후 저장하고, 뚜껑이 단단히 조여 있는 봉해진 용기에 보관
6	과산화수소	• "화학물질 저장"이라고 냉장고에 적은 후 저장하고, 뚜껑이 단단히 조여 있는 봉해진 용기에 보관
7	탁도 표준물질, 암모니아 산화물, 질소화물, 인산저장용액 및 표준용액	• 냉장고에 "무기물질용 냉장고"라고 적은 후 보관

정답 23 ③ 24 ②

순번	화학물질	저장 방법
8	실리카 저장용액	• 반드시 플라스틱병에 저장
9	오일 및 그리스 표준물질	• 봉해진 용기로 냉장 보관 • 냉장고에는 "유기물용 냉장고"라고 적음
10	미량 유기물질을 위한 저장 용액과 표준물질	• 바이알에 보관해 냉동고에 저장
11	중금속 저장용액	• 실온에서 저장
12	중금속 표준물질((10～100) mg/L)	• 실온에서 저장(실험실에서 지정된 저장 장소에 보관)
13	pH, 전도도 표준물질	• 실온에서 저장
14	미생물(시료, 개체, 시약)	• 미생물 실험실과 분리된 냉장고에 저장

Ⅱ 시료채취에서의 QA/QC

1) 시료채취 계획과 요소

01 시료채취를 위한 계획 수립시 나올 수 있는 질문으로 적절하지 않은 것은? [제9회 29번]

① 어느 지역에서 시료를 채취할 것인가?
② 어떤 전처리가 필요한가?
③ 어떻게 자료를 평가하고 보고할 것인가?
④ 누가 시료를 채취할 것인가?

핵심포인트

1. 시료채취 계획과 요소

환경 연구는 가장 기초적인 시료채취 계획에서부터 시작되어야 하며, 다음과 같은 질문을 시작으로 계획을 수립한다.

① 연구의 목적은 무엇인가?
② 자료 수집을 위해 어느 지역에서 시료를 채취할 것인가?
③ 시료채취 용기는 어떤 것을 사용할 것인가?
④ 시료 분석을 위해 어떤 전처리가 필요한가?
⑤ 어떤 방법으로 시료를 분석할 것인가?
⑥ 어떻게 데이터를 평가하고 보고할 것인가?

필기 04 정도관리

02 대표성 있는 시료의 채취지점 선정방법으로 틀린 것은? [제9회 36번]

① 유의적 샘플링
② 임의적 샘플링
③ 계통 표본 샘플링
④ 계통 편차 샘플링

☑ **해설** ④ 핵심포인트 1.①~⑤ 참고

03 다음은 시료의 채취에 있어 대표성이 있는 채취지점의 선정방법이다. 유의적 샘플링 (judgemental sampling)에 대한 설명으로 옳은 것은? [제9회 2차 3번], [제12회 36번]

① 연구 기간이 짧고, 예산이 충분하지 않을 때, 과거 측정지점에 대한 조사자료가 있을 때, 특정지점의 오염 발생 여부를 확인하고자 할 때 선택하는 방법이다.
② 시료군을 일정한 격자로 구분하여 시료를 채취한다.
③ 넓은 면적 또는 많은 수의 시료를 대상으로 할 때 임의적으로 선택하여 시료를 채취하는 방법이다.
④ 채취지점이 명확하여 시료채취가 쉽고, 현장 요원이 쉽게 찾을 수 있으나 구획 구간의 거리를 정하는 것이 매우 중요하다.

☑ **해설** ②, ④ 핵심포인트 1.③ 참고, ③ 핵심포인트 1.② 참고

정답 01 ④ 02 ④ 03 ①

핵심포인트

1. 시료채취 계획과 요소/1.1 시료채취 계획/1.1.2 시료의 대표성/1.1.3 대표성 시료 샘플링 방법

유의적 샘플링, 임의적 샘플링, 계통 표본 샘플링 등 3가지로 구분할 수 있으며, 3가지 선정방법을 적절히 조합하여 채취지점을 선택할 수 있다.

① 유의적 샘플링(Judgemental sampling) : 전문적인 지식을 바탕으로 한 주관적인 선택에 따른 채취 방법으로 선행 연구나 정보가 있을 경우 또는 현장 방문에 의한 시각적 정보, 현장 채수 요원의 개인적인 지식과 경험을 바탕으로 채취지점을 선정하는 방법이다. 연구기간이 짧고, 예산이 충분하지 않을 때, 과거 측정지점에 대한 조사자료가 있을 때, 특정지점의 오염 발생 여부를 확인하고자 할 때 선택한다.

② 임의적 샘플링(Random sampling) : 시료군 전체에 대해 임의적으로 시료를 채취하는 방법으로 넓은 면적 또는 많은 수의 시료를 대상으로 할 때 임의적으로 선택하여 시료를 채취하는 방법이다.

③ 계통표본 샘플링(Systematic sampling) : 시료군을 일정한 패턴으로 구획하여 선택하는 방법으로, 시료군을 일정한 격자로 구분하여 시료를 채취하므로 '계통적 격자 샘플링'이라고도 한다. 이 방법은 채취지점이 명확하여 시료 채취가 쉽고, 현장 요원이 쉽게 찾을 수 있지만 구획 구간의 거리를 정하는 것이 매우 중요하며, 시·공간적 영향을 고려하여 충분히 작은 구간으로 구획하는 것이 좋다.

④ 층별 임의 샘플링(Stratified random sampling) : 시료군을 기준에 따라 중복되지 않도록 구분하여 계층을 나누며, 나누어진 계층별로 임의적으로 시료채취를 수행하는 방법이다.

⑤ 기타 샘플링 방법 : 혼합 채취 방법(Composite sampling), 조사용 샘플링(Search sampling), 횡단면 샘플링(Transect sampling) 등이 있다.

04 매질별 대표성 있는 시료를 채취하는 것은 샘플링 방법의 선택과 함께 매우 중요한 요소이다. 대기 시료의 대표성에 대한 설명으로 틀린 것은? [제9회 2차 11번]

① 대기 시료는 변이성과 이질성이 크다. 따라서 대기 시료 측정은 채취 지점의 시·공간적 요소를 고려하여 '표본(일반) 시료'와 오염이 의심되는 '최악시료'로 대표하는 것이 중요하다.

② 기체상의 오염물질이 비가역적으로 여과지 혹은 시료 용기나 채취 기구의 표면에 반응 또는 침적되지 않게 하거나 최소화하여야 한다.

③ 굴뚝과 같이 특정지점에서 배출되는 오염원에서 샘플링을 할 경우 발생원과 인근 주변의 대표 지점을 선정하여 채취하여야 한다.

④ 대기시료채취시 오염원에 방출된 오염물질은 수평적 오염보다는 수직적 오염이 더 높게 나타난다.

☑ **해설** ④는 토양시료에 관한 내용으로 토양시료는 토질의 특성에 따라 크게 좌우되며, 오염원에 노출될 경우 수평적 오염원보다는 수직적 오염이 더 높게 나타난다.

핵심포인트

1. 시료채취 계획과 요소/1.1 시료채취 계획/1.1.4 매질별 대표성 시료 채취/1.1.4.1 대기 시료의 대표성

매질별 대표성 있는 시료를 채취하는 것은 샘플링 방법의 선택과 함께 매우 중요한 요소이다.

① 대기 시료는 변이성과 이질성이 크므로, 대기 시료 측정시 채취지점의 시·공간적 요소를 고려하여 "표본(일반) 시료"와 오염이 의심되는 "최악 시료"로 대표하는 것이 중요하다.

② 대기시료의 대표적인 채취 지점은 실내, 환경대기, 굴뚝 또는 자동차 매연, 배출구 등이며, 토양으로부터 기인하는 대기, 물로부터 기인하는 대기로 구분할 수 있다.

정답 04 ④

③ 굴뚝과 같이 특정지점에서 배출되는 오염원에서 샘플링을 하는 경우 발생원과 인근 주변의 대표 지점을 선정하여 채취하여야 하며, 대표 지점이 잘못되었을 경우 심각한 측정 오류가 발생할 수 있다.
④ 대기 시료가 대표성을 갖기 위해서는 기체상의 오염물질이 비가역적으로 여과지 혹은 시료 용기나 채취 기구의 표면에 반응 또는 침적되지 않게 하거나 최소화하여야 하며, 여과지를 이용하여 시료를 채취하는 경우 에어로졸 입자에 의해 여과지가 오염되면 측정결과가 높게 나타나는 오류를 유발할 수 있다.

05 시료를 보존하고 저장할 때에 고려 사항과 대응 방안으로 모두 바르게 제시한 것은?

[제10회 26번]

① 흡착－화학물질 첨가
② 화학적 반응－화학물질 첨가
③ 광화학반응－화학물질 첨가
④ 미생물 성장－적정 용기 선정

☑ **해설** ①, ③, ④ 핵심포인트 1. <표> 참고

핵심포인트

1. 시료채취 계획과 요소/1.1 시료채취 계획/1.1.4 매질별 대표성 시료 채취/1.1.5 시료 보존과 저장의 기본 원칙

시료채취 후 보존과 저장의 기본원칙은 시료의 물리적, 화학적, 생물학적 변화를 최소화하는 것이다.
① 보존과 저장의 3요소로는 냉장, 적절한 시료 용기, 보존제 첨가이다.
② 냉장은 가장 일반적인 방법으로 물리적, 화학적, 생물학적 손실을 감소시켜주는 방법이다.
③ 적절한 용기 선택은 휘발성, 흡착성, 흡수성, 산란성, 화학 반응을 감소시켜 준다.
④ 보존제 첨가는 화학적 반응과 박테리아의 성장을 감소시킨다.

〈표〉 시료 보존과 저장의 3요소

보존과 저장방법	고려사항	보존과 저장방법
냉장 ((2～6) ℃ 냉장, 암소)	미생물 성장 억제	화학물질 첨가 (산, 알칼리, 생물억제제)
	화학적 반응	
	휘발성	화학물질 첨가, 적절한 용기
	흡수	
	흡착	적절한 용기 (유리 또는 플라스틱) (마개/격막) (갈색병)
	산란성	
	광화학반응	

정답 05 ②

필기 04 정도관리

2) 시료채취 실무

01 **휘발성 유기화합물을 분석하고자 할 때 시료채취 장비의 재질로 적당하지 않은 것은?** [제4회 1번]

① 유리 ② 플라스틱
③ 스테인리스 ④ 테플론

☑ **해설** ② 핵심포인트 1. <표> 5 참고

02 **휘발성유기화합물의 채취장비로 적당한 재질은?** [제4회 29번]

① 유리, 스테인리스, 테플론
② 플라스틱 유리 테플론, 스테인리스, 알루미늄, 금속
③ 플라스틱, 스테인리스, 테플론, 고무
④ 유리, 고무, 금속 재질 스테인리스, 테플론

☑ **해설** ① 핵심포인트 1. <표> 5 참고

03 **다음 중 플라스틱 재질의 용기를 사용해서 시료를 채취해야 하는 항목은?** [제5회 10번]

① 노르말 헥산 추출 물질 ② 유기인
③ 폴리클로리네이티드 비페닐(PCBs) ④ 불소

☑ **해설** ④ 핵심포인트 1. <표> 1 참고 ; 불소는 무기물질에 해당하므로 <표> 1의 재질로 된 용기를 사용하여야 한다.

핵심포인트

1. 시료채취 실무/2.1 시료채취 프로그램/2.1.4 시료채취 장비의 재질

시료채취 장비의 재질은 표에서와 같이 분석하고자 하는 물질에 따라 적당한 것으로 선택한다.

〈표〉 분석대상물질에 따른 시료채취 기구의 재질

순번	분석항목	시료채취 기구의 재질
1	무기물질	플라스틱, 유리, 테플론, 스테인리스, 알루미늄, 금속
2	영양염류	플라스틱, 스테인리스, 테플론, 유리, 알루미늄, 금속
3	중금속	플라스틱, 스테인리스, 테플론
4	추출하여야 하는 물질	유리, 알루미늄, 금속 재질, 스테인리스, 테플론
5	휘발성 유기화합물	유리, 스테인리스, 테플론
6	미생물	멸균된 용기

04 **시료채취 시 지켜야 할 규칙으로 틀린 것은?** [제2회 25번], [제6회 36번], [제7회 24번], [제10회 9번]

① 시료채취 시 일회용 장갑을 사용하고, 위험물질 채취 시에는 고무장갑을 사용한다.
② 수용액 매질의 경우, 시료채취 장비와 용기는 채취 전에 그 시료를 이용하여 미리 헹구고 사용한다.
③ 호흡기관 보호를 위해서는 소형 활성탄 여과기가 있는 일회용 마스크가 적당하다.
④ VOC 등 유기물질 시료채취 용기는 적절한 유기용매를 사용하여 헹군 후 사용한다.

☑ **해설** ④ 핵심포인트 1.④ 참고

정답 01 ② 02 ① 03 ④ 04 ④

05 시료 수집에 있어 우선순위가 가장 앞서는 것은? [제7회 14번]

① 중금속 ② 무기 비금속
③ VOCs ④ 미생물 시료

☑ **해설** ③ 핵심포인트 1.② 참고

핵심포인트

1. 시료채취 실무/2.2 일반적 시료채취 절차 및 규격/2.2.2 시료채취 규격

① 시료 수집자는 다음의 시료채취에 대한 일반적인 규칙을 이해하고 적용할 수 있어야 한다.
㉠ 시료는 대표할 수 있는 장소에서 수집되어야 한다.
㉡ 일회용 장갑을 사용하고, 새 것과 사용하지 않은 장갑은 시료채취지점에서 분리해 놓아야 하며, 위험한 물질을 채취할 경우에는 고무장갑을 이용한다.
㉢ 혼합 시료의 경우, 시료를 섞기 위해 보울(bowl)이나 악주걱(spatula)을 사용한다.
㉣ 미량 유기물질과 중금속 분석에는 스테인리스, 유리, 테플론 제품의 막대를 사용한다.
② 시료수집시 우선순위 : 첫 번째로 VOCs, 오일과 그리스 및 TRPHs을 포함한 추출하여야 하는 유기물질이며, 이어 중금속, 용존 금속[구리(Ⅱ), 철(Ⅲ)], 미생물 시료, 무기 비금속 순으로 수집해야 한다.
③ 수용액 매질의 경우 시료채취 장비와 용기는 채취 전에 그 시료를 이용해 미리 헹구고 사용한다.
④ VOCs, 오일, 그리스, TRPHs 및 미생물 분석용 시료채취 장비와 용기는 미리 헹구지 않는다.

06 시료채취자가 시료채취 시 갖추어야 할 보호장비로 적절하지 않은 것은? [제4회 8번]

① 눈과 얼굴－폴리카보네이트 안면 보호장구
② 호흡기관－일반 일회용마스크
③ 손－안감이 PVC로 된 장갑
④ 발－안전화

☑ **해설** ② 핵심포인트 1. <표> 2 ① 참고

핵심포인트

1. 시료채취 실무/2.1 시료채취 프로그램/2.2.4 갖추어야 할 보호 장비

시료채취자 및 시료채취 장소에 있는 사람들은 채취자의 안전과 건강보호를 위하여 표에서와 같이 필요한 보호 장비를 갖추어야 한다.

〈표〉 위험물질에 따른 신체별 착용 장비

순번	위험물질	신체 부분	일반적인 착용장비	다른 이용 가능한 착용장비
1	UV 방사능	① 머리	테두리가 넓은 모자	－
		② 피부	자외선 차단 크림	－
2	오염물질 접촉	① 호흡기관	활성탄으로 제작된 일회용 마스크	완전 얼굴 마스크
		② 피부	－	일회용 커버롤(coverall)
		③ 머리	안전 모자(단단한 것)	－
		④ 눈과 얼굴	폴리카보네이트 안면 보호장구	실리콘으로 된 보호 크림
		⑤ 손	일회용 장갑	면, PVC로 안감처리 된 장갑
		⑥ 발	안전화	무릎길이의 고무장화(발끝은 강철)
3	소음	① 청각	귀 마개	－

정답 05 ③ 06 ②

07 다음 중 시료채취 장비의 준비를 적절하게 기술한 것은? [제7회 21번]

① 세척용매는 일반적으로 아세톤을 사용하고 정제수로 헹군다.
② 초음파 세척기를 이용한 세척에서는 5 % 인산으로 된 ALCONOX를 사용한다.
③ 스테인리스 혹은 금속으로 된 장비는 산으로 헹군다.
④ 영양물질인 경우 10 %~15 % 질산으로 세척하고 정제수로 헹군 후 완전히 말린다.

☑ **해설** ① 핵심포인트 1.② 참고, ③, ④ 9번~10번 문제 핵심포인트 1.② 참고

08 시료채취장비를 세척할 때 옳은 것은? [제10회 8번]

① 세척제는 인산과 암모니아로 된 ALCONOX® 또는 5 % 인산으로 된 LIQINOX®를 사용한다.
② LIQINOX®은 쉽게 분해되기 때문에 초음파 세척기 이용 시 사용된다.
③ ALCONOX®는 유리, 금속, 플라스틱 등에 대해 부식 형성을 방지하는 데 탁월하다.
④ 용매는 일반적으로 아이소프로판올(isopropanol)을 사용하고 정제수로 헹군다.

☑ **해설** ① 핵심포인트 1.① 참고, ② 핵심포인트 1.③, ④ 참고, ③ 핵심포인트 1.③, ④ 참고

핵심포인트

1. 시료채취 실무/2.3 시료 채취 장비의 준비

장비들은 시료채취 전 세척하여 사용해야 하며 현장에서 사용 후에는 "세척해야 함"이라고 적은 라벨을 붙이고, 실험실로 옮겨와 세척한 후에는 "세척완료"라고 붙여놓아야 한다.

① 세척제는 5 % 인산으로 된 ALCONOX® 또는 암모니아로 된 LIQUINOX®을 사용한다.
② ALCONOX®는 원래 양이온으로 유리기구 뿐만 아니라 금속, 플라스틱, 고무 등을 세척하는데 유용하게 사용한다.
③ ALCONOX®는 쉽게 분해되기 때문에 초음파 세척기를 이용한 세척에서는 LIQUINOX®보다 더 많이 사용된다.
④ LIQUINOX®는 유리, 금속, 플라스틱 등에 대해 부식 형성을 방지하는데 탁월하며, 구리, 알루미늄, 아연 및 마그네슘과 같은 금속에도 사용할 수 있다.
⑤ 용매는 일반적으로 아이소프로판올(isopropanol)을 사용하고 정제수로 헹군다.

09 시료채취 장비를 준비하기 위한 과정으로 틀린 것은? [제10회 10번]

① 실험실에서 세척된 장비는 정제수로 헹구고 완전히 말린 후 저장을 위해 알루미늄 호일로 싼다.
② 테프론 튜브는 현장에서 비눗물, 수돗물, 정제수로 헹구고 알루미늄 호일 위에 올려놓는다.
③ 퍼지 장비 중 펌프와 호스는 입자제거를 위해 비누용액, 수돗물, 정제수로 헹궈 말린다.
④ 현장에서는 뜨거운 물을 사용하는 것을 제외하고는 실험실과 같은 절차를 사용한다.

☑ **해설** ② 핵심포인트 4.① 참고

정답 07 ② 08 ④ 09 ②

10 테플론 튜브의 세척 과정을 바르게 나열한 것은? [제5회 47번]

> ㉮ 수돗물로 헹군다.
> ㉯ 뜨거운 비눗물에 튜브를 집어넣고, 오염물 입자 제거를 위해 솔을 사용하거나 초음파 세척기에 넣어 세척한다.
> ㉰ 깨끗한 알루미늄 호일 위에 튜브를 올려놓는다.
> ㉱ 메탄올이나 아이소프로판올을 사용해 헹구고, 정제수를 사용해 마지막으로 헹군다.
> ㉲ 수돗물로 튜브 내부를 헹구고, 10 %~15 % 질산을 사용해 튜브 표면과 끝을 헹군다.

① ㉯-㉱-㉮-㉲-㉰　　② ㉯-㉲-㉮-㉱-㉰
③ ㉲-㉯-㉮-㉱-㉰　　④ ㉲-㉯-㉮-㉰-㉱

☑ **해설** ② 핵심포인트 4.②~⑥ 참고

핵심포인트

1. 시료채취 실무/2.3 시료 채취 장비의 준비/2.3.1 실험실에서의 세척 요령
① 뜨거운 비눗물로 닦고, 솔을 이용해 문지른다.
② 뜨거운 물로 헹군 후, (10~15) % 질산(HNO_3)을 사용해 헹구며, 영양물질인 경우에는 질산으로 헹군 후 (10~15) % 염산(HCl)으로 다시 한 번 헹군다.(주의 : 스테인리스 혹은 금속으로 된 장비는 산으로 헹구면 안된다)
③ 정제수로 헹군 후 완전히 말린다.
④ 저장이나 이송을 위해서는 알루미늄 호일로 싼다.

2. 시료채취 실무/2.3 시료 채취 장비의 준비/2.3.2 현장에서의 세척요령
① 뜨거운 물을 사용하는 것을 제외하고는 실험실과 같은 절차를 사용한다.
② 비누용액으로 불필요한 입자를 제거하기 위해 문지른 후, 정제수를 사용해 헹구고 말린다.
③ 많이 오염된 장비는 일반적으로 오염물을 제거하기 전에 아세톤을 사용해 헹구어 낸다.

3. 시료채취 실무/2.3 시료 채취 장비의 준비/2.3.3 퍼지 장비 중 펌프와 호스의 세척
① 입자를 제거하기 위해 비누 용액으로 문지른 후, 수돗물을 사용해 헹구고 정제수로 헹궈 말리며, 펌프의 외부, 튜브의 내부 표면과 외부는 완전히 세척되어야 한다.

4. 시료채취 실무/2.3 시료 채취 장비의 준비/2.3.4 테플론 튜브의 세척
① 테플론 튜브는 현장에서 세척하면 안 되고, 반드시 실험실에서 세척해야 한다.
② 뜨거운 비눗물에 튜브를 집어넣고, 필요하다면 오염물 입자제거를 위해 솔을 사용하거나 초음파 세척기에 넣어 세척한다.
③ 수돗물로 튜브 내부를 헹구고, (10~15) % 질산을 사용해 튜브 표면과 끝을 헹군다.
④ 수돗물로 다시 한 번 헹구고, 메탄올이나 아이소프로판올을 사용해 헹군다.
⑤ 정제수를 사용해 마지막으로 헹군다.
⑥ 깨끗한 알루미늄 호일 위에 튜브를 올려놓는다.

정답 10 ②

11 **시료의 인수인계 양식에 포함되는 사항이 아닌 것은?** [제2회 8번], [제6회 7번]

① 시료명 및 현장 확인 번호 ② 시료 접수 일시
③ 시료 인계 및 인수자 ④ 시료 성상 및 양

핵심포인트

시료 인수 인계서

현장 ID :	지점명 :
시료 받은 일시 :	지점 주소 :
시료 :	실험실명 :

시료 용기 설명(sample container description)

시료번호	채취일			수량	특이사항

총 용기 수량 :

양도한 사람 : (성명)	(부서)	(일시)
양도한 사람 : (성명)	(부서)	(일시)
받 은 사 람 : (성명)	(부서)	(일시)
받 은 사 람 : (성명)	(부서)	(일시)
전 달 방 법 :		

12 **시료채취 시 현장기록과 관련된 내용으로 부적절한 것은?** [제3회 6번]

① 시료라벨은 모든 시료 용기에 부착한다.
② 모든 현장기록은 방수용 잉크를 사용해 작성한다.
③ 시료기록 시트에는 분석 목적을 기록한다.
④ 현장기록은 시료채취 준비 과정에서 발생한 모든 사항을 포함해야 한다.

☑ **해설** ④ 핵심포인트 1.① 참고

13 **현장 기록은 시료채취 동안 발생한 모든 데이터에 대해 기록되어져야 한다. 현장 기록에 대한 설명으로 틀린 것은?** [제12회 37번]

① 현장 기록의 내용에는 인수인계 양식, 시료 라벨, 시료 현장기록부, 보존준비기록 등이 있다.
② 시료 라벨은 모든 시료 용기에 부착한다.
③ 현장 노트는 방수용 용지와 하드커버를 사용해야 한다.
④ 현장 기록의 입력은 수용성 잉크를 사용해 작성하고 수정 부분은 두 줄을 긋고 적어야 한다.

☑ **해설** ④ 핵심포인트 1.④ 참고

정답 11 ④ 12 ④ 13 ④

핵심포인트

1. 시료채취 실무/2.5 현장 시료 보관, 현장 기록

① 현장 기록은 시료채취동안 발생한 모든 데이터에 대해 기록되어져야 하며, 기록의 내용에는 인수인계 양식, 시료 라벨, 시료 현장기록부, 보존준비기록, QC와 현장 첨가용액 준비기록부 등이 있다.
② 시료 라벨은 모든 실 용기에 부착하며, 이는 시료 확인의 중요한 부분이다.
③ 방수용 잉크를 사용해 작성하며, 현장 노트는 특히 현장 업무에 대해 설명하는 것으로 방수용 용지와 하드커버를 사용해야 한다.
④ 모든 현장 기록은 방수용 잉크를 사용해 작성하며 오타는 한 줄을 긋고, 수정 부분에 직원 서명과 날짜를 적어야 한다.
⑤ 시료기록시트에는 분석목적, 시료 현장 ID, 시료 종류, 시료 채취자, 날짜/시간을 기록한다.

14 시료채취 후 활동에 대한 내용으로 틀린 것은? [제8회 18번]

① 시료 선적을 위한 운반이나 포장은 현장과 시료 보관 담당직원의 책임이다.
② 양도받은 사람은 운반 날짜와 시각에 서명하고, 실험실로 시료가 운반되어 오면 시료채취 지역과 분석 유형에 의한 시료 분리를 하여야 한다.
③ VOC 시료는 플라스틱 백 하나에 포장하고, 일반시료와 함께 동일한 냉각기에 보관하여야 한다.
④ 시료채취 동안에 발생한 폐기물은 라벨을 붙인 용기에 분리하고, 폐기물 관리를 위해 실험실로 갖고 온다.

☑ **해설** ③ 핵심포인트 1.② 참고

핵심포인트

1. 시료채취 실무/2.6 시료채취 후 활동/2.6.1 시료 신속처리

시료 선적을 위한 운반이나 포장은 현장 시료 보관 담당직원의 책임이며, 양도받은 사람은 인수인계 양식의 운반 날짜와 시각에 서명하고, 실험실로 시료가 운반되어 오면 다음 사항을 지켜야 한다.
① 시료채취 지역과 분석 유형에 의한 시료 분리
② VOCs 시료는 각각의 플라스틱 백에 포장하고 "VOC만"이라고 적힌 별도의 냉각기에서 보관해야 한다.
③ 시료는 가능하면 빨리 실험실로 옮겨야 한다.

15 시료채취 시 발생된 폐기물을 처리하는 방법으로 틀린 것은? [제3회 30번]

① 시료채취 동안에 발생한 폐기물은 라벨을 붙인 용기에 분리하여 처리하고, 폐기물 처분을 위해 실험실로 갖고 온다.
② 실험실과 현장에서 발생한 폐기물은 실험실과 계약을 맺은 인증된 폐기물 관리 회사를 통해 폐기해야 한다.
③ 발생된 폐기물이 지정폐기물 중 폐산·폐알칼리·폐유·폐유기용제·폐촉매·폐흡착제·폐농약에 해당될 경우에는 보관이 시작된 날부터 45일을 초과하여 보관하여서는 안된다.
④ 발생된 화학폐기물을 수집하는 용기는 반드시 운반 및 용량측정이 쉽고 잔류량 확인이 가능하도록 유리재질의 용기를 사용하여야 한다.

☑ **해설** ④ 핵심포인트 2.① 참고

정답 14 ③ 15 ④

핵심포인트

1. 시료채취 실무/2.6 시료채취 후 활동/2.6.2 현장에서 폐기물 처리

① 시료채취 동안에 발생한 폐기물은 라벨을 붙인 용기에 분리하고, 폐기물 관리를 위해 실험실로 갖고 온다.

② 실험실과 현장에서 발생한 폐기물은 실험실과 계약을 맺은 인증된 폐기물 관리 회사를 통해 폐기시켜야 한다.

2. 환경실험실 운영관리 및 안전/3. 실험실 안전 행동지침/3.3 폐기물 취급 및 처리 시 안전/3.3.1 일반사항

① 화학폐기물 수집 용기는 반드시 운반 및 용량 측정이 용이한 플라스틱 용기를 사용하여야 한다.

3. 환경실험실 운영관리 및 안전/3. 실험실 안전 행동지침/3.3 폐기물 취급 및 처리 시 안전/3.3.2 지정폐기물 운송 및 보관

① 지정폐기물 중 폐산·폐알칼리·폐유·폐유기용제·폐촉매·폐흡착제·폐흡수제·폐농약, 폴리클로리네이티드비페닐 함유폐기물, 폐수처리 오니 중 유기성오니는 보관이 시작된 날부터 45일을 초과하여 보관하여서는 안 되며, 그 밖의 지정폐기물은 60일을 초과하여 보관하여서는 안 된다.

16 다음은 현장 측정의 QC 점검을 위한 설명이다. 빈칸에 들어갈 말로 옳은 것은?

[제9회 2차 23번], [제10회 27번]

> 이중시료는 측정의 (㉮)를 계산하기 위해 분석한다. QC 점검을 위해 농도를 알고 있는 표준물질을 이용해 비슷한 매질의 같은 시료 세트와 함께 분석하고, 분석의 (㉯)을 측정하는데도 사용한다. 이중시료와 QC 점검 표준시료는 (㉰)개의 시료당 한 번 분석되어야 한다.

① ㉮ 정밀도, ㉯ 정확성, ㉰ 20
② ㉮ 정확성, ㉯ 정밀도, ㉰ 100
③ ㉮ 정밀도, ㉯ 참값, ㉰ 20
④ ㉮ 참값, ㉯ 회수율, ㉰ 100

핵심포인트

1. 시료채취 실무/2.7 현장 정도관리/2.7.2 현장 측정에서 QC 점검

① 이중 시료는 측정의 "정밀도(precision)"를 계산하기 위해 분석한다. QC 점검을 위해 농도를 알고 있는 시료 세트와 함께 분석하고, 분석의 "정확성(accuracy)"을 측정하는데도 사용한다. 이중 시료와 QC 점검 표준시료는 "20"개의 시료당 한 번 분석되어야 한다.

17 현장에서의 QC 점검 과정에 대한 설명이 틀린 것은?

[제5회 12번], [제9회 6번]

① 현장 평가의 정밀도는 이중 시료 분석을 기본으로 상대 표준 편차 백분율(RSD)로 나타낸다.
② RPD가 0이면 가장 이상적인 상태로서 정밀도가 가장 좋은 상태이다.
③ 현장 측정의 정확성은 QC 점검 표준 용액의 참값의 회수율을 기본으로 % 회수율로 나타내며, 100 %를 초과하는 경우도 있다.
④ 현장 첨가 시료의 정확성은 첨가하지 않은 시료값을 첨가값으로 나눈 % 회수율로 나타내며, 100 %를 초과하는 경우도 있다.

☑ **해설** ④ 핵심포인트 1.③ 참고

정답 16 ① 17 ④

18 **현장에서의 정밀도 분석과 관련된 설명으로 옳지 않은 것은?** [제7회 32번]

① 보통 이중시료를 분석한다.
② 상대표준편차 백분율(RPD)값이 0이면 가장 이상적인 상태이다.
③ 정밀도는 상대표준편차 백분율(RPD)로 나타낸다.
④ 상대표준편차 백분율(RPD)이 커질수록 정밀도는 높다.

☑ **해설** ④ 핵심포인트 1.① 참고

19 **현장 측정에서의 QC 점검에 대한 설명으로 옳지 않은 것은?** [제7회 31번]

① 이론적으로 회수율이 가장 좋은 경우는 측정값과 참값이 같은 경우이다.
② 현장 측정의 정확성은 % 회수율(R: recovery)로 나타낸다.
③ % 회수율은 항상 100 % 이내의 값으로 나타낸다.
④ 계산된 상대표준편차 백분율(RPD)과 회수율(%R)값은 계산된 관리기준 안에 있어야 한다.

☑ **해설** ③ 핵심포인트 1.② 참고

핵심포인트

1. 시료채취 실무/2.7 현장 정도관리/2.7.2 현장 측정에서 QC 점검

① 현장 평가의 정밀도는 이중시료 분석을 기본으로 상대표준편차 백분율(RPD, relative percent difference)로 나타내고, 두 개 측정값의 평균으로 두 개 측정값의 차를 나누고 100을 곱해 계산한다. RPD가 0이면 가장 이상적인 상태로서 정밀도가 가장 좋은 상태이며, RPD가 커질수록 정밀도는 낮다.

$RPD=\dfrac{(A-B)}{[(A+B)/2]}\times 100=\dfrac{(A-B)}{(A+B)}\times 200$	A : 큰 측정값 B : 작은 측정값

② 현장 측정의 정확성은 QC 점검 표준용액의 참값의 회수율을 기본으로 % 회수율(R, recovery)로 나타내며, 이론적인 회수율 즉, 가장 좋은 경우는 측정값과 참값이 같은 경우로서 % 회수율은 100 %이며, 100 %를 초과하는 경우도 있다.

$$\%\ R=(\text{측정값}\times 100)/\text{참값}$$

③ 현장 첨가시료의 정확성은 첨가한 시료값과 첨가하지 않은 시료값의 차를 첨가값으로 나눈 % 회수율로 나타내며, 이론적인 회수율 즉, 가장 좋은 경우는 측정값과 참값이 같은 경우로서 % 회수율은 100 %이며, 100 %를 초과하는 경우도 있다.

$$\%\ R=[(\text{첨가한 시료값}-\text{첨가하지 않은 시료값})/(\text{첨가값})]\times 100$$

20 **이중시료 분석을 통해 현장측정의 정밀도를 평가하고자 이중시료의 측정값이 각각 95 mg/L, 100 mg/L임을 확인하였다. 이 경우 상대편차백분율(RPD, Relative percent difference)은?** [제4회 45번], [제7회 28번]

① 97.5　　② 19.5
③ 5.13　　④ 1.05

정답 18 ④ 19 ③ 20 ③

문제풀이

① 주어진 조건 : 이중시료의 측정값 95 mg/L, 100 mg/L

② 상대편차백분율 : $RPD=\frac{(A-B)}{[(A+B)/2]}\times 100=\frac{(A-B)}{(A+B)}\times 200=\frac{(100-95)}{(100+95)}\times 200=5.13$

21 **대기시료 측정의 정밀도를 계산하기 위하여 이중시료 분석을 시행하였다. 측정값이 각각 2.6 $\mu g/m^3$과 3.1 $\mu g/m^3$일 때 상대표준편차 백분율은 얼마인가?** [제9회 2차 17번]

① 8.8 %
② 16.1 %
③ 17.5 %
④ 19.2 %

문제풀이

① 주어진 조건 : 이중시료의 측정값 2.6 $\mu g/m^3$, 3.1 $\mu g/m^3$

② 상대편차백분율 : $RPD=\frac{(A-B)}{[(A+B)/2]}\times 100=\frac{(A-B)}{(A+B)}\times 200=\frac{(3.1-2.6)}{(3.1+2.6)}\times 200=17.5\ \%$

22 **현장평가의 정밀도는 이중시료 분석을 기본으로 상대차이백분율(RPD, Relative percent difference)로 나타낸다. 측정값이 각각 2, 90일 때 RPD 약 몇 %인가?** [제10회 32번]

① 180 %
② 185 %
③ 195 %
④ 191 %

문제풀이

① 주어진 조건 : 이중시료의 측정값 2 mg/L, 90 mg/L

② 상대편차백분율 : $RPD=\frac{(A-B)}{[(A+B)/2]}\times 100=\frac{(A-B)}{(A+B)}\times 200=\frac{(90-2)}{(90+2)}\times 200=191\ \%$

23 **정밀도(precision)와 정확도(accuracy)의 관리기준(control limit)에 대한 설명으로 틀린 것은?** [제8회 24번]

① 정밀도의 관리 기준은 20개 이상의 RPD 데이터를 수집하고 평균값(x)과 표준편차(s)를 계산하고 평균값에 2배의 표준편차를 더해 경고기준(warning limit)을 구한다.
② 정밀도의 관리 기준에서 관리 기준 밖의 값은 그 시스템이 관리 기준을 벗어났다는 것을 의미한다.
③ 정확도의 관리 기준은 20개의 정확도 데이터(% 회수율)을 모은 후, 이들 회수율로부터 평균(x)과 표준편차(s)를 계산하고 경고 기준과 관리 기준을 구한다.
④ 정확도의 관리 기준에서 상한 경고기준은 평균값에 3배의 표준편차를 더한 것이고, 하한 경고기준은 평균값에 3배의 표준편차를 뺀 것이다.

☑ **해설** ④ 핵심포인트 1.① 참고

정답 21 ③ 22 ④ 23 ④

24 **20개 이상의 상대표준편차백분율(RPD) 데이터를 수집하고, 평균값(X)과 표준편차(s)를 이용하여 정밀도 기준을 세울 경우 맞는 것은?** [제3회 5번], [제6회 50번]

① 경고기준 : $\pm(X+s)$, 관리기준 : $\pm(X+2s)$
② 경고기준 : $\pm(X+2s)$, 관리기준 : $\pm(X+3s)$
③ 경고기준 : $\pm(X+3s)$, 관리기준 : $\pm(X+4s)$
④ 경고기준 : $\pm(X+4s)$, 관리기준 : $\pm(X+5s)$

☑ **해설** ② 핵심포인트 1.① 참고

25 **이중 시료의 측정 정밀도의 경고 기준과 관리기준의 범위를 바르게 나타낸 것은?** [제5회 37번]

① 경고기준 : {평균값(x) ± 2×표준편차(s)} 관리기준 : {평균값(x) ± 2×표준편차(s)}
② 경고기준 : {평균값(x) ± 3×표준편차(s)} 관리기준 : {평균값(x) ± 2×표준편차(s)}
③ 경고기준 : {평균값(x) ± 2×표준편차(s)} 관리기준 : {평균값(x) ± 3×표준편차(s)}
④ 경고기준 : {평균값(x) ± 3×표준편차(s)} 관리기준 : {평균값(x) ± 3×표준편차(s)}

☑ **해설** ③ 핵심포인트 1.① 참고

핵심포인트

1. 시료채취 실무/2.7 현장 정도관리/2.7.2 현장 측정에서 QC 점검

① 각각의 현장 분석물질에 대한 관리 기준을 세우기 위해, 20개 이상의 RPD 데이터를 수집하여 평균값(x)과 표준편차(s)를 계산하고 평균값에 2배의 표준편차를 더해 경고기준을 구하고 평균값에 3배의 표준편차를 더해 관리 기준을 세운다.

경고 기준 : $\pm(x+2s)$, 관리 기준 : $\pm(x+3s)$

필기 04 정도관리

26 **현장 측정값의 상대차이백분율(RPD) 값을 수집한 결과, 평균값과 표준편차가 각각 3.5 %와 1.2 %이었다. 정밀도의 경고기준과 관리 기준은 각각 얼마인가?** [제9회 27번]

① 경고기준 : 5.9 %, 관리기준 : 7.1 %
② 경고기준 : 7.1 %, 관리기준 : 5.9 %
③ 경고기준 : ±5.9 %, 관리기준 : ±7.1 %
④ 경고기준 : ±7.1 %, 관리기준 : ±5.9 %

문제풀이

① 주어진 조건 : 평균(x) 3.5 %, 표준편차(s) 1.2 %
② 경고기준 = $\pm(x+2s) = \pm(3.5+2\times1.2) = \pm5.9$ %
③ 관리기준 = $\pm(x+3s) = \pm(3.5+3\times1.2) = \pm7.1$ %

27 **각각의 현장 분석물질에 대한 관리 기준을 세우고자 한다. 현장 분석물질의 측정값을 모든 상대표준편차 백분율(RPD, relative percent difference) 데이터에 의해 평균값 x = 5.4 %, 계산된 표준편차값 s= 3.3 %로 계산되었다면 이때 RPD 데이터로 계산한 경고 기준(㉠)과 관리 기준(㉡)이 짝지어진 것으로 옳은 것은?** [제11회 36번]

정답 24 ② 25 ③ 26 ③ 27 ①

① ㉠ ± 12.0 %, ㉡ ± 15.3 % ② ㉠ ± 14.2 %, ㉡ ± 16.4 %
③ ㉠ ± 15.3 %, ㉡ ± 12.0 % ④ ㉠ ± 16.4 %, ㉡ ± 14.2 %

문제풀이

① 주어진 조건 : 평균(x) 5.4 %, 표준편차(s) 3.3 %
② 경고기준 = ± $(x+2s)$ = ± $(5.4+2\times3.3)$ =±12.0 %
③ 관리기준 = ± $(x+3s)$ = ± $(5.4+3\times3.3)$ =±15.3 %

28 **관리차트를 만들기 위해 암모니아를 측정하였다. %회수율 결과로부터 평균값(x)은 99.8 %, 계산된 표준편차(s)는 2.3 %이었다. 관리기준을 벗어난 값은?** [제11회 31번]

① 91.9 % ② 95.0 %
③ 104.4 % ④ 106.4 %

문제풀이

① 주어진 조건 : 평균(x) 99.8 %, 표준편차(s) 2.3 %
② 상한관리기준 = 평균(x) + $3s$(표준편차) = $99.8+3\times2.3=106.7$ %
③ 하한관리기준 = 평균(x) − $3s$(표준편차) = $99.8-3\times2.3=92.9$ %

정답 28 ①

3) 대기 시료채취

01 **다음은 대기시료채취 시스템을 구성하는 각각의 장치와 이에 대한 설명이다. 올바르게 연결된 것은?** [제6회 19번], [제7회 4번], [제9회 11번]

㉮ 유입구 분할관	㉯ 공기이동장치	㉰ 포집매체	㉱ 유량측정장치

ⓐ 가스상 물질을 용해하기 위한 액체 흡수제 또는 고상 흡착제와 입자를 포집하기 위한 막 표면과 분석을 위한 분취공기를 포함하는 챔버로 되어 있다.
ⓑ 가급적 변질되지 않은 상태로 물질을 환경대기에서 분석 장치로 전송된다.
ⓒ 질량유속유량계, 로터미터, 임계 오리피스 등이 있다.
ⓓ 시료채취 시스템의 마지막에 위치하여 진공이나 낮은 압력을 만들 수 있는 동력을 제공한다.

① ㉮－ⓐ, ㉯－ⓒ, ㉰－ⓓ, ㉱－ⓑ
② ㉮－ⓑ, ㉯－ⓓ, ㉰－ⓐ, ㉱－ⓒ
③ ㉮－ⓒ, ㉯－ⓓ, ㉰－ⓐ, ㉱－ⓑ
④ ㉮－ⓓ, ㉯－ⓒ, ㉰－ⓑ, ㉱－ⓐ

☑ **해설** ② 핵심포인트 1. 참고

02 **유량측정장치가 아닌 것은?** [제9회 2차 22번]

① 질량유속유량계
② 로터미터
③ 임계 오리피스
④ 임핀저

☑ **해설** ④ 핵심포인트 1.④ 참고 ; ④ 임핀저에는 유해가스 흡수액을 넣으며, 이것은 배출가스가 통과할 때 유해가스를 흡수시켜 수분 및 유해가스로부터 기기를 보호하기 위해 사용한다.

핵심포인트

1. 시료채취 실무/3.3 시료채취 시설 및 장비

시료채취 시스템은 유입구 분할관, 공기이동장치, 포집매체 그리고 유량측정장치로 구성되어 있다.

① 유입구 분할관 : 가급적 변질되지 않는 상태로 물질을 환경대기에서 포집매체나 분석 장치로 전송하며, 유리, 테플론, 스테인리스 혹은 불활성 물질로 만들어지고 장치의 나머지 구성 요소들이 그곳으로부터 되도록 멀리 떨어진 곳에 위치하게 된다.
② 공기이동장치 : 시료채취 시스템의 마지막에 위치하여 진공이나 낮은 압력을 만들 수 있는 동력을 제공한다.
③ 포집매체 : 가스상 물질을 용해하기 위한 액체 흡수제 또는 고상 흡착제와 입자를 포집하기 위한 막 표면과 분석을 위한 분취공기를 포함하는 챔버로 되어 있다.
④ 유량측정장치 : 질량유속유량계, 로터미터, 임계 오리피스 등이 있다.

03 **대기시료채취 시 시료의 안정도에 관한 설명으로 틀린 것은?** [제9회 4번], [제9회 2차 4번]

① 간섭은 최소화 되어야하고, 해석만 가능하다면 존재한다 하더라도 무방하다.
② 시료의 안정도는 시료채취와 분석사이의 시간이 증가될수록 더욱더 중요하다.

정답 01 ② 02 ④ 03 ③

③ 가변적인 회수율이 정성분석을 방해하기 때문에 거의 100 %의 회수율이 요구된다.
④ 온도는 포집된 물질이 포집매체로부터 소실되게 하거나, 회수율을 저해하는 변형 따위를 야기할 수 있다.

☑ **해설** ③ 핵심포인트 1.③ 참고

핵심포인트

1. 시료채취 실무/3.3 시료채취 시설 및 장비/시료의 안정도

① 시료채취와 분석사이의 시간이 증가될수록 더욱 더 중요하다.
② 온도, 미량 오염물질, 화학의 반응효과는 포집된 물질이 포집매체로부터 소실되게 하거나 회수율을 저해하는 변형 따위를 야기할 수 있다.
③ 가변적인 회수율이 정량분석을 방해하기 때문에 거의 100 %의 회수율이 요구된다.
④ 간섭은 최소화 되어야 하고, 만약 존재하더라도 해석할 수 있는 것이어야 한다.

04 배출가스 중 입자 크기에 따른 명칭이 바르지 않은 것은? [제2회 9번]

① < 2.5 μm : 미세입자
② > 2.5 μm : 거친 입자
③ 2.5 ~ 30 μm : 떠도는 입자
④ > 30 μm : 침전성 입자

☑ **해설** ④ 핵심포인트 1. <표> 5 참고

핵심포인트

1. 시료채취 실무/3.4 일반적 시료채취 방법

① 입자크기에 따라 고정입자, 떠도는 입자, 농축 혹은 Aitken nuclei(반경 (0.005 ~ 0.2) μm 사이의 에어로졸 : 에이트켄 핵), 덩어리, 미세입자, 거친 입자(coarse particle)로 나뉘며, 입자크기에 따른 명칭은 표와 같다.

〈표〉 입자크기에 따른 명칭

순번	입자 크기(μm)	명칭(구분)
1	0.02 ~ 0.1	Aitken nuclei
2	< 2.5	미세입자
3	> 2.5	거친 입자
4	2.5 ~ 30	떠도는 입자
5	> 30	고정입자

05 대기시료채취에 관한 다음의 설명 중 (　　)에 들어갈 용어는? [제8회 20번]

> (　　)시료채취는 운동량에 변화 없는 조건에서 시료를 채취하는 것이다. 이런 조건에서 모든 크기의 입자가 효과적으로 수집된다.

① 연속
② 등속
③ 가변
④ 반응

정답 04 ④ 05 ②

핵심포인트

1. 시료채취 실무/3.4 일반적 시료채취 방법/3.4.1 입자의 시료채취와 저장/3.4.1.1 입자의 등속성 (isokinetic) 시료채취

① 물리법칙에 의해 입자의 운동량은 질량과 속도의 곱이며, 여기서 크기가 다른 입자는 다른 운동량을 가지게 된다. "등속"성 시료채취는 운동량의 변화 없는 조건에서 시료를 채취하는 것이다. 이는 얇고 대기 흐름에 중심이 맞춰진 시험관에 시료를 수집하는 것으로 그 지점에서는 공기 흐름이 같은 속력(등속)을 가지고 있다.

06 일반 대기환경 중 입자상 물질의 시료채취 방법으로 옳은 것은? [제6회 35번]

① 활동 시간대인 주간에 12시간 동안 채취
② 성인의 흡입 위치인 1.7 m 높이에서 채취
③ 관심 지역마다 한 개의 시료를 채취
④ 장애물 풍하 방향에 장애물 높이 10배 거리에서 채취

☑ **해설** ① 핵심포인트 1.⑥ 참고, ② 핵심포인트 1.③ 참고, ③ 핵심포인트 1.⑤ 참고

핵심포인트

1. 시료채취 실무/3.4 일반적 시료채취 방법/3.4.1 입자의 시료채취와 저장/3.4.1.2 입자 시료채취의 일반적인 규칙

① 시료는 주요 관심 지점에서 채취해야 한다.
② 시료채취기는 주요 지점으로부터 바람이 불어가는 쪽으로 직접 설치하지 않는다.
③ 지표면으로부터 약 1.5 m 상부에 시료채취기를 위치하게 한다.
④ 주요 장애물로부터 바람이 불어가는 쪽으로 장애물 높이의 약 10배의 거리에 위치하게 한다.
⑤ 관심지역에서 다른 위치별로 몇 개의 시료를 채취한다.
⑥ 가장 관심 있는 날의 시간에 시료를 채취하거나 24시간 동안 시료채취를 한다.

07 고체 흡착법에 의한 가스상 물질 시료채취는 활성탄 실리카겔과 같은 고체분말표면에 가스가 흡착되는 방법이다. 이와 관련된 메커니즘은 무엇인가? [제8회 21번]

① 산화현상　② 브라운 운동
③ 확산　④ 응집

핵심포인트

1. 시료채취 실무/3.4 일반적 시료채취 방법

① 가스, 증기 시료의 채취와 저장 : 가스와 증기는 "확산"의 법칙을 따르고 주위 공기와 자유롭게 섞이게 된다.

08 농축되지 않는 끓는점 화합물인 질소가스나 에테인 등을 대상으로 시료채취를 하려고 한다. 저장용기에 대한 설명으로 틀린 것은? [제8회 31번]

① 테플론백은 깨끗한 공기로 씻어내고 가스 찌꺼기가 있는지 점검한 후 사용이 가능하다.
② 유리용기는 황화수소, 산화질소와 같은 반응성 가스에는 적합하지 않다.

정답 06 ④　07 ③　08 ④

③ 산소, 질소, 메테인, 일산화탄소와 같은 가스를 채취하기에 탁월한 것은 유리용기이다.
④ 스테인리스강 용기는 비활성가스와 반응성 가스 수집에 탁월하다.

☑ **해설** ④ 핵심포인트 2.④ 참고

09 가스 또는 증기 시료를 채취하고자 할 때의 설명으로 틀린 것은? [제9회 13번]

① 반응성 가스 시료를 채취할 때는 테플론으로 안을 피복한 펌프를 사용한다.
② 반응성 가스 시료채취에는 유리용기를 쓴다.
③ 끓는점이 낮은 화합물을 채취할 때는 플라스틱백을 쓴다.
④ 비활성 가스(inert gas) 시료를 채취할 때는 금속용기를 쓴다.

☑ **해설** ② 핵심포인트 2.③ 참고

핵심포인트

1. 시료채취 실무/3.4 일반적 시료채취 방법/3.4.2 가스, 증기 시료의 채취와 저장/3.4.2.1 시료채취 장비

① 가스펌프 : 적당한 용량과 성능을 가지고 있어야 하며, 오존 혹은 미량 유기물질과 같이 반응성 가스 시료채취에는 테플론으로 안을 피복한 펌프를 기본으로 사용한다.
② 가스미터링 장치 : 채취된 공기의 전체 부피를 측정하는 것으로 유량계와 유속계가 있다. 유량계는 시료채취 트레인(sampling train)을 통해 지나간 시료의 총부피를 기록하며, 유속계는 유속을 나타낸다. 시료 프로브는 유리와 테플론과 같은 삽입 물질이 있어야 가스와 증기 시료의 손실이 없다.

2. 시료채취 실무/3.4 일반적 시료채취 방법/3.4.2 가스, 증기 시료의 채취와 저장/3.4.2.2 농축되지 않는 가스와 증기의 시료채취 기술

① 이 방법에 의한 시료채취는 끓는점이 낮은 화합물인 메테인, 에테인, 프로페인 혹은 질소가스, 산소가스 및 일산화탄소를 대상으로 한다.
② 플라스틱 백 : Scotch 팩, 알루미늄 처리된 Scotch 팩, Mylar, Saran 및 Tedlar와 같은 상표를 이용할 수 있으며, 백은 깨끗한 공기로 씻어내고 가스 찌꺼기가 있는지 점검한 후에 재사용이 가능하다.
③ 유리용기 : 산소, 질소, 메테인, 일산화탄소 및 이산화탄소와 같은 가스를 채취하기에 탁월하나 H_2S, 산화질소, SO_3와 같은 반응성 가스에는 적합하지 않다. 펌프는 용기의 한쪽 끝에 부착하고 다른 한쪽에는 시료채취 프로브(prove)가 부착되어져 있으며, 시료채취 시험관 부피의 약 10배가 되는 양의 시료가 그 시스템을 통과하게 된다.
④ 금속용기 : 스테인리스강 용기는 비활성 가스(inert gas) 수집에 탁월하나 반응성 가스에는 적합하지 않으며, 크기는 (1~34) L까지 있다.

10 대기 중 가스와 증기시료를 추출하고 농축하기 위한 건식법에 관한 설명으로 틀린 것은? [제10회 28번]

① 기포발생기와 확산기를 가진 시스템을 이용한다.
② 흡착된 가스는 기체크로마토그래피나 적외선 분광법을 사용해 추출하고 분석한다.
③ 추출에 사용되는 용매는 보통 알코올, 다이메틸설폭사이드 혹은 이황화탄소가 있는 물과 같은 극성물질을 사용한다.
④ 흡착제와 같은 다공성 고체의 값을 기초로 활성탄, 실리카겔을 흡착제로 사용한다.

☑ **해설** ① 핵심포인트 1.① 참고 ; ①은 습식법에 관한 내용이다.

정답 09 ② 10 ①

핵심포인트

1. 시료채취 실무/3.4 일반적 시료채취 방법/3.4.2 가스, 증기 시료의 채취와 저장

① 습식법 : 기포발생기(bubbler)와 확산기(diffuser)를 가진 시스템으로 임핀저는 흡착제가 포함되어 있어 세정용액이라고 하며, 흡착제의 품질, 농도 및 양은 사용 시험법에 따라 다르다.

② 건식법 : 흡착제와 같은 다공성 고체의 값을 기초로 활성탄, 실리카 겔, 활성 알루미늄을 흡착제로 사용하며, 합성 고분자는 VOCs와 같은 가스 흡수에 사용한다.

㉠ 가장 많이 사용되는 흡착제는 실리카 겔, charcoal 및 tenax로서 tenax는 2,6-다이페닐-p-페닐렌옥사이드의 중합체로 실내공기오염에서와 같이 농도가 낮은 휘발성 유기화합물의 측정시에만 사용된다.

㉡ 활성화 charcoal을 가장 보편적으로 사용하고, tenax 및 고분자 물질은 휘발성물질의 10^{-9} 단위 혹은 더 낮은 농도에 사용된다.

㉢ 가스 수집 후에 흡착관을 즉시 봉하고 저장하되 플라스틱 혹은 유리 바이알 안에 저장하는 것이 좋으며, 흡착된 가스는 기체크로마토그래피나 적외선 분광법을 사용해 추출하고 분석한다.

㉣ 추출에 사용하는 용매는 보통 알코올, 다이메틸설폭사이드 혹은 이황화탄소가 있는 물과 같은 극성 물질을 사용하며, 헬륨가스로 10초~15초 동안 퍼징하고, 240 ℃로 가열하면 열적으로 탈착된다.

11 대기 오염물질의 시료채취에 대한 주의사항으로 틀린 것은? [제8회 6번]

① 측정 물질에 대한 방해성분의 영향이 적은 방법을 선택
② 악취물질은 농도의 변동이 심하므로 장시간 채취
③ 환경기준이 설정된 물질은 법적 시간을 기준
④ 채취 유량은 규정하는 범위 내에서 되도록 많이 채취

☑ **해설** ② 핵심포인트 1.④ 참고

12 시료채취에 대한 일반적 주의사항 중 틀린 것은? [제3회 32번]

① 시료채취를 할 때에는 되도록 측정하려는 가스 또는 입자의 손실이 없도록 한다.
② 시료채취 유량은 항상 많이 취하여야 한다.
③ 미리 측정하려고 하는 성분과 이외의 성분에 대한 물리적, 화학적 성질을 조사하여 방해성분의 영향이 적은 방법을 선택한다.
④ 채취관은 항상 깨끗한 상태로 보존한다.

☑ **해설** ② 핵심포인트 1.⑥ 참고

13 대기 시료채취에 대한 일반적 주의 사항으로 틀린 것은? [제10회 11번]

① 시료채취를 할 때에는 되도록 측정하려는 가스 또는 입자의 손실이 없도록 한다.
② 채취관은 항상 깨끗한 상태로 보존한다.
③ 미리 측정하려고 하는 성분과 이외의 성분에 대한 물리적, 화학적 성질을 조사하여 방해성분의 영향이 적은 방법을 선택한다.
④ 시료채취 유량은 각 항에서 규정하는 범위 내에서는 되도록 적게 채취하는 것을 원칙으로 한다.

☑ **해설** ④ 핵심포인트 1.⑥ 참고

정답 11 ② 12 ② 13 ④

핵심포인트

1. 시료채취 실무/3.4 일반적 시료채취 방법/3.4.4 시료채취에 대한 일반적 주의사항

① 시료채취를 할 때는 되도록 측정하려는 가스 또는 입자의 손실이 없도록 한다. 특히 바람이나, 눈, 비로부터 보호하기 위해서는 측정기기는 실내에 설치하고, 채취구를 밖으로 연결할 경우에는 채취관 벽과의 반응, 흡착, 흡수 등에 의한 영향을 최소한도로 줄일 수 있는 재질과 방법을 선택한다.

② 채취관을 장시간 사용하여 관내에 분진이 퇴적하거나 퇴적할 분진이 가스와 반응 또는 흡착하는 것을 막기 위하여 채취관은 항상 깨끗한 상태로 보존한다.

③ 미리 측정하려고 하는 성분과 이외의 성분에 대한 물리적, 화학적 성질을 조사하여 방해성분의 영향이 적은 방법을 선택한다.

④ 시료채취 시간은 원칙적으로 그 오염물질의 영향을 고려하여 결정하며, 악취물질은 되도록 짧은 시간 내에 끝내고 입자상 물질중의 금속성분이나 발암성 물질 등은 되도록 장시간 채취한다.

⑤ 환경기준이 설정되어 있는 물질의 채취시간은 원칙적으로 법에 정해져 있는 시간을 기준으로 한다.

⑥ 시료채취 유량은 각 항에서 규정하는 범위 내에서는 되도록 많이 채취하는 것을 원칙으로 하며, 사용 유량계는 그 성능을 잘 파악하여 사용하고 채취유량은 반드시 온도와 압력을 기록하여 표준상태로 환산한다.

⑦ 입자상 물질을 채취할 경우에는 채취관 벽에 분진이 부착 또는 퇴적하는 것을 피하고, 특히 채취관을 수평방향으로 연결할 경우에는 되도록 관의 길이를 짧게 하고 곡률반경을 크게 하며 가스의 흡착, 유기성분의 증발, 기화 또는 물질이 변화되지 않도록 주의한다.

4) 수질 시료채취

01 시료채취 지점 선정 시 반드시 고려할 사항이 아닌 것은? [제2회 3번], [제8회 5번]

① 대표성 ② 접근가능성
③ 계속성 ④ 안전성

핵심포인트

1. 수질 시료채취 / 4.2 일반적인 조사지점의 선정 / 4.2.1 시료채취 위치 선택

① 수질조사지점은 대체적인 위치가 결정되었다 하더라도 정확한 지점 결정에는 다음의 사항이 고려되어야 한다.
㉠ 대표성 ㉡ 유량측정 ㉢ 접근가능성 ㉣ 안전성

02 잔류염소를 포함한 상태에서 VOCs 시료를 보관할 때 사용되는 보존제로 적합한 시약은? [제4회 35번], [제7회 17번]

① 싸이오황산소듐($Na_2S_2O_3$) ② 과망간산칼륨($KMnO_4$)
③ 요오드(I_2)분말 ④ 염화주석($SnCl_2$)

핵심포인트

1. 수질 시료 채취 / 4.4 일반적인 시료 보존 및 저장/4.4,1 특별한 보존 기준/4.4.1.1 VOCs

① 잔류 염소가 있을 경우, 싸이오황산소듐($Na_2S_2O_3$)을 바이알 시료에 첨가한 후, 그 바이알에 시료를 반 정도 채우고 산을 추가한다.(순서 : 싸이오황산소듐 → 시료 → 산, 두 보존제가 섞이지 않도록 해야 함)

03 VOC 시료를 취급하는 방법이 틀린 것은? [제5회 2번], [제9회 19번]

① VOC는 휘발성을 갖고 있기 때문에 특별한 주의가 필요하다.
② 뚜껑 안쪽에 테플론 격막이 있는 유리 바이알에 시료를 담는다.
③ 보존 처리된 VOC 시료의 보존 시간은 25일이다.
④ VOC 시료는 반드시 분석할 때까지 4 ℃에서 냉장 보관해야 한다.

☑ **해설** ③ 핵심포인트 1.③ 참고

핵심포인트

1. 수질 시료 채취 / 4.5 일반적인 특정 시료채취/4.5.4 VOC

① VOC 등 미량 유기분석을 위한 시료를 수집할 때는 휘발되지 않도록 특별히 주의를 기울여야 한다.
② 뚜껑 안쪽에 테플론 격막이 있는 40 mL 유리 바이알에 시료를 채취한다.
③ 보존 처리된 시료의 보존시간은 14일이며, 공기방울이 생겼다면, 시료를 폐기하고 새로운 시료를 수집해 공기방울을 점검해야 한다.
④ VOC 시료는 절대로 혼합해서는 안되며, 반드시 분석할 때까지 4 ℃에서 냉장 보관해야 한다.

정답 01 ③ 02 ① 03 ③

5) 위해성 폐기물 시료채취

01 실험실 내 모든 위험 물질은 경고 표시를 해야 하며 UN에서는 GHS체계에 따라 화학물질의 경고 표시와 그림문자를 통일하였다. 다음 그림문자가 의미하는 것은? [제2회 4번]

① 유해 물질　② 인화성 물질
③ 폭발성 물질　④ 산화성 물질

☑ **해설** ④ 핵심포인트 1. <그림> "산화제(산화성물질)" 참고

02 다음 중 GHS 체계에 따른 화학물질 경고 표시와 그림문자가 잘못 짝지어진 것은? [제7회 20번]

① 인화성물질	② 부식성물질	③ 고압가스	④ 자극성물질

☑ **해설** ① 핵심포인트 1. <그림> "산화제(산화성물질)" 참고

03 실험실에서 사용되는 안전표시 중 설명으로 틀린 것은? [제10회 2차 15번]

① Oxidizer

② Flammable

③ Corrosive

④ Explosive

① 산화제(Oxidizer)　② 인화제(Flammable)
③ 부식제(Corrosive)　④ 폭발성물질(Explosive)

☑ **해설** ③ 핵심포인트 1. <그림> "부식성 물질" 참고 ; ③은 자극성 물질, 피부 과민성 물질, 급성 독성 물질, 마취제 효과 물질에 해당한다.

정답 01 ④　02 ①　03 ③

핵심포인트

1. 위해성 폐기물 시료채취 / 6.5 유해성 물질 포장과 라벨링

① 산화성 물질 : 노란색 바탕에 알파벳 'O'를 적고, 불꽃 표시를 한다.
② 인화성 물질 : 빨간색 바탕에 불꽃 표시를 한다.
③ 독성물질 : 흰색 바탕에 두개골과 뼈를 엇갈리게 한 기호를 표시한다.
④ 폭발성 물질 : 오렌지 바탕에 폭파 모양을 표시한다.
⑤ 부식성 물질 : 손이나 벽돌 혹은 다른 물질을 시험관과 함께 그리고, 흰색과 검은색 라벨에 "부식"이라고 적는다.
⑥ 생물의학 물질 : 감염성 물질
⑦ 고압가스 : 초록색 바탕에 흰색 또는 검은색 실린더를 표시한다.

〈그림〉 GHS 유해화학물질 그림문자

산화제(산화성물질)	인화성물질, 자기반응성물질, 발화성 물질, 자기 발열성 물질, 가연성 가스를 방출하는 물질, 유기과산화물	폭발물, 자기 반응성 물질 유기과산화물

급성독성물질	부식성 물질	고압가스

발암성물질, 호흡성 과민성 물질, 생식 독성물질, 표적 장기 독성물질, 변이원성 물질, 흡인 유해성 물질	수생환경 유해성 물질	자극성 물질, 피부 과민성 물질 급성 독성 물질, 마취제 효과 물질

Ⅲ 결과 보고

1) 시험 검사 결과의 보고

01 정도관리에서 시험검사 결과 보고에 관한 내용으로 틀린 것은? [제2회 32번], [제6회 12번]

① 원자료는 분석에 의해 발생된 자료로 정도관리 점검이 포함되지 않은 것이다.
② 보고 가능한 데이터는 원자료로부터 수학적, 통계학적으로 계산한 것이다.
③ 계산을 시작하기 전에 기기로부터 나온 모든 산출값이 올바르고, 선택된 식이 적절한지 확인해야 한다.
④ 원자료와 모든 관련 계산에 대한 기록은 보관해야 한다.

☑ **해설** ① 핵심포인트 1.① 참고

02 시험검사결과 보고에서 원자료의 분석에 관한 것으로 맞는 것은? [제4회 47번]

① 원 자료는 분석에 의해 발생된 자료로 정도관리 점검이 포함된 것이다.
② 보고 가능한 데이터 혹은 결과는 원 자료를 의미한다.
③ 계산을 시작하기 전에 기기로부터 나온 모든 산출값이 올바르고, 선택된 식이 적절한지 확인할 필요가 없다.
④ 원 자료와 모든 관련 계산에 대한 기록은 보관되지 않아도 된다.

☑ **해설** ② 핵심포인트 1.② 참고, ③ 핵심포인트 1.③ 참고, ④ 핵심포인트 1.⑤ 참고

03 시험 분석에 있어 원자료(raw data)의 취급 방법이 틀린 것은? [제5회 21번]

① 사용된 모든 식과 계산은 향후 정리를 위하여 연필로 기재한다.
② 원자료와 모든 관련 계산에 대한 기록은 보관되어야 한다.
③ 틀린 곳은 한 줄을 긋고 수정한 다음 날짜와 서명을 해야 한다.
④ 기입한 내용은 절대 지울 수 없다.

☑ **해설** ① 핵심포인트 1.④ 참고

핵심포인트

1. 시험 결과 결과의 보고/1.1 원자료의 분석

① 원자료(raw data)는 분석에 의해 발생된 자료로 정도관리 점검이 포함된 것이다.
② 보고 가능한 데이터 혹은 결과는 원자료로부터 수학적, 통계학적으로 계산한 결과이다.
③ 계산을 시작하기 전에 기기로부터 나온 모든 산출값이 올바르고, 선택된 식이 적절한지 확인해야 한다.
④ 사용된 모든 식과 계산은 잉크로 기입하고, 기입한 내용은 절대 지울 수 없으며, 틀린 곳이 있다면 틀린 곳에 한 줄을 긋고 수정하여 날짜를 기입하고 서명을 해야 한다.
⑤ 원자료와 모든 관련 계산에 대한 기록은 보관되어야 한다.

정답 01 ① 02 ① 03 ①

04 시험 결과 보고에서 최종값의 계산에 관한 설명으로 옳지 않은 것은? [제7회 30번]

① 올바른 pH값을 위한 온도 수정에서 온도가 보고서에 명시되지 않았다면 보통 25 ℃이다.
② 전기전도도의 온도 보정에서 시료 온도가 20 ℃인 경우 온도당 측정값에 5 %를 추가한다.
③ 어떤 고체의 수분은 105 ℃ 실험실 오븐 안에서 골고루 섞인 시료의 알고 있는 양을 건조시켜 계산한다.
④ 고체 매질에 대한 결과 계산에서 최종보고서에서 mg/kg 또는 μg/kg 단위를 사용하여 결과를 보고한다.

☑ **해설** ② 핵심포인트 2.① 참고

핵심포인트

1. 결과보고/시험 검사 결과의 보고/1.2 최종값에 대한 계산/1.2.1 올바른 pH 값을 위한 온도 보정
① pH 미터는 항상 자동적으로 원하는 온도로 보정되지만, 이러한 보정이 적절히 되지 않았다면 pH값은 시료의 온도에 따라 수정되어야 한다. 보고서에 온도가 명시되어 있지 않았다면 보통 25 ℃이다.

2. 결과보고/시험 검사 결과의 보고/1.2 최종값에 대한 계산/1.2.2 전도도를 위한 온도 보정
① 전기전도도는 온도가 증가함에 따라 증가하는데 시료 온도가 25 ℃ 이하라면 온도 당 측정값의 2 %를 추가하고, 온도가 25 ℃ 이상이라면 온도 당 측정값의 약 2 %를 뺀다.

3. 결과보고/시험 검사 결과의 보고/1.2 최종값에 대한 계산/1.2.3 고체물질, 습도, 재(ash) 계산
① 고체 : 고체물질(%)은 또한 계산된 고체물질(mg/L)로부터 값을 10,000으로 나눠주면 계산가능하다.
② 수분 : 어떤 고체의 수분은 105 ℃ 실험실 오븐 안에서 골고루 섞인 시료의 알고 있는 양을 건조시켜 계산한다.
③ 재 : 고체의 재는 1,000 ℃ 머플 회화로 (muffle furnace)에서 골고루 섞인 시료를 태워 탄 양을 측정하여 계산한다.

4. 결과보고/시험 검사 결과의 보고/1.2 최종값에 대한 계산/1.2.5 고체 매질에 대한 결과의 계산
① 고체 매질의 경우, 최종보고서에서 mg/kg 또는 μg/kg의 단위를 사용해 결과를 보고한다.

05 문서의 저장에 대한 설명으로 틀린 것은? [제3회 37번]

① 문서는 시작 날짜, 종료 날짜, 문서 제목, 분석 그룹, 분석 물질에 대해 저장되어야 한다.
② 저장지역은 기록물을 유지하도록 충분히 넓은 곳을 사용하고 쉽게 찾을 수 있어야 한다.
③ 원 자료 및 보고된 결과에 관련된 문서는 경계양식으로 하고 기밀을 유지하여야 한다.
④ 스트립 차트(strip chart), 문서화된 교정 곡선은 파일 상자에 저장해야 한다.

☑ **해설** ③ 핵심포인트 1.① 참고

06 '시험의 원자료 및 계산된 자료의 기록'에 대한 설명으로 틀린 것은? [제2회 18번]

① 현장기록부는 시료를 채취하는 동안 발생하는 모든 자료를 기록한 것이다.
② 시험일지는 시료채취 현장과 실험실에서 행해지는 모든 분석 활동을 기록한 것이다.
③ 실험실기록부에는 크로마토그램, 차트, 검정곡선 등이 기재되어 있다.
④ 정도관리기록부에는 실험실에서 신뢰성을 보증하려고 기록한 내용이 기재되어 있다.

☑ **해설** ④ 정도관리기록부는 '시험의 원자료 및 계산된 자료의 기록'에 포함되지 않는 내용이다.

정답 04 ② 05 ③ 06 ④

07 **시험일지(work sheet)에 기록해야 하는 사항이 아닌 것은?** [제7회 36번]

① 보존제 준비기록부 ② 방법검출한계
③ 분석방법 ④ 분석자료

☑ **해설** ① 핵심포인트 1.③ 참고 ; ①은 현장기록부에 기록되어야 한다.

08 **시료 인수인계 보고서에 반드시 필요한 내용이 아닌 것은?** [제4회 19번]

① 시료채취 양식 ② 시료전달 양식
③ 시료저장 양식 ④ 시료폐기 양식

☑ **해설** ① 핵심포인트 1.④ '실험실 인수인계보고서' 참고

핵심포인트

1. 결과보고/시험 검사 결과의 보고/1.3 원자료 및 계산된 자료의 기록

① 원 자료 및 보고된 결과 값과 관련된 모든 문서는 경계양식으로 구분이 쉽고, 언제나 열람이 가능해야 한다.

② 현장기록부 : 시료채취동안 발생하는 모든 자료를 기록하는 것으로 시료인수인계 양식, 시료 라벨, 현장 노트북, 보존제 준비기록부 등이 있다.

③ 시험일지 : 시료채취 현장과 실험실에서 행해지는 모든 분석 활동에 대한 것을 기록한 기록물이며 모든 분석에는 시험일지를 작성하며, 분석과정의 유효화에 필요한 모든 정보를 명확하게 포함하고 있어야 한다.

✪ 시료(ID번호, 시료 유형, 매질, 소스 등)	✪ 분석방법 또는 참고 시험방법 번호
✪ 방법검출한계(MDL)	✪ 기기
✪ 분석자료와 QC 원자료	✪ 계산된 값 및 단위와 관련된 모든 사항

④ 실험실 기록부 : 문서는 시작날짜, 종료날짜, 문서제목, 분석그룹, 분석물질에 대해 저장되어야 하며, 보관 지역은 기록물을 유지하도록 충분히 넓은 곳을 사용하여 쉽게 찾을 수 있어야 한다. 스트립 차트(strip chart), 문서화된 검정곡선 및 수집된 자료는 파일상자에 저장되어야 한다.

✪ 크로마토그램, 차트, 기기 감응기록	✪ 검정곡선
✪ QC 관리차트 및 MDL	✪ 정밀도 및 정확도 자료에 대한 요약 작성 양식
✪ 시험일지	✪ 저장용액 수령과 관련된 기록
✪ 교정용 표준물질의 준비	✪ 실험실 운영에 필요한 모든 기록물, 자료 양식
✪ 실험실 인수인계 보고서(보유시간, 시료 전달 양식, 시료 저장 양식, 시료 폐기 양식)	
✪ 시료 결과와 관련된 모든 계산 자료 및 QC 한계값에 대한 통계적 계산 자료	
✪ 최종 보고서 사본	
✪ 현장기록부, 현장시험자료 현장기록양식과 같은 현장기록	

09 **분광학적 분석을 위한 시험 일지에 기록하는 내용으로 불필요한 것은?** [제3회 21번]

① 방법검출한계(MDL) ② 교정검정표준물질(CVS) 회수율
③ 정밀도(RPD) ④ 온도보정값

☑ **해설** ④ 분광학적 분석을 위한 시험 일지에는 온도보정값을 기록하지 않아도 된다.

정답 07 ① 08 ① 09 ④

핵심포인트

1. 결과보고/시험 검사 결과의 보고/1.3 원자료 및 계산된 자료의 기록/1.3.2 시험일지

〈표〉 분광학적 분석을 위한 시험일지(수질시료)

분석물질 : 시험법 번호 : 참고시험법 :

MDL(method detection limit) :

분광기 모델명 : 파장 :

검정곡선의 상관계수 :

분석자 : 날짜 :

ID 번호	시료 확인	시료 확인	시료량 (mL)	흡광도	희석	결과 (mg/L)	특이사항
	바탕시료						
	표준시료 1						
	표준시료 2						
	표준시료 3						
	표준시료 4						
	CCS						
	CCV						
	이중시료						
	첨가시료						
	바탕시료						

〈QC 관련 정보〉

연속검정표준물질(CCS)의 회수율(% *R*) :

검정검증표준물질(CVS)의 참값 :

검정검증표준물질(CVS)의 회수율(% *R*) : 이중시료의 ID :

첨가 시료의 ID 번호 : 첨가한 시료량(mL) :

첨가 저장용액의 농도 : 첨가한 첨가물질 값 :

RPD :

정확성(% *R*) :

첨가물질의 회수율(% *R*) :

감독관 승인 : 날짜 :

10 **분석자료의 평가와 승인과정의 점검 사항에 대한 설명으로 올바르지 않은 것은?**

[제2회 34번], [제7회 26번]

① 시약 바탕시료의 오염은 시험에 사용하는 시약에 의해 발생할 수 있다.
② 바탕시료값은 방법검출한계보다 낮아야 한다.
③ 오염된 기구 및 유리 제품의 오염을 제거하기 위해 세척 과정을 점검한다.
④ 현장 이중시료, 실험실 이중시료 또는 매질첨가 이중시료로 정확도값의 원인을 확인할 수 있다.

☑ **해설** ④ 핵심포인트 3 참고 ; ④의 이중시료를 통해 정밀도의 원인을 확인할 수 있다.

11 **분석자료를 승인할 때, 허용할 수 없는 바탕 시료값과 교정 범위에 대한 설명이 맞는 것은?**

[제5회 42번]

① 초기 교정에서 교정 곡선의 계산된 상관 계수 값이 0.995 이상일 때 용인한다.
② 수시 교정 표준물질과 원래의 교정 표준물질과의 편차가 무기물은 ±5 %, 유기물은 ±10 %여야 한다.
③ 교정 검증 표준물질 혹은 QC 점검 표준물질의 허용 범위는 무기물의 경우 참값의 ±15 %, 유기물의 경우 참값의 ±20 %이다.
④ 부적절한 부피 측정용 유리 제품의 사용

☑ **해설** ①, ③ 핵심포인트 2. 참고

12 **분석자료의 승인과 관련된 다음 설명 중 옳은 것은?**

[제9회 25번]

① 초기 교정에서 교정 곡선의 계산된 상관계수 값이 0.9998 이상일 때 용인한다.
② 수시교정 표준물질과 원래의 교정 표준물질과의 편차가 무기물의 경우 ±10 %여야 한다.
③ 수시교정 표준물질과 원래의 교정 표준물질과의 편차가 유기물의 경우 ±5 %여야 한다.
④ 교정 검정 표준물질 혹은 QC 점검 표준물질의 허용 범위는 무기물의 경우 참값의 ±10 %이다.

☑ **해설** ②,③,④ 핵심포인트 2. 참고

13 **시험 분석자료의 승인 절차에 대한 설명으로 옳지 않은 것은?**

[제6회 13번]

① 교정 범위는 초기 교정에서 교정 곡선의 계산된 상관계수 값이 0.9998 이상일 때 용인한다.
② 적정 용액의 허용 한계는 QC 점검 표준 용액의 참값과 ±5 %까지로 용인한다.
③ 유효숫자 처리는 사업별 혹은 분야별 지침에서 유효숫자 처리방법을 제시하였을 경우 이를 따른다.
④ 허용되지 않는 정밀도 값의 원인과 수정은 분할 시료를 사용하여 평가한다.

☑ **해설** ④ 핵심포인트 3. 참고; 허용되지 않는 정밀도 값의 수정은 이중시료를 사용하여 평가한다.

정답 10 ④ 11 ②,④ 12 ① 13 ④

14 분석자료의 승인을 위해서 '허용할 수 없는 교정 범위의 확인 및 수정'에 대한 내용이 아닌 것은?

[제3회 20번], [제4회 26번], [제7회 13번]

① 시험에 사용되는 시약의 화학적 접촉에 의해 발생될 수 있는 오염된 시약
② 부적절하게 저장된 저장용액, 표준용액 및 시약
③ 잘못되거나 유효날짜가 지난 QC 점검 표준물질(CVS)
④ 부적절한 부피측정용 유리제품의 사용

☑ **해설** ① 핵심포인트 1. 참고 ; ①은 허용할 수 없는 바탕시료 값의 원인과 수정에 대한 내용이다.

15 분석자료의 승인과 관련된 내용 중 잘못된 결과의 원인 및 수정에 대해 점검해야 하는 것이 아닌 것은?

[제3회 14번]

① 표준 적정용액의 잘못된 결과
② 허용할 수 없는 바탕시료 값
③ 허용할 수 없는 교정 범위 및 첨가물질 회수율
④ 실험실 간의 비교 결과값

☑ **해설** ①, ②, ③이 점검해야 하는 내용이다. 핵심포인트 1. 2. 5. 참고

핵심포인트

1. 결과보고/시험 검사 결과의 보고/1.4 분석자료의 평가와 승인/1.4.2 분석자료의 승인/1.4.2.1 허용할 수 없는 바탕시료 값의 원인과 수정

분석 바탕시료는 오염정도를 측정하는 것으로 방법바탕시료, 시약바탕시료, 검정곡선바탕시료, 기구바탕시료, 운반바탕시료 등이 있으며, 바탕시료값은 방법검출한계보다 낮은 값을 가진다.

① 오염된 시약 : 시약바탕시료의 오염은 시험에 사용하는 시약의 화학적 접촉에 의해 발생할 수 있으며, 그 원인 파악을 위해 화학물질과 시약의 유효날짜를 확인한다. 더 많은 문제가 발생하는 것을 막기 위해 오래된 시약은 폐기한다. 용매, 희석물질 또는 다른 실험실에서 사용하는 정제수는 바탕시료 오염의 가장 큰 원인이 되며, 이 문제는 증류수의 점검을 통해 해결한다.
② 오염된 유리제품 또는 시료 용기 : 오염을 확인하기 위해 세척 과정을 점검한다.
③ 환경 조건으로부터의 오염
④ 오염된 정제수

2. 결과보고/시험 검사 결과의 보고/1.4 분석자료의 평가와 승인/1.4.2 분석자료의 승인/1.4.2.2 허용할 수 없는 교정 범위의 확인

초기 교정에서 검정곡선의 계산된 상관계수 값이 0.9998 이상일 때 용인하며 수시교정 표준물질과 원래의 교정 표준물질과의 편차가 무기물의 경우 ±5 %, 유기물의 경우 ±10 %여야 하고 교정검증표준물질 또는 QC 점검표준물질의 허용 범위는 무기물의 경우 참값의 ±5 %, 유기물은 참값의 ±10 %이다.

① 부적절하게 조제된 저장용액 및 표준용액
② 오래된 저장물질과 표준물질
③ 잘못되거나 유효날짜가 지난 QC 검정검증표준물질(CVS)
④ 부적절하게 저장된 저장용액, 표준용액 및 시약
⑤ 부적절하게 세척된 유리제품, 용기의 오염 또는 깨끗하지 않은 환경에 의한 오염
⑥ 부적절한 부피측정용 유리제품의 사용
⑦ 잘못된 기기의 응답

정답 14 ① 15 ④

3. 결과보고/시험 검사 결과의 보고/1.4 분석자료의 평가와 승인/1.4.2 분석자료의 승인/1.4.2.3 허용할 수 없는 정밀도 값의 원인과 수정

이중시료는 현장이중시료, 실험실이중시료 혹은 매질첨가 이중시료가 있으며, 계산된 정밀도에 대한 허용한계값은 실험실, 시험방법, 분석물질에 따라 다르다. 측정된 값과 계산된 값의 정밀도가 허용한계값을 벗어났을 경우, 원인을 찾아 시정하여야 한다.

① 현장이중시료에 대한 시료채취 오류
② 실험실이중시료에 대한 준비 오류
③ 오염에 의한 오류
④ 계산에 의한 오류

4. 결과보고/시험 검사 결과의 보고/1.4 분석자료의 평가와 승인/1.4.2 분석자료의 승인/1.4.2.4 허용할 수 없는 첨가 물질 회수율의 원인과 수정

모든 첨가물질 데이터는 각각의 항목에 대해 첨가정확도 한계값과 일치해야 한다.

① 부적절하게 조제되거나 저장된 첨가 저장 용액
② 유효날짜가 지난 첨가 저장 용액 혹은 표준용액
③ 첨가물질에 대한 오류

5. 결과보고/시험 검사 결과의 보고/1.4 분석자료의 평가와 승인/1.4.2 분석자료의 승인/1.4.2.5 표준 적정 용액의 잘못된 결과 원인 및 수정

적정분석은 사용하는 기구가 깨끗한 것을 사용해야 하며, 특별한 주의를 기울여 준비해야 하고 사용 전에 매번 정확한 노말 농도로 표준화한다. 좋은 적정 용액의 허용 한계는 QC 점검 표준용액의 참값과 ±5 % 차이까지이며, 모든 QC 점검 용액은 허용한계에 있어야 하고, 적정과정이 이 범위에 있지 않다면, 문제 원인을 발견해 수정한다.

① 잘못된 적정용액
② 오염되거나 유효날짜가 지난 시약 혹은 지시약
③ 오염된 유리제품 및 실험실 시설
④ 부적절하게 사용된 부피 측정 기구
⑤ 종말점 읽음의 오류

16 시험검사 결과의 기록방법에서 유효숫자를 결정하기 위한 법칙으로 틀린 것은?

[제5회 50번], [제10회 17번]

① 0이 아닌 정수는 항상 유효숫자이다.
② 소수 자리 앞에 있는 숫자 '0'은 유효숫자에 포함되지 않는다.
③ 더하는 경우 계산하는 숫자 중에서 가장 큰 유효 숫자의 자릿수에 맞춘다.
④ '0'이 아닌 숫자 사이에 있는 '0'은 항상 유효 숫자이다.

☑ **해설** ③ 핵심포인트 1.⑤ 참고

17 다음은 유효숫자에 대한 설명이다. 잘못 설명한 것은?

[제7회 8번], [제9회 20번]

① 0이 아닌 정수는 항상 유효숫자이다.
② 0.0025란 수에서 '0.00'은 유효숫자가 아닌 자리수를 나타내기 위한 것이므로, 이 숫자의 유효숫자는 2개이다.
③ 1.008이란 수는 4개의 유효숫자를 가지고 있다.

④ 결과를 계산할 때 계산하는 숫자 중에서 가장 큰 유효숫자 자릿수에 맞춰 결과 값을 적는다.

☑ **해설** ④ 핵심포인트 1.⑤ 참고

18 유효숫자에 대한 내용으로 옳지 않은 것은? [제4회 4번]

① 0이 아닌 숫자 사이에 있는 '0'은 항상 유효숫자이다.
② 4.56 × 1.4 = 6.38은 유효숫자를 적용하여 6.4로 반올림하여 적는다.
③ 12.11 + 18.0 + 1.013 = 31.123에서는 유효숫자를 적용하여 31.1로 적는다.
④ 소수자리의 앞에 있는 숫자 '0'은 유효숫자에 포함된다.

☑ **해설** ④ 핵심포인트 1.③ 참고

핵심포인트

1. 결과보고/시험 검사 결과의 보고/1.4 분석자료의 평가와 승인/1.4.5 유효숫자

① 유효숫자란 데이터를 반올림할 때 남아있는 자리수를 말하며, 유효숫자를 결정하기 위해 다음의 법칙이 존재할 수 있다.
② 0이 아닌 정수는 항상 유효숫자다.
③ 소수자리 앞에 있는 숫자 '0'은 유효숫자에 포함되지 않는다.
☞ 예시 : 0.0025란 수에서 '0.00'은 유효숫자가 아닌 자리수를 나타내기 위한 것이므로, 이 숫자의 유효숫자는 2개이다.
④ 0이 아닌 숫자 사이에 있는 '0'은 항상 유효숫자이다.
☞ 예시 : 1.008이란 수는 4개의 유효숫자를 가지고 있다.
⑤ 곱하거나 더할 경우, 계산하는 숫자 중에서 가장 작은 유효숫자 자릿수에 맞춰 결과 값을 적는다.
☞ 예시 : 4.56 × 1.4 = 6.38 ➲ 6.4, 12.11 + 18.0 + 1.013 = 31.123 ➲ 31.1

19 시험결과를 표기할 때 유효숫자에 관한 설명으로 틀린 것은? [제3회 10번]

① 1.008은 2개의 유효숫자를 가지고 있다.
② 0.002는 1개의 유효숫자를 가지고 있다.
③ 4.12 × 1.7 = 7.004는 유효숫자를 적용하여 7.0으로 적는다.
④ 4.2 ÷ 3 = 1.4는 유효숫자를 적용하여 1로 적는다.

☑ **해설** ① 16번~18번 문제 핵심포인트 1.④의 규칙 적용

문제풀이

① 1.008 : 유효숫자 4자리
② 0.002 : 유효숫자 1자리
③ 4.12 × 1.7 = 7.004, 곱셈은 가장 작은 유효숫자(1.7, 소수점 1자리)를 갖는 자리수에 의해 제한
➲ 7.0 : 유효숫자 2자리
④ 4.2 ÷ 3 = 1.4, 나눗셈은 가장 작은 유효숫자(3, 정수)를 갖는 자리수에 의해 제한 ➲ 1 : 유효숫자 1자리

정답 18 ④ 19 ①

20 **분석된 자료의 계산 시 유효숫자에 대한 설명으로 틀린 것은?** [제10회 2차 39번]

① 0.00105란 수의 유효숫자는 3개이다.
② 2.0108이란 수는 5개의 유효숫자를 가지고 있다.
③ 12.34 × 5.6 = 69.104의 계산 결과는 유효숫자를 적용하여 69.1로 반올림하여 적는다.
④ 12.10 + 18 + 1.100 = 31.200에서는 유효숫자를 적용하여 31.2로 적는다.

☑ **해설** ④ 16번~18번 문제 핵심포인트 1.⑤의 규칙 적용

문제풀이

① 0.00105 : 유효숫자 3자리
② 2.0108 : 유효숫자 5자리
③ 12.34 × 5.6 =69.104, 곱셈은 가장 작은 유효숫자(5.6, 소수점 1자리)를 갖는 자리수에 의해 제한
➲ 69.1 : 유효숫자 3자리
④ 12.10 + 18 + 1.100 = 31.200, 덧셈은 가장 작은 유효숫자(18, 정수)를 갖는 자리수에 의해 제한
➲ 정수자리 31 : 유효숫자 2자리

21 **물질 A의 밀도를 시험성적서에 제시하기 위해 무게와 부피를 재어 보니 각각 1.3 g, 1.08 mL이었다. 밀도 표시가 바른 것은?** [제4회 16번]

① 1.2
② 1.20
③ 1.203
④ 1.2037

문제풀이

① 주어진 조건 : 무게 1.3 g, 부피 1.08 mL
② 밀도 $= \frac{\text{무게}}{\text{부피}} = \frac{1.3\ \text{g}}{1.08\ \text{mL}} = 1.2037\ \text{g/mL}$
③ 나눗셈에 해당하므로 가장 적은 유효숫자를 갖는 자리수에 의해 제한 ➲ 1.2 : 유효숫자 2자리

22 **다음 중 유효숫자 기본 규칙에 의하여 계산 결과의 유효숫자의 수가 나머지 셋과 다른 것은?** [제6회 24번]

① 61.60, 61.46, 61.55 및 61.61의 평균값
② 8.234−7.843
③ $\log(5.41 \times 10^{-8})$
④ $2.324 \times 10^{-3} + 3.455 \times 10^{-3}$

문제풀이

① 61.56 : 유효숫자 4자리
② 8.234 − 7.843 = 0.3910 : 유효숫자 4자리
③ $\log(5.41 \times 10^{-8}) = -7.27$: 유효숫자 3자리
④ $2.324 \times 10^{-3} + 3.455 \times 10^{-3} = 5.779 \times 10^{-3}$: 유효숫자 4자리

정답 20 ④ 21 ① 22 ③

23 수치 0.704, 1.0704, 0.7040, 0.0704는 각각 몇 개의 유효 숫자로 구성되어 있는가? [제9회 2차 30번]

① 3－5－4－3 ② 3－5－3－4
③ 4－3－3－3 ④ 2－3－2－2

문제풀이

① 0.704 : 3자리
② 1.0704 : 5자리
③ 0.7040 : 4자리
④ 0.0704 : 3자리

24 유효숫자를 고려한 계산으로 바르게 제시한 것은? [제10회 18번]

> A : $2.75 \times 10^{-3} + 3.4 \times 10^{-2}$
> B : $\log(5.403 \times 10^{-8})$

① A : 3.7×10^{-2}, B : -7.267 ② A : 3.68×10^{-2}, B : -7.2674
③ A : 3.68×10^{-2}, B : -7.267 ④ A : 3.7×10^{-2}, B : -7.2674

문제풀이

지수(10의 거듭제곱)가 포함된 숫자에서 유효숫자는 지수 앞 숫자로 결정하며, 지수값이 다르면 한쪽으로 통일시킨다.
A : $2.75\times10^{-3}+3.4\times10^{-2} = 3.68\times10^{-2}$
B : $\log(5.403\times10^{-8}) = -7.267$

25 국제단위계(SI units)에 대한 설명으로 적합하지 않은 것은? [제2회 35번]

① 어떤 양을 한 단위와 수치로 나타낼 때는 보통 수치가 0.1과 1,000 사이에 오도록 접두어를 선택한다.
② 본문의 활자체와는 관계없이 양의 기호는 이탤릭체(사체)로 쓰며, 단위 기호는 로마체(직립체)로 쓴다.
③ 영문장에서 단위 명칭을 사용할 때는 보통명사와 같이 취급하여 대문자로 쓴다.
④ 어떤 양을 수치와 알파벳으로 시작하는 단위기호로 나타낼 때는 그 사이를 한 칸 띄어야 한다.

☑ **해설** ③ 핵심포인트 1. <표> 11 참고

26 측정 분석 결과에 대한 기록 방법에 대한 설명으로 옳지 않은 것은? [제6회 44번]

① 양을 나타내는 기호는 이탤릭체로 쓰며 단위 기호는 로마체로 쓴다.
② 농도를 나타낼 때의 리터는 대문자를 사용한다.

정답 23 ① 24 ③ 25 ③ 26 ③

③ 어떤 양의 수치와 단위를 나타낼 때 붙여서 표기한다.
④ 측정 분석 결과의 기록은 국제단위계(SI 단위)를 사용한다.

☑ **해설** ③ 핵심포인트 1. <표> 1 참고 ; 한 칸 띄어 쓴다.

27 **시험 검사결과의 기록방법은 국제단위계(SI, The International System of Units)를 기본으로 하고 있다. SI의 표현 방법으로 옳지 않은 것은?** [제7회 1번], [제9회 2차 6번]

① 약어를 단위로 사용하지 않으며 복수인 경우에도 바뀌지 않는다.
② 접두어 기호와 단위기호는 붙여 쓰며, 접두어 기호는 소문자로 쓴다.
③ 범위로 표현되는 수치에는 단위를 한번만 붙인다.
④ 부피를 나타내는 단위 리터(liter)는 'L' 또는 'l'로 쓴다.

☑ **해설** ③ 핵심포인트 1. <표> 5 참고 ; 각각 붙인다.

핵심포인트

1. 결과보고/시험 검사 결과의 보고/1.6 시험·검사 결과의 기록 방법

① 시험·검사 결과의 기록방법은 국제단위계(SI, The International System of Units)를 기본으로 하고 있으며, 국립환경과학원 예규로 제정되어 있는 「환경오염공정시험기준 심의위원회 운영 규정」에도 포함되어 환경오염공정시험기준의 작성에 있어 단위를 표현하는 기준으로 삼고 있다.

순번	설명	예시
1	시험·검사결과 값의 수치와 단위는 한 칸 띄어 쓴다.	3g (×) → 3 g (○), 12m (×) → 12 m (○)
2	℃와 %도 단위이므로 수치와 한 칸 띄어 쓴다.	20℃ (×) → 20 ℃ (○), 100% (×) → 100 % (○)
3	약어를 단위로 사용하지 않으며 복수인 경우에도 바뀌지 않는다. 단, 구두법상 문장의 끝에 오는 마침표는 예외로 한다.	초 : sec (×) → s (○), 시간 : hr (×) → h (○)
4	접두어 기호와 단위기호는 붙여 쓰며, 접두어 기호는 소문자를 쓴다.	밀리미터 : mL, 센티미터 : cm, 킬로미터 : km
5	범위로 표현되는 수치에는 단위를 각각 붙인다.	10~20 % (×) → 10 % ~ 20 % (○) 20±2 ℃ (×) → 20℃ ± 2 ℃ (○) 또는 (20 ± 2) ℃ (○)
6	부피를 나타내는 단위 리터(liter)는 "L" 또는 "l"로 쓴다.	5 *l* (×) → 5 L (○) 또는 5 l (○)
7	ppm, ppb, ppt 등은 특정국가에서 사용하는 약어이므로 정확한 단위로 표현하든지 백만 분율, 십억 분율, 일조 분율 등의 수치로 표현한다.	5 ppb (×) → 5 μg/kg (○) 또는 5×10^{-9} (○) 2 ppt (×) → 2 ng/kg (○) 또는 2×10^{-12} (○)
8	양의 기호는 이탤릭체(기울임체)로 작성한다.	면적 A (×) → 면적 *A* (○), 시간 t (×) → 시간 *t* (○)
9	수는 아라비아 숫자로 작성하며 '보통 두께'의 직립체로 쓸 것을 권장한다.	*3.01*, ***3.01***, 3.01, **3.01** (허용) → 3.01 (권장)
10	수에서 천 단위의 구분은 소수점을 중심으로 세 자리마다 빈칸을 넣어 구분한다. 다만, 소수점 앞 또는 소수점 아래 숫자가 네 자리 일 때는 붙여 쓸 수 있다.	76,438,522 (×) → 76 438 522 (○) 43,279.136,21 (×) → 43 279.136 21 (○) 1 234.5 (○), 1234.5 (○), 0.123 4 (○), 0.1234 (○)
11	영문장에서는 접두어와 단위 명칭 사이를 한 칸 띄지도 않고 연자부호(-)를 넣지도 않는다.	kilo-meter (×) → kilometer (○)
12	복합 단위의 배수를 형성할 때는 한 개의 접두어를 사용하여야 하며 두 개나 그 이상의 접두어를 나란히 붙여 쓸 수 없다. 이 때 접두어는 통상적으로 분자에 있는 단위에 붙여야 하며, kg이 분모에 올 경우는 예외로 한다.	1 mμm (×) → 1 nm (○) kJ/g (○) 또는 MJ/kg (○)
13	어떤 양을 한 단위와 수치로 나타낼 때 보통 수치가 0.1과 1,000 사이에 오도록 접두어를 선택한다.	12 300 mm (×) → 12.3 m (○) 0.00123 μm (×) → 1.23 mm (○)

정답 27 ③

14	곱하기 기호와 나누기 기호가 함께 사용되어 표현이 복잡한 경우는 음의 지수나 괄호를 사용하며, 두 개 이상의 단위가 곱하여지는 경우는 각 단위 간에 가운뎃점을 사용하여 전체를 괄호로 묶을 수 있다. 곱하기와 나누기를 쓸 때 기호와 단어를 혼용할 수 없으며 숫자 간의 곱하기 기호는 가운뎃점으로 대신 허용할 수 없다.	$m \cdot kg/s^2 \cdot mol$(×) → $(m \cdot kg)/(s^2 \cdot mol)$(○), $m \cdot kg \cdot s^{-2} \cdot mol^{-1}$(○) joules/kg (×), joules/kilogram (×) → $J \cdot kg^{-1}$ (○), joules per kilogram (○) $2 \cdot 10^{-6}$ (×) → 2×10^{-6} (○)

28 측정 분석 결과를 단위 표기법에 맞게 나열한 것은? [제8회 27번]

- 섭씨 32도
- 5초
- 용액 1리터에 포함된 시료 물질 1 mg

① 32 ℃, 5 sec, 1 ppm
② 32 ℃, 5 s, 1 ppm
③ 32 ℃, 5 s, 1 mg/L
④ 32 ℃, 5 sec, 1 mg/L

문제풀이

①, ②, ④ ➲ 32 ℃, 5 s, 1 mg/L

29 국제단위계에 따른 측정 분석 결과의 표현으로 옳은 것은? [제5회 27번]

① 2400 KPa
② 532mg
③ (28.4 ± 0.2) ℃
④ 0.00783 μm

문제풀이

③은 28.4 ℃ ± 0.2 ℃로도 표현가능하다.
① 2400 KPa ➲ 2400 kPa
② 532mg ➲ 532 mg
④ 0.00783 μm ➲ 0.783 mm

30 물리적 양을 측정하는 기본 단위인 SI 단위가 잘못 짝지어진 것은? [제5회 17번]

① 시간 – 초
② 물질량 – 킬로그램
③ 전류 – 암페어
④ 광도 – 칸델라

☑ **해설** ② 핵심포인트 1. <표> 6 참고

필기 04 정도관리

정답 28 ③ 29 ③ 30 ②

31 SI 단위가 아닌 것은? [제4회 10번]

① 길이(미터, m) ② 질량(그램, g)
③ 시간(초, s) ④ 온도(켈빈, K)

☑ **해설** ② 핵심포인트 1. <표> 2 참고

핵심포인트

1. SI 단위

① 시험·검사 결과의 기록방법은 국제단위계(SI, The International System of Units)를 기본으로 하고 있으며 다음 표에 7개 기본량(길이, 질량, 시간, 전류, 열역학적 온도, 물질량, 광도)에 대한 기본단위를 나타내었다.

〈표〉 기본량에 대한 기본단위

순번	기본량(base quantity)		기본단위(base unit)	
	양의 명칭	양의 기호	단위 명칭	양의 기호
1	길이(length)	l, x, r 등	미터(meter)	m
2	질량(mass)	m	킬로그램(kilogram)	kg
3	시간, 지속시간(time, duration)	t	초(second)	s
4	전류(electric current)	I, i	암페어(ampere)	A
5	열역학적 온도(thermodynamic temp.)	T	켈빈(kelvin)	K
6	물질량(amount of substance)	n	몰(mole)	mol
7	광도(luminous intensity)	Iv	칸델라(candela)	cd

정답 31 ②

2) 오차와 불확도

01 **유효숫자에 대한 내용으로 옳지 않은 것은?** [제2회 5번]

① 정확도를 잃지 않으면서도 과학적으로 측정자료를 표기하는 데 필요한 최소한의 자릿수이다.

② 측정값의 마지막 유효숫자는 불확도를 갖지 않는다.

③ 마지막 유효숫자는 측정 기기의 눈금에 의해 결정되며 가장 작은 눈금과 눈금 사이를 10 등분하여 가장 근접한 값을 선정한다.

④ 측정값이 변동되지 않는 디지털 눈금이 있는 측정 기기라 할지라도 어떤 측정값이든지 불확도를 갖는다.

☑ **해설** ② 핵심포인트 1.② 참고

핵심포인트

1. 오차와 불확도/2.1 측정 오차/2.1.1 유효숫자

① 정확도를 잃지 않으면서 과학적 표기방법으로 측정자료를 표시하는데 필요한 최소한의 자릿수이다.

② 측정값의 마지막 유효숫자는 항상 어느 정도의 불확도를 가지며 최소의 불확도는 마지막 유효숫자에서 ±1이 될 것이다.

③ 마지막 유효숫자는 측정기기의 눈금에 의해 결정되며 가장 작은 눈금과 눈금 사이를 10등분하여 가장 근접한 값을 선정한다.

④ 측정값이 변동되지 않는 디지털 눈금을 가진 측정 기기라 할지라도 어떤 측정값이든지 불확도를 갖는다.

⑤ 유효숫자에서 취급이 까다로운 것이 "0"인데, 유효숫자에 포함되지 않는 "0"은 단지 소수점을 나타내기 위한 "0"뿐이다.

필기 04 정도관리

02 **유효자리를 유의하여 바르게 계산한 것은?** [제8회 25번]

$(8.0 \times 10^4) \times (5.0 \times 10^2)$

① 4.0×10^7　② 40.0×10^6

③ 400×10^5　④ 400.00×10^5

핵심포인트

1. 오차와 불확도/2.1 측정 오차/2.1.1 유효숫자

① 곱셈과 나눗셈 계산에서의 유효숫자 : 일반적으로 가장 적은 유효숫자를 갖는 수의 자릿수에 의해서 제한되며, 10의 지수항은 남겨야 될 자릿수에는 전혀 영향을 주지 않는다.

② $(8.0 \times 10^4) \times (5.0 \times 10^2) = 4.0 \times 10^7$

03 **대기분진을 증류수에 넣고 수용성 이온성분을 추출하여 수소이온의 농도를 측정한 결과 3.4×10^{-5}이었다. 이 값을 측정의 불확실성을 고려하여 pH로 표시할 때 옳게 나타낸 것은?** [단 $-\log(3.4 \times 10^{-5}) = 4.468521$] [제3회 46번]

① 4.4　② 4.5

③ 4.46　④ 4.47

정답 01 ② 02 ① 03 ④

핵심포인트

1. 오차와 불확도/2.1 측정 오차/2.1.1 유효숫자

① 대수와 음의 대수 계산에서의 유효숫자 : 밑이 10인 n의 대수가 a라면 $\log n = a \leftrightarrow 10^a = n$
n은 a의 음의 대수이다. 대수는 가수와 지표로 구성되며 지표는 정수부분이고 가수는 소수부분이다.
$\log 339 = 2.530$, 지표 = 2, 가수 = 0.530
$\log(3.39 \times 10^{-5}) = -4.470$, 지표 = −4, 가수 = 0.470

② $\log n$의 가수에 있는 유효숫자의 수는 n의 유효숫자의 수와 같아야 한다.
즉, $-\log(3.4 \times 10^{-5})$에서 유효숫자는 2개(3.4)이므로 그 결과값의 가수(소수)도 유효숫자가 2개이어야 하며, $-\log(3.4 \times 10^{-5}) = 4.468521$에서 반올림하면 4.47이다.

04 **실험데이터에서 계통오차의 종류가 아닌 것은?** [제7회 23번]

① 통계오차(statistical error)
② 기기오차(instrumental error)
③ 방법오차(method error)
④ 개인오차(personal error)

☑ **해설** ① 핵심포인트 1.①~③ 참고

05 **실험에 사용되는 오차(error)에 대한 설명으로 틀린 것은?** [제4회 3번]

① 계통오차는 실험설계를 잘못하거나 장비의 결함에 의해서 발생하는 오차를 말한다.
② 우연오차는 측정할 때 조절하지 않은 변수의 효과로부터 발생하며, 보정되지 않는 특징이 있다.
③ 정확도(accuracy)는 측정결과에 대한 재현성을 나타내는 의미이다.
④ 한 측정의 절대오차는 측정값과 참값 사이의 차이이고, 부호를 가지고 있다.

☑ **해설** ③ 핵심포인트 3.① 참고

06 **다음 중 계통오차를 검출하는 방법으로 틀린 것은?** [제9회 15번]

① 표준기준물질(Standard Reference Material, SRM)과 같은 조성을 아는 시료를 분석한다.
② 숙련도 프로그램의 미지시료 분석을 통해 분석의 정확도를 확인한다.
③ 분석 성분이 들어 있지 않은 바탕시료(blank)를 분석한다.
④ 같은 시료를 각기 다른 실험실이나 다른 실험자(같은 방법 또는 다른 방법의 이용)에 의해서 분석한다.

☑ **해설** ④ 핵심포인트 1.④ 참고

07 **계통오차(systematic error)의 종류는 기기오차, 방법오차, 개인오차 3가지가 있다. 계통오차를 검출하는 방법으로 틀린 것은?** [제7회 15번], [제10회 30번]

① 표준기준물질(Standard Reference Material, SRM)과 같은 조성을 아는 시료를 분석한다.
② 분석 성분이 들어 있지 않은 바탕시료(blank)를 분석한다.

정답 04 ① 05 ③ 06 ④ 07 ③

③ 다른 시료를 같은 실험실이나 같은 실험자에 의해서 분석한다.
④ 같은 양을 측정하기 위하여 여러 가지 다른 방법을 이용한다.

☑ **해설** ③ 핵심포인트 1.④ ㉣ 참고

08 측정할 때 조절하지 않은(그리고 조절할 수 없는) 변수 때문에 발생하는 오차로서, 양의 값을 가지거나 음의 값을 가질 확률이 같고, 항상 존재하며 보정할 수 없는 오차는 무슨 오차인가?

[제7회 19번]

① 개인오차　　② 계통오차
③ 우연오차　　④ 분석오차

☑ **해설** ③ 핵심포인트 2.① 참고

핵심포인트

1. 오차와 불확도/2.2 오차의 종류/2.2.1 계통오차 또는 가측오차

① 기기오차 : 측정 장치의 불완전성, 잘못된 검정 및 전력 공급기의 불안정성에 의해 발생하는 오차
② 방법오차 : 분석 장치의 비이상적인 화학적 및 물리적인 영향에 의해 발생하는 오차
③ 개인오차 : 실험하는 사람의 부주의, 무관심, 개인적인 한계 등에 의해 발생하는 오차
④ 계통오차를 검출하는 방법
㉠ 표준 기준 물질(Standard Reference Material, SRM)과 같은 조성을 아는 시료를 분석한다.
➲ 그 분석 방법은 알고 있는 값을 재현할 수 있어야 한다.
㉡ 분석 성분이 들어 있지 않은 바탕시료(blank)를 분석한다.
➲ 측정결과가 "0"이 되지 않으면 분석 방법은 얻고자 하는 값보다 더 큰 값을 얻게 될 것이다.
㉢ 같은 양을 측정하기 위하여 여러 가지 다른 방법을 이용한다.
➲ 각각의 방법에서 얻은 결과가 일치하지 않으면 한 가지 또는 그 이상의 방법에 오차가 발생한 것이다.
㉣ 같은 시료를 각기 다른 실험실이나 다른 실험자(같은 방법 또는 다른 방법의 이용)에 의해서 분석한다.
➲ 예상한 우연오차 이외에 일치하지 않는 결과는 계통오차이다.

2. 오차와 불확도/2.2 오차의 종류/2.2.2 우연오차 또는 불가측오차

① 측정할 때 조절할 수 없는 변수 때문에 발생하여, 양의 값을 가지거나 음의 값을 가질 확률은 같고, 항상 존재하여 보정할 수 없다.

3. 오차와 불확도/2.3 정확도와 정밀도

① 정확도는 측정값이 참값에 얼마나 가까운지를 나타내며, 정밀도는 결과에 대한 재현성을 나타낸다.

09 계통 오차만을 모두 고른 것은?

[제12회 34번]

㉠ pH 7.0 완충용액의 실제 pH는 7.08이다.
㉡ A급 25 mL 부피 피펫과 실제 옮겨지는 부피
㉢ 25 mL 이동 피펫을 반복 사용해서 편차가 ± 0.009 mL 발생했다.
㉣ 크로마토그래프 4회 연속 분석시 특정 피크의 면적은 4383, 4410, 4401, 4390 이었다.

① ㉠, ㉡　　② ㉠, ㉢
③ ㉡, ㉢　　④ ㉢, ㉣

정답 08 ③ 09 ③

문제풀이

1. 오차와 불확도/2.2 오차의 종류

㉠ pH 7.0 완충용액의 실제 pH는 7.08이다 : 오차가 있다고 판단하기 어렵다.
㉡ A급 25 mL 부피 피펫과 실제 옮겨지는 부피 : 개인오차(계통오차)
㉢ 25 mL 이동 피펫을 반복 사용해서 편차가 ± 0.009 mL 발생했다. : 우연오차(계통오차)
㉣ 크로마토그래프 4회 연속 분석시 특정 피크의 면적은 4383, 4410, 4401, 4390 이었다. : 어떤 종류의 오차에 의한 것인지 단정짓기 어렵다.

10 100 ppm **벤젠** 2 mL**를 질소로 희석하여** 1,000 mL**를 만든 후**, Tenax-TA**에 흡착시켜** TD－GC/MS**를 이용하여** 1,000 mL **중 벤젠의 농도를 반복 측정한 결과이다. 상대정확도**(%)**는**? [제7회 34번], [제9회 2차 36번]

농도	1	2	3	4	5
ppb	190	188	192	208	214

① 97.8 %　② 98.5 %
③ 99.2 %　④ 99.5 %

문제풀이

① 주어진 조건 : 참값 100 ppm 벤젠 500배 희석 → 200 ppb, 5회 측정 평균값 198.4 ppb
② 상대정확도는 측정값이나 평균값을 참값에 대한 백분율로 나타내는 방법이다.

$$\text{상대정확도} = \frac{\text{측정값 또는 평균값}}{\text{참값}} \times 100\ \% = \frac{198.4\ \text{ppb}}{200\ \text{ppb}} \times 100\ \% = 99.2\ \%$$

11 정확도를 측정하기 위해 시료의 무게를 6**번 측정하여 다음의 결과값을 얻었다. 상대정확도**(relative accuracy)**를 정확하게 표현한 것은**? (단, 결과값은 소수 셋째자리에서 내림하시오) [제10회 31번]

99, 100, 93, 95, 92, 91 (단위 : g)　　　(단 참값은 99 g)

① 95 RPD　② 95.95 %
③ RSD 95　④ 95% RPD

문제풀이

① 주어진 조건 : 참값 99 g, 6회 측정 평균값 95 g
② $\text{상대정확도} = \frac{\text{측정값 또는 평균값}}{\text{참값}} \times 100\ \% = \frac{95\ \text{g}}{99\ \text{g}} \times 100\ \% = 95.95\ \%$

12 괄호 안의 자료들은 실험실에서 5**개 시료 용액의** pH**값을 측정한 결과이다.**

(7.2, 7.4, 7.6, 7.8, 8.0)

주어진 측정결과의 상대표준편차(% RSD)**를 계산한 결과에 가장 근사한 것은**? [제4회 36번]

정답 10 ③　11 ②　12 ②

① 2.16 %
② 4.16 %
③ 6.16 %
④ 8.16 %

문제풀이

① 주어진 조건 : pH 측정값 7.2, 7.4, 7.6, 7.8, 8.0, 평균($\bar{x}$) 7.6, 표준편차(s) 0.3

② 상대표준편차 : $\text{RSD\%} = \frac{s}{\bar{x}} \times 100\ \% = \frac{0.3}{7.6} \times 100\ \% = 4.16\ \%$

13 실험실간 정밀도의 재현성을 표현하는 변동 계수(Coefficient of Variation, CV)의 설명이 틀린 것은?

[제5회 23번]

① 변동 계수는 표준 편차를 평균값으로 나눈 값이다.
② 변동 계수가 작을수록 더 정확한 측정값이다.
③ 분석물의 농도가 감소할수록 변동 계수는 감소한다.
④ 주요 영양소보다 소수 영양소의 변동 계수가 크다.

☑ **해설** ③ 핵심포인트 1. 참고; 분석물의 농도가 감소할수록 변동계수는 증가한다.

14 실험실 간 정밀도의 재현성을 표현하는 변동계수(CV, coefficient of variation)의 설명으로 틀린 것은?

[제8회 10번]

① 변동 계수는 표준 편차를 평균값으로 나눈 값에 100을 곱해 구한다.
② 변동 계수가 작을수록 더 정밀하다.
③ 분석물의 농도가 감소할수록 변동 계수는 감소한다.
④ 표준편차가 커지면 우연오차가 커진다.

☑ **해설** ③ 핵심포인트 1. 참고; 분석물의 농도가 감소할수록 변동계수는 증가한다.

핵심포인트

1. 오차와 불확도/2.3 정확도와 정밀도/2.3.2 정밀도의 표현방법

① 변동계수(CV, Coefficient of variance)는 백분율로 나타낸 상대표준편차이며, 변동계수가 작을수록 더 정밀하다.

② $CV(\text{또는 } \%RSD) = \frac{s}{\bar{x}} \times 100\ \%$, s : 표준편차, $\bar{x}$: 평균

15 3곳의 분석 기관에서 측정된 농도가 다음과 같을 때, 변동계수가 가장 큰 기관은?

[제2회 36번], [제7회 35번]

A기간 (40.0, 29.2, 18.6, 29.3) mg/L
B기관 (19.9, 24.1, 22.1, 19.8) mg/L
C기관 (37.0, 33.4, 36.1, 40.2) mg/L

① A기관
② B기관
③ C기관
④ 모두 같다.

정답 13 ③ 14 ③ 15 ①

문제풀이

① A기관 : $\bar{x}=29.3,\ s=8.7,\ \text{CV}=\dfrac{8.7}{29.3}\times 100\,\%=29.8\,\%$

② B기관 : $\bar{x}=21.5,\ s=2.0,\ \text{CV}=\dfrac{2.0}{21.5}\times 100\,\%=9.5\,\%$

③ C기관 : $\bar{x}=36.7,\ s=2.8,\ \text{CV}=\dfrac{2.8}{36.7}\times 100\,\%=7.6\,\%$

16 정밀도(precision)를 표현하는 데 가장 부적합한 통계량은? [제5회 7번]

① 상대표준오차(relative standard error)
② 상대표준편차(relative standard deviation)
③ 변동계수(coefficient of variation)
④ 평균오차(average error)

핵심포인트

1. 오차와 불확도/2.3 정확도와 정밀도/2.3.1 정밀도의 표현방법

① 정밀도는 결과에 대한 재현성을 나타낸다.
② 정밀도를 나타내기 위한 방법
㉠ 표준편차(s)
㉡ 평균의 표준오차(S_m)
㉢ 분산(s^2)
㉣ 상대표준편차(RSD)
㉤ 변동계수(CV)
㉥ 퍼짐(spread) 또는 영역(range)

17 다음 그림은 여러 차례 한 측정분석 결과에 대한 정밀도와 편향을 표시한 것이다. 동일한 표준시료에 대한 반복적 측정분석 결과가 서로 상당한 차이가 있으며 표준시료가 갖는 원래 값에 가장 근접하지 못하는 경우는 어느 것인가? [제4회 5번]

① (1)
② (2)
③ (3)
④ (4)

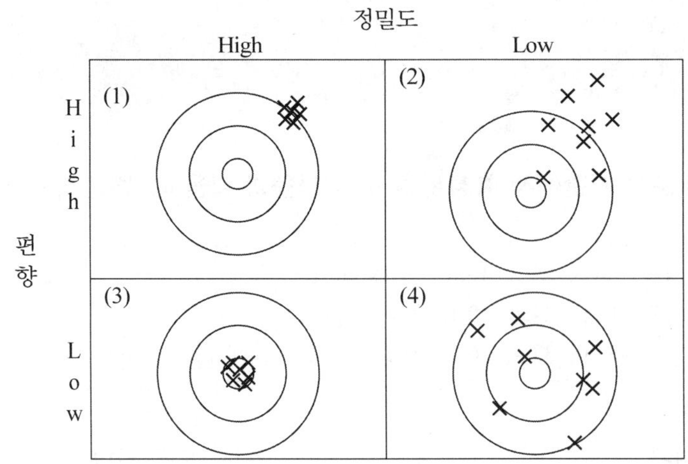

18 <보기>를 계산하여 절대불확도를 구한 것은? [제2회 14번]

0.0975(±0.0005) M × 21.4(±0.2) mL = 2.09 mmol(±???)

① 0.022 ② 0.02
③ 0.033 ④ 0.03

문제풀이

절대불확도, $e_y = y \times \sqrt{\left(\frac{e_{x_1}}{x_1}\right)^2 + \left(\frac{e_{x_2}}{x_2}\right)^2} = 2.09 \times \sqrt{\left(\frac{0.0005}{0.0975}\right)^2 + \left(\frac{0.2}{21.4}\right)^2} = 0.022$

위 계산에서 산정된 값은 주어진 값(2.09)과 같은 소수점 자리를 유지해야 하므로 절대불확도는 0.02가 된다.

핵심포인트

1. 오차와 불확도/2.4 절대불확도와 상대불확도/2.4.1 절대불확도

① 절대불확도 : 측정에 따르는 불확도의 한계에 대한 표현이며, 측정계기의 눈금이나 숫자를 읽는데 추정되는 불확도가 ±0.04라면 읽기와 관련된 절대불확도는 ±0.04가 된다.

② 곱셈과 나눗셈의 계산된 결과에 대한 불확도의 전파는 다음과 같이 상대불확도를 이용한다.

$$\frac{e_y}{y} = \sqrt{\left(\frac{e_{x1}}{x_1}\right)^2 + \left(\frac{e_{x2}}{x_2}\right)^2 + \left(\frac{e_{x3}}{x_3}\right)^2}$$

19 시료를 3회 채취한 농도의 각 절대불확도가 15, 20, 23 이었다. 위 농도 합에 대한 절대불확도에 가장 근접한 값은? [제9회 2차 9번], [제10회 34번]

① 31 ② 32
③ 33 ④ 34

문제풀이

절대불확도, $e_y = \sqrt{e_{x_1}^2 + e_{x_2}^2 + e_{x_3}^2} = \sqrt{15^2 + 20^2 + 23^2} = 34$

20 절대불확도를 나타내는 식이다. 이 중 자연 대수(natural logarithm)식으로부터 x의 자연대수(natural logarithm, ln)가 $x = e^y$로 표현된다면 y의 절대불확도(e_y)로 옳은 것은? [제11회 37번]

① ye_x ② $\frac{e_x}{x}$
③ $(\ln 10)ye_x$ ④ $\left(\frac{1}{\ln 10}\right)\left(\frac{e_x}{x}\right)$

핵심포인트

1. 오차와 불확도/2.4 절대불확도와 상대불확도/2.5.5 자연 대수(natural logarithm) 식

① x의 자연대수(natural logarithm, ln)는 $x = e^y$이고 $e(= 2.71828...)$는 자연 대수의 밑수가 된다.
$y(\pm e_y) = \ln x(\pm e_x)$

② y의 절대불확도(e_y)는 $e_y = \frac{e_x}{x}$

정답 18 ② 19 ④ 20 ②

3) Gauss 곡선

01 정규오차곡선에 대한 일반적 성질로 틀린 것은? [제9회 5번]

① 최대 빈도수는 평균에 근접한다.
② 양과 음의 편차가 대칭한다.
③ 편차가 커짐에 따라 빈도수는 지수함수로 감소한다.
④ 큰 우연 불확도들은 매우 작은 우연 불확도들보다 훨씬 더 많이 관찰된다.

☑ **해설** ④ 핵심포인트 1.④ 참고

핵심포인트

1. Gauss 곡선/3.1 Gauss 곡선의 성질

정규오차곡선은 다음과 같은 몇 가지 일반적인 성질을 가진다.
① 평균은 최대 빈도수에서 나타난다.
② 최고점을 중심으로 양과 음의 편차는 대칭으로 분포한다.
③ 편차의 크기가 커짐에 따라 빈도수는 지수함수로 감소한다.
④ 작은 우연 불확도들은 매우 큰 우연 불확도들보다 훨씬 더 많이 관찰된다.

02 표준편차에 관한 설명이다. 옳은 것을 모두 고른 것은? [제4회 13번]

㉮ 신뢰구간(confidence interval)은 모평균이 있으리라 추측되는 측정치의 평균의 구간을 나타낸다.
㉯ 모평균의 신뢰구간은 $\overline{Z} \pm \frac{t_s}{\sqrt{n}}$ 와 같이 주어진다.
㉰ 신뢰수준 95 %가 신뢰수준 99 %에 비해서 $\overline{Z}$의 신뢰구간은 좁아지게 된다.

① ㉮, ㉯
② ㉮, ㉰
③ ㉯, ㉰
④ ㉮, ㉯, ㉰

☑ **해설** 모두 옳은 설명이다.

03 여러 번 반복해서 측정한 값은 통계 처리를 행하여 신뢰 구간을 정할 수 있으며, 다음 식으로 표현된다. 아래 항목 중 옳은 것은? [제5회 1번]

$$\mu = \overline{x} \pm \frac{t_s}{\sqrt{n}}$$

㉮ μ : 참평균, $\overline{x}$: 시료 평균, t : student의 t, s : 시료의 표준편차, n : 시료 수
㉯ 신뢰구간은 참평균 μ가 측정한 평균 $\overline{x}$의 어떤 거리 내에 있을 것 같다는 것을 나타냄
㉰ 측정 횟수를 늘리면 신뢰 구간을 늘릴 수 있음
㉱ 신뢰 수준이 높아짐에 따라 허용 범위(참값이 들어갈 구간)가 좁아짐

정답 01 ④ 02 ④ 03 ①

① ㉮, ㉯ ② ㉮, ㉱
③ ㉯, ㉰ ④ ㉰, ㉱

☑ **해설** ㉰ 측정 횟수를 늘리면 신뢰구간을 좁힐 수 있다.
㉱ 신뢰 수준이 높아짐에 따라(95 % → 99 %) 허용범위가 넓어진다.

핵심포인트

1. 오차의 불확도/2.3 정확도와 정밀도/2.3.2 정밀도의 표현방법

① **표준편차** : 모집단의 표준편차(σ)는 다음 식과 같다.

$\sigma = \sqrt{\dfrac{\sum_{i=1}^{N}(x_i-\mu)^2}{N}}$	N : 모집단을 이루고 있는 반복 데이터의 수 σ : 모집단의 표준편차 μ : 모집단의 평균

2. Gauss 곡선/3.3 신뢰구간/3.3.1 신뢰구간 구하기

① **평균에 대한 신뢰구간(CI, confidence interval)** : 실험적으로 얻은 평균($\bar{x}$) 주위에 모집단 평균 μ가 어떤 확률로 존재할 값의 범위

② σ가 알려져 있거나 s가 σ의 좋은 근사값일 때 신뢰구간 : μ의 신뢰구간$(CI) = \bar{x} \pm \dfrac{z\sigma}{\sqrt{N}}$

③ σ를 알 수 없을 때 신뢰구간(측정횟수 $N \geq 20$일 경우 $s \to \sigma$로 수렴) :
μ의 신뢰구간$(CI) = \bar{x} \pm \dfrac{t_s}{\sqrt{N}}$, t_s : Students$-t$ 분포상의 표준편차

04 정도관리에서 유의수준은 결과가 신뢰수준 밖에 존재할 확률을 의미한다. 신뢰수준이 95 %일 경우 유의수준은?

[제7회 29번], [제9회 2차 32번], [제10회 33번]

① 5 ② 0.5
③ 0.05 ④ 0.005

☑ **해설** ③ 핵심포인트 1.① 참고

핵심포인트

1. Gauss 곡선/3.3 신뢰구간

① 유의수준(α, significance level) : 결과가 신뢰수준 밖에 존재할 확률을 의미하며, 신뢰수준이 95 %일 경우 유의수준(α)은 0.05이다.

05 냉증기 원자흡수분광법을 적용하여, 배출가스 중 수은의 농도를 3회 반복 분석한 결과, 농도가 20.3, 20.7, 22.4 ppm으로 산출되었다. 90 % 신뢰도 수준에서 참값의 최대치를 추정하면 얼마나 되는가? (단, 90 % 신뢰 수준에서 자유도(df)에 따른 t값은 다음과 같다.)

[제9회 21번]

$$t(df=1)=6.314,\ t(df=2)=2.920,\ t(df=3)=2.353$$

① 24.2 ② 22.4
③ 24.0 ④ 23.0

정답 04 ③ 05 ④

문제풀이

① 주어진 조건 : 3회 분석 수은 농도 20.3, 20.7, 22.4(평균 21.1), 3회 분석한 결과의 자유도 2, t_s : Student-t 분포상의 표준편차 2.920

② μ의 신뢰구간$(CI) = \bar{x} \pm \frac{t_s}{\sqrt{N}} = 21.1 \pm \frac{2.920}{\sqrt{3}} = 21.1 \pm 1.9$: 최대치 23.0 ppm, 최소치 : 19.2 ppm

06 2018년 8월 1일과 2일의 미세먼지(PM-10) 농도분포가 동일한지를 평가하기 위해 "자료"에 대한 평균과 분산, 등분산 가정 t-test 등을 수행한 통계처리결과가 나왔다. 95 % 신뢰구간에서 통계처리 결과에 대한 해석으로 옳은 것은? [제10회 2차 40번]

〈자료〉

서울 미세먼지 농도(μg/m^3)

시간	1	2	3	4	5	6	7	8	9	10	11	12	13	14	15	16	17	18	19	20	21	22	23	24
8월1일	16	6	5	18	3	11	6	23	33	30	12	2	5	0	7	22	16	12	20	2	12	4	4	11
8월2일	18	8	7	20	5	13	8	25	35	32	14	4	7	100	9	24	18	14	22	80	14	6	6	13

〈통계처리 결과〉

	'18년 8월 1일	'18년 8월 2일
평균	11.66667	20.91667
분산	81.10145	531.6449
관측수	24	24
자유도	46	
t 통계량	−1.83066	
P(T ≤ t) 양측검정	0.073634	
t 기각치 양측검정	2.012896	

① 8월 1일과 2일의 미세먼지 농도 분포는 95 % 신뢰구간에서 다르다.
② 8월 1일과 2일의 미세먼지 농도 분포는 95 % 신뢰구간에서 동일하다.
③ 8월 1일과 2일의 미세먼지 농도 분포는 95 % 신뢰구간에서 판단하기 어렵다.
④ 모두 해당사항 없다.

핵심포인트

1. 결과보고/시험 검사 결과의 보고/1.4 분석자료의 평가와 승인/1.4.5 유효숫자

① t 통계량이 −1.83066으로 t 기각치인 ±2.012896보다 작고, 95 % 신뢰구간에서 유의확률(P)이 0.05보다 큰 0.073634이므로 8월 1일과 2일의 미세먼지 농도는 차이가 없다고 판단한다.

정답 06 ②

07 **휴대용 측정기를 이용하여 중유 중 황 함유량을 측정하였다. t-시험법에 의한 시험 통계량으로 옳은 것은?** [제12회 39번]

> • 중유의 황(S) 함유량 : 1.24 %
> • 휴대용 측정기 황 함유량 측정 결과(4회) : 1.12 %, 1.14 %, 1.16 %, 1.20 %

① 1.25 ② 3.35
③ 5.05 ④ 8.15

문제풀이

1. 결과보고/4.가설검정에 대한 통계학적 도움/4.1.2 적은 수의 시료와 t 시험법

① 주어진 조건 : 모평균 μ_0 1.24 %, 4회 측정 평균($\bar{x}$) 1.155 %, 표준편차(s) 0.034 %

② 시험통계량 $t = \dfrac{\bar{x}-\mu_0}{s/\sqrt{N}} = \dfrac{1.155-1.24}{0.034/\sqrt{4}} = -5.05$, 시험통계량은 t-분포표에서 좌측으로는 −5.05 우측으로는 5.05이다.

필기 04 정도관리

정답 07 ③

4) 가설검정에 대한 통계학적 도움

01 $t-\text{test}$**를 통해서 오차의 원인을 알 수 없는 것은?** [제3회 9번]

① 계통오차 ② 우연오차
③ 방법오차 ④ 기기오차

☑ **해설** ② t-test를 통해 가측오차(계통오차, 방법오차, 기기오차)의 오차 원인은 알 수 있으나, 불가측오차(우연오차, 개인오차)의 오차 원인은 알 수 없다.

02 $t-\text{test}$**를 사용할 수 없는 때는?** [제5회 39번]

① 두 시료 집단의 평균값이 서로 같은가를 비교할 때
② 두 실험 집단이 분포가 같은가를 비교할 때
③ 새롭게 고안한 실험 방법이 기존의 것과 같은가를 비교할 때
④ 실험한 시료의 평균값이 참값(표준 시료의 값)과 같은가를 비교할 때

☑ **해설** ② t-test는 평균에 대한 비교시험이다.

핵심포인트

1. 가설검정에 대한 통계학적 도움/4.1 알려진 값과 실험 평균의 비교

① 많은 수의 시료와 z시험법 : 많은 수의 시료로부터 얻은 s값이 σ값의 근사값인 경우에는 z시험법을 사용할 수 있다.
② 적은 수의 시료와 t시험법 : 적은 수의 결과들에 대해서는 z시험법 대신에 t시험법을 이용한다.
㉠ 성분을 정확히 알고 있는 시료를 분석하는 분석방법에서의 계통오차를 시험한다.
㉡ 편차(bias) 시험시, 실험 평균값과 참값 사이의 차이가 우연오차 결과인지 혹은 계통오차 결과인지 알지 못하는 경우, 그 차이의 원인을 알아내기 위해 t시험법을 사용한다.

2. 가설검정에 대한 통계학적 도움/4.2 두 실험평균의 비교

① 두 집단의 측정값 평균 사이에서 차이가 있는지 혹은 우연오차의 결과인지를 판단해야 한다.
② 화학분석의 결과를 이용하여 두 물질이 동일한 것인지를 판단하기도 한다.
③ 두 분석방법이 같은 결과를 얻게 되는지 혹은 같은 방법을 사용하는 두 분석자가 같은 평균값을 얻게 되는지를 판단하기도 한다.
④ 평균값의 차이에 대한 t시험법($N_1 \neq N_2$) : 두 데이터 모두 많은 측정을 통해서 얻어졌다면, z시험법을 이용하여 두 데이터를 비교할 수 있다.
㉠ 귀무가설에 의하면 두 평균이 동일한 것이며 차이가 있다면 그것은 우연오차의 결과라고 할 수 있다.
⑤ 짝 데이터에 대한 t시험법($N_1 = N_2$) : 짝 데이터에 대한 t검정은 데이터 쌍을 사용한다는 것을 제외하면 일반 t시험법과 동일한 과정으로 하며, 평균의 차이에 대한 표준편차를 이용한다.

정답 01 ② 02 ②

03 **서로 다른 두 방법으로 정량한 자료로부터 얻은 11개 시료들에 대한 차이값의 평균($\bar{d}$)은 −2.491, 표준편차(s_d)는 6.748이며 95 % 신뢰수준에서의 자유도 10에 대한 t 분포값은 2.228이다. 다음 내용 중 옳은 것은?** [제2회 37번]

① 계산된 t값은 t분포값보다 크고 두 결과가 다를 확률은 95 % 미만이다.
② 계산된 t값은 t분포값보다 작고 두 결과가 다를 확률은 95 % 미만이다.
③ 계산된 t값은 t분포값보다 크고 두 결과가 다를 확률은 95 % 이상이다.
④ 계산된 t값은 t분포값보다 작고 두 결과가 다를 확률은 95 % 이상이다.

문제풀이

① 주어진 조건 : 두 방법간 차이값의 평균($\bar{d}$) −2.491, 표준편차(s_d) 6.748, 95 % 신뢰수준에서의 자유도 10에 대한 t 분포값 2.228

② $t=\dfrac{\bar{d}}{s_d/\sqrt{N}}=\dfrac{-2.491}{6.748/\sqrt{11}}=-2.030$

③ 평가 : 계산된 t 값(−2.030)은 t 분포값(2.228)보다 작으므로 두 결과가 다를 확률은 95 % 미만이다.

핵심포인트

1. 가설검정에 대한 통계학적 도움/4.2 두 실험평균의 비교

① 짝 데이터에 대한 t시험법($N_1=N_2$) : 짝 데이터에 대한 t검정은 데이터 쌍을 사용한다는 것을 제외하면 일반 t시험법과 동일한 과정으로 하며, 평균의 차이에 대한 표준편차를 이용한다.

정답 03 ②

5) 좋지 않은 데이터에 대한 Q-test

01 **반복하여 얻어진** Data 192, 216, 202, 195, 204**가 있다. 이 중** 216**을 버려야 할지의 여부를** $Q-$test**를 통하여 판단하면?** (단, 90 % 신뢰도에서 $Q-$값은 0.55이다.)

[제9회 2차 18번], [제10회 35번]

① 관측된 $Q-$값은 0.5이고 90 % 신뢰도에서 $Q-$값은 0.55보다 작으므로 버린다.
② 관측된 $Q-$값은 0.5이고 90 % 신뢰도에서 $Q-$값은 0.55보다 작으므로 버리지 않는다.
③ 관측된 $Q-$값은 1이고 90 % 신뢰도에서 $Q-$값은 0.55보다 크므로 버린다.
④ 관측된 $Q-$값은 1이고 90 % 신뢰도에서 $Q-$값은 0.55보다 크므로 버리지 않는다.

문제풀이

① 주어진 자료 : 192, 195, 202, 204, 216

② $Q_{계산} = \frac{간격}{범위} = \frac{의심스러운값 - 가장 가까운 측정값}{최대값(의심스러운값) - 최소값} = \frac{216-204}{216-192} = 0.5$

③ 판정 : 계산된 $Q_{계산}$값은 0.5이고 90 % 신뢰수준에서 $Q_{표}$값이 0.55이므로($Q_{계산} < Q_{표}$) 의심스러운 값을 버리지 않는다.

핵심포인트

1. 좋지 않은 데이터에 대한 Q-test

① 한 데이터가 나머지 데이터와 일치하지 않는 것처럼 보일 때가 있는데, 그 의심스런 데이터를 버릴 것인지 받아들일 것인지를 결정할 필요가 있으므로 $Q-$test($Q-$시험법)를 사용한다.

② 범위(range)는 데이터의 전체 분산이고, 간격(gap)은 의심스러운 측정값과 가장 가까운 측정값 사이의 차이이다.

$$Q_{계산} = \frac{간격}{범위} < Q_{표} \text{ : 의심스러운 값을 받아들임.}$$

$$Q_{계산} = \frac{간격}{범위} > Q_{표} \text{ : 의심스러운 값을 버림.}$$

02 **반복 측정하여 얻어진 결과값이** 192, 216, 202, 195, 204**가 있다. 이 중 가장 의심스러운 결과값의 선택 여부를** $Q-$test**를 통하여 판단한 것으로 옳은 것은?** (단, 90 % 신뢰수준의 임계값 Q_{crit}는 0.64이다.)

[제11회 39번]

① 계산된 Q 값은 0.5이고 90 % 신뢰도에서 Q 값은 0.64보다 작으므로 버린다.
② 계산된 Q 값은 0.5이고 90 % 신뢰도에서 Q 값은 0.64보다 작으므로 버리지 않는다.
③ 계산된 Q 값은 1이고 90 % 신뢰도에서 Q 값은 0.64보다 크므로 버린다.
④ 계산된 Q 값은 1이고 90 % 신뢰도에서 Q 값은 0.64보다 크므로 버리지 않는다.

문제풀이

① 주어진 자료 : 192, 216, 202, 195, 204

② $Q_{계산} = \frac{간격}{범위} = \frac{의심스러운값 - 가장 가까운 측정값}{최대값(의심스러운값) - 최소값} = \frac{216-204}{216-192} = 0.5$

③ 판정 : 계산된 $Q_{계산}$값은 0.5이고 90 % 신뢰수준에서 Q_{crit}값이 0.64이므로($Q_{계산} < Q_{crit}$) 의심스러운 값을 버리지 않는다.

정답 01 ② 02 ②

03 **채취한 시료의 암모니아 농도를 5번 반복 측정하여** 7.23, 7.92, 8.56, 7.74, 8.82 mg/L**의 측정값을 얻었다. 측정값 중 의심스러운 값을 버릴 것인지 받아들일 것인지를 결정하고자** 90 % **신뢰수준에서** Q − test**를 진행할 경우 버릴 수 있는 값은?** (단, 90 % 신뢰수준에서 Q의 임계값은 0.64) [제10회 2차 38번]

① 7.23 mg/L
② 8.82 mg/L
③ 7.23 mg/L와 8.82 mg/L
④ 모든 측정값을 받아들일 수 있다.

문제풀이

① 주어진 자료 : 7.23, 7.92, 8.56, 7.74, 8.82

② $Q_{계산} = \frac{간격}{범위} = \frac{의심스러운값 - 가장\ 가까운\ 측정값}{최대값(의심스러운값) - 최소값} = \frac{8.82-8.56}{8.82-7.23} = 0.21$

③ 판정 : 계산된 $Q_{계산}$ 값은 0.21이고 90 % 신뢰수준에서 Q의 임계값이 0.64 이므로($Q_{계산} < Q_{임계값}$) 의심스러운 값을 버리지 않는다.

04 **시료 중 암모니아를 측정하였다. 의심스러운 측정값을 버릴 것인지 받아들일 것인지를 결정할 때** Q − **시험법(**Q − test)**을 사용한다.** Q − **시험법 결과로 옳은 것은?** [제12회 38번]

− 암모니아(NH_3)의 5회 측정결과 : 2.14 ppm, 2.20 ppm, 2.12 ppm, 2.43 ppm, 2.20 ppm (단, Q − 시험법은 90 %의 신뢰수준을 적용하며, 이때 Q_{90}의 임계값은 0.642이다.)

① Q = 0.532로 그 측정값은 버린다.
② Q = 0.742로 그 측정값은 버린다.
③ Q = 0.532로 그 측정값은 받아들인다.
④ Q = 0.742로 그 측정값은 받아들인다.

문제풀이

① 자료 : 2.14, 2.20, 2.12, 2.43, 2.20

② $Q_{계산} = \frac{간격}{범위} = \frac{의심스러운\ 값 - 가장\ 가까운\ 측정값}{최대값(의심스러운값) - 최소값} = \frac{2.43-2.20}{2.43-2.12} = 0.742$

③ 판정 계산된 $Q_{계산}$ 값은 0.742이고 90 % 신뢰수준에서 Q의 임계값이 0.642 이므로($Q_{계산} > Q_{임계값}$) 그 측정값(의심스러운 측정값)은 버린다.

필기 04 정도관리

정답 03 ④ 04 ②

IV 부록

1) 물질안전보건자료 작성 양식

01 유해화학물질의 MSDS(Material Safety Data Sheet)에 필수 항목이 아닌 것은? [제5회 24번]

① 화학물질의 물리·화학적 성질
② 화학물질의 유해성 정보
③ 화학물질의 유통기간
④ 화학물질에 노출 시 응급 처치 요령

☑ **해설** ③은 유해화학물질 보관병에 표시되어야 한다.

핵심포인트

1. 산업안전보건법 제41조 화학물질의 분류·표시 및 물질안전보건자료에 관한 기준

〈물질안전보건자료 작성 양식〉

① 화학제품과 회사에 관한 정보
② 구성성분의 명칭 및 함유량
③ 위험·유해성
④ 응급조치 요령
⑤ 폭발·화재시 대체방법
⑥ 누출사고 대처방법
⑦ 취급 및 저장방법
⑧ 노출방지 및 개인보호구
⑨ 물리화학적 특성
⑩ 안정성 및 반응성
⑪ 독성에 관한 정보
⑫ 환경에 미치는 영향
⑬ 폐기시 주의사항
⑭ 운송에 관한 정보
⑮ 법적 규제현황

정답 01 ③

2) 기타

01 10 ℃의 물 10 g에 해당되는 표준 상태에서의 수증기의 부피는 얼마인가? [제5회 45번]

① 약 6.22 L
② 약 12.44 L
③ 약 14.44 L
④ 약 16.44 L

문제풀이

① 주어진 조건 : 10 ℃의 물 10 g

② 수증기의 부피(L) : $10\ g \times \frac{22.4\ L}{18\ g} = 12.44\ L$

필기 04 정도관리

정답 01 ②

14 환경실험실 운영관리 및 안전

I 실험실 설계 및 운영기준

1) 실험실 일반시설

01 시료 보관시설에 대한 설명으로 옳지 않은 것은? [제6회 21번]

① 시료의 변질을 막기 위해 보관시설은 약 4℃로 유지하여야 한다.
② 시료의 특성상 독성물질, 방사성 물질 그리고 감염성 물질의 시료는 별도의 공간에 보관해야 한다.
③ 시료 보관시설은 시료의 장시간 보관 시 변질로 인한 악취가 발생할 경우를 대비해 환기시설을 설치해야 한다.
④ 시료 보관시설의 조명은 기재 사항을 볼 수 있도록 최소한 150 Lux 이상이어야 한다.

☑ **해설** ④ 핵심포인트 1.⑥ 참고

02 다음은 실험실 운영 관리에서 시료보관시설에 대한 설명이다 틀린 것은? [제9회 10번]

① 시료의 변질을 막기 위해 보관시설은 약 4 ℃로 유지하여야 한다.
② 시료보관시설의 조명은 최소한 75 Lux 이상이어야 한다.
③ 환기시설은 약 0.5 m/s 이상 환기되어야 한다.
④ 시료보관실의 상대습도는 10 % ~ 20 %로 조절해야 한다.

☑ **해설** ④ 핵심포인트 1.⑧ 참고

핵심포인트

1. 실험실 설계 및 운영 기준/1.2 시료보관시설

'시료보관시설'은 시료의 분석·시험을 행하기 전 시료를 보관하는 공간으로서 시료의 변질을 최대한 억제하기 위한 시설을 말한다.

① 시료보관의 최소 내부 공간은 해당기관의 분석량 또는 시료의 수 등을 고려하여 최소한 3개월분의 시료를 보관할 수 있는 시설을 갖추어야 한다.
② 시료의 변질을 막기 위해 보관시설은 약 4 ℃로 유지하여야 한다.
③ 시료의 특성상 독성물질, 방사성 물질 그리고 감염성 물질의 시료는 별도의 공간에 보관해야 하며 표기 및 보관조건 등이 기재되어야 한다.
④ ③의 시료와 같은 경우 최소한의 공간(소형냉장고 또는 별도의 냉장 시설도 가능)을 확보해야 하며, 안전장치를 반드시 설치하고 물질에 대한 사용 및 보관 기록을 유지하여야 한다.
⑤ 시료보관시설 내부에서도 잠금장치를 풀 수 있도록 해야 하며, 전기가 일정기간 공급되지 않아도 최소한 1시간 정도 4 ℃를 유지할 수 있는 별도의 무정전 전원시스템을 설치하는 것이 좋다.
⑥ 조명은 시료의 기재사항 확인 및 작업을 할 수 있도록 최소한 75 Lux 이상이어야 하며, 업소용 냉장고 등을 시료보관시설로 사용하는 경우는 전면의 유리에 불투광성 필름 등을 부착하여 시료에 빛이 전달되지 않도록 한다.
⑦ 시료의 장시간 보관 시 변질로 인한 악취가 발생할 경우를 대비해 환기시설을 설치해야 하고, 환기시설은 독립적으로 개폐할 수 있도록 해야 하며, 작동 시 짧은 시간 내에 환기할 수 있도록 약 0.5 m/s 이상(단위 m^2당 30 m^3/min)의 배기속도로 환기되어야 한다.

⑧ 벽면 응축이 발생하지 않도록 상대습도는 (25～30) %로 조절해야 하며, 배수라인을 별도로 설비하여 바닥에 물이 고이지 않도록 해야 한다.
⑨ 냉장 또는 냉동기기를 사용하는 곳의 천정과 벽면의 내부는 스테인리스스틸로 마무리하며, 시설 내부에서 사용되는 선반 등의 기구도 녹이 슬지 않는 재질로 하고 조명은 고정하되 방수기능이 있어야 한다.

03 **실험실은 시료 분석을 수행하는 장소로써 시료의 성격에 따라 여러 실험실 형태로 나누어 진다. 각 실험실에 대한 일반적 고려 사항으로 틀린 것은?** [제11회 13번]

① 이화학 실험실 : 실험자의 피복이나 장비 등 세정을 반드시 해야 하므로 별도로 세정실을 설비하여야 한다.
② 바이오 실험실 : 시료의 유입과 유출 시 내부의 공기가 밖으로 나가지 못하도록 이중문으로 설비하여야 한다.
③ 악취 실험실 : 악취 실험을 위한 피복이나 장비를 보관하는 별도의 공간을 두는 것이 바람직하다.
④ 기기 분석실 : 안정적인 전원을 공급하여 분석기기들을 안전하게 보호하기 위해 무정전 전원장치(UPS)를 설치하고, 정전 시 사용 시간은 총 30분 이상 될 수 있도록 설비하는 것이 좋다.

☑ **해설** ① 원활한 실험 수행을 위해 냉·난방장치, 환기시설이 갖춰져야 하나 별도의 세정실을 설비하여야 하는 것은 아니다.

핵심포인트

1. 실험실 설계 및 운영 기준/2. 분석 실험실 시설

① 이화학실험실 : 실험실은 일정 규모이상 격리하여 설치되어야 하며, 분석목적에 따라 각각 별도로 분리하여 시설을 갖추어야 한다. 또한 실험에 용이하도록 해당기관의 분석량 또는 시료의 수 그리고 분석인원의 활동성 등을 고려하여 갖추어야 하며, 단 장비와 사무실 등은 제외한다.
② 바이오실험실(바이러스, 원생동물, 대장균, 조류, 생태독성) : 이화학실험실과는 별도로 독립적으로 설비해야 하며, 실험자의 안전 및 실험오차를 위해 무균실 또는 무균용 후드장치 클린벤치 등을 별도로 설비해야 한다. 또한 시료의 유출입 시 내부의 오염된 공기가 밖으로 나가지 못하도록 이중문으로 설비하고 피복과 장비 등을 위한 세정장치를 설비해야 하며 문은 안에서 잠금장치를 해야 한다.
③ 악취실험실(관능법) : 악취실험 후 환기 및 통풍이 잘 되도록 설비하되 이화학실험실의 환기 및 통풍설비와 유사하게 설비하는 것이 바람직하며, 악취 실험실과는 별도로 세정실과 피복이나 장비를 보관하는 별도의 공간을 두어 설비하는 것이 바람직하다.
④ 기기분석실(GC, GC/MS, IC, AA, ICP 등) : 시료분석항목 별로 독립적으로 설비되어야 하며, 별도 공간을 갖추어야 한다. 원활한 실험수행과 분석기기의 안정을 위해 냉·난방장치가 기기실별로 별도로 설비되어야 하며, 안정적인 전원 공급을 위해 무정전전원장치(UPS) 또는 전압조정장치(AVR)를 설치해야 한다. 특히 UPS는 정전 시 사용시간(back-up time)이 총 30분 이상 될 수 있도록 설비하여야 한다.

정답 03 ①

04 실험실에서의 화학 약품 보관 방법이 틀린 것은? [제5회 35번]

① 양립할 수 없는 약품들은 나란히 두지 않아야 한다.
② 캐비닛 밖에 놓아두는 화학 약품은 최소로 줄여야 한다.
③ 유리 상자에 보관된 것은 가능한 선반의 제일 아래에 보관한다.
④ 화학 약품은 반드시 알파벳순으로 이름을 분류 저장하여 찾기 쉽도록 한다.

☑ **해설** ④ 핵심포인트 1.③ 참고

05 실험실의 보관시설에 대한 설명으로 틀린 것은? [제8회 4번]

① 실험에 필요한 가스 보관 시설의 경우 환기는 기계를 이용한 강제 환기 방식이 바람직하다.
② 시료 보관 시설은 시료의 변질을 막기 위하여 약 4 ℃로 유지되어야 한다.
③ 시약 보관 시설은 항상 통풍이 잘 되어야 하며, 환기 속도는 최소 0.3 m/s～0.4 m/s 이상이어야 한다.
④ 유리 기구 보관 시설은 유리 기구의 기재 사항을 볼 수 있도록 150 Lux 이상의 조명을 갖추어야 한다.

☑ **해설** ① 11번～12번 문제 핵심포인트 2.⑩ 참고

핵심포인트

1. 실험실 설계 및 운영 기준/1.3 시약보관시설

'시약보관시설'은 시료의 분석하기 위한 고체·액체 시약을 보관하는 공간으로서 실험수행실로부터 분리된 곳을 말한다.

① 시약의 균질성과 안정성을 확보하고 오염이나 혼동을 막기 위하여 별도로 갖추어져야 한다.
② 최소 공간은 해당기관의 분석량 또는 시료의 수 등에 있어 실험에 지장이 없도록 시약여유분을 확보할 수 있는 최소한의 공간을 갖추어야 하며, 시약여유분의 약 1.5배 이상 공간이 확보되어야 한다.
③ 시약보관시설 내 시약은 종류별로 구분하여 배치하고, 반드시 눈에 잘 띄게 비치해야 한다.
④ 일부 분석기기용 표준시약인 경우 냉동상태로 보관하게 되어 있으므로 시약보관용으로 상온, 냉장, 냉동 등의 설비를 갖추어야 한다.
⑤ 시약의 특성상 독성물질, 방사성 물질 그리고 감염성 물질의 시약은 별도의 공간에 표기 및 보관조건 등을 기재하여 보관해야 하며, 안전장치를 반드시 설치하고 물질의 특성 및 사용에 대해 관리대장으로 작성하고 보관하여야 한다.
⑥ 시약의 특성상 보관 시에 냉장을 요하는 시약은 소형냉장고 또는 별도의 냉장시설을 설치하여 보관하는 것이 좋다.
⑦ 무기 및 유기물질, 유기용매, 부식성 시약 등은 실험실의 안전과 오염을 방지하기 위해서 별도로 용기를 선택하여 보관해야 한다.
⑧ 시약보관시설의 조명은 시약의 기재사항을 볼 수 있도록 150 Lux 이상이어야 한다.
⑨ 시약보관시설은 항상 통풍이 잘 되도록 설비해야 하고, 환기는 외부 공기와 원활하게 접촉할 수 있도록 설치하며 환기속도는 최소한 약 (0.3～0.4) m/s (단위 m^2당 (18～24) m^3/min) 이상이어야 한다.

정답 04 ④ 05 ①

06 **인화성 유기용매를 엎질렀을 때의 응급조치로 적당하지 않는 것은?** [제9회 2차 15번]

① 불꽃(spark)을 일으킬 수 있는 모든 전원을 밖으로부터 차단한다.
② 유기용매의 휘발성을 낮출 수 있는 흡수제를 사용해야 한다.
③ 모래는 휘발성을 낮추는 데 효과가 크지 않으므로 후속 조치가 필요하다.
④ 흡수제나 흡착제를 사용할 때 엎질러진 약품의 가운데에서 시작해 차츰 외곽으로 뿌려준다.

☑ **해설** ④ 흡수제나 흡착제를 사용하는 경우 엎질러진 약품이 외곽에서 시작하여 차츰 가운데를 향하여 뿌려준다. 흡수된 혼합물은 비닐백에 넣어 폐기물로 처리한다.

07 **전처리시설의 조건으로 틀린 것은?** [제9회 2차 14번]

① 안전시설을 포함하여 전체실험실 면적의 최소 15 % 이상을 확보한다.
② 시설 내 후드의 흡인 속도는 0.5 m/s ~ 0.75 m/s로 한다.
③ 조명은 300 Lux 이상으로 한다.
④ 유기성 및 무기성 물질 시설을 별도로 구분하여 설비한다.

☑ **해설** ① 핵심포인트 1.② 참고

핵심포인트

1. 실험실 설계 및 운영 기준/1.4 전처리 시설

'전처리 시설'은 시료분석을 위한 이화학 및 추출·정제실험을 수행하는 공간을 말한다.

① 시료분석을 위해 전처리하는 과정에서 발생할 수 있는 오염물질을 제어하거나 실험실 내 안전성을 확보하기 위해 별도의 시설로 갖추어져야 한다.
② 최소 공간은 전체 실험실면적의 약 15 % 이상으로 확보해야 하며, 안전시설 또한 별도로 갖추어져야 한다.
③ 시료의 전처리 시 발생되는 오염물질을 급속히 배출시킬 수 있는 환기시설(후드, 유해가스의 흡입방지 및 폭발에 대비한 투명 칸막이) 등의 안전설비를 갖추어야 한다.
④ 전처리 과정에서 발생되는 가스 및 폐수는 실험실 내로 유입되지 않아야 하며, 가능한 한 신속하게 처리할 수 있도록 별도의 오염 제어장치나 처리장치를 설비해야 한다.
⑤ 전처리 시설 내 배기를 위해 후드를 사용할 경우, 후드의 흡입속도는 (0.5 ~ 0.75) m/s (단위 m^2당 (30 ~ 45) m^3/min)이어야 하며, 실험자의 안전을 위해 가능한 한 빠른 시간 내에 환기가 되도록 해야 한다.
⑥ 실험실 내에 전처리 시설을 설치한 경우, 외부에서 내부를 확인할 수 있어야 하며, 내부에서 잠금장치를 풀 수 있도록 해야 한다.
⑦ 전처리 시설에 있어서 상호오염을 방지하기 위해 유기성 및 무기성 물질 전처리 시설을 별도로 구분하여 설비해야 하며, 각 전처리 시설별로 환기시설을 갖추어야 한다.
⑧ 전처리 시설의 조명은 실험에 용이하도록 적어도 300 Lux 이상이어야 한다.
⑨ 실험자의 안전을 위해 여러 보호장비 등을 갖추도록 해야 하며, 화재예방을 위해 소화기를 반드시 비치해야 한다.

정답 06 ④ 07 ①

08 실험실 안전장치에 대한 설명으로 틀린 것은? [제3회 27번], [제6회 34번]

① 후드의 제어 풍속은 부스를 개방한 상태로 개구면에서 0.4 m/sec 정도로 유지되어야 한다.
② 부스 위치는 문, 창문, 주요 보행 통로로부터 근접해 있어야 한다.
③ 후드 및 국소배기장치는 1년에 1회 이상 자체 검사를 실시하여야 한다.
④ 실험용 기자재 등이 후드 위에 연결된 배기 덕트 안으로 들어가지 않도록 한다.

☑ **해설** ② 핵심포인트 1.① 참고

핵심포인트

1. 실험실 설계 및 운영 기준/1.5 유리기구 보관시설

① **퓸후드** : 작업지역, 시설 등으로부터 멀리 떨어진 곳에 위치하여야 하며, 공기의 흐름이 빠른 곳이나 공기가 공급되는 곳, 문, 창문, 실험실 구석, 매우 차가운 장비 주변 등으로부터는 이격되어야 한다.

2. 실험실 안전/2.실험실 안전장치 및 시설

① **퓸후드** : 후드 내 풍속은 약간 유해한 화학물질에 대하여 안면부 풍속이 (21～30) m/min ((0.35～0.5) m/s) 정도, 발암물질 등 매우 유해한 물질에 대하여, 안면부 풍속이 45 m/min (0.75 m/s) 정도 되어야 한다.

3. 실험실 안전/4. 실험실 조명·냉난방·환기 시스템/4.3 환기

① 실험실 환기시스템은 일반 덕트(ductwork)와 구분되어야 하며, 환기시스템을 통하지 않고 실험실 내부 공기가 외부로 배출되어서는 안된다.

09 저울실의 이상적인 측정 환경으로 옳은 것은? [제11회 33번]

① 실내온도 (20 ± 2) ℃, 상대습도 (45～60) %
② 실내온도 (20 ± 3) ℃, 상대습도 (40～60) %
③ 실내온도 (25 ± 2) ℃, 상대습도 (45～60) %
④ 실내온도 (25 ± 3) ℃, 상대습도 (40～60) %

핵심포인트

1. 실험실 설계 및 운영 기준/저울실

① 저울실은 시약 변질을 방지하기 위해 적절한 실내 온도(약 (18～20) ℃)와 상대습도((40～60) %)를 유지해야 한다.

10 실험실 안전 일반사항과 안전장치 및 시설에 대한 설명으로 틀린 것은? [제11회 15번]

① 후드 내 풍속은 약간 유해한 화학물질에 대해 안면부 풍속이 21 m/분～30 m/분 정도, 매우 유해한 화학물질의 경우에는 45 m/분 정도 되어야 한다.
② 냉장고의 위험수준을 낮추기 위하여 물질의 보관기간은 가능한 한 짧게 하고, 정기적으로 점검되어야 한다.
③ 비상샤워장치에서 쏟아지는 물줄기는 몸 전체를 덮을 수 있어야 하며, 작동되는 동안 혼자서 옷을 벗고 신발이나 장신구를 벗을 수 있어야 한다.
④ 이산화탄소 소화기는 이산화탄소(CO_2)를 높은 압력으로 압축 액화시켜 단단한 철제 용기에 넣은 것으로 A급 화재에 쓸 수 있고 고가의 분석기기와 같이 물을 뿌리면 안 되는

화재에 사용해서는 안된다.

☑ **해설** ④ 핵심포인트 1.④ 참고

핵심포인트

1. 실험실 안전/실험실 안전장치

① **품후드** : 후드 내 풍속은 약간 유해한 화학물질의 경우 안면부 풍속이 (21~30) m/min 정도, 발암물질 등 유해한 화학물질에 대하여는 안면부의 풍속이 45 m/min 정도 되어야 한다.

① **냉장고** : 실험실 용도의 냉장고는 유해 화학물질의 저장이 가능한 것으로 주의 깊게 선정하여야 하며, 위험수준을 낮추기 위하여 물질의 보관기간은 가능한 한 짧게 하고, 정기적으로 점검되어야 한다.

① **비상샤워장치** : 비상샤워장치는 신속하게 접근이 가능한 위치에 설치하고 실험실 작업자들이 눈을 감은 상태에서도 비상샤워장치에 도달할 수 있어야 한다. 비상샤워장치는 쥐고 당길 수 있는 사슬이나 삼각형 손잡이로 작동되게 하며, 쏟아지는 물줄기는 몸 전체를 덮을 수 있어야 하고, 작동되는 동안 혼자서 옷을 벗고 신발이나 장신구를 벗을 수 있어야 한다.

① **이산화탄소 소화기** : 이산화탄소(CO_2)를 높은 압력으로 압축 액화시켜 단단한 철제 용기에 넣은 것으로 B, C급 화재에 쓸 수 있고 고가의 분석기기와 같이 물을 뿌리면 안되는 화재에 널리 사용하며 우수한 전기절연능력으로 소화 시 감전 및 쇼트의 위험성이 없어 변전실, 전기기기 설비 소화 시에 사용하면 효과적이다.

11 실험실의 보관시설에 대한 설명으로 틀린 것은? [제8회 4번]

① 실험에 필요한 가스 보관 시설의 경우 환기는 기계를 이용한 강제 환기 방식이 바람직하다.
② 시료 보관 시설은 시료의 변질을 막기 위하여 약 4 ℃로 유지되어야 한다.
③ 시약 보관 시설은 항상 통풍이 잘 되어야 하며, 환기 속도는 최소 0.3 m/s~0.4 m/s 이상이어야 한다.
④ 유리 기구 보관 시설은 유리 기구의 기재 사항을 볼 수 있도록 150 Lux 이상의 조명을 갖추어야 한다.

☑ **해설** ① 핵심포인트 2.⑩ 참고

12 가스통 취급 방법에 대한 내용으로 틀린 것은? [제3회 48번]

① 가스통의 보관장소에 가죽끈이나 체인으로 고정하여 넘어지지 않도록 하여야 한다.
② 가스통 연결 부위는 그리스나 윤활유를 발라 녹슬지 않게 한다.
③ 압력조정기를 연결하기 위해 어댑터를 쓰지 않으며, 각각의 가스의 특성에 맞는 것을 사용한다.
④ 가스를 사용할 때는 창문을 열거나 환기팬 또는 후드를 가동하며 환기가 잘 되도록 한다.

☑ **해설** ② 액체산소 등 특정가스 취급시 가연성물질을 옆에 두지 말고 연결구 등에 그리스나 윤활유 등 기름성분이 묻어 있으면 발화의 위험성이 있으므로 사용하지 말아야 한다.

핵심포인트

1. 실험실 설계 및 운영 기준/1.5 유리기구 보관시설

'유리기구 보관시설'은 시료분석에 사용되는 유리 기구를 보관하는 공간을 말한다.

① 유리기구 보관시설을 갖추기 위한 최소한의 공간은 해당기관의 분석량 또는 시료의 수 등에 따라 다르

정답 11 ① 12 ②

나 전체 유리 기구를 보관할 수 있는 공간의 약 1.5배 정도 이상 갖추어야 한다.
② 조명은 유리기구의 기재사항을 볼 수 있을 정도로서 약 150 Lux 이상이어야 한다.
③ 유리기구의 안전한 보관을 위해서 가능한 종류별로 분리 보관해야 한다.
④ 미생물 실험 등 특별한 유리기구의 세척 및 멸균 등에 사용되는 유리기구는 별도의 보관실을 두어 분리 보관하여야 한다.
⑤ 별도의 유리기구 보관시설이 없는 경우는 실험자가 손쉽게 실험할 수 있도록 실험실 내에 비치하여야 한다.
⑥ ④항의 경우와 같이 미생물 실험에 사용된 유리기구로 인해 분석자가 감염이나 오염되지 않도록 사용한 유리 기구를 세척한 후 건조대 및 건조시설을 갖추어 보관하는 것이 좋다.

2. 실험실 설계 및 운영 기준/1.9 분석용 가스저장시설

'분석용 가스저장시설'은 분석기기에 사용되는 가스를 저장하는 공간을 말한다.
① 가능한 한 실험실 외부공간에 배치하여야 하며, 외부의 열을 차단할 수 있는 지하공간이나 음지쪽에 설치하여야 한다.
② 최소 면적은 분석용 가스저장분의 약 1.5배 이상이어야 하며, 가스별로 배관을 별도로 설비하고 가능한 한 이음매 없이 설비하여야 한다.
③ 가스저장시설의 안전표시와 각 가스라인을 표기하고 구분하여 사용해야 한다.
④ 저장된 가스통이 넘어지는 것을 방지하기 위해 실린더 지지대 등의 장치를 별도로 설비해야 한다.
⑤ 출입문에 위험표지 등 경고문을 부착해야 하며, 가스통의 유출입 상황을 반드시 기재하고 잠금장치를 설치하여 관리자가 통제하도록 한다.
⑥ 조명은 독립적으로 개폐 할 수 있도록 하고 각 가스 라인을 쉽게 구별할 수 있도록 최소 150 Lux 이상이어야 하며, 가능한 한 스파크 방지 등으로 설치하고 점멸스위치는 출입구 바깥 부분에 설치하는 것이 바람직하다.
⑦ 가스저장시설의 지붕과 벽은 불연 재료를 사용한다.
⑧ 가스저장실의 안전관리시설은 고압가스 안전관리법의 기준에 맞게 설비되어야 한다.
⑨ 채광은 불연 재료로 하고 연소의 우려가 없는 장소에 채광면적을 최소화하여 설치한다.
⑩ 환기는 가능한 한 자연배기방식으로 하는 것이 바람직하며, 환기구를 설치할 경우에는 지붕 위 또는 지상 2 m 이상의 높이에서 회전식이나 루프 팬방식으로 설치하는 것이 바람직하다.

13 실험실의 가스 누출 경보기 설치 기준에 관한 설명이 틀린 것은? [제5회 28번]

① 감지 대상 가스가 가연성이면서 독성인 경우는 독성 가스를 기준으로 경보기를 설치한다.
② 가스 누출이 우려되는 화학 설비 및 부속 설비 주변에 설치한다.
③ 가스 누출 경보기는 실험자가 상주하는 곳에 설치한다.
④ 가연성 가스의 경우 폭발 상한값 25 % 이하에서 울리도록 설치한다.

☑ **해설** ④ 핵심포인트 2.① 참고

14 실험실의 가스 누출 경보기 설치 기준에 관한 설명으로 틀린 것은? [제10회 13번]

① 가스 누출 경보가 발령된 경우에는 가스농도가 변화하게 되면 경보가 정지되어야 한다.
② 가스 누출이 우려되는 화학 설비 및 부속 설비 주변에 설치한다.
③ 가스 누출 경보기는 실험자가 상주하는 곳에 설치한다.
④ 감지 대상 가스가 가연성이면서 독성인 경우는 독성 가스를 기준으로 경보기를 설치한다.

☑ **해설** ① 핵심포인트 3.④ 참고

정답 13 ④ 14 ①

15 **가스누출감지 경보기 설정값에 대한 설명으로 틀린 것은?** [제9회 2차 34번]

① 가연성 가스 폭발 하한값의 25 % 이하로 설정한다.
② 독성가스 허용농도의 50 % 이하로 설정한다.
③ 가연성가스 정밀도는 경보설정값의 ±25 % 이하로 한다.
④ 독성가스 정밀도는 경보설정값의 ±30 % 이하로 한다.

☑ **해설** ② 핵심포인트 2.① 참고

핵심포인트

1. 실험실 설계 및 운영 기준/1.9 분석용 가스저장시설/1.9.1 가스누출경보기

① 선정기준
㉠ 가스누출경보기를 설치 할 때 감지대상가스의 특성을 충분히 고려하여 가장 적절한 것을 선정한다.
㉡ 하나의 검지대상 가스가 가연성이면서 독성인 경우에는 독성가스를 기준으로 경보기를 선정한다.

② 설치장소
㉠ 시설물 내외에 설치되어 있는 가연성 및 독성물질을 취급하는 압축기, 밸브반응기, 배관연결부위 등 가스누출이 우려되는 화학설비 및 부속설비 주변
㉡ 가열로 등 발화원이 있는 제조 설비 주위의 가스가 체류하기 쉬운 장소
㉢ 기타 특별히 가스가 체류하기 쉬운 장소

③ 설치위치
㉠ 가능한 한 가스의 누출부위 가까이 설치하여야 하며, 다만 직접적인 가스누출이 예상되지 않는 경우에는 주변에서 누출된 가스가 체류하기 쉬운 곳에 설치한다.
㉡ 실험자가 상주하는 곳에 설치한다.

2. 실험실 설계 및 운영 기준/1.9 분석용 가스저장시설/1.9.2 가스누출 경보 설정값

① 가연성 가스누출검지 경보기는 감지대상 가스의 폭발하한값 25 % 이하, 독성가스 누출검지경보기는 해당 독성가스 허용농도 이하에서 경보가 울리도록 설정한다.
② 가연성 가스누출검지 경보기의 정밀도는 경보설정값의 ±25 % 이하, 독성가스누출경보기는 ±30 % 이하이어야 한다.

3. 실험실 설계 및 운영 기준/1.9 분석용 가스저장시설/1.9.3 가스누출 경보기 성능

① 가연성 가스 누출경보기는 담배연기 등, 독성 가스 누출경보기는 담배연기, 기기세척유 가스, 등유의 증발가스, 배기가스 및 탄화수소계 가스, 기타 잡다한 가스에 경보가 울리지 말아야 한다.
② 가스 누출경보기의 가스검지에서 경보발신까지 걸리는 시간은 경보 농도의 1.6배 시 보통 30초 이내이어야 한다. 다만, 암모니아와 일산화탄소 또는 이와 유사한 가스 등을 검지하는 가스누출경보기는 1분 이내로 한다.
③ 지시계의 눈금범위는 가연성 가스용은 0에서 폭발하한값, 독성가스는 0에서 허용농도의 3배 값(암모니아를 실내에서 사용하는 경우에는 150 ppm)이어야 한다.
④ 경보를 발령한 경우에는 가스농도가 변화하여도 계속 경보가 울려야 하며 그 확인 또는 대책을 조치할 때에는 경보를 정지시켜야 한다.
⑤ 가스누출검지경보기는 충분한 강도의 구조를 지녀야 하며, 취급 및 정비가 쉽고 접촉하는 부분은 내식성의 재료 또는 충분한 부식 방지처리 한 재료를 사용하고 그 외의 부분은 도장이나 도금처리가 양호한 재료이어야 한다.
⑥ 가스누출경보기는 항상 작동상태이어야 하며 정기적인 점검과 보수를 통하여 정밀도를 유지한다.

정답 15 ②

16 **실험실 지원 시설에 대한 설명으로 틀린 것은?** [제2회 28번]

① 샤워 및 세척 시설은 반드시 눈감고 도달할 수 있는 곳에 설치하는 것이 좋다.
② 응급 샤워 시설은 산, 알칼리가 있는 곳에 설치하되, 부식 방지를 위해 떨어진 곳에 설치하는 곳이 좋다.
③ 장비는 장비별로 라벨링을 하고, 내부를 선반으로 구분하여 보관하는 것이 좋다.
④ 감염성 있는 장비나 물품은 별도로 구분하여 보관하는 것이 좋다.

☑ **해설** ② 핵심포인트 2. 참고

핵심포인트

1. 실험실 설계 및 운영 기준/1.12 실험실 지원시설

'실험실 지원시설'은 시료를 분석함에 있어 원활한 분석과 분석요원의 안전 및 건강을 위한 샤워시설이나 세척시설 그리고 창고 등을 말한다.

① 창고는 현장시료채취 등에 사용되는 기기 및 장비를 보관하는 곳으로 실험실과는 달리 별도로 설비해야 하며, 최소 공간은 실험실 면적의 약 7 % 이상이어야 한다.
② 창고는 환기 및 통풍이 원활하여야 하며, 장비보관을 위해 실험실의 온도 및 환기조건과 유사하도록 설비하는 것이 바람직하다.
③ 조명은 장비를 잘 확인할 수 있도록 300 Lux 이상이어야 한다.
④ 장비의 보관을 위해서 장비별로 라벨링을 하고, 내부를 선반 등으로 구분하여 보관할 수 있도록 설비하는 것이 바람직하다.
⑤ 감염성 있는 장비나 물품 등은 별도로 구분하여 보관하는 것이 바람직하다
⑥ 샤워 및 세척시설의 공간은 최소한 10 m^2 이상이어야 하며, 실험실과 근접한 위치에 별도로 설비해야 한다.

2. 실험실 안전/2. 실험실 안전장치 및 시설/2.6 비상샤워장치

다량의 화학물질이나 피부나 옷에 튀거나 묻었을 때 비상샤워장치로 씻어내며 산, 알칼리, 기타 부식성 물질 등 화학물질이 있는 곳에는 반드시 설치하여야 하며, 모든 사람들이 이용할 수 있어야 한다.

① 비상샤워장치는 신속하게 접근이 가능한 위치에 설치하고 알기 쉽도록 확실한 표시를 한다.
② 실험실 작업자들이 눈을 감은 상태에서도 비상샤워장치에 도달할 수 있어야 한다.
③ 비상샤워장치는 쥐고 당길 수 있는 사슬이나 삼각형 손잡이로 작동되게 한다.
④ 잡아당기는 손잡이는 모든 사람의 키에 맞도록 높이를 조절하고 항상 사용이 가능하도록 분기별 1회 이상 작동시험을 하여야 한다.
⑤ 비상샤워장치에서 쏟아지는 물줄기는 몸 전체를 덮을 수 있어야 한다.
⑥ 비상샤워장치가 작동되는 동안 혼자서 옷을 벗고 신발이나 장신구를 벗을 수 있어야 한다.
⑦ 전기 분전반이나 전선 인입구 등에서 떨어진 곳에 위치하여야 한다.
⑧ 배수구 근처에 설치하여야 한다.

정답 16 ②

2) 분석 실험실 시설

01 악취방지법에 따라 악취측정기관이 갖추어야 하는 시설과 장비가 있다. 다음 보기에 제시한 시설과 장비 중에서 악취측정기관이 악취 측정을 위해 갖추어야 하는 것을 모두 고른 것은? [제9회 14번]

> ㉮ 공기희석관능 실험실
> ㉯ 지정악취물질 실험실
> ㉰ 무취공기 제조장비 1식
> ㉱ 악취희석장비 1식
> ㉲ 악취농축장비(필요한 측정분석장비별) 1식

① ㉮, ㉯　　② ㉮, ㉯, ㉰
③ ㉮, ㉯, ㉰, ㉱　　④ ㉮, ㉯, ㉰, ㉱, ㉲

☑ **해설** ④ 핵심포인트 1.①~⑥ 참고

핵심포인트

1. 분석 실험실 시설/2.3 악취실험실(관능법), 악취검사기관의 지정 및 관리에 관한 업무처리지침

악취방지법에 따라 악취측정기관이 갖추어야 하는 시설과 장비는 다음과 같다.

① 공기희석관능 실험실 : 악취공정시험방법에서 정한 공기희석관능법에 따라 관능실험을 할 수 있는 실험실로서 주변 취기물질로부터의 영향이 없으며, 통풍과 배기가 원활해야 한다.
② 지정악취물질 실험실 : 악취공정시험방법 중 기기분석법의 측정·분석장비 및 실험기기를 설치하고 측정·분석하는 실험실
③ 무취공기 제조장치 1벌
④ 악취희석장비 1벌
⑤ 악취농축장비(필요한 측정·분석장비별) 1벌
⑥ 지정악취물질을 「환경분야 시험·검사 등에 관한 법률」 제6조제1항제4호에 따른 환경오염공정시험기준에 따라 측정·분석할 수 있는 장비 및 실험기기 각 1벌

02 실험실의 각종 시설에 대한 설명으로 틀린 것은? [제10회 12번]

① 기기분석실의 실내 온도는 약 18 ℃~28 ℃를 유지하는 것이 좋다.
② 시료의 보관 시설은 시료의 변질을 막기 위해 상온을 유지해야 한다.
③ 저울실의 조명은 측정 시 잘 볼 수 있도록 약 300 Lux 이상이어야 한다.
④ 전처리 시설의 최소 공간은 전체 실험실 면적의 약 15 % 이상으로 확보해야 하며, 안전시설 또한 별도로 갖추어져야 한다.

☑ **해설** ② 핵심포인트 1.② 참고

핵심포인트

1. 분석 실험실 시설

① 기기분석실 : 원활한 실험수행과 분석기기의 안정을 위해 냉·난방장치(온도유지)가 기기실별로 별도로 설비되어야 하고, 실내온도는 약 (18~28) ℃로 유지시키는 것이 바람직하며 특히, 주말 등 휴무기간의 온도유지를 위하여 냉·난방장치는 반드시 별도로 설비한다.

정답 01 ④　02 ②

② 시료보관시설 : 시료의 변질을 막기 위해 보관시설은 약 4 ℃로 유지하여야 한다.
③ 저울실 : 저울실의 조명은 측정 시 잘 볼 수 있도록 약 300 Lux 이상이어야 한다.
④ 전처리 시설 : 최소 공간은 전체 실험실면적의 약 15 % 이상으로 확보해야 하며, 안전시설 또한 별도로 갖추어져야 한다.

03 기기분석실 시설에 대한 설명으로 틀린 것은? [제12회 16번]

① 냉난방장치는 기기실별로 별도로 설비되어야 하고, 특히 주말 등 휴무기간의 온도유지를 위하여 반드시 별도로 설비한다.
② 조명의 밝기는 실험의 수행이 원활할 수 있도록 설비해야 하며, 최소한 300 Lux 이상이어야 한다.
③ 기기분석실의 최소한의 면적은 분석장비 및 분석항목에 따라 차이가 있을 수 있으나, 대체적으로 실험실면적의 약 20 % ~ 30 % 이상 갖추어 설비하는 것이 바람직하다.
④ 원활한 실험수행과 분석기기의 안정을 위해 실내온도는 약 18 ℃ ~ 28 ℃로 유지시키는 것이 바람직하다.

☑ **해설** ③ 핵심포인트 1.② 참고

핵심포인트

1. 분석 실험실 시설/기기분석실

① 기기분석실은 시료분석항목 별로 독립적으로 설비되어야 하며, 별도 공간을 갖추어야 한다.
② 공간은 일정 규모 이상으로 격리하여 설치되어야 하며, 실험에 용이하도록 분석장비 현황을 고려하여 여유 있게 공간을 배치한다. 기기분석실의 최소한의 면적은 분석장비 및 분석항목에 따라 차이가 있을 수 있으며, 대체적으로 실험실면적의 약 (60~70) % 이상 갖추어 설비하는 것이 바람직하다.
③ 원활한 실험수행과 분석기기의 안정을 위해 냉·난방장치(온도유지)가 기기실별로 별도로 설비되어야 하며, 실내온도는 약 (18~28) ℃로서 유지시키는 것이 바람직하고 특히 주말 등 휴무기간의 온도유지를 위하여 냉·난방장치는 반드시 별도로 설비한다.
④ 조명의 밝기는 실험 수행이 원활할 수 있도록 설비해야 하며, 최소한 300 Lux 이상이어야 한다.
⑤ 기기분석실에 안정적인 전원을 공급할 수 있도록 무정전 전원장치(UPS) 또는 전압조정장치(AVR)를 설치해야 하며, 특히 UPS는 정전 시 사용시간(back-up time)이 총 30분 이상 될 수 있도록 설비해야 한다.

정답 03 ③

3) 실험실 조명·냉난방·환기 시스템

01 **실험실 조명, 배관, 배전 시스템에 관한 설명 중 맞는 것은?** [제5회 13번]

① 실험실 및 사무실의 실내 온도 유지와 관리는 중앙 통제 형태로 설비되는 것보다 자체 조절시설로 하는 것이 바람직하다.

② 실내 환기는 냉난방을 위해 복도쪽으로 향하게 창을 설치하고 그 면적은 바닥 면적의 20분의 1 이상이 되도록 해야 한다.

③ 가스 공급 배관은 가스 누출을 방지하기 위해 개개 배관별로 압력 게이지와 스톱 밸브 등을 설비한 경우 누출 경보 장치를 설치할 필요는 없다.

④ 전원이 중단될 경우 비상 전력이 공급되도록 설비해야 한다.

☑ **해설** ① 핵심포인트 2.② 참고, ② 핵심포인트 2.① 참고, ③ 핵심포인트 1.① 참고

핵심포인트

1. 분석실험실 시설

① 가스배관 : 각각의 가스 배관은 외부의 가스 저장실에서부터 일괄적으로 연결해야 하며, 배관의 스톱 밸브, 필터, 압력게이지 등이 각 가스배관별로 설치되어야 한다. 가스배관의 형태는 일반 스테인리스관 (ϕ5 mm ~ 10 mm)을 설치해야 하며, 단 분석기기에 단독적으로 가스를 연결할 경우 가스통에 대한 안전장치를 반드시 설치해야 한다.

2. 실험실 조명·냉난방·환기 시스템

① 환기 : 실내 환기는 직접 외부공기를 향하여 개방할 수 있는 창을 설치하고 그 면적은 바닥면적의 20분의 1 이상이 되도록 해야 하며, 단 환기를 충분히 할 수 있는 성능의 설비를 갖춘 때는 예외로 한다.

② 냉·난방장치 : 실험실 및 사무실의 실내 온도 유지와 관리는 중앙통제 형태로 설비되는 것이 바람직하며 단, 기기분석실 등 연중무휴로 운영되는 실험실은 휴무기간의 기기 및 장비관리상 별도의 냉난방장치를 설치하거나 중앙통제로 각 실험실을 관리할 수 있는 자동화시스템 설비를 갖추어야 한다.

③ 전기 : 전원이 중단될 경우 비상전력이 공급되도록 설비해야 한다.

02 **실험실의 운영관리에서 환기에 대한 설명으로 옳지 않은 것은?** [제9회 2차 28번]

① 실험실 내 환기는 근무시간에는 시간당 8회~10회 정도, 비근무시간에는 시간당 6회~8회 정도 환기되어야 하며, 환기량은 약 0.1 m^3/min ~ 0.3 m^3/min 이상이어야 한다.

② 후드의 제어풍속은 0.4 m/s ~ 0.5 m/s 정도로 하여 입자, 가스 및 증기의 확산, 후드 내외에서 발생되는 모든 기체의 움직임에 대응할 수 있어야 한다.

③ 후드 및 국소 배기설비의 닥트 구조는 불연성 재료이어야 하며 각 실험실의 닥트는 건물 외부 또는 환기구까지 분리하여 설치해야 한다.

④ 실내 환기는 직접 외부공기를 향하여 개방할 수 있는 창을 설치하고 그 면적은 바닥면적의 10분의 1 이상이 되도록 해야 한다.

☑ **해설** ④ 핵심포인트 2.② 참고

정답 01 ④ 02 ④

핵심포인트

1. 실험실 설계 및 운영 기준

① 후드 : 흄후드의 문이 약 30 cm 정도 열렸을 때, 배기 속도가 (24 ~ 36) m/min ((0.4 ~ 0.6) m/s) 정도로 하여 분무입자, 가스 및 증기의 확산, 후드 내외에서 발생되는 모든 기체의 움직임에 대응할 수 있어야 한다.

2. 실험실 조명·냉난방·환기 시스템/환기

① 환기시스템은 24시간 작동하도록 설계되어야 하며, 실험실내 환기는 근무시간에는 시간당 8회 ~ 10회 정도, 비상근무시간에는 시간당 6회 ~ 8회 정도 환기되어야 하고 환기량은 (0.1 ~ 0.3) m^3/min 이상이어야 한다.

② 실내 환기는 직접 외부공기를 향하여 개방할 수 있는 창을 설치하고 그 면적은 바닥면적의 20분의 1 이상이 되도록 해야 하며 단, 환기를 충분히 할 수 있는 성능의 설비를 갖춘 때는 예외로 한다.

③ 실험실 환기시스템은 일반 덕트와 구분되어야 하며, 환기시스템을 통하지 않고 실험실 내부 공기가 외부로 배출되어서는 안된다.

Ⅱ 실험실 안전

1) 실험실 안전 일반사항/실험실 안전장치 및 시설

01 **다음의 (A), (B), (C)에 차례로 들어갈 내용으로 맞게 연결된 것은?** [제2회 27번]

> (A)는 실험 전에 실험실에서 발생할 수 있는 잠재적인 위험을 알아야 한다. 또한, (B)들은 위험의 원인, 즉 사망 또는 재해의 원인이 없는 작업장을 (C)에게 제공할 일반적인 의무와 안전에 대한 책임이 있으며 안전은 실험실에서 일하는 모든 사람을 위해 최우선적으로 고려되어야 한다.

① 경영자 – 실험자 – 작업자　② 실험자 – 관리자 – 고용인
③ 실험자 – 고용인 – 경영자　④ 작업자 – 실험자 – 관리자

핵심포인트

1. 실험실 안전/실험실 안전 일반사항

① "실험자"는 실험 전에 실험실에서 발생할 수 있는 잠재적인 위험을 알아야 한다. 또한 "경영자" 또는 "관리자"들은 위험의 원인, 즉 사망 또는 재해의 원인이 없는 작업장을 "고용인(작업자)"에게 제공할 일반적인 의무와 안전에 대한 책임이 있으며 안전은 실험실에서 일하는 모든 사람을 위해 최우선적으로 고려되어야 한다.

02 **실험실 안전장치로 설치하는 샤워 장치에 대한 설명이 틀린 것은?** [제5회 26번]

① 샤워 장치는 신속하게 접근이 가능한 위치에 설치하고 알기 쉽도록 확실한 표시를 한다.
② 실험실 작업자들이 눈을 감은 상태에서 샤워장치에 도달할 수 있어야 한다.
③ 샤워 장치에서 쏟아지는 물줄기는 몸 전체를 덮기보다 국부에 집중하여 쏟아질 수 있어야 한다.
④ 샤워 장치는 배수구 근처에 설치하여야 한다.

☑ **해설** ③ 핵심포인트 1.⑤ 참고

핵심포인트

1. 실험실 안전/2. 실험실 안전장치 및 시설/2.6 비상샤워장치

다량의 화학물질이 피부나 옷에 튀어 묻었을 때 비상샤워장치로 씻어내며, 화학물질(산, 알칼리, 기타 부식성 물질)이 있는 곳에는 반드시 설치하여야 하고 모든 사람들이 이용할 수 있어야 한다.

① 비상샤워장치는 신속하게 접근이 가능한 위치에 설치하고 알기 쉽도록 확실히 표시를 한다.
② 실험실 작업자들이 눈을 감은 상태에서도 비상샤워장치에 도달할 수 있어야 한다.
③ 비상샤워장치는 쥐고 당길 수 있는 사슬이나 삼각형 손잡이로 작동되게 한다.
④ 잡아당기는 손잡이는 모든 사람의 키에 맞도록 높이를 조절하고 항상 사용이 가능하도록 분기별 1회 이상 작동시험을 하여야 한다.
⑤ 비상샤워장치에서 쏟아지는 물줄기는 몸 전체를 덮을 수 있어야 한다.
⑥ 비상샤워장치가 작동되는 동안 혼자서 옷을 벗고 신발이나 장신구를 벗을 수 있어야 한다.
⑦ 전기 분전반이나 전선 인입구 등에서 떨어진 곳에 위치하여야 한다.
⑧ 배수구 근처에 설치하여야 한다.

정답 01 ② 02 ③

03 연구실 안전장치에 대한 설명으로 틀린 것은? [제9회 2차 2번]

① 퓸후드를 사용할 때는 이물질이 후드에 연결된 배기닥트 안으로 들어가지 않도록 한다.
② 화학물질 저장 캐비닛의 화학약품은 성상분류가 아닌 알파벳순이나 가나다순 등 이름분류로 저장해야 한다.
③ 냉장고에는 저장한 위험화학물질을 기록한 표지를 붙여야 한다.
④ 샤워장치는 작업자들이 그들의 눈을 감은 상태에서 샤워 장치에 도달할 수 있어야 한다.

☑ **해설** ② 핵심포인트 1.② 참고

핵심포인트

1. 실험실 안전/2. 실험실 안전장치 및 시설

① **비상샤워장치** : 실험실 작업자들이 눈을 감은 상태에서도 비상샤워장치에 도달할 수 있어야 한다.
② **화학물질 저장 캐비닛** : 유리용기에 들어 있는 화학약품은 캐비닛 가장 아래쪽에 보관한다. 시약(화학약품)은 종류별로 구분하여 배치하고 반드시 눈에 잘 띄게 비치해야 한다.
③ **냉장고** : 일반 냉장고는 음식물을 저장하도록 만들어져 있기 때문에 가연성 물질 같은 유해 화학물질 보관용으로는 사용할 수 없으므로 실험실 용도의 냉장고는 유해 화학물질의 저장이 가능한 것으로 주의 깊게 선정하여야 한다.

2. 실험실 안전/4. 실험실 조명·냉난방·환기 시스템

① **환기** : 실험실 환기시스템은 일반 덕트(ductwork)와 구분되어야 하며, 환기시스템을 통하지 않고 실험실 내부 공기가 외부로 배출되어서는 안된다.

04 연구실 안전장치에 대한 설명으로 틀린 것은? [제10회 14번]

① 후드를 시약 또는 폐액 보관장소로 사용하지 않도록 한다.
② 비상샤워장치는 실험실 작업자들이 눈을 감은 상태에서도 비상샤워장치에 도달할 수 있어야 한다.
③ 위험수준을 낮추기 위하여 냉장고에 보관하는 물질은 보관기간을 가능한 짧게 하고, 정기적으로 점검되어야 한다.
④ 유리제품 캐비닛을 구매할 때에는 폭발위험을 최소화 할 수 있도록 배출용 뚜껑(vent cap)이 부착된 것을 사용하지 않도록 한다.

☑ **해설** ④ 핵심포인트 1.② 참고

핵심포인트

1. 실험실 안전/2. 실험실 안전장치 및 시설

① **퓸후드** : 후드를 시약 또는 폐액 보관 장소로 사용하지 않도록 한다.
② **화학물질 저장 캐비닛** : 유리제품 캐비닛을 구매할 때에는 폭발위험을 최소화 할 수 있도록 배출용 뚜껑(vent cap)이 부착된 것을 사용한다.
③ **비상샤워장치** : 실험실 작업자들이 눈을 감은 상태에서도 비상샤워장치에 도달할 수 있어야 한다.
④ **냉장고** : 위험수준을 낮추기 위하여 물질의 보관기간은 가능한 한 짧게 하고, 정기적으로 점검되어야 한다.

정답 03 ② 04 ④ 05 ②

05 실험실에서 품후드가 갖추어야 할 내용이 잘못된 것은? [제5회 40번]

① 위해한 가스 및 증기는 외부로 배출해야 한다.
② 시약이나 폐액 보관 장소로 사용될 수 있다.
③ 약간 유해한 물질에 대하여 안면부 풍속은 21 m/min~30 m/min이다.
④ 발암 물질 등 매우 위해한 물질은 45 m/min 이상이다.

☑ 해설 ② 핵심포인트 1.③ 참고

06 괄호 안의 숫자로 옳은 것은? [제7회 11번], [제10회 37번]

> 화학물질 품후드는 화학물질에서 발생되는 유해한 증기 및 가스를 포집하여 외부로 배출하는 장치로 후드 내 풍속은 약간 유해한 화학물질에 대하여, 안면부 풍속이 (㉮) m/min 정도, 발암물질 등 매우 유해한 화학물질에 대하여, 안면부 풍속이 (㉯) m/min 정도 되어야 한다.

① ㉮ 11~20 ㉯ 35
② ㉮ 21~30 ㉯ 45
③ ㉮ 31~40 ㉯ 55
④ ㉮ 41~50 ㉯ 65

☑ 해설 ② 핵심포인트 1.⑤ 참고

07 실험실 안전장치 및 시설에 대한 설명이 틀린 것은? [제5회 15번]

① 후드 내 풍속은 매우 유해한 화학 물질의 경우, 안면부의 풍속이 45 m/min 정도 되게 한다.
② 인화 물질의 경우 선반의 유리병은 최대 100 L로 제한하여 보관한다.
③ 세안 장치는 실험실의 모든 장소에서 15초~30초 이내 도달할 수 있는 위치에 설치한다.
④ 세안 장치는 실험실의 모든 장소에서 15 m 이내 설치한다.

☑ 해설 ② 핵심포인트 2.② 참고

08 화학용 품후드(Fume hoods)에 대한 설명으로 틀린 것은? [제11회 11번]

① 품후드 및 관련 부품은 잘 부식되지 않는 재질로 제작되어야 한다.
② 충분히 보급공기(make-up)가 배출 가스로 대체되어 보급되어야 한다.
③ 품후드(exhaust duct)는 가능한 한 이동이 많은 통로 및 출입구에 가까이 위치해야 한다.
④ 품후드의 완전 개방시 정면 중앙에서 공기의 주입 속도는 0.3 m/s~0.75 m/s이어야 한다.

☑ 해설 ③ 품후드는 공기의 흐름이 빠른 곳이나 공기가 공급되는 곳, 문, 창문, 실험실 구석, 매우 차가운 장비로부터 이격되어야 한다.

정답 06 ② 07 ② 08 ③

09 품후드에 대한 설명으로 틀린 것은? [제12회 17번]

① 대개 안면부의 배기속도는 24 m/분 ~ 36 m/분으로 요구된다.
② 후드 내 풍속은 발암물질 등 매우 유해한 화학물질에 대하여 안면부 풍속이 15 m/분 정도 되어야 한다.
③ 위험물질의 방출이나 유출은 대체로 예측할 수 있으나 실험실에서는 뜻밖의 사태가 발생할 수 있으므로 필요에 따라서는 안전막이 설치되어 있는 후드를 사용한다.
④ 후드 내 풍속은 약간 유해한 화학물질에 대하여 안면부 풍속이 21 m/분 ~ 30 m/분 정도 되어야 한다.

☑ **해설** ② 핵심포인트 1.⑤ 참고

10 화학물질 저장 캐비닛에 대한 설명으로 틀린 것은? [제12회 19번]

① 인화성 물질 저장 캐비닛은 벽에 고정되어야 한다. 특히 불꽃이나 점화원 근처에 설치하지 않도록 주의해야 한다.
② 용기는 꼭 막을 수 있는 뚜껑, 배출구 덮개를 가지고 있어야 하며, 내부에서 생성되는 압력을 안전하게 배출시킬 수 있는 구조로 되어 있어야 한다.
③ 인화물질의 경우 실험대나 선반의 유리병은 최대 40 L, 승인된 안전용기는 최대 100 L, 승인된 안전 캐비닛은 최대 240 L로 제한하여 보관한다.
④ 실험실 내에는 가연성 및 부식성 물질의 저장을 가능한 한 최소화하고 실험실 내에 저장할 경우에는 물질에 적합하게 제작된 통풍이 되는 캐비닛에 저장해야 한다.

☑ **해설** ① 핵심포인트 2.③ 참고

핵심포인트

1. 실험실 안전/2. 실험실 안전장치 및 시설/2.1 품후드

화학물질에서 발생되는 유해한 증기 및 가스를 포집하여 외부로 배출하는 장치이며, 실험실 내부 공기의 오염을 방지할 수 있으므로 모든 화학물질 특히 휘발성이 강한 물질에 대한 실험은 실험실의 후드 안에서 하는 것이 좋다.

① 인체의 어느 부분이라도 품후드 내로 들어가면 안된다.
② 후드를 사용함으로써 실험실 내부 공기의 오염을 방지할 수 있으므로 모든 화학물질 특히 휘발성이 강한 물질에 대한 실험은 실험실의 후드 안에서 하는 것이 좋다.
③ 후드를 시약 또는 폐액 보관장소로 사용하지 않도록 한다.
④ 위험물질의 방출이나 유출은 대체로 예측할 수 있으나, 실험실에서는 뜻밖의 사태가 발생할 수 있으므로 필요에 따라서는 안전막이 설치되어 있는 후드를 사용한다.
⑤ 후드 내 풍속은 약간 유해한 화학물질에 대하여 안면부 풍속이 (21 ~ 30) m/min ((0.35 ~ 0.5) m/s) 정도, 발암물질 등 매우 유해한 물질에 대하여 안면부 풍속이 45 m/min (0.75 m/s) 정도 되어야 한다.
⑥ 품후드를 새로이 설치하였거나 고장이 난 후 수리하여 재사용하기 전에, 그리고 정기적인 성능 검사 시에는 품후드의 배기속도를 정확하게 측정하여 그 성능을 확인하여야 한다.
⑦ 품후드의 배기속도를 정확하게 측정할 수 없으므로 상황에 따라서는 배기속도가 감소되어 후드 내 화학물질의 농도는 매우 낮게 되는데, 냄새를 맡아 화학물질의 존재여부를 확인하는 것도 어려운 일이므로 ASHRAE 110과 같은 시험절차를 따르면 안전하게 시험할 수도 있으며 그 방법으로는 흐름의 가시화, 안면부에서의 배기속도, 그리고 제어 가능성 등이 있다.

정답 09 ② 10 ①

⑧ 후드의 문을 완전히 연 상태에서 만족할 만한 배기속도를 얻지 못한다면 문을 조금씩 내리면서 배기속도를 측정하여 적절한 위치를 확인하고 문틀에 별도의 표시를 할 수도 있다.

2. 실험실 안전/2. 실험실 안전장치 및 시설/2.2 화학물질 저장 캐비닛

① 실험실 내에는 가연성 및 부식성 물질의 저장을 가능한 한 최소화하고 실험실 내에 저장할 경우에는 물질에 적합하게 제작된 통풍이 되는 캐비닛에 저장해야 한다.
② 인화물질의 경우, 실험대나 선반의 유리병은 최대 40 L, 승인된 안전용기는 최대 100 L, 승인된 캐비닛은 최대 240 L로 제한하여 보관한다.
③ 인화성 물질 저장 캐비닛은 출입구, 계단 인근에 두면 안 되며, 출입에 지장을 초래하지 않는 곳에 두어야 한다. 또한 벽에 고정되어서는 안되며, 특히 불꽃이나 점화원 근처에 설치하지 않도록 주의해야 한다.
④ 용기는 꼭 막을 수 있는 뚜껑, 배출구 덮개를 가지고 있어야 하며, 내부에서 생성되는 압력을 안전하게 배출시킬 수 있는 구조로 되어 있어야 한다.
⑤ 유리제품 캐비닛을 구매할 때에는 폭발위험을 최소화 할 수 있도록 배출용 뚜껑(vent cap)이 부착되는 것을 사용한다.

3. 실험실 안전/2. 실험실 안전장치 및 시설/2.4 세안장치

① 눈에 화학물질이 접촉되었을 때 효과적으로 처리할 수 있는 설비로 실험실 내 모든 인원이 쉽게 접근하고 사용할 수 있도록 준비되어 있어야 하며, 실험실의 모든 장소에서 15 m 이내, 또는 15초 ~ 30초 이내에 도달할 수 있는 위치에 알아볼 수 있는 표시와 함께 설치되어 실험실 작업자들이 눈을 감은 상태에서 가장 가까운 세안장치에 도달할 수 있어야 한다.

11 실험실 안전장치 및 시설에 관한 설명 중 옳은 것은? [제6회 38번]

① 휘발성이 강한 물질에 대한 실험은 실험실의 후드 안에서 하는 것이 좋다. 후드를 시약 또는 폐액 보관 장소로 사용할 수 있다.
② 일반 냉장고는 음식물을 저장하지 않고 실험실 전용으로 사용하는 경우 가연성 물질 같은 유해 화학물질 보관용으로 사용할 수 있다.
③ 수직형의 세안장치는 즉시 사용 가능하게 항상 보호 커버를 제거하여 두어야 한다.
④ 소화기 선택에 있어 D급 화재는 가연성 금속(마그네슘, 나트륨, 리튬, 칼륨)에 의한 화재이다.

☑ **해설** ① 핵심포인트 1.① 참고, ② 핵심포인트 1.② 참고, ③ 핵심포인트 1.③ 참고

12 인화성 페인트에 의한 화재가 발생하였을 때 사용하기 적절한 소화기는? [제6회 48번]

① A급 화재 표시 소화기 ② B급 화재 표시 소화기
③ C급 화재 표시 소화기 ④ D급 화재 표시 소화기

☑ **해설** ② 핵심포인트 1.④ <표> 2 참고

13 가연성액체, 기름, 그리스, 페인트 등의 화재가 발생하였을 때 사용하는 소화기로 옳은 것은? [제10회 36번]

① A급 화재 표시 소화기 ② B급 화재 표시 소화기
③ C급 화재 표시 소화기 ④ D급 화재 표시 소화기

정답 11 ④ 12 ② 13 ②

☑ **해설** ② 핵심포인트 1.④ <표> 2 참고

14 화재의 종류에 대한 설명으로 옳은 것은? [제11회 12번]

① A급 화재 : 전기화재
② B급 화재 : 일반화재
③ C급 화재 : 유류화재
④ D급 화재 : 금속화재

☑ **해설** ④ 핵심포인트 1.④ <표> 참고

핵심포인트

1. 실험실 안전/2. 실험실 안전장치 및 시설

① **퓸후드** : 후드를 사용함으로써 실험실 내부 공기의 오염을 방지할 수 있으므로 모든 화학물질 특히 휘발성이 강한 물질에 대한 실험은 실험실의 후드 안에서 하는 것이 좋으며, 시약 또는 폐액 보관장소로 사용하지 않도록 한다.

② **냉장고** : 일반 냉장고는 음식물을 저장하도록 만들어져 있기 때문에 가연성 물질 같은 유해 화학물질 보관용으로는 사용할 수 없으므로 실험실 용도의 냉장고는 유해 화학물질의 저장이 가능한 것으로 주의 깊게 선정하여야 한다.

③ **세안 장치** : 수직형의 세안장치는 공기 중의 오염물질로부터 노즐(nozzle)을 보호하기 위한 보호커버를 설치한다.

④ **소방안전설비** : 소화기는 화재의 종류에 따라서 분류되며 화재에 따라서 해당되는 문자나 표시를 가진 종류를 사용한다.

순번	소화기 분류	화재 종류
1	A급 화재(일반화재)	가연성나무, 옷, 종이, 고무, 플라스틱 등의 화재
2	B급 화재	가연성 액체, 기름, 그리스, 페인트 등의 화재
3	C급 화재	전기에너지, 전기기계기구에 의한 화재
4	D급 화재	가연성금속(마그네슘, 티타늄, 나트륨, 리튬, 칼륨)에 의한 화재

15 실험실 작업환경의 유해 화학물질 노출정도를 정의하는 용어에 대한 진술이 틀린 것은? [제8회 1번]

① TWA(time weighted average concentration) : 시간가중평균농도
② STEL(short term exposure limits) : 단기노출한계
③ PELs(permissible exposure limits) : 허용노출한계
④ MAL(maximal available limits) : 최대허용한계치

핵심포인트

1. 실험실 안전/2. 실험실 안전장치 및 시설

① 작업환경에서는 대개 작업수행에 방해를 주지 않고, 작업자의 건강에 유해하지 않는 수준에서 오염물질의 농도를 제한하며, 오염물질의 농도는 시간에 따라 변하기 때문에 기준농도는 노출시간과 함께 고려되는데 미국 직업안전위생국(OSHA)에서는 정하는 용어는 다음의 표와 같다.

정답 14 ④ 15 ④

〈표〉 작업환경 기준 농도

1. OSHA (Occupational Safety and Health Administration)	
① TWA : Time Weighted Average Concentration	시간 가중평균 농도
② STEL : Short Term Exposure Limits	단기 노출 한계
③ PELs : Permissible Exposure Limits	허용 노출한계
2. ACGIH (American Conference of Governmental Industrial Hygienists)	
① TLV : Threshold Limit Value	최대허용한계치
3. NIOSH (National Institute of Occupational Safety and Health)	
① REL : Recommended Exposure Limits	권장노출한계

16 안전에 관한 정보를 제공하는 안내표지에 해당하지 않는 것은? [제12회 20번]

① 금연　　② 들것
③ 녹십자　　④ 응급구호

☑ **해설** ① 안전보건표지는 '금지표지', '경고표지', '지시표지', '안내표지'의 4가지 종류가 있으며, 금연은 '금지표지'에 해당된다.

핵심포인트

1. 고용노동부

① 안내표지 : 안내표지는 안전에 관한 정보를 제공하며, 이 표지는 녹색바탕의 정방형 또는 장방형이며, 표현하고자 하는 내용은 흰색이고, 녹색은 전체 면적의 50 % 이상되어야 한다.(예외: 안전제일 표지)

401 녹십자표지	402 응급구호표지	402-1 들 것	402-2 세안장치	403 비상구	403-2 우측비상구

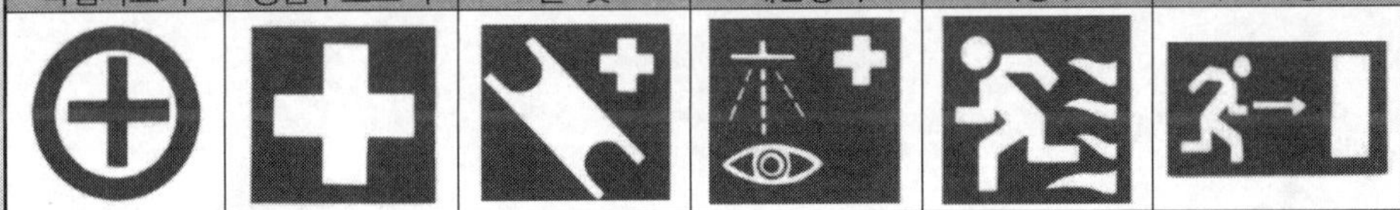

17 실험실 안전을 위한 장갑의 재질과 특징에 대한 설명으로 틀린 것은? [제12회 21번]

① 천연고무 장갑 – 유기용매, 기름, 그리스 등에 좋고, 가격이 저렴하나 수용성 물질에는 좋지 않음
② 니트릴(nitrile) 장갑 – 용매, 오일, 그리스 등에 좋고 일반적으로 사용하기에 매우 좋음
③ 폴리비닐클로라이드(PVC) 장갑 – 산, 알칼리, 오일, 지방, 과산화물 등에 좋고, 대부분의 유기용매에 좋지 않음
④ 네오프린(neoprene) 장갑 – 산, 알칼리, 알코올, 과산화물 등에 좋고 대부분의 유해성 물질에 좋음

☑ **해설** ① 핵심포인트 1. <표> 1 '천연고무' 참고

핵심포인트

1. 실험실 안전장치 및 시설/장갑 및 가운

〈표〉 장갑의 재질과 그 특징

순번	장갑의 재질	특징	취급하기 적절한 화학물질
1	천연고무	○ 가격이 저렴함 ○ 생물학적 시험에 좋음 ○ 수용성 물질에 좋음 ○ 유기용매, 기름, 그리스 등에는 좋지 않음	알칼리, 알코올류, 희석된 수용액
2	PVC	○ 가격이 저렴함 ○ 화학물질에 대한 저항성이 천연고무보다 좋음 ○ 산, 알칼리, 오일, 지방, 과산화물 등에 좋음 ○ 대부분의 유기용매에 좋지 않음	강산, 강알칼리, 염류, 알코올류
3	Neoprene	○ 가격은 보통임 ○ 화학물질에 대한 저항성이 보통임 ○ 산, 알칼리, 알코올, 과산화물, 탄화수소류 등에 좋음 ○ 대부분의 유해성 물질에 좋음	산, 아닐린류, 페놀, 글리콜 에테르류
4	Nitrile	○ 가격이 저렴함 ○ 일반적으로 사용하기에 매우 좋음 ○ 용매, 오일, 그리스 등에 좋음	오일류, 그리스류, 자일렌, 지방성 화합물질
5	PVA(Polyvinyl alcohol)	○ 유기물질에 대해 폭 넓게 사용 가능 ○ 방향족 용매, 염화 용매에 좋음 ○ 수용성 물질에 좋지 않음	

2) 실험실 안전 행동지침

01 **연구 실험실 안전관리를 위한 안전기구의 조직에 대한 설명으로 틀린 것은?** [제10회 2차 14번]

① 안전관리 유형에는 직계식(Line형), 참모식(Staff형), 직계-참모식(Line-Staff형)이 있다.
② 직계식(Line형)은 전문기술을 그렇게 필요로 하지 않는 100인 미만의 소규모 조직에 적용하면 유효하다.
③ 참모식(Staff형)은 연구활동 종사자 입장에서 연구 및 안전에 관한 명령이 일원화되어 질서 유지가 쉽고 통제수단이 단순하다.
④ 안전조직을 구성할 때에는 학교(연구소)의 특성과 규모에 부합되게 조직되어야 한다.

☑ **해설** ③은 직계식(Line형)에 관한 내용이다.

핵심포인트

〈표〉 안전관리 조직의 형태

조직 형태	직계식(Line형)	참모식(Staff형)	직계-참모식(Line-Staff형)
설명	• 안전관리에 관한 계획에서 실시에 이르기까지 모든 권한이 포괄적이고 직선적으로 행사되며, 안전을 전문으로 분담하는 부분이 없다. • 100명 이하의 소규모 사업장에 적합하다.	• 안전관리를 담당하는 참모진을 두고 안전관리에 관한 계획 조사, 검토, 권고, 보고 등을 행하는 관리 방식이다. • 100명 이상 500명 미만에 사용된다.	• 직계식과 참모식의 장점을 취한 절충식 조직 형태로 안전업무를 전문으로 담당하는 참모식을 두고 생산 라인의 각층에도 겸임 또는 전임의 안전 담당자를 두어서 안전대책은 참모부분에서 기획하고 이것을 라인을 통하여 실시하도록 한 조작 방식이다. • 1000명 이상의 대규모 사업장에 효율적이다.
장점	• 안전지시나 개선조치가 각 부분의 직제를 통하여 생산업무와 같이 흘러가므로 지시나 조치가 철저할 뿐만 아니라 그 실시도 빠르다. • 명령과 보고가 상하관계 뿐이므로 간단 명료하다.	• 사업장의 특수성에 적합한 기술연구를 전문적으로 할 수 있다(안전지식 및 기술 축적이 용이). • 경영자의 조언과 자문역할을 한다.	• 참모에 의해 입안된 것을 경영자의 지침으로 명령 실시하도록 하므로 정확·신속하게 실시된다. • 안전입안 계획 평가 조사는 참모에서 생산기술의 안전대책은 직계에서 실시하므로 안전활동과 생산업무가 균형을 유지할 수 있다.
단점	• 안전에 대한 정보가 불충분하며, 안전전문 입안이 되어 있지 않아 내용이 빈약하다. • 생산업무와 같이 안전대책이 실시되므로 불충분하다. • 라인에 과중한 책임을 지우기가 쉽다.	• 생산 부분에 협력하여 안전 명령을 전달 실시하므로 안전지시가 용이하지 않으며, 안전과 생산을 별개로 취급하기 쉽다. • 생산부분은 안전에 대한 책임과 권한이 없다. • 권한 다툼이나 조정 때문에 통제 수속이 복잡해지며, 시간과 노력이 소모된다.	• 명령계통과 조언 권고적 참여가 혼동되기 쉽다. • 직계가 참모에만 의존하거나 또는 활용치 않는 경우가 있다. • 참모의 월권행위를 하는 경우가 있다.

02 **유해화학물질 취급시 안전 요령에 대한 기술 중 적절하지 않은 것은?** [제3회 29번]

① 유해물질을 손으로 운반할 때는 용기에 넣어 운반한다.
② 모든 유해물질은 지정된 저장공간에 보관해야 한다.
③ 가능한 한 소량을 사용하며, 미지의 물질에 대하여는 예비실험을 하여서는 안된다.
④ 불화수소는 가스 및 용액이 맹독성을 나타내며, 피부에 흡수되기 때문에 특별한 주의를 요한다.

☑ **해설** ③ 핵심포인트 1.③ 참고

정답 01 ③ 02 ③

핵심포인트

1. 실험실 안전/3.실험실 안전 행동지침/3.2 화학물질 취급 시 안전

① **화학물질의 운반** : 화학물질을 손으로 운반할 경우, 넘어지거나 깨지는 위험을 막기 위해 운반용 용기에 넣어 운반한다.
② **화학물질의 저장** : 모든 화학물질은 특별한 저장 공간이 있어야 한다.
③ **화학물질의 취급 사용** : 위험한 물질을 사용할 때는 가능한 한 소량을 사용하고, 또한 미지의 물질에 대해서는 예비시험을 할 필요가 있다.
④ **화학물질의 성상별 안전조치** : 불화수소(HF) 가스 및 용액은 맹독성을 나타내며 화상과 같은 즉각적인 증상이 없이 피부에 흡수되므로 취급에 주의를 요한다.

03 화학물질의 취급을 위한 일반적인 기준으로 적합하지 않은 것은? [제3회 35번]

① 증류수처럼 무해한 것을 제외한 모든 약품은 용기에 그 이름을 반드시 써 넣는다. 표시는 약품의 이름, 위험성, 예방조치, 구입일자, 사용자 이름이 포함되어 있어야 한다.
② 약품 명칭이 쓰여 있지 않은 용기에 든 약품은 사용하지 않는다.
③ 절대로 모든 약품에 대하여 맛을 보거나 냄새를 맡는 행위를 금하고 입으로 피펫을 빨지 않는다.
④ 약품이 엎질러졌을 때는 즉시 청결하게 조치하도록 한다. 누출 양이 적은 때는 그 물질에 대하여 잘 아는 사람이 안전하게 치우도록 한다.

☑ **해설** ① 핵심포인트 1.① 참고

04 화학물질을 취급할 때 일반적인 기준에 대한 설명 중 틀린 것은? [제5회 31번]

① 절대로 모든 약품에 대하여 맛 또는 냄새 맡는 행위를 금하고, 입으로 피펫을 빨지 않는다.
② 모든 용기에는 물질의 명칭을 기재하여야 하지만 증류수의 경우는 기재하지 않아도 된다.
③ 위험한 물질을 사용할 때는 가능한 한 소량을 사용하고, 미지의 물질에 대해서는 예비시험을 할 필요가 있다.
④ 화학물질과 직접적인 접촉을 피하며, 약품이 엎질러졌을 때는 즉시 청결하게 조치하도록 한다.

☑ **해설** ② 핵심포인트 1.① 참고

핵심포인트

1. 실험실 안전/3.실험실 안전 행동지침/3.2 화학물질 취급 시 안전/3.2.3 화학물질의 취급사용

화학물질의 취급을 위한 일반적 기준은 다음과 같다.

① 모든 용기에는 약품의 명칭을 기재하며, 약품의 이름, 위험성, 예방조치, 구입날짜, 사용자 이름이 포함되도록 한다.
② 약품명칭이 없는 용기의 약품은 사용하지 않는다.
③ 모든 약품에 대하여 맛 또는 냄새 맡는 행위를 절대로 금지하고, 입으로 피펫을 빨지 않는다.
④ 사용한 물질의 성상, 특히 화재·폭발·중독의 위험성을 잘 조사한 후가 아니면 위험한 물질을 취급해서는 안된다.
⑤ 위험한 물질을 사용할 때는 가능한 한 소량을 사용하고, 또한 미지의 물질에 대해서는 예비시험을 할 필요가 있다.
⑥ 위험한 물질을 사용하기 전에 재해 방호수단을 미리 생각하여, 만전의 대비를 해야 한다.

정답 03 ① 04 ②

⑦ 유독한 약품 및 이것을 함유하고 있는 폐기물 처리는 수질오염, 대기오염을 일으키지 않도록 배려해야 한다.
⑧ 약품이 엎질러졌을 때는 즉시 청결하게 조치토록 하며, 누출 양이 적은 때는 그 물질에 대하여 전문가가 안전하게 치우도록 한다.
⑨ 고열이 발생되는 실험기기(furnace, hot plate)에 대하여 '고열' 또는 이와 유사한 경고문을 붙이도록 한다.
⑩ 화학물질과 직접적인 접촉을 피한다.

05 실험실 안전을 위한 행동 지침에 대한 설명 중 틀린 것은? [제9회 8번]

① 산을 희석할 때는 산에 물을 넣어서 희석한다.
② 위험한 화학물질은 반드시 후드 안에서 취급하며 냄새를 맡거나 맛을 보지 않는다.
③ 장갑을 착용해야 하는 실험을 할 경우에는 적절한 장갑을 착용한다.
④ 실험실에서 혼자 실험하는 것은 피한다.

☑ **해설** ① 핵심포인트 2.② ㉠ 참고

06 산과 염기의 사용에 대한 설명이 틀린 것은? [제5회 18번]

① 항상 물을 산에 가하면서 희석한다. 반대로 하면 안된다.
② 강산과 강염기는 공기 중 수분과 반응하여 치명적 증기를 생성하므로 사용하지 않을 때는 뚜껑을 닫아 놓는다.
③ 불화수소(HF)는 가스 및 용액은 맹독성을 나타내며 화상과 같은 즉각적인 증상이 없이 피부에 흡수되므로 취급에 주의를 요한다.
④ 과염소산은 강산의 특성을 띠며 유기 화합물, 무기 화합물 모두와 폭발성 물질을 생성하며, 가열, 화기와의 접촉, 충격, 마찰에 의해 또는 저절로 폭발하므로 특히 주의해야 한다.

☑ **해설** ① 핵심포인트 2.② ㉠ 참고

07 실험실에서 유해화학물질에 대한 안전 조치로 틀린 것은? [제2회 31번], [제7회 6번]

① 염산은 강산으로 유기화합물과 반응, 충격, 마찰에 의해 폭발할 수 있다.
② 항상 물에 산을 가하면서 희석하여야 하며, 산에 물을 가하여서는 안된다.
③ 독성 물질을 취급할 때는 체내에 들어가는 것을 막는 조치를 취해야 한다.
④ 강산과 강염기는 수분과 반응하여 치명적인 증기를 발생시키므로 뚜껑을 닫아 놓는다.

☑ **해설** ① 핵심포인트 2.② ㉥ 참고 ; ①은 과염소산에 관한 내용이다.

08 화학물질 취급 시 화학물질의 성상별 안전조치에 대한 설명으로 틀린 것은? [제10회 15번]

① 독성물질 : 대부분 물질들이 호흡장애의 위험성을 가지고 있으므로 밀폐된 지역에서 많은 양을 사용해서는 안 되며, 항상 후드 내에서만 사용해야 한다.

정답 05 ① 06 ① 07 ① 08 ④

② 강산화제는 매우 적은 양(약 0.25 g)으로 심한 폭발을 일으킬 수 있으므로 방화복, 가죽 장갑, 안면보호대 같은 보호구를 착용하고 취급한다.
③ 유기용제 : 대부분의 유기용제는 해로운 증기에 의해 건강에 악영향을 미치며, 휘발성이 매우 크며 증기는 가연성이다.
④ 산과 염기 : 위험성은 화상, 해로운 증기의 흡입, 화재 또는 폭발 등이 있으며, 희석할 때는 물을 산에 가하면서 희석한다.

☑ **해설** ④ 핵심포인트 2.② ㉠ 참고

09 **대부분의 유기용제는 해로운 증기를 가지고 있고 인체에 쉽게 스며들어 건강에 위험을 야기한다. 다음의 유기용제는?** [제4회 22번]

> 폭발될 수 있는 물질이 혼합물과 결합했을 때, 또는 고열, 충격, 마찰(병마개를 따는 것처럼 작은 마찰)에도 공기 중 산소와 결합하여 불안전한 과산화물을 형성하여 매우 격렬하게 폭발할 수 있다.

① 아세톤 ② 메탄올
③ 벤젠 ④ 에테르

☑ **해설** ④ 핵심포인트 2.③ <표> 4 ‘에테르’ 참고

10 **화학물질 중 유기용제의 유출관리에 대한 설명으로 틀린 것은?** [제11회 16번]

① 아세톤 : 독성과 가연성 증기를 가진다. 적절한 환기시설에서 보호장갑, 보안경 등 보호구를 착용한다.
② 메탄올 : 약간의 노출에도 결막, 두통, 위장장애, 시력장애의 원인이 되므로 메탄올은 환기시설이 잘된 후드에서 사용하고 네오프렌 장갑을 착용한다.
③ 벤젠 : 발암물질로서 적은 양을 오랜 기간에 걸쳐 흡입할 때 만성 중독이 일어날 수 있다. 피부를 통해 침투되지는 않으며, 증기는 불연성이므로 가연성 액체와 함께 저장해도 된다.
④ 에테르 : 과산화물을 생성하는 에테르는 완전히 공기를 차단하여 황갈색 유리병에 저장하여 암실이나 금속용기에 보관하는 것이 좋다.

☑ **해설** ③ 핵심포인트 2.③ <표> 3 ‘벤젠’ 참고

핵심포인트

1. 실험실 안전/3. 실험실 안전 행동지침/3.1 일반 지침

① ‘안전’은 실험자의 연구 활동 및 생활에 있어서 필수적이고 중요한 것임을 항시 상기한다.
② 위험한 화학물질은 반드시 후드 안에서 취급하며, 화학물질의 냄새를 맡거나 맛을 보지 않는다.
③ 실험실에서는 혼자 작업하는 것은 좋지 않으며, 적절한 응급조치가 가능한 상황에서만 실험을 해야 한다.
④ 화학약품을 사용하는 실험실에서는 약품이 튀거나 넘어져 눈에 들어갈 위험이 있으며, 가압된 진공용기는 폭발하거나 파열될 수 있으므로, 실험을 할 때 실험자는 보안경, 고글, 안전마스크를 사용하여야 한다.

정답 09 ④ 10 ③

⑤ 80 dB 이하의 소음은 청각에 위험을 주지 않으나 130 dB 이상에서는 위험하므로 피해야 하며, 귀덮개는 95 dB이상의 높은 소음에 적합하고 귀마개는 (80~95) dB 범위의 소음에 적합하다.
⑥ 마스크는 여러 상황에서 사용가능한 종류와 크기가 많으므로 자신에게 적절한 것을 선택한다.
⑦ 약품이 튀거나 넘어질 수 있는 상황에서는 가운, 보안경, 보안마스크, 앞치마를 착용하는 것이 좋고, 부식성 물질이거나 쉽게 피부에 흡수되는 약품을 취급할 때는 안전장갑이 필요하다.
⑧ 장갑을 착용해야 하는 실험을 할 경우에는 적합한 장갑을 착용한다.
⑨ 수행되고 있는 실험은 항상 관심을 갖고 지켜보는 습관을 갖고, 방치하지 않는다.
⑩ 실험실 내의 보관장소, 냉장고, 유리기구에 음식이나 음료수를 보관·취급하지 않으며 실험실 내에서 음식물을 섭취하거나 담배를 피우지 않는다.
⑪ 실험 후에는 반드시 노출된 피부를 씻는다.
⑫ 실험실은 항상 정리정돈하고 청결한 상태로 유지한다.
⑬ 실험자에게 적절한 개인용 보호 장비를 제공하여 사용토록 하며, 다만 실험실 바깥에서는 사용하지 않는다.
⑭ 모든 화학물질에는 물질의 이름, 특성, 위험도, 주의사항 및 관리자 이름을 표시한다.

2. 실험실 안전/3. 실험실 안전 행동지침/3.2 화학물질 취급 시 안전/3.2.4 화학물질의 성상별 안전조치

① **독성** : 독극물은 피부, 호흡, 소화 등을 통해 체내에 흡수되므로 독성물질을 취급할 때는 이러한 방법으로 체내에 들어가는 것을 막는 조치를 해야 한다. 대부분의 물질들이 치명적인 호흡장애의 위험성을 가지고 있으므로 밀폐된 지역에서 많은 양을 사용해서는 안 되며, 항상 후드 내에서만 사용해야 한다.
② **산과 염기** : 대부분의 실험실에서 산, 염기는 다양하게 사용되고 있으며, 산과 염기에 관련된 중요한 위험은 약품이 넘어져서 발생할 수 있는 화상, 해로운 증기의 흡입, 강산이 급격히 희석되면서 생겨나는 열에 의해 야기되는 화재·폭발 등이 있다.
㉠ 항상 산을 물에 가하면서 희석하며, 반대로 하면 안된다.
㉡ 가능하면 희석된 산, 염기를 쓰도록 한다.
㉢ 강산과 강염기는 공기 중 수분과 반응하여 치명적 증기를 생성하므로 사용하지 않을 때는 뚜껑을 닫아 놓는다.
㉣ 산이나 염기가 눈이나 피부에 묻었을 때 즉시 15분 정도 물로 씻어내고 도움을 요청하도록 한다.
㉤ 특히, 불화수소(HF) 가스 및 용액은 맹독성을 나타내며 화상과 같은 즉각적인 증상이 없이 피부에 흡수되므로 취급에 주의를 요한다.
㉥ 과염소산은 강산의 특성을 띠며 유기화합물, 무기화합물 모두와 폭발성 물질을 생성하고, 가열·화기와의 접촉, 충격, 마찰에 의해 또는 저절로 폭발하므로 특히 주의해야 한다.
③ **유기용제** : 대부분의 유기용제는 해로운 증기를 가지고 있으며 쉽게 스며들어 건강에 위험을 야기하고 용제는 매우 휘발성이 크며 증기는 가연성이다. 용제를 사용하기에 앞서 화학물질의 위험성 데이터북을 참조하여 용제와 관련한 위험·안전조치, 응급절차 등을 숙지하고 있어야 한다.

〈표〉 용제별 특성

순번	용제종류	특성
1	아세톤	독성과 가연성 증기를 가지며, 적절한 환기시설에서 보호장갑, 보안경 등 보호구를 착용한다. 가연성 액체 저장실에 저장한다.
2	메탄올	현기증, 신경조직 약화, 헐떡임의 원인이 되는 해로운 증기를 가지고 있으므로 심하게 노출되면 혼수상태에 이르고 결국에는 사망하는 경우도 있고 약간의 노출에도 결막, 두통, 위장장애, 시력장애의 원인이 되므로 메탄올은 환기시설이 잘된 후드에서 사용하고 네오프렌 장갑을 착용한다.
3	벤젠	발암물질로서 적은 양을 오랜 기간에 걸쳐 흡입할 때 만성 중독이 일어날 수 있으며, 피부를 통해 침투되기도 하고, 증기는 가연성이므로 가연성 액체와 함께 저장한다.
4	에테르	에틸에테르, 이소프로필 에테르, 다이옥신, 테트라하이드로퓨란과 많은 에테르 등이 증류나 증발 시 농축되거나 폭발될 수 있는 물질이 있는 혼합물과 결합했을 때, 또는 고열·충격·마찰 (병마개를 따는 것처럼 작은 마찰)에도 공기 중 산소와 결합하여 불안전한 과산화물을 형성하여 매우 격렬하게 폭발할 수 있으므로, 이런 화합물은 좀 더 안전한 대체물이 있으면 가급적 사용하지 않는 것이 바람직하다.

필기 04 정도관리

④ 산화제 : 강산화제는 매우 적은 양(0.25 g)으로 심한 폭발을 일으킬 수 있으므로 방화복, 가죽장갑, 안면보호대 같은 보호구를 착용하고 다뤄야 하며, 좀 더 많은 산화제를 사용하고자 한다면 폭발방지용 방벽 등이 포함된 특별계획을 수립해야 한다.

11 산에 의해 화상을 입었을 경우 적절한 치료를 받기 전에 어떤 용액으로 즉시 씻는 것이 좋은가?

[제6회 28번]

① 묽은 탄산수소나트륨($NaHCO_3$) 용액
② 묽은 아세트산(CH_3COOH) 용액
③ 묽은 과산화수소(H_2O_2) 용액
④ 묽은 메탄올(CH_3OH) 용액

☑ **해설** ① 핵심포인트 1.② 참고

12 눈에 산이 들어갔을 때는 어떻게 조치하는가?

[제5회 19번]

① 메틸알코올로 씻는다.
② 즉시 물로 씻고 묽은 나트륨 용액으로 씻는다.
③ 즉시 물로 씻고 묽은 수산화나트륨 용액으로 씻는다.
④ 즉시 물로 씻고 묽은 탄산수소나트륨 용액으로 씻는다.

☑ **해설** ④ 핵심포인트 1.② 참고

핵심포인트

1. 실험실 안전/3. 실험실 안전 행동지침/3.2 화학물질 취급 시 안전

① 화학물질의 성상별 안전조치 : 산과 염기 → 대부분의 실험실에서 산, 염기는 다양하게 사용되고 있으며, 산과 염기에 관련된 중요한 위험은 약품이 넘어져서 발생할 수 있는 화상, 해로운 증기의 흡입, 강산이 급격히 희석되면서 생겨나는 열에 의해 야기되는 화재·폭발 등이 있다.
② 산을 중화시킬 수 있는 알칼리성 물질이 필요하므로 탄산수소나트륨($NaHCO_3$) 용액으로 세정하는 것이 좋다.

13 실험실 폐기물 처리나 저장에 관한 설명으로 틀린 것은?

[제9회 2차 31번]

① 화학폐기물 수집용기는 반드시 플라스틱 용기를 사용하여야 한다.
② 폐유기용제는 폭발방지를 위해 밀폐되지 않는 용기에 보관한다.
③ 방사성 물질을 함유한 폐기물은 별도 수집한다.
④ 의료폐기물 전용용기 색상은 흰색으로 한다.

☑ **해설** ② 핵심포인트 1.② 참고

14 실험실 내 실험자의 청소 및 유지 보수자가 생물학적 유해 물질에 노출되는 것을 방지하기 위해 지켜야할 폐기물 처리 절차에 대한 설명으로 틀린 것은?

[제11회 14번]

① 유리 폐기물은 '유리 폐기물 전용' 용기에 폐기하고 용기의 적정량(3/4) 이상으로 채우지 않는다.

정답 11 ① 12 ④ 13 ② 14 ②

② 미생물 폐기물(배양, 시료)은 고압멸균기로 멸균한 후 폐기한다. 병원성 폐기물(Pathological waste)은 절대 소각하지 않는다.
③ 실험실에서 오염된 물질을 운반하기 전에 용기 외부를 소독하거나 물질을 이중 봉투(double bag)에 담는다.
④ 실험실 폐기물 용기는 식별이 가능한 표식을 반드시 하여야 한다.

☑ **해설** ② 의료폐기물 분리배출 지침 (환경부) ; 모든 의료 폐기물 (병원성 폐기물)은 반드시 소각 처리하여야 한다.

핵심포인트

1. 실험실 안전/3. 실험실 안전 행동지침/3.3 폐기물 취급 및 처리 시 안전

① 일반사항
㉠ 화학폐기물 수집 용기는 반드시 운반 및 용량 측정이 용이한 플라스틱 용기를 사용하여야 한다.
㉡ 방사성 물질을 함유함 폐기물은 별도 수집하며, 정해진 처리규정에 따라 누출되지 않도록 엄중히 처리해야 한다.
② 지정폐기물 운송 및 보관 : 폐유기용제는 휘발되지 않도록 밀폐된 용기에 보관한다.
③ 의료폐기물 운송 및 보관 : 의료폐기물은 발생했을 때부터 종류별로 다음의 전용용기에 넣어 보관하여야 하며, 사용 중인 전용용기는 내부의 폐기물이 새지 않도록 관리하고, 사용이 끝난 전용용기는 내부 합성수지 주머니를 밀봉한 후 외부용기를 밀폐포장하여야 한다.
④ 전용용기는 봉투형 용기와 상자형 용기로 구분하되, 환경부장관이 지정한 기관이나 단체가 환경부장관이 정하여 고시하는 검사기준에 따라 검사한 용기만을 사용하여야 한다.
⑤ 의료폐기물의 종류별 전용용기의 색상은 흰색으로 하고, 그 용기에 표시하는 도형의 색상은 다음과 같다.

〈표〉 의료폐기물 전용용기 색상

종 류	도형색상
인체 조직물 중 태반(재활용하는 경우)	녹색
격리 의료폐기물	붉은색
위해 의료폐기물	노란색
일반 의료폐기물	검은색

15 화학물질이 함유된 폐기물의 취급과 처리 방법에 대하여 기술한 것 중 틀린 것은?

[제4회 34번]

① 폐농약, PCBs 함유 폐기물, 유기성오니 등의 지정폐기물은 60일을 초과해서 보관하여서는 안된다.
② 고형화되어 흩날릴 우려가 없는 폐석면은 폴리에틸렌 재질의 포대로 포장하여 보관한다.
③ 시약빈병은 깨지지 않도록 기존 상자에 넣어 폐기물 보관장소에 보관한다.
④ 폐산, 폐알칼리, 폐유기용제, 폐유 등으로 구분하여 수집한다.

☑ **해설** ① 핵심포인트 2.⑥ 참고

핵심포인트

1. 실험실 안전/3. 실험실 안전 행동지침/3.3 폐기물 취급 및 처리 시 안전/3.3.1 일반사항

① 화학폐기물 수집 용기는 반드시 운반 및 용량 측정이 용이한 플라스틱 용기를 사용하여야 한다.
② 수집용기 외부에는 부서명과 호실, 전화번호, 품명, 특성 및 주의사항 등을 기록한 "특정폐기물" 스티커를 부착한다.

정답 15 ①

③ 화학폐기물을 수집할 때는 폐산, 폐알칼리, 폐유기용제(할로겐족, 비할로겐족) 폐유 등 종류별로 구분하여 수집하여야 하며, 절대로 하수구나 싱크대에 버려서는 안된다.
④ 수집한 화학폐기물 용기는 직사광선을 피하고 통풍이 잘되는 곳을 "폐기물 보관장소"로 지정하여 보관하여야 하며 복도, 계단 등에 방치하지 않는다.
⑤ 화학폐기물 취급 및 보관장소에는 "금연, 화기취급엄금" 표지와 "폐기물 보관수칙"을 부착한다.
⑥ 시약 공병은 깨지지 않도록 기존 상자에 넣어 폐기물 보관장소에 보관한다.
⑦ 수집·보관된 화학폐기물 용기는 폐액의 유출이나 악취가 발생되지 않도록 2중 마개로 닫는 등 필요한 조치를 하여야 한다.
⑧ 수집된 폐기물을 운반할 때는 손수레와 같은 안전한 운반구 등을 이용하여 운반한다.
⑨ 방사성 물질을 함유한 폐기물은 별도 수집하며, 정해진 처리규정에 따라 누출되지 않도록 엄중히 처리해야 한다.

2. 실험실 안전/3. 실험실 안전 행동지침/3.3 폐기물 취급 및 처리 시 안전/3.3.2 지정폐기물 운송 및 보관 〈보관〉

① 지정폐기물은 지정폐기물 외의 폐기물과 구분하여 보관한다.
② 폐유기용제는 휘발되지 않도록 밀폐된 용기에 보관한다.
③ 폐석면 중 ㉠ 흩날릴 우려가 있는 폐석면은 습도 조절 등의 조치 후 고밀도 내수성재질의 포대로 2중 포장하거나 견고한 용기에 밀봉하여 흩날리지 않도록 보관하며 ㉡ 고형화되어 있어 흩날릴 우려가 없는 폐석면은 폴리에틸렌, 그 밖에 이와 유사한 재질의 포대로 포장하여 보관한다.
④ 지정폐기물은 지정폐기물에 의하여 부식되거나 파손되지 않는 재질로 된 보관시설 또는 보관용기를 사용하여 보관한다.
⑤ 자체 무게 및 보관하려는 폐기물의 최대량 보관 시의 적재무게에 견딜 수 있고 물이 스며들지 않도록 시멘트·아스팔트 등의 재료로 바닥을 포장하고 지붕과 벽면을 갖춘 보관창고에 보관한다.
⑥ 지정폐기물중 폐산·폐알칼리·폐유·폐유기용제·폐촉매·폐흡착제·폐흡수제·폐농약, 폴리클로리네이티드비페닐(PCBs) 함유폐기물, 폐수처리 오니 중 유기성 오니는 보관이 시작된 날부터 45일을 초과하여 보관하여서는 안 되며, 그 밖의 지정폐기물은 60일을 초과하여 보관하여서는 안된다.

16 실험실 폐액 처리 및 관리규정으로 틀린 것은? [제10회 2차 32번]

① 보관창고에 보관표지(노란 바탕, 검은 글씨)를 잘 보이는 곳에 부착하여 보관한다.
② 보관창고에 부착하는 표지의 규격은 가로 60센티미터 이상 세로 20센티미터 이상이어야 한다.
③ 지정폐기물 보관표지에는 폐기물종류, 보관기간, 관리책임자, 운반(처리) 예정장소를 표기한다.
④ 폐산, 폐알칼리, 폐유기용제 등은 보관이 시작된 날로부터 45일을 초과하여 보관하면 안된다(1년간 배출총량이 3톤 이상일 경우).

☑ **해설** ② 핵심포인트 2.② ㉡ 참고

핵심포인트

1. 폐기물관리법

① 지정폐기물배출자는 그의 사업장에서 발생하는 지정폐기물 중 폐산·폐알칼리·폐유·폐유기용제·폐촉매·폐흡착제·폐흡수제·폐농약, 폴리클로로리네이티드비페닐 함유폐기물, 폐수처리 오니 중 유기성 오니는 보관이 시작된 날부터 45일을 초과하여 보관하여서는 아니 되며, 그 밖의 지정폐기물은 60일을 초과하여 보관하여서는 안된다. 다만, 천재지변이나 그 밖의 부득이한 사유로 장기 보관할 필요성이 있다고 관할 시·도지사나 지방환경관서의 장이 인정하는 경우와, 1년간 배출하는 지정폐기물의 총량

정답 16 ②

이 3톤 미만인 사업장의 경우에는 1년의 기간 내에서 보관할 수 있다.

② 지정폐기물의 보관창고에는 보관 중인 지정폐기물의 종류, 보관가능 용량, 취급 시 주의사항 및 관리책임자 등을 적어 넣은 표지판을 다음과 같이 설치하여야 하며, 다만, 드럼 등 보관용기를 사용하여 보관하는 경우에는 용기별로 폐기물의 종류·양 및 배출업소 등을, 지정폐기물의 종류가 같은 용기가 여러 개 있는 경우에는 폐기물의 종류별로 폐기물의 종류·양 및 배출업소 등을 각각 알 수 있도록 표지판에 적어 넣어야 한다.

㉠ 보관창고에는 표지판을 사람이 쉽게 볼 수 있는 위치에 설치하여야 한다.

㉡ 표지의 규격 : 가로 60센티미터 이상 × 세로 40센티미터 이상(드럼 등 소형용기에 붙이는 경우에는 가로 15센티미터 이상 × 세로 10센티미터 이상)

㉢ 표지의 색깔 : 노란색 바탕에 검은색 선 및 검은색 글자

㉣ 표지판의 보기

• 지정폐기물 보관표지

지정폐기물 보관표지	
① 폐기물의 종류 :	② 보관가능 용량 : 톤
③ 관리책임자 :	④ 보관기간 : (일간)
⑤ 취급 시 주의사항 • 보관 시 : • 운반 시 : • 처리 시 :	
⑥ 운반(처리) 예정장소:	

17 **방사성 폐기물의 처리에 관한 내용으로 틀린 것은?** [제10회 2차 13번]

① 액상 방사성 폐기물은 다른 보조 용기를 사용하지 않고 플라스틱병에만 넣어 보관한다.

② 방사성 물질이 용기에 추가 될 때마다 날짜, 물질명 등 상세하게 기록하고 고체 및 액체 폐기물을 분리하여 보관한다.

③ 고체 폐기물은 지정된 방사성 폐기물 용기에 담아 보관한다.

④ 방사성 폐기물을 비 방사성 폐기물과 혼합시키거나 동일한 컨테이너에 같이 보관하지 않는다.

☑ **해설** ① 핵심포인트 1.㉠ 참고

핵심포인트

1. 방사성폐기물관리규정 및 수집, 포장, 관리의뢰 지침

① 방사성 액체 폐기물의 수집

㉠ 수집용기는 이중마개로 된 25 L 용량의 폴리에틸렌 용기를 사용함이 원칙이다.

㉡ 무기용액과 유기용액으로 분리하여 수집(용기는 무기용액의 경우 A, 유기용액의 경우 O로 표시)

② 방사성 고체 폐기물의 수집

㉠ 유리수를 포함하지 않아야 한다.

㉡ 포장용기는 200 L 용량의 개방형 볼트식, 원통형 드럼용기를 사용한다.

㉢ 2~3개의 소포장 단위로 분리, 수집한 후 꼬리표를 부착하여 포장용기에 넣는다.

정답 17 ①

18 **실험실의 특정고압가스 사용방법 및 취급 시 주의 사항으로 틀린 것은?** [제9회 2차 8번]

① 용기는 40 ℃ 이하에서 보관한다.
② 실험실 공기질은 산소를 이용해 조절한다.
③ 질소와 탄산가스 누출시 질식에 주의한다.
④ 조연성가스는 가연성물질 주변에서 보관 또는 사용하지 않는다.

☑ **해설** ② 핵심포인트 1.⑧ 참고

19 **가스 취급 시 유의 사항으로 적절하지 않은 것은?** [제6회 3번], [제8회 13번]

① 산소가스 → 폭발 : 산소 밸브를 열 때는 천천히 열어야 한다.
② 헬륨가스 → 동상 : 눈 또는 피부에 접촉하지 않도록 하며 보호구를 필히 착용한다.
③ 수소가스 → 폭발 : 주위에는 화기 및 가연성 물질을 가까이 두지 말아야 한다.
④ 질소가스 → 질식 : 가스 누출 감지 장치를 장착한다.

☑ **해설** ② 핵심포인트 1.⑪ 참고

핵심포인트

1. 실험실 안전/3. 실험실 안전 행동지침/3.4 가스취급/3.4.1 특정고압가스 사용방법

① 용기는 직사광선을 피하고 40 ℃ 이하의 통풍이 가능한 곳에 세워서 보관한다.
② 충전용기와 빈 용기를 구분하여야 하며, 다른 용기와 함께 보관하지 않고 압력 시험 합격을 확인하고 사용한다.
③ 용기보관실 및 사용 장소에는 가죽끈이나 체인으로 고정하여 넘어지지 않도록 하여야 한다.
④ 특히 산소는 밸브와 용기의 연결부위 및 기타 가스가 직접 접촉하는 곳에 유기물질 등이 묻지 않도록 하여야 한다.
⑤ 산소밸브를 열 때 급히 열지 말아야 한다(가스가 고속으로 분출되면 그 전면에 충격파가 생겨 고온이 되고 다시 이 기류가 배관의 벽에 충돌하면 더욱 온도가 올라가 폭발하기도 한다).
⑥ 산소를 사용하여 압력시험을 하거나 먼지제거 및 청소 등을 해서는 절대 안된다.
⑦ 조연성(산소, 이산화질소 등) 및 가연성 가스(아세틸렌, LPG, 수소 등) 주위에는 화기 및 가연성 물질을 가까이 두지 말아야 한다.
⑧ 산소는 화학적으로 대단히 활발하고 과산화물의 생성으로 폭발의 원인이 되는 경우가 있으므로 사용할 때 주의하여야 한다.
⑨ 산소가스와 관련된 압력계 및 압력 조정기 등은 산소전용을 사용하여야 한다.
⑩ 질소 및 탄산가스 누출 시 질식에 주의하여야 한다.
⑪ 액체가스(액체질소, 아르곤 또는 헬륨)는 초저온 액체이므로 눈 또는 피부에 접촉하지 않도록 하며 액체 취급 시에는 보호구를 필히 착용한다.
⑫ 액체산소 취급 시에는 가연성물질을 옆에 두지 말고 연결구 등에 기름성분이 묻어 있으면 발화의 위험이 있으므로 기름 묻은 장갑으로 취급해서는 안된다.

20 **현장평가 시, 고압가스안전에 대해 평가할 때 설명으로 틀린 것은?** [제10회 2차 22번]

① 내용적이 3 L 이상인 용기의 경우 용기 넘어짐 및 밸브의 손상을 방지하는 조치를 할 것
② 충전용기는 항상 40 ℃ 이하의 온도를 유지하고 직사광선을 받지 않도록 조치할 것
③ 해당 조치를 위해 고압가스안전관리법 시행규칙 별표8에 따라 관리할 것

정답 18 ② 19 ② 20 ①

④ 가스저장장소는 그 외면으로부터 화기취급장소까지 2 m 이상 우회거리를 유지할 것(가연성 가스 또는 산소의 경우 8 m)

☑ **해설** ① 핵심포인트 3.⑥ 참고

핵심포인트

1. 고압가스 안전관리법 시행규칙/별표 8 고압가스 저장·사용의 시설·기술·검사기준/고압가스 저장/시설기준/배치기준

① 가스설비 또는 저장설비는 그 외면으로부터 화기(그 설비 안의 것은 제외한다)를 취급하는 장소까지 2m(가연성가스 또는 산소의 가스설비 또는 저장설비는 8 m) 이상의 우회거리를 유지해야 하고 가스설비와 화기를 취급하는 장소와의 사이에는 그 가스설비로부터 누출된 가스가 유동하는 것을 방지하기 위한 적절한 조치를 할 것

2. 고압가스 안전관리법 시행규칙/별표 8 고압가스 저장·사용의 시설·기술·검사기준/특정 고압가스 저장/시설기준/배치기준

① 가연성가스의 가스설비 또는 저장설비는 그 외면으로부터 화기 (그 설비 안의 것은 제외한다)를 취급하는 장소까지 8 m의 우회거리를 두어야 하며, 그 가스설비로부터 누출된 가스가 유동하는 것을 방지하기 위한 적절한 조치를 마련할 것

3. 고압가스 안전관리법 시행규칙/별표 8 고압가스 저장·사용의 시설·기술·검사기준/안전기준

용기보관장소 또는 용기는 다음의 기준에 적합하게 할 것

① 충전용기와 잔가스용기는 각각 구분하여 용기보관장소에 놓을 것

② 가연성가스·독성가스 및 산소의 용기는 각각 구분하여 용기보관장소에 놓을 것

③ 용기보관장소에는 계량기 등 작업에 필요한 물건 외에는 두지 않을 것

④ 용기보관장소의 주위 2 m 이내에는 화기 또는 인화성물질이나 발화성물질을 두지 않을 것

⑤ 충전용기는 항상 40 ℃ 이하의 온도를 유지하고, 직사광선을 받지 않도록 조치할 것

⑥ 충전용기(내용적이 5 L 이하인 것은 제외한다)에는 넘어짐 등에 의한 충격 및 밸브의 손상을 방지하는 등의 조치를 하고 난폭한 취급을 하지 않을 것

⑦ 가연성가스 용기보관장소에는 방폭형 휴대용 손전등 외의 등화를 지니고 들어가지 않을 것

21 방사선 관리구역에서 유의해야 하는 사항이 잘못 기술된 것은? [제3회 45번]

① 관리구역 내에서는 오염방지를 위한 전신방호복을 항상 착용해야 한다.

② 관리구역 내에서 휴대용 감마선용 선량계를 항상 착용해야 한다.

③ 개인의 피폭선량을 수시로 측정, 반드시 기록한다.

④ 관리구역 내 가속기실로부터 기구, 비품은 최대허용 표면 오염밀도의 1/10 이하인 경우 반출이 가능하다.

☑ **해설** ① 방사선관리구역 내에서는 공기오염이 있는 경우 특수방호복을 착용해야 하지만, 그 외 달성할 수 있는 구역이 존재하는 경우에는 그 출입구에 추가로 해당구역의 특성을 알리고 경고 또는 표시하는 것은 물론이고 출입을 제한하는 물리적 장벽을 설치한다.

핵심포인트

1. 실험실 안전/3. 실험실 안전 행동지침/3.5 방사능 기기 취급/방사선 관리구역

취급자가 방사선 발생장치를 사용할 때는 관리구역으로 설정하여 철저히 관리하되 별도의 장치 사용지침을 정하여 운영하고, 또한 다음 사항을 주의해야 한다.

① 경험이 적은 취급자의 단독 조작은 원칙적으로 금한다.

정답 21 ①

② 관련규정에 따라 측정된 공간선량률 및 표면 오염밀도의 결과로 작업량을 조절하여 최대 허용 피폭선량과 최대 허용 직접선량을 초과하여 피폭되지 않도록 하여야 한다.
③ 휴대용 γ선용 선량계 또는 중성자용 선량계(필요시)를 항시 착용하여 수시로 개인의 피폭선량을 측정 후 기록하고 관리하여야 한다.
④ 실험실 또는 가속기실로부터 장치·기구·비품 등을 반출하려고 할 때는 표면오염 유무를 감시하고 최대허용표면 밀도의 1/10 이하임을 확인한 후에 반출하여야 한다.
⑤ 실험 시에는 오염에 의한 위험을 방지하기 위해 전용 고무장갑을 착용한다.
⑥ 실험실이나 가속기실내에 불필요한 측정기를 반입하여서는 안된다.
⑦ 실험실 또는 가속기실 내에서 음식섭취, 흡연 등을 하여서는 안된다.
⑧ 실내는 방사능 오염방지를 위해 항상 깨끗이 청소를 실시하고, 실내 기기 특히 가속기실 내의 기기는 수시로 오염여부를 확인한다.
⑨ 방사선 발생장치를 운전하고자 할 때는 운전하기 전에 출입구 앞에 "운전 중" 표시를 하고 운전 정지 후에는 "운전 정지 중" 표시를 한다.

3) 실험실 사고발생 시 대처요령

01 **실험실 사고발생 시 상황별 대처 요령으로 적절하지 않은 것은?** [제5회 44번], [제8회 28번]

① 화재 발생의 경우 원인 물질의 누출은 먼저 중지하고, 진화를 시도한다.
② 경미한 화상의 경우 통증과 부풀어 오르는 것을 줄이기 위해 20분~30분간 얼음물에 화상 부위를 담그고 그리스를 바른다.
③ 약물을 섭취한 경우 입안 세척 및 많은 양의 물 또는 우유를 마시게 하되, 억지로 구토를 시키지 않는다.
④ 안구에 화학 물질이 노출된 경우 많은 양의 물을 사용하여 적어도 15분 동안 눈을 즉시 세척한다.

☑ **해설** ② 핵심포인트 2.① 참고

02 **사고 시 대처 요령으로 옳지 않은 것은?** [제2회 30번], [제6회 39번]

① 화재는 바람을 등지고 가능한 한 먼 거리에서 진압한다.
② 화상을 입으면, 즉시 그리스를 바른다.
③ 전기에 의한 화상은 피부 표면으로 증상이 나타나지 않아서 피해 정도를 알아내기가 힘들뿐 아니라 심한 합병증을 유발할 수 있으므로 즉시 의료진의 치료를 받는다.
④ 화학 약품이 눈에 들어갔거나 몸에 묻었을 경우 15분 이상 흐르는 물에 깨끗이 씻고, 응급처치 후 전문의에게 진료를 받는다.

☑ **해설** ② 핵심포인트 2.① 참고

03 **실험실 내 사고 상황별 대처 요령으로 적절하지 않은 것은?** [제3회 24번], [제6회 16번]

① 화재 → '멈춰서기 – 눕기 – 구르기(Stop – Drop – Roll)' 방법으로 불을 끈다.
② 경미한 화상 → 얼음물에 화상부위를 담근다.
③ 출혈 → 손, 팔, 발 및 다리 등일 때에는 이 부위를 심장보다 높게 위치한다.
④ 감전 → 발견 즉시 즉각적으로 원활한 호흡을 위해 인공호흡을 실시한다.

☑ **해설** ④ 핵심포인트 4. "감전" 참고

04 **산업현장에서의 화재는 대규모 시설과 인화성 물질이 많기 때문에 심각한 피해를 야기한다. 화재의 발생 원인 빈도가 가장 낮은 것은?** [제11회 17번]

① 전기 스파크 ② 용접불티
③ 담뱃불티 ④ 촛불불티

☑ **해설** ④ '한국산업안전보건공단' 자료 ; 화재발생은 누전 및 합선 > 용접불티 > 담뱃불티 순임.

정답 01 ② 02 ② 03 ④ 04 ④

핵심포인트

1. 실험실 안전/4. 실험실 사고발생 시 대처요령/4.2 사고 상황별 대처요령/4.2.1 화재

화재나 폭발 등으로 인하여 실험자의 머리나 옷에 불이 붙었을 경우, 멈춰서기－눕기－구르기(Stop－Drop－Roll)방법 또는 담요 및 물 등을 사용하여 옷이나 머리에 붙은 불을 끄고, 이 방법이 여의치 않을 때에는 화재당사자를 바닥에 구르게 한다.

① 일반적인 소화기를 사용하거나 미세한 물을 분무한다.
② 화재 원인물질의 누출을 먼저 중지시키고 진화를 시도하며, 화재 원인물질의 누출을 즉시 중단시킬 수 없는 경우, 소방서에 연락하며 위험하지 않다고 판단되면 화재 원인물질을 실외로 이동시킨다.
③ 화재 진압은 바람을 등지고 시도하며, 가능한 한 먼 거리에서 화재를 진압한다.
④ 화재 원인물질이 화학물질인 경우, 고압 물줄기로 인해 비산되지 않도록 한다.
⑤ 화재가 진화된 후에도 용기(화학물질, 가스 등)에 다량의 물을 뿌려 용기의 온도를 내린다.

2. 실험실 안전/4. 실험실 사고발생 시 대처요령/4.2 사고 상황별 대처요령/4.2.2 화상

① 화상에 의한 국소 부위의 경미한 화상 시 ㉠ 통증과 부풀어 오르는 것을 줄이기 위하여 20분~30분 동안 얼음물에 화상부위를 담그며 ㉡ 그리스는 열이 발산되는 것을 막아 화상을 심하게 하므로 사용하지 않는다.
② 중증화상 시 ㉠ 응급구조대에 연락하여 즉시 전문가의 치료를 받으며, ㉡ 환자를 실온에서 젖은 천이나 수건으로 싸주며, ㉢ 화상부위를 씻거나, 옷이나 오염물질 등을 제거하려고 하지 않으며, ㉣ 환자를 눕히고 안정된 상태를 유지한다.
③ 눈 화상 시 ㉠ 다량의 물을 흘려보낸 후 깨끗한 젖은 수건 등으로 눈을 덮어주며, ㉡ 즉시 응급구조대에 연락한다.
④ 전기에 의한 화상 시 피부표면으로 증상이 나타나지 않기 때문에 피해정도를 알아내기가 힘들뿐 아니라 심한 합병증을 유발할 수 있으므로 즉시 의료진의 치료를 받는다.
⑤ 화학물질에 의한 화상 시 ㉠ 화학약품에 묻거나 화상을 입었을 경우 즉각 물로 씻고, ㉡ 화학약품에 의하여 오염된 모든 의류는 제거하고 물로 씻어내도록 하며, ㉢ 화학약품이 눈에 들어갔을 경우 15분 이상 흐르는 물에 깨끗이 씻고 즉각 도움을 청하며, ㉣ 몸에 화학물질이 묻었을 경우 적어도 15분 이상 수돗물에 씻어내고, 조금 묻은 경우 응급조치를 한 후 전문의에게 진료를 받으며, 많이 묻었다면 구급차를 부르도록 하고 ㉤ 위급한 경우 비상샤워기, 수도 등을 이용하며, ㉥ 얼굴에 화학약품이 튀었을 때 보안경을 끼고 있었다면, 시약이 묻은 부분은 완전히 세척하고 샤워기 등을 사용하여 씻어 내도록 한다.

3. 실험실 안전/4. 실험실 사고발생 시 대처요령/4.2 사고 상황별 대처요령/4.2.3 출혈

① **외부 출혈** : 지혈을 하는 가장 좋은 방법은 상처부위에 직접 압박을 가하는 것이며 지혈대는 최후의 수단으로 사용한다.
㉠ 가능하면 소독붕대를 사용하고 불가피한 경우는 옷을 잘라 사용할 수 있으며, ㉡ 위생용 휴지 및 깨끗한 손수건 또는 손을 직접 이용할 수도 있으며, ㉢ 5분~15분 동안 강하게 지속적으로 직접 압박을 가하며, ㉣ 출혈부위가 손, 팔, 발 및 다리 등일 때에는 이 부위를 심장보다 높게 위치시켜 중력을 이용하여 출혈을 줄일 수 있다.
② **내부 출혈** : 기침과 토사물 또는 대변, 소변에 혈액이 섞여 있거나 점액성의 검붉은 대변이 나올 경우에는 즉시 의료기관의 검사를 받는다.
㉠ 환자를 반듯하게 눕힌 후 깊게 숨을 쉬게 하며, ㉡ 의사의 진찰이 있기 전까지는 어떠한 약물이나 음식물도 섭취하지 못하게 하며, ㉢ 응급구조대에 연락한다.

4. 실험실 안전/4. 실험실 사고발생 시 대처요령/4.2 사고 상황별 대처요령/4.2.6 감전

① 전기가 소멸했다는 확신이 있을 때까지 감전된 사람을 건드리지 않는다. 플러그, 회로 폐쇄기 및 퓨즈 상자 등의 전원을 차단한다.
② 감전된 사람이 철사나 전선 등을 접촉하고 있다면 마른 막대기 등을 이용하여 멀리 치운다.
③ 환자가 호흡하고 있는지 확인 후 만약 호흡이 약하거나 멈춘 경우에는 즉시 인공호흡을 수행한다.

④ 응급구조대에 도움을 요청한다.
⑤ 감전된 환자를 담요, 외투 및 재킷 등으로 덮어서 따뜻하게 한다.
⑥ 의사에게 검진을 받을 때까지 감전된 사람이 음료수나 음식물 등을 먹지 못하게 한다.

5. 실험실 안전/4. 실험실 사고발생 시 대처요령/4.2 사고 상황별 대처요령/4.2.7 약물 섭취

① 의식이 있는 사람에 한하여 입 안 세척 및 많은 양의 물 또는 우유를 마시게 하되 억지로 구토를 시키지 않는다.
② 독극물을 섭취한 경우 독극물 치료센터에 도움을 청하고, 근처에 이러한 기관이 없다면 응급구조대를 부른 후 의심되는 독극물의 종류와 용기를 가지고 간다.
③ 독극물 중독자가 의식불명인 경우, 환자의 호흡을 확인하여 호흡곤란의 경우에는 머리를 뒤로 기울여 인공호흡을 실시하되, 구강 대 구강 인공호흡은 하지 않는다.
④ 독극물 중독자가 구토를 하는 경우, 질식하지 않도록 구부려서 옆으로 눕게 한다.

4) 부록

01 실험실 안전수칙이 아닌 것은? [제8회 2번]

① 콘택트렌즈는 실험실에서 절대로 사용해서는 안된다.
② 피부나 옷에 시약을 쏟았을 경우에는 흐르는 수돗물로 10분 이상 씻어낸다.
③ 가열된 유리 기구를 만질 때 특히 조심해야 한다.
④ 보호안경은 갑갑하므로 중요한 실험을 할 때에만 꼭 착용해도 좋다.

☑ **해설** ④ 핵심포인트 1. 참고

핵심포인트

1. 부록4. 인화성 물질의 취급 시 유의사항/2. 인화성물질이 인체에 미치는 영향 및 보호대책/보호장비

화학약품을 다루는 실험실에서 보호 안경과 보호장갑의 착용은 필수이다.
① 눈 : 간접 환기구가 달린 보호안경(goggles)(콘택트렌즈는 눈 사이에 인화물의 증기 등이 끼고 눈을 세척할 때 방해가 되므로 가능한 한 착용하지 않는다.)
② 얼굴 : 안면보호기
③ 몸통 : 잘 타지 않는 실험복 및 고무 앞치마
④ 손 : 수용성 시약을 다룰 경우 라텍스 고무장갑, 화학약품이 투과되지 않는 특별한 고무장갑
⑤ 발 : 고무장화
⑥ 호흡기 : 가스 방독면

02 함께 보관할 수 있는 화학물질을 올바르게 연결한 것은? [제5회 34번]

① 아세톤－황산
② 아세틸렌－수은
③ 히드라진－과산화수소
④ 리튬－파라핀유

☑ **해설** ① 핵심포인트 1.<표> 3 참고, ② 핵심포인트 1.<표> 1 참고, ③ 핵심포인트 1.<표> 5 참고

핵심포인트

1. 부록4. 인화성 물질의 취급 시 유의사항/5. 인화물 저장 방법

〈표〉 보관 시 함께 두지 말아야 할 물질

순번	화합물	공존할 수 없는 화합물
1	아세틸렌	염소, 브롬, 구리, 불소, 은, 수은
2	가연성 액체	질산암모늄, 크롬산, 과산화수소, 질산, 과산화소듐, 할로겐
3	아세톤	진한 질산과 황산의 혼합물
4	유기용매	강산화제, 산, 강한 부식성 화합물
5	히드라진	산화제, 과산화수소, 질산, 금속 옥사이드 강산, 다공성 물질

정답 01 ④ 02 ④

03 **실험실에서 과산화물 취급 시 주의 사항에 대한 설명으로 틀린 것은?** [제10회 2차 17번]

① 용매가 증발 할 수 있는 휘발성 용매 조건 하에서 과산화물 용액을 사용하지 않는다. 용액에서 과산화물 농도가 감소하기 때문이다.

② 과산화물은 소량씩 사용하고, 남은 과산화물을 다시 병에 넣지 않도록 한다.

③ 바닥에 흘린 경우 즉시 깨끗이 치운다. 다른 흡착성 물질에 과산화물 용액을 흡착시키고 절차에 따라 처리한다.

④ 과산화물을 다루기 위해 금속 시약수저(spatulas)을 사용하지 않는다. 금속에 의한 오염은 폭발로 이어질 수 있다.

☑ **해설** ① 핵심포인트 1.① 참고

핵심포인트

1. 부록8. 불안정 물질에 관련된 위해성

① 용매가 증발할 수 있는 휘발성 용매 조건하에서 과산화물 용액 사용시 폭발할 수 있으므로 사용하지 않는다.

② 과산화물은 특히 장기 보관 후 유기 화합물이 들어있는 병에 형성될 수 있다.

③ 유기 과산화물은 대개 불안정하며 격렬하게 폭발할 수 있으며 100 ℃ 미만의 온도에서 분해되며 온도가 실온보다 높이 상승하면 폭발 위해성이 상당히 증가한다.

④ 한 장소에서 저장되는 유기 과산화물의 양을 엄격하게 제한하여야 한다.

정답 03 ①

5) 기타

01 어떤 납용액(밀도는 1.100 g mL^{-1})의 농도가 1.50 ppm이라면 몰농도는 얼마인가? (단, 납의 평균 원자량은 207.2임) [제5회 25번]

① 7.24×10^{-6}
② 7.96×10^{-6}
③ 7.239×10^{-6}
④ 7.69×10^{-6}

문제풀이

① 주어진 조건 : 납용액 밀도 1.100 g/mL, 농도 1.50 ppm, 납 원자량 207.2

② 몰농도 : $\frac{1\ \text{mol}}{207.2\ \text{g}} \times \frac{1.1\ \text{g}}{\text{mL}} \times \frac{10^3\ \text{mL}}{\text{L}} \times \frac{1.5}{10^6} = 7.96 \times 10^{-6}\ \text{mol/L}$

정답 01 ②

15 대기오염 공정시험기준

01 **어느 대기오염물질 배출업소에서 배출되는 SO_2의 실측농도는 400 ppm이었다. 이때의 배출가스 중의 O_2 실측농도는 11 %이고, 이 업소의 SO_2 배출허용기준은 표준산소농도(6 %)를 적용받는다. 다음 보기 중에서 표준산소농도로 보정한 SO_2 농도(ppm)는?**

[제4회 39번], [제5회 36번]

① 500 ppm ② 600 ppm
③ 700 ppm ④ 800 ppm

문제풀이

① SO_2 농도 400 ppm, 표준산소농도(O_s) 6 %, 실측산소농도(O_a) 11 %

② 보정된 SO_2 농도 $= C_a(\text{실측농도, ppm}) \times \dfrac{21-O_s}{21-O_a} = 400\ \text{ppm} \times \dfrac{(21-6)\ \%}{(21-11)\ \%} = 600\ \text{ppm}$

핵심포인트

1. ES 01000. a 총칙/1.2 적용범위/1.9.1 오염물질 농도 보정
   - 오염물질 농도 보정

$C = C_a \times \dfrac{21-O_s}{21-O_a}$	C : 오염물질 농도(ppm) O_s : 표준산소 농도(%) O_a : 실측산소 농도(%) C_a : 실측오염물질 농도(ppm)

02 **대기오염공정시험기준에서 정하고 있는 화학분석 일반 사항으로 틀린 것은?** [제9회 35번]

① 방울수란 20 ℃에서 정제수 20방울을 떨어뜨릴 때 그 부피가 약 0.1 mL 되는 것을 뜻한다.
② 항량이 될 때까지 건조한다 함은 따로 규정이 없는 한 보통의 건조방법으로 1시간 더 건조할 때 전후 무게의 차가 매 g당 0.3 mg 이하일 때를 뜻한다.
③ 액체의 성분량을 정확히 취한다 함은 홀피펫, 메스플라스크 등을 정확히 사용하여 조작하는 것을 뜻한다.
④ 감압 또는 진공이라 함은 따로 규정이 없는 한 15 mmHg 이하를 뜻한다.

☑ **해설** ① 핵심포인트 1.① 참고

03 **대기오염공정시험 기준의 용어에 대한 설명으로 틀린 것은?** [제10회 1번]

① '항량이 될 때까지 건조한다'라고 함은 한 시간 더 건조할 때 전후 무게차가 g당 0.3 mg 이하일 때를 말한다.
② '즉시'란 3초 이내를 말한다.
③ '감압 또는 진공'은 15 mmHg 이하의 압력을 뜻한다.
④ '방울수'란 20 ℃에서 정제수 20방울을 떨어뜨릴 때 그 부피가 약 1 mL 되는 것을 말한다.

☑ **해설** ② 핵심포인트 2.④ 참고

정답 01 ② 02 ① 03 ②

핵심포인트

1. ES 01000.a 총칙/2.0 화학분석 및 일반사항/2.9 방울수
   ① "방울수"라 함은 20 ℃에서 정제수 20방울을 떨어뜨릴 때 그 부피가 약 1 mL 되는 것을 뜻한다.

2. ES 01000.a 총칙/2.0 화학분석 및 일반사항/2.13 관련 용어
   ① "정확히 단다"라 함은 규정한 양의 검체를 취하여 분석용 저울로 0.1 mg까지 다는 것을 뜻한다.
   ② 액체성분의 양을 "정확히 취한다" 함은 홀피펫, 눈금플라스크 또는 이와 동등 이상의 정도를 갖는 용량계를 사용하여 조작하는 것을 뜻한다.
   ③ "항량이 될 때까지 건조한다 또는 강열한다" 함은 따로 규정이 없는 한 보통의 건조방법으로 1시간 더 건조 또는 강열할 때 전후 무게의 차가 매 g당 0.3 mg 이하일 때를 뜻한다.
   ④ 시험조작 중 "즉시"란 30초 이내에 표시된 조작을 하는 것을 뜻한다.
   ⑤ "감압 또는 진공"이라 함은 따로 규정이 없는 한 15 mmHg 이하를 뜻한다.
   ⑥ "이상", "초과", "이하", "미만"이라고 기재하였을 때 이(以)자가 쓰인 쪽은 어느 것이나 기산점 또는 기준점인 숫자를 포함하여, "미만" 또는 "초과"는 기산점 또는 기준점의 숫자는 포함하지 않는다. 또 "a~b"라 표시한 것은 "a 이상 b 이하"임을 뜻한다.
   ⑦ "바탕시험을 하여 보정한다"라 함은 시료에 대한 처리 및 측정을 할 때, 시료를 사용하지 않고 같은 방법으로 조작한 측정치를 빼는 것을 뜻한다.
   ⑧ 시료의 시험, 바탕시험 및 표준액에 대한 시험을 일련의 동일시험으로 행할 때, 사용하는 시약 또는 시액은 동일 로트(lot)로 조제된 것을 사용한다.
   ⑨ "정량적으로 씻는다"함은 어떤 조작으로부터 다음 조작으로 넘어갈 때 사용한 비커, 플라스크 등의 용기 및 여과막 등에 부착한 정량대상 성분을 사용한 용매로 씻어 그 씻어낸 용액을 합하고 먼저 사용한 같은 용매를 채워 일정부피로 하는 것을 뜻한다.
   ⑩ 용액의 액성 표시는 따로 규정이 없는 한 유리전극법에 의한 pH 미터로 측정한 것을 뜻한다.

04 시험 결과의 표시 방법이 아닌 것은? [제8회 22번]

① 시험 결과의 표시 단위는 따로 규정이 없는 한 가스상 성분은 ppm 또는 ppb(V/V)로, 입자상 성분은 mg/m^3 또는 $\mu g/m^3$으로 표시한다.
② 시험 성적 수치는 마지막 유효숫자의 다음 단위까지 계산하여 KSA 0021(수치의 맺음법)에 따라 기록한다.
③ 얻어진 성적이 기대한 정밀도 및 오차 범위 내에서 만족하고 있는가에 대하여는 비교분석, 기타 적당한 방법으로 확인하여야 한다.
④ 모든 결과에 대하여 불확도를 계산하여 표기한다.

☑ **해설** ④ 환경오염공정시험기준에서는 불확도를 계산하여 표기하지 않는다.

핵심포인트

1. ES 01000.a 총칙/2.0 화학분석 및 일반사항/2.14 시험결과의 표시 및 검토
   ① 시험결과의 표시단위는 따로 규정이 없는 한 가스상 성분은 ppm 또는 ppb로 입자상 성분은 mg/m^3 또는 $\mu g/m^3$으로 표시한다.
   ② 보기 ②번은 다음과 같이 변경됨 → 시험성적수치는 마지막 유효숫자의 다음 단위까지 계산하여 한국공업규격 KSQ 5002(데이터의 통계적 해석 방법－제1부 : 데이터의 통계적 기술)의 수치 맺음법에 따라 기록한다.
   ③ 얻어진 성적이 기대한 정밀도 및 오차범위 내에서 만족하고 있는가에 대하여는 감정, 비교분석, 기타 적당한 방법으로 확인하여야 한다.
   ④ 방법검출한계 미만의 시험결과 값은 검출되지 않은 것으로 간주하고 불검출로 표시한다.

정답 04 ④

05 대기오염공정시험기준에 따라 내부정도관리에 대한 설명으로 틀린 것은? [제11회 4번]

① 업무분장 변경으로 분석자가 변경된 경우에는 내부정도관리를 실시한다.
② 장비를 새로 구입한 경우에는 내부정도관리를 실시한다.
③ 장비가 고장나서 수리를 한 경우에는 내부정도관리를 실시하여야 하나, 장비를 이동한 경우에는 내부정도관리를 하지 않아도 된다.
④ 분석자, 장비, 실험실에 변동사항이 없는 경우에도 매년 1회 이상 내부정도관리를 실시하는 것을 원칙으로 한다.

☑ **해설** ③ 핵심포인트 1.② 참고

핵심포인트

1. 내부정도관리 주기

① 내부정도관리 주기는 방법검출한계, 정밀도와 정확도의 경우 연 1회 이상 산정하는 것을 원칙으로 한다.
② 분석자의 변경, 분석장비의 수리나 이동 등 주요 변동사항이 발생한 경우에는 수시로 실시한다.
③ 검정곡선의 검증 및 방법바탕시료의 측정은 시료군당 1회 실시하여야 한다.

06 각각의 괄호 안에 들어갈 내용으로 옳은 것은? [제12회 3번]

> 대기 중 오염물질 측정에 사용되는 기기의 (㉠)에 사용되는 기체에는 측정하고자 하는 분석성분이 포함되어 있지 않은 기준 기체로서 기기에 대한 측정범위의 바탕 시험값을 보정하기 위해 사용되는 (㉡)와 기기에 대하여 검정곡선의 기울기 또는 감응계수를 교정하기 위해 사용되는 (㉢)가(이) 있다.

① ㉠ 교정 ㉡ 스팬기체 ㉢ 제로기체
② ㉠ 교정 ㉡ 제로기체 ㉢ 스팬기체
③ ㉠ 스팬기체 ㉡ 제로기체 ㉢ 교정
④ ㉠ 제로기체 ㉡ 스팬기체 ㉢ 교정

핵심포인트

1. ES 01001 정도보증, 정도관리/2. 용어정의/2.4 시험분석 용어의 정의

① 스팬기체(span gas) : 교정에 사용되는 기준 기체로서 직선성이 양호한 측정·분석방법 또는 기기에 대하여 검정식의 기울기 또는 감응계수를 교정하기 위한 기체이다.
② 제로기체(zero gas) : 측정하고자 하는 분석성분이 포함되어 있지 않은 기준 기체로서 측정·분석방법 또는 기기에 대하여 측정 범위의 바탕 시험값을 보정하기 위한 기체이다.

정답 05 ③ 06 ②

1) ES 01111.a 배출가스 중 가스상 물질 시료채취방법

01 **시료채취장치의 채취관 재질에 대한 설명이 틀린 것은?** [제5회 49번], [제8회 35번]

① 화학 반응이나 흡착 작용으로 배출 가스의 분석 결과에 영향을 주지 않는 것
② 배출 가스 중 부식성 성분에 의하여 잘 부식되지 않는 것
③ 배출 가스의 온도, 유속에 견딜 수 있는 충분한 기계적 강도를 갖는 것
④ 염화수소를 채취하는 경우 채취관의 재질이 석영 또는 스테인리스강인 것

☑ **해설** ④ 핵심포인트 1. <표> 3 '염화수소' 참고

02 **굴뚝 배출가스 중 황화수소 측정을 위해 시료채취관과 연결관의 재질로 적절하지 않은 것은?** [제3회 39번], [제6회 4번]

① 석영
② 실리콘수지
③ 세라믹
④ 플루오린수지

☑ **해설** ② 핵심포인트 1. <표> 9 '황화수소' 참고

03 **굴뚝에서 배출가스를 채취할 경우 시험에 영향을 주지 않도록 스테인리스강 채취관을 사용하여야 하는 가스는?** [제5회 20번]

① 불화수소
② 염화수소
③ 벤젠
④ 브롬

☑ **해설** ① 핵심포인트 1. <표> 10 '불소화합물' 참고

핵심포인트

1. ES 01111.a 배출가스 중 가스상물질 시료채취방법/2.0 시료 채취장치/2.2 채취관/2.2.1 재질

① 화학반응이나 흡착작용 등으로 배출가스의 분석결과에 영향을 주지 않는 것
② 배출가스 중의 부식성 성분에 의하여 잘 부식되지 않는 것
③ 배출가스의 온도, 유속 등에 견딜 수 있는 충분한 기계적 강도를 갖는 것, 채취관, 충전 및 여과지의 재질은 일반적으로 분석물질, 공존가스 및 사용온도 등에 따라 아래 표에서 선택한다.

〈표〉 분석물질의 종류별 채취관 및 연결관 등의 재질

순번	분석물질, 공존가스	채취관, 연결관의 재질	여과재	비고
1	암모니아	①②③④⑤⑥	ⓐⓑⓒ	① 경질유리
2	일산화탄소	①②③④⑤⑥⑦	ⓐⓑⓒ	② 석영
3	염화수소	①② ⑤⑥⑦	ⓐⓑⓒ	③ 보통강철
4	염소	①② ⑤⑥⑦	ⓐⓑⓒ	④ 스테인리스강 재질
5	황산화물	①② ④⑤⑥⑦	ⓐⓑⓒ	⑤ 세라믹
6	질소산화물	①② ④⑤⑥	ⓐⓑⓒ	⑥ 불소수지
7	이황화탄소	①② ⑥	ⓐⓑ	⑦ 염화비닐수지
8	포름알데히드	①② ⑥	ⓐⓑ	⑧ 실리콘수지
9	황화수소	①② ④⑤⑥⑦	ⓐⓑⓒ	⑨ 네오프렌
10	불소화합물	④ ⑥	ⓒ	
11	시안화수소	①② ④⑤⑥⑦	ⓐⓑⓒ	
12	브롬	①② ⑥	ⓐⓑ	
13	벤젠	①② ⑥	ⓐⓑ	ⓐ 알칼리 성분이 없는 유리솜 또는 실리카솜
14	페놀	①② ④ ⑥	ⓐⓑ	ⓑ 소결유리
15	비소	①② ④⑤⑥⑦	ⓐⓑⓒ	ⓒ 카보런덤

정답 01 ④ 02 ② 03 ①

04 굴뚝 시료를 채취하는 채취관에 관한 설명으로 맞는 것은? [제9회 2차 35번]

① 흡착이 잘 일어나서 먼지 제거율이 좋고, 압력손실이 적은 물질을 여과재로 사용한다.
② 유리솜을 여과재로 사용할 경우 50 mg～150 mg 정도 채운다.
③ 가스의 수분 응축을 막기 위해 무수염화칼슘을 채우고 보온 또는 가열하는 방법을 쓴다.
④ 채취관은 흡인 가스의 유량을 고려하여 안지름 6 mm～25 mm 정도를 사용하고, 연결관은 흡인 펌프의 능력도 고려하여 4 mm～25 mm 정도를 쓴다.

☑ **해설** ① 핵심포인트 2.① 참고, ② 핵심포인트 2.② 참고, ③ 핵심포인트 3.① 참고

핵심포인트

1. ES 01111.a 배출가스 중 가스상물질 시료채취방법/2.0 시료 채취장치/2.2 채취관/2.2.2 규격

① 채취관은 흡입가스의 유량, 채취관의 기계적 강도, 청소의 용이성 등을 고려해서 안지름 (6～25) mm 정도의 것을 쓴다.
② 채취관의 길이는 ES 01301.1 먼지－반자동식 측정법 5.3 규정에 따라 선정한 채취점까지 끼워 넣을 수 있는 것이어야 한다.

2. ES 01111.a 배출가스 중 가스상물질 시료채취방법/2.0 시료 채취장치/2.2 채취관/2.2.3 여과재

① 먼지의 제거율이 좋고 압력손실이 적으며 흡착, 분해작용 등이 일어나지 않는 것을 사용한다.
② 채취관에 유리솜을 채워서 사용할 경우 그 채우는 길이는 (50～150) mm 정도로 한다.

3. ES 01111.a 배출가스 중 가스상물질 시료채취방법/2.0 시료 채취장치/2.2 채취관/2.2.5 보온 및 가열

① 배출가스 중의 수분 또는 이슬점이 높은 기체 성분이 응축해서 채취관이 부식 될 염려가 있는 경우, 여과재가 막힐 염려가 있는 경우, 분석물질이 응축수에 용해되어 오차가 생길 염려가 있는 경우에는 채취관을 보온 또는 가열한다.

4. ES 01111.a 배출가스 중 가스상물질 시료채취방법/2.0 시료 채취장치/2.3 연결관/2.3.2 연결관의 규격

① 연결관의 안지름은 연결관의 길이, 흡입가스의 유량, 응축수에 의한 막힘 또는 흡입펌프의 능력을 고려해서 (4～25) mm로 한다.

05 이황화탄소를 분석하기 위하여 분석용 흡수병으로 시료를 채취할 때 사용하는 흡수액은? [제7회 16번]

① 디에틸아민동 용액
② 아연아민착염 용액
③ 오르토톨리딘염산염 용액
④ 과산화수소 수용액(3 %)

☑ **해설** ① 핵심포인트 1. <표> 3 '이황화탄소' 참고

핵심포인트

1. ES 01111.a 배출가스 중 가스상물질 시료채취방법/3.0 조립/3.1 흡수병을 사용할 때/3.1.1 부착/3.1.1.3 채취부

〈표〉 분석물질별 분석방법 및 흡수액

순번	분석물질	분석방법	흡수액
1	염소	자외선/가시선분광법－오르토톨리딘법	오르토톨리딘 염산 용액(10 %)
2	황산화물	침전적정법－아르세나조 Ⅲ	과산화수소수 용액(1+9)
		중화적정법	
3	이황화탄소	기체크로마토그래피법	－
		자외선/가시선분광법	다이에틸아민구리 용액
4	황화수소	자외선/가시선분광법－메틸렌블루법	아연아민착염 용액
		아이오딘적정법	

정답 04 ④ 05 ①

필기 04 정도관리

06 **흡수병 또는 포집병을 장치한 시료채취장치의 가스미터는 어느 정도 압력에서 사용해야 하는가?** [제4회 18번], [제9회 16번]

① 50 mm H_2O 이상
② 50 mm H_2O 이내
③ 100 mm H_2O 이상
④ 100 mm H_2O 이내

☑ **해설** ④ 핵심포인트 1.② 참고

핵심포인트

1. ES 01111.a 배출가스 중 가스상물질 시료채취방법/5.0 주의사항/5.4 시료채취장치의 주의사항

① 습식가스미터를 운반할 때에는 반드시 물을 빼고, 오랫동안 쓰지 않을 때에도 배수한다.
② 가스미터는 100 mmH_2O 이내에서 사용한다.
③ 습식가스미터를 장시간 사용하는 경우에는 배출가스의 성상에 따라서 수위의 변화가 일어날 수 있으므로 필요한 수위를 유지하도록 주의한다.
④ 가스미터는 정밀도를 유지하기 위하여 필요에 따라 오차를 측정해 둔다.

2) ES 01112.b 배출가스 중 입자상 물질 시료채취방법

01 **배출가스 중의 먼지농도를 측정할 경우, 굴뚝 내를 흐르는 가스유속보다 시료가스 채취기의 흡인 노즐을 통과하는 가스유속이 빠를 때 시료를 채취하면 배출가스 중의 먼지농도는?**

[제4회 14번]

① 실제 농도보다 높다.
② 실제 농도보다 낮다.
③ 실제 농도와 같다.
④ 등속흡인의 경우와 같다.

☑ **해설** ② 핵심포인트 1.② 참고

핵심포인트

1. 용어정의/2.2 등속흡입

① 먼지시료를 채취하기 위해 흡입 노즐을 이용하여 배출가스를 흡입할 때, 흡입노즐을 배출가스의 흐름 방향으로 배출가스와 같은 유속으로 가스를 흡입하는 것을 말한다.

② 먼지 농도

㉠ 굴뚝내 가스유속 > 흡인노즐 가스유속 : 실제 농도보다 높다.

㉡ 굴뚝내 가스유속 < 흡인노즐 가스유속 : 실제 농도보다 낮다.

02 **배출가스 입자상 물질 시료채취방법에 대한 설명으로 틀린 것은?** [제9회 33번]

① 먼지가 포집된 여과지를 110 ℃ ± 5 ℃에서 충분히(1～3시간) 건조시켜 부착수분을 제거한 후 먼지의 중량농도를 계산한다.
② 먼지농도 표시는 표준상태(0 ℃, 760 mmHg)의 건조배출가스 1 Sm^3 중에 함유된 먼지의 중량으로 표시한다.
③ 배연탈황시설과 황산미스트에 의해서 먼지농도가 영향을 받은 경우에는 여과지를 160 ℃ 이상에서 4시간 이상 건조시킨 후 먼지농도를 계산한다.
④ 수직굴뚝 하부 끝단으로부터 위를 향하여 그곳의 굴뚝 내경의 2배 이상이 되고, 상부 끝단으로부터 아래를 향하여 그곳의 굴뚝내경의 8배 이상이 되는 지점에 측정공 위치를 선정하는 것을 원칙으로 한다.

☑ **해설** ④ 핵심포인트 1.② 참고

03 **굴뚝 시료채취 위치에 대한 설명이 틀린 것은?** [제9회 9번]

① 굴뚝 단면이 사각형일 경우는 1 m 이하의 범위에서 4개 이상의 등단면적의 직사각형으로 나누어 측정점을 선정한다.
② 굴뚝 단면이 사각형일 경우, 굴뚝 단면적인 0.25 m^2 이하인 경우는 단면의 중심 1점만을 측정한다.
③ 수직 굴뚝에 측정공의 설치가 곤란한 경우, 수평 굴뚝에 설치된 측정공을 이용할 수 있으나, 측정공의 위치는 수평 굴뚝 측정 위치 기준에 준하여 선정된 곳이라야 한다.
④ 굴뚝 단면이 사각형인 경우 환산 직경 = 2×[(가로치수×세로치수)/(가로치수＋세로치수)]의 공식으로 산출한다.

☑ **해설** ③ 핵심포인트 1.④ 참고

정답 01 ② 02 ④ 03 ③

04 **굴뚝 먼지는 위치선정 – 온도측정 – 수분량측정 – 정압측정 – 유속측정 – 시료채취 – 농도 계산으로 측정한다. 위치 선정할 때에 원칙과 기타 고려 사항을 설명한 것으로 틀린 것은?**

[제9회 2차 16번]

① 배출가스의 하부 난류가 시작되는 곳으로부터 위를 향해 그곳 내경의 8배 이상 지점에 측정공을 설치한다.

② 상부 난류지점으로부터 아래를 향해 그 곳 연도 내경의 2배 이상 내려온 지점에 측정공을 설치한다.

③ 현장 안정성 등이 문제가 될 경우에는 위를 향해 하부 직경의 2배 이상, 아래를 향해 상부 직경의 1/2배 이상 내려온 지점에 측정공 위치를 선정할 수 있다.

④ 수직 굴뚝에 측정공 설치가 곤란한 경우, 수평연도에서 측정할 수 있으나 난류가 심하지 않은 곳에서 측정공을 설치할 수 있다.

☑ **해설** ④ 핵심포인트 1.④ 참고

05 **높이가 30 m, 직경이 2.5 m인 원형 수직굴뚝의 측정공 위치의 선정 범위로 적절한 것은?**

[제3회 40번], [제6회 29번]

① 15.7 m ~ 27.3 m
② 5 m ~ 28.75 m
③ 20 m ~ 25 m
④ 27.4 m

☑ **해설** ③ 핵심포인트 1.② 참고

문제풀이

① 상부 : 직경 2.5 m × 2 = 5 m, 상부로부터 5 m 아래인 25 m보다 낮아야 한다.
② 하부 : 직경 2.5 m × 8 = 20 m, 하부로부터 20 m보다 높아야 한다.
③ 측정공 위치 선정 범위 : 20 m ~ 25 m

06 **시멘트 소성로의 굴뚝단면이 원형이고, 굴뚝직경이 2 m인 경우, 대기시료채취를 위한 측정점수와 굴뚝 중심에서 측정점까지의 거리를 바르게 연결한 것은?** [제2회 48번], [제6회 47번]

① 4개 — 0.707 m
② 4개 — 0.866 m
③ 8개 — 0.707 m
④ 8개 — 0.866 m

☑ **해설** ④ 핵심포인트 3.① <표> 참고

핵심포인트

1. 측정 위치, 측정공 및 측정점의 선정/5.1 측정위치

① 측정위치는 원칙적으로 굴뚝의 굴곡부분이나 단면모양이 급격히 변하는 부분을 피하여 배출가스 흐름이 안정되고 측정작업이 쉽고 안전한 곳을 선정한다.

② 수직굴뚝 하부 끝단으로부터 위를 향하여 그곳의 굴뚝 내경의 8배 이상이 되고, 상부 끝단으로부터 아래를 향하여 그곳의 굴뚝내경의 2배 이상이 되는 지점에 측정공 위치를 선정하는 것을 원칙으로 한다.

③ 위의 기준에 적합한 측정공 설치가 곤란하거나 측정작업의 불편, 측정자의 안전성 등이 문제될 때에는 하부 직경의 2배 이상과 상부 내경의 1/2배 이상 되는 지점에 측정공을 설치할 수 있다.

정답 04 ④ 05 ③ 06 ④

④ 수직굴뚝에 측정공을 설치하기가 곤란하여 부득이 수평 굴뚝에 측정공이 설치되어 있는 경우는 수평굴뚝에서도 측정할 수 있으나 측정공의 위치가 수직굴뚝의 측정위치 선정기준에 준하여 선정된 곳이어야 한다.

2. 측정위치, 측정공 및 측정점의 선정/5.2 굴뚝 직경환산과 측정공 위치선정

① 굴뚝단면이 원형인 경우(상·하 동일 단면적) : 굴뚝 상·하 직경은 위에서 명시한 수직굴뚝의 배출가스가 흐트러짐이 시작되는 위치의 내경을 기준으로 한다.

② 굴뚝단면이 사각형인 경우(상·하 동일 단면적의 정사각형 또는 직사각형)

$\text{환산직경} = 2\times\left(\dfrac{A\times B}{A+B}\right) = 2\times\left(\dfrac{\text{가로}\times\text{세로}}{\text{가로}+\text{세로}}\right)$	A : 굴뚝내부 단면 가로규격 B : 굴뚝내부 단면 세로규격

3. 측정 위치, 측정공 및 측정점의 선정/5.4 측정점의 선정/5.4.1 굴뚝단면이 원형일 경우

① 그림과 같이 측정 단면에서 서로 직교하는 직경선상에 <표>에서 부여하는 위치를 측정점으로 선정하며 측정점수는 굴뚝직경이 4.5 m를 초과할 때는 20점까지로 한다.

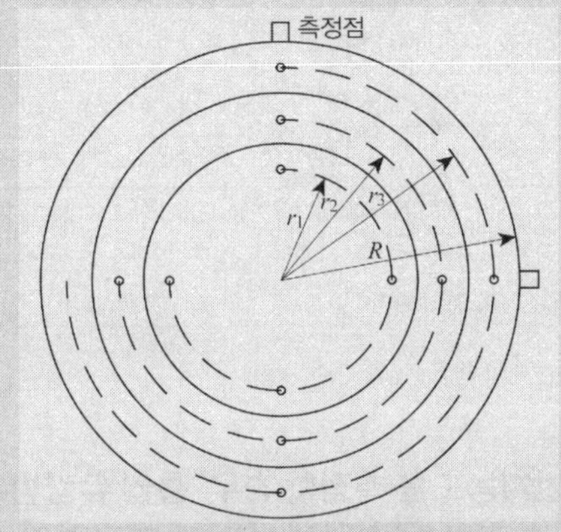

〈그림〉 원형단면의 측정 환산 예

〈표〉 원형단면의 측정점

굴뚝직경 $2R$(m)	반경구분수	측정점수	굴뚝 중심에서 측정점까지의 거리 r_n(m)				
			r_1	r_2	r_3	r_4	r_5
1 이하	1	4	0.707 R	-	-	-	-
1 초과 2 이하	2	8	0.500 R	0.866 R	-	-	-
2 초과 4 이하	3	12	0.408 R	0.707 R	0.913 R	-	-
4 초과 4.5 이하	4	16	0.354 R	0.612 R	0.791 R	0.935 R	-
4.5 초과	5	20	0.316 R	0.548 R	0.707 R	0.837 R	0.949 R

② 굴뚝 단면적이 0.25 m^2 이하로 소규모일 경우에는 그 굴뚝 단면의 중심을 대표점으로 하여 1 점만 측정한다.

4. 측정 위치, 측정공 및 측정점의 선정/5.4 측정점의 선정/5.4.2 굴뚝단면이 원형일 경우

① 굴뚝 단면은 한 변의 길이(L)가 1 m 이하의 범위에서 4개 이상의 등단면적의 직사방향 또는 정사방형으로 나누어 중심에 측정점을 선정하며, 단 굴뚝의 단면적이 20 m^2를 초과하는 경우는 측정점수를 20점까지로 하고 등단면적으로 구분한다.

② 굴뚝 단면적이 0.25 m^2 이하로 소규모일 경우에는 그 굴뚝 단면의 중심을 대표점으로 하여 1점만 측정한다.

07 **습식가스미터를 사용할 때 가스 채취량을 나타낸 식으로 맞는 것은?** [제2회 49번]

V : 가스미터로 측정한 흡인가스량(L)	V_s : 건조 시료가스 채취량(L)
t : 가스미터 온도(℃)	P_a : 대기압(mmHg)
P_m : 가스미터 게이지압(mmHg)	P_v : t ℃에서의 포화수증기압(mmHg)

① $V_s = V\times\frac{273}{273\times t}\times\frac{P_a - P_m + P_v}{760}$ ② $V_s = V\times\frac{273}{273\times t}\times\frac{P_a + P_m}{760}$

③ $V_s = V\times\frac{273+t}{273}\times\frac{P_a + P_m + P_v}{760}$ ④ $V_s = V\times\frac{273}{273\times t}\times\frac{P_a + P_m - P_v}{760}$

핵심포인트

1. 결과보고/8.2 수동식 시료채취방법/8.2.1 먼지농도 계산방법/8.2.1.1 흡입가스 유량 측정방법

표준상태에서 흡입한 건조 시료가스 채취량(L)은 다음 식에 따라 계산한다.

① 습식가스 미터를 사용할 경우 : $V_s = V\times\frac{273}{273\times\theta_m}\times\frac{P_a + P_m - P_v}{760}$

② 건식가스 미터를 사용할 경우 : $V_s = V\times\frac{273}{273\times\theta_m}\times\frac{P_a + P_m}{760}$

V : 가스미터로 측정한 흡인가스량(L)	V_s : 표준상태에서 흡입한 건조가스량(L)
θ_m : 가스미터 온도(℃)	P_a : 대기압(mmHg)
P_m : 가스미터의 게이지압(mmHg)	P_v : θ_m ℃에서의 포화수증기압(mmHg)

08 **굴뚝배출가스 중의 먼지농도를 측정할 경우, 흡입 유량범위가** 15 L/min～25 L/min**인 흡입 펌프를 이용하여 등속흡입하기 위해서는 내부직경이 몇** mm**인 흡입노즐을 선택해야 되는가?** (단, 등속흡입유량을 산출하고 보유하고 있는 흡입노즐의 내경은 6 mm, 8 mm, 10 mm, 12 mm이며, 배출가스유속은 8 m/s, 배출가스온도는 227 ℃, 배출가스 정압은 13.6 mmH_2O, 건식가스미터에서의 흡인가스 온도 및 차압은 각각 27 ℃ 및 13.6 mmH_2O, 배출가스 중의 수분농도는 10 %, 측정 시의 대기압은 760 mmHg이다.) [제10회 2차 3번]

① 10 mm ② 8 mm

③ 6 mm ④ 12 mm

문제풀이

① 주어진 조건 : 배출가스 유속(v) 8 m/s, 배출가스 중의 수증기의 부피 백분율(X_w) 10 %, 건식가스미터에서의 흡입가스 온도(θ_m) 27 ℃, 배출가스 온도(θ_s) 273 ℃, 대기압(P_a) 760 mmHg, 측정점에서의 정압(P_s) 13.6 mmH_2O, 가스미터의 흡인가스 게이지압(P_m) 13.6 mmHg

② 노즐 크기별 유량계산 : ① 노즐 6 mm 7.33 L/min
② 노즐 8 mm 13.02 L/min
③ 노즐 10 mm 20.35 L/min
④ 노즐 12 mm 29.31 L/min

③ 평가 : (15～25) L/min 흡입펌프 유량범위에 포함되는 노즐의 구경은 10 mm이다.

정답 07 ④ 08 ①

핵심포인트

1. 시료 채취 및 방법/6.2 반자동식채취기/6.2.2 시료채취절차

① 배출가스의 흡인은 흡인노즐로부터 흡인되는 가스의 유속과 측정점의 배출가스 유속이 일치하도록 등속흡인을 행한다.

② 보통형(1형) 흡인노즐을 사용할 때 등속흡인을 위한 흡인량은 다음 식에 의하여 구한다.

$$q_m = \frac{\pi}{4} d^2 v \left(1 - \frac{X_w}{100}\right) \frac{273 + \theta_m}{273 + \theta_s} \times \frac{P_a + P_s}{P_a + P_m - P_v} \times 60 \times 10^{-3}$$

q_m : 가스미터에 있어서의 등속 흡인유량(L/분) d : 흡인노즐의 내경(mm) v : 배출가스 유속(m/초) X_w : 배출가스 중의 수증기의 부피 백분율(%) θ_m : 가스미터의 흡인가스 온도(℃)	θ_s : 배출가스 온도(℃) P_a : 대기압(mmHg) P_s : 측정점에서의 정압(mmHg) P_m : 가스미터의 흡인가스 게이지압(mmHg) P_v : θ_m의 포화수증기압(mmHg)

③ 등속흡인 정도를 알기 위하여 다음의 식에 의해 구한 값이 95 % ~ 110 % 범위여야 한다.

$$I(\%) = \frac{V_m}{q_m \times t} \times 100$$

I : 등속계수(%) V_m : 흡인가스량(습식가스미터에서 읽은 값)(ℓ)	q_m : 가스미터에 있어서의 등속 흡인유량(ℓ/분) t : 가스 흡인시간(분)

3) ES 01113.a 배출가스 휘발성유기화합물질(VOC) 시료채취방법

01 **고온의 굴뚝에서 대기시료를 올바르게 채취하기 위해서는 굴뚝 내 여러 요인들이 고려되어야 한다. 이중 반휘발성 유기오염물질들을 올바르게 채취하기 위해서 가장 중요하게 고려되어야 하는 요인은?** [제3회 43번]

① 굴뚝 내 온도　　② 굴뚝 내 습도
③ 굴뚝 내 유량　　④ 굴뚝 내 입자농도

☑ **해설** ① 대기 시료채취시 온도, 압력 등의 요소를 기록하도록 되어 있으나 휘발성유기화합물질 등은 낮은 온도에서도 휘발될 수 있으므로 이 보다 낮은 온도에서 관리하여야 한다. 따라서 ②, ③, ④번 대비 더 중요하게 다뤄야 하는 요소는 온도라 할 수 있다.

02 **굴뚝 배출 가스 중 휘발성 유기화합물질(VOC)을 채취하는 과정의 정도 관리 사항 중 틀린 것은?** [제5회 29번]

① VOC 채취장치 중 채취관은 플루오린수지뿐만 아니라 가열이 가능한 유리, 석영 등도 사용할 수 있다.
② 연결 부위는 진공용 그리스를 사용하지 않게 플루오린수지 관을 사용하여 연결한다.
③ 흡착관은 사용 전 일정한 온도(300 ℃)에서 안정화하여 오염 여부를 반드시 확인하여야 한다.
④ 테들러백을 사용할 때 배출 가스의 온도가 100 ℃에는 응축기 드랩을 사용하지 않아도 된다.

☑ **해설** ③ 핵심포인트 1.② 참고

핵심포인트

1. 시료채취장치 및 방법/2.2 시료채취장치/2.2.1 흡착관법

① 채취관 : 재질은 유리, 석영, 불소수지 등으로, 120 ℃ 이상까지 가열이 가능한 것이어야 한다.
② 흡착관 : 사용 전 반드시 안정화(conditioning)시켜서 사용해야 하며, 안정화 온도는 흡착제마다 다르므로(Carbotrap 350 ℃, Tenax 330 ℃, Chromosorb 250 ℃, 유량 : 100 mL/min), 흡착제의 최대허용온도를 초과해서는 안되며, 오염여부를 반드시 확인해야 한다.
③ 시료채취 연결관 : 시료채취관에서 응축기 및 기타부분의 연결관은 가능한 짧게 하며, 밀봉윤활유 등을 사용하지 않고 누출이 없어야 하며, 불소수지 재질의 것을 사용한다.

2. 시료채취장치 및 방법/2.2 시료채취장치/2.2.2 테들러 백 방법

① 배출가스의 온도가 100 ℃ 미만으로 테들러 백 내에 수분응축의 우려가 없는 경우 응축기 및 응축수 트랩을 사용하지 않아도 무방하다.

정답 01 ① 02 ③

03 **배출가스 중 휘발성유기화합물들을 정확하게 측정하기 위해, 벤젠-d_6를 내부표준물질로 사용하였다. 톨루엔 2.5 ppm과 내부표준물질 벤젠 4 ppm을 함유한 시료의 피크비는 0.7이다. 또 다른 배출가스시료에 같은 농도의 내부표준물질을 첨가했을 때, 피크비가 3.10이라면, 정량대상 시료 중 톨루엔의 농도(ppm)는?** [제4회 15번]

① 9　　② 10
③ 11　　④ 10.5

문제풀이

① 주어진 조건 : 톨루엔 농도 2.5 ppm, 내부표준물질 벤젠-d_6 4 ppm, 시료의 피크비 0.7, 미지 시료의 피크비 3.10

② 미지시료의 톨루엔 농도 : $\frac{2.5\text{ ppm(톨루엔 농도)}}{4\text{ ppm(내부표준물질 농도)}} : 0.7(\text{피크비}) = \frac{x\text{ ppm}}{4\text{ ppm}} : 3.10,\ x = 11\text{ ppm}$

정답 03 ③

3) ES 01115 환경대기 시료채취방법

01 **대기시료의 채취지점 수(측정점수)를 결정할 때 고려되는 사항이 아닌 것은?** [제2회 50번]

① 발생원 분포　　② 인구
③ 기상조건　　④ 건물의 배치상황

☑ **해설** ④ 핵심포인트 1.① 참고

02 **환경기준 시험을 위한 시료채취 지점수 산정 방법에 대하여 잘못 기술한 것은?** [제3회 36번]

① 과거의 경험이나 전례에 의해 선정된 지점을 측정점으로 한다.
② 인구밀도가 5,000 명/km^2 이하일 경우 전답, 임야, 하천은 측정점수 산정을 위한 면적에서 제외한다.
③ 전국 지도의 TM 좌표에 따라 0.3 km ~ 0.8 km 간격으로 바둑판 모양의 구획을 만들어 측정점을 산정한다.
④ 측정 대상지역의 오염도를 기준으로 산정한다.

☑ **해설** ③ 핵심포인트 2.② 참고

03 **대기환경 기준 시험을 위한 시료채취 지점수를 결정하는 방법 중 틀린 것은?** [제4회 17번]

① 시료채취장소 및 지점수 결정에는 측정하려고 하는 대상 지역의 발생원, 기상, 지리적, 사회적 조건을 고려한다.
② TM좌표에 따라 해당지역의 1 : 25,000 이상의 지도 위에 15 km 간격으로 격자망을 만들고 그 구획마다 측정점을 선정한다.
③ 중심원에 의한 동심원을 이용하여 정할 수 있다.
④ 대상지역의 오염정도에 따라 공식을 이용할 수 있다.

☑ **해설** ② 핵심포인트 2.② 참고

핵심포인트

1. 시료 채취 지점 수 및 채취 장소의 결정/2.1 시료 채취 지점 수의 결정

① 환경기준 시험을 위한 시료채취 지점 수 및 지점 장소는 측정하려고 하는 대상 지역의 발생원 분포 기상조건 및 지리적, 사회적 조건을 고려하여 다음과 같이 결정한다.
② 인구비례에 의한 방법 : 측정하려고 하는 대상지역의 인구 분포 및 인구밀도를 고려하여 인구밀도가 5,000 명/km^2 이상일 때는 아래 그림을 적용하고 그 이하일 때는 그 지역의 가주지면적(그 지역 총면적에서 전답, 임야, 호수, 하천 등의 면적을 뺀 면적)으로부터 다음 식에 의하여 측정점의 수를 결정한다.

$$\text{측정점수} = \frac{\text{그 지역 가주지면적}}{25\ km^2} \times \frac{\text{그 지역 인구밀도}}{\text{전국 평균인구밀도}}$$

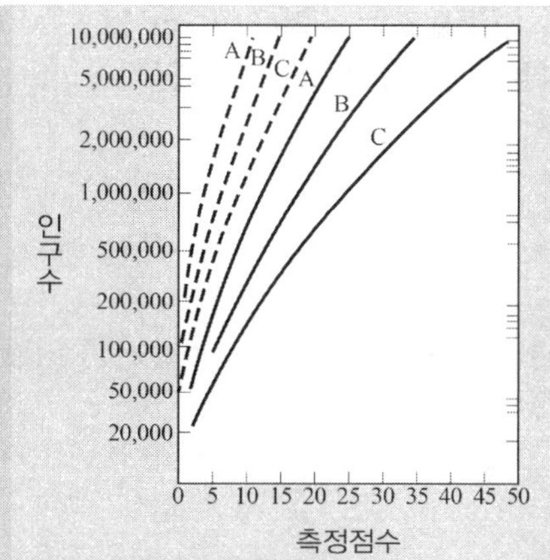

실선 : 간헐측정소(SO_2),
점선: 연속측정소(SO_x, NO_x, CO, HC, O_x)
A : 최대, B : 표준, C : 최소

〈그림〉 인구비례에 의한 측정점수

③ 대상지역의 오염정도에 따라 공식을 이용하는 방법 : 측정하고자 하는 대상지역의 오염정도에 따라서 다음 공식을 이용하여 결정한다.

$$N = N_x + N_y + N_z,\ N_x = (0.095)\cdot\left(\frac{C_n - C_s}{C_s}\right)\cdot(x),$$
$$N_y = (0.0096)\cdot\left(\frac{C_s - C_b}{C_s}\right)\cdot(y),\ N_z = (0.004)\cdot(z)$$

N : 채취지점 수 C_n : 최대농도 C_s : 환경기준(행정기준) C_b : 최저농도(자연상태)	x : 환경기준보다 농도가 높은 지역(km^2) y : 환경기준보다 농도가 낮으나 자연농도보다 높은 지역(km^2) z : 자연상태의 농도와 같은 지역(km^2)

2. 시료 채취 지점 수 및 채취 장소의 결정/시료 채취 장소의 결정

① 중심점에 의한 동심원을 이용하는 방법 : 측정하려고 하는 대상지역을 대표할 수 있다고 생각되는 한 지점을 선정하고 지도위에 그 지점을 중심점으로 (0.3~2) km의 간격으로 동심원을 그리며, 중심점에서 각 방향(8방향 이상)으로 직선을 그어 각각 동심원과 만나는 점을 측정점으로 한다.

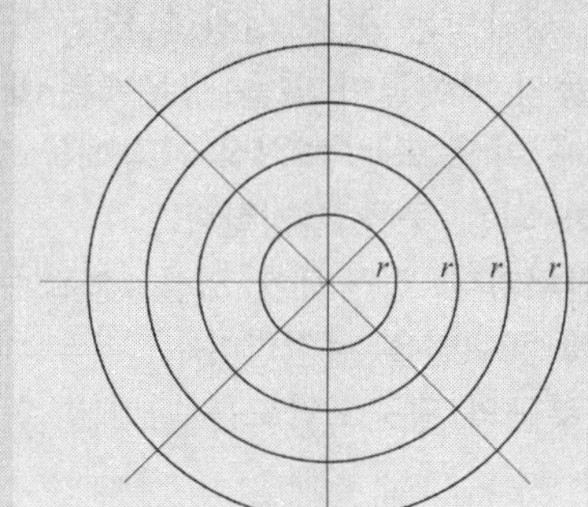

〈그림〉 동심원상 측정점 선정

② TM좌표에 의한 방법 : 전국 지도의 TM좌표에 따라 해당지역의 1:25,000 이상의 지도위에 (2~3) km 간격으로 바둑판 모양의 구획을 만들고 그 구획마다 측정점을 선정한다.

③ 기타 방법 : 과거의 경험이나 전례에 의한 선정 또는 이전부터 측정을 계속하고 있는 측정점에 대하여는 이미 선정되어 있는 지점을 측정점으로 할 수 있다.

04 **가주지 면적은** 130 km², **인구밀도는** 4,300 **명**/km²**인 도시에 인구비례에 의한 방법으로 환경오염 시료채취 측정점 수를 계산하면 몇 개인가**? (단, 전국 평균인구밀도는 770 명/km² 이다) [제4회 48번]

① 15 ② 16
③ 28 ④ 29

문제풀이

① 주어진 조건 : 인구비례에 의한 방법, 가주지면적 130 km², 인구밀도 4,300 명/ km², 전국 평균인구밀도 770 명/ km²

② $측정점수 = \frac{그\ 지역\ 가주지면적}{25\ km^2} \times \frac{그\ 지역\ 인구밀도}{전국\ 평균인구밀도} = \frac{130\ km^2}{25\ km^2} \times \frac{4300명/km^2}{770명/km^2} = 29$

05 A **도시의 인구 밀도가** 5,000 **명**/km², **전국 평균 인구 밀도가** 800 **명**/km²**이며, 거주지 면적이** 200 km²**인** A **도시에 환경 기준 시험을 위한 시료채취 측정 지점수를 인구 비례에 의한 방법으로 구하면 몇 개인가**? [제10회 2차 1번]

① 10개 ② 20개
③ 50개 ④ 40개

문제풀이

① 주어진 조건 : 인구비례에 의한 방법, 가주지면적 200 km², 인구밀도 5,000 명/ km², 전국 평균인구밀도 800 명/ km²

② $측정점수 = \frac{그\ 지역\ 가주지면적}{25\ km^2} \times \frac{그\ 지역\ 인구밀도}{전국\ 평균인구밀도} = \frac{200\ km^2}{25\ km^2} \times \frac{5,000명/km^2}{800명/km^2} = 50$

06 **대기환경 시료채취 위치 선정에 대한 설명으로 틀린 것은**? [제3회 49번], [제6회 37번], [제7회 25번]

① 시료채취 위치는 원칙적으로 주위에 건물이나 수목 등의 장애물이 없고, 그 지역의 오염도를 대표할 수 있다고 생각되는 곳을 선정한다.
② 주위에 건물이나 수목 등의 장애물이 있을 경우에는 채취위치로부터 장애물까지의 거리가 그 장애물 높이의 4배 이상 또는 채취점과 장애물 상단을 연결하는 직선이 수평선과 이루는 각도가 45° 이하 되는 곳을 선정한다.
③ 주위에 건물 등이 밀집되거나 접근되어 있을 경우에는 건물 바깥벽으로부터 적어도 1.5 m 이상 떨어진 곳에 채취점을 선정한다.
④ 시료채취의 높이는 그 부근의 평균오염도를 나타낼 수 있는 곳으로서 가능한 한 1.5 m ~10 m 범위로 한다.

☑ **해설** ② 핵심포인트 1.② 참고

정답 04 ④ 05 ③ 06 ②

07 **대기오염물질 시료를 채취할 때 위치 선정에 대한 설명 중 옳지 않은 것은?** [제4회 11번]

① 주위에 건물이나 수목 등의 장애물이 없고 오염도를 대표할 수 있는 곳을 선정한다.
② 장애물이 있는 경우 채취 위치로부터 장애물까지의 거리가 장애물 높이의 2배 이상 되는 곳을 선정한다.
③ 건물 등이 밀집되거나 건물에 접근되어 있을 경우 건물 바깥벽으로부터 적어도 15 m 이상 떨어진 곳을 선정한다.
④ 채취 지점의 높이는 그 부근의 평균 오염도를 나타낼 수 있는 곳으로, 가능한 한 1.5 m ~10 m 범위로 한다.

☑ **해설** ③ 핵심포인트 1.③ 참고

08 **대기환경 시료를 채취할 때에는 주변 건물이나 장애물에 의한 방해로 대기오염물질이 제대로 채취되지 않을 수 있다. 다음 중 위치선정 시 고려되는 주요사항이 아닌 것은?** [제3회 50번]

① 주변의 장애물의 높이
② 주변의 장애물의 넓이
③ 주변의 장애물과의 간격
④ 주변의 특정 오염원에 대한 영향

☑ **해설** ② 위치선정 시 주요 고려사항은 장애물의 높이, 간격 및 특정 오염원에 대한 영향 등이며, 장애물의 넓이는 주요 고려사항이 아니다.

핵심포인트

1. 시료 채취 위치 선정

시료채취 위치는 그 지역의 주위환경 및 기상조건을 고려하여 다음과 같이 선정한다.

① 원칙적으로 주위에 건물이나 수목 등의 장애물이 없고, 그 지역의 오염도를 대표할 수 있다고 생각되는 곳을 선정한다.
② 주위에 건물이나 수목 등의 장애물이 있을 경우에는 채취위치로부터 장애물까지의 거리가 그 장애물 높이의 2배 이상 또는 주위에 건물이나 수목 등의 장애물이 있을 경우에는 채취점과 장애물 상단을 연결하는 직선이 수평선과 이루는 각도가 30° 이하 되는 곳을 선정한다.
③ 주위의 건물 등이 밀집되거나 접근되어 있을 경우에는 건물 바깥벽으로부터 적어도 1.5 m 이상 떨어진 곳에 채취점을 선정한다.
④ 시료채취의 높이는 그 부근의 평균오염도를 나타낼 수 있는 곳으로서 가능한 한 (1.5~30) m 범위로 한다.

09 **대기 중 입자 시료채취 시 일반적인 규칙에 대한 설명으로 틀린 것은?** [제10회 2차 2번]

① 시료는 가장 관심 있는 날의 시간에 채취하거나 24시간 동안 채취를 한다.
② 시료는 관심 지점에서 다른 위치별로 몇 개를 채취한다.
③ 시료채취기는 주요 지점으로부터 바람이 불어가는 쪽으로 직접 설치한다.
④ 지표면으로부터 약 1.5 m 상부에 시료채취기를 위치하게 한다.

☑ **해설** ③ 핵심포인트 1.② 참고

정답 07 ③ 08 ② 09 ③

핵심포인트

1. 환경시험검사 QAQC 핸드북/3.대기시료채취/3.4 일반적 시료채취방법/입자 시료채취의 일반적인 규칙

① 시료는 주요 관심 지점에서 채취해야 한다.
② 시료채취기는 주요 지점으로부터 바람이 불어가는 쪽으로 직접 설치하지 않는다.
③ 지표면으로부터 약 1.5 m 상부에 시료채취기를 위치하게 한다.
④ 주요 장애물로부터 바람이 불어가는 쪽으로 장애물 높이의 약 10배의 거리에 위치하게 한다.
⑤ 관심지역에서 다른 위치별로 몇 개의 시료를 채취한다.
⑥ 가장 관심 있는 날의 시간에 시료를 채취하거나 24시간 동안 시료채취를 한다.

10 대기 중 입자상 물질을 고용량공기포집기를 이용하여 포집하는 경우, 포집 시의 유량이나 포집 후의 중량농도에 이상한 값이 나타날 경우 점검하는 사항으로 틀린 것은? [제12회 40번]

① 유량계에 이상이 없는가를 확인
② 샘플러에서 공기가 새지 않는가를 확인
③ 전원 전압에 변동이 없는가를 확인
④ 흡인장치의 풍향을 확인

☑ **해설** ④ 핵심포인트 1.① 참고 ; 흡인장치는 모든 풍향에서 입자상 물질이 유입될 수 있는 구조이어야 하며, 중량 농도에 이상한 값이 나타날 경우의 점검사항과는 거리가 멀다.

핵심포인트

1.입자상 물질의 시료채취/5.1 고용량공기포집법/5.1.6 주의사항

① 포집시의 유량이나 포집후의 중량농도에 이상한 값이 인정될 경우에는 다음 사항을 점검한다.
  ㉠ 유량계에 이상이 없는가를 확인한다.
  ㉡ 샘플러에서 공기가 새지 않는가를 확인한다.
  ㉢ 전원 전압에 변동이 없는가를 확인한다.
② 이와 같이 이상현상이 포집개시 직후에 있었다면 정상운전으로 되돌아오는 것을 확인한 후에 다시 포집을 시작하며, 또 이상현상이 포집종료시에 확인되었을 경우에는 이상이 생기지 않도록 충분히 조치한 다음 포집조작을 다시 하고 먼저 포집된 시료는 기록을 정확히 하여 따로 보관한다.
③ 가동중인 샘플러의 전원에 다른 기기를 연결시키면 전압이 변하여 샘플러의 유량을 일정하게 유지시키기 어려우므로 가동중인 샘플러의 전원에 다른 기기를 가동시켜서는 안되며 가동중인 샘플러의 전원 전압변동에 대하여 수시로 점검한다.

11 대기시료채취 시 일반적인 주의사항에 대한 설명으로 틀린 것은? [제11회 38번]

① 시료채취 유량은 각 항에서 규정하는 범위 내에서는 되도록 많이 채취하는 것을 원칙으로 한다.
② 입자상 물질을 위한 채취관은 수평방향으로 연결할 경우에는 되도록 관의 길이를 짧게 하고 곡률반경은 크게 한다.
③ 악취물질은 되도록 짧은 시간 내에 끝내고 입자상 물질중의 금속성분이나 발암성 물질 등은 되도록 장기간 채취한다.
④ 가스상 측정기기는 현장의 대기환경을 대표할 수 있도록 실외에 설치한다.

☑ **해설** ④ 핵심포인트 1.① 참고

정답 10 ④ 11 ④

핵심포인트

1. 시료채취 일반사항

① 시료를 채취할 때는 되도록 측정하려는 기체 또는 입자의 손실이 없도록 하며, 특히 바람이나 눈, 비로부터 보호하기 위하여 측정기기는 실내에 설치하고, 채취구는 밖으로 연결할 경우에는 채취관 벽과의 반응, 흡착, 흡수 등에 의한 영향을 최소한도로 줄일 수 있는 재질과 방법을 선택한다.

② 채취관을 장기간 사용하여 관내에 분진이 퇴적하거나 퇴적할 분진이 기체와 반응 또는 흡착하는 것을 막기 위하여 채취관은 항상 깨끗한 상태로 보존한다.

③ 미리 측정하려고 하는 성분과 이외의 성분에 대한 물리적, 화학적 성질을 조사하여 방해성분의 영향이 적은 방법을 선택한다.

④ 시료채취 시간은 원칙적으로 그 오염물질의 영향을 고려하여 결정하며, 악취물질은 되도록 짧은 시간 내에 끝내고 입자상 물질 중의 금속성분이나 발암성 물질 등은 되도록 장시간 채취한다.

⑤ 환경기준이 설정되어 있는 물질의 채취시간은 원칙적으로 법에 정해져 있는 시간을 기준으로 한다.

⑥ 시료채취 유량은 각항에서 규정하는 범위 내에서는 되도록 많이 채취하는 것을 원칙으로 하며, 사용 유량계는 그 성능을 잘 파악하여 사용하고 채취유량은 반드시 온도와 압력을 기록하여 표준상태로 환산한다.

⑦ 입자상 물질을 채취할 경우에는 채취관 벽에 분진이 부착 또는 퇴적하는 것을 피하고 특히 채취관은 수평방향으로 연결할 경우에는 되도록 관의 길이를 짧게 하고 곡률반경은 크게 한다. 또한 기체의 흡착, 유기성분의 증발, 기화 또는 변화하지 않도록 주의한다.

16 실내공기질 공정시험기준

01 건축 자재에서 방출되는 실내대기오염물질을 측정하는 용기인 소형방출시험챔버의 기밀성에 대한 설명으로 틀린 것은? [제8회 32번]

① 1,000 Pa의 초과압력에서 1분간 새는 공기의 양이 챔버부피의 0.1 % 미만이면 기밀하다고 본다.
② 공기의 누출량이 공급공기유량의 1 % 미만이면 기밀하다고 본다.
③ 실험실 공기의 영향을 방지하기 위하여 대기압보다 약간 낮은 압력으로 유지하여야 한다.
④ 추적가스희석법으로 최소 년 1회 이상 챔버의 기밀성을 확인해야 한다.

☑ **해설** ③ 핵심포인트 1.① 참고

핵심포인트

1. ES 02131. 1d 건축자재 방출 휘발성유기화합물 및 폼알데하이드 시험방법 – 소형챔버법/6.0 정도보증/정도관리(QA/QC)/6.2 소형챔버의 기밀성

① 소형방출시험챔버는 실험실 공기의 영향을 방지하기 위하여 대기압보다 약간 높은 압력으로 유지하여야 한다.
② 소형방출챔버의 기밀성 확인은 압력강하 측정 또는 입구 및 출구 유량 동시 비교측정 혹은 추적가스 희석(trace gas dilution)법으로 최소 연 1회 이상 확인하여야 한다.
③ 소형방출챔버는 아래의 조건 중 적어도 하나를 만족하여야 한다.
㉠ 1,000 Pa의 초과압력에서 1분간 새는 공기의 양이 챔버부피의 0.1 % 미만
㉡ 공기의 누출량이 공급공기유량의 1 % 미만

02 건축 자재에서 방출되는 실내오염물질을 측정하는 용기인 소형방출시험챔버의 정도보증/정도관리 중 공급공기질에 관한 설명이다. ( )안에 알맞은 것은? [제6회 1번]

> 소형방출시험챔버에 공급되는 공기의 질은 방출시험에 영향을 미치지 않는 정도로 오염물질의 농도가 낮아야 한다. 공급공기 중 총 휘발성 농도는 ( ) $\mu g/m^3$ 이하, 폼알데하이드의 농도는 ( ) $\mu g/m^3$ 이하여야 한다.

① 10, 10
② 20, 5
③ 10, 5
④ 20, 10

☑ **해설** ② 핵심포인트 1.③ 참고

핵심포인트

1. ES 02131. 1d 건축자재 방출 휘발성유기화합물 및 폼알데하이드 시험방법 – 소형챔버법/6.0 정도보증/정도관리(QA/QC)/6.3 공급 공기질(supply air quality)

① 소형방출시험챔버에 공급되는 공기의 질은 방출시험에 영향을 미치지 않는 정도로 오염물질의 농도가 낮아야 한다.
② 챔버 내 습도조절에 사용되는 물은 공급되는 공기의 질에 영향을 미칠 수 있는 휘발성유기화합물 및 폼알데하이드가 포함되어 있어서는 안된다.
③ 공급공기 중 총휘발성유기화합물의 농도는 20 $\mu g/m^3$ 이하, 개별 휘발성유기화합물 및 폼알데하이드의 농도는 5 $\mu g/m^3$ 이하여야 한다.
④ 방출시험기간 동안 공급 공기의 조건은 지속적으로 유지되어야 하며 주기적으로 확인되어야 한다.

정답 01 ③ 02 ②

03 실내공기질 분야 QA/QC에 대한 설명으로 틀린 것은? [제10회 2차 4번]

① 시료채취용 펌프는 주기적으로 외부 교정검사를 받고 1차 유량계로 보정되어야 한다.
② 시료채취용 펌프의 유량보정은 실험실에서 비누막 유량계로 월 1회 실시하는 것이 바람직하다.
③ VOCs 및 폼알데하이드 시료채취에 사용되는 펌프의 유량 보정시에는 DNPH 카트리지 또는 흡착관을 펌프에 장착하고 실시한다.
④ 하루에 17개 시료를 채취한 경우 1개의 현장바탕시료를 채취한다.

☑ **해설** ② 핵심포인트 1.② 참고 ; 시료채취용 펌프의 유량보정은 시료채취시마다 비누막 유량계로 매번 실시하여야 한다.

핵심포인트

1. **ES 02601.1c 실내 및 건축자재에서 방출되는 폼알데하이드 측정방법-2,4 DNPH 카트리지와 액체크로마토그래프법/6.0 정도보증/정도관리(QA/QC)/6.2 시료의 채취/6.2.2 시료채취용 펌프의 유량보정**
   ① 시료채취용 펌프의 유량은 1차 유량계로 보정되어야 한다. 펌프의 유량보정은 시료채취 전 시료채취용 흡착관의 종류와 동일한 흡착관을 펌프에 장착하고 적절한 유량이 나오도록 1차 유량계를 이용하여 보정한다.
   ② 펌프의 유량보정은 시료를 채취하기 전에 바로 측정 장소에서 하는 것이 바람직하고 그렇지 않을 경우 측정지점으로 이동하기 전 오염물질이 없는 곳에서 보정되어야 한다.
   ㉠ 비누막 유량계 설치: 폼알데하이드 시료채취에 사용되는 펌프의 유량 보정시에는 DNPH 카트리지와 오존 스크러버를 설치하고, 휘발성유기화합물질 시료채취에 사용되는 펌프의 유량 보정시에는 Tenax TA 채취관을 설치한다.
2. **ES 02601.1c 실내 및 건축자재에서 방출되는 폼알데하이드 측정방법-2,4 DNPH 카트리지와 액체크로마토그래프법/6.0 정도보증/정도관리(QA/QC)/6.3 현장바탕시료(field blank)**
   ① 각 시료군마다 적어도 하나의 현장바탕시료를 분석하여야 하며, 하루에 20개 이하의 시료를 채취할 경우에는 1개를, 그 이상의 시료를 채취할 경우에는 시료 20개당 1개를 추가로 채취한다.

04 실내공기질 측정시 사용되는 DNPH(2,4－dinitrophenylhydrazine) 카트리지 또는 흡착관의 QA/QC에 대한 설명으로 틀린 것은? [제12회 4번]

① VOCs 흡착관은 매년 혹은 20회 사용 후 재점검되어야 한다.
② 파과용량 평가는 카트리지 또는 흡착관 2개를 병렬로 연결하여 평가한다.
③ DNPH 카트리지 파과용량 평가는 0.5 L/min ~ 1.2 L/min의 유량으로 30분간 채취하여 실시한다.
④ 흡착관의 파과용량 평가시 뒤쪽의 흡착관을 분석하여 채취된 휘발성유기화합물의 양이 전체 채취된 양의 5 %를 넘으면 파과가 일어난 것으로 본다.

☑ **해설** ② 핵심포인트 1.①, 3.① 참고

핵심포인트

1. **ES 02601.1c 실내 및 건축자재에서 방출되는 폼알데하이드 측정방법-2,4 DNPH와 액체크로마토그래프법/6.0 정도보증/정도관리(QA/QC)/6.2 시료의 채취/6.2.1 DNPH 카트리지 파과 용량 평가**
   ① 시료채취시 DNPH 카트리지 2개를 직렬로 연결하여 (0.5～1.2) L/min의 유량으로 30분간 채취 후 앞쪽과 뒤쪽의 DNPH 카트리지를 분석하여 파과용량을 평가하며 뒤쪽의 카트리지에 채취된 폼알데하

이드의 양이 전체 채취된 양의 5 %를 넘으면 파과가 일어난 것으로 본다.

2. ES 02602.1c 실내 및 건축자재에서 방출되는 휘발성유기화합물 측정방법-고체흡착관과 기체크로마토그래프-MS/FID법/6.0 정도보증/정도관리(QA/QC)/6.3 분석 시 고려 사항/6.3.4 시료 채취 흡착관 관리

① 시료채취흡착관이 안정적인 부피(보유부피)로 유지되기 위해서 매년 혹은 20회 사용한 후에는 재점검되어야 하며, 만약 성능이 (50～60) % 이하로 나타나면 반드시 새로운 흡착제로 재충진하고 재안정화시켜 사용하도록 한다.

3. ES 02602.1c 실내 및 건축자재에서 방출되는 휘발성유기화합물 측정방법-고체흡착관과 기체크로마토그래프-MS/FID법/6.0 정도보증/정도관리(QA/QC)/6.3 분석 시 고려 사항/6.3.5 파과용량 평가

① 흡착관의 파과용량은 Tenax-TA가 충진된 고체 흡착관 2개를 직렬로 연결하여 (50～100) mL/min 유량으로 약 30분간 채취 후 앞쪽과 뒤쪽의 흡착관을 분석하여 파과용량을 평가하며 뒤쪽의 흡착관에 채취된 VOC의 양이 전체 채취된 양의 5 %를 넘으면 파과가 일어난 것으로 본다.

05 운송 중 라돈 검출기의 보관 방법에 대한 설명 중 옳은 것은? [제6회 5번]

① 젖지 않은 종이로 포장한다
② PVC 포장지로 밀봉한다.
③ 폴리에틸렌 포장지로 포장한다.
④ 알루미늄 코팅지로 밀봉한다.

☑ **해설** ④ 핵심포인트 1.② 참고

핵심포인트

1. ES 02301.1a 실내 공기 중 라돈 측정방법-알파비적검출법/6.0 정도보증/정도관리(QA/QC)/6.7 운송 중 라돈의 노출

① 실제 측정 장소에서의 노출기간에 비하여 검출기의 운송시간은 일반적으로 매우 짧으므로 운송시간에 의한 비적의 생성은 대개의 경우 무시 가능하지만 운송기간 중 라돈에 노출될 우려가 있으므로 라돈이 스며들지 않도록 검출기를 밀봉하여야 한다.

② 라돈은 얇은 폴리에틸렌과 PVC와 같은 포장지를 쉽게 침투할 수 있으므로 알루미늄 코팅 된 포장지 등 정전기 발생을 방지할 수 있는 포장지를 사용하는 것이 바람직하다.

06 총부유세균의 측정시험 시 배양기에 페트리 접시를 넣을 경우 최대 적층수와 배양기 내벽과의 최소 이격거리는? [제6회 26번]

① 6개, 15 mm
② 6개, 25 mm
③ 12개, 15 mm
④ 12개, 25 mm

☑ **해설** ② 핵심포인트 1.① ② 참고

핵심포인트

1. ES 02701.1c 실내 공기 중 총부유세균 측정방법-충돌법/6.0 정도보증/정도관리(QA/QC)/6.6 배양기 사용 주의사항

① 배양기에 페트리 접시나 시험관을 넣을 경우, 이들은 배양기의 내벽에서 25 mm 이내에 위치하지 않아야 하며, 공기 순환에 주의해야 한다.

② 페트리 접시는 6개를 초과하여 적층하여서는 안되며, 접시간 25 mm는 띄어 놓아야 한다.

정답 05 ④ 06 ②

07 **일산화탄소 측정기 정도관리 중 교정주기가 틀린 것은?** [제8회 19번]

① 분석기를 처음 구매했을 때
② 감응 특성에 영향을 주는 유지 보수를 했을 때
③ 분석기를 간헐적으로 사용하는 경우에는 정기적으로 제로만 교정을 수행
④ 제로드리프트와 스팬드리프트가 허용범위를 초과할 때

☑ **해설** ③ 핵심포인트 1.③ 참고

핵심포인트

1. ES 02906.1b 실내 공기 중 일산화탄소 측정방법-비분산적외선법/6.0 정도보증/정도관리(QA/QC)/6.2 측정기기 교정방법/6.2.1 교정주기

① 분석기를 처음 구매했을 때
② 감응 특성에 영향을 주는 유지 보수를 했을 때
③ 각 시료채취의 전과 후 또는 분석기를 연속적으로 사용하는 경우에는 정기적으로 제로와 스팬 교정을 수행
④ 제로드리프트와 스팬드리프트가 허용범위를 초과할 때

17 악취 공정시험기준

01 **공기희석관능법에 사용되는 무취공기의 오염 유무는 어떤 물질을 측정하여 확인하는가?** [제6회 15번]

① 총 이산화탄소의 양 ② 총 질소의 양
③ 총 수소의 양 ④ 총 탄화수소의 양

핵심포인트

1. ES 09130. a 시료채취와 보관/1.1 시료채취/1.1.1 시료채취용 기재의 준비

① 무취공기의 확인 : 공기희석관능법에 사용되는 무취공기의 총 탄화수소류의 양(톨루엔 환산농도, toluene equivalent)을 일정주기로 측정하여 가급적 무취공기의 오염여부를 확인하도록 한다.

02 **악취공정시험기준에서 기체크로마토그래피법의 정량분석과 정성분석에 이용되는 것으로 옳은 것은?** [제12회 5번]

① 정량분석: 머무름 시간, 정성분석: 분리도
② 정량분석: 분리도, 정성분석: 머무름 시간
③ 정량분석: 머무름 시간, 정성분석: 피크높이
④ 정량분석: 피크면적, 정성분석: 머무름 시간

핵심포인트

1. 대기오염공정시험기준/ES 01201 기체크로마토그래피/개요

① 시료를 분리관에 도입시킨 후 그 중의 어떤 성분이 검출되어 기록지 상에 봉우리로 나타날 때까지의 시간을 "보유시간(머무름 시간)"이라 하며, 이 보유시간에 운반가스의 유량을 곱한 것을 보유부피라 한다. 이 값은 어떤 특정한 실험조건 하에서는 그 성분물질마다 고유한 값을 나타내기 때문에 정성분석을 할 수 있으며, 또 기록지에 그려진 "곡선의 넓이(피크면적) 또는 봉우리의 높이"는 시료성분량과 일정한 관계가 있기 때문에 이것에 의하여 정량분석을 할 수 있다.

03 **악취공정시험기준의 트라이메틸아민의 분석법에 대한 설명으로 틀린 것은?** [제12회 6번]

① 분석 가능한 농도범위는 0.6 ppm ~ 7.7 ppm 농도의 대기 중 트라이메틸아민을 분석하는데 적합하다.
② 검정곡선의 결정계수는 트라이메틸아민 표준물질 2 μg/L ~ 20 μg/L 범위에서 $R^2 = 0.98$ 이상이어야 한다.
③ 트라이메틸아민의 분석결과는 ppm 단위로 소수점 넷째 자리까지 유효자리수를 계산하고, 결과 표시는 소수점 셋째 자리로 표기한다.
④ 방법검출한계(MDL)는 검출한계에 근접한 수준의 트라이메틸아민 표준물질을 저온농축장치는 헤드스페이스 장치를 이용하여 7번 반복 측정한다.

☑ **해설** ① 핵심포인트 1.① 참고

정답 01 ④ 02 ④ 03 ①

핵심포인트

1. ES 09304.1a 트라이메틸아민-헤드스페이스-모세관컬럼-기체크로마토그래피법

① 개요/적용범위 : 분석 가능한 농도범위는 (0.7~6.6) ppb 농도의 대기 중 트라이메틸아민을 분석하는데 적합하며, 지정악취물질로서 시료는 <부지경계선>에서 채취한다.

② 정도관리/정도보증/방법검출한계(MDL) : 검출한계에 근접한 수준의 트라이메틸아민 표준물질을 저온농축장치나 헤드스페이스 장치를 이용하여 7번 반복 측정하며, 이 농도값을 바탕으로 하여 얻은 표준편차에 3.14를 곱한다. 이와 같은 방식으로 구한 트라이메틸아민의 방법검출한계는 0.5 ppb 이하이어야 한다.

③ 정도관리/정도보증/정밀도 평가 및 검정곡선 작성 : 검정곡선의 결정계수는 트라이메틸아민 표준물질 (2~20) μg/L 범위에서 $R^2 = 0.98$ 이상이어야 한다.

④ 결과보고/결과의 표시 : 트라이메틸아민의 분석결과는 ppm 단위로 소수점 넷째 자리까지 유효자리수를 계산하고, 결과 표시는 소수점 셋째 자리로 표기한다.

18 잔류성 유기오염물질 공정시험기준

01 배출가스 중 다이옥신 및 퓨란을 공정시험법에 제시된 방법으로 시료를 채취하고자 한다. 시료채취의 정확도를 확보하기 위하여 필요한 등속흡인의 등속흡인계수(I factor, %)의 달성 요구치는 얼마인가? [제4회 24번]

① 50 % ~ 120 %
② 80 % ~ 100 %
③ 95 % ~ 105 %
④ 95 % ~ 120 %

핵심포인트

1. ES 10101.a 배출가스의 시료채취 및 보존방법/3.0 시료채취 및 관리/3.5 시료채취

① 시료채취 후 등속흡입 정도를 확인하기 위해 등속흡입계수를 구하고 그 값이 (95 ~ 105) % 범위 내에 들지 않은 경우에는 다시 시료를 채취한다.

정답 01 ③

5장 환경측정분석사 필기 예상문제

제1회 환경측정분석사 대기분야 예상문제

1 정도관리(대기)

01 환경 시험·검사기관 정도관리 판정 기준 중 틀린 것은?

① 숙련도 판정 기준 항목 : Z값 또는 오차율
② Z값에 따른 평가 : 2 ≤ | Z | 시 '부적합'
③ 미생물 항목 : 별도의 기준 적용
④ 분야별 기관 평가 : 80점 이상 적합

관련항목 환경분야 시험·검사 등에 관한 법률 시행규칙 제17조의3제1항(정도관리 결과의 통보 등)

☑ **해설** ④ 분야별 기관 평가 : 분야별 항목 평가결과를 만족 "5점", 불만족 "0점"으로 부여 후 총점을 100점으로 환산하여 계산하며, 분야별 환산점수는 90점 이상이면 "적합", 90점 미만이면 "부적합"으로 평가한다.

02 환경 시험·검사기관 정도관리 현장평가의 중대한 미흡사항이 아닌 것은?

① 숙련도 표준시료의 위탁 분석 행위를 한 경우
② 기술능력·시설 및 장비가 개별법의 등록·지정·인정기준에 미달된 경우
③ 품질문서가 구비되어 있으나 매우 미흡한 경우
④ 자격증만 대여해 놓는 등 인력을 허위로 기재한 경우

관련항목 환경 시험·검사기관 등에 관한 법률 시행규칙 제17조의3제1항(정도관리 결과의 통보 등)/[별표11의2] 정도관리 판정기준

☑ **해설** ③ 품질문서가 구비되어 있지 않는 경우는 중대한 미흡사항이지만 구비되어 있으나 매우 미흡한 경우는 중대한 미흡사항이 아니다.

03 「환경분야 시험·검사 등에 관한 법률」 중 환경 시험·검사 결과의 효력에 대한 내용으로 틀린 것은?

① 환경 시험·검사기관은 시험·검사 성적서에 환경부령으로 정하는 자(환경측정분석사 등)의 서명을 하여야 한다.
② 환경 시험·검사기관은 시험·검사 결과의 신뢰도 검증에 필요한 자료를 1년 동안 유지·관리하여야 한다.
③ 시험·검사 결과를 소송 등의 근거자료로 활용하기 위해서는 정도관리 적합 판정을 받은 자가 생산한 것이어야 한다.

정답 01 ④ 02 ③ 03 ②

④ 국·공립 연구기관은 정도관리 적합 판정을 받지 않고 시험·검사한 결과를 환경부령으로 정하는 사업관련 보고서에 제공할 수 없다.

관련항목 환경분야 시험·검사 등에 관한 법률 제18조의3(시험·검사 결과의 효력 등)

☑ **해설** ② ; 시험·검사기관은 시험·검사 성적서 및 관련 기록부에 환경부령으로 정하는 자의 서명을 하여야 하며, 제18조의2제7항에 따른 시험·검사 결과의 신뢰도 검증에 필요한 자료를 3년 동안 유지·관리하여야 한다.

04 다음 중 환경측정분석사가 될 수 없는 자에 대한 설명으로 틀린 것은?

① 파산선고를 받고 복권되지 아니한 자
② 환경측정분석사의 자격이 취소된 후 3년이 경과되지 아니한 자
③ 환경분야 시험·검사 등에 관한 법률, 대기환경보전법 등을 위반하여 징역의 형을 선고받고 집행이 면제된 날부터 3년이 경과되지 아니한 자
④ 피성년후견인 또는 피한정후견인

관련항목 환경분야 시험·검사 등에 관한 법률 제19조(환경측정분석사)

☑ **해설** ③ 환경분야 시험·검사 등에 관한 법률, 대기환경보전법, 물환경보전법, 소음·진동관리법, 실내공기질관리법 또는 악취방지법을 위반하여 징역의 형을 선고받고 그 집행이 종료(집행이 종료된 것으로 보는 경우를 포함한다)되거나 집행이 면제된 날부터 2년이 경과되지 아니한 자

05 "환경분야 시험·검사 등에 관한 법률"에 따른 시험·검사 기술인력의 교육에 대한 내용으로 잘못된 것은?

① 측정대행업에 등록된 기술인력이 받아야 하는 전문교육과정은 측정분석 기술요원과정이며, 교육기간은 5일 이내로 한다.
② 측정대행업자는 고용하고 있는 기술인력 중 해당 분야의 기술인력으로 최초로 고용된 자에게 그 사유가 발생한 날부터 1년 이내에 전문교육을 받도록 하여야 한다.
③ 국립환경인재개발원장은 시험·검사 등의 업무를 수행하는 기술인력의 전문성을 향상시키기 위하여 교육의 실시, 전문인력의 확보·관리 등에 관한 시책을 강구하여야 한다.
④ 측정대행업무를 담당하는 기술인력은 환경부장관이 실시하는 전문교육을 받아야 한다.

관련항목 환경분야 시험·검사 등에 관한 법률 제24조(시험·검사 기술인력의 교육 등)/시행규칙 제25조(측정대행업에 등록된 기술인력 교육)

☑ **해설** ③ 환경부장관은 시험·검사 등의 업무를 수행하는 기술인력의 전문성을 향상시키기 위하여 교육의 실시, 전문인력의 확보·관리 등에 관한 시책을 강구하여야 한다.

06 「환경시험·검사기관 정도관리 운영 등에 관한 규정」에 따른 정도관리 기술위원회의 기능이 아닌 것은?

① 이의 또는 불만처리에 대한 최종 결정 및 분쟁 조정에 관한 사항
② 정도관리 시행계획 수립에 관한 사항

정답 04 ③ 05 ③ 06 ①

③ 숙련도 시험의 판정기준 도출 및 표준시료 설정값 확정에 관한 사항
④ 현장평가 시 기술적 쟁점에 관한 사항

관련항목 환경 시험·검사기관 정도관리 운영 등에 관한 규정 제6조(심의회와 기술위원회 기능)

☑ **해설** ① ; ①은 정도관리심의회의 기능에 해당한다.

07 **"환경시험·검사가관 정도관리 운영 등에 관한 규정"의 설명으로 옳은 것은?**

① 시(구)·도(군)지사 또는 환경청장은 측정대행업소, 먹는물 수질검사기관 및 토양관련전문기관 등의 정도관리를 위하여 국립환경과학원장이 자료를 요청할 경우 이에 응하여야 한다.
② 현장평가는 현장평가 판정기준에 따라 평가하며 적합, 조건부 적합, 부적합으로 구분하여 판정한다.
③ 측정대행업을 등록하려는 자가 ISO/IEC 17025 규정을 준수하는 숙련도 시험에 참여하여 Z값의 절대값이 2이하의 판정을 받은 실적이 있는 항목에 대하여는 대상기관이 당해 연도 말까지 그 결과 사본을 제출하는 경우, 익년도에 실시하는 정기 숙련도 시험을 면제 할 수 있다.
④ 현장평가 계획을 통보받은 해당기관은 이해관계 또는 기밀유지 등 정당한 사유가 있을 경우에는 현장평가 일정 또는 정도관리 평가위원의 변경을 현장평가 예정일 5일전까지 요청할 수 있다.

관련항목 환경 시험·검사기관 정도관리 운영 등에 관한 규정 제15조(정도관리 판정기준)/제21조(숙련도 시험의 면제)/제29조(현장평가 계획의 통보)/제51조(감독기관의 고지의무)

☑ **해설** ① ; ② 현장평가는 현장평가 판정기준에 따라 평가하며 적합, 부적합으로 구분하여 판정한다. ③ 측정대행업을 등록하려는 자가 ISO/IEC 17023 규정을 준수하는 숙련도 시험에 참여하여 Z값의 절대값이 2 이하의 판정을 받은 실적이 있는 항목에 대하여는 대상기관이 당해 연도 말까지 그 결과 사본을 제출하는 경우, 익년도에 실시하는 정기 숙련도 시험을 면제 할 수 있다. ④ 현장평가 계획을 통보받은 해당기관은 이해관계 또는 기밀유지 등 정당한 사유가 있을 경우에는 현장평가 일정 또는 정도관리 평가위원의 변경을 현장평가 예정일 3일전까지 요청할 수 있다.

08 **정도관리 현장평가를 위한 정도관리 평가팀의 구성에 대한 내용으로 맞는 것은?**

① 평가팀장은 정도관리 평가위원 중 현장평가에 5회 이상 참여한 자로 선임한다.
② 평가팀장은 평가팀을 대표하며 현장평가 일정의 진행, 현장평가 보고서의 조정 및 제출 업무를 수행하여야 한다.
③ 과학원장은 현장평가 시 정도관리 평가팀에 전적으로 업무를 위임하므로 별도로 전문가를 자문위원으로 두지 않는다.
④ 평가팀은 대상기관별로 3일 이내에서 현장평가를 실시하지만, 분야, 항목, 측정분석방법, 기술적 난이 등을 감안하여 평가 일수를 적절히 조정할 수 있다.

관련항목 환경 시험·검사기관 정도관리 운영 등에 관한 규정 제27조(현장평가를 위한 정도관리 평가팀의 구성)

정답 07 ① 08 ②

☑ **해설** ② ; ① 평가팀장은 현장평가에 7회 이상 참여한 자로 선임한다. ③ 과학원장은 현장평가 시 필요하다고 인정되는 경우에는 전문가를 자문위원으로 둘 수 있으며 자문위원은 평가위원이 요구하는 자문에 기술적 지원을 한다. ④ 평가팀은 대상기관별로 2일 이내에서 현장평가를 실시하지만, 다만 분야, 항목, 측정분석 방법, 기술적 난이 등을 감안하여 평가 일수를 적절히 조정할 수 있다.

09 정도관리 현장평가 시 주의사항으로 틀린 것은?

① 평가팀과 대상기관과의 의견이 상충되어 합의되지 못하는 상황이 발생할 경우, 평가팀장은 평가를 중단하고 과학원에 이를 보고한다.
② 질문 시에는 간단하고 분명하게 하도록 하며 편견이 없어야 한다. 또한, 평가기준이 아닌 평가위원 개인의 의견이 평가에 개입되지 않도록 한다.
③ 평가 중에 대상기관의 불법사항 또는 거짓사항이 발견되었거나 이에 대한 의혹이 생길 경우에는 관련 자료들을 충분히 수집 후 중간회의에서 평가팀장에게 보고한다.
④ 평가를 종료시킬 정도의 미흡사항이 발견되면 평가팀장은 대상기관의 경영진에게 미흡사항의 심각성을 설명하고 그 시점에서 평가의 종류여부를 협의하여야 한다.

관련항목 환경 시험·검사기관 정도관리 운영 등에 관한 규정 제40조(현장평가 시 주의사항)[별표 5] 현장평가시 주의사항

☑ **해설** ① ; 평가팀과 대상기관과의 의견이 상충되어 합의되지 못하는 상황이 발생할 경우, 평가팀장은 해당 사항에 대한 무리한 결론은 정하지 말고 과학원에 이를 보고하여야 하며 과학원의 결정사항을 해당 대상기관 및 평가위원에게 통보하여야 한다.

10 정도관리 검증기관과 관련된 규정으로 틀린 것은?

① 현장평가를 마감하는 종료회의는 평가팀장이 주재하며 대상기관의 대표자, 기술책임자, 품질책임자가 참석한 상태에서 현장평가 중 발견된 사항들을 설명한다.
② 평가팀장은 미흡사항 보고서를 대상기관에 제시하고 대상기관의 대표자 또는 위임받은 자는 발견된 미흡사항에 대한 동의로서 미흡사항 보고서에 서명한다.
③ 검증기관의 검증유효기관은 심의된 날로부터 2년 이내로 한다.
④ 과학원장은 정도관리 재신청시 시험·검사 기관이 정도관리 적합 판정을 받은 경우에는 검증유효기간을 검증서를 발급받는 날부터 3년째 되는 해의 연말까지로 한다.

관련항목 환경시험·검사기관 정도관리 운영 등에 관한 규정 제40조(현장평가 시 주의사항)[별표 5] 현장평가 시 주의사항/제42조(종료회의)/제44조(대상기관의 보완조치 결과 제출 등)/제48조(검증기관의 검증유효기간 및 정도관리 유지)/제49조(검증유효기관의 특례)

☑ **해설** ③ ; 검증기관의 검증유효기관은 심의된 날로부터 3년 이내로 한다.

11 "환경분야 시험·검사 업무 처리규정"에 따른 대기 시험항목 중 표준처리기간이 다른 항목은?

① 불소화물 ② 암모니아
③ 염화수소 ④ 시안화수소

정답 09 ① 10 ③ 11 ①

관련항목 환경분야 시험·검사 업무 처리규정 제9조(시험성적서의 통보 등)

☑ 해설 ① ; 시험성적서의 작성 및 통보는 위의 규정 [별표 2]의 규정에 의해 표준처리기간 내에 이루어져야 하며, 의뢰받은 항목 중 기준을 초과한 항목이 있는 경우에는 의뢰자에게 우선적으로 통보하여야 한다. ① 불소화물 6일(시험검사기간 4일 + 행정처리기간 2일), ②,③,④ 5일(시험검사기간 3일 + 행정처리기간 2일)

12 한국인정기구(KOLAS) 규정에 따른 "측정결과의 불확도추정 및 표현을 위한 지침" 내용 중 다음 설명 중 잘못된 것은?

① 재현성(reproducibility)은 변경된 측정 조건에서 같은 측정량을 측정하여 얻은 결과들 사이의 일치하는 정도로서 변경된 조건은 측정원리, 측정방법, 관측자, 측정기기, 교정용 표준기, 장소, 사용 조건, 시간을 포함한다.

② 측정 결과는 측정에 의해 얻어진 참값이며, 완전한 보고는 측정 불확도에 대한 정보를 포함하여야 한다.

③ 반복성과 재현성 모두 결과의 분산 특성을 이용하여 정량적으로 표현할 수 있다.

④ 반복성(repeatability)은 같은 측정 조건에서 같은 측정량을 연속적으로 측정하여 얻은 결과들 사이의 일치하는 정도로서 반복성 조건은 같은 측정 절차, 같은 측정자, 같은 조건하에서 사용된 같은 측정기기, 같은 장소, 짧은 시간 내의 반복을 포함한다.

관련항목 측정결과의 불확도추정 및 표현을 위한 지침/2. 용어의 정의

☑ 해설 ② ; 측정 결과는 측정에 의해 얻어진 측정량의 추정값이며, 측정 결과의 완전한 보고는 측정 불확도에 대한 정보를 포함하여야 한다.

필기 05 환경측정분석사 필기 예상문제

13 일산화탄소(CO) 측정기기를 사용하여 대기 중 일산화탄소를 측정한 결과이다. 일산화탄소 측정값의 합성표준 불확도로 옳은 것은? (단, 계산 결과는 소수점 셋째자리에서 반올림하여 소수점 둘째자리까지 표시하시오)

> 일산화탄소 측정기기를 사용하여 대기 중 농도를 7회 반복 측정하였더니 측정값의 평균농도는 1.01 μmol/L이었고, 측정값의 표준불확도는 0.05 μmol/L이었다. 일산화탄소 측정기기는 일산화탄소 표준가스를 사용하여 교정하였고, 교정성적서에 명시되어 있는 농도값과 불확도는 1 μmol/L ± 0.06 μmol/L ($k=2$, 95 % 신뢰수준)이었다. 시료의 반복 측정결과와 일산화탄소 측정기기 교정을 위한 측정결과는 서로 상관관계가 없었다.

① 0.03 μmol/L　　② 0.04 μmol/L
③ 0.05 μmol/L　　④ 0.06 μmol/L

☑ 해설 ④ ; ㉠ 주어진 조건 : 일산화탄소 측정값 1.01 μmol/L, 측정값의 표준불확도 0.05 μmol/L, 교정서에 명시되어 있는 농도값과 불확도 1 μmol/L ± 0.06 μmol/L ($k=2$, 95 % 신뢰수준)

㉡ A타입 표준불확도 : u = 0.05 μmol/L, B타입 표준불확도 : $u=\dfrac{U}{k}=\dfrac{0.06\ \mu\text{mol/L}}{2}=0.03\ \mu\text{mol/L}$

㉢ 합성표준불확도(u_c) : $(u_c)^2$ = (A타입 표준불확도)^2 + (B타입 표준불확도)^2

$$= (0.05\ \mu\text{mol/L})^2 + (0.03\ \mu\text{mol/L})^2 = 0.0034\ (\mu\text{mol/L})^2$$

$$u_c = \sqrt{0.0034\ (\mu\text{mol/L})^2} = 0.058\ \mu\text{mol/L}$$

∴ 합성표준불확도는 ④의 0.06 μmol/L이다.

14 **확장불확도에 대한 설명으로 맞는 것은?**

① 측정결과가 여러 개의 다른 입력량으로부터 구해질 때 측정결과 표준편차를 표준불확도라고 한다.

② 합성표준불확도(u_c)에 포함인자 k를 나누어 구한다.

③ 포함인자 k는 그 구간에 요구되는 포함확률 또는 신뢰수준에 따라 정해진다.

④ 포함인자 k의 값은 보통 1과 2 사이의 값을 갖는다.

관련항목 측정결과의 불확도추정 및 표현을 위한 지침/확장불확도

☑ **해설** ③ ; ① 측정결과가 여러 개의 다른 양으로부터 구해질 때 측정결과의 표준편차를 합성표준불확도라고 한다. ② 합성표준불확도(u_c)에 포함인자 k를 곱하여 구한다. ④ 포함인자 k는 보통 2에서 3 사이의 값을 갖는다.

15 **화학적 시험방법의 유효성 확인에서 성능 특성(performance characteristics)에 대한 설명으로 틀린 것은?**

① 정확도(accuracy)는 시험결과의 품질을 측정하는 것으로 정밀도(precision)와 진도(trueness)로 구성된다.

② 분석 회수율(analytical recovery)은 시료의 준비, 시료로부터 분석대상물의 추출, 정량 이전의 분석에 관련된 편의로서 이를 추정하기 가장 좋은 방법은 일정한 농도(또는 양)의 분석대상성분이 포함된 매질 인증표준물질(CRM)을 분석하는 것이다.

③ 선택성(selectivity)은 간섭물질이 존재할 때 측정의 정확성을 뜻하는 것으로 잠재적인 간섭물질의 영향은 의심되는 간섭물질을 사전에 알려진 농도만큼 첨가한 시료를 분석하여 확인할 수 있다.

④ 첨가시료(spiked samples)는 적절한 인증표준물질(CRM) 및 표준물질(RM)의 사용이 모두 불가능하다면, 알려진 농도로 첨가한 시료의 분석을 통해 회수율을 확인할 수 있다.

관련항목 화학적 시험방법의 유효성 확인을 위한 지침/2. 유효성 수행인자

☑ **해설** ④ ; 첨가시료는 적절한 인증표준물질 및 표준물질의 사용이 모두 불가능하다면 알려진 농도로 첨가한 시료의 분석을 통해 편의를 확인할 수 있다.

16 **한국인정기구(KOLAS) 규정에서 기술 요구사항이 아닌 것은?**

① 인적사항
② 시험 및 교정 방법과 방법의 유효성 확인
③ 서비스 및 물품 구매
④ 시설 및 환경조건

관련항목 KS A ISO/IEC 17025 해설서

☑ **해설** ③ ; 서비스 및 물품 구매는 경영 요구사항이다.

17 **한국인정기구(KOLAS) 공인교정기관 평가 및 인정에 적용되는 기준으로 맞지 않는 것은?**

① KS Q ISO/IEC 17025(시험 및 교정 기관의 적격성에 대한 일반 요구사항, ISO/IEC 17025)

정답 14 ③ 15 ④ 16 ③ 17 ③

② 인정마크사용 및 인정지위 주장을 위한 지침
③ 공인기관의 경영기록 관리에 관한 기본 지침
④ 측정결과의 불확도 추정 및 표현을 위한 지침

관련항목 KOLAS 공인교정기관 지정제도 운영요령/제15조(인정 및 평가기준)

☑ **해설** ③ ; 공인기관의 기술기록 관리에 관한 기본 지침

18 **한국인정기구(KOLAS)의 최초 인정신청 현장평가 결과, 부적합 사항이 발견된 신청기관은 현장평가가 종료된 날로부터 몇 개월 이내에 시정조치를 완료하여야 하는가?**

① 1개월 ② 2개월
③ 3개월 ④ 4개월

관련항목 KOLAS 공인기관 인정신청 및 평가수행 절차에 관한 규정/7. 시정조치 보고 및 확인평가

☑ **해설** ③ ; 평가결과 부적합사항이 발견된 신청기관은 현장평가가 종료된 날로부터 3개월 이내(사후관리는 1개월 이내)에 해당 부적합사항에 대하여 시정조치를 완료하고 시정조치내용을 e-KOLAS 시스템을 통하여 인정기구의 장에게 보고하여야 하며, 재시정조치가 요구되는 경우 요청일로부터 2주 내에 시정조치를 완료하여야 하고 시정조치 기간 등 보완에 소요되는 기간은 인정처리기간에 산입하지 아니한다.

19 **다음의 설명 중 측정 소급성에 대한 내용으로 맞지 않는 것은?**

① 소급성 사슬내의 각 단계 별 측정불확도는 승인된 방법에 따라 계산 및 추정되어야 하며, 총괄적인 불확도 계산을 위해 제시되어야 한다.
② 환경오염물질의 농도 측정에 대한 측정결과의 소급성을 유지하기 위하여 측정불확도를 적용한다.
③ 문서화된 끊어지지 않는 교정의 사슬을 통하여 측정결과를 국가기술기준에 결부시킬 수 있는 측정결과의 특성이다.
④ ISO/IEC 17025:2005와 ISO 15189:2012에서 "소급성"은 VIM의 "측정소급성"과 동등한 의미이다.

관련항목 측정결과의 소급성 유지를 위한 지침/3. 용어의 정의

☑ **해설** ② ; 환경오염물질의 농도 측정에 대한 측정결과의 소급성을 유지하기 위하여 표준물질을 사용한다.

20 **측정결과의 소급성 유지를 위한 지침에서 사용되는 용어에 대한 설명으로 틀린 것은?**

① 측정불확도(Uncertainty of Measurement) : 측정결과와 관련된 측정량을 합리적으로 추정한 값들의 분산 특성을 나타낸 음이 아닌 파라미터이다.
② 표준물질(Reference Material) : 공인기관에 의해 발급된 문서가 포함된 유효한 절차를 사용하여 한 개 이상의 명시한 특성값과 연계 불확도 및 소급성을 제공하는 표준물질이다.
③ 측정소급성 사슬(Metrological Traceability Chain) : 측정결과를 기준에 결부시키는데 사용되는 측정표준과 교정의 단계적 순서이다.

정답 18 ③ 19 ② 20 ②

④ 내부교정(In-House Calibration): 공인기관 및 산업체에서 인정받은 시험 또는 교정활동을 목적으로 표준기 또는 측정기기에 대해 측정소급성을 확립하기 위해 자체적으로 수행되는 교정이다.

관련항목 측정결과의 소급성 유지를 위한 지침/3. 용어의 정의

☑ **해설** ② ; ②는 인증표준물질(CRM, Certificate reference material)에 대한 설명이다. 표준물질(RM)은 측정이나 명목특성 시험에 사용할 목적으로 만들어진 명시된 특성에 관하여 충분히 균질하고 안정된 물질이다.

21 대체표준물질(surrogate)에 대한 설명으로 맞지 않는 것은?

① 분석하고자 하는 물질과 화학적 조성, 추출, 크로마토그래피가 유사한 유기화합물이지만 일반 환경에서는 통상적으로 검출되는 물질이 아니다.

② 머무름 시간, 상대적 감응, 그리고 각 시료 중에 존재하는 분석물의 양을 점검하기 위해서 대체표준물질을 사용한다.

③ 모든 바탕시료, 표준물질, 시료에 주입되어 각 시료에 대한 시험방법의 효율을 모니터하기 위하여 시료의 전처리부터 추출과 분석에 이르기까지 전반적인 과정을 조사할 수 있다.

④ 대체표준물질이 주입된 시료는 특별한 방법에 따라 퍼징하거나 추출 전에 주입되고 대체첨가물질의 회수율이 수용한계를 벗어나면 적절한 수정이 이루어진 후 재분석해야 한다.

관련항목 환경시험 검사 QA/QC 핸드북/정도관리 일반/1. 정도관리/1.3 용어정의/1.3.1 표준물질 용어

☑ **해설** ② ; ② 머무름 시간(retention time), 상대적 감응(relative response), 그리고 각 시료 중에 존재하는 분석물의 양을 점검하기 위해서는 내부표준물질을 사용한다.

22 다음 중 검출한계를 설명하는 내용으로 틀린 것은?

① 검출한계 구하는 방법 : 시각적 평가에 근거하는 방법, 신호(signal) 대 잡음(noise)에 근거하는 방법, 반응의 표준편차와 검정곡선의 기울기에 근거하는 방법 등이 있다.

② 기기검출한계(Instrument Detection Limit) : 분석장비의 검출한계는 바탕시료에 대한 반복시험·검사결과 표준편차의 3배에 해당하는 농도나 분석장비 제조사에서 제시한 기기검출한계 값을 사용할 수 있다.

③ 방법검출한계(Method Detection Limit) : 시험방법에 의해 시험·검사한 결과가 99 % 신뢰수준에서 0보다 큰 최소 농도로 정의할 수 있으며, 분석장비, 분석자, 시험방법에 따라 달라져서는 안 된다.

④ 정량한계(Limit of Quantification) : 일반적으로 방법검출한계와 동일한 수행절차에 의해 수립되며 방법검출한계와 같은 낮은 농도 시료 7개 ~ 10개를 반복 측정하여 표준편차의 10배에 해당하는 값으로 정의한다.

관련항목 환경시험 검사 QA/QC 핸드북/정도관리 일반/1. 정도관리/1.3 용어정의/1.3.3 분석

☑ **해설** ③ ; 방법검출한계(MDL, Method detection limit) : 어떠한 매질 종류에 측정항목이 포함된 시료를 시험방법에 의해 시험·검사한 결과가 99 % 신뢰수준에서 0보다 분명히 큰 최소 농도로 정의할 수 있으며, 계산한 값은 분석장비, 분석자, 시험방법에 따라 달라질 수 있다.

정답 21 ② 22 ③

23 다음 설명 중 실험기구 별 세척방법으로 잘못 설명된 것은?

① 유리 기구 및 석영 기구를 구입 후 처음 사용 할 때에는 먼저 세척제와 수돗물로 씻고 물, 아세톤의 순서로 씻은 후 더운 질산(1:1)으로 세척한 다음 물로 충분히 헹구어 씻는다.

② 합성수지 기구를 구입 후 처음 사용할 때에는 세척제와 수돗물, 물, 아세톤의 순서로 씻은 후, 폴리에틸렌제 용기에 넣어 질산(1:3)에 0.5일 이상 담그고 0.5일 이상 초음파 세척을 한 후 물로 충분히 헹구어 씻는다.

③ 백금기구는 질산(1:3)에 담가 100 ℃ 이상으로 0.5일 이상 가열한 후 물로 충분히 씻는다.

④ 보존 용기는 세척제와 수돗물, 물로 씻은 후 질산(1:3)을 가득 채워 0.5일 이상 방치하고, 물, 염산(1:1)의 순서로 씻은 후 시험 목적에 따라 정제수로 세척한다.

관련항목 환경시험 검사 QA/QC 핸드북/정도관리 일반/2.실험실의 기본 장비와 관리/2.2 용기 및 기구/2.2.4 기구의 세척

☑ **해설** ③ ; 백금기구의 세척 : 질산(1:3)에 담가 80 ℃ 이상으로 1일 이상 가열한 후 물로 충분히 씻는다. 사용 직전에는 시험 목적에 따라 반드시 정제수로 세척한다.

24 다음은 검정표준물질에 관한 설명이다. 괄호 안에 들어갈 용어로 알맞게 짝지은 것을 고르시오.

> • (㉠)은 초기교정에 대한 점검을 위해 사용되는 표준물질이다.
> • (㉡)은 시료를 분석하는 중에 검정곡선의 정확성을 확인하기 위해 사용하는 표준물질이다.

① ㉠ 교정검증표준물질 ㉡ 수시교정표준물질
② ㉠ 수시교정표준물질 ㉡ 연속검정표준물질
③ ㉠ 수시교정표준물질 ㉡ 교정검증표준물질
④ ㉠ 연속검정표준물질 ㉡ 교정검증표준물질

관련항목 환경시험 검사 QA/QC 핸드북/정도관리 일반/3. 분석기기의 교정 및 관리/3.3 기기별 검정 및 관리

☑ **해설** ② ; ㉠ 수시교정표준물질 : 초기교정에 대한 점검을 위해 사용되는 표준물질로서 시료의 정량을 위해서 사용되지 않는다. ㉡ 연속검정표준물질(CCS, Continuing calibration standard) : 시료를 분석하는 중에 검정곡선의 정확성을 확인하기 위해 사용하는 표준물질이다.

25 시약 등급수(reagent grade water, 실험실용 정제수) 제조 시 사용하는 방법으로 그 내용이 틀린 것은?

① 시약 등급수 제조방법으로는 역삼투, 증류, 탈이온화, 한외여과, 자외선 처리 등의 방법이 있다.

② 증류에 의해 정제된 물의 저항은 탈이온화에 의해 만들어진 저항보다 더 낮은 값을 가지는데, 이는 증류에 의해 정제된 물은 이산화탄소, 이산화황과 다른 이온화된 기체가 있

을 수 있기 때문이다.

③ 활성화 탄소의 흡착에 의해 잔류염소가 제거된다.

④ 한외여과는 미량 무기 오염물질을 감소시키는데 유용하다.

관련항목 환경시험 검사 QA/QC 핸드북/정도관리 일반/4. 시약/4.1 시약/4.1.2 시약등급수의 준비 방법(제조 방법)

☑ **해설** ④ ; 한외여과는 미량 유기 오염물질을 감소시키는데 유용하다.

26 **일차표준물질을 이용한 표준용액의 조건 및 특성으로 잘못된 내용은?**

① 한 번의 측정으로 그 농도를 결정할 수 있을 만큼 매우 안정해야 한다.

② 쉽게 건조되어서는 안되고 대기 중 수분과 이산화탄소를 흡수하지 않아야 한다.

③ 만족할 만한 종말점을 얻기 위해 분석물과 거의 완전히 반응해야 한다.

④ 간단한 균형 반응식으로 설명할 수 있도록 분석물과 선택적으로 반응하여야 한다.

관련항목 환경시험 검사 QA/QC 핸드북/정도관리 일반/4. 시약/4.2 표준물질/4.2.1 적정용액의 표준화

☑ **해설** ② ; 일차표준물질은 안정하고, 쉽게 건조되어야 하며 대기 중 수분과 이산화탄소를 흡수하지 않아야 한다.

27 **다음은 시료의 채취에 있어 대표성이 있는 채취지점의 선정방법에 대한 설명이다. 어떤 샘플링 방법인가?**

• 연구기간이 짧고, 예산이 충분하지 않을 때, 과거 측정지점에 대한 조사자료가 있을 때, 특정지점의 오염 발생 여부를 확인하고자 할 때 선택한다.

① 임의적 샘플링

② 계통 표본 샘플링

③ 유의적 샘플링

④ 층별 임의 샘플링

관련항목 환경시험 검사 QA/QC 핸드북/시료채취에서의 QAQC/1.시료채취 계획과 요소/1.1시료채취 계획/1.1.3 대표성 시료 샘플링 방법

☑ **해설** ③ ; 유의적 샘플링(Judgemental sampling) : 전문적인 지식을 바탕으로 한 주관적인 선택에 따른 채취 방법으로 선행 연구나 정보가 있을 경우 또는 현장 방문에 의한 시각적 정보, 현장 채수 요원의 개인적인 지식과 경험을 바탕으로 채취지점을 선정하는 방법이다. 연구기간이 짧고, 예산이 충분하지 않을 때, 과거 측정지점에 대한 조사자료가 있을 때, 특정지점의 오염 발생 여부를 확인하고자 할 때 선택한다.

28 **현장 분석물질의 측정값이 모든 상대표준편차 백분율(RPD, relative percent difference) 데이터에 의해 평균값 $x=6.5$ %, 계산된 표준편차값 $s=4.7$ %로 계산되었다면 이때 RPD 데이터로 계산한 경고 기준(㉠)과 관리 기준(㉡)이 맞게 짝지어진 것은?**

① ㉠ ± 17.7 %, ㉡ ± 24.2 %

② ㉠ ± 15.9 %, ㉡ ± 20.1 %

③ ㉠ ± 20.1 %, ㉡ ± 15.9 %

④ ㉠ ± 24.2 %, ㉡ ± 17.7 %

관련항목 환경시험 검사 QA/QC 핸드북/시료채취에서의 QAQC/2. 시료 채취 실무/2.7 현장 정도관리/2.7.2 현장 QC 점검의 범위

정답 26 ② 27 ③ 28 ②

☑ **해설** ② ; ㉠ 주어진 조건 : 평균(x) 6.5 %, 표준편차(s) 4.7 %
㉡ 경고기준 = $\pm(x+2s) = \pm(6.5+2\times4.7) = \pm15.9$ %
㉢ 관리기준 = $\pm(x+3s) = \pm(6.5+3\times4.7) = \pm20.1$ %

29 대기오염 연속측정기기를 이용하여 일산화질소를 측정하였다. $t-$시험법에 의한 시험 통계량으로 옳은 것은?

> • 표준가스의 일산화질소 농도 : 1.02 ppm
> • 연속측정기기를 이용한 일산화질소의 측정값(5회) : 1.10 ppm, 1.12 ppm, 1.15 ppm, 1.18 ppm, 1.20 ppm

① 3.15 ② 1.58
③ 1.41 ④ 12.47

관련항목 환경시험 검사 QA/QC 핸드북/결과보고/4. 가설검정에 대한 통계학적 도움/4.1 알려진 값과 실험 평균의 비교/4.1.2 적은 수의 시료와 t 시험법

☑ **해설** ③ ; ㉠ 주어진 조건 : 모평균 μ_0 1.02 ppm, 4회 측정 평균($\bar{x}$) 1.15 ppm, 표준편차(s) 0.041 ppm
㉡ 시험통계량 $t = \dfrac{\bar{x}-\mu_0}{s/\sqrt{N}} = \dfrac{1.15-1.02}{0.041/\sqrt{5}} = 1.41$, 시험통계량은 $t-$분포표에서 좌측으로는 -1.41 우측으로는 1.41이다.

30 굴뚝배출 시료 중 염화수소를 분석하였다. 의심스러운 측정값을 버릴 것인지 받아들일 것인지를 결정할 때 $Q-$시험법($Q-$test)을 사용하는데 $Q-$시험법 결과로 옳은 것은? (단, $Q-$시험법은 90 %의 신뢰수준을 적용하며, 이때 Q_{crit}의 임계값은 0.642이다)

> 염화수소(HCl)의 5회 측정결과 : 5.05 ppm, 5.24 ppm, 5.12 ppm, 5.34 ppm, 5.20 ppm

① Q = 0.345로 그 측정값은 버린다.
② Q = 0.345로 그 측정값은 받아들인다.
③ Q = 2.900으로 그 측정값은 버린다.
④ Q = 2.900으로 그 측정값은 받아들인다.

관련항목 환경시험 검사 QA/QC 핸드북/결과보고/5. 좋지 않은 데이터에 대한 $Q-$test

☑ **해설** ③ ; ㉠ 자료 : 5.05, 5.24, 5.12, 5.34, 5.20
㉡ $Q_{계산} = \dfrac{간격}{범위} = \dfrac{의심스러운값-가장\ 가까운\ 측정값}{최대값(의심스러운값)-최소값} = \dfrac{5.34-5.24}{5.34-5.05} = 0.345$
㉢ 판정 계산된 $Q_{계산}$값은 0.345이고 90 % 신뢰수준에서 Q의 임계값이 0.642 이므로 ($Q_{계산} < Q_{임계값}$) 그 측정값(의심스러운 측정값)은 받아들인다.

31 저울실의 환경유지를 위한 적절한 실내온도와 상대습도로 옳은 것은?

정답 29 ③ 30 ③ 31 ①

① 온도 18 ℃ ~ 20 ℃, 상대습도 40 % ~ 60 %
② 온도 18 ℃ ~ 20 ℃, 상대습도 45 % ~ 60 %
③ 온도 22 ℃ ~ 25 ℃, 상대습도 40 % ~ 60 %
④ 온도 22 ℃ ~ 25 ℃, 상대습도 45 % ~ 60 %

관련항목 환경실험실 운영관리 및 안전/제1장 실험실 설계 및 운영 기준/1. 실험실 일반시설/1.6 저울실

☑ **해설** ① ; 저울실은 시약의 변질을 방지하기 위해 적절한 실내 온도 유지(약 (18~20) ℃)와 건조한 상태(상대습도 (40~60) %)를 유지해야 한다.

32 분석 실험실 시설 중 기기분석실에 설명으로 틀린 것은?

① 기기분석실의 최소한의 면적은 분석장비 및 분석항목에 따라 차이가 있을 수 있으며, 대체적으로 실험실면적의 약 (60 ~ 70) % 이상 갖추어 설비하는 것이 바람직하다.
② 냉·난방장치는 기기실별로 별도로 설비되어야 하며, 실내온도는 약 (18 ~ 28) ℃로 유지시키는 것이 바람직하고 특히 주말 등 휴무기간의 온도유지를 위하여 냉·난방장치는 반드시 별도로 설비한다.
③ 조명은 실험의 수행이 원활할 수 있도록 설비되어야 하며, 조명의 밝기는 최소한 150 Lux 이상이어야 한다.
④ 기기분석실에 안정적인 전원을 공급할 수 있도록 무정전전원장치(UPS) 또는 전압조정장치(AVR)를 설치하여야 하며, 특히 UPS는 정전 시 사용시간이 총 30분 이상 될 수 있도록 설비하여야 한다.

관련항목 환경실험실 운영관리 및 안전/제1장 실험실 설계 및 운영 기준/2. 분석 실험실 시설/2.4기기분석실

☑ **해설** ③ ; 조명은 실험 수행이 원활할 수 있도록 설비하여야 하며, 조명의 밝기는 최소한 300 Lux 이상이어야 한다.

33 실험실 안전장치인 퓸 후드(Fume hoods)에 관한 내용으로 맞는 것은?

① 실험실 내부 공기의 오염을 방지할 수 있으므로 휘발성이 강한 물질에 대한 실험은 실험실의 후드 밖에서 해도 무방하다.
② 유해 가스를 제거해 주므로 후드를 시약 또는 폐액 보관장소로 사용하도록 한다.
③ 냄새 확인 등 필요한 경우 인체의 일부분이 퓸 후드 내로 들어가도 된다.
④ 퓸후드의 배기속도를 정확하게 측정할 수 없으므로 ASHRAE 110과 같은 시험절차에 따라 안전하게 시험할 수 있다.

관련항목 환경실험실 운영관리 및 안전/제2장 실험실 안전/2. 실험실 안전장치 및 시설/2.1 퓸 후드

☑ **해설** ④ ; ① 후드를 사용함으로써 실험실 내부 공기의 오염을 방지할 수 있으므로 모든 화학물질 특히 휘발성이 강한 물질에 대한 실험은 실험실의 후드 안에서 한다. ② 후드를 시약 또는 폐액 보관장소로 사용하지 않도록 한다. ③ 인체의 어느 부분이라도 퓸 후드 내로 들어가면 안 된다.

정답 32 ③ 33 ④

34 화학물질 저장을 위한 시설에 대한 설명으로 잘못된 것은?

① 인화성 물질의 경우 실험대나 선반의 유리병은 최대 40 L, 승인된 안전용기는 최대 100 L, 승인된 캐비닛은 최대 240 L로 제한하여 보관한다.

② 인화성 물질 저장 캐비닛은 흔들리지 않도록 벽에 단단히 고정하여야 하며, 특히 불꽃이나 점화원 근처에 설치하지 않도록 주의해야 한다.

③ 유리제품 캐비닛을 사용할 경우에는 폭발위험을 최소화 할 수 있도록 배출용 뚜껑이 부착되는 것을 사용한다.

④ 실험실 내에는 가연성 및 부식성 물질의 저장을 가능한 한 최소화하고 실험실 내에 저장할 경우에는 물질에 적합하게 제작된 통풍이 되는 캐비닛에 저장해야 한다.

관련항목 환경실험실 운영관리 및 안전/제2장 실험실 안전/2. 실험실 안전장치 및 시설/2.2 화학물질 저장 캐비닛

☑ **해설** ② ; 인화성 물질 저장 캐비닛은 출입구, 계단 인근에 두면 안 되며, 출입에 지장을 초래하지 않는 곳에 두어야 한다. 또한 벽에 고정되어서는 안 되며, 특히 불꽃이나 점화원 근처에 설치하지 않도록 주의해야 한다.

35 실험실 안전을 위한 일반적인 행동 지침으로 잘못된 것은?

① 화학약품을 사용하는 실험실에서는 약품이 튀거나 넘어져 눈에 들어갈 위험이 있고 가압된 진공용기는 폭발할 수 있으므로 실험자는 실험할 때 보안경, 고글, 안전마스크를 사용하여야 한다.

② 80 dB 이하의 소음은 청각에 위험을 주지 않으나 130 dB 이상에서는 위험하므로 피해야 하며 95 dB 이상의 높은 소음에는 귀덮개가 적합하고 (80 ~ 95) dB 범위의 소음에는 귀마개가 적합하다.

③ 수행되고 있는 실험은 항상 관심을 가지고 지켜보는 습관을 가지며 방치하지 않는다.

④ 모든 화학물질에는 물질의 이름, 특성, 위험도, 주의사항 및 관리자 이름을 표시하나 예외적으로 정제수는 표시하지 않아도 된다.

관련항목 환경실험실 운영관리 및 안전/제2장 실험실 안전/3. 실험실 안전 행동지침/3.1 일반 지침

☑ **해설** ④ ; 모든 화학물질에는 물질의 이름, 특성, 위험도, 주의사항 및 관리자 이름을 표시하며 정제수도 예외는 아니다.

36 화학물질 중 유기용제의 종류와 관리에 대한 설명으로 틀린 것은?

① 아세톤 : 독성과 가연성 증기를 가지며, 적절한 환기시설에서 보호장갑, 보안경 등 보호구를 착용한다.

② 메탄올 : 해로운 증기를 가지고 있으므로 심하게 노출되면 혼수상태에 이르고 결국에는 사망하는 경우도 있으며, 약간의 노출에도 결막, 두통, 위장장애, 시력장애의 원인이 되므로 환기시설이 잘되는 후드에서 사용하고 네오프렌 장갑을 착용한다.

③ 벤젠 : 발암물질로서 적은 양을 오랜 기간에 걸쳐 흡입할 때 만성 중독이 일어날 수 있으며, 피부를 통해 침투되기고 하지만 증기는 불연성이므로 불연성 액체와 함께 저장한다.

정답 34 ② 35 ④ 36 ③

④ 에테르 : 증류나 증발 시 농축되거나 폭발될 수 있는 물질이 있는 혼합물과 결합했을 때 공기 중 산소와 결합하여 불안전한 과산화물을 형성하여 매우 격렬하게 폭발할 수 있으므로 가급적 사용하지 않는 것이 바람직하다.

관련항목 환경실험실 운영관리 및 안전/제2장 실험실 안전/3. 실험실 안전 행동지침/3.2 화학물질 취급 시 안전

☑ **해설** ③ ; 벤젠은 발암물질로서 적은 양을 오랜 기간에 걸쳐 흡입할 때 만성 중독이 일어날 수 있으며, 피부를 통해 침투되기도 하고, 증기는 가연성이므로 가연성 액체와 함께 저장한다.

37 다음 중 사고 상황별 대처요령을 설명한 것으로 틀린 내용은?

① 화재나 폭발 등으로 인하여 실험자의 머리나 옷에 불이 붙었을 경우, 멈춰서기－눕기－구르기(Stop－Drop－Roll) 방법 또는 담요 및 물 등을 사용하여 옷이나 머리에 붙은 불을 끄고, 이 방법이 여의치 않을 때에는 화재 당사자를 바닥에 구르게 한다.
② 전기에 의한 화상 시 피부표면으로 증상이 나타나지 않기 때문에 피해정도를 알아내기가 힘들뿐 아니라 심한 합병증을 유발할 수 있으므로 즉시 의료진의 치료를 받는다.
③ 외부 출혈이 있을 경우 지혈을 하는 가장 좋은 방법은 지혈대를 사용하는 것이며 상처부위에 직접 압박을 가하는 것이 최후의 수단이다.
④ 독극물 중독자가 의식불명인 경우, 환자의 호흡을 확인하며 호흡곤란의 경우에는 머리를 뒤로 기울여 인공호흡을 실시하되 구강 대 구강 인공호흡은 하지 않는다.

관련항목 환경실험실 운영관리 및 안전/제2장 실험실 안전/4. 실험실 사고발생 시 대처요령/4.2 사고 상황별 대처요령

☑ **해설** ③ ; 외부 출혈 : 지혈을 하는 가장 좋은 방법은 상처부위에 직접 압박을 가하는 것이며 지혈대는 최후의 수단으로 사용한다.

38 안전보건에 관한 정보를 제공하는 표지에 해당하지 않는 것은?

① 금지표지 ② 경고표지
③ 안내표지 ④ 주의표지

관련항목 산업안전보건법 시행규칙 제38조제1항 관련/[별표 6] 안전보건표지의 종류와 형태

☑ **해설** ④ ; 안전보건표지에는 '금지표지', '경고표지', '지시표지', '안내표지'의 4가지 종류가 있다.

39 정도보증 및 정도관리에 대한 내용으로 다음 괄호 안에 들어갈 내용으로 옳은 것은?

- (㉠) : 교정에 사용되는 기준기체로서 직선성이 양호한 측정·분석방법 또는 기기에 대하여 검정식의 기울기 또는 (㉡)을(를) 교정하기 위한 기체이다.
- (㉢) : 측정하고자 하는 분석성분이 포함되어 있지 않은 기준 기체로서 측정·분석방법 또는 기기에 대하여 측정 범위의 (㉣)을(를) 보정하기 위한 기체이다.

정답 37 ③ 38 ④ 39 ③

① ㉠ 제로기체 ㉡ 바탕시험값 ㉢ 스팬기체 ㉣ 감응계수
② ㉠ 제로기체 ㉡ 감응계수 ㉢ 스팬기체 ㉣ 바탕시험값
③ ㉠ 스팬기체 ㉡ 감응계수 ㉢ 제로기체 ㉣ 바탕시험값
④ ㉠ 스팬기체 ㉡ 바탕시험값 ㉢ 제로기체 ㉣ 감응계수

관련항목 대기오염공정시험기준/ES 01001 정도보증, 정도관리

☑ **해설** ③ ; ① 스팬기체(span gas) : 교정에 사용되는 기준 기체로서 직선성이 양호한 측정·분석방법 또는 기기에 대하여 검정식의 기울기 또는 감응계수를 교정하기 위한 기체이다. ② 제로기체(zero gas) : 측정하고자 하는 분석성분이 포함되어 있지 않은 기준 기체로서 측정·분석방법 또는 기기에 대하여 측정 범위의 바탕시험값을 보정하기 위한 기체이다.

40 대기시료 채취 시 일반적인 주의사항에 대한 설명으로 틀린 것은?

① 시료를 채취할 때는 되도록 측정하려는 가스 또는 입자의 손실이 없도록 하며, 대기환경을 대표할 수 있도록 측정기기는 실외에 설치하고 채취구는 흡착, 흡수 등에 의한 영향을 최소한도로 줄일 수 있는 재질과 방법을 선택한다.
② 미리 측정하려고 하는 성분과 이외의 성분에 대한 물리적, 화학적 성질을 조사하여 방해성분의 영향이 적은 방법을 선택한다.
③ 시료채취 유량은 각항에서 규정하는 범위 내에서는 되도록 많이 채취하는 것을 원칙으로 하며, 사용 유량계는 그 성능을 잘 파악하여 사용하고 채취유량은 반드시 온도와 압력을 기록하여 표준상태로 환산한다.
④ 입자상 물질을 채취할 경우에는 채취관 벽에 분진이 부착 또는 퇴적하는 것을 피하고 특히 채취관은 수평방향으로 연결할 경우에는 되도록 관의 길이를 짧게 하고 곡률반경은 크게 한다.

관련항목 대기오염공정시험기준/ES 01115 환경대기 시료채취방법/6.0 시료채취 일반사항

☑ **해설** ① 시료를 채취할 때는 되도록 측정하려는 가스 또는 입자의 손실이 없도록 하며, 특히 바람이나 눈, 비로부터 보호하기 위하여 측정기기는 실내에 설치하고, 채취구는 밖으로 연결할 경우에는 채취관 벽과의 반응, 흡착, 흡수 등에 의한 영향을 최소한도로 줄일 수 있는 재질과 방법을 선택한다.

정답 40 ①

2 대기오염공정시험기준

01 다음 중 입자상 및 기체상 시료의 분석을 위한 전처리 방법에 대한 설명으로 잘못된 것은?

① 질산－염산법 : 필터에 채취한 무기질 시료를 용해시키기 위하여 단일산이나 혼합산의 묽은산 또는 진한산을 사용하여 오픈형 열판에서 직접 가열하여 시료를 분해하는 방법이다.

② 마이크로파 산분해법 : 원자흡수분광광도법이나 유도결합플라즈마방출분광법 등으로 무기물을 분석하기 위한 시료의 전처리 방법으로 주로 이용된다.

③ 저온회화법 : 유기물 및 동식물 생체시료 중의 회분을 측정하기 위하여 일반적으로 사용하는 전처리 방법이다.

④ 용매추출법 : 적당한 용매를 사용하여 액체나 고체 시료에 포함되어 있는 성분을 추출하는 방법이다.

관련항목 ES 01102 시료 전처리

☑ **해설** ③ ; 저온회화법은 시료를 채취한 여과지를 회화실에 넣고 약 200 ℃ 이하에서 회화하는 전처리 방법이며, 회화법은 유기물 및 동식물 생체시료 중의 회분을 측정하기 위하여 일반적으로 사용하는 전처리 방법이다.

02 배출가스 중 가스상 물질의 시료 채취방법에 대한 설명으로 잘못된 것은?

① 흡수병, 채취병 등을 사용하는 시료채취장치의 구성은 채취관 → 연결관 → 채취부이다.

② 채취관은 흡입가스의 유량, 채취관의 기계적 강도, 청소의 용이성 등을 고려하여 안지름 (6 ~ 25) mm 정도의 것을 사용한다.

③ 배출가스 중의 수분 또는 이슬점이 높은 기체성분이 응축해서 채취관이 부식될 염려가 있는 경우, 여과재가 막힐 염려가 있는 경우, 분석물질이 응축수에 용해되어 오차가 생길 염려가 있는 경우에는 채취관을 보온 또는 가열한다.

④ 하나의 연결관으로 여러 개의 측정기를 사용할 경우 각 측정기 앞에서 연결관을 직렬로 연결하여 사용한다.

관련항목 ES 01111.a 배출가스 중 가스상 물질 시료채취방법

☑ **해설** ④ ; 하나의 연결관으로 여러 개의 측정기를 사용할 경우 각 측정기 앞에서 연결관을 병렬로 연결하여 사용한다.

03 배출가스 중 휘발성유기화합물(VOCs) 시료채취방법으로 맞지 않는 것은?

① 흡착관법을 이용한 시료채취 시 시료흡입속도는 (1 ~ 2) L/min 정도로 하며, 시료채취량은 (1 ~ 10) L 정도가 되도록 한다.

② 흡착관법을 이용한 시료채취 시 시료를 채취한 흡착관은 양쪽 끝단을 테플론 재질의 마개를 이용하여 단단히 막고 불활성 재질의 필름 등으로 밀봉하거나 마개가 달린 용기 등에 넣어 이중으로 외부 공기와의 접촉을 차단한다.

정답 01 ③ 02 ④ 03 ①

③ 테들러 백은 재사용 시에 제로기체와 동등 이상의 순도를 가진 질소나 헬륨기체를 채운 후 24시간 혹은 그 이상동안 시료채취주머니를 놓아둔 후 퍼지시키는 조작을 반복하고 시료채취주머니 내부의 기체를 채취하여 기체크로마토그래프로 사용 전에 오염여부를 확인하고 오염되지 않은 것을 사용한다.

④ 테들러 백을 이용한 시료채취 시 배출가스의 온도가 100 ℃ 미만으로 테들러 백 내의 수분응축의 우려가 없는 경우 응축기 및 응축수 트랩을 사용하지 않아도 무방하다.

관련항목 ES 01113.a 배출가스 중 휘발성유기화합물(VOCs) 시료채취방법

☑ **해설** ② ; 흡착관법을 이용한 시료채취 시 시료흡입속도는 (100 ~ 250) mL/min 정도로 하며, 시료채취량은 (1 ~ 5) L 정도가 되도록 한다. 테들라 백을 이용한 시료채취 시 시료흡입속도는 (1 ~ 2) L/min 정도로 하며, 시료채취량은 (1 ~ 10) L 정도가 되도록 한다.

04 다음 중 환경기준 설정항목 및 기타 대기 중의 오염물질 분석을 위한 입자상 및 가스상 물질의 채취 방법에 대한 설명 중 틀린 것은?

① 환경기준 시험을 위한 시료채취 지점 수 및 지점 장소는 측정하려고 하는 대상 지역의 발생원 분포, 기상조건 및 지리적, 사회적 조건을 고려하여 결정한다.

② 시료채취 장소를 결정하기 위한 방법으로 인구비례에 의한 방법, 대상지역의 오염정도에 따라 공식을 이용하는 방법이 있으며, 시료채취 지점 수를 결정하기 위한 방법으로 중심점에 의한 동심원을 이용하는 방법, TM 좌표에 의한 방법이 있다.

③ 주위에 건물이나 수목 등의 장애물이 있을 경우에는 채취위치로부터 장애물까지의 거리가 그 장애물 높이의 2배 이상 또는 채취점과 장애물 상단을 연결하는 직선이 수평선과 이루는 각도가 30° 이하 되는 곳을 선정한다.

④ 시료의 채취는 건물 바깥벽으로부터 적어도 1.5 m 이상 떨어진 곳으로 선정하며, 시료채취 높이는 그 부근의 평균오염도를 나타낼 수 있는 곳으로 가능한 한 (1.5 ~ 30) m 범위로 한다.

관련항목 ES 01115 환경대기 시료채취방법

☑ **해설** ② ; 시료채취 지점 수를 결정하기 위한 방법으로 인구비례에 의한 방법, 대상지역의 오염정도에 따라 공식을 이용하는 방법이 있으며, 시료채취 장소를 결정하기 위한 방법으로 중심점에 의한 동심원을 이용하는 방법, TM 좌표에 의한 방법이 있다.

05 대기오염공정시험기준에 따른 비분산적외선분광분석법에 대한 설명으로 틀린 것은?

① 선택성 검출기를 이용하여 시료 중의 특정 성분에 의한 적외선의 흡수량 변화를 측정하여 시료 중에 들어있는 특정 성분의 농도를 구하는 방법이다.

② 검출한계는 분석 광학계의 적외선 복사선이 시료 중을 통과하는 거리에 따라 다르며 복사선 통과 거리가 (20 ~ 26) m일 때 분석기의 검출한계를 0.5 μmol/mol까지 낮출 수 있다.

③ 대기 또는 굴뚝 배출기체에 포함된 입자상 물질이 측정에 영향을 줄 수 있으므로 이들 물질의 영향을 최소화하기 위하여 시료채취부 전단에 공극 0.3 μm인 여과지를 부착하여

정답 04② 05②

야 한다.

④ 적외선흡수법의 경우 시료 측정에 영향을 주는 인자로 수분 함량이 매우 중요하기 때문에 정확한 성분가스 농도를 측정하기 위해서는 시료가스 중 수분 함량을 구하고 필요한 경우 이를 보정해 주어야 한다.

관련항목 ES 01204 비분산적외선분광광도법

☑ **해설** ② ; 비분산적외선분석계의 검출한계는 분석 광학계의 적외선 복사선이 시료 중을 통과하는 거리에 따라 다르며 복사선 통과 거리가 (10 ~ 16) m일 때 분석기의 검출한계를 0.5 μmol/mol까지 낮출 수 있다.

06 대기오염공정시험기준에 따른 고성능 액체크로마토그래피의 설명으로 맞지 않는 것은?

① 고성능 액체크로마토그래프 기기장치의 기본 구성은 용매저장기 → 펌프 → 시료 주입기 → 분리관 → 검출기 → 기록기 순이다.

② 액체크로마토그래프의 전형적인 다공성 입자 충전물은 지름이 (3 ~ 10) μm인 다공성 미세입자로 구성되어 있으며 입자는 실리카, 알루미나, 폴리스타이렌－다이비닐벤젠 합성수지 즉 이온교환수지로 되어 있다.

③ 액체크로마토그래프에서 화학종의 분리 방식은 분배, 흡수, 크기별 배제, 이온교환 방식으로 구분된다.

④ 검출기는 UV 흡광도 검출기, 형광 검출기, 굴절률 검출기, 증발 광산란 검출기, 전기화학 검출기, 질량분석 검출기 등이 있다.

관련항목 ES 01207.a 고성능 액체크로마토그래피

☑ **해설** ③ ; 액체크로마토그래프에서 화학종의 분리 방식은 크게 분배, 흡착, 크기별 배제, 이온교환 방식으로 구별된다.

07 X－선 형광분광법(XRF, X－ray fluorescence spectrometry)에 관한 설명으로 잘못된 것은?

① X－선 형광분광법은 산소의 원자번호보다 큰 원자번호를 가지는 원소를 정성적으로 확인하기 위한 분석법으로 원소의 정량분석에 이용되며, 시료가 파괴되지 않는다는 장점이 있어 필터에 채취한 먼지 시료의 원소 분석에 유용하게 사용된다.

② X－선 형광 기기는 파장분산형(WDX, wavelength dispersive X－ray spectrometer)과 에너지분산형(EDX, energy dispersive X－ray spectrometer), 비분산형(nondispersive X－ray spectrometer) 세 가지로 나눌 수 있다.

③ 검출기에는 기체－충전 검출기, 섬광계수기, 반도체 검출기가 있다.

④ 시료에서 방출되는 X－선은 검출기에 도달하기 전에 시료 매질에 의해 흡수되는데 이러한 흡수효과는 원소마다 다르고 원자번호가 큰 원소일수록 더욱 크다.

관련항목 ES 01208 X－선 형광분광법

☑ **해설** ④ ; 정량분석 : 스펙트럼에 나타난 각 원소에 의한 봉우리의 세기는 원소의 농도에 비례하므로 이를 정량화 하여 시료의 조성을 알 수 있으나 시료에서 방출되는 X－선은 검출기에 도달하기 전에 시료 매질에 의해 흡수되는데 이러한 흡수효과는 원소마다 다르고 원자번호가 작은 원소일수록 더욱 크다.

정답 06 ③ 07 ④

08 **굴뚝배출가스 중의 수분 함량을 알아보기 위해 흡습관법을 이용하여 배출가스를 흡인 채취하였다. 수분 함량의 부피백분율(%)로 옳은 것은?** (단, 습식가스미터에서의 흡인가스 온도는 27 ℃, 흡인가스 차압은 30.2 mmH_2O, 흡인가스량은 20 L, 측정시의 대기압은 750 mmHg, 흡습수분의 중량은 2.5 g)

① 11.7 %　　② 12.3 %
③ 14.7 %　　④ 17.3 %

관련항목 ES 01301.1b 배출가스 중 먼지-반자동식 측정법

☑ **해설** ③; ㉠ 주어진 조건 : 가스미터에서의 흡입 기체 온도(θ_m) 17 ℃, 흡인가스 차압(P_m) 27.2 mmH_2O, 흡인가스량(V_m) 20 L, 대기압(P_a) 750 mmHg, 흡습 수분의 질량($m_a = m_{a2} - m_{a1}$) 2.5 g

㉡ 배출가스 중 수증기의 부피 백분율(X_w, %) :

$$X_w = \frac{\frac{22.4}{18} m_a}{V_m \times \frac{273}{273+\theta_m} \times \frac{P_a + P_m}{760} + \frac{22.4}{18} m_a} \times 100\ \%$$

$$= \frac{\frac{22.4}{18} \times 2.5}{20 \times \frac{273}{273+27} \times \frac{750 + 30.2/13.6}{760} + \frac{22.4}{18} \times 2.5} \times 100\ \% = 14.7\ \%$$

09 **배출가스 중 무기화합물의 시료채취와 관련된 설명으로 잘못된 것은?**

① 암모니아는 배출가스 중 암모니아 공존 성분에 의하여 부식되지 않는 유리관, 스테인리스강 재질, 석영관 및 불소수지관 등의 재질을 사용한다.
② 염화수소는 자외선가시선분광법 적용시에 시료채취를 위해 2개의 연속된 흡수병에 0.1 mol/L 수산화소듐 용액을 50 mL 담은 뒤 40 L 정도의 시료를 채취한다.
③ 황화수소 시료채취를 위한 흡수액의 조제는 황산아연 5 g을 물에 녹이고 여기에 수산화소듐 6 g을 물 약 300 mL에 녹인 용액을 가한다음 황산암모늄 70 g을 저으면서 가하고 수산화아연의 침전이 녹으면 물을 가하여 전량을 1 L로 한다.
④ 불소화합물 시료채취를 위해서는 2개의 250 mL 시료 흡수병에 각각 수산화소듐 40 g을 정확하게 취하여 증류수에 용해시켜 전량을 1 L로 한 흡수액의 농도가 1 M 수산화소듐 용액 50 mL를 넣은 것으로 한다.

관련항목 ES 01311.1c 배출가스 중 불소화합물-자외선가시선분광법

☑ **해설** ④ ; 흡수액은 수산화소듐 4.0 g을 정확하게 취하여 증류수에 용해시켜 1 L를 만들며 이 때 농도는 0.1 M이다.

10 **배출가스 중 일산화탄소의 분석시 분석방법에 따른 정량범위로 잘못된 것은?**

① 비분산형적외선분석법 : (0 ～ 1,000) ppm
② 정전위전해법 : (0 ～ 100) ppm
③ 기체크로마토그래프법－열전도도검출기(TCD) : 0.1 % 이상
④ 기체크로마토그래프법－불꽃이온화검출기(FID) : (0 ～ 2,000) ppm

정답 08 ③　09 ④　10 ②

관련항목 ES 01304.a 배출가스 중 일산화탄소

☑ **해설** ② ; 정전위전해법 : (0 ~ 1,000) ppm

11 배출가스 중 염소를 오르토톨리딘법으로 분석시의 설명으로 잘못된 것은?

① 시료 중의 염소 농도가 (0.2 ~ 10) ppm인 것의 분석에 적당하며, 10 ppm이 넘는 것은 흡수액으로 적당히 묽혀 분석할 수 있다.

② 이 방법은 브롬, 아이오딘, 오존, 이산화질소 및 이산화염소 등의 산화성가스나 황화수소, 이산화황 등의 환원성가스의 영향을 무시할 수 있는 경우에 적용한다.

③ 염소 시료채취 시 흡수액이 청색으로 나타나거나 청색침전을 생성하면 시료채취 조작을 중지하고 흡수액을 다시 넣고 시료를 채취하여야 한다.

④ 검정곡선 작성을 위해 염소 표준착색용액 (1 ~ 50) mL를 단계적으로 취하여 물로 표시선까지 채우며 파장 435 nm 부근에서 흡광도를 측정한다.

관련항목 ES 01306.1b 배출가스 중 염소-자외선가시선분광법/오르토톨리딘법

☑ **해설** ③ ; 염소 시료채취 시 흡수액이 적색으로 나타나거나 적색침전을 생성하면 시료채취 조작을 중지하고 흡수액을 다시 넣고 시료를 채취하여야 한다.

12 배출가스 중 질소산화물 분석방법에 대한 설명으로 맞지 않는 것은?

① 아연환원 나프틸에틸렌다이아민법 : 시료 중의 질소산화물을 오존 존재 하에서 물에 흡수시켜 질산 이온으로 만들고 분말 금속아연을 사용하여 아질산 이온으로 환원한 후 설파닐아마이드 및 나프틸에틸렌다이아민을 반응시켜 얻어진 착색의 흡광도로부터 질소산화물을 정량하는 방법이다.

② 페놀디설폰산법 : 시료 중 질소산화물을 산화흡수제(황산+과산화수소수)에 흡수시켜 질산이온으로 만들고 페놀디설폰산을 반응시켜 얻어지는 착색액의 흡광도로부터 일산화질소를 정량하는 방법이며 배출가스 중의 질소산화물을 일산화질소로 계산한다.

③ 화학발광법 : 이산화질소와 오존이 반응하여 이산화질소로 될 때 발생하는 발광강도를 (590 ~ 875) nm 부근의 근적외선 영역에서 측정하여 시료 중의 일산화질소의 농도를 측정하는 방법이며 이산화질소는 일산화질소로 환원시킨 후 측정한다.

④ 정전위전해법 : 가스투과성 격막을 통하여 전해질 용액에 시료가스 중의 질소산화물을 확산·흡수시키고 일정한 전위의 전기에너지를 부가하면 질산이온으로 산화시켜서 생성되는 전해전류로 시료가스 중 질소산화물의 농도를 측정하는 방법이다.

관련항목 ES 01308 배출가스 중 질소산화물

☑ **해설** ② ; 페놀디설폰산법 : 시료 중 질소산화물을 산화흡수제(황산+과산화수소수)에 흡수시켜 질산이온으로 만들고 페놀디설폰산을 반응시켜 얻어지는 착색액의 흡광도로부터 이산화질소를 정량하는 방법이며 배출가스 중의 질소산화물을 이산화질소로 계산한다.

정답 11③ 12②

13 굴뚝에서 배출되는 황화수소의 분석에 대한 설명으로 잘못된 것은?

① 메틸렌블루법은 황화수소의 주 시험방법이며, 시료를 채취한 흡수액을 아연아민착염 용액에 흡수시켜 p-아미노다이메틸아닐린 용액과 염화철(Ⅲ) 용액을 가하여 생성되는 메틸렌블루의 흡광도를 측정하여 황화수소를 정량하는 방법이다.

② 메틸렌블루법은 시료 중의 황화수소가 (100 ∼2,000) ppm 함유되어 있는 경우의 분석에 적합하며 2,000 ppm 이상인 시료에 대해서는 분석용 시료 용액을 흡수액으로 적당히 희석하여 분석한다.

③ 아이오딘 적정법은 황화수소의 농도가 (100 ∼ 2,000) ppm인 경우 시료채취량을 (10 ∼ 20) L로 하며, 시료채취 흡입속도를 1 L/min으로 한다.

④ 아이오딘 적정법은 분석용 시료 용액을 0.05 N 아이오딘 용액 50 mL와 염산 3 mL를 가한 후 마개를 하고 10분간 방치한 다음 과잉의 아이오딘을 0.05 N 싸이오황산소듐 용액으로 적정하여 액의 색깔이 무색이 된 점을 종말점으로 한다.

관련항목 ES 01310.1b 배출가스 중 황화수소－자외선가시선분광법－메틸렌블루법, ES 01310.2a 배출가스 중 황화수소－적정법－아이오딘 적정법

☑ **해설** ② ; 메틸렌블루법은 시료 중 황화수소가 (5 ∼ 1,000) ppm 함유되어 있는 경우의 분석에 적합하며, 1,000 ppm 이상인 것에 대하여는 분석용 시료용액을 흡수액으로 적당히 묽게 하여 분석한다.

14 피리딘피라졸론법에 의한 배출가스 중 시안화수소의 분석에 관한 설명으로 틀린 것은?

① 시료채취량이 50 L인 경우 시료 중 시안화수소의 정량범위는 (0.5 ∼ 100) ppm이다.

② 할로겐 등의 산화성 가스와 황화수소 등의 영향을 무시할 수 있는 경우에 적용한다.

③ 시안화수소 표준원액은 시안화수소 용액 $10.0 \times (0.0448 \times a \times f) - 1$ mL를 취하여 1 N 수산화소듐 용액 100 mL를 가하고 다시 물을 가하여 전량을 1 L로 하였을 때, 이 시안화수소 표준원액 1 mL는 기체상 HCN 0.010 mL(0 ℃, 760 mmHg)에 상당한다.

④ 시안화수소 표준액은 표준원액 1.0 mL를 50 mL 눈금플라스크에 취하여 흡수액 20 mL를 가하고 지시약으로 페놀프탈레인 용액(질량분율 0.1 %) 한 방울을 가한 후 아세트산(99.7 %)으로 중화한 다음 물을 가하여 50 mL로 하였을 때, 이 시안화수소 표준액 1 mL는 기체상 HCN 0.2 μL(0 ℃, 760 mmHg)에 상당한다.

관련항목 ES 01312.1b 배출가스 중 시안화수소－자외선가시선분광법－피리딘피라졸론법

☑ **해설** ① ; 시료채취량 (100 ∼ 1,000) mL인 경우 시안화수소의 농도가 (0.05 ∼ 100) ppm인 것의 분석에 적합하다.

15 배출가스 중 산소를 측정하는 방법에 대한 설명으로 잘못된 것은?

① 전기화학식은 산소의 전기화학적 산화환원 반응을 이용하여 산소농도를 연속적으로 측정하며 전극방식과 질코니아 방식으로 구분할 수 있다.

② 오르자트분석은 시료를 흡수액에 통과하여 산소를 흡수시켜 시료의 부피 감소량으로 시료 중 산소농도를 구하는 방법이다.

정답 13 ② 14 ① 15 ③

③ 자기풍 방식은 자계 내에서 흡입된 산소분자의 전부가 가열되어 자기성을 잃는 것에 의하여 발생하는 자기풍의 세기를 열선소자에 의하여 검출하는 방법이다.
④ 자기력 방식은 상자성체인 산소분자가 자계 내에서 자기화 될 때 생기는 흡입력을 이용하여 산소농도를 연속적으로 구하는 방법으로 덤벨형과 입력검출형으로 나눌 수 있다.

관련항목 ES 01314 배출가스 중 산소

☑ **해설** ③ ; 자기풍 방식은 자계 내에서 흡입된 산소분자의 일부가 가열되어 자기성을 잃는 것에 의하여 생기는 자기풍의 세기를 열선소자에 의하여 검출한다.

16 배출가스 중 금속화합물을 유도결합플라즈마분광법을 이용하여 분석하는 경우에 발생하는 간섭에 대한 설명으로 잘못된 것은?

① 납, 니켈, 카드뮴 및 크롬 분석 시 시료 중의 소듐, 포타슘, 마그네슘, 칼슘 등의 농도가 높고 분석 성분의 농도가 낮은 경우에는 시료 농축 및 방해물질 제거를 위하여 용매추출법을 이용하여 정량할 수 있다.
② 광학적 간섭은 분석하고자 하는 금속과 근접한 파장에서 발광하는 물질이 존재하거나 측정파장의 스펙트럼이 넓어질 때, 플라즈마 중에서 이온화하거나 공존물질과 작용하여 해리하기 어려운 화합물이 생성되는 경우 발생할 수 있다.
③ 물리적 간섭은 시료의 분무 시 점도와 표면장력의 변화 및 매질효과에 의해 발생하며 이런 경우 시료를 희석하거나 표준물질첨가법을 사용하여 간섭효과를 줄일 수 있다.
④ 소듐, 칼슘, 마그네슘 등과 같은 염의 농도가 높은 시료에서, 절대검정곡선법을 적용할 수 없는 경우에는 표준물질첨가법을 사용하도록 한다.

관련항목 ES 01400.2b 배출가스 중 금속화합물－유도결합플라즈마분광법

☑ **해설** ② ;

- 광학적 간섭 : 분석하고자 하는 금속과 파장에서 발광하는 물질이 존재하거나, 측정파장의 스펙트럼이 넓어질 때, 이온과 원자의 재결합으로 연속 발광할 때 또는 분자띠 발광시에 발생할 수 있다. 광학적 간섭은 측정에 사용하는 스펙트럼이 다른 인접선과 완전히 분리되지 않아 파장 선택부의 분해능이 충분하지 않기 때문에 검정곡선의 직선영역이 좁고 구부러져 측정감도 및 정밀도가 저하되는데 이 경우 다른 파장을 사용하여 다시 측정하거나 표준물질첨가법을 사용하여 간섭효과를 줄일 수 있다.
- 화학적 간섭 : 플라즈마 중에서 이온화하거나, 공존물질과 작용하여 해리하기 어려운 화합물이 생성되는 경우 발생할 수 있으며, 이온화로 인한 간섭은 분석대상 원소보다 이온화 전압이 더 낮은 원소를 첨가하여 측정원소의 이온화를 방지할 수 있고, 해리하기 어려운 화합물을 생성하는 경우에는 용매추출법을 사용하여 측정원소를 추출하여 분석하거나 표준물질첨가법을 사용하여 간섭효과를 줄일 수 있다.

17 배출가스 중 납화합물을 채취하여 원자흡수분광법으로 분석한 결과는 다음과 같을 때 납의 농도로 옳은 것은?

- 검정곡선에서 구한 값 : 25 μg/mL
- 초음파추출법으로 전처리 한 후의 시험용액 전량 : 200 mL
- 건조시료가스 채취량 : 1,400 L (127 ℃, 750 mmHg)

① 1.70 mg/Sm^3 ② 2.40 mg/Sm^3
③ 3.60 mg/Sm^3 ④ 5.30 mg/Sm^3

관련항목 ES 01403.1b 배출가스 중 납화합물-원자흡수분광광도법

☑ **해설** ④ ;

㉠ 주어진 조건 : 검량선에서 구한 납 농도 25 μg/mL, 시료용액 전량 200 mL, 건조시료가스 채취량 1,400 L

㉡ 표준 건조시료가스량(V_s) : $V_s = V \times \frac{273\ ℃}{273\ ℃ + t} \times \frac{p}{760\ mmHg}$

$$= 1,400\ L \times \frac{273℃}{(273+127)\ ℃} \times \frac{750\ mmHg}{760\ mmHg} = 943\ L$$

㉢ 시료 중 납의 양(m) : $\frac{25\ \mu g}{mL} \times \frac{mg}{10^3\ \mu g} \times 200\ mL = 5\ mg$

㉣ 납농도(mg/Sm^3) : $\frac{m \times 1,000}{V_s} = \frac{5\ mg \times 1,000}{943\ L} = 5.30\ mg/Sm^3$

18 배출가스 중 브롬화합물의 시료를 채취하여 자외선가시선분광법으로 분석하고자 한다. 다음의 설명 중 잘못된 내용은?

① 이 방법의 정량범위는 HBr로서 (0.2 ~ 35) ppm, Br_2로서 (0.1 ~ 18) ppm이다.
② 이 방법은 배출가스 중의 염화수소 100 ppm, 염소 10 ppm, 아황산가스 50 ppm까지는 포함되어 있어도 영향이 없다.
③ 시료의 흡수병은 내부 부피 100 mL인 것으로 하며, 흡수액으로는 0.4 % 수산화소듐 용액 35 mL를 넣는다.
④ 시료의 흡입 속도는 약 10 L/min으로 하며, 총 흡입량은 시료의 브롬 농도에 따라 적절히 조절한다.

관련항목 ES 01502.1b 배출가스 중 브롬화합물-자외선가시선분광법

☑ **해설** ④ ; 시료의 흡입 속도는 약 1 L/min으로 하며, 총 흡입량은 시료의 브롬 농도에 따라 적절히 조절한다.

19 환경대기 중 아황산가스 측정법과 그 내용에 대한 설명으로 맞지 않는 것은?

① 자동측정방법에는 자외선형광법, 용액전도율법, 불꽃광도법, 흡광차분광법이 있다.
② 자외선형광법은 주시험방법으로서 (350 ~ 400) nm의 자외선 빛이 대기 시료가스 중의 SO_2 분자와 반응 후 빛을 흡수하면 들뜬상태의 SO_2* 분자가 생성되고 다시 안정상태로 회귀하면서 2차 형광을 발생하게 되는데 이 때 발생하는 형광복사선의 세기와 SO_2 농도의 비례관계를 이용하여 농도를 측정하는 방법이다.
③ 용액전도율법은 황산산성과산화수소수 흡수액에 시료기체를 흡수하면 SO_2는 과산화수소수에 의해 황산으로 산화 흡수되며 이때 황산의 생성으로 흡수액의 전도율과 SO_2 농도의 비례관계를 이용하여 농도를 측정하는 방법이다.
④ 불꽃광도법은 환원성 수소 불꽃 안에 도입된 SO_2가 불꽃 중에서 환원될 때 발생하는 빛 중 394 nm 부근의 파장영역에서 발광의 세기를 측정하여 시료 기체 중의 SO_2 농도를 측정하는 방법이다.

정답 18 ④ 19 ②

필기 05 환경측정분석사 필기 예상문제

관련항목 ES 01601 환경대기 중 아황산가스 측정방법

☑ **해설** ② ; ② 자외선형광법은 (200 ~ 230) nm의 자외선 빛이 흡수되는 것을 이용한다.

20 환경대기 중 초미세먼지(PM-2.5)를 중량농도법으로 측정할 때 잘못된 설명은?

① 유효한계입경(dp_{50})은 공기역학적 직경별 분리효율 분포곡선에서 50 %의 분리효율을 나타내는 입자의 입경을 의미한다.

② 시료채취장비는 시료흡입부, 1차 분립장치, 2차 분립장치, 여과지홀더, 유량측정부, 흡입펌프로 구성된다.

③ 시료흡입부는 16.7 L/min의 일정한 유속으로 시료를 유입시키는 장치이며, 이후 1차 분립장치는 2.5 μm보다 큰 입자를 제거하며 2차 분립장치는 10 μm보다 큰 입자를 제거한다.

④ 시료 채취를 위한 여과지는 폴리테트라플루오로에틸렌 재질로서 상대습도가 35 %인 항온항습기에서 24시간 안정화시킨 후 측정한 무게와 다시 상대습도 40 %인 항온항습기에서 24시간 안정화시킨 후 측정한 무게의 차이가 10 μg보다 작아야 한다.

관련항목 ES 01606.1 환경대기 중 미세먼지(PM-2.5) 측정방법-중량농도법

☑ **해설** ③ ; 1차 분립장치는 10 μm보다 큰 입자를 제거하며, 2차 분립장치는 2.5 μm보다 큰 입자를 제거한다.

정답 20 ③

3 실내공기질 공정시험기준

01 실내공기질과 관련된 용어 및 단어의 설명으로 모두 맞는 내용으로만 골라 놓은 것은?

> ㉠ "감압 또는 진공"이라 함은 따로 규정이 없는 한 15 mmHg 이하를 뜻한다.
> ㉡ 시험조작 중 "즉시"란 10초 이내에 표시된 조작을 하는 것을 뜻한다.
> ㉢ "기밀용기"라 함은 물질을 취급 보관하는 동안 외부로부터 공기 또는 다른 기체가 침입하지 않도록 내용물을 보호하는 용기를 뜻한다.
> ㉣ "밀폐용기"라 함은 물질을 취급 또는 보관하는 동안에 기체 또는 미생물이 침입하지 않도록 내용물을 보호하는 용기를 뜻한다.
> ㉤ "항량"이라 함은 같은 조건에서 1시간 더 건조할 때 전후 무게차이가 매 g당 0.3 mg 이하일 때를 뜻한다.

① ㉠, ㉡, ㉢ ② ㉠, ㉢, ㉤
③ ㉡, ㉢, ㉣ ④ ㉢, ㉣, ㉤

관련항목 ES 02000.b 총칙

☑ **해설** ② ; ㉡ 시험조작 중 "즉시"란 30초 이내에 표시된 조작을 하는 것을 뜻한다. ㉣ "밀폐용기"라 함은 물질을 취급 또는 보관하는 동안에 이물이 들어가거나 내용물이 손실되지 않도록 보호하는 용기를 뜻한다.

02 실내공기질공정시험기준에 따른 실내공기 오염물질 시료채취 및 평가방법에서 다중이용시설 실내공기 오염물질의 시료채취에 대한 내용으로 잘못된 것은?

① 다중이용시설의 연면적이 19,000 m^2일 경우의 최소 시료채취지점 수는 3지점이다.
② 신축 공동주택 내 시료채취세대의 수는 공동주택의 총 세대수가 100세대일 때 3개 세대를 기본으로 하고 100세대가 증가할 때마다 1세대씩 추가하며 고층부, 중층부, 저층부 순으로 증가한다.
③ 일반적으로 신축 공동주택에서 라돈 이외 오염물질의 시료채취는 오후 1시 ~ 오후 6시 사이에 실시한다.
④ 미세먼지(PM-10, PM-2.5)의 시료채취시간은 24시간이며 석면은 미세먼지(PM-10) 농도를 고려하여 시료채취량을 조절하며 총 시료채취량을 1,200 L 이상으로 한다.

관련항목 ES 02130.d 실내공기 오염물질 시료채취 및 평가방법

☑ **해설** ② ; 신축 공동주택 내 시료채취세대의 수는 공동주택의 총 세대수가 100세대일 때 3개 세대를 기본으로 하며 100세대가 증가할 때마다 1세대씩 추가하며 최대 20세대까지 시료를 채취한다. 이때 중층부, 저층부, 고층부 순으로 증가한다.

03 실내공기질공정시험기준에 따른 실내공기오염물질별 시료채취시간 또는 시료채취량을 모두 합한 값은? (단 모든 측정은 1회 측정을 기준으로 한다)

정답 01② 02② 03④

> ㉠ 휘발성유기화합물질 시료채취 시간 : (　　　) 시간
> ㉡ 폼알데하이드 시료채취 시간 : (　　　) 시간
> ㉢ PM-2.5 시료채취 시간 : (　　　) 시간
> ㉣ 석면 총 시료채취량 : (　　　) L
> ㉤ 일산화탄소 측정시간 : (　　　) 시간
> ㉥ 총부유세균 : (　　　) L 이하

① 1,458　　② 1,459
③ 1,475　　④ 1,476

관련항목 ES 02130.d 실내공기 오염물질 시료채취 및 평가방법

☑ **해설** ④ ;
㉠ 0.5시간, ㉡ 0.5시간, ㉢ 24시간, ㉣ 1,200 L, ㉤ 1시간, ㉥ 250 L
㉠+㉡+㉢+㉣+㉤+㉥ = 0.5+0.5+24+1200+1+250 = 1,476

04 소형챔버법을 이용한 건축자재 방출 시험에서 제품시료의 채취방법을 설명한 내용으로 잘못된 것은?

① 시험 대상이 되는 건축자재는 일반적인 제조과정에 의해 생산되고 포장 및 취급되어야 하며 채취된 시료는 1시간 이내에 포장하여야 한다.
② 롤 형태의 제품은 롤의 1 m 안쪽 혹은 가장 바깥층을 제외한 안쪽에서 시료를 채취하며 반복적인 무늬가 있는 제품의 경우에는 무늬 부분이 시험편의 중심에 오도록 채취한다.
③ 판상 형태의 제품은 개봉한 제품을 시료로 하며 단, 제품이 취급하기에 커서 배송이 어려운 경우 제품의 중앙부분에서 시료를 채취한다.
④ 각각 채취된 고체 시료는 오염물질 저감테이프나 알루미늄호일로 싸고 폴리에틸렌 또는 동등한 재질의 봉지에 넣어서 밀봉한 다음 각 봉지당 시료는 한 개씩 넣는다.

관련항목 ES 02131.1d 건축자재 방출 휘발성유기화합물 및 폼알데하이드 시험방법-소형챔버법

☑ **해설** ③ ; 판상 형태의 제품은 개봉하지 않은 제품을 시료로 하며 단, 제품이 취급하기에 커서 배송이 어려운 경우 제품의 중앙부분에서 시료를 채취한다.

05 알파비적검출법을 활용한 라돈 측정방법에 대한 설명으로 잘못된 것은?

① 신축공동주택 내 라돈 농도 측정을 위한 주시험방법으로 라돈 농도 측정은 90일 이상 1년 미만의 장기 측정시간을 필요로 한다.
② 알파비적검출기의 검출원리는 검출소자인 LR-115 또는 CR-39와 같은 고체 물질 표면에 라돈 및 라돈붕괴생성물로부터 알파입자가 입사될 때 재료의 조직에 생성되는 미세한 손상을 화학적 처리를 통하여 확대한 후 현미경으로 흔적의 개수를 세어 공기 중 라돈의 농도를 측정하는 것이다.
③ 비적의 단위 면적당 수를 세는 방식은 수동방식과 자동방식이 있으며 자동방식은 현미경

을 이용하여 확대된 검출소자에 주어진 표면적의 영상을 얻고 이를 컴퓨터를 이용하여 검출소자의 주어진 표면적에 분포하는 비적을 자동으로 계수하는 방식이다.

④ 화학적 에칭은 라돈에 노출된 검출소자가 NaOH 또는 KOH 등과 같은 에칭용액에 담가 검출기의 표면이 표면에칭률로 제거됨과 동시에 알파입자에 의한 손상부위는 비적에칭률로 에칭된다.

관련항목 ES 02301.1a 실내 공기 중 라돈 측정방법－알파비적검출기, ES 02901.1d 실내 공기 중 라돈 연속측정방법

☑ **해설** ① ; 이 시험기준은 실내 공기 중 라돈 농도 측정을 위한 주시험방법으로 라돈 농도 측정은 90일 이상 1년 미만의 장기 측정시간을 필요로 한다.

06 **실내공기질공정시험기준에 따른 중량법을 이용한 미세먼지(PM－10, PM－2.5)의 측정방법에 대한 설명으로 잘못된 것은?**

① 입경분리장치는 사이클론 방식, 중력침강 방식, 관성충돌 방식이 있으며, 입경분리장치는 10 μm 또는 2.5 μm 크기의 입자에 대하여 그 채취효율이 90 %이어야 한다.

② 미세먼지 채취에 사용되는 여과지는 니트로 셀룰로오스 재질의 멤브레인 여과지, 석영섬유 재질의 여과지, 테플론 재질의 여과지 등을 사용한다.

③ 시료채취 흡인펌프는 연속해서 30일 이상 사용할 수 있고 진공도가 높으며, 맥동이 없이 고르게 작동되어야 한다.

④ 시료채취에 사용될 여과지는 온도 (20±2) ℃, 상대습도 (35±5) %의 일정 온·습도 범위에서 유지되는 조건에서 24시간 이상 항량이 될 때까지 보관하였다가 0.001 mg 이상의 감도를 갖는 분석용 저울로 정확히 여과지의 무게를 측정한다.

관련항목 ES 02302.1 실내 공기 중 미세먼지(PM－10, PM－2.5) 측정방법－중량법

☑ **해설** ① ; 입경분리장치는 10 μm 또는 2.5 μm 크기의 입자에 대하여 그 채취효율이 50 % 이상이어야 한다.

07 **실내공기질공정시험기준에 따라 초미세먼지(PM-2.5)를 중량법으로 측정하였다. 다음 보기 중 측정 과정에 대한 설명 중 잘못된 것은?**

① 시료채취지점 인접지역에는 직접적인 오염물질 발생원이 없었고, 시료채취 위치는 바닥면에서 1.4 m 높이에서 실시하였다.

② 미세먼지주의보가 발령되어 공정시험기준에 따라 다중이용시설 실내 공기 시료를 채취하지 않았다.

③ 미세먼지 채취를 위해 사용한 여과지는 0.3 μm의 입자상 물질에 대해 99 % 이상의 초기포집률을 갖는 석영섬유 재질로서 압력손실, 흡습성 및 대전성이 낮은 것이었다.

④ 시료채취는 24시간동안 연속적으로 실시하였고, 시료채취기간동안 유량의 변화를 측정한 결과 4.5 % 이었다.

관련항목 ES 02130.d 실내공기 오염물질 시료채취 및 평가방법, ES 02302.1 실내 공기 중 미세먼지(PM－10, PM－2.5) 측정방법－중량법

☑ **해설** ② ; 황사경보와 황사주의보 발령 시 다중이용시설 실내 공기 시료 채취는 실시하지 않으나 미세먼지 주의보 발령시 실내공기 시료를 채취하지 않는다는 규정은 없다.

정답 06 ① 07 ②

08 **위상차현미경법에 따른 실내공기 중 석면 및 섬유상 먼지의 전처리 및 분석에 관한 설명 중 잘못된 것은?**

① 시료를 채취한 여과지를 여과지홀더에서 꺼내어 (2 ~ 4) 등분하며, 절단된 여과지의 각 조각은 전체 여과지의 중심부터 가장자리까지 모두 포함하여야 한다.

② 상용화된 아세톤 증기 발생장치를 사용하는 경우 여과지 면에 균일하게 접촉할 수 있도록 아세톤을 빠른 속도로 주입한다.

③ 아세톤 증기와 접촉하여 투명해진 여과지에 가능한 빨리 마이크로피펫을 사용하여 트라이아세틴을 (2 ~ 3)방울 여과지의 중심부에 떨어트리고 그 위에 커버글라스를 덮는다.

④ 교정된 위상차 현미경의 대물대 위에 전처리된 시료를 놓고 400배에서 관찰하며 섬유의 길이가 5 μm 이상이고 길이와 폭의 비가 3:1 이상인 섬유상 물질만을 계수한다.

관련항목 ES 02303.1b 실내 공기 중 석면 및 섬유상 먼지 농도 측정방법-위상차현미경

☑ **해설** ② ; 상용화된 아세톤 증기 발생장치를 사용하는 경우 여과지 면에 균일하게 접촉할 수 있도록 아세톤을 느린 속도로 일정한 압력으로 주입한다.

09 **실내공기질공정시험기준에 따라 투과전자현미경(TEM)을 이용하여 석면을 측정하고자 할 때 그 설명으로 잘못된 것은?**

① 이 시험기준으로 위상차현미경법을 이용하여 분석한 결과에서 다중이용시설 등의 실내공기질관리법 시행규칙의 기준을 초과하는 시료에 대하여 섬유상 먼지의 석면여부를 평가하여 공기 중 석면섬유 농도를 측정하기 위해 사용된다.

② 청석면 확인의 간섭물질로서 할로이사이트(halloysite), 질석(vermiculite scroll), 플레이고스카이트(playgorskite)가 있다.

③ 섬유는 평행하거나 단계면을 가지는 가늘고 긴 입자를 말하며, 이 시험기준에서 섬유의 길이는 최소 0.5 μm, 길이 대 지름 비가 5:1 이상인 것으로 규정한다.

④ 투과전자현미경의 조작은 1.0 nm보다 큰 해상도에 (80 ~ 120) kV의 가속전압으로, 배율이 약 (300 ~ 100,000)배의 범위에서 조작한다.

관련항목 ES 02304.1a 실내공기 중 석면 측정방법-투과전자현미경법

☑ **해설** ② ; 백석면 확인의 간섭물질로서 할로이사이트(halloysite), 질석(vermiculite scroll), 플레이고스카이트(playgorskite)가 있다.

10 **투과전자현미경(TEM)을 이용한 석면 측정시 섬유의 계수기준에 대한 설명으로 잘못된 것은?**

① 다발은 구조계수 기준에 따라 "B"로 표시하며, 섬유상 집합체 또는 매트릭스와 분리되어 계수된 부분인 경우의 형태는 "CB(cluster bundle)"나 "MB(matrix bundle)"로 기록한다.

② 섬유상 집합체는 분산, 밀집 형태에 따라 "DF(disperse fiber)"와 "CF(compact fiber)"로 구분하여 표시한다.

③ 매트릭스는 길이가 감소하는 순서로 5개 이하의 섬유 또는 다발은 "MF(matrix fiber)",

정답 08 ② 09 ② 10 ②

"MB(maxtrix bundle)"기호를 사용, 분리하여 기록한다.

④ 위상차현미경법 동등 섬유의 경우 계수기준에 해당되는 모든 섬유에 대하여 계수하고 섬유가 그리드에 걸친 경우 "1.0"개로 계수하며, 섬유의 길이와 폭을 기록하고 중복계수는 하지 않는다.

관련항목 ES 02304.1a 실내 공기 중 석면 측정방법－투과전자현미경법

☑ **해설** ② ; 섬유상 집합체는 분산, 밀집 형태에 따라 "CD(cluster disperse)"와 "CC(cluster compact)"로 구분하여 표시한다.

11 실내공기 중 폼알데하이드 농도분석을 위한 내용 및 평가방법으로 잘못된 것은?

① DNPH 카트리지의 파과용량 평가는 DNPH 카트리지 2개를 직렬로 연결하여 (0.5 ~ 1.2) L/min의 유량으로 30분간 채취하여 뒤쪽의 카트리지에 채취된 폼알데하이드의 양이 전체 채취된 양의 5 %를 넘으면 파과가 일어난 것으로 본다.

② 각 시료군마다 적어도 하나의 현장바탕시료를 분석하여야 하며, 하루에 20개 이하의 시료를 채취할 경우에는 1개를, 그 이상의 시료를 채취할 경우에는 시료 20개당 1개를 추가한다.

③ 분석기기의 재현성은 폼알데하이드 표준물질을 반복 분석하여 머무름 시간(RT)과 피크면적 감응 계수(RF)에 대하여 상대표준편차(RSD)를 각각 5 %와 10 % 미만으로 유지하여야 한다.

④ 검정곡선 작성을 위해 DNPH－유도체화 폼알데하이드 표준용액을 아세토나이트릴로 희석하여 5개 이상 농도단계의 표준시료를 제조하며, 미지시료의 농도가 검정곡선 범위 안에 포함될 수 있도록 범위를 설정한다.

관련항목 ES 02601.1c 실내 및 건축자재에서 방출되는 폼알데하이드 측정방법－2,4 DNPH 카트리지와 액체크로마토그래프법

☑ **해설** ③ ; 분석기기의 재현성은 최소 연 1회 평가하고, 표준물질을 반복 분석하여 머무름 시간(RT)과 피크면적(Area) 감응계수(RF)에 대하여 상대표준편차(RSD)를 구하여 평가하며 각각 1 %와 5 % 미만으로 유지하여야 한다.

12 총휘발성유기화합물(TVOCs) 분석에 대한 설명으로 잘못된 것은?

① 시료를 채취하기 전 관에 포집되어 있을 수 있는 미량의 유기성 휘발성분을 제거하기 위해 비활성 가스를 (50 ~ 100) mL/min으로 흘려주면서 300 ℃의 온도에서 10분간 미리 세척된 고체 흡착관을 안정시킨다.

② 총휘발성유기화합물은 크로마토그램상 헥산에서 헥사데칸까지의 범위에서 검출되는 모든 휘발성유기화합물로 표준물질 분석시 헥산, 톨루엔, 헥사데칸이 반드시 포함되어 있어야 한다.

③ 총휘발성유기화합물의 농도계산은 톨루엔 감응 계수를 이용하여 피크의 면적을 톨루엔의 질량 단위로 변환한다.

정답 11 ③ 12 ④

④ 실내공기 중 농도는 소수점 셋째자리까지 표기하며, 건축자재에서 방출되는 농도는 소수점 첫째자리까지 표기한다.

관련항목 ES 02602.1c 실내 및 건축자재에서 방출되는 휘발성유기화합물 측정방법－고체흡착관과 기체크로마토그래프－MS/FID법

☑ **해설** ④ ; 실내공기 중 농도는 소수점 첫째자리까지 표기하며, 건축자재에서 방출되는 농도는 소수점 셋째자리까지 표기한다.

13 **충돌법을 이용하여 실내 공기 중 총부유세균을 시료채취부터 농도계산까지 일련의 과정을 나열하였다. 이 과정 중 잘못 실시한 것은?**

① 400개의 구멍을 가진 시료 채취 장비를 사용하여 페트리 접시에 시료를 채취하였다.
② 시료를 채취한 페트리 접시를 뚜껑이 아래로 가게 뒤집어 배양기에 넣은 후 (35 ± 1) ℃가 유지되도록 하여 24시간 후에 집락수를 세었고, 다시 배양기에 넣은 뒤 24시간 이후에 집락수를 다시 한 번 세었다.
③ 계수한 결과 총 집락수가 450이었으며 집락 계수 환산표를 사용하여 계수한 총 부유세균의 집락수를 보정하였다.
④ 보정한 집락수(CFU)를 표준상태(25 ℃, 1기압)로 환산한 유량으로 나누어 총 부유세균의 농도를 산정하였다.

관련항목 ES 02701.1c 실내 공기 중 총부유세균 측정방법－충돌법

☑ **해설** ③ ; 400개의 구멍을 가진 시료 채취 장비를 사용하여 시료 채취 후 계수 시 총 집락수는 399 이하가 되어야 하며, 만약 배양한 배지 표면에 400개의 구멍 위치에서 모두 집락이 생성되었다면 너무 많은 공기를 채취하여 농도를 산출할 수 없는 경우이므로 동일한 지점에서 총 공기채취유량을 줄여 시료를 다시 채취하여 재시험하여야 한다.

14 **다음 중 실내 공기 중 충돌법을 이용한 부유곰팡이의 측정방법에 대한 설명으로 잘못된 것은?**

① 부유곰팡이의 채취, 배양 및 증식에는 맥아추출물 한천배지, 감자덱스트로오스 한천배지 등을 사용한다.
② 공기시료 채취량은 배양 후 적절한 수의 집락이 형성될 수 있도록 조사지점의 곰팡이 농도수준에 따라 다르게 선택할 수 있으며 일반적인 환경의 경우 시료채취량은 (50 ~ 200) L 정도가 적당하다.
③ 시료를 채취하여 운송하는 동안 배양 온도인 (25 ± 3) ℃를 초과하지 않도록 하여야 하고 시료 채취 종료 후 48시간 이내에 시료를 처리하여야 하며 48시간이 경과한 시료는 폐기하여야 한다.
④ 시료를 채취한 배지는 (25 ± 1) ℃에서 최소한 5일 동안 배양하며 최대 7일을 초과하지 않아야 한다.

관련항목 ES 02702.1a 실내 공기 중 부유곰팡이 측정방법－충돌법

정답 13 ③ 14 ③

☑ 해설 ③ ; 시료를 채취 후 운송과정 동안 배양 온도인 (25 ± 3) ℃를 초과하지 않도록 하여야 하고 시료 채취 종료 후 24시간 이내에 시료를 처리하여야 하며 48시간이 경과한 시료는 폐기하여야 한다.

15 실내공기질공정시험기준에 따른 실내공기 중 라돈 연속측정의 적용범위 및 분석기기에 대한 설명으로 잘못된 내용은?

① 이 시험기준은 실내 공기 중 라돈-222 농도의 단기 측정방법이며 신축공동주택 내 라돈 농도 측정을 위한 주 시험방법이다.

② 섬광셀 검출방식은 셀 내로 유입된 라돈과 셀 내부에서 생성된 라돈붕괴생성물에서 방출되는 α-입자에 ZnS(Ag)가 반응하여 나온 섬광을 광증배관으로 증폭하여 계수한다.

③ 이온화상자 검출방식은 이온화상자 내로 유입된 라돈과 이온화상자 내부에서 생성된 라돈붕괴생성물에서 방출되는 α-입자가 저전기장에서 만든 이온화의 전기적 신호를 계수한다.

④ 실리콘 검출방식은 측정용기로 유입된 공기 중 라돈 및 라돈붕괴생성물이 붕괴할 때 방출하는 α-입자를 실리콘 반도체 검출기를 이용하여 계수한다.

관련항목 ES 02901.1d 실내 공기 중 라돈 연속측정방법

☑ 해설 ③ ; 이온화상자 검출방식은 이온화상자 내로 유입된 라돈과 이온화상자 내부에서 생성된 라돈붕괴생성물에서 방출되는 α-입자가 고전기장에서 만든 이온화의 전기적 신호를 계수한다.

16 실내공기 중 미세먼지 연속측정방법인 베타선흡수법의 정도보증/정도관리에서 보정계수의 적용에 대한 설명으로 잘못된 내용은?

① 베타선 흡수법은 미세먼지 중량을 측정하는 간접적인 방법이며 입자성분 사이의 상호작용, 수분(습도)의 영향 등으로 농도 차가 나타날 수 있으므로 미세먼지 측정의 주 시험방법인 중량법과 비교한 보정계수를 적용한다.

② 보정계수 적용을 위해서는 베타선 흡수법으로 측정하고자 하는 지역과 동일한 공간에 중량법을 동시에 측정한다.

③ 베타선 흡수법과 중량법을 5회 이상 반복측정하여 각각 측정한 농도값의 상관성을 확인한다.

④ 보정계수는 중량법 측정농도 값을 베타선 흡수법 측정농도 값으로 나눈 값이다.

관련항목 ES 02902.1a 실내 공기 중 미세먼지(PM-10, PM-2.5) 연속측정방법-베타선 흡수법

☑ 해설 ③ ; 베타선 흡수법과 중량법을 10회 이상 반복측정하여 각각 측정한 농도값의 상관성을 확인한다.

17 실내공기 중 이산화질소의 자동측정법(화학발광법)에 대한 성능으로 맞는 내용으로만 고른 것은?

정답 15 ③ 16 ③ 17 ②

㉠ 측정범위 : (0 ~ 5) ppm 이하 ㉡ 분해능 : 0.001 ppm 이하 ㉢ 재현성(반복성) : 최대 눈금값의 ± 2 % 이내 ㉣ 제로 및 스팬 드리프트 : 최대 눈금값의 ± 5 % 이내 ㉤ 직선성(지시오차) : 최대 눈금값의 ± 4 % 이내 ㉥ 컨버터 효율 : NO_2를 NO로 변환하는 효율이 90 % 이상 ㉦ 간섭성분 영향 : NH_3 1 ppm이 NO로 변화되는 변환효율이 5 % 이하 ㉧ 유량변화에 대한 안정성 : 최대 눈금값의 ± 5 % 이내

① ㉠, ㉢, ㉥, ㉧ ② ㉡, ㉢, ㉤, ㉦
③ ㉢, ㉣, ㉤, ㉧ ④ ㉣, ㉤, ㉥, ㉦

관련항목 ES 02904.1b 실내 공기 중 이산화질소 측정방법－화학발광법

☑ **해설** ② ; ㉠ 측정범위 : (0 ~ 2) ppm, ㉣ 제로 및 스팬 드리프트 : 최대 눈금값의 ± 2 % 이내, ㉥ 컨버터 효율 : NO_2를 NO로 변환하는 효율이 95 % 이상, ㉧ 유량변화에 대한 안정성 : 최대 눈금값의 ± 2 % 이내

18 이산화탄소 측정을 위한 비분산적외선법 측정기기의 성능평가방법으로 잘못된 것은?

① 스팬 드리프트는 측정기기에 스팬가스를 도입하여 8시간 내에 1시간 이상 간격으로 3회 이상 측정하며 스팬가스 초기 지시값으로부터의 최대 편차에 스팬가스 초기지시값을 나눈값을 백분율(%)로 나타낸 값이다.
② 직선성은 제로교정, 스팬교정을 실시한 후 기지농도의 중간점 가스를 도입하여 지시 기록하며 이 지시값과 표준가스 농도 표시값과의 변동폭으로 직선성을 구한다.
③ 재현성은 측정기기에 동일한 제로가스와 스팬가스를 도입하여 각각 최종값을 기록하며 동일 조작을 3회 반복하여 스팬값 간의 편차로 구한다.
④ 응답시간은 스팬가스의 도입시점으로부터 최종 지시값의 90 %에 도달하기까지의 시간을 나타낸다.

관련항목 ES 02905.1a 실내 공기 중 이산화탄소 측정방법－비분산적외선법

☑ **해설** ③ ; 재현성은 측정기기에 동일한 제로가스와 스팬가스를 설정 유량으로 도입하여 각각 최종값을 기록하며 이 조작을 3회 반복하여 제로값 및 스팬값에 대한 편차를 구하고 이 사이에서 초기 지시값과의 변동폭으로 재현성을 구한다.

19 비분산적외선법을 이용하여 실내공기 중 이산화탄소와 일산화탄소를 측정하고자 할 때 최소 성능으로 적합한 내용은?

① 분해능은 0.1 ppm 이하이어야 한다.
② 제로 및 스팬 드리프트는 최대 눈금값의 ± 2 % 이내이어야 한다.
③ 직선성(지시오차)는 최대 눈금값의 ± 5 % 이내이어야 한다.
④ 유량변화에 대한 안정성은 최대 눈금값의 ± 2 % 이내이어야 한다.

정답 18 ③ 19 ①

관련항목 ES 02905.1a 실내 공기 중 이산화탄소 측정방법－비분산적외선법, ES 02906.1b 실내 공기 중 일산화탄소 측정방법－비분산적외선법

☑ **해설** ① ; 이산화탄소의 분해능은 1 ppm 이하이어야 하며, 일산화탄소의 분해능은 0.1 ppm 이하이어야 한다.

20 **일산화탄소 측정기기의 스팬 드리프트를 평가하기 위해 측정기기에 스팬가스를 설정 유량으로 도입하여 8시간 내에 1시간 이상 간격으로 3회 측정하였다. 초기 지시값 80 ppm, 중간 지시값 84 ppm, 최종 지시값 82 ppm이었을 경우 스팬 드리프트를 구하면 몇 %인가?**

① 5.0 %　　② 10.0 %

③ 12.5 %　　④ 25.0 %

관련항목 ES 02906.1b 실내 공기 중 일산화탄소 측정방법－비분산적외선법

☑ **해설** ① ; $\text{스팬 드리프트}(\%) = \dfrac{\text{스팬가스 초기 지시값으로부터 최대편차}}{\text{스팬가스 초기지시값}} \times 100\ \%$

$$= \frac{(84-80)\ \text{ppm}}{80\ \text{ppm}} \times 100\ \% = 5.0\ \%$$

정답 20 ①

4 악취공정시험기준

01 다음 중 악취공정시험기준의 적용범위에 대한 설명으로 잘못된 내용은?

① 악취방지법의 악취실태조사, 악취방지법 시행규칙의 악취관리지역 지정기준과 배출허용기준 및 엄격한 배출허용기준의 적합여부와 악취취약 지역에서의 악취 오염정도를 시험·판정한다.

② 악취방지법에 의한 배출허용기준 및 엄격한 배출허용기준의 초과여부를 판정하기 위한 악취의 측정은 지정악취물질을 측정하는 것을 원칙으로 하며, 악취물질 배출여부를 확인할 필요가 있는 경우에는 복합악취를 측정한다.

③ 복합악취 및 기기분석법에 의한 지정악취물질 측정을 위한 시료의 채취는 배출구와 부지경계선 및 피해지점에서 실시하는 것을 원칙으로 한다.

④ 악취는 순간적으로 발생하는 감각공해로 부지경계선 및 피해지점에서 시료를 채취할 경우에는 5분 이내에 순간 최대 강도의 악취로 판단되는 악취시료를 채취하는 것을 원칙으로 한다.

관련항목 ES 09000.a 총칙

☑ **해설** ② ; 악취방지법에 의한 배출허용기준 및 엄격한 배출허용기준의 초과여부를 판정하기 위한 악취의 측정은 복합악취를 측정하는 것을 원칙으로 하며, 악취물질 배출여부를 확인할 필요가 있는 경우에는 기기분석법에 의해 지정악취물질을 측정한다.

02 악취공정시험기준에 따른 현장바탕시료값의 측정과 측정값의 보정에 대한 설명으로 잘못된 내용은?

① 현장바탕시료는 일련의 시료채취에 있어서 시료수의 10 % 정도의 빈도로 적어도 3개 시료 이상을 준비하여 측정한 다음 평균과 표준편차를 구해 측정값을 보정한다.

② 이송 중에 오염이 없는 경우(현장바탕시료값 < 조작바탕시료값) 이송 중의 오염은 무시할 수 있으며 측정값으로부터 조작바탕시료값을 공제하여 농도를 계산한다.

③ 이송 중에 오염이 있는 경우(현장바탕시료값 > 조작바탕시료값) 시료가 극히 고농도로 오염이 있어도 문제가 되지 않는다고 생각되는 경우에도 현장바탕시료를 확인하여 측정값에서 공제하여 농도를 계산한다.

④ 이송 중에 오염이 있는 경우(현장바탕시료값 > 조작바탕시료값) 시료채취 및 측정·분석의 종합적인 신뢰성 확보를 위해 동일조건으로 채취한 2곳 이상의 시료에 대해서 똑같이 분석하고 정량한계 이상 농도의 측정·분석 대상물질에 대해 양자의 차가 30 % 이하임을 확인한다.

관련항목 ES 09002.a 정도관리 유의사항

☑ **해설** ③ ; 이송 중에 오염이 있는 경우(현장바탕시료값 > 조작바탕시료값) 시료가 극히 고농도로 오염이 있어도 문제가 되지 않는다고 생각되는 경우 현장바탕시료의 확인을 생략할 수 있다.

정답 01 ② 02 ③

03 **자동희석장치를 이용하여 공기희석관능법으로 악취시료를 분석하고자 할 때 자동희석장치의 흡착성을 평가하기 위해 나열한 설명으로 잘못된 것은?**

① 30 L 무취주머니에 무취공기를 20 L 채운 후 주사기로 n-발레르산 1 μL를 주입한 다음 100 ℃로 조절한 오븐에 넣고 30분간 가열한다.

② 가열이 종료되면 실온으로 식힌 후 자동희석장치에 연결하여 희석배수 3배로 30분간 자동희석장치를 통과시켜 이 때 토출되는 공기를 실내에 퍼지지 않도록 잘 배출시킨다.

③ n-발레르산을 통과시킨 후 무취공기로 10분간 자동희석장치의 유로를 세척한 뒤 무취공기가 담긴 시료 주머니를 시료 주입구에 연결한다.

④ 희석배수 3배로 희석된 무취공기 시료를 냄새봉지에 담아 판정요원 5명 중 정답률 0.6에 해당하는 3명이 무취로 판정하여야 한다.

관련항목 ES 09301.b 공기희석관능법

☑ **해설** ④ ; 희석배수 3배로 희석된 무취공기 시료를 냄새봉지에 담아 판정요원 5명 모두 무취로 판정하여야 한다.

04 **공기희석관능법에 사용되는 분석기기 및 기구에 대한 설명으로 잘못된 것은?**

① 제조된 무취공기는 공기희석관능법에 따라 판정요원으로 선정한 5명이 냄새를 인지할 수 없어야 하며 1인 이상 냄새를 인지할 경우에는 흡수액 및 활성탄 교체 등 필요한 조치를 취하여야 한다.

② 시료가 채취된 시료주머니에서 희석 시 사용하는 주사기는 무취성의 유리 재질로 된 것을 사용하며, 부피 10 mL 이하의 주사기는 기체용 주사기(gas tight syringe)를 사용한다.

③ 시료채취펌프는 흡입 유량이 (1 ～ 10) L/min인 격막식 펌프로 취기흡착성이 낮은 불소수지 재질로 된 것을 사용한다.

④ 흡입상자는 투명수지제로 밀폐 가능한 구조이어야 하며 시료주머니는 사용 전에 고순도 질소가스로 1회 이상 채우고 배기하여 세척한다.

관련항목 ES 09301.b 공기희석관능법

☑ **해설** ② ; 시료가 채취된 시료주머니에서 희석 시 사용하는 주사기는 무취성의 유리 재질로 된 것을 사용하며, 부피 1 mL 이하의 주사기는 기체용 주사기(gas tight syringe)를 사용한다.

05 **공기희석관능법으로 복합악취를 측정하기 위해 부지경계선에서 시료를 채취하였다. 다음 중 시료채취과정이 잘못된 설명은?**

① 현장에 도착하여 현장전체의 악취분포 상태를 확인한 후 악취가 가장 높을 것으로 판단되는 부지경계선에서 시료를 채취하였다.

② 시료주머니는 시료채취 전 현장시료로 2회 치환한 후 사용하였다.

③ 흡인상자에 10 L 용량의 폴리에스터(polyester) 주머니에 장착하여 흡입유량을 20 L/min로 하여 30초 이내에 시료채취를 완료하였다.

④ 시료채취 당시 풍향, 풍속, 기온 등을 실시간으로 측정하였다.

정답 03 ④ 04 ② 05 ③

관련항목 ES 09301.b 공기희석관능법

☑ **해설** ③ ; 시료채취는 (1~10) L/min의 유량으로 5분 이내에 이루어지도록 한다.

06 다음 중 공기희석관능법으로 악취를 판정하는 경우 판정요원과 분석요원에 대한 내용으로 맞지 않는 것은?

① 만 19세 이상의 성인이어야 한다.
② 조사대상 사업장에 대해 이해관계가 없는 자 이어야 한다.
③ 시험 전날 감기 등으로 후각에 영향이 있는 자는 피하여야 한다.
④ 악취분석요원도 판정요원과 똑같이 악취강도 인식시험에 합격하여야 한다.

관련항목 ES 09301.b 공기희석관능법

☑ **해설** ③ ; 시험 당일 감기 등으로 후각에 영향이 있는 자는 피하여야 한다.

07 붕산 용액 흡수법을 이용한 암모니아의 시료 채취와 분석에 대한 설명으로 잘못된 것은?

① 대기 중 암모니아를 붕산 흡수 용액에 흡수한 다음 페놀-나이트로프루시드소듐 용액과 하이포아염소산소듐 용액을 가하고 암모늄이온과 반응시켜 생성되는 인도페놀류의 흡광도를 측정하여 정량한다.
② 입자상 물질을 제거하기 위하여 필터를 사용하면 기체상 암모니아가 제거될 수 있고 구리이온이 존재하면 발색을 과잉으로 하여 양의 방해가 발생한다.
③ 표준용액 조제를 위해 황산암모늄 0.295 g을 정제수에 녹여 전량을 1 L로 하며 이것의 일부를 취하여 붕산용액으로 50배 희석하면 이 용액 1 mL가 기체상 암모니아 2 μL에 상당하는 암모늄이온을 함유하게 된다.
④ 시료채취장치에 시료를 10 L/min의 유량으로 흡입하여 5분 이내 시료채취가 이루어지도록 한다.

관련항목 ES 09302.1a 암모니아-붕산용액 흡수법-자외선가시선 분광법

☑ **해설** ② ; 입자상 물질을 제거하기 위하여 필터를 사용하면 기체상 암모니아가 제거될 수 있고 구리이온이 존재하면 발색을 방해하여 음의 방해가 발생한다.

08 저온농축-모세관 컬럼-기체크로마토그래피법을 이용한 황화합물 중 지정악취물질의 분석에 관한 설명으로 틀린 내용은?

① 이 방법에 의한 분석대상 물질은 황화수소, 메틸메르캅탄, 다이메틸설파이드, 다이메틸다이설파이드이며, 부지경계선에서 채취한 시료는 (1 ~ 50) ppb 농도 범위를 분석하는데 적합하다.
② 황화합물 중 메틸메르캅탄은 극성이 커서 수분에 의한 영향으로 가스상 시료 중 농도 변화가 일어날 수 있다.

정답 06 ③ 07 ② 08 ②

③ 시료주머니에서 저온농축장치로 시료가 주입되는 관(tubing)은 설피너트(sulfinert) 재질의 관 또는 실리콘(silicone) 재질의 관을 쓴다.
④ 표준물질을 희석하는 방법에는 동적흐름을 이용한 희석방법과 기체용 주사기를 이용하는 방법이 있다.

관련항목 ES 09303.1a 황화합물－저온농축－모세관컬럼－기체크로마토그래피법

☑ **해설** ② ; 황화합물 중 황화수소는 극성이 커서 수분에 의한 영향으로 가스상 시료 중 농도 변화가 일어날 수 있으며, 분석과정에서 수분으로 인하여 분석과정의 회수율이 달라질 수 있다.

09 황화합물의 내부정도관리 방법에 대한 설명으로 잘못된 것은?

① 황화수소, 메틸메르캅탄, 다이메틸설파이드, 다이메틸다이설파이드를 분석에 사용하는 시료부피 범위에서 분석하며, 각 물질의 방법검출한계는 메틸메르캅탄으로서 0.2 ppb 이하로 한다.
② 정밀도는 동일한 시간 동안 동일한 조건에서 3회 반복 분석하여 상대표준편차로서 구하며 이 값은 10 ppb의 농도에서 10 % 이내로 한다.
③ 검정곡선은 분석에 사용하는 시료부피 범위에서 구한 결정계수(R^2)가 (1～50) ppb 범위에서 0.98 이상이어야 한다.
④ 저온농축장치의 황화수소 회수율은 상대습도 10 % 이하인 바탕시료와 함께 주입된 황화수소의 저온농축장치의 회수율이 90 % 이상 또는 상대습도 80 %인 바탕시료 가스와 함께 주입된 황화수소의 회수율은 80 % 이상으로 유지하여야 한다.

관련항목 ES 09303.1a 황화합물－저온농축－모세관 컬럼－기체크로마토그래피법

☑ **해설** ④ ; 저온농축장치의 황화수소 회수율은 상대습도 10 % 이하인 바탕시료와 함께 주입된 황화수소의 저온농축 장치의 회수율이 80 % 이상 또는 상대습도 80 %인 바탕시료 가스와 함께 주입된 황화수소 회수율을 60 % 이상 유지한다.

10 악취공정시험기준에 대한 트라이메틸아민의 시료채취와 분석에 대한 설명으로 잘못된 내용은?

① 대기 중 농도가 (0.7～6.6) ppb 범위의 트라이메틸아민을 분석하는데 적합하다.
② 트라이메틸아민과 공존하는 탄화수소들이 충분하게 분리되지 않으면 질소인검출기(NPD)를 사용할 경우 같이 검출되어 양의 간섭을 일으킬 수 있다.
③ 흡수병을 이용한 시료채취 방법으로 흡수액량 20 mL의 흡수병 2개를 직렬로 연결하고 흡입펌프는 10 L/min의 유량으로 5분 이내에 시료채취를 완료한다.
④ 산성여과지를 이용한 시료채취 방법으로 1 N 황산 1 mL를 함침시킨 여과지를 10 L/min의 유량으로 5분 이내에 시료채취를 완료한다.

관련항목 ES 09304.1a 트라이메틸아민－헤드스페이스－모세관 컬럼－기체크로마토그래피법, ES 09304.2a 트라이메틸아민－고체상 미량추출－모세관 컬럼－기체크로마토그래피법, ES 09304.3a 트라이메틸아민－저온농축－충전컬럼－기체크로마토그래피법

정답 09 ④ 10 ②

☑ **해설** ② ; 트라이메틸아민과 공존하는 탄화수소들이 충분히 분리되지 않으면 불꽃이온화검출기(FID)를 사용할 경우에 양의 간섭현상으로 나타날 수 있다.

11 **악취공정시험기준의 트라이메틸아민 분석 시 사용되는 시약에 대한 설명으로 잘못된 것은?**

① 분해시약은 수산화포타슘(KOH) 500 g을 정제수에 용해시켜 1 L로 만든다.
② 에틸알코올은 기체크로마토그래피에 주입할 때 트라이메틸아민의 머무름 시간에서 불순물 봉우리가 나타나지 않는 것이어야 한다.
③ 흡수액은 정제수 350 mL를 플라스틱 용기에 넣고 진한 황산 10 mL를 피펫으로 소량씩 떨어뜨려 조제한다.
④ 고농도 표준용액 조제를 위해 트라이메틸아민 원액을 물로 희석하고 염산으로 적정하여 원액 중의 트라이메틸아민 농도를 산출한다.

관련항목 ES 09304.1a 트라이메틸아민－헤드스페이스－모세관 컬럼－기체크로마토그래피법, ES 09304.2a 트라이메틸아민－고체상 미량추출－모세관 컬럼－기체크로마토그래피법, ES 09304.3a 트라이메틸아민－저온농축－충전컬럼－기체크로마토그래피법

☑ **해설** ③ ; 흡수액은 정제수 359 mL를 플라스틱 용기에 넣고 진한 황산 1 mL를 피펫으로 소량씩 떨어뜨려 조제한다.

12 **알데하이드류 분석을 위한 시료채취 방법을 나열한 것으로 잘못된 것은?**

① DNPH 카트리지에 (1～2) L/min의 유량으로 시료를 채취한다.
② 공기 중 오존에 의한 방해를 제거하기 위해 아이오딘화포타슘(KI) 결정을 채운 오존스크러버를 DNPH 전단에 연결한다.
③ 채취한 시료는 알루미늄 포일로 포장하여 외부 공기와 차단할 수 있는 비닐봉지에 이중으로 밀봉하여 추출하기 전까지 상온보관한다.
④ 추출한 시료는 갈색 바이알에 옮긴 후 밀봉하여 냉장보관 한 뒤 2주일 이내에 분석한다.

관련항목 ES 09305.1a 알데하이드－DNPH 카트리지－액체크로마토그래피법, ES 09305.2a 알데하이드－DNPH 카트리지－기체크로마토그래피법

☑ **해설** ③ ; 채취한 시료는 알루미늄 포일로 포장하여 외부 공기와 차단할 수 있는 비닐봉지에 이중으로 밀봉하여 추출하기 전까지 냉장보관한다.

13 **고성능액체크로마토그래피를 이용하여 알데하이드류를 분석하였다. C18컬럼(4.6 mm × 150 mm)을 사용하여 분석하였을 때, 머무름 시간이 빠른 순서대로 나오는 물질을 나타낸 것으로 맞는 것은?**

① 아세트알데하이드 → 뷰틸알데하이드 → 프로피온알데하이드 → 발레르알데하이드
② 아세트알데하이드 → 프로피온알데하이드 → 뷰틸알데하이드 → 발레르알데하이드

정답 11 ③ 12 ③ 13 ②

③ 아세트알데하이드 → 뷰틸알데하이드 → 발레르알데하이드 → 프로피온알데하이드
④ 아세트알데하이드 → 프로피온알데하이드 → 발레르알데하이드 → 뷰틸알데하이드

관련항목 ES 09305.1a 알데하이드-DNPH카트리지-액체크로마토그래피법

☑ **해설** ② ; 아세트알데하이드 → 프로피온알데하이드 → 뷰틸알데하이드 → i-발레르알데하이드 → n-발레르알데하이드

14 **저온농축-기체크로마토그래피법을 이용한 휘발성유기화합물질의 시료채취 및 분석에 관한 내용으로 잘못된 것은?**

① Carbosive SⅢ와 carboxen과 같은 흡착제는 높은 농도의 오존 존재 하에서 시료를 채취할 경우 고분자가 산화되어 벤즈알데하이드, 페놀, 아세토페논과 같은 물질이 생성되므로 오존 농도가 10 ppb 이하인 환경에서 사용한다.
② 2개의 흡착관을 직렬로 연결할 경우 후단의 흡착관에 채취된 양이 전체 흡착관에 채취된 양의 5 % 이상을 차지할 경우의 공기 부피를 돌파부피라 한다.
③ 흡착관 뒤에 유량계를 설치시키고 펌프를 작동시킨 후 유량을 약 100 mL/min으로 안정되게 조정하고 5분 간 채취하며 유량의 안정성을 파악하기 위해 시료채취 전후의 유량을 비교하여 10 % 이내인지를 확인하여야 한다.
④ 기체크로마토그래프 내로 주입된 시료는 목적 성분이 분리된 후 질량분석기(MS)를 검출기로 하는 경우 스캔 모드(scan mode)를 사용하여 성분의 구조와 봉우리의 머무를 시간을 확인한다.

관련항목 ES 09307.a 휘발성유기화합물-저온농축-기체크로마토그래피법

☑ **해설** ① ; Tenax류의 흡착제는 높은 농도의 오존 존재 하에서 시료를 채취할 경우 고분자가 산화되어 벤즈알데하이드, 페놀, 아세토페논과 같은 물질이 생성되므로 오존 농도가 10 ppb 이하인 환경에서 사용한다.

15 **악취공정시험기준에 따른 휘발성유기화합물질의 분석시 내부정도관리에 대한 내용으로 잘못된 것은?**

① 검정곡선의 결정계수(R^2)는 대기 중 농도 (10 ~ 100) ppb 범위에서 3개 ~ 5개 농도에 대해 0.98 이상이어야 한다.
② 방법검출한계는 스타이렌은 1 ppb 이하, 그 밖의 물질은 10 ppb 이하이어야 한다.
③ 분석 정밀도는 동일한 시간 동안 동일한 조건에서 3회 반복 분석하여 크로마토그램의 적분 넓이와 봉우리의 머무름 시간의 정밀도를 확인한다.
④ 모든 분석과정을 통한 측정·분석의 정밀도는 3회 이상 반복 분석의 표준편차로 구하고 이 값은 (10 ~ 100) ppb 농도의 시료 1 L를 취하여 측정할 때 5 % 이내로 한다.

관련항목 ES 09307.a 휘발성유기화합물-저온농축-기체크로마토그래피법

☑ **해설** ④ ; 모든 분석과정을 통한 측정·분석의 정밀도는 3회 이상 반복 분석의 표준편차로 구하고 이 값은 (10 ~ 100) ppb 농도의 시료 1 L를 취하여 측정할 때 10 % 이내로 한다.

정답 14 ① 15 ④

16 **헤드스페이스-기체크로마토그래피법을 이용한 지방산류의 분석에 대한 설명으로 잘못된 것은?**

① 알카리 함침 여과지법 및 알카리 수용액 흡수법으로 시료를 채취하고 채취된 시료의 지방산 성분을 헤드스페이스법으로 휘발시켜 기체크로마토그래프로 분석한다.
② 염석효과를 위해 주입하는 염화소듐(NaCl)은 유기물이 포함되어 있어 지방산 봉우리들과 겹쳐 간섭하는 경우가 있으므로 300 ℃에서 구워 유기물을 제거 후 사용한다.
③ 표준용액을 전처리 장치인 헤드스페이스 바이알에 주입하여 기체크로마토그래프로 측정한 결과와 같은 양의 표준용액을 기체크로마토그래피에 직접 주입하여 얻은 결과 값의 비를 측정하여 프로피온산으로서 60 % 이상의 회수율을 가져야 한다.
④ 검정곡선 작성을 위해 알카리 함침 여과지를 사용한 경우에는 표준용액을 일정 농도 범위에 맞게 조제하여 알칼리 함침 여과지 1/4 조각에 2 μL를 주입한다.

관련항목 ES 09308.1a 지방산류-헤드스페이스-기체크로마토그래피법

☑ **해설** ③ ; 회수율은 프로피온산으로서 70 % 이상이어야 한다.

17 **고체상미량추출-기체크로마토그래피법을 이용한 지방산류의 분석에 대한 설명으로 잘못된 것은?**

① 고체상 미량추출(SPME) 파이버는 carboxen/polydimethyl-siloxane(CAR/PDMS)이 (75~85) μm로 입혀진 파이버를 사용하며 사용 전에 기체크로마토그래피 주입구에 넣은 뒤 250 ℃에서 1시간 가열하여 열세척을 한 후 사용한다.
② 헤드스페이스 바이알의 마개 뚜껑은 실리콘 재질이어야 하며 바이알의 부피는 15 mL 이어야 하고 시료 접촉부 재질은 시료의 오염 방지를 위해 불소수지(PTFE) 재질이어야 한다.
③ 고체상 미량추출(SPME)은 용매를 사용하는 추출 방법으로 추출은 두 과정으로 되어 있는데 한 과정은 코팅물과 시료 사이에서 분석성분이 분배되는 과정이고 또 다른 과정은 흡착된 분석 성분이 분석기기에서 탈착이 일어나는 과정이다.
④ 지방산류의 분석결과는 ppm 단위로 결과의 표시는 프로피온산과 n-뷰틸산은 소수점 셋째자리까지 나타내고 n-발레르산과 i-발레르산은 소수점 넷째자리까지 나타낸다.

관련항목 ES 09308.2a 지방산류-고체상미량추출-기체크로마토그래피법

☑ **해설** ④ ; 결과의 표시는 ppm 단위로 프로피온산, n-뷰틸산, i-발레르산은 소수점 셋째자리까지 나타내고 n-발레르산은 소수점 넷째자리까지 나타낸다.

18 **고효율막 채취장치를 이용하여 암모니아와 트라이메틸아민을 연속측정하는 방법 경우 확산 스크러버에 대한 설명으로 잘못된 설명은?**

① 연속 측정은 확산 스크러버를 통해 공기 중의 암모니아와 트라이메틸아민 기체를 흡수액으로 채취하고 이온크로마토그래피 시스템에 주입하여 분석한다.
② 확산 스크러버는 공기가 흐르는 공기통로와 흡수액이 흐르는 흡수액 통로, 그리고 이 두 통로를 분리하는 반투막의 세 부분으로 구성되어 있다.

정답 16 ③ 17 ④ 18 ④

③ 확산 스크러버 내의 흡수액 흐름 통로의 부피는 (100 ~ 200) μL의 범위 내에서 결정하는데 흡수액 통로의 부피는 흡수액 유량과 더불어 흡수액의 확산 스크러버 내에서의 머무름 시간을 결정하는 요소이다.
④ 확산 스크러버를 통과하는 공기 유량은 (0.5 ~ 1.0) L/min의 범위 내에서 결정하며 공기 조절장치를 통해 일정하게 유지해야 하는데 공기 유량을 높일 경우 시료의 농축도가 감소하여 최소 검출 농도는 감소하지만 흡수율은 증가하게 된다.

관련항목 ES 09904.a 트라이메틸아민, 암모니아－고효율막 채취장치－이온크로마토그래피법－연속측정방법

☑ **해설** ④ ; 확산 스크러버를 통과하는 공기 유량을 높일 경우 시료의 농축도가 증가하여 최소 검출 농도가 증가하지만 흡수율은 감소하게 된다.

19 고효율막 채취장치를 이용한 연속측정방법으로 아래의 성분을 분석할 때 흡수액으로 정제수를 사용하지 않는 물질은 어느 것인가?

① 암모니아　　② 트라이메틸아민
③ 아세트알데하이드　　④ 프로피온산

관련항목 ES 09905.a 카르보닐류－고효율막 채취장치－액체크로마토그래피법－연속채취방법

☑ **해설** ③ ; 카르보닐류(알데하이드류)의 흡수액은 아세토나이트릴에 인산을 녹여 3 %의 농도로 만든 후 다시 2,4－DNPH를 녹여 그 농도가 60 ppm이 되도록 조제한다.

20 저온농축－기체크로마토그래피법으로 휘발성유기화합물을 연속적으로 측정하는 경우 이에 대한 설명으로 잘못된 것은?

① 수분은 시료 분석과정에서 방해 인자로 작용할 수 있으므로 수분 제거를 위해 실리카겔과 같은 건조제를 사용하여 머무름 시간의 흔들림 등 간섭 효과를 최소화하여야 한다.
② 저온농축장치는 고체상의 흡착관이며 기체상의 분석대상 시료를 농축하고 기체크로마토그래피로 시료를 연속적으로 유입시키기 위한 장치로서 두 종류의 흡착제로 충전된 작은 유리관으로 구성된다.
③ 자동 저온농축 분석법을 이용하여 분석하는 표준물질의 농도는 100 ppb 또는 1 ppm 정도의 혼합 표준물질을 사용한다.
④ 연속열탈착분석법은 대기 중의 공기를 직접 채취하여 저온농축과 농도 분석을 1시간의 주기로 연속 측정하는 시스템이다.

관련항목 ES 09906.a 휘발성유기화합물－저온농축－기체크로마토그래피법－연속측정방법

☑ **해설** ① ; 수분은 시료 분석과정에서 방해 인자로 작용할 수 있으므로 수분 제거를 위해 Nafion dryer와 같은 건조기를 사용하여 머무름 시간의 흔들림 등 간섭 효과를 최소화하여야 한다.

정답 19 ③　20 ①

제2회 환경측정분석사 대기분야 예상문제

1 정도관리(대기)

01 "환경분야 시험·검사 등에 관한 법률"에 따른 측정대행업자의 준수사항에 대한 설명으로 틀린 것은?

① 환경부령이 정하는 바에 따라 측정·분석 결과를 사실대로 기록하고 그 결과를 최종 기록한 날부터 3년동안 보관하여야 한다.

② 등록된 기술인력은 다른 분야 업종의 기술인력으로 근무하게 해도 무방하며, 시료채취 및 측정·분석은 해당 분야에 등록된 기술인력이 수행하여야 한다.

③ 보유차량에 국가기관의 오염물질 검사차량으로 잘못 알게 하는 문구를 표시하거나 과대표시를 하여서는 아니 된다.

④ 환경오염공정시험기준에 따라 환경오염도를 정확하고 엄정하게 측정·분석하여야 하며, 측정 후 작성한 측정기록부 중 1부를 측정의뢰인에게 보내야 한다.

관련항목 환경분야 시험·검사 등에 관한 시행규칙 제17조(측정대행업자의 준수사항)/[별표 11] 측정대행업자의 준수사항(제17조의제2항 관련)

☑ **해설** ② ; 등록된 기술인력을 다른 분야·업종의 기술인력으로 근무하게 하여서는 아니 되며, 시료채취 및 측정·분석은 해당 분야에 등록된 기술인력이 수행하여야 한다.

02 "환경분야 시험·검사 등에 관한 법률"에 따른 정도관리 판정기준에 대한 설명으로 잘못된 것은?

① 숙련도 시험 결과와 현장평가 결과가 모두 판정기준에 적합한 경우만 적합으로 판정한다.

② 현장평가 합계 평점이 70점 미만인 경우 부적합으로 판정한다.

③ 오차율에 의한 숙련도 시험 평가의 경우 오차율 산정 시 기준값으로 대상기관의 분석 평균값을 사용할 수 있다.

④ 오차율에 의한 숙련도 시험 평가의 경우 분야별 항목평가는 전체 항목의 평균 오차율이 ± 30 % 이하인 경우 '적합'으로 평가함을 원칙으로 한다.

관련항목 환경분야 시험·검사 등에 관한 법률 시행규칙 제17조의3제1항(정도관리 결과의 통보 등)/별표 11의2

☑ **해설** ④ ; 오차율에 의한 숙련도 시험 평가의 경우 분야별 항목평가는 개별 항목의 오차율이 ± 30 % 이하인 경우 "적합", ± 30 %보다 큰 경우 "부적합"으로 평가함을 원칙으로 하되, 기술위원회의 의견을 반영하여 변경할 수 있다.

03 실내공기질분야 A 시험기관은 2021년도 국립환경과학원에서 실시하는 폼알데하이드 항목의 숙련도 시험에 참여하였으며 그 결과 $Z-$score가 3.2로 평가되었다. A 시험기관의 조치사항을 틀린 것은?

① 표준작업절차서(SOP) 및 방법을 점검한다.

② 측정값이 기준값 대비 과소평가되었음을 인식한다.

정답 01 ② 02 ④ 03 ②

③ 고성능액체크로마토그래프(HPLC) 등 분석장비를 점검한다.
④ 표준용액 농도 및 검정곡선을 적정성 여부 등을 점검한다.

관련항목 환경분야 시험·검사 등에 관한 법률 시행규칙 제17조의3제1항(정도관리 결과의 통보 등)/[별표 11의2]

☑ **해설** ② ; 분야별 항목평가는 도출된 개별 평가항목의 Z값에 따라 평가결과를 $|Z| \le 2$인 경우 "적합", $2 < |Z|$인 경우 "부적합"으로 판정하며, 이에 따라 Z-score가 3.2로 평가되어 2보다 크므로 측정값이 기준값 대비 과대평가되고 있음을 인식한다.

04 **"환경시험·검사기관 정도관리 운영 등에 관한 규정"에서 설명하는 내용으로 맞는 것은?**

① 정도관리심의회는 과학원의 정도관리 담당부서 부장을 위원장으로 하며 위원은 분야별 기술위원 2인 이상으로 한다.
② 분야별 기술위원회는 대기위원회, 실내공기질·악취위원회, 수질위원회, 먹는물위원회, 폐기물·토양·잔류성유기오염물질위원회, 환경유해인자위원회, 미생물위원회 등으로 구분하며, 각 기술위원회별로 외부 또는 과학원 내부의 각 분야별 전문가 등 10명 이내의 위원을 둔다.
③ "숙련도 시험"이라 함은 정도관리의 일부로서 시험검사기관의 정도관리시스템에 대한 주기적인 평가를 위하여 표준시료에 대한 시험·검사 능력과 시료채취 등을 위한 장비운영 능력 등을 평가하는 것을 말한다.
④ "정도관리"라 함은 시험·검사기관이 시험·검사 결과의 신뢰도를 확보하기 위하여 외부적으로 ISO/IEC 17025를 인용하여 정도관리시스템을 확립·시행하고 외부적으로 이에 대한 주기적인 검증평가를 하는 것을 말한다.

관련항목 환경시험·검사기관 정도관리 운영 등에 관한 규정 제2조(정의)/제5조(정도관리심의회와 기술위원회 구성)

☑ **해설** ③ ; ① 정도관리심의회는 과학원의 정도관리 담당부서 부장을 위원장으로 하며 위원은 분야별 기술위원 1인 이상으로 한다. ② 분야별 기술위원회는 대기위원회, 실내공기질·악취위원회, 수질위원회, 먹는물위원회, 폐기물·토양·잔류성유기오염물질위원회, 미생물위원회 등으로 구분하며, 각 기술위원회별로 외부 또는 과학원 내부의 각 분야별 전문가 등 20명 이내의 위원을 둔다. ④ "정도관리"라 함은 시험·검사기관이 시험·검사 결과의 신뢰도를 확보하기 위하여 내부적으로 ISO/IEC 17025를 인용하여 정도관리시스템을 확립·시행하고 내부적으로 이에 대한 주기적인 검증평가를 하는 것을 말한다.

05 **정도관리는 표준시료의 분석능력에 대한 숙련도 시험과 시험·검사기관에 대한 현장평가로 구분할 수 있다. 다음 중 숙련도 시험에 대한 설명으로 맞는 것은?**

① 표준시료에 대한 시험·검사 능력과 시료채취 등을 위한 장비운영 능력 등을 평가하는 것을 말한다.
② 정도관리 평가위원이 시험·검사기관을 직접 방문하여 시험·검사기관의 정도관리 시스템 및 시행을 평가하는 것을 말한다.
③ 정도관리 평가위원을 통하여 시험·검사기관의 기술인력, 시설, 장비 및 운영 등에 대한 실태와 이와 관련된 자료를 검증·평가하는 것을 말한다.
④ 정도관리 평가위원이 직접 대상기관에 방문하여 ISO/IEC 17025 규정을 인용하여 시험분야별 분석능력 점검표에 따라 평가를 실시한다.

정답 04 ③ 05 ①

필기 05 환경측정분석사 필기 예상문제

관련항목 환경시험·검사기관 정도관리 운영 등에 관한 규정 제2조(정의)/제22조(현장평가 방법)

☑ **해설** ① ; ②,③,④는 현장평가에 관한 내용이다.

06 악취 검사기관의 숙련도 시험 평가항목으로 틀린 것은?

① 스타이렌 ② 폼알데하이드
③ 자일렌 ④ 뷰틸알데하이드

관련항목 환경시험·검사기관 정도관리 운영 등에 관한 규정 제16조2항(정도관리 평가분야 및 항목)

☑ **해설** ② ; 폼알데하이드는 실내공기질 숙련도 시험 평가항목이다.

07 정도관리 현장평가 시 시작회의에 대한 내용으로 잘못된 설명은?

① 평가위원들은 현장평가의 첫 번째 단계로서 대상기관의 관련분야 참석자들과 시작회의를 하며 시작회의의 주관은 대상기관의 대표자가 한다.
② 시작회의에는 대상기관의 대표자와 현장평가 계획에서 요청받은 분야의 관계자가 참석하여야 하며 평가위원은 참석자 명단을 기록한다.
③ 평가팀장은 참석자들에게 현장평가의 목적, 대상, 방법 등의 평가계획에 대해서 설명하며 대상기관으로부터 참석자들을 소개받고 담당업무와 책임에 대해 설명을 들을 수 있다.
④ 평가팀장은 대상기관과의 공식 의사전달체계를 수립하고, 대상기관은 시험실 순회, 정도관리 문서평가 및 시험분야별 평가의 담당자를 지정한다.

관련항목 환경시험·검사기관 정도관리 운영 등에 관한 규정 제31조(시작회의)

☑ **해설** ① ; 평가위원들은 현장평가의 첫 번째 단계로서 대상기관의 관련분야 참석자들과 시작회의를 하며 시작회의의 주관은 평가팀장이 한다.

08 현장평가 점검표 및 미흡사항 보고서 작성 시 잘못된 내용은?

① 운영 및 기술점검표와 시험분야별 분석능력 점검표의 평가내용 중 평점 “0”점을 받은 내용은 미흡사항으로서 미흡사항 보고서에 그 내용을 기록한다.
② 평가위원은 현장평가 중에 발견된 미흡사항에 대해 대상기관의 대표자 또는 위임받은 자가 동의하지 않는 경우에는 이를 즉시 국립환경과학원에 알리고, 정도관리심의회에서 판정하도록 한다.
③ 평가위원은 평가결과와 발견된 미흡사항에 대해 대상기관 참석자에게 설명하며, 의견이 불일치된 평가결과에 대해서는 현장평가 종료일로부터 10일 이내에 과학원장에게 이의신청 할 수 있음을 알린다.
④ 대상기관은 평가팀장에게 전달받은 미흡사항 보고서의 미흡사항에 대한 보완조치 계획 또는 결과를 미흡사항 보완조치 결과보고서로 작성하여 현장평가 완료일로부터 30일 내에 과학원장에게 제출하여야 한다.

정답 06 ② 07 ① 08 ③

관련항목 환경 시험·검사기관 정도관리 운영 등에 관한 규정 제38조(현장평가 점검표의 작성)/제40조(현장평가 시 주의사항)/제42조(종료회의)/제44조(대상기관의 보완조치 결과 제출 등)

☑ **해설** ③ ; 평가위원은 평가결과와 발견된 미흡사항에 대해 제1항의 대상기관 참석자에게 설명하며, 의견이 불일치된 평가결과에 대해서는 현장평가 종료일로부터 7일 이내에 과학원장에게 이의 신청 할 수 있음을 알린다.

09 검증기관의 검증 유효기간이 결과통보일로부터 만료된 것으로 보는 경우와 관련없는 내용은?

① 현장평가 결과가 부적합 판정된 경우
② 고의 또는 중대한 과실로 측정 결과를 거짓으로 산출하거나 기술능력·시설 및 장비가 등록기준에 미달하여 행정처분을 받은 경우
③ 현지실사 결과에 따른 검증내용의 변동사항에 대한 보완조치가 정해진 기간내에 완료되지 않은 경우
④ 정도관리 검증서 원본을 포함한 검증기관 변경보고를 하지 않은 경우

관련항목 환경 시험·검사기관 정도관리 운영 등에 관한 규정 제48조(검증기관의 검증유효기간 및 정도관리 유지)

☑ **해설** ④ ; ④는 검증기관의 검증 유효기간 만료와 관련없는 내용이다.

10 한국인정기구(KOLAS) "시험분야 측정불확도 추정에 관한 지침"에 따라 측정불확도를 보고할 때, 기반이 되는 불확도 추정 결과의 신뢰수준 값(%)으로 적절한 것은?

① 95 %　② 90 %
③ 80 %　④ 99 %

관련항목 시험분야 측정불확도 추정에 관한 지침/2. 일반적인 해석 및 지침/2.7 측정불확도 보고

☑ **해설** ① ; ① 측정불확도를 보고할 경우에는 GUM에서 권고한 보고양식을 사용하는 것이 좋으며, 불확도 추정 결과는 신뢰수준 95 %를 기반으로 보고되어야 한다.

11 숙련도 시험 운영기관에서 다른 기관과 위탁계약하여서는 안 되는 사항은?

① 최종 결과 보고서 승인　② 숙련도 시험 아이템의 처리
③ 균질성 시험　④ 안전성 시험

관련항목 KS Q ISO/IEC 17043 해설서/5. 경영요구사항/5.5 서비스 위탁

☑ **해설** ① ; 운영기관은 숙련도 스킴 계획, 수행도 평가 또는 최종 결과 보고서 승인과 관련된 사항에 대해서 위탁계약하여서는 안 된다.

12 정도관리 현장평가 시 배출가스 중 무기물질－굴뚝먼지 항목의 분석능력 점검표 항목 평가 내용으로 잘못된 것은?

정답 09 ④　10 ①　11 ①　12 ④

① 동압은 0.1 mmH_2O 단위까지 정확하게 측정되고 있는가?
② 등속흡입계수는 (90 ~ 110) %를 유지하고 있는가?
③ 측정점의 위치와 그 수는 적정하게 결정되고 있는가?
④ 시료채취 후 누출시험은 적절히 시행·기록되고 있는가?

관련항목 정도관리 현장평가 실무/시험분야별 분석능력 점검표/대비분야－배출가스 중 무기물질－굴뚝먼지

☑ **해설** ④ ;
① 2) 측정 2-2. 먼지측정 2-2-1. 동압은 0.1 mmH_2O 단위까지 정확하게 측정되고 있는가?
② 2) 측정 2-2. 먼지측정 2-2-3. 등속흡입계수는 (90 ~ 110) %를 유지하고 있는가?
③ 1) 시료채취 준비 1-3. 시료채취점의 선정방법의 적절성 1-3-2. 측정점의 위치와 그 수는 적정하게 결정되고 있는가?
④ 1) 시료채취 준비 1-4. 시료채취장비의 누출시험 1-4-1. 시료채취 전 누출시험은 적절히 시행·기록되고 있는가?

13 불확도(uncertainty)가 ±0.05 mL인 뷰렛을 사용하여 적정할 때 처음 눈금이 20 mL이고 마지막 눈금이 5 mL라고 하면 가해 준 부피의 불확도는 얼마인가?

① ± 0.03 mL
② ± 0.05 mL
③ ± 0.07 mL
④ ± 0.09 mL

☑ **해설** ③ ;
㉠ 주어진 조건 : 뷰렛의 불확도 ± 0.05 mL, 뷰렛의 처음 눈금 20 mL, 뷰렛의 마지막 눈금 5 mL
㉡ 뷰렛의 적정에 사용되는 부피기구로서 석성된 부피는 다음과 같이 계산된다.
적정에 사용된 부피 : $20(\pm 0.05)\text{mL} - 5(\pm 0.05)\ \text{mL} = 15(\pm u)$
㉢ 가해준 부피의 불확도(u)

$$(u)^2 = (\text{A타입 표준불확도})^2 + (\text{A타입 표준불확도})^2$$
$$= (0.05\ \text{mL})^2 + (0.05\ \text{mL})^2 = 0.005\ \text{mL}^2$$
$$u = \sqrt{0.005\ \text{mL}^2} = 0.07\ \text{mL}$$

∴ 부피의 불확도는 ± 0.07 mL이다.

14 측정 및 시험방법의 유효성을 확인하는 두 번째 단계는 성능변수라고 불리는 성능특성을 결정하는 것이며, 이러한 성능특성에 대한 설명으로 틀린 것은?

① 직선성(Linearity): 측정모델이 장비 응답값과 농도 간의 관계로 정의되는 측정방법에 대해서는 이러한 측정모델로 적용 가능한 범위가 수립되어야 한다.
② 감도(Sensitivity): 분석대상성분의 농도 변화에 따른 측정신호값이다.
③ 둔감도(Ruggedness): 시험결과가 절차상에 제시된 시험조건에 대한 작은 변화의 영향을 받지 않는 수준을 나타낸다.
④ 선택성(Selectivity): 간섭물질이 존재할 때 측정의 정확성을 뜻하며, 잠재적인 간섭물질의 영향은 의심되는 간섭물질을 사전에 알려진 농도만큼 첨가한 시료를 분석하여 확인할 수 있다.

관련항목 화학적 시험방법의 유효성 확인을 위한 지침/2. 유효성 수행인자

정답 13 ③ 14 ②

☑ 해설 ② ; 감도(Sensitivity) : 분석대상성분의 농도 (또는 양)의 변화에 따른 측정신호값의 변화에 대한 비율이다.

15 **측정분야별 환경기준에 따라 한국인정기구(KOLAS) 인정 교정기관이 측정환경을 적정하게 유지 관리하는지에 대한 표준실 환경기준으로 잘못된 것은?**

① 온도는 모든 측정분야의 T-2 등급에서 1시간당 온도 변화량이 1.0 ℃ 이내이어야 하고 1일 온도분포는 기준온도의 ± 1.5 ℃ 이내이어야 한다.
② 습도조건 및 변동폭은 H-1 등급에서 1일 습도 분포는 (30 ~ 70) % R.H. 이내여야 하고, 1시간당 습도 변화량은 10 % R.H. 이내여야 한다.
③ 먼지는 기타 측정분야에서 0.5 μm보다 큰 먼지가 4×10^7 개/m^3 이하이어야 한다.
④ 조명은 모든 측정분야에서 500 Lux 이상이어야 하며, 단 조명이 측정에 부정적인 영향을 미칠 경우에는 제외될 수 있다.

관련항목 환경평가 수행을 위한 지침/[별표 1] 표준실 환경기준

☑ 해설 ② ; 표준실 환경기준에서 습도조건 및 변동폭은 H-1 등급에서 1일 습도 분포는 (30 ~ 55) % R.H. 이어야 하고, 1시간당 습도 변화량은 5 % R.H. 이내여야 한다.

16 **시험 및 교정기관의 결과가 기술적으로 적절하고 유효한지 보증하기 위한 방법에 대한 설명으로 틀린 것은?**

① 품질관리물질(QCM)은 품질관리를 위해 사용되는 물질로서 내부사용을 목적으로 시험실에서 자체적으로 생산된 물질이다.
② 품질관리물질(QCM)은 측정결과의 반복성, 중간정밀도, 재현성 평가에 이용할 수 있으며 측정소급성이나 측정결과의 진도를 입증하는 목적으로도 이용할 수 있다.
③ 인증표준물질은 인증값의 측정소급성과 특성값의 불확도가 반드시 포함되어야 한다는 점에서 표준물질과 차이가 있다.
④ 시험 및 교정기관 간 비교가 바람직하나 해당 시험 및 교정을 수행하는 타기관이 없는 경우 시험자간 비교시험 등의 방법으로 기관내 비교시험을 실시 할 수 있다.

관련항목 KS Q ISO IEC 17025 해설서

☑ 해설 ② ; 품질관리물질(QCM)은 측정결과의 반복성, 중간정밀도, 재현성 평가에 이용할 수 있으나 측정소급성이나 측정결과의 진도를 입증하는 목적으로 이용할 수는 없다.

17 **한국인정기구(KOLAS)에서 인정기구의 장이 3개월 이내의 기간을 정하여 개선을 명할 수 있는 사유가 아닌 것은?**

① "인정마크 사용 및 인정지위 주장을 위한 지침"을 위반한 경우
② 사후관리결과 보완 또는 개선이 요구되는 경우
③ 품질기록을 유지·관리하지 않거나 보존의무 규정을 위반한 경우
④ KOLAS 공인기관 인정지위에 대한 주장의 사용중지를 위반한 경우

필기 05 환경측정분석사 필기 예상문제

정답 15 ② 16 ② 17 ④

관련항목 KOLAS 공인교정기관 지정제도 운영요령/제30조(인정취소 등)

☑ **해설** ④ ; ④에 대하여는 KOLAS 공인기관 인정 취소를 명할 수 있다.

18 **하나 또는 그 이상의 숙련도시험 아이템의 측정량을 재는 데에 목적이 있는 경우에 해당하는 스킴은?**

① 동시적 스킴　　② 순차적 스킴
③ 정량적 스킴　　④ 정성적 스킴

관련항목 숙련도 시험 운영기준/3. 용어정의/3.10숙련도 시험

☑ **해설** ③ ; ① 동시적 스킴 : 숙련도시험 아이템이 정해진 시간 범위 내에서 동시 진행 시험 또는 측정을 위해 배포되는 경우, ② 순차적 스킴 : 하나 또는 그 이상의 숙련도시험 아이템이 시험 또는 측정을 위해 순차적으로 배포되고 일정 간격으로 운영기관에 회수하는 경우, ④ 정성적 스킴 : 하나 또는 그 이상의 숙련도시험 아이템의 특성을 식별하거나 기술하는 데에 목적이 있는 경우

19 **측정 불확도에 대한 설명으로 맞지 않는 것은?**

① 측정 불확도를 나타내는 파라미터에는 표준편차 또는 명시된 신뢰수준을 갖는 구간의 전체 너비 등이 될 수 있다.
② 측정 불확도는 보정 및 기준용 표준과 관련된 성분들과 같은 계통효과에서 기인하는 성분을 포함한다.
③ 측정 불확도는 측정량을 합리적으로 추정한 값의 산포 특성을 나타내는 인자이다.
④ 사용된 정보를 기초로 하여 측정량에 대한 측정값의 분산특성을 나타내는 음이 아닌 파라미터이다.

관련항목 측정결과의 소급성 유지를 위한 지침/3. 용어의 정의/3.7 측정 불확도

☑ **해설** ① ; 측정 불확도는 측정 결과와 관련된 측정량을 합리적으로 추정한 값들의 분산 특성을 나타내는 음이 아닌 파라미터로서 이 파라미터는 표준편차 또는 명시된 신뢰수준을 갖는 구간의 반너비 등이 될 수 있다.

20 **다음은 정도관리에 관한 용어를 설명한 내용으로 각각의 괄호 안에 들어갈 내용으로 옳은 것을 고르시오.**

- 검정곡선은 별도로 시험방법에 정의되어 있지 않다면 시료를 분석할 때마다 매번 작성하여야 하며, 부득이 한 경우 (㉠) 일을 초과하지 않아야 하고 (㉡) 일 이상 초과한다면 검정곡선을 새로 작성하여야 한다.
- 내부표준물질법(internal standard method)에 의해 정량할 때, 내부표준물질의 감응과 비교하여 모든 분석물질의 감응을 측정하며, 내부표준물질 감응은 검정곡선의 감응에 비해 ±(㉠) 이내에 있어야 한다.

정답 18 ③　19 ①　20 ②

① ㉠ 1, ㉡ 2, ㉢ 30 % ② ㉠ 2, ㉡ 3, ㉢ 30 %
③ ㉠ 1, ㉡ 2, ㉢ 20 % ④ ㉠ 2, ㉡ 3, ㉢ 20 %

관련항목 환경시험 검사 QA/QC 핸드북/정도관리 일반/1. 정도관리/1.3 용어정의/1.3.1 표준물질 용어

☑ **해설** ② ;
- 검정곡선 : 시험방법이 정의되어 있지 않다면 검정곡선은 시료를 분석할 때마다 매번 작성하여야 하며, 부득이하게 한 개 시료군(batch)의 분석이 하루를 넘길 경우라도 가능한 2일을 초과하지 않아야 하고 3일 이상 초과한다면 검정곡선을 새로 작성하여야 한다.
- 내부표준물질법에 의해 정량할 때, 내부표준물질의 감응과 비교하여 모든 분석물질의 감응을 측정하며, 내부표준물질 감응은 검정곡선의 감응과 비교하여 ± 30 % 이내에 있어야 한다.

21 다음 중 시험·검사과정에서 발생하는 오차에 대한 설명으로 틀린 것은?

① 계통오차는 재현 가능하며 어떤 수단에 의해 보정이 가능한 오차로서 이것에 따라 측정값은 편차가 발생하며, 계통오차에는 기기오차, 방법오차, 분석오차가 있다.
② 기기오차는 측정기가 나타내는 값에서 나타내어야 할 참값을 뺀 값으로 표준기의 수치에서 부여된 수치를 뺀 값이다.
③ 우연오차는 재현 불가능한 것으로 원인을 알 수 없어 보정할 수 없는 오차이며, 이것으로 인해 측정값은 분산이 발생한다.
④ 검정허용오차는 계량기 등의 검정 시에 허용되는 공차로서 규정된 최대값과 최소값의 차이를 말한다.

관련항목 환경시험 검사 QA/QC 핸드북/정도관리 일반/1. 정도관리/1.3 용어정의/1.3.3 분석

☑ **해설** ① ; 계통오차는 재현 가능하며 어떤 수단에 의해 보정이 가능한 오차로서 이것에 따라 측정값은 편차가 발생하며, 계통오차에는 개인오차, 기기오차, 방법오차가 있다.

22 실험실에서 사용하는 실험 기구 재질 특성에 대한 설명으로 틀린 것은?

① 붕규산 유리는 가열할 때 알칼리 용액에 의해 약간 침식을 받는다.
② 항알칼리성 유리는 열적안정성이 붕규산 유리보다 더욱 민감하다.
③ 고순도 실리카 유리는 열적 안정성이 매우 강하며 붕규산 유리보다 알칼리에 약하다.
④ 용융석영의 열적 안정성은 약하지만 대부분의 산과 할로겐에는 강하다.

관련항목 환경시험 검사 QA/QC 핸드북/정도관리 일반/2. 실험실의 기본 장비와 관리/2.2 용기 및 기구/2.2.1 용기 재질 특성

☑ **해설** ④ ; 용융석영의 열적 안정성은 매우 강하며, 대부분의 산과 할로겐에 강하다.

23 다음 중 분석기기의 교정에 대한 설명으로 틀린 것은?

① 초기교정은 분석기기가 안정화 된 후 분석을 시작하기 전에 실시하며, 초기교정에 대한 검증은 분석과정 중에 수시 교정용 표준용액 또는 표준가스로 실시한다.

정답 21 ① 22 ④ 23 ③

② 분석기기 교정은 초기교정과 수시교정으로 구분할 수 있다.
③ 수시교정 표준물질과 원래의 교정 표준물질과의 편차가 무기물의 경우 ± 10 %, 유기물의 경우 ± 5 %이어야 한다.
④ 수시교정용 표준용액 또는 표준가스를 이용한 초기교정에 대한 검증이 허용기준을 초과할 경우에는 초기교정을 다시 실시하여 분석한다.

관련항목 환경시험 검사 QA/QC 핸드북/정도관리 일반/3. 분석기기의 교정 및 관리/3.1 분석기기 교정

☑ **해설** ③ ; 허용할 수 없는 교정 범위의 확인 및 수정 : 수시교정 표준물질과 원래의 교정 표준물질과의 편차가 무기물의 경우 ± 5 %, 유기물의 경우 ± 10 %이어야 하며, 교정검증표준물질 혹은 QC 점검 표준물질의 허용 범위는 무기물의 경우 참값의 ± 5 %, 유기물은 참값의 ± 10 %다.

24 적정 분석에서 적정용액의 표준화와 관련된 내용으로 잘못된 것은?

① 표준화용액과 화학량론적으로 신속하게 반응하여야 한다.
② 무게 달기와 관련된 상대오차를 최소화하기 위하여 비교적 작은 화학식량을 가지고 있어야 한다.
③ 일차표준물질은 안정하고 쉽게 건조되어야 하며, 대기 중 수분과 이산화탄소를 흡수하지 않아야 한다.
④ 매우 높은 순도(거의 100 %)와 정확한 조성을 알아야 하며, 불순물의 함량이 (0.01 ~ 0.02) %이어야 한다.

관련항목 환경시험 검사 QA/QC 핸드북/정도관리 일반/4. 시약/4.2 표준물질/4.2.1 적정용액의 표준화

☑ **해설** ② ; 무게 달기와 관련된 상대오차를 최소화하기 위하여 비교적 큰 화학식량을 가지고 있어야 한다.

25 환경 시료를 채취동안에는 발생한 모든 데이터에 대해 기록되어져야 하는데, 이때 작성하여야 하는 현장 기록에 대한 설명으로 틀린 것은?

① 시료기록시트에는 분석목적, 시료 현장 ID, 시료 종류, 시료 채취자, 날짜/시간이 기록되어져야 한다.
② 현장 기록의 내용에는 인수인계 양식, 시료 라벨, 시료 현장기록부, 보존준비기록, QC와 현장 첨가용액 준비기록부 등이 있다.
③ 현장 기록은 방수용 잉크를 사용해 작성하며, 현장 노트는 특히 업무에 대해 설명하는 것으로 방수용 용지와 하드커버를 사용해야 한다.
④ 오타가 있는 경우 한 줄을 긋고 수정 부분은 직원 서명만 하면 된다.

관련항목 환경시험 검사 QA/QC 핸드북/시료채취에서의 QAQC/2. 시료채취 실무/2.5 현장 시료 보관, 현장기록

☑ **해설** ④ ; 모든 현장 기록은 방수용 잉크를 사용해 작성하며 오타는 한 줄을 긋고, 수정 부분에 직원 서명과 날짜를 적어야 한다.

정답 24 ② 25 ④

26 **질소산화물의 관리차트를 만들기 위해 표준가스를 측정하였다. % 회수율 결과로부터 얻은 평균값(x)은 101.1 %, 계산된 표준편차(s)는 3.2 %이었다. 다음 중 경고기준을 벗어난 값은?**

① 92.0 %
② 95.0 %
③ 105.0 %
④ 108.5 %

관련항목 환경시험 검사 QA/QC 핸드북/시료채취에서의 QAQC/2. 시료 채취 실무/2.7 현장 정도관리/2.7.2 현장 QC 점검의 범위

☑ **해설** ④ ;

㉠ 주어진 조건 : 평균(x) 101.1 %, 표준편차(s) 3.2 %

㉡ 상한경고기준 = x(평균) + $2s$(표준편차) = 101.1 + 2×3.2 = 107.5 %

㉢ 하한경고기준 = x(평균) − $2s$(표준편차) = 101.1 − 3×3.2 = 91.5 %

㉣ 91.5 % < 경고기준 < 107.5 %

27 **반복 측정하여 얻어진 결과값이 92, 116, 102, 95, 104 이었다. 이 중 가장 의심스러운 결과값의 선택 여부를 Q−test를 통하여 판단한 것으로 옳은 것은?** (단, 90 % 신뢰수준의 임계값 Q_{crit}는 0.64이다)

① 계산된 Q값은 0.5이고 90 % 신뢰도에서 Q값은 0.64보다 작으므로 버린다.
② 계산된 Q값은 0.5이고 90 % 신뢰도에서 Q값은 0.64보다 작으므로 버리지 않는다.
③ 계산된 Q값은 1이고 90 % 신뢰도에서 Q값은 0.64보다 크므로 버린다.
④ 계산된 Q값은 1이고 90 % 신뢰도에서 Q값은 0.64보다 크므로 버리지 않는다.

관련항목 환경시험 검사 QA/QC 핸드북/결과보고/5. 좋지 않은 데이터에 대한 Q-test

☑ **해설** ② ;

㉠ 주어진 자료 : 92, 116, 102, 95, 104

㉡ $Q_{계산} = \frac{간격}{범위} = \frac{의심스러운값 - 가장가까운측정값}{최대값(의심스러운값) - 최소값} = \frac{116-104}{116-92} = 0.5$

㉢ 판정 : 계산된 $Q_{계산}$값은 0.5이고 90 % 신뢰수준에서 Q_{crit}값이 0.64 이므로($Q_{계산} < Q_{crit}$) 의심스러운 값을 버리지 않는다.

28 **실험실은 분석하고자 하는 시료의 성격에 따라 여러 실험실 유형으로 나누어지는데, 다음 내용 중 각 실험실에 대한 일반적 고려 사항으로 틀린 설명은?**

① 바이오 실험실 : 이화학실험실과는 별도의 독립적인 공간에 설비해야 하며, 실험자의 안전 및 실험오차를 위해 무균실 또는 무균용 후드장치 클린벤치 등을 별도로 설비해야 한다.
② 악취 실험실(공기희석관능법) : 악취실험 후 환기 및 통풍이 잘 되도록 설비하되 이화학 실험실의 환기 및 통풍설비와 유사하게 설비하는 것이 바람직하다.
③ 기기 분석실 : 냉·난방장치가 기기실별로 별도로 설비되어야 하고 안정적인 전원 공급을 위해 무정전전원장치(UPS) 또는 전압조정장치(AVR)를 설치해야하며, 특히 UPS는 정전 시 사용시간이 총 30분 이상 될 수 있도록 설비하여야 한다.

필기 05 환경측정분석사 필기 예상문제

정답 26 ④ 27 ② 28 ④

④ 이화학 실험실 : 실험실은 일정규모 이상 격리하여 설치되어야 하며, 실험에 용이하도록 해당기관의 분석량 또는 시료의 수 그리고 분석인원의 활동성 등을 고려하여 갖추어야 하고 장비와 사무실도 포함한다.

관련항목 환경실험실 운영관리 및 안전/제1장 실험실 설계 및 운영 기준/2. 분석 실험실 시설

☑ **해설** ④ ; 이화학실험실 : 실험실은 일정 규모이상 격리하여 설치되어야 하며, 분석목적에 따라 각각 별도로 분리하여 시설을 갖추어야 한다. 또한 실험에 용이하도록 해당기관의 분석량 또는 시료의 수 그리고 분석인원의 활동성 등을 고려하여 갖추어야 하며, 단 장비와 사무실 등은 제외한다.

29 실험실 안전장치 및 시설에 대한 설명으로 틀린 것은?

① 이산화탄소 소화기 : 이산화탄소(CO_2)를 높은 압력으로 압축 액화시켜 단단한 철제 용기에 넣은 것으로 B급, C급 화재에 쓸 수 있고 고가의 분석기기와 같이 물을 뿌리면 안되는 화재에 사용하며 우수한 전기절연능력으로 소화 시 감전 및 쇼트의 위험성이 있는 변전실, 전기기기 설비 소화 시에 사용하면 효과적이다.

② 퓸 후드 : 후드 내 풍속은 약간 유해한 화학물질의 경우 안면부 풍속이 (21 ~ 30) m/min 정도, 발암 물질 등 유해한 화학물질의 경우에는 안면부의 풍속이 55 m/min 정도 되어야 한다.

③ 냉장고 : 실험실 용도의 냉장고는 유해 화학물질의 저장이 가능한 것으로 주의 깊게 선정하여야 하며, 위험수준을 낮추기 위하여 물질의 보관기간은 가능한 한 짧게 하고, 정기적으로 점검되어야 한다.

④ 비상샤워장치 : 비상샤워장치는 쥐고 당길 수 있는 사슬이나 삼각형 손잡이로 작동되게 하며 쏟아지는 물줄기는 몸 전체를 덮을 수 있어야 하고 작동되는 동안 혼자서 옷을 벗고 신발이나 장신구를 벗을 수 있어야 한다.

관련항목 환경실험실 운영관리 및 안전/제2장 실험실 안전/2. 실험실 안전장치 및 시설

☑ **해설** ② ; 퓸 후드 : 후드 내 풍속은 약간 유해한 화학물질의 경우 안면부 풍속이 (21 ~ 30) m/min 정도, 발암물질 등 유해한 화학물질에 대하여는 안면부의 풍속이 45 m/min 정도 되어야 한다.

30 실험실 안전을 위한 장갑의 재질과 특징 및 취급하기 적절한 화학물질에 대한 설명으로 틀린 것은?

① 폴리비닐클로라이드(PVC) 장갑 : 대부분의 유기용매에 좋으나 산, 알칼리, 오일 등에는 좋지 않다.

② 나이트릴(nitrile) 장갑 : 오일류, 그리스류, 자일렌, 지방성 화합물질

③ 천연고무 장갑 : 생물학적 시험과 수용성 물질에 좋다

④ 네오프린(neoprene) 장갑 : 산, 아닐린류, 페놀, 글리콜 에테르류

관련항목 환경실험실 운영관리 및 안전/제2장 실험실 안전/2. 실험실 안전장치 및 시설/2.7 장갑 및 가운

☑ **해설** ① ; 폴리비닐클로라이드(PVC) 장갑 : 대부분의 유기용매에 좋지 않으나 산, 알칼리, 오일, 지방, 과산화물 등에 좋다.

정답 29 ② 30 ①

31 화재의 종류와 소화기의 분류가 맞는 것으로 짝지어진 것은?

① 가연성 액체 등의 화재 : A급 화재
② 전기기계기구에 의한 화재 : D급 화재
③ 페인트 등의 화재 : B급 화재
④ 가연성금속에 의한 화재 : C급 화재

관련항목 환경실험실 운영관리 및 안전/제2장 실험실 안전/2. 실험실 안전장치 및 시설/2.8 소방안전설비

☑ **해설** ③ ; A급 화재(일반화재) : 가연성나무, 옷, 종이, 고무, 플라스틱 등의 화재, B급 화재 : 가연성 액체, 기름, 그리스, 페인트 등의 화재, C급 화재 : 전기에너지, 전기기계기구에 의한 화재, D급 화재 : 가연성금속에 의한 화재

32 폐기물의 취급 및 처리 시 안전에 대한 설명으로 틀린 것은?

① 화학폐기물 수집 용기는 반드시 운반 및 용량 측정이 용이한 플라스틱 용기를 사용하여야 한다.
② 폐유기용제는 휘발되지 않도록 밀폐된 용기에 보관한다.
③ 의료폐기물은 종류별로 전용용기에 넣어 보관하여야 하며, 사용이 끝난 전용용기는 내부 합성수지 주머니를 밀봉한 후 외부용기를 밀폐포장하여야 한다.
④ 전용용기는 봉투형 용기와 상자형 용기로 구분하되, 보건복지부장관이 지정한 기관이나 단체가 보건복지부장관이 정하여 고시하는 검사기준에 따라 검사한 용기만을 사용하여야 한다.

관련항목 환경실험실 운영관리 및 안전/제2장 실험실 안전/3. 실험실 안전 행동지침/3.3 폐기물 취급 및 처리 시 안전

☑ **해설** ④ ; 전용용기는 봉투형 용기와 상자형 용기로 구분하되, 환경부장관이 지정한 기관이나 단체가 환경부장관이 정하여 고시하는 검사기준에 따라 검사한 용기만을 사용하여야 한다.

33 다음 중 의료폐기물을 처리하는 전용용기의 종류와 도형의 색상을 연결한 것으로 맞는 것은?

① 격리 의료폐기물 : 노란색
② 인체 조직물 중 태반 : 붉은색
③ 위해 의료폐기물 : 녹색
④ 일반 의료폐기물 : 검은색

관련항목 환경실험실 운영관리 및 안전/제2장 실험실 안전/3. 실험실 안전 행동지침/3.3 폐기물 취급 및 처리 시 안전

☑ **해설** ④ ; ① 격리 의료폐기물 : 붉은색, ② 인체 조직물 중 태반 : 녹색, ③ 위해 의료폐기물 ; 노란색

34 대기오염공정시험기준에 따른 내부정도관리에 대한 설명으로 틀린 것은?

① 업무분장 변경되어 분석자가 바뀐 경우에는 내부정도관리를 실시한다.
② 검정곡선의 검증 및 방법바탕시료의 측정은 시료군당 1회 실시하여야 한다.
③ 장비의 고장으로 수리를 한 경우에는 내부정도관리를 실시하여야 하며, 장비를 이동한 경우에도 내부정도관리를 실시하여야 한다.
④ 방법검출한계, 정밀도와 정확도의 경우 분기 1회 이상 산정하는 것을 원칙으로 한다.

정답 31 ③ 32 ④ 33 ④ 34 ②

관련항목 대기오염공정시험기준/ES 01001 정도보증, 정도관리

☑ **해설** ② ; 방법검출한계, 정밀도와 정확도는 분기 1회 이상 산정하는 것을 원칙으로 한다.

35 대기 중 입자상 물질을 고용량공기포집기를 이용하여 포집하는 경우 주의사항 할 내용으로 틀린 내용은?

① 포집 시 유량이나 포집 후 중량농도에 이상한 값이 인정될 경우에는 유량계에 이상이 없는지를 확인한다.

② 시료 채취 전·후 샘플러에서 공기가 새지 않는가를 확인한다.

③ 포집종료시 이상현상이 확인되었을 경우에는 이상이 생기지 않도록 충분히 조치한 다음 포집조작을 다시 하고 먼저 포집된 시료는 기록을 정확히 하여 따로 보관한다.

④ 가동중인 샘플러의 전원에 다른 기기를 연결한 경우 가동중인 샘플러의 전원 전압변동에 대하여 수시로 점검한다.

관련항목 대기오염공정시험기준/ES 01115 환경대기 시료채취방법/5.0 입자상 물질의 시료 채취방법/5.1 고용량 공기시료채취기법/5.1.6 주의사항

☑ **해설** ④ ; 가동중인 샘플러의 전원에 다른 기기를 연결시키면 전압이 변하여 샘플러의 유량을 일정하게 유지시키기 어려우므로 가동중인 샘플러의 전원에 다른 기기를 가동시켜서는 안 되며 가동중인 샘플러의 전원 전압변동에 대하여 수시로 점검한다.

36 실내공기질 측정시 사용되는 물품의 QA/QC에 대한 설명으로 틀린 것은?

① 폼알데하이드 시료채취시 사용하는 DNPH 카트리지의 파과용량 평가는 (0.5 ~ 1.2) L/min의 유량으로 30분간 채취 후 앞쪽과 뒤쪽의 DNPH 카트리지를 분석하여 파과용량을 평가한다.

② VOCs 시료채취 흡착관이 안정적인 부피로 유지되기 위해서는 매년 혹은 20회 사용한 후에 재점검되어야 한다.

③ DNPH 카트리지 파과용량 평가시 뒤쪽의 카트리지에 채취된 폼알데하이드의 양이 전체 채취된 양의 10 %가 넘으면 파과가 일어난 것으로 본다.

④ 흡착관의 파과용량은 Tenax-TA가 충진된 고체 흡착관 2개를 직렬로 연결하여 (50 ~ 100) mL/min의 유량으로 약 30분간 채취 후 앞쪽과 뒤쪽의 흡착관을 분석하여 파과용량을 평가한다.

관련항목 실내공기질 공정시험기준/ES 02601.1c 실내 및 건축자재에서 방출되는 폼말데하이드 측정방법－2,4 DNPH 카트리지와 액체크로마토그래프법, ES 02602.1c 실내 및 건축자재에서 방출되는 휘발성유기화합물 측정방법－고체흡착관과 기체크로마토그래프법

☑ **해설** ③ ; 시료채취시 DNPH 카트리지 2개를 직렬로 연결하여 (0.5 ~ 1.2) L/min의 유량으로 30분간 채취 후 앞쪽과 뒤쪽의 DNPH 카트리지를 분석하여 파과용량을 평가하며 뒤쪽의 카트리지에 채취된 폼알데하이드의 양이 전체 채취된 양의 5 %를 넘으면 파과가 일어난 것으로 본다.

정답 35 ④ 36 ③

37 악취공정시험기준의 황화합물 분석법에 대한 설명으로 틀린 것은?

① 대기 중 황화수소, 메틸메르캅탄, 다이메틸설파이드, 다이메틸다이설파이드 등 물질에 대하여 (1 ~ 60) ppb 농도 범위의 분석에 적합하다.

② 농축장치의 회수율 측정은 상대습도 20 % 이하인 바탕시료와 함께 주입된 황화수소의 저온농축장치의 회수율은 80 % 이상 혹은 상대습도 80 % 인 바탕시료와 함께 주입된 황화수소의 회수율은 50 % 이상으로 유지한다.

③ 황화합물 중 황화수소는 극성이 커서 수분에 의한 영향으로 가스상 시료 중 농도 변화가 일어날 수 있으며, 분석과정에서 수분으로 인하여 분석과정의 회수율이 달라질 수 있다.

④ 방법검출한계(MDL)는 검출한계에 다다를 것으로 생각되는 황화합물 표준물질을 이용하여 7번 반복 측정한 후 이 농도 값을 바탕으로 구한 표준편차에 3.14를 곱하여 구한다.

관련항목 악취공정시험기준/황화합물

☑ **해설** ③ ; 회수율 측정 : 농축장치의 황화수소 회수율은 높이비 또는 넓이 비를 이용하여 계산할 수 있으며 상대습도 10 % 이하인 바탕시료와 함께 주입된 황화수소의 저온농축장치의 회수율은 80 % 이상 혹은 상대습도 80 %인 바탕시료와 함께 주입된 황화수소의 회수율은 60 % 이상으로 유지한다.

38 대기오염공정시험기준에서 기체크로마토그래피법에 대한 설명으로 다음의 괄호에 들어갈 내용으로 바르게 연결된 것은?

> 시료를 분리관에 도입시킨 후 그 중의 어떤 성분이 검출되어 기록지 상에 봉우리로 나타날 때까지의 시간을 머무름 시간이라 하며, 이 머무름 시간에 운반가스의 (㉠)을 곱한 것을 보유부피라 한다. 이 값은 어떤 특정한 실험조건 하에서는 그 성분물질마다 고유한 값을 나타내기 때문에 (㉡)을 할 수 있으며, 또 기록지에 그려진 (㉢)는(은) 시료성분량과 일정한 관계가 있기 때문에 이것에 의하여 (㉣)을 할 수 있다.

① ㉠ 유속 ㉡ 정성분석 ㉢ 머무름 시간 ㉣ 정량분석
② ㉠ 유속 ㉡ 정량분석 ㉢ 머무름 시간 ㉣ 정성분석
③ ㉠ 유량 ㉡ 정성분석 ㉢ 피크면적 ㉣ 정량분석
④ ㉠ 유량 ㉡ 정량분석 ㉢ 피크면적 ㉣ 정성분석

관련항목 대기오염공정시험기준/ES 01201 기체크로마토그래피

☑ **해설** ③ ; 시료를 분리관에 도입시킨 후 그 중의 어떤 성분이 검출되어 기록지 상에 봉우리로 나타날 때까지의 시간을 "보유시간(머무름 시간)"이라 하며, 이 보유시간에 운반가스의 유량을 곱한 것을 보유부피라 한다. 이 값은 어떤 특정한 실험조건 하에서는 그 성분물질마다 고유한 값을 나타내기 때문에 정성분석을 할 수 있으며, 또 기록지에 그려진 "곡선의 넓이(피크면적) 또는 봉우리의 높이"는 시료성분량과 일정한 관계가 있기 때문에 이것에 의하여 정량분석을 할 수 있다.

39 화학물질의 급성흡입독성시험 기술지침에 따른 독성 위험도 평가에 대한 설명으로 틀린 것은?

정답 37 ③ 38 ③ 39 ①

① EC_{50}은 약물이 투여되었을 때 해당 약물이 나타낼 수 있는 최대 효과의 절반정도를 보일 수 있는 약물의 최소 농도이다.
② LC_{50}은 시험물질에 노출 후 일정시간 또는 노출 중에 시험동물의 반수를 사망시킬 수 있는 물질의 농도이다.
③ 화학물질의 급성 독성 또는 단일 노출 후 독성을 평가하는 한 가지 방법은 치사량(LD) 또는 치사농도(LC) 값을 검사하는 것이다.
④ LD_{50}은 통제 된 실험실 조건 하에서 실험동물에 투여, 주사 또는 피부에 접촉시 실험동물의 50 %를 사망시키는 화학물질의 양이다.

관련항목 화학물질의 급성흡입독성시험 기술지침/3. 용어의 정의

☑ **해설** ① ; EC_{50}(Effective concentration 50 %)는 약물이 투여되었을 때 해당 약물이 나타낼 수 있는 최대 효과의 절반 정도를 보일 수 있는 약물의 최대 농도이다.

40 시험결과의 보고행위와 관련한 품질경영시스템 요건에 맞지 않는 것은?

① 고객이 시험결과를 전자매체로 받고자 하는 경우, 비밀유지 절차에 따라 전달
② 시험결과를 시험방법에 따라 정확하고 객관적으로 보고
③ 시험인력을 변경할 경우 시험방법을 정확히 운영할 수 있는지를 확인
④ 시험검사기간은 시험성적서의 수정에 관련된 규정을 보유

관련항목 ISO/IEC 17025/5. 기술요구사항/5.10 결과보고

☑ **해설** ③ ; ③은 5.2 직원에 관한 내용이다.

정답 40 ③

2 대기오염공정시험기준

01 다음 중 적정 용액의 표준화에 대한 설명으로 잘못된 것은?

① 적정용액의 표준화를 위한 첫 번째 방법은 일차 표준 고체 화학물질을 사용하는 것으로 상세한 표준화 절차는 실험실 표준작업절차서에 작성되어 있어야 한다.
② 일차 표준 고체 화학물질을 사용하는 방법은 사용한 적적용액의 양 및 화학물질의 정확한 무게를 결정하여 적정용액의 올바른 규정 농도를 계산하며 최종 규정 농도는 5번의 실험 및 계산을 통한 평균값을 사용한다.
③ 표준화의 두 번째 방법은 정확한 농도를 가진 표준용액으로 적정용액의 규정 농도를 표준화 할 때 사용하는 것이다.
④ 표준화의 두 번째 방법을 이용한 방법은 사용하는 표준용액의 양, 표준용액의 규정 농도 및 사용한 적정용액의 양을 결정하여 정확한 규정 농도를 계산할 수 있다.

관련항목 ES 01103.a 시약 및 표준용액

☑ **해설** ② ; 최종 규정 농도는 3번의 실험 및 계산을 통한 평균값을 사용한다.

02 배출가스 중 입자상 물질 시료채취방법에 관한 내용으로 잘못된 것은?

① 배출가스 중에 함유되어 있는 액체 또는 고체의 입자상 물질을 등속흡입하여 채취하며, 먼지농도 표시는 표준상태(0 ℃, 760 mmHg)의 건조 배출가스 1 m^3 중에 함유된 먼지의 질량농도를 측정한다.
② 습도에 의한 오차를 줄이기 위해 먼지의 질량을 측정하기 전 여과지 홀더 또는 여과지를 데시케이터내 일반 대기압 하에서 (25 ± 5.6) ℃로 적어도 24시간 이상 건조시키며 8시간의 간격을 두고 먼지 질량의 차이가 1 mg일 때까지 측정한다.
③ 시료채취과정에서 이산화황과 질산이 여과지위에 머무르면 산화반응을 통해 황산염과 질산염이 생성되므로 질량농도 증가와 시료 중에 생성된 염류가 성장과 이동과정에서 기압과 대기온도에 따라 해리과정을 거쳐 다시 가스상으로 변환되어 질량농도가 감소될 수 있다.
④ 반자동식 시료 채취기는 흡입노즐, 흡입관, 피토관, 여과지홀더, 여과지 가열장치, 임핀저 트레인, 가스흡입 및 유량측정부 등으로 구성되며 여과지홀더의 위치에 따라 1형과 2형으로 구별된다.

관련항목 ES 01112.b 배출가스 중 입자상 물질 시료채취방법

☑ **해설** ② ; 습도에 의한 오차를 줄이기 위해 먼지의 질량을 측정하기 전 여과지 홀더 또는 여과지를 데시케이터에서 일반 대기압 하에서 (20 ± 5.6) ℃로 적어도 24시간 이상 건조시키며 6시간의 간격을 두고 먼지 질량의 차이가 0.1 mg일 때까지 측정한다.

필기 05 환경측정분석사 필기 예상문제

정답 01 ② 02 ②

03 다음 중 기체크로마토그래피에 대한 설명으로 틀린 내용은?

① 이 방법은 기체시료 또는 기화한 액체나 고체시료를 운반가스에 의하여 분리하고 관내에 전개시켜 기체상태에서 분리되는 각 성분을 크로마토그래피로 분석하는 방법이다.

② 운반가스는 충전물이나 시료에 대하여 비활성인 가스로서 일반적으로 열전도도형 검출기(TCD)에서는 순도 99.8 % 이상의 질소나 헬륨을 사용하며, 불꽃이온화검출기(FID)에서는 순도 99.8 % 이상의 수소나 헬륨을 사용한다.

③ 고정상액체는 사용온도에서 증기압이 낮고, 점성이 작은 것이어야 하며 화학적으로 안정된 것이어야 한다.

④ 분리관효율은 보통 이론단수 또는 1 이론단에 해당하는 분리관의 길이 HETP(height equivalent to a theoretical plate)로 표시하며 크로마토그램상의 봉우리로부터 이론단수를 구한다.

관련항목 ES 01201 기체크로마토그래피

☑ **해설** ② ; 운반가스는 충전물이나 시료에 대하여 불활성이고 사용하는 검출기의 작동에 적합한 것을 사용한다. 일반적으로 열전도도형 검출기(TCD)에서는 순도 99.8 % 이상의 수소나 헬륨을, 불꽃이온화 검출기(FID)에서는 순도 99.8 % 이상의 질소 또는 헬륨을 사용하며 기타 검출기에서는 각각 규정하는 가스를 사용한다.

04 원자흡수분광광도법에 관한 내용으로 잘못된 것은?

① 어떤 진동수 i의 빛이 목적원자가 들어 있지 않는 불꽃을 투과했을 때의 강도를 I_{0V}, 목적원사가 들어 있는 불꽃을 투과했을 때의 강도를 I_V, 불꽃 중의 목적원자농도를 c, 불꽃 중의 광도의 길이를 l이라고 했을 때 원자흡광도(E_{AA})는 $E_{AA} = \dfrac{\log_{10} \cdot I_{o_V} / I_V}{c \cdot l}$이다.

② 원자흡광 분석장치는 광원부, 시료원자화부, 파장선택부, 측광부로 구성되어 있고 단광속형과 복광속형이 있다.

③ 원자흡광 분석에 사용되는 불꽃을 만들기 위한 조연성 가스와 가연성 가스의 조합 중 아세틸렌-아산화질소 불꽃은 불꽃의 온도가 높기 때문에 불꽃 중에서 해리하기 어려운 내화성산화물을 만들기 쉬운 원소의 분석에 적당하다.

④ 원자흡광분석에서 일어나는 간섭은 일반적으로 분광학적 간섭, 물리적 간섭, 화학적 간섭이 있으며, 이 중 화학적 간섭은 시료용액의 점성이나 표면장력 등의 영향으로 인해 일어나는 간섭이다.

관련항목 ES 01203 원자흡수분광광도법

☑ **해설** ④ ; 화학적 간섭은 원소나 시료에 특유한 것으로 불꽃 중에서 원자가 이온화하는 경우, 공존물질과 작용하여 해리하기 어려운 화합물이 생성되어 흡광에 관계하는 기저 상태의 원자수가 감소하는 경우 등이며, 물리적 간섭은 시료용액의 점성이나 표면장력 등 물리적 조건의 영향으로 일어나는 것이다.

05 대기오염공정시험기준에 따른 이온크로마토그래피 분석에 대한 설명으로 틀린 것은?

① 이 방법은 이동상으로 액체, 고정상으로는 이온교환수지를 사용하여 이동상에 녹는 혼합물을 고분리능 고정상이 충전된 분리관내로 통과시켜 시료성분의 용출상태를 전도도 검

출기 또는 광학 검출기로 검출하여 그 농도를 정량하는 방법이다.

② 고성능 이온크로마토그래피에서는 고용량의 이온교환체가 충진되어 있는 분리관 중에서 강전해질의 용리액을 이용하여 용리액과 함께 목적이온 성분을 순차적으로 이동시켜 분리 용출한 다음 써프렛서(suppressor)에 통과시켜 용리액에 포함된 약전해질을 제거시킨다.

③ 일반적으로 사용하는 이온크로마토그래프는 용리액조, 송액펌프, 시료주입장치, 분리관, 써프렛서, 검출기 및 기록계로 구성되며 분리관에서 검출기까지는 측정목적에 따라 다소 차이가 있다.

④ 써프렛서는 관형과 이온교환막형이 있으며, 관형은 음이온에는 스티롤계 강산형(H^+) 수지가, 양이온에는 스티롤계 강염기형(OH^-)의 수지가 충진된 것을 사용한다.

관련항목 ES 01205 이온크로마토그래피

☑ **해설** ② ; 고성능 이온크로마토그래피에서는 저용량의 이온교환체가 충진되어 있는 분리관 중에서 강전해질의 용리액을 이용하여 용리액과 함께 목적이온 성분을 순차적으로 이동시켜 분리 용출한 다음 써프렛서(suppressor)에 통과시켜 용리액에 포함된 강전해질을 제거시킨다.

06 대기오염공정시험기준에 따른 대기오염물질 측정을 위한 흡광차분광법에 대한 설명으로 틀린 것은?

① 이 방법은 분석기와 광원부로 나누어지며, 분석기 내부는 분광기, 샘플 채취부, 검지부, 분석부, 통신부 등으로 구성된다.

② 분광계는 Czerny－Turner 방식이나 Holographic 방식 등이 사용되며, 분광장치는 측정가스의 분석 최적 파장대 즉 그 가스가 갖는 고유 파장대역으로 입사광을 분광시킨다.

③ 이 방법은 흡광광도법의 기본 원리인 Beer－Lambert 법칙을 응용하며 $I_t = I_0 \cdot 10^{-\epsilon Cl}$의 관계가 성립한다.($I_0$: 입사광의 강도, I_t : 투사광의 강도, C : 농도, l : 빛의 투사거리, ϵ : 흡광계수)

④ 이 방법은 일반적으로 빛을 조사하는 발광부와 (50 ~ 1,000) m 정도 떨어진 곳에 설치되는 수광부 사이에 형성되는 빛의 이동경로를 통과하는 가스를 실시간으로 분석하며, 측정에 필요한 광원은 (180 ~ 2,850) μm 파장을 갖는 제논램프를 사용하여 아황산가스, 질소산화물, 오존 등의 대기오염물질 분석에 적용한다.

관련항목 ES 01206.a 흡광차분광법

☑ **해설** ④ ; 이 방법은 일반적으로 빛을 조사하는 발광부와 (50 ~ 1,000) m 정도 떨어진 곳에 설치되는 수광부 사이에 형성되는 빛의 이동경로를 통과하는 가스를 실시간으로 분석하며 측정에 필요한 광원은 (180 ~ 2,850) nm 파장을 갖는 제논램프를 사용한다.

07 환경대기 중 중금속화합물을 동시분석하기 위해 사용하는 유도결합플라즈마분광법에 대한 설명으로 잘못된 것은?

① 시료용액 중에 소듐, 포타슘, 칼륨, 마그네슘, 칼슘 등의 농도가 높고, 중금속 성분의 농도가 낮은 경우에는 용매추출법을 이용하여 정량할 수 있다.

정답 06 ④ 07 ③

② 이 방법은 카드뮴, 납, 구리, 니켈, 아연, 철 성분을 유도결합플라즈마분광법으로 동시에 정량하는 방법이며 시료용액을 플라즈마에 분무하고 각 성분의 특정파장에서 발광세기를 측정하여 각 성분의 농도를 구하는 방법이다.
③ 감도는 각 원소 성분에 대하여 입사광의 99 %를 흡수할 수 있는 시료의 농도이다.
④ 내부표준법을 이용한 정량시 중금속 항목 각각의 특성파장과 내부표준물질인 이트륨(317.029 nm)의 발광세기를 측정하고 각 성분과 이트륨의 발광세기의 비를 구하여 농도를 산출한다.

관련항목 ES 01209 환경대기 중 중금속화합물 동시분석 – 유도결합플라즈마분광법

☑ **해설** ③ ; 감도는 각 원소 성분에 대하여 입사광의 1 %를 흡수할 수 있는 시료의 농도이다.

08 시멘트 공장에서 외부로 비산되는 먼지를 부지 경계선상에서 고용량공기시료채취기법으로 비산먼지 농도를 측정하였다. 비산먼지 농도는?

[측정조건]

- 시료 채취시작 직후의 유량 : 1.20 m^3/min
- 시료 채취종료 직전의 유량 : 1.10 m^3/min
- 시료 채취시간 : 5시간
- 시료 채취 전·후 여과지의 무게 차 : 140 mg
- 풍향에 대한 보정계수(W_D) : 1.5
- 풍속에 대한 보정계수(W_S) : 1.2
- 대조지점에서의 먼지농도(C_B) : 0.10 mg/m^3

① 0.730 mg/m^3
② 0.338 mg/m^3
③ 0.254 mg/m^3
④ 0.271 mg/m^3

관련항목 ES 01302 비산먼지

☑ **해설** ③ ;
㉠ 주어진 조건 : 위 [측정조건] 참고
㉡ 흡입공기량 산정 : $\frac{Q_s + Q_e}{2} \times t = \frac{(1.2+1.1)\text{m}^3/\text{min}}{2} \times 5\ \text{hr} \times \frac{60\ \text{min}}{\text{hr}} = 345\ \text{m}^3$
㉢ 비산먼지 농도(C_H, μg/m^3) : $\frac{\text{시료채취 전후 무게 차}}{\text{흡입공기량}} = \frac{140\ \text{mg}}{345\ \text{m}^3} = 0.4058\ \text{mg/m}^3$
㉣ 대조지점 농도, 풍향, 풍속을 보정한 먼지농도 :
$C = (C_H - C_B) \times W_D \times W_s = (0.4058 - 0.1)\ \text{mg/m}^3 \times 1.5 \times 1.2 = 0.254\ \text{mg/m}^3$

09 배출가스 중 암모니아의 분석에 관한 내용으로 잘못된 것은?

① 자외선/가시선분광법 – 인도페놀법이 주시험방법이며, 정량범위는 (2 ~ 40) ppm이다.
② 자외선/가시선분광법 – 인도페놀법은 시료채취량이 20 L인 경우 시료 중의 암모니아가 약 (1 ~ 10) ppm인 것의 분석에 적합하고, 이산화질소가 100배 이상, 아민류가 몇십 배

이상, 이산화황이 10배 이상 또는 황화수소가 같은 양 이상 각각 공존하지 않는 경우에 적용할 수 있다.

③ 130 ℃에서 건조한 황산암모늄 2.9498 g을 취하고 정제수에 녹인 후 1 L로 하여 암모니아 표준원액으로 하고 이 표준원액을 다시 흡수액으로 1,000배로 묽게 하여 암모니아 표준용액으로 하며 이 암모니아 표준용액 1 mL는 기체상 NH_3 2 μL(0 ℃, 760 mmHg)에 상당한다.

④ 시료채취시 산성가스가 있는 경우 흡수병 2개 이상을 준비하여 각각에 흡수액으로 과산화수소(1+9)를 50 mL씩 넣고 흡수병은 위로 향한 여과판이 있는 부피 (150 ~ 250) mL의 것을 사용한다.

관련항목 ES 01303.1b 배출가스 중 암모니아－자외선/가시선분광법－인도페놀법

☑ **해설** ③ ; 암모니아표준용액 1 mL는 기체상 NH_3 1 μL(0 ℃, 760 mmHg)에 상당한다.

10 배출가스 중 염화수소 분석시 이온크로마토그래프법에 대한 설명으로 잘못된 것은?

① 이 시험방법의 정량범위는 시료기체를 통과시킨 흡수액을 250 mL로 묽히고 분석용 시료로 하는 경우 (0.4 ~ 80) ppm이며, 방법검출한계는 0.13 ppm이다.

② 염화소듐(NaCl), 염화암모늄(NH_4Cl) 등 채취시약에 녹아 염소 이온을 발생시킬 수 있는 입자상 물질들이 측정에 영향을 줄 수 있으므로 시료채취관 전단에 여과지를 사용하여 영향을 최소화한다.

③ 이온크로마토그래프 분석을 위한 시료의 채취를 위해 부피 100 mL의 흡수병 2개를 연결하여 사용하며, 각각의 흡수병에 증류수 25 mL씩 넣는다.

④ 시료가스 중 염화수소 농도는 $C_w = \dfrac{1.03 \times (a-b) \times 100}{V_s} \times 1{,}000$을 이용하여 계산한다.
(C_w : 시료가스 중 염화수소의 질량농도(mg/Sm^3), a : 염소이온 농도(mg Cl^-/mL), b : 바탕시험에서 구한 염소이온 농도(mg Cl^-/mL), V_s : 표준 상태의 시료가스 채취량(L))

관련항목 ES 01305.1c 배출가스 중 염화수소－이온크로마토그래피

☑ **해설** ① ; 이온크로마토그래프법의 정량범위는 시료기체를 통과시킨 흡수액을 100 mL로 묽히고 분석용 시료용액으로 하는 경우 (0.4 ~ 80) ppm이며, 동일한 시료채취방법을 적용한 시료용액일지라도 농축 컬럼을 통과시킬 경우 정량범위 한계 값을 낮출 수 있고 방법검출한계는 0.13 ppm이다.

11 배출가스 중 황산화물을 침전적정법으로 분석하는 내용 중 잘못된 것은?

① 시료가스 20 L를 흡수액에 통과시키고 이 액을 250 mL로 묽게 하여 분석용 시료용액으로 할 때 황산화물의 농도가 250 ppm 이상이고 다른 산성가스의 영향을 무시할 때 적용한다.

② 시료가스의 흡입속도는 약 1 L/min으로 하고 채취하는 시료가스의 양은 약 20 L로 하며 황산화물의 농도에 따라 적당히 증감한다.

필기 05 환경측정분석사 필기 예상문제

정답 10 ① 11 ①

③ 분석용 시료용액 10 mL를 200 mL 삼각플라스크에 분취한 다음 아이소프로필알코올 40 mL, 아세트산 1 mL 및 아르세나조 Ⅲ지시약 (4∼6) 방울을 가하고 N/100 아세트산바륨 용액으로 적정하여 액의 색이 청색으로 되어 1분간 지속되는 점을 종말점으로 한다.

④ 결과표시는 소수점 셋째 자리까지 유효자리수를 계산하고 결과 표시는 소수점 둘째 자리로 표기한다.

관련항목 ES 01307.1b 배출가스 중 황산화물-침전적정법-아르세나조 Ⅲ법

☑ **해설** ① ; 이 방법은 시료가스 20 L를 흡수액에 통과시키고 이 액을 250 mL로 묽게 하여 분석용 시료용액으로 할 때 전 황산화물의 농도가 약 (50 ∼ 700) ppm의 시료에 적용되며, 간섭물질은 없다.

12 배출가스 중 이황화탄소를 기체크로마토그래피 방법으로 분석할 때 간섭물질에 대한 설명으로 잘못된 것은?

① 수분에 의한 간섭
② 일산화탄소와 이산화탄소에 의한 간섭
③ 이산화황에 의한 간섭
④ 산미스트에 의한 간섭

관련항목 ES 01309.1a 배출가스 중 이황화탄소－기체크로마토그래피

☑ **해설** ④ ; 알칼리미스트에 의한 간섭 : 몇몇 제어장치에서 배출되는 알칼리미스트(alkali mist)는 아황산가스 스크러버에서 pH 상승을 유발하여 시료의 회수율을 낮추기 때문에 매 분석시마다 아황산가스 스크러버를 교체할 경우 이러한 영향을 줄일 수 있다.

13 배출가스 중 불소화합물을 분석하고자 한다. 자외선가시선분광법을 이용하여 시료를 분석할 때 그 설명으로 틀린 것은?

① 시료가스 중에 방해이온이 존재하지 않아 두 개의 흡수병으로 시료를 채취한 흡수액을 200 mL 부피플라스크에 정량적으로 옮기고 페놀프탈레인 용액(5 g/L) 1방울을 가해 액의 색이 무색이 될 때까지 0.1 M 염산을 적절히 가한 후 물을 표시선까지 채워 이것을 분석용 시료용액으로 한다.

② 시료가스 중에 알루미늄(Ⅲ), 철(Ⅱ), 구리(Ⅱ), 아연(Ⅱ) 등의 중금속 이온이나 인산 이온이 존재하면 방해 효과를 나타내므로 적절한 증류 방법을 통해 불소화합물을 분리한 후 정량하여야 한다.

③ 흡수액을 일정량으로 묽게 한 다음 완충액을 가하여 pH를 조절하고 란탄과 알리자린콤플렉손을 가하여 생성되는 생성물의 흡광도를 670 nm에서 측정하는 방법이다.

④ 시료채취관은 배출가스 중의 무기 불소화합물에 의하여 부식되지 않는 재질의 불소수지관, 스테인리스강관, 구리관을 사용하여야 한다.

관련항목 ES 01311.1c 배출가스 중 불소화합물－자외선가시선분광법

☑ **해설** ③ ; 생성물의 흡광도를 620 nm에서 측정하는 방법이다.

정답 12 ④ 13 ③

14 배출가스 중 매연의 측정에 관한 설명으로 잘못된 것은?

① 링겔만 매연 농도법은 보통 가로 14 cm, 세로 20 cm의 백상지에 각각 0 mm, 1.0 mm, 2.3 mm, 3.7 mm, 5.5 mm 전폭의 격자형 흑선을 그려 백상지의 흑색부분이 전체의 0 %, 20 %, 40 %, 60 %, 80 %, 100 %를 차지하도록 하여 이 흑선과 굴뚝에서 배출하는 매연의 검은 정도를 비교하여 각각 0도 ~ 5도까지 6종으로 분류한다.

② 불투명도법은 링겔만 매연농도표 또는 매연 측정기를 이용하여 30초 간격으로 비탁도를 최소 1 % 단위로 측정한 다음 불투명도 측정용지에 기록하며 비탁도에 20 %를 곱한 값을 불투명도 값으로 한다.

③ 광학기법은 굴뚝에서 140° 이내 각도에서 태양을 등지고 서야하며, 관찰자는 카메라를 매연 확산 방향에 가능한 한 수직이 되도록 놓은 후 매연과 배경지점이 잘 대조되는 지점이 나타나도록 촬영한다.

④ 광학기법은 카메라와 매연의 촬영지점 관측 각도가 18° 이상일 경우 보정식을 이용하여 불투명도를 계산할 수 있다.

관련항목 ES 01313.1a 배출가스 중 매연, ES 01313.2 배출가스 중 매연－광학기법

☑ **해설** ② ; 불투명도법은 링겔만 매연농도표 또는 매연 측정기를 이용하여 30초 간격으로 비탁도를 최소 0.5 % 단위로 측정한 다음 불투명도 측정용지에 기록하며 비탁도에 20 %를 곱한 값을 불투명도 값으로 한다.

15 배출가스 중 미세먼지(PM－10 및 PM－2.5) 측정법에 관한 설명으로 잘못된 것은?

① 이 방법은 응축성 먼지는 고려하지 않고 여과성 먼지의 측정에만 적용하며, 농도 표시는 표준상태(0 ℃, 760 mmHg)의 건조배출가스 1 Sm^3 중에 함유된 먼지의 중량으로 표시한다.

② 배출가스 온도가 160 ℃를 초과할 경우 적합하지 않을 수 있다.

③ 습식 방지시설을 사용하는 경우 배출가스가 포화수증기 상태에서는 수분의 영향으로 측정오차가 클 수 있으므로 적합하지 않다.

④ 흡입노즐의 내경은 0.1 mm 단위까지의 수준으로 하며, PM－10용 흡입노즐의 내경은 (3.18 ~ 9.90) mm, PM－2.5의 경우 (3.18 ~ 5.08) mm 범위에서 선택한다.

관련항목 ES 01317.1a 배출가스 중 미세먼지(PM－10 및 PM－2.5)

☑ **해설** ② ; 배출가스 온도가 260 ℃를 초과할 경우 적합하지 않을 수 있으며, 260 ℃ 이상인 경우 사이클론 재질의 변형으로 미세먼지 회수율 저감 등의 문제가 발생할 수 있다.

16 배출가스 중 카드뮴을 원자흡수분광광도법으로 분석하였다. 표준상태(0 ℃, 760 mmHg)로 환산한 건조시료가스 1 m^3 중의 카드뮴을 mg 수로 나타낸 것으로 옳은 것은? (단, 검정곡선으로부터 구한 시험용액 1 mL 중 카드뮴의 양 0.5 μg, 시험용액 전량 250 mL, 건조시료가스채취량 1,200 L이다)

① 0.01 mg/Sm^3 ② 0.04 mg/Sm^3
③ 0.10 mg/Sm^3 ④ 0.12 mg/Sm^3

관련항목 ES 01402.1b 배출가스 중 카드뮴화합물－원자흡수분광광도법

정답 14 ② 15 ② 16 ③

☑ 해설 ③ ;

㉠ 주어진 조건 : 검정곡선으로부터 구한 시험용액 1 mL 중 카드뮴 양 0.5 μg, 시험용액 전량 250 mL, 건조시료 가스 채취량 1,200 L

㉡ 시료 중의 카드뮴 양(m) : $\frac{0.5\ \mu g}{1\ mL} \times \frac{1\ mg}{1{,}000\ \mu g} \times 250\ mL = 0.125\ mg$

㉢ 카드뮴농도(mg/Sm^3) : $\frac{m}{V_s} \times 1{,}000 = \frac{0.125\ mg}{1{,}200 L} \times 1{,}000 = 0.10\ mg/Sm^3$

17 배출가스 중 폼알데하이드 및 알데하이드류를 고성능 액체크로마토그래피(HPLC)로 분석하는 경우 잘못된 설명은?

① 폼알데하이드 및 알데하이드류 분석의 주시험방법이며 정량범위는 (0.01 ~ 100) ppm이다.

② HPLC의 분석정밀도는 1 ppm 또는 그 이상의 농도에서 분석 대상물질의 표준물질에 대해 하루 중 재현성은 10 % 이내, 일간 재현성은 20 % 이하를 유지하여야 한다.

③ 채취된 시료를 당일 분석하지 않을 경우 시료를 유리병에 옮긴 후 마개를 하여 4 ℃ 이하로 냉장보관하고 30일 이내에 분석하여야 한다.

④ 알데하이드－DNPH 표준물질을 (0.01 ~ 1.0) μg/mL 범위 내에 3개 ~ 5개의 다른 농도 수준으로 아세토나이트릴로 희석하여 검정곡선을 작성한다.

관련항목 ES 01501.a 배출가스 중 폼알데하이드 및 알데하이드류

☑ 해설 ② ; HPLC 의 분석정밀도는 1 ppm 또는 그 이상의 농도에서 분석 대상물질의 표준물질에 대해 하루 중 재현성은 5 % 이내, 일간 재현성은 10 % 이하를 유지하여야 한다.

18 배출가스 중 페놀류를 기체크로마토그래피법으로 분석하고자 한다. 이에 대한 설명으로 잘못된 것은?

① 시료의 채취방법에는 용매흡수법과 채취병법이 있으며, 용매흡수법은 기체시료 중의 페놀 성분이 수증기에 용해되어 채취 후 바로 채취용기의 기벽에 물방울이 응축하므로 적합하지 않다.

② 내부표준물질을 적용하는 경우 사용하는 물질은 n－프로필벤젠 또는 카프릴산메틸이다.

③ 페놀류 표준용액은 페놀, o－크레졸, m－크레졸, p－크레졸, o－클로로페놀, m－클로로페놀, p－클로로페놀, 2,4－다이클로로페놀, 2,4,6－트라이클로로페놀 및 펜타클로로페놀은 시판되는 표준용액 또는 99.8 % 이상의 고순도 시약을 사용한다.

④ 내부표준물질법은 크로마토그램으로부터 페놀류와 내부표준물질의 봉우리 면적비를 구하여 미리 작성된 검정곡선으로부터 시료 중의 페놀류 농도를 산출하는 방법이다.

관련항목 ES 01503.1b 배출가스 중 페놀류－기체크로마토그래피

☑ 해설 ① ; 채취병법은 기체시료 중의 페놀 성분이 수증기에 용해되어 채취 후 바로 채취용기의 기벽에 물방울이 응축하므로 적합하지 않다.

정답 17 ② 18 ①

19 환경대기 중 질소산화물 측정법에 대한 설명으로 잘못된 것은?

① 화학발광법은 질소산화물 측정법의 주 시험방법이며 질소산화물(NO + NO_2)을 측정할 경우 NO_2를 변환기를 통하여 NO로 변환시킨 후 NO의 측정과 같은 방법으로 측정하여 질소산화물에서 NO를 뺀 값이 NO_2가 된다.

② 야콥스호흐하이저법은 NaOH 용액에 시료가스를 흡수시켜 $NaNO_2$용액으로 만든 후 이때 생성된 NO_2^-이온을 발색시약으로 발색시켜 비색법으로 NO_2를 측정한다.

③ 살츠만법은 흡수발색액(Saltzman 시약)을 사용하여 흡광광도법에 의해 시료 가스 중에 함유된 NO와 NO_2의 1시간 평균값을 동시에 연속측정하는 방법이다.

④ 흡광차분광법은 적외선 흡수를 이용한 분석법으로 질소산화물 기체의 고유 흡수파장에 대하여 Beer－Lambert 법칙에 따라 시료 기체 중의 질소산화물을 연속측정하는 방법이다.

관련항목 ES 01603 환경대기 중 질소산화물 측정방법

☑ **해설** ④ ; 흡광차분광법은 자외선 흡수를 이용한 분석방법으로 질소산화물 기체의 고유 흡수파장에 대하여 Beer－Lamber 법칙에 따라 농도에 비례한 흡수를 보여주며 자외선 영역에서의 질소산화물 기체분자에 의한 흡수 스펙트럼을 측정하여 시료 기체 중의 질소산화물 농도를 연속적으로 측정하는 방법이다.

20 베타선법을 이용하여 환경대기 중 초미세먼지(PM－2.5)를 측정할 때 잘못된 내용은?

① 이 측정방법은 베타선이 여과지 위에 채취된 먼지를 통과할 때 흡수 소멸하는 베타선의 차로서 초미세먼지(PM－2.5) 농도를 측정하는 방법으로 질량소멸계수(μ)는 먼지의 성분, 입경분포, 밀도 등에 영향을 받는다.

② 지역적, 공간적 특성에 따라 다른 질량소멸계수(μ)를 나타내므로 중량농도법과의 비교측정을 위해 등가성을 확인하여야 한다.

③ 등가성평가를 위해 자동측정기에서 측정된 일평균자료를 산술평균하여 7일/반기 이상 중량농도법 측정치와 비교 분석한 다음 상관 추세선을 구하여 그 기울기의 범위가 0.8 ~ 1.2, 절편의 값은 －2.25 ~ 2.25이어야 한다.

④ 먼지농도는 베타선을 방출하는 광원으로부터 조사된 베타선이 여과지 위에 채취된 먼지를 통과할 때 흡수 소멸하는 베타선의 차로서 측정되어 단위면적당 채취된 먼지의 질량에 의존하는 베타선의 흡수량으로 결정된다.

관련항목 ES 01606.2a 환경대기 중 초미세먼지(PM－2.5) 자동측정법－베타선법

☑ **해설** ③ ; 등가성평가를 위해 자동측정기에서 측정된 일평균자료를 중량농도법 측정치와 비교 분석한 다음 상관 추세선을 구하여 그 기울기의 범위가 0.9 ~ 1.1, 절편은 －2.25 ~ 2.25이어야 한다.

정답 19 ④ 20 ③

3 실내공기질 공정시험기준

01 다음 중 실내공기질 측정을 위한 정도보증과 정도관리 설명 중 잘못된 것은?

① 방법검출한계란 제시된 정량한계 부근의 농도를 포함하도록 준비한 n개의 시료를 반복 측정하여 얻은 결과의 표준편차에 99 % 신뢰도에서의 t－분포값을 곱한 것으로서 산출된 방법검출한계는 제시한 정량한계값 이상이어야 한다.

② 정량한계란 시험분석 대상을 정량화할 수 있는 측정값으로서 제시된 정량한계 부근의 농도를 포함하도록 시료를 준비하고 이를 반복 측정하여 얻은 결과의 표준편차에 10배한 값을 사용한다.

③ 정밀도는 시험분석 결과의 반복성을 나타내는 것으로 반복 시험하여 얻은 결과를 상대표준편차로 나타내며 연속적으로 n회 측정한 결과의 평균값과 표준편차로 구한다.

④ 현장 이중시료란 동일 위치에서 동일한 조건으로 동시에 중복 채취한 시료로서 독립적으로 분석하여 비교하며 현장 이중시료는 필요시 하루에 20개 이하의 시료를 채취할 경우에는 1개를, 그 이상의 시료를 채취할 때에는 시료 20개당 1개를 추가로 채취한다.

관련항목 ES 02001.c 정도보증, 정도관리

☑ **해설** ① ; 산출된 방법검출한계는 제시한 정량한계값 이하이어야 한다.

02 실내공기질공정시험기준의 화학분석 일반사항에 관한 내용으로 잘못된 설명은?

① 표준품을 채취할 때 표준액이 정수로 기재되어 있어도 실험자가 환산하여 기재수치에 "약"자를 붙여 사용할 수 있으며, "약"이란 그 무게 또는 부피에 대하여 ±5 % 이상의 차가 있어서는 안된다.

② 방울수라 함은 20 ℃에서 정제수 20방울을 떨어뜨릴 때 그 부피가 약 1 mL되는 것을 뜻한다.

③ 혼합액 (1+2), (1+5), (1+5+10) 등으로 표시한 것은 액체상의 성분을 각각 1용량 대 2용량, 1용량 대 5용량 또는 1용량 대 5용량 대 10용량의 비율로 혼합한 것을 뜻하며 (1 : 2), (1 : 5), (1 : 5 : 10) 등으로 표시할 수 있다.

④ 여과용 기구 및 기기를 기재하지 아니하고 "여과한다"라고 하는 것은 KS M7602 거름종이 5종 또는 이와 동등한 여과지를 사용하여 여과함을 말한다.

관련항목 ES 02101 일반사항

☑ **해설** ① ; "약"이란 그 무게 또는 부피에 대하여 ±10 % 이상의 차가 있어서는 안된다.

03 실내공기질공정시험기준에 따른 실내공기 오염물질의 시료를 채취하였다. 시료채취 위치로서 가장 부적절한 곳은?

① 시료를 채취한 위치 주변에는 장애물이 없었으며 시설을 이용하는 사람이 비교적 적은 곳으로 선정하였다.

정답 01 ① 02 ① 03 ①

② 시료를 채취할 당시 시료채취 지점으로부터 200 m 떨어진 곳에 아파트 신축공사가 진행 중이었다.
③ 라돈 시료채취시 천정과의 거리는 70 cm 이었다.
④ 측정지점에 기계 환기설비가 설치되어 있었으며 배기구에서 2 m 떨어진 지점에서 시료를 채취하였다.

관련항목 ES 02130.d 실내공기 오염물질 시료채취 및 평가방법

☑ **해설** ① ; ① 시료채취는 시설을 이용하는 사람이 많은 곳으로 선정하여야 한다. ② 시료채취는 인접지역에 직접적인 오염물질 발생원이 없어야 하므로 200 m 떨어진 곳에 아파트 신축공사가 진행 중이므로 직접적인 영향은 없을 것으로 판단된다. ③ 라돈 시료채취시 천정과의 최소거리는 50 cm 떨어지도록 하여야 한다. ④ 측정지점에 자연환기구나 기계 환기설비의 급배기구가 설치되어 있는 경우에는 급배기구에서 가능한 멀리 떨어진 곳으로 최소 1 m 이상 떨어진 곳에서 시료를 채취하여야 한다.

04 **소형챔버법을 이용한 건축자재 방출 시험의 정도보증/정도관리에 대한 설명으로 잘못된 내용은?**

① 소형방출시험챔버의 기밀성 확인은 압력강하 측정 또는 입구 및 출구 유량 동시 비교측정 혹은 추적가스희석법으로 최소 연 1회 이상 확인하여야 하며, 공기의 누출량이 공급공기유량의 1 % 미만이어야 한다.
② 챔버 내 습도조절에 사용되는 물은 공급되는 공기의 질에 영향을 미칠 수 있으므로 공급공기 중 총휘발성유기화합물의 농도는 20 $\mu g/m^3$ 이하, 개별 휘발성유기화합물 및 폼알데하이드의 농도는 5 $\mu g/m^3$ 이하이어야 한다.
③ 소형방출시험챔버 농도는 방출시험 조건에서 설정된 단위면적당 유량에 좌우되며 챔버 내 환기횟수는 (0.5±0.05) 회/hr로 조절하고 유량을 연속적으로 모니터링 한다.
④ 소형방출시험챔버 농도는 시험 시작 후 (72 ± 2) 시간이 되었을 때 3회 이상 반복하여 측정하며, 벤젠, 톨루엔, 에틸벤젠, 자일렌, n-도데칸 및 폼알데하이드에 대하여 90 % 이상의 평균 회수율을 가져야 한다.

관련항목 ES 02131.1d 건축자재 방출 휘발성유기화합물 및 폼알데하이드 시험방법－소형챔버법

☑ **해설** ④ ; 소형방출시험챔버는 벤젠, 톨루엔, 에틸벤젠, 자일렌, n-도데칸(dodecane) 및 폼알데하이드에 대하여 80 % 이상의 평균 회수율을 가져야 한다.

05 **실내공기질공정시험기준에 따라 알파비적검출법을 이용하여 라돈을 측정하여 다음과 같은 결과를 얻었다. 알파비적검출기의 교정효율($tracks \cdot cm^{-2} \cdot h^{-1} \cdot Bq^{-1} \cdot m^3$)로서 맞는 것은?**

> ㉠ 측정한 검출기의 단위 면적당 비적수 : 36,000 ($tracks \cdot cm^{-2}$)
> ㉡ 바탕농도 검출기의 단위 면적당 비적수 : 3,600 ($tracks \cdot cm^{-2}$)
> ㉢ 라돈 평균 방사능 농도 : 150 ($Bq \cdot m^{-3}$)
> ㉣ 라돈 노출시간(day) : 10일

필기 05 환경측정분석사 필기 예상문제

정답 04 ④ 05 ①

① 0.9　　② 1.0
③ 21.6　　④ 24.0

관련항목 ES 02301.1a 실내 공기 중 라돈 측정방법－알파비적검출기

☑ **해설** ① ;
㉠ 주어진 조건 : 위 박스 참고
㉡ 교정효율(C_F) : $\dfrac{(G-B)}{C_{Rn}\cdot \Delta t}=\dfrac{(36{,}000-3{,}600)(\text{tracks}\cdot\text{cm}^{-2})}{150\,(\text{Bq}\cdot\text{m}^{-3})\cdot 10\text{ day}}\times\dfrac{\text{day}}{24\text{ h}}=0.9\ (\text{tracks.cm}^{-2}\cdot\text{h}^{-1}\cdot\text{Bq}^{-1}\cdot\text{m}^{3})$

C_{Rn} : 라돈 평균방사능농도($\text{Bq}\cdot\text{m}^{-3}$)
G : 측정한 검출기의 단위 면적당 비적 수($\text{tracks}\cdot\text{cm}^{-2}$)
B : 바탕농도 검출기의 단위 면적당 비적 수($\text{tracks}\cdot\text{cm}^{-2}$)
Δt : 노출시간(h)
C_F : 알파비적검출기 교정효율($\text{tracks}\cdot\text{cm}^{-2}\cdot\text{h}^{-1}\cdot\text{Bq}^{-1}\cdot\text{m}^{3}$)

06 중량법을 이용한 초미세먼지(PM-2.5) 측정 및 분석시 여과지에 대한 설명으로 잘못된 것은?

① 여과지의 무게는 저울을 이용하여 3회 이상 측정한 평균값으로 계산한다.
② 여과지는 0.3 μm의 입자상 물질에 대하여 99 % 이상의 초기포집률을 갖는 것을 사용한다.
③ 여과지를 미리 온도 (20 ± 2) ℃, 상대습도 (45 ± 5) %의 일정 온·습도 범위에서 유지되는 조건에서 24시간 이상 항량이 될 때까지 보관하여 사용한다.
④ 여과지는 0.001 mg 이상의 감도를 갖는 정밀 분석 저울로 무게를 측정한다.

관련항목 ES 02302.1 실내 공기 중 미세먼지(PM-10, PM-2.5) 측정방법－중량법

☑ **해설** ③ ; 여과지를 미리 온도 (20 ± 2) ℃, 상대습도 (35 ± 5) %의 일정 온·습도 범위에서 유지되는 조건에서 24시간 이상 항량이 될 때까지 보관 후 사용한다.

07 실내공기질공정시험기준에 따라 실내공기 중 석면 및 섬유상 먼지를 위상차현미경법으로 측정하는 경우 이에 대한 설명으로 잘못된 것은?

① 이 시험기준의 측정범위는 (100 ～ 1,300)개(섬유수)/mm^2(여과지면적)이며, 방법검출한계는 7개(섬유수)/mm^2(여과지면적)이다.
② 시료채취에 사용하는 여과지는 (0.45 ～ 1.2) μm 공극, 25 mm 직경의 셀룰로오스 에스터 재질의 여과지로서 일반적으로 0.8 μm 공극의 여과지를 사용한다.
③ 위상차현미경의 배율은 대물렌즈는 (10 ～ 12) 배율, 접안렌즈는 (40 ～ 45) 배율로 전체 배율이 400배를 만족하여야 한다.
④ 시료의 채취는 (5～10) L/min의 유량으로 전체 공기 채취량을 1,200 L 미만으로 한다.

관련항목 ES 02303.1b 실내 공기 중 석면 및 섬유상 먼지 농도 측정방법－위상차현미경

☑ **해설** ③ ; 위상차현미경의 배율은 접안렌즈는 (10 ～ 12) 배율이고 대물렌즈는 (40 ～ 45) 배율로서 전체배율 400배를 만족하여야 한다.

정답 06 ③　07 ③

08 위상차현미경을 이용하여 석면 및 섬유상먼지를 계수한 결과 다음과 같은 결과를 얻었다. 전체 석면 및 섬유상 먼지는 몇 개인가?

㉠ 3 μm 섬유 2개
㉡ 6 μm 섬유 5개
㉢ 5 μm 크기의 동일한 다발에서 나온 것으로 보이는 끝 부분이 4개로 갈라져 있는 것 3개
㉣ 그래티큘을 한 번 통과하는 섬유 4개
㉤ 그래티큘을 두 번 통과하는 섬유 6개
㉥ 그래티큘을 세 번 통과하는 섬유 4개

① 10개 ② 12개
③ 15개 24개

관련항목 ES 02303.1b 실내 공기 중 석면 및 섬유상 먼지 농도 측정방법－위상차현미경

☑ **해설** ① ;
㉠ 3 μm 섬유 2개 : 길이가 3 μm 미만이므로 세지 않음
㉡ 6 μm 섬유 5개 : 길이가 5 μm 이상이므로 5개
㉢ 5 μm 크기의 동일한 다발에서 나온 것으로 보이는 끝부분이 4개로 갈라져 있는 것 3개: 3개
㉣ 그래티큘을 한 번 통과하는 섬유 4개: 1/2 × 4개 = 2개
㉤, ㉥ 그래티큘을 두 번 또는 세 번 통과하는 섬유 10개: 세지 않음
전체 섬유의 개수 : ㉡ 5개 + ㉢ 3개 + ㉣ 2개 = 10개

09 투과전자현미경(TEM)으로 분석한 결과를 결과보고서에 작성하고자 할 때 포함되어야 할 사항으로 맞지 않는 것은?

① 구조 계수 자료(그리드 구멍수, 구조 수 , 구조 형태, μm 단위의 구조 길이와 넓이)
② 석면 섬유의 공기 중 농도값은 소수점 둘째자리까지 표기하며, 농도가 0.01 개/cc보다 작은 경우 '불검출'로 표시
③ 5 μm 보다 긴 묶음과 석면섬유에 대한 구조 계수 자료
④ 위상차현미경법 동등 석면섬유와 묶음에 대한 구조 계수 자료

관련항목 ES 02304.1a 실내 공기 중 석면 측정방법－투과전자현미경법

☑ **해설** ② ; 석면 섬유의 공기 중 농도값은 소수점 둘째자리까지 표기하며, 농도가 0.01개/cc보다 작은 경우 '0.01개/cc 미만'으로 표시한다.

10 실내공기질공정시험기준에 따른 실내공기 중 폼알데하이드의 채취 및 분석에 관한 내용으로 잘못된 것은?

① 시료에 오존이 존재하면 폼알데하이드 유도체의 머무름 시간보다 더 긴 머무름 시간을 가진 새로운 화합물의 출현으로 분석에 방해가 된다.
② 시료채취 전 냉장 보관했던 카트리지는 용기에서 꺼내어 실온이 될 때까지 한 다음 (0.5 ~ 1.2) L/min의 유량으로 30분간 연속 2회 채취한다.

정답 08 ① 09 ② 10 ①

③ 시료채취가 종료된 카트리지는 용기에 넣은 다음 테이프로 밀봉하고 분석 시까지 과립형 활성탄이 채워진 통 속에 넣은 다음 냉장보관하고 분석까지의 기간은 30일을 초과하여서는 안된다.

④ DNPH 카트리지의 파과용량 평가시 뒤쪽의 카트리지에 채취된 폼알데하이드의 양이 전체 채취된 양의 5 %를 넘으면 파과가 일어난 것으로 본다.

관련항목 ES 02601.1c 실내 및 건축자재에서 방출되는 폼알데하이드 측정방법－2,4 DNPH 카트리지와 액체크로마토그래프법

☑ **해설** ① ; 시료에 오존이 존재하면 폼알데하이드 유도체의 머무름 시간보다 더 짧은 머무름 시간을 가진 새로운 화합물의 출현으로 분석에 방해가 된다.

11 총휘발성유기화합물(TVOCs) 분석시 고려사항으로 잘못된 것은?

① 시료채취 펌프는 시료 채취를 끝낼 때 측정된 유속이 시료 채취를 시작할 때 측정된 유속과 10 % 이내로 일치하여야 하고 시료채취 유속은 두 값의 평균값을 사용하여야 한다.

② 시료채취 흡착관이 안정적인 부피(보유부피)로 유지되기 위해서 매년 혹은 20회 사용한 후에는 재점검되어야 하며 만약 성능이 (50 ～ 60) % 이하로 나타나면 반드시 새로운 흡착제로 재충진하고 재안정화시켜 사용하여야 한다.

③ 흡착관의 파과용량은 Tenax-TA가 충진된 고체 흡착관 2개를 직렬로 연결 후 (100 ～ 500) mL/min의 유량으로 약 30분간 채취하여 앞쪽과 뒤쪽의 흡착관을 분석하여 평가하며 뒤쪽의 흡착관에 채취된 휘발성유기화합물의 양이 전체 체취된 양의 5 %를 넘으면 파과가 일어난 것으로 본다.

④ 현장 바탕시료의 개수는 각 시료군마다 적어도 한 개를 채취하여야 하며 하루에 20개 이하의 시료를 채취할 경우에는 1개를, 그 이상의 시료를 채취할 경우에는 시료 20개당 1개를 추가로 채취한다.

관련항목 ES 02602.1c 실내 및 건축자재에서 방출되는 휘발성유기화합물 측정방법－고체흡착관과 기체크로마토그래프－MS/FID법

☑ **해설** ③ ; 흡착관의 파과용량은 Tenax-TA가 충진된 고체 흡착관 2개를 직렬로 연결하여 (50 ～ 200) mL/min의 유량으로 약 30분간 채취하여 앞쪽과 뒤쪽의 흡착관을 분석하여 평가하며, 뒤쪽의 흡착관에 채취된 휘발성유기화합물의 양이 전체 채취된 양의 5 %를 넘으면 파과가 일어난 것으로 본다.

12 다음 중 실내 공기 중 충돌법을 이용한 총부유세균 측정에 대한 설명으로 잘못된 것은?

① 충돌법을 이용한 시료채취는 배지 등에 충돌하는 유량이 대략 1 μm 이하의 부유세균을 채취할 수 있을 정도로 유량이 충분히 커야 하며, 부유세균의 덩어리를 파손하거나 손상을 피하면서 부유세균을 생존을 보장할 수 있을 정도로 충분히 낮아야 한다.

② 총부유세균 측정에 사용되는 한천배지는 TSA(tryptic soy agar) 배지, 카제인대두소화 한천배지를 사용한다.

③ 시료를 채취하고자 하는 지점에서 맨 처음 시료채취 후 최소 30분 이상 간격으로 2회 연속 측정한다.

정답 11 ③ 12 ③

④ 일반적인 실내에서 총 공기시료량을 250 L 이하로 해야하며 총 공기채취량이 500 L 정도로 많은 경우에는 그보다 적은 유량일 때 보다 총부유세균이 낮은 농도로 평가될 가능성이 있다.

관련항목 ES 02701.1c 실내 공기 중 총부유세균 측정방법－충돌법

☑ **해설** ③ ; 시료를 채취하고자 하는 지점에서 맨 처음 시료채취 후 최소 20분 이상 간격으로 시료를 채취하며 총 3회 연속 측정한다.

13 충돌법을 이용하여 부유곰팡이 시료를 채취 후 분석하였다. 이러한 일련의 과정에 대한 설명으로 잘못된 것은?

① 시료를 채취한 페트리 접시는 배양기의 내벽에서 30 mm 떨어진 위치에 5개씩 적층하여 두었고, 페트리 접시간 20 mm의 간격을 두었다.

② 시료를 채취한 배지를 24 ℃에서 6일 동안 배양하였다.

③ 배양하는 동안 1일 후에 증식 상태 및 집락 수를 계수한 다음 이후 24시간 간격으로 집락수를 계수하였다.

④ 거실에서 중앙 지점에서 채취한 평판 접시 3개를 각각 계수하여 평균집락수를 구하여 부유곰팡이 농도로 하였다.

관련항목 ES 02702.1a 실내 공기 중 부유곰팡이 측정방법－충돌법

☑ **해설** ③ ; 배양 중에 포자 확산으로 인한 2차 집락의 형성 및 집락의 겹침 현상 등으로 인해 계수가 곤란할 수 있으므로 배양 후 2～3일 후에 증식 상태 및 집락 수를 계수하여 기록한 다음 24시간 간격으로 배양 후 최소 5일에서 최대 7일까지 집락수를 계수한다.

14 실내공기질공정시험기준에 따른 실내공기 중 라돈의 연속측정을 위한 내용으로 잘못된 설명은?

① 이 시험기준은 실내 공기 중 라돈-222 농도의 단기 측정방법이며 신축공동주택 내 라돈 농도 측정을 위한 부 시험방법이다.

② 이 시험기준을 이용한 실내 공기 중 라돈 농도의 측정은 2일 이상 90일 이하의 측정시간을 필요로 하며 장기 측정방법에 비해 연평균 라돈 농도 평가를 위해서는 적절하지 못하다.

③ 연속라돈측정기에는 세 가지 검출 방식이 이용되며 여기에는 섬광셀 방식, 이온화상자 방식, 실리콘검출기 방식이 있다.

④ 실내 라돈 농도 저감을 위한 시설 설치의 필요성을 판단할 목적으로 측정하는 경우에는 실내 라돈 농도 측정 전 최소 12시간 전에 외부로 통하는 문과 창문을 모두 닫아야 한다.

관련항목 ES 02901.1d 실내 공기 중 라돈 연속측정방법

☑ **해설** ① ; 이 시험기준은 실내 공기 중 라돈 농도 측정을 위한 부 시험방법이며, 신축공동주택 내 라돈 농도 측정을 위한 주 시험방법이다.

정답 13 ③ 14 ①

15 **실내공기 중 미세먼지 연속측정방법인 베타선흡수법에 대한 설명으로 잘못된 내용은?**

① 이 시험기준은 실내 공기 중 미세먼지 농도 측정을 위한 부 시험방법이며, 미세먼지 중량법과 비교한 보정계수의 적용이 필요하다.
② 보정계수는 베타선 흡수법 측정농도 값을 중량법 측정농도 값으로 나눈 값이다.
③ 베타선흡수법 장치는 공기흡입부－분립장치－유량조절부－테이프 여과지－교정부－시료 채취시간 조정부－베타선 광원－베타선감지부－연산장치 등으로 구성되어 있다.
④ 입경분리장치의 입경분리 기준점인 10 μm 또는 2.5 μm에서 그 효율이 50 % 이상이어야 한다.

관련항목 ES 02902.1a 실내 공기 중 미세먼지(PM-10, PM-2.5) 연속측정방법－베타선 흡수법

☑ **해설** ② ; 보정계수는 중량법 측정농도 값을 베타선 흡수법 측정농도 값으로 나눈 값이다.

16 **실내공기 중 이산화질소를 화학발광법으로 측정할 때 이와 관련한 설명으로 잘못된 것은?**

① 화학발광법은 NO와 O_3과의 반응으로 생긴 NO_2로부터 발생하는 발광현상을 이용하여 실내 공기 중 NO_2 농도를 연속 자동 측정하는 방법으로 실내 공기 중 NO_2를 측정하기 위한 주 시험방법이다.
② 입자상 물질은 유로의 막힘과 시료 셀의 오염에 의한 측정 오차를 발생할 수 있으므로 유리 섬유, 테플론(PTFE) 수지, 셀룰로오스 섬유제 등으로 된 여과지를 사용하여 제거하여야 한다.
③ 가스상 물질 중 암모니아, 아민, 질산, 무기 또는 질산과산화 아세틸(PAN), 유기 아질산염, 질산염 등은 간섭을 주나 황 화합물 및 카르보닐 화합물 등은 간섭물질로 작용하지 않는다.
④ 시료분석부로부터 배출되는 기체 중의 오존은 활성탄을 통과하여 제거함으로써 근접한 대기오염을 방지하며 시료채취 펌프를 보호할 수 있다.

관련항목 ES 02904.1b 실내 공기 중 이산화질소 측정방법－화학발광법

☑ **해설** ③ ; 가스상 간섭물질은 암모니아, 아민, 질산, 무기 또는 질산과산화 아세틸(PAN), 유기 아질산염, 질산염 등이 있으며 컨버터에서 황 화합물 및 카르보닐에 의한 촉매독으로 인하여 측정시 영향을 받을 수 있다.

17 **비분산적외선법을 이용한 실내공기 중 이산화탄소의 측정에 대한 설명으로 잘못된 것은?**

① 시료 셀은 시료공기 중 이산화탄소에 의해서 여러 파장의 적외선을 흡수시키기 위한 셀로서 이산화탄소에 대해 비활성인 물질로 구성된 것이어야 한다.
② 적외선 광원은 니크롬선, 탄화규소 등 저항체에 전류를 흘려 가열한 것을 사용한다.
③ 비분산적외선 분석기의 분해능은 1 ppm 이하이어야 한다.
④ 스팬가스는 고순도 이산화탄소 표준 가스로서, 측정기기 최대 눈금값의 (80 ～ 90) % 농도를 사용한다.

관련항목 ES 02905.1a 실내 공기 중 이산화탄소 측정방법－비분산적외선법

☑ **해설** ① ; 시료 셀은 시료공기 중 이산화탄소에 의해서 하나의 특정 파장에서의 적외선만을 흡수시키기 위한 셀이며 이산화탄소에 대해 비활성인 물질로 구성된 것이어야 한다.

정답 15 ② 16 ③ 17 ①

18 **비분산적외선법을 이용한 일산화탄소 측정기기로 실내공기를 측정하였다. 이에 대한 설명으로 잘못된 것은?**

① 대기 중 탄화수소는 보통 방해 요인이 되지 않지만 500 ppmv의 메탄은 0.9 ppmv에 해당하는 값의 영향을 주게 된다.
② 입자상 물질이 주요 방해물질이며 시료 도입부에서 여과지에 제거되지 않는 경우 시료 배관과 분석부에 축적될 수 있다.
③ 습도가 높은 측정지점에서는 실리카겔과 같은 건조제에 공기 시료를 통과시켜 영향을 최소화할 수 있다.
④ 대기 중 이산화탄소 방해 영향은 그다지 크지 않으며 소다석회를 사용하면 영향을 줄일 수 있다.

관련항목 ES 02906.1b 실내 공기 중 일산화탄소 측정방법－비분산적외선법

☑ **해설** ② ; 주요한 방해 요소는 수증기이며 습도가 높은 측정지점에서는 실리카겔과 같은 건조제에 공기 시료를 통과시켜 영향을 최소화할 수 있다.

19 **비분산적외선법을 이용한 일산화탄소 교정시 교정장치에 대한 설명으로 잘못된 내용은?**

① 제로 가스 및 스팬 표준가스로 교정이 가능하여야 하며 지시부의 오차를 교정할 수 있어야 한다.
② 일산화탄소 변환기는 시료공기 중의 이산화탄소를 일산화탄소로 바꾸어 흘려보낸다.
③ 혼합 챔버는 일산화탄소 표준 가스를 희석하여 교정 농도를 만든다.
④ 유량 조절기는 교정가스로부터 유량을 조절할 수 있는 장치로서 희석하는 데 사용되는 조절기는 ±1 % 내에서 조절할 수 있어야 한다.

관련항목 ES 02906.1b 실내 공기 중 일산화탄소 측정방법－비분산적외선법

☑ **해설** ② ; 일산화탄소 변환기는 방향전환밸브를 조작하여 유입된 시료공기 중의 일산화탄소를 이산화탄소로 바꾸어 일산화탄소를 포함하지 않은 제로가스를 흘려보낸다.

20 **실내공기 중 일산화탄소 측정을 위한 전기화학식센서법을 설명한 내용으로 잘못된 것은?**

① 간섭물질에는 밀폐된 기류에 많이 존재하며 입자상 물질, 수증기, 이산화황, 질소산화물, 이산화탄소, 수소 및 탄화수소류가 있다.
② 전기화학식 센서는 측정물질의 산화가 일어나는 감응전극, 감응전극으로부터 전압을 걸어줄 때 기준이 되는 기준전극, 그리고 상대전극으로 구성된다.
③ 일산화탄소 변환기는 약 120 ℃로 가열한 백금이나 팔라듐 여과지를 사용한다.
④ 센서는 공기에 접촉하는 것만으로도 열화가 진행되는데 이러한 현상은 측정기기를 사용하지 않더라도 발생하며 일정한 기간이 경과하면 사용이 불가능하게 된다.

관련항목 ES 02906.2b 실내 공기 중 일산화탄소 측정방법－전기화학식 센서법

☑ **해설** ③ ; 일산화탄소 변환기는 약 90 ℃로 가열한 백금이나 팔라듐 여과지를 사용한다.

정답 18 ② 19 ② 20 ③

4 악취공정시험기준

01 악취공정시험기준 총칙에 따른 적용범위 및 표시방법에 대한 내용으로 잘못된 것은?

① 하나 이상의 시험방법으로 시험한 결과가 서로 달라 판정에 영향을 줄 수 있을 경우에는 각 오염물질 항목별 측정·분석방법 중에서 주 시험방법에 의한 측정·분석결과에 의해 판정하며 주 시험방법은 따로 규정이 없는 한 항목별 공정시험기준의 1법으로 한다.

② 공정시험기준에서 사용하는 수치의 맺음법은 따로 규정이 없는 한 한국공업규격 KS Q 5002의 수치 맺음법에 따른다.

③ 악취농도를 공기희석관능법에 의한 희석배수로 나타낼 때에는 희석배수 산정방법에 따라 소수점 첫째자리까지 계산하고 결과는 소수점 이하를 반올림하여 정수로 나타낸다.

④ 기체 중의 농도는 표준상태(25 ℃, 1기압)로 환산하여 물질(mole)의 비율로 나타내는 것을 원칙으로 하며 작은 농도는 소수와 배수를 이용하여 나타내거나 그 소수의 배수에 해당하는 기호를 사용하여 표시한다.

관련항목 ES 09000.a 총칙

☑ **해설** ③ ; 악취농도를 공기희석관능법에 의한 희석배수로 나타낼 때에는 희석배수 산정방법에 따라 소수점 첫째자리까지 계산하고 결과는 소수점 이하를 절삭하고 정수로 나타낸다.

02 악취공정시험기준에 따른 시료채취에 대한 내용 중 잘못 설명된 것은?

① 시료주머니로 채취할 경우 시료주머니는 충분히 세척하고 미리 고순도 질소 혹은 공기를 충전하여 기체크로마토그래피 등으로 분석하여 오염이 없는 것을 확인하며 오염이 없는 것을 확인한 시료주머니는 고순도 질소 혹은 공기를 빼낸 후 밀봉하여 보관한다.

② DNPH 카트리지로 채취할 경우 공기 중에 사전 노출되어 오염되지 않도록 밀봉 보관상태를 유지한 뒤 시료채취 시에 개봉하여 사용하며, 시료의 분석 전에 시험과정과 같은 방법으로 추출용매를 사용하여 분석시료의 시험과 같은 과정으로 분석한다.

③ 흡착관으로 채취할 경우 흡착관은 충분히 열 세척하여 깨끗하게 해 두며 미리 몇 개의 흡착관에 대해 기체크로마토그래피 등으로 분석하여 오염이 없는 것을 확인한다.

④ 시료의 농도 산출 시 시료채취량을 표준상태(25 ℃, 1기압)로 환산하기 위해 시료채취 시에는 온도와 압력을 항상 측정하여 기록해 둔다.

관련항목 ES 09130.a 시료채취와 보관

☑ **해설** ④ ; 악취공정시험기준에 적용하는 표준상태의 온도와 압력은 각각 20 ℃, 1기압이다.

03 복합악취를 자동희석장치를 이용하여 분석하고자 할 때 자동희석장치의 정확도를 평가하고자 한다. 평가과정에 대한 설명으로 잘못된 것은?

① 자동희석장치로 메탄가스 500 μL/L는 10배 희석하고 20,000 μL/L는 300배 희석하여 희석된 농도를 각각 측정한다.

② 자동희석장치로 공급되는 희석공기는 무취공기를 사용한다.

정답 01 ③ 02 ④ 03 ③

③ 자동 희석 된 메탄 농도는 국가공인기관의 교정을 받은 메탄측정기를 이용하여 각 3회 이상 측정한다.
④ 정확도는 메탄측정기의 측정값과 각 희석배수로부터 계산한 값과의 차를 평균하여 계산한 값의 백분율 값으로 15 % 이내를 유지하여야 한다.

관련항목 ES 09301.b 공기희석관능법

☑ **해설** ③ ; 자동 희석 된 메탄 농도는 국가공인기관의 교정을 받은 메탄측정기를 이용하여 각 5회 이상의 측정값을 구한다.

04 **공기희석관능법으로 악취의 희석배수를 판정할 때 판정요원 선정을 위한 절차에 대한 설명으로 잘못된 것은?**

① 판정요원의 판정시험 전 악취강도에 대한 정도를 인식시켜 주기 위하여 노말뷰탄올을 주입하여 악취강도가 1도에서 5도까지의 인식시험액을 만든다.
② 판정요원 선정용 시험액은 4개로 초산과 트라이메틸아민은 유동파라핀으로 조제하며 Methylcyclopentenolone과 β-Phenylethylalcohol은 정제수로 조제한다.
③ 판정요원을 대상으로 악취강도 인식시험액을 통풍이 잘되는 곳에서 밀봉을 풀어 1도에서 5도의 순으로 냄새를 맡게 하여 악취강도에 대한 정도를 인식하도록 한다.
④ 판정요원의 선정은 냄새가 나는 여과지 3매를 선택하게 하여 3종류의 시험액을 냄새의 종류와 냄새나는 여과지를 모두 맞추고 악취도가 3, 4인 사람을 예비판정요원에 합격한 것으로 한다.

관련항목 ES 09301.b 공기희석관능법

☑ **해설** ② ; 판정요원 선정용 시험액 조제를 위해 초산과 트라이메틸아민은 정제수로 조제하며 Methylcyclopentenolone과 β-Phenylethylalcohol은 유동파라핀으로 조제한다.

05 **악취시료를 자동으로 채취하는 경우 자동채취장치의 제어방식에 따른 방식에 해당하지 않는 것은?**

① 압력제어 방식　② 유량제어 방식
③ 온도제어 방식　④ 시간제어 방식

관련항목 ES 09301.b 공기희석관능법

☑ **해설** ③ ; 자동채취장치에 해당하는 제어방식에는 압력제어, 유량제어, 시간제어 방식이 있다.

06 **공기희석관능법의 관능 시험 절차로서 잘못된 것은?**

① 악취분석요원은 최초 시료희석배수(부지경계선 10배, 배출구 시료 300배)를 판정요원에게 단계별로 희석시킨 시료희석주머니 1개와 별도로 준비한 무취주머니 2개를 1조로 하여 나누어 준다.

정답 04 ② 05 ③ 06 ④

② 판정요원은 관능 시험용 마스크를 쓰고 시료희석주머니와 무취주머니를 손으로 눌러 주면서 각각 2초 ~ 3초간 냄새를 맡는다.
③ 악취분석요원은 최초 시료희석배수에서의 관능시험 결과 모든 판정요원의 정답률을 구하여 평균 정답률이 0.6 미만일 경우 판정시험을 끝낸다.
④ 최초 시료희석배수 2조의 시료 평가 후 정답률이 0.6 이상일 경우 다음 시료희석배수의 평가는 첫 번째 시료희석배수 시료의 판정결과 각 2조 중 1조 이상 맞힌 판정요원에 대해 다음 단계의 시료 희석배수 평가를 진행한다.

관련항목 ES 09301.b 공기희석관능법

☑ 해설 ④ ; 최초 시료희석배수 2조의 시료 평가 후 정답률이 0.6 이상일 경우 다음 시료희석배수의 평가를 진행하며, 다음 시료희석배수의 평가는 첫 번째 시료희석배수 시료의 판정결과 각 2조 모두 정답을 맞힌 판정요원만 다음 단계의 시료 희석배수 평가를 진행한다.

07 암모니아 분석시 내부정도관리 방법으로 잘못된 것은?

① 방법검출한계는 대기 중 암모니아 농도로서 0.1 ppm 이하이어야 한다.
② 표준용액을 조제하여 흡광도를 측정하고 검정곡선을 작성하여 결정계수(R^2) 값이 0.98 이상이어야 한다.
③ 재현성평가는 중간단계의 표준용액을 시료의 분석과정과 동일한 방법으로 3개 이상 분석하여 상대표준편차(RSD %) 값을 구하며 그 값은 10 % 이내이어야 한다.
④ 내부정도관리 주기는 연 1회 이상 측정하는 것을 원칙으로 하며 분석기기의 주요부품 교체, 수리 분석자의 변경 시 등 수시로 실시한다.

관련항목 ES 09302.1a 암모니아－붕산용액 흡수법－자외선가시선 분광법, ES 09302.2a 암모니아－인산함침 여과지법－자외선가시선 분광법

☑ 해설 ① ; 방법검출한계는 대기 중 암모니아 농도로서 0.01 ppm 이하이어야 한다.

08 붕산 용액 흡수법을 이용한 암모니아 분석과 결과보고에 대한 내용으로 잘못된 것은?

① 시료채취가 끝난 2개 흡수병의 붕산 용액을 합하고 흡수액으로 전량을 50 mL로 한 다음 이 용액 10 mL를 시험관에 옮기고 분석용 시료로 사용한다.
② 분석용 시료에 페놀－나이트로프루시드소듐 용액과 하이포아염소산소듐 용액을 차례로 가한 다음 1시간 방치 후 460 nm 파장에서 흡광도를 측정한다.
③ 검정곡선에 의하여 분석용 시료 중의 암모니아량을 구하고 암모니아 농도(C)를 $C=\dfrac{5A}{V\times\dfrac{298}{273+t}\times\dfrac{P}{760}}$ 식에 따라 구한다. (A : 분석용 시료중의 암모니아량(μL), V : 유량계에서 측정한 흡입량(L), t : 유량계의 온도(℃), P : 시료채취 시의 대기압(mmHg))
④ 분석결과는 ppm 단위의 소수점 셋째 자리까지 결과를 산출하고 소수점 둘째자리로 표기한다.

관련항목 ES 09302.1a 암모니아－붕산용액 흡수법－자외선가시선 분광법

☑ **해설** ④ ; 분석결과는 ppm 단위의 소수점 둘째 자리까지 결과를 산출하고 소수점 첫째자리로 표기한다.

09 악취공정시험기준의 황화합물 분석방법에 대한 설명으로 틀린 내용은?

① 수동방법으로서 흡입상자로 시료를 채취하고 저온농축장치에 시료를 농축한 다음 모세관 컬럼－기체크로마토그래피법으로 분석한다.

② 자동방법으로서 시료 흡입 펌프를 사용하여 저온농축장치에 시료를 농축한 다음 고온으로 탈착하여 모세관 컬럼－기체크로마토그래피법으로 분석한다.

③ 수동방법으로서 흡입상자로 시료를 채취하고 전기냉각 저온농축관에 시료를 농축한 다음 고온으로 탈착하여 모세관 컬럼－기체크로마토그래피법으로 분석한다.

④ 자동방법으로서 시료 흡입 펌프를 사용하여 전기냉각 저온농축관에 시료를 농축한 다음 고온으로 탈착하여 모세관 컬럼－기체크로마토그래피법으로 분석한다.

관련항목 ES 09303.1a 황화합물－저온농축－모세관 컬럼－기체크로마토그래피법

☑ **해설** ② ; 지온농축－모세관 컬럼－기체크로마토그래피법은 시료채취와 채취된 시료의 분석이 별도로 수행되는 수동분석 방법이다.

10 악취공정시험기준의 트라이메틸아민 분석에 대한 설명으로 틀린 내용은?

① 산성여과지 방법으로 시료를 채취하고 헤드스페이스－모세관 컬럼－기체크로마토그래피로 분석한다.

② 흡수법으로 시료를 채취하고 고체상미량추출(SPME)－모세관 컬럼－기체크로마토그래피로 분석한다.

③ 산성여과지 방법으로 시료를 채취하고 저온농축－모세관 컬럼－기체크로마토그래피로 분석한다.

④ 고효율막 채취장치의 확산 스크러버로 연속적으로 시료를 채취하고 이온크로마토그래피로 분석한다.

관련항목 ES 09304.3a 트라이메틸아민－저온농축－충전컬럼－기체크로마토그래피법

☑ **해설** ③ ; 흡수법 또는 산성여과지 방법으로 시료를 채취하고 저온농축－충전컬럼－기체크로마토그래피로 분석한다.

11 악취공정시험기준의 알데하이드류 분석에 대한 설명으로 잘못된 것은?

① 고온 및 수분이 높은 경우 카트리지의 회수율에 영향을 미치므로 채취 단계에서 적절한 관리가 필요하다.

② 공기 시료 중에는 오존이 항상 존재하므로 약 1.5 g의 아이오딘화포타슘(KI)을 충진한 오존 스크러버를 DNPH 카트리지 전단에 설치하여 오존을 제거한다.

③ 시료채취주머니를 사용할 경우와 현장에서 DNPH 카트리지로 시료를 채취할 경우에는 (1～2) L/min의 유량으로 5분내에 시료채취가 이루어지도록 한다.

정답 09 ② 10 ③ 11 ④

④ 방법검출한계는 알데하이드류 표준용액을 분석하며 공기 중 아세트알데하이드로서 0.1 ppb 이하이어야 한다.

관련항목 ES 09305.1a 알데하이드－DNPH카트리지－액체크로마토그래피법

☑ **해설** ④ ; 방법검출한계는 알데하이드류 표준용액을 분석하며 공기 중 i－발레르알데하이드로서 1 ppb 이하이어야 한다.

12 악취공정시험기준의 알데하이드류 분석을 위해 실시한 내용으로 잘못된 것은?

① 시료를 채취한 DNPH 카트리지를 아세토나이트릴 4 mL를 주입하여 DNPH 유도체를 추출한 다음 추출한 용액에 아세토나이트릴을 첨가하여 5 mL로 맞추었다.

② 추출이 완료된 시료는 갈색 바이알에 옮긴 다음 분석시까지 냉장 보관하였으며 1주일 이내에 분석하였다.

③ 고농도 표준물질을 정제수로 희석하여 0.1, 0.5, 1.0, 2.0 mg/L 등 4개 농도로 한 다음 검정곡선을 작성하였으며 결정계수(R^2)가 0.99이었다.

④ 고성능액체크로마토그래프를 이용하여 자외선 검출의 파장 360 nm에서 분석하였다.

관련항목 ES 09305.1a 알데하이드－DNPH 카트리지－액체크로마토그래피법

☑ **해설** ③ ; 고농도 표준물질을 이용하여 (0.01 ～ 2.0) mg/L 범위 내에 3개 ～ 5개의 다른 농도 수준으로 아세토나이트릴로 희석하여 검정곡선을 작성한다.

13 악취공정시험기준에 따른 저온농축－기체크로마토그래피법으로 스타이렌을 측정하는 내용으로 잘못된 것은?

① 상당한 오존 농도가 유지되는 지역에서 시료를 채취할 때에는 Tenax류의 흡착제를 사용하고 10 ppb 이하로 낮은 농도의 스타이렌을 채취할 때에는 반드시 오존 스크러버를 사용하여야 한다.

② 수분이 많은 시료를 채취할 경우에는 Tenax, Carbotrap과 같은 소수성 흡착제를 선택하여 사용하여야 한다.

③ 흡착관을 사용한 시료채취 시 유량을 (150 ～ 200) mL/min으로 시료가스의 양이 약 1 L 이상되도록 짧은 시간에 채취한다.

④ 캐니스터를 사용한 시료채취시 내부의 압력은 시료를 채취할 때까지 0.1 mmHg 이하의 고진공을 유지하며, 시료를 채취하고자 하는 지점에서 캐니스터의 시료주입 밸브를 열어 순간적으로 채취되도록 한다.

관련항목 ES 09306.1a 스타이렌－저온농축－기체크로마토그래피법

☑ **해설** ④ ; 캐니스터를 사용한 시료채취 시 내부의 압력은 고진공(0.05 mmHg)을 유지한 상태로 시료를 채취하고자 하는 지점에서 캐니스터의 시료주입 밸브를 열어 순간적으로 채취되도록 한다.

정답 12 ③ 13 ④

14 저온농축－기체크로마토그래피법으로 스타이렌을 분석하는 절차로서 잘못된 것은?

① 고체흡착관으로부터 분석대상 물질을 열탈착하여 저온농축관으로 농축하며 온도는 흡착제에 따라 (200 ~ 350) ℃, 운반가스는 (30 ~ 100) mL/min의 유량으로 (5 ~ 15) 분 동안 열탈착한다.

② 저온농축관의 충진물질은 고체 흡착제인 경우 －10 ℃ 이하, 유리 비드(glass bead)일 경우 냉매를 사용하여 －180 ℃ 이하의 조건에서 저온 농축하여야 한다.

③ 저온농축관에 농축된 시료는 흡착제에 따라 (250 ~ 500) ℃, 운반가스는 (3 ~ 100) mL/min의 유량으로 (1 ~ 15)분 내에 2단 열탈착시킨다.

④ GC/FID를 사용하거나 검출기가 질량분석기인 경우 선택 이온(SIM, selected ion monitoring) 모드를 사용하여 성분의 구조와 봉우리의 머무름 시간을 확인한다.

관련항목 ES 09306.1a 스타이렌－저온농축－기체크로마토그래피법

☑ **해설** ④ ; 검출기가 질량분석기인 경우 검색 모드(scan mode)를 사용하여 성분의 구조와 봉우리의 머무름 시간을 확인한다.

15 지정악취물질 중 지방산류의 시료채취에 대한 설명으로 잘못된 것은?

① 알카리 함침 여과지를 이용할 때 함침에 사용되는 용액은 특급 시약의 수산화포타슘(KOH)을 정제수에 녹여 0.5 N로 조제하여 사용한다.

② 알카리 수용액을 이용한 흡수법으로 시료를 채취할 경우의 흡수액은 수산화소듐(NaOH)을 정제수에 녹여 0.1 N로 조제한다.

③ 알칼리 함침 여과지를 이용한 방법은 함침 여과지를 2단으로 필터 지지대에 설치한 상태에서 10 L/min의 유량으로 5분간 시료채취를 완료한다.

④ 흡수 방법을 이용한 시료채취는 흡수병 2개에 흡수액을 각각 10 mL를 넣고 직렬로 연결하여 10 L/min의 유량으로 5분간 시료를 흡입한다.

관련항목 ES 09308.1a 지방산류－헤드스페이스－기체크로마토그래피법

☑ **해설** ④ ; 흡수 방법을 이용한 시료채취는 흡수병에 흡수액 10 mL를 넣고 2 L/min의 유량으로 5분간 시료를 흡입한다.

16 헤드스페이스－기체크로마토그래피법을 이용하여 다음의 분석조건으로 분석할 때 지방산이 검출되는 순서로 맞는 것은?

〈기체크로마토그래피 분석조건〉

- 컬럼 : Elite-wax (30 m × 0.3 mm × 0.5 μm) with 5 m Guard column
- 운반가스 : He (20 mL/min)
- 주입구 온도 : 150 ℃
- 오븐 조건 : 40 ℃(5분) → 5 ℃/min → 150 ℃(0분) → 10 ℃/min → 200 ℃(5분)

정답 14 ④ 15 ④ 16 ②

필기 05 환경측정분석사 필기 예상문제

① 프로피온산 → n-뷰틸산 → n-발레르산 → i-발레르산
② 프로피온산 → n-뷰틸산 → i-발레르산 → n-발레르산
③ n-뷰틸산 → 프로피온산 → n-발레르산 → i-발레르산
④ n-뷰틸산 → 프로피온산 → i-발레르산 → n-발레르산

관련항목 ES 09308.1a 지방산류-헤드스페이스-기체크로마토그래피법

☑ **해설** ② ; 검출순서 : 프로피온산 → n-뷰틸산 → i-발레르산 → n-발레르산

17 흡광차분광법을 이용한 암모니아와 스타이렌의 연속측정방법으로 잘못된 설명은?

① 흡광차분광법은 자외선 흡수를 이용한 분석으로 비어-램버트 법칙에 근거한 분석원리를 적용하며 모든 형태의 가스 분자가 분자 고유의 흡수 스펙트럼을 가진다는 점에 기초한다.
② 흡광차분광법 분석기는 분석계와 광원부로 구분되며 분석계는 샘플채취부, 검지부, 분석부, 통신부 등으로 구성되며, 광원부는 분광기, 발광부, 수광부, 광섬유 케이블로 구성된다.
③ 분광기는 체르니-터너(czerny-turner) 방식이나 홀로그램(holographic) 방식 등을 채택하며 측정가스가 가지는 최대 흡수 파장 영역으로 시료에 분광시켜 스펙트럼을 산출하는 역할을 한다.
④ 흡광차분광법은 광학적 스펙트럼의 해석에 기반한 분석방식이므로 유사 파장대 물질의 간섭이 일어날 수 있다.

관련항목 ES 09902.a 암모니아-흡광차분광법-연속측정방법, ES 09903.a 스타이렌-흡광차분광법-연속측정방법

☑ **해설** ② ; 흡광차분광법 분석기는 분석계와 광원부로 구분되며 분석계는 분광기, 샘플채취부, 검지부, 분석부, 통신부 등으로 구성되며, 광원부는 발광부, 수광부, 광섬유 케이블로 구성된다.

18 고효율막 채취장치를 이용하여 암모니아와 트라이메틸아민을 연속측정하는 방법에 대한 설명으로 잘못된 설명은?

① 연속 측정은 확산 스크러버를 통해 공기 중의 암모니아와 트라이메틸아민 기체를 정제수에 채취하고 이온크로마토그래피 시스템에 주입하여 분석한다.
② 확산 스크러버의 반투막은 소수성 재질로 이루어져 있으며 (100 ~ 300) μm 정도의 미세 기공을 가지고 있어 공기 채널 안을 흐르는 공기 중 암모니아와 트라이메틸아민이 흡수액 채널 쪽으로 확산되어 채취된다.
③ 이온크로마토그래피는 써프렛서가 부착되어 있어야 하며, 용리액은 순도 99 % 이상의 메탄설포닉산(CH_4O_3S)을 정제수에 묽혀 사용한다.
④ 측정결과의 결과 표시는 ppm 단위로 트라이메틸아민은 소수점 셋째자리까지, 암모니아는 소수점 첫째자리까지 표기한다.

관련항목 ES 09904.a 트라이메틸아민, 암모니아-고효율막 채취장치-이온크로마토그래피법-연속측정방법

☑ **해설** ② ; 확산 스크러버의 반투막은 소수성 재질로 이루어져 있으며 (10 ~ 30) μm 정도의 미세 기공을 가지고 있어 공기 채널 안을 흐르는 공기 중 암모니아와 트라이메틸아민이 흡수액 채널 쪽으로 확산되어 채취된다.

정답 17 ② 18 ②

19 **액체크로마토그래피 분석을 위한 고효율막 채취장치의 구성을 그림으로 나타내었다. 각 번호를 설명한 내용으로 잘못된 것은?**

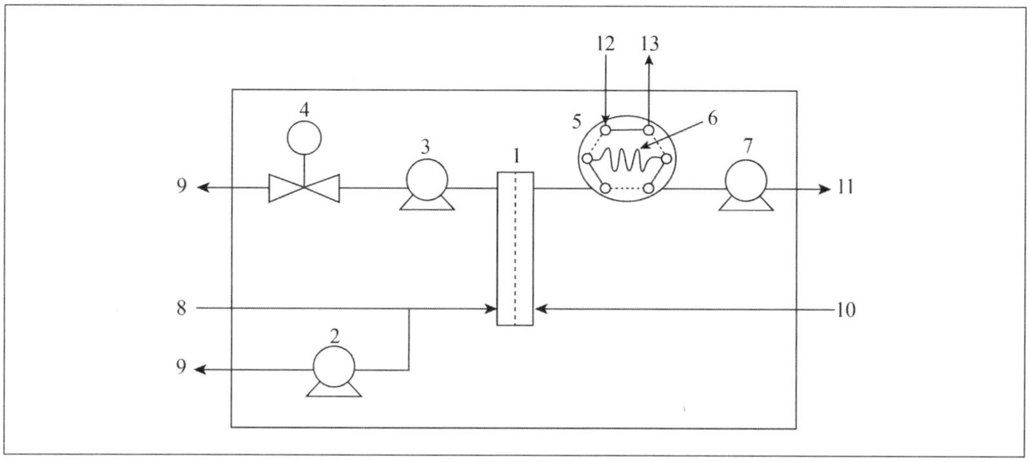

① 1 : 확산스크러버	2 : 전단 공기 흡입펌프	3 : 후단 공기 흡입펌프
② 4 : 공기유속 조절기	5 : 시료 주입기	6 : 시료 주입유량 조절기
③ 7 : 흡수액 펌프	8 : 공기 흡입구	9 : 공기 배출구
④ 10 : 흡수액 입구	11 : 흡수액 배출구	12 : 액체크로마토그래피 용리액 입구

관련항목 ES 09905.a 카르보닐류－고효율막 채취장치－액체크로마토그래피법－연속채취방법

☑ **해설** ② ; 6 : 시료주입 루프

20 **고효율막 채취장치－이온크로마토그래피법을 이용한 지방산류의 연속측정에 대한 설명으로 맞는 내용은?**

① 이 방법으로 분석할 때 대상물질은 프로피온산, n－뷰틸산, i－뷰틸산, n－발레르산이다.

② 공기 중에 공존하는 분자량이 큰 지방산이나 양성자산이 모세관 컬럼에서 늦게 용출되어 이어지는 분석 사이클에 영향을 줄 수 있다.

③ 확산 스크러버 내의 반투막은 친수성 재질로 이루어져 있으며 (10 ~ 30) μm 정도의 미세기공을 가지고 있다.

④ 시료 흡입펌프는 확산 스크러버의 전단에 설치되어 있으며 공기펌프의 후단에는 공기의 유량을 조절하기 위해 유량 조절 장치가 부착되어 있어야 한다.

관련항목 ES 09907.a 지방산류－고효율막 채취장치－이온크로마토그래피법－연속측정방법

☑ **해설** ① ; 분석대상물질은 프로피온산, n－뷰틸산, n－발레르산, i－발레르산이다. ③ 확산 스크러버 내의 반투막은 소수성 재질로 이루어져 있으며, (10 ~ 30) μm 정도의 미세기공을 가지고 있다. ④ 시료 흡입펌프는 펌프에 의한 오염 및 기억효과(memory effect)를 피하기 위해 확산 스크러버의 후단에 설치되어 있으며, 공기펌프의 후단에는 공기의 유량을 조절하기 위해 유량 조절 장치가 부착되어 있어야 한다.

정답 19 ② 20 ①

2편

실기

1장 작업형 실기 기출문제

* 작업형 실기시험 주요 내용

1. 작업형 실기시험은 일반항목, 중금속, 유기물질로 구분하여 2일(토요일, 일요일)에 걸쳐 실시된다. 1일차인 토요일에는 유기물질을 8시간 동안 실시하며, 2일차인 일요일에는 오전과 오후에 일반항목과 중금속이 각각 4시간씩 나눠서 실시된다.

2. 이제까지 출제된 항목을 보면(2021년 상반기 기준) 일반항목은 암모니아, 염화수소, 중금속은 구리, 카드뮴, 납, 니켈, 아연, 유기물질은 벤젠, 벤조a피렌이 번갈아 가며 출제되었다.

3. 각 항목별 시험방법과 분석에 이용되는 분석기기는 다음의 표에 제시하였다.

구분	항목	시험방법	분석기기
일반항목	암모니아	자외선가시선분광법 – 인도페놀법	분광광도계(UV)
	염화수소	싸이오시안산제이수은 – 자외선가시선분광법	분광광도계(UV)
중 금 속	구리, 카드뮴, 납, 니켈, 아연	원자흡수분광광도법	원자흡수분광광도계(AAS)
유기물질	벤젠, 벤조(a)피렌	기체크로마토그래프법	기체크로마토그래프(GC) – 불꽃이온화검출기(FID)

작업형 실기시험 답안지 작성 예시

※ 본 작업형 실기시험의 답안은 최근 기출 유형에 따라 작성방법을 예시로 제시한 것이므로 응시자는 작업형 실기시험의 출제 문제의 유형에 맞게 답을 작성하셔야 합니다.

수험번호:	평가항목 : 일반항목 (암모니아 : 인도페놀법)

환경측정분석사 대기분야

작업형 실기시험 문제지

○ **수험자 요구 사항**

- 인도페놀법에 따라 암모니아 분석을 수행하시오.
- 표준용액을 이용하여 검정곡선을 작성하시오.
- 미지시료를 희석하여 측정용 시료로 조제하고, 시험·분석하여 대기 중 농도값으로 환산하여 구하시오.
- 최종분석결과는 정리하여 제공된 "시험분석 보고서"양식에 기록한다.

[문항 1] 평가항목의 시험 분석과정에 대해 답하시오. (10점)

(1) **제공된** 100 ppm **표준원액으로부터** 1 ppm **표준용액을 조제하는 과정을 기술하고 이 때, 조제한** 1 ppm **표준용액의 암모니아 농도**(mg/L)**를 대기 상당농도**(mL/mL, 0 ℃, 760 mmHg) **로 산출하시오.**

답안

1. 제공된 100 ppm 표준원액 1 mL를 분취하여 100 mL 부피플라스크에 넣은 후 정제수로 채운 후 100 mL로 하여 1 ppm의 표준용액을 조제한다.
2. 다음 식에서와 같이 암모니아 표준용액 1 mg/L는 대기 중 암모니아 0.0013 mL에 해당한다.

$$\frac{1\,\text{mg NH}_3}{\text{L}(l)} \times \frac{22.4\,\text{mL(g) NH}_3}{17\ \text{mg}} \times \frac{\text{L}}{10^3\,\text{mL}} = 0.0013\ \text{mL(g) NH}_3/\text{mL}(l)$$

(l : liquid, g : gas) 끝.

(2) **제공된 표준원액**(100 mg/L)**을 이용하여 검정곡선을 작성**(**영점제외** 4 points)**하시오.**

답안

1. 문항1 (1)의 답안에서 조제한 암모니아 표준용액 (1 mg/L)을 10 mL 부피플라스크에 각각 2 mL, 5 mL, 8 mL, 10 mL 주입하여 표준용액에 대한 대기 중 암모니아의 상당농도가 각각 0.26 μL/mL, 0.65 μL/mL, 1.04 μL/mL, 1.30 μL/mL가 되도록 하여 검정곡선을 작성한다.

   검정곡선 출력물 첨부. 끝.

[문항 2] 시험분석과정을 수행하고, 시험분석보고서 양식에 따라 결과값을 작성하여 제출하시오. 제출 시 단계별로 기기 원 분석자료(raw data)를 함께 첨부하시오. (50점)

※ 실험에 앞서 제공된 미지시료를 반드시 증류수로 희석하여 사용한다(제공된 미지시료 20 mL를 정확히 취하고 증류수를 넣어 250 mL로 하여 측정용 미지시료로 조제한다). 추가 희석은 응시자의 판단 하에 수행한다.

(1) **시료를 채취한 결과는 다음과 같다. 이 때 건조시료가스 채취량(L)을 구하시오.**

• 건식가스미터로 측정한 흡인 가스량 : 20 L	• 가스미터의 온도 : 25 ℃
• 대기압 : 757 mmHg	• 가스미터 게이지압 : 20 mmH_2O

답안

1. **배출가스 시료에 대한 표준 건조시료가스 채취량 산정**
   1) 건식가스미터로 측정한 흡인 가스량 20 L, 가스미터의 온도 25 ℃, 대기압 757 mmHg, 가스미터 게이지압 20 mmH_2O
   2) 표준상태(0 ℃, 1기압)로 환산한 건조가스 채취량(L)

$$20\ \text{L} \times \frac{273\ °\text{K}}{(273+25)\ °\text{K}} \times \frac{(757\ \text{mmHg} + 20\ \text{mmH}_2\text{O} \times \frac{1\ \text{mmHg}}{13.6\ \text{mmH}_2\text{O}})}{760\ \text{mmHg}} = 18.3\ \text{L}.\text{끝}.$$

(2) **측정용 미지시료를 2개 조제하여 반복 분석 후 대기 중 농도(ppm) 및 상대표준편차(%)를 구하고, 희석배수를 고려한 미지시료의 최종 농도값과 raw data를 함께 제출하시오. (소수점 첫째자리까지). 이 때, 산출식 및 산출과정에 대해 자세히 기술하시오. (미지시료 농도범위 : 0.13 μL/mL ~ 26 μL/mL) 바탕시료 또한 흡광도를 구하고 대기 중 농도로 환산하여 구하시오.**

답안

1. **방법바탕시료 농도 산정**
   1) 검정곡선에서 구한 A값 : 0.001 μL/mL, 바탕시험용 흡수액의 용량 : 250 mL
   2) 바탕시료농도(ppm) :

$$\frac{A(\mu\text{L/mL}) \times V(\text{mL})}{V_s(\text{L})} = \frac{0.001(\mu\text{L/mL}) \times 250\ \text{mL}}{18.3\ \text{L}} = 0.0\ \text{ppm}(\mu\text{L/L})$$

2. **미지시료 농도 산정**
   1) 미지시료 1 : 미지시료 5배 희석
      ① 검정곡선에서 구한 A값 : 0.512 μL/mL, 분석용 시료용액의 용량 : 250 mL
      ② 대기 중 미지시료 농도(ppm) :

$$\frac{A(\mu\text{L/mL}) \times V(\text{mL})}{V_s(\text{L})} = \frac{0.512(\mu\text{L/mL}) \times 250\ \text{mL}}{18.3\ \text{L}} = 6.99\ \text{ppm}(\mu\text{L/L})$$

      ③ 희석배수(5배) 환산시 농도 : 6.99 ppm × 5 = 35.0 ppm

2) 미지시료 2 : 미지시료 2배 희석

① 검정곡선에서 구한 A값 : 1.295 μL/mL, 분석용 시료용액의 용량 : 250 mL

② 대기 중 미지시료 농도(ppm) :

$$\frac{A\,(\mu L/mL) \times V(mL)}{V_s(L)} = \frac{1.295(\mu L/mL) \times 250\ mL}{18.3\ L} = 17.69\ ppm(\mu L/L)$$

③ 희석배수(2배) 환산시 농도 : $17.69\ ppm \times 2 = 35.4\ ppm$

3. **2회 측정 평균농도 산정**

1) 평균농도(X_m) : $\dfrac{(35.0 + 35.4)\ ppm}{2} = 35.2\ ppm$

4. **상대표준편차(% RSD) 산정**

1) 상대표준편차 산정식 : $\dfrac{s}{X_m} \times 100\ \%$, s : 표준편차, X_m: 평균값

2) 표준편차(s) : $\sqrt{\sum \dfrac{(X_i - X_m)^2}{n-1}} = 0.2828$, X_i : 측정값, X_m: 평균값, n : 측정횟수

3) 상대표준편차(% RSD) : $\dfrac{s}{X_m} \times 100\ \% = \dfrac{0.2828}{35.2} \times 100\ \% = 0.8\ \%$

(3) 문항 2의 (2)에서 **얻어진 대기 중 암모니아의 농도를** mg/m^3**으로 환산하시오.**

답안

1. **바탕시료농도**(mg/m^3) : $0.0\ ppm\left(=\dfrac{mL}{m^3}\right) \times \dfrac{17\ mg}{22.4\ mL} = 0.0\ mg/m^3$

2. **미지시료 농도**

1) 미지시료 1 : $35.0\ ppm\left(=\dfrac{mL}{m^3}\right) \times \dfrac{17\ mg}{22.4\ mL} = 26.6\ mg/m^3$

2) 미지시료 2 : $35.4\ ppm\left(=\dfrac{mL}{m^3}\right) \times \dfrac{17\ mg}{22.4\ mL} = 26.9\ mg/m^3$

3) 평균농도 : $\dfrac{(26.6 + 26.9)\ ppm}{2} = 26.8\ mg/m^3$

[문항 3] 응시자가 수행한 시험 분석과정과 그 결과값에 대해 종합적으로 고찰하시오. (10점)

답안

1. 본 시험에 적용된 검정곡선의 결정계수(r^2)가 0.98 이상(0.99)으로 산정되어 검정곡선의 직선성이 양호하게 나타나 미지시료의 농도 산정에 적합하였다.
2. 미지시료를 각각 5배, 2배 희석 후 분석한 결과 검정곡선 범위내에 희석한 미지시료 농도가 포함되어 적절한 희석배수로 판단되며, 희석배수를 고려한 농도 산정결과 미지시료 두 개의 농도가 유사하게 나타났다.
3. 정밀도는 관리기준(10 %) 이내인 0.8 %로 산정되어 양호하게 나타났다. 끝.

— 이하여백 —

수험번호:

평가항목 : 일반항목 [암모니아:인도페놀법]

시험분석 보고서

(주1) 본 내용은 작업형 실기시험에서 응시자가 설계할 수 있는 최대 시험분석과정을 나타낸 것으로, 실제 실험은 응시자가 제한된 시간을 감안하여 시험분석과정을 직접 설계하여 수행하시기 바랍니다.

(주2) 기기분석은 기기별로 주어진 시간내(UV의 경우 1회 제공시간은 30분임)에서 수행하여야 하므로 주지하시기 바랍니다.

(주3) 모든 실험이 완료된 후 폐액은 주어진 장소에 처리하고, 초자기구 등은 수돗물을 이용하여 1차 세척하여 정리정돈하시기 바랍니다.

구분	차아염소산나트륨 유효염소량					
시약조제	$C = a \times f \times (200/10) \times (1/V) \times 0.001773 \times 100 = 2.29$ % $a = 6.5$ mL $f = 0.9914$ $V = 10$ mL					
구분	대기상당농도(mL/mL, 0 ℃, 760 mmHg)					
표준용액	$\frac{1\,\text{mg NH}_3}{\text{L}(l)} \times \frac{22.4\,\text{mL}(g)\ \text{NH}_3}{17\ \text{mg}} \times \frac{\text{L}}{10^3\,\text{mL}} = 0.0013\,\text{mL}(g)\ \text{NH}_3/\text{mL}(l)$ (l ; liquid, g : gas)					
구분	채취량(L)					
건조시료가스	$20\ \text{L} \times \frac{273\ °\text{K}}{(273+25)\ °\text{K}} \times \frac{(757\ \text{mmHg} + 20\ \text{mmH}_2\text{O} \times \frac{1\ \text{mmHg}}{13.6\ \text{mmH}_2\text{O}})}{760\ \text{mmHg}} = 18.3\ \text{L}$					
구분	농도(μL/mL)		흡광도		계산값	
검정곡선	0.26		0.1088		$y = ax + b$ $a = 0.3897$ $b = 0.0035$ $r^2 = 0.9993$	
	0.65		0.2498			
	1.04		0.4105			
	1.30		0.5115			
구분	흡광도	농도 (μL/mL)	희석배수	최종농도 (ppm)	최종농도 (mg/m^3)	평균농도 (mg/m^3)
방법바탕시료	0.001	0.000	1	0.0	0.0	평균값 = 26.8 상대표준편차(RSD%) = 0.8
미지시료	0.2030	0.512	5	35.0	26.6	
	0.5082	1.295	2	35.4	26.9	

수험번호:

평가항목 : 일반항목
〔암모니아:인도페놀법〕

환경측정분석사 대기분야

작업형 실기시험 문제지

○ **수험자 요구 사항**
- 인도페놀법에 따라 암모니아 분석을 수행하시오.
- 표준용액을 이용하여 검정곡선을 작성하시오.
- 미지시료를 희석하여 측정용 시료로 조제하고, 시험·분석하여 대기 중 농도값으로 환산하여 구하시오.
- 최종분석결과는 정리하여 제공된 "시험분석 보고서"양식에 기록한다.

[문항 1] 평가항목의 시험 분석과정에 대해 답하시오. (10점)

(1) **황산암모늄**[$(NH_4)_2SO_4$] **시약으로 표준용액을 조제하는 과정을 기술하고 이 때, 조제한 표준용액** 1 mL**가 암모니아 대기 상당농도** 1 μL(μL/mL, 0 ℃, 760 mmHg)**에 해당되는지 산출하시오.**

답안

1. **표준용액 조제과정**

1) 130 ℃에서 건조한 황산암모늄[$(NH_4)_2SO_4$, 분자량 : 132.13] 2.9498 g을 취한 다음 정제수에 녹여 1 L로 한다. 이 용액을 다시 흡수액으로 1,000배 묽게 하여 암모니아 표준액으로 하며 이 용액 중 암모니아 농도는 0.759 mg/L에 해당한다.

$2.9498\ \text{g} \times \dfrac{34\ \text{g NH}_3}{132.13\ \text{g}\ (\text{NH}_4)_2\text{SO}_4} \times \dfrac{1}{1\ \text{L}} = 0.759\ \text{g NH}_3/\text{L}$이며, 1000배 묽게 하므로 0.759 mg NH_3/L이다.

2. **표준용액** 1 mL**가 암모니아 대기 상당농도** 1 μL**에 해당하는지 산출**

1) 황산암모늄[$(NH_4)_2SO_4$] 1몰의 분자량은 132.13 g, 부피는 2×22.4 L이므로, 표준용액 조제 시 사용된 황산암모늄 2.9498 g 중 암모니아의 부피를 산정한다. (g : gas, l : liquid)

$$\frac{2.9498\ \text{mg NH}_3}{\text{L}(l)} \times \frac{2 \times 22.4\ \text{mL(g) NH}_3}{132.13\ \text{mg}} \times \frac{\text{L}(l)}{10^3\,\text{mL}(l)} \times \frac{10^3\,\mu\text{L(g)}}{\text{mL(g)}}$$
$$= 1\ \mu\text{L(g) NH}_3/\text{mL}(l)$$

또는

$$\frac{0.759\ \text{mg NH}_3}{\text{L}(l)} \times \frac{22.4\ \text{mL(g) NH}_3}{17\ \text{mg}} \times \frac{\text{L}(l)}{10^3\,\text{mL}(l)} \times \frac{10^3\,\mu\text{L(g)}}{\text{mL(g)}} = 1\ \mu\text{L(g) NH}_3/\text{mL(l)}$$

[문항 2] 다음과 같이 시험분석과정을 수행하고, 시험분석보고서 양식에 따라 결과값을 작성하여 제출하시오. 제출 시 단계별로 기기 원 분석자료(raw data)를 함께 첨부하시오. (50점)

※ 실험에 앞서 제공된 미지시료를 반드시 증류수로 희석하여 사용한다(제공된 미지시료 20 mL를 정확히 취하고 증류수를 넣어 250 mL로 하여 측정용 미지시료로 조제한다). 추가 희석은 응시자의 판단 하에 수행한다. 또한 건조가스시료채취량은 27.5 L로 한다.

(1) **표준원액을 제조하고 이를 이용하여 검정곡선을 작성(영점제외 4 point)하고 제조과정을 설명하시오.**

 − **검정곡선 결과값을 구하고, raw data를 제출하시오.**

답안

1. 문항1. (1)의 답안에서 조제한 암모니아 표준용액 (0.759 mg/L)을 10 mL 부피플라스크에 각각 2 mL, 5 mL, 8 mL, 10 mL 주입하여 표준용액에 대한 대기 중 암모니아 상당농도가 각각 0.2 μL/mL, 0.5 μL/mL, 0.8 μL/mL, 1.0 μL/mL가 되도록 검정곡선을 작성한다.
 검정곡선 출력물 첨부. 끝.

(2) **측정용 미지시료를 2개 조제하여 반복으로 분석하여 대기 중 농도(ppm) 및 상대표준편차(%)를 구하고, 희석배수를 고려한 미지시료의 최종 농도값과 raw data를 함께 제출하시오(소수점 첫째자리까지). 이 때, 산출식 및 산출과정에 대해 자세히 기술하시오. (미지시료 농도범위 : 0.13 μL/mL ~ 26 μL/mL) 바탕시료 또한 흡광도를 구하고 대기 중 농도로 환산하여 구하시오.**

답안

1. **방법바탕시료 농도 산정**
 1) 검정곡선에서 구한 A값 : 0.0063 μL/mL, 바탕시험용 흡수액의 용량 : 250 mL
 2) 바탕시료농도(ppm) :

$$\frac{A\,(\mu L/mL)\times V(mL)}{V_s\,(L)} = \frac{0.0063\,(\mu L/mL)\times 250\ mL}{27.5\ L} = 0.1\ ppm\,(\mu L/L)$$

2. **미지시료 농도 산정**
 1) 미지시료 1 : 미지시료 50배 희석
  ① 검정곡선에서 구한 A값 : 0.3799 μL/mL, 분석용 시료용액의 용량 : 250 mL(미지시료 동일 적용)
  ② 대기 중 농도(ppm) :

$$\frac{A\,(\mu L/mL)\times V(mL)}{V_s\,(L)} = \frac{0.3799\,(\mu L/mL)\times 250\ mL}{27.5\ L} = 3.45\ ppm\,(\mu L/L)$$

  ③ 희석배수 환산농도(ppm) : $3.45\ \mu L/mL\ \times 50 = 172.5\ \mu L/mL$
 2) 미지시료 2 : 미지시료 20배 희석
  ① 검정곡선에서 구한 A값 : 0.9450 μL/mL

② 대기 중 농도(ppm) :

$$\frac{A\ (\mu L/mL) \times V(mL)}{V_s(L)} = \frac{0.9450\ (\mu L/mL) \times 250\ mL}{27.5\ L} = 8.59\ ppm(\mu L/L)$$

③ 희석배수 환산농도(ppm) : $8.59\ \mu L/mL \times 20 = 171.8\ \mu L/mL$

3. **2회 측정 평균농도 산정**

1) 평균농도 : $\frac{(172.5 + 171.8)\ ppm}{2} = 172.2\ ppm$

4. **상대표준편차(% RSD) 산정**

1) 상대표준편차 산정식 : $\frac{s}{X_m} \times 100\ \%$, s : 표준편차, X_m: 평균값

2) 표준편차(s) : $\sqrt{\sum \frac{(X_i - X_m)^2}{n-1}} = 0.4950$, X_i : 측정값, X_m: 평균값, n : 측정횟수

3) 상대표준편차(% RSD) : $\frac{s}{X_m} \times 100\ \% = \frac{0.4950}{172.2} \times 100\ \% = 0.3\%$

(3) 0.5 μL/mL **농도가 되도록 첨가시료 4개를 조제한다. 첨가시료에 대하여 위의 대기 중 농도로 환산하여 평균농도, 표준편차, 정확도와 정밀도를 구하시오. 제조한 첨가시료 4개를 기기분석 하여 대기 중 농도값(ppm, 소수점 이하 첫째자리까지 표기), 표준편차, 정확도(%), 정밀도(%)을 구하고, raw data를 함께 제출하시오.**

답안

1. **검정곡선을 이용한 첨가시료 농도 산정**

1) 첨가시료 1 : 검정곡선에서 구한 A값 = 0.5025 μL/mL

① 농도(ppm) $= \frac{A \times V}{V_s} = \frac{0.5025\ (\mu L/mL) \times 250\ mL}{27.5\ L} = 4.6\ ppm(\mu L/L)$

2) 첨가시료 2 : 검정곡선에서 구한 A값 = 0.5012 μL/mL

① 농도(ppm) $= \frac{A \times V}{V_s} = \frac{0.5012\ (\mu L/mL) \times 250\ mL}{27.5\ L} = 4.6\ ppm(\mu L/L)$

3) 첨가시료 3 : 검정곡선에서 구한 A값 = 0.5007 μL/mL

① 농도(ppm) $= \frac{A \times V}{V_s} = \frac{0.5007\ (\mu L/mL) \times 250\ mL}{27.5\ L} = 4.6\ ppm(\mu L/L)$

4) 첨가시료 4 : 검정곡선에서 구한 A값 = 0.4986 μL/mL

① 농도(ppm) $= \frac{A \times V}{V_s} = \frac{0.4986\ (\mu L/mL) \times 250\ mL}{27.5\ L} = 4.5\ ppm(\mu L/L)$

2. **기대 농도(참값) 산정**

1) 첨가시료의 조제 농도인 0.5 μL/mL를 A에 적용하고 다른 조건들을 동일하게 적용하여 산정한다.

2) 첨가시료의 기대농도(X_e) : $\frac{A \times V}{V_s} = \frac{0.5\ (\mu L/mL) \times 250\ mL}{27.5\ L} = 4.6\ ppm(\mu L/L)$

3. **평균농도(X_m) 산정**

1) 평균농도(X_m) : $\dfrac{(4.6+4.6+4.6+4.5)\ \text{ppm}}{4} = 4.6\ \text{ppm}$

4. **표준편차(s) 산정**

1) 표준편차(s) : $\sqrt{\sum \dfrac{(X_i - X_m)^2}{n-1}} = 0.0500$, X_i : 측정값, X_m : 평균값, n : 측정횟수

5. **정밀도(상대표준편차, % RSD)**

1) 정밀도(% RSD) : $\dfrac{s}{X_m} \times 100\ \% = \dfrac{0.0500}{4.6} \times 100\ \% = 1.1\,\%$, s : 표준편차, X_m : 평균값

6. **정확도(회수율 %)**

1) 첨가시료의 기대농도(참값 X_e) : 4.6 ppm(답안 2. 기대농도 참고), 평균농도 : 4.6 ppm (답안 3. 평균농도 참고)

2) 정확도(%) : $\dfrac{X_m}{X_e} \times 100\ \% = \dfrac{4.6}{4.6} \times 100\ \% = 100.0\ \%$. 끝.

[문항 3] 응시자가 수행한 시험 분석과정과 그 결과값에 대해 종합적으로 고찰하시오. (10점)

답안

1. 본 시험에 적용된 검정곡선의 결정계수(r^2)가 0.98 이상(0.99)으로 산정되어 검정곡선의 직선성이 양호하게 나타나 미지시료의 농도 산정에 적합하였다.
2. 미지시료를 각각 50배, 20배 희석 후 분석한 결과 검정곡선 범위내에 희석한 미지시료 농도가 포함되어 적절한 희석배수로 판단되며, 희석배수를 고려한 농도 산정결과 미지시료 두 개의 농도가 유사하게 나타났다.
3. 정밀도는 관리기준(10 %) 이내인 1.1 %로 산정되어 양호하게 나타났다.
4. 정확도는 관리기준(80 % ~ 120 %) 범위인 100.0 %로 산정되어 양호하게 나타났다. 끝.

– 이하여백 –

수험번호:

평가항목 : 일반항목
[암모니아:인도페놀법]

시험분석 보고서

(주1) 본 내용은 작업형 실기시험에서 응시자가 설계할 수 있는 최대 시험분석과정을 나타낸 것으로, 실제 실험은 응시자가 제한된 시간을 감안하여 시험분석과정을 직접 설계하여 수행하시기 바랍니다.

(주2) 기기분석은 기기별로 주어진 시간내(UV의 경우 1회 제공시간은 30분임)에서 수행하여야 하므로 주지하시기 바랍니다.

(주3) 모든 실험이 완료된 후 폐액은 주어진 장소에 처리하고, 초자기구 등은 수돗물을 이용하여 1차 세척하여 정리정돈하시기 바랍니다.

구분	농도(μL/mL)	흡광도	계산값
검정곡선	0.2	0.0837	$y = ax + b$ $a = 2.5641$ $b = -0.0065$ $r^2 = 0.9993$
	0.5	0.1922	
	0.8	0.3158	
	1.0	0.3935	

구분	흡광도	농도(μL/mL)	희석배수	최종농도(μL/mL)	최종농도(ppm)	평균농도(ppm)
방법바탕시료	0.0050	0.0063	1	0.0063	0.1	
미지시료	0.1507	0.3799	50	18.995	172.5	평균값 = 172.2 상대표준편차(RSD%) = 0.3
	0.3711	0.9450	20	18.900	171.8	

구분	흡광도	농도(μL/mL)	희석배수	최종농도(μL/mL)	대기중 농도(ppm)	평균농도(ppm)
첨가시료	0.1985	0.5025	1	0.5025	4.6	평균값 = 4.6 표준편차 = 0.0500 정밀도(%) = 1.1 정확도(%) = 100.0
	0.1980	0.5012	1	0.5012	4.6	
	0.1978	0.5007	1	0.5007	4.6	
	0.1970	0.4986	1	0.4986	4.5	

수험번호:

평가항목 : 일반항목
[염화수소:자외선가시선분광법]

환경측정분석사 대기분야

작업형 실기시험 문제지

○ **응시자자 요구 사항**
- 자외선가시선분광법(싸이오시안산제이수은법)에 따라 염화수소 분석을 수행한다.
- 측정용 미지시료를 시험·분석하여 농도값을 구한다.
- 측정값 및 계산값은 소수점 첫째자리로 작성한다.
- 최종분석결과는 정리하여 제공된 "시험분석 보고서"양식에 기록한다.

[문항 1] 평가항목의 시험 분석과정에 대해 답하시오. (10점)

(1) **염화수소 표준용액의 제조법에 대해서 설명하고, 제조한 표준액** 1 mL**가 대기중 염화수소** 0.01 mL**에 해당하는 이유에 대해 설명하시오.**

답안

1. **염소 이온 표준용액 제조방법**
   1) (100 ~ 105) ℃로 건조한 염화소듐(표준시약, NaCl) 0.261 g을 정제수에 녹여 1 L로 하며, 이 중 100 mL를 1 L 부피플라스크에 취하고 여기에 물을 가하여 1 L로 한 후 염소이온 표준용액으로 한다.
2. **표준용액** 1 mL**가 대기 중 농도** 0.01 mL**에 해당하는 이유**
   1) 다음 식과 같이 표준용액 1 mL에 해당하는 기체상 염화수소의 부피는 0.01 mL이다.

$$\frac{0.261\ \mathrm{g\ NaCl}}{\mathrm{L}} \times \frac{1}{10} \times 0.001\ \mathrm{L} \times \frac{22.4\times10^{3}\mathrm{mL\ \ HCl}}{58.5\ \mathrm{g\ NaCl}} = 0.01\ \mathrm{mL\ \ HCl}$$

* 1/10 : 10배 희석, 0.001 : 표준용액 1 mL

즉, 염소이온표준액 1 mL = 0.01 mL HCl(0 ℃, 760 mmHg), 끝.

(2) **제공된 표준원액**(100 mg/L)**을 이용하여 검정곡선을 작성(영점제외** 4 points)**하시오.**

답안

1. 문항1 (1)의 답안에서와 같이 조제한 염화수소 표준용액(0.01 mL HCl/mL)을 100 mL 부피플라스크에 각각 20 mL, 50 mL, 80 mL, 100 mL 주입하고 정제수로 100 mL로 채워 표준용액의 대기 중 염화수소 상당농도가 각각 0.002 mL/mL, 0.005 mL/mL, 0.008 mL/mL, 0.01 mL/mL가 되도록 검정곡선을 작성한다.

   검정곡선 출력물 첨부. 끝.

[문항 2] 다음과 같이 시험분석과정을 수행하고 시험분석보고서 양식에 따라 결과값을 작성하여 제출하시오. 제출 시 단계별로 기기 원 분석자료(raw data)를 함께 첨부하시오. (50점)

※ 실험에 앞서 제공된 미지시료를 반드시 증류수로 희석하여 사용한다(제공된 미지시료 20 mL를 정확히 취하고 증류수를 넣어 250 mL로 하여 측정용 미지시료로 조제한다). 추가 희석은 응시자의 판단 하에 수행한다.

(1) **시료를 채취한 결과는 다음과 같다. 이 때 건조시료가스 채취량(L)을 구하시오.**

- 건식가스미터로 측정한 흡인 가스량 : 20 L
- 가스미터의 온도 : 25 ℃
- 대기압 : 757 mmHg
- 가스미터 게이지압 : 20 mmH_2O

답안

1. **배출가스 시료채취 유량 산정**
   1) 건식가스미터로 측정한 흡인 가스량 40 L, 가스미터온도 25 ℃, 대기압 757 mmHg, 가스미터 게이지압 20 mmH_2O(=1.5 mmHg)
   2) 표준상태(0 ℃, 1기압)로 환산한 건조가스 채취량(L)

$$40\ \text{L} \times \frac{273\,°\text{K}}{(273+25)\,°\text{K}} \times \frac{(757\ \text{mmHg}+1.5\ \text{mmHg})}{760\ \text{mmHg}} = 36.6\ \text{L}.$$ 끝.

(2) **측정용 미지시료를 2개를 조제하여 반복으로 분석하여 대기 중 농도(ppm) 및 상대표준편차(%)를 구하고, 희석배수를 고려한 미지시료의 최종 농도값과 raw data를 함께 제출하시오. (소수점 첫째자리까지). 이 때, 산출식 및 산출과정에 대해 자세히 기술하시오.**

답안

1. **방법바탕시료 농도 산정**
   1) 검정곡선에서 구한 A값 : 0.000 mL/mL, 바탕시험용 흡수액의 용량 : 250 mL
   2) 바탕시료농도(ppm) :

$$\frac{A \times V}{V_s} \times 1{,}000 = \frac{0.000\ (\text{mL/mL}) \times 250\ \text{mL}}{36.6\ \text{L}} \times 1{,}000 = 0.000\ \text{ppm}\,(\mu\text{L/L})$$

2. **미지시료 농도 산정**
   1) 미지시료 1 : 미지시료 5배 희석
      ① 검정곡선에서 구한 A값 : 0.0030 mL/mL, 미지시료 최종 액량 250 mL
      ② 대기 중 환산(ppm) :

$$\frac{A \times V}{V_s} \times 1{,}000 = \frac{0.0030\ (\text{mL/mL}) \times 250\ \text{mL}}{36.6\ \text{L}} \times 1{,}000 = 20.49\ \text{ppm}\,(\mu\text{L/L})$$

      ③ 희석배수를 고려한 환산농도(ppm) : 20.49 ppm × 5 = 102.5 ppm

2) 미지시료 2 : 미지시료 2배 희석

① 검정곡선에서 구한 A값 : 0.0077 mL/mL, 미지시료 최종 액량 250 mL

② 대기 중 환산(ppm) :

$$\frac{A \times V}{V_s} \times 1{,}000 = \frac{0.0077\ (\mathrm{mL/mL}) \times 250\ \mathrm{mL}}{36.6\ \mathrm{L}} \times 1{,}000 = 52.60\ \mathrm{ppm}(\mu\mathrm{L/L})$$

③ 희석배수를 고려한 환산농도(ppm) : 52.60 ppm × 2 = 105.2 ppm

3. **2회 측정 평균농도 산출**

1) 평균농도(X_m) : $\frac{(102.5 + 105.2)\ \mathrm{ppm}}{2} = 103.9\ \mathrm{ppm}$

4. **상대표준편차(% RSD) 산출**

1) 상대표준편차 산정식 : $\frac{s}{X_m} \times 100\ \%$, s : 표준편차, X_m : 평균값

2) 표준편차(s) : $\sqrt{\sum \frac{(X_i - X_m)^2}{n-1}} = 1.9092$, X_i : 측정값, X_m : 평균값, n :측정횟수

3) 상대표준편차(% RSD) : $\frac{s}{X_m} \times 100\ \% = \frac{1.9092}{103.9} \times 100\ \% = 1.84\ \%$. 끝.

(3) **문항 2의 (2)에서 얻어진 대기 중 염화수소의 농도를 mg/m³으로 환산하시오.**

답안

1. **바탕시료농도**(mg/m³) : $0.0\ \mathrm{ppm}\left(= \frac{\mathrm{mL}}{\mathrm{m^3}}\right) \times \frac{36.5\ \mathrm{mg}}{22.4\ \mathrm{mL}} = 0.0\ \mathrm{mg/m^3}$

2. **미지시료 농도**(mg/m³)

1) 미지시료 1 : $102.5\ \mathrm{ppm}\left(= \frac{\mathrm{mL}}{\mathrm{m^3}}\right) \times \frac{36.5\ \mathrm{mg}}{22.4\ \mathrm{mL}} = 167.0\ \mathrm{mg/m^3}$

2) 미지시료 2 : $105.2\ \mathrm{ppm}\left(= \frac{\mathrm{mL}}{\mathrm{m^3}}\right) \times \frac{36.5\ \mathrm{mg}}{22.4\ \mathrm{mL}} = 171.4\ \mathrm{mg/m^3}$

(4) **첨가시료에 대한 평균농도, 표준편차, 정확도와 정밀도를 구하시오.**

- 0.005 mL HCl/mL 농도로 4개의 분석시료를 조제 및 분석 후 평균농도, 표준편차, 정확도, 정밀도를 구하고, raw data를 함께 제출하시오(단, 농도값은 소수점 이하 첫째자리, 표준편차는 셋째자리, 정확도와 정밀도는 둘째자리까지 표기하시오).
- 산출식 및 산출과정을 답안지에 자세히 기술하시오.

답안

1. **검정곡선을 이용한 첨가시료 농도 산정**

1) 첨가시료 1 : 검정곡선에서 구한 A값 0.0055 mL/mL, 첨가시료의 최종액량 250 mL (첨가시료 2, 3, 4 동일)

① 농도(ppm) $= \dfrac{A \times V}{V_s} \times 1{,}000 = \dfrac{0.0055\ (\text{mL/mL}) \times 250\ \text{mL}}{36.6\ \text{L}} \times 1{,}000$

$= 37.6\ \text{ppm}(\mu\text{L/L})$

2) 첨가시료 2 : 검정곡선에서 구한 A값 0.0052 mL/mL

① 농도(ppm) $= \dfrac{A \times V}{V_s} \times 1{,}000 = \dfrac{0.0052\ (\text{mL/mL}) \times 250\ \text{mL}}{36.6\ \text{L}} \times 1{,}000$

$= 35.5\ \text{ppm}(\mu\text{L/L})$

3) 첨가시료 3 : 검정곡선에서 구한 A값 0.0053 mL/mL

① 농도(ppm) $= \dfrac{A \times V}{V_s} \times 1{,}000 = \dfrac{0.0053\ (\text{mL/mL}) \times 250\ \text{mL}}{36.6\ \text{L}} \times 1{,}000$

$= 36.2\ \text{ppm}(\mu\text{L/L})$

4) 첨가시료 4 : 검정곡선에서 구한 A값 0.0051 mL/mL

① 농도(ppm) $= \dfrac{A \times V}{V_s} \times 1{,}000 = \dfrac{0.0063(\text{mL/mL}) \times 250\ \text{mL}}{36.6\ \text{L}} \times 1{,}000$

$= 34.8\ \text{ppm}(\mu\text{L/L})$

2. **기대 농도(참값) 산정**

1) 첨가시료의 조제농도인 0.005 mL/mL를 A에 적용하고 다른 조건들을 동일하게 하여 산정한다.

2) 기대농도(ppm) :

$\dfrac{A \times V}{V_s} \times 1{,}000 = \dfrac{0.005\ (\text{mL/mL}) \times 250\ \text{mL}}{36.6\ \text{L}} \times 1{,}000 = 34.2\ \text{ppm}(\mu\text{L/L})$

3. **평균농도(X_m) 산정**

1) 평균농도(X_m) : $\dfrac{(37.6 + 35.5 + 36.2 + 34.8)\ \text{ppm}}{4} = 36.0\ \text{ppm}$

4. **표준편차(s) 산정**

1) 표준편차(s) : $\sqrt{\sum \dfrac{(X_i - X_m)^2}{n-1}} = 1.196$, X_i : 측정값, X_m : 평균값, n : 측정횟수

5. **정밀도(상대표준편차, % RSD) 산정**

1) 정밀도(%) : $\dfrac{s}{X_m} \times 100\ \% = \dfrac{1.196}{36.0} \times 100\ \% = 3.32\ \%$

6. **정확도(회수율 %) 산정**

1) 첨가시료(0.005 mL/mL)의 대기 중 농도(참값, X_e) = 34.2 ppm(위 2. 기대농도 산정 참고)

2) 정확도(%) : $\dfrac{X_m}{X_e} \times 100\ \% = \dfrac{36.0}{34.2} \times 100\ \% = 105.26\ \%$. 끝.

[문항 3] 응시자가 수행한 시험 분석과정과 그 결과값에 대해 종합적으로 고찰하시오. (10점)

답안

1. 본 시험에 적용된 검정곡선의 결정계수(r^2)가 0.98 이상(0.9993)으로 산정되어 검정곡선은 양호하게 작성되었으며 미지시료의 농도 산정에 적합하였다.
2. 미지시료를 각각 5배, 2배 희석 후 분석한 결과 검정곡선 범위내에 포함되어 적절한 희석배수로 판단되며, 희석배수를 고려한 농도 산정결과 미지시료 두 개의 농도가 유사하게 나타났다.
3. 정밀도는 관리기준(10 %) 이내인 3.32 %로 산정되어 양호하게 나타났다.
4. 정확도는 관리기준 범위(75 % ~ 125 %) 이내인 105.26 %로 산정되어 양호하게 나타났다.

– 이하여백 –

평가항목 : 일반항목
[염화수소HCl] : 흡광광도법]

시험분석 보고서

(주1) 본 내용은 작업형 실기시험에서 응시자가 설계할 수 있는 최대 시험분석과정을 나타낸 것으로, 실제 실험은 응시자가 제한된 시간을 감안하여 시험분석과정을 직접 설계하여 수행하시기 바랍니다.

(주2) 기기분석은 기기별로 주어진 시간내(UV의 경우 1회 제공시간은 30분임)에서 수행하여야 하므로 주지하시기 바랍니다.

(주3) 모든 실험이 완료된 후 폐액은 주어진 장소에 처리하고, 초자기구 등은 수돗물을 이용하여 1차 세척하여 정리정돈하시기 바랍니다.

건조시료가스량(L)					
$40\ \mathrm{L} \times \frac{273\,°\mathrm{K}}{(273+25)\,°\mathrm{K}} \times \frac{(757\ \mathrm{mmHg}+1.5\ \mathrm{mmHg})}{760\ \mathrm{mmHg}} = 36.6\ \mathrm{L}$					
구분	**농도(mL/mL)**		**흡광도**		**계산값**
검정곡선	0.002		0.1088		$y = ax + b$ $a = 50.663$ $b = 0.0035$ $r^2 = 0.9993$
	0.005		0.2498		
	0.008		0.4105		
	0.010		0.5115		
구분	**흡광도**	**기기농도 (mL/mL)**	**희석배수**	**배출가스농도 (ppm)**	**계산값**
바탕시료	0.001	0.0000	1	0.0	배출가스평균농도(ppm) = 103.9 상대표준편차(%) = 1.84
미지시료 1	0.1555	0.0030	5	102.5	
미지시료 2	0.3936	0.0077	2	105.2	
구분	**흡광도**	**기기농도 (mL/mL)**	**희석배수**	**배출가스농도 (ppm)**	**계산값**
(3)첨가시료	0.3130	0.0055	1	37.6	기대농도(ppm) = 34.2 평균농도(ppm) = 36.0 정밀도(%) = 3.32 정확도(%) = 105.26
	0.3080	0.0052	1	35.5	
	0.3200	0.0053	1	36.2	
	0.3250	0.0051	1	34.8	

수험번호:	평가항목 : 중금속 [구리(Cu) : 원자흡수분광광도법]

환경측정분석사 대기분야

작업형 실기시험 문제지

○ **응시자 요구 사항**

- 원자흡수분광광도법(AAS)에 따라 구리 분석을 수행하시오.
- 표준용액을 이용하여 검정곡선을 작성하시오.
- 전처리는 산분해법(질산법)에 의해 수행하시오. (단, 산의 농도에 의한 영향은 무시)
- 미지시료를 희석하여 측정용 시료로 조제하고, 전처리 없이 시험, 분석하여 대기 중 농도값으로 환산하여 구하시오.
- 측정용 시료 및 표준용액을 이용하여 첨가시료를 조제하고, 전처리 후 시험, 분석하여 회수율을 구하시오.
- 모든 분석시료는 2 % ~ 5 %로 질산처리를 하여 사용한다.
- 최종분석결과는 정리하여 제공된 “시험분석 보고서” 양식에 기록하시오.

[문항 1] 다음과 같이 시험분석과정을 수행하고, 시험분석보고서 양식에 따라 결과값을 작성하여 제출하시오. 제출 시 단계별로 기기 원 분석자료(raw data)를 함께 첨부하시오. (50점)

※ 건조시료 가스량은 1 Sm^3, 분석용 시료액량의 최종 부피는 100 mL로 가정하여 최종 결과값을 산출하시오.

(1) **제공된 표준원액**(1,000 mg/L)**을 이용하여 검정곡선을 작성**(**영점제외** 4 points)**하시오.**
 - 검정곡선 결과값을 구하고, raw data를 함께 제출하시오.

답안

1. **검정곡선 작성과정**
   1) 제공된 표준원액(1,000 mg/L)를 단계적으로 100배 희석하여 10 mg/L로 한다.
   2) 위에서 제조한 표준용액으로 0.2 mg/L, 0.5 mg/L, 0.8 mg/L, 1.0 mg/L를 제조한 다음 원자흡수분광광도계로 분석 후 검정곡선을 작성한다.
   검정곡선 출력물 첨부. 끝.

(2) **측정용 시료 2개를 전처리과정 없이 각각 기기분석 하여 대기 중 농도값**(mg/Sm^3, **소수점 이하 둘째자리까지 표기**) **및 상대표준편차**(%)**를 구하고, 희석배수를 고려한 미지시료의 최종 농도값과** raw data**를 제출하시오.** (단, 측정용 시료의 농도 범위는 0.054 mg/L ~ 50 mg/L로 추가 희석은 수험자의 판단 하에 수행한다.)

답안

1. **방법바탕시료 농도 산정**
   1) 검정곡선에서 구한 바탕시료 농도 : 0.00 mg/L
   2) 대기 중 환산농도(mg/m³) : $0.00\ \dfrac{mg}{L} \times 0.1\ L \times \dfrac{1}{Sm^3} = 0.00\ mg/Sm^3$
2. **미지시료 농도 산정**
   1) 미지시료 1 : 10배 희석
      ① 검정곡선에서 구한 농도 : 0.21 mg/L
      ② 대기 중 환산농도(mg/Sm³) : $0.21\ \dfrac{mg}{L} \times 0.1\ L \times \dfrac{1}{Sm^3} = 0.021\ mg/Sm^3$
      ③ 희석배수를 고려한 환산농도 : $0.021\ mg/m^3 \times 10 = 0.21\ mg/m^3$
   2) 미지시료 2 : 5배 희석
      ① 검정곡선에서 구한 농도 : 0.43 mg/L
      ② 대기 중 환산농도(mg/Sm³) : $0.43\ \dfrac{mg}{L} \times 0.1\ L \times \dfrac{1}{Sm^3} = 0.043\ mg/Sm^3$
      ③ 희석배수를 고려한 환산농도 : $0.043\ mg/m^3 \times 5 = 0.22\ mg/m^3$
3. **미지시료의 평균농도 산정**
   1) 평균농도(X_m) : $\dfrac{(0.21 + 0.22)\ mg/Sm^3}{2} = 0.22\ mg/Sm^3$
4. **상대표준편차(% RSD) 산정**
   1) 상대표준편차 산정식 : $\dfrac{s}{X_m} \times 100\ \%$, s : 표준편차, X_m : 평균값
   2) 표준편차(s) : $\sqrt{\sum \dfrac{(X_i - X_m)^2}{n-1}} = 0.0071$, X_i : 측정값, X_m : 평균값, n : 측정횟수
   3) 상대표준편차(% RSD) : $\dfrac{s}{X_m} \times 100 = \dfrac{0.0071}{0.22} \times 100 = 3.3\ \%$. 끝.

(3) **제시된 정량한계 농도로 7개의 분석시료를 조제 및 분석 후 평균농도(mean), 표준편차(SD), 방법검출한계(MDL), 정량한계(LOQ)를 구하시오(공정시험기준의 정량한계는 0.1 mg/L로 가정한다). 7회 분석한 결과에 대하여 정밀도와 정확도를 구하시오. 농도, 표준편차, 정밀도, 정확도의 소수점이하 자리수는 각각 2자리, 4자리, 1자리, 1자리로 표기하시오.**

답안

1. **방법검출한계 산정을 위한 시료 7개 제조 및 분석**
   1) 방법검출한계 산정을 위해 검출한계에 다다를 것으로 예상되는 농도(0.1 mg/L)를 7개 제조 후, 원자흡수분광광도계로 분석한 결과는 다음과 같다.
   2) 7회 분석결과(mg/L) : 0.098, 0.099, 0.097, 0.096, 0.094, 0.097, 0.095
   3) 평균농도(X_m) : 0.0966

2. **표준편차(s) 산정**

1) 표준편차(s) : $\sqrt{\sum \frac{(X_i - X_m)^2}{n-1}} = 0.0017$, X_i : 측정값, X_m: 평균값, n : 측정횟수

3. **방법검출한계 산정**

1) 방법검출한계 산정식 : 3.14 × s(표준편차)

2) 방법검출한계 = $3.14 \times 0.0017 = 0.005$ mg/L

4. **정량한계 산정**

1) 정량한계 산정식 : 10 × s(표준편차)

2) 정량한계 = $10 \times 0.0017 = 0.017$ mg/L

5. **정밀도 산정**

1) 정밀도 산정식 : $\frac{s}{X_m} \times 100$, X_m : 평균값, s : 표준편차

2) 정밀도(%) : $\frac{0.0017}{0.0966} \times 100\ \% = 1.8\%$.

6. **정확도 산정**

1) 정확도 산정식 : $\frac{X_m}{X_e} \times 100$, X_m : 평균값, X_e : 참값

2) 정확도(%) : $\frac{0.0966}{0.1} \times 100\ \% = 96.6\ \%$ 끝.

(4) 2 mg/L로 **제조한 시료에 대해 4회 분석한 결과 다음과 같은 결과를 얻었다. 정밀도와 정확도를 산정하시오.**

- 분석결과 : 1.96, 2.01, 1.98, 2.03

산출식 및 산출과정을 답안지에 자세히 기술하시오.

답안

1. **평균 산정**

1) 평균(X_m) : $\frac{(1.96 + 2.01 + 1.98 + 2.03)\ \text{mg/L}}{4} = 1.995$ mg/L

2. **표준편차 산정**

1) 표준편차(s) : $\sqrt{\sum \frac{(X_i - X_m)^2}{n-1}} = 0.0311$, X_i: 개별 분석값, X_m: 평균값, n : 분석횟수

3. **정밀도 산정**

1) 정밀도(%) : $\frac{s}{X_m} \times 100\ \% = \frac{0.0311}{1.995} \times 100\ \% = 1.6\ \%$, s : 표준편차, X_m : 평균값

4. **정확도 산정**

1) 정확도(%) : $\frac{X_m}{X_e} \times 100\ \% = \frac{1.995}{2.0} \times 100\ \% = 99.8\ \%$, X_e : 참값, X_m : 평균값. 끝.

– 이하여백 –

[문항 2] 각 응시실 감독자가 응시자의 시험 분석과정에 대한 현장숙련정도 평가 실시 (10점)

(응시자는 2번 문항 답안을 작성하지 않습니다.)

수험번호:

평가항목 : 중금속
[구리(Cu) : 원자흡수분광광도법]

시험분석 보고서

(주1) 본 내용은 작업형 실기시험에서 응시자가 설계할 수 있는 최대 시험분석과정을 나타낸 것으로, 실제 실험은 응시자가 제한된 시간을 감안하여 시험분석과정을 직접 설계하여 수행하시기 바랍니다.

(주2) 기기분석은 기기별로 주어진 시간내(AA의 경우 1회 제공시간은 30분임)에서 수행하여야 하므로 주지하시기 바랍니다.

(주3) 모든 실험이 완료된 후 폐액은 주어진 장소에 처리하고, 초자기구 등은 수돗물을 이용하여 1차 세척하여 정리정돈하시기 바랍니다.

구분	농도(mg/L)	흡광도	계산값
검정곡선	0.2	0.1122	$y = ax + b$ a = 0.5515 b = −0.0012 r^2 = 0.9996
	0.5	0.2688	
	0.8	0.4420	
	1.0	0.5510	

구분	흡광도	농도(mg/L)	희석배수	대기중 최종농도(mg/m^3)	농도 계산
방법바탕시료	0.0010	0.00	1	0.00	평균값(mg/m^3) = 0.22 상대표준편차(RSD%) = 3.3
미지시료 (분석횟수 : 2회)	0.1170	0.21	10	0.21	
	0.2383	0.43	5	0.22	

구분	흡광도	농도(mg/L)	농도 계산
방법바탕시료 (분석횟수 : 7회)	0.0552	0.098	방법검출한계(mg/L) = 0.005 정량한계(mg/L) = 0.017 표준편차 = 0.0017 정밀도(%) = 1.8 정확도(%) = 96.6
	0.0558	0.099	
	0.0547	0.097	
	0.0541	0.096	
	0.0530	0.094	
	0.0547	0.097	
	0.0536	0.095	

수험번호:	평가항목 : 중금속 (니켈(Ni) : 원자흡수분광광도법)

환경측정분석사 대기분야

작업형 실기시험 문제지

○ 응시자 요구 사항
- 원자흡수분광광도법(AAS)에 따라 니켈 분석을 수행한다.
- 전처리는 산분해법(질산법)에 의해 수행한다. (단, 산의 농도에 의한 영향은 무시)
- 측정용 미지시료를 전처리 없이 시험, 분석하여 농도값을 구한다.
- 측정용 미지시료 및 표준용액을 이용하여 첨가시료를 조제하고, 전처리 후 시험, 분석하여 회수율을 구한다.
- 최종분석결과는 정리하여 제공된 "시험분석 보고서" 양식에 기록한다.

[문항 1] 다음과 같이 시험분석과정을 수행하고, 시험분석보고서 양식에 따라 결과값을 작성하여 제출하시오. 제출 시 단계별로 기기 원 분석자료(raw data)를 함께 첨부하시오. (50점)

※ 건조시료 가스량은 1 Sm^3, 분석용 시료액량의 최종 부피는 100 mL로 가정하여 최종 결과값을 산출하시오.

(1) **제공된 표준원액(1,000 mg/L)을 이용하여 검정곡선을 작성(영점제외 4 points)하시오.**
- 검정곡선 결과값을 구하고, raw data를 함께 제출하시오.

답안

1. **검정곡선 작성과정**
   1) 제공된 표준원액(1,000 mg/L)을 10배 희석하여 100 mg/L로 한다.
   2) 100 mL 부피플라스크 4개에 100 mg/L 표준용액을 각각 0.1, 0.5, 1.0, 2.0 mL 주입한 다음 정제수로 100mL 채워, 0.1 mg/L, 0.5 mg/L, 1.0 mg/L, 2.0 mg/L로 조제한 다음 원자흡수분광광도계로 분석을 실시한다.
   검정곡선 출력물 첨부. 끝.

(2) **측정용 시료 2개를 전처리과정 없이 각각 기기분석 하여 대기 중 농도값**(mg/Sm^3, **소수점 이하 둘째자리까지 표기) 및 상대표준편차**(%)**를 구하고, 희석배수를 고려한 미지시료의 최종 농도값과** raw data**를 제출하시오.** (**단, 측정용 시료의 농도 범위는** 0.05 mg/L ~ 50 mg/L**로 추가 희석은 수험자의 판단 하에 수행한다.**) **바탕시료 또한 흡광도를 구하고 대기 중 농도로 환산하여 구하시오.**

답안

1. **방법바탕시료 농도 산정**
   1) 검정곡선에서 구한 바탕시료 농도 : 0.01 mg/L
   2) 대기 중 환산농도(mg/m³) : $\frac{0.01\ \text{mg}}{\text{L}} \times 0.1\ \text{L} \times \frac{1}{\text{Sm}^3} = 0.00\ \text{mg/Sm}^3$
2. **미지시료 농도 산정**
   1) 미지시료 1 : 40배 희석
      ① 검정곡선에서 구한 미지시료 농도 : 0.77 mg/L
      ② 대기 중 환산농도(mg/m³) : $\frac{0.77\ \text{mg}}{\text{L}} \times 0.1\ \text{L} \times \frac{1}{\text{Sm}^3} = 0.077\ \text{mg/Sm}^3$
      ③ 희석배수를 고려한 환산농도 : $0.077\ \text{mg/Sm}^3 \times 40 = 2.98\ \text{mg/Sm}^3$
   2) 미지시료 2 : 20배 희석
      ① 검정곡선에서 구한 미지시료 농도 : 1.53 mg/L
      ② 대기 중 환산농도(mg/m³) : $\frac{1.53\ \text{mg}}{\text{L}} \times 0.1\ \text{L} \times \frac{1}{\text{Sm}^3} = 0.153\ \text{mg/Sm}^3$
      ③ 희석배수를 고려한 환산농도 : $0.153\ \text{mg/Sm}^3 \times 20 = 3.06\ \text{mg/Sm}^3$
3. **미지시료의 평균농도 산정**
   1) 평균농도(X_m) : $\frac{(2.98 + 3.06)}{2}\text{mg/Sm}^3 = 3.02\ \text{mg/Sm}^3$
4. **상대표준편차**(% RSD) **산정**
   1) 상대표준편차 산정식 : $\frac{s}{X_m} \times 100\ \%$, X_m : 평균값, s : 표준편차
   2) 표준편차(s) : $\sqrt{\sum \frac{(X_i - X_m)^2}{n-1}} = 0.0566$, X_i : 개별 분석값, X_m : 평균값, n : 분석횟수
   3) 상대표준편차(%) : $\frac{0.0566}{3.02} \times 100 = 1.9\ \%$. 끝.

(3) **제시된 정량한계 농도로 7개의 분석시료를 조제 및 분석 후 평균농도**(mean), **표준편차**(SD), **방법검출한계**(MDL), **정량한계**(LOQ)**를 구하시오.** (**공정시험법의 정량한계는** 0.1 mg/L**로 가정한다.**) **농도, 표준편차, 정밀도, 정확도의 소수점이하 자리수는 각각** 2**자리,** 4**자리,** 1**자리,** 1**자리로 표기하시오.**

답안

1. **방법검출한계 산정을 위한 시료 7개 제조 및 분석**
   1) 방법검출한계 산정을 위해 검출한계에 다다를 것으로 예상되는 농도(0.1 mg/L)를 7개 제조 후, 원자흡수분광광도계로 분석한 결과는 다음과 같다.
   2) 7회 분석결과(mg/L) : 0.1002, 0.1033, 0.1027, 0.0966, 0.0972, 0.0987, 0.1002
   3) 평균농도(X_m) : 0.0999 mg/L

2. **표준편차(s) 산정**

1) 표준편차(s) : $\sqrt{\sum\frac{(X_i - X_m)^2}{n-1}} = 0.0026$, X_i : 개별 분석값, X_m: 평균값, n : 분석횟수

3. **방법검출한계 산정**

1) 방법검출한계 산정식 : 3.14 × s(표준편차)

2) 방법검출한계 = $3.14 \times 0.0026 = 0.0087$ mg/L

4. **정량한계 산정**

1) 정량한계 산정식 : 10 × s(표준편차)

2) 정량한계 = $10 \times 0.0026 = 0.0256$ mg/L

5. **정밀도 산정**

1) 정밀도 산정식 : $\frac{s}{X_m} \times 100$, X_m : 평균값, s : 표준편차

2) 정밀도(%) : $\frac{0.0026}{0.0999} \times 100\ \% = 2.6\ \%$

6. **정확도 산정**

1) 정확도 산정식 : $\frac{X_m}{X_e} \times 100$, X_m : 평균값, X_e : 참값

2) 정확도(%) : $\frac{0.0999}{0.1} \times 100\ \% = 99.9\ \%$. 끝.

[문항 2] 2 mg/L**로 제조한 시료에 대해 4회 분석한 결과 다음과 같은 결과를 얻었다. 정밀도와 정확도를 산정하시오.** (10점)

- 분석결과 : 1.96, 2.01, 1.98, 2.03

산출식 및 산출과정을 답안지에 자세히 기술하시오.

답안

1. **평균 산정**

1) 평균(X_m) : $\frac{(1.96 + 2.01 + 1.98 + 2.03)}{4}$ mg/L = 1.995 mg/L

2. **표준편차 산정**

1) 표준편차(s) : $\sqrt{\sum\frac{(X_i - X_m)^2}{n-1}} = 0.0311$, X_i : 개별 분석값, X_m : 평균값, n : 분석횟수

3. **정밀도 산정**

1) 정밀도(%) : $\frac{s}{X_m} \times 100\ \% = \frac{0.0311}{1.995} \times 100\ \% = 1.6\%$, s : 표준편차, X_m : 평균값

4. **정확도 산정**

1) 정확도(%) : $\frac{X_m}{X_e} \times 100\ \% = \frac{1.995}{2.0} \times 100\ \% = 99.8\ \%$. X_e : 참값, X_m : 평균값. 끝.

– 이하여백 –

[문항 3] 각 응시실 감독자가 응시자의 시험 분석과정에 대한 현장숙련정도(시험방법의 숙지, 저울 등 시험기구 사용의 숙련 정도, 피펫 등 유리기구 사용의 숙련 정도, 시약 등의 취급 및 제조의 숙련 정도, 분석기기 사용의 숙련 정도) 평가 실시 (10점)

(응시자는 3번 문항 답안을 작성하지 않습니다.)

수험번호:

평가항목 : 중금속
(니켈(Ni) : 원자흡수분광광도법)

시험분석 보고서

(주1) 본 내용은 작업형 실기시험에서 응시자가 설계할 수 있는 최대 시험분석과정을 나타낸 것으로, 실제 실험은 응시자가 제한된 시간을 감안하여 시험분석과정을 직접 설계하여 수행하시기 바랍니다.

(주2) 기기분석은 기기별로 주어진 시간내(AA의 경우 1회 제공시간은 30분임)에서 수행하여야 하므로 주지하시기 바랍니다.

(주3) 모든 실험이 완료된 후 폐액은 주어진 장소에 처리하고, 초자기구 등은 수돗물을 이용하여 1차 세척하여 정리정돈하시기 바랍니다.

구분	농도(mg/L)	흡광도	계산값
검정곡선	0.1	0.0322	$y = ax + b$ a = 3.0563 b = 0.0055 r^2 = 0.9999
	0.5	0.1588	
	1.0	0.3275	
	2.0	0.6522	

구분	흡광도	농도 (mg/L)	희석배수	대기중 최종농도 (mg/m^3)	농도 계산
방법바탕시료	0.0020	0.01	1	0.00	평균값(mg/m^3) = 3.02 상대표준편차(RSD%) = 1.9
미지시료 (분석횟수 : 2회)	0.2503	0.77	40	2.98	
	0.4988	1.53	20	3.06	

구분	흡광도	농도(mg/L)	농도 계산
방법바탕시료 (분석횟수 : 7회)	0.0310	0.1002	방법검출한계(mg/L) = 0.0087 정량한계(mg/L) = 0.0256 표준편차 = 0.0026 정밀도(%) = 2.6 정확도(%) = 99.9
	0.0320	0.1033	
	0.0318	0.1027	
	0.0298	0.0966	
	0.0300	0.0972	
	0.0305	0.0987	
	0.0310	0.1002	

수험번호:

평가항목 : 유기물질
[벤젠 : 고체흡착-열탈착법]

환경측정분석사 대기분야
작업형 실기시험 문제지

○ 응시자 요구 사항
- 기체크로마토그래프법(고체흡착－열탈착법)에 따라 분석을 수행하시오.
- 표준용액을 이용하여 검정곡선을 작성하시오. (벤젠 Peak 확인)
- 미지시료를 전처리(시료채취과정 생략)없이 시험 분석하여 대기 중 농도 값으로 환산하여 구하시오.
- 제공된 방법에 따라 회수율 시험용 시료를 제조하고, 시험·분석하여 회수율을 구하시오
- 최종 분석 결과는 정리하여 제공된 "시험분석 보고서" 양식에 기록하시오.

[문항 1] 다음과 같이 시험분석과정을 수행하고, 시험분석보고서 양식에 따라 결과값을 작성하여 제출하시오. 제출 시 단계별로 기기 원 분석자료(raw data)를 함께 첨부하시오. (50점)

• 배출가스 유량 : 0.01 m^3/min	• 시료채취시간 : 4시간
• 배출가스 온도 : 25 ℃	• 압력 : 765 mmHg

(1) **표준원액을 이용한 표준용액 조제 및 검정곡선 작성(4 point) 과정을 상세히 적고, 고려하여야 할 사항을 적으시오.**

답안

1. **검정곡선 작성과정**
   1) 제공된 표준원액(1,000 mg/L)을 10배 희석하여 100 mg/L로 한다.
   2) 검정곡선 작성을 위해 5 mL 부피플라스크에 위에서 조제한 100 μg/mL 표준용액을 각각 0.25 mL, 0.5 mL, 1 mL, 2 mL 넣은 다음 메탄올로 표시선까지 채워 검정곡선 작성용 표준용액을 5,000 ng/mL, 10,000 ng/mL, 20,000 ng/mL, 40,000 ng/mL로 조제한 다음 분석을 실시한다.
   검정곡선 출력물 첨부
2. **검정곡선 작성시 고려사항**
   1) 정량범위 내에서 바탕시료를 포함하여 4개 이상의 농도에 대해 검정곡선을 작성한다.
   2) 검정곡선의 결정계수(R^2)가 0.98 이상 또는 감응계수의 상대표준편차가 20 % 이내이어야 하며 상관계수나 상대표준편차가 허용범위를 벗어나면 재작성한다.
   3) 시료분석 과정 중 검정곡선의 직선성을 검증하기 위하여 각 시료군마다 1회의 검정곡선 검정을 실시하는 것이 바람직하다. 끝.

(2) **실험에 앞서 제공된 시료를 메탄올로 희석하여 측정용 미지시료를 조제하시오(단, 측정용 미지시료의 농도 범위는 0 ~ 100 mg/L로 추가 희석은 수험자의 판단 하에 수행한다).**

- 측정용 미지시료를 전처리과정 없이 기기분석 하여 2회 반복한 대기 중 농도값(nmol/mol, 소수점 이하 첫째자리까지 표기) 및 상대표준편차(%)를 구하고, raw data를 함께 제출하시오.
- 산출식 및 산출과정을 답안지에 자세히 기술하시오.

답안

1. **시료채취 유량 산정**

1) 배출가스 유량 0.01 m^3/min, 시료채취시간 4시간, 배출가스 온도 25 ℃, 압력 765 mmHg

2) $0.01\ \dfrac{m^3}{min} \times 240\ min \times \dfrac{273\ °K}{(273+25)\ °K} \times \dfrac{765\ mmHg}{760\ mmHg} = 2.21\, m^3$

2. **방법바탕시료 농도 산정**

1) 분석농도 : 0.6 ng/mL, 바탕시료 용액 부피 5 mL

2) 대기 중 환산농도 : $0.6\ \dfrac{ng}{mL} \times 5\ mL \times \dfrac{22.4\ nL}{78\ ng} \times \dfrac{1}{2.21\ m^3} \times \dfrac{\mu L}{10^3\ nL}$

$= 0.0\ nmol/mol(\mu L/m^3)$

3. **미지시료 농도 산정**

1) 미지시료 1 : 2배 희석

① 분석농도 : 25,230 ng/mL, 미지시료 용액 부피 : 5 mL

② 대기 중 환산농도 :

$25{,}230\ \dfrac{ng}{mL} \times 5\ mL \times \dfrac{22.4\ nL}{78\ ng} \times \dfrac{1}{2.21\ m^3} \times \dfrac{\mu L}{10^3\ nL} = 16.4\ nmol/mol$

③ 희석배수 환산농도 : $16.4\ nmol/mol \times 2 = 32.8\ nmol/mol$

2) 미지시료 2 : 5배 희석

① 분석농도 : 10,315 ng/mL, 미지시료 용액 부피 : 5 mL

② 대기 중 환산농도 :

$10{,}315\ \dfrac{ng}{mL} \times 5\ mL \times \dfrac{22.4\ nL}{78\ ng} \times \dfrac{1}{2.21\ Sm^3} \times \dfrac{\mu L}{10^3\ nL} = 6.7\ nmol/mol$

③ 희석배수 환산농도 : $6.7\ nmol/mol \times 5 = 33.5\ nmol/mol$

4. **미지시료 평균농도**(X_m)

1) 평균농도(X_m) : $\dfrac{(32.8+33.5)\ nmol/mol}{2} = 33.1\ nmol/mol$

5. **상대표준편차**(% RSD) **산정**

1) 상대표준편차 산출식 : $\%RSD = \dfrac{s}{X_m} \times 100\ \%$, s : 표준편차, X_m : 평균

2) 표준편차(s) : $\sqrt{\sum \dfrac{(X_i - X_m)^2}{n-1}} = 0.4950$, X_i : 개별 분석값, X_m: 평균값, n : 분석횟수

3) 상대표준편차(% RSD) : $\dfrac{s}{X_m} \times 100\ \% = \dfrac{0.4950}{33.1} \times 100\ \% = 1.5\ \%$. 끝.

(3) (2)에서 구한 평균농도를 $\mu g/m^3$으로 환산하시오.

답안

1. **바탕시료 환산농도**($\mu g/m^3$) : $0.0\ \dfrac{\text{nmol}}{\text{mol}}\left(=\dfrac{\mu L}{m^3}\right)\times\dfrac{78\ \mu g}{22.4\,\mu L}=0.0\ \mu g/m^3$

2. **미지시료 환산농도**

   1) 미지시료 1 : $32.8\ \dfrac{\text{nmol}}{\text{mol}}\left(=\dfrac{\mu L}{m^3}\right)\times\dfrac{78\ \mu g}{22.4\,\mu L}=114.2\ \mu g/m^3$

   2) 미지시료 2 : $33.5\ \dfrac{\text{nmol}}{\text{mol}}\left(=\dfrac{\mu L}{m^3}\right)\times\dfrac{78\ \mu g}{22.4\,\mu L}=116.7\ \mu g/m^3$

   3) 평균농도 = $\dfrac{(114.2+116.7)\ \mu g/m^3}{2}=115.5\ \mu g/m^3$

(4) **첨가시료에 대한 정확도와 정밀도를 구하시오.**

- 표준용액(1,000 mg/L)을 이용하여 10.000 mg/L 농도로 제조한 시료를 3개 준비하시오.
- 제조한 첨가시료 3개를 기기분석 하여 대기 중 농도값(nmol/mol, 소수점 이하 첫째자리까지 표기), 표준편차, 정확도, 정밀도를 구하고 raw data를 함께 제출하시오.
- 산출식 및 산출과정을 답안지에 자세히 기술하시오.

답안

1. **첨가시료 농도 산정**

   1) 첨가시료 1

   ① 분석농도 : 10,223.5 ng/mL, 첨가시료 용액 부피 : 5 mL (첨가시료 2, 3 동일 적용)

   ② 대기 중 환산농도 :

   $$10{,}223.5\ \frac{ng}{mL}\times 5\ mL\times\frac{22.4\ nL}{78\ ng}\times\frac{1}{2.21\ m^3}\times\frac{\mu L}{10^3 nL}=6.6\ \text{nmol/mol}$$

   2) 첨가시료 2

   ① 분석농도 : 10,114.0 ng/mL

   ② 대기 중 환산농도 :

   $$10{,}114.0\ \frac{ng}{mL}\times 5\ mL\times\frac{22.4\ nL}{78\ ng}\times\frac{1}{2.21\ m^3}\times\frac{\mu L}{10^3 nL}=6.6\ \text{nmol/mol}$$

   3) 첨가시료 3

   ① 분석농도 : 9,984.3 mg/L

   ② 대기 중 환산농도 :

   $$9{,}984.3\ \frac{ng}{mL}\times 5\ mL\times\frac{22.4\ nL}{78\ ng}\times\frac{1}{2.21\ m^3}\times\frac{\mu L}{10^3 nL}=6.5\ \text{nmol/mol}$$

2. **평균농도 산정**

   1) 평균(X_m) : $\dfrac{(6.6+6.6+6.5)\ \text{nmol/mol}}{3}=6.6\ \text{nmol/mol}$

3. **표준편차 산정**

1) 표준편차(s) : $s = \sqrt{\sum \frac{(X_i - X_m)^2}{n-1}} = 0.0577$, X_i : 개별 분석값, X_m : 평균값, n : 분석횟수

4. **정밀도 산정**

1) 정밀도 산정식 : $\frac{s}{X_m} \times 100\ \%$, s : 표준편차, X_m : 평균값

2) 정밀도(%) : $\frac{s}{X_m} \times 100\ \% = \frac{0.0577}{6.6} \times 100\ \% = 0.87\ \%$

5. **정확도 산정**

1) 정확도 산정식 : $\frac{X_m}{X_e} \times 100\ \%$, X_m : 평균값, X_e : 참값

2) 첨가시료(10 mg/L)의 대기중 환산농도 : 참값 (X_e)

① $10{,}000\ \frac{\text{ng}}{\text{mL}} \times 5\ \text{mL} \times \frac{22.4\ \text{nL}}{78\ \text{ng}} \times \frac{1}{2.21\ \text{m}^3} \times \frac{\mu\text{L}}{10^3\,\text{nL}} = 6.5\ \text{nmol/mol}$

3) 정확도(%) : $\frac{X_m}{X_e} \times 100\ \% = \frac{6.6}{6.5} \times 100\ \% = 101.5\ \%$. 끝.

― 이하여백 ―

[문항 3] 각 응시실 감독자가 응시자의 시험 분석과정에 대한 현장숙련정도 평가(시험 방법의 숙지, 저울등 시험기구 사용의 숙련 정도, 피펫 등 유리기구 사용의 숙련 정도, 시약 등의 취급 및 제조의 숙련 정도, 분석기기 사용의 숙련 정도) 실시 (10점)

(응시자는 3번 문항 답안을 작성하지 않습니다.)

수험번호:

평가항목 : 유기물질 [벤젠 : 고체흡착-열탈착법]

시험분석 보고서

(주1) 본 내용은 작업형 실기시험에서 응시자가 설계할 수 있는 최대 시험분석과정을 나타낸 것으로, 실제 실험은 응시자가 제한된 시간을 감안하여 시험분석과정을 직접 설계하여 수행하시기 바랍니다.

(주2) 기기분석은 기기별로 주어진 시간내에서 수행하여야 하므로 주지하시기 바랍니다.

(주3) 모든 실험이 완료된 후 폐액은 주어진 장소에 처리하고, 초자기구 등은 수돗물을 이용하여 1차 세척하여 정리정돈하시기 바랍니다.

구분	농도(ng/mL)	면적(area)	계산값
검정곡선	5,000	205	$y = ax + b$ $a = 21.417$ $b = -10.652$ $r^2 = 0.9995$
	10,000	430	
	20,000	825	
	40,000	1710	

구분	면적	농도 (ng/mL)	희석배수	대기중 농도 (nmol/mol)	대기중 농도 (mg/m^3)	농도 계산
방법바탕시료	5	0.6	1	0.0	0.0	평균값($\mu g/m^3$) = 115.5 상대표준편차(RSD%) = 1.5
미지시료 (분석횟수 : 2회)	1069	25,230	2	32.8	114.2	
	431	10,315	5	33.5	116.7	

구분	면적	농도 (ng/mL)	희석배수	대기중 최종농도 (nmol/mol)	회수율 계산
첨가시료 (첨가시료수 : 3회)	427	10,223.5	1	6.6	평균값(nmol/mol) = 6.6 표준편차 = 0.0577 정밀도(%) = 0.87 정확도(%) = 101.5
	422	10,114.0	1	6.6	
	417	9,984.3	1	6.5	

수험번호:	평가항목 : 유기물질 (벤조(a)피렌-용매추출법)

환경측정분석사 대기분야

작업형 실기시험 문제지

○ **응시자 요구 사항**

- 기체크로마토그래프법에 따라 벤조(a)피렌 분석을 수행한다.
- 전처리는 용매추출법(초음파추출)에 의해 수행한다.
- 측정용 미지시료를 전처리 없이 시험, 분석하여 농도값을 구한다.
- 제공된 표준용액을 이용하여 첨가시료를 조제하고, 전처리 후 시험, 분석하여 회수율을 구한다.
- 최종분석결과는 정리하여 제공된 "시험분석 보고서" 양식에 기록한다.

[문항 1] 평가항목의 시험 분석과정에 대해 답하시오. (10점)

(1) **표준용액 조제 및 검정곡선(영점제외 4 point)의 작성 과정을 적으시오.**
(**권장범위**: 0.01 mg/L ~ 100 mg/L)

답안

1. **검정곡선 작성과정**
   1) 제공된 표준원액(1,000 mg/L)을 10 mL 부피플라스크 4개에 각각 50, 100, 200, 400 μL를 주입한 다음 메탄올로 10 mL 채워 표준용액의 농도가 각각 5 mg/L, 10 mg/L, 20 mg/L, 40 mg/L 되도록 조제한다.
   2) 이 표준용액을 기체크로마토그래프/불꽃이온화검출기로 분석하여 표준용액 각각의 농도와 면적과의 관계를 회귀식을 이용하여 검정곡선을 작성한다.
   검정곡선 출력물 첨부. 끝.

[문항 2] 시험분석과정을 수행하고, 시험분석보고서 양식에 따라 결과값을 작성하여 제출하시오. 제출 시 단계별로 기기 원 분석자료(raw data)**를 함께 첨부하시오.** (50점)

※ 환경대기 중 시료채취시간 12시간, 시료채취유량은 최초 1.0 L/min, 최종 1.2 L/min이다. 분석용 시료용액의 최종 부피는 5 mL 가정하여 최종 결과값을 산출하시오.

(1) **측정용 미지시료에 대한 대기 중 농도값**(μg/Sm^3)**을 구하시오.**

- 실험에 앞서 제공된 시료를 메탄올로 희석하여 측정용 미지시료를 조제하시오. (단, 측정용 미지시료의 농도 범위는 0.01 mg/L ~ 100 mg/L로 추가 희석은 수험자의 판단 하에 수행한다)

– 측정용 미지시료를 전처리과정 없이 기기분석 하여 2회 반복한 대기 중 농도값(μg/Sm^3, 소수점 이하 첫째자리까지 표기) 및 상대표준편차(%)를 구하고, raw data를 함께 제출하시오. 바탕시료 또한 농도값을 대기 중 농도로 환산하여 구하시오. 산출식 및 산출과정을 답안지에 자세히 기술하시오.

답안

1. **시료채취유량 산정**
   1) **시료채취유량** : $\dfrac{(1.0+1.2)\ \text{L/min}}{2}\times 12\ \text{hr(채취시간)}\times\dfrac{60\ \text{min}}{1\ \text{hr}}=792\ \text{L}$ $(=0.792\ \text{Sm}^3)$
2. **방법바탕시료 농도 산정**
   1) 분석농도 : 0.71 mg/L
   2) 분석용 바탕시료의 최종 부피 : 5 mL(0.005 L)
   3) 대기 중 환산농도(μg/m^3) : $\dfrac{0.71\ \text{mg}}{\text{L}}\times\dfrac{10^3\ \mu\text{g}}{\text{mg}}\times 0.005\ \text{L}\times\dfrac{1}{0.792\ \text{Sm}^3}=4.5\ \mu\text{g/Sm}^3$
3. **미지시료 농도 산정**
   1) 미지시료 1 : 2배 희석
      ① 분석농도 : 22.45 mg/L
      ② 분석용 시료용액의 최종 부피 : 5 mL(0.005 L)
      ③ 대기 중 환산농도(μg/m^3) :
      $$\dfrac{22.45\ \text{mg}}{\text{L}}\times\dfrac{10^3\ \mu\text{g}}{\text{mg}}\times 0.005\ \text{L}\times\dfrac{1}{0.792\ \text{Sm}^3}=141.7\ \mu\text{g/Sm}^3$$
      ④ 희석배수를 고려한 환산농도 : $141.7\ \mu\text{g/Sm}^3\times 2=283.5\ \mu\text{g/Sm}^3$
   2) 미지시료 2 : 5배 희석
      ① 분석농도 : 8.92 mg/L
      ② 분석용 시료용액의 최종 부피 : 5 mL(0.005 L)
      ③ 대기 중 환산농도(μg/m^3) :
      $$\dfrac{8.92\ \text{mg}}{\text{L}}\times\dfrac{10^3\ \mu\text{g}}{\text{mg}}\times 0.005\ \text{L}\times\dfrac{1}{0.792\ \text{Sm}^3}=56.3\ \mu\text{g/Sm}^3$$
      ④ 희석배수를 고려한 환산농도 : $56.3\ \mu\text{g/Sm}^3\times 5=281.7\ \mu\text{g/Sm}^3$
4. **미지시료 평균농도 산정**
   1) 평균농도(X_m) : $\dfrac{(283.5+281.7)}{2}\mu\text{g/m}^3=282.6\ \mu\text{g/Sm}^3$
5. **상대표준편차(% RSD) 산정**
   1) 상대표준편차 산정식 : $\%RSD=\dfrac{s}{X_m}\times 100\ \%$, s : 표준편차, X_m : 평균값
   2) 표준편차(s) : $\sqrt{\sum\dfrac{(X_i-X_m)^2}{n-1}}=1.2562$, X_i: 개별 분석값, X_m: 평균값, n : 분석횟수
   3) 상대표준편차(% RSD) : $\dfrac{\text{s}}{\text{X}_\text{m}}\times 100\ \%=\dfrac{1.2562}{282.6}\times 100\ \%=0.4\ \%$, s : 표준편차, X_m : 평균값. 끝.

(3) **첨가시료에 대한 정확도와 정밀도를 구하시오.**

- 표준용액을 이용하여 10 mg/L 농도로 제조한 시료를 4개 준비하시오.
- 제조한 첨가시료 4개를 기기분석 하여 대기 중 농도값(μg/Sm^3, 소수점 이하 첫째자리까지 표기), 표준편차, 정밀도, 정확도를 구하고, raw data를 함께 제출하시오. 산출식 및 산출과정을 답안지에 자세히 기술하시오.

답안

1. **첨가시료의 농도 산정**
   1) 첨가시료 1
      ① 분석농도 : 10.2 mg/L
      ② 분석용 시료용액의 최종 부피 : 5 mL(첨가시료 2, 3, 4 공통 적용)
      ③ 대기 중 환산농도(μg/Sm^3) :

$$\frac{10.2\ \text{mg}}{\text{L}} \times \frac{10^3\,\mu\text{g}}{\text{mg}} \times 0.005\ \text{L} \times \frac{1}{0.792\ \text{Sm}^3} = 64.4\ \mu\text{g/Sm}^3$$

   2) 첨가시료 2
      ① 분석농도 : 10.1 mg/L
      ② 대기 중 환산농도(μg/Sm^3) :

$$\frac{10.1\ \text{mg}}{\text{L}} \times \frac{10^3\,\mu\text{g}}{\text{mg}} \times 0.005\ \text{L} \times \frac{1}{0.792\ \text{Sm}^3} = 63.8\ \mu\text{g/Sm}^3$$

   3) 첨가시료 3
      ① 분석농도 : 9.8 mg/L
      ② 대기 중 환산농도(μg/Sm^3) :

$$\frac{9.8\ \text{mg}}{\text{L}} \times \frac{10^3\,\mu\text{g}}{\text{mg}} \times 0.005\ \text{L} \times \frac{1}{0.792\ \text{Sm}^3} = 61.9\ \mu\text{g/Sm}^3$$

   4) 첨가시료 4
      ① 분석농도 : 9.9 mg/L
      ② 대기 중 환산농도(μg/Sm^3) :

$$\frac{9.9\ \text{mg}}{\text{L}} \times \frac{10^3\,\mu\text{g}}{\text{mg}} \times 0.005\ \text{L} \times \frac{1}{0.792\ \text{Sm}^3} = 62.5\ \mu\text{g/Sm}^3$$

2. **첨가시료의 평균농도 산정**
   1) 평균농도(X_m) : $\frac{(64.4+63.8+61.9+62.5)\ \mu\text{g/Sm}^3}{4} = 63.3\ \mu\text{g/Sm}^3$

3. **표준편차 산정**
   1) 표준편차(s) : $s = \sqrt{\sum \frac{(X_i - X_m)^2}{n-1}} = 1.3142$, X_i : 개별 분석값, X_m : 평균값, n : 분석횟수

4. **정밀도 산정**
   1) 정밀도 산정식 : $\frac{s}{X_m} \times 100\ \%$, s : 표준편차, X_m : 평균값
   2) 정밀도(%) : $\frac{1.3142}{63.3} \times 100\ \% = 2.1\,\%$

5. **정확도 산정**

1) 정확도 산정식 : $\frac{X_m}{X_e} \times 100\ \%$, X_m : 평균값, X_e : 참값

2) 첨가시료(10 mg/L)의 대기 중 환산농도(X_e, 참값)

$$\frac{10\ \text{mg}}{\text{L}} \times \frac{10^3 \mu\text{g}}{\text{mg}} \times 0.005\ \text{L} \times \frac{1}{0.792\ \text{Sm}^3} = 63.1\ \mu\text{g/Sm}^3$$

3) 정확도(%) : $\frac{63.3}{63.1} \times 100\ \% = 100.3\ \%$. 끝.

[문항 3] 각 응시실 감독자가 응시자의 시험 분석과정에 대한 현장숙련정도 평가(시험 방법의 숙지, 저울등 시험기구 사용의 숙련 정도, 피펫 등 유리기구 사용의 숙련 정도, 시약 등의 취급 및 제조의 숙련 정도, 분석기기 사용의 숙련 정도) 실시 (10점)

(응시자는 3번 문항 답안을 작성하지 않습니다.)

수험번호:

평가항목 : 유기물질[벤조(a)피렌] [용매추출법]

시험분석 보고서

(주1) 본 내용은 작업형 실기시험에서 응시자가 설계할 수 있는 최대 시험분석과정을 나타낸 것으로, 실제 실험은 응시자가 제한된 시간을 감안하여 시험분석과정을 직접 설계하여 수행하시기 바랍니다.

(주2) 기기분석은 기기별로 주어진 시간내(GC의 경우 1회 제공시간은 90분임)에서 수행하여야 하므로 주지하시기 바랍니다.

(주3) 모든 실험이 완료된 후 폐액은 주어진 장소에 처리하고, 초자기구 등은 수돗물을 이용하여 1차 세척하여 정리정돈하시기 바랍니다.

구분	농도(mg/L)	면적	계산값
검정곡선	5	845	$y = ax + b$ $a = 209.74$ $b = -110.39$ $r^2 = 0.9995$
	10	2051	
	20	4108	
	40	8210	

구분	면적	농도 (mg/L)	희석배수	대기중 최종농도 ($\mu g/m^3$)	농도 계산
방법바탕시료	35	0.71	1	4.5	
미지시료 (분석횟수 : 2회)	4565	22.45	2	283.5	평균값($\mu g/m^3$) = 282.6 상대표준편차(RSD%) = 0.4
	1747	8.92	5	281.7	

구분	면적	농도 (mg/L)	희석배수	대기중 최종농도 ($\mu g/m^3$)	회수율 계산
첨가시료 (첨가시료수 : 4회)	2019	10.2	1	64.4	평균값($\mu g/m^3$) = 63.3 표준편차 = 1.3142 정밀도(%) = 2.1 정확도(%) = 100.3
	1998	10.1	1	63.8	
	1935	9.8	1	61.9	
	1956	9.9	1	62.5	

2장 기기분석방법

※ 기기분석 방법은 국립환경인력개발원에서 제공하고 있는 환경측정분석사 검정 분석장비 매뉴얼을 참고하였음.

1 흡광광도법(모델 : UV－2600)

1 기기 실행하기

(1) 컴퓨터 바탕화면에서 UV Probe 클릭

(2) Photometric 버튼 클릭

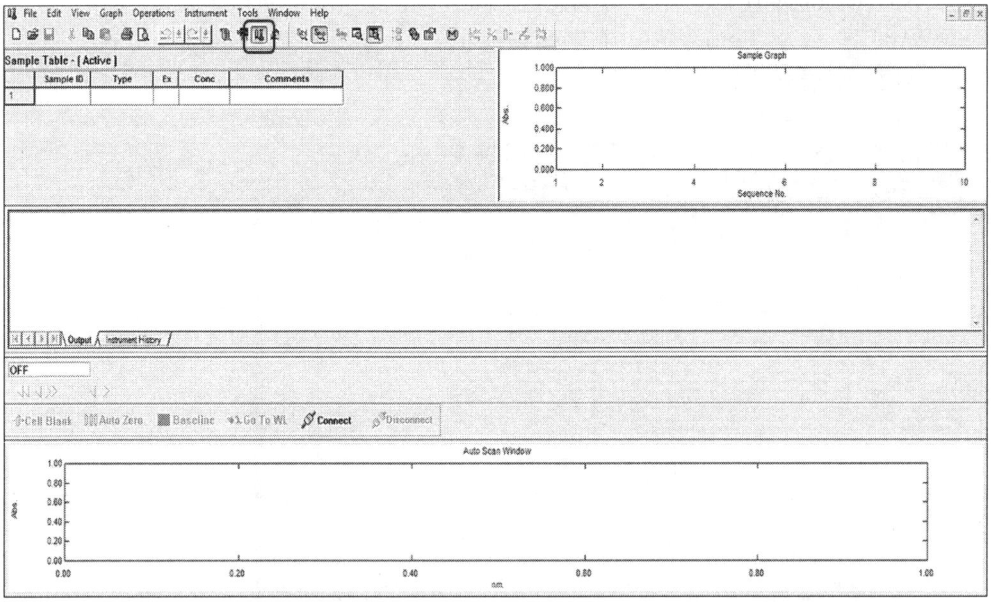

2 흡광도만 측정하는 방법

(1) Method 만들기

1) Method 클릭

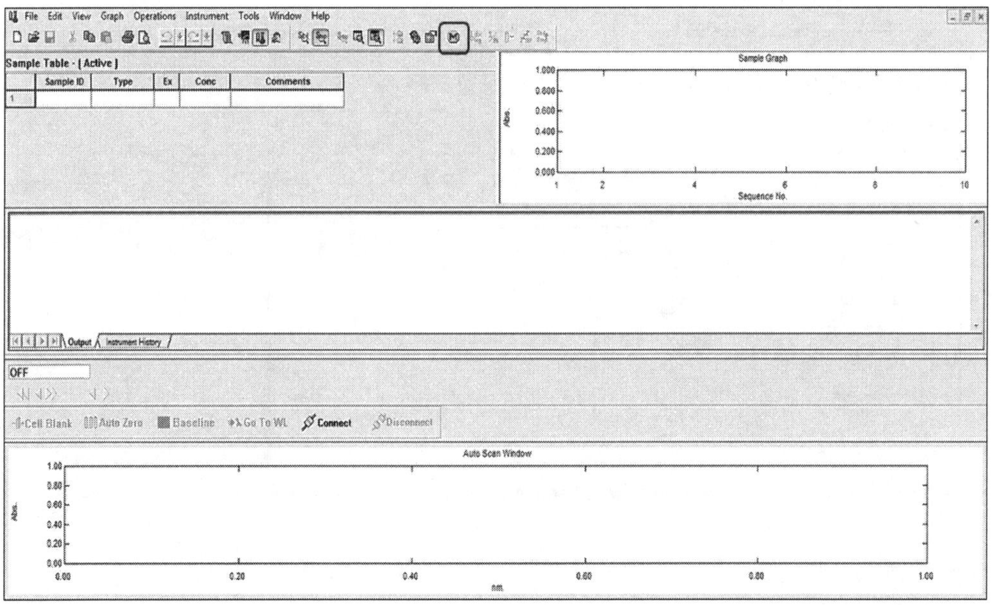

2) 파장입력

① Wavelength(nm)에 분석할 파장을 입력한다.
② 'Add'를 클릭, Entries에서 파장을 확인한다.
③ '다음'을 클릭한다.

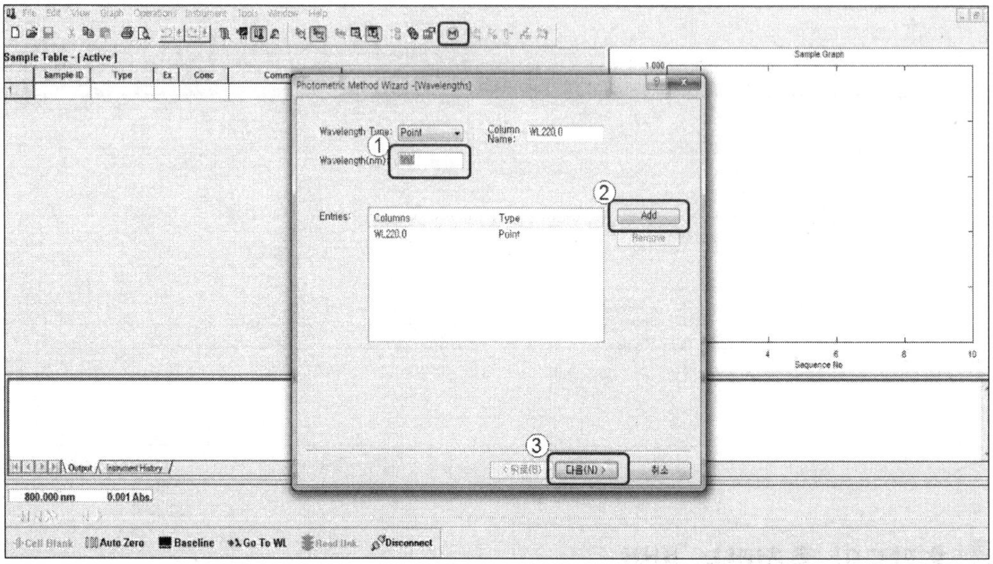

3) Parameter 설정

① Type : 'Raw Data'를 선택한다.
② '다음'을 클릭한다.

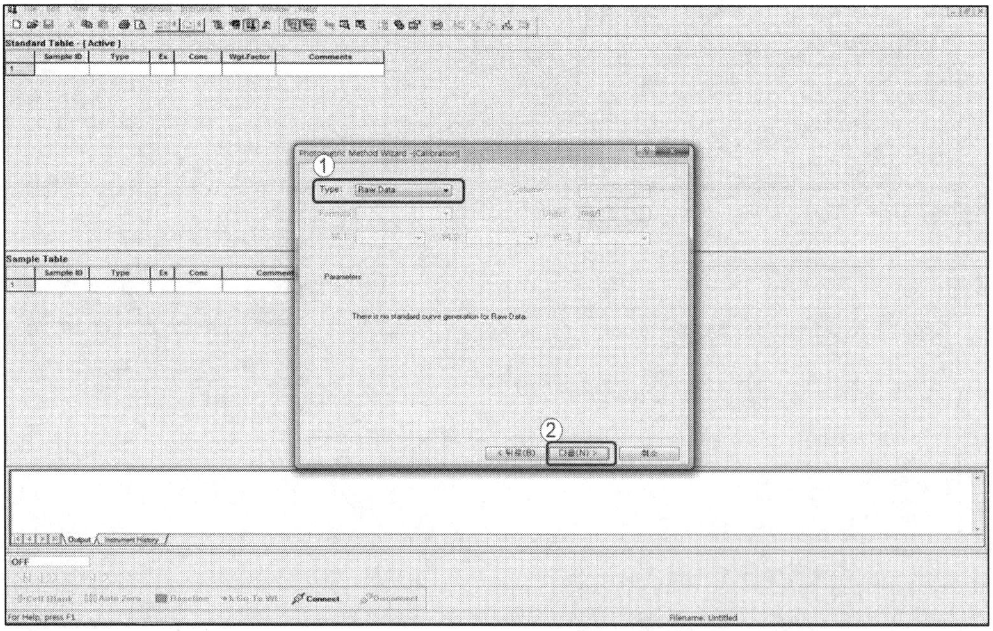

4) Sample parameter 설정

① Data Acquired by : 'Instrument'를 선택한다.

② Sample Repetitions : 반복 횟수(숫자) 입력, 반복하지 않으면 1을 입력한다.

→ **반복측정** : 같은 시료를 반복하여 측정 후 흡광도의 평균값이 최종 흡광도 값이 된다.

③ '다음'을 클릭한다.

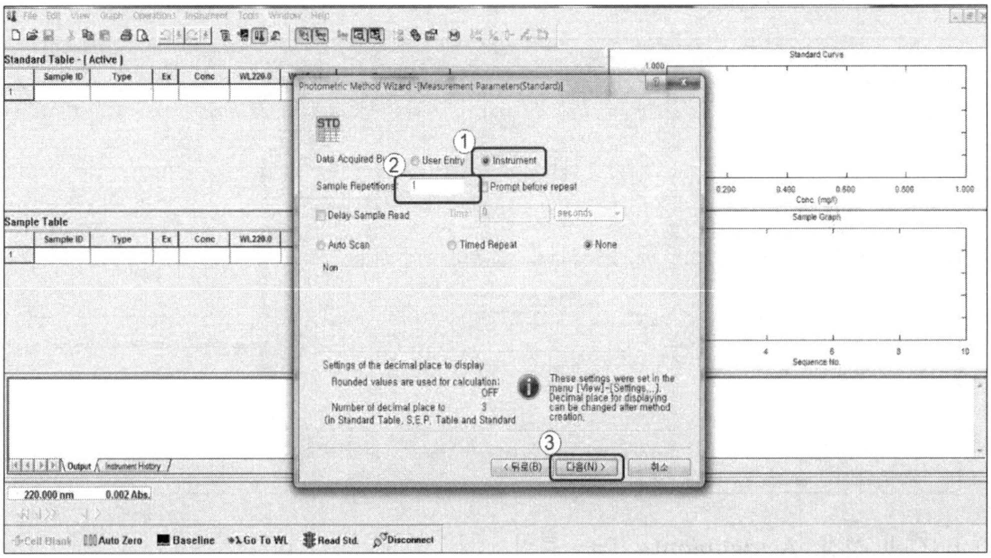

5) 저장 위치 설정

① [...] : 파일 저장 위치, 이름을 설정한다. [바탕화면에 폴더생성(응시번호) 후 저장]

② '마침'을 클릭한다.

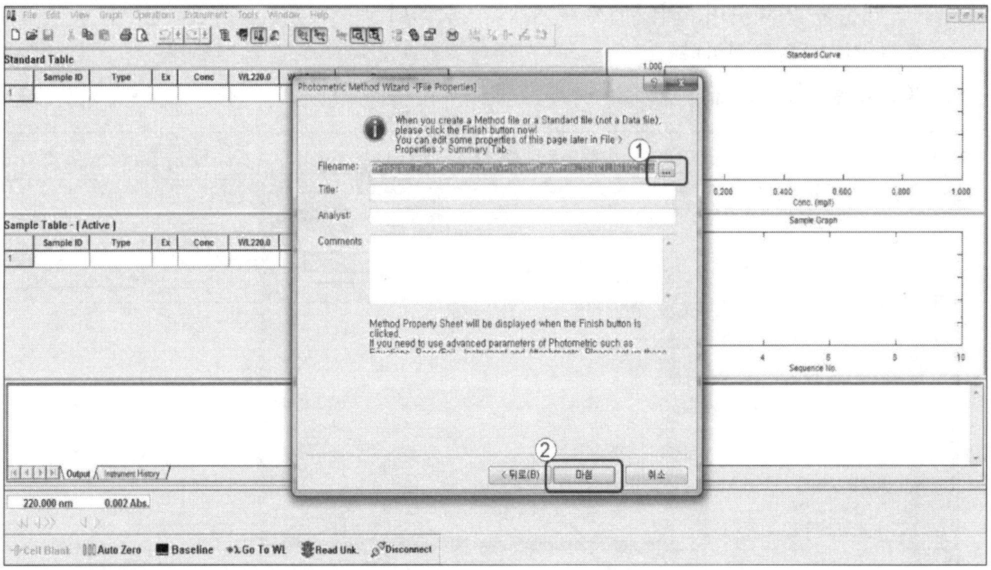

6) Instrument parameter 설정 : Instrument Parameters Tab 클릭

① Measuring Mode : Absorbance
② Slit Width : 2.0 nm
③ Detector Unit : Direct
④ S/R Exchange : Normal
⑤ 'Close'을 클릭한다.

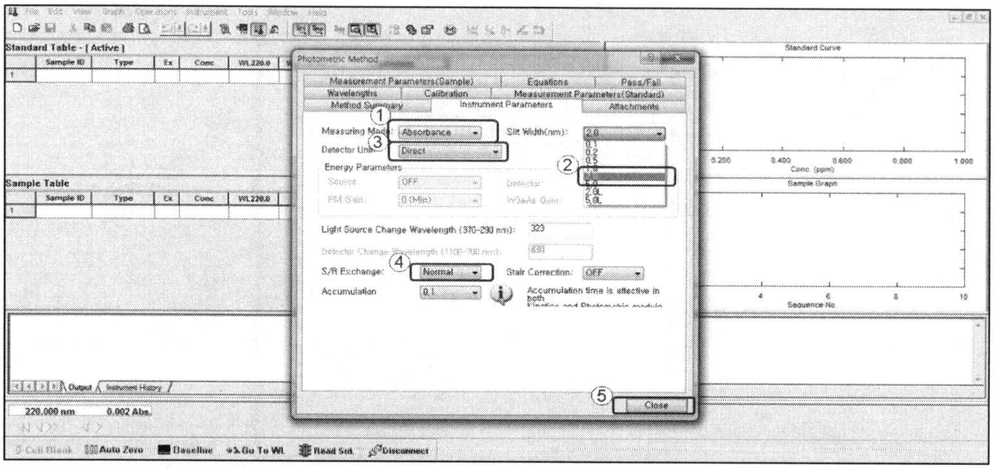

7) 6-Cell 설정 : Attachments Tab 클릭

① Attachments : 6-Cell을 선택한다.
② Number of Cell : 1~5까지 입력한다.
→ 1개의 Cell과 홀더만 사용하는 경우 : 1
→ 2개 이상의 Cell과 홀더를 자동기능을 이용해 연속 분석하는 경우에는 해당되는 Cell 개수를 입력하며, 최대 5까지 입력 가능하다.
③ 'Initialize'를 클릭한다.
④ 'Close'를 클릭한다.

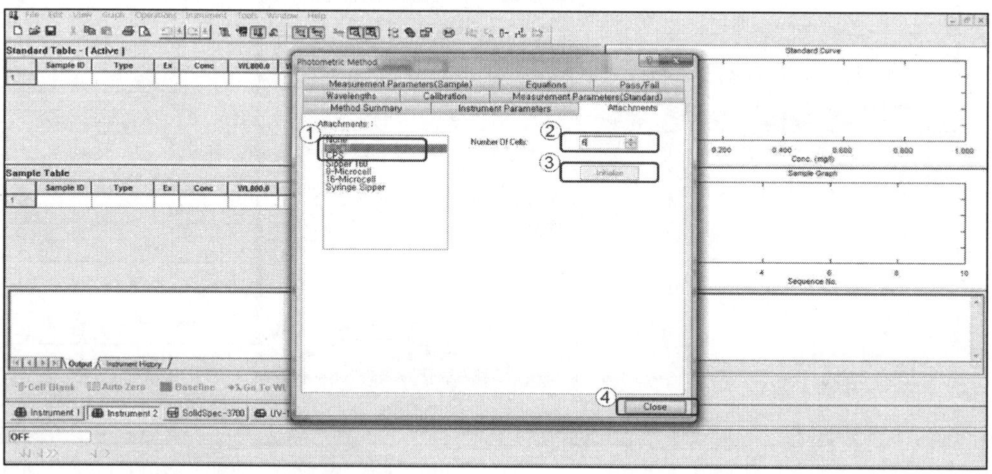

(2) 시료 측정

1) Sample Table 입력

① Sample ID : Sample 이름을 입력한다.

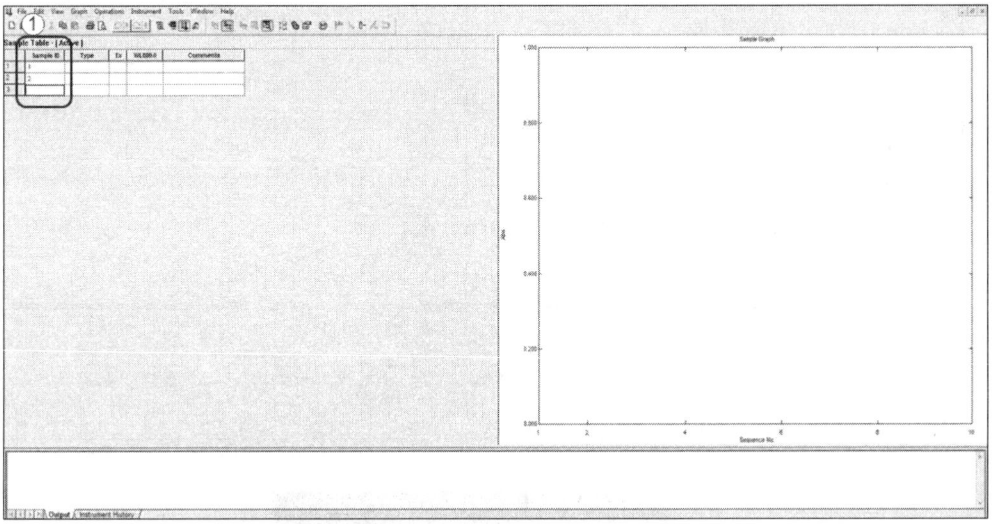

(3) 시료 분석

1) Number of Cell을 2~5로 설정한 경우 → 1로 설정하는 경우 다음의 2) 참조

① Cell Holder 내에 아무것도 없는 상태에서 'Auto Zero'를 클릭한다.

② 6개의 셀에 Blank를 담아 5개를 6개 홀더 앞에서부터 장착한다(그림 1참조).

③ 가장 뒤쪽에 별도로 있는 홀더 하나에 Blank(공시험)를 장착한다.
→ 별도의 홀더 Blank는 분석이 끝날 때까지 그대로 둔다.

④ 'Cell Blank'를 클릭한다.

⑤ 보정 완료되면 OK

⑥ 6개 홀더에 시료가 담길 Cell을 Table에 입력한 순서대로 앞쪽부터 장착한다.
→ 이때, 각 홀더에 장착되었던 Cell의 위치가 서로 바뀌지 않도록 주의한다.
→ Blank 측정을 위해 1번에 장착했던 Cell은 계속해서 1번 위치에서 사용해야 한다.
→ Sample이 5개 이하면 차례대로 Sample 개수만큼만 장착한다.

⑦ 'Read Unk'을 클릭한다.
→ Sample이 6개 이상이면 Read Unk을 클릭 후 6번 Sample은 1번 Cell, 7번 Sample은 2번 Cell 순으로 장착 후 Read Unk을 클릭한다.

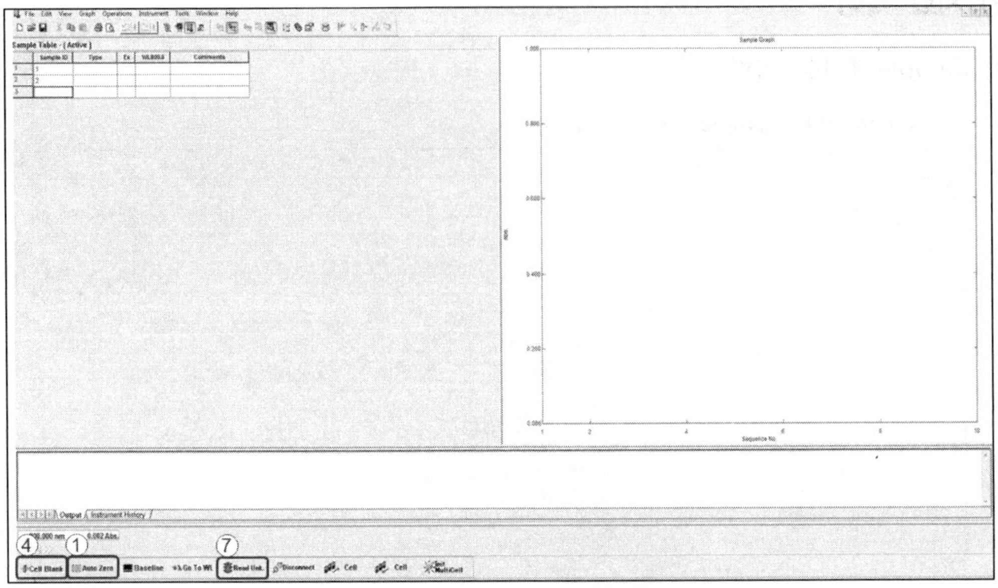

〈그림 1〉 Cell 홀더

2) Number of Cell을 1로 설정한 경우

① Cell Holder에 Cell이 없는 상태에서 ‘Auto Zero’를 클릭한다.
② 기기 내부 6개의 홀더 중 가장 앞 쪽 홀더에 ‘Blank’를 장착한다(그림 2 참조).
③ 가장 뒤쪽에 별도로 있는 홀더에 Blank를 장착하며, 별도의 홀더 Blank는 분석이 끝날 때까지 그대로 둔다.
④ ‘Cell Blank’를 클릭한다.
⑤ Sample Table에 기입한 첫 번째 샘플을 6개의 홀더 가장 앞쪽에 장착한다(그림 6 참조).
⑥ ‘Read Unk’를 클릭한다.
⑦ Sample Table에 기입한 순서대로 ⑤~⑥을 반복 분석한다.

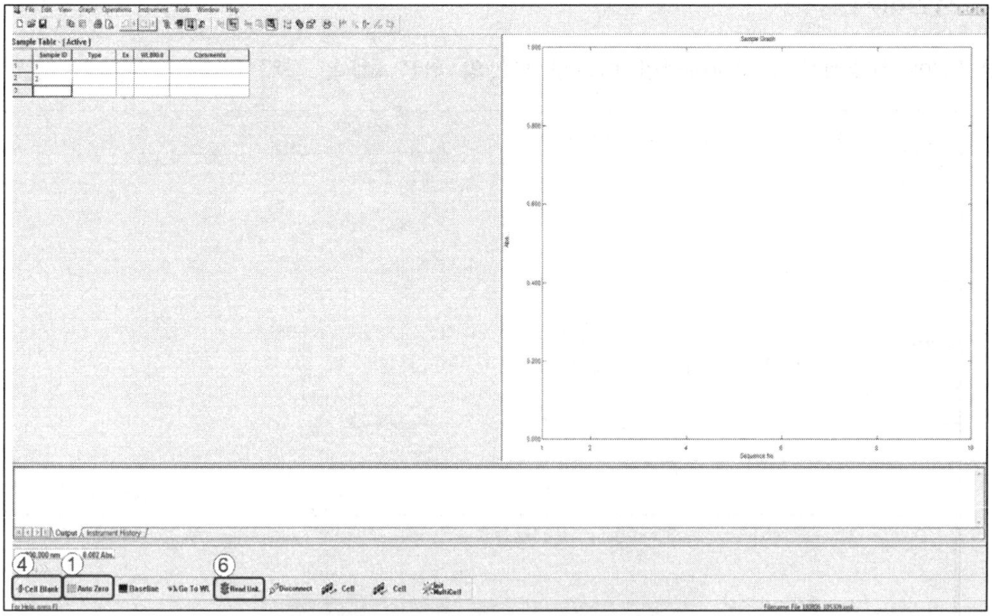
④
①
⑥
Cell Blank
Auto Zero
Baseline
Go To WL
Read Unk.
Disconnect
Cell
Cell
Sample Table - [Active]
Sample ID
Type
Comments
Sample Graph
Sequence No.
Output
Instrument History

Blank (3).2) ③
1번
Sample (3).2) ⑤

〈그림 2〉 Cell 홀

(4) 저장하기

1) PC에 최종적으로 저장하려면 디스켓 모양의 버튼 을 클릭

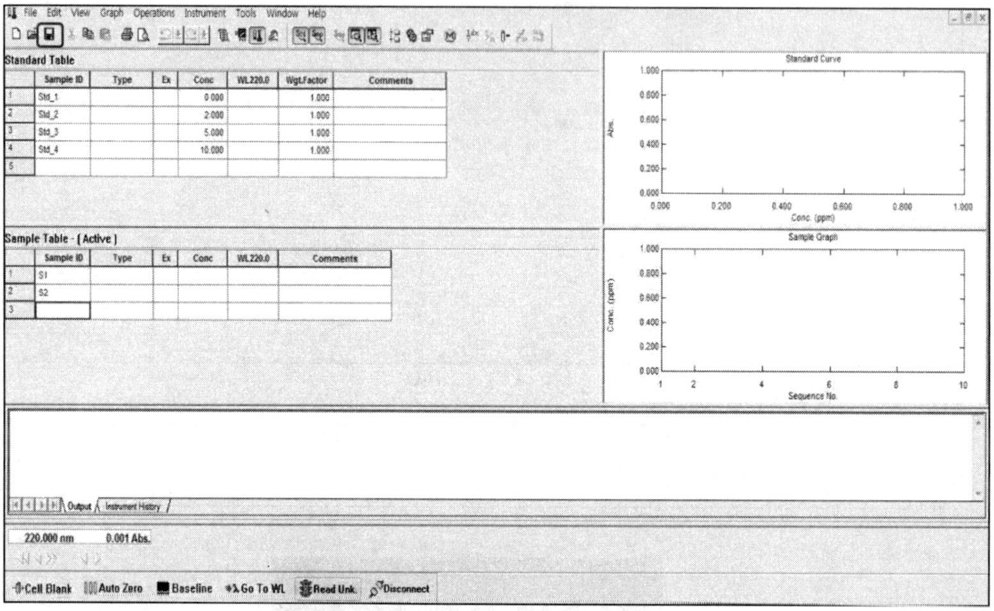

2) [File]-[Save As]를 클릭하여 파일경로와 이름을 지정하여 저장
(바탕화면, 응시번호를 폴더에 저장)

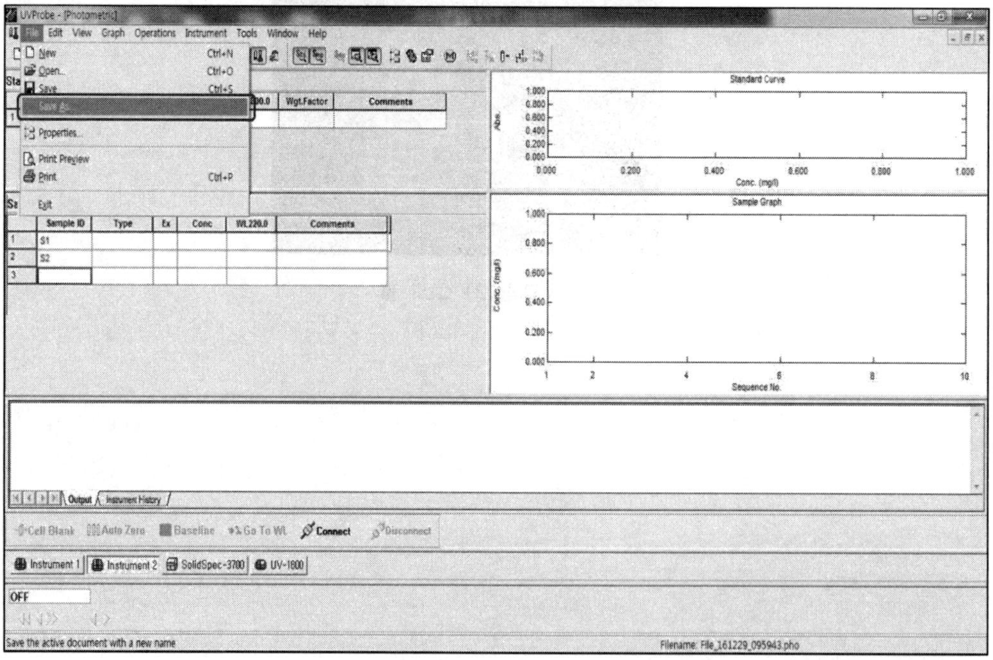

(5) 보고서 출력하기

1) Report 클릭

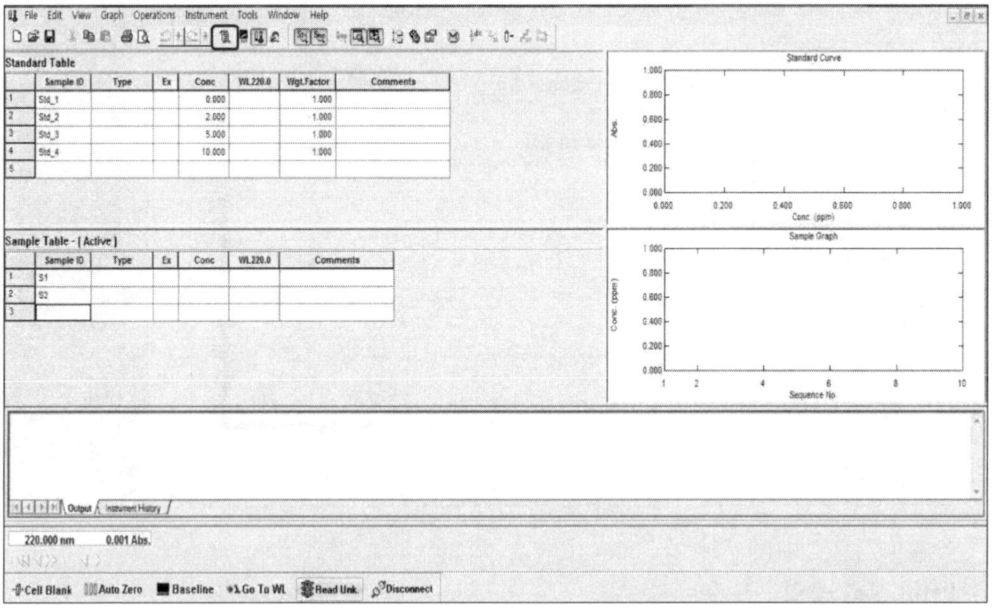

2) [File]-[Open] 클릭

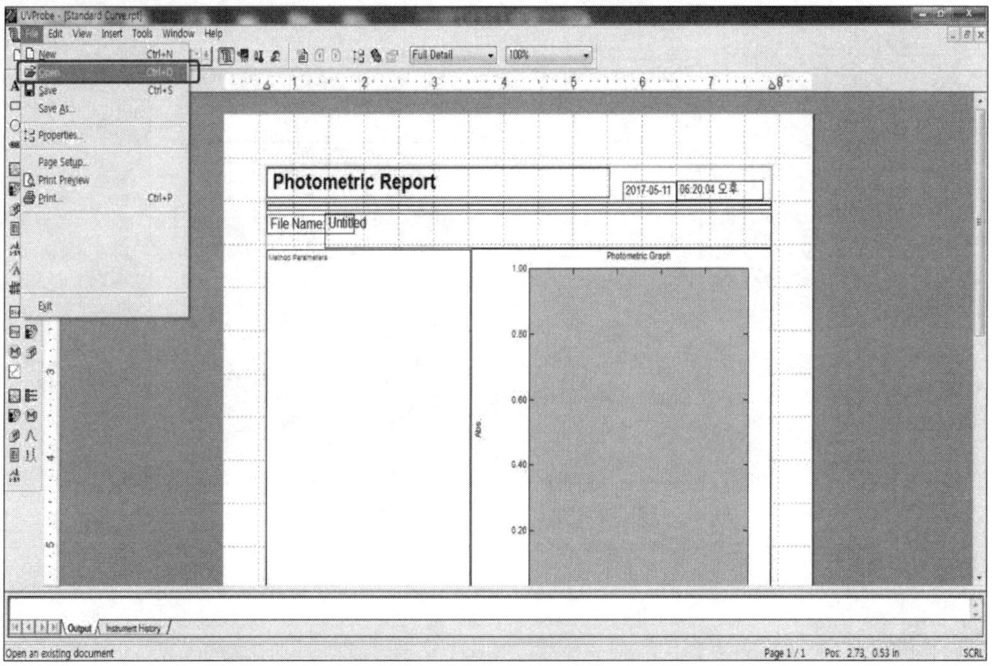

3) Sample Table 선택, 열기 클릭

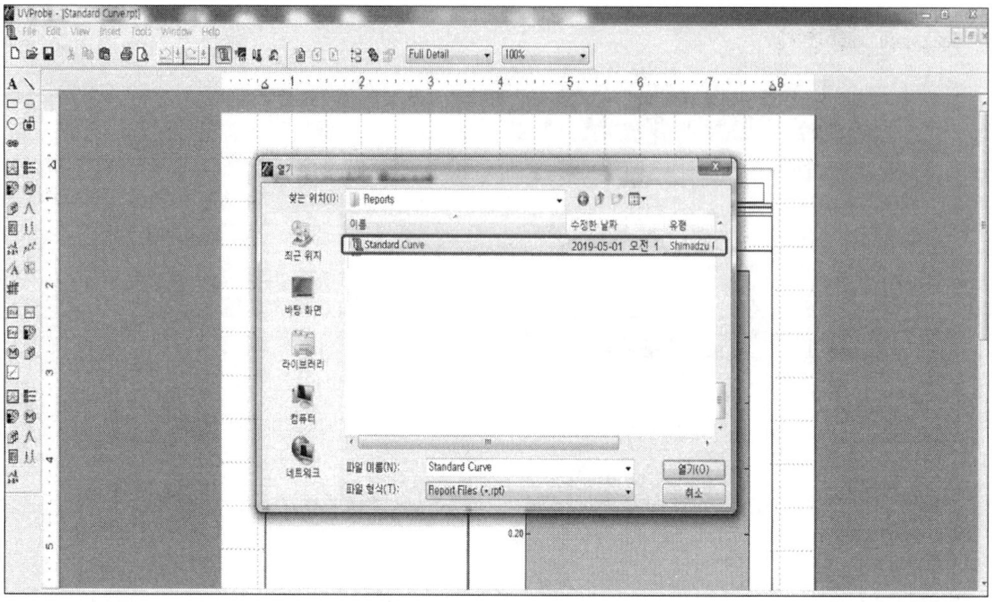

4) Print 클릭

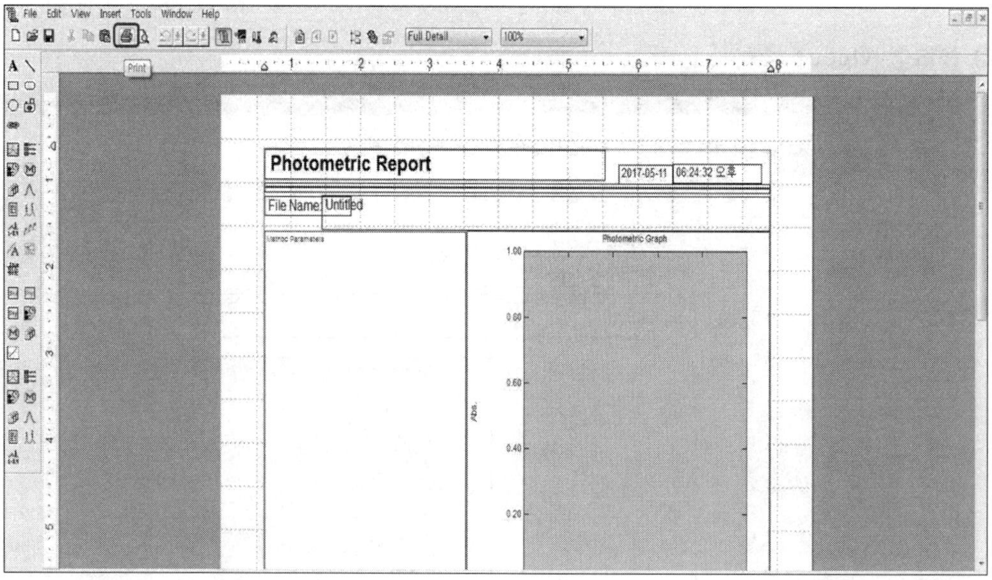

3 Calibration curve를 작성하여 분석하는 방법

(1) Method 만들기

1) Method [M] 클릭

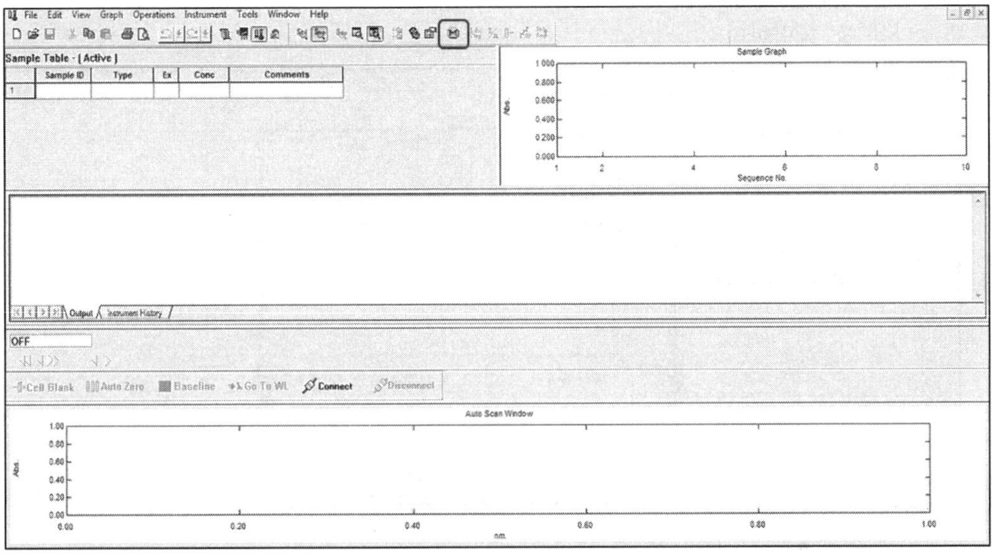

2) 파장입력

① Wavelength(nm)에 분석파장을 입력한다.
② Add 클릭, Entries에서 파장을 확인한다.
③ '다음'을 클릭한다.

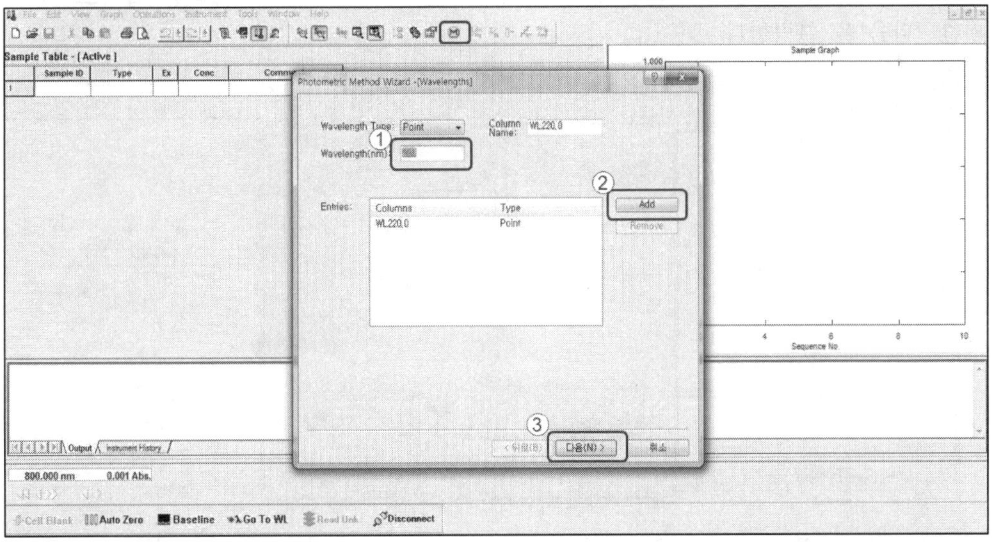

3) Calibration parameter 설정

① Type : Multi Point

② Formula : Fixed Wavelength

③ Unit : Standard의 농도 단위를 입력한다(예시 : ppm, ppb).

④ WL1 : 2)－② 입력 파장을 선택한다.

⑤ '다음'을 클릭한다.

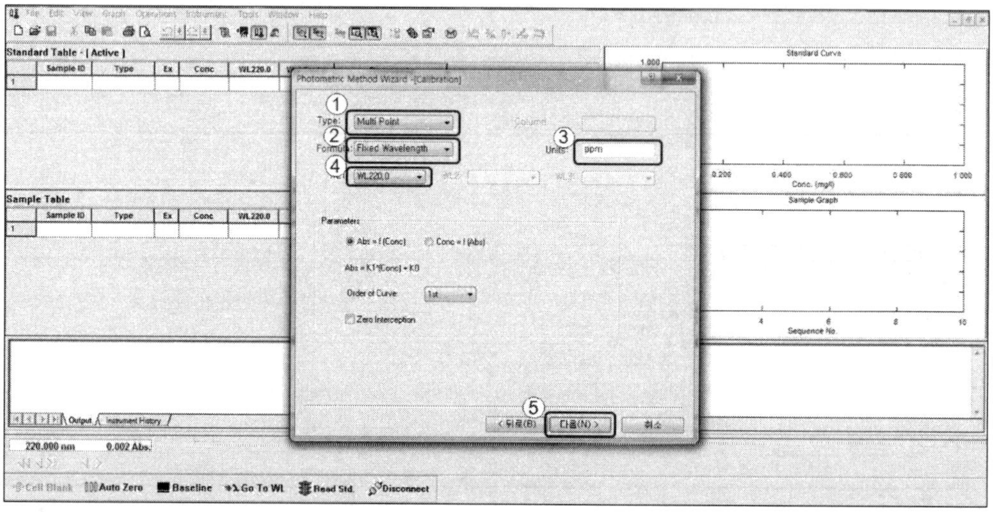

4) Standard parameter 설정

① Data Acquired by : Instrument

② Sample Repetitions : 반복 횟수(숫자) 입력, 반복하지 않을 경우 1을 입력한다.

→ **반복 측정** : 같은 시료를 반복 측정 후 흡광도의 평균 값이 최종 흡광도 값이 된다.

③ '다음'을 클릭한다.

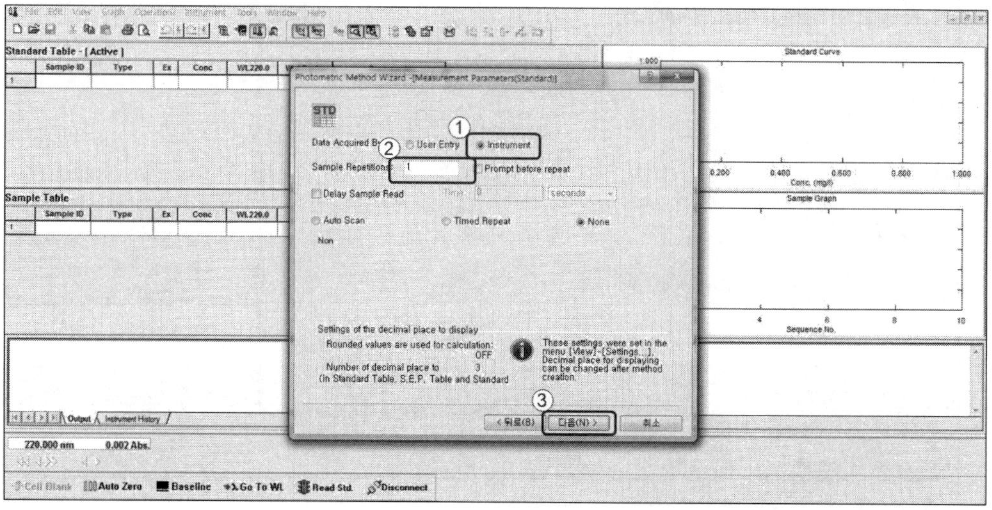

5) Sample parameter 설정

① Data Acquired By : Instrument

② Sample Repetitions : 반복 횟수(숫자) 입력, 반복하지 않을 경우 1을 입력한다.

→ **반복 측정** : 같은 시료를 반복 측정 후 흡광도의 평균 값이 최종 흡광도 값이 된다.

③ '다음'을 클릭한다.

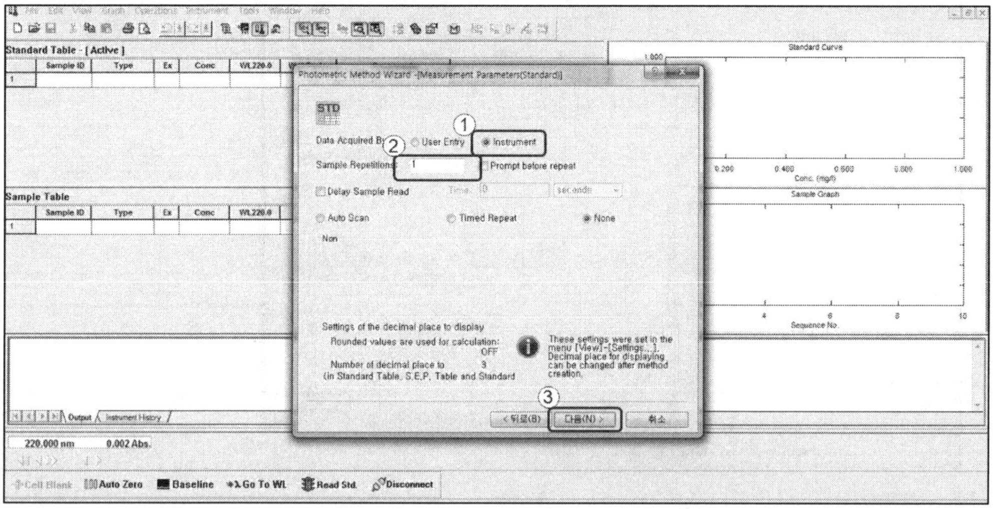

6) 저장 위치 설정

① [...] : 파일 저장 위치, 이름을 입력한다. [바탕화면에 폴더생성(응시번호) 후 저장]

② '마침'을 클릭한다.

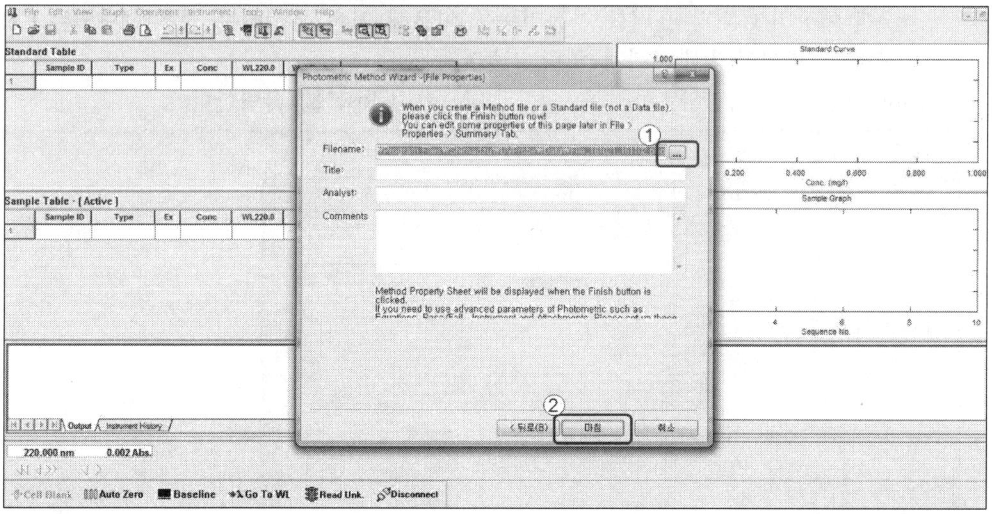

7) Instrument parameter 설정 : Instrument Parameters Tab 클릭

① Measuring Mode : Absorbance
② Slit Width : 2.0 nm
③ Detector Unit : Direct
④ S/R Exchange : Normal
⑤ 'Close'를 클릭한다.

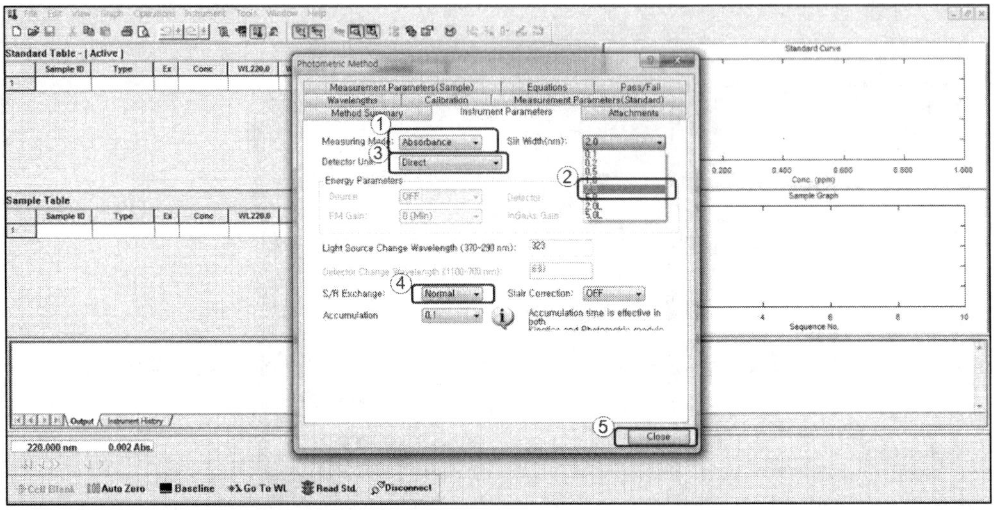

8) 6-Cell : Attachments Tab 클릭

① Attachments : '6-Cell'을 선택한다.
② Number of Cell : 1～5까지 입력한다.
→ 1개의 Cell과 홀더만 사용하는 경우 1을 입력한다.
→ 2개 이상의 Cell과 홀더를 자동기능을 이용해 연속 분석하는 경우 해당되는 Cell의 개수를 입력한다(최대 5까지 입력 가능).
③ 'Initialize'를 클릭한다.
④ 'Close'를 클릭한다.

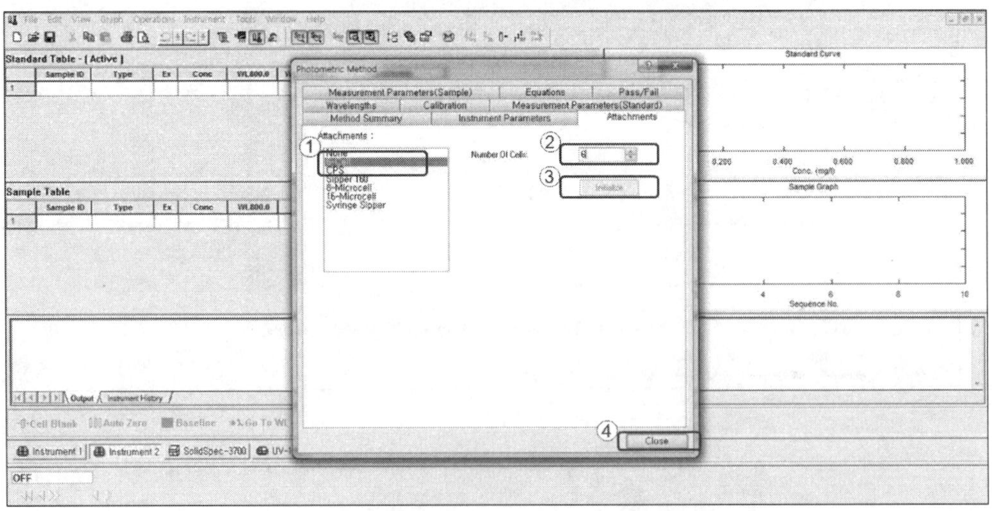

(2) Standard 분석 (Calibration Curve 작성)

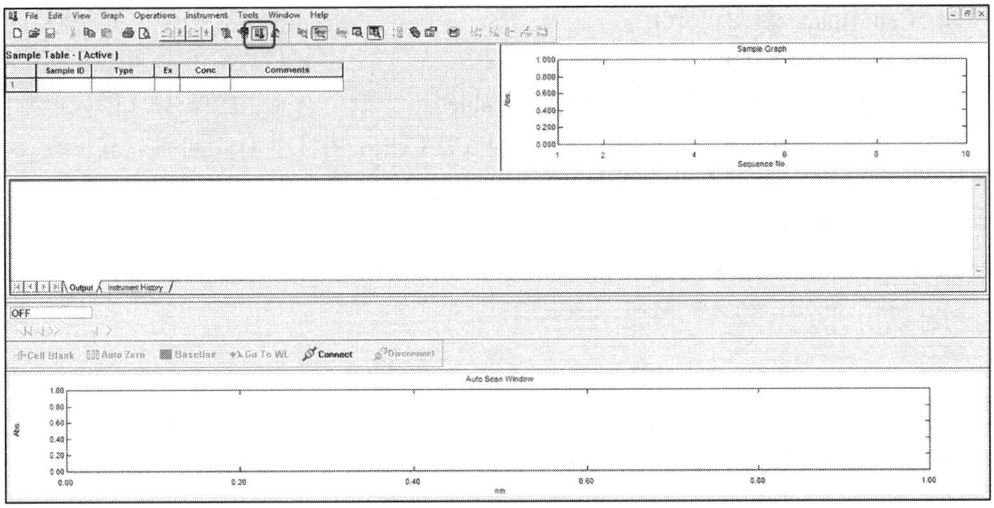

1) Standard Table 입력

① Sample ID : Standard 이름을 입력한다.

② Conc. : Standard 농도를 입력한다.

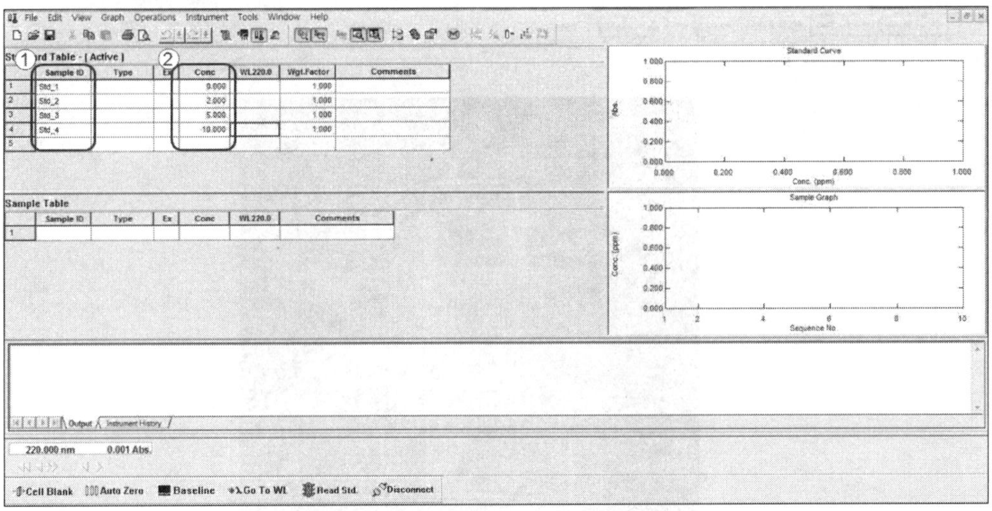

(3) Standard 측정

1) Number of Cell을 2-5로 설정한 경우

① Cell Holder 내에 아무것도 없는 상태에서 'Auto Zero'를 클릭한다.

② 6개의 셀에 Blank를 담아 5개를 6개 홀더 앞에서부터 장착한다(그림 3 참조).

③ 가장 뒤쪽에 있는 별도의 홀더 하나에 Blank(공시험)를 장착한다.
→ 별도의 홀더 Blank는 분석이 끝날 때까지 그대로 둔다(그림 3 참조).

④ ‘Cell Blank’를 클릭한다.

⑤ 보정 완료되면 OK

⑥ 6개 홀더에 표준용액이 담길 Cell을 Table에 입력한 순서대로 앞쪽부터 장착한다.
→ 이때, ④ 과정에서 각 홀더에 장착되었던 Cell의 위치가 서로 바뀌지 않도록 주의한다.
→ 예시 : Blank 측정을 위해 1번에 장착했던 Cell은 계속해서 1번 위치에서 사용해야 한다.

⑦ ‘Read Std’를 클릭한다.

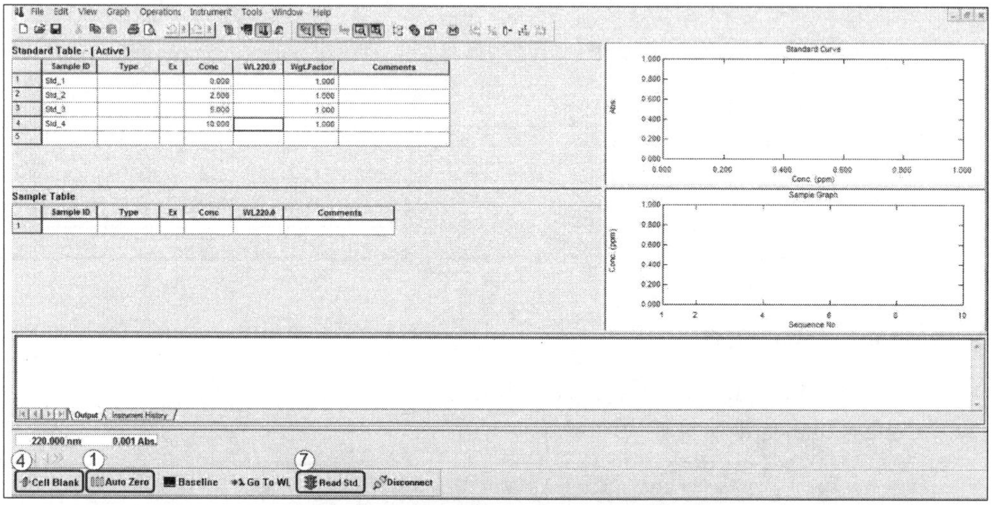

〈그림 3〉 Cell 홀더

2) Number of Cell을 1로 설정한 경우

① Cell Holder에 Cell이 없는 상태에서 'Auto Zero'를 클릭한다.
② 기기 내부 6개의 홀더 중 가장 앞 쪽 홀더에 Blank를 장착한다(그림 4참조).
③ 가장 뒤쪽에 별도로 있는 홀더에 Blank를 장착한다.
(별도 홀더 Blank는 분석이 끝날 때까지 그대로 둔다)
④ 'Cell blank'를 클릭한다.
⑤ Standard Table에 기입한 첫 번째 샘플을 6개의 홀더 가장 앞쪽에 장착한다(그림 4 참조).
⑥ 'Read Std'를 클릭한다.
⑦ Standard Table에 기입한 순서대로 ⑤~⑥을 반복 분석한다.

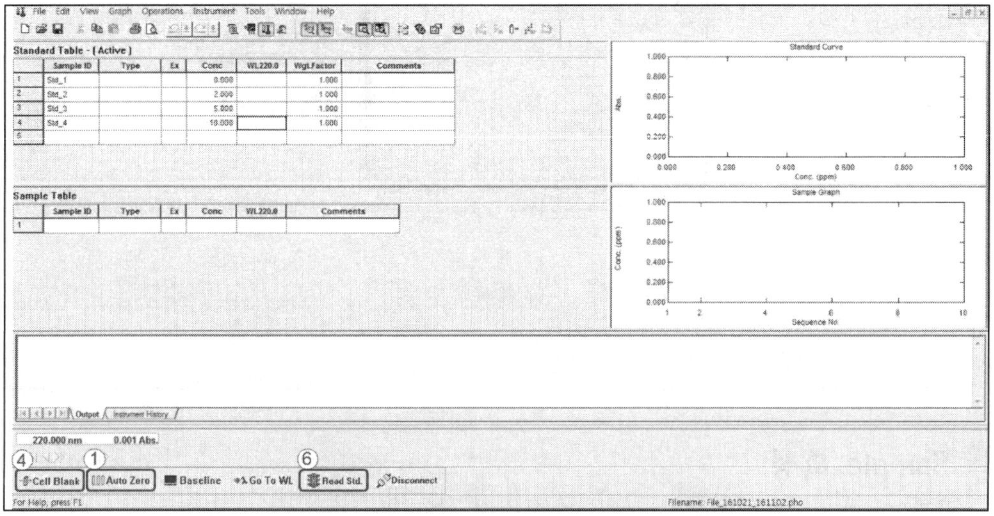

〈그림 4〉 Cell 홀더

(4) Calibration Graph 확인하기

① Standard Curve 위에서 마우스 오른쪽 버튼을 클릭한다.
② 'Properties'를 클릭한다.
③ 'Equation', 'Correlation Coefficient r2'를 체크 후 창을 닫는다.
④ Standard Curve 식은 검정곡선 아래에 표시된다.

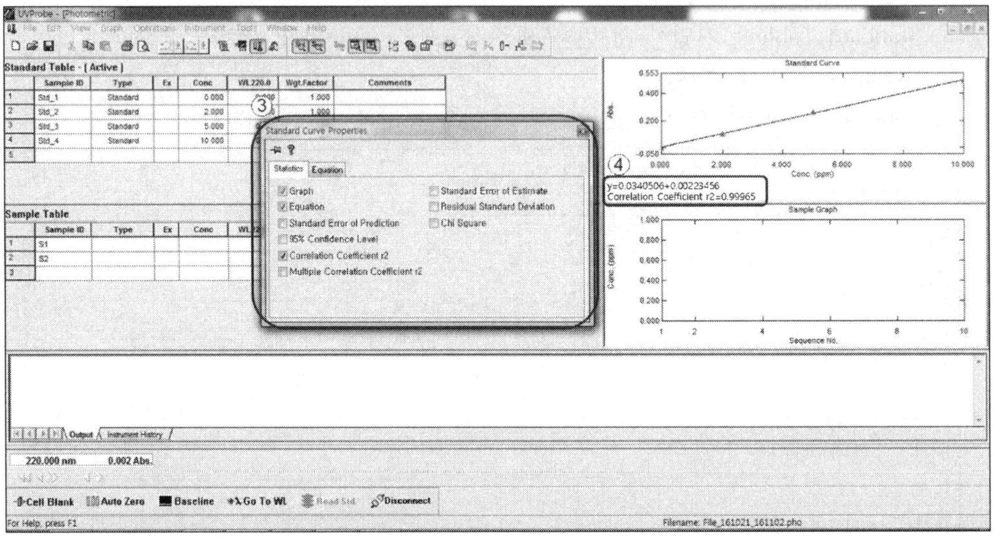

4 Sample 측정

(1) Sample Table 입력

① Sample ID : Sample 이름을 입력한다.

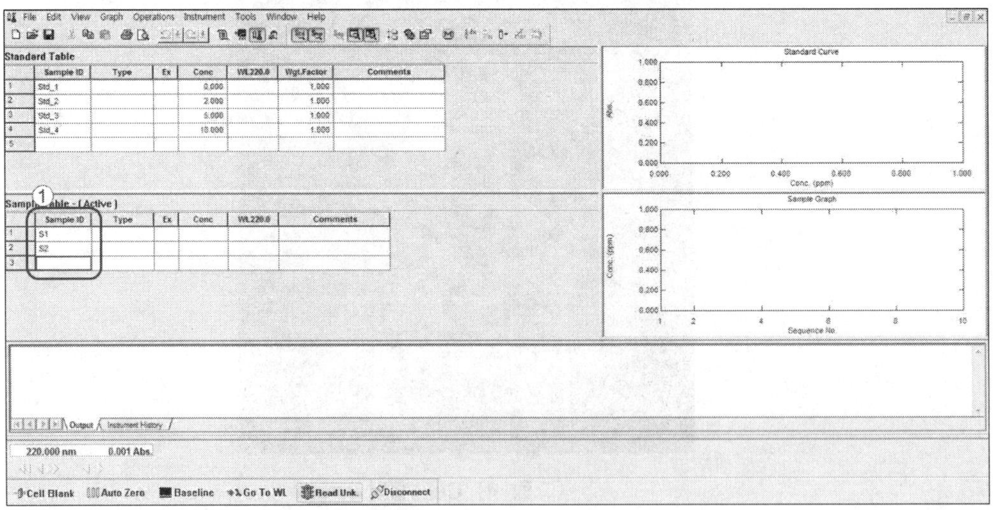

(2) Sample 분석

1) Number of Cell을 2-5로 설정한 경우

→ 1로 설정하는 경우 2) 참조

① 장착되어 있는 Standard Cell을 제거한다.

② 6개의 홀더에 Sample이 담길 Cell을 Table에 입력한 순서대로 앞쪽부터 장착한다.

→ 이때 '3.2 (2) ④ Cell Blank' 과정에서 각 홀더에 장착되었던 Cell의 위치가 서로 바뀌지 않도록 주의한다(그림 5 참조).

→ 예시 : Blank일 경우 1번에 장착했던 Cell은 계속해서 1번 위치에서 사용한다(그림 5 참조).

→ 시료가 5개 이하면 차례대로 시료 개수만큼 장착한다.

③ 'Read Unk'를 클릭한다.

→ 시료가 6개 이상이면 Read Unk를 클릭 후 6번 시료는 1번 Cell, 7번 시료는 2번순으로 장착하여 Read Unk를 클릭한다.

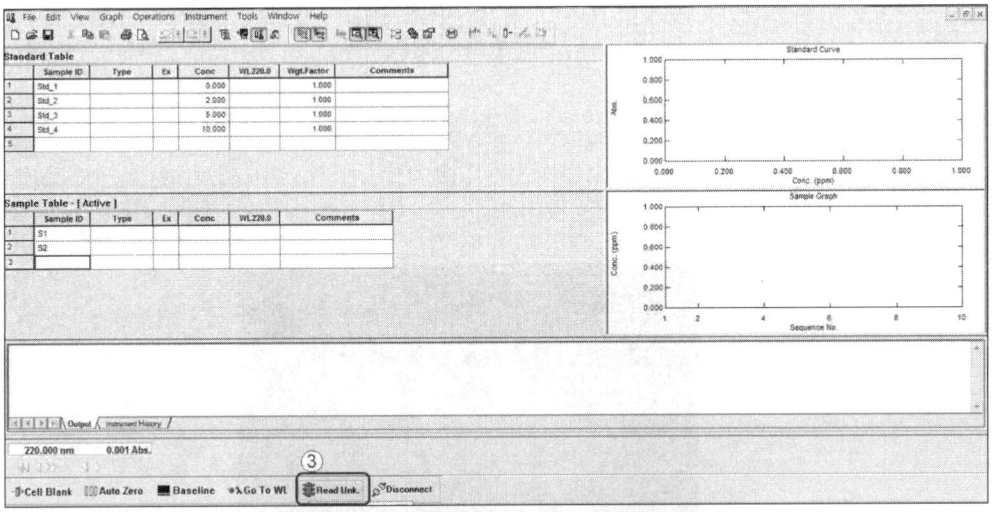

〈그림 5〉 Cell 홀더

2) Number of Cell을 1로 설정한 경우

① Sample Table에 적은 첫 번째 시료를 6개의 홀더 중 가장 앞쪽에 장착한다.
→ 별도 홀더에 있는 Blank는 그대로 둔다(그림 6 참조).

② 'Read Unk'를 클릭한다.

③ Sample Table에 기입한 순서대로 ①~②를 반복 분석한다.

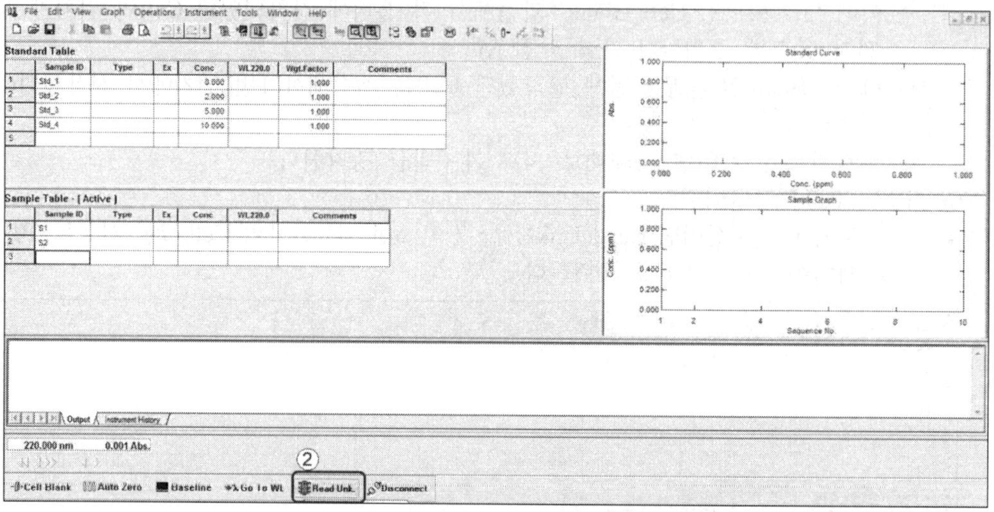

〈그림 6〉 Cell 홀더

5 저장하기

(1) 최종적으로 PC에 저장을 하려면 디스켓 모양의 버튼 을 클릭

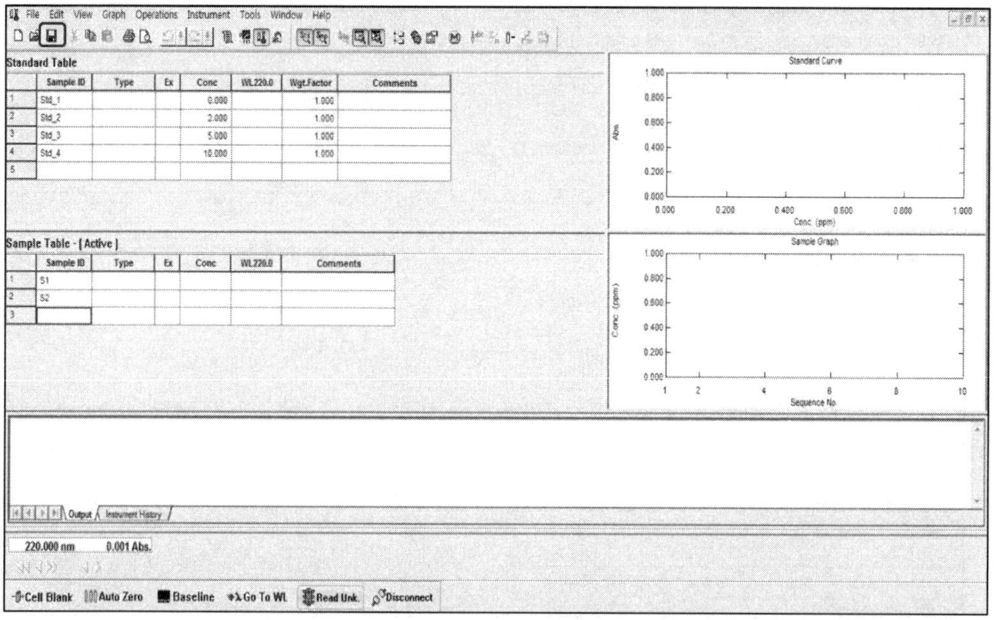

(2) [File]–[Save As]를 클릭하여 파일경로와 이름을 지정하여 저장

(바탕화면, 폴더 생성 후 응시번호 저장)

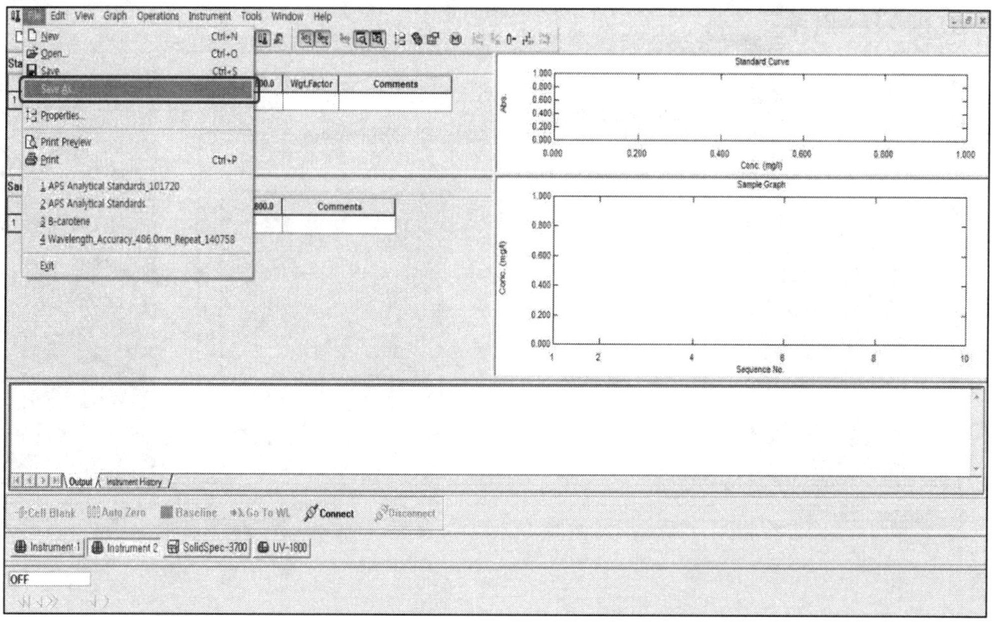

6 보고서 출력하기

(1) Report 클릭

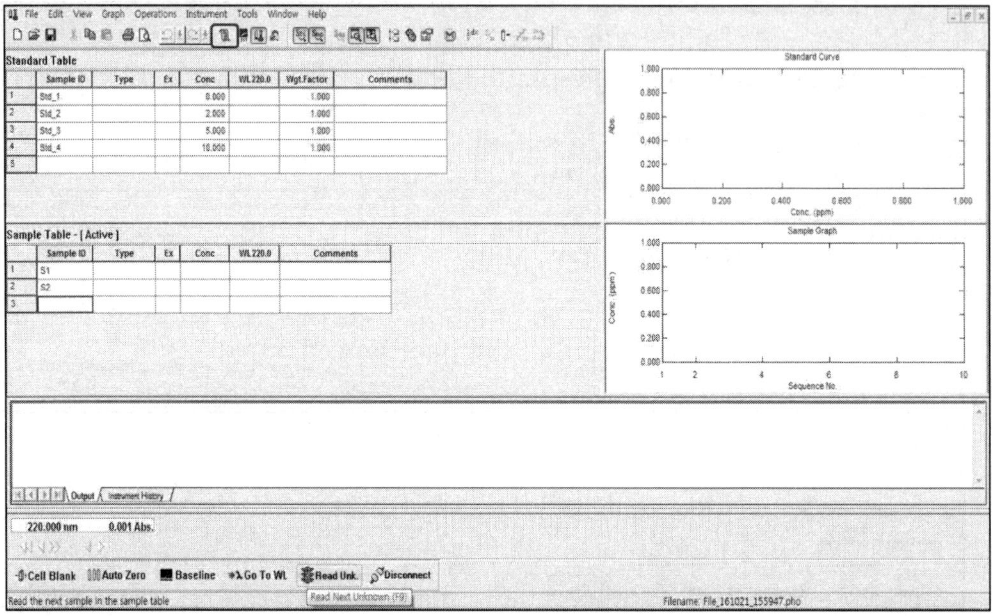

(2) [File]–[Open] 클릭

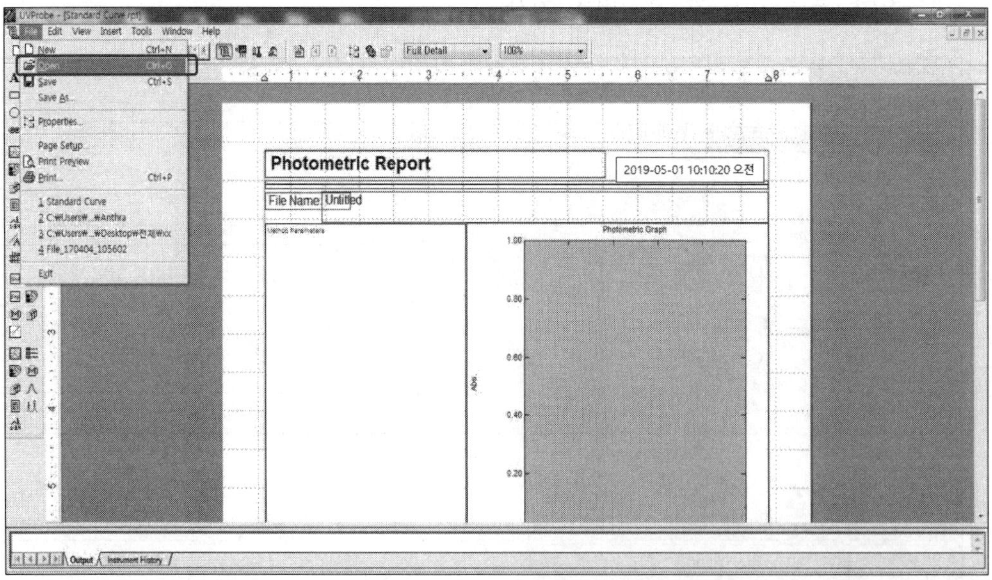

(3) Standard Curve 선택, 열기 클릭

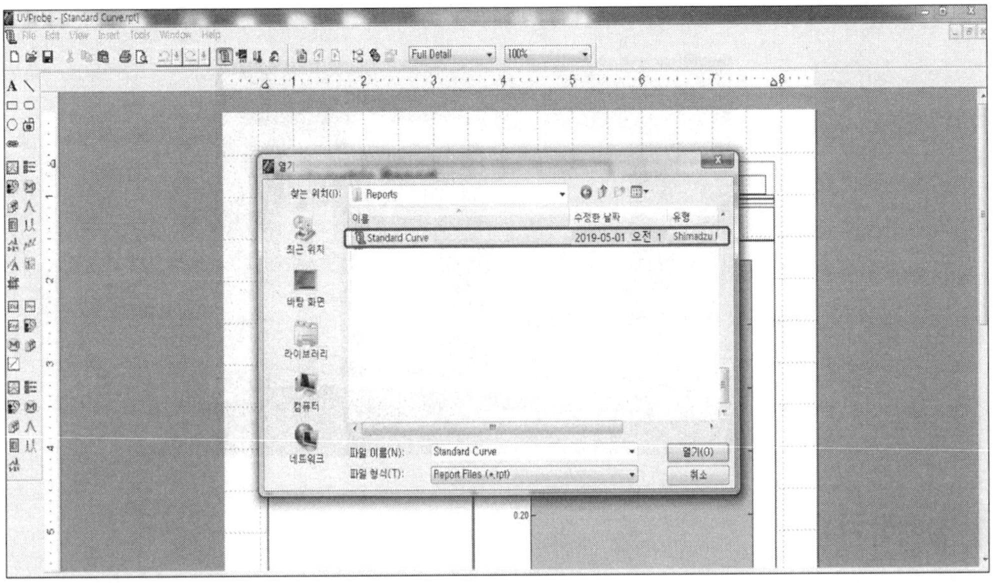

(4) Print 클릭

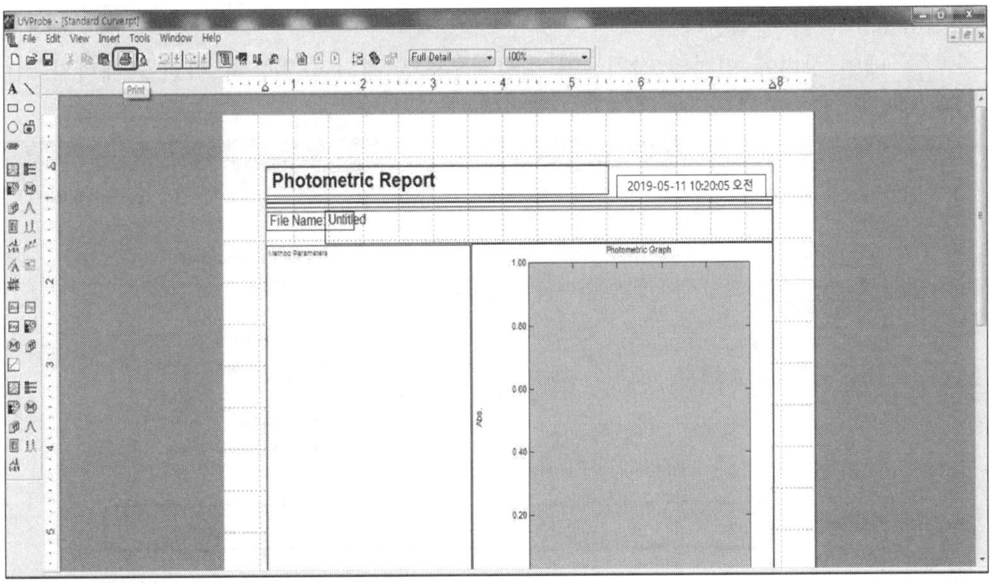

2 원자흡광광도법(모델 : novAA400F)

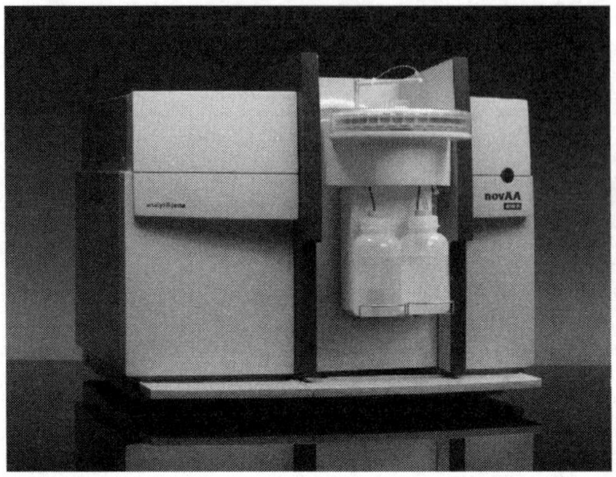

1 실행하기

(1) 바탕화면에서 AspectLS 아이콘을 더블 클릭

① 'Flame'에 체크한다.
② Operator에 이름을 적는다.
③ 'Initialize'를 클릭한다.
→ 메인 장비에 연결된 장치들이 정상적으로 연결되어 있는지 확인될 때까지 기다린다.
④ 'OK'를 클릭한다.

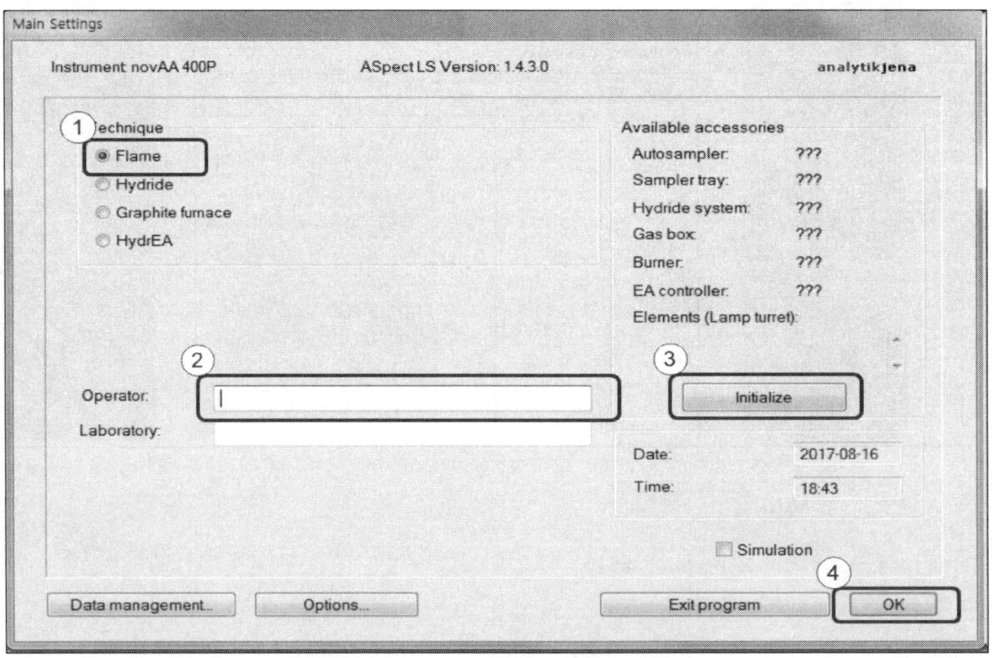

⑤ AspectLS 소프트웨어의 작업공간이 표시되고 프로그램이 Initialize 하는 동안 기다린다.
→ 왼쪽 아이콘들이 활성화되면 분석을 시작한다.

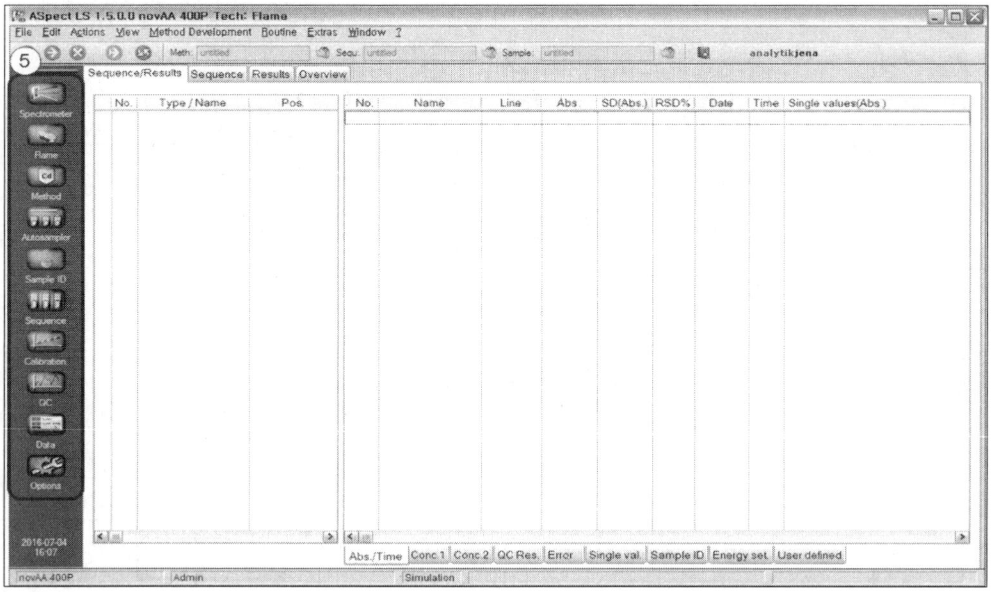

2 분석항목 설정 및 점화

(1) 분석항목 설정

1) Spectrometer Tab  클릭

① 분석 대상 원소 선택 : 'Element'를 클릭한다.

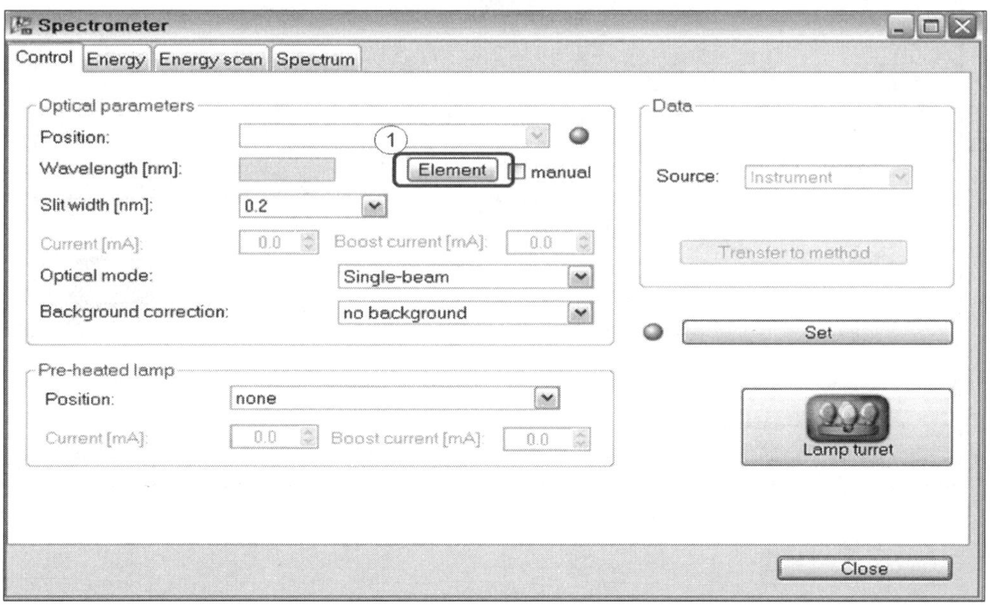

② 분석 대상 원소 클릭 → ③ 파장 선택 → ④ 'OK'를 클릭한다.

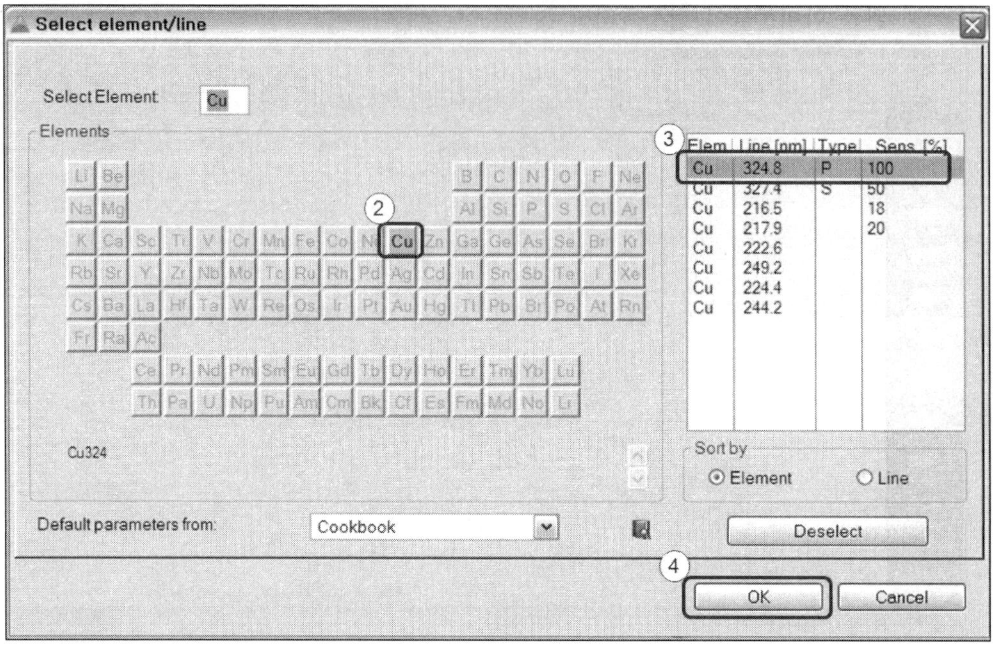

→ 화면에 선택한 원소가 표시된다.

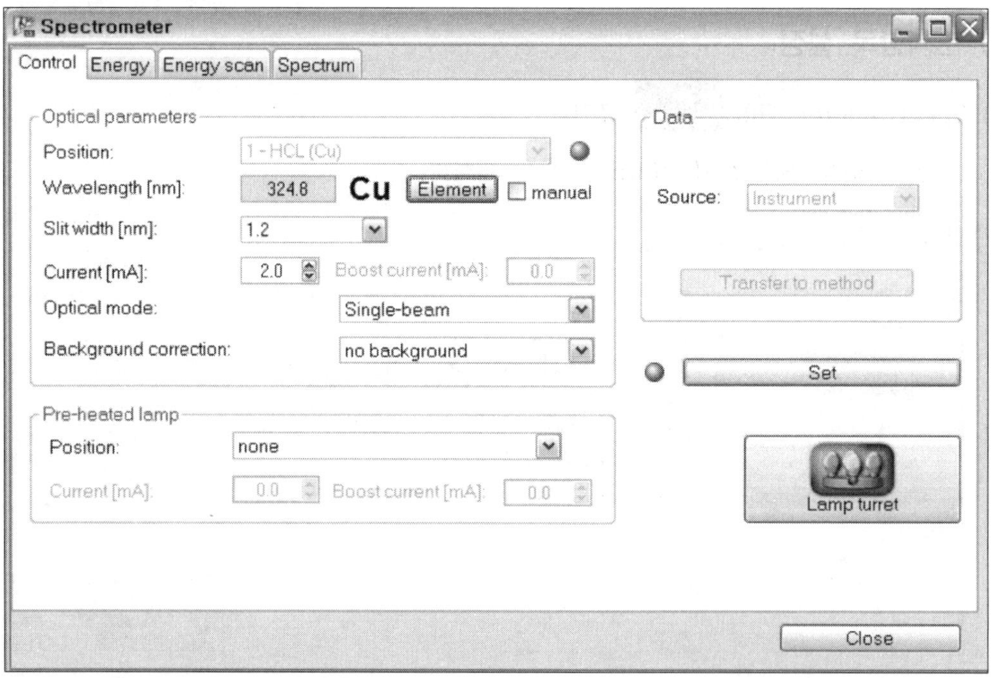

⑤ Background correction에서 D2 background를 선택하고 ⑥ 'Set'을 클릭한다.

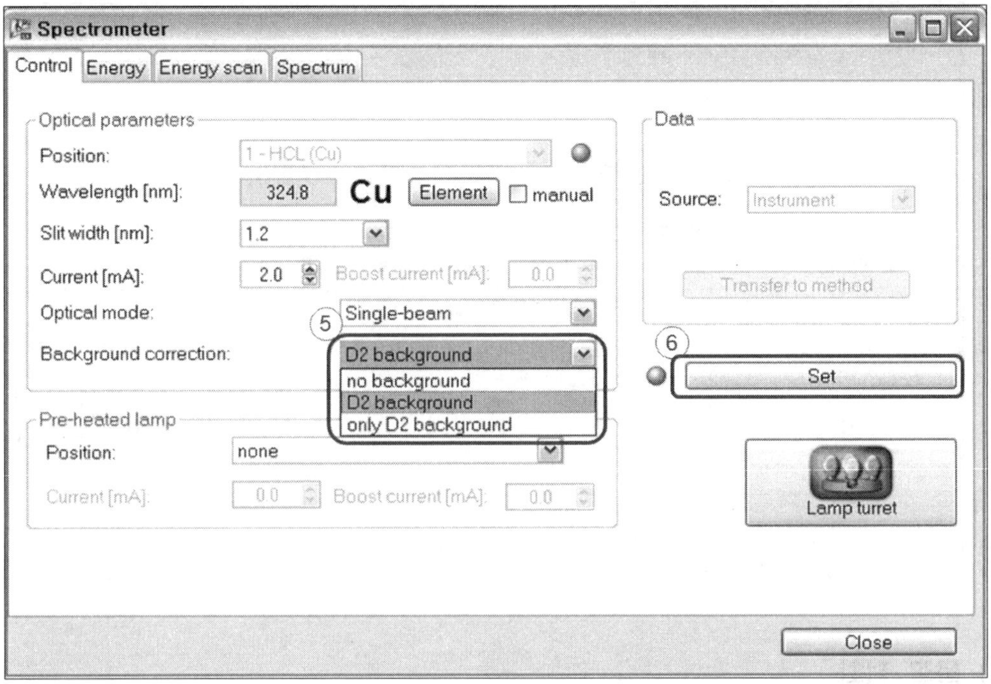

⑦ 'Continue'를 클릭한다. ➜ HCL 램프가 5분 동안 자동 예열된다.

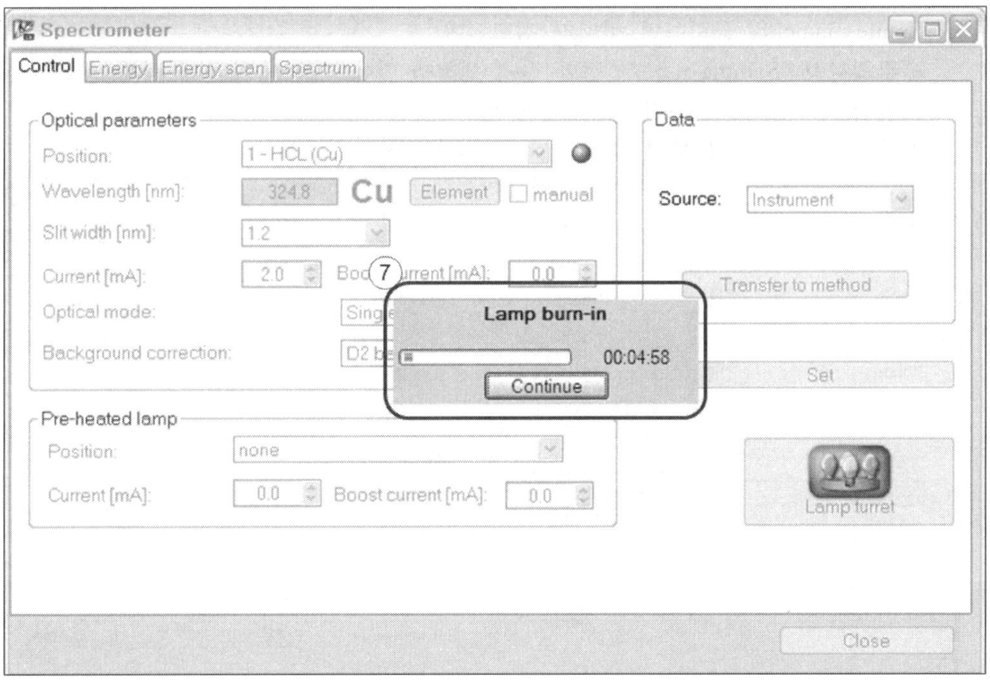

⑧ Set에 초록불이 들어오면 램프의 설정이 완료된 것이며 ⑨ 'Close'를 클릭하면 완료된다.

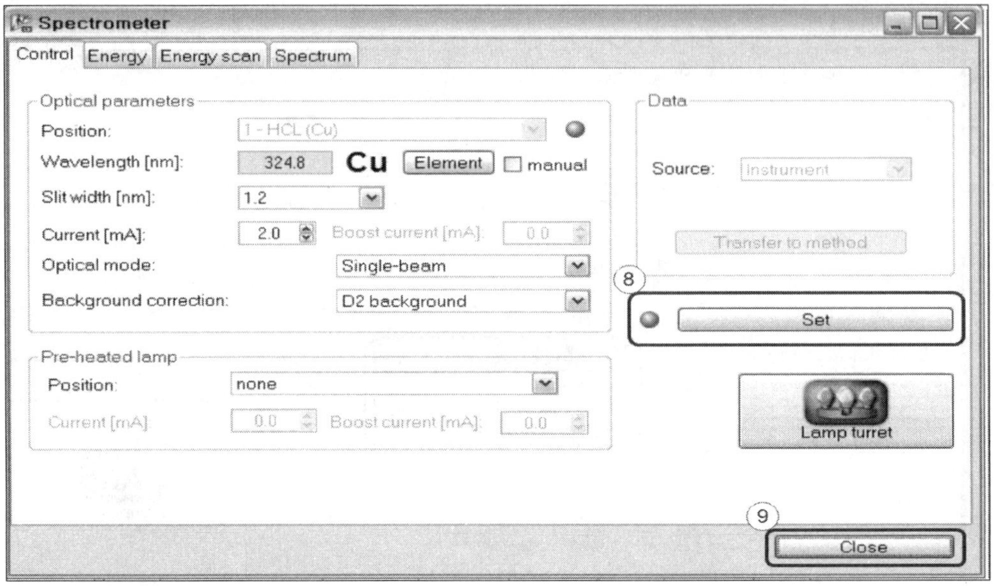

(2) 불꽃 점화

1) Flame Tab  클릭

① 'Ignite flame'을 클릭하면 버너가 점화된다.

※ 주의사항 : Sample tube가 점화 전에 세척액 안에 있으면 증기에 의해 점화가 한 번에 안될 수 있으므로 공기 중에 빼 놓는다.

② 점화가 잘 되었는지 확인 후 'Close'를 클릭하면 불꽃 점화가 완료된다.

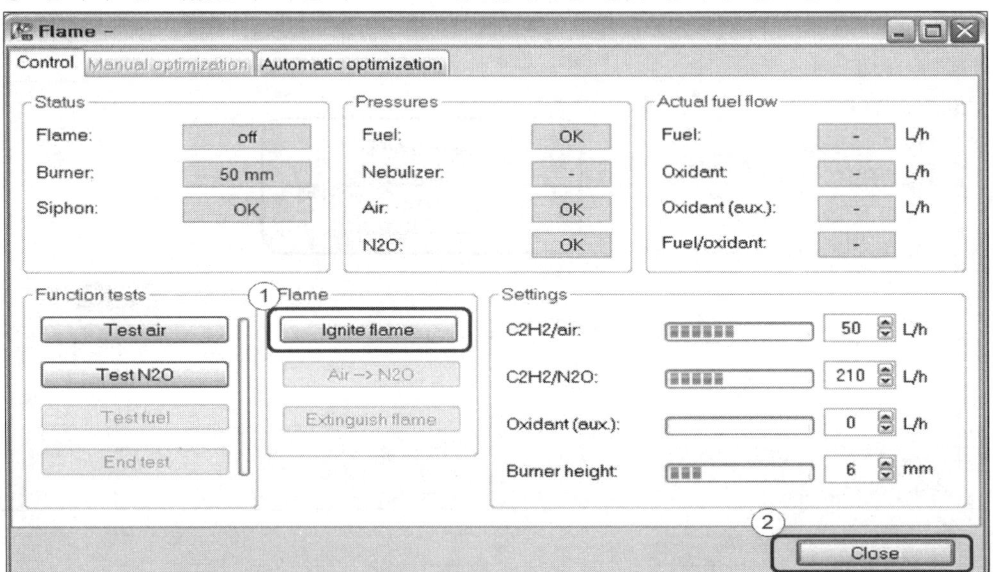

3 Method 설정

(1) Method 클릭

① 'Append'를 클릭한다.

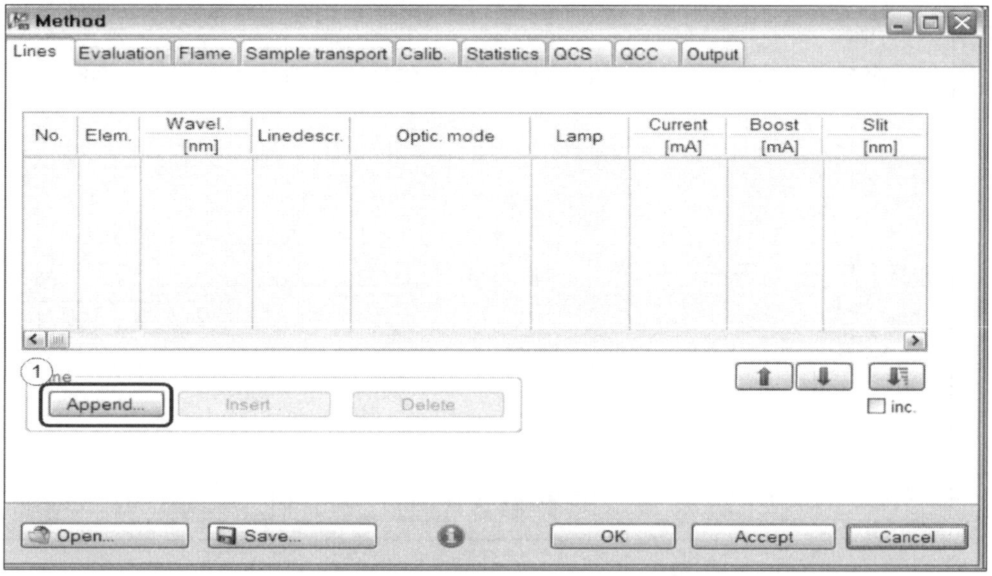

(2) Select Element/Line 화면이 활성화 됨

① 분석하고자 하는 원소를 클릭 후, ② 파장을 선택한 다음 ③ 'OK'를 클릭한다.
※ 분석할 원소를 선택하면 Method는 자동적으로 기본값으로 설정된다.

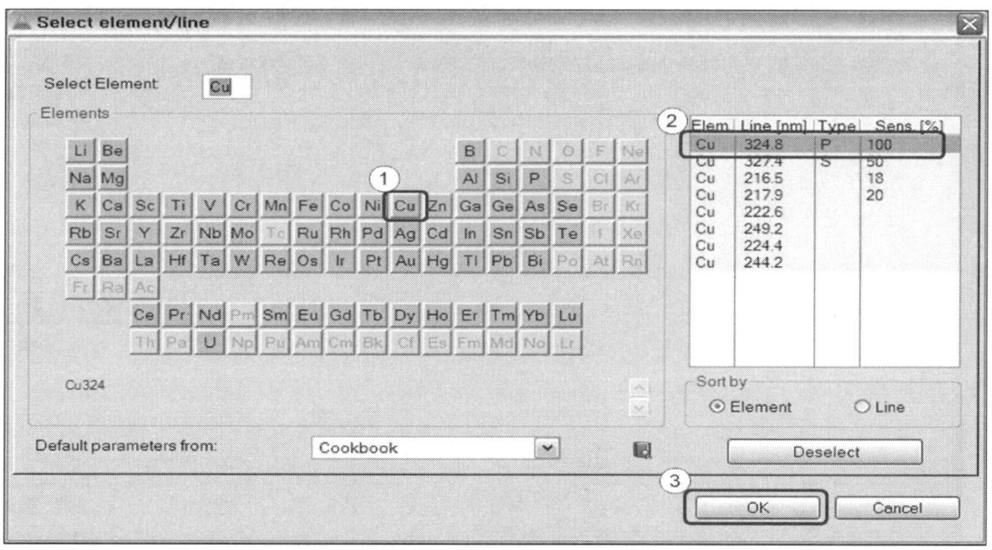

1) Lines Tab 클릭 : 분석할 원소로 설정이 되었는지 확인한다.

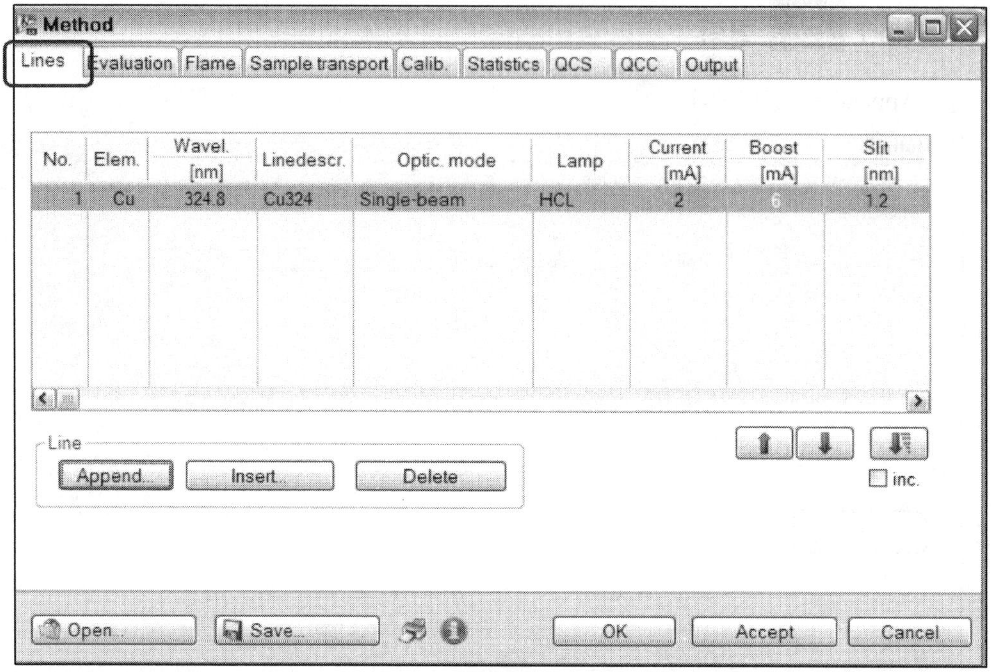

2) Evaluation Tab 클릭 : 기본값으로 설정되어 있는 것으로 확인한다.

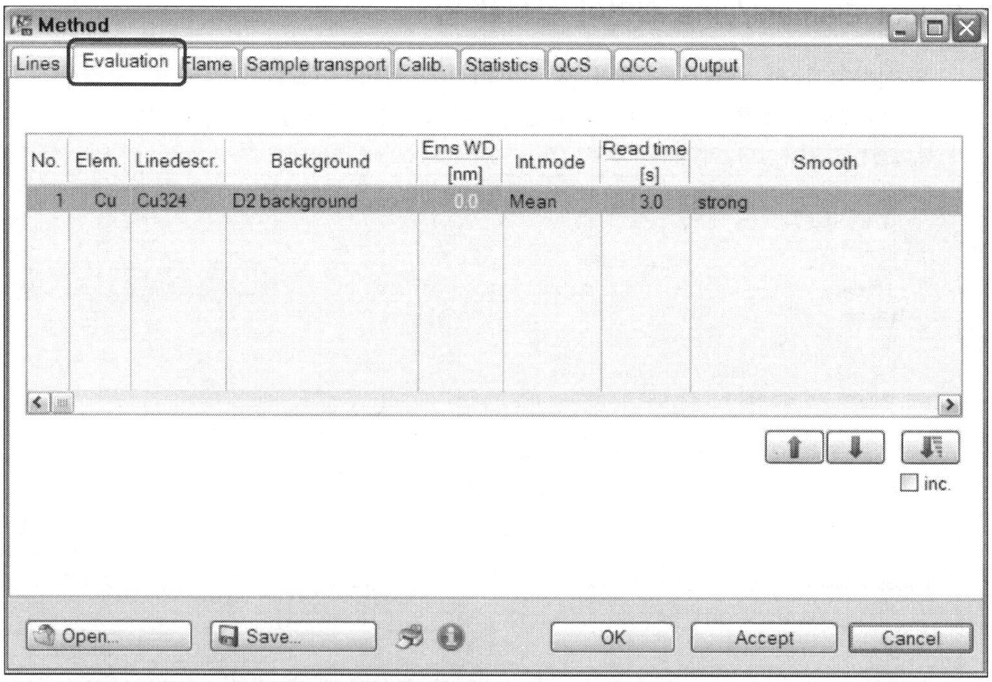

3) Flame Tab 클릭

① Burner/Nebulizer에서 Type을 100 mm를 선택하며, 나머지는 기본값으로 설정되어 있으므로 확인만 한다.

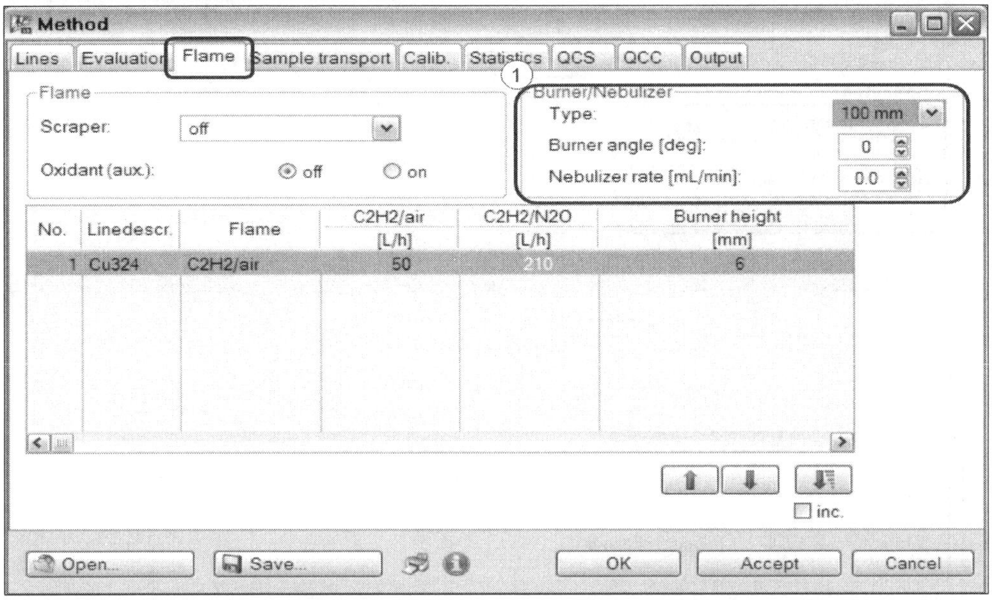

4) Sample transport Tab 클릭

① Wash off로 선택, ② Delay times[s]를 8초로 바꿔주며, 나머지는 기본값으로 설정되어 있으므로 확인만 한다.

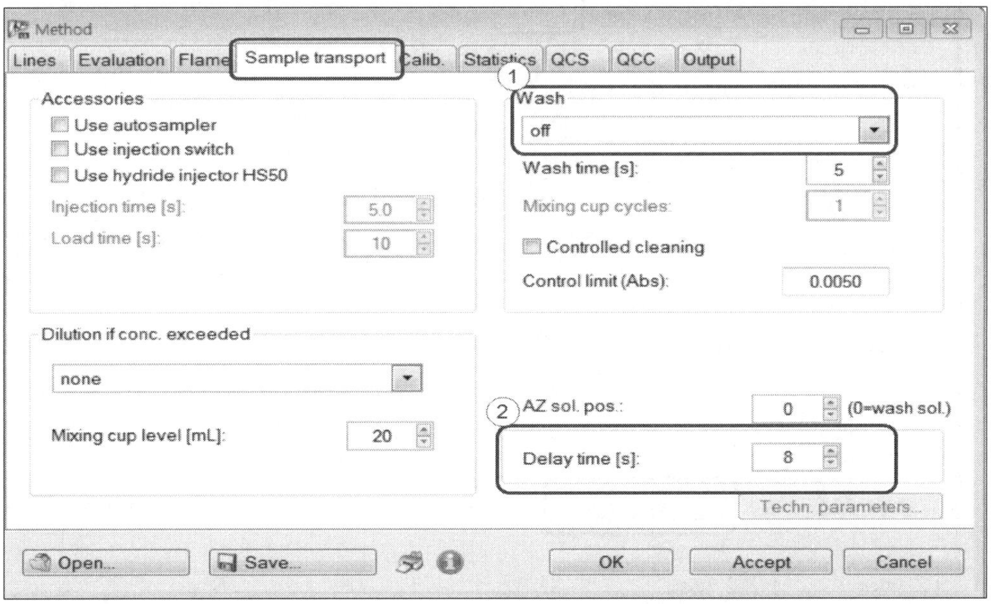

5) Calib. Tab 클릭

① Calibration mode에서 Standard calibration을 선택하며, 나머지는 기본값으로 설정되어 있으므로 확인만 한다.

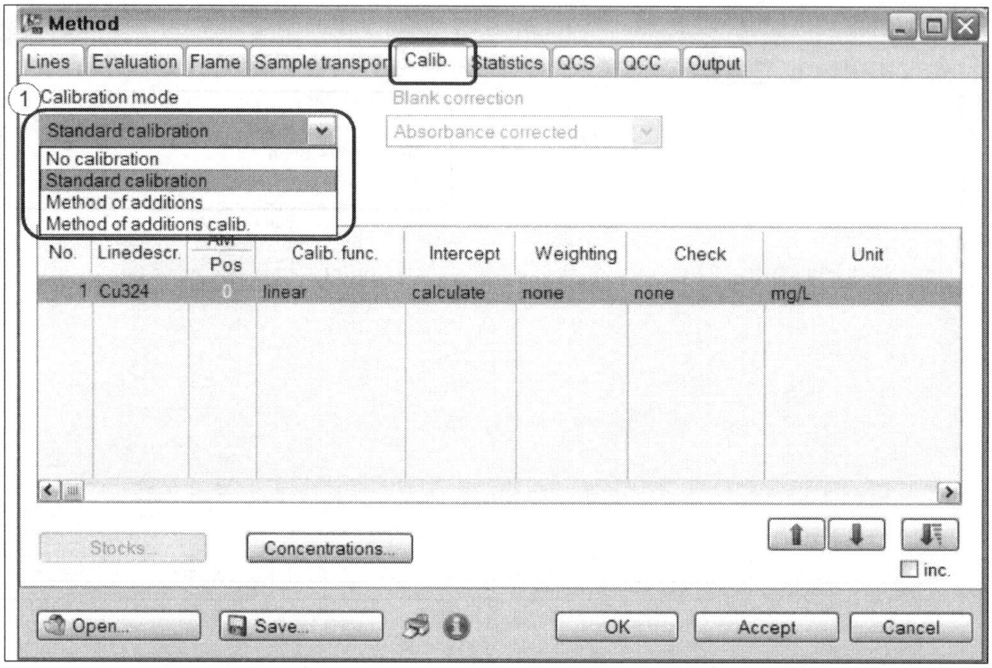

② 'Concentrations'를 클릭한다.

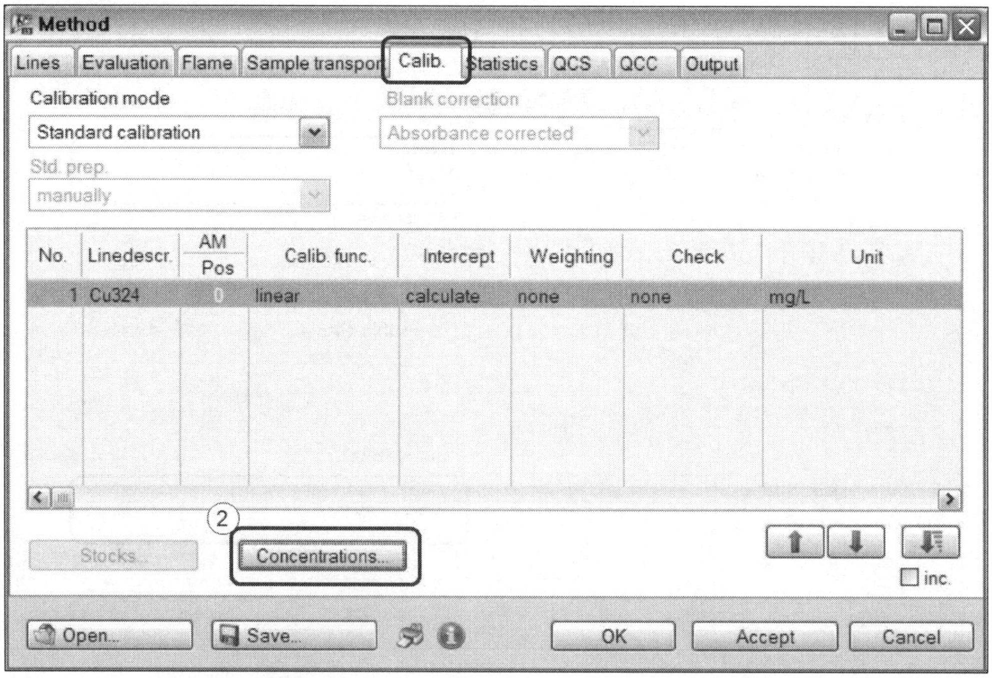

6) Cal-Zero에는 Blank 개수를 넣고 Cal. Standards에는 표준용액 개수를 입력

① Cal-Zero : 1(선택 숫자는 응시자가 선택)

② Cal-Standards : 3~5(선택 숫자는 응시자가 선택)

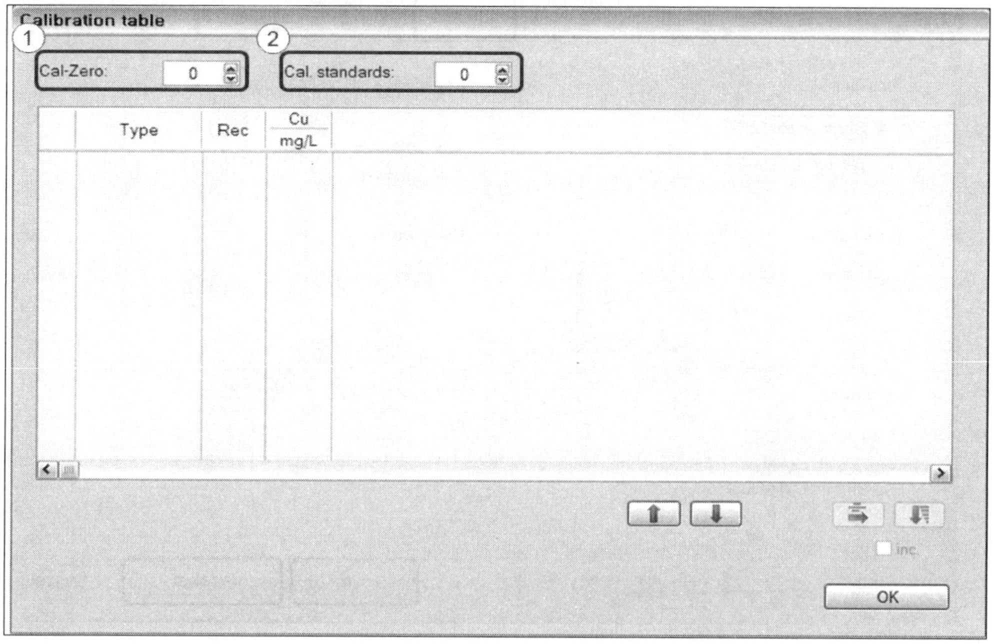

③ 농도라인(mg/L)을 더블 클릭한다. ➜ 표준용액의 농도를 입력한다.

④ 'OK'를 클릭한다.

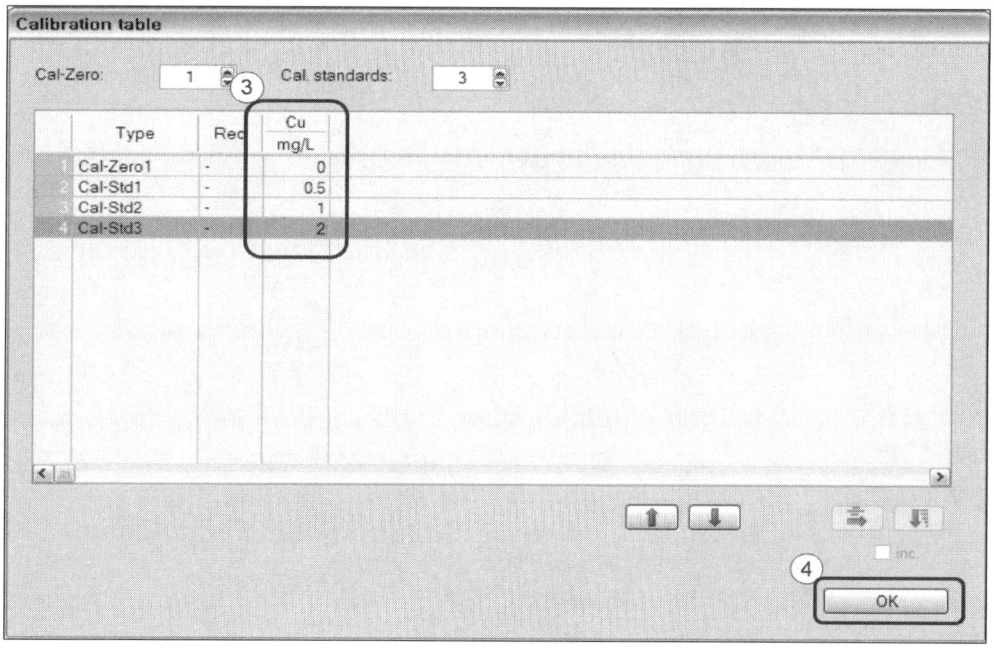

7) Statistics Tab 클릭 : 기본값으로 설정되어 있으므로 확인만 한다.

① 'Accept' 클릭 후, ② 'OK'를 클릭한다.

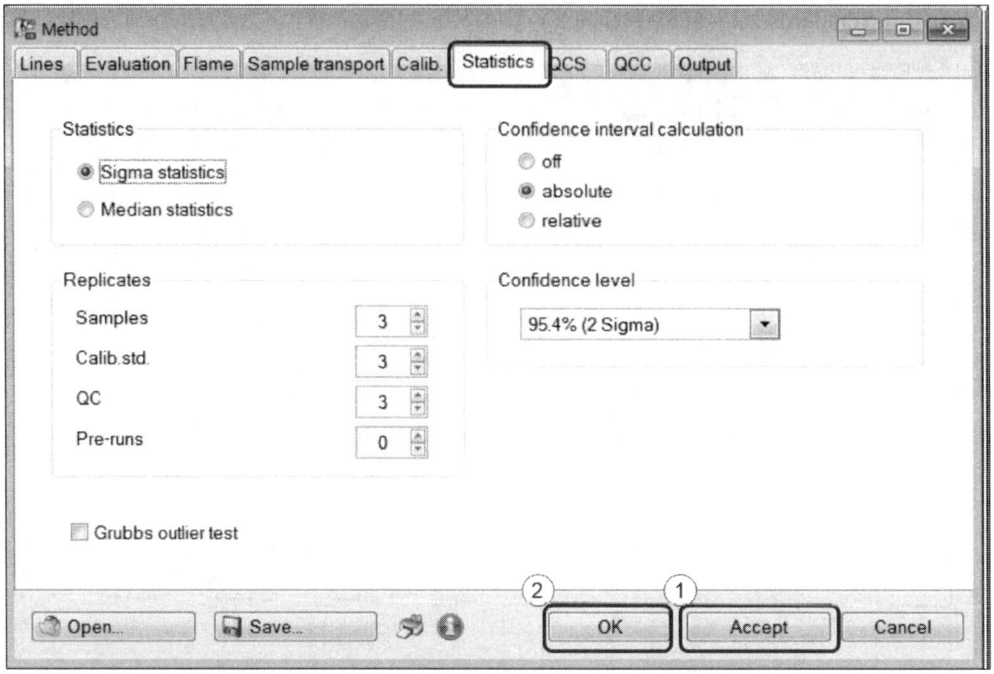

4 시료순서 설정

(1) Sequence 클릭

① 'Append'를 클릭한다.

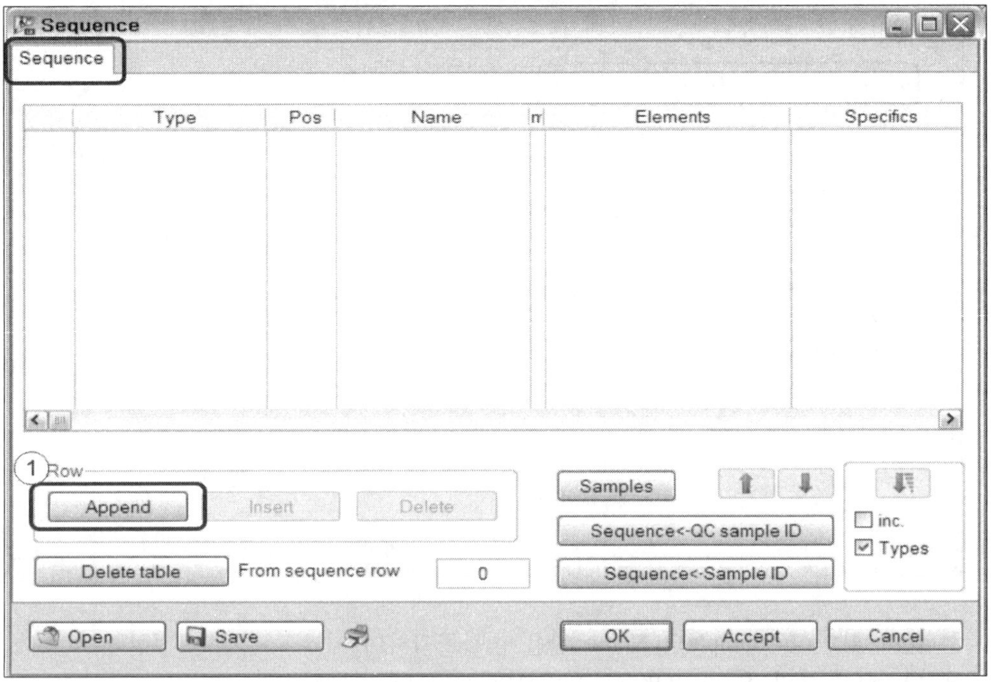

② Calibration 선택 후 ③ 'Accept'를 클릭한다.

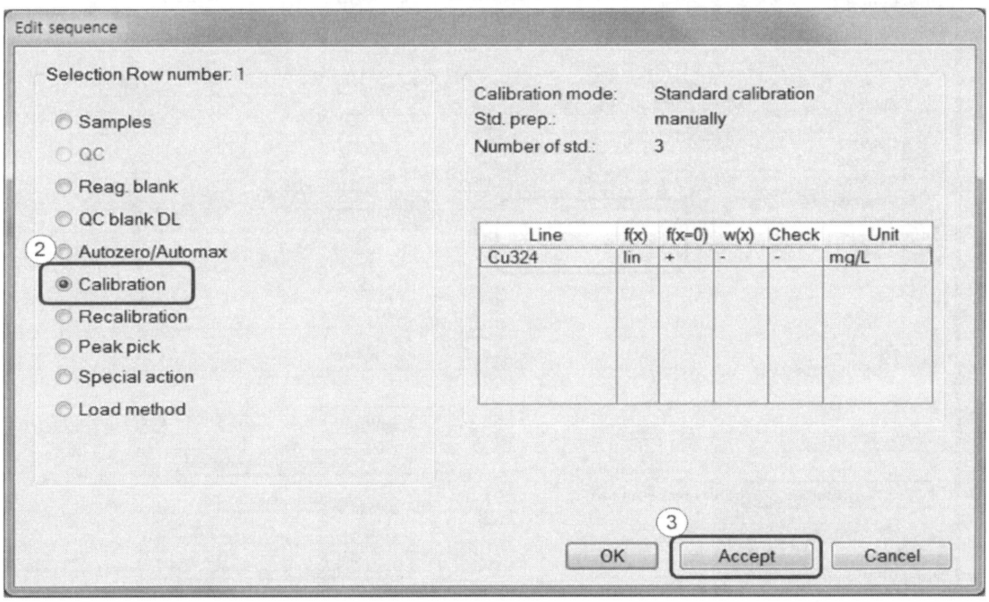

④ Sample을 선택 후 Number에 분석할 시료 개수만큼 입력, ⑤ 'Accept' 클릭 후 ⑥ 'Cancel'을 클릭한다.

※ 측정순서 모두 입력 후 Cancel을 클릭하여 빠져나온다. OK를 클릭하면 순서가 한번 더 설정되고 빠져 나온다.

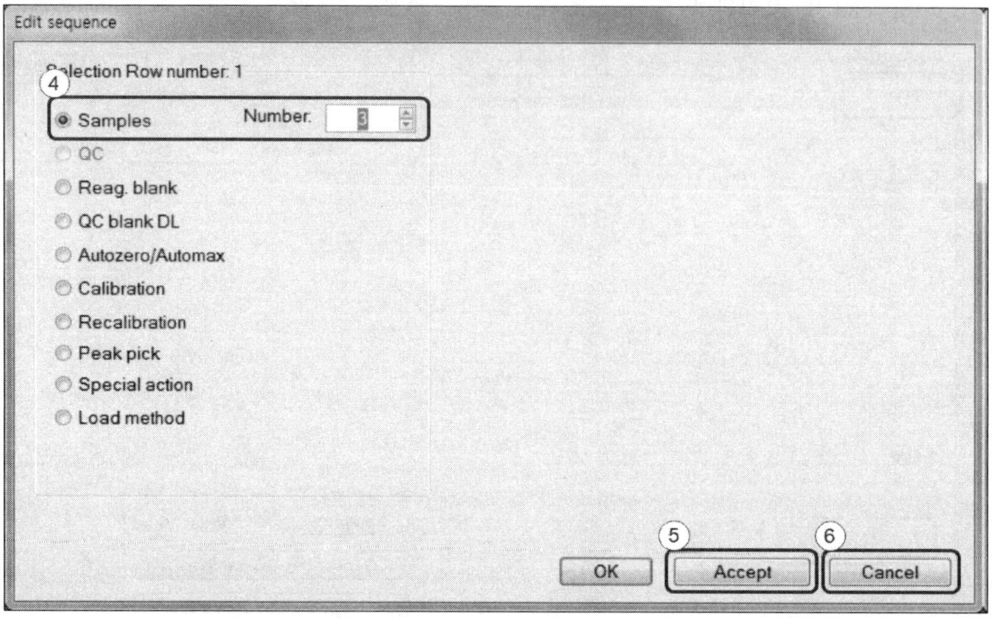

⑦ 순서 확인 후 Sample의 Name 칸을 더블클릭하여 시료 이름을 작성한다.

⑧ 'Accept' 클릭 후 ⑨ 'OK'를 클릭하면 설정 완료된다.

※ AspectLS 소프트웨어의 작업공간에 분석자가 작성한 분석순서가 나타난다.

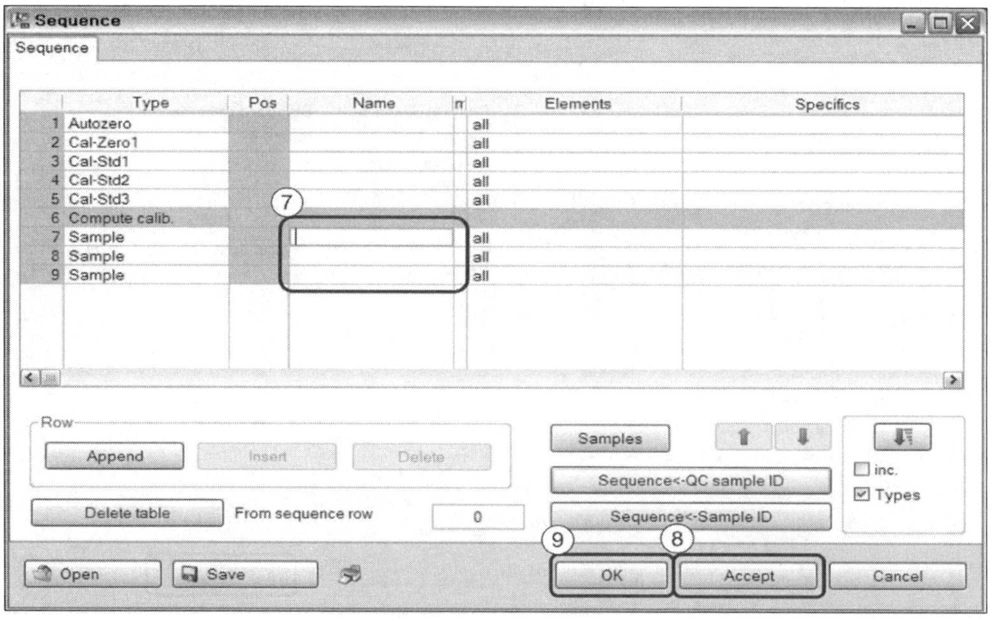

5 분석시작

(1) 클릭

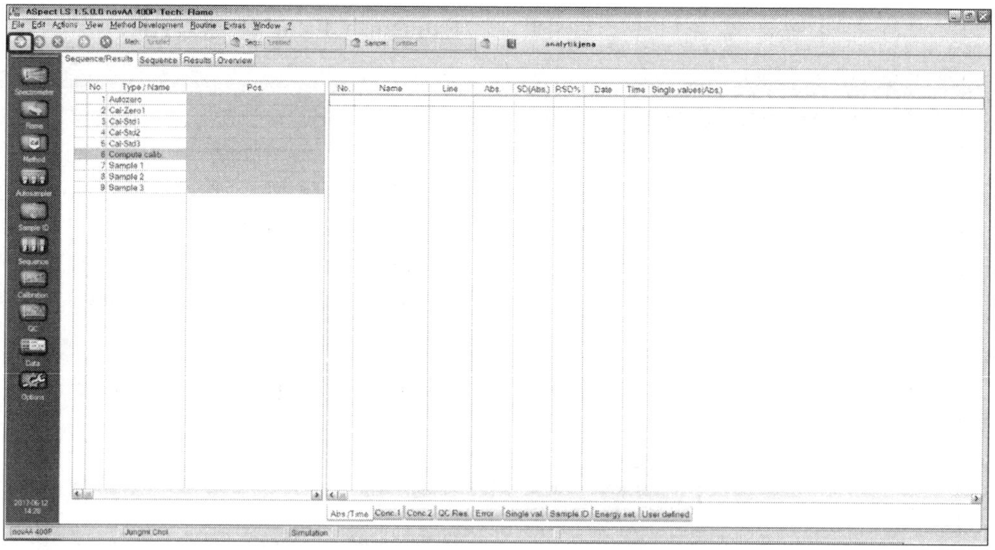

① Results file의 Name에 결과파일을 저장할 이름을 입력한다.
② 'OK'를 클릭한다. ➜ 분석결과가 자동 저장되며 자동으로 분석이 시작된다.

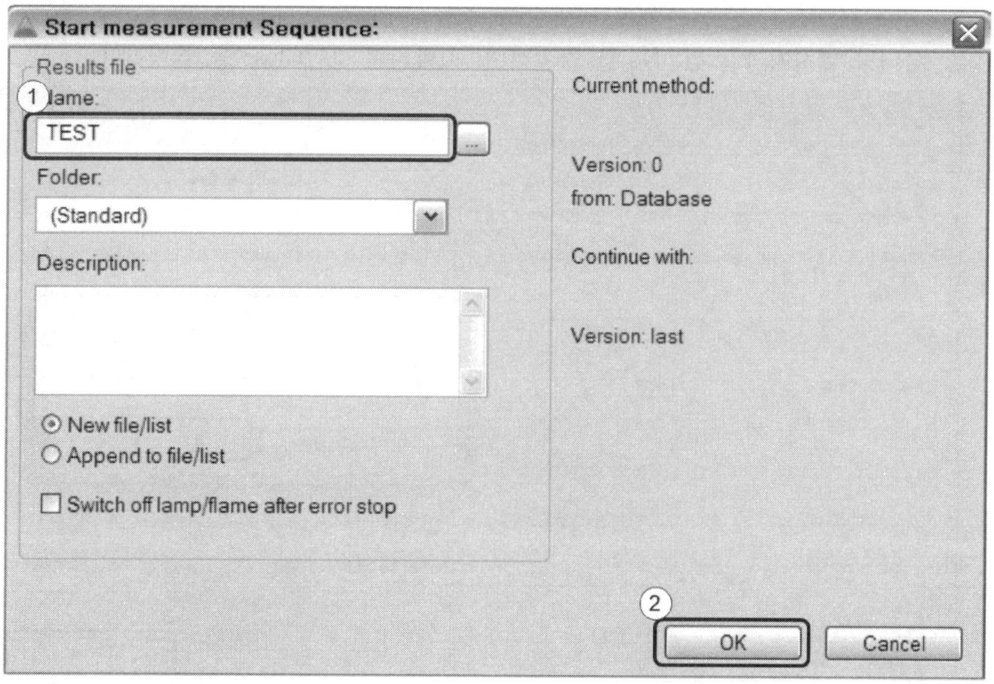

6 분석 종료

(1) Flame 클릭

① 모든 분석 종류 후 버너를 소화시킬 때 'Extinguish flame'을 클릭한다.

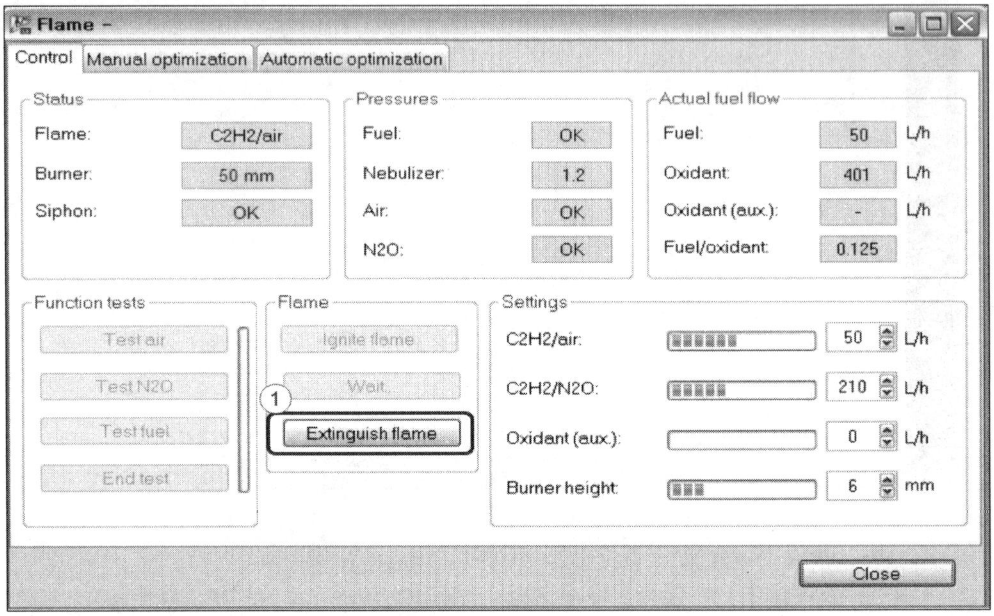

② 클리닝 메시지가 뜨면 'No'를 클릭하며, 소화되면 ③ 'Close'를 클릭한다.

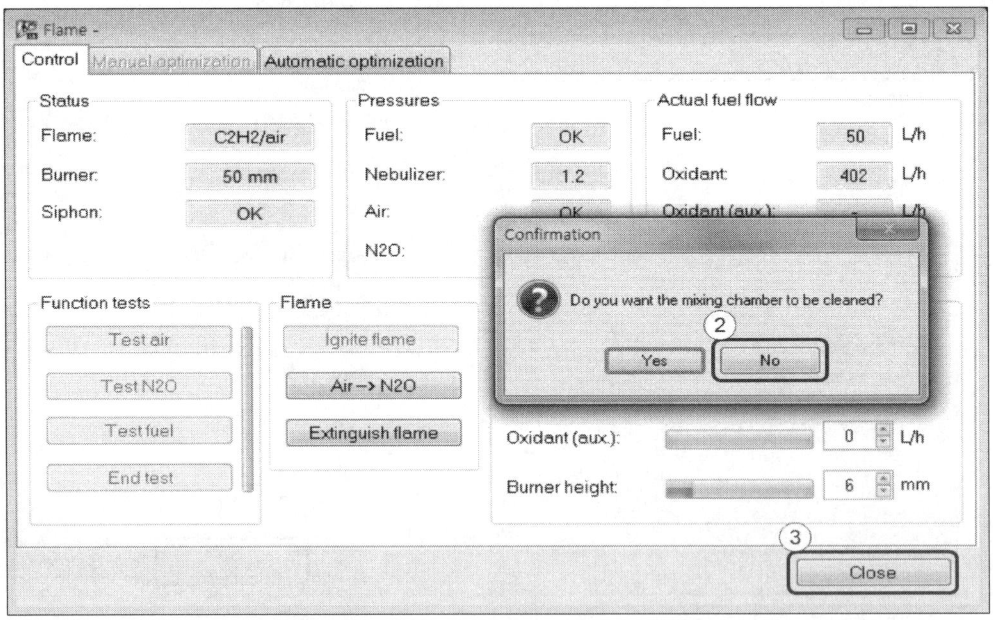

7 자료 확인

(1) Data 을 클릭

1) Reports Tab 선택

①을 클릭하여 출력할 파일이 저장되어 있는 폴더를 선택한다.

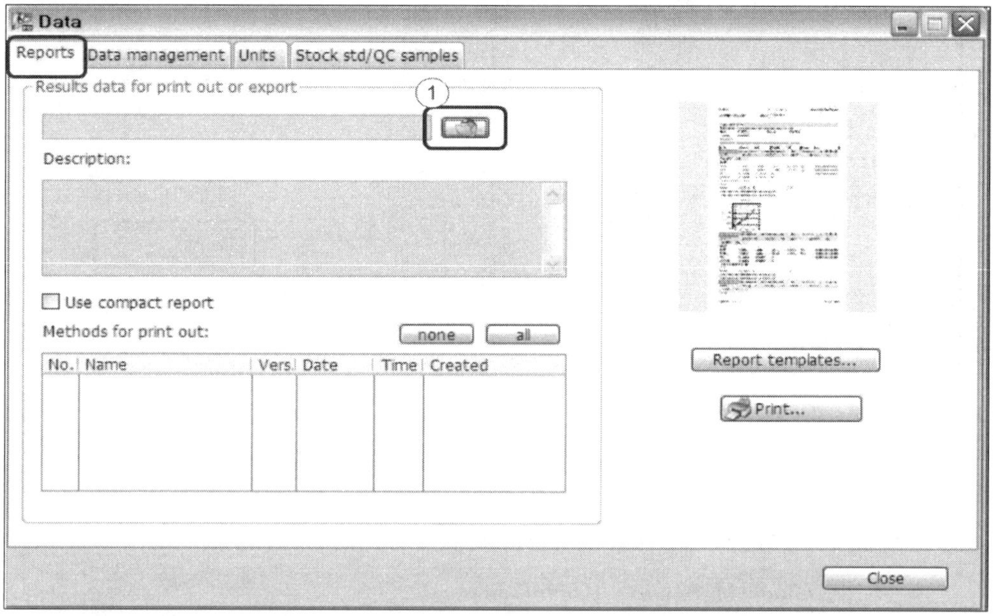

② 출력할 파일을 선택하고 ③ 열기를 클릭하여 파일을 연다.

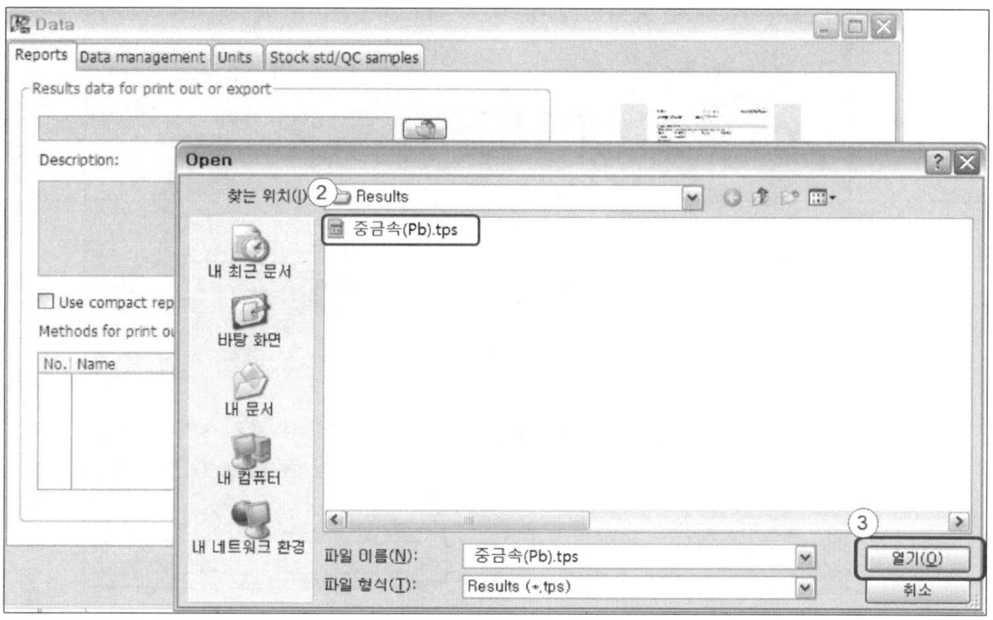

④ 'Print'를 클릭한다.

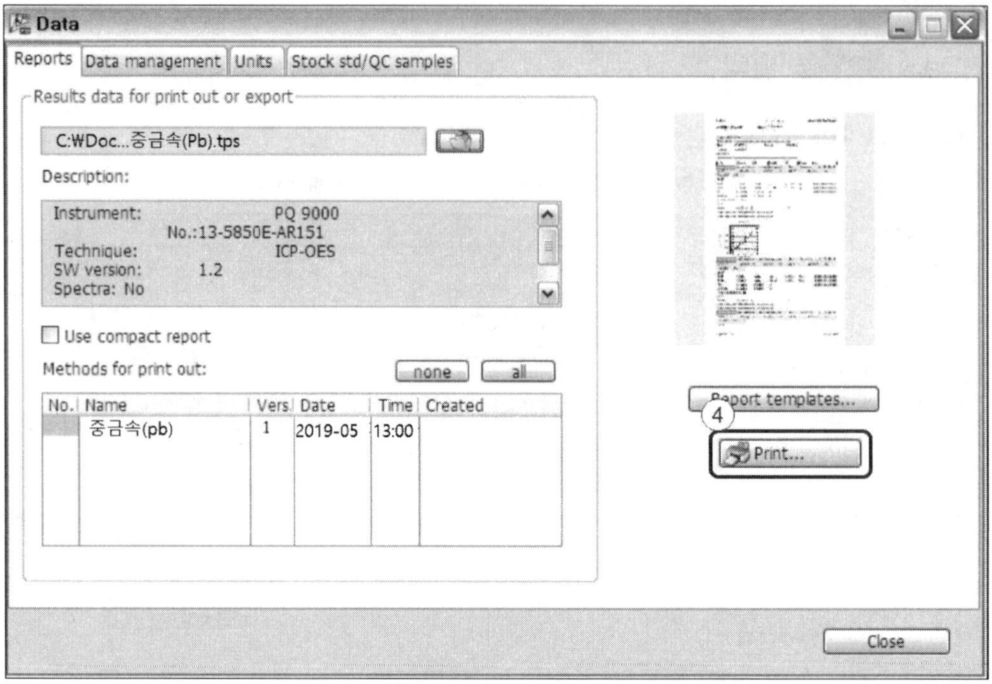

⑤ 'Preview' 선택 후 ⑥ 'Start'를 클릭한다.

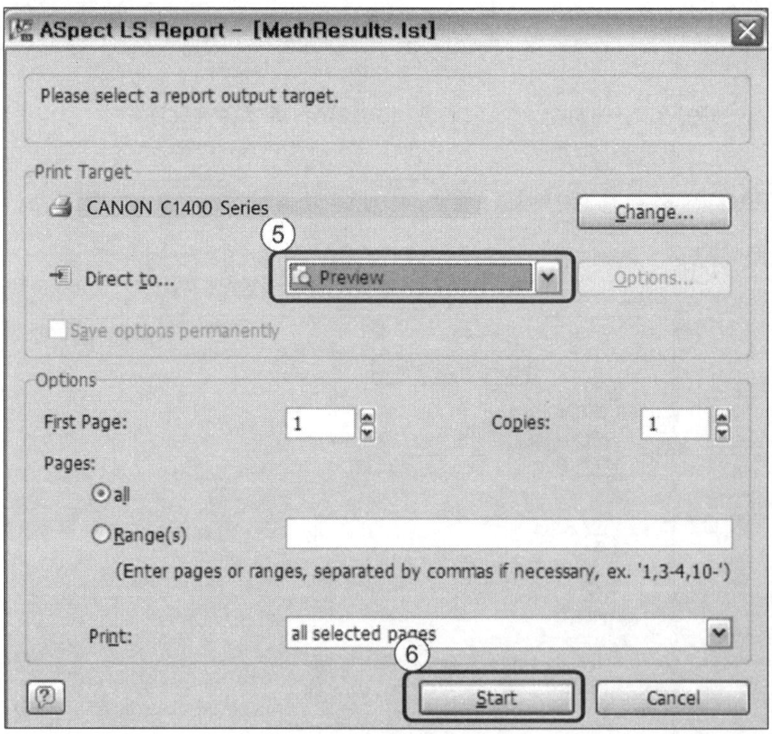

⑦ 을 선택한다.

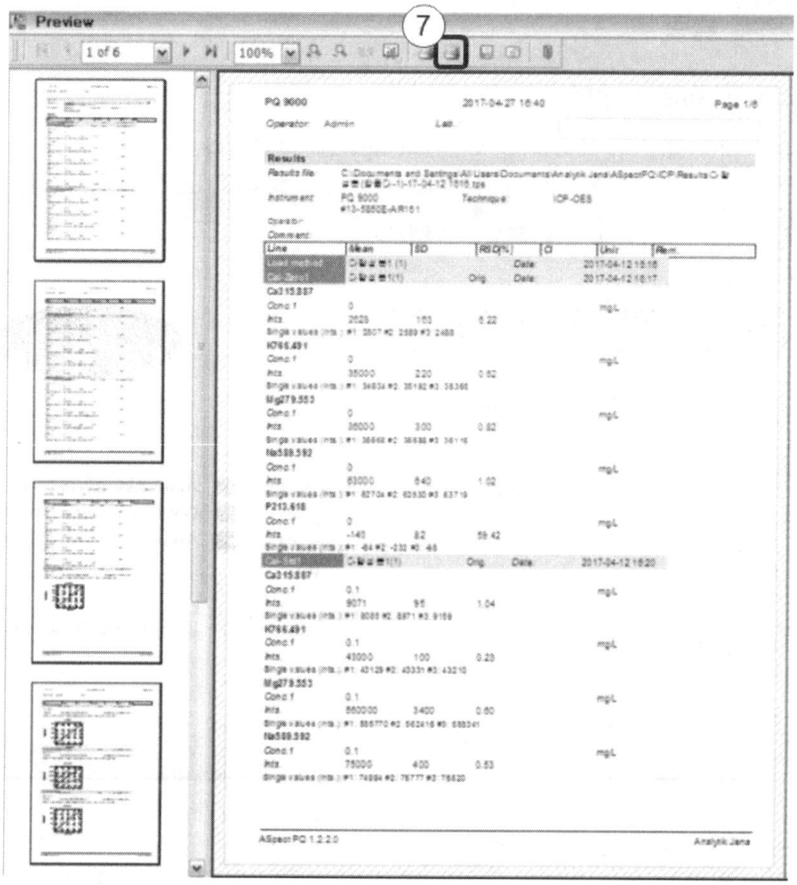
Preview
1 of 6
100%
7
PQ 9000
Page 1/6
Results
ASpect PQ 1.2.2.0
Analytik Jena

8 바탕화면에 결과파일 저장

(1) Data  클릭

1) Data management 선택

① Type에 'Results'를 선택한 다음 ② 'Copy'를 클릭한다.

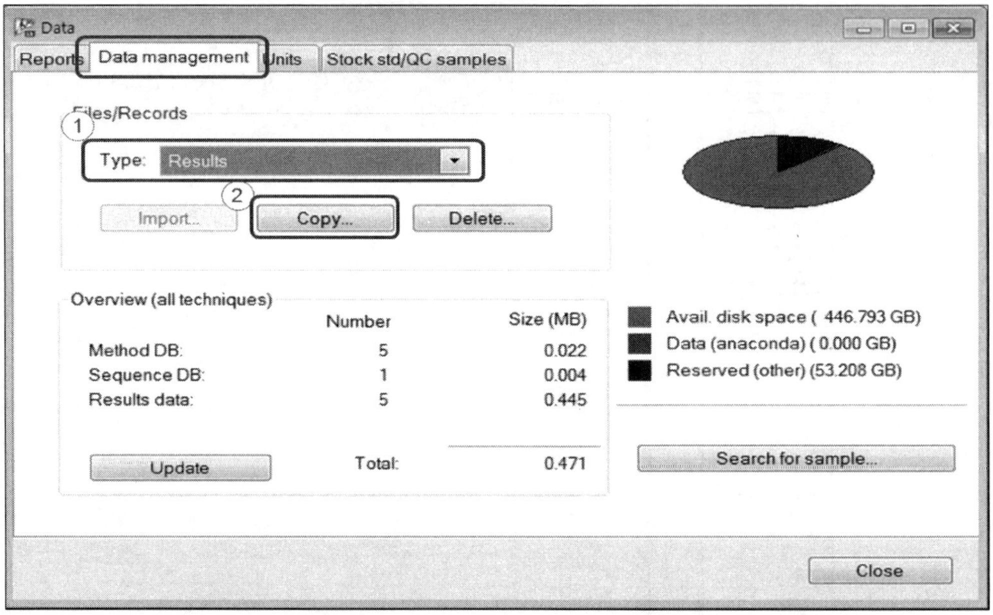

③ 'Test' 선택 후 'Copy'를 클릭한다.

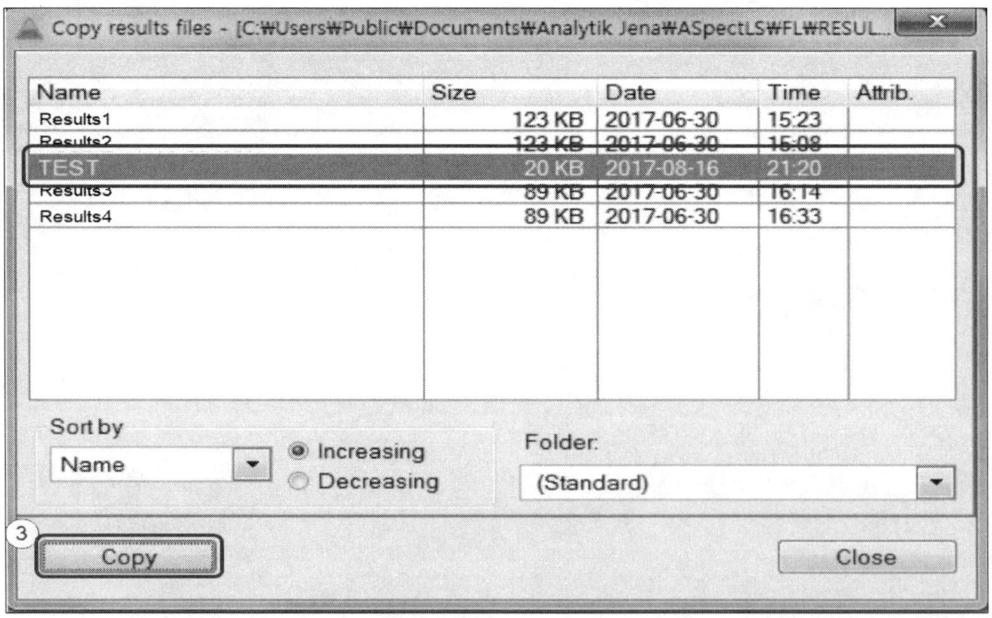

2) 바탕화면에 '새폴더 만들기' 클릭

① 응시번호가 기입된 폴더를 생성한 후 ② '확인' 버튼을 클릭한다.

3) 저장 완료 후 바탕화면의 '해당폴더'에 들어가 결과 파일 있는지 여부 확인

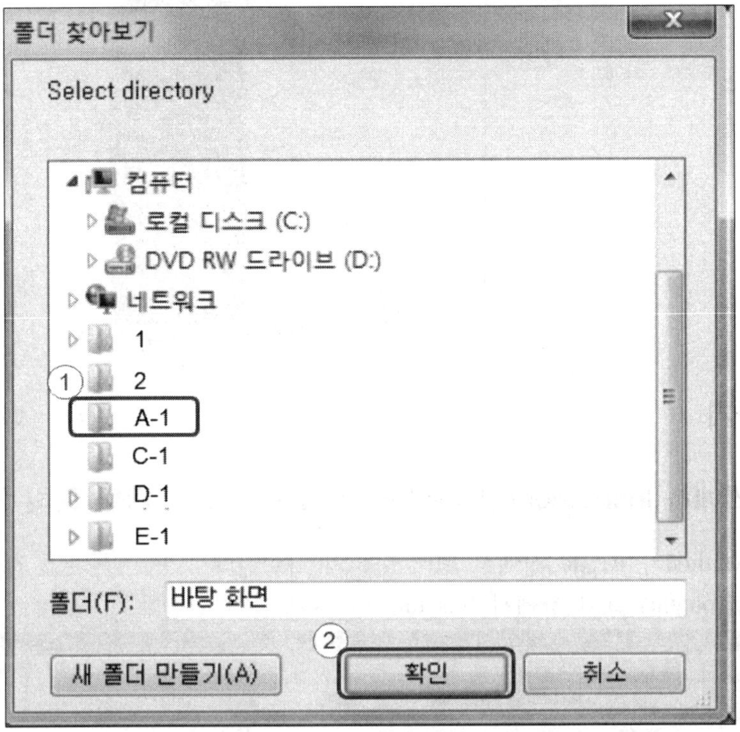

3 기체크로마토그래프(모델 : Agilent 7890)

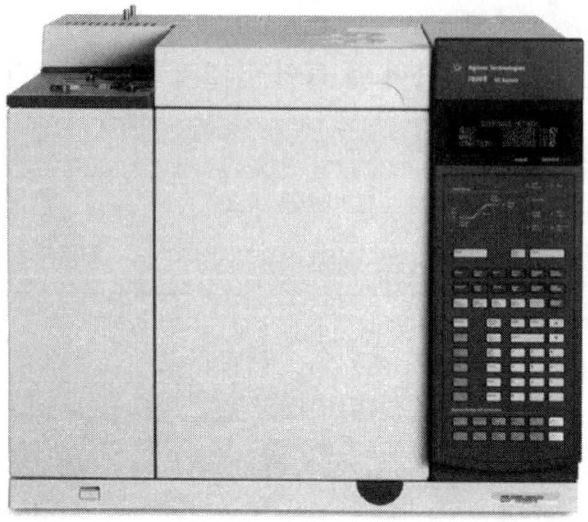

1 실행하기

(1) 바탕화면에서 Instrument 1 Online 아이콘  을 더블 클릭

① GC Method가 Ready 상태로 되어 있는지 확인한다.

② 시그널(output) 표시 창에서 Baseline 안정여부를 확인한다.

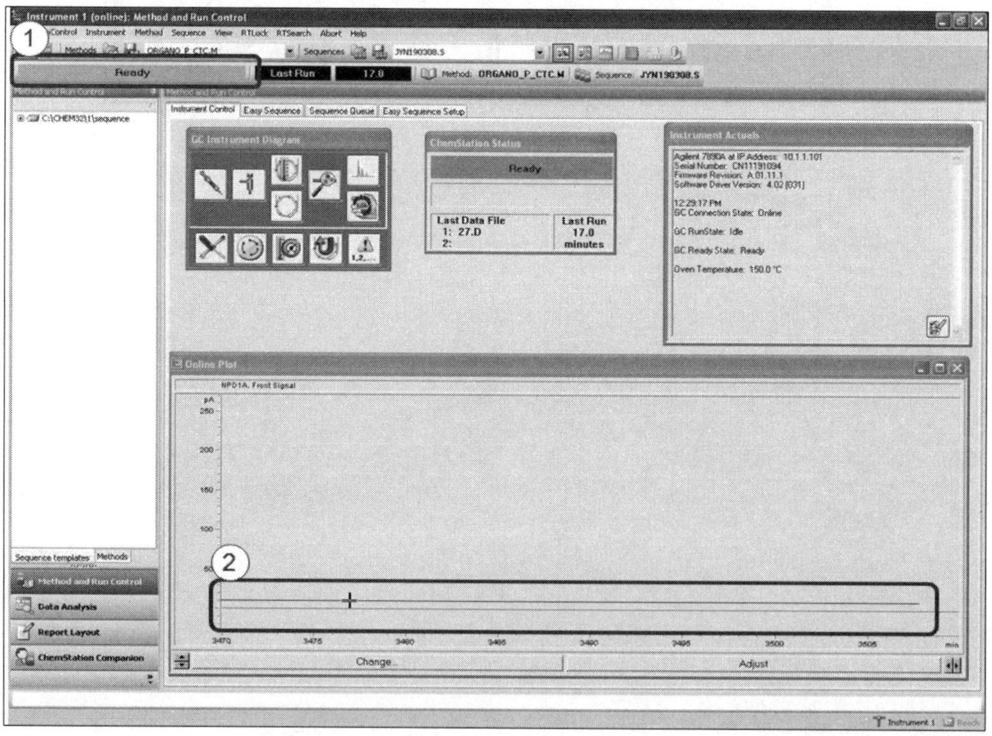

2 Method 작성

① 'Method Tab'을 클릭한다.
② 'Edit Entire Method'를 선택한다.

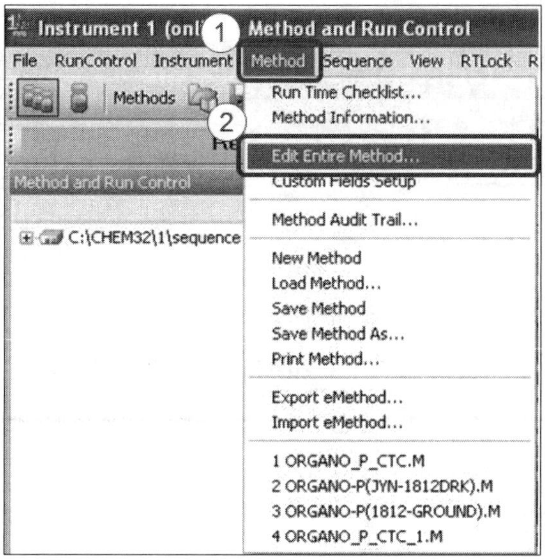

(1) Edit Method : Instrument 1

① Instrument/Acquisition 항목만 체크(☑)한다.
② 'OK'를 클릭한다.

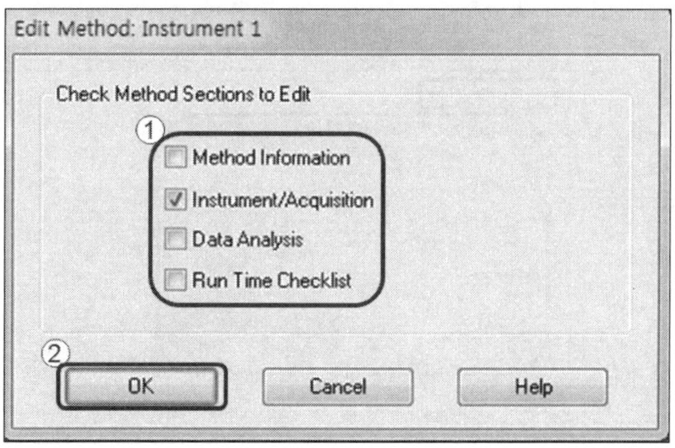

(2) Injection Source/Location Tab

① 시료주입 방식은 '수동주입(Manual)'을 선택한다.
② 주입구 위치 설정(Select Injection Location) : 상단의 Injector 위치 확인 후 설정한다.
③ 'OK'를 클릭한다.

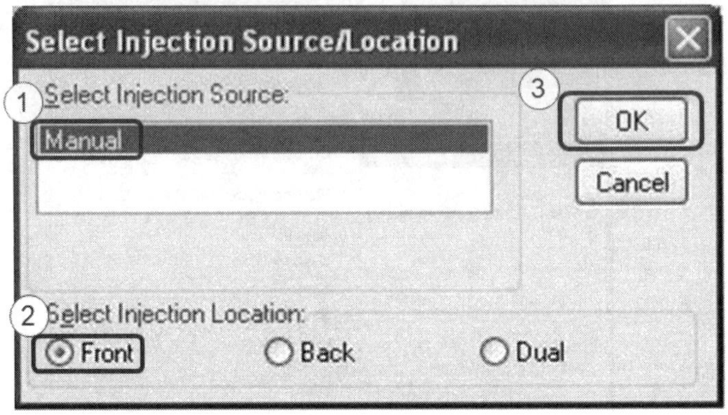

(3) Inlet(시료주입부)

① 시료주입부 Tab [아이콘]을 클릭한다.
② 적절한 시료주입부를 선택 후 조건 입력한다.
③ 조건값 입력(Heater 온도, pressure, split ratio 등)

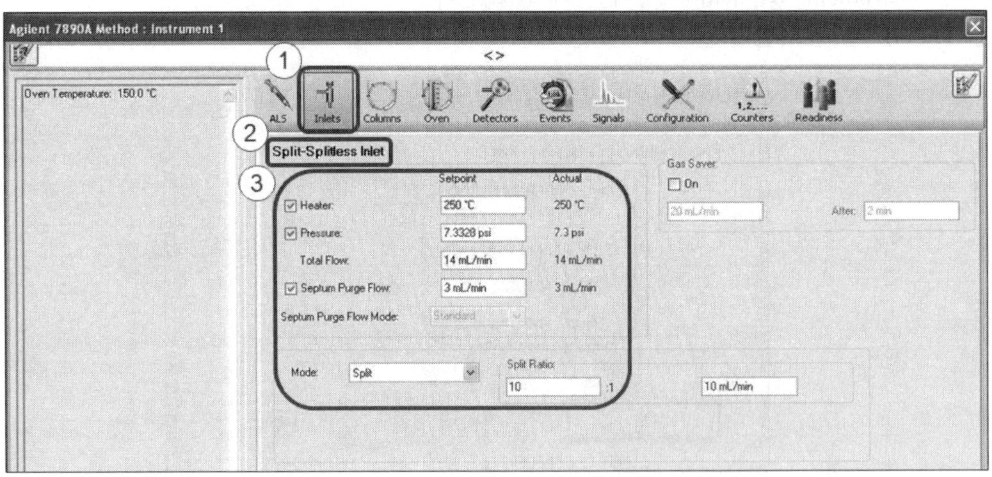

(4) Colume(분리관)

① 분리관 Tab 을 클릭한다.

② 적절한 컬럼을 선택한다.

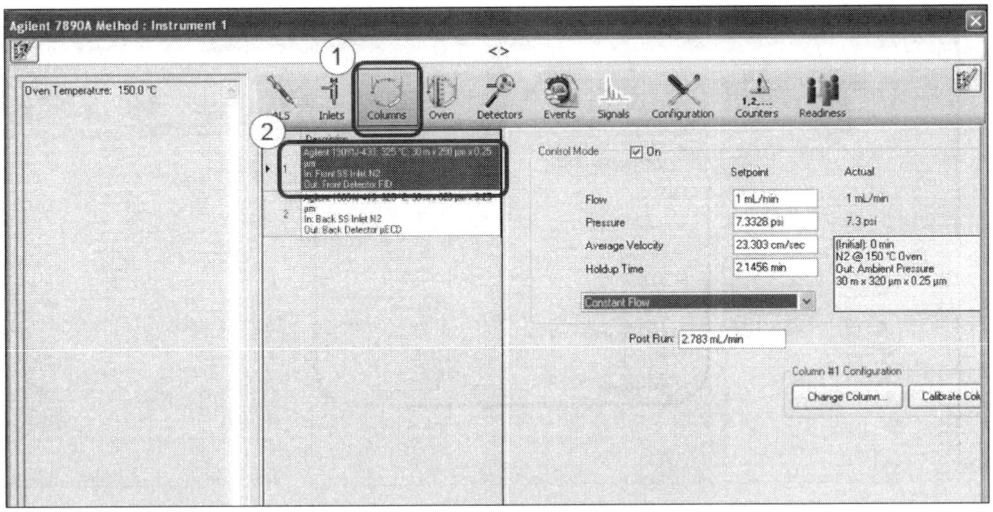

(5) Oven(오븐)

① 오븐 Tab 을 클릭한다.

② 분석을 위한 오븐 온도와 시간을 입력한다.

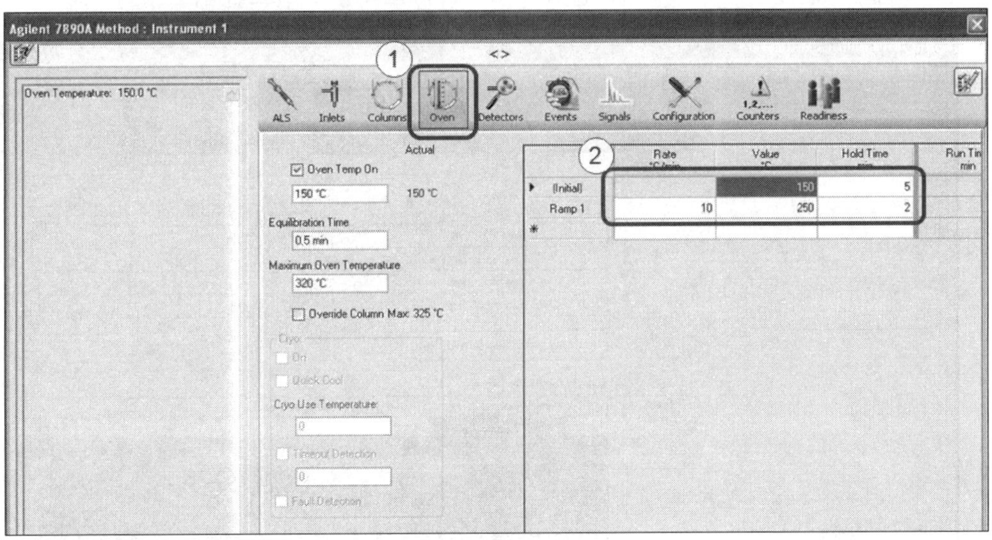

(6) Detector(검출기)

① 검출기 Tab 을 클릭한다.

② 적절한 검출기 선택 후 조건 입력 : 검출기는 FID 또는 μECD 중 선택 후 입력한다.

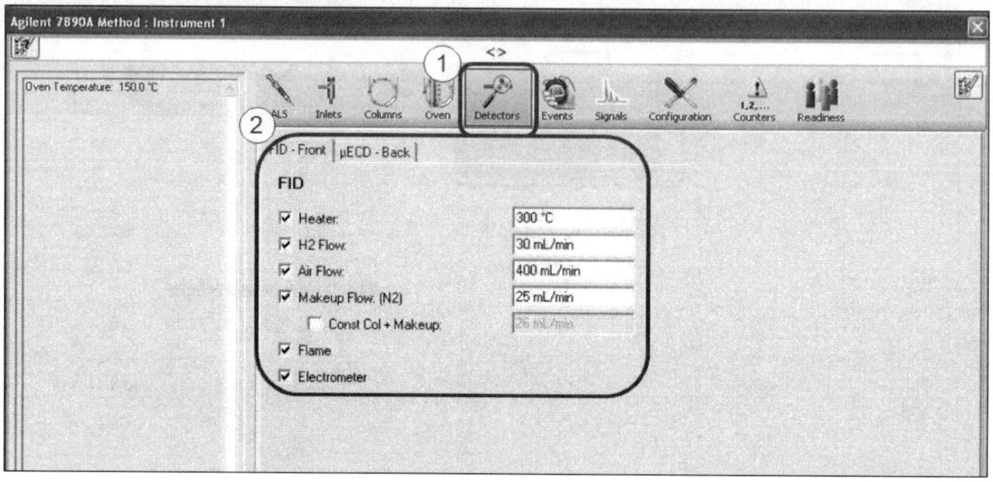

(7) Signal(검출기 신호)

① 검출기 신호 Tab 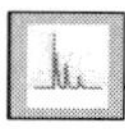을 클릭한다.

② 검출기 신호 지정 후 조건 설정 : 검출기 신호는 FID 또는 μECD 중 선택한다.

③ ‘Apply’ 클릭 후 ④ ‘OK’를 클릭하면 Method 작성이 완료된다.

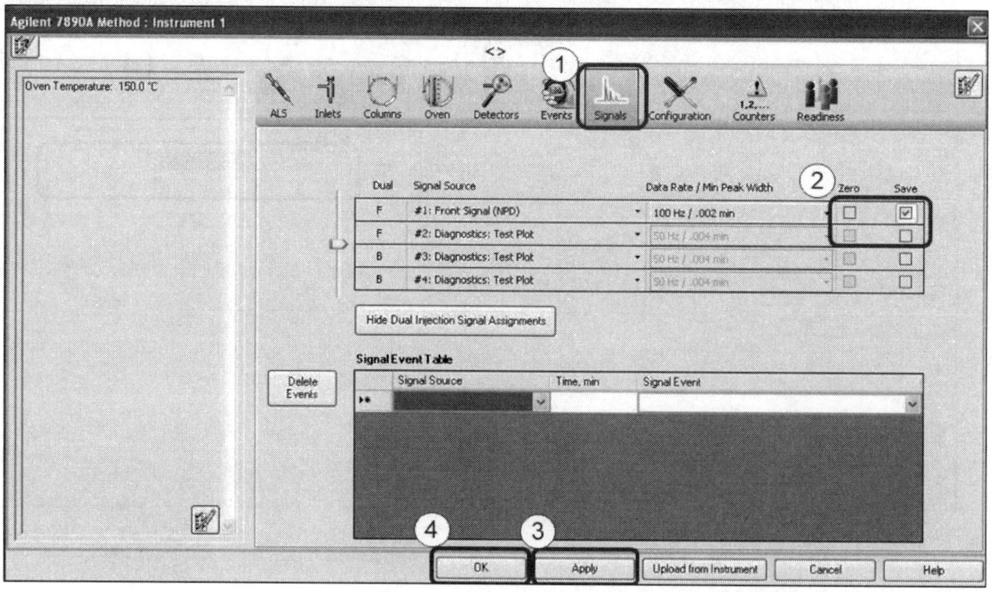

(8) Method 저장

① File Tab을 클릭한다.

② Save As → Method를 차례로 클릭 후 저장한다.

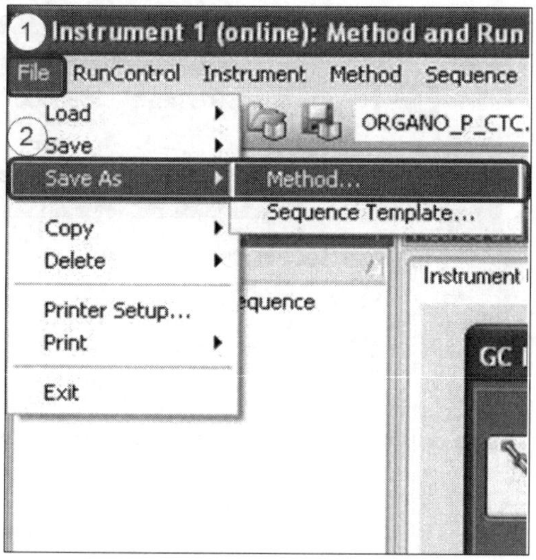

3 분석 실시

① Run Control Tab을 클릭한다.
② Sample Info를 클릭한다.

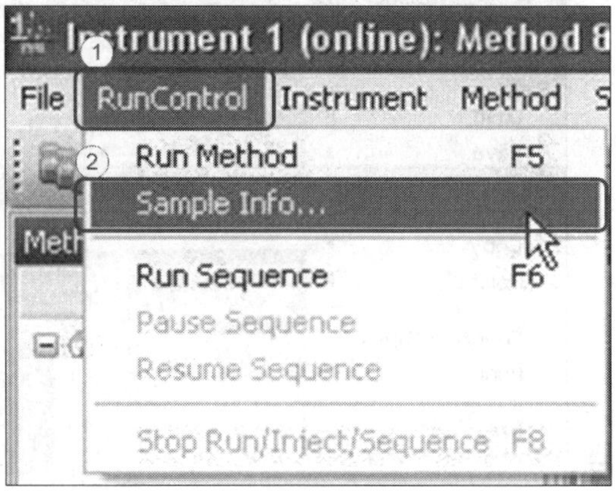

(1) Sample Info

① Operator name을 입력한다.
② Prefix/Counter를 입력한다.
③ Location을 vial 1로 선택한다 : **변경 금지**
④ Sample name을 입력한다.
⑤ 입력 완료 후 'Run Method'를 클릭한다.

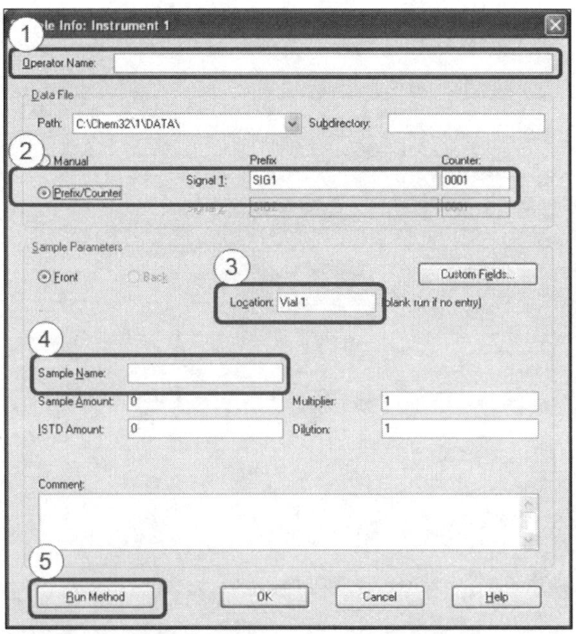

(2) 시료 주입

① 시료 주입 후 분석기기의 'Start' 버튼을 클릭한다.

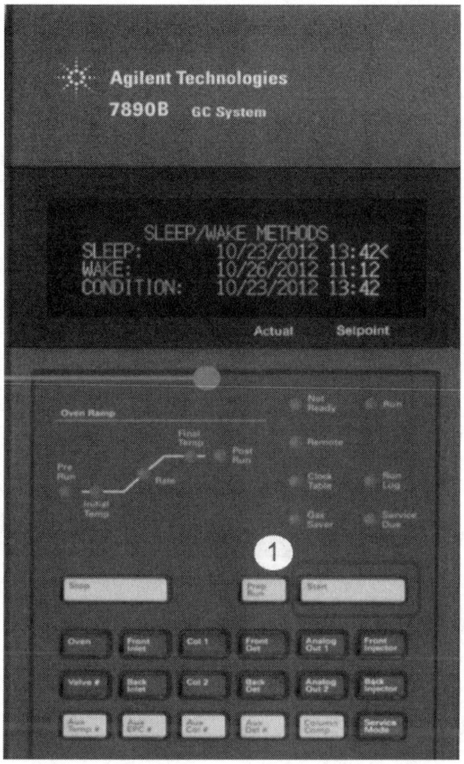

(3) ① Run in Progress가 표시되며 시그널이 ② Online plot에 표시된 것을 확인할 수 있다.

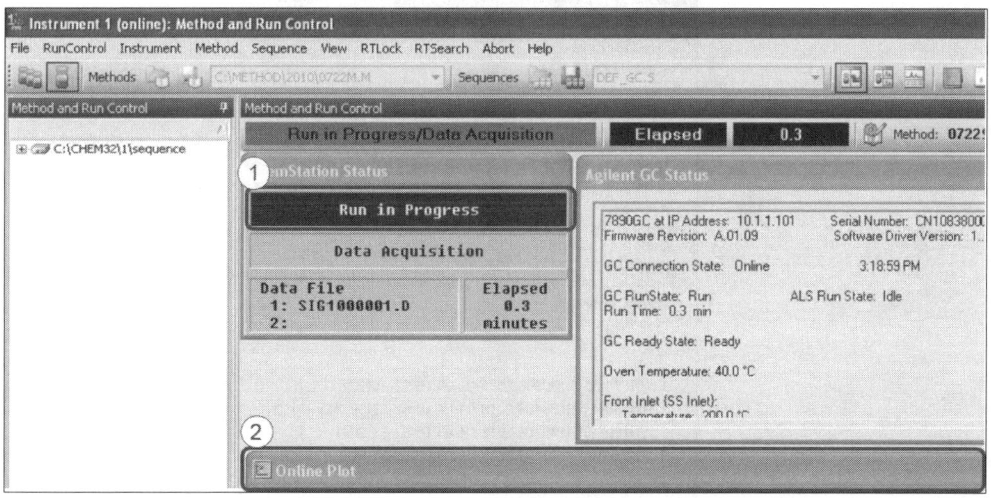

4 검량선의 작성

(1) ① Data Analysis 창을 클릭한다.

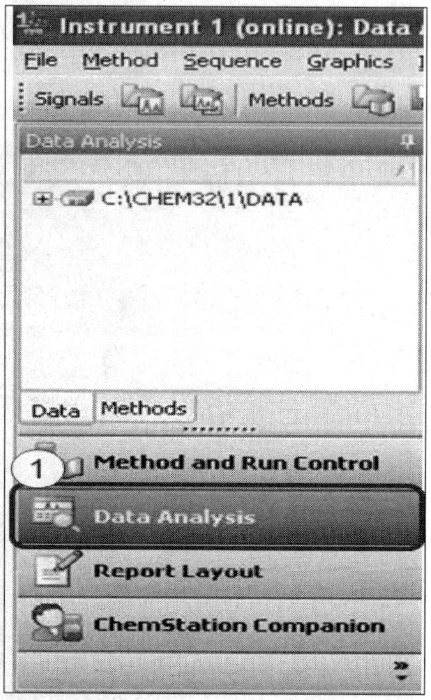

(2) ① File Tab을 선택한 후 ② Load Signal 클릭한다.

(3) ① 저장된 File을 선택한 후 ② 'OK' 버튼을 클릭한다.

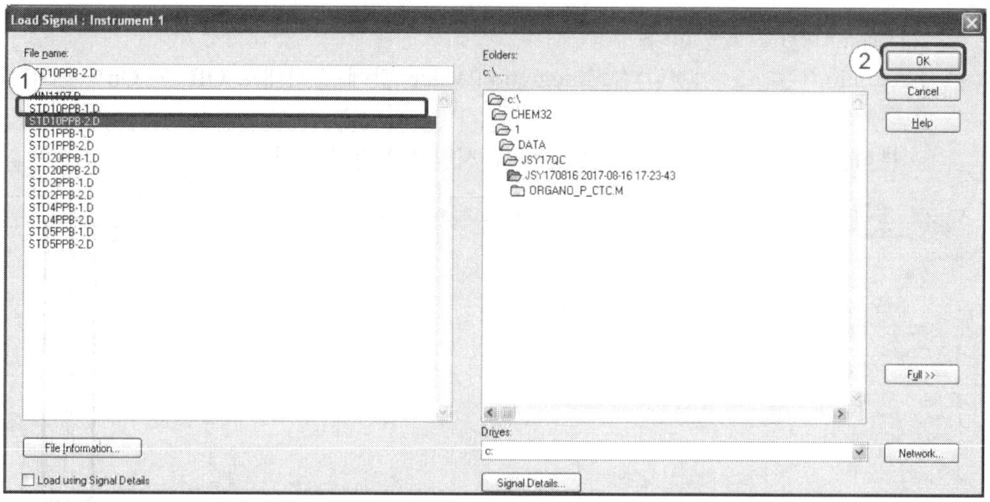

(4) ① Integration Tab 선택 후 ② 'Integration Events'를 클릭한다.

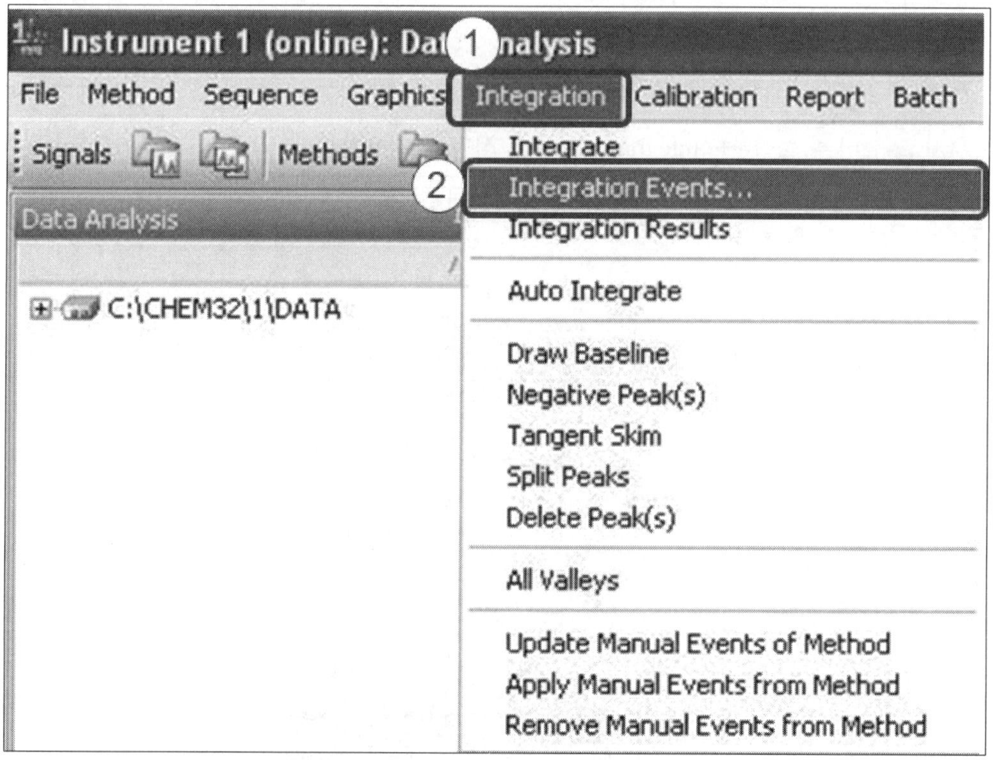

(5) ① Integration Tab 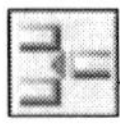을 클릭한다.

② RT(체류시간)를 확인한다.

③ Integration 구간을 설정한다 : Integration value 값에 순서대로 Off → On → Off를 지정한다.

※ 분석물질 RT(체류시간)를 피크 사이 시간으로 조정한다.

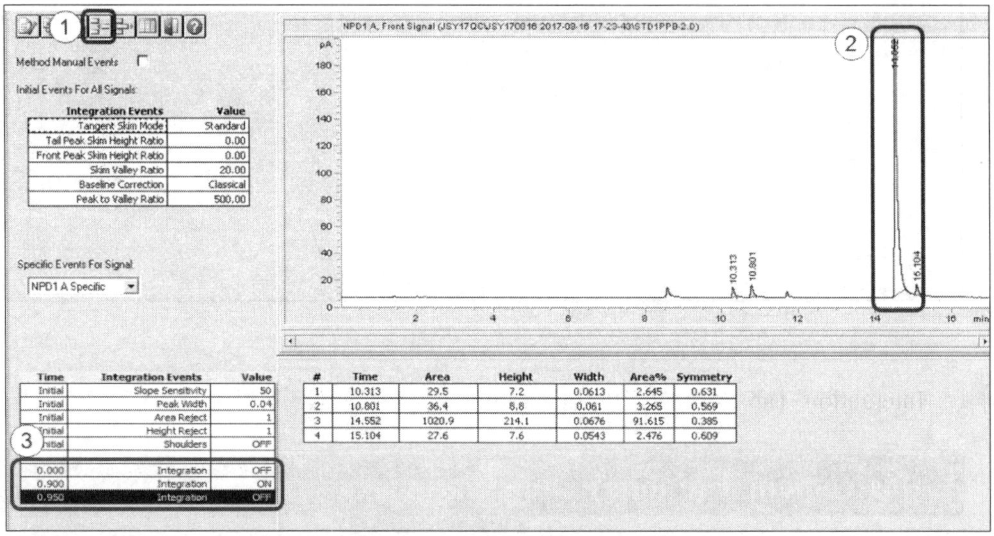

④  버튼 클릭 → Integration event 설정을 적용한다.

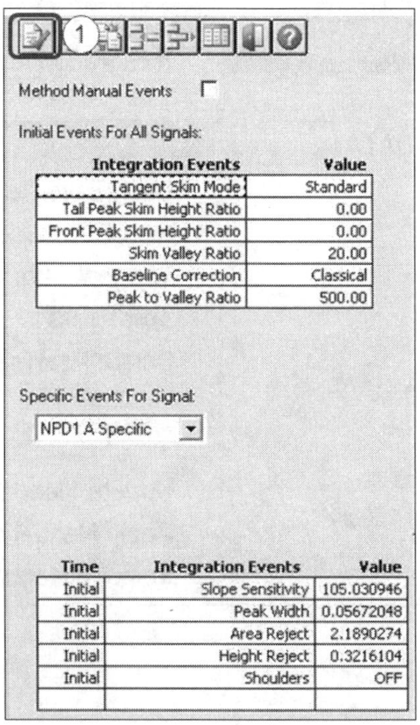

(6) ① Integration Tab [Integration]을 선택한다.

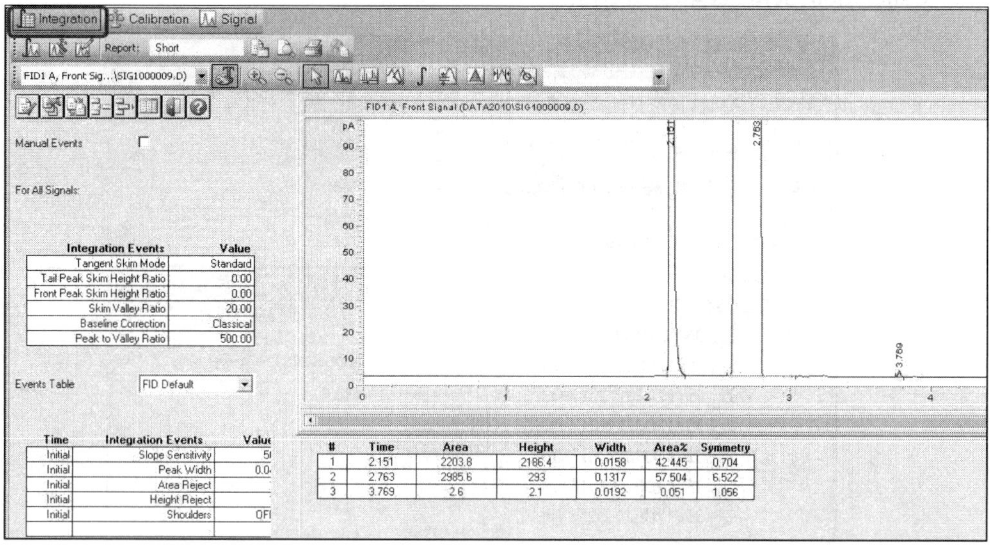

② Integrate를 클릭한다.

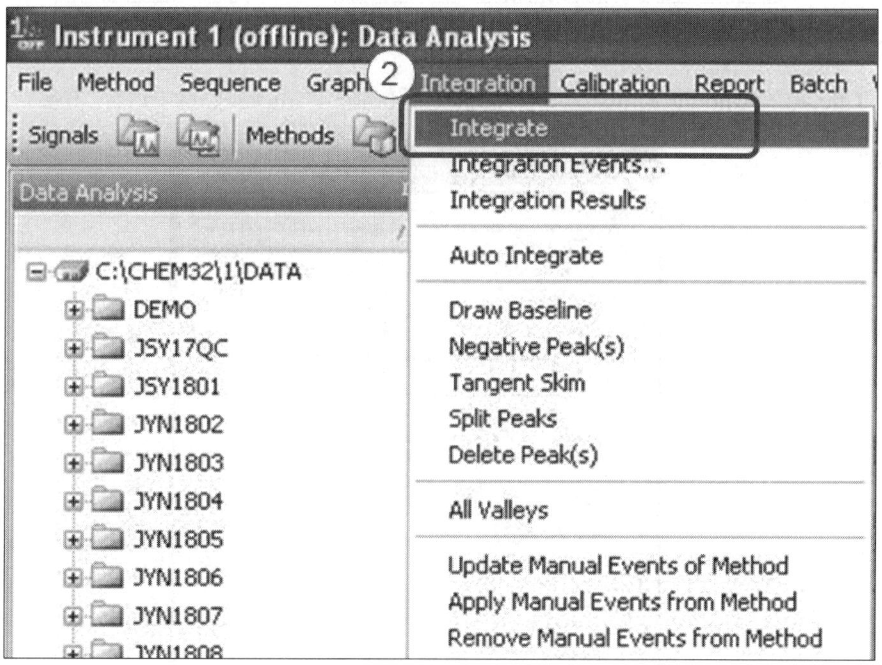

(7) ① Calibration Tab을 선택한다.

② Calibration Settings를 클릭한다.

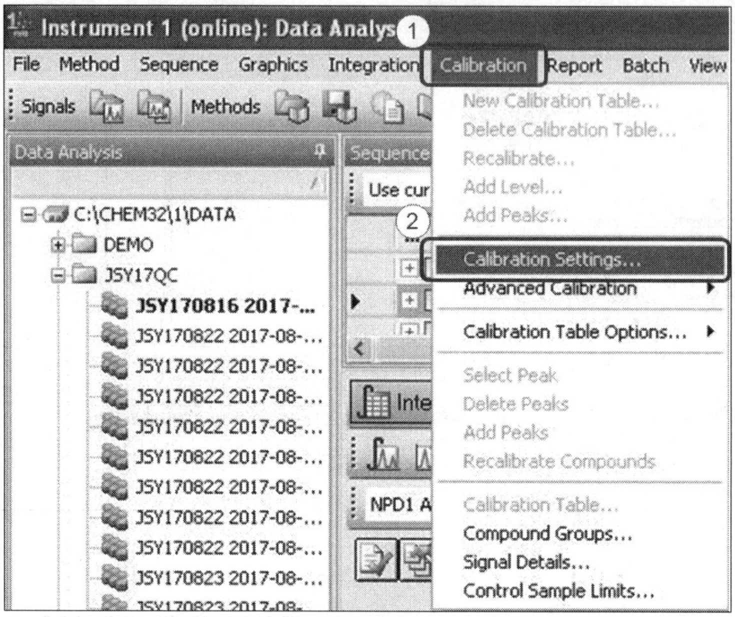

(8) ① Title, ② Amount Units, ③ Default Calibration Curve에 해당하는 값을 입력한다.

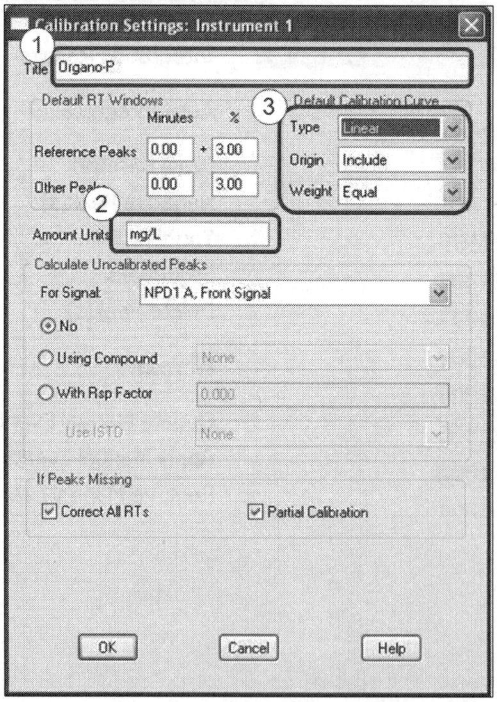

(9) ① Calibration Tab을 클릭한다.

② New Calibration Table을 클릭하다.

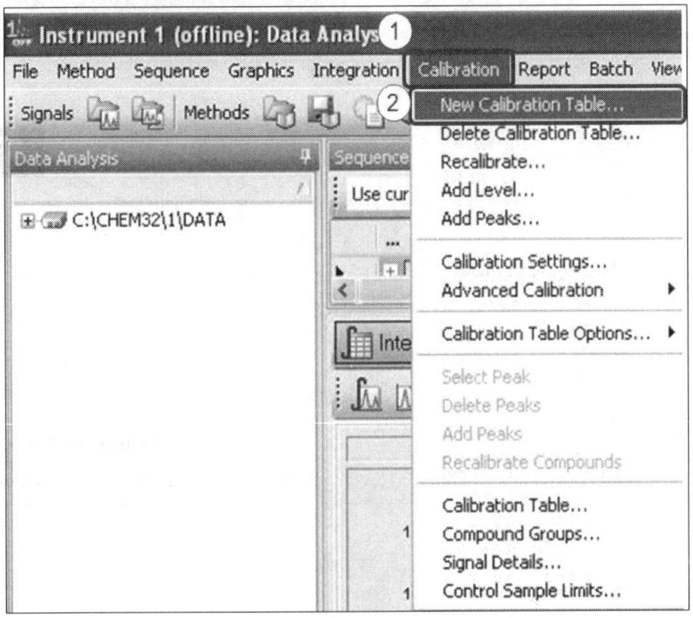

(10) 'OK'를 클릭한다.

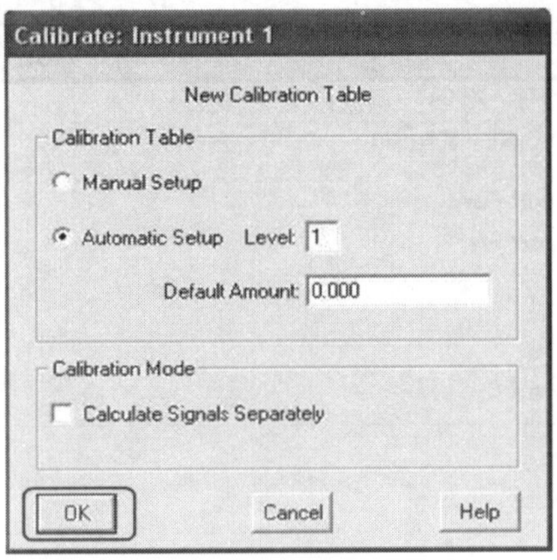

(11) ① Compound name과 ② Amount를 입력한다.

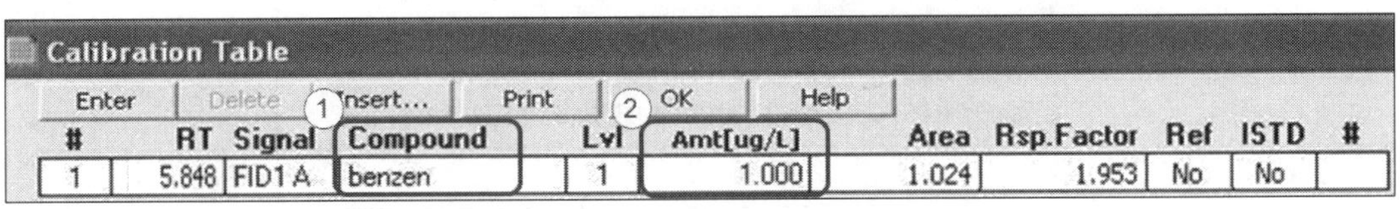

(12) Calibration curve가 잘 그려지는지 확인한다.

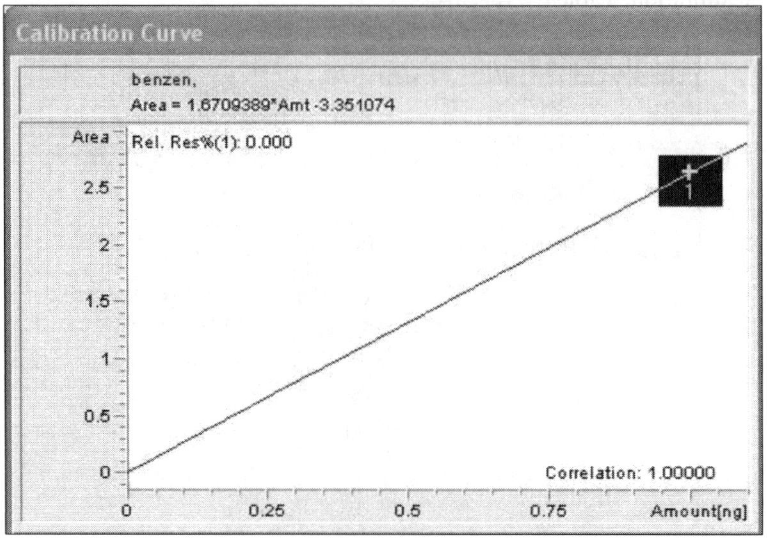

(13) ① File Tab을 클릭한다.
② Load signal을 클릭한다.

③ 두 번째 STD Data File을 불러온 뒤 ④ 'OK' 버턴을 누른다.

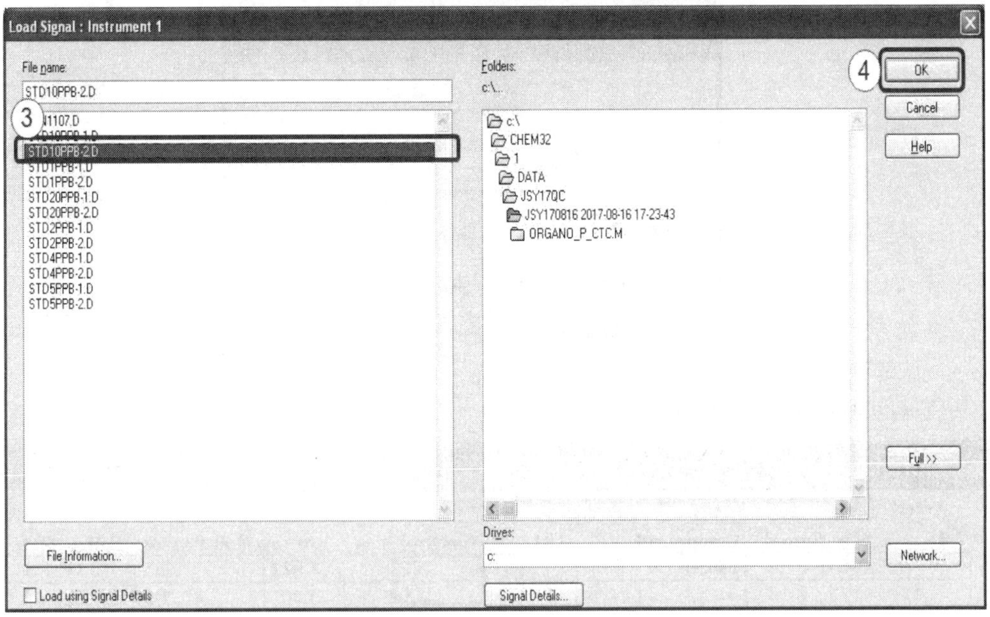

(14) ① Calibration Tab을 클릭 후 ② Add Level을 클릭한다.

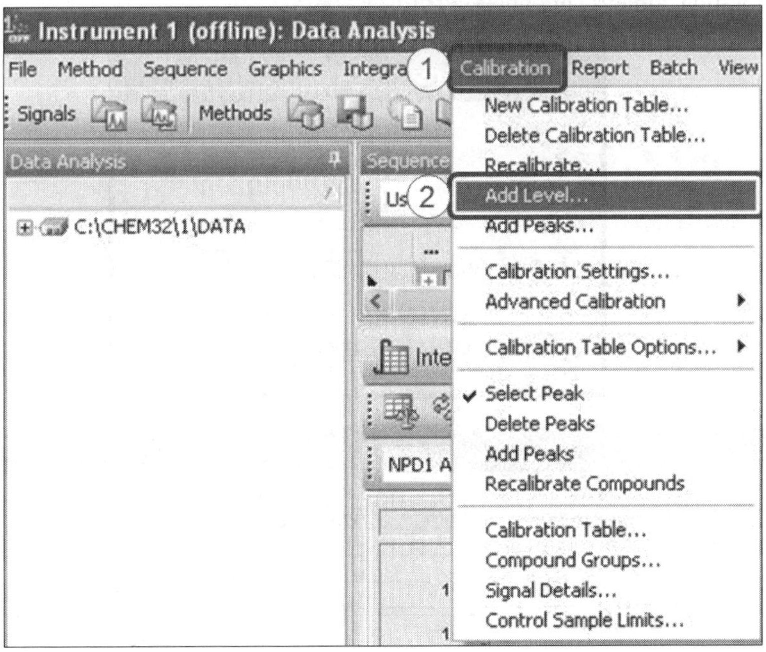

③ Level에 2를 입력하고 ④ 'OK'를 클릭한다.

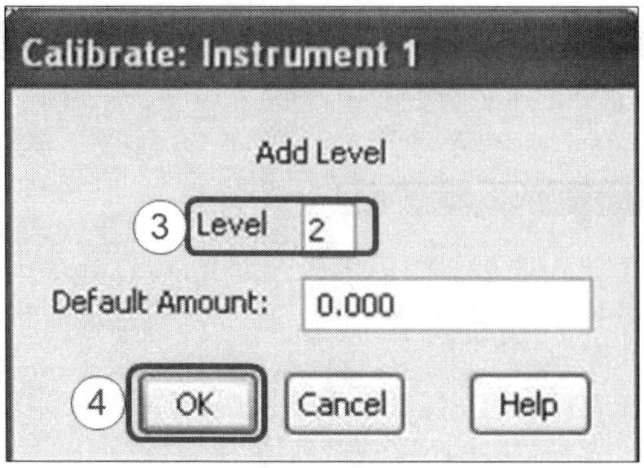

⑤ calibration table에 amount를 입력한다.

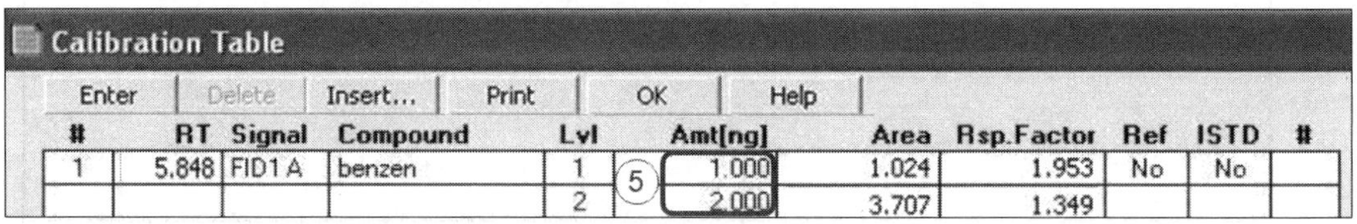

Calibration Table

Enter | Delete | Insert... | Print | OK | Help

#	RT	Signal	Compound	Lvl	Amt[ng]	Area	Rsp.Factor	Ref	ISTD	#
1	5.848	FID1 A	benzen	1	1.000	1.024	1.953	No	No	
				2	2.000	3.707	1.349			

(15) (13)～(14)번 과정을 반복한 후 ① Level 3까지 추가한다(필요시 Level을 추가한다.).
② calibration table에 amount를 입력한다.

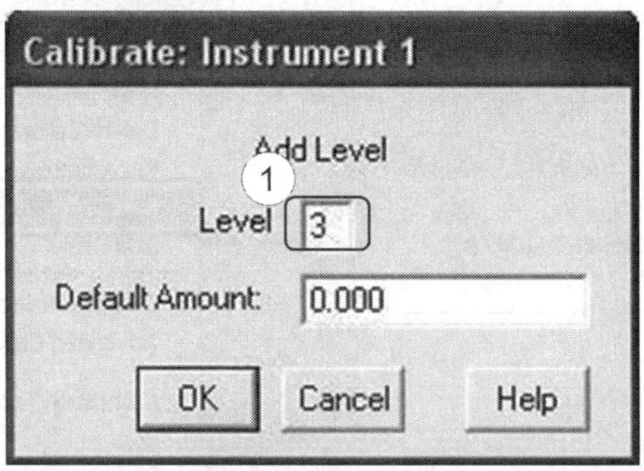

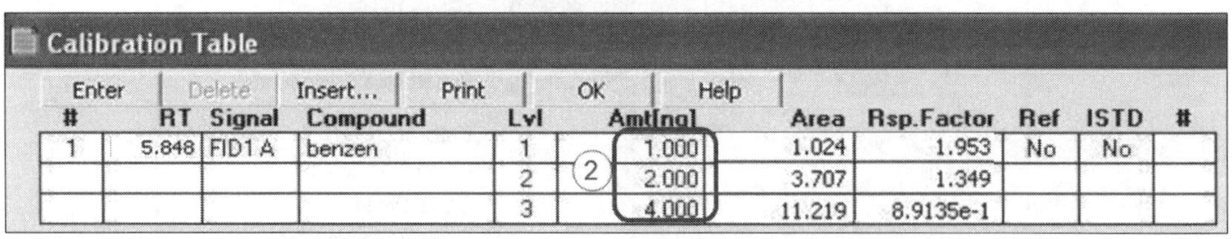

Calibration Table

Enter | Delete | Insert... | Print | OK | Help

#	RT	Signal	Compound	Lvl	Amt[ng]	Area	Rsp.Factor	Ref	ISTD	#
1	5.848	FID1 A	benzen	1	1.000	1.024	1.953	No	No	
				2	2.000	3.707	1.349			
				3	4.000	11.219	8.9135e-1			

③ Calibration Curve와 Correlation(R, Coefficient of Correlation, $-1 \leq R \leq 1$) 값 확인

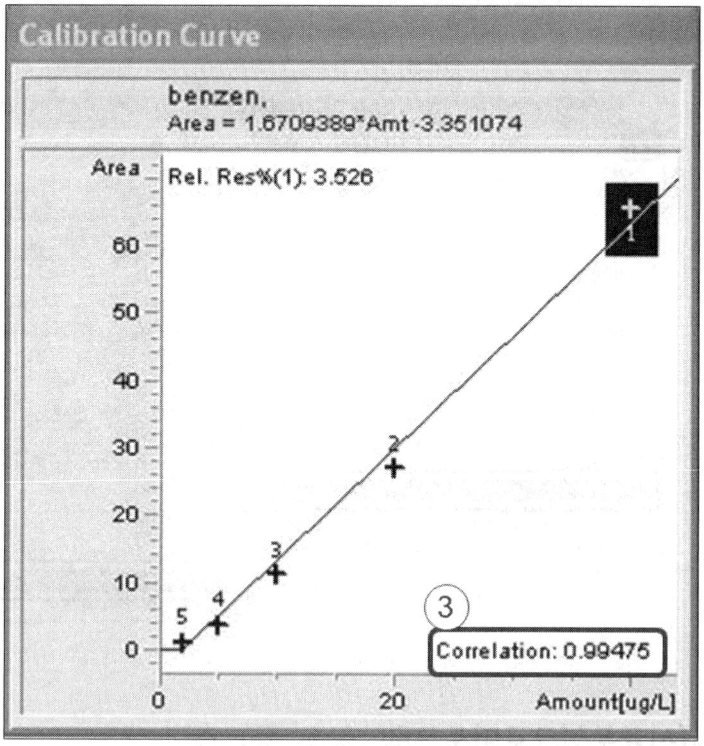

5 검량선 출력

(1) Data Analysis 클릭 후 차례로 ① File, ② Print, ③ Calib. Table + Curves을 클릭한다.

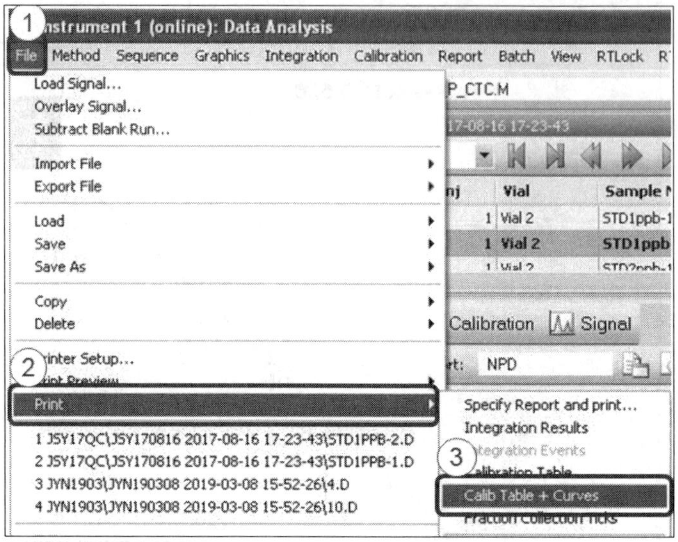

6 분석결과(시료분석크로마토그램, 농도 등) 출력

(1) 분석결과 출력을 위해 Data Analysis 창을 클릭한 다음 ① Report Tab에서 Print Report 클릭한다.

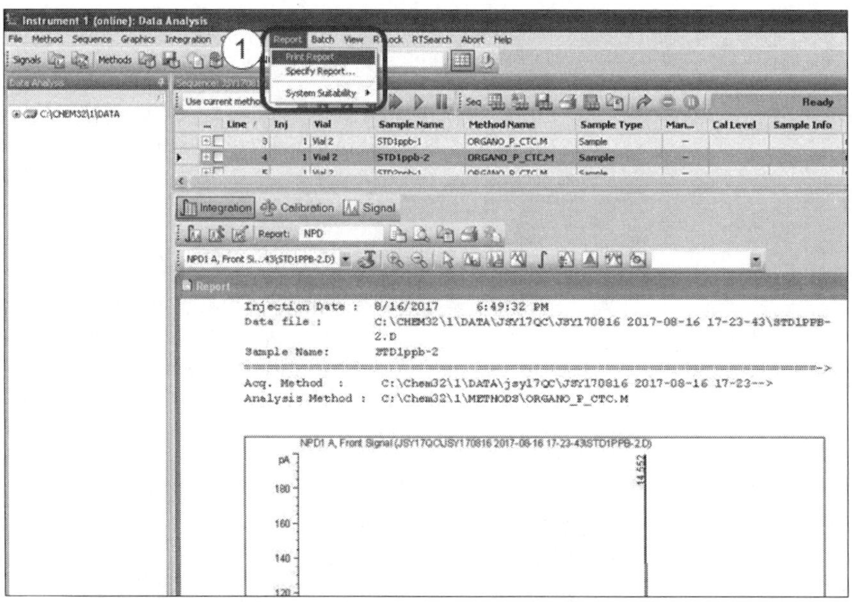

(2) Report에서 ① Print를 클릭하여 출력한다.

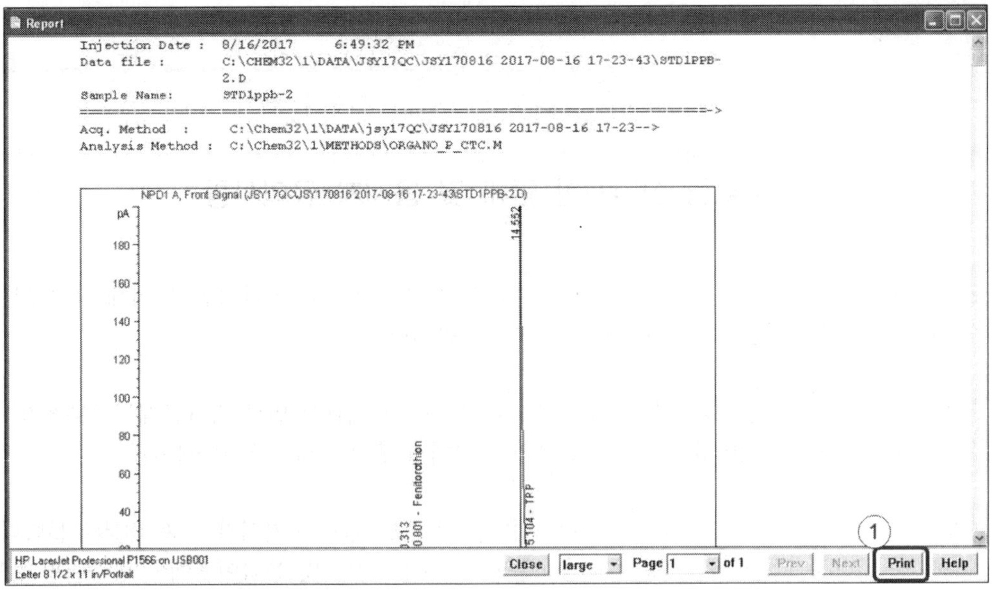

3장 구술시험 기출문제

구술형 실기시험 안내 및 응시자 유의사항

1. 검정과목별 평가항목은 ① 측정분석의 전문성(시료채취) ② 실기시험의 이해도(시료분석), ③ 측정분석자의 기본소양(정도관리) 등 총 3항목이다.

2. 과목별 평가 문항수는 평가항목(시료채취, 시료분석, 정도관리) 별로 각 1문제씩 3문제가 출제된다. 따라서 3과목(일반항목, 중금속, 유기물질)에서 총 9문제를 평가받는다.

3. 1개 문항 당 질의 및 응답시간은 2분 이내이며, 응시자별 전체 평가시간은 총 18분(부분합격자 : 2과목 응시자 총 12분, 1과목 응시자 총 6분)이다. 모든 질의 및 응답이후에도 평가위원이 필요하다고 판단할 경우에는 추가 2분의 답변시간이 더 주어진다.

4. 응시자는 구술시험을 위해 시험장으로 이동하기 전까지는 본인이 가져온 자료를 가지고 사전 공부해도 무방하지만, 핸드폰 사용은 엄격히 금지하므로 휴대폰은 전원을 종료한 후 반납해야 한다.

5. 구술시험은 조별로 진행되며, 진행요원의 지시에 따라 본인의 차례가 되면, 개인별로 준비한 가방에 본인의 모든 자료를 넣은 다음 시험장으로 이동한다.

6. 응시자 부주의에 의해 발생하는 사고의 경우 응시자 본인에게 책임이 있다.

1 일반항목 분야

1 측정분석의 전문성[시료채취]

01 배출가스 시료채취 시 표준산소농도를 이용하여 오염물질의 농도를 보정하는 이유는 무엇인가?

답안

1. 표준산소농도를 이용한 오염물질의 농도 보정 이유

① 배출가스 중 오염물질 농도 측정 시 연소가스 중의 산소 비율은 과잉공기 중의 산소비율과 같기 때문에 과잉공기 중의 O_2, N_2는 연소가스 속을 그대로 지나간다. 그러나 연소시설에서 배출가스의 농도를 희석하기 위해 별도의 공기를 주입하는 경우가 있으므로, 이를 방지할 목적과 규제의 일관성을 위해 정해진 산소농도로 보정하는 표준산소농도 보정방법을 적용하였으며, 이 방법을 적용하여 농도 규제시 배출가스를 공기로 희석시켜 배출허용기준 이하로 조정하는 것을 방지하는 것을 목적으로 한다.

📖 **참고** 대기오염공정시험기준/ES 01000.a 총칙

02 굴뚝을 통하여 대기 중으로 배출되는 먼지를 분석하기 위한 시료채취 시, 주의사항을 설명하시오.

답안

1. 시료채취 시 주의사항

① 측정대상이 되는 배출가스 중 먼지의 질량농도는 먼지의 질량, 측정시간, 그리고 유량에 의해 결정되므로 등속흡입과 누출공기 확인을 통해 정확한 유속과 유량을 측정하여야 하며 보정된 정교한 저울을 사용하여 최대한 오차를 줄임으로써 실제 값에 가까운 무게농도를 측정하여야 한다.

📖 **참고** 대기오염공정시험기준/ES 01112.b 배출가스 중 입자상 물질 시료채취방법

03 측정공 위치를 선정하는 방법과 예외사항에 대해 설명하시오.

※ 유사문제 : 굴뚝 시료채취 위치를 선정하는 방법에 대하여 설명하고 이 때 예외적인 경우에 대하여 설명하시오.

답안

1. 측정공 위치 선정 방법

① 측정위치는 원칙적으로 굴뚝의 굴곡부분이나 단면모양이 급격히 변하는 부분을 피하여 배출가스 흐름이 안정되고 측정작업이 쉬우며 안전한 곳을 선정한다.

② 수직굴뚝하부 끝단으로부터 위를 향하여 그 곳의 굴뚝내경의 8배 이상 되고, 상부 끝단으로부터 아래를 향하여 그곳의 굴뚝내경의 2배 이상이 되는 지점에 측정공 위치를 선정하는 것이 원칙이다.

2. 예외사항

① 위 기준에 적합한 측정공의 설치가 곤란하거나 측정 작업의 불편, 측정자의 안전성 등이 문제될 때에는 하부 내경의 2배 이상과 상부 내경의 1/2배 이상 되는 지점에 측정공 위치를 선정할 수 있다.

실기 03 구술시험 기출문제

② 단, 수직굴뚝에 측정공을 설치하기 곤란하여 부득이 수평 굴뚝에 측정공이 설치되어 있는 경우는 수평굴뚝에서도 측정할 수 있으나 측정공의 위치가 수직굴뚝의 측정위치 선정기준에 준하여 선정된 곳이어야 한다.
③ 다만 수평굴뚝에서 배출가스 시료채취를 하는 경우에 외부공기가 새어들지 않고 굴뚝에 요철부분이 없는 곳으로서 굴뚝의 방향이 바뀌는 지점으로부터 굴뚝내경의 2배 이상 떨어진 곳을 측정위치로 선정할 수 있다.

참고 대기오염공정시험기준/ES 01114.a 배출가스 중 굴뚝시료 채취방법

04 배출가스 중 입자상 물질 채취 시 1형과 2형의 유형에 대해 설명하고 임핀저의 역할은 무엇인지 설명하시오.

답안

1. 배출가스 중 입자상 물질 채취 시 1형과 2형의 유형에 대한 설명

① 배출가스 중 입자상 물질 채취를 위한 반자동식 시료채취기는 흡입노즐, 흡입관, 피토관, 여과지홀더, 여과지 가열장치, 임핀저 트레인, 가스흡입 및 유량측정부 등으로 구성되며 여과지홀더의 위치에 따라 1형과 2형으로 구별된다.
② 1형은 여과지 홀더가 흡인노즐에 연결되어 있어 굴뚝내에 위치하게 되지만 2형은 시료채취관 뒤에 연결되어 있어 굴뚝 밖에 위치하게 된다.

2. 임핀저의 역할

① 임핀저에는 유해가스 흡수액을 넣어주어 굴뚝 배출가스 통과시 유해가스를 흡수시켜 수분 및 유해가스를 제거해주고 고온의 배출가스 온도를 낮추어 수분, 유해가스, 고온으로부터 기기를 보호하는 역할을 한다.

참고 대기오염공정시험기준/ES 01301.1b 배출가스 중 먼지-반자동식 측정법

05 배출가스 중 가스상 물질 시료채취 시 채취관의 재질 선택에 따른 유의사항을 설명하시오.

답안

1. 채취관의 재질 선택에 따른 유의사항

① 재질 : 채취관, 충전 및 여과재의 재질은 배출가스의 조성, 온도 등을 고려해서 다음의 조건을 만족시키는 것을 선택한다.
㉠ 화학반응이나 흡착작용 등으로 배출가스의 분석결과에 영향을 주지 않는 것이어야 한다.
㉡ 배출가스 중의 부식성 성분에 의하여 잘 부식되지 않는 것이어야 한다.
㉢ 배출가스의 온도, 유속 등에 견딜 수 있는 충분한 기계적 강도를 갖는 것이어야 한다.

참고 대기오염공정시험기준/ES 01111.a 배출가스 중 가스상 물질 시료채취방법

06 현장 시료채취 시 시료채취관을 보온 또는 가열해야 하는 이유를 설명하시오.

※ 유사문제 : 가스상 물질을 채취할 때 시료채취관의 온도를 높이는 이유를 3가지 설명하시오.

답안

1. 시료채취관을 보온 및 가열해야 하는 이유

① 배출가스 중의 수분 또는 이슬점이 높은 기체성분이 응축해서 채취관이 부식될 염려가 있는 경우, 여과재가 막힐 염려가 있는 경우, 분석물질이 응축수에 용해되어 오차가 생길 염려가 있는 경우에는 채취관을 보온 또는 가열한다.

② 보온 재료는 암면, 유리섬유제 등을 쓰고 가열은 전기가열, 수증기 가열 등의 방법을 쓰며, 전기 가열 채취관을 쓰는 경우에는 가열용 히터를 보호관으로 보호하는 것이 좋다.

📖 **참고** 대기오염공정시험기준/ES 01111.a 배출가스 중 가스상 물질 시료채취방법

07 굴뚝 직경이 3 m일 때 시료채취지점을 선정하는 방법과 동압 및 정압을 측정하는 방법에 대해 설명하시오.

답안

1. 굴뚝 직경이 3 m일 때 시료채취지점을 선정하는 방법

① 다음 그림과 같이 측정 단면에서 서로 직교하는 직경선상에, 표에서 부여하는 위치를 측정점으로 선정한다. 측정점수는 굴뚝직경이 4.5 m를 초과할 때는 20점까지로 하며, 굴뚝 직경이 3 m일 때는 2 초과 4 이하에 해당되어 반경 구분수 3, 측정점수는 12점이다. 굴뚝 중심점에서 측정점까지의 거리는 각각 1,224 m, 2,121 m, 2,739 m 이다.(아래 그림 및 표 참고)

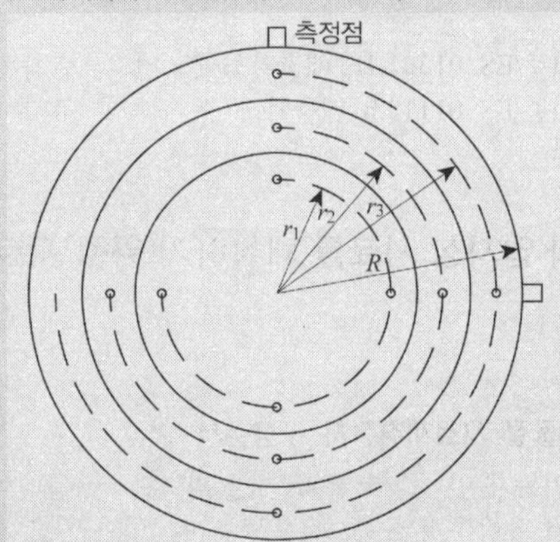

〈그림〉 원형단면의 측정 예

〈표〉 원형단면의 측정점

굴뚝직경 $2R$(m)	반경구분수	측정점수	굴뚝 중심에서 측정점까지의 거리 r_n(m)				
			r_1	r_2	r_3	r_4	r_5
1 이하	1	4	0.707R	–	–	–	–
1 초과 2 이하	2	8	0.500R	0.866R	–	–	–
2 초과 4 이하	3	12	0.408R	0.707R	0.913R	–	–
4 초과 4.5 이하	4	16	0.354R	0.612R	0.791R	0.935R	–
4.5 초과	5	20	0.316R	0.548R	0.707R	0.837R	0.949R

2. 동압 및 정압을 측정하는 방법

① 정압 : 굴뚝에서 배출되는 가스가 굴뚝 벽면에 미치는 압력으로서 굴뚝내의 압력이 정압(+)일 경우에는 채취구를 열었을 때 배출가스가 굴뚝 밖으로 유출될 염려가 있고, 부압(−)일 경우에는 외부 공기가 굴뚝 안으로 유입될 수 있다. 정압은 피토관의 전압 측정공을 빼고 정압 측정공만 연결하여 측정하며, 일반적으로 흡인 덕트에서 정압은 음(−)의 값을 가지고 배기 덕트에서 정압은 양(+)의 값을 갖는다.

② 동압 : 속도압과 같은 의미로서 배출가스의 속도는 음(−)의 값이 없으므로 항상 양(+)의 값이다. 동압은 (아래 그림과 같이) 마노미터의 한 쪽에 정압 측정공을, 다른 한쪽에 전압 측정공을 연결하여 측정한다.

③ 전압 : 정압과 동압을 합한 값으로서 피토관의 정압 측정공을 빼고 전압 측정공만 연결하여 측정한다. [전압 = 동압 + 정압]

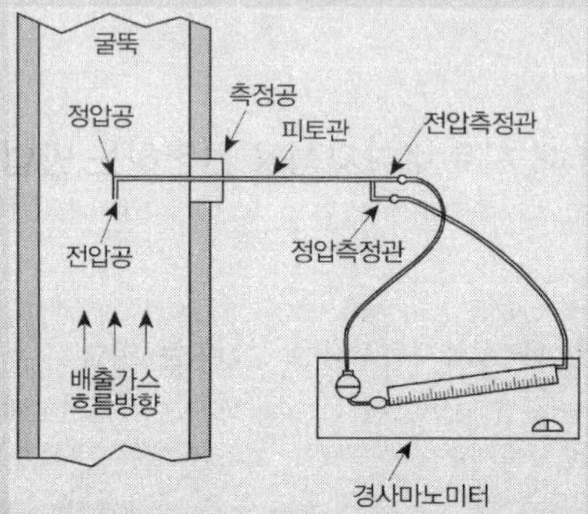

〈그림〉 피토관에 의한 배출가스 유속측정

📖 **참고** 대기오염공정시험기준/ES 01301.1b 배출가스 중 먼지−반자동식 측정법
대기오염공정시험기준/ES 01112.b 배출가스 중 입자상 물질 시료채취방법

08 굴뚝에서 가스상과 입자상 시료를 채취하기 위한 시료채취장치 구성순서 및 채취과정을 설명하시오.

답안

1. 굴뚝에서 입자상 물질 시료채취장치 구성순서

① 반자동식 채취기는 흡인노즐 — 흡입관 — 피토관 — 여과지홀더 — 여과지가열장치 — 임핀저트레인 — 가스흡입 및 유량측정부 등으로 구성되며, 여과지 홀더의 위치에 따라 1형과 2형으로 구성된다.

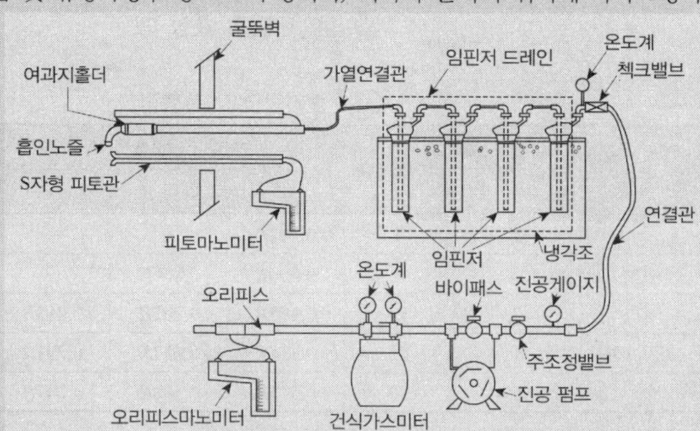

〈그림 1〉 반자동식 먼지시료채취장치(1형)

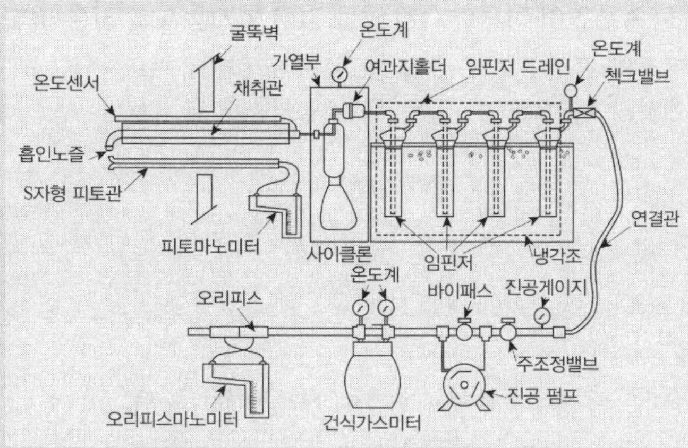

〈그림 2〉 반자동식 먼지시료채취장치(2형)

2. 굴뚝에서 가스상 물질 시료채취장치 구성순서

① 가스상물질의 시료채취장치는 채취관 — 연결관 — 채취부(흡수병, 채취병) — 가스펌프 — 건식가스미터로 구성되어 있다.

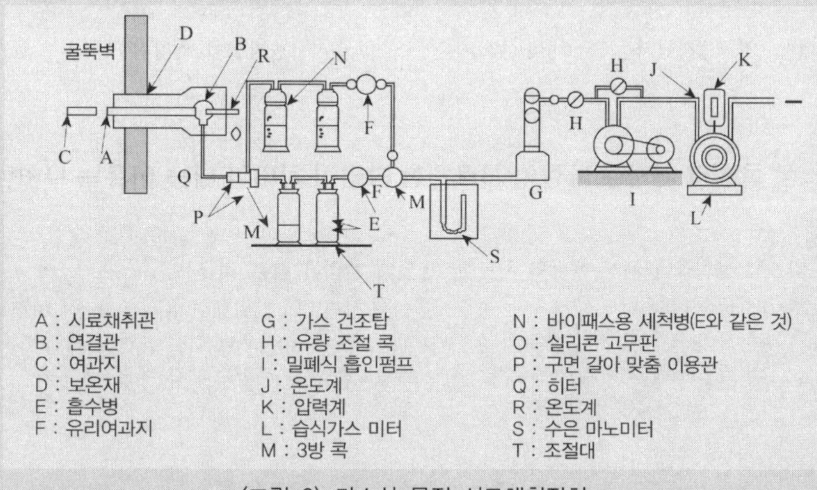

〈그림 3〉 가스상 물질 시료채취장치

3. 입자상 물질 시료채취 절차(반자동식 채취방법)

① 측정점 수를 선정한다.
② 배출가스 온도를 측정한다.
③ S자형 피토관과 경사마노미터로 배출가스의 정압과 평균동압을 각각 측정한다.
④ 피토관을 측정공에서 굴뚝 내의 측정점까지 삽입하여 전압공을 배출가스 흐름 방향에 바로 직면시켜 압력계에 의하여 동압을 측정하며 0.1 mmH_2O의 단위까지 읽는다.
⑤ 배출가스의 수분량을 측정한다.
⑥ 이동 채취법을 이용하며 1개의 먼지시료채취기를 사용하여 측정점을 이동하면서 각각 같은 흡입시간으로 먼지시료를 채취한다.

📖 **참고** 대기오염공정시험기준/ES 01112.b 배출가스 중 입자상 물질 시료채취방법
대기오염공정시험기준/ES 01111.a 배출가스 중 가스상 물질 시료채취방법

09 배출가스의 등속흡인이 이루어지지 않을 경우 먼지농도의 값은 어떻게 되는지 설명하시오.

① 노즐 끝에서의 흡인속도가 굴뚝 내 배출가스의 유속보다 클 때
② 노즐 끝에서의 흡인속도가 굴뚝 내 배출가스의 유속보다 적을 때

답안

1. 등속흡인(Isokinetic sampling)

① 굴뚝에서 먼지 시료채취 시 흡입노즐을 이용하여 배출가스를 흡입할 때, 흡입노즐을 배출가스의 흐름 방향으로 직면하고, 배출가스와 같은 유속으로 시료를 채취하는 것을 말하며, 시료채취 유속과 주위 기류속도가 달라지면, 입자지름이 큰 입자는 관성력으로 인해 과다 또는 과소로 채취되어 측정오차가 발생한다.

2. 노즐 끝에서의 흡인속도가 굴뚝 내 배출가스의 유속보다 클 때

① (노즐 흡인속도 > 배출가스 유속)인 경우 흡인 유량은 많아지는 반면 입자는 관성력에 의해 그대로 배출되므로 농도는 낮아지게 된다.

3. 노즐 끝에서의 흡인속도가 굴뚝 내 배출가스의 유속보다 적을 때

① (노즐 흡인속도 < 배출가스 유속)인 경우 흡인 유량은 적어지는 반면 입자는 관성력에 의해 그대로 흡입되므로 농도는 높아지게 된다.

📖 **참고** 대기오염공정시험기준/ES 01301.1b 배출가스 중 먼지－반자동식 측정법

10 가스상 물질과 입자상 물질의 시료채취 방법이 차이가 나는 이유는 무엇인가?

답안

1. 가스상 물질과 입자상 물질의 시료채취방법에 차이가 나는 이유

① 가스상 물질의 경우 시료채취 시 등속흡인과 상관없이 시료채취 유속을 변경하여도 농도의 차이가 발생하지 않으나, 입자상 물질의 경우 등속흡인이 되지 않으면 입자상 물질 채취량의 차이가 발생하여 결과적으로 농도를 과소(배출가스유속 < 시료흡인유속) 또는 과대(배출가스유속 > 시료흡인유속) 평가할 가능성이 있기 때문이다.

📖 **참고** 환경시험검사 QAQC 핸드북/정도관리 일반

11 굴뚝에서 먼지 측정시 연속자동측정방법에 대해 설명하시오.

답안

1. 먼지 측정을 위한 연속자동측정방법

① 광산란적분법 : 먼지를 포함하는 굴뚝배출가스에 빛을 조사하면 먼지로부터 산란광이 발생하며 산란광의 강도는 먼지의 성상, 크기, 상대굴절율 등에 따라 변화하지만 이들 조건이 동일하다면 먼지농도에 비례하는 원리를 이용한 것으로 굴뚝에서 미리 구한 먼지농도와 산란도의 상관관계식에 측정한 산란도를 대입하여 먼지농도를 산정한다.

② 베타(β)선 흡수법 : 시료가스를 등속흡인하여 굴뚝밖에 있는 자동연속측정기 내부의 여과지 위에 먼지시료를 채취하며, 이 여과지에 방사선 동위원소로부터 방출된 β선을 조사하고 먼지에 의해 흡수된 β선량을 구한다음 굴뚝에서 미리 구해놓은 β선 흡수량과 먼지농도사이의 관계식에 시료채취 전후의 β선 흡수량의 차를 대입하여 먼지농도를 산정한다.

③ **광투과법** : 먼지입자들에 의한 빛의 반사, 흡수, 분산으로 인한 감쇄현상에 기초하여 먼지를 포함하는 굴뚝배출가스에 일정한 광량을 투과하여 얻어진 투과된 광의 강도변화를 측정하여 굴뚝에서 미리 구한 먼지농도와 투과도의 상관관계식에 측정한 투과도를 대입하여 먼지의 상대농도를 연속적으로 측정하는 방법이다.

📖 **참고** 대기오염공정시험기준/ES 01903.1 굴뚝연속자동측정기기－먼지

12 비산먼지 측정방법 4가지에 대해 설명하시오.

답안

1. 비산먼지 측정시 적용 가능한 시험방법

① 고용량공기시료채취법 : 고용량 펌프(1,133 ~ 1,699) L/min를 사용하여 질량농도를 측정하는 방법이다.
② 저용량공기시료채취법 : 저용량 펌프(16.7 L/min 이하)를 사용하여 질량농도를 측정하는 방법이다.
③ 베타선법 : 여과지 위에 베타선을 투과시켜 질량농도를 측정하는 방법이다.
④ 광학기법 : 광학기법을 이용하여 불투명도를 측정하는 방법이다.

📖 **참고** 대기오염공정시험기준/ES 01302.a 비산먼지

13 고용량공기시료채취기를 이용하여 대기 중으로 비산되는 먼지를 측정하는 지점수와 해당 지점을 선정하는 방법에 대해 설명하시오.

※ 유사문제 : 비산먼지 측정시 지점 수와 해당지점을 선정하는 방법에 대하여 설명하시오.

답안

1. 측정위치 선정 방법 및 지점수

① 시료채취장소는 원칙적으로 측정대상 발생원의 부지경계선상으로 하며 풍향을 고려하여 해당 발생원의 비산먼지 농도가 가장 높을 것으로 예상되는 지점 3개소 이상을 선정한다.

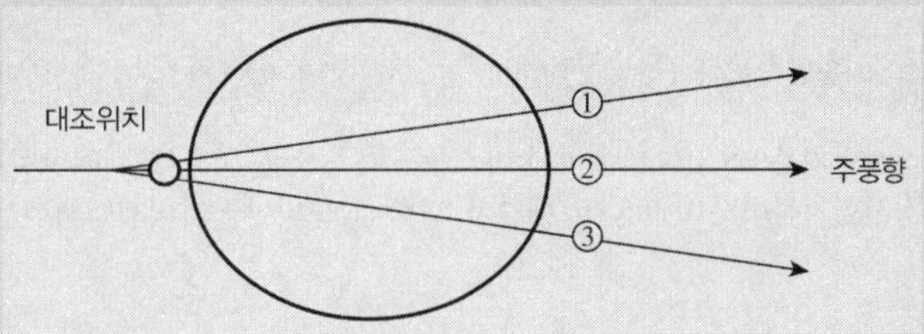

2. 시료채취 위치

① 부근에 장애물이 없고 바람에 의하여 지상의 흙모래가 날리지 않아야 하며 기타 다른 원인에 의하여 영향을 받지 않고 그 지점에서의 비산먼지 농도를 대표할 수 있어야 한다. 별도로 발생원의 풍상 측에 해당 발생원의 영향이 없을 것으로 예측되는 곳에 대조위치를 선정한다.

📖 **참고** 대기오염공정시험기준/ES 01302.1b 비산먼지－고용량공기시료채취법

14 대기중 시료채취시 시간 30분 ~ 2시간, 유량 (0.5 ~ 2) m^3/min처럼 분석자가 선택할 수 있게 하는 이유는?

답안

1. 시료채취 시간과 유량을 분석자가 선택할 수 있게 하는 이유

① 대기 중 먼지 또는 가스상물질의 농도 수준에 따라 먼지시료를 채취하는 여과지나 가스상물질을 채취하는 흡착제 파과용량에 차이가 나므로 분석자가 시료채취시간이나 시료채취유량을 적절하게 선택하여야 한다.

15 암모니아 시료채취시 시료의 적정 흡인속도는 얼마로 하여야 하는가?

답안

1. 적정 흡인속도

① 시료의 흡입 속도는 (1 ~ 2) L/min 정도로 하며, 시료가스 채취량은 배출가스 중의 암모니아 농도에 따라 증감한다.

📖 **참고** 대기오염공정시험기준/ES 01303.1b 배출가스 중 암모니아 – 자외선가시선분광법 – 인도페놀법

16 암모니아 시료를 채취하기 위해 사용하는 채취관의 재질과 채취유속에 대해 설명하시오.

답안

1. 채취관의 재질

① 시료채취관은 화학반응이나 흡착작용 등으로 배출가스의 분석결과에 영향을 주지 않는 것이어야 하며,
② 배출가스의 온도, 유속 등에 견딜 수 있는 충분한 기계적 강도를 갖는 것이어야 하고,
③ 배출가스 중 암모니아 공존 성분에 의하여 부식되지 않는 재질로서 예를 들어 유리, 스테인리스강, 석영, 불소수지 등으로 한다.

2. 채취유속

① 시료가스의 흡입속도는 (1~2) L/min 정도로 하며 배출가스 중 암모니아 농도에 따라 증감한다.

📖 **참고** 대기오염공정시험기준/ES 01111.a 배출가스 중 가스상 물질 시료채취방법
대기오염공정시험기준/ES 01303.1b 배출가스 중 암모니아 – 자외선가시선분광법 – 인도페놀법

17 배출가스 중의 암모니아를 측정하고자 할 때, 배출가스 중에 산성 성분이 분석에 영향을 미칠 것으로 예상되는 상황이다. 이때 흡수액에 대하여 설명하시오.

답안

1. 산성가스가 있는 경우

① 흡수병 2개 이상을 준비하여 각각에 흡수액으로 과산화수소(1+9)를 50 mL씩 넣고 흡수병은 위로 향한 여과판이 있는 부피 (150 ~ 250) mL의 것을 사용한다.
② 유량 2 L/min 정도로 암모니아를 제거시킨 공기를 흡입하며, 3방콕을 사용하여 8 N 수산화소듐용액을 가하여 pH 13 이상으로 하고 발생하는 암모니아 가스를 붕산용액에 흡수시킨다.

📖 **참고** 대기오염공정시험기준/ES 01303.1b 배출가스 중 암모니아－자외선가시선분광법－인도페놀법

18 굴뚝 배출온도가 80 ℃로 낮고 액적이 존재하는 조건에서 연돌에서 염화수소(HCl) 반자동 시료채취 시 유의점을 설명하시오.

답안

1. 염화수소(HCl) 반자동 시료채취시 유의점

① 배출가스 온도가 80 ℃ 이하로 낮은 경우 배출가스가 기체상에서 액체상으로 응축되어 액적으로 존재하게 되면 염화수소 가스가 액적에 녹아 있을 가능성이 높게 되며 액적의 채취율에 따라 염화수소 측정농도의 결과값이 변화할 수 있으므로, 가스상 물질 측정법임에도 불구하고 먼지시료 측정 때와 같이 등속흡인법을 이용하여 시료를 채취하고 가스 흡입관을 가열하여 액적의 응축을 방지하여야 한다.

📖 **참고** 대기오염공정시험기준/ES 01305 배출가스 중 염화수소

19 굴뚝에서 배출되는 배출가스를 채취할 때 오존발생장치를 사용하여 분석하는 대기오염물질과 그 이유는 무엇인가?

답안

1. 오존발생장치를 사용하여 분석하는 대기오염물질

① 배출가스 중 질소산화물을 아연환원나프틸렌다이아민법으로 분석시 오존발생장치를 사용한다.

2. 오존발생장치를 사용하는 이유

① 오존 발생장치는 오존을 생성시켜 배출가스 중에 함유된 NO_2와 반응시킨 다음 물을 주입한 후 질산이온(NO_3^-)으로 만드는데 사용된다.

📖 **참고** 대기오염공정시험기준/ES 01308.1c 배출가스 중 질소산화물－아연환원나프틸렌다이아민법

20 대기 시료채취 계획수립 시 유의할 점에 대하여 설명하시오.

답안

1. 대기 시료채취 계획수립 시 유의할 점

① 시료 채취자는 수집과 분석 시스템을 교정하기 위해 공기 혼합물의 균일성과 대표 시료를 수집하는 것이 중요하다. 오염원, 공기 흐름 방향과 풍속 (바람이나 온도 영향), 오염물질의 밀도, 빛의 세기, 시간, 나무나 빌딩과 같은 장애물의 존재는 오염물의 농도에 영향을 줄 수 있다.

② 조사계획의 주요 사항은 조사의 시기, 항목, 지점, 주기 등의 설정이며 계획 수립시 유의할 점은 다음과 같다.

㉠ 각 조사의 의미를 잘 이해하고, 전체적인 균형을 유지한다.

㉡ 가능한 한 각 분야의 조사를 동일한 지점에서 동시에 실시함으로써 상호 보완적으로 사용 가능케 한다.

㉢ 군집분석이나 통계분석, 모델링 등의 자료 가공과 해석이 용이하도록 사전에 자료를 활용하는 분야의 전문가와 협의하여 자료 이용이 가능한 구도로 계획을 수립한다.

㉣ 조사대상 지역에 관한 기존의 자료를 수집하고 분석하여 지역의 특성을 파악한 후에 계획을 수립하여야 하며, 사전정보가 부족한 경우에는 사전조사(답사 또는 1~2회 정도의 예비조사)를 통하여 기본 정보를 얻고 나서 계획을 확정시킨다.

㉤ 관측횟수는 가용한 경비에 따라 제한되며, 대상 지역의 특성과 목적에 따라 제한된 관측횟수의 범위내에서 조사지점 수 및 조사 횟수를 늘릴 수도 있으며 조사의 정확도를 높이기 위해 측정의 반복횟수를 늘릴 수도 있다. 제한된 경비 내에서 목적하는 결과를 얻을 수 있도록 최적의 조사 지점과 조사 횟수를 설정하는 것이 조사계획의 핵심적인 사항이다.

참고 환경시험검사 QAQC 핸드북

21 대기시료 채취시의 일반적인 주의사항에 대해 설명하시오.

답안

1. 시료채취시 일반적인 주의사항

① 시료채취를 할 때는 되도록 측정하려는 기체 또는 입자의 손실이 없도록 하며, 특히 바람이나 눈, 비로부터 보호하기 위하여 측정기기는 실내에 설치하고 채취구는 밖으로 연결할 경우에는 채취관 벽과의 반응, 흡착, 흡수 등에 의한 영향을 최소한도로 줄일 수 있는 재질과 방법을 선택한다.

② 채취관을 장기간 사용하여 관내에 분진이 퇴적하거나 분진이 기체와 반응 또는 흡착하는 것을 막기 위하여 채취관은 항상 깨끗한 상태로 유지한다.

③ 미리 측정하려고 하는 성분과 이외의 성분에 대한 물리적, 화학적 성질을 조사하여 방해성분의 영향이 적은 방법을 선택한다.

④ 시료채취시간은 원칙적으로 그 오염물질의 영향을 고려하여 결정한다. 예를 들면 악취물질의 채취는 되도록 짧은 시간 내에 끝내고 입자상 물질중의 금속성분이나 발암성 물질 등은 되도록 장시간 채취하며, 환경기준이 설정되어 있는 물질의 채취시간은 원칙적으로 법에 정해져 있는 시간을 기준으로 한다.

⑤ 시료채취 유량은 각 항에서 규정하는 범위 내에서는 되도록 많이 채취하는 것을 원칙으로 하며, 사용 유량계는 그 성능을 잘 파악하여 사용하고 채취유량은 반드시 온도와 압력을 기록하여 표준상태로 환산한다.

⑥ 입자상 물질을 채취할 경우에는 채취관 벽에 분진이 부착 또는 퇴적하는 것을 피하고 특히 채취관을 수평방향으로 연결할 경우에는 되도록 관의 길이를 짧게 하고 곡률반경은 크게 한다. 또한 입자상 물질을 채취할 때에는 기체의 흡착, 유기성분의 증발, 기화 또는 변화하지 않도록 주의한다.

참고 대기오염공정시험기준/ES 01115 환경대기 시료채취방법

22 대기 중 시료를 포집할 수 있는 시료채취 방법에 대해 언급하고 각각에 대해 설명하시오.

답안

1. 가스상 물질의 시료 채취방법

① 직접채취법 : 시료를 측정기에 직접 도입하여 분석하는 방법으로 채취관－분석장치－흡입펌프로 구성된다.

② 용기채취법 : 시료를 일정한 용기에 채취한 다음 분석에 이용하는 방법으로 채취관－용기, 또는 채취관－유량조절기－흡입펌프－용기로 구성되며 용기는 일반적으로 진공병 또는 공기주머니(air bag)를 이용한다.

③ 용매채취법 : 측정대상 기체와 선택적으로 흡수 또는 반응하는 용매에 시료가스를 일정 유량으로 통과시켜 채취하는 방법으로 채취관 – 여과재 – 채취부 – 흡입펌프 – 유량계(가스미터)로 구성된다.

④ 고체흡착법 : 고체분말표면에 기체가 흡착되는 것을 이용하는 방법으로 시료채취장치는 흡착관, 유량계 및 흡입펌프로 구성한다.

⑤ 저온농축법 : 탄화수소와 같은 기체성분을 냉각제로 냉각 응축시켜 공기로부터 분리 채취하는 방법으로 주로 GC나 GC/MS 분석기에 이용한다.

⑥ 채취용 여과지에 의한 방법: 여과지를 적당한 시약에 담가 두었다가 건조시키고 시료를 통과시켜 목적하는 기체성분을 채취하는 방법으로 주로 불소화합물, 암모니아, 트라이메틸아민 등의 기체를 채취하는데 이용한다.

2. 입자상 물질의 시료 채취방법

① 고용량공기채취법 : 대기 중에 부유하고 있는 입자상 물질을 고용량 공기시료채취기(high volume air sampler)를 이용하여 여과지상에 채취하는 방법으로 입자상 물질 전체의 질량농도를 측정하거나 금속성분의 분석에 이용한다. 이 방법에 의한 채취입자의 입경은 일반적으로 (0.1 ~ 100) μm 범위이지만, 입경별 분리 장치를 장착할 경우에는 PM-10이나 PM-2.5의 시료채취에 사용할 수 있다.

② 저용량공기채취법: 대기 중에 부유하고 있는 10 μm 이하의 입자상 물질을 저용량 공기시료채취기(low volume air sampler)를 사용하여 여과지 위에 채취하고 질량농도를 구하거나 금속 등의 성분분석에 이용한다.

📖 **참고** 대기오염공정시험기준/ES 01115 환경대기 시료채취방법

23 환경 대기시료를 포집하기 위한 채취 장치의 종류를 나열하고 각각에 대해 설명하시오.

답안

1. 기체상 물질의 환경 대기 시료 채취 장치 종류 및 설명

① 진공병 : 내부용적이 일정한 경질 유리병에 진공마개와 시료인출용 마개가 부착되고 수 mmHg 정도까지 감압할 수 있는 것을 사용한다.

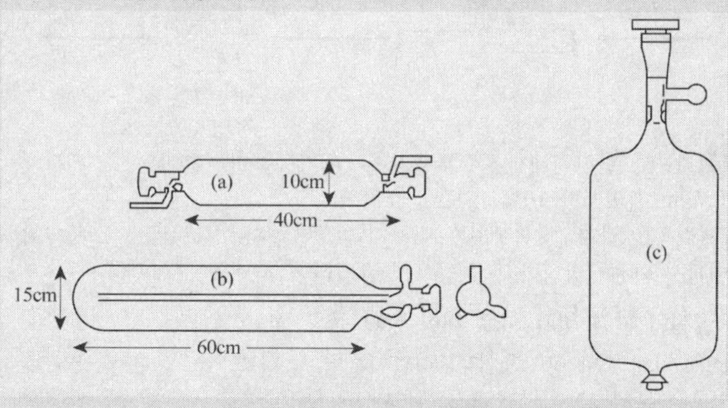

② 공기주머니 : 시료를 공기주머니에 채취하는 방법으로 측정기기를 측정 장소까지 가지고 갈 수 없거나, 소수의 측정기로 다수의 지점에서 동시에 시료를 채취할 경우 이용한다. 단 시료성분이 주머니 안에서 흡착, 투과 또는 서로간의 반응에 의하여 손실 또는 변질되지 않아야 한다.

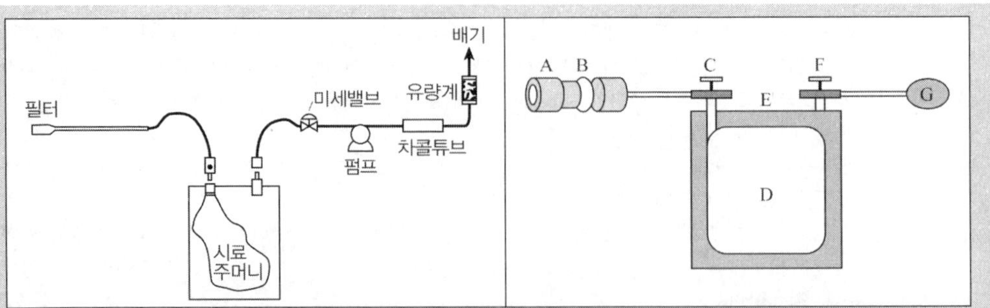

일반 폐시료채취기를 이용한 시료채취 휴대용 폐시료채취기를 이용한 시료채취

③ **흡수관을 이용한 용매채취** : 흡수관에 일정량의 흡수액 (10 ~ 20) mL를 넣은 다음 일정유량 (0.5 ~ 2.0) L/min으로 흡입하며, 흡입시간은 보통 30분 ~ 2시간이다.

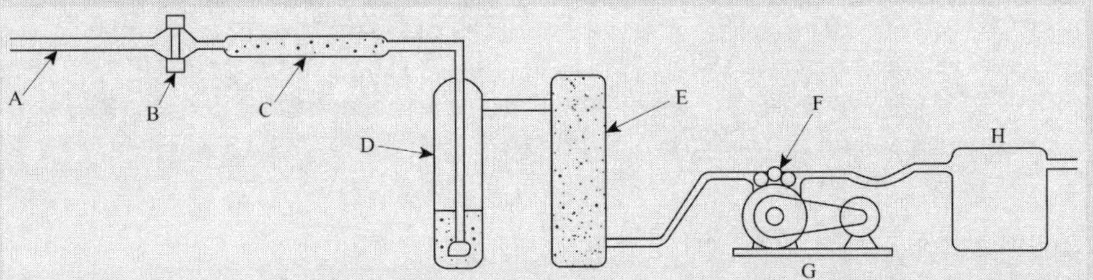

A : 시료공기도입관, B : 여과지홀더, C : 여과지, D : 흡수관,
E : 미스트트랩, F : 유량조절기, G : 흡인펌프, H : 유량계

④ **고체흡착관** : 스테인리스강 또는 파이렉스 유리로 된 관에 측정대상 성분에 따라 흡착제를 선택하여 각 흡착제의 파과부피를 고려하여 일정량 이상으로 충전한 후에 사용하며, 시판되고 있는 별도규격 제품을 사용할 수 있다.

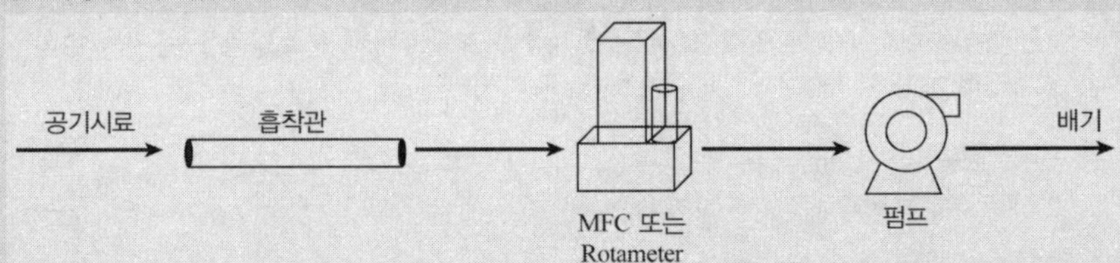

⑤ **저온농축관** : 탄산기체 및 수분제거관－냉각농축관－흡입펌프－유량계 순으로 연결하여 흡입유량 10 L/min, 흡입시간 10분 정도로 채취한다.

⑥ 시료채취용 여과지: 채취장치는 여과지홀더-흡입펌프-유량계로 구성되며, 채취조작은 채취용 여과지를 여과지홀더에 장착하고 일정시간 흡입하여 시료를 채취한다.

2. 입자상 물질의 환경 대기 시료 채취 장치 종류 및 설명

① 고용량공기채취기: 공기흡입부, 여과지홀더, 유량측정부 및 보호상자로 구성되어 있다.

㉠ 적용 : 문제 22번 답안 2.① 참고

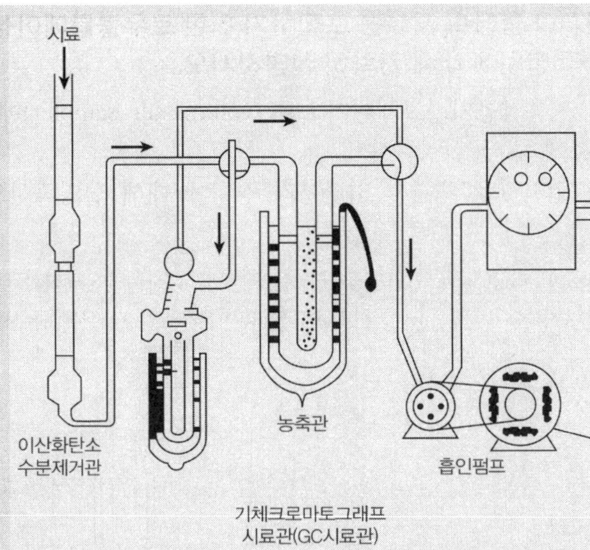

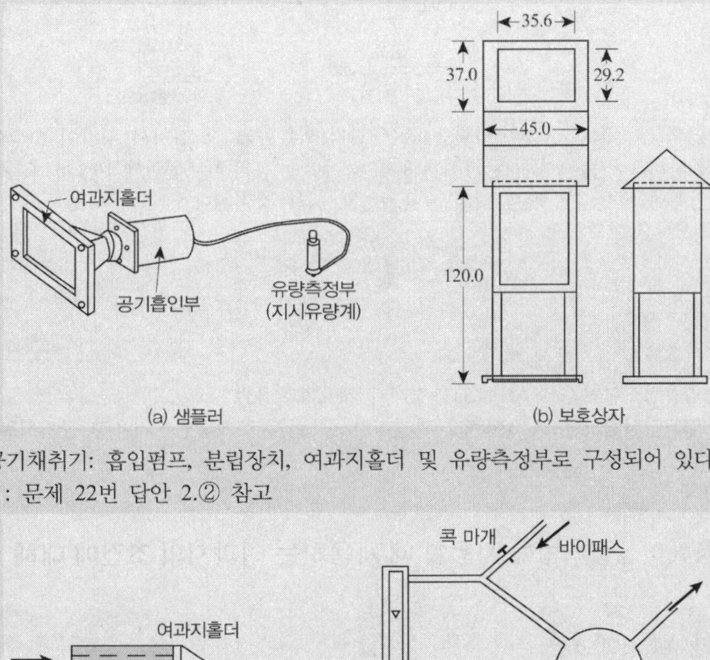

(a) 샘플러 (b) 보호상자

② 저용량공기채취기: 흡입펌프, 분립장치, 여과지홀더 및 유량측정부로 구성되어 있다.

㉠ 적용 : 문제 22번 답안 2.② 참고

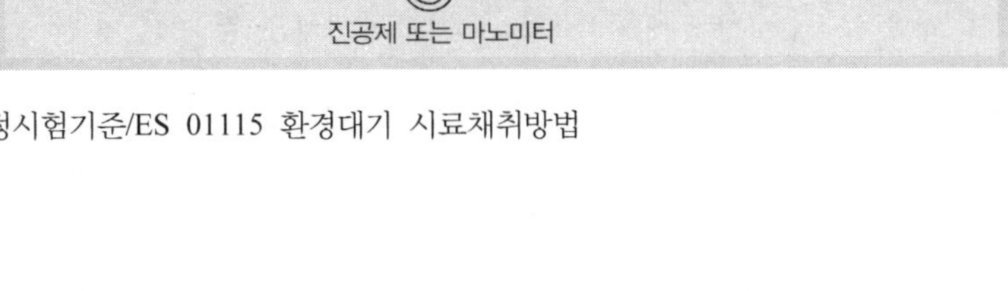

📖 **참고** 대기오염공정시험기준/ES 01115 환경대기 시료채취방법

24 대기 중 미세먼지나 중금속 시료를 포집하기 위한 로우볼륨에어샘플러에 적용하는 분립장치의 종류와 각 장치에 대해 간략히 설명하시오.

※ 유사문제 : 저용량공기시료채취기(Low volume air sampler)에 사용하는 분립장치의 정의와 종류에 대해 설명하시오.

※ 유사문제 : 먼지시료 채취시 입경분리 장치에 대해 설명하시오.

답안

1. 분립장치 : 10 μm 이상 되는 입자를 제거하는 장치로서 사이클론방식과 다단형 방식이 있다.

① 사이클론식 분립장치 : 10 μm 이상 또는 2.5 μm 이상의 입자를 사이클론방식으로 제거하는 장치이다.

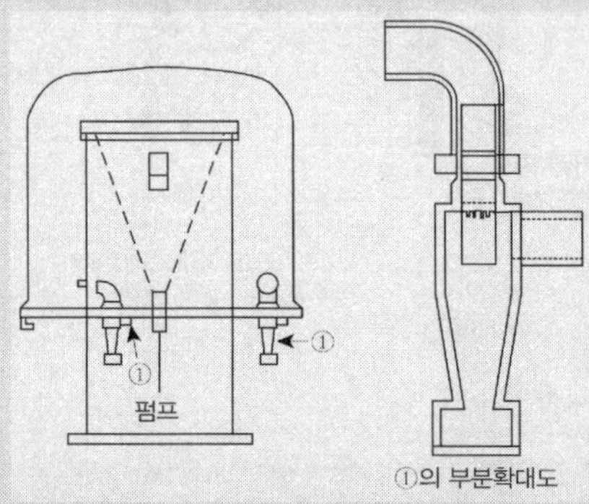

② 다단형 분립장치 : 얇은 평판을 좁은 간격으로 여러 장 겹쳐서 평판이 수평이 되도록 놓고 여기에 채취하려고 하는 공기를 통과시키면 평판 사이를 통과하는 동안에 10 μm 또는 2.5 μm 이상의 입자는 침강하여 떨어지고 작은 입자만 통과하게 하는 장치이다.

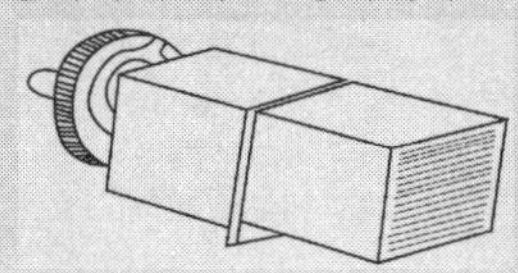

📖 **참고** 대기오염공정시험기준/ES 01115 환경대기 시료채취방법
대기오염공정시험기준/ES 01604.2 환경대기 중 먼지 측정방법－저용량 공기시료채취기법

25 로우볼륨에어샘플러법을 사용할 때 사용하는 여과지의 조건에 대해 설명하시오.

답안

1. 채취용 여과지의 조건

입자상 물질의 채취에 사용하는 채취용 여과지는 구멍 크기(pore size)가 (1 ~ 3) μm 되는 나이트로셀룰로스제 멤브레인 여과지, 유리섬유 여과지 또는 석영섬유 여과지 등을 사용하여 다음과 같은 조건이 맞는 것을 사용한다.

① 0.3 μm의 입자상 물질에 대하여 99 % 이상의 초기채취율을 갖는 것
② 압력손실이 낮을 것
③ 가스상 물질의 흡착이 적고 흡습성 및 대전성이 적을 것
④ 취급하기 쉽고 충분한 강도를 가질 것
⑤ 분석에 방해되는 물질을 함유하지 않을 것

📖 **참고** 대기오염공정시험기준/ES 01115 환경대기 시료채취방법

26 로우볼륨에어샘플러의 시료채취시간 및 여과지의 조건에 대해 설명하시오.

답안

1. 시료채취시간

① 원칙적으로 24시간 또는 2일 ~ 7일간 연속 채취하나, 질량 농도만을 측정하거나 특정원소의 분석을 목적으로 할 경우에는 분석 감도에 따라 적당히 조정할 수 있다.

2. 채취용 여과지의 조건 : 문제 25번 답안 참고

참고 대기오염공정시험기준/ES 01115 환경대기 시료채취방법

27 먼지 측정법 중 베타선법의 원리에 대해 설명하시오.

답안

1. 베타선법 정의

대기 중에 부유하고 있는 입자상 물질을 일정시간 여과지 위에 채취 후 베타선을 투과시켜 입자상 물질의 질량농도를 연속적으로 측정하는 방법이다.

2. 먼지농도 산정 방법

① 먼지농도는 베타선을 방출하는 광원으로부터 조사된 베타선이 여과지 위에 채취된 먼지를 통과할 때 흡수 소멸되는 베타선의 차로서 측정되며 다음 식에 따른다.

$$I = I_0 \cdot \exp(\mu X)$$

I : 여과지에 채취된 먼지를 투과한 베타선 강도

I_0 : 공여과지(blank)에 투과된 베타선 강도(먼지를 채취하지 않은 여과지를 통과한 베타선 강도)

μ : 먼지에 의한 베타선 질량 흡수 소멸 계수(cm^3/mg), 먼지의 성분과는 무관한 상수

X : 단위면적당 채취된 먼지의 질량(mg/cm^3)

② 먼지농도는 단위면적당 채취된 먼지의 질량에 의한 베타선의 흡수량으로 결정된다.

$$C = \frac{S}{\mu \cdot V \cdot \Delta t} \ln(I/I_0)$$

C : 먼지농도(mg/m^3)　　S : 먼지가 채취된 여과지의 면적(m^2)

V : 시료채취 유량(m^3/min)　　Δt : 공기시료 채취시간(min)

참고 대기오염공정시험기준/ES 01604.3 환경대기 중 먼지 자동측정법－베타선법

28 환경대기 중 가스상 물질 시료 채취방법 중 용매채취법에 대하여 설명하시오.

답안

1. 용매채취법

① 원리 및 구성 : 측정대상 기체와 선택적으로 흡수 또는 반응하는 용매에 시료가스를 일정 유량으로 통과시켜 채취하는 방법으로 채취관－여과재－채취부－흡입펌프－유량계(가스미터)로 구성된다.

참고 대기오염공정시험기준/ES 01115 환경대기 시료채취방법

2 실기시험의 이해도[시료분석]

01 기체크로마토그래프 검출기(TCD, FID, FPD)의 원리를 설명하시오.

답안

1. 열전도도검출기(TCD, thermal conductivity detector)

① 금속 필라멘트(filament)와 본체에 안정된 직류전기를 공급하는 전원회로, 전류조절부, 신호검출 전기회로, 신호 감쇄부 등으로 구성된다.

② 네 개로 구성된 필라멘트에 전류를 흘려주면 필라멘트가 가열되는데, 이 중 2개의 필라멘트는 운반기체인 헬륨에 노출되고 나머지 두 개의 필라멘트는 운반기체에 의해 이동하는 시료에 노출되어 이 둘 사이의 열전도도 차이를 측정함으로써 시료를 분석한다.

2. 불꽃이온화검출기(FID, flame ionization detector)

① 수소 연소 노즐(nozzle), 이온 수집기(ion collector)와 전극 및 배기구로 구성되는 본체와 이 전극 사이에 직류전압을 주어 흐르는 이온전류를 측정하기 위한 직류전압 변환회로, 감도조절부, 신호감쇄부 등으로 구성되어 있다.

② 대부분의 유기화합물은 수소와 공기의 연소 불꽃에서 전하를 띤 이온을 생성하는데 생성된 이온에 의한 전류의 변화를 측정하여 시료를 분석한다.

3. 불꽃광도검출기(FPD, flame photometric detector)

① 불꽃이온화검출기와 유사하고 운반기체와 조연기체의 혼합부, 수소 기체 공급구, 연소 노즐, 광학 필터, 광전증배관(photomultiplier tube) 및 전원 등으로 구성되어 있다.

② 황이나 인을 포함한 탄화수소 화합물이 불꽃이온화 검출기 형태의 불꽃에서 연소될 때 화학적인 발광을 일으키는 성분을 생성하며 이들 빛은 광학 필터를 통해 광전증배관에 도달하고 이에 연결된 전자회로에 신호가 전달되어 황이나 인을 포함한 화합물을 선택적으로 분석한다.

📖 **참고** 대기오염공정시험기준/ES 01201 기체크로마토그래피

02 흡광차분광법(DOAS)에서 분석할 수 있는 대기오염물질의 종류와 분석장치의 분석시스템 구성을 말하시오.

답안

1. 흡광차분광법으로 분석할 수 있는 대기오염물질의 종류

① 이산화황(SO_2), 질소산화물(NO_x), 오존(O_3) 등의 대기오염물질 분석에 적용 가능하다.

2. 분석시스템 구성

① 분석시스템은 크게 광원부와 분석기로 나누어진다.

② 광원부는 발광부/수광부 및 광케이블로 구성되며, 외부 환경에 영향이 없는 구조로 구성되어 있다.

③ 분석부는 분광기(Czeny-Turner 방식이나 Holographic 방식 등을 채택), 샘플 채취부, 검지부(광전자증배관이나 PDA 등을 이용), 분석부(데이터베이스), 통신부 등으로 구성되어 있다.

📖 **참고** 대기오염공정시험기준/ES 01206.a 흡광차분광법

03 인도페놀법에 의한 배출가스 중 암모니아 분석방법에서 암모니아 표준용액 제조시 주로 사용되는 시약은?

답안

1. 암모니아 검정곡선용 표준용액 제조시 사용되는 시약

① 130 ℃에서 건조한 황산암모늄[$(NH_4)_2SO_4$, 분자량 132.13] 2.9498 g을 취하고 증류수에 녹여 1 L로 하며, 이 용액을 다시 흡수액으로 1,000배 묽게 하여 암모니아 표준용액으로 한다. 이 암모니아 표준액 1 mL는 기체상 NH_3 1 μL (0 ℃, 760 mmHg)에 상당한다.

📖 **참고** 대기오염공정시험기준/ES 01303.1b 배출가스 중 암모니아－자외선가시선분광법－인도페놀법

04 인도페놀법을 이용하여 암모니아 분석시 분석용 시료용액에 대한 전처리를 마친 후 흡광도를 측정할 때 용액은 무슨 색이며, 흡광도의 파장은 얼마로 하는가?

답안

1. 인도페놀법에 의한 분석방법

① 이 방법은 다음의 반응에 의해 청색으로 발색되어 640 nm 부근의 파장에서 흡광도를 측정하여 암모니아를 정량하는 방법이다.

② 암모니아가 하이포아염소산소듐과 반응하여 클로라민(NH_2Cl)을 생성한다.

$NH_3 + NaOCl \Leftrightarrow NH_2Cl + NaOH$

③ 클로라민(NH_2Cl)은 프루시드소듐 이온의 촉매 하에서 페놀과 반응하여 인도페놀을 형성하여 청색을 나타낸다.

NH₂Cl + ⌬－OH + 2NaOCl →Cl－N ＝⌬＝O + 2NaCl + 2H₂O

HO－⌬+Cl－N＝⌬＝O →HO－⌬－N＝⌬＝O + HCl

HO－⌬－N＝⌬＝O ⇔O⁻－⌬－N＝⌬＝O + H⁺(인도페놀블루)

📖 **참고** 대기오염공정시험기준/ES 01303.1b 배출가스 중 암모니아－자외선가시선분광법－인도페놀법

05 배출가스 중 암모니아 측정을 위한 인도페놀법 시험시 시료의 농도가 정량 범위를 벗어나게 높은 경우 취할 방안을 설명하시오.

답안

1. 정량범위 벗어나 농도가 높은 경우 조치 방안

① 시료 중 암모니아의 농도가 10 ppm 이상일 때 가스 채취량을 줄이거나 분석용 시료 용액을 흡수액으로 적당히 묽게 하여 분석한다. 단, 온도가 낮은 경우에는 반응이 늦어질 수 있으므로 상온을 유지하도록 한다.

📖 **참고** 대기오염공정시험기준/ES 01303.1b 배출가스 중 암모니아-자외선가시선분광법-인도페놀법

06 인도페놀법을 이용한 암모니아 분석시 분석용 시료용액에 대한 전처리를 마친 후 1시간 방치하는데 그 이유를 설명하시오.

답안

1. 인도페놀법에 의한 분석시 전처리 후 1시간 방치하는 이유

① 전처리시약(페놀-나이트로프루시드소듐용액, 하이포아염소산소듐용액)을 넣고 반응하여 인도페놀 블루가 형성되어 완전히 발색될 때까지 1시간 정도 소요되므로 상온에서 1시간 정도 방치한다.

📖 **참고** 대기오염공정시험기준/ES 01303.1b 배출가스 중 암모니아-자외선가시선분광법-인도페놀법

07 암모니아, 황화수소의 흡수액, 발색시약은 무엇인가?

답안

1. 암모니아의 흡수액과 발색시약

① 흡수액 : 산성가스가 없는 경우에는 0.5 % 붕산용액을 사용하며, 산성가스가 있는 경우에는 과산화수소(1+9)를 사용한다.

② 발색시약 : 페놀-나이트로푸르시드소듐 용액과 하이포아염소산소듐 용액을 넣어 발색시킨다.

2. 황화수소의 흡수액과 발색시약

① 흡수액 : 황산아연 5 g + 물 500 mL + 수산화소듐 6 g + 물 300 mL + 황산암모늄 70 g + 물을 넣어 1 L로 한다.

② 발색시약 : p-아미노다이메틸아닐린 용액과 염화철(Ⅲ) 용액을 넣어 발색시킨다.

📖 **참고** 대기오염공정시험기준/ES 01303.1b 배출가스 중 암모니아-자외선가시선분광법-인도페놀법
대기오염공정시험기준/ES 01310.1b 배출가스 중 황화수소-자외선가시선분광법-메틸렌블루법

08 암모니아와 황화수소를 자외선/가시선분광법을 이용한 분석시 적정용액은 무엇이며 사용하는 목적은?

답안

1. 암모니아 분석시 적정용액

① 적정용액 : 0.05 N 싸이오황산소듐 용액($Na_2S_2O_3$)으로 적정한다.

② 적정목적 : 분석에 사용되는 하이포아염소산소듐 용액(NaClO)은 시간이 지나면서 유효염소량이 감소하는데 이런 경우 하이포아염소산소듐 용액 제조시 유효염소량에 따라 취하는 양이 달라지므로(100/C mL, C : 유효염소 %) 유효염소 % 산정시 0.05 N 싸이오황산소듐 용액($Na_2S_2O_3$)을 사용하여 적정한다.

2. 황화수소 분석시 적정용액

① 적정용액 : 0.1 N 싸이오황산소듐 용액($Na_2S_2O_3$)으로 적정한다.

② 적정목적 : 표준용액을 위해 조제한 황화소듐(Na_2S)용액의 정확한 분취량을 확인하기 위하여 0.1 N 싸이오황산소듐 용액($Na_2S_2O_3$)을 사용하여 적정한다.

📖 **참고** 대기오염공정시험기준/ES 01303.1b 배출가스 중 암모니아-자외선가시선분광법-인도페놀법
대기오염공정시험기준/ES 01310.1b 배출가스 중 황화수소-자외선가시선분광법-메틸렌블루법

09 암모니아와 황화수소 분석시 표정을 실시하는 이유에 대해 설명하시오.

답안

1. 암모니아 분석시 표정을 실시하는 이유

① 하이포아염소산소듐 용액(NaClO)은 시간이 지나면서 유효염소량이 감소하는데 유효염소량 산정시 0.05 N 싸이오황산소듐 용액($Na_2S_2O_3$)을 사용하여 적정하며, 이 때 사용하는 0.05 N 싸이오황산소듐 용액도 시간에 지남에 따라 변할 수 있으므로 오랫동안 보관된 것을 보정하기 위하여 표정을 실시한다.

2. 황화수소 분석시 표정을 실시하는 이유

① 황화수소 표준용액을 위해 조제한 황화소듐(Na_2S)용액의 정확한 분취량을 확인하기 위하여 0.1 N 싸이오황산소듐 용액($Na_2S_2O_3$)을 사용하여 적정하며, 이 때 사용하는 0.1 N 싸이오황산소듐용액도 시간이 지남에 따라 변할 수 있으므로 오랫동안 보관된 것을 보정하기 위하여 표정을 실시한다.

📖 **참고** 대기오염공정시험기준/ES 01303.1b 배출가스 중 암모니아 – 자외선가시선분광법 – 인도페놀법
대기오염공정시험기준/ES 01310.1b 배출가스 중 황화수소 – 자외선가시선분광법 – 메틸렌블루법

10 배출가스 중 염화수소의 분석방법의 종류와 개요에 대하여 각각 설명하시오.

답안

1. 염화수소 분석방법

① 이온크로마토그래피법과 싸이오시안산제이수은방법이 있으며 이온크로마토그래피법이 주 시험방법이다.

2. 이온크로마토그래피법

① 이 시험방법은 환원성 황화합물의 영향이 무시되는 경우에 적합하며 2개의 연속된 흡수병에 흡수액(증류수)을 각각 25 mL 담은 뒤 20 L 정도의 기체 시료를 채취한 다음, 이온크로마토그래프에 주입하여 얻은 크로마토그램을 이용하여 분석한다.

② 정량범위는 시료기체를 통과시킨 흡수액을 100 mL로 묽히고 분석용 시료용액으로 하는 경우 (0.4 ~ 80) ppm이며 동일한 시료채취방법을 적용한 시료용액일지라도 농축 컬럼을 통과시킬 경우 앞에서 제시된 정량범위의 한계 값을 낮출 수 있다.

3. 싸이오시안산제이수은법

① 이 시험방법은 이산화황, 기타 할로겐화물, 시안화물 및 황화합물의 영향이 무시되는 경우에 적합하며 2개의 연속된 흡수병에 흡수액(0.1 mol/L의 수산화소듐 용액)을 각각 50 mL 담은 뒤 40 L 정도의 배출가스 시료를 채취한 다음, 싸이오시안산제이수은 용액과 황산철(Ⅱ)암모늄 용액을 가하여 발색시킨 다음 파장 460 nm에서 흡광도를 측정한다.

② 정량범위는 시료기체를 통과시킨 흡수액을 250 mL로 묽히고 분석용 시료용액으로 하는 경우 (0.4 ~ 80) ppm이며, 방법검출한계는 0.13 ppm이다.

📖 **참고** 대기오염공정시험기준/ES 01305.a 배출가스 중 염화수소

11 일산화탄소(CO)와 이황화탄소(CS_2)를 기체크로마토그래피법으로 분석하고자 할 때, 사용하는 검출기를 제시하시오.

답안

1. 일산화탄소(CO)

① 기체크로마토그래피를 이용한 분석은 부시험방법으로서, 검출기로는 열전도도검출기(TCD, thermal conductivity detector) 또는 메테인화 반응장치 및 불꽃이온화검출기(FID, flame ionization detector)를 구비한 기체크로마토그래프를 이용하여 절대검정곡선법에 의해 일산화탄소 농도를 구한다.

② 열전도도검출기는 일산화탄소 농도가 0.1 % 이상인 시료에 적용하며, 불꽃이온화검출기는 일산화탄소 농도가 (0 ~ 2,000) ppm인 시료에 적용한다.

2. 이황화탄소(CS_2)

① 기체크로마토그래피가 주 시험방법이며, 불꽃광도검출기(FPD, flame photometric detector), 펄스불꽃광도검출기(PFPD, pulsed flame photometric detector), 질량분광검출기(MSD, mass spectrophotometer detector)를 이용한다.

② 이황화탄소는 불꽃이온화검출기(FID, flame ionization detector)에 의해서도 검출 가능하나, 다른 탄화수소화합물과 동시에 검출되어 기체크로마토그래프에서 분리가 어려운 문제가 있으므로 불꽃이온화검출기로 분석할 경우에는 질량분광검출기로 이황화탄소 성분이 완전히 분리되었는지를 확인 후 분석을 수행하여야 한다.

③ 불꽃광도검출기에 의한 황 또는 인 화합물의 감도는 일반 탄화수소 화합물에 비하여 100,000배 커서 황화수소나 이산화황과 같은 황화합물은 약 200 ppb까지, 인화합물은 약 10 ppb 까지 검출이 가능하다.

참고 대기오염공정시험기준/ES 01304.4a 배출가스 중 일산화탄소－기체크로마토그래피
대기오염공정시험기준/ES 01309.1a 배출가스 중 이황화탄소－기체크로마토그래피

12 일산화탄소와 이황화탄소 분석시 유령피크(Ghost peak)가 나타날 경우 원인과 해결방안을 제시하시오.

답안

1. 유령피크(Ghost peak)가 나타날 경우 원인과 해결방안

① 유령피크는 인젝터(injector)나 마이크로시린지(microsyringe)와 같은 시료주입부가 오염되어 발생한다.

② 인젝터로 인한 유령피크 발생시는 인젝터를 고온으로 올려주어 오염물질을 날리거나 인젝터 내 라이너를 새것으로 교체한다.

③ 시료주입부 오염시 마이크로시린지를 메탄올 등 용매로 충분히 세척한 뒤 사용하며, 이렇게 하더라도 유령피크가 나올 시에는 마이크로시린지를 새것으로 교체 후 분석한다.

참고 대기오염공정시험기준/ES 01309.1a 배출가스 중 이황화탄소-기체크로마토그래피

13 배출가스 중 불소화합물을 란탄－알리자린콤플렉손법으로 분석할 때 시료가스 중 방해이온을 1가지 이상 제시하시오.

답안

1. 시료가스 중 방해이온(간섭물질)

① 시료가스 중에 알루미늄(Ⅲ), 철(Ⅱ), 구리(Ⅱ), 아연(Ⅱ) 등의 중금속 이온이나 인산 이온이 존재하면 방해 효과를 나타내므로 적절한 증류 방법을 통해 불소화합물을 분리한 후 정량하여야 한다.

〈표〉 방해성분과 허용량(mg)

성분	Ca^{2+}	Mg^{2+}	Co^{2+}	Ni^{2+}	Fe^{2+}	Al^{3+}	NO_3^-	SO_3^{2-}	SO_4^{2-}	PO_4^{3-}
허용량	600	600	12	125	1.2	12	125	125	1250	125

참고 대기오염공정시험기준/ES 01311.1c 배출가스 중 불소화합물－자외선가시선분광법

14 환경 대기 중 질소산화물의 양을 측정할 때 사용하는 화학발광법의 원리에 대해 설명하시오.

답안

1. 화학발광법의 원리

① 시료대기 중의 일산화질소(NO)와 오존(O_3)을 반응시켰을 때 이산화질소(NO_2)가 생성되며, 이 이산화질소(NO_2)는 광화학적으로 들뜬 상태에 있게 되는데 이산화질소 분자는 바닥상태로 되돌아가면서 근적외선영역(1,200 nm) 부근의 중심파장을 갖는 빛을 발생시키며, 이 빛의 세기는 일산화질소(NO) 함유량에 비례하게 되고 이를 이용해서 시료대기 중에 포함된 일산화질소 농도를 측정하는 방법이다.

참고 대기오염공정시험기준/ES 01603.1 환경대기 중 질소산화물 자동측정법－화학발광법

15 환경대기 중 옥시던트 측정시 방해물질 종류와 배제방법을 설명하시오.

답안

1. 옥시던트 측정시 방해물질의 종류

① 부피분율 농도 500 nmol/mol 수준의 질소 및 황 산화물은 각각 약 (1 ~ 4) nmol/mol 정도 간섭의 영향이 있는 것으로 보고되고 있으며 광화학반응을 하는 휘발성 유기물도 간섭을 일으킬 수 있다.
② 입자상 물질이 제거되지 않을 경우 시료채취용 배관에 축적되어 무시할 수 없을 정도로 오존(옥시던트)을 분해시키며, 이산화망간을 오존 스크러버로 사용하는 측정 기기에도 간섭 현상이 있다.
③ 또한 측정기기를 건조 가스로 교정하는 경우 환경 대기 중 상대습도가 높을 경우 간섭 현상이 있다.

2. 간섭현상 배제방법

① 질소산화물(NO_x), 황산화물(SO_x), 휘발성유기화합물(VOC)의 간섭 현상은 간섭 물질의 가스를 주입하여 확인하며, 이러한 간섭 현상이 확인된 경우 측정값을 보정할 수 있는 절차를 마련한다.
② 5 μm 이상의 입자를 제거할 수 있는 PTFE와 같이 오존에 대해 불활성인 여과지를 사용하고, 여과지의 교환은 측정 현장의 대기 중 입자 농도 수준에 따라 달라지므로 정기적으로 교체하여야 하고 14일을 초과해서는 안 된다.
③ 한편 배관 안쪽의 응축을 막기 위해 배관을 적당히 가열하는 등 예방조치를 취한다.

참고 대기오염공정시험기준/ES 01607.1 환경대기 중 오존 측정방법－자외선광도법

16 분석상 발생하는 계통오차에는 기기오차, 방법오차, 개인오차가 있다. 분석경험을 바탕으로 이러한 오차의 의미와 오차를 검출할 수 있는 방법에 대해 설명하시오.

※ 유사문제 : 계통오차 3가지에 대해 설명하고 오차를 확인하는 방법 3가지를 기술하시오.

답안

1. 계통오차(또는 가측오차)의 종류

① 계통오차에는 3가지 종류가 있으며, 첫째 측정기기의 불완전성, 잘못된 검정 및 전력 공급기의 불안정성에 의해 발생하는 기기오차, 둘째 분석장치의 비이상적인 화학적 및 물리적인 영향에 발생하는 방법오차, 그리고 셋째 실험하는 사람의 부주의, 무관심, 개인적인 한계 등에 의해 발생하는 개인오차가 있다.

2. 계통오차 검출방법

① 표준 기준 물질(Standard Reference Material, SRM)과 같은 조성을 아는 시료를 분석하는 방법으로, 그 분석 방법은 알고 있는 값을 재현할 수 있어야 한다.
② 분석 성분이 들어 있지 않은 바탕시료(blank)를 분석하는 방법으로, 만일 측정결과가 "0"이 되지 않으면 분석 방법은 "0"보다 큰 값을 나타낼 것이다.
③ 같은 양을 측정하기 위하여 여러 가지 다른 방법을 이용하는 방법으로, 만일 각각의 방법에서 얻은 결과가 일치하지 않으면 한 가지 또는 그 이상의 방법에서 오차가 발생할 것이다.
④ 같은 시료를 각기 다른 실험실이나 다른 실험자(같은 방법 또는 다른 방법의 이용)에 의해서 분석하는 방법으로, 예상한 우연오차 이외에 일치하지 않는 결과는 계통오차이다.

참고 환경시험 검사 QAQC 핸드북

17 바탕시료(Blank)에 대해 설명하고 본인이 실험한 바탕시료값과 연관하여 설명하시오.

답안

1. 바탕시료

① 실험과정의 바탕값을 보정하고 실험과정에서 발생할 수 있는 오염을 파악하기 위해 사용하는 시료로서 그 용도에 따라서 다양하게 분류되며, 크게 현장바탕시료(field blank)와 실험실바탕시료(laboratory blank)로 구분된다.
㉠ 현장바탕시료 (field blank) : 세척/기구바탕시료, 현장바탕시료, 운반바탕시료 등이 있다.
㉡ 실험실바탕시료 (laboratory blank) : 방법바탕시료, 기기바탕시료, 전처리바탕시료, 매질바탕시료, 시약바탕시료, 검정곡선바탕시료 등이 있다.

참고 환경시험검사 용어집

18 검정곡선(Calibration Curve)에 대해 설명하고, 시료 농도가 검정곡선 범위를 초과하는 경우 조치에 대해 설명하시오.

답안

1. 검정곡선(calibration curve)

① 검정곡선은 지시값과 이에 해당하는 측정값 사이의 관계를 나타내는 표현으로 일대일 관계를 나타내며, 측정불확도에 관한 정보는 포함하지 않으므로 측정결과를 나타내는 것은 아니다.
② 검정곡선은 반드시 시료의 분석 시 마다 새로 작성하여야 하며 부득이 이를 수행하지 못할 경우 해당 시험법의 설명을 따른다.
③ 검정곡선의 상관계수는 1에 가까울수록 좋으며 0.999 이상되어야 하고, 0.9998 이상이면 양호하다.

2. 시료 농도가 검정곡선 범위를 초과하는 경우 조치사항

① 시료를 검정곡선 범위의 중간 정도 농도가 되도록 하며, 시료의 농도가 검정곡선 범위보다 높으면 적당히 희석하고 검정곡선 범위보다 낮으면 농축한다.

참고 환경시험검사 QA/QC 핸드북

19 전처리 기구, 여과지, 세척, 보관방법을 설명하시오.

답안

1. 전처리 기구류의 세척방법

① **유리 기구 및 석영 기구의 세척** : 유리 기구 및 석영 기구는 따뜻한 질산 (1:1)으로 세척한 후 물로 충분히 헹구어 씻는다. 구입 후 처음 사용할 때에는 먼저 세척제와 수돗물로 씻고, 아세톤의 순서로 씻은 후 위의 조작을 하며, 사용 직전에는 시험 목적에 따라 정제수로 세척한다.

② **합성수지 기구의 세척** : 합성수지 기구는 폴리에틸렌제 용기에 넣은 질산 (1:1)에 0.5일 이상 담근 후 물로 충분히 헹구어 씻는다. 구입 후 처음 사용할 때에는 먼저 세척제와 수돗물, 물, 아세톤의 순서로 씻은 후, 폴리에틸렌제 용기에 넣어 질산 (1:3)에 0.5일 이상 담그고 0.5일 이상 초음파 세척을 한 후 물로 충분히 헹구어 씻으며, 사용 직전에는 시험 목적에 따라 반드시 정제수로 세척한다.

③ **백금 기구의 세척** : 백금 기구는 질산 (1:3)에 담근 다음 80 ℃ 이상으로 1일 이상 가열한 후 물로 충분히 씻으며, 사용 직전에는 시험 목적에 따라 반드시 정제수로 세척한다.

④ **보존 용기의 세척** : 보존 용기는 세척제와 물로 씻은 후 질산 (1:3)을 가득 채워 0.5일 이상 방치하고, 물, 염산 (1:1)의 순서로 씻은 후 시험 목적에 따라 정제수로 세척한다.

2. 기구류의 보관방법

① 기구류의 보관 : 기구류는 세척 후 건조기에서 건조하고 데시케이터에 보관한다. 건조기 내에서 순환하는 기류에 의해 오염될 수 있으므로 시험에 지장이 없는(오염이 없는) 것을 확인하고 사용한다.

② 보존 용기의 보관 : 보존 용기는 세척 후 건조기에서 건조하고 뚜껑을 닫아 보관한다.

📖 **참고** 환경시험검사 QAQC 핸드북

20 이온크로마토그래프 분석에서 분리관(컬럼) 및 서프레서의 기능, 재질에 대해 설명하시오.

답안

1. 분리관의 기능, 재질 및 특성

① 기능 : 시료 주입부에서 주입된 시료는 용리액에 의해 분리관으로 이동되며, 시료중의 이온은 분리관 안에 있는 이온교환수지에 보유되지만 용리액에 의해 흘러 분리관 내에서 이동한다. 이온의 원자가, 이온반경, 소수성 등 특성의 차이에 따라 분리관 안을 이동하는 속도가 다르기 때문에 분리관을 통과하는 동안 이온 성분을 분리해 주는 역할을 한다.

② 재질 : 내압성, 내부식성으로 용리액 및 시료액과 반응성이 적은 것을 선택하며 에폭시수지관 또는 유리관과 일부 스테인레스관이 사용되지만 금속이온 분리용으로는 좋지 않다.

2. 서프레스의 기능, 재질 및 특성

① 기능 : 용리액에 사용되는 전해질 성분을 제거하기 위해 분리관 뒤에 직렬로 접속시킨 것으로 전해질을 물 또는 저전도도의 용매로 바꿔줌으로써 전기전도도셀에서 목적이온 성분과 전기전도도만을 고감도로 검출할 수 있게 해주는 역할을 한다.

② 재질 : 관형과 이온교환막형이 있으며, 관형의 경우 음이온에는 스티롤계 강산형(H^+) 수지가, 양이온에는 스티롤계 강염기형(OH^-)의 수지가 충진된 것을 사용한다.

📖 **참고** 대기오염공정시험기준/ES 01205 이온크로마토그래피

3 측정분석자의 기본소양[정도관리]

01 시료채취 시 측정분석값에 영향을 미치는 고려 인자를 2가지 이상 설명하시오.

답안

1. 입자상 물질 시료채취시 측정분석값 영향인자

① 시료채취 여과지 위에서 가스상 물질들의 반응 등에 의해 먼지의 질량농도 측정량이 증가 또는 감소되는 오차가 일어날 수 있으며, 그 세부내용으로는 시료채취과정에서 이산화황과 질산이 여과지위에 머무르면 황산염과 질산염이 산화되는 화학반응을 통해 생성되므로 질량농도 증가와 시료 중에 생성된 염류가 성장과 이동과정에서 대기압과 대기온도에 따라 해리과정을 거쳐 다시 가스상으로 변환되므로 질량농도가 감소될 수 있다.

② 배출가스 중 먼지의 질량농도는 먼지의 질량, 측정시간, 유량에 의해 결정되며, 등속흡입과 누출공기 확인을 통해 정확한 유속과 유량 측정이 필요하며 보정된 정교한 저울을 사용하여 최대한 오차를 줄여 실제 값에 가까운 무게 농도를 측정하여야 한다.

2. 그 외 주요 영향인자

① 시료채취량, 시료채취시 온도와 압력, 채취관, 연결관, 흡수병, 흡수액, 여과재 등 목적 물질에 대한 채취도구를 적절하게 선정하여 영향인자를 최소화하여야 한다.

📖 **참고** 대기오염공정시험기준/ES 01112.b 배출가스 중 입자상 물질 시료채취방법

02 UV－VIS 분광광도계의 상세 교정 절차에 대하여 설명하시오.

답안

1. 파장 교정 절차

① 광전분광 광도계의 파장 교정 : 안정한 휘선 스펙트럼(line spectrum)을 갖는 적당한 광원을 사용하고 그 휘선을 중심으로 전후의 좁은 파장범위에서 스펙트럼의 강도를 측정하여 그래프 용지위에 그 눈금의 값을 기록하고 양측의 직선부분을 연장하여 그 교차점으로부터 파장 λ_m을 구한다. 이 파장 λ_m와 진파장 λ_t와의 차 $\Delta\lambda$가 파장오차를 표시하는 것이므로 단색화 장치의 파장조절기구를 조절하여 $\Delta\lambda$가 영(zero)이 되도록 한다.

② 자동기록식 광전분광광도계의 파장 교정 : 홀뮴(Holmium) 유리의 흡수스펙트럼을 이용하며 파장을 교정할 때 주사속도가 너무 크면 흡수 봉우리의 파장이 달라질 수 있으므로 적당한 속도로 주사해야 한다. 또 홀뮴유리나 간섭필터를 사용하여 파장을 교정할 때도 파장폭이 너무 크면 파장이 달라질 수 있으므로 주의해야 한다.

2. 흡광도 눈금의 보정

① 110 ℃에서 3시간 이상 건조한 중크롬산칼륨(1급 이상)을 N/20 수산화포타슘(KOH) 용액에 녹여 다이크롬산포타슘($K_2Cr_2O_7$) 용액을 만들며, 그 농도는 시약의 순도를 고려하여 $K_2Cr_2O_7$으로서 0.0303 g/L가 되도록 한다. 이 용액의 일부를 신속하게 10.0 mm 흡수셀에 취하고 25 ℃에서 1 nm 이하의 파장폭에서 흡광도를 측정한다.

📖 **참고** 대기오염공정시험기준/ES 01202 자외선·가시선분광법

03 수분량 측정이유, 산소농도 측정이유, 유효 등속흡인계수의 범위를 설명하시오.

답안

1. 수분량 측정이유

① 가스유량(건조가스유량)의 산정과 등속흡인을 위한 중요 인자로서, 수분량을 미리 측정하여 시료채취에 적정한 노즐을 선택하며 채취해야 할 예상 가스유량을 산정한다.

참고 대기오염공정시험기준/ES 01301.1b 배출가스 중 먼지-반자동식측정법

2. 산소농도 측정이유

① 배출허용기준 중 표준산소농도 적용을 받는 항목 및 시설에 대한 오염물질의 농도 보정과 배출가스 유량 보정에 필요하다.

참고 대기오염공정시험기준/ES 01000 총칙

3. 유효 등속흡인계수의 범위

① 배출가스 유속과 흡인노즐로 유입되는 가스의 등속흡인 정도를 알아보기 위해 등속흡인계수를 구하고, 그 값이 유효 등속흡인계수 범위인 (90 ~ 110) % 내에 들지 않을 경우에는 시료를 다시 채취한다.

참고 대기오염공정시험기준/ES 01301.1b 배출가스 중 먼지-반자동식측정법

04 등속흡인의 정의를 설명하시오.

답안

1. 등속흡인(Isokinetic sampling)

① 굴뚝에서 먼지시료 채취시 흡입노즐을 이용하여 배출가스를 흡입할 때, 흡입노즐을 배출가스의 흐름 방향으로 직면하고, 배출가스와 같은 유속으로 시료를 채취하는 것을 말한다. 시료채취 유속과 주위 기류속도가 달라지면, 직경이 큰 입자는 관성력으로 인해 과다 또는 과소로 채취되어 측정오차가 발생한다.

② 등속흡인 정도를 알아보기 위해 등속흡인계수를 구하고 그 값이 (90 ~ 110) % 범위내에 들지 않는 경우에는 다시 시료를 채취한다.

참고 대기오염공정시험기준/ES 01301.1b 배출가스 중 먼지-반자동식 측정법

05 시료채취기록부에 작성해야 할 사항 및 현장에서 확인할 사항을 설명하시오.

답안

1. 시료채취기록부에 작성해야 할 사항

① 배출가스 압력, 배출가스 온도, 임핀저와 실리카겔에 채취된 물의 총량, 건식 가스미터의 가스시료 채취량, 측정공 위치와 대기압, 오리피스 압차, 노즐직경 등을 작성하여야 한다.

2. 현장에서 확인할 사항

① 사업장의 입지여건, 조업상태 및 시료채취장소의 기상상태(날씨, 기온, 풍향, 풍속, 습도, 기압 등) 기록, 시료채취 시 시료채취장치 및 채취용기의 세척에 대해 확인한다. 채취시료는 상온(15 ℃ ~ 25 ℃)을 유지하고 직사광선을 피할 수 있는 차광용기나 차광막이 덮힌 용기에 넣어 운반·보관하여 시료채취 후 48시간 이내에 시험한다.

📖 **참고** 대기오염공정시험기준/ES 01301.1b 배출가스 중 먼지-반자동식 측정법

3. 시료채취기록부

① 시료채취기록부는 다양한 서식이 있을 수 있으나 법령에 의해 규정된 것은 그에 따르고 그렇지 않은 경우라도 시료채취지점(또는 시료채취지점 번호), 시료채취위치, 시료량, 채취방법, 채취시간, 채취자, 시료채취 당시의 환경조건(기후, 기온, 수온, 대기압 등)과 현장에서 측정한 데이터 및 참고할 만한 특이사항을 기록하여야 한다.

② 참고로 '환경분야 시험·검사업무 처리규정' (환경부 고시 제2016-166호)에 의하면 시료채취기록부의 구성과 기록사항을 다음과 같이 규정하고 있다.

〈표〉 시료채취기록부

구성	기록사항
가. 시료채취일시	
나. 시료채취자	성명, 직급, 서명 등
다. 시료명	시료번호 등
라. 관리분야	대기, 수질, 폐기물 등 관계법령에 의한 관리분야
마. 시험항목	
바. 시료채취량	필요시 기록
사. 현장측정결과	수온, pH 등 현장측정 항목에 대한 측정 값
아. 기타 참고사항	날씨(기온, 강우 등) 및 육안 관찰 사항, 사용한 보존제의 종류 및 양, 배출허용기준, 협의기준, 업종 등 시료특성관련 내용 등 분야별 항목별 특성을 반영하여 기록

📖 **참고** 품질문서

06 배출가스 측정시 굴뚝내에서 사전조사에 해당하는 압력을 측정하는데 그 압력의 종류 및 각각이 의미하는 무엇인가?

답안

1. 굴뚝내에서 압력의 종류

① 정압 : 굴뚝에서 배출되는 가스가 굴뚝 벽면에 미치는 압력으로서 굴뚝내의 압력이 정압(+)일 경우에는 채취구를 열었을 때 배출가스가 굴뚝 밖으로 유출될 염려가 있고, 부압(−)일 경우에는 외부 공기가 굴뚝 안으로 유입될 수 있다. 정압은 피토관의 전압 측정공을 빼고 정압 측정공만 연결하여 측정하며, 일반적으로 흡인 덕트에서 정압은 음(−)의 값을 가지고 배기 덕트에서 정압은 양(+)의 값을 갖는다.

② 동압 : 속도압과 같은 의미로서 배출가스의 속도는 음(−)의 값이 없으므로 항상 양(+)의 값이다. 동압은 (아래 그림과 같이) 마노미터의 한 쪽에 정압 측정공을, 다른 한쪽에 전압 측정공을 연결하여 측정한다.

③ 전압 : 정압과 동압을 합한 값으로서 피토관의 정압 측정공을 빼고 전압 측정공만 연결하여 측정한다.

[전압 = 동압 + 정압]

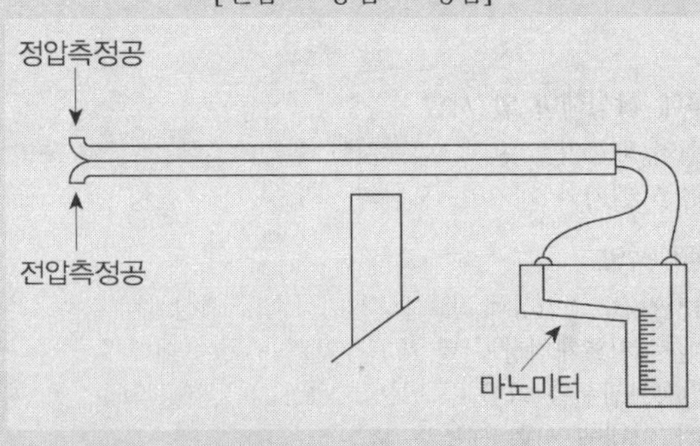

〈그림〉 굴뚝 압력 측정 방법

📖 **참고** 대기오염공정시험기준/ES 01301.1b 배출가스 중 먼지－반자동식 측정법

07 실험실 내의 정도관리를 위해 수행하는 실험에 대해 설명하시오.

답안

1. 실험실 내의 정도관리를 위해 수행하는 실험

① 정도관리를 위해서는 시료채취, 운송, 보관에 따른 시료의 오염과 손실에 대한 검토, 시료분석 절차에서의 바탕시료, 시료, 표준물질, 정도관리용 시료의 정확도와 정밀도의 검토, 검정곡선, 방법검출한계, 기기 검정·교정, 유리기구와 시험기구의 검정·교정, 기기검출한계, 정량범위, 매질 간섭에 대한 검토가 이루어져야 한다.

📖 **참고** 환경시험검사 QAQC 핸드북/정도관리 일반

08 내부표준물질과 대체표준물질을 이용하는 경우 각각의 목적에 대한 차이점을 설명하시오.

답안

1. 내부표준물질(IS, Internal Standard)

① 시료를 분석하기 직전에 바탕시료, 검정곡선용 표준물질, 시료 또는 시료추출물에 첨가되는 농도를 알고 있는 화합물로서, 이 화합물은 대상 분석물질의 특성과 유사한 크로마토그래피 특성을 가져야 한다.

② 머무름시간(retention time), 상대적 감응(relative response), 그리고 각 시료 중에 존재하는 분석물의 양을 점검하기 위해서 내부표준물질을 사용한다.

③ 내부표준물질법에 의해 정량할 때, 내부표준물질의 감응과 비교하여 모든 분석물질의 감응을 측정하며, 내부표준물질 감응은 검정곡선의 감응에 비해 ± 30 % 이내에 있어야 한다.

④ 이 화합물의 머무름 시간은 모든 분석대상물질과 분리되어야 하며 크로마토그램의 전형적인 면적 안으로 용리되어야 하고, 단일 화합물이 이들 기준을 만족할 수 없다면 다른 화합물을 사용한다.

2. 대체표준물질(surrogate)

① 분석하고자 하는 물질과 화학적 조성, 추출, 크로마토그래피가 유사한 유기화합물이지만, 일반 환경에서는 통상적으로 검출되는 물질이 아니며, GC, GC/MS로 분석하는 미량유기물질의 분석에 이용된다.

② 모든 바탕시료, 표준물질, 시료에 주입되어 각 시료에 대한 시험방법의 효율을 모니터링하기 위하여 시료의 전처리부터 추출과 분석에 이르기까지 전반적인 과정을 조사할 수 있다.

③ 이 물질이 주입된 시료는 특별한 방법에 따라 퍼징(purging)하거나 추출 전에 주입되고 대체첨가물질의 회수율이 수용한계를 벗어나면 적절한 수정 또는 조절 후 재분석해야 하지만 특정 시험방법에서 대체표준물질과 허용기준에 대한 사항을 지정하고 있으면 그에 따라 적용한다.

📖 **참고** 환경시험 검사 QAQC 핸드북/정도관리 일반

09 바탕시료 분석 결과, 평소보다 높은 결과를 나타내는 경우에 검토하여야 할 사항은 무엇인가?

답안

1. 바탕시료가 평소보다 높은 결과를 나타내는 경우

① 바탕시료의 분석값은 유효 측정농도보다 낮게 나오는 것이 일반적이나 더 높은 결과가 나오는 원인은 매질, 실험절차, 시약 및 측정장비 등에 포함된 오염물질에 기인할 가능성이 높다.

2. 검정곡선 바탕시료가 평소보다 높은 경우

① 검정곡선 바탕시료의 경우 보통 정제수 또는 추출 용매등을 사용하므로 검정곡선 바탕시료가 높은 경우 일반적으로 기기나 정제수, 용매 오염 등을 예상할 수 있으며, 자외선/가시선분광법(UV/Vis) 분석 항목의 경우 발색 시약의 오염이나 초자의 세척 오염 등을 추정할 수 있다.

3. 방법 바탕시료가 평소보다 높은 경우

① 방법 바탕시료는 일반적인 전처리 과정이 포함되어 있기 때문에 사용하는 시약이나 초자 등의 오염 여부를 확인할 수 있다.

② 기기오염을 확인하기 위해서는 분석 성분이 없는 용매를 기기로 분석하여 분석 성분의 검출여부를 확인하고, 초자 오염 여부를 확인하기 위해서는 분석 성분이 포함되지 않은 정제수를 사용하여 시료와 동일하게 전처리 과정을 진행하여 분석한다.

③ 시약 오염 여부를 확인하기 위해서는 전처리 과정 중 시료나 정제수를 첨가하지 않고 동일한 종류, 동일한 양의 시약을 사용하여 전처리 과정을 진행하여 분석하고 분석 성분의 검출여부를 확인한다.

4. 검토사항

① 물 : 증류와 이온교환 처리를 병용한 탈염수나 흡착-증류-이온교환 처리를 한 3차 정제수를 사용한다.

② 시약 : 불순물 (중금속 성분) 함량을 확인하고, 특급이상의 시약을 사용하지 못할 경우 시험에 따라 1급 시약도 사용 가능하나 시약 제조사에서 품질을 보증하고 그 순도와 불순물 함유량을 밝힌 시약을 사용한다.

③ 기타 : 충분한 순도의 제품이 시판되지 않는 경우 분액깔때기를 사용하여 불순물을 씻어낸 다음 사용한다.

참고 환경시험검사 QAQC 핸드북/정도관리 일반

10 바탕시료의 정도관리 요소로 방법바탕시료와 시약바탕시료의 차이를 설명하시오.

답안

1. 방법바탕시료(method blank sample)

① 측정하고자 하는 물질이 전혀 포함되지 않은 것이 증명된 시료로서 시험·검사 매질에 시료의 시험방법과 동일하게 같은 용량, 같은 비율의 시약을 사용하고 시료의 시험·검사와 동일한 전처리와 시험절차로 준비하는 바탕시료를 말하며, 시험·검사 수행으로 인한 오염결과를 설명하기 위해 이용한다.

② 방법바탕시료로 분석시료의 시험·검사시 시약, 수행절차, 오염을 확인하며 방법검출한계 보다 반드시 낮은 농도이어야 한다.

2. 시약바탕시료(reagent blank sample)

① 시료를 사용하지 않고 추출·농축·정제 및 분석과정에서 모든 시약과 용매만을 사용하여 측정한 것을 말하며, 이때 시험절차, 시약 및 측정장비로부터 발생하는 오염물질을 확인할 수 있다.

참고 환경시험검사 QAQC 핸드북/정도관리 일반

11 실험실의 정확도 및 정밀도 시험을 실시할 경우 사용하는 인증표준물질(CRM, certified reference material)의 사용목적에 대하여 설명하시오.

※ 유사문제: CRM의 정의와 사용하는 이유 4가지에 대해 설명하시오.

답안

1. 인증표준물질(CRM, certified reference material)의 사용목적

① 검정곡선이 실제 시료에 정확하게 적용할 수 있는지를 검증하고, 검정곡선의 정확도를 확인하기 위한 표준물질로서, 시료 분석에 앞서 적용되는 시험방법에 대한 적합성을 검토할 때 사용한다.

② 인증표준물질은 인증서가 수반되는 표준물질로 하나 또는 그 이상의 특성값이 그 특성값을 나타내는 단위의 정확한 소급성을 확립하는 절차에 따라 인증되고, 각 인증값에는 표기된 신뢰 수준에서의 불확도가 첨부된 것을 말한다.

📖 **참고** 환경시험검사 QA/QC 핸드북/정도관리 일반

12 시료분석 결과가 검정곡선 범위를 벗어나는 경우 해결방안에 대해 설명하시오.

답안

1. 시료분석 결과가 검정곡선 범위를 벗어나는 경우 해결방안

① 시료의 농도는 검정곡선의 직선성 범위내에 들어오도록 하여야 하며, 분석결과가 검정곡선을 벗어나는 경우에는 검정곡선 범위에서 중간 정도의 농도가 되도록 하며 시료의 농도가 검정곡선범위보다 높으면 시료를 적당히 희석하고 검정곡선 범위보다 낮으면 농축하여야 한다.

📖 **참고** 환경시험검사 QAQC 핸드북/정도관리 일반

13 정도관리 절차에 대해 설명하시오.

답안

1. 정도관리 절차

정도관리를 위한 종합적인 보증절차를 통해 분석결과의 신뢰성을 확보할 수 있으며 정도관리 절차는 다음과 같이 구성한다.

① 시험방법에 대한 검증
② 기기에 대한 검증
③ 시험방법에 대한 분석자의 능력 검증
④ 시료분석에 대한 정도관리
⑤ 시료분석 결과에 대한 정도보증

📖 **참고** 환경시험검사 QAQC 핸드북/정도관리 일반

14 환경모니터링을 위한 시료분석의 측정결과에 대한 보증을 위해서는 환경모니터링 계획단계부터 실험실 정도보증(Laboratory quality assurance)을 수행하여야 한다. 환경모니터링의 단계별 실험실정도보증 요소에 대해 설명하시오.

답안

1. 환경모니터링을 위한 단계별 실험실 정도보증 요소

① 시료채취 계획: 환경모니터링을 위한 데이터 수집 또는 연구 실험 설계에 대해 설명한다.
② 시료채취 방법: 어떤 지역 내에서 시료를 채취하는 동안 시료가 오염되지 않도록 모든 팀들이 지속적으로 수집하게 되는 정보나 또는 시료에 대해 설명한다.
③ 시료취급과 보관: 시료를 최종적으로 처리하여 시료가 갖는 원래의 물리적 형태와 화학적 성분을 그대로 유지하기 위한 제반사항(시료채취자, 특별한 보관방법 등)을 기술한다.
④ 분석방법: 시료분석의 절차를 확인하고, 시료가 얼마나 분석절차의 기준을 잘 만족하는지 확인한다.
⑤ 정도관리(QC): 시료 고유의 공간적 변동성에 영향을 미치는 시료채취 단위간 변동성과 시료채취, 분석, 데이터 처리에 기인하는 시료채취 단위내 변동성 등 변동성을 평가할 수 있는 요소들로 작성한다.
⑥ 기기/장비의 시험, 검사, 유지관리: 기기/장비의 시험, 검사, 유지관리 부분은 환경모니터링을 수행하는 직원들의 필요에 따라 장비가 적절하게 작동하는지에 대한 방법을 인지하고 있는지에 대해 언급한다.
⑦ 기기/장비의 교정 및 주기: 기기 및 장비의 교정과 주기를 설명하는 것은 이들 기기 및 장비의 지속적인 품질 성능을 어떻게 보장하는지를 확인하기 위한 것이다.
⑧ 용품 및 소모품의 검사 및 수납: 중요한 분야와 실험실 용품 그리고 사용 가능한 소모품에 대한 검사와 수납에 대한 시스템을 문서화한다.
⑨ 간접적 측정: 수행중인 환경모니터링에서 생성되거나 간접적으로 측정된 데이터를 설명하는 것이 아니라, 기존에 존재하는 데이터 소스에서 얻어진 데이터를 설명한다.
⑩ 데이터 관리: 프로젝트를 통해 생산된 모든 데이터의 관리에 대한 전반에 관한 것으로 현장기록부, 실험결과 또는 기존 데이터 소스에서부터 사무실의 데이터 시스템 또는 모델링 시스템에 이르기까지의 데이터와 정보의 처리 및 보관에 관련된 프로세스와 하드웨어/소프트웨어 장비 등을 대상으로 하며, 기록, 번역, 디지털화, 다운로드, 변형과 간소화(수학적 기호화), 이송(송부), 관리, 보관, 검색을 포함한다.

📖 **참고** 환경시험검사 QA/QC 핸드북/정도관리 일반

15 전기식 지시 저울의 교정 방법을 설명하시오.

※ 유사문제: 저울을 교정하는 방법 2가지에 대해 설명하시오.

답안

1. 전기식 지시 저울의 교정 방법

① 저울의 교정은 수시교정, 상시교정, 정기교정으로 구분되며 수시교정과 상시교정은 사용자가 국제법정계량기구의 분동을 이용하여 직접 수행하며, 정기교정은 국가표준기본법에 근거한 국제기준(KS A ISO/IEC 17025) 및 한국인정기구(KOLAS)가 인정한 국가교정기관에서 1년 주기로 실시하는 교정을 의미한다.
② 수시교정과 상시교정에 사용되는 분동은 정밀계기용(M1 등급) 또는 동등 이상의 분동으로 국가표준기본법에 근거한 국제기준 및 한국인정기구가 인정한 국가교정기관에 의해 2년 주기로 교정 받은 것을 사용하며 교정에 필요한 분동의 질량은 전자저울의 측정 범위 또는 자주 사용되는 질량의 범위 내에서 선택한다.

📖 **참고** 환경시험 검사 QAQC 핸드북/정도관리 일반

16 화학물질 취급시 일반적인 주의사항에 대해 설명하시오.

답안

1. 화학물질의 취급시 일반적인 주의사항

① 모든 용기에는 화학물질의 명칭을 기재하며, 화학물질의 이름, 위험성, 예방조치, 구입날짜, 사용자 이름이 포함되도록 하고, 약품명칭이 없는 용기는 사용하지 않는다.
② 모든 약품에 대하여 맛 또는 냄새 맡는 행위는 절대로 금하고, 입으로 피펫을 빨지 않는다.
③ 사용한 물질의 성상, 특히 화재·폭발·중독의 위험성을 잘 파악한 후가 아니면 위험한 물질을 취급해서는 안 된다.
④ 위험한 물질을 사용할 때는 가능한 한 소량을 사용하고, 또한 미지의 물질에 대해서는 예비시험을 할 필요가 있다.
⑤ 위험한 물질을 사용하기 전에 재해 방호수단을 미리 생각하여 만전의 대비를 해야 한다.
⑥ 유독한 약품 및 이것을 함유하고 있는 폐기물 처리시 수질오염, 대기오염을 일으키지 않도록 고려해야 한다.
⑦ 화학물질과 직접적인 접촉을 피하고, 약품이 엎질러졌을 때에는 즉시 청결하게 조치토록 하며, 누출양이 적을 때는 그 물질에 대하여 전문가가 안전하게 치우도록 한다.

📖 **참고** 환경시험검사 QA/QC 핸드북

17 측정결과에 대한 상대정확도(relative accuracy)의 의미와 산정방법에 대하여 설명하시오.

답안

1. 상대정확도(relative accuracy)의 정의

① 측정값이나 평균값을 참값에 대한 백분율로 나타내는 방법이며, 회수율, 절대오차, 상대오차와 함께 정확도를 나타내는 방법이다.

2. 상대정확도 산정방법

① $\text{상대정확도} = \dfrac{\text{측정값 또는 평균값}}{\text{참값}} \times 100\ \%$

📖 **참고** 환경시험 검사 QAQC 핸드북/결과보고

18 실험실에 시료보관을 위한 시설을 설치하려고 한다. 이 시설을 구성하는데 반드시 감안해야 할 요소에 대해 설명하시오.

답안

1. 시료보관시설 구성의 필요 요소

① 공간 : 최소 내부 공간은 해당기관의 분석량 또는 시료의 수 등을 고려하여 최소한 3개월분의 시료를 보관할 수 있어야 하며, 시료의 변질 방지를 위해 보관시설은 약 4 ℃로 유지할 수 있어야 한다.
② 별도 보관시설 : 시료의 특성상 독성물질, 방사성물질 및 감염성 물질의 시료는 별도의 공간에 보관(소형냉장고 또는 별도의 냉장 시설도 가능)해야 하며 표기 및 보관조건 등이 기재되어야 한다.
③ 안전시설 : 안전장치를 반드시 설치하고 물질에 대한 사용 및 보관기록을 유지하여야 하며, 시설 내부에서도 잠금장치를 풀 수 있도록 하여야 한다.
④ 전기시설 : 일정기간 전기 공급이 되지 않아도 최소한 1시간 정도 4 ℃를 유지할 수 있는 별도의 무정전 전원공급시스템을 설치하는 것이 좋다.

⑤ 조명시설 : 문을 개방할 경우에만 들어오게 하거나 별도의 독립된 전원스위치를 설치하여야 하며, 시료의 기재사항 확인 및 작업이 가능하도록 최소한 75 Lux 이상이어야 한다.
⑥ 환기시설 : 시료의 장시간 보관 시 변질로 인해 악취가 발생할 경우를 대비하여 환기시설을 설치하여야 한다.
⑦ 습도 및 배수 : 벽면에 수분의 응축이 발생하지 않도록 상대습도는 (25 ~ 30) %로 조절해야 하며, 배수라인을 별도로 설비하여 바닥에 물이 고이지 않도록 해야한다.
⑧ 재질 : 냉장 또는 냉동기기를 사용하는 곳의 천정과 벽면 내부는 스테인리스 스틸로 마무리하며, 시설 내부에서 사용되는 선반 등의 기구도 녹이 슬지 않는 재질로 하고 조명은 고정하되 방수기능이 있어야 한다.

📖 **참고** 환경실험실 운영관리 및 안전

19 실험실에서 일반적으로 주의해야 하는 사항에는 무엇이 있는지 설명하시오.

답안

1. 실험실에서 주의해야 하는 사항

① 위험한 화학물질은 반드시 후드 안에서 취급하며, 화학물질의 냄새를 맡거나 맛을 보지 않는다.
② 실험실에서 혼자 작업하지 않도록 하며, 적절한 응급조치가 가능한 상황에서만 실험한다.
③ 실험을 할 때는 보안경, 고글, 안전마스크를 착용한다.
④ 청각의 유해 영향인자가 존재한다고 판단되면 안전 부서를 통하여 소음을 측정하여 측정결과에 따라 조치한다.
⑤ 약품이 튀거나 넘어질 수 있으므로 가운, 보안경, 보안마스크, 앞치마를 착용하며, 부식성 물질이거나 쉽게 피부에 흡수되는 약품을 취급할 때는 안전장갑을 착용한다.
⑥ 장갑을 착용해야 하는 실험수행시 적합한 장갑을 착용한다.
⑦ 수행되고 있는 실험은 항상 관심을 가지고 지켜보는 습관을 갖고 방치하지 않는다.
⑧ 실험실 내의 보관장소, 냉장고, 유리기구에 음식이나 음료수를 보관·취급하지 않으며 실험실 내에서 음식물을 섭취하거나 담배를 피우지 않는다.
⑨ 실험 후에는 반드시 노출된 피부를 씻는다.
⑩ 실험실은 항상 정리정돈하고 청결한 상태로 유지한다.
⑪ 모든 화학물질에는 물질의 이름, 특성, 위험도, 주의사항 및 관리자 이름을 표시한다.

📖 **참고** 환경실험실 운영관리 및 안전

20 현장평가 시 평가위원이 둘러보는 장소들에 대해 설명하시오.

답안

1. 현장평가 시 평가위원이 둘러보는 장소

① 평가위원은 시험분야별 담당자와 함께 시료 접수창구, 시료 보관실, 자료 보관실, 시험실, 저울실 및 정제수 공급시설, 가스 저장 시설 등 그 밖에 시험·검사와 관련된 구역을 둘러본다.

📖 **참고** 환경시험·검사기관 정도관리 운영 등에 관한 규정/제5장 현장평가/제32조(시험실 순회)

21 숙련도 시험에 대해서 자세하게 설명하시오.

답안

① 숙련도시험 : 정도관리의 일부로서 시험·검사기관의 정도관리시스템에 대한 주기적인 평가를 위하여 표준시료에 대한 시험·검사 능력과 시료채취 등을 위한 장비운영 능력 등을 평가하는 것을 말한다.
② 숙련도시험은 Z값(Z-score), 오차율 등을 사용하여 평가항목을 평가하고 이를 종합하여 기관을 평가하며 단, 표준시료 개발 등을 위하여 예비로 실시한 항목은 기관평가에 활용하지 않는다.

참고 환경시험·검사기관 정도관리 운영 등에 관한 규정

22 Z－score와 오차율에 대해서 설명하시오.

답안

1. Z값(Z-score)에 의한 평가

① Z값의 도출 : 측정값의 정규분포 변수로서 대상기관의 측정값과 기준값의 차를 측정값의 분산정도(또는 목표표준편차, Target Standard Deviation)로 나눈 값으로 산출한다.

$Z=\dfrac{x-X}{s}$	x : 대상기관의 측정값 X : 기준값※ s : 측정값의 분산정도 (또는 목표표준편차)	※ 기준값 : 시료 제조방법, 균질성 등을 고려하여 다음 4가지 방법 중 한 방법을 선택한다. 1) 표준물질 제조값 2) 전문기관에서 분석한 평균값 3) 인증표준물질과의 비교로 얻은 값 4) 대상기관의 분석 평균값

② 분야별 항목평가는 도출된 개별 평가항목의 Z값에 따라 평가결과를 $|Z| \le 2$인 경우 "적합", $2<|Z|$인 경우 "부적합"으로 판정한다.

2. 오차율에 의한 평가

① 오차율 산정방법

$\text{오차율}(\%)=\dfrac{\text{대상기관의 분석값}-\text{기준값}}{\text{기준값}}\times 100$	※ 기준값 : 시료 제조방법, 균질성 등을 고려하여 다음 4가지 방법 중 한 방법을 선택한다. 1) 표준시료 제조값 2) 전문기관에서 분석한 평균값 3) 인증표준물질과의 비교로 얻은 값 4) 대상기관의 분석 평균값

② 분야별 항목평가는 개별 항목의 오차율이 ± 30 % 이하인 경우 "적합", ± 30 %보다 큰 경우 "부적합"으로 평가함을 원칙으로 하되, 기술위원회의 의견을 반영하여 변경할 수 있다.

참고 환경분야 시험·검사 등에 관한 법률 시행규칙 제17조의3제1항(정도관리 결과의 통보 등)

2 중금속 분야

1 측정분석의 전문성[시료채취]

01 굴뚝 배출가스 중 비소 분석을 위해 시료를 채취하려고 한다. 배출가스 온도에 따라 사용하는 여과지의 종류에 대해 설명하시오.

1) 120 ℃ 이하　　2) 500 ℃ 이하　　3) 1,000 ℃ 이하

답안

1. 배출가스 온도에 따라 사용하는 여과지

① 굴뚝 배출가스 온도가 120 ℃ 이하일 때는 셀룰로스 섬유제 여과지를 사용한다.
② 굴뚝 배출가스 온도가 500 ℃ 이하일 때는 유리 섬유제 여과지를 사용한다.
③ 굴뚝 배출가스 온도가 1000 ℃ 이하일 때는 석영 섬유제 여과지를 사용한다.

📖 **참고** 품질문서

02 배출가스 시료채취시 흡수병의 갈아맞춤 부분은 완전 차폐가 중요한데, 완전 차폐를 위해서 현장에서 취할 수 있는 방법은 무엇인가?

답안

1. 완전 차폐를 위해서 현장에서 취할 수 있는 방법

① 흡수병 등의 접속에는 구면 갈아맞춤 또는 실리콘 고무판 등을 사용하여 공기가 새는 부분이 없도록 한다.
② 공기가 새는 부분은 장치를 다시 조립해서 새는 곳이 없는지 확인하며 흡수병의 갈아맞춤 부분에 먼지가 붙어 있을 때에는 깨끗이 닦고, 갈아맞춤 부분을 물 1방울 ~ 2방울로 적셔서 차폐한다.
③ 위와 같은 방법으로 공기가 새는 것을 막고 필요한 때는 실리콘 윤활유 등을 발라서 공기가 새는 것을 막는 방법도 있다.

📖 **참고** 대기오염공정시험기준/ES 01111.a 배출가스 중 가스상 물질 시료채취방법

03 입자상 물질의 시료채취 시 일반적인 규칙에 대하여 2가지 이상 설명하시오.

답안

1. 입자상 물질의 시료채취 시 일반적인 규칙

① 측정점은 측정위치로 선정된 굴뚝단면의 모양과 크기에 따라 적당수의 등면적으로 구분하고 구분된 각 면적마다 측정점을 선정하며 매 채취점마다 채취시간을 동일하게 한다.
② 입자상 물질의 부하량이 커지면서 여과지의 전후 압력차가 커져 등속흡입을 유지하기 어려울 경우에는 새 여과지로 교환한 후 시료채취를 계속한다.
③ 입자상 물질을 함유한 배출가스의 흡입은 적절한 흡입노즐을 선택하여 흡입노즐로부터 흡입되는 가스의 유속과 측정지점에서의 배출가스 유속이 일치하도록 반드시 등속흡입한다.
④ 등속흡입계수를 구하여 그 값이 (90 ~ 110) % 범위 내에 드는 지 확인하며, 이 범위 내에 들지 않는 경우에는 다시 시료를 채취한다.

⑤ 흡입가스량은 원칙적으로 채취량이 원형여과지일 때 채취면적 1 cm^2 당 1 mg 정도, 원통형여과지일 경우에는 5 mg 이상되도록 하며, 다만 같은 채취량을 얻기 곤란한 경우에는 흡입유량을 400 L 이상 또는 흡입시간을 40분 이상으로 한다.

📖 **참고** 대기오염공정시험기준/ES 01112.b 배출가스 중 입자상 물질 시료채취방법

04 환경대기 중 시료채취 지점 수(측정점 수)를 결정하는 방법을 2가지 이상 설명하시오.

※ 유사문제 : 중금속 시료를 채취하기 위한 환경 대기 중 측정점 선정방법에 대해 설명하시오.

답안

1. 시료채취 지점 수의 결정

① 환경기준 시험을 위한 시료채취 지점 수 및 지점 장소는 측정하려고 하는 대상 지역의 발생원 분포 기상조건 및 지리적, 사회적 조건을 고려하여 다음과 같이 결정한다.

② 인구비례에 의한 방법 : 측정하려고 하는 대상지역의 인구 분포 및 인구밀도를 고려하여 인구밀도가 5,000 명/km^2 이상일 때는 그림을 적용하고 그 이하일 때는 그 지역의 가주지면적(그 지역 총면적에서 전답, 임야, 호수, 하천 등의 면적을 뺀 면적)으로부터 다음 식에 의하여 측정점의 수를 결정한다.

$$\text{측정점수} = \frac{\text{그 지역 가주지면적}}{25\ km^2} \times \frac{\text{그 지역 인구밀도}}{\text{전국 평균인구밀도}}$$

③ 대상지역의 오염정도에 따라 공식을 이용하는 방법 : 측정하고자 하는 대상지역의 오염정도에 따라서 다음 공식을 이용하여 결정한다.

$N = N_x + N_y + N_z,\ N_x = (0.095)\cdot\left(\frac{C_n - C_s}{C_s}\right)\cdot(x),\ N_y = (0.0096)\cdot\left(\frac{C_s - C_b}{C_s}\right)\cdot(y),\ N_z = (0.004)\cdot(z)$	
N : 채취지점 수 C_n : 최대농도 C_s : 환경기준(행정기준) C_b : 최저농도(자연상태)	x : 환경기준보다 농도가 높은 지역(km^2) y : 환경기준보다 농도가 낮으나 자연농도보다 높은 지역(km^2) z : 자연상태의 농도와 같은 지역(km^2)

2. 시료채취 장소의 결정

① 중심점에 의한 동심원을 이용하는 방법 : 측정하려고 하는 대상지역을 대표할 수 있다고 생각되는 한 지점을 선정하고 지도위에 그 지점을 중심점으로 (0.3 ~ 2) km의 간격으로 동심원을 그리며, 중심점에서 각 방향(8방향 이상)으로 직선을 그어 각각 동심원과 만나는 점을 측정점으로 한다.

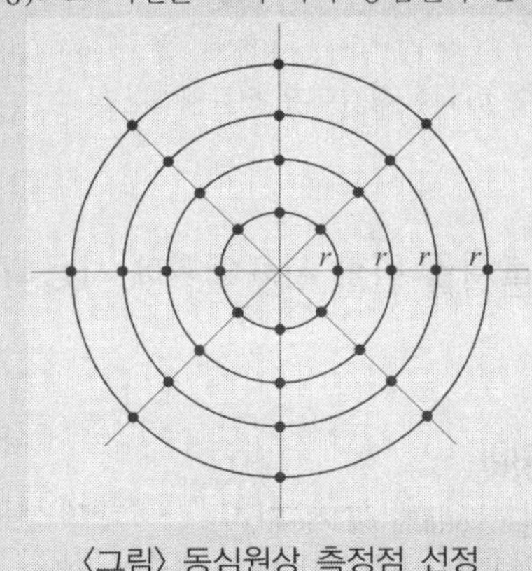

〈그림〉 동심원상 측정점 선정

② TM좌표에 의한 방법 : 전국 지도의 TM좌표에 따라 해당지역의 1:25,000 이상의 지도위에 (2 ~ 3) km 간격으로 바둑판 모양의 구획을 만들고 그 구획마다 측정점을 선정한다.

📖 **참고** 대기오염공정시험기준/ES 01115 환경대기 시료채취방법

05 환경대기 중 시료 채취를 위한 위치 선정 조건에 대해 설명하시오.

※ 유사문제: 대기환경 시료채취 위치 선정 시 주위에 건물이나 수목 등의 장애물이 있을 경우의 위치 선정에 대해 설명하시오.

※ 유사문제: 환경 대기 시료를 측정할 때 위치를 선정하는 방법에 대하여 설명하시오.

답안

1. 시료 채취 위치 선정 방법

① 시료채취 위치는 그 지역의 주위환경 및 기상조건을 고려하여 다음과 같이 선정한다.
② 시료채취 위치는 원칙적으로 주위에 건물이나 수목 등의 장애물이 없고 그 지역의 오염도를 대표할 수 있다고 생각되는 곳을 선정한다.
③ 주위에 건물이나 수목 등의 장애물이 있을 경우에는 채취위치로부터 장애물까지의 거리가 그 장애물 높이의 2배 이상 또는 채취점과 장애물 상단을 연결하는 직선이 수평선과 이루는 각도가 30° 이하 되는 곳을 선정한다.
④ 주위에 건물 등이 밀집되거나 접근되어 있을 경우에는 건물 바깥벽으로부터 적어도 1.5 m 이상 떨어진 곳에 채취점을 선정한다.
⑤ 시료채취 높이는 그 부근의 평균오염도를 나타낼 수 있는 곳으로서 가능한 한 (1.5 ~ 30) m 범위로 한다.

📖 **참고** 대기오염공정시험기준/ES 01115 환경대기 시료채취방법

06 환경 대기 중 중금속 분석을 위한 시료채취 시간에 대해 설명하시오.

답안

1. 중금속 분석을 위한 시료채취시간

① 채취시간은 원칙적으로 24시간으로 하며, 특정원소의 분석을 목적으로 할 경우에는 분석 감도에 따라 적당히 조절할 수 있다.

📖 **참고** 대기오염공정시험기준/ES 01115 환경대기 시료채취방법

07 환경 대기 중 중금속 분석을 위한 시료채취에 사용되는 장비와 여과지의 종류를 설명하시오.

답안

1. 시료채취에 사용되는 장비

① 고용량공기채취기(high volume air sampler) : 대기 중에 부유하고 있는 입자상 물질을 고용량 공기시료채취기를 이용하여 여과지상에 채취하는 방법으로 입자상 물질 전체의 질량농도를 측정하거나 금속

성분의 분석에 이용한다. 이 방법에 의한 채취입자의 입경은 일반적으로 (0.1 ~ 100) μm 범위이지만, 입경별 분리 장치를 장착할 경우에는 PM-10이나 PM-2.5의 시료채취에 사용할 수 있다.

② 저용량공기채취기(low volume air sampler) : 대기 중에 부유하고 있는 10 μm 이하의 입자상 물질을 저용량 공기시료채취기를 사용하여 여과지 위에 채취하고 질량농도를 구하거나 금속 등의 성분분석에 이용한다.

2. 시료채취에 사용되는 여과지

① 입자상 물질의 채취에 사용하는 여과지는 0.3 μm 되는 입자를 99 % 이상 채취할 수 있어야 하며 압력손실과 흡수성이 적고 가스상 물질의 흡착이 적은 것이어야 하고, 또한 분석에 방해되는 물질을 함유하지 않은 것이어야 한다. 사용된 여과지의 재질은 일반적으로 유리섬유, 석영섬유, 폴리스타이렌, 나이트로셀룰로스, 불소수지 등으로 되어 있으며 분석에 사용한 여과지의 종류와 재질을 기록해 놓아야 한다.

📖 **참고** 대기오염공정시험기준/ES 01115 환경대기 시료채취방법

08 고용량공기채취기와 저용량공기채취기의 시료 포집 시간에 대하여 설명하시오.

답안

1. 고용량공기채취기 시료채취시간

① 채취시간은 원칙적으로 24시간으로 하지만, 특정원소의 분석을 목적으로 할 경우에는 분석 감도에 따라 적당히 조정할 수 있다.

2. 저용량공기채취기 시료채취시간

① 채취시간은 원칙적으로 24시간 또는 2일 ~ 7일간 연속 채취하지만, 질량 농도만을 측정하거나 특정 원소의 분석을 목적으로 할 경우에는 분석 감도에 따라 적당히 조정할 수 있다.

📖 **참고** 대기오염공정시험기준/ES 01115 환경대기 시료채취방법

09 대기 중 중금속 원소를 측정하기에 적절한 여과지의 종류 및 선정조건을 설명하시오.

답안

1. 채취용 여과지의 종류

① 유리섬유, 석영섬유, 나이트로셀룰로스, 테플론, 폴리스타이렌, 멤브레인 재질의 여과지를 사용한다.

2. 시료채취에 사용되는 여과지

① 중금속 시료의 채취에 사용하는 여과지는 0.3 μm 되는 입자를 99 % 이상 채취할 수 있어야 하며 압력손실과 흡수성이 적고 가스상 물질의 흡착이 적은 것이어야 하며, 또한 분석에 방해되는 물질을 함유하지 않은 것이어야 한다.

📖 **참고** 대기오염공정시험기준/ES 01700.1 환경대기 중 금속 화합물－원자흡수분광법

10 대기 중 중금속 시료채취를 위해 High volume air sampler, PM-10 sampler, PM-2.5 sampler, Cascade impactor 등을 사용할 때 공기포집 부피를 계산하기 위한 항목을 설명하시오.

답안

1. **공기포집 부피를 계산하기 위한 항목**
   ① 시료채취 시간, 시료채취 유량, 실제 시료채취 유량을 표준상태 유량으로 환산하기 위해 대기온도 및 대기압 등이 반드시 필요하다.

📖 **참고** 대기오염공정시험기준

11 시료채취 시 각 장비별 유의사항 및 오차를 많이 주는 요인을 설명하시오.

답안

1. **고용량공기채취기(High volume air sampler)**
   ① 채취 시의 유량이나 채취 후의 중량농도에 이상한 값이 인정될 경우에는 유량계에 이상이 없는지, 시료채취기에서 공기가 새지 않는지, 전원 전압에 변동이 없는지를 확인한다.
   ② 위와 같은 이상 현상이 채취 개시 직후에 있었다면 정상운전으로 되돌아오는 것을 확인한 후에 다시 채취를 시작하며, 채취 종료 시에 확인되었다면 이상이 생기지 않도록 충분히 조치한 다음 채취조작을 다시 하고 먼저 채취된 시료는 정확히 기록하여 따로 보관한다.
2. **PM-10 및 PM-2.5 sampler**
   ① 입경분리 장치의 입자 크기 분리 기준은 PM-10의 경우 10 μm에서 50 % 분리효율을 가져야 하며, PM-2.5의 경우 2.5 μm에서 50 % 분리효율을 가져야 한다.
   ② 시료채취기의 유속은 PM-10과 PM-2.5 입경분리장치의 입자분리 특성이 유효한 설계유속 범위에서 결정되어야 하며, 일정한 유속을 유지할 수 있는 유량제어장치를 갖추어야 한다.
3. **Cascade impactor**
   ① 입경별 먼지 채취를 위해서 정확한 흡인유량이 중요하며, 모든 입경분리 단계에서 50 % 분리효율을 가져야 한다.

📖 **참고** 대기오염공정시험기준

12 배출가스의 입자상 물질 시료채취에서 등속흡인을 실시하는 이유를 설명하시오.

답안

1. **등속흡인(Isokinetic sampling)의 정의 및 실시 이유**
   ① 등속흡인의 정의 : 굴뚝에서 먼지시료 채취시 흡입노즐을 이용하여 배출가스를 흡입할 때, 흡입노즐을 배출가스의 흐름 방향으로 하고, 배출가스와 같은 유속으로 시료를 채취하는 것을 말한다.
   ② 등속흡인의 실시 이유 : 만일 시료채취 유속과 주위 기류속도가 달라지면 입자지름이 큰 입자는 관성력으로 인해 과다 또는 과소로 채취되어 측정오차가 발생하므로, 배출가스 유속과 흡입노즐 시료채취 유속이 같은지 알아보기 위해 등속흡인계수를 구하고 그 값이 (90 ~ 110) % 범위내에 들지 않는 경우에는 다시 시료를 채취한다.

📖 **참고** 대기오염공정시험기준/ES 01301.1b 배출가스 중 먼지-반자동식 측정법

13 대기시료 채취전 leak test의 중요성에 대해 설명하시오.

답안

1. 누출시험 (leak test)의 중요성

① 시료채취 연결부에 누출이 있을 경우 실제 대기시료가 채취되지 않고 누출이 생기는 부위로 공기가 유입되어 실제 농도보다 과소평가될 가능성이 높다.

② 누출확인 방법 : 시료채취기 제조사의 설명에 따라 시료채취기 도입부를 제거 후 표준 유속계를 시료채취기 입력 단에 연결하고 시료채취기의 유속을 정확하게 측정하여 표준 유속계와 시료채취기 연결부위에 누출이 없는지 확인한다.

참고 대기오염공정시험기준/ES 01301.1b 배출가스 중 먼지－반자동식 측정법

14 중금속 시료채취에 사용되는 흡수병 세척방법에 대해 설명하시오.

답안

1. 흡수병 세척방법

① 흡수병은 각 분석법에 상관없이 공통적으로 사용할 수 있는 것도 있으나, 유사한 성분끼리 사용하는 것이 좋으며, 만약 공통으로 사용할 경우에는 성분이 달라질 때마다 묽은 산은 알칼리 용액과 물로 깨끗이 씻은 다음 다시 흡수액으로 3회 정도 씻은 후에 사용한다.

15 중금속 채취방법 중 반자동식 채취 방법에 대해 설명하시오.

답안

1. 반자동식 채취방법에 따른 중금속 시료채취 절차

① 측정점 수를 선정한다.

② 배출가스 온도를 측정한다.

③ S자형 피토관과 경사마노미터로 배출가스의 정압과 평균동압을 각각 측정한다.

④ 피토관을 측정공에서 굴뚝 내의 측정점까지 삽입하여 전압공을 배출가스 흐름 방향에 바로 직면시켜 동압을 측정하며 0.1 mmH_2O의 단위까지 읽는다.

⑤ 배출가스의 수분량을 측정한다.

⑥ 이동 채취법을 이용하며 1개의 먼지시료채취기를 사용하여 측정점을 이동하면서 각각 같은 흡입시간으로 중금속시료를 채취한다.

참고 대기오염공정시험기준/ES 01301.1b 배출가스 중 먼지－반자동식 측정법

16 중금속 포집을 위한 필터가 충족해야 하는 조건 3가지에 대하여 설명하시오.

답안

1. 중금속 포집을 위한 필터의 조건

① 0.3 μm되는 입자를 99 % 이상 채취할 수 있어야 한다.

② 압력손실과 흡수성이 적고 가스상 물질의 흡착이 적은 것이어야 한다.

③ 분석에 방해되는 물질을 함유하지 않은 것이어야 한다.

📖 **참고** 대기오염공정시험기준/ES 01301.1b 배출가스 중 먼지－반자동식 측정법

17 비소채취 시 연결관의 재질, 규격, 시료채취관의 크기, 연결관의 고정방법과 사용하는 여과지, 간섭물질과 간섭물질 해결방안에 대해 구체적으로 설명하시오.

답안

1. 비소채취 시 연결관의 재질, 규격, 시료채취관의 크기, 연결관의 고정방법, 여과지

① 연결관의 재질 : 경질유리, 석영, 스테인리스강, 세라믹, 불소수지, 염화비닐 수지 등으로 한다.
② 연결관의 규격 : 안지름 (4 ~ 25) mm 정도로 한다.
③ 시료채취관의 크기 : 채취관은 안지름 (6 ~ 25) mm 정도의 것을 사용한다.
④ 연결관의 고정방법 : 연결관은 되도록 짧은 것이 좋으나 부득이 길게 할 때에는 받침 기구를 써서 고정한다.
⑤ 여과지 : 규소섬유 또는 불소수지제로서 원통형일 경우 지름 (20 ~ 25) mm, 길이 90 mm, 원형일 때는 지름 (40 ~ 50) mm의 여과지를 사용한다.

2. 간섭물질과 간섭물질 해결방안

① 시료용액 중 산 매질 농도에 따라 감응도의 차이가 날 수 있으므로 시료와 표준용액을 동일한 방법으로 처리하여 이러한 차이를 줄여야 한다.
② 시료용액 중에 은, 금, 백금, 팔라듐 등의 귀금속 농도가 100 μg/L 이상, 구리 납 등의 농도가 1 mg/L 이상, 수소화물 생성원소 (비스무트, 안티몬, 주석, 셀레늄, 텔루륨 등)의 농도가 각각 (0.1 ~ 1) mg/L 이상, 철, 니켈, 코발트의 함량이 각각 비소함량의 5배, 10배, 80배 정도를 초과하는 경우에는 수소화 비소의 발생에 간섭을 준다.
③ 전이금속에 의한 간섭은 염산 농도에 따라 달라지며 저농도에서보다 (4 ~ 6) N에서 덜하다.

📖 **참고** 대기오염공정시험기준/ES 01401 배출가스 중 비소화합물

18 비소채취 시 여과지의 조건과 채취조건에 대해 설명하시오.

답안

1. 비소채취 시 여과지의 조건

① 여과지 : 규소섬유 또는 불소수지제로서 원통형일 경우 지름 (20 ~ 25) mm, 길이 90 mm, 원형일 때는 지름 (40 ~ 50) mm의 여과지를 사용하며, 채취율이 99 % 이상인 것이어야 한다.

2. 비소시료 채취조건

① 입자상 비소시료는 먼지 시료 채취시와 유사하게 등속흡입으로 채취하여야 하며, 등속흡입계수를 구하고 그 값이 (90 ~ 110) % 범위 내에 들지 않을 경우에는 다시 시료를 채취한다.

📖 **참고** 대기오염공정시험기준/ES 01401 배출가스 중 비소화합물

19 수은 측정방법 2가지에 대해 설명하시오.

답안

1. 수은 측정방법

① 냉증기－원자흡수분광광도법 및 자외선/가시선분광법이 있으며, 냉증기－원자흡수분광광도법이 주 시험방법이다.

② **냉증기－원자흡수분광광도법** : 배출원에서 등속으로 흡입된 입자상과 가스상 수은은 흡수액인 산성 과망간산포타슘 용액에 채취되며, Hg^{2+} 형태로 채취한 수은을 Hg^0 형태로 환원시켜서, 광학셀에 있는 용액에서 기화시킨 다음 원자흡수분광광도계로 측정한다.

③ **자외선/가시선분광법** : 시료를 질산과 과망간산포타슘으로 산화시킨 다음 과망간산포타슘을 염산하이드록실아민으로 환원하고 암모니아수로 중화하여 일정량의 황산을 넣고 디티존·클로로폼으로 수은을 추출하며, 염산으로 역추출한 다음 중화하여 다시 디티존·클로로폼으로 수은을 추출하고 암모니아수로 씻어주어 과잉의 디티존을 제거하여 흡광도 490 nm에서 측정한다.

📖 **참고** 대기오염공정시험기준/ES 01408 배출가스 중 수은화합물

20 중금속 채취 중 수은 채취 시 채취관 재질, 주의사항, 시료채취 장치의 구성에 대해 설명하시오.

답안

1. 수은 채취 시 채취관의 재질, 주의사항, 채취관의 구성

① 시료채취관의 재질 : 보로실리케이트 또는 석영 유리관을 사용한다.

② 주의사항 : 시료채취 동안에 수분 응축 방지를 위해 시료채취관 출구의 가스 온도가 (120 ±14) ℃로 유지되도록 가열하며, 단 흡수병 앞에 여과지가 사용될 경우에는 가스상 수은(Hg)의 응축을 최소화하기 위해서 시료채취관과 연결관을 가열하지만 금속성 연결관을 사용해서는 안된다.

③ 시료채취 장치의 구성 : 시료채취관, 노즐, 피토관, 차압게이지, 유량계, 압력계 등으로 구성되어 있다.

📖 **참고** 대기오염공정시험기준/ES 01408 배출가스 중 수은화합물

21 입자상 물질 시료채취를 위해 사용되는 포집용 여과지의 종류 및 여과지의 조건에 대해 설명하시오.

답안

1. 고용량공기채취기법

① 채취용 여과지의 종류 : 사용되는 여과지의 재질은 일반적으로 유리섬유, 석영섬유, 폴리스타이렌, 나이트로셀룰로스, 불소수지 등이 있다.

② 채취용 여과지의 조건 : 입자상 물질의 채취에 사용되는 여과지는 0.3 μm 되는 입자를 99 % 이상 채취할 수 있어야 하며 압력손실과 흡수성이 적고 가스상 물질의 흡착이 적은 것이어야 하며 또한 분석에 방해되는 물질을 함유하지 않은 것이어야 한다.

2. 저용량 공기채취기법

① 채취용 여과지의 종류 : 유리섬유제 여과지의 구멍 크기(pore size)가 (1 ~ 3) μm되는 나이트로셀룰로스제 멤브레인필터 또는 석영섬유제 여과지 등을 사용한다.

② 채취용 여과지의 조건 : 0.3 μm의 입자상 물질에 대하여 99 % 이상의 초기채취율을 갖는 것이어야 하며, 압력손실이 작은 것이어야 한다. 가스상 물질의 흡착이 적고 흡습성 및 대전성이 적은 것이어야 하며, 취급하기 쉽고 충분한 강도를 가진 것이어야 하고, 분석에 방해되는 물질을 함유하지 않은 것이어야 한다.

📖 **참고** 대기오염공정시험기준/ES 01604.1 환경대기 중 먼지 측정방법 – 고용량 공기채취기법
대기오염공정시험기준/ES 01604.2 환경대기 중 먼지 측정방법 – 저용량 공기채취기법

22 환경대기 중 중금속 시료를 채취하기 위한 방법 2가지에 대해 설명하시오.

답안

① 고용량 공기시료 채취법과 저용량 공기시료 채취법이 있으며, 사용되는 여과지 재질로는 유리섬유, 석영섬유, 나이트로셀룰로스, 테플론, 폴리스타이렌, 멤브레인 등이 있다.
② 고용량 공기시료 채취법은 24시간 시료채취를 원칙으로 하고, 저용량 공기시료채취법은 3일 ~ 7일간 연속채취하는 것을 원칙으로 하나 대기 중 중금속 농도와 측정 당시의 기상조건을 고려하여 채취시간을 조정할 수 있다.

📖 **참고** 대기오염공정시험기준/ES 01700.1 환경대기 중 금속화합물 – 원자흡수분광법

2 실기시험의 이해도[시료분석]

01 대기 중 중금속 측정을 위해 채취한 여과지의 전처리방법에 대해 설명하시오.

※ 유사문제 : 중금속 시료 전처리 방법 8가지에 대해 설명하시오.

※ 유사문제 : 유기물시료를 저온회화법으로 전처리하는 경우에 대하여 설명하시오.

※ 유사문제 : 환경 대기 중 금속 분석을 위한 전처리 방법의 종류를 설명하시오.

답안

1. 산분해법 : 질산-염산법, 질산-과산화수소법, 질산법

① 필터에 채취한 무기질 시료를 용해시키기 위하여 단일산이나 혼합산의 묽은산 혹은 진한산을 사용하여 오픈형 열판에서 직접 가열하여 시료를 분해하는 방법이다.

② 전처리에 사용하는 산류에는 염산(HCl), 질산(HNO_3), 플루오르화수소산(HF), 황산(H_2SO_4), 과염소산($HClO_4$) 등이 있으며 염산과 질산을 가장 많이 사용한다.

③ 다량의 시료를 처리할 수 있고 가까이서 반응과정을 지켜볼 수 있는 장점이 있으나 분해속도가 느리고 시료가 쉽게 오염될 수 있는 단점이 있다.

2. 초음파 추출법 : 질산-염산 혼합액에 의한 초음파 추출법

① 단일산이나 혼합산을 사용하여 가열하지 않고 초음파를 이용하여 시료 중 분석하고자 하는 중금속 성분을 추출하고자 할 때 이용하는 방법이다.

3. 마이크로파 산분해법

① 원자흡수분광법이나 유도결합플라즈마방출분광법 등으로 무기물을 분석하기 위한 시료의 전처리 방법으로 일정한 압력까지 견디는 테플론 재질의 용기 내에 시료와 산을 가한 후 마이크로파를 이용하여 일정 온도로 가열해 주는 방법으로서, 소량의 산을 사용하여 고압하에서 짧은 시간에 시료를 전처리하는 방법이다.

② 시료의 분해는 닫힌계에서 일어나므로 외부로부터의 오염, 산 증기의 외부 유출, 휘발성 원소의 손실이 없고, 테플론 용기를 사용하므로 용기에 의한 금속의 오염이 없을뿐만 아니라 고압하에서 분해하므로 질산으로도 대부분의 금속을 산화시킬 수 있어 과염소산 같은 폭발성이 있는 위험한 산을 사용하지 않아도 된다.

③ 또한 지금까지 알려진 무기물 시료 전처리 방법 중 가장 효과적인 방법 중의 하나이지만, 마이크로파 산분해 장치의 가격이 가정용 전자렌지에 비해 100배 이상 비싼 단점이 있다.

4. 회화법

① 유기물 및 동식물 생체시료 중의 회분을 측정하기 위하여 일반적으로 사용하는 전처리 방법이다.

② 전처리과정이 비교적 단순하고 시료의 양에 제한이 없어 유기물에 포함된 중금속 등 미량의 무기물 분석에 적용하지만 용기에 의한 시료의 오염 가능성이 있고 고온 회화로 인한 휘발성 원소의 손실이 있을 수 있으며 전력 소모가 큰 것이 단점이 있다.

5. 저온회화법

① 시료를 채취한 여과지를 회화실에 넣고 약 200 ℃ 이하에서 회화하는 방법이다.

6. 용매 추출법

① 적당한 용매를 사용하여 액체나 고체 시료에 포함되어 있는 금속성분을 추출하는 방법이다.

〈표〉 금속별 시료 전처리 방법

	전처리 방법	적용 가능한 금속
산분해법	질산-과산화수소법	구리, 납, 니켈, 비소, 아연, 철, 카드뮴, 크롬
	질산-염산혼합액에 의한 초음파 추출법	
	마이크로파산분해법	
	회화법	
용매추출법	다이에틸다이티오카바민산 또는 디티존-톨루엔 추출법	납, 카드뮴
	트라이옥틸아민법	크롬

📖 **참고** 대기오염공정시험기준/ES 01102 시료 전처리

02 배출가스 중 가스상 금속화합물 분석을 위한 시험방법의 절차에 대해 설명하시오.

답안

1. 가스상 금속화합물 분석을 위한 시험방법 절차

① 배출가스 중 가스상 물질 채취법에 따라 적당한 흡수액 중에 흡수 채취한다.
② 채취된 흡수액을 산 분해 처리한다.
③ 전처리하여 용액화 한 시료 용액 중의 금속화합물을 수소화물발생 원자흡수분광법으로 분석한다.

📖 **참고** 대기오염공정시험기준/ES 01111.a 배출가스 중 가스상 물질 시료채취방법

03 배출가스 중 입자상 금속화합물 분석을 위한 시험방법의 절차에 대해 설명하시오.

답안

1. 입자상 금속화합물 분석을 위한 시험방법 절차

① 배출가스 중 입자상 물질 시료채취 방법에 따라 등속흡인으로 입자상 금속화합물을 채취한다.
② 여과지는 석영섬유 또는 불소 수지제를 사용하며 입자상 중금속의 채취율이 99 % 이상인 것이어야 한다.
③ 채취된 금속화합물을 산분해 또는 마이크로파 산분해법을 이용하여 전처리를 실시한다(일부 화합물은 휘발성이 있기 때문에 채취 시료를 전처리하는 동안 손실 가능성이 있으므로 마이크로산분해법을 이용할 것을 권장한다).
④ 전처리하여 용액화 한 시료 용액 중의 금속화합물을 수소화물발생 원자흡수분광법 또는 유도결합플라즈마법으로 분석한다.

📖 **참고** 대기오염공정시험기준/ES 01112.a 배출가스 중 가스상 물질 시료채취방법

04 시료분석기법 중 원자흡수분광광도법에 관해 설명하고, 대표적인 측정시험 항목을 제시하시오.

답안

1. 원자흡수분광광도법 원리 및 적용범위

① 시료를 적당한 방법으로 해리시켜 중성원자로 증기화하여 생긴 기저상태의 원자가 이 원자 증기층을 투과하는 특유파장의 빛을 흡수하는 현상을 이용하여 광전측광과 같은 개개의 특유 파장에 대한 흡광도를 측정하여 시료중의 원소농도를 정량하는 방법이며 대기 또는 배출 가스중의 유해 중금속인 납, 카드뮴, 구리, 망간, 비소, 니켈, 크롬과 기타 원소의 분석에 적용한다.

📖 **참고** 대기오염공정시험기준/ES 01203 원자흡수분광광도법

05 원자흡수분광광도법을 이용하여 중금속을 분석할 경우 분석오차의 원인을 2가지 이상 설명하시오.

답안

1. 분석오차의 발생 원인

① 표준시료 선택의 부적절 및 제조의 잘못 시
② 분석시료의 처리방법과 희석의 부적절 시
③ 표준시료와 분석시료의 조성이나 물리적·화학적 성질의 차이가 있을 시
④ 공존물질에 의한 간섭 발생시
⑤ 광원램프의 성능 저하시
⑥ 광원부 및 파장선택부 광학계의 조정 불량시
⑦ 측광부의 불안정 또는 조절 불량시
⑧ 분무기 또는 버너의 오염이나 폐색시
⑨ 가연성 가스 및 조연성 가스의 유량이나 압력의 변동시
⑩ 불꽃을 투과하는 광속의 위치 조정 불량시
⑪ 잘못된 검정곡선의 작성시

📖 **참고** 대기오염공정시험기준/ES 01203 원자흡수분광광도법

06 비소 전처리시 시료가 손실될 수 있는데 손실을 줄일 수 있는 전처리 방법 및 전처리시 사용되는 시약의 종류에 대해 설명하시오.

답안

1. 비소 전처리시 시료의 손실을 줄일 수 있는 전처리 방법

① 비소 및 비소화합물 중 일부 화합물은 휘발성이 있어 채취 시료를 전처리하는 동안 비소의 손실 가능성이 있으므로 전처리 방법으로 마이크로파 산분해법을 이용한다. 이 방법은 일정한 압력까지 견디는 테플론 재질의 용기 내에 시료와 산을 가한 후 마이크로파를 이용하여 일정 온도로 가열해 줌으로써, 소량의 산을 사용하여 고압하에서 짧은 시간에 시료를 전처리하는 방법이다. 시료의 분해는 닫힌계에서 일어나므로 외부로부터의 오염, 산 증기의 외부 유출, 휘발성 원소의 손실이 없고, 테플론 용기를 사용하므로 용기에 의한 금속의 오염이 없을뿐만 아니라 고압하에서 분해하므로 질산으로도 대부분의 금속을 산화시킬 수 있어 과염소산 같은 폭발성이 있는 위험한 산을 사용하지 않아도 된다.

2. 전처리시 사용되는 시약의 종류

① 마이크로 산분해법 : 전처리시는 질산/염산 혼합산을 사용한다.

📖 **참고** 대기오염공정시험기준/ES 01401 배출가스 중 비소화합물

07 원자흡수분광광도법을 이용한 중금속 분석 시 채취한 시료의 성상에 따른 처리 방법을 설명하시오.

답안

1. 채취한 시료의 성상에 따른 처리 방법

① 타르 및 기타 소량의 유기물을 함유하는 것은 질산－염산법 또는 질산－과산화수소수법, 마이크로파 산분해법을 이용한다.

② 유기물을 함유하지 않는 것은 질산법 또는 마이크로파 산분해법을 이용한다.

③ 다량의 유기물과 유리탄소를 함유하는 것 또는 셀룰로스 섬유제 여과지를 사용한 것은 저온회화법을 이용한다.

📖 **참고** 대기오염공정시험기준/ES 01400.1b 배출가스 중 금속화합물－원자흡수분광광도법

08 대기시료의 중금속 시험 중 분석대상 중금속이 미량일 경우 분석효율을 높이기 위한 방안은 무엇인가?

답안

1. 분석대상 중금속이 미량일 경우

① 시료용액에 유기용매를 가하면 흡광도가 높아지는 경우가 있으며 특히 유기용매로서 목적원소를 킬레이트로 추출하면 미량원소의 정량 및 간섭물질의 제거에 유효하며, 이 경우 불꽃이 불안정하게 되거나 불꽃 자체에 의한 흡광이 증대되지 않는 용매를 선택할 필요가 있다.

② 미량일 경우에는 용매추출, 수소화물에 의한 분리, 공침 또는 이온교환수지에 의한 분리방법 등을 동원하여 농축시킨 후 분석한다.

📖 **참고** 대기오염공정시험기준/ES 01400.1b 배출가스 중 금속화합물－원자흡수분광광도법

09 굴뚝에서 배출되는 배출가스 중 중금속을 원자흡광광도법으로 측정할 때 간섭물질 형태 및 해결방안은 무엇인가?

※ 유사문항 : 금속류 분석에 사용하는 원자흡광광도계(AAS)에서 발생될 수 있는 간섭을 나열하고 각각 설명하시오.

※ 유사문항 : 원자흡수분광도법에서 발생할 수 있는 간섭의 종류와 해결방법에 대해 설명하시오.

※ 유사문항 : 원자흡수분광광도법 분석시 스펙트럼 문제와 화학적인 문제를 설명하시오.

※ 유사문항 : 원자흡수분광광도법 분석시 물리적, 화학적, 광학적 간섭을 줄이는 방법에 대해 설명하시오.

※ 유사문항 : AA 분석에서 화학적 간섭 발생시 해결방안 3가지에 대해 설명하시오.

답안

1. 광학적 간섭

① 발생원인 : 분석하고자 하는 금속과 근접한 파장에서 발광하는 물질이 존재하거나, 측정파장의 스펙트럼이 넓어질 때, 이온과 원자의 재결합으로 연속 발광할 때 또는 분자띠 발광 시에 발생할 수 있다. 광학적 간섭은 측정에 사용하는 스펙트럼이 다른 인접선과 완전히 분리되지 않아 파장 선택부의 분해능이 충분하지 않기 때문에 검정곡선의 직선영역이 좁고 구부러져 측정감도 및 정밀도가 저하된다.

② 해결방안 : 다른 파장을 사용하여 다시 측정하거나 표준물질첨가법을 사용하여 간섭효과를 줄일 수 있다.

2. 물리적 간섭

① 발생원인 : 시료의 분무 시, 시료의 점도와 표면장력의 변화 등 매질효과에 의해 발생한다.

② 해결방안 : 시료를 희석하거나, 표준물질첨가법을 사용하여 간섭효과를 줄일 수 있다.

3. 화학적 간섭

① 발생원인 : 원자화 불꽃 중에서 이온화하거나, 공존물질과 작용하여 해리하기 어려운 화합물이 생성되는 경우 발생할 수 있다.

② 해결방안 : 이온화로 인한 간섭은 분석대상 원소보다 이온화 전압이 더 낮은 원소를 첨가하여 측정원소의 이온화를 방지할 수 있고, 해리하기 어려운 화합물을 생성하는 경우에는 용매추출법을 사용하여 측정원소를 추출하여 분석하거나 표준물질첨가법을 사용하여 간섭효과를 줄일 수 있다.

참고 대기오염공정시험기준/ES 01400.1b 배출가스 중 금속화합물 – 원자흡수분광광도법

10 ICP – AES(유도결합플라즈마 원자발광분석법) 분석법의 측정원리와 AAS(원자흡수분광광도법) 대비 장점에 대해 설명하시오.

답안

1. 유도결합플라즈마 원자발광분석법(ICP-AES) 분석법의 측정원리

① 중성원자에 열에너지가 주어지면 기저상태에 있는 전자는 높은 준위로 전이하여 여기상태로 되는데, 여기 원(exciting source)으로 사용되는 에너지가 고온일 때에는 원자는 들뜬 상태 뿐 아니라 에너지 준위가 매우 높은 이온의 들뜬 상태에 이르게 되며 이와 같이 들뜬 원자상태 혹은 이온 상태까지 도달한 전자들은 수명이 매우 짧아 낮은 에너지 준위로 돌아오면서 방출선을 방출하게 되며, 원자의 들뜬 상태에서 방출되는 복사선을 원자선, 이온의 들뜬 상태에서 방출되는 선을 이온선으로 분류하고, 이온선은 그 강도가 원자선에 비하여 매우 강하여 미량분석시 검량선으로 이용되며 복사선의 세기는 각각의 들뜬상태 에너지 준위에 있는 원자수와 진동자 세기에 비례하는 원리로 측정하는 방법이다.

2. AAS 분석법 대비 ICP-AES 분석법의 장점

항목	ICP-AES	AAS
검출한계	매우 우수(ppb 이하)	일부 원소만 검출(ppm)
검출 가능 원소	(72 ~ 75) 개	60개
처리량	원소당 1 ~ 3 초 100 ~ 150 시료/일	원소당 1 ~ 2 분 20 ~ 30 시료/일
화학적 간섭	거의 없음	있음
시료량	(0.03 ~ 5) mL	(5 ~ 15) mL
자동분석	가능	불가능
장기간 운영비용 (램프, 가스비용, 소모품 비용)	낮음	높음

참고 대기오염공정시험기준/ES 01700.2 환경대기 중 금속화합물, http://youngin.com

11 AAS 분석 시 시료 중 공존물이 존재할 경우 대처방안은 무엇인가?

답안

1. 시료 중 공존물 존재시 대처방안

① 시료 내 납, 카드뮴, 크롬의 양이 미량으로 존재하거나 방해물질이 존재할 경우, 용매추출법을 적용하여 정량할 수 있다.

② 니켈 분석 시 다량의 탄소가 포함된 시료의 경우, 시료를 채취한 여과지를 적당한 크기로 잘라서 자기도가니에 넣어 전기로를 사용하여 800 ℃에서 30분 이상 가열한 후 전처리 조작을 행하며, 카드뮴, 크롬 등을 동시에 분석하는 경우에는 500 ℃에서 2시간 ~ 3시간 가열한 후 전처리 조작을 행한다.

③ 철 분석 시 니켈, 코발트가 다량 존재할 경우 간섭이 일어날 수 있는데, 이 때 검정곡선용 표준용액의 매트릭스를 일치시키고 아세틸렌/아산화질소 불꽃을 사용하여 분석하거나, 흑연로원자흡수분광법을 이용하여 간섭을 최소화 시킬 수 있다. 규소(Si)를 다량 포함하고 있을 때는 0.2 % 염화칼슘($CaCl_2$) 용액을 첨가하여 분석하고 유기산(특히 시트르산)이 다량 포함되어 있을 때는 0.5 % 인산을 가하여 간섭을 줄일 수 있다.

④ 카드뮴 분석 시 알칼리금속의 할로겐화물이 다량 존재하면 분자흡수, 광산란 등에 의해 양의 오차가 발생하는데 이 경우에는 미리 카드뮴을 용매추출법으로 분리하거나 바탕시험값 보정을 실시한다.

⑤ 크롬 분석 시 아세틸렌-공기 불꽃에서는 철, 니켈 등에 의한 방해를 받으므로 이 경우 황산나트륨, 황산칼륨 또는 이플루오린화수소암모늄을 1 % 정도 가하여 분석하거나, 아세틸렌/아산화질소 불꽃을 사용하여 방해를 줄일 수 있다.

📖 **참고** 대기오염공정시험기준/ES 01700.1 환경대기 중 금속화합물－원자흡수분광법

12 철 분석시 간섭인자 제거 방법은 무엇인가?

답안

1. 철 분석시 간섭인자 제거 방법

① 철 분석 시 니켈, 코발트가 다량 존재할 경우 간섭이 일어날 수 있는데, 이 때 검정곡선용 표준용액의 매트릭스를 일치시키고 아세틸렌/아산화질소 불꽃을 사용하여 분석하거나, 흑연로원자흡수분광법을 이용하여 간섭을 최소화 시킬 수 있다. 규소 (Si)를 다량 포함하고 있을 때는 0.2 % 염화칼슘 ($CaCl_2$) 용액을 첨가하여 분석하고 유기산 (특히 시트르산)이 다량 포함되어 있을 때는 0.5 % 인산을 가하여 간섭을 줄일 수 있다.

📖 **참고** 대기오염공정시험기준/ES 01700.1 환경대기 중 금속화합물-원자흡수분광법

13 원자흡수분광광도법으로 납 분석시 불꽃을 만들기 위해 사용되는 가연성 가스와 조연성 가스에 대해 설명하시오.

답안

① 가연성 가스는 아세틸렌(C_2H_2)을 사용한다.

② 조연성 가스는 공기 또는 아산화질소(N_2O)를 사용한다.

📖 **참고** 대기오염공정시험기준/ES 01702.1 환경대기 중 납 화합물－원자흡수분광법

14 유도결합플라즈마 발광분석법(ICP－OES)에서 발생할 수 있는 간섭의 종류를 말하고 각각에 대해 설명하시오.

답안

1. 광학적 간섭

① 발생원인 : 분석하고자 하는 금속과 근접한 파장에서 발광하는 물질이 존재하거나, 측정파장의 스펙트럼이 넓어질 때, 이온과 원자의 재결합으로 연속 발광할 때 또는 분자띠 발광 시에 발생할 수 있다. 광학적 간섭은 측정에 사용하는 스펙트럼이 다른 인접선과 완전히 분리되지 않아 파장 선택부의 분해능이 충분하지 않기 때문에 검정곡선의 직선영역이 좁고 구부러져 측정감도 및 정밀도가 저하된다.

② 해결방안 : 다른 파장을 사용하여 다시 측정하거나 표준물질첨가법을 사용하여 간섭효과를 줄일 수 있다.

2. 물리적 간섭

① 발생원인 : 시료의 분무 시, 시료의 점도와 표면장력의 변화 등 매질효과에 의해 발생한다.

② 해결방안 : 시료를 희석하거나, 표준물질첨가법을 사용하여 간섭효과를 줄일 수 있다.

3. 화학적 간섭

① 발생원인 : 플라즈마 중에서 이온화하거나, 공존물질과 작용하여 해리하기 어려운 화합물이 생성되는 경우 발생할 수 있다.

② 해결방안 : 이온화로 인한 간섭은 분석대상 원소보다 이온화 전압이 더 낮은 원소를 첨가하여 측정원소의 이온화를 방지할 수 있고, 해리하기 어려운 화합물을 생성하는 경우에는 용매추출법을 사용하여 측정원소를 추출하여 분석하거나 표준물질첨가법을 사용하여 간섭효과를 줄일 수 있다.

4. 납, 니켈, 카드뮴 및 크롬 분석 시 시료 중의 소듐, 포타슘, 마그네슘, 칼슘 등의 농도가 높고, 분석 성분의 농도가 낮은 경우에는 시료 농축 및 방해물질 제거를 위하여 용매추출법을 이용하여 정량할 수 있다.

5. 소듐, 칼슘, 마그네슘 등 염의 농도가 높은 시료는 절대검정곡선법을 적용할 수 없는 경우에 표준물질첨가법을 사용하도록 한다.

📖 **참고** 대기오염공정시험기준/ES 01400.2b 배출가스 중 금속화합물－유도결합플라즈마분광법

15 ICP-OES에서 용매의 성상에 따라 신호 감도가 어떻게 달라지는지 설명하시오.

답안

① **1－피롤리딘다이싸이오카바산법** : 시료용액 중에 소듐, 포타슘, 마그네슘, 칼슘 등의 농도가 높고 분석하고자 하는 카드뮴, 납, 니켈의 농도가 낮은 경우에 사용하여 정량할 수 있다.

② **트라이옥틸아민 추출법** : 시료용액 중에 소듐, 포타슘, 마그네슘, 칼슘 등의 농도가 높고, 크롬의 농도가 낮은 경우에 적용한다.

📖 **참고** 대기오염공정시험기준/ES 01400.2b 배출가스 중 금속화합물－유도결합플라즈마분광법

16 굴뚝에서 배출되는 배출가스 중 중금속을 유도결합플라즈마－원자발광분광법으로 분석하여 내부표준법에 의한 검량선을 작성할 때 내부표준원소의 선정조건을 설명하시오.

※ 유사문제: 내부표준물질의 선정조건에 대해 설명하시오.

답안

1. 내부표준법에 의한 검량선 작성시 내부표준원소의 선정조건

① 염의 농도가 높은 시료용액의 경우 검정곡선법으로 분석할 경우 간섭영향이 있으므로 표준물질첨가법을 사용하는 것이 좋으며, 내부표준원소로서 이트륨(50 μg/mL)을 사용한다.

② 내부표준물질은 시험분석하려는 성분과 물리·화학적 성질은 유사하나 시료에는 없는 순수 물질을 선택하며, 일반적으로 내부표준물질로는 분석하려는 성분에 동위원소가 치환된 것을 사용한다.

📖 **참고** 대기오염공정시험기준/ES 01400.2b 배출가스 중 금속화합물－유도결합플라즈마 광도법

17 유도결합플라즈마분광법에 사용하는 내부표준물질(원자)의 종류 및 특성에 대해 설명하시오.

답안

1. 유도결합플라즈마에 사용하는 내부표준물질의 종류 및 특성

① 유도결합플라즈마에 사용하는 내부표준물질은 산화이트륨(Y_2O_3, yttrium oxide) 용액이며, 산화이트륨 0.318 g을 취한 다음 염산 5 mL을 가한 후 가열하여 용해시켜 제조한다.

② 내부표준물질은 측정과정에서 기기 드리프트에 의한 영향을 최소화 한다.

③ 내부표준물질은 시험분석하려는 성분과 물리·화학적 성질은 유사하나 시료에는 없는 순수 물질을 선택하며, 일반적으로 내부표준물질로는 분석하려는 성분에 동위원소가 치환된 것을 사용한다.

📖 **참고** 대기오염공정시험기준/ES 01400.2b 배출가스 중 금속화합물－유도결합플라즈마 분광법

18 환경대기 중 중금속의 분석에서 실험기구 중 유리기구의 중금속 오염을 방지하는 것이 중요한데, 유리기구를 세척하는 방법에 대하여 설명하시오.

※ 유사문제 : 금속의 미량분석에서는 유리기구, 증류수 및 여과지의 금속오염을 방지하는 것이 매우 중요한데 유리기구를 세척하는 방법에 대해 설명하시오.

답안

1. 유리기구의 세척방법

① 기구의 세척방법에 따라 초음파 세척기를 사용하기도 하며, 실험실용 세제는 오염물질에 따라 용도가 다르므로 이를 주의하여 선택하며, 중금속 항목을 위한 유리 기구의 세척 절차 및 건조방법은 다음과 같다.

㉠ 세척제를 사용하여 세척한다.
㉡ 수돗물로 헹군다.
㉢ 20 % 질산수용액 또는 질산(< 8 %) /염산(17 %) 수용액에 4시간 이상 담가둔다.
㉣ 정제수로 헹군다.
㉤ 자연 건조한다.

〈표〉 유리 기구 세척 절차 및 건조방법

시험방법(항목)	세척 순서	건조방법
일반물질	① 세척제 사용 세척, ② 수돗물 헹굼, ③ 정제수 헹굼	자연 건조
무기물질 (이온물질)	① 세척제 사용 세척, ② 수돗물 헹굼, ③ 정제수 헹굼	자연 건조

시험방법(항목)	세척 순서	건조방법
중금속	① 세척제 사용 세척, ② 수돗물 헹굼, 20 % 질산수용액 또는 질산(< 8%)/염산(17%) 수용액에 4시간 이상 담가 두었다가 ③ 정제수 헹굼	자연 건조
농약	① 마지막으로 사용한 용매로 즉시 헹구고 뜨거운 물로 세척 ② 세척제로 세척 ③ 수돗물로 헹구고 정제수로 헹굼	400 ℃에서 1시간 건조 또는 아세톤으로 헹굼
소독물질과 부산물	① 세척제 사용 세척, ② 수돗물 헹굼, ③ 정제수 헹굼	105 ℃에서 1시간 건조
휘발성 유기화합물	① 세척제 사용 세척, ② 수돗물 헹굼, ③ 정제수 헹굼	105 ℃에서 1시간 건조
기타	① 세척제 사용 세척, ② 수돗물 헹굼, ③ 정제수 헹굼	자연 건조
미생물 바이러스 원생동물	① 세척제 사용 세척, ② 뜨거운 물 헹굼, ③ 정제수 헹굼	• 유리기구 : 160 ℃에서 2시간 이내 건조 • 시료병 : 121 ℃에서 15분 멸균

📖 **참고** 환경시험검사 QAQC 핸드북/정도관리 일반

19 실험실 내에서 화학물질을 취급하는 경우 일반적으로 주의해야할 사항에 대해 설명하시오.

답안

1. 화학물질 취급시 주의사항

① 화학물질을 사용할 경우에는 제조자에 의해 표시된 위험성과 취급시 주의사항을 읽고 국립환경과학원에서 발간한 화학사고 예방 핸드북, 한국산업안전공단에서 발행한 화학물질의 위험특성 데이터북, 미국 노동안전위생국의 물질안전보건자료 등을 참고하여 실험하는 동안 위험성과 필요한 안전장비 및 사고에 대비하여 응급조치법도 숙지하여야 한다.
② 화학물질을 손으로 운반할 경우에는 넘어지거나 깨지는 위험을 막기 위해 운반용 용기에 넣어 운반한다.
③ 모든 화학물질은 특별한 저장 공간이 있어야 하며, 물질이름, 소유자, 구입날짜, 위험성, 응급절차를 나타내는 라벨을 부착하여야 한다.

📖 **참고** 환경실험실 운영관리 및 안전

20 화재발생시 일반적인 대처요령에 대해 설명하시오.

답안

1. 화재발생시 일반적인 대처요령

① 신속히 주변 동료들에게 알려 주어 다음에 조치할 상황에 대하여 도움을 요청하도록 한다.
② 가능한 한 사고를 초기에 신속히 진압하여 이로 인한 피해가 더 이상 확대되지 않도록 노력한다.
③ 화재 시 출입문과 창을 닫아 연소의 확대를 방지하며 소규모의 화재 발생시 근처에 있는 소화기로 신속히 진화하고 화재의 범위가 큰 경우에는 소화전을 사용하며, 초기 진압이 어려운 경우에는 즉시 진화를 포기하고 대피토록 한다.

④ 건물에서 피신하는 경우에는 화재경보를 울리는 등 사고를 신속히 전파한 후 즉시 가까운 출구로 빠져나가도록 하며 이 때 승강기의 이용은 절대적으로 삼가야 한다.
⑤ 소방서, 병원, 방재센터, 인근 경찰서 등에 도움을 요청하며, 전화 요청 시 응급상황의 성격과 발생위치를 상세하기 설명하고 응급요원의 지시를 받도록 한다.
⑥ 응급요원에게는 사고 장소, 고립된 사람, 위험물질, 관련 장비 등을 알려주며, 실험실 종사자는 안전장비의 사용방법이 포함된 간단한 응급조치에 대해 숙지하고 있어야 한다.

📖 **참고** 환경실험실 운영관리 및 안전

3 측정분석자의 기본소양[정도관리]

01 환경모니터링을 위한 환경시료 분석에 있어 정확한 분석을 위해 다양한 정도관리 절차를 수행하여야 하는데 이것에 대해 설명하시오.

답안

1. 정도관리 절차

① 환경 시료의 정확한 분석을 수행하기 위해서는 적절한 수준의 인력, 측정·분석장비 및 실험실을 갖추어야 하며 이를 관리하기 위한 조직이 필요하다. 또한 실험실에서 측정한 결과의 총괄적인 정도보증/관리를 위해서는 경영적으로 적절한 지원과 기술적인 정도보증/관리 요건이 모두 충족되어야 하므로 실험실에서 실시할 수 있는 기술적인 면의 정도보증/관리를 위한 절차와 내용은 아래 표와 같다.

〈표〉 항목별 정도보증/관리 절차

구분	작업내용	정도보증/관리내용
외부 정도보증/관리	외부 정도감사 숙련도 시험	1) 실험실 현장 평가
		2) 숙련도 시험, 정도관리 절차의 유효성 확인 요소
	표준작업절차서의 작성	1) 바탕시료
		2) 검출한계
		3) 정확도
		4) 정밀도
		5) 검정곡선의 작성 및 검증
		6) 관리차트
내부 정도보증/관리	사전 정도보증/관리	1) 바탕시료
		2) 검출한계
		3) 정확도
		4) 정밀도
		5) 검정곡선의 작성 및 검증
	측정·분석 시 정도보증/관리	1) 바탕시료
		2) 정확도
		3) 정밀도
		4) 검정곡선의 작성 및 검증
	관리차트 작성	1) 관리차트의 작성

📖 **참고** 대기오염공정시험기준/ES 01001 정도보증, 정도관리

02 배출가스 시료채취시 채취종사자가 취해야 할 일반적인 안전에 관한 조치사항은 무엇인가?

답안

1. 배출가스 시료채취시 안전 조치사항

① 시료채취에 종사하는 사람은 보통 2인 이상 1조로 한다.
② 굴뚝 배출가스의 조성, 온도 및 압력과 작업환경 등을 잘 알아둔다.
③ 옥외에서 작업하는 경우에는 바람의 방향을 확인하여 바람이 부는 쪽에서 작업하는 것이 좋다.
④ 피부를 노출하지 않는 복장을 하고, 안전화를 신는다.

⑤ 작업환경이 고온인 경우에는 드라이아이스 자켓 등을 입는다.
⑥ 높은 곳에서 작업을 하는 경우에는 반드시 안전밧줄을 사용한다.
⑦ 교정용 가스가 들어있는 고압가스 용기를 취급하는 경우에는 안전하고 쉽게 운반하여 설치할 수 있는 방법을 쓴다.
⑧ 측정 작업대까지 오르기 전에 승강시설의 안전 여부를 반드시 점검한다.

참고 대기오염공정시험기준/ES 01111.a 배출가스 중 가스상 물질 시료채취방법

03 램버트－비어(Lambert－Beer)법칙에 따른 흡광광도법의 원리에 대하여 설명하시오.

답안

1. 램버트-비어(Lambert-Beer) 법칙에 따른 흡광광도법의 원리

① 자외선/가시선분광법은 일반적으로 광원에서 나오는 빛을 단색화장치(monochrometer) 또는 필터(filter)에 의하여 좁은 파장범위의 빛만을 선택하여 액층을 통과시킨 다음 광전측광으로 흡광도를 측정하여 목적성분의 농도를 정량하는 방법이다.

② 강도 I_0되는 단색광속이 농도 C, 길이 l이 되는 용액층을 통과하면 이 용액에 빛이 흡수되어 입사광의 강도가 감소하며, 통과한 직후의 빛의 강도 I_t와 입사광 I_0 사이에는 램버트 비어(Lambert－Beer)의 법칙에 의하여 다음의 관계가 성립한다.

$I_t = I_o \cdot 10^{-\epsilon C l}$	I_o : 입사광의 강도, I_t : 투사광의 강도 C : 농도, l : 빛의 투사거리 ϵ : 비례상수로서 흡광계수라고 함 C=1 mol, l=10mm일 때의 ϵ의 값을 몰흡광계수라 하며 K로 표시한다.

③ I_t와 I_0의 관계에서 $I_t/I_o=t$를 투과도라 하며 백분율로 표시하면 $t\times100=T$를 투과 퍼센트라 하고 투과도의 역수의 상용대수 즉 $\log\frac{1}{t}=A$를 흡광도라 한다.

④ 램버트-비어의 법칙은 대조액층을 통과한 빛의 강도를 I_0, 측정하려고 하는 액층을 통과한 빛의 강도를 I_t로 했을 때도 똑같은 식이 성립하므로 정량이 가능한 것이다.

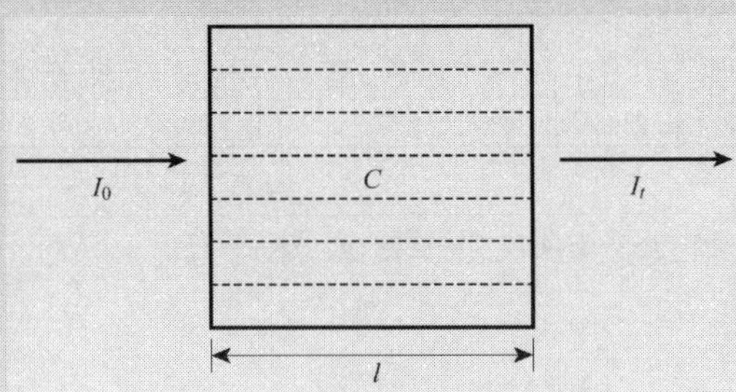

참고 대기오염공정시험기준/ES 01202 자외선/가시선분광법

04 흡광광도법과 흡광차분광법의 공통점과 차이점에 대하여 설명하시오.

답안

1. 흡광광도법과 흡광차분광법의 공통점

① 흡광광도법과 흡광차분광법은 기본 원리인 Lambert－Beer 법칙을 응용한 방법으로 물질들은 각자의

고유 흡수 파장을 가지고 있어 농도에 비례하여 빛을 흡수하며 물질에 대한 빛의 투과율(I_t/I_0)과 흡광계수, 빛의 투사거리를 알고 있으면 가스의 농도를 구할 수 있다.

2. 흡광광도법과 흡광차분광법의 차이점

① 흡광광도법은 1개 파장(nm) 빛에 1개의 흡수율만으로 농도를 산정할 수 있으나 흡광차분광법은 일정 파장 간격범위의 연속 흡수스펙트럼 곡선을 통해 농도를 산정한다. 이와 같이 일반 흡광광도법은 미분적(일시적)이며 흡광차분광법(DOAS)은 적분적(연속적)이다.

📖 **참고** 대기오염공정시험기준/ES 01202 자외선/가시선분광법, ES 01206.a 흡광차분광법

05 원자흡광분석에서 일어나는 간섭을 1가지 이상 설명하시오.

답안

1. 원자흡수분광광도분석에서 일어나는 간섭

① 분광학적 간섭 : 장치나 불꽃의 성질에 기인하는 것으로 다음과 같은 경우 간섭이 일어난다.
㉠ 분석에 사용하는 스펙트럼선이 다른 인접선과 완전히 분리되지 않은 경우
㉡ 분석에 사용하는 스펙트럼의 불꽃 중에서 생성되는 목적원소 원자증기 이외의 물질에 의하여 흡수되는 경우

② 물리적 간섭 : 시료용액의 점성이나 표면장력 등 물리적 조건의 영향에 의하여 간섭이 일어난다.
㉠ 시료용액의 점도가 높아지는 경우에는 분무 효율이 저하되며 흡광 강도가 저하되는데 이런 종류의 간섭은 표준시료와 분석시료와의 조성을 거의 같게 하여 피할 수 있다.

③ 화학적 간섭 : 원소나 시료에 특유한 것으로 다음과 같은 경우에 간섭이 일어난다.
㉠ 불꽃 중에서 원자가 이온화하는 경우
㉡ 공존물질과 작용하여 해리하기 어려운 화합물이 생성되어 흡광에 관계하는 기저 상태의 원자수가 감소하는 경우

📖 **참고** 대기오염공정시험기준/ES 01203 원자흡수분광광도법

06 대기시료 중 중금속 기기분석시 검정곡선 작성 절차에 대해 설명하고, 상대표준편차(RSD), 결정계수(R^2) 등 작성된 검정곡선을 검증하는 방법에 대하여 설명하시오.

답안

1. 검정곡선 작성 및 검증

① 정량범위 내에서 바탕시료를 포함하여 4개 이상의 농도에 대해 검정곡선을 작성하고 얻어진 검정곡선의 결정계수(R^2)가 0.98 이상 또는 감응계수의 상대표준편차(RSD)가 20 % 이내이어야 하며, 상관계수나 상대표준편차가 허용범위를 벗어나면 재작성하여야 한다.

② 시료분석 과정 중 검정곡선의 직선성을 검증하기 위하여 각 시료군마다 1회의 검정곡선 검증을 실시하는 것이 바람직하며, 검증은 방법검출한계의 (5 ~ 50) 배 또는 검정곡선의 중간 농도에 해당하는 표준용액에 대한 측정값이 검정곡선 작성 시의 값과 10 % 이내에서 일치하여야 하며, 만약 이 범위를 넘는 경우 검정곡선을 재작성하여야 하고, 이때 검정곡선 작성용 표준용액은 제조한 표준물질과는 다른 회사의 표준물질을 사용하여 조제하는 것이 바람직하다.

📖 **참고** 대기오염공정시험기준/ES 01400.1b 배출가스 중 금속화합물－원자흡수분광광도법

07 검량선 작성시 측정치의 오차를 상쇄할 수 있으며, 분석치의 재현성이 우수하고, 측정치의 정밀도를 높이는 검량법은 무엇이며, 이 방법을 이용하여 유도결합플라즈마 분광법으로 검량선을 작성하는 방법을 설명하시오.

답안

1. 상대검정곡선법

① 검량선 작성시 상대검정곡선법을 이용하면 측정치의 오차를 상쇄할 수 있으며, 분석치의 재현성이 우수하고, 측정치의 정밀도를 높일 수 있다.

2. 상대검정곡선법을 이용한 검량선 작성방법

① 금속 표준용액을 부피플라스크에 단계적으로 취하고 이트륨 용액 일정량(50 μg/mL) 10 mL를 각각 가한다.

② 유도결합플라즈마 분광법에 따라 플라즈마 토치 중에 분무하여 금속성분의 특정 파장과 이트륨 파장의 발광세기를 측정한 후, 각 성분들과 이트륨과의 발광세기 비를 구하여 검정곡선을 작성한다.

📖 **참고** 대기오염공정시험기준/ES 01400.2b 배출가스 중 금속화합물－유도결합플라즈마 분광법

08 현장이중시료, 분할시료, 반복시료에 대해 설명하시오.

답안

1. 현장이중시료

① 시료 분석에 있어서 반복성을 평가할 수 있는 시료로서 같은 지역에서 같은 시간대에 수집한 시료 또는 같은 시간에 준비되고 분석되는 같은 시료의 나눔을 의미하며, 각각의 독립적인 시료채취 동안 최소한 한 개의 시료 혹은 시료의 10 %는 이중시료 분석을 위해 수집해야 한다.

2. 분할시료

① 하나의 시료가 각각의 다른 분석자 또는 분석실로 공급되기 위해 둘 또는 그 이상의 시료용기에 나눠어진 것을 의미하며 분석자간 또는 실험실간의 분석 정밀도를 평가하거나 시험방법의 재현성을 평가하기 위해 사용되며 여러 개의 시료로 나눠기 전에 충분히 혼합되어야 한다.

3. 반복시료

① 둘 또는 그 이상의 시료를 같은 지점에서 동일한 시각에 동일한 방법으로 채취된 것을 말하며, 동일한 방법으로 독립적으로 분석되고, 반복시료를 분석한 결과로 시료의 대표성을 평가한다. 시료가 2개만 채취되었을 경우 이중시료라고 하며, 이중 시료는 동일한 환경조건에서 대표성을 갖는다. 현장에서의 자연적인 차이와 현장 시료채취 방법상의 차이를 찾는데 사용할 수 있다.

📖 **참고** 환경시험검사 QAQC 핸드북/정도관리 일반

09 검출한계(LOD)와 정량한계(LOQ)의 의미를 설명하시오.

답안

1. 검출한계(LOD, limit of detection)

① 검출한계란 검출 가능한 최소량을 의미하며, 정량 가능할 필요는 없다. 검출한계는 일반적으로 분석기기에 직접 시료를 주입하여 분석하는 경우에는 기기검출한계(IDL, instrument detection limit), 전처리 또는 분석과정이 포함된 경우에는 방법검출한계(MDL, method detection limit)로 구분하기도 한다.

② 검출한계 구하는 방법 : 시각적 평가에 근거하는 방법, 신호(signal) 대 잡음(noise)에 근거하는 방법, 반응의 표준편차와 검정곡선의 기울기에 근거하는 방법 등이 있다.

2. 정량한계(LOQ, limit of quantification)

① 정량한계는 검정농도(calibration points)와 질량분광(mass spectra)을 완전히 확인할 수 있는 최소수준을 말하며, 일반적으로 방법검출한계와 동일한 수행절차에 의해 수립되며 방법검출한계와 같은 농도 시료 7개 ~ 10개를 반복 측정하여 표준편차의 10배에 해당하는 값을 정량한계로 정의한다.

② 비슷한 의미로 최소정량한계 (MQL, minimum quantification limit), 최소수준 (minimum level), 최소정량수준(MLQ, minimum level of quantification) 등이 있다.

참고 환경시험 검사 QAQC 핸드북/정도관리 일반

10 방법검출한계, 기기검출한계에 대해 설명하시오.

답안

1. 방법검출한계

① 시험방법 전반에 대해 검출한계를 의미하는 것으로 어떠한 매질 종류에 측정항목이 포함된 시료를 시험방법에 의해 시험·검사한 결과가 99 % 신뢰수준에서 0보다 분명히 큰 최소 농도로 정의할 수 있으며, 계산은 분석장비, 분석자, 시험방법에 따라 달라질 수 있다.

2. 기기검출한계

① 분석기기에 대한 검출한계를 의미하는 것으로 분석장비의 검출한계는 일반적으로 S/N(signal / noise) 비의 2배 ~ 5배 농도, 또는 바탕시료에 대한 반복시험·검사결과 표준편차의 3배에 해당하는 농도, 분석장비 제조사에서 제시한 기기검출한계값을 사용할 수 있다.

참고 환경시험 검사 QAQC 핸드북/정도관리 일반

11 시료분석의 내부정도관리에서 실험실의 정밀도와 정확도를 정의하고, 산출하는 방법을 설명하시오.

※ 유사문제: 정확도(accuracy)의 정의와 정확도를 표현하는 방법에 대하여 자세히 설명하시오.

※ 유사문제: 정밀도에 대하여 설명하고 정밀도를 구하는 공식에 대해 설명하시오.

답안

1. 정밀도(Precision)

① 정밀도는 시험방법의 재현성을 측정하는 것으로 동일 조건하에서 동일한 시험·검사과정을 반복하여 얻은 결과의 상호 일치도, 즉 재현성을 의미하며, 이중/반복시료 분석에 따라 확인한다.

② 정밀도는 일반적으로 상대표준편차(RSD, relative standard deviation)나 변동계수(CV, coefficient of variation)로 표현할 수 있다.

$$\text{상대표준편차}(RSD) = \frac{\text{표준편차}(s)}{\text{표본의 평균}(\bar{x})}, \quad \text{변동계수}[CV(\text{or } \% \, RSD)] = \frac{\text{표준편차}(s)}{\text{표본의 평균}(\bar{x})} \times 100\,\%$$

2. 정확도(Accuracy)

① 시험·검사결과가 얼마나 참값에 근접하는가를 나타내는 척도로서 임의오차(random error)와 계통오차

실기 03 구술기출시험문제

(systemic error) 요소들을 포함한다.

② 시험·검사결과 값이 참값 또는 기지의 첨가농도와 차이가 나지 않을 때 이 시험·검사는 정확하다고 할 수 있다.

③ 정확도는 정제수 또는 시료 매질로부터 %회수율(%R)을 측정하여 평가한다.

$$\%R = \frac{\text{측정값}}{\text{참값}} \times 100\ \% = \frac{\text{첨가값} - \text{비첨가값}}{\text{첨가값}} \times 100\ \%$$

📖 **참고** 환경시험검사 QAQC 핸드북/정도관리 일반

12 매질이 동일하지 않은 시료에서 정확도를 산출하는 방법에 대해 설명하시오.

답안

1. 매질이 동일하지 않은 시료에서 정확도를 산출하는 방법

① 일반적으로 매질이 동일하지 않은 시료의 경우 하나의 매질에서 분석대상 성분의 감응 또는 표준물질의 첨가량을 참값으로 간주하여 정확도를 평가한다.

📖 **참고** 환경시험검사 QAQC 핸드북/정도관리 일반

13 회수율 검토를 위한 실험과정과 평가방법을 설명하시오.

답안

1. 회수율 검토를 위한 실험과정과 평가방법

① 시험·검사결과가 얼마나 참값에 근접하는가를 나타내는 척도로서 임의오차(random error)와 계통오차(systemic error) 요소들을 포함하며, 시험·검사결과 값이 참값 또는 기지의 첨가농도와 차이가 나지 않을 때 이 시험·검사는 정확하다고 할 수 있다.

② 회수율(정확도) 평가는 시험방법이 규정하는 검정 범위 전역에 걸쳐 검증하며 검정 범위 중 최소한 3개 농도에 대해 시험방법 전체 과정을 거쳐 최소 9회 반복하여 측정한 결과를 평가한다.

③ 회수율은 정제수 또는 시료 매질로부터 %회수율(%R)을 평균값으로 보고 참값과 비교하여 나타내며, 참값과 비교하는 경우에는 평균값과 참값으로 인증된 값과의 차이를 신뢰구간과 함께 기재한다.

$$\%R = \frac{\text{측정값}}{\text{참값}} \times 100\ \% = \frac{\text{첨가값} - \text{비첨가값}}{\text{첨가값}} \times 100\ \%$$

📖 **참고** 환경시험검사 QAQC 핸드북/정도관리 일반

14 금속 정량분석을 위해 표준물질을 사용하여 검정곡선을 작성한 후 시료를 분석하였으나 흡광도 값이 검정곡선 상 최고 흡광도를 초과한 경우 대처방안을 설명하시오.

답안

1. 흡광도 값이 검정곡선 상 최고 흡광도를 초과한 경우 대처방안

① 내삽이 필요하므로 미지시료의 흡광도를 포함하도록 검정곡선을 다시 작성해야 하며, Lambert－Beer 법칙이 벗어나는 고농도 시료일 경우 미지시료를 희석하여 재분석을 실시한다.

📖 **참고** 대기오염공정시험기준, 환경시험검사 QAQC 핸드북

15 숙련도 시험 방법 및 현장평가시 평가요소에 대해 설명하시오.

답안

1. 숙련도 시험

① 숙련도시험은 제시된 기준에 따라 평가하며 기준값의 선정 등에 관한 사항은 필요한 경우 기술위원회의 의견을 반영하여 정할 수 있다.

② 숙련도시험은 Z값(Z-score), 오차율 등을 사용하여 평가항목을 평가하고 이를 종합하여 기관을 평가하지만 단, 표준시료 개발 등을 위하여 예비로 실시한 항목은 기관평가에 활용하지 않는다.

2. 현장평가시 평가요소

① 시험·검사기관의 기술인력·시설·장비 및 운영 등에 관한 실태와 이와 관련된 자료를 검증·평가한다.

② 다음의 정도관리 점검표에 따른 평가를 실시한다.

대분류	소분류	
운영 및 기술점검표	경영요건	운영에 관한 사항
	기술요건	인력에 관한 사항
		시설에 관한 사항
		장비 및 시험방법 등에 관한 사항
시험분야별 분석능력 점검표	분야	시료채취
		전처리
		(기기)분석
		시험결과의 계산
		기타

📖 **참고** 환경시험·검사기관 정도관리 운영 등에 관한 규정

16 관리차트에 대해 자세하게 설명하시오.

답안

1. 관리차트

① 동일한 시험방법 수행에 의해 측정방법을 반복하여 측정 분석한 결과를 시간에 따라 표현한 것으로 통계적으로 계산된 평균선과 한계선도 함께 나타낸다.

② 관리차트에는 상한관리기준(UCL, upper control limit)과 하향관리기준(LCL, lower control limit) 또는 상한경고기준(UWL, upper warning limit)과 하향경고기준(LWL, lower warning limit)을 같이 나타낼 수 있다.

㉠ 상한 및 하한 관리기준 = 평균(m) ± 3×표준편차(s)

㉡ 상한 및 하한 경고기준 = 평균(m) ± 2×표준편차(s)

📖 **참고** 환경시험검사 QAQC 핸드북/정도관리 일반

17 바탕시료(blank sample)에 대하여 설명하고, 허용할 수 없는 바탕시료 값의 원인에 대해 설명하시오.

답안

1. 바탕시료(blank sample)

① 실험과정의 바탕값 보정과 실험과정 중 발생할 수 있는 오염을 파악하기 위해 바탕시료가 사용되며 그 용도에 따라서 다양한 바탕시료를 필요로 한다.

② 바탕시료에는 현장바탕시료, 세척바탕시료, 운반바탕시료, 방법바탕시료, 기구바탕시료, 전처리 바탕시료, 매질바탕시료, 시약바탕시료, 검정곡선바탕시료 등이 있다.

2. 허용할 수 없는 바탕시료 값의 원인과 수정

① 오염된 시약 : 시약바탕시료의 오염은 시험에 사용하는 시약의 화학적 접촉에 의해 발생될 수 있으며, 그 원인을 파악하기 위해 화학물질과 시약의 유효날짜, 시약 조제날짜와 조제된 시약의 유효날짜를 확인한다. 더 많은 문제가 발생하는 것을 막기 위해 오래된 시약은 폐기하며, 용매, 희석물질 또는 다른 실험실에서 사용하는 정제수는 바탕시료 오염의 가장 큰 원인이 되고, 이 문제는 증류수의 점검을 통해 해결한다.

② 오염된 유리제품 또는 시료 용기 : 오염된 기구 및 유리 제품의 오염을 확인하기 위해 세척 과정을 점검한다.

③ 환경 조건으로부터의 오염 : 바탕시료는 분석 상황, 시료 수집, 깨끗하지 못한 시료의 취급으로 인해 오염될 수 있으며, 분석자의 의복에 의해서도 영향을 줄 수 있으므로 항상 청결한 환경 관리를 통해 이러한 오염을 막을 수 있다.

④ 오염된 정제수 : 시약 등급수(reagent grade water)는 분석방법에 방해가 되는 물질이 없어야 하며 분석용 정제수 수질에 대한 조건은 유기, 무기, 미생물 성분 분석에 따라 각각 다르고, 오염을 확인하기 위해 원인과 저장 조건을 확인한다.

📖 **참고** 환경시험검사 QAQC 핸드북/결과보고

18 분석결과를 참값에서 멀어지게 하는 오차(error)의 종류를 예를 들어 설명하시오.

답안

1. (측정의) 오차(error)

① 오차는 측정 결과에서 측정량의 참값을 뺀 값으로서 계통오차와 우연오차로 구별되며, 참값으로 구할 수 없으므로 오차를 정확하게 구별할 수 없다.

② 추정된 계통오차는 측정 결과의 보정을 통하여 제거되나 참값과 오차를 정확하게 알 수 없기 때문에 이에 대한 보상도 완전할 수 없다.

2. 오차의 종류

① 계통오차 : 재현 가능하며 어떤 수단에 의해 보정이 가능한 오차로서 이것에 따라 측정값은 편차가 생긴다. 계통오차에는 개인오차, 기기오차, 방법오차가 있다.

㉠ 개인오차 : 측정자 개인차에 따라 일어나는 오차로서 계통오차에 속한다.

㉡ 기기오차 : 측정기가 나타내는 값에서 나타내야 할 참값을 뺀 값으로 표준기의 수치에서 부여된 수치를 뺀 값으로서 계통오차에 속한다.

㉢ 방법오차 : 분석의 기초원리가 되는 반응과 시약의 비이상적인 화학적 또는 물리적 행동으로 발생하는 오차로 계통오차에 속한다.

② 우연오차 : 재현 불가능한 것으로 원인을 알 수 없어 보정할 수 없는 오차이며, 이것으로 인해 측정값은 분산이 생긴다.

③ 검정허용오차 : 계량기 등의 검정 시에 허용되는 공차로서 규정된 최대값과 최소값의 차이이다.

④ 분석오차 : 시험·검사에서 수반되는 오차이다.

📖 **참고** 대기오염공정시험기준/ES 01001 정도보증, 정도관리
환경시험 검사 QAQC 핸드북/결과보고

19 계통오차를 검출하는 방법은?

답안

1. 계통오차를 검출하는 방법

① 표준기준물질(Standard Reference Material, SRM)과 같은 조성을 아는 시료를 분석한다.
→ 그 분석 방법은 알고 있는 값을 재현할 수 있어야 한다.

② 분석 성분이 들어 있지 않은 바탕시료(blank)를 분석한다.
→ 측정결과가 "0"이 되지 않으면 분석 방법은 얻고자 하는 값보다 더 큰 값을 얻게 될 것이다.

③ 같은 양을 측정하기 위하여 여러 가지 다른 방법을 이용한다.
→ 각각의 방법에서 얻은 결과가 일치하지 않으면 한 가지 또는 그 이상의 방법에 오차가 발생한 것이다.

④ 같은 시료를 각기 다른 실험실이나 다른 실험자(같은 방법 또는 다른 방법의 이용)에 의해서 분석한다.
→ 예상한 우연오차 이외에 일치하지 않는 결과는 계통오차이다.

📖 **참고** 환경시험 검사 QAQC 핸드북/결과보고

3 유기물질 분야

1 측정분석의 전문성[시료채취]

01 굴뚝에서 VOC를 흡착관이나 테들러 백으로 채취할 때 온도는 어느 정도이고 온도조절은 어떻게 하는지 설명하시오.

답안

1. VOC 시료채취시 온도 조절방법

① 테들러 백을 이용한 시료채취 : 배출가스의 온도가 100 ℃ 미만으로 테들러 백 내에 수분응축의 우려가 없는 경우 응축기 및 응축수 트랩을 사용하지 않아도 무방하다.

② 흡착관을 이용한 시료채취 : 응축기 및 응축기 트랩은 유리재질이어야 하며, 응축기는 기체가 앞쪽 흡착관을 통과하기 전 기체를 20 ℃ 이하로 낮출 수 있는 용량이어야 하고 상단 연결부는 밀봉윤활유를 사용하지 않고도 누출이 없도록 연결해야 한다.

📖 **참고** 대기오염공정시험기준/ES 01113.a 배출가스 중 휘발성유기화합물 시료채취방법

02 VOC 시료채취시 테들러 백 유량, 보관 및 분석에 대해 설명하시오.

답안

1. 테들러 백 방법

① 시료채취 시 유량 : (1 ~ 10) L 규격의 시료채취주머니를 사용하여 (1 ~ 2) L/mim의 유량으로 시료를 흡입한다.

② 보관 및 분석 : 테들러 백은 빛이 들어가지 않도록 차단하고 시료채취 이후 24시간 이내에 분석한다.

📖 **참고** 대기오염공정시험기준/ES 01113.a 배출가스 중 휘발성유기화합물(VOCs) 시료채취방법

03 시료채취시 사용하는 건식채취법과 습식채취법에 대하여 각각 설명하시오.

답안

1. 건식채취법

① 진공병(진공유리병, 캐니스터 등), 공기주머니(테플론, 테들러 백 등)를 이용하여 시료를 직접 채취하는 용기채취법과 고체분말표면에 기체가 흡착되는 원리를 이용하는 고체흡착관 방법 및 여과지를 적당한 시약에 담갔다가 건조시키고 시료를 통과시켜 목적 기체성분을 채취하는 채취용 여과지에 의한 방법이 있다.

2. 습식채취법

① 흡수병을 이용하며 측정대상 기체와 선택적으로 흡수 또는 반응하는 원리를 이용하는 방법이다.

📖 **참고** 대기오염공정시험기준/ES 01115 환경대기 시료채취방법

04 VOCs 시료채취 시 흡착트랩을 선호하는 경향이 있는데 그 이유는 무엇인가?

답안

1. VOCs 시료채취 시 흡착트랩 선호 이유

① 별도의 채취용기가 필요하지 않으며, 사용하기 편리하다.
② 많은 양의 시료를 안정하게 채취할 수 있다.
③ 채취한 시료를 열탈착 장치를 이용하면 별도의 전처리 과정없이 분석 가능하다.
④ 목적 성분을 효율적으로 분석할 수 있게 흡착제를 선택할 수 있다.
⑤ 채취한 시료를 오염되거나 변하지 않도록 안전하게 보관할 수 있다.

📖 **참고** 대기오염공정시험기준/ES 01115 환경대기 시료채취방법

05 기체크로마토그래피에서 분리능을 향상시키기 위한 방법에 대해 5가지 이상 설명하시오.

답안

1. 기체크로마토그래피에서 분리능에 영향을 주는 인자는 크게 컬럼, 주입농도, 이동상, 온도로 구분할 수 있다.

① 컬럼의 경우 길이, 내경, 컬럼내에 도포된 고정상의 종류와 두께에 영향을 받는데 컬럼의 길이가 길수록, 고정상이 분석물질과의 친화력이 높을수록, 내경이 작을수록, 고정상의 두께가 두꺼울수록 분리능이 좋아진다.
② 주입농도 및 주입량과 관련하여 컬럼의 내경에 대해 적절한 경우 분리능이 좋아진다.
③ 이동상은 사용하는 가스의 종류와 유속에 영향을 받으므로 분석물질에 따라 분리능이 좋은 이동상을 사용한다.
④ 온도는 낮은 온도에서 시작하여 천천히 올리거나 낮은 온도에서 등온으로 할 때 분리능이 좋아진다.

📖 **참고** 대기오염공정시험기준/ES 01201 기체크로마토그래피

06 환경대기 중 VOCs와 같은 저농도 오염물질을 캐니스터(Canister)를 이용하여 포집할 때 장단점을 열거하시오.

답안

1. 캐니스터 이용시 장점

① 대기압이하의 시료채취 : 질량유량조절기(MFC)나 오리피스를 통해 10초 ~ 30초 동안 순간적인 시료채취(grab sampling)도 할 수 있으며, 12시간 ~ 24시간에 걸친 시료 채취도 가능하다.
② 정압에 의한 시료채취 : 공기를 2기압 ~ 3기압까지 채울 수 있는 가압 펌프가 달린 시료채취장치를 이용하여 장기적으로 시료를 채취할 때 또는 더 많은 양의 시료들이 요구될 때 사용할 수 있다.

2. 캐니스터 이용시 단점

① 캐니스터가 사용되기 전에 완전히 세척되지 않으면 시료채취장치 안에서 오염이 일어날 수 있다.
② 캐니스터의 세척과정이 어렵고 세척을 위한 별도의 장치가 필요하다.

📖 **참고** 대기오염공정시험기준/ES 01804.1 환경대기 중 유해 휘발성 유기화합물(VOCs)시험방법－캐니스터법

07 캐니스터에 포집된 시료의 저온농축방법, 수분간섭, 수분제거방법에 대해 설명하시오.

답안

1. 캐니스터에 포집된 시료의 저온농축방법

① 캐니스터에 포집된 시료는 (10 ~ 500) mL/min의 유속으로 저온농축트랩으로 흡입할 수 있어야 하며 6 L 용량의 캐니스터에 포집된 시료를 2 L까지 흡입할 수 있어야 한다.

② 저온농축관에 유리비드를 장착한 경우 시료의 저온농축을 위하여 냉매를 사용하여 −180 ℃ 이하의 온도로 유지할 수 있어야 하며, 고체흡착제를 사용할 경우 −10 ℃ 이하의 온도를 유지할 수 있어야 한다.

2. 수분에 의한 간섭

① 대기 중 시료는 항상 수분을 포함하고 있어 상대 습도가 높은 경우에는 시료의 농축과정 전에 수분을 제거하여 수분으로 인한 농축과정의 영향을 최소화 하여야 한다.

3. 수분 제거 방법

① 수분은 Nafion dryer와 같은 수분 제거 장치를 사용하여 제거할 수 있으며, 수분의 제거는 채취하는 시료의 양과 수분 함량에 따라 결정될 수 있다.

② 시료 중 상대습도가 보통((50 ~ 60) %)이고 시료의 양이 (100 ~ 200) mL일 경우에는 수분제거 없이 시료의 농축이 가능하나, 상대습도가 70 % 이상이 경우에는 수분을 제거하여야 한다.

③ 상대습도가 보통일 경우에도 농축 시료의 양이 많을 경우에는 수분제거를 고려하여야 한다.

참고 대기오염공정시험기준/ES 01804.1 환경대기 중 유해 휘발성 유기화합물(VOCs) 시험방법 − 캐니스터법

08 캐니스터를 세척하는 방법에 대해 설명하시오.

답안

1. 캐니스터 세척 방법

① 고순도의 질소기체 또는 순수공기를 용기에 주입하고 배기하는 과정을 6회 이상 반복하며 세정에 사용하는 고순도 기체가 탄화수소를 포함하고 있어서는 안된다.

② 세척과정을 반복할 때에는 VOCs가 없는 증류수를 첨가하여 캐니스터 내부의 극성 불순물이 세척될 수 있도록 하며, 불순물 또한 배기과정에서 진공펌프의 오일증기로 인해 오염이 발생할 수 있으므로 이를 방지하여야 한다.

③ 고농도의 휘발성유기화합물이 용기에 주입되어 고순도의 질소나 순수공기의 주입과 배기만으로 세정이 불가능한 경우에는 용기를 캐니스터 전용 세척장치에 넣고 가열하여 세정하는 방법을 사용하여야 하며, 세정완료 된 캐니스터는 분석시스템에 연결하여 제대로 세정되었는지 바탕시험을 통하여 확인하여야 한다.

참고 대기오염공정시험기준/ES 01804.1 환경대기 중 유해 휘발성 유기화합물(VOCs)시험방법 − 캐니스터법

09 테들러 백과 캐니스터 방식의 원리와 사용 시 세척, 채취, 보관과 분석에 대해 구체적으로 설명하시오.

답안

1. 테들러 백 방법

① 원리 및 시료채취 : 진공흡입상자를 사용하여 시료를 채취하며, 진공흡입상장 내부의 공기를 진공펌프로 빨아들여 진공상태로 만든 뒤 외부의 시료를 테들러 백 내부로 서서히 유입시키는 방법이다.
② 세척 : 테들러 백에 고순도 질소를 주입 후 배출하는 방식으로 3회 정도 반복 세척한다.
③ 보관 : 시료채취 동안이나 채취 후 보관 시 반드시 직사광선을 받지 않도록 하여 시료성분이 시료채취 주머니 안에서 흡착, 투과 또는 서로간의 반응에 의하여 손실 또는 변질되지 않도록 한다.
④ 분석 : 자동연속주입시스템으로 전량을 주입하거나 기체용 주사기 또는 시료주입루프를 통해 일정량을 기체크로마토그래프에 주입하여 분리한 후 불꽃이온화검출기(FID), 광이온화검출기(PID), 전자포획검출기(ECD), 또는 질량분석기(MS)를 이용하여 분석한다.

2. 캐니스터 방법

① 원리 및 시료채취 : 시료채취펌프를 사용하여 대기 시료를 캐니스터 안에 양압이 걸리도록 대기 시료를 채취하는 방법(정압시료채취)과 펌프의 도움없이 미리 진공상태로 만들어 둔 캐니스터 안으로 시료를 채취하는 방법(대기압이하의 시료채취)으로 캐니스터 내부압력이 대기압 또는 대기압 부근으로 상승될 때까지 채운다.
② 세척 : 고순도의 질소기체 또는 순수공기를 용기에 주입하고 배기하는 과정을 6회 이상 반복하며 세정에 사용하는 고순도 기체가 탄화수소를 포함하고 있어서는 안된다.
③ 보관 : 일정 기압하 또는 대기압 이하에서 캐니스터에 안정하게 보관할 수 있는 VOC 화합물에 대해서만 적용가능하며, 다수의 염소화 VOC 화합물은 캐니스터에서 안정하므로 적용 가능하다.
④ 분석 : 캐니스터로부터 시료를 흡입하여 저온 농축트랩에 농축하는데 저온농축트랩의 충전물질이 고체흡착제인 경우 −10 ℃ 이하, 유리비드일 경우 냉매를 사용하여 −180 ℃ 이하의 조건에서 저온농축한다. 농축된 시료는 고체흡착제인 경우 (250 ~ 500) ℃, 유리비드인 경우 (50 ~ 70) ℃, 운반기체 (3 ~ 100) mL/min의 유량으로 1분 ~ 15분 내에 열탈착 시킨 후 기체크로마토그래프로 분석한다.

참고 대기오염공정시험기준/ES 01113.a 배출가스 중 휘발성유기화합물(VOCs) 시료채취방법
대기오염공정시험기준/ES 01804.1 환경대기 중 유해 휘발성 유기화합물(VOCs) 시험방법 − 캐니스터법

10 캐니스터와 고체흡착관을 사용한 VOC 시료채취시 수분 간섭을 최소화하는 방법에 대해 설명하시오.

답안

1. 캐니스터를 이용한 시료채취시 수분 간섭 최소화 방법 : 7)번 문제 답안 3. 참고

2. 고체흡착관을 이용한 시료채취시 수분 간섭 최소화 방법

① 상대습도가 높은(70 % 이상) 곳에서 시료채취를 할 경우에는 Tenax, Carbotrap과 같은 소수성 흡착제를 사용하여야 한다.

참고 대기오염공정시험기준/ES 01804.1 환경대기 중 유해 휘발성 유기화합물(VOCs) 시험방법 − 캐니스터법
대기오염공정시험기준/ES 01804.2 환경대기 중 유해 휘발성 유기화합물(VOCs) 시험방법 − 고체흡착법

11 휘발성 유기화합물의 특성과 이를 고려한 시료채취시 흡착관법과 용기채취법의 장단점에 대해 설명하시오.

※ 유사문제: 휘발성유기화합물을 분석하기 위한 시료 채취방법에는 어떤 것이 있는지 언급하고 각 방법에 대해 설명하시오.

※ 유사문제: 휘발성유기화합물 시료를 채취하는 방법과 주의사항에 대하여 설명하시오.

답안

1. 용기채취법 장점

① 대기압이하의 시료채취 : 질량유량조절기(MFC)나 오리피스를 통해 10초 ~ 30초 동안 순간적인 시료채취(grab sampling)도 할 수 있으며, 12시간 ~ 24시간에 걸친 시료 채취도 가능하다.

② 정압에 의한 시료채취 : 시료공기를 2기압 ~ 3기압까지 채울 수 있는 가압 펌프가 달린 시료채취장치를 이용하여 장기적으로 시료를 채취할 때 또는 더 많은 양의 시료들이 필요할 때 사용할 수 있다.

2. 용기채취법 단점

① 캐니스터를 사용하기 전에 완전히 세척되지 않으면 시료채취장치 안에서 오염이 일어날 수 있다.

② 캐니스터의 세척과정이 어렵고 세척을 위한 별도의 장치가 필요하다.

3. 흡착관법 장점

① 별도의 채취용기가 필요하지 않으며, 사용하기 편리하다.

② 많은 양의 시료를 안정적으로 채취할 수 있다.

③ 채취한 시료를 열탈착 장치를 이용하면 별도의 전처리 과정없이 분석 가능하다.

④ 목적 성분을 효율적으로 분석할 수 있게 흡착제를 선택할 수 있다.

⑤ 채취한 시료를 오염되거나 변하지 않도록 안전하게 보관할 수 있다.

4. 흡착관법 단점

① 고농도 VOCs 함유 시료인 경우 짧은 시간 시료채취에도 파과가 일어날 수 있다.

② 흡착제의 종류에 따라 다소 차이가 있으나 100회 ~ 200회 사용 후 흡착제를 재충전하여야 하며, 그렇지 않을 경우 안전 시료채취 부피를 초과할 수 있다.

③ 흡착제가 수분을 함유할 수 있으므로 상대습도가 높을 경우(90 % 이상), 시료의 안전부피가 10배 만큼 줄어든다.

📖 **참고** 대기오염공정시험기준/ES 01804.1 환경대기 중 유해 휘발성 유기화합물(VOCs)시험방법 – 캐니스터법
대기오염공정시험기준/ES 01804.2 환경대기 중 유해 휘발성 유기화합물(VOCs)시험방법 – 고체흡착법

12 고체흡착관을 이용한 휘발성유기화합물 채취시 흡착제의 조건 3가지, 컨디셔닝 방법에 대해 설명하시오.

답안

1. 흡착제의 조건

① 흡착제의 크기는 20 메쉬 ~ 80 메쉬 크기이어야 한다.

② 분석대상인 물질에 따라 선택한 다른 종류의 흡착제들이 기본적인 안전부피를 가질 수 있도록 흡착제가 소수성이며 돌연변이물질의 생성가능성이 가장 작은 것이어야 한다.

③ 일반적으로 단일 흡착제 및 2종 이상의 흡착제를 조합하여 사용할 수 있다.

2. 흡착제의 컨디셔닝(conditioning)

① 흡착관을 사용하기 전에 열탈착기를 이용하여 고온(흡착제별로 사용 최고 온도보다 20 ℃ 아래에서)에서 순도 99.99 % 이상의 헬륨기체 또는 질소기체 (50 ~ 100) mL/min으로 적어도 2시간 동안 안정시켜서 사용하는 것을 컨디셔닝이라고 하며 시료채취 이전에 흡착관의 안정화여부를 사전 분석을 통해 확인하여야 한다.

📖 **참고** 대기오염공정시험기준/ES 01804.2 환경대기 중 유해 휘발성 유기화합물(VOCs)시험방법－고체흡착법

13 휘발성유기화합물질 시료채취시 흡착관에 사용되는 흡착제의 종류를 1가지 이상 설명하시오.

※ 유사문제 : 휘발성유기화합물을 포집하기 위해 사용하는 흡착제의 종류 5가지에 대해 설명하시오.

답안

1. 흡착제의 종류

① 35 mm Carbopack B + (10 mm Carboxen 1000 또는 Carbosieve SⅢ) : C_3 ~ C_{12}의 물질을 채취하는데 적당하며 상대습도 65 % 미만 온도 30 ℃ 미만일 경우에 총 시료채취량을 2 L로 하고 온도와 습도가 증가할 경우(상대습도 65 % 초과, 대기온도 30 % 초과) 시료채취량을 0.5 L로 줄인다. 시료채취량은 경우에 따라서 C_4 전후하여 5 L 이상으로 증가시킬 수 있다 [단, 아이소프렌(isoprene)의 경우에 Carbosieve SⅢ를 사용하지 않는다.]

② 32 mm Tenax TA + 20 mm Carbotrap : 보통 C_5 ~ C_{20}의 물질을 채취하는데 적당하며 상대습도의 제한이 없고 대기온도 30 ℃ 미만일 때 적합하다.

③ 30 mm Tenax GR + 20 mm Carbopack B : 보통 C_6 ~ C_{20}의 물질을 채취하는데 적당하며 총 시료채취량을 2 L로 한다. 상대습도의 제한이 없고 대기온도 30 ℃ 미만일 때 적합하다.

④ 13 mm Carbopack + 25 mm Carbopack B + (13 mm Carboxen 1000 또는 Carbosieve SⅢ) : C_3 ~ C_{16}의 물질을 채취하는데 적당하며 상대습도 65 % 미만, 온도 30 ℃ 미만일 경우 총 시료채취량을 2 L로 하고 온도와 습도가 증가할 경우(상대습도 65 % 초과, 대기온도 30 ℃ 초과) 시료채취량을 0.5 L로 줄인다. 경우에 따라서는 C_4를 전후하여 시료채취량을 5 L 이상으로 증가시킬 수 있다[단, 아이소프렌(isoprene)의 경우에 Carbosieve SⅢ를 사용하지 않는다.]

📖 **참고** 대기오염공정시험기준/ES 01804.2 환경대기 중 유해 휘발성 유기화합물(VOCs) 시험방법－고체흡착법

14 VOC 측정시 흡착관을 사용하는 경우 2가지 이상의 흡착제를 조합하여 사용하는 이유에 대해 설명하시오.

답안

1. 2가지 이상의 흡착제를 조합하여 사용하는 이유

① 시료채취시 탄소수의 개수, 대기중 상대습도 및 온도의 범위, 시료채취량 등에 따라 선택적으로 사용할 수 있으므로 2가지 이상 조합하여 사용할 수 있다.

② 조합하는 흡착제의 종류는 위 문제를 참고한다.

📖 **참고** 대기오염공정시험기준/ES 01804.2 환경대기 중 유해 휘발성 유기화합물(VOCs) 시험방법－고체흡착법

15 환경대기 중 휘발성 유기화합물의 측정에 있어서 흡착관에 관한 다음 용어에 대해 간략히 설명하시오. 돌파부피, 안전부피, 머무름 부피

※ 유사문제: 대기오염공정시험기준에 기술된 용어 중 돌파부피, 안전부피, 머무름 부피가 무엇인지 설명하시오.

※ 유사문제: 휘발성유기화합물질을 채취하는데 사용되는 고체흡착관의 돌파부피(breakthrough volume)와 안전부피(safe sample volume)에 대해 설명하시오.

답안

1. 돌파부피[파과부피(BV, breakthrough volume)]

① 일정농도의 VOC가 흡착관에 흡착되는 초기 시점부터 일정시간이 흐르게 되면 흡착관 내부에 상당량의 VOC가 포화되기 시작하고 전체 VOC 양의 5 %가 흡착관을 통과하게 되는 시점에서 흡착관 내부로 흘러간 총 부피를 돌파부피 또는 파과부피라 한다.

2. 안전부피(SSV, safe sampling volume)

① 직접적인 방법으로 파과부피의 2/3 배를 취하거나 간접적인 방법으로 머무름 부피의 1/2 정도를 취하는 것을 안전부피라 한다.

3. 머무름 부피(RV, retention volume)

① 짧은 길이로 흡착제가 충전된 흡착관을 통과하면서 분석물질의 증기띠를 이동시키는데 필요한 운반기체의 부피 즉, 분석물질의 증기띠가 흡착관을 통과하면서 탈착되는데 요구되는 양만큼의 부피를 측정하여 알 수 있다. 보통 그 증기띠가 흡착관을 이동하여 돌파(파과)가 나타난 시점에서 측정되며 튜브 내의 불감부피(dead volume)를 고려하기 위하여 메탄(methane)의 머무름부피를 차감한다.

참고 대기오염공정시험기준/ES 01804.2 환경대기 중 유해 휘발성 유기화합물 시험방법－고체흡착법

16 환경대기 중 고체 흡착 열탈착법에 의하여 VOCs 농도를 정량하는 과정에서 Calibration 과정을 설명하시오.

답안

1. 검정곡선의 작성

① 저농도(예 : 100 nmol/mol) 표준기체 각 (10, 20, 40, 80, 150) mL를 흡착관에 채취한다.
② 열탈착 장치를 이용하여 열탈착한 후 다시 저온농축트랩에서 채취(농축)한 다음 2단 열탈착하여 고분리능 컬럼이 장착된 기체크로마토그래피를 이용하여 분석물질을 분리한 후 MS나 일반 기체 크로마토그래피의 검출기(FID, ECD 등)로 표준기체를 분석하고 각 화합물의 면적을 구한다.
③ 각 측정대상물질에 따라 흡착관에 채취된 양을 질량으로 환산한 후 검정곡선을 작성한다.

참고 대기오염공정시험기준/ES 01804.2 환경대기 중 유해 휘발성 유기화합물 시험방법－고체흡착법

17 기상과 액상 표준물질이 주어진 경우 각각 분석하는 방법에 대하여 설명하시오.

답안

1. 기상표준물질이 주어진 경우 분석방법

① 보다 정확한 정량을 위해서는 실제 시료와 비슷한 농도 수준인 저농도의 휘발성유기화합물 표준기체를 흡착관에 흡착시켜 각 성분의 흡착효율과 파과부피를 확인한 후 검정용 흡착관을 만들어 사용한다.
② 표준시료를 희석할 때는 오염되지 않는 캐니스터 또는 테들러 백이 주로 사용되는데, 이때 캐니스터와 테들러 백의 배경농도를 반드시 확인하여야 한다. 단 분자량이 상대적으로 큰 방향족 할로겐 화합물을 취급할 때에는 실온에서 이들 화합물들이 테들러 백에 달라붙는 현상이 있으므로 이러한 경우에는 테들러 백을 사용하지 않고 동적인 방법을 사용하도록 한다.

2. 액상표준물질이 주어진 경우 분석방법

① 액상표준원액(휘발성유기화합물을 메탄올이나 에틸 아세테이트와 같은 용매에 녹인 표준원액)을 시료채취시 채취된 질량범위와 동일하게 흡착관에 흡착하여 검정용 흡착관을 만든 후 열탈착기에 넣고 실온에서 퍼지하여 용매성분을 날려 보내며 이때 퍼지 기체의 유량을 50 mL/min ~ 100 mL/min 정도로 맞춘다.

② C_{12}보다 분자량이 큰 물질을 위해서 가열관에 약간의 열(50 ℃)을 가하여 휘발이 잘 되도록 한다.

③ 이러한 액상방법은 휘발성이 큰 물질(C_5 이하)일수록 정확한 직선성과 재현성이 떨어지는 단점이 있다.

📖 **참고** 대기오염공정시험기준/ES 01804.2 환경대기 중 유해 휘발성 유기화합물 시험방법 – 고체흡착법

18 유기 분진을 샘플링하기 위해서는 일반적으로 high volume sampler를 이용한다. 이 때, 유기분진은 positive artifact 또는 negative artifact가 일어나기 쉽다. positive artifact와 negative artifact가 무엇인지 설명하고, 최소화시키는 방법에 대해 각각 설명하시오.

답안

1. 과대오차(Positive artifact) 및 과소오차(negative artifact)에 대한 설명

① 시료채취 여과지 위에 기체상 유기화합물이 흡착되는 것을 positive artifact라 하며 반 휘발성 유기화합물질이 손실되는 것을 negative artifact라 한다.

2. artifact 최소화 방법

① Positive artifact를 최소화하기 위해서는 과대평가된 부분을 보정해 주어야 하며, 반휘발성 유기화합물질에 의한 positive artifact가 생성되지 않도록 denuder를 설치하여야 한다.

19 환경대기 중 벤조(a)피렌을 GC로 분석하고자 할 경우 시료채취 및 운반과정과 주의사항을 설명하시오.

답안

1. 시료채취 및 운반과정과 주의사항

① 표준 샘플러를 이용하여 각각의 시료채취용 샘플러를 교정한다.

② 2 L/min 유속으로 시료채취량이 (200 ~ 1,000) L 되도록 시료채취 펌프를 작동한다.

③ 시료채취 후 즉시 20 mL 바이알에 핀셋으로 조심스럽게 여과지를 옮겨 넣고 침전물이 흐트러지지 않도록 끝부분에 필터를 고정시키며, 바이알의 뚜껑을 막은 다음 알루미늄호일로 여과지를 싼다.
* 이 단계에서 주의할 점은 빛에 의한 분해 및 승화로 인한 분석상의 손실을 피할 필요가 있다.

④ 흡착튜브에 뚜껑을 하고 알루미늄호일로 싼다.

⑤ 격리된 운반 용기에 넣고 실험실로 옮긴다.

📖 **참고** 대기오염공정시험기준/ES 01801.1 환경대기 중 벤조(a)피렌 시험방법 – 가스크로마토그래피법

20 굴뚝에서 다이옥신 등 유기물질 채취시 굴뚝 가스 채취 장비의 누출을 확인하는 방법을 설명하시오.

답안

1. 굴뚝 가스 채취 장비의 누출 확인 방법

① 누출시험은 흡입노즐의 입구를 막고 흡입펌프를 작동시켜 가스미터의 지침이 정지하고 있으면 누출이 없는 것으로 간주한다.

② 시료채취기 제조사의 설명에 따라 시료채취기 도입부를 제거 후 표준 유속계를 시료채취기 입력 단에 연결하고 시료채취기의 유속을 정확하게 측정하여 표준 유속계와 시료채취기 연결부위에 누출이 없는지 확인한다.

📖 **참고** 잔류성유기오염물질공정시험기준/ES 10101.a 배출가스의 시료채취 및 보존방법

2 실기시험의 이해도[시료분석]

01 기체크로마토그래피에 사용되는 검출기 종류별 원리 및 특징에 대하여 설명하시오. (1가지 이상)

※ 유사문제: 기체크로마토그래피에 사용하는 검출기에 대해 아는 대로 말하고 각각의 원리와 특징에 대해 설명하시오.

※ GC−ECD와 GC−FID의 검출원리에 대해 설명하시오.

※ GC−ECD 검출기의 검출원리에 대해 설명하시오.

답안

1. 열전도도검출기(TCD, thermal conductivity detector)

① 금속 필라멘트(filament)와 본체에 안정된 직류전기를 공급하는 전원회로, 전류조절부, 신호검출 전기회로, 신호 감쇄부 등으로 구성된다. 네 개로 구성된 필라멘트에 전류를 흘려주면 필라멘트가 가열되는데, 이 중 2개의 필라멘트는 운반 기체인 헬륨에 노출되고 나머지 두 개의 필라멘트는 운반기체에 의해 이동하는 시료에 노출되어 이 둘 사이의 열전도도 차이를 측정함으로써 시료를 분석한다.

2. 불꽃이온화검출기(FID, flame ionization detector)

① 수소 연소 노즐(nozzle), 이온 수집기(ion collector), 전극 및 배기구로 구성되는 본체와 이 전극 사이에 직류전압을 주면 흐르는 이온전류를 측정하기 위한 직류전압 변환회로, 감도조절부, 신호감쇄부 등으로 구성되어 있다. 대부분의 유기화합물은 수소와 공기의 연소 불꽃에서 전하를 띤 이온을 생성하는데 생성된 이온에 의한 전류의 변화를 측정하여 시료를 분석한다.

3. 불꽃광도검출기(FPD, flame photometric detector)

① 불꽃이온화검출기와 유사하고 운반기체와 조연기체의 혼합부, 수소 기체 공급구, 연소 노즐, 광학 필터, 광전증배관 (photomultiplier tube) 및 전원 등으로 구성되어 있으며, 황이나 인을 포함한 탄화수소 화합물이 불꽃이온화 검출기 형태의 불꽃에서 연소될 때 화학적인 발광을 일으키는 성분을 생성하며 이들 빛은 광학 필터를 통해 광전증배관에 도달하고 이에 연결된 전자 회로에 신호가 전달되어 황이나 인을 포함한 화합물을 선택적으로 분석한다.

4. 전자포획검출기(ECD, Electron capture detector)

① 방사성 물질인 Ni-63 혹은 삼중수소로부터 방출되는 β선이 운반 기체를 전리하며 이로 인해 전자포획검출기 셀(cell)에 전자구름이 생성되어 일정 전류가 흐르게 되는데, 이러한 전자포획 검출기 셀에 전자친화력인 큰 화합물이 들어오면 셀에 있던 전자가 포획되어 이로 인해 전류가 감소하는 것을 이용하는 방법이다.

📖 **참고** 대기오염공정시험기준/ES 01201 기체크로마토그래피

02 기체크로마토그래프 검출기 중 불꽃광도검출기(FPD)와 전자포획검출기(ECD)의 원리와 분석가능한 물질에 대해 설명하시오.

답안

1. 불꽃광도검출기(FPD, flame photometric detector)

① 원리 : 문제 1)번 답안 3. 참고

② 분석가능 물질 : 황화합물, 인화합물, 황이나 인을 포함한 탄화수소 화합물

2. 전자포획검출기(ECD, Electron capture detector)

① 원리 : 문제 1)번 답안 4. 참고

② 분석가능 물질 : 유기 할로겐 화합물, 니트로 화합물, 유기 금속화합물 등 전자 친화력이 큰 원소가 포함된 화합물

📖 **참고** 대기오염공정시험기준/ES 01201 기체크로마토그래피

03 Capillary column을 단 gas chromatograph에서 make-up gas의 역할이 무엇인지 설명하시오. 또한 split ratio란 무엇인가?

답안

1. make-up gas의 역할

① 검출기에서 사용되는 보조가스로서 검출 후 필요 없는 화합물을 제거할 때 사용되는 것으로 검출에 있어 기본이 되는 가스이며, 대부분 운반가스와 같은 종류의 가스가 사용된다.

2. split ratio

① GC 운반가스의 총유량에서 컬럼으로 들어가는 양과 vent 되는 양의 비율을 나타내는 것으로 피크의 크기가 너무 크거나 작을 때 혹은 피크모양이 날카롭지 않을 때 split ratio를 조절하여 분리가 잘 되도록 한다.

📖 **참고** 대기오염공정시험기준/ES 01201 기체크로마토그래피

04 Capillary column을 사용한 gas chromatograph 분석에 있어서 각 peak 사이의 간격을 늘릴 수 있는 방법 즉, 각 피크 사이의 분해능(resolution)을 늘릴 수 있는 방법을 설명하시오.

답안

1. 분해능을 늘릴 수 있는 방법

① 인접한 2개 봉우리의 분리 정도를 나타내기 위하여 분리계수 또는 분리도를 가지는 것으로 분해능을 늘리기 위해서는 운반가스의 유속을 느리게 하거나, 승온속도를 줄이거나 split ratio를 조절하는 방법 등이 있다.

📖 **참고** 대기오염공정시험기준/ES 01201 기체크로마토그래피

05 GC 바탕선 안정화를 위하여 컬럼의 세척과 Conditioning을 실시하는데 컬럼 구매 후 첫 사용시 Conditioning 절차를 설명하시오.

답안

1. 컬럼 컨디셔닝(conditioning) 절차

① 구입한 컬럼을 시료도입부에 연결하고 검출기 (detector) 부분은 연결하지 않는다.

② 적당한 운반기체를 흘려주면서 컬럼의 내경에 맞는 유량으로 맞춘다.

③ 오븐온도를 약 100 ℃로 하여 약 1시간동안 이동상 가스를 흘려준 후 컬럼 컨디셔닝 온도(최대온도의 −30 ℃ 정도)까지 분당 (2 ~ 3) ℃씩 승온시킨 후 12시간 정도 지속한다.

📖 **참고** 대기오염공정시험기준/ES 01201 기체크로마토그래피

06 기체크로마토그래피법으로 대기오염물질인 유기물질을 분석할 때 크로마토그램의 피크에 대한 분리의 평가 시 분리관의 효율이 높아지기 위한 이론단수(N) 값, 1 이론단에 해당하는 분리관의 길이(HETP) 값의 상관관계를 설명하시오.

답안

1. 이론단수(N) 값과 1 이론단에 해당하는 분리관의 길이(HETP) 값의 상관관계

① 분리관 효율은 보통 이론단수(N) 또는 1 이론단에 해당하는 분리관의 길이(HETP)로 표시하며 다음식에 의하여 구한다.

$$이론단수(N) = \left(\frac{t_R}{W}\right)^2,$$

t_R : 시료도입점으로부터 봉우리 최고점까지의 길이(보유시간)

W : 봉우리의 좌우 변곡점에서 접선이 자르는 바탕선의 길이

$$HETP = \frac{L}{N}$$

L : 분리관의 길이(mm)

② 이론단수(N) 값이 클수록 같은 머무름시간에서 피크 폭이 좁아져 분리관 효율이 높아지고, HETP 값이 작을수록 피크폭이 좁아져 분리관 효율이 높아진다.

📖 **참고** 대기오염공정시험기준/ES 01201 기체크로마토그래피

07 기체크로마토그래피에서 Leak가 발생할 때 그 원인을 말하고 각각의 해결 방법에 대해 설명하시오.

답안

1. 기체크로마토그래피에서 누출 발생시 그 원인 및 해결 방법

① 분리관을 장치에 부착한 후 운반가스의 압력을 사용압력 이상으로 올리고, 분리관 등의 접속부에 비눗물 등을 칠하여 가스누출 시험을 하며 누출이 없음을 확인한다.

② 접속부가 느슨하게 되어 있을 경우 운반가스가 누출되며 이러한 경우 접속부를 더 단단하게 조인 후 비눗물을 칠하여 누출이 없는지 다시 확인한다.

📖 **참고** 대기오염공정시험기준/ES 01201 기체크로마토그래피

08 페놀 전처리방법과 염산을 넣는 이유에 대해 설명하시오.

답안

1. 전처리 방법

① 시료가스를 흡수한 흡수병의 내용물을 250 mL 분별깔때기에 옮겨 넣고 흡수병을 물로 씻어 같은 분별깔때기에 넣어 합친 후 지시약으로 메틸오렌지 용액(0.1 % w/v)을 3방울 ~ 4방울 가하여 염산(1+1)으로 붉은 색이 될 때까지 중화한 후 추가로 염산(1+1) 5 mL 가열한다.

2. 염산을 넣는 이유

① 배출가스 중 페놀을 수산화소듐 용액에 흡수시키므로 이 용액을 산성으로 한 다음 아세트산에틸로 추출하기 위해 염산을 넣어준다.

📖 **참고** 대기오염공정시험기준/ES 01503.1b 배출가스 중 페놀류－기체크로마토그래피

09 굴뚝에서 배출하는 페놀을 채취하여 GC로 분석하고자 한다. 흡수된 시료를 용매 추출하고자 할 때 가장 주의할 점 한 가지만 설명하시오.

답안

1. 용매 추출시 주의사항

① 배출가스에 다량의 유기물이나 염기성 유기물이 오염되어 있을 경우에 알칼리성에서 추출하여 제거할 수 있으나 이 때 페놀이나 2,4－다이클로로페놀의 회수율이 줄어들 수 있으므로 주의해야 한다.

📖 **참고** 대기오염공정시험기준/ES 01503.1b 배출가스 중 페놀류－기체크로마토그래피

10 배출가스 중 총탄화수소(THC)를 분석하는 2가지 방법에 대해 간략하게 설명하시오.

※ 유사문제: 총탄화수소(THC)를 분석하는 방법 2가지와 해당 분석방법을 적용하는 경우에 대해 각각 설명하시오.

※ 유사문제: 배출가스 중 탄화수소를 측정하는 방법인 불꽃이온화검출(FID)법과 비분산적외선(NDIR)법을 분석시료의 어떤 차이점에 따라 적용하는지 설명하시오.

답안

1. 불꽃이온화검출기법(FID)

① 시멘트 소성로, 소각로, 연소시설, 도장시설 등에서 배출되는 총탄화수소(THC)를 분석하는 방법으로써, 알케인류(alkanes), 알켄류(alkenes) 및 방향족(aromatics) 등이 주성분인 증기의 총탄화수소를 측정하는데 적용된다.

② 배출가스 중 이산화탄소, 수분이 존재할 경우 양(+)의 오차를 가져올 수 있으며, 수분트랩 안에 유기성 입자상 물질이 존재할 경우에도 양(+)의 오차를 가져올 수 있으므로 반드시 여과필터를 사용하여야 한다.

2. 비분산적외선분석법(NDIR)

① 시멘트 소성로, 소각로, 연소시설, 도장시설 등에서 배출되는 총탄화수소(THC)를 분석하는 방법으로써, 알케인류(alkanes)가 주성분인 증기의 총탄화수소를 측정하는데 적용된다.

② 수분트랩 안에 유기성 입자상 물질이 존재한다면 양 (+)의 오차를 가져올 수 있으므로 반드시 여과필터를 사용하여야 한다.

📖 **참고** 대기오염공정시험기준/ES 01507 배출가스 중 탄화수소

11 벤젠, 염화비닐, 클로로폼 등을 동시측정시 컬럼, 열탈착장치, 운반기체 등을 설명하시오.

답안

1. 컬럼, 열탈착장치, 운반기체 등의 설명

① 컬럼 : 모세관 컬럼을 사용하고, 열탈착장치의 구성에 따라서 내경 및 필름두께를 선택하여 규정물질의 항목별 검출 분리능이 1 이상($R \geq 1$) 되는 컬럼을 사용하며, 시판되고 있는 컬럼은 가능한 목적성분의 시험성적서가 첨부된 것을 사용한다.

② 열탈착장치 : 테들러 백에서 시료를 흡수할 수 있는 구조와 연결되어 저온농축관으로 시료를 농축한 뒤 다시 열탈착하여 GC로 전달하여 분석할 수 있는 장치이다.
③ 운반기체 : GC의 이동상으로 GC로 주입된 시료를 컬럼과 질량분석계로 옮겨주는 역할을 하며, 비활성의 건조하고 순수한 (99.999 % 또는 그 이상의 고순도) 질소 혹은 헬륨을 사용한다.

📖 **참고** 대기오염공정시험기준/ES 01510.1b 배출가스 중 벤젠, 이황화탄소, 사염화탄소, 클로로폼, 염화비닐의 동시측정법

12 휘발성유기화합물질 분석시 검정곡선 작성방법과 이를 검증하기 위한 방법에 대해 설명하시오.

답안

1. 검정곡선 작성방법

① 정량범위 내에서 3개 이상의 농도에 대하여 검정곡선을 작성하고 얻어진 검정곡선의 결정계수(R^2)가 0.98 이상 또는 감응계수의 상대표준편차가 20 % 이내이어야 하며, 결정계수나 상대표준편차가 허용범위를 벗어나면 재작성하도록 한다.

2. 검정곡선 검증방법

① 각 시료군마다 1회의 검정곡선 검증을 실시하는 것이 바람직하며 검증방법은 방법검출한계의 5배 ~ 50배 또는 검정곡선의 중간 농도에 해당하는 표준용액에 대한 측정값이 검정곡선 작성 시의 값과 10 % 이내에서 일치하여야 하는데 이 범위를 넘는 경우 검정곡선을 재작성하여야 한다. 이 때 검정곡선 작성용 표준용액은 제조한 표준물질과는 다른 회사의 표준물질을 사용하여 조제하는 것이 바람직하다.

📖 **참고** 대기오염공정시험기준/ES 01511.1b 배출가스 중 휘발성유기화합물－기체크로마토그래피

13 유기 추출 방법 중 soxhlet을 이용한 방법과 초음파법(ultrasonification)을 이용한 방법이 있다. 이 두 가지 방법의 장단점을 각각 설명하시오.

답안

1. soxhlet 추출법

① 추출방법 : 적당한 용매를 사용하여 액체나 고체 시료에 포함되어 있는 성분을 추출하는 방법으로 액체 시료의 추출은 분별깔때기를 이용하여 액체 시료와 용매를 격렬히 흔들어 액체 시료 중 용매에 가용성분을 추출하며, 고체 시료를 추출할 때는 둥근 바닥 플라스크에 고체 시료와 용매를 가하고 환류 냉각관을 달아서 용매의 끓는점 이상에서 수 시간 끓여 추출한 후 여과하여 추출물을 분리한다.
② 장점 및 단점 : 용매가 환류되기 때문에 폴리우레탄 폼(PUF, polyurethane foam)과 같이 추출용매를 흡수하는 성질이 있는 시료의 추출이 가능하고 추출효율이 상대적으로 높지만(장점), 시료를 추출하기 전에 정제(cleaning)과정을 거쳐야 하고 추출 시간도 16시간 이상 소요되며 1회 추출시 추출할 수 있는 개수가 초음파추출법에 비해 제한적이다(단점).

2. 초음파 추출법

① 추출방법 : 단일산이나 혼합산을 사용하여 가열하지 않고 시료 중 분석하고자 하는 성분을 추출하는 방법이다.
② 장점 및 단점 : 추출시간이 짧고 많은 시료를 동시에 추출할 수 있지만(장점) 폴리우레탄 폼과 같이 추출용매를 흡수하는 성질이 있는 시료에는 부적합하다(단점).

📖 **참고** 대기오염공정시험기준/ES 01801.1 환경대기 중 벤조(a)피렌 시험방법－가스크로마토그래피법

14 기체크로마토그래피에서 바탕선이 높은 경우 이를 해결하기 위한 방법에 대해 설명하시오.

※ 유사문제 : 대기시료 중 PAHs를 GC로 분석시 바탕선이 높아질 때 분석자의 조치사항은 무엇인가?

※ 유사문제 : 기체크로마토그래피에서 바탕선이 뜨는 이유에 대해 설명하시오.

답안

1. 바탕선이 높아지는 경우

① 사용하는 이동상 가스가 오염되어 있을 때, 검출기 자체가 오염되어 있을 때, 적용되어 있는 방법의 온도 프로그램이 컬럼과 맞지 않을 때, 컬럼이 노후화 되었거나 물이나 공기 등에 노출되어 손상되었을 때, 컬럼의 위치가 적절하지 않을 때 바탕선이 높아진다.

2. 바탕선이 높아질 때의 조치사항

① 시료주입부(injector liner)를 세척하거나 교체한다.

② 컬럼 오염이 의심될 경우에는 기기 제조사의 지시사항에 따라 컬럼에 일정 시간동안 가스를 흘리거나 오븐온도를 올려 컬럼을 가열하여 오염물질을 배출시킨다.

③ 계속적으로 비정상적인 봉우리들이 검출되거나 바탕선이 높게 나타나면 컬럼 전단의 일정 길이를 잘라내거나 컬럼을 교체한다.

④ 질량분석기의 오염 또는 이상이 있는 경우 분해능(resolution)이나 질량범위를 조절하거나 제조사의 클리닝 순서에 따라 질량분석기의 클리닝을 실시한다.

📖 **참고** 대기오염공정시험기준/ES 01802.1 환경대기 중 다환방향족탄화수소류(PAHs) – 기체크로마토그래피/질량분석법

15 PAHs를 GC로 분석하기 전 시료 중 수분을 제거하는 방법을 설명하시오.

답안

1. 수분제거방법

① 수분을 함유한 경우 메탄올 및 무수황산나트륨 등을 이용하여 충분히 수분을 제거해 주어야 한다.

2. 방해물질 제거방법

① 내경 1 cm, 길이 30 cm의 정제용 컬럼에 활성 실리카겔(130 ℃, 16시간 또는 600 ℃, 2시간 활성화) 5 g을 충전하고 그 위에 무수황산나트륨 약 1 g 충전한 컬럼을 사용하여 첫 번째 용출로는 헥세인 일정량을 이용하여 방해물질을 제거하고, 두 번째 용출로는 10 % 디클로로메탄/헥세인 용액으로 용출하여 분석용 시료로 한다.

📖 **참고** 대기오염공정시험기준/ES 01802.1 환경대기 중 다환방향족탄화수소류(PAHs) – 기체크로마토그래피/질량분석법

16 흡착관법 또는 테들러 백을 이용한 휘발성유기화합물 채취 후 기체크로마토그래피로 주입하기 전 수분을 제거하는 방법에 대해 설명하시오.

답안

1. 흡착관법 이용시 수분제거 방법

① 흡착관내 수분을 제거하기 위해서는 흡착관을 시료 채취 반대방향으로 헬륨기체 (30 ~ 50) mL/min로 4분 동안 퍼지한 다음 시료채취 방향으로 헬륨기체 30 mL/min로 흘러주면서 (250 ~ 325) ℃로 가열하여 시료가 완전히 탈착될 수 있도록 하고 탈착된 시료는 (−30 ~ −150) ℃의 저온농축트랩으로 이송되도록 한다.

2. 테들러 백의 수분제거 방법

① 테들러 백 시료를 수분제거장치 (전자냉각장치 또는 나피온(Nafion) 건조기)를 통과하여 수분을 제거한다.

📖 **참고** 대기오염공정시험기준/ES 01804.2 환경대기 중 유해 휘발성 유기화합물(VOCs) 시험방법 – 고체흡착법

17 열탈착기를 이용하여 휘발성유기화합물 분석을 진행할 때, 검정곡선을 작성하는 방법에 대하여 설명하고 검정곡선을 검증하는 방법에 대하여 설명하시오.

답안

1. 검정곡선을 작성하는 방법

① 저농도(예: 100 nmol/mol) 표준기체 각 (10, 20, 40, 80, 150) mL를 흡착관에 채취·분석하여 각 화합물질의 면적을 구하고 흡착관에 채취된 표준기체는 각 측정대상물질에 따라 흡착관에 채취된 양을 질량으로 환산한 후 검정곡선을 작성한다.

2. 검정곡선 검증방법

① 동일한 시간동안 동일한 조건에서 일정 VOC 질량에 대해서 각 검정점을 만들되 3회 이상 반복 분석하여 크로마토그램의 적분면적과 봉우리(peak)의 머무름 시간에 대한 정밀도를 확인한다.

② 모든 분석과정을 통한 분석의 정밀도는 3회 이상 반복 분석하여 평균 값을 취하되 상대표준편차가 10 % 이내에 들도록 하며, 직선성은 4점 이상의 검정점을 만들되 결정계수(R^2) 값은 0.98 이상이어야 한다.

📖 **참고** 대기오염공정시험기준/ES 01804.2 환경대기 중 유해 휘발성 유기화합물(VOCs) 시험방법 – 고체흡착법

18 일반적으로 휘발성유기화합물질(VOCs) 분석시 GC-MS를 이용한 분석의 장점에 대해 설명하시오.

답안

1. GC-MS 분석의 장점

① 전반적인 휘발성유기화합물 분포상황의 파악과 VOC 오염물질 등의 규명에 필수적인 방법으로 저농도 수준에서 구조확인 분석이 가능하며, 선택이온모드(SIM mode)에서는 이보다 더 높은 감도로 분석이 가능하다.

📖 **참고** 대기오염공정시험기준/ES 01804.2 환경대기 중 유해 휘발성 유기화합물(VOCs) 시험방법 – 고체흡착법

19 GC 검출기 중 MSD가 FID와 다른 점을 설명하고 MSD의 SIM 모드에 대하여 설명하시오.

답안

1. MSD가 FID와 다른 점

① MSD(질량분석검출기)는 GC 컬럼에서 분리된 화합물이 질량분석기에서 이온화되어 이온의 질량 대 전하 비 (m/z)로 분리하여 기록되며, 대부분의 화합물을 수 ng까지 고감도로 분석할 수 있다. 또한 다양한 화합물을 검출할 수 있고, 토막내기(fragmentation) 패턴으로 화합물 구조를 유추할 수도 있다. FID(불꽃이온화검출기)는 보통 유기분석에 가장 많이 쓰이는 검출기로 대부분의 유기화합물의 검출이 가능하므로 가장 흔히 사용되며 특히 탄소 수가 많은 유기물은 10 ng까지 검출할 수 있어 대기오염분석에서 미량의 유기물을 분석할 경우에 유용하지만 비활성기체, 할로겐, 아민, 히드록시기 등의 치환기를 갖는 물질은 감도가 떨어지는 등 선택성에 한계가 있다.

2. MSD의 SIM 모드

① GC/MS의 분리 모드에는 scan mode와 SIM(selective ion monitoring) mode 로 구분되며 scan mode는 정성분석, SIM mode는 정량분석을 위한 방법이다. MS는 범용적 검출기로 scan mode로 분석할 때는 적용범위가 FID, NPD보다 좁지만 SIM mode를 이용하여 이를 해결할 수 있으며, 따라서 PAH 및 농약 등 분석이 까다로운 항목들의 분석도 가능하다.

20 오존 전구물질을 분석하기 위한 분석법을 대략적으로 설명하시오.

답안

1. 오존 전구물질 분석법

① 대기환경 중에 존재하는 휘발성유기화합물 중 지표면 오존생성에 기여하는 56종의 오존전구물질을 자동 기체크로마토그래피/불꽃이온화검출기(GC/FID) 측정시스템을 이용하여 매 시간단위로 시료를 채취 후 2개의 컬럼을 사용하여 분리하고 분리된 봉우리를 2 개의 불꽃이온화검출기로 측정하여 휘발성유기화합물의 농도를 계산하는 방법이다.

② 자동측정법의 경우 흡착에 의한 시료채취 방식을 채택하고 있으며, 매니폴더를 이용하여 현장에서 시료를 직접 채취하여 분석시료를 정량적으로 흡입하고 저온상태에서 농축트랩에 농축한 다음 이를 컬럼과 검출기로 분리 측정하는 방식을 사용한다.

📖 **참고** 대기오염공정시험기준/ES 01805.1 환경대기 중의 오존전구물질 – 자동측정법

21 대기 유기 분석을 위해서 GC(또는 GC/MS)를 분석할 때, 샘플에 내부표준물질(internal standard)을 첨가하는 경우가 많다. internal standard와 일반 standard와의 화학적 차이점은 무엇이고, internal standard를 첨가하는 이유를 설명하시오.

답안

1. 내부표준법(internal standard)과 외부표준법(standard)의 차이점

① 내부표준법 : 시료에 가하는 표준물질로 GC 또는 GC/MS 등으로 정량분석을 하는 경우, 분석 시료에 일정량의 표준물질을 가한 후 분석조작을 통해 얻어진 분석치와 가한 표준물질의 양을 비교함으로써 시료 중의 성분을 정량하는 방법을 말한다.

② 외부표준법 : 시료와는 별개로 표준물질에 대해서 같은 분석조작으로 측정치를 구하고 시료의 측정치와 비교함으로써 정량하는 방법을 말한다.

2. 내부표준물질을 첨가하는 이유

① 내부표준법에 의한 분석은 분석시료와 표준물질의 비를 비교하는 것이기 때문에 분석에 사용되는 시료용액의 용량 변화에 무관하므로 용량을 정확하게 취해야 하는 외부표준법에 비해 상대적으로 분석이 수월하다.

📖 **참고** 환경시험 검사 QA/QC 핸드북

22 기체크로마토그래피에서 겹쳐진 피크를 분리하기 위한 방법에 대해 설명하시오.

답안

1. 기체크로마토그래피에서 피크가 겹치는 유형에 따른 분리 방법

① 분석물질에 적합하지 않은 컬럼인 경우 : 분석물질이 극성 물질이거나 반대로 비극성을 강하게 나타내는 물질의 경우 컬럼을 선정할 때 컬럼과 분석물의 극성 정도가 서로 유사하도록 선택하면 분석물이 너무 빨리 검출되는 것을 막을 수 있어 높은 분리도를 얻을 수 있다.

② 오븐 프로그램, 운반기체 종류 및 유량이 적절하지 않은 경우, 컬럼의 길이가 너무 짧은 경우 : 오븐 프로그램에서 승온이 너무 빠른 경우 또는 적절하지 않은 운반기체의 사용이나 운반기체가 컬럼을 너무 느리거나 빠르게 이동하는 경우, 컬럼의 길이가 너무 짧은 경우에는 분해능이 낮아지므로 이 경우에는 적절한 오븐 프로그램 또는 운반기체 종류 및 유량, 충분한 컬럼의 길이를 선정하여 해결할 수 있다.

③ 구조 이성질체에 의한 경우 : 일반적으로 구조 이성질체의 경우 물리적 성질이 다르기 때문에 적절한 컬럼의 선정, 오븐프로그램, 운반기체의 종류 및 유량 설정 등으로 조절 가능하다. 단, 일부 이성질체의 경우 해당 설정을 하였음에도 분리가 어려운 경우가 있는데, 이런 경우에는 구조적으로 나타나는 성질의 차이를 이용하여 특정 구조(o, m, p 또는 cis-, trans- 등)에서는 결합반응이 일어나기 어려운 분자를 결합시켜 둘 간의 차이를 화학적으로 부여하는 분석방법이 있다.

④ 거울 이성질체의 의한 경우 : 모든 물리적 성질이 완벽히 동일하므로 일반적인 물리적 조건을 변경하는 것으로는 분리할 수 없으므로, ③에서 설명한 방법과 유사하게 거울상 이성질체가 가지는 카이랄성(Chirality, 대칭성)을 이용하여 해당 분석물질에 결합가능한 단일 분석물질을 제공하여 결합시키는 것으로 분리가 가능하다.

📖 **참고** 환경시험 검사 QA/QC 핸드북

23 컬럼의 종류 및 기기검출한계를 구하는 방법에 대해 설명하시오.

답안

1. 컬럼의 종류

① 컬럼은 고정상의 종류와 내경의 크기에 따라 다음과 같이 분류할 수 있다.

② 고정상의 종류 : 다공성 담체(porous solid phase) → Gas Solid Chromatography (GSC)
액상(Liquid phase) → Gas Liquid Chromatography (GLC)

2. 기기검출한계 구하는 방법

① 분석장비의 검출한계는 일반적으로 S/N(signal/noise) 비의 2배 ~ 5배 농도, 또는 바탕시료에 대한 반복시험·검사결과 표준편차의 3배에 해당하는 농도, 분석장비 제조사에서 제시한 검출한계값을 기기검출한계로 한다.

📖 **참고** 환경시험 검사 QA/QC 핸드북

3 측정분석자의 기본소양[정도관리]

01 검정곡선의 작성방법인 내부표준물질법, 절대검량선법, 표준물질첨가법의 사용방법과 장단점을 설명하시오.

답안

1. 내부표준물질법(internal standard calibration)

① 시험분석기기 또는 시스템의 변동이 있는 경우 이를 보정하기 위한 방법의 하나로서 시험분석하려는 성분과 다른 순수 물질 성분 일정량을 내부표준물질로서 분석 대상시료와 검정곡선 작성용 시료에 각각 첨가한 다음, 각 시료의 성분과 내부표준물질로 첨가한 성분의 지시값을 측정하여 분석한다.

② 내부표준물질로는 시험분석방법이나 시스템에서의 변동성이 분석 성분과 비슷한 것을 선정하며, 시료 중에 이미 일정량 존재하는 성분을 이용할 수도 있다.

③ 내부표준물질법은 분석할 시료의 양 또는 기기의 감응이 조절하기 어려운 이유로 매 측정마다 조금씩 변할 때 특히 유용하다.

2. 절대검량선법(external standard calibration)

① 분석기기 및 시스템을 교정하기 위하여 검정곡선을 작성하는 방법의 하나로서 검정곡선 작성용 시료는 시료의 분석 대상 원소의 농도와 매질이 비슷한 수준에서 제조하여야 하며, 특히 검정곡선 작성시료는 시료와 같은 수준으로 매질을 조정하여 제조하여야 한다.

3. 표준물질첨가법(standard addition method)

① 매질효과가 큰 시험분석방법에 대하여 분석 대상 시료와 동일한 매질의 표준시료를 확보하지 못하여 정확성을 확인하기 어려운 경우에 매질효과를 보정하며 분석할 수 있는 방법이다.

② 이 방법은 특별한 경우를 제외하고는 검정곡선의 직선성이 유지되고 바탕값을 보정할 수 있는 방법에 적용이 가능하다.

📖 **참고** 대기오염공정시험기준/ES 01201 기체크로마토그래피

02 환경시료 분석에 있어 분석결과의 신뢰성을 확보하기 위하여 수행하여야 하는 정도관리를 설명하시오.

답안

1. 분석결과의 신뢰성 확보를 위한 정도관리

① 시료채취, 운송, 보관에 따른 시료의 오염과 손실에 대한 검토, 시료분석 절차에서의 바탕시료, 시료, 표준물질, 정도관리용 시료의 정확도와 정밀도 검토, 검정곡선, 방법검출한계, 기기검정·유리기구와 시험기구의 검정·교정, 기기검출한계, 정량범위, 매질 간섭에 대한 검토가 이루어져야 한다.

② 정도관리 수행계획은 실제 시료의 분석에 앞서 세워져야 하며 새로운 시험방법, 새로운 분석장비, 새로운 분석자에 대해서는 사전에 능력검증이 이루어져야 하며, 모든 실험실, 분석자, 분석장비, 시료에 대해 모두 똑같이 적용할 수는 없지만 기술적, 경제적 여건에 따라 실험실 혹은 분석자가 수용 가능한 범위에서 행해져야 한다.

③ 정도관리는 환경시험·검사의 가장 근본이 되는 규정으로서 분석결과가 산출되고 시험성적서가 발급되는 모든 분석업무가 정도관리에 따라 수행된다면 신뢰도가 확보될 수 있으므로 정도관리에 따른 분석결과는 정확도와 신뢰도가 보증된 결과라 할 수 있다.

📖 **참고** 환경시험 검사 QAQC 핸드북/정도관리 일반

03 반복시료(replicate sample), 이중시료(duplicate sample), 분할시료(split sample)를 설명하시오.

※ 유사문제 : 반복시료, 이중시료, 분할시료의 정의와 반복시료와 이중시료의 차이에 대해 설명하시오.

답안

1. 반복시료(Replicate sample)

① 둘 또는 그 이상의 시료를 같은 지점에서 동일한 시각에 동일한 방법으로 채취된 것을 말하며, 동일한 방법으로 독립적으로 분석되고, 반복시료를 분석한 결과로 시료의 대표성을 평가한다. 시료가 2개만 채취되었을 경우 이중시료라고 하며, 이중 시료는 동일한 환경조건에서 대표성을 갖는다. 현장에서의 자연적인 차이와 현장 시료채취 방법상의 차이를 찾는데 사용할 수 있다.

2. 이중시료(Duplicate sample)

① 한 개의 시료를 두 개(또는 그 이상)의 시료로 나누어 동일한 조건에서 측정하여 그 차이를 확인하는 것으로 분석의 오차를 평가하며, 사용 목적에 따라 현장이중시료, 눈가림현장이중시료, 정도관리용 이중시료로 구분할 수 있다.

② 현장이중시료(Field duplicate sample) : 시료 분석에 있어서 반복성을 평가할 수 있는 시료로서 같은 지역에서 같은 시간대에 수집한 시료 또는 같은 시간에 준비되고 분석되는 같은 시료의 나눔을 의미하며, 각각의 독립적인 시료채취 동안 최소한 한 개의 시료 혹은 시료의 10 %는 이중시료 분석을 위해 수집해야 한다.

③ 눈가림현장이중시료(Blind field duplicate sample) : 동일한 시각에 동일한 장소에서 채취된 이중시료이지만 별도의 시료로서 관리·분석되지 않기 때문에 분석자는 이것이 이중시료라는 것을 인식하지 못하므로 분석자의 분석 정밀도를 평가 할 수 있는 시료이다.

3. 분할시료(Split sample)

하나의 시료가 각각의 다른 분석자 또는 분석실로 공급되기 위해 둘 또는 그 이상의 시료용기에 나뉘어진 것을 의미하며 분석자간 또는 실험실간의 분석 정밀도를 평가하거나 시험방법의 재현성을 평가하기 위해 사용되며 여러 개의 시료로 나뉘기 전에 충분히 혼합되어야 한다.

① 현장분할시료(Field split sample) : 시료채취 현장에서 분리되는 것으로 분석의 정확도와 시료채취의 정확도를 위해 분석된다.

② 실험실분할시료(Lab split sample) : 분석실에서 분리된 것을 말하며, 분석 정확도를 위해 분석된다.

③ 눈가림현장분할시료(Blind field split sample) : 현장에서의 시료분할과 내용에 대한 설명 없이 주어진 시료를 말한다.

📖 **참고** 환경시험검사 QAQC 핸드북/정도관리 일반

04 환경분야에서 일반적으로 표기하는 검출한계(LOD, limit of detection)에는 기기검출한계(IDL), 방법검출한계(MDL), 방법정량한계(PQL)가 있는데, 검출한계의 의미와 이들 3가지 검출한계에 대하여 설명하시오.

※ 유사문제: 방법검출한계(MDL)의 의미와 검출한계를 결정하는 방법을 설명하시오.

※ 유사문제: 방법정량한계(PQL)의 의미와 결정하는 방법을 설명하시오.

※ 유사문제: 방법검출한계(MDL)과 기기검출한계(IDL), 정량한계(LOQ)에 대하여 각각 설명하시오.

※ 유사문제: 검출한계의 정의와 적용목표에 대해 설명하시오.

답안

1. 기기검출한계(IDL, Instrument detection limit)

① 분석장비의 검출한계는 일반적으로 S/N(signal/noise)비가 2 ~ 5 이상인 값을, 또는 바탕시료에 대한 반복시험·검사결과 표준편차의 3배에 해당하는 농도, 분석장비 제조사에서 제시한 검출한계 값을 기기검출한계로 사용할 수 있다.

2. 방법검출한계(MDL, Method detection limit)

① 방법검출한계는 어떠한 매질 종류에 측정항목이 포함된 시료를 시험방법에 의해 시험·검사한 결과가 99 % 신뢰수준에서 0보다 큰 최소 농도로 정의할 수 있으며 방법검출한계는 분석장비, 분석자, 시험방법에 따라 달라질 수 있다.

② 미국환경보호청(EPA)의 청정수법(Clean Water Act)에 따르면 방법검출한계는 검출이 가능한 정도의 측정 항목 농도를 가진 최소 7개 시료를 시험방법으로 분석하며, 각 시료에 대한 표준편차와 자유도 $n-1$의 t 분포값 3.143(신뢰도 98 %에서 자유도 6에 대한 값)을 곱한 값이다.

3. 방법정량한계(PQL, Practical quantitation limit)

① 실제 실험실에서 신뢰성을 갖고 분석할 수 있는 정량한계이다.

② 일상적인 분석을 실행하는 실험실에서는 실용정량한계를 사용하며, 서로 다른 실험실들이 서로 다른 방법검출한계(MDL)를 사용할 수 있기 때문에 매우 중요한 의미를 지닌다.

③ 각 실험실이 같은 장비, 같은 시료를 같은 분석 단계를 거쳐 분석했다고 할지라도 방법검출한계는 다를 수 있으며, 일반적으로 실용정량한계는 방법검출한계의 5배로 구한다.

4. 정량한계(LOQ, Limit of quantification)

① 정량한계는 검정농도(calibration points)와 질량분광(mass spectra)을 완전히 확인할 수 있는 최소수준을 말하며, 일반적으로 방법검출한계와 동일한 수행절차에 의해 수립되며 방법검출한계와 같은 농도 시료 7개 ~ 10개를 반복 측정하여 표준편차의 10배에 해당하는 값을 정량한계로 정의한다.

② 비슷한 의미로 최소정량한계(MQL, minimum quantification limit), 최소수준(minimum level), 최소정량수준(MLQ, minimum level of quantification) 등이 있다.

📖 **참고** 환경시험검사 QAQC 핸드북/정도관리 일반

05 방법검출한계(MDL)와 방법정량한계(PQL)를 결정할 때 사용되는 S/N ratio 법과 표준편차법(σ)에 대해서 설명하시오.

답안

1. S/N ratio법

① 바탕시료에 대상물질 위치에서 방해하는 피크가 없을 때 주로 사용하는 방법으로 일반적으로 S/N > 3 ~ 5 이상인 값을 방법검출한계(MDL)로 결정하며 S/N > 10 이상인 농도를 실용정량한계(PQL)로 결정한다.

2. 표준편차법(σ)

① 검출한계로 예상되는 농도수준(기기검출한계로부터 예측 가능)의 2배 ~ 3배 정도되는 농도에서 7회 이상 반복 실험을 거쳐 계산되는 표준편차(σ)를 구한 후 Student's t 값을 이용하여 계산하는 방법으로 Student's t 분포상에서 자유도가 $6(n-1)$일 때 $3.14\times\sigma$를 방법검출한계(MDL)로 하며, $10\times\sigma$를 실용정량한계(PQL)로 한다.

📖 **참고** 환경시험검사 QAQC 핸드북/정도관리 일반

06 연속검정표준물질(CCS, continuing calibration standard)에 대하여 간략히 설명하시오.

답안

1. 연속검정표준물질(CCS, continuing calibration standard)

① 시료를 분석하는 중에 검정곡선의 정확성을 확인하기 위해 사용하는 표준물질로서, 일반적으로 초기 검정곡선 작성 시 중간농도 표준물질을 사용하여 농도를 확인한다.

② 연속검정은 검정곡선이 평가된 후 바로 실시하며, 시료군의 분석과정에서는 표준물질의 농도 분석결과의 편차가 5 % 범위 이내이어야 하며, 이를 만족하면 계속해서 남은 시료를 분석한다.

참고 환경시험검사 QAQC 핸드북/정도관리 일반

07 정도관리시 관리차트 측정불확도에 대해 설명하시오.

답안

1. 관리차트

① 동일한 시험방법을 수행하여 측정항목을 반복 측정 분석한 결과를 시간에 따라 표현한 것으로 통계적으로 계산된 평균선과 한계선도 함께 나타낸다.

② 시간에 따른 정확도와 정밀도를 평가하고 편차를 확인할 수 있으며, 실험실에서 수행한 실험실첨가시료, 정도관리시료에 대한 평가에도 활용할 수 있다.

③ 충분한 자료의 축적으로 결과가 유효할 때까지 실험실은 각각의 시험방법에 대해 최소 20회 ~ 30회 이상 시험·검사를 반복하고 그 결과를 관리기준 수립에 사용하며, 초기에 설정된 관리기준은 계속되는 시험에 따라 최근 자료에 의한 관리기준으로 바뀔 수 있다.

2. 측정불확도

① 충분히 타당성 있는 이유에 의해 측정량에 영향을 미칠 수 있는 값들의 분포를 특성화한 파라미터로서, 측정 결과와 관련된 측정량을 합리적으로 추정한 값들의 분산 특성을 나타낸 음이 아닌 파라미터이다. 한편 KOLAS는 측정불확도를 도입하고 있지만, 환경부 정도관리제도는 측정불확도를 도입하고 있지 않다.

참고 환경시험 검사 QAQC 핸드북/정도관리

08 실험의 정확도와 정밀도에 대해 설명하시오.

※ 유사문제: 측정결과에 대한 정밀도의 표현방법을 간략히 설명하시오.

답안

1. 정확도(Accuracy)

① 시험·검사결과가 얼마나 참값에 근접하는가를 나타내는 척도로서 임의오차(random error)와 계통오차(systemic error) 요소들을 포함한다.

② 시험·검사결과 값이 참값 또는 기지의 첨가농도와 차이가 나지 않을 때 이 시험·검사는 정확하다고 할 수 있다.

③ 정확도는 정제수 또는 시료 매질로부터 %회수율(%R)을 측정하여 평가한다.

$$\%R = \frac{\text{측정값}}{\text{참값}} \times 100\ \% = \frac{\text{첨가값} - \text{비첨가값}}{\text{첨가값}} \times 100\ \%$$

2. 정밀도(Precision)

① 정밀도는 시험방법의 재현성을 측정하는 것으로 동일 조건하에서 동일한 시험·검사과정을 반복하여

얻은 결과의 상호 일치도를 뜻하며, 이중/반복시료 분석에 따라 확인한다.

② 정밀도는 일반적으로 상대표준편차(RSD, relative standard deviation)나 변동계수(CV, coefficient of variation)로 표현할 수 있다.

$$RSD = \frac{표준편차(s)}{표본의\ 평균(\bar{x})},\quad CV(\text{or }\%RSD) = \frac{표준편차(s)}{표본의\ 평균(\bar{x})} \times 100\ \%$$

📖 **참고** 환경시험검사 QAQC 핸드북/결과보고

09 정기 및 수시 숙련도 시험의 평가방법과 합격기준에 대해 설명하고 현장평가에 대해 설명하시오.

※ 유사문제 : 숙련도 평가방법, 현장평가 시 평가요소에 대해 설명하시오.

답안

1. 정기 및 수시 숙련도 시험의 평가방법과 합격기준

① 국립환경과학원장은 시험·검사기관에 대하여 매년 정기 숙련도 시험을 실시하되 필요한 경우 수시 숙련도 시험을 할 수 있다. 숙련도시험 판정기준은 Z값(Z-score)과 오차율 등을 사용하여 평가항목별로 평가하고 이를 종합하여 기관을 평가한다.

② Z값은 측정값의 정규분포 변수로서 대상기관의 측정값과 기준값의 차를 측정값의 분산정도 또는 목표표준편차로 나눈 값으로 산출하며 분야별 항목평가는 도출된 개별 평가항목의 Z값에 따라 평가결과를 $|Z| \leq 2$인 경우 적합, $2 < |Z|$인 경우 부적합으로 판정한다.

③ 오차율에 의한 평가는 대상기관의 분석값과 기준값의 차를 기준값으로 나눈값에 100을 곱하여 산정하며 분야별 항목평가는 개별 항목의 오차율이 ±30 % 이하인 경우 "적합", ±30 %보다 큰 경우 "부적합"으로 평가함을 원칙으로 하되 기술위원회의 의견을 반영할 수 있다.

④ 분야별 기관 평가는 평가한 분야별 항목 평가결과를 만족 "5점", 불만족 "0점"으로 부여하여 총점을 100점으로 환산하여 계산하며, 분야별 환산점수는 90점 이상이면 "적합" 90점 미만이면 "부적합"으로 평가한다.

2. 현장평가 판정기준

① 현장평가 내용은 기술인력, 시설, 장비, 실험실 운영을 포함한 운영 및 기술, 시험·검사 능력, 이와 관련된 자료를 포함한 시험분야별 분석능력으로 구분한다.

② 현장평가 결과는 다음의 기준으로 판정한다.

구분	판정기준
적합	1. 미흡사항이 없는 경우 2. 현장평가 합계평점이 70점 이상이며, 현장평가에서 미흡한 것으로 지적된 미흡사항의 보완조치에 대하여 정도관리 심의회에서 적합으로 판정한 경우
부적합	1. 현장평가 합계평점이 70점 미만인 경우 2. 현장평가 합계평점이 70점 이상이거나 현장평가에서 미흡한 것으로 지적된 미흡사항의 보완조치에 대하여 정도관리 심의회에서 부적합으로 판정한 경우 3. 현장평가 시 중대한 미흡사항이 발견되어 현장평가를 종료한 경우 4. 현장평가를 시작하는 날로부터 1년 이내에 중대한 미흡사항에 해당되는 사유로 개별법에 따라 행정처분을 받은 경우
※ 현장평가시 중대 미흡사항 1. 인력의 허위기재(자격증만 대여해 놓은 경우 포함) 2. 숙련도 시험에서의 부정행위(근거자료가 없는 경우 및 숙련도 표준시료의 위탁분석 행위 등) 3. 고의 또는 중대한 과실로 측정 결과를 거짓으로 산출(근거자료가 없는 경우 및 시험 성적서의 거짓 기재 및 발급 등)한 경우 4. 기술능력·시설 및 장비가 개별법의 등록·지정·인정기준에 미달된 경우 5. 그 밖에 국립환경과학원장이 고시한 중대한 미흡사항	

📖 **참고** 환경시험검사기관 정도관리 운영 등에 관한 규정

10 숙련도 평가시 평가방법과 기준을 구하는 공식에 대해 설명하시오.

답안

1. Z값에 의한 평가

① 측정값의 정규분포 변수로서 대상기관의 측정값과 기준값의 차를 측정값의 분산정도 또는 목표표준편차로 나눈 값으로 산출한다.

$$Z = \frac{x - X}{s}$$

x : 대상기관의 측정값, X : 기준값, S : 측정값의 분산정도 또는 목표표준편차

2. 오차율에 의한 평가

① 대상기관의 분석값과 기준값의 차를 기준값으로 나눈 값에 100을 곱한 값으로 산출한다.

$$\text{오차율}(\%) = \frac{\text{대상기관의 분석값} - \text{기준값}}{\text{기준값}} \times 100\ \%$$

기준값 : 표준시료 제조값, 전문기관에서 분석한 평균값, 인증표준물질과의 비교로부터 얻은 값 대상기관의 분석 평균값

📖 **참고** 환경시험검사기관 정도관리 운영 등에 관한 규정

11 숙련도 시험의 면제 조건에 대해 설명하시오.

답안

1. 숙련도 시험의 면제 조건

① 국립환경과학원장은 측정대행업소, 측정대행항목을 변경하려는 자 및 정도관리를 재신청한 자에 대하여 정기숙련도 시험을 정도관리 검증서를 발급받은 날로부터 1년 이내에 실시할 경우 해당분야 정기숙련도 시험을 면제할 수 있다.

② 국립환경과학원장은 시험·검사기관 또는 측정대행업을 등록하려는 자가 ISO/IEC 17043 규정을 준수하는 숙련도 시험에 참여하여 Z값의 절대값이 2 이하의 판정을 받은 실적이 있는 항목에 대하여는 대상기관이 당해연도 말까지 그 결과 사본을 제출하는 경우 익년도에 실시하는 정기 숙련도 시험을 면제할 수 있다.

📖 **참고** 환경시험·검사기관 정도관리 운영 등에 관한 규정

12 고체시약이 들어있는 유리병과 깡통을 폐기하는 방법을 설명하시오.

답안

1. 고체시약(폐시약)이 들어있는 용기(유리병, 폐플라스틱) 처리방법

① 고체시약(폐시약)이 든 시약병 전체를 안전환경관리자에게 폐기의뢰 하거나, 병속에 든 내용물만 수집하여 폐기 의뢰한다.

② 용기는 상표를 제거하고 세척한 후 일반폐기물 처리업체에게 위탁처리 하거나 유리병 제조업체에 처리 의뢰한다.

③ 세척액은 폐액 수거용기에 성분별로 분별 수집하여 폐기 의뢰한다.

2. 고체시약(폐시약)이 들어있는 용기(깡통, 폐플라스틱) 처리방법

① 용기와 고체폐기물 전체를 안전환경관리자에게 폐기 의뢰한다.

13 어떤 기관이나 시험자가 특정 유기물을 분석할 수 있는 능력이 있는지 검증하는 방법에 대해 설명하시오.

답안

특정 유기물을 분석할 수 있는 능력이 있는지에 대한 검증방법으로는 분석자의 숙련도와 정밀도를 평가하는 방법이 있다.

4 연구실 분야

01 시약보관시설 설계시 감안해야 하는 사항에 대하여 설명하시오.

답안

1. 시약보관시설 설계시 감안해야 하는 사항

① 시약보관시설은 시료를 분석하기 위한 고체·액체 시약을 보관하는 공간으로서 실험수행실로부터 분리된 곳을 말하며 일반적인 설계조건은 다음과 같다.

㉠ 시약의 균질성과 안전성을 확보하고 오염이나 혼동을 막기 위하여 별도로 시약보관시설을 갖추어야 한다.

㉡ 최소 공간은 해당기관의 분석량 또는 시료의 수 등에 있어 실험에 지장이 없도록 시약여유분을 확보할 수 있는 최소한의 공간을 갖추어야 하며, 시약여유분의 약 1.5배 이상 공간이 확보되어야 한다.

㉢ 일부 분석기기용 표준 시약인 경우 냉동상태로 보관하게 되어 있으므로 시약보관용으로 상온, 냉장, 냉동 등의 설비를 갖추어야 한다.

㉣ 시약의 특성상 보관 시에 냉장을 요하는 시약은 소형냉장고 또는 별도의 냉장시설을 설치하여 보관하는 것이 좋다.

㉤ 조명은 시약의 기재사항을 볼 수 있도록 150 Lux 이상이어야 한다.

㉥ 항상 통풍이 잘 되도록 설비하여야 하고, 환기는 외부 공기와 원활하게 접촉할 수 있도록 설치하며 환기속도는 최소한 약 (0.3 ~ 0.4) m/s 이상이어야 한다.

📖 **참고** 환경실험실 운영관리 및 안전

02 환경 시험/분석실을 꾸미려고 할 때, 어떻게 구성해야 하는지 설명하시오.

답안

1. 환경 시험/분석실의 구성

① 실험실은 시료분석을 수행하는 장소로서 이화학실험실, 생물실험실, 악취실험실, 기기분석실 등을 말하며, 실험 수행의 용이성과 안정성을 확보하기 위해 별도의 공간을 갖추어야 한다.

② 실험실은 일정 규모이상으로 격리하여 설치되어야 하며, 분석목적에 따라 각각 별도로 분리하여 시설을 갖추어야 하고, 실험에 용이하도록 해당기관의 분석량 또는 시료의 수 그리고 분석인원의 활동성 등을 고려하여 분석자 1인당 최소 (15 ~ 20) m^2 이상으로 확보하여 설치하여야 한다.

③ 원활한 실험수행을 위해 중앙 냉·난방장치가 설비되어야 하며, 주말 등 휴무기간의 실험실 실내 환경을 위해서는 냉·난방장치가 별도로 설비되어야 한다.

④ 환기 및 통풍이 잘 이루어지도록 해야 하며, 시료 분석상 개별적인 환기시설이 필요한 경우 별도의 환기시설을 갖추어야 한다.

⑤ 환기시설을 이용하여 배출된 공기가 실험실 안으로 유입되지 않도록 환기구는 풍향을 고려하여 설치해야 한다.

⑥ 실험 수행실내 조명은 실험 수행이 원활하도록 설비해야 하며, 최소한 300 Lux 이상이어야 한다.

⑦ 실험용액 및 폐액을 잘 분리할 수 있도록 배수설비를 별도로 설비해야 하고, 배수관이 부식 또는 막히지 않도록 설비해야 하며, 배수설비가 되어 있지 않다면 별도의 공간에 산, 알칼리 등 폐액통을 구분하여 처리하는 것이 바람직하다.

📖 **참고** 환경실험실 운영관리 및 안전

5 실내공기질 분야

01 실내 공기오염물질에 대하여 아는 대로 말하고 각각의 발생원에 대하여 설명하시오.

답안

1. 실내공기 오염물질 및 주요 발생원

① 미세먼지(PM-10), 초미세먼지(PM-2.5) : 주방 내 조리, 흡연, 외부공기의 유입 등
② 폼알데하이드 : 접착제, 페인트, 단열재, 바닥재, 합판 등 건축자재 및 가구류
③ 휘발성유기화합물질, 탄화수소류 : 접착제, 페인트, 합판, 벽지 등 건축자재, 실내 흡연, 개방형 난방기구, 살충제·방향제 등 생활화학제품
④ 일산화탄소 : 흡연, 취사·난방 등으로 인한 연소(가스레인지 등 탄화수소계 연료의 불완전연소 시 발생)
⑤ 이산화탄소 : 인간과 동물의 호흡
⑥ 이산화질소 : 흡연, 취사·난방 등으로 인한 연소, 외부로부터의 유입
⑦ 라돈 : 건물지반이나 주변 토양, 광석, 지하수 및 건축자재
⑧ 부유세균 : 냉장고, 가습기, 반려동물, 음식물 쓰레기 등
⑨ 곰팡이 : 인간활동, 겨울철 결로, 외부로부터의 유입 등

02 실내공기오염과 관련하여 서울시 다중이용시설 면적이 11,000 m^2일 경우 시료채취지점은 몇 개로 하여야 하는가?

답안

1. 대상시설의 최소측정지점 수 결정

① 건물의 규모와 용도에 따라 결정하며 다음의 표와 같이 연면적이 11,000 m^2인 경우 시료채취지점은 3개이다.

〈표 1〉 다중이용시설 내 최소 시료채취 지점 수

다중이용시설의 연면적(m^2)	최소 시료채취지점 수
10,000 이하	2
10,000 초과 ~ 20,000 이하	3
20,000 초과	4

참고 실내공기질공정시험기준/ES 02130.d 실내공기 오염물질 시료채취 및 평가방법

03 지하역사 시료채취 시 최소 측정 지점수와 측정조건 및 측정위치에 대해 구체적으로 설명하시오.

답안

1. 최소 측정 지점 수 : 최소 시료채취지점 수는 2지점이며, 최대 4지점까지이다.

2. 측정 조건 : 주변시설 등에 의한 영향과 부착물 등으로 인한 측정 장애가 없고 대상 시설의 오염도를 대표할 수 있다고 판단되며 시설을 이용하는 사람이 많은 곳으로 선정한다.

3. 측정 위치 : 승강장, 대합실, 연결통로 등이며 환승역사의 경우 점포가 있는 연결통로에서 하며 승강장은 반드시 포함시킨다.

📖 **참고** 실내공기질공정시험기준/ES 02130.d 실내공기 오염물질 시료채취 및 평가방법

04 다중이용시설에서 석면채취시 지점 수, 위치선정방법시 주의 사항에 대해 설명하시오.

답안

1. 석면채취시 지점 수

① 시료채취 지점 수는 다중이용시설의 연면적이 10,000 m^2 이하일 경우 2지점, 10,000 m^2 초과 ~ 20,000 m^2 이하일 경우 3지점, 20,000 m^2를 초과할 경우 4지점으로 한다.

2. 시료채취 위치선정 및 주의사항

① 시료채취 위치는 환기시설의 위치, 시설 이용자의 다수여부, 오염물질 발생원의 분포, 실내기류 분포, 공기질의 대표성 등을 고려하여 선정한다.

② 시료채취 위치는 주변시설 등에 의한 영향과 부착물 등으로 인한 측정 장애가 없고 대상 시설의 오염도를 대표할 수 있다고 판단되며 시설을 이용하는 사람이 많은 곳으로 선정한다.

③ 시료채취 인접지역에 직접적인 오염물질 발생원이 없고 가능하면 시료채취지점의 중앙 점에서 바닥면으로 (1.2 ~ 1.5) m 높이에서 수행한다.

④ 측정지점에 자연환기구나 기계 환기설비의 급배기구가 설치되어 있는 경우에는 급 배기구에서 가능한 멀리 떨어진 곳에서 채취하며, 다수의 환기 및 급배기구가 존재할 경우에는 인접한 환기구 설치지점의 중간지점을 채취지점으로 한다.

📖 **참고** 실내공기질공정시험기준/ES 02130.d 실내공기 오염물질 시료채취 및 평가방법

05 신축공동주택 VOC 측정시 시료채취 위치, 측정조건 등에 대해 자세히 설명하시오.

답안

1. 신축공동주택 VOCs 시료채취 위치

① 시료채취는 각 단위세대별 거실의 중앙 점에서 바닥면으로부터 (1.2 ~ 1.5) m 높이에서 실시한다.

2. 측정조건

① 신축 공동주택에서 실내공기시료의 채취는 오후 1시부터 6시 사이에 실시하며 다음과 같이 실시한다.

㉠ 30분 이상 환기 : 신축 공동주택의 단위세대의 외부에 면한 모든 창문, 출입문, 환기구와 실내출입문, 수납가구의 문등을 개방하고 이 상태를 30분 이상 지속한다.

㉡ 5시간 이상 밀폐 : 외부공기와 면하는 창호, 출입문, 환기구 등 개구부를 5시간 이상 모두 닫아 실내와 이동을 방지하며, 이 때 실내간의 이동을 위한 문과 수납가구 등의 문은 개방한다.

㉢ 시료채취 : 실내에 자연환기 및 기계 환기설비가 설치되어 있을 경우, 이를 밀폐하거나 가동을 중단한 다음 실시하며, 시료채취시 실내온도는 20 ℃ 이상을 유지하도록 한다.

📖 **참고** 실내공기질공정시험기준/ES 02130.d 실내공기 오염물질 시료채취 및 평가방법

06 실내공기질 공정시험기준에서 미세먼지를 채취하기 위한 여과지 선정 조건에 대해 설명하시오.

답안

1. 여과지 선정조건

① 0.3 μm의 입자상 물질에 대하여 99 % 이상의 초기포집률을 갖는 것
② 가능한 압력손실이 낮을 것
③ 기체상 물질의 흡착이 적고, 흡습성 및 대전성이 낮을 것
④ 취급하기 쉽고 충분한 강도를 가질 것
⑤ 분석에 방해되는 물질을 함유하지 않을 것

📖 **참고** 실내공기질공정시험기준/ES 02302.1c 실내공기 중 미세먼지(PM10, PM2.5) 측정방법－중량법

07 실내공기질 중 휘발성유기화합물(VOCs)을 분석하기 위한 시료 포집장치로서 저온 흡착관을 사용할 때 사용하는 흡착제의 종류와 장착 위치에 대하여 설명하시오.

답안

1. 저온흡착관을 사용할 때 사용하는 필터의 종류와 장착 위치

① 저온농축 트랩의 흡착제(필터)는 Tenax TA를 사용하며, 저온농축관은 흡착관과 기체크로마토그래프의 중간에 장착한다.(흡착관－저온농축관－기체크로마토그래피)

📖 **참고** 실내공기질공정시험기준/ES 02602.1c 실내 및 건축자재에서 방출되는 휘발성유기화합물 측정방법-고체흡착관과 기체크로마토그래프－MS/FID법

08 폼알데하이드 시료채취시 간섭물질은 무엇이며, 어떤 간섭작용을 하는지 설명하시오.

답안

1. 간섭물질 및 측정시 문제점, 해결방안

① 간섭물질은 오존이며, 오존은 카트리지 내에서 DNPH 및 그 유도체와 반응하여 농도를 감소시키는 방해물질로 작용하므로 시료에 오존이 존재하면 폼알데하이드 유도체의 머무름 시간보다 더 짧은 머무름 시간을 가진 새로운 화합물의 출현으로 분석에 방해가 된다. 따라서 오존에 의한 간섭작용을 최소화하기 위해서는 DNPH 카트리지 앞부분에 요오드화칼륨(아이오딘화포타슘)(KI)이 충진된 오존스크러버를 직렬로 연결하여 오존을 제거한다.

📖 **참고** 실내공기질공정시험기준/ES 02601.1c 실내 및 건축자재에서 방출되는 폼알데하이드 측정방법－2,4 DNPH 카트리지와 액체크로마토그래프법

09 액체크로마토그래피를 이용한 알데하이드 분석시 간섭요인과 간섭의 종류, 그리고 이를 해결하기 위한 것에는 어떤 방법이 있는지 설명하시오.

답안

1. 알데하이드류 분석시 간섭요인

① 알데하이드는 환원성 물질로서 산화제가 공존하는 경우 빠르게 분해되는 특성이 있으므로 산화제(특히 오존)를 제거하기 위해서 요오드화칼륨(아이오딘화포타슘)(KI) 시약이 충진된 오존스크러버를 사용한다.

2. 간섭의 종류와 해결방안

① 알데하이드류 시료채취시 일반적으로 DNPH 카트리지를 사용하는데 카트리지 생산시 자체 불순물로서 소량의 알데하이드를 포함하기 때문에 방법바탕시료 등을 확인하여 바탕값을 보정해 주어야 하며, 포집량은 돌파(breakthrough)가 일어나지 않는 수준에서 채취해야 한다. 특히 아세톤 등 케톤화합물을 다량 취급하는 곳에서 알데하이드류를 채취하는 경우에는 DNPH가 카르보닐기와 반응하기 때문에 충분한 양의 DNPH가 포함된 카트리지를 사용하거나 포집량에 유의해야 한다.

참고 대기오염공정시험기준/ES 01803.1 환경대기 중 알데하이드류 – 고성능액체크로마토그래피법

10 실내공기질 VOC 채취 시 채취조건 및 채취지점에 대해 설명하시오.

답안

1. 측정조건

① 시료채취 전 시료채취용 펌프를 가동시키고 시료 채취 유속 또는 기록계 수치를 측정해 기록한 후 시작 시간, 온도, 대기압도 측정한다.

② 실내공기 중 휘발성유기화합물 측정 시 적절한 시료 채취 유속은 (50 ~ 200) mL/min 범위이며 시료 채취 부피는 (1 ~ 5) L 범위로 연속 2회 측정한다.

③ 농도를 알지 못하는 시료를 채취하는 경우에는 시료 채취 부피를 다르게 하여 세 개 이상의 비교 시료를 취하는 것이 바람직하다.

2. 채취지점

① 주변시설 등에 의한 영향과 부착물 등으로 인한 측정 장애가 없고 대상 시설의 오염도를 대표할 수 있다고 판단되며, 시설을 이용하는 사람이 많은 곳으로 선정한다. 또한 인접지역에 직접적인 오염물질 발생원이 없고, 가능하면 시료채취지점의 중앙점에서 바닥면으로부터 (1.2 ~ 1.5) m 높이에서 수행한다.

참고 실내공기질공정시험기준/ES 02602.1c 실내 및 건축자재에서 방출되는 휘발성유기화합물 측정방법 – 고체흡착관과 기체크로마토그래프 – MS/FID법

11 실내공기질 시료채취 중 총부유세균을 측정하는 원리와 방법에 대하여 설명하시오.

답안

1. 충돌법 측정원리

① 세균배양용 배지가 장착된 채취기를 이용하여 실내 공기 채취 시 공기 중 미생물이 배지에 충돌하는 원리를 이용하여 실내 공기 중 총부유세균을 채취하고 농도를 측정하는 방법이다.

2. 농도 산정방법

① 부유세균이 흡착된 배지를 배양기에서 배양하여 증식된 균의 집락(colony) 수를 세어 채취한 공기의 단위 체적 당 집락수(CFU/m^3)로 산출한다.

참고 실내공기질공정시험기준/ES 02701.1c 실내 공기 중 총 부유세균 측정방법 – 충돌법

6 악취 분야

01 악취공정시험기준에서 복합악취를 판단하기 위한 판정자 선정시 사용하는 용액 4가지에 대해 말하고 각각 무슨 냄새인지 설명하시오.

답안

1. 판정요원 선정용 시험액은 아래와 같이 4가지 시험액이며, 이 시험액들은 농도의 시험액을 정제수 및 유동파라핀으로 만들어 사용한다.

시험액	농도	제조용액	냄새
초산(Acetic acid)	1.0 wt %	정제수	식초 냄새
트라이메틸아민(Trimethylamine)	0.1 wt %	정제수	생선 썩는 냄새
Methylcyclopentenolone	0.32 wt %	유동파라핀	달콤한 설탕 타는 냄새
β-Phenylethylalcohol	1.0 wt %	유동파라핀	장미 냄새

참고 악취공정시험기준/ES 09301.b 공기희석관능법

02 악취 중 황화합물의 전처리 방법에 대해 설명하시오.

답안

1. 황화합물의 전처리

① 시료주머니에 채취한 악취 시료는 전처리 없이 바로 사용한다.

② 전기냉각방식에 의해 저온농축관의 온도가 −30 ℃보다 높은 저온(−10 ℃)에서 시료농축을 하고 저온농축관을 열탈착에 의해서만 시료를 탈착하여 모세분리관 기체크로마토그래피로 이송하는 방법을 적용하는 경우에는 황화수소의 회수율이 감소될 수 있으며, 수분의 영향을 상대적으로 많이 받을 수 있으므로 시료주입 전에 Nafion dryer 등을 사용하여 수분을 제거하는 전처리 과정을 포함하여 내부 정도관리에 의한 황화수소의 목표회수율이 얻어질 수 있는 것을 확인 후에 사용하여야 한다.

참고 악취공정시험기준/ES 09303.1a 황화합물−저온농축−모세분리관−기체크로마토그래피법

03 황화합물 채취시 입자상 물질을 제거하기 위한 장치를 설치하는 위치에 대하여 설명하시오.

답안

1. 시료채취장치(흡인상자)

① 시료채취홀더(A) 바로 뒤에 입자상 물질을 제거하기 위한 필터(B)를 설치한다.

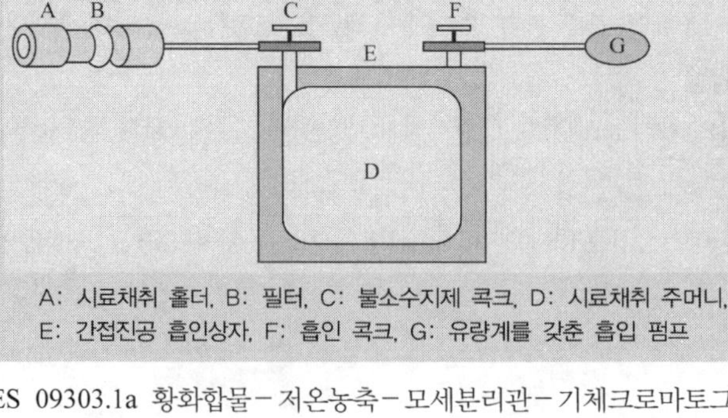

A: 시료채취 홀더, B: 필터, C: 불소수지제 콕크, D: 시료채취 주머니, E: 간접진공 흡인상자, F: 흡인 콕크, G: 유량계를 갖춘 흡입 펌프

참고 악취공정시험기준/ES 09303.1a 황화합물−저온농축−모세분리관−기체크로마토그래피법

04 암모니아 분석시 흡광차분광법에 대해 설명하시오.

답안

1. 흡광차분광법의 원리

① 일반적으로 측정 기술에 필요한 시료 채취 단계가 필요 없는 광학적 측정방식으로 대기 중에 존재하는 암모니아를 흡광차 분석법으로 연속측정하는 방법이다. 흡광차분광법(DOAS, differential optical absorption spectroscopy)은 모든 형태의 가스 분자가 분자 고유의 흡수 스펙트럼을 가지므로 암모니아 가스 고유의 흡수파장에 대하여 농도에 비례한 빛의 흡수량과의 관계를 이용하며, 특히 자외선 흡수를 이용한 분석방법으로서 자외선/가시선 분광법의 기본원리인 비어-램버트 법칙(Beer-Lambert)을 근거로 암모니아 가스의 고유 흡수 파장에서 농도에 비례하여 흡수가 이뤄지므로 환경대기 중 암모니아 가스 농도에 대한 빛의 투과율(I_t/I_o), 흡광계수, 투사거리를 계측하여 암모니아 농도를 측정하는 방법이다.

📖 **참고** 악취공정시험기준/ES 09902.a 암모니아-흡광차분광법-연속측정방법

05 스타이렌, 암모니아, 지방산의 연속자동측정방법에 대해 설명하시오.

답안

1. 스타이렌, 암모니아 연속자동측정방법

① 흡광차분광법 : 자외선 흡수를 이용한 분석으로 자외선/가시선 분광법의 기본원리인 비어-램버트 법칙에 근거한 분석원리를 적용하여 스타이렌 또는 암모니아의 고유 흡수 파장에서 농도에 비례하여 흡수가 이루어지는 원리를 이용한 측정방법이다.

2. 암모니아, 지방산 연속자동측정방법

① 고효율막 채취장치-이온크로마토그래피법 : 확산스크러버의 확산 충진을 통해 공기 중의 기체상 암모니아, 지방산을 흡수액에 흡수시켜 채취하고 이온크로마토그래피 시스템이 주입하여 암모니아, 지방산을 분석하는 측정방법이다.

📖 **참고**
- 악취공정시험기준/ES 09902.a 암모니아-흡광차분광법-연속측정방법, ES 09903.a 스타이렌-흡광차분광법-연속측정방법
- 악취공정시험기준/ES 09904.a 트라이메틸아민, 암모니아-고효율막 채취장치-이온크로마토그래피법-연속측정방법, ES 09907.a 지방산류-고효율막 채취장치-이온크로마토그래피법-연속측정장치

참 고 문 헌

1. 국가법령정보센터(www.law.go.kr)
   1) 환경분야 시험·검사 등에 관한 법률-시행령-시행규칙
   2) 산업안전보건법률-시행령-시행규칙
   3) 대기오염공정시험기준 : 국립환경과학원고시 제2020-30호
   4) 실내공기질공정시험기준 : 국립환경과학원고시 제2020-23호
   5) 악취공정시험기준 : 국립환경과학원고시 제2019-17호
   6) 잔류성유기오염물질공정시험기준 : 국립환경과학원고시 제2020-55호
   7) 환경시험·검사기관 정도관리 운영등에 관한 규정 : 국립환경과학원 고시 제2020-62호
   8) 환경분야 시험·검사 업무처리규정 : 환경부 고시 제2016-166호
   9) 측정결과의 불확도 추정 및 표현을 위한 지침 : 국가기술표준원고시 제2021-0091호
   10) 시험분야 측정불확도 추정에 관한 지침 : 국가기술표준원 고시 제2021-0091호
   11) KS Q ISO/IEC 17025 해설서 : 국가기술표준원고시 제2021-0091호
   12) KS Q ISO/IEC 17043 해설서 : 국가기술표준원고시 제2021-0091호
   13) 환경평가 수행을 위한 지침 : 국가기술표준원고시 제2021-0091호
   14) 교정대상 및 주기설정을 위한 지침 : 국가기술표준원고시 제2021-0091호
   15) 화학적 시험방법의 유효성 확인을 위한 지침 : 국가기술표준원 고시 제2021-0091호
   16) 측정결과의 소급성 유지를 위한 지침 : 국가기술표준원 고시 제2021-0091호
   17) 공인교정기관 지정제도 운영요령 : 국가기술표준원 고시 제2021-0092호
   18) 공인기관 인정신청 및 평가수행 절차에 관한 운영 요령 : 국가기술표준원고시 제2021-92호
   19) 숙련도시험 운영 요령 : 국가기술표준원고시 제2021-0092호
   20) 시험교정 결과와 규격과의 적합성 보고방법 : 국가기술표준원 고시 제2012-0075호
2. 환경측정분석사 검정 : 국립환경인재개발원 QTest 환경측정분석사(qtest.me.go.kr)
3. 환경실험실 운영관리 및 안전(제3판) : 국립환경인재개발원 QTest 환경측정분석사(qtest.me.go.kr)
4. 환경시험·검사 QA/QC 핸드북(제2판) : 환경부(www.me.go.kr)
5. 측정불확도 표현지침(2010) : 한국표준과학연구원(www.kriss.re.kr)
6. 정도관리 현장평가 실무 : 환경시험검사 종합운영시스템(qaqc.nier.go.kr)

저자소개

박 승 우

환경공학 박사
(前) 울산광역시보건환경연구원 근무
(前) 국립환경과학원 환경표준심의회 전문위원
(現) 국립환경과학원 정도관리 평가위원
(現) 부산광역시인재개발원 사내강사
(現) 부산광역시보건환경연구원 근무
(現) 환경측정분석사(대기분야)
E-mail : green911@hanmail.net

2022 바이블
환경측정분석사 필기/실기
기출문제 해설집
대기환경측정분석 분야

값 36,000원

저 자	박 승 우
발행인	문 형 진

2019년 7월 24일 제1판 제1쇄 발행
2020년 4월 15일 제2판 제1쇄 발행
2021년 7월 14일 제3판 제1쇄 발행

판 권
검 인

발행처 세 진 사
㉾02859 서울특별시 성북구 보문로 38 세진빌딩
TEL : 02)922-6371~3, 923-3422 / FAX : 02)927-2462
Homepage : www.sejinbook.com
〈등록. 1976. 9. 21 / 서울 제307-2009-22호〉